U0370008

力学丛书·典藏版 27

流体力学概论

L.普朗特
K.奥斯瓦提奇 著
K.维格哈特

郭永怀
陆士嘉 译

科学出版社

1981

内 容 简 介

本书原是德国科学家普朗特的名著，自第六版起由他的学生加以增补修订出版．内容丰富，物理概念清楚，论述深入精辟，旨在为初学者、高年级大学生及航空、水利、气象等方面有关工程技术人员提供一个流体力学的导引．

全书共分九章．前三章是基础部分，后几章论述在航空、水利、气象诸方面的流体力学理论和应用．书中排印小号字的内容系用以提供进一步的知识，以便对有关问题获得更为深刻的见解．

与一般的流体力学的数学理论不同，书中尽可能地避免复杂的数学分析，而着重物理直观，旨在阐明流体力学的基本概念及问题的力学本质，培养读者的独立思考能力．强调工程应用是本书的又一特点，对于诸如航空、水利、气象等工程技术领域的许多重要问题均有叙述．

本书在每章末都给出了许多文献，书末并列出参考书，以供进一步查考探索．

图书在版编目 (CIP) 数据

流体力学概论／(德) 普朗特 (Prandtl，L.) 等著；郭永怀，陆士嘉译．—北京：科学出版社，2016.1

(力学名著译丛)

书名原文：Fuhrer durch die stromungslehre

ISBN 978-7-03-046976-2

I. ①流… II. ①普… ②郭… ③陆… III. ①流体力学 IV. ① 035

中国版本图书馆 CIP 数据核字 (2016) 第 006910 号

L. Prandtl, K. Oswatitsch, K. Wieghardt

FÜHRER DURCH DIE STRÖMUNGSLEHRE

Friedr. Vieweg+Sohn

Braunschweig, 1969

力学名著译丛

流 体 力 学 概 论

L. 普 朗 特

K. 奥斯瓦提奇 著

K. 维 格 哈 特

郭永怀 陆士嘉 译

*

科 学 出 版 社 出 版

北京东黄城根北街 16 号

北京京华虎彩印刷有限公司印刷

新华书店北京发行所发行 各地新华书店经售

*

1981 年第一版 开本：850×1168 1/32

2016 年印刷 印张：20 7/8

插頁： 精 2

字数：549,000

定价：68.00元

译　　序

«流体力学概论»一书原是德国著名力学家普朗特的著作，于1942年初版，到1957年共出了五版．普朗特逝世后，他的几个学生又按照原著的论述系统，增补了许多新的内容，仍用原名于1965年出版，作为原著的第六版．新版综述了自二十世纪初到六十年代流体力学的研究成果，在论述上保持了原著强调物理直观的特点，着重从观察物理现象出发，对流体运动进行研究分析，找出现象的物理本质和关键问题，然后将主要的物理关系用简化的数学模型表达出来，并进行理论计算．这是不同于其他流体力学理论书籍的．

原作者普朗特原习机械工程，后转而研究流体力学，因而实用观点很强．他解决问题的办法是重视在实际中遇到的矛盾问题，通过实验寻求了解其物理本质，再导出数学方程，用以总结提高所得的物理概念，从而得出定量结果，并对照实验结果找出答案．他反对在没有了解现象的物理本质以前，单纯搞烦琐的数学推演．这对于改变二十世纪初期流体力学只强调研究理想流体的脱离实际的方法有很大影响．如普朗特曾从观察流体流动的实践中提出了著名的粘性边界层理论，解释了当时在理论流体力学中只能作为疑题提出的有阻力现象，为研究阻力问题提供了理论基础，对推动近代流体力学的发展起了重要的作用，就是一个例证．

普朗特生前一面在大学教书，一面在研究所主持科学研究，研究涉及的范围很广，在流体力学方面有：边界层理论和边界层控制、湍流的发生、机翼理论、风洞试验、可压缩流理论、传热理论以及有关气象学上的一些问题等，并在教学和科研工作中培养了一大批研究人员，形成了一个学派，对流体力学和航空工程等学科的发展起了重要的推进作用．他是世界公认的近代流体力学奠基人.

本书是作为教科书来撰写的，对原作者及其学派曾作过较多研究的几个方面叙述较多，但对于理论流体力学的其他学派以及稀薄空气动力学、电磁流体力学、空间飞行等方面就很少或没有提到. 有关新的实验技术和计算方法，尤其是电子计算机发展后流体力学的新的应用领域更未涉及，这是本书不足之处.

中国科学院力学研究所郭永怀同志生前曾按原书第三版的英译本(1952 年出版) 译为中文于 1966 年出版. 这次根据德文第七版修订本(1969 年出版)译出，仍采用郭译原书名出版，作为中译本的新版.

本书在重新翻译过程中，对凡能保持原译文的地方都尽量采用原译文(如第一、二章等)，只作了少量文字修改，有些注释也仍然保留. 译名中区别不大的，基本上仍用原译名(如用“声速”不用“音速”). 由于目前国内对于流体力学名词所用符号尚未统一，书中符号也基本按原译文，不作变动. 符号的下角标则按要求改用汉语拼音字母(少数笔画少的仍用汉字，如“上”、“下”等)，为便于读者查阅，另附表以资对照.

忻鼎定同志认真仔细地校订了全部译稿，并作了文字修饰，特此致谢.

陆士嘉

1978 年 9 月

序　言

近代流体力学在其奠基人普朗特逝世以后，仍在不断地向前发展．因此，作为本书新版的主要编写人，我们有责任力求继续按照大家所熟知的、我们尊敬的老师普朗特的那种清晰直观的表达方式来增加书的新内容．在这方面，他生前在哥廷根的同事们给了我们很大的支持．饶塔改编了有关不可压缩流体的摩擦问题．屈歇曼补充并阐明了有关机翼和飞机方面的问题，主要是有关跨声速和超声速领域里的一些新发展的问题．随后，德特默林写了流体动力机械的概述．舒、路德维格和克莱因施密特等三人又分别改写了流体的传热和高速边界层、实验学以及有关流体力学在气象学上的应用等几章内容．为了适应新的发展，我们又在内容安排上对原著作了一些更动；特别是气体动力学那一章，因为有基本性意义，我们把它提到前面去了．

在一本单独的书里，自然不可能把流体力学所涉及的各个领域都讨论到，因而必须从迅速增加的大量资料中，选取合适的内容．在这方面，我们也象对待表达方式那样，是尽量按照普朗特的原来想法去作的．因此，我们只用两个例子来说明关于磁场里电导体的流动问题，而对于稀薄气体的流动问题则没有涉及．但是在另一方面，对于高超声速流动，包括随之产生的极高温状态和摩擦过程，就讲得比较多；有关有热交换和无热交换的边界层问题，都按照这方面的最新成果写出．对于跨声速和超声速的最新机翼问题以及有关流体机械情况的论述，在叙述上我们都是不惜篇幅的．我们也按当前的认识，对鸟类和水禽的推进方式作了注释．至于在动力气象学的广阔领域方面，则只主要改写了普朗特讨论过的一些问题．此外，在准备出版新版的这段时间里，主要编写人也来不及把所有的"个别问题"都补充进来．

这个新版也和它的原著一样，是一本教科书．对于所提到的流体力学问题，我们都详细地讨论了它们的基本物理现象和概念，以便使读者能建立起思维模型；而在数学推导上，则只指明一下，以求很快得出结论，并与实验结果作比较．我们这样做，是为了实现普朗特原来的意图："希望能通过本书把流体力学所涉及的各个领域，按照一条思路介绍给读者"．我们参加编写本书新版的人，都希望仍能达到这一目的．

非常感谢蒂尔曼博士(哥廷根)以及其他许多同专业的同事们在提供参考资料和进行辅助工作方面所给予我们的帮助．

K. 奥斯瓦提奇

K. 维格哈特

1965年7月于维也纳和汉堡

目　录

第一章　液体和气体的特性．平衡

1.1. 液体的特性

液体之所以异于固体，在于液体的质点比较容易移动．要想改变固体的形状，必须施加一定的力(有时可能相当大)，可是要改变液体的形状，只要能有充分的时间任其变形，就用不着施加外力．液体在变形速度大的情况下也有抗力，但是这种抗力当流动一旦停止便迅速消逝．液体的这种抗拒变形的特性就叫做**粘性**．在**4.1**中我们将仔细地讨论粘性．除了普通易流动的液体之外，还有粘性很大的液体，它们对于变形的抗力是相当大的(但是当液体运动一停止，这抗力就等于零)．对于非晶形的固体，则可以有各种不同程度的流动性．例如，玻璃在热了之后就具有这种不同程度的流动性，而沥青以及类似的物质在常温下就显示出这种性质．

实验：把一桶沥青倒置，视温度的不同它要几天或者几个星期才能完全流出来．流出来以后的沥青形成一个扁饼，虽然它确实继续在流动，人们却可以在上面走动而看不出痕迹；但是，如果在上面站了一会儿，那就会留下脚印．要是用锤子猛敲，它会象玻璃一样地破碎．

在研究液体的平衡时，我们只讲处于静止状态的，或者流动得很缓慢，以致可以把它当作处于静止状态的液体．因此，我们就可以忽略抗拒变形的抗力而并不损害准确性，并且，我们立刻就可以得出液体状态的以下的定义：**液体在平衡时对于变形没有抗力**．

根据物质分子运动论的概念，物体的最微小的质点(分子)在不断地运动；正是这种运动的动能表现为热．从这个观点出发，液体和固体的区别，在于液体的质点并不象固体的那样围绕固定位置振动，而是有时迁移位置[1](当

1) 更为详细的解释可参看[1.1]．

局部热流动特别大的时候）．假如在液体里有了应力，则这种位置迁移就容易发生，并沿应力梯度方向引起屈服．当液体处于静止状态时，这种屈服就足以使应力差很快地消失；但是，当液体的形状在改变时，就会产生应力而且形状的改变越快应力越大．随着温度上升，非晶固体会逐渐软化；软化可以设想是这样发生的：假如把固体加热，也就是说，如果增加分子运动的能量，最初所发生的，仅是少数质点碰巧在那个时候有特别大的振幅而迁移了位置；继续加热，迁移位置的越来越多，最后，在固体里面迁移位置成为普遍的现象．对于结晶体来说，从固体状态转变为液体状态的过程，通常是以熔解的方式不连续地实现的，也就是说，这是由于规则的晶体结构被破坏的缘故．

液体的另一个特性，是它对体积变化有很大的抗拒力．要想把一升的水压进半升的容器里是很不可能的一件事；如果把它放进一个两升的容器里，容器只能半满．但是，水并不是绝对不能压缩的，在高压下，可以将它压缩到看得出的地步（大约一千个大气压[1]可以使水的体积减少百分之四）．类似的关系也适用于其他液体．

1.2. 应力的理论

在这里值得提一下，关于固体在平衡时所受的力的普遍定理也可以应用到液态物体上去．为了证实这一点，时常利用一个专门的“刚化原理”．这个原理是根据以下的考虑：“任何能自由运动的体系，其平衡不会因为任一可运动部分的随后刚化而受到影响；这就是说，可以想象把平衡的液体的任何部分刚化起来，而并不扰动平衡．于是，刚体平衡的定理就可以应用到已经刚化了的那部分液体上去了．”[2] 不过，要绕一个弯，利用刚体来导出一般力学的平衡定理，这种办法，是并不绝对必要的．这些定理完全可以应用到内部有运动自由的“静止的质点系”上去（虽然这里考虑整个体系处于平衡而没有利用这种内自由度）．只要我们是讨论实际的

1) 关于压力的单位，参看 1.3.

2) 自然，这里不是指的聚合状态转化时与体积变化有关的刚化（凝固），而是指没有任何位移和体积变化的理想的刚化．

静止情况，这两种观点都同样可以自圆其说；但要是我们讨论有运动的情况，那么刚化原理就容易使我们遭到困难，因为实际上并不存在"刚体"．但由于以后要应用到流体动力学上，我们现在进而把此法的主要原理简单地叙述一下，这个方法通常在材料力学里也被采用．

我们一开始就假设：所有的力都是质量间的相互作用．譬如，如果质量 m_1 以力 F 吸引另一质量 m_2，则 m_2 就用同样的力 F 吸引 m_1；也就是，这两个力是作用在相反的方向(牛顿的作用和反作用定律)．在一**质点系里**(它们可以是从整体里任意取出来的)，我们要区别两种力：**内力**和**外力**．内力作用于同一个体系内的两质点之间，所以它们总是**成对地**出现的，而方向则相反；**外力**作用于本体系的一质点和外界的一质点之间，因此它在这个体系内仅出现**一次**．假如我们把所有作用在这个体系的一切质点的力合成起来(矢量加法或各分量分别相加)，则内力总是成对地抵消，因而最终只有外力出现．

要使这个体系处于平衡，这些作用在每个质点上的力的合力(矢量和或三个分量和)必须等于零．假如我们把系内所有质点上的力加起来，正如前面所述，则只有外力的合力存在．而由于平衡的关系，各个质点上的合力等于零，所以**作用于这个体系上的外力的合力也就等于零**．这个定理除了假定质点系处于平衡状态以外，对质点系未作任何假设，因而它在各种方式的应用中极其有用．假设我们用直角坐标，这个定理包含三个方程：

$$\Sigma X=0,\ \Sigma Y=0,\ \Sigma Z=0,$$

这里 X, Y, Z 是外力在 x, y, z 轴方向的分力．

对于外力所形成的力矩也有一个完全相似的定理．在平衡时这些力矩也必须等于零．

在弹性体和液体里，我们都是讨论体**内的应力状态**．它们显然是由作用在体内最小质点间的内力所形成．通常，对于大量质点的区域，我们只满足于掌握那里的平均状态，因为要把质点间一切的力都描述出来未免太烦杂了，何况这些质点还在不断地作强烈的热运动．但因为我们的定理仅仅论及外力，我们怎能抓住内力？回答是：**我们必须把内力变作外力！**这可以用以下的办法来实现：我们想象一个物体被切成两块，我们选取其中的一块（图1.1中的I）作为我们的质点系，于是II的质点作用在I上各质点的力，原来是内力，现在就变成外力了．如果整个物体处于外加压应力（由图1.1中的两个箭头所示）作用之下，则同时也还有内应力作用．而如果我们考虑一下那个切开处的截面，则可知右边各质点的力就通过此截面作用到左边的质点上．如果我们把这些力都加起来（就是合并成合力），则这个合力便与作用在I上的力相平衡（参看图1.2）．这就明确划一地说明了作用在此截面上力的合力[1]．

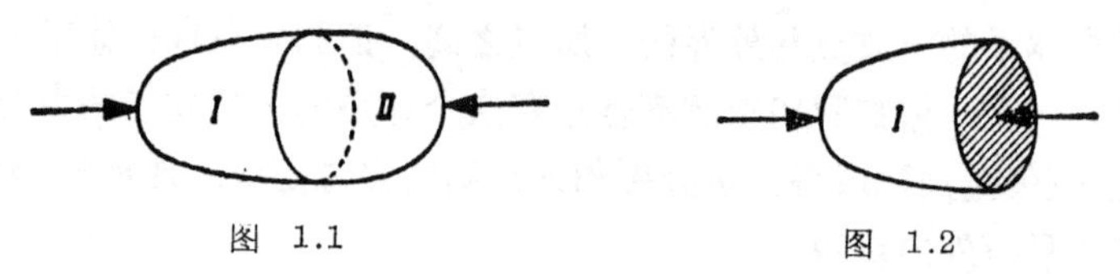

图 1.1　　　　图 1.2

我们现在用"**应力**"一词来指**作用在"截面"单位面积上的力．**在上述例子中，如果我们把截面上由平衡得到的力用截面积来除，显然就得到该截面上的平均应力．所以，我们又看到，"一个面积上的应力"正如力一样也是一个矢量．

这种利用一个想象的截面把内力变作外力的原理（以下简称为"**截面原理**"），可以广泛地应用：想要研究物体内部的应力，我们可以用几个这样的截面把一个体元（平行六面体、棱柱体、四面体等等）从物体内部分隔出来，研究其平衡．最简单的情形，是所有作用在这平衡的体元上的力均为正应力．根据这些体元的平衡，我们就可以导出关于应力的各种重要定理．现在把其中之一作为一个例子提出来，并予以证明．

"设有三个平面共同形成一个立体角．如果那三个平面上的应力矢量已给定，则任何其他截面上的应力矢量也就可以知道"．

1）当然，我们也完全可以考虑II，结果是一样的，只是力的方向相反（即由I作用于II）．

证明：我们用欲求其中应力的第四个平面去截这个立体角，使它们形成一个四面体，如图 1.3 所示. 1, 2 和 3 等力可以从给定的应力矢量乘以相应的三角形面积来得到. 只有一个具有一定方向和一定大小的第四个力能与 1, 2 和 3 等力平衡；这个力除以相应的三角形的面积就是所求的应力. 为了计算方便，我们选 1, 2, 3 诸面为坐标面(见图 1.3).

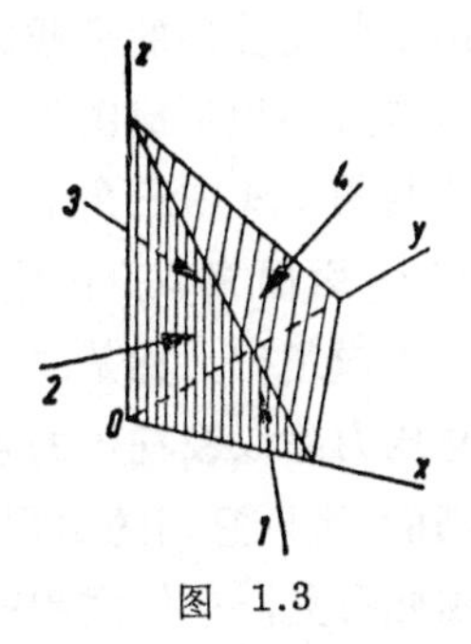

图 1.3

关于应力理论的详细讨论可以在弹性力学教科书上找到. 这里我们仅仅提一下："应力"代表通过一点的所有可能截面上的全部应力矢量，从而可以和一个椭球面联系起来；因而应力的分量就可以用"张量"的形式表示出来. 根据前面的定理，当形成一个立体角的三个截面上的应力矢量给定时，一点的应力(连同相应的椭球面)也就确定了. 对应于椭球的三个主轴，对每个应力状态而言都存在三个相互垂直的截面，这些截面上的应力矢量与各该面垂直. 这样区分出来的三个应力叫做**主应力**，其相应的方向叫做**主方向**.

1.3. 流体中的压力

在平衡时，流体内的应力状态特别简单. 抗拒变形(就是阻碍质点彼此相对移动)与摩擦有关. 假如两个相接触的固体之间没有摩擦，则压力就必定和此两物体的接触面垂直，因而当这两个物体中任一物体沿接触面滑动时并不作功. 同样地，流体内不抗拒变形是由于：在流体内部，**应力到处与它所作用的面垂直**，这时通常就叫它做**压力**. 我们立刻可以利用这个事实作为流体状态的定义，这个定义和 **1.1** 中所给出的定义完全等价.

根据流体里的压力的这一特性，由考虑一个简单的平衡情况，我们立刻就可导出关于压力的另外一个特性. 我们设想在流体内分隔出一个小三棱柱体. 设顶、底两端面与各棱边垂直. 当然，我们也可以设想此棱柱体在流体中就地刚化，而研究其余的流体施加于此棱柱体上的力的平衡．两端面上的压力大小相等而方向相反，所以彼此平衡，因而就无须再讨论了．由于各侧面上的力是与各该面垂直的，它们就必定在与各棱边垂直的平面内．图 1.4 示出了此棱柱体的横截面和侧面上所作用的法向力．为了能平衡，这些力必须形成图 1.5 所示的三角形．由于图 1.5 内三角形的各边与图 1.4 内三角形的各相应边垂直，这两个三角形的对应角便相等，因而相似．由此可见，这三个压力便与棱柱体各相应侧面的面积成正比．如是，如果我们要得到单位面积上的压力，就必须将总压力除以棱柱体的各相应的侧面积．既然棱柱体的侧面都是等高的，所以它们的面积就与它们的底边(棱柱体端面的边)成正比．由此可见，**单位面积的压力**(为了简单起见我们以后就叫它**压力**)在棱柱体的所有三个侧面上都相同．由于棱柱体是任意选取的，于是我们得出结论：**流体内任何一点的压力是各向均等的**(更准确地说，对于所想象的截面的所有可能位置都相同)．在这种情形下，应力椭球面就是一个球面．因此，要决定这样一个应力状态(叫做**静水应力状态**)，只需有一个数值，即压力 p，就够了．根据前面所述，很明显，p 就表示作用在单位面积上的力．量度压力的单位是各式各样的，因所选用的力和面积的单位而异．工程上最常用每平方厘米有多少千克重，千克重/厘米^2 (kp/cm^2) (工程大气压，见 **1.5**)[1]；或者也用千克重/米^2 (kp/m^2) (相当于 1 毫米水柱，见 **1.8**)．还有一些别的压力单位，请参看 **1.8** 和 **1.9**．

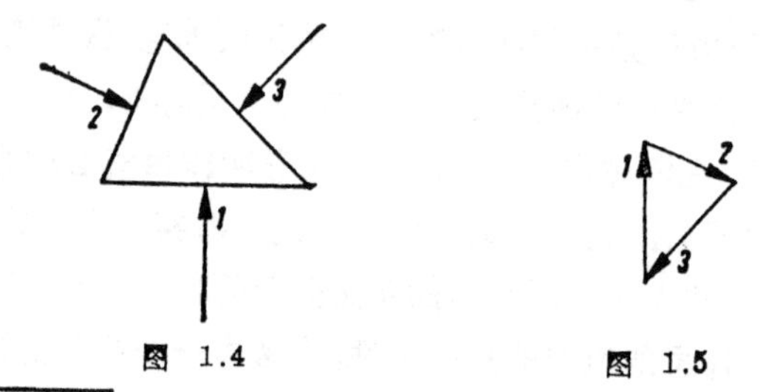

图 1.4　　　　图 1.5

---

1) 千克重(kp)是指在标准重力加速度 $g=9.80665$ 米/秒^2 下，1 千克质量的物体的重量．

1.4. 流体中的压力分布(不计重力)

流体是有重量的. 可是在很多情形下,特别是压力高的时候,就无需计及重力的影响. 这样就把讨论大大地简化了. 我们仍旧从一个处于平衡的棱柱体开始;但这里这个棱柱体取得长一些,而来考虑关于轴向位移的平衡. 开始我们假设流体内的压力是逐点变化的. 假设棱柱体的横截面积(等于端面面积;我们假设端面垂直于轴)为a(图 1.6). 我们可以将这个面积取得很小, 使得它上面的压力变化可以忽略不计. 设棱柱体一端的压力是p_1, 而另一端的是p_2, 则便有作用于轴向的两个方向相反的力ap_1和ap_2. 但根据基本假定, 棱柱体各侧面上的压力都和该侧面垂直, 所以也和棱柱体的轴垂直, 因而它们对平行于棱柱体轴的分力毫无作用,不管侧面上的压力是怎样分布的. 这就是说,为了平衡, 在所讨论方向的各力, ap_1和ap_2, 它们自己必须相平衡,于是我们必定有

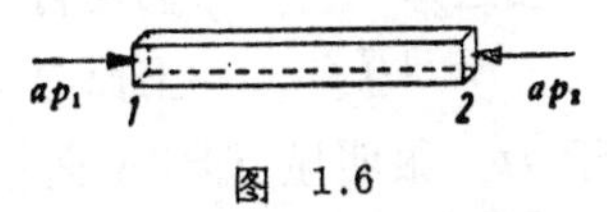

图 1.6

$$ap_1=ap_2, \quad 或 \quad p_1=p_2;$$

由于棱柱体的位置是完全任意的, 这就是说, **在没有重力**(和任何其他外加力)时, **流体中各点的压力是相同的**.

万一流体是装在一个狭窄而弯曲的空间里,致使不可能在任意两点间划出一个棱柱体,我们仍旧可以随意重复我们前面的论证——从第一点到第二点,再从第二点到另外一个方向的第三点,等等,这样一步一步地直到所需的端点n为止. 从$p_1=p_2$, $p_2=p_3$, 等等,我们便可以得到$p_1=p_n$.

另外一个更为妥善的论证是这样的: 假想我们把现在所考虑的狭窄而弯曲的细管摆在一个容器里,其中充满了该流体. 然后,假设在平衡达到以后,除了细管里的流体以外,其余的都被刚化. 根据我们的刚化原理(**1.2**),将管外的流体刚化丝毫也不改变(平衡状态下)力的状况; 也就是说, 在平衡的时候,流体里的压力是处处相同的,不管空间是多么狭窄.

注: 在极狭窄的间隙里, 当流体的压力改变(例如通过外载荷)后, 要经过相当长久的时间才能达到平衡. 例如, 对于可塑的陶土(由很细的颗粒所

组成，颗粒之间则充满了水），这段时间可以是几天，而对整个地下粘土层来说，则可能是几年[86]；在此期间，水从高压地区流向低压地区[参看 **4.11(a)**]，而同时固体构架则产生弹性屈服.

现在我们可以把以上几节总括起来：**流体在平衡时，它里边的压力与它所作用的面垂直**，并且，在没有重力和其他体积力的时候，**在各点和各向是均等的**.

流体内部压力的规律，也适用于盛流体的容器壁面上的压力.为了证实这一点，我们可以恰在壁前(或离壁某一小距离处)通过流体取一个平面截面，并取一个和它垂直的直达壁面的圆柱面，如图 1.7 所示．考虑这样围出来的那部分流体的平衡，我们便得到力(F)，说得更准确些，得到作用在壁上而与上述截面相垂直的分力；这个力[1)]就等于 ap．很明显，即使壁面极不规则，也丝毫不会影响这个结果，这就是这种考察方法的优点.

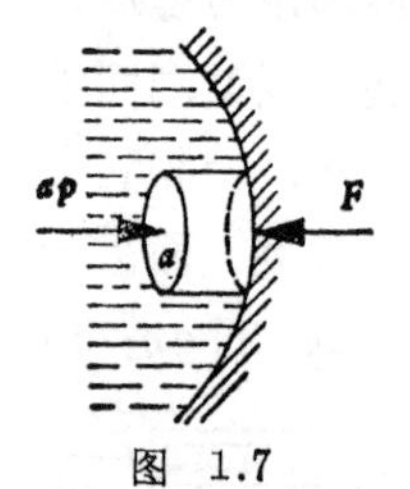

图 1.7

1.5. 气体的特性

气体与液体的区别在于：在施加了适当的压力后，气体就可以被压进一个很小的空间；而另一方面，如果把气体充入一个比在普通情况下它所占据的体积还大的空间里，它们又均匀地把整个空间填满，并使那里的压力降低到周围的气压．除了这点以外，它们的性状是与液体极其相象的；因为在静止时它们对于变形的抗力也是等于零，而当有内部的位移发生时，也会显示出一定的粘性.所以，假若不涉及体积改变的话，气体与充满同样的空间且没有自由表面的液体的性状在定性上绝无差别.

在工程上最重要的气体就是大气．其他气体的性状基本上同它一样．地球表面上的大气受有一定的压力，一般说来，这个压力

1) 在图 1.7 中，F 表示器壁作用于所研究的那块流体上的力．流体作用于壁上的压力则是在相反方向.

在地球表面上各处是一样的,它的数值大约是 1 千克重/厘米^2,这在以后还会仔细谈到. 因此,称 1 千克重/厘米^2=1大气压 (1at) 为一个**工程大气压**. 与此稍有不同的是物理大气压,它是在海平面处的平均大气压,其值为 760 毫米高的水银柱的压力(在 0℃),或等于 1.033 千克重/厘米^2≙1 atm[1]. 往高处去,大气压逐渐降低,参看 **1.7**.

测量大气的压力(或气体压力)可以采用各种仪器. 如果它们指示的是压力差,它们就叫做**压力计**或者**流体压力计**;如果它们指示其周围气体的绝对压力,它们就叫做**气压计**. 液柱对于两种情况都可用(参看 **1.8** 和 **1.9**). 但是利用所测的压力使弹簧动作的其他型式的仪器也用得很多. 例如,为了测量空气的绝对压力,我们可以把一个金属小盒子里的空气抽出来,然后把一个易变形的盖子借强力弹簧的张力支起来,使之不致在外界大气压下塌下. 这样,盖子的移动就可以用一个指针在大大放大了的标尺上记录下来;从甲地到乙地的压力改变,或者当地大气压在变化,就可以由指针记录下来. 这种仪器叫做**无液气压计**.

气体的压力随容积改变的定律是由波义耳在 1662 年第一次发现的(因此就叫做**波义耳定律**);后来在 1679 年又被马瑞欧特独立地发现. 所以又叫**波义耳-马瑞欧特定律**. 这个定律是说:压力(在同一温度下)与容积成反比. 也就是说,如把一定量的气体压缩到它的容积的一半,则压力就增加一倍,相反地,如果容积增加一倍,则压力就减低一半. 这个定律用公式写出来就是:

$$pV=p_1V_1, \tag{1.1}$$

这里的 p_1 是原来的压力,V_1 是原来的容积;p, V 是另外情况下的一对相关的数值.

气体的容积随温度也有显著的变化. 在 1816 年格-路萨克发现:如压力保持不变,温度每增加 1℃,气体的膨胀总等于它在 0℃ 时的容积的 1/273.2. 除了有些在下面将要提到的微小的出

1) 还有两个常用的名词:ata 代表绝对压力,atü 代表超压(表压),它们分别表示相对于真空的压力和相对于大气的压力.

入之外，这个定律对于一切气体并且在各种不同的温度下都是适用的．这个特性可以用公式表示成：

$$V=V_0(1+\alpha\theta), \tag{1.2}$$

这里 V_0 是在 0°C 时的容积，θ 是摄氏温度，而 $\alpha=1/273.2$ 是“膨胀系数”．在中等压力范围内，不但对于空气而且对其他气体，如水蒸气、氦等，这个定律是相当准确的．

由于式(1.2)所表示的关系与相应的压力无关，只要式(1.1)中作比较的状态各自不变，就可以把公式(1.1)和(1.2)合并起来，由此我们得到一个在不同温度和压力下都可以适用的公式：

$$pV=p_0V_0(1+\alpha\theta), \tag{1.3}$$

这里 p_0 是一个固定但是任意的起始压力，而 V_0 是初始压力为 p_0 和温度为 0°C 时的容积．式 (1.3) 有时称为**马瑞欧特-格-路萨克方程**，也是一个“**状态方程**”，因为它联系了三个状态量：压力、容积和温度．由于实际气体偏离了这个方程，所以又把它叫做“**完全气体的状态方程**”．对一般密度的气体来说，这种偏离是相当小的，但如果加强压缩气体使其密度可与液体或固体状态下相比拟，特别是当同时温度也很低的情况下，偏离就很明显了．

在热力学中讲状态方程时，我们将再详细地论述这种偏离．在这里我们只简单地说明它的一种情况，由式(1.1)可见，如果压力极大，气体的容积可以变得极小．由这个公式我们就可以计算出：气体在什么压力下，可以达到水的密度，又在什么压力下可以达到金的密度等等．其实这是不可能的，因为气体有一个极限容积，不管压力有多高，都不能把气体压缩到比这个容积还小；到了这个状态，气体的分子已挤得无可再紧．要把这个事实考虑在内，我们可以把式(1.3)改写为

$$p(V-V')=p_0(V_0-V')(1+\alpha\theta),$$

其中 V' 表示这微小的极限容积．对于每一有限的压力 p，容积 V 显然总要比 V' 大一些；而当 V 比 V' 大得多时，用上面这个公式所给出的结果，就与式(1.1)和式(1.3)所给出的几乎相同了．

由状态方程 (1.3) 也可以算出当压力 p 等于零时的温度值．这就是所谓的绝对零点；它的值是

$$\theta=-\frac{1}{\alpha}=-273.2^\circ\mathrm{C},$$

因为摄氏温度表的零点是选在水的结冰点上，所以在一般理论计算时，从绝对零点计算的**绝对温度 T**，就写做：

$$T=273.2^\circ+\theta. \tag{1.4}$$

由于气体或液体的量常常是用它们的体积来量度的，为了方便起见，我们就给单位体积的质量一个名称，这就是密度，并且用 ρ 表示．因而完全气体的状态方程又可以用 ρ 表示为

$$\frac{p}{\rho}=\frac{R}{m}T, \tag{1.5}$$

其中新常数的比值 R/m 可以由气体在标准状况(即 $p_0=1$ 大气压，$T_0=273.2^\circ\mathrm{K}$)下的相应量求得，即

$$\frac{R}{m}=\frac{p_0}{\rho_0T_0}. \tag{1.6}$$

从热力学可以知道，这里的 R 是一个通用的自然常数：绝对气体常数，而 m 是表征各种气体的分子量．

$$R=1.986\text{卡/克·度}=848g\text{ 米/度},$$

其中 g = 重力加速度 = 9.80665 米/秒^2．这里，分子量 m 是作为无量纲量引入的，例如干燥空气的 $m=29$，水蒸气的 $m=18$，氢的 $m=2$．

气体受压缩时产生热，对于只适用于常温情况的波义耳–马瑞欧特定律来说，只有当压缩过程的时间很长，让压缩产生的热在压缩过程中，或至少在压缩完成后能散发出去，并恢复到原来温度的情况下，气体才能真正遵守该定律．对于膨胀时产生冷却，情况也同样如此．假如时间不足以使气体恢复到原来的温度，则显然，压缩过程中气体压力的增加必将比其容积减小为快．按热力学可知，如果产生的热量一点也不发散掉，即当压缩或膨胀进行得极快时，得出的将不是式(1.1)，而是：

$$\frac{p}{\rho^\gamma}=\frac{p_1}{\rho_1^\gamma}, \tag{1.7}$$

其中 $\gamma=c_p/c_v$，是定压比热和定容比热之比．

式(1.7)是在比热是常值的前题下成立的；在较低的和中等的温度时，这个关系与实际情况符合得很好．对于双原子气体如氧、氮的 $\gamma=1.400$．按照式(1.7)的压缩或膨胀叫做**等熵的**压缩或膨胀，以区别于按式(1.1)的**等温的**压缩或膨胀．它表示介质的熵不变，而且过程是可逆的．等熵比旧的**绝热**的说法更恰当，因为绝热只指与周围没有热交换．绝热过程不一定可逆，象气体不作功而进行绝热膨胀，例如在两个不同气压的气罐间，用阀门连通后压力逐渐平衡的过程，就是如此．另一个不可逆的绝热过程的例是通过激波的状态变化，称为**动力绝热**．"等熵"与"可逆绝热"是同义的．

等熵压缩所产生的热量，可以根据式(1.3)和(1.4)计算；自然，等熵膨胀产生相应的冷却效应．

注：我们在这一节里所概述的气体特性，可以用分子运动的假设完善地说明，即气体的分子一直在很快地跳动，不断地同别的分子和容器壁碰撞．气体的压力是这些碰撞的总效果，而温度和这些质点的平均动能是同义的．在压缩的时候，动能实际上确是增加的，因为当这些质点从对着气体而来的器壁上弹性地反射回来时，它们的速度是增加了．

1.6．重液体的平衡

重力对任一质量 m 的作用在于：此质量被一个力 mg 向地心吸引[1)]，其中 g 是自由落体的加速度，在中纬度附近约等于 9.81 米/秒^2．这个力 mg 就叫做质点 m 的**重量**．对于体积是 V 而密度是 ρ 的液体，它们的质量便是 ρV，而重量便是 $g\rho V$．$g\rho$ 这个乘积是**单位体积的重量**，在工程文献里，叫做"**体积重量**"，往往用 w 来表示．虽然有些地方也常叫它"比重"，但这绝对不能和体积重量混淆起来；比重是指单位体积水的重量取作 1 时，单位体积物质的重量，或即物质密度与水密度之比，单位体积的重量仅在选用特殊

1) 这是不够准确的．仅当地球不转动时它才是正确的．实际上，我们所说的重力是地心引力和离心力的联合效应；在北半球地区，铅垂线的方向在地心稍偏南处才和地轴相交．

的单位(厘米和克重; 分米和千克重; 米和公吨[1])时才和比重相合. 例如, 采用米和千克重, 单位体积水的重量就为 $w_s=1000$ 千克重/米^3.

引力 g 在地面上各点既然并不完全相同, 单位体积的重量也就随着地区而有所不同. 正是由于这个缘故, 物理学家就喜欢密度这个概念, 因为它是和重力无关的. 但是在流体静力学的计算里, 把 $g\rho$ 换作单位体积的重量 w 还是方便的.

流体静力学的基本问题, 即重液体平衡理论的基本问题, 是确定均匀重液体内压力的分布(确定"压力场").

我们仍旧研究(在液体里任意取出来的)小棱柱体对其轴向位移的平衡. 我们先假设它的轴是在水平方向, 如同图 1.6 那样, 换句话说, 它的轴与重力方向(铅垂线方向)垂直. 这样, 此棱柱体的重量在轴向就没有分力, 因而 **1.4** 中所有有关的讨论在这里全都适用. 于是我们又得到 $p_1=p_2$; 对于相邻的轴也在水平方向的棱柱体重复这个论证, 可知在一水平面上各点的压力都是相同的.

考虑一个轴线铅直的棱柱体或圆柱体关于上下位移的平衡, 我们便可以得到不同水平面上的压力之间的关系. 在这里我们发现, 棱柱体的重量对于平衡起了作用. 如图 1.8 所示, 向下作用的计有重量 $W=wV=wah$, 还有上端面的压力 p_1a, 而向上作用的则有底面上的压力 p_2a. 结果在平衡时必有

$$wah+p_1a=p_2a,$$

因而

$$p_2-p_1=wh. \tag{1.8}$$

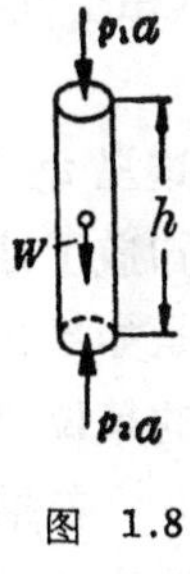

图 1.8

(1, 2 两点之间的压力差等于两点间单位截面积铅直液柱的重量.) 重复应用这个论证, 我们便得出下述结果: **压力向深处不断地增加, 每增加一单位距离, 压力就上升 w 那么多, 而在每一个水平面上则保持为常值.**

如果我们置一直角坐标系, 让 z 轴铅直向上, 并设 p_0 是 $z=0$

---

1) 1 公吨=1000 千克重=1t .

的水平面上的压力，则在任何其他点的压力是：

$$p=p_0-wz. \tag{1.9}$$

这个关系不只是对大的装满了液体的容器适用，而且对连通的容器或任何管系，对一堆砾石或沙子等等的空隙也适用；这是可以根据前面说明过的刚化原理证明的（参看**1.4**）．我们所假设的，只是液体是**均匀**的、连续的，并处在静止状态．

对于求潜在液体中物体所受力的问题，刚化原理也可提供一个很简单的解．我们可以先设想物体为液体所代替．很明显，这部分新的液体必定具有该固体的形状，并且具有与其余部分液体一样的单位体积的重量；而且，它可以在它表面上的压力的作用下保持平衡．这些压力的合力必定铅直向上，并且通过这部分新的液体的重心．这个向上的推力的大小，就等于被排开的液体的体积 V 与液体单位体积的重量 w 的乘积．如果我们现在设想这部分新的液体刚化了，即使替换以另外一个形状相同的物体，所有这些关系都不会改变．这个原理称为**阿基米德原理**，也可以表述如下：**一个潜在液体中的物体所损失的重量，等于它所排开的液体的重量**．假如我们把一个物体先在液体里称过，然后再在空气里称（在空气里当然也有一些浮力），我们就有：

$$\text{液体里的浮力}-\text{空气里的浮力}=V(w_1-w_a),$$

这里 w_1 和 w_a 是液体和空气的单位容积的重量．所以，要是我们知道了液体和空气的单位容积的重量，我们就可以求出 V，或者是如果知道了 V，我们就可以求得液体的单位体积的重量；空气的单位容积的重量可以按**1.7**所述的方法计算．

如果我们讨论**非均质液体**（如液体的温度各点不同，盐溶液的浓度各点不同等等），可以利用轴在水平方向的棱柱体的推导方法，这时压力在每一个水平面上也仍是相同的．现在我们选取两个这样的水平面，它们中间的距离（不太远）是 h（图 1.9），顶上的一个平面的压力是 p_1，而底下的平面的压力是 p_2．在这样一个空间里，我们再选取两个铅直的棱柱体，它们的高度是 h．在左边的棱柱体里，液体的单位体积的平均重量是 w_1，而在右边的一个里

是 w_2.

为了保持平衡，在左边 p_2-p_1 应等于 w_1h，而在右边 p_2-p_1 则应等于 w_2h. 但是，这两个关系式不能同时存在，除非 $w_1=w_2$. 不然的话，就没有平衡，而液体就要流动. 我们可以把 h 选得很小而使我们的论证更细致一些，并对任意多的成对相邻水平面重复应用上述论证，这样我们就得到以下的结果：**非均质量液体除非在每一水平层内密度不变，否则不能保持平衡.** 这也就同时附带地解决了两种密度不同而不能相混的液体（分为上下两层）的平衡问题. 根据我们的定理，为了保持平衡，**这样两种液体的分界面应为水平面.** 把图 1.9 所示的推理方法直接应用到两个均质的液体层（一层在上，一层在下，分界面的形状最初是不知道的，而只知道它在我们所取的两水平面之间），我们自然可以得到同样的结果.

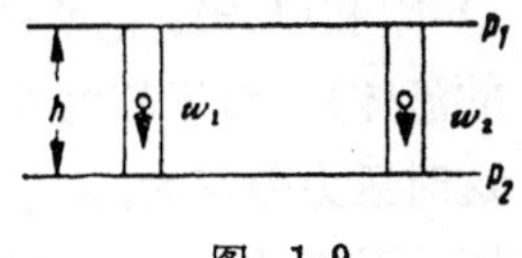

图 1.9

关于这种液体排列成层的稳定性，我们还要补充一句，就是，密度较小的液体总必须在密度较大的上面才是稳定的，相反的安排就不稳定，一个很小的扰动就可以使平衡完全破坏.

为了证明这一点，我们简要地讲一讲. 我们可以再从图 1.9 开始，在这两个水平面中间取一个受了扰动的分界面（例如有些倾斜），并且计算由此而引起的压力差. 在稳定的情形下，这些压力差有消减分界面的斜度的倾向，而在不稳定的情况下，则有增加斜度的倾向.

在密度连续变化时，完全类似的一些关系也是适用的. 假如在液体内各点的密度随高度而减低，则就是稳定的. 与稳定分层的非均质液体不同，均质液体代表随遇平衡的情况. 即随便那些部分被怎么移动，都不会引起破坏平衡的力.

关于在非均质液体中的压力分布，方程(1.8)的微分形式

$$dp=-wdz \tag{1.8a}$$

对于密度足够均匀的每一层都适用. 如果 w 是 z 的函数，我们由积分得到

$$p=p_0-\int_0^z wdz. \tag{1.10}$$

1.7. 重气体的平衡

重气体的平衡条件实质上是和液体平衡时一样的，所以上一节中的那些关系在这里也可以应用．在许多情形下，例如当这团重气体展布在并不太大的高度范围内时，它的单位容积的重量就可以看作是各点相同的．这样，我们就可以使用上一节的方程(1.8)和(1.9)，也就是说，可以把此气体就看作是均质液体(一般的流体)．对于较大的高度范围(例如几公里)，这就不再许可了．这时压力差甚大，由于气体的可压缩性，上下的密度已有显著的不同．温度差也常常起作用．所以，这里我们一定要用适用于非均质液体的公式．不过为方便起见，宜将那公式写成另外一种形式，因为最初 w 并不是高度 z 的已知函数，而是通过压力 p 来决定的．将式(1.8a)两边以 w 除，然后积分，我们就得到

$$\int_{p}^{p_0}\frac{dp}{w}=z. \tag{1.11}$$

对于各种不同的温度分布，我们就可以从这个积分式得出不同的结果．我们现在将仅限于讨论一个重要情况，那就是等温的情形．单位容积的重量与一定量气体的容积成反比，所以，根据波义耳-马瑞欧特定律，它就与压力成正比；也就是说，

$$w=w_0\frac{p}{p_0}, \tag{1.12}$$

因而

$$\int_{p}^{p_0}\frac{dp}{w}=\frac{p_0}{w_0}\int_{p}^{p_0}\frac{dp}{p}=\frac{p_0}{w_0}\ln\frac{p_0}{p}. \tag{1.13}$$

这里，正如从式(1.8)就可很容易地看出，$\frac{p_0}{w_0}$ 是一个单位容积的重量为常值 w_0 的流体柱的高，此柱顶端上的压力是零，底上的压力是 p_0．这个高度就叫做**均质大气的高度**．对于实际的大气来讲，这仅仅是个方便的数学量．我们现在可以当作例子计算它的数值．为了达到这个目的，我们得先知道 w_0 的数值；为此我们可

以先把一个备有气门的器皿抽空，用精密的天平把它称一称，然后打开气门放满空气，等到温度同外界平衡后[1]，再摆在天平上称一称，前后称得的这两个重量的差便是器皿里的空气的重量 W. 如果根据装满水和倒空水的两个重量确定了器皿的体积 V，我们就可得到 $w_0(=W/V)$ 之值；这 w_0 值系相应于地面处的压力 p_0，在别的压力 p_0 下，w_0 可按比例算出. 为简单起见，我们将假设 p_0 正好等于1千克重/厘米^2. 于是，对于温度为 θ 的中等湿度的空气，根据格-路萨克定律，我们得到

$$w_0=\frac{1.245}{1+\alpha\theta}\text{千克重/米}^3. \tag{1.14}$$

[对于一个大气压的 p_0(=1.0332千克重/厘米^2)，对中等湿度的空气，上式里的数值1.245应改用1.286，而对于经过干燥处理的空气，应为1.293.]

在动力学里将密度 $\rho=w/g$ 用作质量惯量的量度. 对于室温下的空气，我们可以取一个平均值 $w=1.23$ 千克重/米^3. 因此如取 $g=9.81$ 米/秒^2，在米·千克重·秒制中，对 ρ 就得到平均值 $\rho=0.125$ 千克重·秒^2/米^4.

现在为了计算式(1.13)中的 p_0/w_0，我们必须把 p_0 用与 w_0 一样的单位制来表示. 1千克重/厘米^2=10000千克重/米^2，因而

$$\frac{p_0}{w_0}=\frac{10000}{1.245}(1+\alpha\theta)=8030(1+\alpha\theta).$$

p_0/w_0 的量纲是千克重/米^2÷千克重/米^3=米. 于是，对于中等湿度的空气，均质大气的高度为 $8030(1+\alpha\theta)$ 米(与压力无关，但是随温度而变). 我们用 H_0 表示这个高度. 应用式(1.11)两次，我们得到:

$$z_1=H_0\ln\frac{p_0}{p_1},\quad z_2=H_0\ln\frac{p_0}{p_2},$$

即

$$z_1-z_2=H_0\ln\frac{p_2}{p_1}. \tag{1.15}$$

这就叫做**气压高度公式**(这样叫是因为压力是用气压表测量出来

---

1) 开始时，气罐中的空气是被加热的，因为外界空气冲进气罐时，对它做了功.

的，参看**1.9**）. 从式(1.15)中解出 p，我们便得到压力与高度的关系：

$$p = p_1 e^{-(z-z_1)/H_0}. \tag{1.16}$$

如同就图 1.8 的情形所论证的那样，我们容易看出，从点 z 向上直到大气层边缘的空气柱的重量等于 ap，这里 a 是空气柱的底面积. 由此立刻推知，压力 p 就等于点 z 以上的单位面积空气柱的重量. 图 1.10 就是公式(1.16)的图示. 压力是连续地降低，但随着高度的增加，降低率则逐渐减小. 在无穷远处它就等于零. 自由大气中这种压力随高度而降低的变化，很容易由带往塔上或山上的测压仪器(气压计)测量出来，甚至在几层高的楼上也已经可以分辨出来了. 如果同时也观察空气的温度，根据观察到的压力差就可以很准确地确定高度差. 这就是记录飞机高度的常用的方法. 如果高度差已经知道，这个方法自然就可以用来测定空气层中的平均单位体积重量.

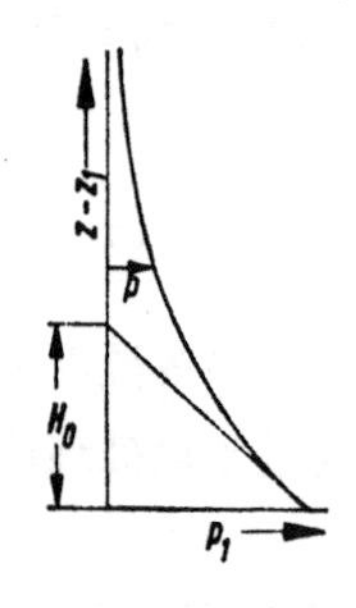

图 1.10 等温大气中的压力分布

如果空气里的温度是不均匀的话，把其整个高度分成若干段，使得在每一段里温度差异不再是大的了，则气压公式仍旧可以在每一段内应用. 这时，对每一段的大气高度 H_0，就要根据这段内的平均温度来计算.

我们仍旧要解决这样一个问题：在什么条件下分层气体的平衡是**稳定**的，什么条件下它不稳定. 只说明上层气体的要比下层的密度小是不够的. 理由是：如果一团气体向上或向下流动，它就进入压力不同的区域，从而密度也就随之而改变. 我们的问题的正确答案是这样的：如果一部分被挤上来的气体，在新的压力下其密度比周围的气体大，并且如果一部分被挤下去的气体，在新的压力下其密度比周围的气体小，则平衡就是稳定的. 因为在这种情形下，这部分气体就趋于要回到它原来的位置. 在一团气体里，有一种分层状态(温度分布)它在稳定性方面很类似于均质液体，也就是说，在这种分布下这团气体是处于随遇平衡状态. 在这种状态下,每一部分气体在被移到任何别的地方以后,就必和新的环境相适应,好象它从来就是属于那里似的.如果改变压力而不给气体任何机会与周围交换热量,则这部分气体就是等熵或者可逆绝热的.现在如果分层是这样的,压力和密度遵循状态的等熵变化规律[参看 **1.5** 的式(1.7)],从而 p 和 w^γ 成正比(w 与容积成反比),则被迫向上或向下移动的每一部分气体,就真是迁移到了与它自身由于状态的等熵变化所达到的温度一样的地方,因而它就没有任何机会交换热量.可以证明,这种**绝热分层**(或者准确些:**等熵分层**)与均质液体有一个共同点,这就是:它是由原来任意分层的气体彻底地混合而生成的,正如本来是非均质的盐溶液经过搅拌使它成均质一样.

在大气里,绝热分层的特征是:大约每上升 100 米温度下降 1℃.小于这个温度降低率就表示大气是稳定的,因而如果温度随高度而增加,那么稳定性就愈加大.大于 1℃/100 米的温度降低率在自由大气里通常是不存在的,因为这相应于不稳定状态.但是当地面处的温度比邻近地面的空气的温度高时发生了这种情况.此时,空气自然不能平衡而是到处上下对流.

在绝热分层的大气里,从式(1.7)得出关系式

$$w=w_0\left(\frac{p}{p_0}\right)^{1/\gamma},$$

代入式(1.11),压力变化就可以很容易地算出来.积分的结果是

$$z=\frac{\gamma H_0}{\gamma-1}\left\{1-\left(\frac{p}{p_0}\right)^{(\gamma-1)/\gamma},\right\}$$

或即

$$p=p_0\left(1-\frac{\gamma-1}{\gamma}\,\frac{z}{H_0}\right)^{\gamma/(\gamma-1)}.$$

利用状态方程(1.6)和 $w=\rho g$ 以及 $\frac{p_0}{w_0}=H_0$,我们就有

$$\frac{RT}{mg}=\frac{p}{w}=H_0-\frac{\gamma-1}{\gamma}z,$$

因而

$$\frac{dz}{dT}=-\frac{\gamma}{\gamma-1}\,\frac{R}{mg}.$$

对于平常湿度的空气 $R/mg=29.4$ 米/°K,所以 $dz/dT=-102$ 米/°K.

注:如果把上式中的 γ 换作另外一个数值 n,我们就得到一个很合用的

插值公式用来描绘大气中实际发生的分层状态. 这种状态称作是**多方的**. 很明显, 对于稳定分层状态, n 总要比 γ 小.

1.8. 大气压和液压的交互作用. 液体压力计[1]

如果容器里空气的压力和外面的大气压差异不大, 此差值可以用一个盛有部分液体的 U 形管测量出来 (参看图 1.11). 略去空气本身的重量, 我们可以得到如下的关系. 在点 A 处液体中的压力就等于容器中气体的压力 p_1. 在 U 形管的另一"肢"的点 B 处, 压力是和点 A 处一样的(管和容器是相通的, 并且 A, B 是在同一水平线上). 设管的点 B 所在肢的液体的自由面是在点 C 处, 那里压力为 p_0(大气压). 令 $\overline{BC}$ 等于 h, 则按 **1.6** 所述关系, 可得

$$p_1 = p_0 + wh.$$

所以, 一个注有液体的 U 形管就很适于测量这种压力差. 实际应用的时候有各种不同的形式. 为了避免要在两处(图 1.11 的 A 和 C) 读数, U 形管的一肢常常做成一个大桶的形式, 这样其中液面高度的改变就很微小(图 1.12). 在这种情形下, 两肢都要接通大气, 以便确定"零读数". 为了测量很微小的压力差, 我们用更精细的方法来测量液体的高度[用一种可变位的显微镜, 或者观察浮在液体表面上的标尺的放大象(贝茨方法)], 或者我们运用倾斜的

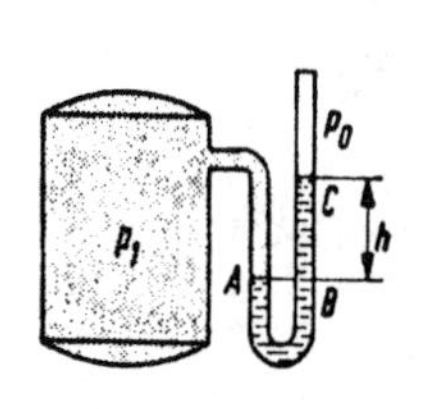

图 1.11 静压测量(U 形管)

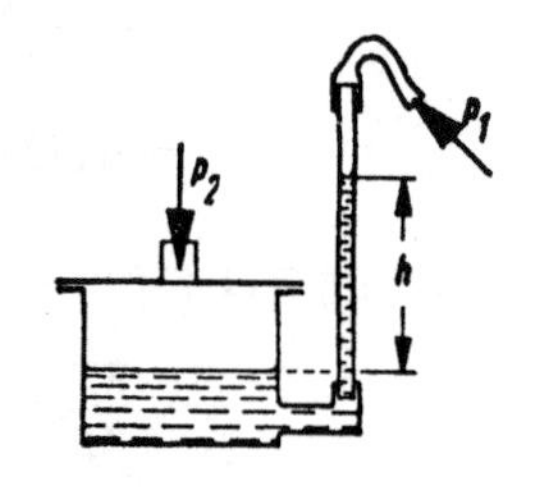

图 1.12 液体压力计

1) 测高压的压力计 [例如管式弹簧压力计 (波尔顿管)] 和测极微压的压力计(如麦克洛德真空计)一样, 对流体力学本身来说, 并没有什么重要性.

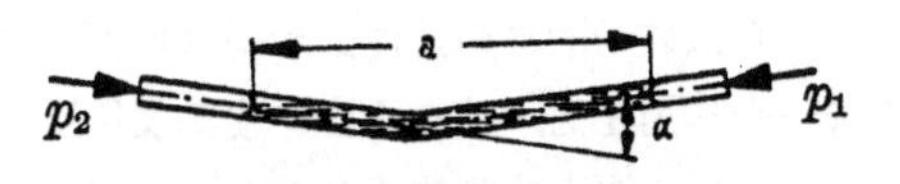

图 1.13　特普洛压力水平仪

玻璃管，如特普洛压力水平仪(图 1.13)或科瑞尔微压计(图 1.14)中那样．在这两种测压计里，液体在管里移动一个距离 x，就相当于高程改变 $h=x\sin\alpha$，从而就相当于一个压力差

$$p_2-p_1=wx\sin\alpha.$$

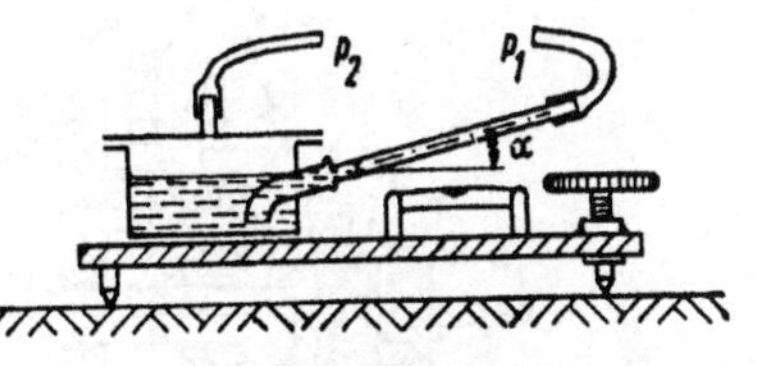

图 1.14　科瑞尔微压计

可是，测定这个小倾角 α 而且要有足够的准确度并不容易；并且除非实际检验过，我们是不能信赖管子是绝对平直．所以，要想提高测量的准确度，仪器就必须经过校准．

测量微小压差，除可用液体静力测量仪器(其中旧型的特普洛水平仪和科瑞尔微压计，在这段时间里又有了新的改进，见[K1][1])以外，还研制出了'干式'(不用液体)测量仪器．属于后一类的有瑞查特[1,2]所设计的仪器，它很适用于测量极小的压差(灵敏度是 10^{-4} 毫米水银柱或更小些)．它的整个可旋转系统(图 1.15)包括一个指针 Z 和一个弯成圆弧形的活塞弯杆 K，就象在电流计中那样，用白金丝悬挂起来．弯杆通过隔板(有约 0.1 毫米的间隙)从室 I 通到室 II，并将要测量其压力差的两个压力 p_1 和 p_2 用管子分别通到室 I 和室 II，由于弯杆的转动，就可以把这两个压力之差测量出来．因为存在间隙，弯杆与隔板孔之间不可避免地有气流流动，所以测压管必须粗一些，以免在管中引起可以觉察到的压力降落．

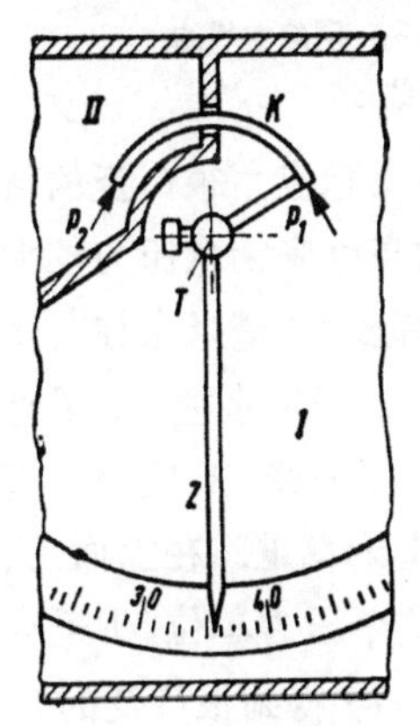

图 1.15　瑞查特测量小压力差的仪器
T——扭转支点；K——弯杆；Z——指针

测量极微小的压力差，还可以先把它放大，然后用通常的液柱压力计来测量．路德维格就制造了一个放大率为 100:1 的压力放大器[1,3]．这个仪器的原理是，把要测压力

1) 那里也描述了在英国常用的测量微小压力差的恰托克式压力计．

差的两个压力通入一个可以转动的自由悬浮的活塞 A 的两侧(参看图 1.16). 由此产生的轴向力被一个作用在另一较小活塞 C 上的反压所平衡，这个反压由压缩空气自动调节. 反压比原来待测的压力差大得多，是准确地按两个活塞面积的比例放大的. 放大后的压力差可以连通到一般的压力记录仪上，把原来的微小压力差记录下来(详细情况见[1.3]).

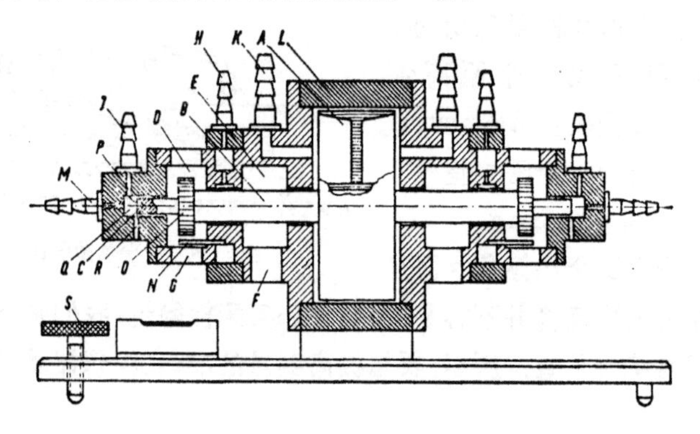

图 1.16 路德维格式压力差放大器

A——大活塞面; C——小活塞面; K——待测压力差的气体进口接嘴; M——放大后的压力出口接嘴; H——压缩空气的进气嘴; R——供作自动调节用的钻孔

由于采用了液体压力计，就产生了一种实际应用很广泛的特殊的压力单位. 这就是直接利用液柱本身的高度来衡量压力的大小. 由于各种液体的密度彼此不同，所以就有多少“毫米水柱”、多少“毫米水银柱”等等的说法. 很容易算出，1 毫米水柱 = 1 千克重/米^2 = 10^{-4}千克重/厘米^2; 因为底面积为 1 平方米，高度为 1 毫米的容器内的水正好是一升，它的重量正是 1 千克重. 在上面，头一个等号所表示的关系式很容易记，因而使这个压力单位: 1 千克重/米^2，在工程方面(如通风工程、航空工程等)得到很广泛的应用. 不过，在读数精确度要求高的地方，水作为测量液是很不适宜的，因为它易于不规则地附着在玻璃管的内壁上. 采用能溶解油类的液体(酒精、甲苯、二甲苯等)就要好得多. 在压力差较大时，宜于采用水银; 因为纯净水银在玻璃管不太细时，读数是很清楚的. 水银的比重为 13.6(更准确些，在 0°C 时为 13.595)，故 1 毫米水银柱=13.6 千克重/米^2=0.00136 千克重/厘米^2. 反过来，则 1 千克重/厘米^2=735.56 毫米水银柱. 1 毫米水银柱这个压力单位，也称为“1 托(torr)”，以纪念托里拆利(Torricelli)(见 **1.9**). 在英美文献里，常用每平方英寸多少磅(写作泊赛 psi)作为压力单位：1 泊赛=0.4536 千克重/(2.54 厘米)^2=0.07031 千克重/厘米^2.

1.9. 减压. 气压计

如果把图 1.11 中气罐里的空气抽出一部分，从而使气罐里的压力降到外部大气压以下，则 U 形管左肢的液面就会比右肢的高；液体就好象是被“吸上去”了. 图 1.17 示出了一个仅在布置上不同而实质是一样的实验.

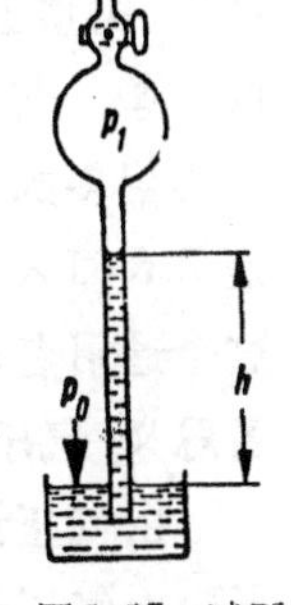

图 1.17 减压
$p_1=p_0-wh$

在图 1.11 的情形中，气罐里有“超压”；相反地，在图 1.17 的情形中则为“减压”. 我们用超压和减压的数值来表示气罐内的压力和大气压之差，这个差可以用图 1.11 或 1.17 中的液柱的高度 h 来衡量.

从物理的观点来看，液体究竟能升多高的问题就发生了. 古代把液体的这种上升“解释”为“自然怕真空”，虽然实际上这只是陈述了一个事实而什么也没有解释，但人们对此说法却已十分满意. 也没有人作过什么研究，看看自然怕真空是否有一个限度. 佛罗伦萨的有些水泵制造者，因为没有考虑过这个问题，把水泵的活门开在高出水面 10 米以上，结果发现，不管费多大力气水总也升不到那么高；这些人的不幸，驱使伽利略去研究这件事情. 不过，是伽利略的学生托里拆利劝使他的朋友威瓦尼在 1643 年用水银作了实验，才第一次得到了正确的认识.

从我们的观点来看，答复上面所提出的问题并无困难. 液体被吸上来只是表明液面上的压力较外面的大气压为低. 在图 1.17 里，容器中的压力不可能低于空气抽空时的零压力. 因此，液柱不可能高过相应于一个大气压 p_0 的高度 $h(h=p_0/w)$. 上面讲的威瓦尼的实验是这样的：他用了一根 120 厘米长的玻璃管，管的一端吹有一个球泡，另一端是开着的．他通过开口端把管装满水银，然后用手指塞住开着的一端，并把它倒置于浅水银盘内．如果他的手指随后从管端拿开，水银就下沉，沉到水银柱高出盘内的水银面约 75 厘米为止，管的顶端就出现一段真空．托里拆利从这个实验正确地推断：这水银柱是受了外面的空气的压力而保持平衡，或者，我们可以说，是由于一直伸展到大气层边缘的同样截面积的空气柱的重量而保持平衡．此外，托里拆利还注意到，水银柱并不总是一样高，并由此得出结论：大气的压力是有一定程度的变化的——这对气象学来说是一件很重要的事实．托里拆利还得出一个结论：山顶上的气压应当比山谷里的低，所以水银柱在高处应当是低一些．若干年之后，在巴斯科的推动下，皮瑞测量了高 975 米的普维德多姆山顶和山脚下的水银柱的高，他发现水银柱高度的差是 7.6 厘米，正与所预期的一样，从而证实了上述结论．把气压计这个通用名词用到测量大气压的仪器上也是从巴斯科开始的．顾名思义，气压计是测量位于它所在处上方空气柱的重量的．

由气压计而来的另外一个压力单位是物理的“大气压”．在海平面上气压计的平均高度约为 760 毫米水银柱．大家公认把它定为温度 0°C 时气压计的正常高度，而与其相应的压力是“1 大气压”．上述单位称为“物理的”，是因为另外还有一个工程大气压，其单位是“千克重/厘米²”．由于水银在 0°C 时的比重是 13.595，即 1 立方厘米有 13.595 克重，故 76 厘米高的水银柱就相当于压力

$$
\begin{aligned}
76\ \text{厘米} \times 13.595\ \text{克重/厘米}^3 &= 1033.2\ \text{克重/厘米}^2 \\
&= 1.0332\ \text{千克重/厘米}^2.
\end{aligned}
$$

这个压力相当于 10.332 米高（“水压计的高度”）的水柱．因此，水泵的活门在所要抽水的水面上方的高度必须小于上述数值（由于余隙和漏气等种种损失一般不应超过 6—7 米）．

由于前述物理的大气的定义牵涉到地球的引力，而地球的引力在地球表面上是各处不同的，所以当准确度要求高的时候，就必

须对重力加速度 g 采用一确定的数值以用于压力单位的定义. 标准的重力加速度取为 980.665 厘米/秒^2, 即相应于纬度 45° 海平面处的数值. 如果重力加速度具有与上述数值不同的值 (g), 则该处的标准大气压应该用当地的实测重量(千克重)乘 $1.0332\times 980.665/g$ 除以用平方厘米表示的面积. 为了避免这种多少有点任意的定义, 近来提出了厘米·克·秒(C. G. S.)制的压力单位, 即每平方厘米一百万达因, 这个单位叫做1 巴(bar). 假设重力加速度用它的标准值, 1 巴就相当于 750.06 毫米高的水银柱. 1 巴的千分之一就是气象学里所用的压力单位, 叫做**毫巴**. 1 个物理的大气压为: 1 atm = 1013.25 毫巴; 1 个工程的大气压为: 1 at = 1 千克重/厘米^2 = 980.665 毫巴.

1.10. 在其他力场中流体的平衡

在 **1.6**—**1.9** 的讨论中, 我们认为一个均匀的重力场的存在是当然的, 也就是, 假设地球的加速度的量值和方向是到处一样的. 当区域不那么广阔时, 对于大多数的应用这已是足够准确的了. 但是, 如果所要考虑的区域与地球半径相比不再是很小的话, 我们就必须计及重力加速度的量值和方向的变化. 对于流体相对于匀速旋转的容器是静止的情形, 如果我们要把这旋转的液体当作静止的来处理, 就必须在重力加速度之外再加上离心加速度. 所以, 我们将对均质或非均质流体在任意力场[其中, 作用在单位质量上的力(即加速度)的量值和方向是逐点变化的]中的平衡作完全一般的讨论.

从 **1.6** 的说明出发, 很容易证实, 任何一点的压力不能在垂直于通过该点的力的任何方向起变化(可以考虑如图 1.6 中那样的小棱柱体的平衡, 而让棱柱体的轴垂直于力的方向). 我们可以进一步证明, 压力沿力的方向是增加的, 且遵循

$$dp = g\rho dh \tag{1.17}$$

(根据象图 1.8 中那样的、高为 dh 的小棱柱体的平衡, 让小棱柱体

的轴位于力的方向；dp 是压力的增加，而 g 是力场的强度）．从前一个论点立刻可以推知，如果我们考虑与任一点的力相垂直的所有的方向，则垂直于此力的面元上的压力必定是常数．对于这些相邻的面元可以联成一片的情形，即如果存在处处与力线相垂直的曲面（我们把这种曲面叫做**法线曲面**），则根据上面的事实，这些面上的压力是常数．要是一个力场没有法线曲面的话，流体便不可能在这种力场中平衡[1)]．

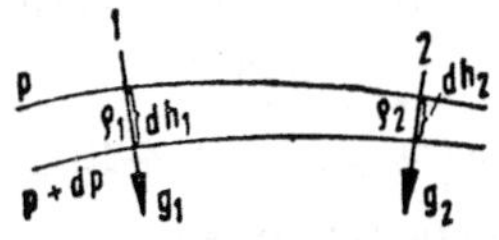

图1.18　在任意力场内的流体压力

现在我们假设力场确有法线曲面，并且让我们考虑两个这样的面，上面的压力分别是 p 和 $p+dp$．我们选两个位置1和2（参看图1.18）；利用上面的关系，我们就可以说，在左边 dp 等于 $g_1\rho_1 dh_1$，而在右边等于 $g_2\rho_2 dh_2$．在 ρ 等于常数，或者为 p 的函数（均质流体或正压[2)]分层气体，参看1.6, 1.7）的情况下，因为 $p_1=p_2$ 和 $\rho_1=\rho_2$，我们最后得到 $g_1 dh_1=g_2 dh_2$．而 gdh 是从一个法线曲面到另一个时场力所作的功；上面的讨论表明，这个功对于两个法线曲面间的所有路线都是一样的．这就是一个力场应有位势的判据．所以，法线曲面就是等势面．如果我们通过式

$$dU=-gdh \tag{1.18}$$

引进点 A 的位势 U（带负号的原因是我们把式（1.17）中的 dh 在 g 的方向取作正），结合已有的结果，我们就可以写：

$$dp=-\rho dU,$$

或

$$dU=-\frac{dp}{\rho}, \tag{1.19}$$

由此推出

1）在这种情况下，通过一点而垂直于诸力线的曲线，绕回原来出发的那个力线的时候，它并不回到出发点，而是在这点的上边或下边的一点，视所描画曲线的转向而定．这类向量场的实例可以这样得到：把两个平行的平面用一些垂线联接起来，因而这些垂线彼此平行，然后以任一直线为轴把其中的一个平面相对于另一个平面转一个小角，于是这些直线就扭歪成为螺旋形，而把它们看作是力线．

2）“正压”是指密度只与压力有关．

$$U_A - U_B = \int_A^B \frac{dp}{\rho}. \tag{1.20}$$

在我们的假定下(即在均质流体或正压分层气体的情况下)，上式的右边可以积分，从而可以把压力直接表成位势的函数．这些结果可以总结如下：

对于均质流体或正压分层气体的情形，除非力场有势，否则平衡是不可能的．这些等势面(它们与力相垂直)同时也就是等压面．在力的方向，压力增加遵循 $dp = -\rho dU$.

在非均质流体中，我们可以设想有这样一种情形：虽然 $g_1 dh^1 \neq g_2 dh_2$，但密度可以分布得使 $\rho_1 g_1 dh_1$ 和 $\rho_2 g_2 dh_2$ 相等．这时平衡可以达到；但是容易看出，这样的平衡是不稳定的，因为，我们只要沿着法线曲面把流体的位置移动一下(这用不着消耗功)，这样就能改变密度的分布而破坏平衡．所以，要是我们只限于考虑稳定状况，我们就只需讨论有势力场．另一方面，如果 $g_1 dh_1 = g_2 dh_2$，为了平衡我们还必定有 $\rho_1 = \rho_2$．因此，我们可以作出以下的结论：

只有在力场有势时，才可能有非均质流体的稳定分层；这些等势面同时也就是等压面和等密度面．

这样，公式(1.19)和(1.20)在这里仍可以应用．分层的稳定性条件与**1.6**, **1.7** 中所讨论的关于均匀重力场的条件相同．

在物理学里所出现的力场(除了电流流过磁场所产生的某些力之外)几乎总是有势的，所以上面的这个位势应当存在的要求，几乎没有实际上的限制．而密度应当在任一等势面上不变的要求却有实际重要性．例如，局部加热液体或气体，造成局部密度降低时，这个条件就会被破坏．在这种情形下平衡就不再可能；受热的流体开始运动，从而又使邻近的流体流动，并且，直到最热的那部分流体形成在其他部分之上的一层时，整块流体才静止下来．

液体的自由面或两种不同密度的、不可混合的液体之间交界面总是等势面．因此，我们对位势相等的面，等势面也用“**水平面**”(自由面或想象液体的水平面)这个术语．在大地测量学中，高度的测量就是以海平面作为基准水平面的．

上述规律的应用可以用一简单例子来阐明. 设求绕铅直轴匀速旋转的圆形容器内相对静止的均质重液体的平衡. 我们可以从写下位势的表达式着手; 位势由两部分组成, 其一是由于重力, 另一是由于离心力.

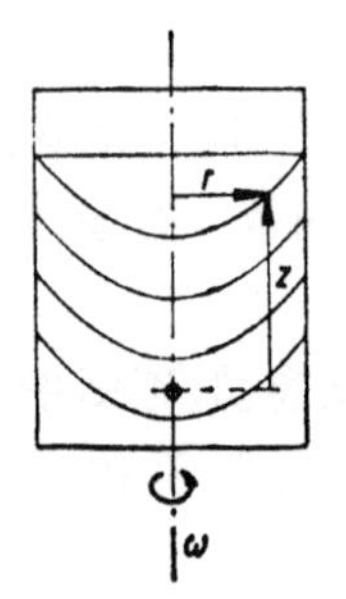

图1.19 旋转容器中的液体

若取柱坐标 r 和 z(图 1.19), z 的正方向是向上, 则重力势的部分是

$$U_1=U_0+gz,$$

其中 g 是重力加速度, U_0 是一个任意的初值. 为了求离心力势那一部分, 我们可以先取加速度 $\omega^2 r$, 其中 ω 是容器和其中液体的共同的角速度, 然后沿 r 方向积分, 我们便得到位势的第二部分为

$$U_2=-\frac{1}{2}\omega^2 r^2.$$

把两式合并我们便有:

$$U=U_1+U_2=U_0+gz-\frac{1}{2}\omega^2 r^2.$$

令 U 等于常数, 我们就得到等势面, 即有

$$z=\text{常数}+\frac{\omega^2 r^2}{2g}.$$

所以, 自由面和所有的等压面都是带有同一参数 g/ω^2 的抛物面.

实际压力仍由 $p=p_0-\rho U$ 给出, 由于 $g\rho=w$, 故

$$p=\text{常数}+w\left(-z+\frac{\omega^2 r^2}{2g}\right).$$

1.11. 表面张力(毛细现象)

(a) 一般原理. 液体的自由面都呈现出收缩的趋势. 这可以用这样一个假设来解释, 就是此表面象一个被均匀地张拉的薄皮那样处于应力状态. 我们可以假设: 靠近表面的每个液体质点因

受邻近质点的引力而被拉向液体的内部，因而除了为构成表面所绝对必须的那些质点以外没有多余的质点留在表面上[1)]．在两个不相掺混的液体的分界面上，也存在同样的情况．我们叫这种张力为**表面张力**或**毛细力**；用于整个这类现象的毛细作用这个名词，来源于液体在细管[毛细管，源自拉丁文 capillus(毛发)]中的特别奇特的性状，今描述如下．

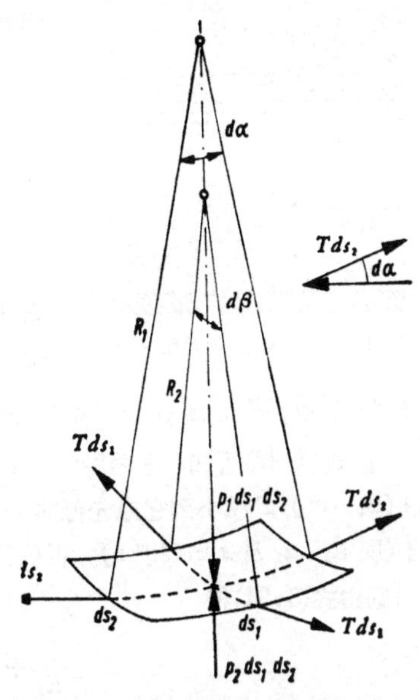

图 1.20　弯曲液表面上的表面张力和压力

表面张力并不在平表面上出现，因为那里的力处在平衡状态．如果表面是曲面，则出现表面张力，它与为保持平衡而产生的压力差相平衡．假如我们在曲表面上考察一个边长为 ds_1 和 ds_2 的矩形(图 1.20)，则压力差 p_1-p_2 在面 ds_1ds_2 上产生一个力 $(p_1-p_2)ds_1ds_2$．设作用在每单位长度上的表面张力为 T，(T——毛细作用常数)，则在这个矩形的四个边上，有两个 Tds_1 力分别作用在 ds_1 的两边上，又有两个 Tds_2 力分别作用在 ds_2 的两边上．假设在 Tds_2 这一对力之间的夹角是 $d\alpha=ds_1/R_1$，则它们的合力便是 $Tds_2\cdot d\alpha=Tds_2\cdot ds_1/R_1$；同样，如果 Tds_1 这对力之间的夹角是 $d\beta=ds_2/R_2$，则它们的合力便是 $Tds_1\cdot ds_2/R_2$．因为上述三力处于平衡，并且 ds_1ds_2 又是一个公共因子，可以约去，我们就有

$$p_1-p_2=T\left(\frac{1}{R_1}+\frac{1}{R_2}\right),\tag{1.21}$$

其中，从上面的几何关系可知，R_1，R_2 是此曲面与垂直于其切平

1) 按此机理普朗特通过计算证明，它象受张拉的薄膜中那样会产生张力；参看[1.4]．

面且互相垂直的两平面的(两)交(曲)线的曲率半径[1].

(b) 重液体. 由于处于平衡的重液体内的压力分布为 $p=p_0-wz$, 这里 z 是向上量的, 而 w 是单位体积的重量, 在单位体积的重量分别为 w_1 和 w_2 的液体的分界面处, 我们有

$$p_1=p_0-w_1z \quad 和 \quad p_2=p_0-w_2z,$$

从而由式(1.21)得出, 交界面的曲率的规律为

$$\frac{1}{R_1}+\frac{1}{R_2}=\frac{w_2-w_1}{T}z. \qquad (1.22)$$

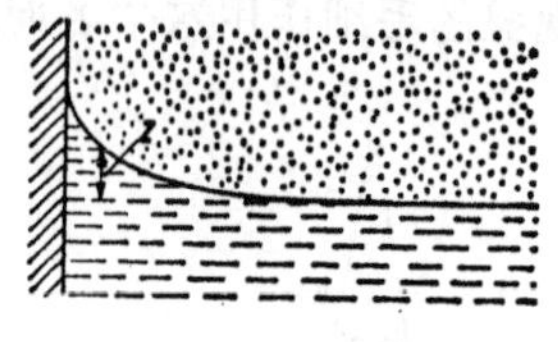

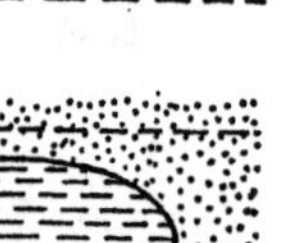

图 1.21 重液体的毛细表面

图 1.21 中给出了此等分界面的两个例子. T 的值可由测量交界面的曲率得出; 不过, 在下面(c)中将叙述一种较好的方法.

由式(1.22)可知, 在两种液体每单位体积的重量很接近相同的情况下, 如 $(w_2-w_1)/T$ 减小到它原先值的 $1/n^2$, 则上述各种曲面均放大为原来的 n 倍 (即 R_1, R_2 及 z 均乘以 n), 但仍保持几何相似. 如果边界两侧的压力相等, 则由式(1.21)得

$$\frac{1}{R_1}+\frac{1}{R_2}=0,$$

这时出现最小曲面, 这些最小曲面, 可以在一个封闭边界内或者在两个封闭边界之间, 用肥皂泡清楚地显示出来. 球形肥皂泡内具有超压

$$p_1-p_2=\frac{4T}{R};$$

由于这里的肥皂溶液有两个面与空气相接触, 式(1.21)中的 T 换成了 $2T$.

(c) 接触角. 如果三种液体的边界面相交于一线, 则为了三个表面张力 T_{12}, T_{13} 和 T_{23} 能处于平衡, 正如可以从这三个力所形成的三角形 (图 1.22) 看出的, 这些边界面必须交成一定的角度. 要是 T_{13} 比 T_{12} 与 T_{23} 的和还要大, 则平衡就不可能. 例如, 如果物质 1 是空气, 物质 2 是矿物油, 物质 3 是水, 就出现这种情

---

1) 由式(1.21)我们可推出一几何定理: $\left(\frac{1}{R_1}+\frac{1}{R_2}\right)$ 与 ds_1 和 ds_2 的方向无关, 因为式(1.21)左边确实与这些方向无关.

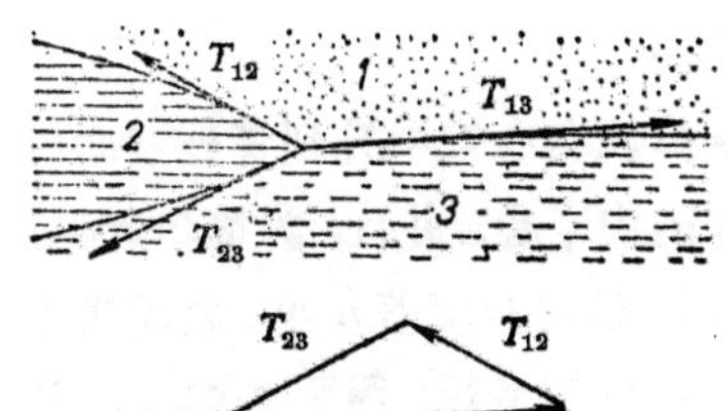

图 1.22 三个表面张力的平衡

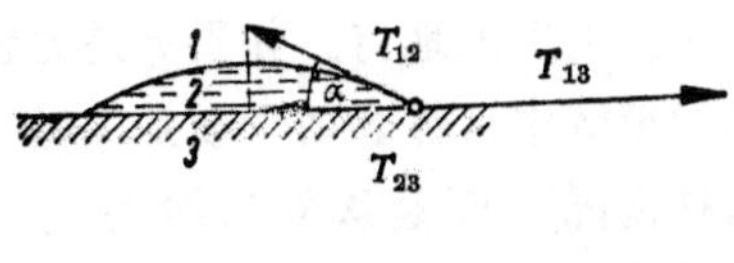

图 1.23 在固体表面处的接触角

况．这时物质 2 (矿物油) 将展布于整个表面，虽然可能是很薄的一层，就象润滑油滴展布在湿的马路上那样．但是如果物质 2 是熔化了的脂肪，当把它摆在空气和水之间时，它就形成薄凸透镜的形状(如浮在菜汤上的脂肪圆球)；图 1.22 就表示这种情形．如果这三种物质中有一种是固体，那么我们所要讨论的平衡就只是在平行于固体表面方向的三个分力的平衡，因为只有在那个方向才有自由运动的可能．假设沿此固体表面有等效的表面张力，我们就得到

$$T_{12}\cos\alpha+T_{23}=T_{13},$$

其中 α 是接触角(参看图 1.23)，也就是，

$$\cos\alpha=\frac{T_{13}-T_{23}}{T_{12}}. \tag{1.23}$$

假设两种流体 1 和 2 的交界面处的表面张力 T_{12} 已经知道，而 α 可以观察到，则表面张力差 $(T_{13}-T_{23})$ 就可以求出；可是 T_{13} 和 T_{23} 尚不能单独地确定．这个差数也可能是负的，在那种情况下，α 就比 $\pi/2$ 大，如在空气、水银和玻璃的情况下就是如此．在图 1.21 中，下图所表示的是那种情况下的一滴水银．当然，也可能 $T_{13}-T_{23}>T_{12}$；在这种情况下，整个固体表面都被液体 2 所覆盖，对于

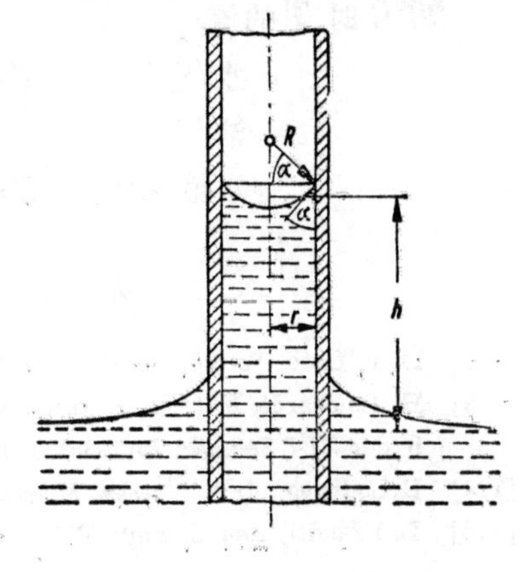

图 1.24 毛细管中液体的升高

汽油这种情况尤其明显.

如果把细管竖立在液体里，液体就会在管中升到管外液面以上相当高度的地方. 如果 r 是此管的内半径，并且，为简单起见，我们把管中液体表面看成是球帽状(r 越比高度差 h 小，就越接近这种情况)，于是从图 1.24 可见，R(球的半径) 等于 $r/\cos\alpha$，其中 α 为接触角. 这样，由式(1.22)，

$$h=\frac{2T_{12}}{w_2-w_1}\cdot\frac{\cos\alpha}{r}. \tag{1.24}$$

所以当 r 很小时，h 就可以很大 (这就解释了吸水纸、带很细孔隙的粘土等等的吸水作用.)

式(1.24)里的 $\cos\alpha$ 可以用式(1.23)的关系消去，然后两边乘以 πr^2，于是我们得到一个很直观的方程:

$$(w_2-w_1)\pi r^2 h=(T_{13}-T_{23})2\pi r.$$

(重量－浮力＝管壁上的合成拉力.)

如果此"拉力"为负，即 $\alpha>\frac{\pi}{2}$，如水银的情形，则 h 也是负的(即图 1.24 倒过来). 如果表面已湿润，则 T_{12} 就取代 $T_{13}-T_{23}$ 的地位，也就是 $\cos\alpha=1$，$\alpha=0$. 这时 h 值最大. 由测量 h 和 r，我们便得到

$$T_{13}=\frac{1}{2}(w_2-w_1)hr.$$

另一个求表面张力的方法是测量毛细波[参看2.3.13 中式(2.43a)].

20°C 时 T 的值:

水/空气:　$T=72.5$ 达因/厘米;

油/空气:　$T=25$—30 达因/厘米;

水银/空气:　$T=472$ 达因/厘米.

参 考 文 献

[1.1] M. v. Laue, *Forsch. und Fortschr.* **21/23** (1947), S. 53.

[1.2] H. Reichardt, *Zeitschr. f. Instrumentenkde.* **55** (1935), S. 24; Kurzbericht in der *VDI-Zeitschr.* **79** (1935), S. 1503.

[1.3] H.Ludwieg, *Arch. f. techn. Messen* (*ATM*) Blatt Z 64-4 (1951).

[1.4] L. Prandtl, *Ann. d. Phys.* (6) **1** (1947), S. 59.

第二章　流体运动学．无粘性流体动力学

2.1. 前　　言

液体的流动和气体的流动有很多共同之点，最好把它们摆在一起讨论．自然，气体比液体可压缩得多；但是，我们在这里所关心的问题是：在**任何一个具体流动过程**中，压缩是否发生到显著的地步．对于显著的压缩，必有可观的压力变化．但是，如果气流的速度不大，气体所展布的高度又不大，则压力的改变就远比平均压力为小，于是容积的改变就很小，为了简化计算，容积的变化一般就可以完全忽略不计．在这种情形下，气体的流动就与不可压缩的液体的流动毫无区别．假设百分之一的容积改变认为是可以忽略的话，我们就可以把关于不可压缩液体流动的公式，应用到常温下空气的流动上去，只要它的流速不超过大约 50 米/秒，而高度不超过大约 100 米[参看 **2.3.2**(b)和 **1.7**]．在速度为 150 米/秒时，容积的改变约为 10%．当流速变得和声速(大约 340 米/秒)同数量级的时候，容积的改变就很可观，而使流动状况(流场特征)起显著的变化．当流速超过声速的时候，流动的特征甚至完全不同于平常液体的一般情况．

在本章及下一章中，我们主要是讨论容积的改变可忽略不计的流动情形．所以，为了避免一再地重复说“液体和气体”，此后我们将用“流体”一词来代表液体和气体两者；再把这个词引伸一下，我们就把气体认为是“可压缩流体”．容积改变大的流体运动的特点将在第三章内讨论．

2.2. 流体运动学

2.2.1. 表示运动的方法

在每一瞬时，如果流体的每个质点的位置给定了，我们就可以

得到流体流动的完整图案；于是质点位置随时间的改变就会告诉我们它的速度和加速度．为了把这一点用数学的方式表达出来，就要引进一个特殊的坐标系以区别各个质点；这个坐标系刚性地固结于所考虑的质点，但可以在空间运动．我们可以这样来做到这一点，例如考虑一族曲面 a=常数，在任一起始位置，a 是空间坐标 x, y, z 的已知函数．如果再取两族曲面 b=常数和 c=常数，使得一个 a 曲面、一个 b 曲面和一个 c 曲面永远只相交于一点，于是在这交点处的流体质点的位置就完全被 a, b, c 的数值所确定．我们现在约定，此流体质点将永远保留此“流体坐标” a, b, c，这就是说，每一个曲面 a=常数（b=常数或 c=常数也一样），必须永远是由同一组流体质点所构成．流体坐标的原始选择是任意的，这只取决于它是否方便；例如，我们甚至可以把质点在任一起始位置或静止状态下的普通坐标选作流体坐标．

求运动的问题，即求所有质点位置的改变的问题，在于把质点在每一瞬时的坐标 (x, y, z) 表示为时间和该流体质点的“流体坐标” (a, b, c) 的函数，即

$$\left.\begin{aligned} x&=F_1(a, b, c, t),\\ y&=F_2(a, b, c, t),\\ z&=F_3(a, b, c, t).\end{aligned}\right\} \tag{2.1}$$

为了把运动流体的状况完全地描绘出来，还需要知道各处的压力 p 和密度 ρ（如果 ρ 是可变的话）．然而，实际完成这样的方案并且还得出最后的数值结果，只有在少数特殊的情况下才有可能．实在说来，我们并无必要知道每一个质点的详细历史，只要能描绘出每一时刻在每一点处的运动，而不问那些质点究竟在甚么地方，有这样一个比较简单的表示方法通常我们也就满足了．假如所讨论的流动是不随时间而改变的（**定常流动**），我们就只需说明在流动发生的空间中各点速度的量值和方向，加上相应的各点的压力，如果需要的话，再加上密度．但如果流动是非定常的，则这些物理量在每一瞬时的数据都是需要的．这些数据通常是用数学形式来表示，就是把速度在直角坐标系里的三个分速 u, v, w

(需要的话还有压力 p 和密度 ρ)表成空间坐标 x, y, z 和时间 t 的函数，即

$$\left.\begin{array}{l} u=f_1(x,\ y,\ z,\ t), \\ v=f_2(x,\ y,\ z,\ t), \\ w=f_3(x,\ y,\ z,\ t). \end{array}\right\} \tag{2.2}$$

我们一般把公式(2.1)称作**拉格朗日公式**，而公式(2.2)称作**欧拉公式**，虽然这两种方法欧拉都曾用过.

如果在任一特定情形中，想要把流体质点的轨迹画出来，我们就必须积分三个联立的方程 $dx=udt$, $dy=vdt$, $dz=wdt$. 由于三个积分常数可立刻解释为流体坐标 a, b, c, 这就回到了表示方法(2.1).

为了对每一特定瞬时的流动状态得到一个较清晰的概念，我们引进所谓**流线**的概念，它在每一点的切线均为速度的方向，因而流线完全类似于力场中的"力线".

流线的微分方程是

$$dx:dy:dz=u:v:w.$$

当流动是定常的时候，流线和迹线(质点的轨迹)相重合；另一方面，当流动随时间变化的时候，流线和迹线一般并不重合*，因为流线所给出的是在同一瞬时各(质)点速度方向的图案，而迹线所给出的则是在相继瞬间一个质点的速度方向的图案.

这里我们要提醒读者，对于同一个流动情况，在参考(坐标)系改变的时候，例如，对于一个固体在流体中运动的情形，观察者由与未受扰动流体相对静止改变为他随固体一同运动，即改变为对他来说，固体处于静止而流体在流过的情形，流线和迹线的外观是完全不同的.

流线可借分布在流体表面或遍布内部而和流体一起运动的小颗粒显示出来. 假如快速拍照，则在底片上每一个颗粒就留下一个短的线条. 如果撒布的颗粒很密的话，这些短线就能在照片上连成流线的图形 (图 2.1 和图 2.2) (撒布的颗粒较疏并且曝光的

---

* 这里原文不当，译文加了"一般"两字，因为在某些条件下还是可以重合的，例如 $u=f_1(x,\ y,\ z)\cdot g(t)$, $v=f_2(x,\ y,\ z)\cdot g(t)$, $w=f_3(x,\ y,\ z)\cdot g(t)$ 时情形就是如此. ——译者注

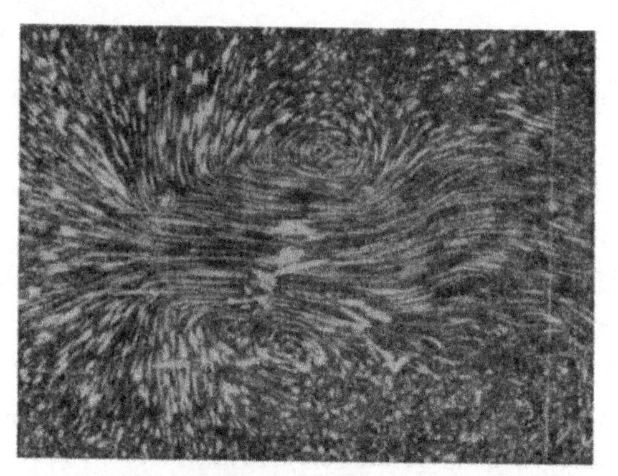

图 2.1 绕运动平板的流动. 照相机是静止的. 平板的行程由它的边缘留下的遗迹显示出来. (取自阿尔霍恩的照片)

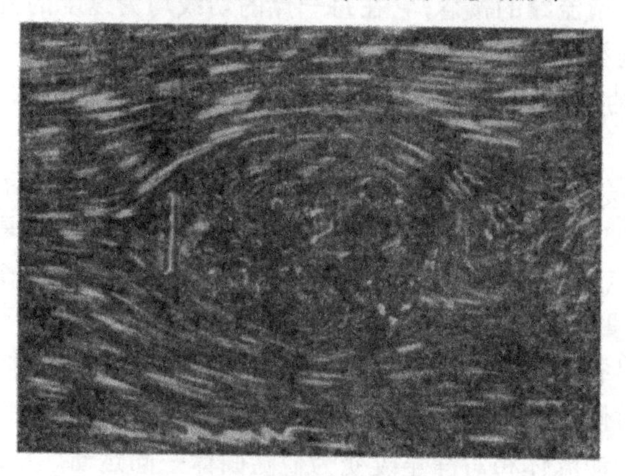

图 2.2 绕运动平板的流动. 照相机随平板一起运动. (取自阿尔霍恩的照片)

时间长时就可以得到流体质点的迹线). 两张插图显示出了一块平板在静止液体里运动、同一时间里拍下的照片, 只是两种情形的参考坐标系不一样. 图 2.1 是照相机静止时照的, 而图 2.2 是照相机随平板一起运动时照的. 这些照片(系汉堡阿尔霍恩教授[1]所摄)是由撒布石松粉于流体而得出.

如果我们通过一个小的闭合曲线的所有各点画流线, 假若"速

1) 参阅[2.1].

度场"是处处连续的话，这些流线就形成一个任意长的管．这种管具有这样一种特性：在所考虑的那瞬时，其中的流体就好象在一个固体管中流动一样(因为，根据定义，流体是沿着流线的方向流动)．如果它要流出管壁，那就需要有垂直于管壁的速度分量存在，也即需要有垂直于流线的速度存在，而这是与流线的定义相矛盾的．这些管就叫做流管．流管内的流动物质就叫做**流束***．在定常运动中，流管是永恒不变的，而里边的流体就永恒地流动，就好象在固体管里一样．另一方面，在非定常运动中，流管所连结的质点，在不同时刻一般说来是不同的．假如设想整个空间为分成这种流管的流体所充满，我们就可以得到一个很清晰的流体流动图形．在许多比较简单的问题里，特别是管道中的流动和河流，可以把整个充满了运动流体的空间看作是一个流束．此时我们便可以忽略速度在横截面上的差异，而只设法去求截面上的平均速度．工程师在实际计算中尤其广泛地运用这个方法．

2.2.2. 连续性

在液体和气体的实际运动中，物质既不能产生也不能消灭．因此，我们必须明察我们所考虑的速度场不违背物质守恒定律．对于定常运动的情形，如果确知流线的形状，这个条件就很容易表达出来．我们考虑单独一根流束，于是只须表达这一事实：单位时间内流过任一截面的流体质量相同．如果流过任何两个截面的流体质量不等的话，流束中这两个截面间的质量就势必要不断增加或减少，这就会与定常运动的假设相矛盾．设 a 是流束某处的截面积，q 是该截面上的平均速度[1]，ρ 是那里的密度，则单位时间内流过该截面的体积为 aq，质量为 ρaq．于是，在定常流动情况

---

* "流束" (Stromfaden) 在中文书内也叫"流管"(Stromrohr)．本书中把流管内流动的物质另称做流束，以区别于表示外形的流管，比较确切合理；所以在译文中都按原文使用的原字译出．在英译本中，也将流束译做流管，请读者注意．——译者注

1) 这里用字母 q 表示流速而不用 v，是因为在计算气体流动（其中体积改变相当大）的问题中，也还要涉及比容（单位质量气体所占的体积），而按照热力学的记法，一般用 v 来表示比容．

下，为了维持连续性，ρaq 就必须在此流束的各个截面上具有同一值：

$$\rho aq = Q, \tag{2.3}$$

其中 Q 是单位时间内的流量，当定常流动时它是常数. ρq 通常叫做**流束密度**. 由此还可以断定，在定常流动中，流束决不能在流体内部中止. 它可以从所考虑的空间的一个边界伸展到另一个边界，或者回到原处而闭合.

如果体积不变的话，例如不可压缩流体，上述关于流过一截面的质量的关系对于体积也适用，并且由于这时流过每一截面的体积都完全一样，只适用于定常运动的限制也就不存在了. 所以，对于无体积改变的流体运动，我们有一般关系式

$$aq = \frac{Q}{\rho} = 常数. \tag{2.4}$$

这就是说，速度与流束的截面积成反比. 如果把充满流体的空间分成一根根流管，使得通过每个流管的流量都相同，于是在速度大，即流束的截面积小的地方，许多流束就会挤在一起；而在速度小的地方，这些流束就相应地散开了. 通过每点处单位面积的流束的数目与该点的速度成正比. 所以，在无体积改变的流体运动中，流线图不仅指明了各点处流动的方向，而且通过流线的疏密情况使流动看得更清晰.

刚才所讲的这些关系，在整个流动可以当作是一个流束时特别有用. 这时此流束的截面就和给定的流动的截面一样. 如果流动是容积不变的，则每一处的平均速度都可以用式(2.4)求出，此时 Q/ρ 表示流过的容积.

与此相反，当密度有变化时，在定常情况下，速度也不能单独由连续方程(2.3)求出(参阅**3.3**).

当我们用上述的方法讨论无体积改变的定常流动时，我们只有一个自变量，即原点与所考虑截面间的距离(沿流管的中心线度量). 在这种情形下，我们叫它是“一维流”以与“三维流”相区分，因为三维流中的量，如速度等，在空间的变化是全要加以考虑的. 关

于水流的一维问题就是所谓**水力学**，而涉及二、三维的问题就叫做**流体力学**．由于飞行所引起的问题和其他有关空气流动的课题一般就称为**空气动力学**．

在三维空间里(其中，速度在直角坐标里的分速 u, v, w 一般是空间坐标 x, y, z 的函数)，在定常情况下，连续性条件可表述为，要求：流进和流出一个小平行六面体(边长为 dx, dy, dz) 的流量应相等(图 2.3)[1]．在 x 方向，由于分速 u 每秒流入六面体的流量是 $dy\cdot dz\cdot\rho\cdot u$，而在对面流出的流量是 $dy\cdot dz\cdot\left(\rho u+\frac{\partial\rho u}{\partial x}dx\right)$ $\left(\text{因为这时 }\rho u\text{ 已经改变为 }\rho u+\frac{\partial\rho u}{\partial x}dx\right)$，所以，流出的流量要比流入的流量多 $dx\,dy\,dz\cdot\frac{\partial\rho u}{\partial x}$．同样，在 y 方向和 z 方向上，也有类似的多余流量．因此，对于定常流动说，连续条件(即总流入量与总流出量应相等)可表示为

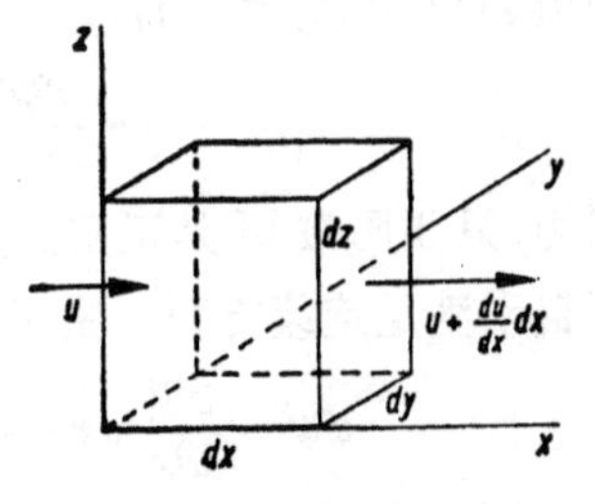

图 2.3　推导连续方程用

$$\frac{\partial\rho u}{\partial x}+\frac{\partial\rho v}{\partial y}+\frac{\partial\rho w}{\partial z}=0. \tag{2.5}$$

如果流出的量比流入的多，则(2.5)的微分表达式不等于零，而是每单位容积内流量随时间的减少量．对于无源流的流动来说，流量减少只能是由于密度下降，即式(2.5)的右侧应等于 $-\frac{\partial\rho}{\partial t}$．因此，变密度流体的质量守恒定理或者所谓**连续方程**，一般地可以写成：

$$\frac{\partial\rho}{\partial t}+\frac{\partial\rho u}{\partial x}+\frac{\partial\rho v}{\partial y}+\frac{\partial\rho w}{\partial z}=0. \tag{2.6}$$

上式适用于非定常流动情况．当容积不变，或者在**不可压缩流动**情况下，由于 $\rho=$ 常数，连续方程简化为

---

1) 图 2.3 到 2.6, 2.8, 2.9 和 2.11 均取自 Gustav Fischer 出版社 (Jena) 出版的《自然科学辞典手册》(Handwörterbuch der Naturwissenschaften) 第四册中，普朗特的论文“关于流体运动”．

$$\frac{\partial u}{\partial x}+\frac{\partial v}{\partial y}+\frac{\partial w}{\partial z}=0. \tag{2.7}$$

如果流动是平面性的，例如在所有 $z=$常数平面上，流动情况不变，则式(2.7)里的第三项就去掉了，这时存在可由下列公式定义的流函数 $\Psi(x, y, t)$：

$$u=\frac{\partial \Psi}{\partial y}, \quad v=-\frac{\partial \Psi}{\partial x}. \tag{2.8}$$

因为，只要函数 Ψ 是正则的，不论流体是有粘性的还是理想的，都能自动满足连续方程．由于

$$d\Psi=\frac{\partial \Psi}{\partial x}dx+\frac{\partial \Psi}{\partial y}dy=-vdx+udy=0, \tag{2.9}$$

所以 $\Psi=$常数或 $d\Psi=0$ 的线，均与流线一致(参看 **2.2.1**)，因为在线上满足条件

$$u:v=dx:dy. \tag{2.10}$$

对于旋转对称流动、可压缩流动和非定常一维流动，我们也可以得出与上面类似的流函数．

假如流体在任意某处以固体或另一种流体为界，则连续性原理就要求：在边界上既不应有间隙，也不应有两种流体的相互掺混．为了保证满足这两个条件，显然在边界两侧垂直于边界面的速度分量必须相等．如果我们考虑的是在运动流体中处于静止的物体，或是固体界壁，则垂直于这些固体表面的速度分量在该面上必须等于零．而与壁面平行的速度分量，从连续性的观点来看，可以具有任意数值．

2.3. "理想"无粘性流体动力学

2.3.1. 流动流体中的力．柏努利压力方程

流体在静止的时候，受两种力的作用而保持其平衡：一个是重力(和其他体积力)，一个是压力差．当流体流动时，这两个力也是仍然存在着的，此外，在流体中还有流体抵抗变形(内摩擦)的粘性阻力(即摩阻)．本章中我们将忽略摩擦(即忽略粘性阻力)，而在

第四章中再详细地讨论它．在实用上最重要的流体(水、空气等)的粘性都非常小,所以在一般情形下,这些流体的粘性所引起的摩阻很小,而有理由可以把它忽略掉．如果不讨论阻力所起的作用,那就更要求忽略粘性,因为只有在没有摩阻的情况下,诸力之间的各种关系才变得简单,可以使我们得到明晰的规律性．所以,惯常总是用**无粘性流体**这个理想的概念来推导流体运动的基本定律,随后才探讨由于存在粘性对理想状态产生的偏差．因此，以下我们假设流体是"**理想**"的．"理想"流体和"理想"气体定义中的所谓"理想",两者意义不同,前者是指无粘性,后者是指有完全的可压缩性(理想气体有时也称完全气体——译者注)．

为了推导压力和体积力与运动本性之间的动力学关系，我们必须从作为所有动力学的基础的牛顿定律(**力＝质量×加速度**)出发．我们从考虑如何计算在每一瞬时流束各点处的运动入手；为此，我们就要先求出在运动方向的分加速度，即所谓纵向加速度．设 s 为沿流线度量的弧长，t 是时间，q 是速度．当 s 改变了一个量 ds，同时 t 改变了 dt，则速度的改变就是[1]：

$$dq=\frac{\partial q}{\partial s}ds+\frac{\partial q}{\partial t}dt.$$

流体在加速时,要研究的正是质点在运动中的速度变量．因此,我们必定有 $ds=qdt$，于是纵向加速度就是

$$\frac{dq}{dt}=q\frac{\partial q}{\partial s}+\frac{\partial q}{\partial t}. \tag{2.11}$$

这里 $q(\partial q/\partial s)$ 表示迁移加速度部分，即由于质点到了速度不同的一点所引起；而 $\partial q/\partial t$ 是当地加速度部分，即由于流动在同一点随时间的改变所引起．如果流动是定常的，第二项就等于零．第一部分也可以写作

$$\partial\left(\frac{1}{2}q^2\right)\Big/\partial s.$$

为了应用"力＝质量×加速度"这个关系，我们仍旧从运动流

1) $\partial q/\partial t$是偏微商(s 保持为常数)，dq/dt 为全微商(系对于同一个质点而言)．

体里隔离出一个截面积为 da 和长 ds 的小柱体，就象我们以前研究流体的平衡条件时一样(1.6). 我们把柱体的轴取在流动的方向(见图 2.4). 此柱体的质量是 $\rho da\,ds$.

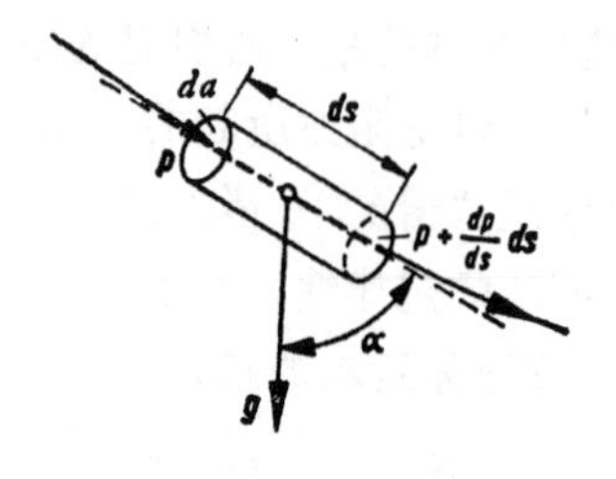

图 2.4　沿流动方向作用在小柱体上的力

现在如果把运动看作是无粘性的，则作用在这个小柱体上的力有：**压力差和体积力**. 设柱体在上游那端的压力是 p，于是此顶端面 da 上的总力就是 pda. 在下游那端压力具有稍微不同的值 $p+(\partial p/\partial s)ds$，于是这两个压力的合力是：

$$pda-\left(p+\frac{\partial p}{\partial s}ds\right)da=-\frac{\partial p}{\partial s}ds\,da.$$

假设流体还受体积力(例如重力)的作用，并设单位质量上的力是 g；如果这个力的方向与流动方向的夹角是 α，则作用在质量 $\rho da\,ds$ 上的此力沿流动方向的分力是 $\rho\,da\,ds\cdot g\cos\alpha$. 在"力＝质量×加速度"这个方程里，各项都有因子 $da\,ds$，所以就可以消去(也就是说，任意选择体元并不影响最后的结果). 用 ρ 除两边，便得到

$$-\frac{1}{\rho}\frac{\partial p}{\partial s}+g\cos\alpha=\frac{\partial}{\partial s}\left(\frac{1}{2}q^2\right)+\frac{\partial q}{\partial t}. \tag{2.12}$$

体积力通常只是重力，此时 g 的大小和方向都不变，并且如果 z 是铅直向上的坐标，我们就可以把 $\cos\alpha$ 写成 $-\partial z/\partial s$(图 2.5).

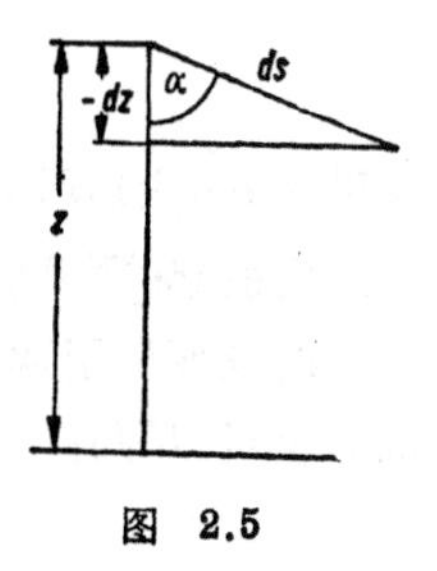

图 2.5

假如所讨论的流动是定常的(即 $\partial q/\partial t=0$)，并且我们进一步假设密度 ρ 是常数，则所有各项都是对于 s 的微商，因而在这种情况下我们就可以沿流线积分式(2.12). 从

$$\frac{1}{\rho}\frac{\partial p}{\partial s}+g\frac{\partial z}{\partial s}+\frac{\partial}{\partial s}\left(\frac{1}{2}q^2\right)=0$$

我们得到

$$\frac{p}{\rho}+gz+\frac{1}{2}q^2=\text{常数}. \tag{2.13}$$

这个结果就是**柏努利方程**[1)]，或者叫"**压力方程**"它是一维流动问题中的一个主要关系式，而且在整个不可压缩、定常流体力学的领域里也具有根本的重要性．它是一个能量守恒的表达式，因为每一项都代表单位质量的能量：第一项是压力所做的功，第二项是由于重力而引起的势能，而第三项是动能．如果我们把式(2.13)中的所有各项都用 g 来除，它们就变成长度的量纲，并具有"高度"的意义．如果我们象在上一章中那样令 $w=\rho g$，柏努利方程就变成

$$\frac{p}{w}+z+\frac{q^2}{2g}=\text{常数}. \tag{2.13a}$$

这是工程师们所常用的．由1.6，p/w 表示流体柱的高度，它的重量产生压力 p，因此这个高度就叫做**压力头**；z 是所考虑的点在任意固定的水平面上方的高度，可以把它叫做**位势头**；而 $q^2/2g$ 是为了达到速度 q 所必须的自由降落的高度，所以就叫做**速度头**．所以，按照柏努利方程，压力头、位势头和速度头之和沿流线不变．但是这个常数可因流线而异，特别是当流线的来源各不相同的时候．假如所有的流线都来自有静态关系的空间(即其中的流体是静止的或是作匀速直线运动)，则这个常数便对所有的流线都一样，也就是说，在这种情况下，柏努利方程适用于所有的流线以及整个空间．(由**1.6**，在静止流体中 $p/w+z=$常数，这和 q 为零或常数时的柏努利方程一致．)我们可以顺便提一句，这里所说的这种特殊的流动，大多数同后面所讨论的定常无旋运动完全一样．

对于其他的体积力，只要它有势 U，$g\cos\alpha$ 就可以写作 $-\partial U/\partial s$，这时方程的积分也能作出．如果流体是可压缩的，积分也同样是可能的，只要流体是正压、分层的，也就是说，密度只与压力有关．这时，$\int\frac{dp}{\rho}=\mathscr{P}(p)$ 是压力的函数，从而我们可以写

$$\frac{1}{\rho}\frac{\partial p}{\partial s}=\frac{\partial \mathscr{P}}{\partial s}.$$

对 s 积分，我们就得到一个对于定常运动的普遍形式的柏努利方程：

1) 由柏努利(1738年)而得名。

$$\mathscr{P}+U+\frac{1}{2}q^2=\text{常数}. \tag{2.13b}$$

数学补充在流体运动的数学理论中，我们通常从直角坐标轴的三个速度分量 u, v, w 出发．于是类似于（本章）方程 (2.11)，我们得到 x 方向的加速度分量

$$\begin{aligned}\frac{du}{dt}&=\frac{\partial u}{\partial t}+\frac{\partial u}{\partial x}\frac{dx}{dt}+\frac{\partial u}{\partial y}\frac{dy}{dt}+\frac{\partial u}{\partial z}\frac{dz}{dt}\\&=\frac{\partial u}{\partial t}+u\frac{\partial u}{\partial x}+v\frac{\partial u}{\partial y}+w\frac{\partial u}{\partial z}\end{aligned} \tag{2.14}$$

以及 dv/dt 和 dw/dt 的相应的公式．单位体积的压力降落有三个分量 $-\partial p/\partial x$, $-\partial p/\partial y$, $-\partial p/\partial z$．设体积力（在此以前用的是 g）具有分量 X, Y, Z；由于单位体积的质量为 ρ，于是作用在单位体积上力的分量是 $\rho X, \rho Y, \rho Z$．所以，考虑单位体积内的质量，我们得到三个方程

$$\left.\begin{aligned}\rho\frac{du}{dt}&=\rho X-\frac{\partial p}{\partial x},\\ \rho\frac{dv}{dt}&=\rho Y-\frac{\partial p}{\partial y},\\ \rho\frac{dw}{dt}&=\rho Z-\frac{\partial p}{\partial z},\end{aligned}\right\} \tag{2.15}$$

作为“质量×加速度＝力的总和”这个（矢量）关系式的表达式．这组方程，其中的加速度可以进一步代以式(2.14) 的表达式，叫做**欧拉流体动力学方程**．为了阐明它们的用途，我们将从这组方程出发来推导沿单个流线的柏努利定理．

我们分别以 dx, dy, dz 乘式(2.15)，同时假设

$$dx:dy:dz=u:v:w,$$

这就意味着，dx, dy, dz 是流线微元的分量．于是，我们便可以把 vdx 换成 udy, wdx 换成 udz，等等．

所以，我们可以写

$$\frac{du}{dt}dx=\frac{\partial u}{\partial t}dx+u\left(\frac{\partial u}{\partial x}dx+\frac{\partial u}{\partial y}dy+\frac{\partial u}{\partial z}dz\right).$$

括号内的表达式表示 u 沿流线的变化，因而可以缩写为 du；也就是，

$$\frac{du}{dt}dx=\frac{\partial u}{\partial t}dx+udu.$$

假如为简单起见，我们设运动是定常的，从而 $\partial u/\partial t$ 等对 t 的偏微商都等于零，则式(2.15)的左边在分别乘以 dx, dy, dz，相加，并除以 ρ 后成

$$\frac{du}{dt}dx+\frac{dv}{dt}dy+\frac{dw}{dt}dz=udu+vdv+wdw=d\left(\frac{u^2+v^2+w^2}{2}\right).$$

假设体积力具有位势 U，即

$$X=-\frac{\partial U}{\partial x},\ Y=-\frac{\partial U}{\partial y},\ Z=-\frac{\partial U}{\partial z},$$

则由式(2.15)得出的相应的项是

$$-\left(\frac{\partial U}{\partial x}dx+\frac{\partial U}{\partial y}dy+\frac{\partial U}{\partial z}dz\right)=-dU.$$

同样我们有 $$\frac{1}{\rho}\left(\frac{\partial p}{\partial x}dx+\frac{\partial p}{\partial y}dy+\frac{\partial p}{\partial z}dz\right)=\frac{1}{\rho}dp,$$

因而，只要我们限于考虑同一条流线上的点，我们就有

$$d\left(\frac{u^2+v^2+w^2}{2}\right)+dU+\frac{dp}{\rho}=0,$$

这就可以化为同式(2.13b)一样了.

2.3.2. 柏努利方程的推论

很多问题利用柏努利方程可以很容易得到解决. 我们现在讨论三个特别重要的例子.

(a) **容器中液体在重力作用下的射流.** 如果我们从出口 B 处(图 2.6) 追溯容器中的流线，就会发现它们都通到自由面 A；并且当水外泻时自由面就慢慢下降. 在 A 处的质点受大气压力 p_0 的作用，而 B 处自由射流[1] 里的质点也是受 p_0 作用. 如果自由面的面积比下边出口的面积大得多，那么 A 处的速度就很小，以至它的平方同 B 处速度的平方相比可以忽略不计. 所以，如果 z_A, z_B 是 A 和 B 的高度(从一水准面量起)，由柏努利方程我们就有

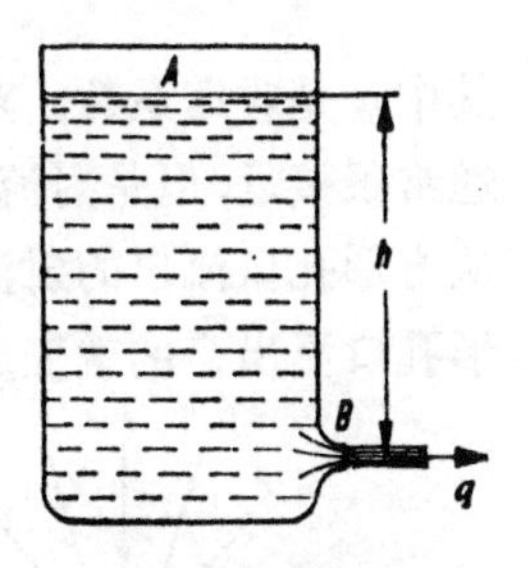

图 2.6　水池射流

$$\frac{p_0}{\rho}+gz_B+\frac{1}{2}q_B^2=\frac{p_0}{\rho}+gz_A+0,$$

于是 $$\frac{1}{2g}q_B^2=z_A-z_B=h,$$

1) 这里我们略去空气的重量；这是允许的，除非要求准确到三位小数.

或者

$$q_B=\sqrt{2gh}. \tag{2.16}$$

这就说明，质点在 B 处的射流速度同一个质点自由降落高度 h 所会达到的速度一样．实际所发生的事实是这样的：A 处的质点被拖下一小段到一个新的位置，原先占据这个位置的质点也同样被拖下了一些，依此类推；而这些质点所做的功(这些功靠液体的内部机制全都传递给实际流出的质点)加起来，就恰等于和流出的质点同样大小的单个质点降落整个高度所作的功．式(2.16)所表示的这个关系叫做**托里拆利定理**.

射流的截面一般和孔口的截面不同．例如，从薄壁圆孔里出来的射流，它的面积大约是孔面积的 0.61 到 0.64．这个现象就叫做**收缩**；造成收缩的原因在于：容器里的流体本是沿径向流向孔的，在它达到孔边时，不能立刻从径向转到射流的轴向．这种现象的一例如图 2.7 所示．但是，对于圆嘴(图 2.8)，流管方向的改变在管嘴中已告完成，上面所说的比率(叫做收缩系数)就几乎等于 1．每秒流出截面积为 a 的孔口的流量 Q(每秒体积流量)可写为

$$Q=\alpha a\sqrt{2gh},$$

其中 α 是收缩系数．对于非圆形的薄壁孔口，α 的数值和圆形的通常很接近，但是射流的形状在这种情形下一般相当复杂．例如，从方形孔口流出的射流就变成一个窄十字形截面的射流，从长方形孔口流出来的就变成一个垂直于较长边的扁条.

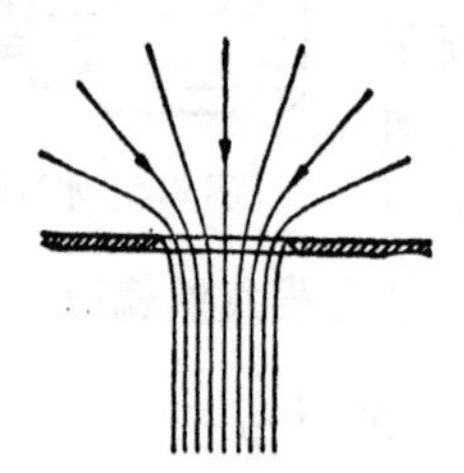

图 2.7　通过直壁孔口的射流

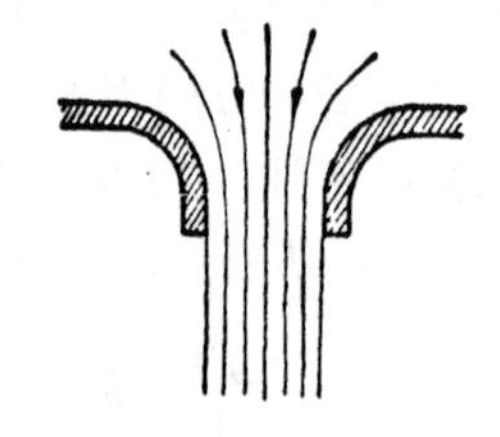

图 2.8　通过圆嘴的射流

(b) 容器内有超压造成的射流．设 p_1 是图 2.9 中容器里的压力，而 p_0 是外部大气压．对于水平流线，$z_A=z_B$，因而，如果 A

处的速度很小，仍旧可以忽略，从柏努利方程我们就得到

$$\frac{p_0}{\rho}+\frac{1}{2}q^2=\frac{p_1}{\rho}+0,$$

即

$$q=\sqrt{\frac{2(p_1-p_0)}{\rho}}=\sqrt{\frac{2g(p_1-p_0)}{w}}. \tag{2.17}$$

假如我们把高度 $(p_1-p_0)/w$（即单位体积的重量为 w，并且上下两端的压力差是 p_1-p_0 的液柱的高度）记作 h，我们从式(2.17)又得到 $q=\sqrt{2gh}$. 从式(2.17)我们就可以估计出一个极限速度，在这个速度以下我们可以把气体看作是不可压缩流体. 自然，这个极限速度 q_1 同密度变化的许可大小有关系，因而对准确度要求愈高，这个极限速度就愈小. 例如，假设我们允许密度变化 $\Delta\rho/\rho$ 可达 0.01，从关系式 $pV^{\gamma}=$ 常数[1]. 或 $p=$ 常数 $\times\rho^{\gamma}$，可得

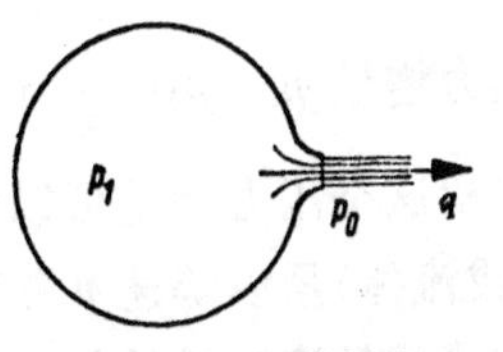

图 2.9 气体射流

$$\Delta p\approx\gamma p\Delta\rho/\rho,$$

因为 $\Delta p/p\approx\gamma\Delta\rho/\rho$；对于普通压力下的空气，这个压力差约为 $1.405\times10,332\times0.01=145.2$ 千克重/米^2. 取 0.125 千克重·秒^2/米^4 作为密度的平均值，我们最后得到

$$q_1=\sqrt{\frac{2\Delta p}{\rho}}=\sqrt{2323}\approx48\text{ 米/秒}.$$

如果我们允许密度有百分之十的变化，由我们的近似公式得出，速度为上面算出来的 $\sqrt{10}$ 倍，即约为 150 米/秒. 密度变化的影响是双重的：从运动学观点来看，流束的截面改变了；而从动力学观点来看，同样的加速度所联系的压力变化也改变了[参看式(2.13b)].

(c) **在障碍物前受阻挡的流体.** 假如在一个以速度 q_0 均匀流动的流体里安置一个障碍物，则紧靠物体前缘的流体就受阻挡而向各个方向分散以绕过此物体(图 2.10). 在受阻挡区域的中心("驻点")流动就完全变成静止. 这样，假设 p_1 是驻点的压力，而

1) 参看 **1.5**.

p_0 是未受扰动流体中同样深度处的压力，并且那里的速度是 q_0，则在通过驻点的流线上我们应用柏努利方程，就得出

$$\frac{p_1}{\rho}+0=\frac{p_0}{\rho}+\frac{1}{2}q_0^2,$$

也就是

$$p_1=p_0+\frac{1}{2}\rho q_0^2.$$

压力增量 $p_1-p_0=\frac{1}{2}\rho q_0^2$ 就叫做**驻压**(或**速压**)，也叫**动压**．通过观察这个压力增量可以测定流速．如果一个物体在静止的空气(或流体)里以等速 v 移动，对于同物体一起移动的坐标系来说，绕此物体的流动就恰如上面所描述者，只是速度 q_0 与 v 大小相等而方向相反．所以这里也有 $\rho v^2/2$ 压力上升．如果物体在驻点处有个小孔，压力 p_1 就通过此孔传播到物体的内部，从而可传送到测量仪器上去．一个很简单的弯曲管 (图 2.11)，叫做**皮托管**(因系皮托所发明)，就是一个足可用于测量压力 $p_1\left(=p+\frac{1}{2}\rho q^2\right)$的“障碍物”．

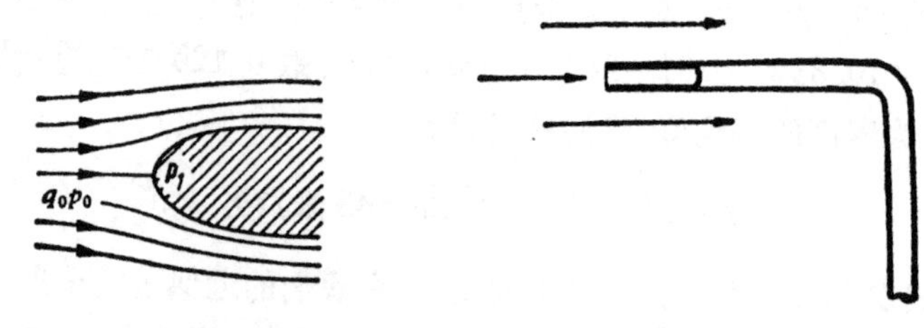

图 2.10　绕障碍物的流动

图 2.11　皮托管

对应于运动流体的每一点，有一个相当于皮托管所指示的压力 p_1 以及随流体移动的压力计所能指示的原来的压力 p．工程师们把 p 叫做**静压**[1)]，把 p_1 叫做**总压**，也就是，总压是静压和动压之和．利用柏努利方程式(2.13)

$$\frac{p}{\rho}+gz+\frac{1}{2}q^2=常数,$$

---

1) 运动流体里的静压还与动力有关，不要与在静止流体内的“平衡压力”相混淆(参见 **2.3.3**)．

并引进总压$p_1=p+\frac{1}{2}\rho q^2$，我们得到

$$\frac{p_1}{\rho}+gz=\text{常数}, \quad \text{或} \quad p_1+wz=\text{常数},$$

因而p_1是按流体静力学定律分布的．也就是说，在所有流线的常数都相同的情况下，p_1在每一个水平面上是常数．

为了利用上面这些关系来求流速，我们就既要确定压力p_1又要确定静压p．确定p比确定p_1要困难得多，因为，当把测量静压的仪器放到所要测量的那点时，那点的静压就受到了扰动．关于静压测量的办法参看**2.3.5**.

2.3.3．流体压力的进一步讨论

下面的讨论并不限于无粘性流体的情形，而是也适用（在某些情况下稍有修正）于有一定粘性的流体．但我们先假设流体是不可压缩的并且密度是常数．

(a) 在这种流体里压力可以表成两项，其中有一项代表流体静止时所会有的压力．令p'表示这个"平衡压力"．显然，$p'=$常数$-wz$．假如把运动流体中的实际压力记作$p=p'+p^*$，p^*表示流体在运动时的压力与处于静止时的压力之差．如果可以应用柏努利方程，也就是说，$p+wz+\frac{1}{2}\rho q^2=$常数，则利用上面$p'$的表达式就可以推出，$p^*+\frac{1}{2}\rho q^2=$常数．这就是说，虽然流体有惯性，但是$p^*$分布得就好象流体不受重力的影响一样；高度$z$对$p^*$并无影响．这个结果和下述事实紧密相关：重流体的每一个质点都受相邻质点作用于它的浮力的支持．显然，这个结果也可适用于有粘性的流体．所以，以后当讨论水下或空气中的运动时，我们总是不管重力的影响，这就是说，考虑压力差p^*而不是压力p．不过，为简单起见，我们仍把p^*写作p.

对于空气或水流动的情形，如果压力指示器位于流场之外且静止不动，而用导管或橡皮管与测压点相连接来测量压力，则管中流体重量的作用系使此仪器所指示的压力与测压点的高度无关．这样，仪器所示出的压力其实就

是 p^*. 如果用面对着气流的皮托管(见上述)来记录此压力,则静止不动的此仪器所指示的压力沿流线不变. 在所有流线都具有同一(柏努利方程中的)常数的情形中,指示出的此压力对全流场都相同.

(b) 柏努利方程中讲的是沿流线的压力. 如果改为考虑横向加速度而不是纵向加速度, 我们同样可以得到一个垂直于流动方向的压力差表达式. 大家都知道, 横向加速度是在迹线的主法线方向, 并且它的量值是 q^2/r, 其中 r 是迹线的曲率半径. 如果考虑作用在以主法线方向为轴的小棱柱体上的力, 我们得到在 r 方向的分力是

$$\frac{q^2}{r}=\frac{1}{\rho}\frac{\partial p}{\partial n},\tag{2.18}$$

其中 dn 是主法线上的微元, 而 p 与上面(a)段里 p^* 的意义相同. 在流体作曲线流动的时候, 这个公式就是离心效应的表达式. 这公式表达了: 从流线凹的那边到凸的那边, 每单位长度压力的增加量等于 $\rho q^2/r$. 这便是相邻流束间的关系. 由此确立了一个最重要的事实: **当流体沿着直线($r=\infty$)流动时, 在与流动垂直的方向不会有压力差.** 当流体沿曲线流动时, 在已经讨论过的特殊情形, 即柏努利方程中的常数对所有流线都具有同一值的情形下, 我们可以得到一个特别简单的结果. 现在把

$$\int\frac{dp}{\rho}+\frac{1}{2}q^2=\text{常数}$$

[参看式(2.13b)]对 n 微分, 我们就可以得出 $(1/\rho)(\partial p/\partial n)$ 的另一个表达式, 即

$$\frac{1}{\rho}\frac{\partial p}{\partial n}=-q\frac{\partial q}{\partial n}.$$

令它与式(2.18)相等, 我们就得到

$$\frac{\partial q}{\partial n}+\frac{q}{r}=0.\tag{2.19}$$

预示以后(**2.3.6**)所得的结果, 我们可以顺便提醒一句, 式(2.19)表示, 在流体作曲线运动时, 各个流体微团并不经受转动(**无旋**

运动)[1]．

作为一个例子，我们来讨论离心泵涡室中的流动（图 2.12）．所有的流线在 A 处原是平行的，并且在那里所有流管中的速度可以取作是相同的，因而柏努利常数对所有的流线是同样的(压力在平行流里是常数)．各流线的曲率半径可以近似取作等于从中心 O 向外画出来的半径 r，而弧元 dn 可认为等于 dr．于是，由上述，

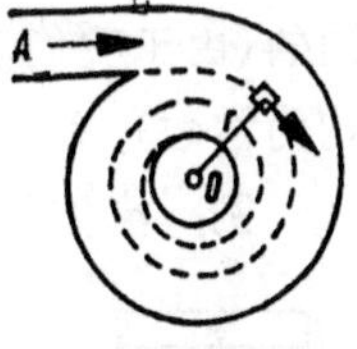

图 2.12 离心泵蜗室中的流动

$$\frac{dq}{dr}+\frac{q}{r}=0, \quad 或 \quad \frac{dq}{q}=-\frac{dr}{r},$$

或者，如果加以积分，我们得到

$$\ln q=-\ln r+\ln C,$$

即

$$q=\frac{C}{r},$$

其中 C 是积分常数．由这个结果可知，速度随距中心的距离的减小增加得相当快[2]．由柏努利方程，压力是

$$p=常数-\rho\frac{C^2}{2r^2}.$$

如果流体在半径 r_1 处流出去，而那里的压力(即外部压力)是 p_0，则在其它各点的压力由下式给出：

$$p=p_0+\frac{1}{2}\rho C^2\left(\frac{1}{r_1^2}-\frac{1}{r^2}\right).$$

因而，要是出口的半径相当小，在 A 处就可以存在相当大的超压．

(c) 如果流体的运动是非定常的，由于流动随时间的变化，就要在至此所讨论过的压力上增添一附加压力场．这里只限于讲纵向加速度，这时，由(本章)式(2.11)，出现额外的一项 $\partial q/\partial t$(速度的当地改变)．假如用完全形式的方程 (2.12) 作推导柏努利方程

1) 容易证明，如果式(2.19)成立，则沿下述微矩形的“环量”等于零，此矩形的两边为径向线元 dn，而另两边为(两)流线的两弧元．证明见 **2.3.6**．

2) 当蜗室全都处于同一高度时，由于连续性，速度的径向分量也同样与 $1/r$ 成比例，因而流线与直径之间的夹角总相同，因此这些流线是对数螺线．

的那种计算，则在式(2.13)的左边就多出一项$\int_0^s (\partial q/\partial t)ds$. 例如，假设我们考虑一个等截面(直)管，其中速度对所有的截面都是相同的(由于我们假定流体是无粘性的，就要认为速度在每个截面上均为常数)，$\partial q/\partial t$ 就不因点而异，因而那个积分便等于$(\partial q/\partial t)\cdot s$.

例：流体从容器的一个管长为 l 的旁管里开始流出(图 2.13). 沿管轴(假定它是水平的)我们有

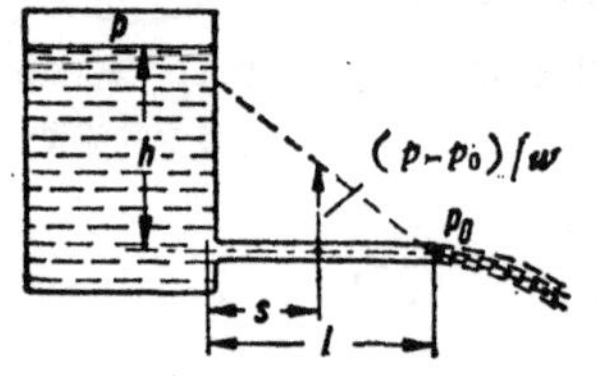

图 2.13　流体从容器里开始流出

$$\frac{p}{\rho}+\frac{1}{2}q^2+\frac{dq}{dt}\cdot s=\text{常数}$$

$$=\frac{p_0}{\rho}+gh.$$

只要 dq/dt 不等于零，沿此管的压力降就与 s 成正比. 如果管长是 l 并且在管末端处的压力是 p_0，我们就有

$$\frac{p_0}{\rho}+\frac{1}{2}q^2+\frac{dq}{dt}\cdot l=\frac{p_0}{\rho}+gh,$$

于是

$$\frac{dq}{dt}=\frac{1}{l}\left(gh-\frac{1}{2}q^2\right).$$

起始的时候($q=0$)，我们有简单关系 $dq/dt=gh/l$. 随着 q 的增大，dq/dt 不断地减小，终于变成零，也就是说，最后在 $q=\sqrt{2gh}$ 时变成定常运动. 这里，我们并不需要讨论 q 按照什么样的精确规律随时间而增加，这是不难算出来的. 假设 dq/dt 从开始直到 $q_1=\sqrt{2gh}$ 一直是常数，并在上述公式中用常数(q_1/T)代替 dq/dt，这样我们就可以求出达到定常状态所需时间的近似值. 这样得出

$$T=\frac{q_1 l}{gh}=\frac{2l}{q_1}.$$

另一个流体非定常运动的简单例子，是弯管中流体柱在重力作用

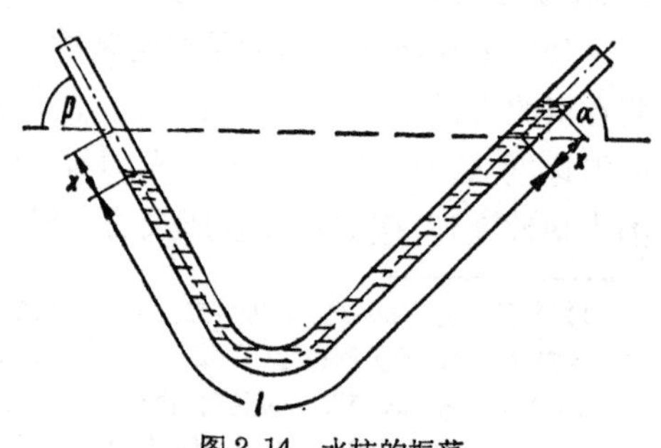

图 2.14　水柱的振荡

下的振荡(图 2.14). 设管是等截面的, 并设液柱沿管轴的长度是 l. 设在某一时刻液柱离开平衡位置的轴向位移是 x(由于连续性原理, 两端面以及任何中间截面上的轴向位移均相同). 速度是处处相同的, 即 $q=dx/dt$, 因而 $q\partial q/\partial s=0$, 所以, 加速度就是 d^2x/dt^2. 一端上升 $h_1=x\sin\alpha$, 另一端就下降 $h_2=x\sin\beta$, 因而高度差便是 $h_1+h_2=x(\sin\alpha+\sin\beta)$. 两端的压力都是 p_0, 因此对两端应用一般形式的柏努利方程, 我们就得到

$$gx(\sin\alpha+\sin\beta)+l\frac{d^2x}{dt^2}=0.$$

这个微分方程的解(就同简谐振动一样)是 $x=A\cos(\omega t+\gamma)$, 其中 $\omega=\sqrt{g(\sin\alpha+\sin\beta)/l}$. 由此得出振荡的周期

$$T=\frac{2\pi}{\omega}=2\pi\sqrt{\frac{l}{g(\sin\alpha+\sin\beta)}}.$$

对于铅直的 U 形管 ($\sin\alpha=\sin\beta=1$), $T=2\pi\sqrt{l/(2g)}$, 也就是, 这个周期同摆长为液柱长度一半的摆的周期一样.

2.3.4. 两股流体的汇流. 间断面. 涡旋的形成

如果两股来源不同的流体在一个尖缘后边汇合(图 2.15), 柏努利常数对这两股流体一般是不同的. 由于沿这两股流体的分界面("间断面")压力相等, 两边的速度就必定大小不同. 但是即使这两股流体的柏努利常数相同, 两边的流动方向仍旧可以不同. 由此, 在所考虑的这两种情况下, 通过间断面速度有跳跃式的变化. 这两种间断面常常可以看到. 不过由于是不稳定的, 它们的原状不能持久. 对于偶然的波状干扰, 就有强烈的增强曲折的趋势, 致使速度差在有些地方增加, 有些地方减少. 其结果是, 间断面破裂成许多通常是不规则的涡旋. 由于这个现象和我们对于实际流体运动的观念有重大的关系, 我们要较为仔细地加以描述.

只要来流中有某一扰动, 则图 2.15 的间断面就会微呈波状, 如图 2.16 进一步所示. 这些波以两边速度的平均值前进, 如图 2.15 中的虚线所示. 图 2.16 中的坐标系就是以这个平均速度移

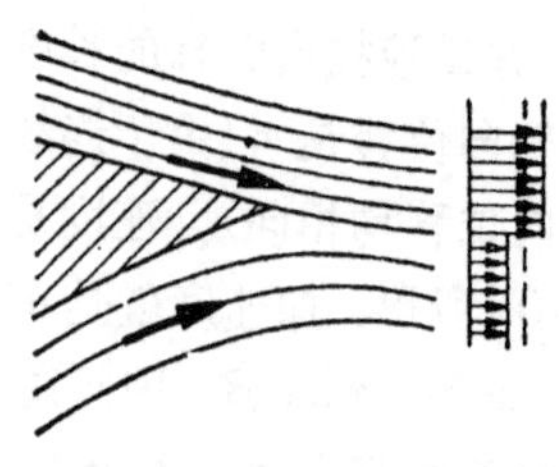

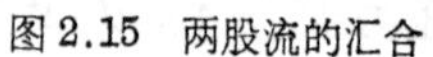
图 2.15　两股流的汇合

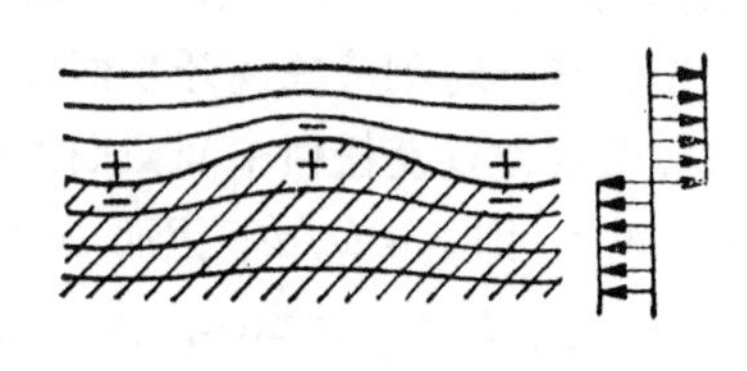

图 2.16　呈波状的间断面

动的，因而波峰和波谷对于这个坐标系就保持静止不动．对于这个坐标系，上部的流体向右流，下部的则向左流．如果我们现在利用上一节的结果来研究压力分布，由柏努利方程和表示横向压力增加的方程［(本章)式(2.18)］都能得出这样的结论：在定常运动的假设下，每一边的流体在波峰处有超压，而在波谷处则有减压(在图 2.16 中分别用＋和－来表示)．然而，这样的压力分布显然不可能是定常运动，相反的，超压区中的流体就要向邻近的减压区运动，这就要使起伏变得更加显著．这种间断面的随后的演变如图 2.17 所描述．最后它便破裂成一个个涡旋．由于实际情形中起始的干扰一般并不是规则的波动，而是不规则地分布的，所以最终状态照例也是由大大小小的涡旋不规则地混杂而成[1)]．

图 2.17　波状间断面形成涡旋的过程

与此有关的，我们还要提到另外一种间断面，在产生这种间断面时，同时也形成了涡旋．要顺便提一句的是：这种间断面在新形成的时候，其现象几乎总是和下面所描述的情形差不多．假如流体流过一个尖缘，在开始的时候，绕尖缘的流动如图 2.18 所示．尖缘处的速度很高，且在流体无粘性的假定下，在理论上它是无穷大．但是进一步的观察表明，尖缘边的速度，由于涡旋的形成，就很快地减低了．对于这一状态，可以用一原理，即：流体有形成间

1) 还要提到的是，旗帜在风中不规则的飘动系由同样途径所引起．在图 2.16 中，如果下部那股流体的流向反过来，即如果它和上部的流体有同一流向，则压力分布仍旧不变．所以旗帜稍有隆起的地方有变得愈益显著的趋势．(由于隆起在一定程度上随风一起移动，实际过程要较为复杂．)

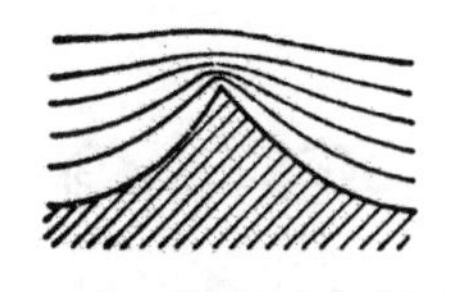

图 2.18 理想的绕角流动

图 2.19 实际绕角流动，起始涡旋

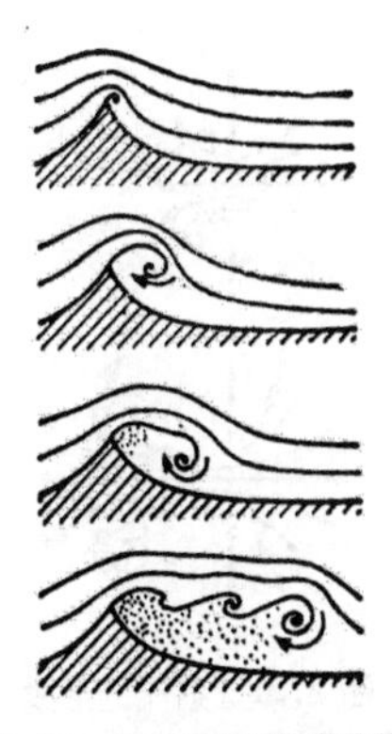

图 2.20 间断面的形成和破裂

断面以避免产生无穷大速度的趋势，来解释. 以后(见 **4.8**)我们将会了解，不可能有无穷大的速度实际上是同流体有粘性分不开的，因为不论流体的粘性多么小，在固壁邻近它还是起作用的. 如果我们假设在某一瞬间尖缘后面有一个涡旋*，它使流体作圆形流动而从尖缘的背后流向尖缘，于是两股流体在尖缘处应当汇流的条件就满足了，在那里就形成一个间断面(图 2.19)；这间断面为此涡旋所卷起，从而使此涡旋得到能量补充，结果此涡旋就变大. 实际上，涡旋和间断面是一个整体，从一开始就一起变大(图 2.20). 随后此"起始涡旋"就脱开了，而间断面则总是在尖缘处不断地增长，最终就象上面所说的破裂成一个个涡旋. 在薄壁圆孔的边缘处也有很相似的现象发生. 这时间断面的前缘卷起来而形成一个涡环；涡环往前传播，形成一股边界分明的流体射流(图 2.21). 如果在一个方盒里装满了烟，盒的后壁是有弹性的而前壁上留一圆孔，轻轻敲后壁就能产生很精美的涡环. 由于在这种情形中，向外的流动很快就告终，所以并不形成射流，而仅仅有一个涡环独自继续向前移动；而由于它带着烟一起移动，所以它就以烟圈形式而显现. 这些涡环是非常稳定的，一直要持续到几乎储存的全部能量被摩阻所耗尽为止.

速度的横向间断是发生在，例如，当两股流体在一块同主流成

* 即所谓"起始涡旋". ——译者注

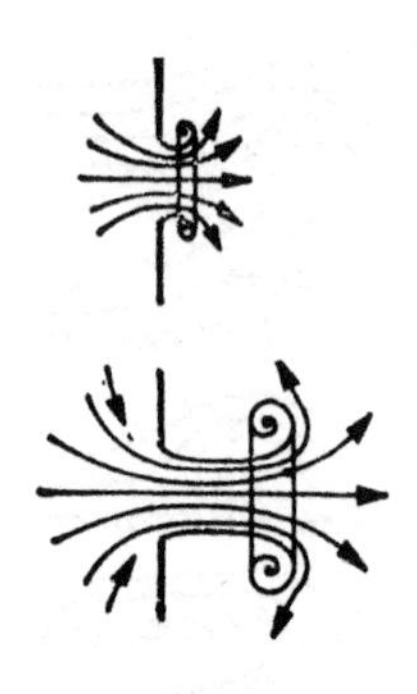

图 2.21　射流的形成

图 2.22　与主流方向斜交的平板后面的间断面

小迎角的平板后面汇合的时候．在“压力面”那一边，由于那里有超压生成，结果流线就向左右铺展开，在“吸力面”那一边，流线由于减压吸引而(向板中间)弯拢．结果在板后缘处，除了后缘的中心以外，在压力面速度有指向板两边的分量，而在吸力面速度有指向板中央的分量；在定常流动的情况下，由于压力的连续性而且所有流线的来源共同，间断面两侧的速度就得一样，所以这里只能有速度方向的间断．实际经验告诉我们，这种间断面都是从两侧缘开始就卷起了的，结果产生了两个涡旋，这可以在板的整个行程中看到．图 2.22 直观地表示了这种现象；图中示出了在板后不同距离处的间断面的形状．这种现象过程的研究对于了解机翼性能已经变得十分重要(参看 **7.3**)．这类涡旋是可以设法观察出来的，例如，在静止的空气里吹一口烟，然后用尺的一端从烟里划过去，使尺面对移动的方向有一小迎角，就可以看见这种现象．

还要提到的是，这里的不连续面是指凡已属于这个不连续面的流体微元，就永远属于它的那种类型，与 **3.6** 中要讨论的激波间断面不同．

2.3.5. 间断面的进一步讨论．压力的测量

由上面我们已经说过的，在一级近似下可以忽略流体粘性的流动中，当流体流过一个尖缘的时候，总要形成间断面，这可以认为是一个确定的法则．如尖缘形成一个封闭曲线，并且流体由此

封闭曲线内流出，如孔口、管径突然扩大的管子等等，就会形成象**2.3.2**中所描述的射流．这在水从水下喷出，正如空气喷入空气中的情形一样，也会发生．但是，在这种情形下，射流在一定的距离以外就被间断面造成的涡旋所淹没．另一方面，如果流体绕过曲线边缘而流动，例如在流过与主流垂直的圆盘时，在物体的背后就形成一个“死水”区．然而，在“死水”区里并不是完全静止而是或多或少地充满了涡旋的(参看图2.2)；虽然如此，那里的速度毕竟要比外面的小得多．

亥姆霍兹首先从理论上研究了间断面问题[N1]．他是用保角映射法[**2.3.7**(c)]来讨论在没有重力的影响下，从板缝里喷出的射流的形状．关于基尔霍夫对于有死水区的流动的处理方法，请参看**4.16.2**．

在适当的条件下，间断面在球形曲面处也可以形成(参看**4.8**)．所以，圆化凸缘处的流动通常和尖缘处的流动是相似的．

图2.23里所示出的情形特别有趣．开始的时候，流动必定如图2.23(a)所示，在尖缘处形成涡旋和间断面；但是当它们消失以后，最终的运动就如图2.23(b)所示(至少当我们假设了两尖缘间的距离足够小以免造成不稳定，情况就会如此)．在狭缝中流体几乎是静止不动的．那里的压力显然就与运动流体中的压力相等，因为在静止区域中压力是常数，并且必定不断地变为间断面上运动流体的压力．如果我们把一个压力计用导管或橡皮管连到缝内，我们便可以测量运动流体中的压力．不用缝，也可以用任何形状的孔，如圆孔．孔或缝的边缘一定要搞得很平滑，决不可有任何尖峰凸入运动流体，要不然间断面就会弯曲，于是孔里的压力就会与相邻流体中的压力有相当大的偏离．孔边缘可稍加圆化．管壁上引出压力的一个很方便的办法表示在图2.24中．我们可以应用同样的基本原理，借焊在细管端的一个中间有孔的很薄圆盘(泽尔圆盘，图2.25)来

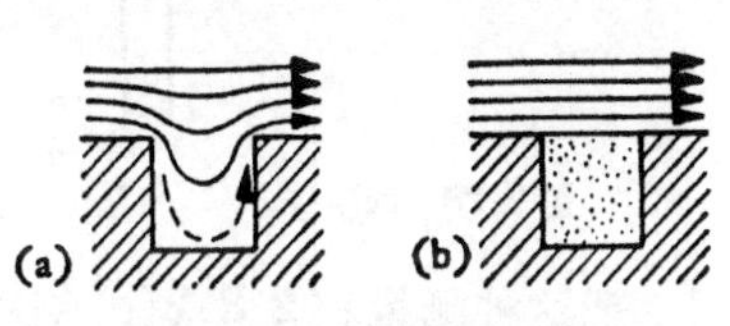

图2.23　经过狭缝的流动

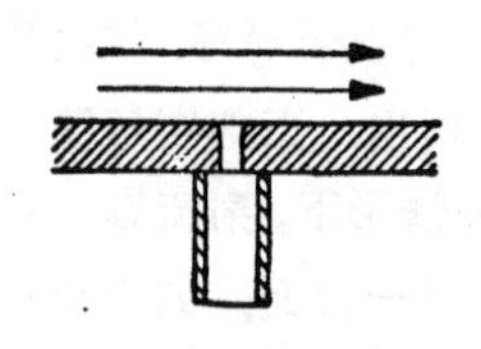

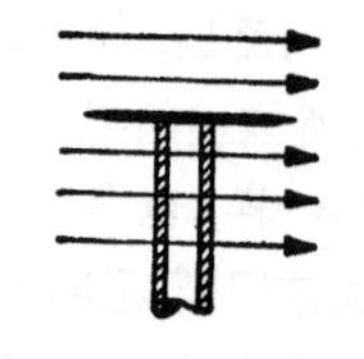

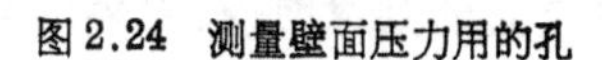

图 2.24 测量壁面压力用的孔　　图 2.25 泽尔圆盘

测量运动流体内部的压力．但是，这种仪器对于流动相对于盘面的方向偏差很敏感．最好用如图 2.26 所示的仪器，它可以在 5° 偏离范围内相当准确地测出压力．要是把它摆歪了，它所指示的压力就会偏低．

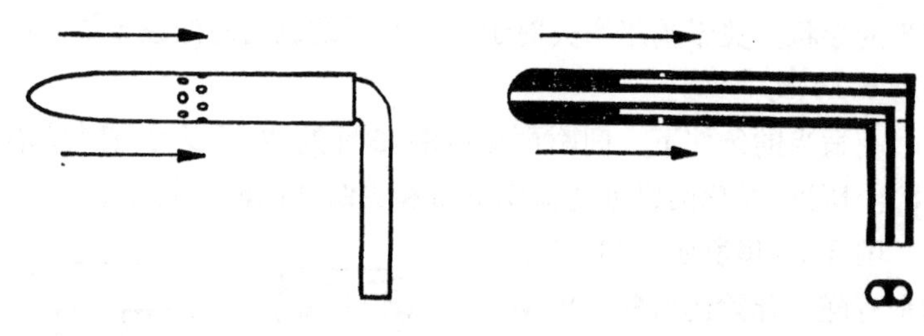

图 2.26 静压管　　图 2.27 普朗特测压管

把这种测量和 **2.3.2**(c) (图 2.11) 中所讨论的总压测量结合起来取其差值，我们就能够求出动压力 $p_d=\frac{1}{2}\rho q^2$；如果密度 ρ 已知，流速 q 就可以算出．如果我们取米、千克重、秒作为基本单位，则大气的 $\rho=w/g$ 的相当准确的数值是 $\frac{1}{8}$ 千克重·秒²/米⁴；这样，若 q 用米/秒，p_d 用千克重/米² 来表示，则动压力 p_d 就是 $\frac{1}{16}q^2$ (千克重/米²)，容易看出 $q=4\sqrt{p_d}$．用同样的单位，水的 $\rho=w/g=102$；但是，当流体是水的时候，压力头要比压力更常用些．如果水头是 h (米)，正如前面所讲的一样，$q=\sqrt{2gh}$．

图 2.26 里的静压管可以同皮托管 (图 2.11) 组合起来，变成很便于测量流速的一种仪器．图 2.27 里所表示的就是皮托管和静压管组合的一种形式，这种仪器有对于管轴与主流的偏角极不

灵敏的特点．在测量气流的速度时，一般是和测微压力计(参看**1.8**)配合运用．

通过细孔来测量压力有很多其他的应用．这样，当流体流过一个固体(例如气艇或机翼模型)表面时，固体表面上的压力分布可以利用开在表面上的一串细孔来研究，这些细孔相继与压力计的一端相连接，而另一端的压力(反压)则保持为常数．我们也可以同时把许多根测压管与一根根据连通器原理工作的“多管压力计”相连接，就可以直接看出压力分布来．图2.28所示的是一个熟知的很老的实验，它能测量一个先收缩后扩散的管中的压力分布，用以验证柏努利方程．管端处的压力可以借节流阀适当地加以调节．当阀门全开时，b处的压力就显著地降低；这可以借接一根旁管并通到下面的水银槽(图2.29)中而显示出来．由于有摩阻，从管子的最细部分往后，压力的增长比理论推测的稍小；但就定性上说来，这些现象还是和柏努利方程符合的．而且在管子的最细部分，如能将管做得足够圆滑而没有涡旋形成，实际和理论完全符合．管子最狭窄部分所产生的这种压力差可以用来测定液体的流量(参看**4.14**)．关于别种压力分布，请参看图4.79和7.1．

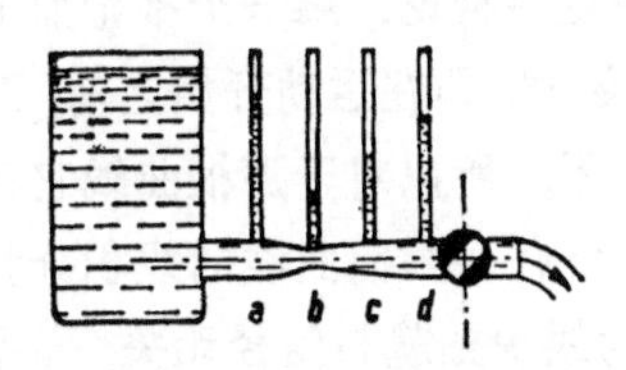

图2.28　管子收缩处压力的降低

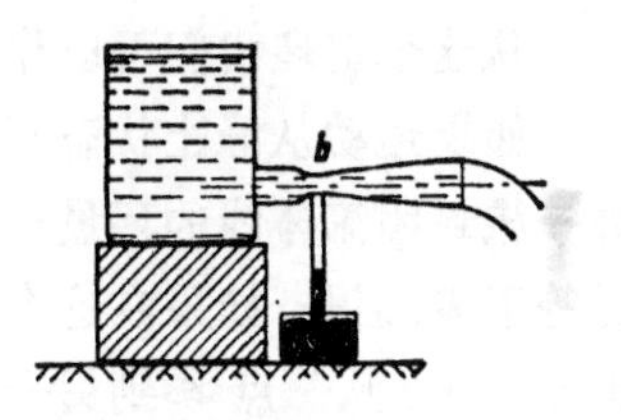

图2.29　管子收缩处的减压

2.3.6．均质无粘性流体运动的进一步讨论．无旋流动(位势流)

流体力学的数学理论远远超出前几节所讨论的范围，如**2.2.1**中所讲的，它的真正目的是使我们能求出空间每点的速度，而不是满足于到此为止一般所讨论的平均速度．对于均质无粘性流体，这方面的发展已经很有成效，但是要了解那些所使用的方法，就会需要比这里所使用的更深的数学．所以，我们只限于谈一些有关均质无粘性流体在运动中的性状的较一般原理和几个简单的例子．在开始讲这些之前，我们来介绍汤姆森定理而先不加证明[1]．在给出这个定理之前，我们要先解释几个有关的观念．

(1) "流体线"和"流体面"，是指永远由同样的流体质点所组成的线和面．

(2) 速度沿给定曲线在点 A 和点 B 间的"线积分"，是指线元 ds 和速度在 ds 方向的分量乘积的积分，也就是，

$$L=\int_A^B q\cos\alpha\, ds=\int_A^B \boldsymbol{q}\, d\boldsymbol{s},^{2)}$$

其中 α 是 q 和 ds 间的夹角．在非定常运动情形中，这些线积分就要理解为由瞬时状态速度分布所形成．

(3) 上述线积分沿一闭曲线的值叫做环量(我们用 Γ 来表示)，也就是说，如以 $\oint$ 表示沿闭曲线的积分，

$$\Gamma=\oint \boldsymbol{q} d\boldsymbol{s}. \tag{2.20}$$

有了这些定义，汤姆森定理就可以叙述如下：**在均质无粘性流体中，沿一封闭流体线的环量不随时间而变化．**

从这个定理我们可以作出许多重要推论．第一个推论如下：

如果运动从静止状态开始，起始时，即在运动开始之前，对于**每一根**封闭流体线的环量一定等于零，所以对于那根曲线它将永远等于零．但是，如果在这个区域里绕任一封闭曲线的线积分都等于零，那么从一点 A 到另一点 B 的线积分就与路径无关，而不管路径选在这个区域中的什么地方．因为很明显，我们可以由 B 沿原来路线回到 A(这就恰好把从 A 到 B 的积分消去，因为 $d\boldsymbol{s}$ 的方向反过来了)，再取另外一条路线返回 B．它的总和便是由 A 到 B 的积分加上绕一闭曲线的积分；但是绕闭曲线的积分等于零，所以，结果便是从 A 到 B 的积分．这就是要证明的．如果我们把点

1) 有关证明可参看本节后面的"数学补充"．

2) $\boldsymbol{q}\, d\boldsymbol{s}$ 是速度 $\boldsymbol{q}$ 和 $d\boldsymbol{s}$ 的标量积．

A 看作是固定的，对应于每一点 B 有一个数值 $\int_A^B \boldsymbol{q}\,ds$. 我们用 Φ 表示它，并称之为点 B 的位势. 假设我们从 B 出发到相距 ds 处的点 C，我们就有

$$\left.\begin{aligned} &\int_A^C = \int_A^B + \boldsymbol{q}\,ds, \\ \text{或}\quad &\Phi_C = \Phi_B + q ds\cos\alpha = \Phi_B + q\,dh \end{aligned}\right\} \tag{2.21}$$

(其中 dh 是 $\boldsymbol{ds}$ 在 $\boldsymbol{q}$ 上的投影)，这是因为在作积分 $\int_A^C$ 时，可以使积分路线通过 B. 如果 $\alpha=90°$，则 $\cos\alpha=0$，于是 $\Phi_C=\Phi_B$. 因此，如果 $\Phi_C=\Phi_B$，线元 $\boldsymbol{ds}=\overrightarrow{BC}$ 总是与 $\boldsymbol{q}$ 垂直. 所有 $\Phi=\Phi_B$ 的点一起组成一个经过点 B 的曲面[1]. 从上面的结果，我们就得到这样一个结论：这曲面在点 B 处的切面与点 B 处的速度 $\boldsymbol{q}$ 垂直. 所以，**流线**(它自然在每点处都是沿速度方向)**处处与等势面 $\Phi=$ 常数垂直**.

在式(2.21)中令 $\Phi_C-\Phi_B=d\Phi$，对于任何一个 α 值，我们一方面有

$$\frac{\partial\Phi}{\partial s}=q\cos\alpha, \tag{2.22}$$

而另一方面，又有

$$\frac{d\Phi}{dh}=q, \tag{2.23}$$

其中 dh，由上述，与等势面 $\Phi=$ 常数垂直. 用矢量符号我们可以写

$$\boldsymbol{q}=\operatorname{grad}\Phi \tag{2.24}$$

(读做"Φ"的梯度)，这样就把式(2.23)和 $\boldsymbol{q}$ 与等势面 $\Phi=$ 常数垂直两个事实结合起来了，也就是说，速度的量值和方向都等于 Φ 的最大增加(即 Φ 的梯度).

这里所述的位势和梯度的几何概念，和物理学里力的位势(力势)的概念完全一致. 这便是位势这个名称的来源. 但是，力势的梯度是场的强度，而我们这里的位势的梯度则是速度. 所以后者

1) 这个曲面是 $\Phi>\Phi_B$ 的区域与 $\Phi<\Phi_B$ 的区域的分界面.

便称为**速度势或流势**．还要提到它们的一个区别，就是一般常把力势场强度设为 $\boldsymbol{g}=-\operatorname{grad} U$ 而把速度场设为 $\boldsymbol{q}=+\operatorname{grad} \Phi$．我们可以把 Φ 的符号反过来，这样就可以使两者一致．也常常有人这样做，但是为了方便起见，这里还是保持用正号．

如果我们运用这些概念，则根据上面所述可知：**均质无粘性流体的任何运动，只要是从静止状态开始，就必有位势**．我们称这种运动为"位势流"，它是没有涡旋的运动．沿小的封闭曲线的环量永远可以做为衡量涡旋强度的尺度．按上面所说，这里它等于零．

作为一个环量等于零的反例，让我们考虑一个象刚体一样地以角速度 ω 转动的流体，如果圆心取作坐标原点，在半径为 r 的圆周上各点的周向速度便是 ωr[1]．因此绕此圆周的线积分便给出 $\Gamma=2\pi r\cdot\omega r=2\pi r^2\omega$．用圆面积 $a(=\pi r^2)$ 去除，得 $\Gamma/a=2\omega$，所以 Γ/a 便是一个很好的对转动的度量(对于刚体，它的转动与此涡旋运动相重合)．如果面积 a 的位置是任意的，也就是说，面积 a 与转轴成一个角度 α，我们立刻就得到 $\Gamma/a=2\omega\sin\alpha$．因此，当面积 a 和转轴垂直时，Γ/a 取最大值．

在位势运动中，环量对于流场中的任何闭曲线都是零，因而流场中任何地方都没有转动；这就叫做**无旋运动**．可以相信，由此必须得出这个结论，即："均匀无粘性流体从静止状态形成的运动，决不可能产生涡旋"．但是，如果我们更细致地考察象 **2.3.4** 中所叙述的有关间断面形成过程中的那些现象，就会发现，所有在静止流体内部所画出的那些流体线，在运动时都要移动并变形，以避免和间断面碰上，因而便没有一根流体线穿过间断面．因此，汤姆森定理**没有告诉我们关于间断面两边区域间的相互关系**．由此可见，在几乎没有粘性的流体里，间断面，从而涡旋，可以在尖缘处产生这一事实绝不和汤姆森定理发生矛盾．

注：实际上流体总是多少有些粘性，间断面就为间断层*(但常常极薄)所代替．间断层里的流体质点总是来自紧邻固体表面的区域，那里的摩擦作用，即使粘性很小，已不再能忽略．所以，在较准确地研究发生在间断层中的内部现象时，粘性效应必须加以考虑．但在研究外部现象时，在大多数情况

1) 由于平移运动对环量并无贡献，在计算时可以不管平移运动．

* 更确切地说，应当说是(某些)流动参数梯度非常大的层．——译者注

下，考虑间断面就已足够了而不用考虑间断层.

由考虑在流线垂直方向的压力降，我们已经推得(**2.3.3**)，对于柏努利方程中的常数在整个流场中都相同的流动

$$\frac{\partial q}{\partial n}+\frac{q}{r}=0,$$

其中 r 是流线的曲率半径. 这样，绕由两条流线和它们的两条法线所组成的四边形(图 2.30)的环量是:

$$qr\,d\varphi-\left(q+\frac{\partial q}{\partial n}\,dn\right)(r+dn)\,d\varphi$$
$$=-dn\,d\varphi\left(r\,\frac{\partial q}{\partial n}+q+\frac{\partial q}{\partial n}\,dn\right),$$

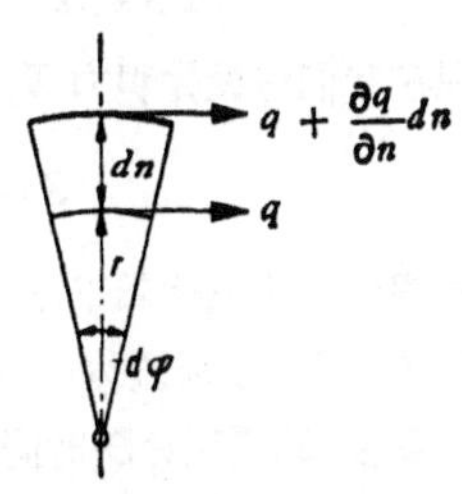

图 2.30

沿法线对环量无所贡献. 括弧中最后一项是高阶微量，可以忽略，而剩下的表达式根据上面的方程应等于零，因此，上述运动便是一个对于任何微小闭曲线环量均等于零的运动，即无旋运动(位势运动). 反过来，对于每一个定常无旋运动，柏努利方程对于全流场都适用(关于证明，参看下面数学补充末尾).

数学补充

(a) 汤姆森定理的证明. (**1869 年**)如 u, v, w 为速度分量，由于任意弧元 ds 都可以为三个分量 dx, dy, dz 所代替，而 u, v, w 分别是在 dx, dy, dz 方向的速度分量，故速度的线积分是

$$\int(u dx+v dy+w dz).$$

假设积分所沿的曲线永远由同样的流体质点所组成，现在我们计算这个积分随时间的变化. 我们将用 d/dt(也有用 D/Dt 的)来表示(全)微商. 我们先来计算 $\frac{d}{dt}\int u dx$，显然立即可以写出

$$\frac{d}{dt}\int u dx=\int\frac{du}{dt}\,dx+\int u\,\frac{d}{dt}(dx).$$

右边第一项中，根据欧拉方程[式(2.15)]，我们可以把 du/dt 替换以 $X-(1/\rho)(\partial p/\partial x)$. 为了计算第二项，我们注意到，对于确定的一个质点 dx/dt 显然等于 u. 于是，

$$\frac{d}{dt}(x+dx)=u+du,$$

也就是，
$$\frac{d}{dt}(dx)=du,$$
其中 du 是在同一瞬时流体线上坐标为 $(x+dx)$ 和 x 的两质点的 u 分量的差。对于上述线积分的其余两项应用同样的推理，我们便得到
$$\frac{d}{dt}\int(udx+vdy+wdz)=\int(Xdx+Ydy+Zdz)$$
$$-\int\frac{1}{\rho}\left(\frac{\partial p}{\partial x}dx+\frac{\partial p}{\partial y}dy+\frac{\partial p}{\partial z}dz\right)+\int(udu+vdv+wdw).$$
现在我们假设体积力 X, Y, Z 具有位势 U，即
$$X=-\frac{\partial U}{\partial x},\ Y=-\frac{\partial U}{\partial y},\ Z=-\frac{\partial U}{\partial z}.$$
并假设密度只依赖于压力（"正压分层流体"），于是上面诸表达式便都可以积分了．因此，沿流体线由 A 到 B（A, B 总是和起初与之关联的那两个流体质点重合）的线积分随时间的改变是
$$\frac{d}{dt}\int_A^B(udx+vdy+wdz)=U_A-U_B+\mathscr{P}_A-\mathscr{P}_B$$
$$+\left(\frac{u^2+v^2+w^2}{2}\right)_B-\left(\frac{u^2+v^2+w^2}{2}\right)_A,$$
其中，象在 **2.3.1** 中那样，已令 $\int dp/\rho=\mathscr{P}$．要注意，这里速度平方前的符号和出现在柏努利方程中的相反．

如果曲线是封闭的，A 和 B 重合，上式右边便等于零．这就证明了汤姆森定理，并表明定理所涉及的假设的重要性．第一，（体积）力场必须有势，这在以前定理的条文中未曾提到，因为那时的讨论中根本没有考虑体积力．第二，假设了流体的正压性（以前曾提到），这个假设是非常重要的；汤姆森定理对于非正压性的流体并不成立．以上的证明指明了，例如对空气团不均匀加热的情况下，如何计算线积分随时间的变化．

(b) 关于无旋运动的说明．角速度 ω 有三个分量（绕各坐标轴的转动）：
$$\left.\begin{aligned}\omega_x&=\frac{1}{2}\left(\frac{\partial w}{\partial y}-\frac{\partial v}{\partial z}\right),\\ \omega_y&=\frac{1}{2}\left(\frac{\partial u}{\partial z}-\frac{\partial w}{\partial x}\right),\\ \omega_z&=\frac{1}{2}\left(\frac{\partial v}{\partial x}-\frac{\partial u}{\partial y}\right).\end{aligned}\right\}\qquad(2.25)$$
如果所有这些转动都等于零，我们便必定有 $\partial v/\partial x=\partial u/\partial y$，等等．如果现在我们引入速度势 Φ，即令 $u=\partial\Phi/\partial x$, $v=\partial\Phi/\partial y$, $w=\partial\Phi/\partial z$，这些关系式便

成为恒等式(前面写出的那个便是

$$\frac{\partial}{\partial x}\left(\frac{\partial \Phi}{\partial y}\right)=\frac{\partial}{\partial y}\left(\frac{\partial \Phi}{\partial x}\right);$$

大家都知道，如果 Φ 是几个变量的正则函数，这个关系总成立). 利用了 $\partial v/\partial x=\partial u/\partial y$ 等等，我们可以把式(2.14)转换为:

$$\begin{aligned}\frac{du}{dt}&=\frac{\partial u}{\partial t}+u\frac{\partial u}{\partial x}+v\frac{\partial u}{\partial y}+w\frac{\partial u}{\partial z}\\&=\frac{\partial u}{\partial t}+u\frac{\partial u}{\partial x}+v\frac{\partial v}{\partial x}+w\frac{\partial w}{\partial x}=\frac{\partial u}{\partial t}+\frac{\partial}{\partial x}\left(\frac{u^2+v^2+w^2}{2}\right).\end{aligned}$$

现在，如果我们把三个欧拉方程分别乘以 dx, dy, dz 并相加，则所得出的方程的每一项都可积而不受积分路径的限制. 经积分，我们便得到

$$\frac{\partial \Phi}{\partial t}+\frac{u^2+v^2+w^2}{2}+\mathscr{P}+U=\text{常数}. \tag{2.26}$$

由于积分是在时间保持不变的条件下进行的，方程右边的积分常数在不同时刻可以具有不同值(例如压力在外界的影响下可以变化)，因而准确些说，常数应替换以 $f(t)$. 通过以下关系:

$$\Phi=\int(udx+vdy+wdz)\quad \text{和}\quad \int\frac{\partial u}{\partial t}dx=\frac{\partial}{\partial t}\int udx,\text{等等},$$

我们便得到表达式 $\partial\Phi/\partial t$. 在定常运动的情况下，式(2.26)便是通常的柏努利方程.

2.3.7. 位势运动的进一步讨论

表示速度势 Φ 和速度分量 u, v, w 间的关系的公式可以从式(2.22)导出；逐次令 ds 等于 dx, dy, dz, 我们就有

$$u=\frac{\partial \Phi}{\partial x},\quad v=\frac{\partial \Phi}{\partial y},\quad w=\frac{\partial \Phi}{\partial z}. \tag{2.27}$$

代入连续性方程

$$\frac{\partial u}{\partial x}+\frac{\partial v}{\partial y}+\frac{\partial w}{\partial z}=0,$$

我们便得到

$$\frac{\partial^2 \Phi}{\partial x^2}+\frac{\partial^2 \Phi}{\partial y^2}+\frac{\partial^2 \Phi}{\partial z^2}=0. \tag{2.28}$$

这个方程叫**拉普拉斯方程**，它也在静电势问题里(以及别的场

合)[1] 出现，适用于电场中没有电荷(并且介电常数不变)的区域. 所以,方程(2.28)的解在静电学里早为人们所熟知,也可以用在这里,例如点电荷或电偶极子的解等. 关于解题来说,因为这个方程是线性的，我们注意到，两个解的和或差就给出另一个解，这在实用上是很重要的. 当两个位势这样"迭加"时，速度便按照平行四边形法则合成.

位势运动的几个例子

(a) 驻点流动. 我们假设(一个最简单的)位势分布是

$$\Phi=\frac{1}{2}(ax^2+by^2+cz^2).$$

于是由方程(2.28)，$a+b+c$ 应等于零. 如果我们要求此分布对于 z 轴旋转对称,我们可以令 $b=a$, $c=-2a$. 这是满足式(2.28)的,把它代入上式后,得

$$\Phi=\frac{a}{2}(x^2+y^2-2z^2),$$

从这个分布我们就可以得到 $u=ax$, $v=ay$, $w=-2az$. 在 yz 平面 $(x=0)$ 中的流线的微分方程是

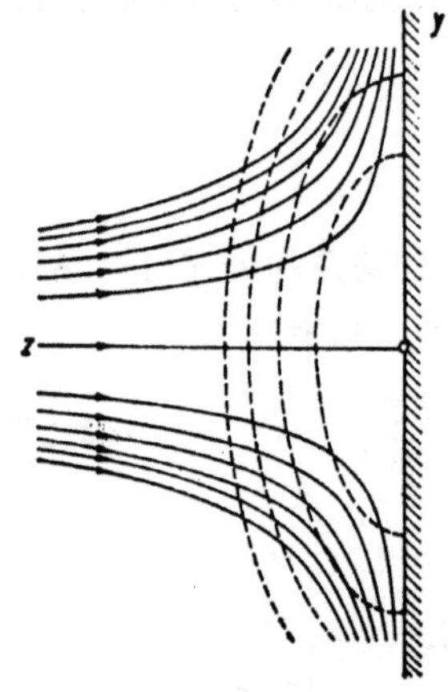

图 2.31 旋转对称的驻点流动(流线和等压线)

$$\frac{dz}{dy}=\frac{w}{v}=-\frac{2z}{y},$$

它的解是 $\ln z=$常数$-2\ln y$

或 $y^2z=$常数

(所谓三次双曲线,见图 2.31).

如果运动是定常的，即如果 a 与时间无关,压力就是

$$p=\text{常数}-\frac{\rho}{2}(u^2+v^2+w^2)$$

$$=\text{常数}-\frac{\rho a^2}{2}(x^2+y^2+4z^2).$$

这就是说,压力在点 $x=y=z=0$ 处最

1) 又例如对于两块靠得很近的平行平板间的粘性流动. 这一现象常常用以显示无旋运动的流线. 在一定条件下,结果与无旋运动的相同,虽然作用的力截然不同; 参看 4.11(b).

大，而等压面是椭球面，其三主轴之比为 $1:1:\frac{1}{2}$(参看图 2.31).

(b) **点源和点汇.** 上面已经说过，如果流动的边界条件恰巧可以实现的话，静电势的解也是可能的流体无旋运动的解. 即使象点电荷的静电场那样简单的静电场，就已给出了一个称为“点源”或“点汇”的重要的流体运动情形. 其位势是 $\Phi=\pm\frac{c}{r}$，其中 r 表示距点 O 的距离. 因此，在以点 O 为中心的球面上 Φ 等于常数. 而速度(垂直于等势面)是纯径向的，其量值是 $|c|/r^2$. 单位时间内通过半径为 r 的球面(面积为 $4\pi r^2$)的流量是

$$Q=4\pi r^2\cdot c/r^2=4\pi c.$$

对于点源的情形，在点 O 处每秒有这新流量涌出；而对于点汇的情形，那里每秒有这流量灌入. 这实际上是不可能精确地实现的，但是流体可以，例如，从点 O 通过细管吸走，这样我们就能够在管口附近得到近乎上面所描述的流动(仅仅是近似而已，因为管子截面不为零，因而有干扰作用).

另一个应用点源和点汇的很有用处的例子，可以从下面看出：如果一棒状物体沿长轴方向以速度 V 运动，在物体的前端流体不断地受挤压，而在尾后所让出来的空间里又汇合起来(参看图 2.32). 这样，在物体顶端附近的运动状态就好象那里有一个点源，而在物体尾部就好象那里有一个点汇. 实际上，上述流体的运动可用下述公式准确地表示：

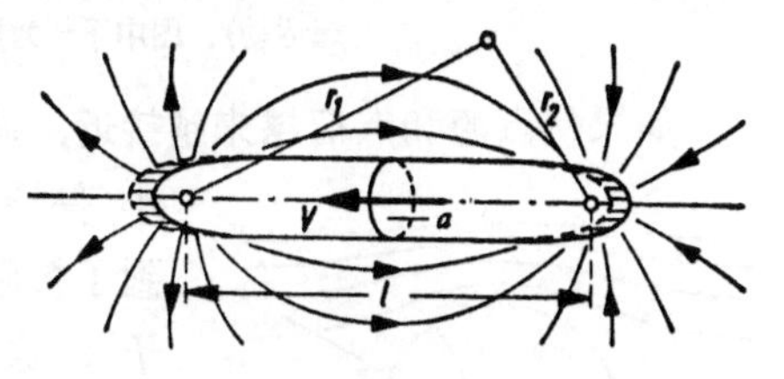

图 2.32 绕运动物体的位势流动
(坐标系静止不动)

$$\Phi=c\left(\frac{1}{r_2}-\frac{1}{r_1}\right).$$

严格地说来，遵循这个公式的物体的两端要有一定的(光滑)曲面形状，但即使形状有出入，上式也仍是个可用的近似式. 点源或点汇的“强度”Q 可以取为 aV，其中 a 表示棒的截面积，于是

$$c = aV/4\pi^{1)}.$$

如果我们在随物体一起移动的坐标系里来考察这个运动（由于此棒不断前进，其周围的速度分布在固定空间看来是非定常的），我们便得到一个定常运动，其中物体是静止的，而流体绕着它流过．这个运动的数学表示便是 $\Phi' = \Phi + Vx$；它的流线表示在图 2.33 中．在图中下部示出了物体表面上的压力分布[2]（由柏努利方程算出）．

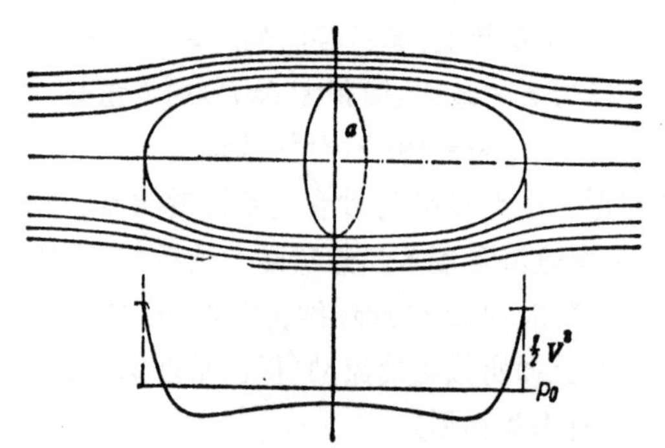

图 2.33　绕运动物体的流动（坐标系随物体起运动）．图中下部为压力分布

如果使点源和点汇越来越接近，同时随着它们之间距离的减小，保持同比例地增大它们的强度，到了极限情形，我们便得到"偶极子"，这时图 2.33 中所示的流动就变成绕圆球的流动（参看图 2.34）．这里，位势是 $\Phi = Vx(1 + a^3/2r^3)$，其中 a 是球的半径．由于粘性的影响，实际绕圆球的流动情况有所不同．

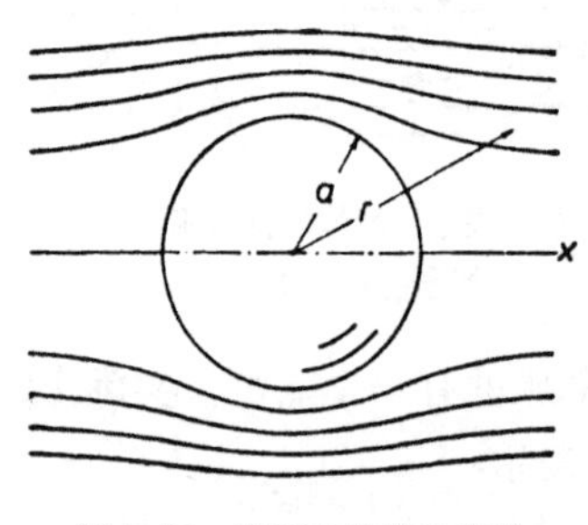

图 2.34　绕圆球的位势流动

(c) **平面运动**．如果运动中的流线都是平面曲线，并且它们所在的平面又都平行，而且这些平行平面的垂线上各点的流动状

1) 对较短的物体说，$4\pi c = aV\sqrt{1 + 4a/\pi L^2}$，其中 L 是点源和点汇之间的距离．

2) 绕别的细长回转体的流动可用沿物体轴线连续分布的点源来表示．

态都相同，则我们称这样的运动为“**平面运动**”．假设我们选取其中的一个平面作为 xy 平面，这就意味着，三个速度分量 u, v, w 中最后一个等于零，而前两个仅是 x 和 y 的函数．这种流体运动的数学理论，由于有数学这个特别有力的工具可资利用，已经在流体力学中充分地发展了．事实上，业已发现，复变量 $x+iy$ 的任何解析函数的实部和虚部都是满足式(2.28)的位势．

设复变量是 $z=x+iy$，并设 Φ 和 Ψ 分别是复变函数 $F(z)$ 的实部和虚部，即 $F=\Phi+i\Psi$．于是

$$\frac{\partial F}{\partial x}=\frac{dF}{dz}\frac{\partial z}{\partial x} \quad 和 \quad \frac{\partial F}{\partial y}=\frac{dF}{dz}\frac{\partial z}{\partial y},$$

但由于 $\dfrac{\partial z}{\partial x}=1$ 和 $\dfrac{\partial z}{\partial y}=i$, $\dfrac{dF}{dz}=\dfrac{\partial F}{\partial x}=\dfrac{1}{i}\dfrac{\partial F}{\partial y}$.

我们就有

$$\frac{\partial \Phi}{\partial x}+i\frac{\partial \Psi}{\partial x}=\frac{1}{i}\frac{\partial \Phi}{\partial y}+\frac{\partial \Psi}{\partial y}.$$

令两边的实部和虚部分别相等，并记住 $1/i=-i$，我们有

$$\frac{\partial \Phi}{\partial x}=\frac{\partial \Psi}{\partial y}(=u) \quad 和 \quad \frac{\partial \Phi}{\partial y}=-\frac{\partial \Psi}{\partial x}(=v), \tag{2.29}$$

所以
$$\frac{\partial^2 \Phi}{\partial x^2}+\frac{\partial^2 \Phi}{\partial y^2}=\frac{\partial^2 \Psi}{\partial y \partial x}-\frac{\partial^2 \Psi}{\partial x \partial y}=0.$$

由于 $\partial^2\Phi/\partial z^2\equiv 0$，这就证明了连续性方程[式(2.28)]是满足的．同样也可以证明 Ψ 满足

$$\frac{\partial^2 \Psi}{\partial x^2}+\frac{\partial^2 \Psi}{\partial y^2}=0,$$

因而 Ψ 也可以用来表示速度势．从式(2.29)容易看出，在每一点处，由 Φ 和 Ψ 导出的两个速度的方向是互相垂直的，而这两个速度的大小相等[1]．所以，一个流动的等势线就是另一个流动的流线(因速度永远与等势面垂直)．沿流线为常数的函数叫做**流函数**．

---

1) 两个梯度的方向(α 和 β)分别由

$$\tan\alpha=\frac{\partial \Phi}{\partial y}\Big/\frac{\partial \Phi}{\partial x}=v/u \quad 和 \quad \tan\beta=\frac{\partial \Psi}{\partial y}\Big/\frac{\partial \Psi}{\partial x}=-u/v$$

给出，即 $\tan\alpha\cdot\tan\beta=-1$．两个梯度的量值都是 $\sqrt{u^2+v^2}$．

如果 Φ 是速度势，则 Ψ 便是流函数．流函数还有另外一个物理意义：流函数在两点间的差数，便是单位时间内通过该两点间(沿等势线方向)单位宽度的流体体积(参照 **2.2.2**)．

从上述这些等势线和流线的特性可以得出一种图解法，用它就可以在给定的边界条件下得到由小方形网络形成的两组曲线．开始我们先粗略地草拟出流线和同它垂直的曲线族；然后改进此草图，直到网络处处都足够正方为止．判别网络是否正方的准则是看连结两对边中点的线段是否相等，以及两对角线是否正交，这两族对角线满足方程 $\Phi+\Psi=$常数和 $\Psi-\Phi=$常数．图 2.35 应作为一个初步训练的例题来研究．

我们举一些平面流动的简单例子．函数 $F=\dfrac{1}{2}az^2$ 表示平面的驻点流动：

$$\Phi+i\Psi=\frac{1}{2}a(x^2+2ixy-y^2),$$

因而

$$\Phi=\frac{1}{2}a(x^2-y^2),$$

$$\Psi=axy.$$

流线 $\Psi=$常数是等轴双曲线，而速度是

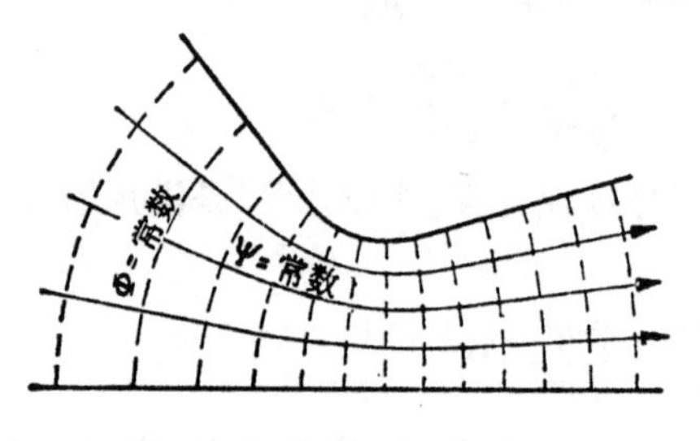

图 2.35 Φ 和 Ψ 的构图

$$u=\frac{\partial\Phi}{\partial x}=ax,$$

$$v=\frac{\partial\Phi}{\partial y}=-ay.$$

令 $F=a\ln z$，便得到平面点源所产生的流动；$\ln z=\ln r+i\varphi$，其中 r, φ 是极坐标(因而在同心圆 $r=$常数上 $\Phi=$常数；而在射线 $\varphi=$常数上 $\Psi=$常数)．

作为第三个例子，我们来讨论相交成角 α 的两平面所形成的角形中的流动．令它们的交点为原点，x 轴沿其中一边，则函数 $F=az^n/n$，其中 $n=\pi/\alpha$．引入极坐标，我们有

$$z=x+iy=r(\cos\varphi+i\sin\varphi),$$

并且根据一个熟知的定理

$$z^n = r^n(\cos n\varphi + i\sin n\varphi).$$

所以，流函数
$$\Psi = \frac{ar^n}{n}\sin n\varphi,$$

于是当 $\varphi=0,\ \pi/n,\ 2\pi/n,\ \cdots$，即当 $\varphi=0,\ \alpha,\ 2\alpha,\ \cdots$ 时，$\Psi=0$. 对于不同 α 值的流线图示于图 2.36. 当 $\alpha<\pi$ 时，原点处的速度等

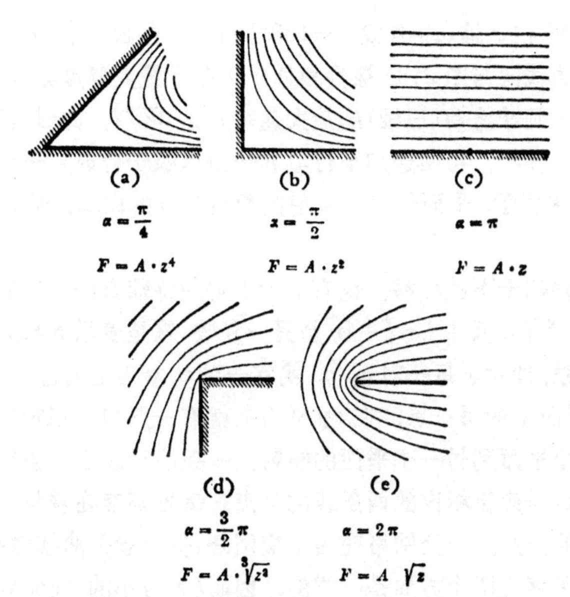

图 2.36　复位势为 $F=Az^n$ 的流动情形

于零，而当 $\alpha>\pi$ 时，它为无穷大. 在 $\alpha=0$ 的极限情况下，即平行边界间的流动，此时

$$F=a'e^{\mu z}=a'e^{\mu x}(\cos\mu y+i\sin\mu y),$$

两边界之间的距离 $h=\pi/\mu$. 如果我们把这个流动转一个直角，则流动

$$F'=a'e^{-i\mu z}=a'e^{\mu y}(\cos\mu x-i\sin\mu x)$$

便可以用来表示波动现象(参看图2.58). 又如

$$F=V\left(z+\frac{r_1^2}{z}\right)$$

表示绕半径为 r_1 的圆柱的流动. 根据上述,

$$\Psi = V\sin\varphi\left(r - \frac{r_1^2}{r}\right).$$

或者，速度势为

$$\Phi = V\cos\phi\left(r + \frac{r_1^2}{r}\right) = Vx\left(1 + \frac{r_1^2}{r^2}\right).$$

流函数 Ψ 在 x 轴($\varphi=0$ 或 $\varphi=180°$)和在圆柱面 $(r_1^2=r^2)$ 上等于零．此流线图与图 2.34 极为相似，可是在最大厚度处的速度是 $2V$，而绕圆球流动(三维)的最大速度只是 $3V/2$．此时，流动势也如同圆球那样，可由迭加平行流和平面偶极子合成．平面点源可用 $\ln r$ 来表示，平面偶极子可用此函数对 x 的微商，即 x/r^2 来表示．

这种例子不胜枚举．也有不少求解的特殊方法．例如，复变函数 $z=f(\zeta)$，其中 $\zeta=\xi+i\eta$ 是另一复数，就是表示 z 与 ζ 间的这样的关系，即对于每一对 ξ, η，就有一对 x, y 与之对应．这样，对于 $\xi\eta$ 平面上的每一点，在 xy 平面上就有一点与之相对应．这就叫做一个平面到另一个平面的**映射**．一条线对应于一条线，两条线的交点对应于相应的两条线的交点．每处都存在着与式(2.29)相类似的关系．正交网络变为正交网络(但一般是曲线网络)，而变换的尺度在两个方向是一样的，因而(无穷小的)面元变为几何相似的面元．因此，这种映射就称为**保角映射**．如果我们把 Φ, Ψ 写作 ξ, η，上面那几个平面流动的例子便立刻成为保角映射的例子了．就中最后一个例子(绕圆柱体的流动)，表明了(除了其他一些事情之外)如何把 $\Phi\Psi$ 平面的一半映射为 xy 平面上以 x 轴从 $-\infty$ 到 $-r_1$ 和从 r_1 到 $+\infty$ 及连接 $-r_1$ 和 r_1 的半圆为界的区域．

现在再来讲一个在流体力学中很重要的事实．若 F 为 z 的解析函数，z 又为 ζ 的解析函数，则 F 也是 ζ 的解析函数，即 $F=\Phi+i\Psi$ 在 ζ 平面上给出一个可能的流动．因此，如果我们在 xy 平面上有一个可能的流动，任何一个从 xy 平面到 $\xi\eta$ 平面的保角映射就给出在 $\xi\eta$ 平面上的一个新流动．这个方法可以任意重复应用.

例如我们可有不同方法，把象翼型之类的剖面以外的区域映射为圆外的区域. 这样我们就可能从绕圆的运动推导出绕机翼或翼型的流动，等等，见[S 10].

简单的计算表明，微商 $dF/dz=u-iv$. 如果我们把这个量(复速度 $u+iv$ 的共轭复数)叫做 w，则显然 $\overline{w}=dF/dz$ 同样也是 z 的或者 F 的解析函数，因而 $\Phi\Psi$ 平面与 uv 平面间的关系又是保角映射关系. 有这样一些情况，我们可以对于速度做出足以完全确定在 $\overline{w}$ 平面上的流动区域的判断. 例如，有一股射流从两板的夹缝中流出，只要边界流线沿固壁，它的方向便是给定的. 对于自由射流，边界流线的方向是未知的，但鉴于柏努利方程，当压力为常数时，速度的量值就是常数. 因此流动区域就划分出来了(参看图 2.37)，而为了确定函数 $F(\overline{w})$，我们只需严密注意所出现的奇点就够了. 如果反过来，把 $\overline{w}$ 表示成了 F 的函数，即 $\overline{w}=\overline{w}(F)$，我们就有 $dF/dz=\overline{w}(F)$ 或 $z=\int dF/\overline{w}(F)$. 最后，把实部和虚部分开，我们便得到 x, y 与 Φ, Ψ 的关系，即流线图.

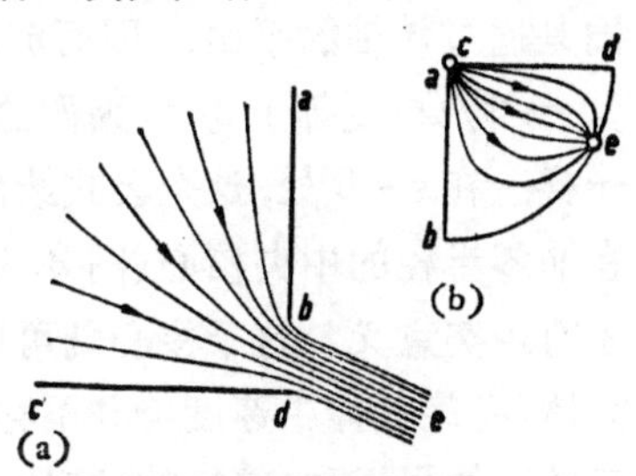

图 2.37　狭缝出流；流线(a)及相应的速度图线(b)

为向读者提供利用复变函数方法的概念，这个简短的概述也就够了.

2.3.8. 有环量的位势运动. 翼型的升力. 马格努斯效应

虽然在所有的位势运动中，任何微小区域中的环量都等于零，但是也有一些情况，就整个区域来说，环量确实存在. 不过有个前提，即流动区域必须是**多连通的**. 也就是说，在这样的区域内，存在这样一些(闭)曲线，若不越出区域就不能经连续变化而缩小到零(即收缩为一点)[1]．假设沿这样一根曲线的环量是Γ，要是运动是无旋的(也就是说，在这区域的每一个单连通部分里环量等于零)，那就容易证明，沿任何在不越出区域的条件下，由原来的曲线经连续变形所得到的其他曲线的环量也等于Γ．因此，对于这种运动，速度势(速度势自然定义为所考虑的一点和另外一个固定点间的线积分)便是多值的；每绕一周速度势就改变一个量Γ.

这类平面运动的最简单的情形便是$\Phi=+c\varphi$，其中φ表示复角(参看图2.38)．这个速度势[2] [满足式(2.28)]每绕一周($\varphi_2=\varphi_1+2\pi$)就改变一个量$2\pi c$．所以$2\pi c$便代表环量Γ．这里，等势面是通过转轴的平面，因而流线是同心圆．由于$ds=rd\varphi$，速度$q(=d\Phi/ds)$便等于c/r，因而这个流动与**2.3.3**(b)中所举的例子一样．在$r=0$处，这个公式给出$q=\infty$，因此，只有在把流动限制在非零半径的中央核心(图2.38中阴影线面积区域)以外，这流动才有现实意义．这个核心既可以是一个固体，或者也可是有旋的流体(有旋流体中速度势并不存在)，最后，或者也可以是不参与一起转动的另一种(较轻的)流体，例如，作环流的是水，核心就可以是空气(自由涡)．由于重力的作用，自由涡的表面就如图2.39所示；由柏努利方程，它的方程是

$$z=z_0-\frac{q^2}{2g}=z_0-\frac{c^2}{2gr^2}.$$

这些“漏斗”形的曲面例如在澡盆泄水的时候常常可以看到．在所

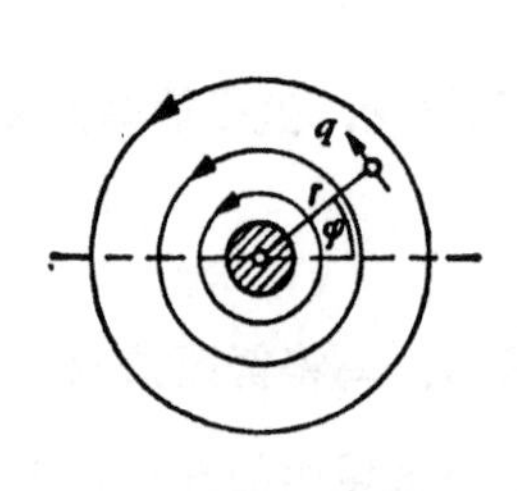

图2.38　有环量的无旋流动

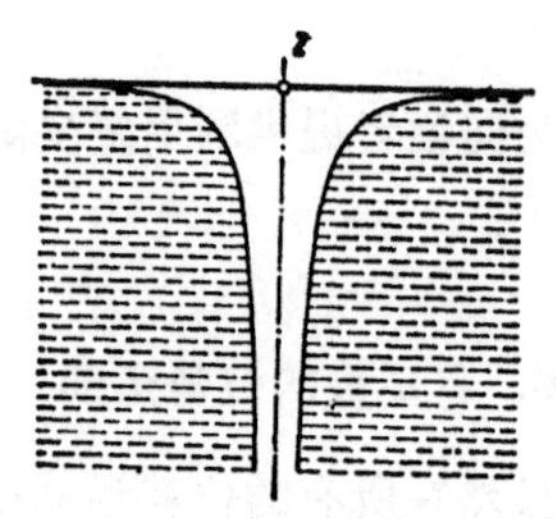

图2.39　自由涡(空心涡)

1) 一房间的中央有根柱子及一环形外的空间都是双连通区域的例子。

2) 用复变记号为$F=-ic\ln z$。

有这种情形中,运动流体都各有原因地预先就有了环量.

带环量的无旋(位势)运动的另一种应用,便是翼型的升力理论.绕翼型的流动(图 2.40)可以由没有环量的“平常的无旋流动”(图 2.41)和环流(图 2.42)“迭加”而成.这样,合并起来的流动便也显示出环量.它同举力的出现有极密切的关系.即使不作计算也容易看出,在翼型的上部环流和图 2.41 的无旋流的方向相同,在下部则相反.由柏努利方程,这就意味着,翼型上部的压力减小,而下部的压力则增大,结果就产生了升力.库塔和儒可夫斯基彼此独立地由理论计算得知:升力准确地与环量 Γ 成正比,并且翼面单位宽度上的升力等于 $\rho\Gamma V$,其中 V 是翼型与流体的相对速度.这个定理将在 **2.3.11**(a) 中加以证明.

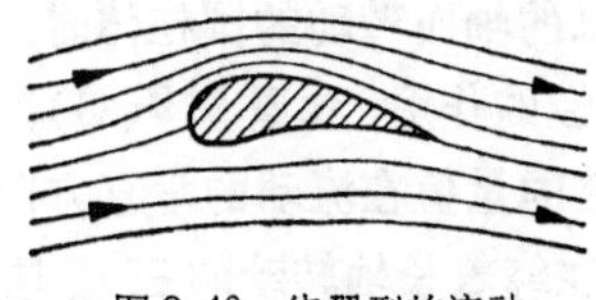

图 2.40 绕翼型的流动

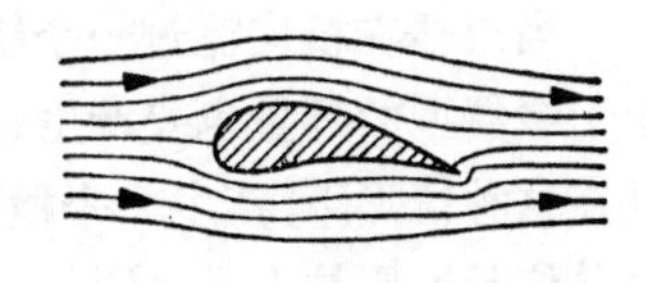

图 2.41 绕翼型的简单位势流动

根据汤姆森定理,对于运动从静止状态开始的情形,即使在多连通空间里,环量也不可能产生,因为,在静止状态时沿任何(闭)曲线的环量都等于零,并且必定一直保持为零.实际上,环量通常是通过形成间断面而产生的.例如,以图 2.12 的蜗室为例,在运动一开始的时候,一个象图 2.19 所示的涡旋就在入口的尖缘处形成.随后,此涡旋脱离尖缘并从 O 处流走,而由它所引起的环量则在流动中保留了下来*.

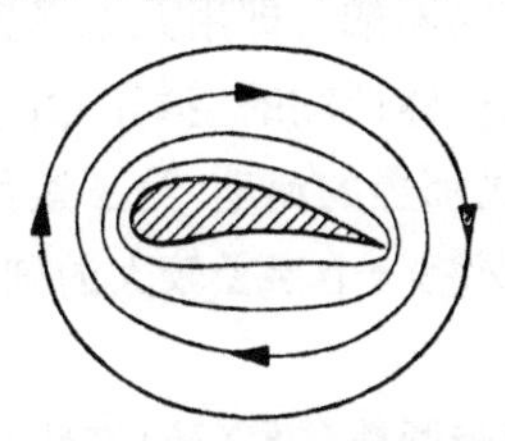

图 2.42 绕翼型的环流

图 2.43 翼型的开始运动情况

* (总)环量等于零并保持为零(汤姆森定理),故流动中留下的环量与流走涡旋的环量大小相等,转向相反.——译者注

对于翼型运动，所得的解很相似．在运动开始时，流体原是按照图 2.41 那样流过去的，但不久一个象图 2.43 所示的间断面就在翼型的后缘形成．随后间断面蜕变成涡旋，这个涡旋脱离翼型而漂向下游，结果翼型就得到一与之大小相等而转向相反的环量．按照汤姆森定理的要求，绕包含翼型和涡旋的(闭)流体线环量仍旧为零．

注：为了使机翼周围的空间是双连通的，可以使机翼横向两端面贴合于两个平行壁，或者要假设两端面都伸展到无穷远(无限翼展)．对于实际机翼，都不是这两种情况．那么，这里所出现的(在后一情况下也存在)、为有升力所必需的绕机翼的环量，是由于前面 **2.3.4** 所描述的那种间断面(速度在横向间断)而引起的(详见 **7.3**)．

当流体在横向流过一个绕着自己的轴而转动的圆柱体时，类似于绕翼型的环量也要产生(由于粘性的作用；参看 **4.9**(a))，并且在这种情形下，产生一个**横向力**，它的量值在流动的垂直方向的每单位长度圆柱上是 $\rho\Gamma V$．这种力在绕着长轴转动的三棱柱或四棱柱体、飞行的子弹等等上也产生．这种力的方向总是从来流与环量流动的方向是相反的那一边指向是相同的另一边．这个现象就以其发现者马格努斯(1852 年)为名，称为**马格努斯效应**．

激起研究这一类现象的原因，是由于子弹在离开枪筒的时候，常常经受到绕横轴的偶然转动而产生飞离弹道的现象．这些横向偏离也可以从一个在空气中飞着的“削”球(网球或乒乓球)看出来，有时此偏离可能相当厉害．若干年前(1924 年)，这个现象曾由弗勒特纳大规模地用来借助风力推动船舶，即用几个迅速转动的铅直圆柱体来代替帆(风筒船)．圆柱体两端的空气，由于不随着转动，因而要被吸入低压区域而干扰那里的流动，为了避免这种有害的现象，最好在圆柱体的两端各安装一个半径较大的圆盘(参看图 2.44)[1]．

实验：把一个由小电机驱动的旋转圆筒(铅直地)安装在一个

1）用这种船作实验，本身是满意的，但从经济观点看来，平常的轮船要比它优越，因而风筒船并不受欢迎．

在轨道上行驶的小车上. 如果利用小风扇(台扇)在轨道的垂直方向对着圆筒吹风，车子就会沿轨道行走. 如果改变风扇的方向使风与轨道形成各种不同的角度，我们就可以研究在不同航向下“圆筒帆”(风筒)的性能. 发现在锐角时可以使车子逆风行驶. 如果反转旋转的方向，车子就向相反的方向跑.

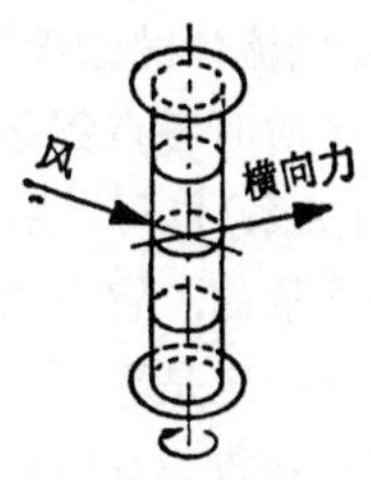

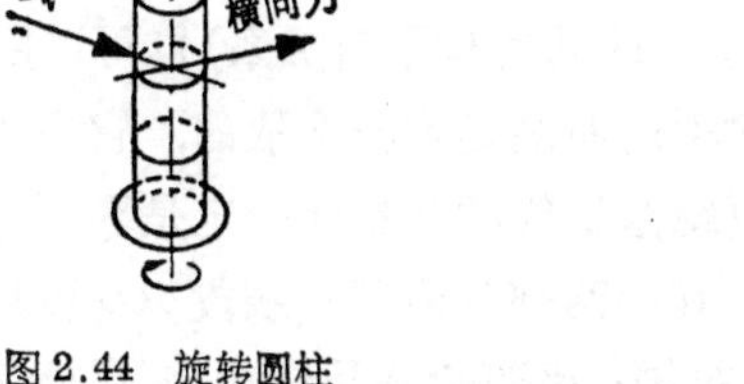

图 2.44 旋转圆柱

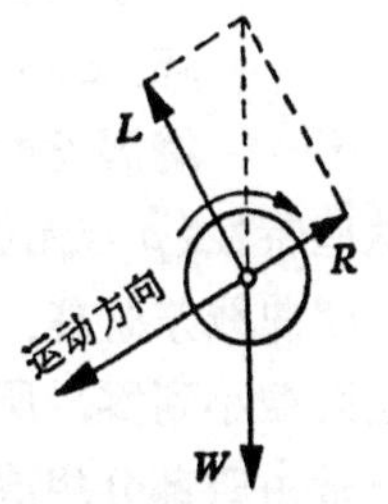

图 2.45

当一个绕其水平轴线迅速旋转的轻圆柱体横着下落的时候，它并不是铅直地下落，而是平滑地滑翔下来. 除了在路径垂直方向的升力(L)外，在运动方向还受到一个阻力(R)；不过在最有利的情况下(两端安装圆盘的长圆柱体)，阻力较升力小得很多. 这两个力的合力适与此圆柱体的重量相平衡(图 2.45)，从而使它不能铅直下落.

2.3.9. 无粘性流体的有旋运动. 涡丝

在研究均质无粘性流体的有旋运动时，我们仍旧可以把关于沿一流体线的环量恒定不变的汤姆森定理作为我们的指南. 从这个定理以及涡旋矢量的几何性质，我们就可以导出一些阐明某些重要的几何和力学关系的定理. 这便是亥姆霍兹的关于涡旋运动的著名的定理；他是从电动力学观念出发发现这些定理的[2.3]. 但是，从这些定理所推得的结果只有当有旋流体所在的区域象线条，而在其余区域里是无旋的情况下才是简单的. 在这种情况下，我们就叫它做涡丝. 但是，关于涡丝的最重要的定理可以从它周围的无旋运动的性状推得，因而我们在这里就无需进一步研究有旋流体的力学.

当我们在 **2.3.8** 中讨论带环量的无旋运动——我们这里所讨论的与之相似——时，我们曾谈到，这种无旋运动发生在多连通区域里，并且对于所有不超越该区域边界而能连续从一个形状变到另一个形状的曲线，环量必是相同的．对于涡丝来说，这就意味着，它们必须形成一个(闭)环，要不然两端就必须都伸展到流体的边界*，并且，绕涡丝的环量在每一时刻对于所有各点都必是相同的．这些特性(p 与无旋运动的几何构形有关系)也可以用图 2.46 所示的闭曲线来解释．这根闭曲线是这样选取的，它可以不接触到涡丝而缩小到零，所以绕这根线的环量就一定是零．但沿这根线的环量由四部分组成，其中两部分沿同一线段 AB 以相反的方向通过，因而其贡献彼此抵消；另两部分是绕 A 和 B 处涡丝的两个闭曲线的环量．由于总环量等于零，A 和 B 两处的环量就必须大小相等而符号相反．A 处环绕涡丝的曲线方向和 B 处的曲线方向相反，所以当 A 和 B 处的绕向相同时，环量大小就相同．如果涡丝在流体中某一点终止，则上述两个回线中的一个就可以从涡丝的这一端滑出来；让另外一个仍旧环绕着涡丝．于是这个滑下来的回线就要放弃它的环量，而另外一个则仍然保持它原来的环量．这样，虽然整个曲线(两个回线和 $\overline{AB}$, $\overline{BA}$)仅仅是在无旋流场里移动，绕整个曲线的环量却要改变，这显然是不可能的．因此，我们就得出一个定理：**涡丝不可能在流体内部终止，并且绕涡丝的环量处处相同**．在这句纯粹几何性质的话上，根据汤姆森定理，我们可以加上一句有动力学意义的话：**绕涡丝的环量不随时间而变化**．

图 2.46

我们考虑极小的闭流体线的性状．只要它们保持处于无旋运动区域，它们的环量必定永远等于零；但如果处于涡丝的内部，环量一般就不等于零，根据汤姆森定理，此环量是不随时间而改变的．由此我们立即得到一个结论：**涡丝总是由同一组流体质点所组**

* 边界处可以是固壁、与另一种流体的交界面(两种互不渗混流体间的间断面)如自由面，或者是无穷远．——译者注

成．由于涡丝本身的动量和能量远小于围绕着它的无旋流的动量和能量，涡丝主要是按照它周围流体的运动所确定的方式而运动[参看下面例(a)]．确实，无旋运动可以按绕涡丝轴的环量从几何上得出，这对于计算常常是很方便的．于是每一微段涡丝的运动就好象是由于涡丝的其余各微段所引起的，而整个无旋运动就好象是由于整个涡丝所引起．但是，这只是看作是几何的关系，至于能量，外部的运动是起主导作用的．

从涡丝的几何外形计算速度场的公式，和电动力学中导线与磁场间的关系式(毕奥-萨瓦定律)完全一致．这里涡丝就相当于导线，而环量和速度各相当于电流及其磁场．电流密度相当于旋转的强度．象环量那样，电流对导线的各截面相同，所以电流密度与导线的截面积成反比．对于涡丝来说，$\Gamma=2\omega a$ (参看 **2.3.6** 排印小号字的例子；$\sin\alpha=1$)，因而 a 的减小就意味着 ω 的增加，反之亦然．这在任何时候都是正确的：如果涡丝的某一段被拉长，则角速度 ω 就与面积成反比地增大．由于体积保持不变，一段涡丝长度的增加也和截面积成反比．因此，**角速度与涡丝段的长度成正比地变化．**

以上便是亥姆霍兹定理的要点．

例：(a) **无旋流场里的直线平行涡丝．** 设涡丝的环量是 Γ (即强度为 Γ)，围绕涡丝的速度场与 **2.3.8** 中所描述的带环量的无旋运动一样．各点的速度与涡丝轴垂直，且与从轴到所考虑的那一点的矢径 $\mathbf{r}$ 垂直，它的量值是 $\Gamma/2\pi r$．如果有几根涡丝，则各自的速度场就都迭加起来，并且每一根涡丝都参与运动，这是由其他涡丝引起，而在那里产生的运动．这样，如果有两根平行的涡丝，这两根涡丝就要绕着一个轴而转动，轴的位置可以这样决定：设想用两个力代替这两根涡丝，力的大小与涡丝各自的强度成正比，这两个力的合力的作用线就与转轴重合．如果涡旋转动的方向相同，这两个力的方向也取得相同，如果转动的方向相反，力的方向也取得相反．转动的方向相同时转轴就在两涡丝之间，相反时它就在两涡丝的外侧．如果两个涡旋的强度相等而旋转的方向相反(即所谓"涡旋偶",相当于力偶),结果涡旋偶即产生沿与它们之间的联线垂直的直线的运动,运动的速度是$\Gamma/2\pi d$,其中d是两涡丝轴间的距离.在相对于未受扰动流体静止的坐标系中,涡旋偶的流线表示在图2.47中,而对于随涡旋的轴一起运动的坐标系,流线如图2.48所示.图2.48中的阴影区域永远伴随在涡丝的周围.如果涡丝产生在染了色的流体区域里[参看下面的(d)],相应于图2.48中阴影区域的那块染了色的流体就要向未染色的流体中移动.

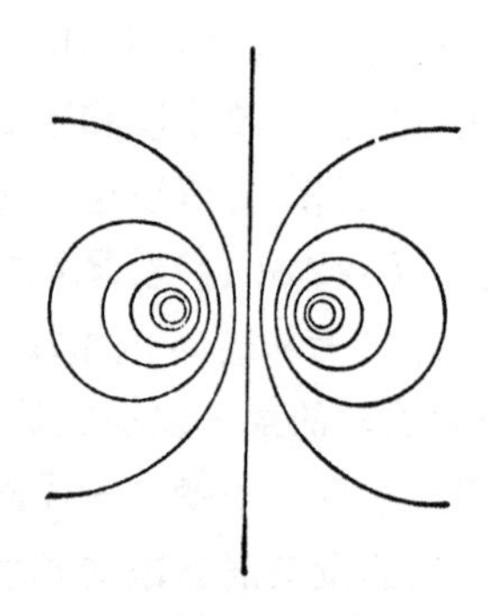

图2.47 涡旋偶的流线;坐标系静止

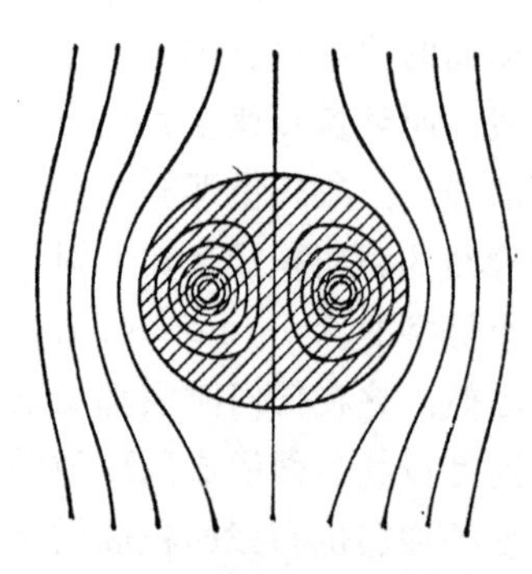

图2.48 涡旋偶的流线;坐标系随涡旋的轴一起运动

注:上述这些关系要能准确地成立,从理论上说这两根平行涡丝必须两端都伸展到无穷远,或者,流体界于与涡旋轴垂直的两平行壁之间,而涡旋的两端止于两壁.但是在后一种情况下,由于边界处的摩擦,会产生扰动.上述两壁也可以是容器底和自由面.

(b) 圆"涡环". 由于涡丝的曲率,这里前进的速度增加了;涡旋转动的核心越是靠拢,速度的增加就越大.这个现象可以作为此涡旋的相邻各微段相互作用的结果而正确地从亥姆霍兹定律推出,但是也可以作为动力学效应来解释,即由于转动流体的离心力,在涡环里便产生了拉应力而趋于使涡环变小(参看**2.3.8**中关于库塔-儒可夫斯基定理的说明).由于前进速度增大了,涡环所携带的流体,与图2.48不同,通常也呈环形(例如烟圈).一对有公共轴的涡环,在向同一方向移动时,彼此有以下的相互作用,前面的一个扩大，而后面的一个缩小；结果前面那个的速度减慢，而后面那个的速度加快．最后，后面那个就追上并穿过原来在前面的那个，此后，又重演这一过程，自然它们所扮演的角色是互换了．两个同样的共轴涡环相向运动的时候，它们的直径随着两者的靠近增大得越来越快，而同时它们的运动也就很快地慢下来，使得它们不至于真的相接触．在这种情形下，两涡环正中间的平面起着固壁的作用，因而当涡环冲向壁面的时候，就会发生上述现象．

在对任意形状的涡环的速度场进行数值计算时，我们可以利用已有的计算电路所产生的磁场的公式．流速相当于磁场强度，而涡旋强度则相当于电流强度．关于细节例如可参看[L1]．贝茨对此给出的一个简单说明见[2.4]．

(c) **间断面．** **2.3.4** 中所描述的间断面，也可以设想是由许多平行排列的涡丝所组成的一个面；所有涡丝的轴都与代表速度间断的矢量垂直．一排平行的涡丝，在离开它们一段距离之外，实际上确能给出与带间断面的流动相应的流动，如图 2.49 所示．反过来，间断面往往是不稳定的，所以很容易破裂为一个个的涡旋（参看图 2.17）．

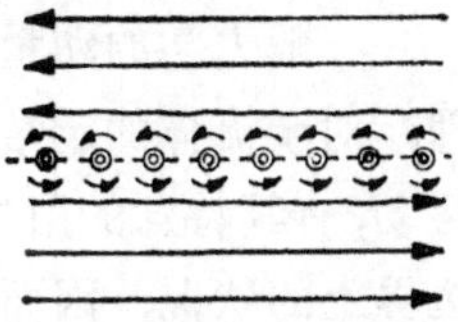

图 2.49 涡面

(d) **涡旋的产生．** 涡旋，连同与之相关联的无旋的环流，通常都是由间断面所引起．一切无旋运动都是流体某一部分边界，或自由面，或流体中某些固体对流体施加压力的结果．环流运动主要是由于在流体内部某一面上，一部分受压力作用了一些时候，而邻近部分却没有受到压力所造成的．图 2.21 中的涡环的产生便是一个例子，图中圆孔周围的固壁抵挡了从左边作用于壁面的压力，而圆孔部分则不然．另一个重要的例子便是机翼的运动．在机翼飞过的时候，翼面所掠过的那片空气顷刻承受到飞机的重量，而其外的区域则没有受到这种压力．正如我们联系图 2.22 在 **2.3.4** 末尾所已说过的，翼后的间断面引起从两翼端出发的两个涡旋．在运动开始时产生象图 2.43 中的那种涡旋，这种“起始涡旋"和翼端的横向涡旋一起形成一根涡丝(通常有点扩散). 机翼本身连同绕它的环量(它恰与绕上述涡丝的环量相等), 使整个的排列形成一种涡环, 只是这个涡环的一部分系由固体(机翼)所形成. 从运动学的观点来看, 这件事可以这样来看待: 涡丝的一部分位于固体内部, 而这里在外部仅仅产生有环量的无旋运动. 但从动力学的观点来看, 我们倒可以认为亥姆霍兹的动力学定理对于这一部分涡丝并不适用, 因为它随固体一起运动, 并且, 特别是新的流体质点不断地从两端卷入(翼端)横向涡丝. 由对这种涡旋运动的定量的研究, 已经得出了关于机翼性能的一些重要结论(参看**7.3**).

2.3.10. 定常运动的动量定理

一般力学的动量定理, 也就是大家熟知的重心定理和面积定理, 对于流体的定常运动和其时间平均值可以看作定常的非定常运动, 有其特殊的用处. 这些定理的价值在于, 它们只涉及区域的边界上的状况, 因而可以应用于我们尚未完全掌握其细节的现象上, 而推断出结论来.

一个质量的动量是指此质量与其速度的乘积(动量是一个矢量, 因此象速度那样, 也有三个分量). **动量随时间的变化率等于作用在该质量上的合力**. 在**1.2**中我们曾经证明, 把一个力学系统的一切质点所受的力总合起来, 根据作用和反作用原理, 系统里的所有内力全都抵消掉, 剩下的只有外力(不属于这个系统的质点所作用的力).

由此, 具有任意几何形状的、作定常运动的一块流体, 它的动量的改变完全是由于这块流体的边界因运动而移动所致: 在这块流体内部, 每个流体质点(的位置)为取得了其速度的另一个质点所取代. 在边界处所发生的现象可以就流束的情形来说明. 我们的定理的本质特征就是, 凡属于这个系统的质点将永远保持在这个系统之内, 并且没有新的质点参加进来. 这样, 为应用这个定理而画的边界面就随流体移动, 它们是"流体面". 因此, 对于我们所取的流束的情形，如图 2.50，A处在 dt 时间内所流进的质量为 $dm_A=\rho a_A q_A dt$，而 B 处流出的质量为 $dm_B=\rho a_B q_B dt$. 由连续性，$dm_A=dm_B=dm$. 在 dt 时间内，对于动量的总改变，这段流管在 B 处提供了 $+\boldsymbol{q}_B dm$，即每单位时间内有 $\boldsymbol{q}_B dm/dt=\rho a_B q_B^2$（在 $\boldsymbol{q}_B$ 的方向）；同样，在 A 处提供了 $-\boldsymbol{q}_A dm/dt=-\rho a_A q_A^2$（在 $\boldsymbol{q}_A$ 的相反方向）. 这两个动量变化率的矢量和，就等于作用在所考虑那块流体上的外力的合力. 我们也可以不考虑动量的改变，而考虑它们所引起的"反作用力"，即大小相等而方向相反的力，显然，这些反作用力的矢量之和便与作用在这块流体上的力相平衡[1]. 这样，相应于图 2.50 所示的流动，在 A 处有一个大小如上述的反作用力，其方向与流进流管的方向相同，在 B 处也有一个反作用力，其方向则与从流管中流出来的流向相反.

图 2.50

按上述方式就完成了从所考虑的那块流体的流体边界面到固定于空间的面[动量的改变(或它们的反作用力)及压力就通过它而传递]的过渡. 为了正确地应用动量定理，所考虑的那块流体一定要以一个适当的闭曲面围起来，此即所谓"控制面"(在下面的一些图中用虚线表示). 而对所有流进和流出控制面的流束必有反作用力存在. 于是，由静力学定律，反作用力和作用于控制面内的流体的所有外力，必定形成一平衡力系. 也就是说，这些力的合力和对于各个坐标轴的合力矩必须等于零[2]. 不过，我们往往只要考虑一个分量的方程就够了.

注：对于非定常运动，我们要补加所考虑流体内部的动量变化一项. 如果非定常运动具有一不变的平均动量，象湍流情形就常常如此，则此流体内部的动量变化总量平均起来就互相抵消，因而动量定理如同对于定常运动那样也可应用，只是在控制面上取平均值时必须特别小心(参看 **2.3.12**).

1) 这个论点与刚体动力学的达朗勃原理中引入"惯性力"的论点完全相同.

2) 工程师们喜欢考虑流体作用于器壁的力，而不喜欢考虑器壁作用于流体的力；参看(本节)例(a)和(b).

例：(a) **曲槽内运动流体的反作用力.** 设流体流进来的速度是 q_1，压力是 p_1(参看图 2.51)，则由上述讨论，带进截面 a_1 的动量是 $\rho a_1 q_1^2$，这就相当于"入流"在它自己方向所作用的一个力. 此外，由于压力的作用在同一方向尚有一力 $p_1 a_1$. 在槽的"出流"端与流速方向相反(也就是说，力总是指向控制面的内部!)相应地有一个力 $a_2(\rho q_2^2+p_2)$. 这两个力的合力便是流体以压力实际作用在槽壁上的力.

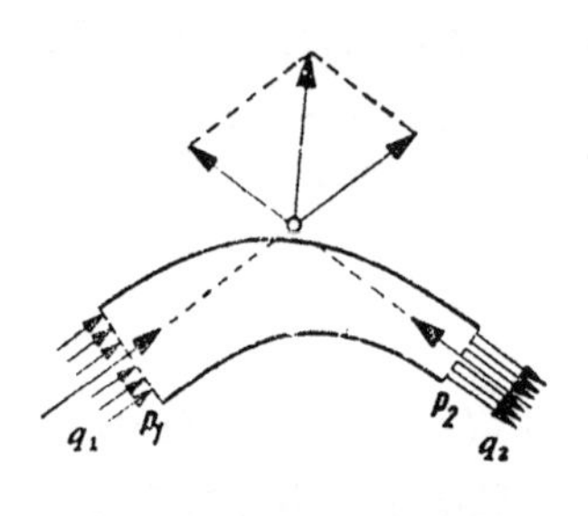

图 2.51 弯管上的反作用力

(b) **射流的喷射所产生的反作用力.** 一射流从压力为 p_1 的区域通过圆孔射到压力为 p_2 的区域，它所携带的动量每单位时间为 $I=\rho a_j q^2$，其中 a_j 为射流的截面积. 由于 $q=\sqrt{2(p_1-p_2)/\rho}$ [参看 **2.3.2**(b)]，我们便有 $I=2a_j(p_1-p_2)$，也就是说，I 等于压力差 (p_1-p_2) 作用于同样截面积活塞时的力的两倍. 相应于这个动量必存在一压力分布，可见，由于要消除圆孔那里的超压，以及由于流体流向圆孔而引起的圆孔邻近的压力降落，这就使得器壁上有减压(与封闭容器的情形相比压力减低了)，相当于把射流的截面积增大一倍. 这种减压是以"反压"，即"射流的反作用力"的形式表现出来的. 这种反作用力的存在是不难证明的，只要将一个带侧孔的容器放在能自由运动的小车子上，在射流开始喷射的时候车子就往射流相反的方向移动. 泽格纳水轮[1)]是一个与此有关的实验(图 2.52)，鉴于上述原理就无需对它特别说明了. 喷射的水可以用来举起重物(图 2.52)，或者做任何别的工作. 这种类似泽格纳式的水轮过去也曾大规模地建造过. 现在，象草地喷水器，也还有些水涡轮都是按这个原理做的.

在一特别情形，即包达管嘴(图 2.53)的情形中，所谓收缩系数 α——射流的截面积和孔的面积之比——就可以根据动量计算

1) 由哥廷根教授泽格纳于 1750 年发明的反作用轮(在英国一般叫巴克水轮)对欧拉论述水力机械的一般理论有很大启发，参看 **2.3.11(b)** 和 **7.28.**

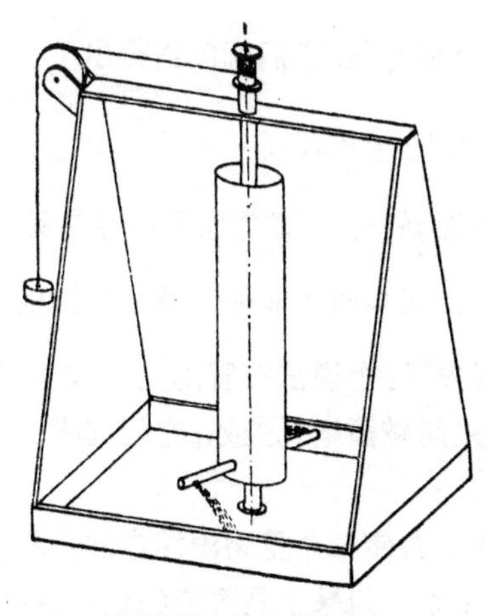

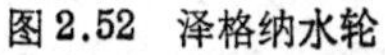

图 2.52 泽格纳水轮

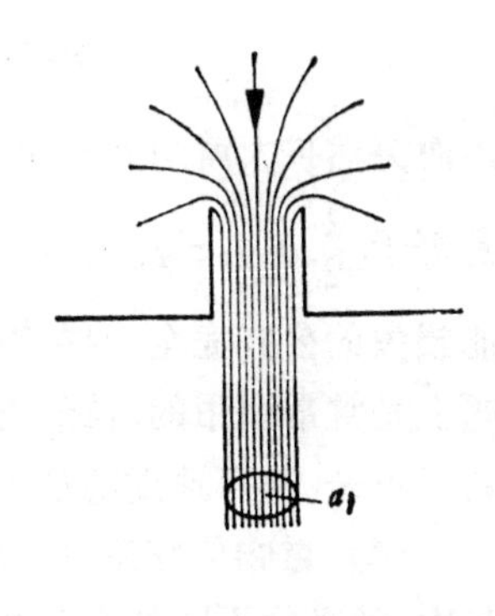

图 2.53 包达管嘴

出来. 因为在这里, 全部超压作用在所有承受带射流方向分量的压力的壁面上, 故圆孔截面 a 上的超压的损失就必等于此射流的动量, 因而 $a(p_1-p_2)=2a_j(p_1-p_2)$ 或 $\dfrac{a_j}{a}=\alpha=0.5$(并参照**2.3.2**).

(c) **管的突然扩大.** 如果以速度 q_1 流动的一股流体从一个(直)圆管流入另一个较粗的(直)圆管, 此射流, 由于是不稳定的(参看 **2.3.4**), 就要和周围的流体掺混, 并且在混合以后以平均速度 q_2 几乎均匀地流动. 这时用动量定理就可以使我们不必追究详细过程而能计算由于掺混而造成的压力增加 (p_2-p_1). 粗管中, 围绕此射流初始段的静止流体的压力 p_1, 是和射流本身中的压力一样[参看 **4.7.3**]. 对于图 2.54 中所画的控制面, 我们可以得出

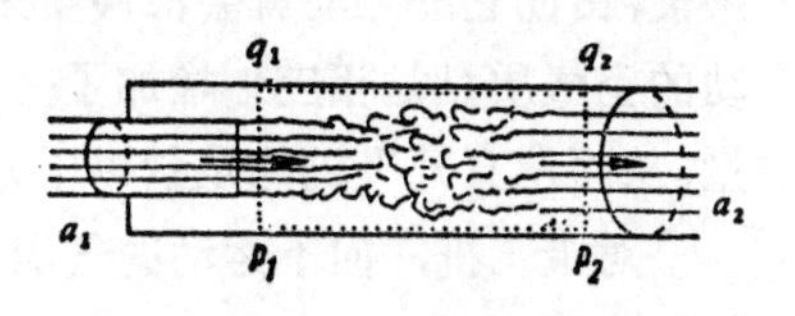

图 2.54 管的突然扩大

$$\frac{dm}{dt}(q_1-q_2)=a_2(p_2-p_1),$$

因为只有两端面才提供力; 或者用 $\rho a_2 q_2$ 来代替 dm/dt, 我们就得到

$$p_2-p_1=\rho q_2(q_1-q_2).$$

但如果管是逐渐扩大的，根据柏努利方程，我们就应当得出

$$p_2'-p_1=\frac{1}{2}\rho(q_1^2-q_2^2);$$

因而突然扩大就引起一个压力损失 $p_2'-p_2$，这个损失很容易证实是等于 $\frac{1}{2}\rho(q_1-q_2)^2$. 由于这个公式和两个非弹性体相碰撞的动能损失的公式完全一样，"碰撞损失"这个说法在管的突然扩大问题上是常常引用的，虽然这个现象同碰撞毫无关系，它们间唯一的共同点是：都有速度的掺混.

(d) 重物体在空气中的漂浮. 要使一个重物漂浮在静止的空气中，就必须不断地有空气向下加速. 如果 q 是气流的最终速度，并且为简单起见，可以把它看作是均匀的；并且如果 $dm/dt=M$ 是单位时间内被推动的质量，则所要求的力 P 就等于动量 Mq（假设向下流动的气流里没有可觉察的压力差）. 这种考虑有相当大的准确性，例如对于一个在空中飞翔的直升飞机来说，如果它离地面足够远的话. 这时，一股动量为 Mq 的铅直向下的气流就形成了. 如果这股气流的路径足够长的话，它就要与周围静止的空气掺混，由此它的运动就会滞缓下来. 但动量保持不变，因为参与运动的空气质量是相应地增加了. 这股气流最终碰上地面并失却动量，从而使直升飞机的重量以压力的形式传给地面.

对于飞机，向下运动的气团由存在于翼后的涡旋系（参看 **2.3.9**）形成，但这里压力场也起作用，因而关系就比较复杂. 升力中来自动量的形式占多少、压力的形式占多少，这要看控制面的形状. 在这里，地面上对着飞机的地方压力也增高了，通过它飞机的重量就传给了地面（参看[L1]）.

2.3.11. 关于动量定理的另一些例子

(a) **翼栅库塔-儒可夫斯基定理.** 为了研究涡轮机或螺旋桨等的叶片与流过它们的流体之间的相互作用力，通常先考虑比较简单的情形：由一排大小完全相同的、互相平行的无穷翼展叶片组

成的翼栅(图 2.55). 在这里, 对于平行和垂直于翼栅平面*的分力所用的动量定理, 以及柏努利方程和连续性方程, 能使我们作出有关作用在叶片上的力与流速间关系的很有价值的结论. 图 2.55 表示这样一翼栅以及绕叶片的流动(观察者相对于叶片静止). 图中所示的翼栅相应于螺旋桨的情形; 对于涡轮机的情形, 叶片向相反的方向弯曲, 因而分力也就指向相反的方向, 不过以下的计算对这两种情形都适用.

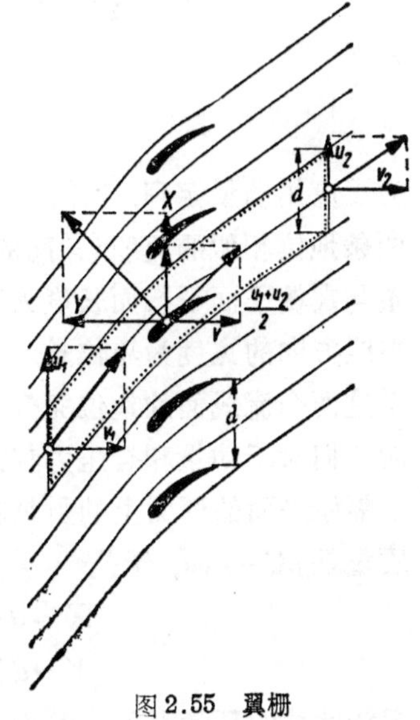

图 2.55 翼栅

设平行和垂直于翼栅平面的速度分量分别为 u 和 v, 并设作用在叶片每单位长度上的相应的力为 X 和 Y(图 2.55 中所示的方向取作正方向). 下标 1 和 2 分别指入流和出流.

如果我们假设运动中没有能量损失, 则绕叶片的流动就是带环量的无旋流动. 写动量定理利用这样一情况, 即在上面所考虑的这种无旋运动情形下, 离叶片前、后足够远的地方速度实际都是常数. 只要保证在叶片间没有大涡旋生成(要是叶片的形状做得不适当, 这是可以发生的), 就不需要知道叶片间所发生的具体详情. 首先, 按连续性要求可得

$$Q=v_1d=v_2d$$

[d 是栅距, 即相邻两叶片间的距离, Q 是每秒内流过两相邻叶片间平行于叶片轴向单位宽度(z 方向)的流量, 参看图 2.55]. 结果 v_1 就等于 v_2. 以下为方便起见, 我们就把这两个值都写作 v. 根据柏努利方程(这里 $q^2=u^2+v^2$), 我们得

* 即图 2.55 中垂直于 Y 轴的平面. ——译者注

$$p_1+\frac{1}{2}\rho(u_1^2+v^2)=p_2+\frac{1}{2}\rho(u_2^2+v^2)$$

或

$$p_2-p_1=\frac{1}{2}\rho(u_1^2-u_2^2). \tag{2.30}$$

为了应用动量定理，我们作一控制面(图 2.55 中的点线)，它是由两条地位相似的流线(其间的距离等于两相邻叶片间的距离)和两条与翼栅平面平行而长度为(栅距) d 的直线所组成. 设控制面在翼展方向的宽度为单位长. 没有流体流过这两个流线面，并且由于这两个流线面的地位完全相同，它们上面的压力分布就相同，因而它们对于动量和合压力都没有贡献. 因此，我们只要计算平行于翼栅平面的两面上的贡献就够了. 单位时间内流过这两个面的质量是 $\rho Q=\rho vd$，于是

$$X=0+\rho vd(u_1-u_2), \tag{2.31}$$

$$Y=d(p_2-p_1)+0. \tag{2.32}$$

把绕叶片的环量引入这两个公式中是有利的. 为了计算环量，我们仍旧利用此点线. 首先，沿两根流线作环量积分时走向相反，所以它们的贡献彼此抵消. 两直线段的贡献是 u_1d 和 $-u_2d$，因此

$$\Gamma=d(u_1-u_2). \tag{2.33}$$

利用式(2.30)并记住

$$u_1^2-u_2^2=(u_1-u_2)(u_1+u_2),$$

根据式(2.31)和(2.32)我们就得到

$$X=\rho\Gamma v, \tag{2.34}$$

$$Y=\rho\Gamma\frac{u_1+u_2}{2}. \tag{2.35}$$

比值 Y/X 等于 $(u_1+u_2)/2v$ 这件事，正如可从图 2.55 的相应相似三角形中容易看出的，意味着 X 和 Y 的合力与 $(u_1+u_2)/2$ 和 v 的合速度相垂直. 如果我们叫合力是 R，平均合速度是 q_m，我们按相似三角形就可从式(2.34)和(2.35)很容易推得

$$R=\rho\Gamma q_m. \tag{2.36}$$

现在我们要把式(2.36)派一个特殊用场. 如果使两相邻叶片

间的距离 d 越来越增加，而让环量 $\Gamma=d(u_1-u_2)$ 保持不变，则速度差 (u_1-u_2) 就变得越来越小. 在 d 为无穷大的极限情况下，它就变为零；这时留在有限位置上的那一个叶片的前面和后面的速度就完全一样，只要离开叶片的距离足够远，于是我们便可以把平均合速度 q_m 换作 q_∞，q_∞ 表示无穷远处未受扰动的流速. 现在我们转到随无穷远处流体一起运动的参考坐标系；在这个坐标系中，无穷远处的流体处于静止，而此叶片以速度 $-q_\infty$（即与原来静止参考系中的来流速度大小相等，方向相反）运动. 用 V 表示 $-q_\infty$，我们得到与 V 垂直的一个力，对于(展向)每单位宽度其值可由式(2.36)得

$$R=\rho\Gamma V.$$

所以，对于展向宽度为 l 的一段叶片或机翼，我们得到横向力或升力 L 的大小为

$$L=\rho\Gamma Vl. \tag{2.37}$$

这便是库塔-儒可夫斯基定理. 自然，这个定理也可以用其他方法证明；例如，儒可夫斯基证明的方法是把动量定理应用于一个半径很大而其轴沿机翼轴线的圆柱形控制面. 在这种情形下，得出的升力 L，其一半是由动量形式提供，另一半则由压力的合力形式提供. 这个定理的重要性最主要在于，它可以使我们求出与给定的升力相关联的环量，并根据这个环量来确定留在机翼尾后的涡旋强度.

(b) **动量矩；欧拉的涡轮机定理(1754年)**. 对应于静力学中的力矩，我们也可以得出动量矩. 而对于动量矩，类似于关于力与动量变化率间的关系的定理(重心定理)，我们也有关于力矩与动量矩间的关系定理，这就是：**动量矩随时间的变化率等于合力矩.** 这个定理也叫做“一般面定理”. 对于流体的定常运动，类似于前面的论证，它就变为这样的定理：**外力的合力矩与流体的反作用力矩的合力矩相平衡.**

为了阐明这个定理，作为例子，我们来推导欧拉的涡轮机方程. 设每秒流进涡轮机的水的质量是 M(图 2.56). 设水流进来

的绝对速度是 q_1，它与叶轮运动的方向所成的角是 β_1，并且进口处的半径是 r_1. 水大体上沿着叶片给定的方向流过旋转的轮子. 半径为 r_2 处的出流相对速度和那里的叶轮边缘的周向速度合成后，便成为沿 β_2 方向而大小为 q_2 的绝对速度(图 2.56). 于是，不管在叶轮内的情况如何，水施加于涡轮上的转矩[1]便等于

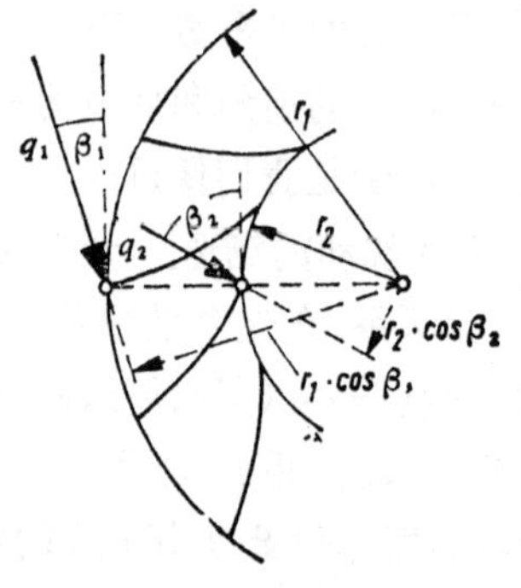

图 2.56 水涡轮

$$M(q_1r_1\cos\beta_1-q_2r_2\cos\beta_2)$$

(并可参看 **7.28**，那里 $\boldsymbol{c}$ 是绝对速度，$\boldsymbol{u}$ 是周向速度，$\bar{q}$ 是相对速度).

于是，最有利的工作状况，显然就是水沿径向流出，即 $\cos\beta_2=0$ 的情况(因为在这个情形下，流出的水的动能损失最少). 在这个最有利的情况下，作用于叶轮上的功就等于转矩和叶轮角速度 ω 的乘积，也就是 $Mr_1\omega q_1\cos\beta_1$.

注：如果把上述定理应用于没有涡轮的流体的环行流，我们显然可得到

$$q_1r_1\cos\beta_1=q_2r_2\cos\beta_2,$$

或者，如果所有的 β 都很小，致使 $\cos\beta$ 可以取为等于 1，就得到 $qr=$常数，这个结果我们已经用另外的方法在 **2.3.3**(b)中得到过.

2.3.12. 速度脉动情况下流动的动量定理

在很多实际应用中，有时发生这样的情形：流场中的速度呈现相当大的、通常是不规则的脉动，但是对于每一点，速度对时间的平均值是可以确定的，且与所选择的时间间隔无关*. 于是，不同

1) 这里，每单位质量的动量矩取作 q 和 $r\cos\beta$ 的乘积；同样也可以把动量矩看作是 q 的切向分量 $q\cos\beta$ 与半径 r 的乘积.

* 速度对时间的平均值为

$$\frac{1}{\Delta t}\int_t^{t+\Delta t}q(t)dt.$$

一般地说，它是 t 与 Δt 的函数；这里是指此平均值与 Δt 和 t 都无关的情形. ——译者注

点的平均值汇总在一起便又表示一种定常流动,我们叫它"**平均定常**"的"湍流"流动. **2.3.10**(c)中所描述的现象就是这种运动的一个例子. 如果速度分量的平均值用 $\bar{u}$, $\bar{v}$, $\bar{w}$ 来表示, 而对这些平均值的瞬时偏离用 u', v', w' 来表示,于是实际的速度便为

$$u=\bar{u}+u',\ v=\bar{v}+v',\ w=\bar{w}+w';$$

根据定义, u', v', w' 的平均值均等于零,但 u', v', w' 的平方和乘积的平均值却并不为零.

在应用动量定理于这种运动时, 只把它应用于定常平均运动是不够的, 而是必须由流过固定控制面的所有动量(或反作用力)微元来形成平均值. 我们将就两种情况算出这种动量的平均值.

(1) **垂直于 x 轴那部分控制面上的动量的 x 分量**. 在时间间隔 dt 内通过单位面积的质量是 $\rho u\,dt$, 它(在 x 方向)以 x 分速 u 流动,因而在 dt 时间内所传递的动量是 $\rho u^2\,dt$. 在较长的时间 T 内,它的每秒钟的平均效果是 $(1/T)\int_0^T \rho u^2\,dt$, 或者,如果我们用上面加一短横表示平均值, 可简写为* $\rho(\overline{u^2})$. 现在 $u^2=(\bar{u}+u')^2=\bar{u}^2+2\bar{u}u'+u'^2$. 在作 u^2 的平均值时, 要注意, $\bar{u}$ 已经是 u 的平均值了,而 u' 的平均值等于零. 因此,

$$\rho(\overline{u^2})=\rho(\bar{u})^2+\rho(\overline{u'^2}) \tag{2.38}$$

这样, 我们就必须在平均运动的动量 $\rho(\bar{u})^2$ 上再加上由于脉动的均方值所引起的动量(总是作为由外到里方向的反作用力来计算,也就是说,具有附加压力的效果).

(2) **垂直于 y 轴那部分控制面上的动量的 x 分量**. 这里,在时间间隔 dt 内通过单位面积的质量为 $\rho v\,dt$; x 分速仍然是 u, 因而在 dt 时间内所传递的此动量的 x 分量便为 $\rho uv\,dt$. 在这个情况下, 动量的平均值是每秒钟 $\rho(\overline{uv})$. 由于 $u=\bar{u}+u'$, $v=\bar{v}+v'$, 我们有

$$\overline{uv}=\bar{u}\bar{v}+\overline{\bar{u}v'}+\overline{u'\bar{v}}+\overline{u'v'},$$

或者,由于中间两项等于零,

---

* 注意,这里默认了密度不随时间而改变.——译者注

$$\rho\overline{uv}=\rho\bar{u}\bar{v}+\rho\overline{u'v'}。\tag{2.39}$$

所以在这里，由于脉动所产生的一项也要加到平均定常运动的动量($\rho\bar{u}\bar{v}$)上去. u' 和 v' 乘积的平均值自然就不一定等于零，因为，譬如说，u' 的正值大部分和 v' 的正值相合，以及 u' 的负值大部分和 v' 的负值相合，结果这个乘积在这两种情况下都是正值占优势而为正. 另一方面，如果 u' 的正值与 v' 的负值相关联，或者反之，则负的乘积便占优势. 相应于 $\rho\overline{u'v'}$，作用于单位面积上的反作用力，是垂直于 y 轴的单位面积上沿 x 方向的力，即切应力. 考虑到此反作用力的方向，这种"湍流切应力"*由下式给出:

$$\tau'=-\rho\overline{u'v'}.\tag{2.40}$$

(3) 我们还必须研究，在控制面内部的那块流体是否对动量有所贡献. 然而，容易看出，在同一点处速度随时间的变化，如果平均来说是不变的，则必含有同样大小的正的和负的贡献，因而平均来说控制面内部就对动量无所贡献. 于是整体地说来，在平均定常运动中，速度的脉动就会产生动量，其平均值就表现象在粘性很大的流体中所出现的那种应力(参看 **4.1**). 本节的讨论将在关于湍流一节 **4.6.2** 中加以应用.

2.3.13. 液体的表面波

(a) 平面重力波. 如果我们把被液体所带动的那部分空气的质量忽略不计(这通常是许可的，因为这个质量和液体的质量比较起来是太微小了)，在自由面上所要满足的条件就仅仅是：那里的压力必须等于大气压 p_0. 根据观察我们知道，在波动不太陡削的情形中，液面各个质点所描画的轨迹都近乎是圆. 对于一个与波一起前进的坐标系，即其前进速度等于波峰和波谷的传播速度的坐标系来说，显然我们便得到一个定常运动(参看图 2.57)，对于

图 2.57　水波微元运动的轨迹

* 一称"表观切应力"或"雷诺似应力"，我们这里采用"湍流切应力"这一名称. ——译者注

这种运动可以应用柏努利方程. 如果 c 是波的传播速度, r 是表面质点所描画的圆形轨迹的半径, 而 T 是描画这个圆(一周)所需的时间(也就是说,设质点在其圆形轨迹上的速度是 $2\pi r/T$),则在所选取的上述坐标系内,流速将是:

$$q_1 = c - \frac{2\pi r}{T} \quad \text{在波峰处,}$$

$$q_2 = c + \frac{2\pi r}{T} \quad \text{在波谷处.}$$

高度差 h 等于 $2r$, 而压力在自由面上各点均相等,所以

$$q_2^2 - q_1^2 = 2gh = 4gr;$$

上式左边等于 $8\pi cr/T$, 因此对于平坦的波,

$$c = \frac{gT}{2\pi}. \tag{2.41}$$

这个公式并不包含 r, 也就是说, 波的传播速度与波峰的高度无关. 如果给我们的不是振荡周期 T 而是波长 λ, 则还要引用下述关系:波峰和波谷以速率 c 前进一个波长(λ)的距离所需要的时间等于振荡周期,也就是

$$\lambda = cT. \tag{2.42}$$

也就是 $T=\lambda/c$, 将此值代入式(2.41),我们得到

$$c = \sqrt{\frac{g\lambda}{2\pi}}. \tag{2.43}$$

由此可见,与平常的声波不同,表面波的传播速度在很大的程度上取决于波长. 长波比短波传播得快. 波可以互相重迭而没有多大的扰动. 短波可以骑在长波上, 只是它有被丢在后边的趋势. 图 2.58 示出了在相对于未受扰动流体是静止的坐标系中波动的流线. 正如可以从这些流线看出的, 流体的运动从自由面往下衰减

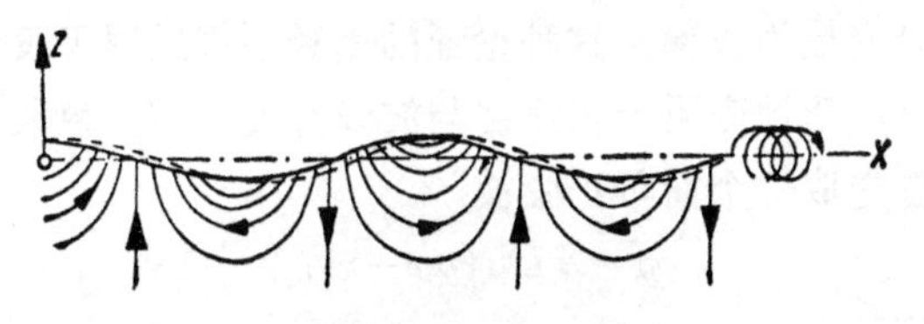

图 2.58 波动的流线

得很迅速(衰减率是$\exp[-2\pi(z_1-z)/\lambda]$);也就是说,在深度等于一个波长处,那里的速度仅为表面处速度的1/500.

注: (1) 液体的表面波是一种无旋运动(**2.3.6**). 对于小振幅的波, 根据**2.3.7**(c)的公式,速度势是

$$\Phi=a_1e^{\mu z}\cos\mu(x-ct),$$

其中$\mu=2\pi/\lambda$. 对于有限振幅波, 式中的余弦可用傅里叶级数代替; 其中各项的振幅是得自这样的条件,即压力在波面上各点必须相等.

更准确的理论表明, 式(2.43)只是对于小振幅(平坦)的波才适用, 这时波速与振幅无关; 然而对于大振幅波, 波的传播速度要比式(2.43)给出的稍大一些. 并且,对于大振幅波,流体质点的轨迹也不再是封闭的,相反,流体在波峰处前进得快些,而在波谷处则后退得慢些(参看图2.58右边的小图). 由此, 在波动中流体实际上是向前移动了. 根据斯托克斯(1847年)的计算, 最大可能, 定常波的波峰呈120°角[1]. 如果再供给波以更多的能量, 它们便开始破碎(冒浪花).

(2) 在小波长的情况下,表面张力(毛细现象)将和重力同时起作用. 由于它有把液体的波形面拉平的趋势, 所以它具有增加波的传播速度的作用. 如果C为毛细系数(表面张力),我们有

$$c=\sqrt{\frac{g\lambda}{2\pi}+\frac{2\pi C}{\rho\lambda}}. \tag{2.43a}$$

对于长波, 此表达式实际上只剩第一项, 而对于很短的波, 则第二项是主要的. 在波长$\lambda_1=2\pi\sqrt{C/g\rho}$时,波速$c$具有一最小值$c_1=\sqrt[4]{4gC/\rho}$. 对于水(按厘米·克(重)·秒制$\rho=1$克/厘米^3, $C=72$达因/厘米=72克/秒^2), $\lambda_1=1.72$厘米, 而$c_1=23.3$厘米/秒(同时, 为群速度). 波长大于λ_1的波叫做**重力波**,波长小于λ_1的波叫做**毛细波**.

(b) 波群. 我们必须区别两种速度: 一种是各波本身的传播速度,即所谓**相速度**c(以前称为波速度);另一种是波群的传播速度, 即所谓**群速度**c^*. 这个问题通过迭加两个振幅相同而波长稍异的波来研究最为方便. 这种论证的途径不仅适用于表面波, 而且可以十分广泛地应用于相速度与波长有关(即有"色散")的任意一种波. 首先取一个简单正弦波

$$y=A\sin(\mu x-\nu t).$$

---

1) 关于其数学理论,参看[L2].

假如 x 增加 $2\pi/\mu$ 或者 t 增加 $2\pi/\nu$，此正弦的数值仍与原来的数值一样，因而 $\lambda=2\pi/\mu$ 就是波长，而 $T=2\pi/\nu$ 就是振荡周期．如果 $\mu x-\nu t=$常数，即 $x=$常数$+\nu t/\mu$，则此正弦函数的复角不随时间而变化，即 y 不随时间而变化，这就是说，整个波形以速度 $c=\nu/\mu$ 向右移动．在这个波上我们迭加上一个与之振幅相同而 μ 和 ν 的数值稍异的波 y'，即

$$y'=A\sin(\mu' x-\nu' t).$$

迭加的结果是

$$y+y'=A[\sin(\mu x-\nu t)+\sin(\mu' x-\nu' t)].$$

在两个振荡的方向相同的地方振幅等于 $2A$，而在它们的方向相反的地方振幅为零；"拍"这一术语就是指这种现象．利用一个熟知的公式

$$\sin\alpha+\sin\beta=2\sin\frac{\alpha+\beta}{2}\cos\frac{\alpha-\beta}{2},$$

我们便得到

$$y+y'=2A\sin\left\{\frac{1}{2}(\mu+\mu')x-\frac{1}{2}(\nu+\nu')t\right\}$$
$$\times\cos\left\{\frac{1}{2}(\mu-\mu')x-\frac{1}{2}(\nu-\nu')t\right\}.$$

在这个式子里，正弦因子 $\sin(\cdots)$ 代表一个波，其中 x 与 t 的系数分别是 μ，μ' 和 ν，ν' 的平均值；而余弦的因子 $2A\cos(\cdots)$ 当 $(\mu-\mu')$，$(\nu-\nu')$ 微小时，变化得非常缓慢，因而可以看作是一个变化的振幅(见图 2.59)．凡此余弦等于零之处这个"波群"便终止．这些点(波节)前进的速度(群速度 c^*)，由上所述，便等于 $(\nu-\nu')/(\mu-\mu')$，或者对于长群(慢拍)来说，可以足够准确地取

图 2.59　拍

$$c^*=\frac{d\nu}{d\mu}. \tag{2.44}$$

根据没有能量可以通过波节的情况，我们便可以得出结论（对于单列波

系还能够加以严格证明)：能量的传递速率与群速度相同.

对于受重力影响的水波而言，由式(2.41)我们可以得出

$$\nu=\frac{2\pi}{T}=\frac{g}{c};$$

但由式(2.43),

$$c=\sqrt{\frac{g\lambda}{2\pi}}=\sqrt{\frac{g}{\mu}},$$

因而 $\nu=\sqrt{g\mu}$, 即

$$c^{*}=\frac{d\nu}{d\mu}=\frac{1}{2}\sqrt{\frac{g}{\mu}}=\frac{1}{2}c. \qquad (2.45)$$

因此，波群前进的速度等于 $c/2$, 换句话说，各波的波峰以两倍于波群速度的速率通过波群前进；新的波不断地在波群尾后形成，而到了前沿即行消失. 当丢一块石头到静止的水里时，这个现象可以看得很清楚.

通过类似于上面对重力波的计算可以很容易证明，毛细波的群速度超过波速(在极小的波的极限情况下，群速度等于波速的1.5倍). 这样，在压力扰动以等速前进的时候，波群将跑在它发生的那点的前面. 实际上，业已发现，如果一条钓鱼线或某一类似的静止障碍物垂在流速大于23.3厘米/秒的水流中，毛细波将在上游形成而重力波则在下游形成；重力波的形式近似地如图2.60中所示的那样，而毛细波则以圆弧的形式在障碍物前铺展开. 如果流速小于每秒23.3厘米/秒，波就不会形成.

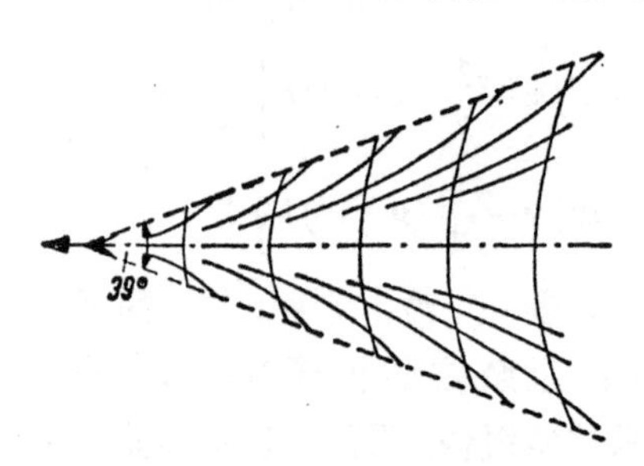

图2.60　在水面上等速运动的压力扰动所引起的波系

(c) **船波.** 船舶所造成的波代表波群的另外一种类型. 只要计算以等速在静止的深水表面上前进的局部压力扰动所产生的波形，我们便得到很象船舶所产生的波系. 根据汤姆森，爱克曼以及其他诸人的计算，这个波系如图2.60所示. (图中的实线表示波峰.) 这个波系随压力扰动一起前进. 由(本节)式(2.43)，这些横

波的波长是$\lambda=2\pi c^2/g$，其中c是压力扰动的传播速度．此波群的长度等于压力扰动所横过的距离的一半．

船体中段的两侧边互相平行的船，主要在头、尾和它们与平行中段相接的两个“肩部”位置上，产生四组这一类型的波系．这些波系彼此互相干扰，而且只要稍微改变船体的形状，就会在某些速度范围内，大大影响所产生的波系和由此引起的船的波阻力．特别是若在船头装一个在水面下、形状象梨而向前鼓出的凸包，可以使船体实际上几乎产生不起波浪来[1]．

(d) **两流体间的边界面**．如果两种密度不同的流体上下迭置，在它们之间的交界面上也可以发生波动．对于密度各为ρ_1和ρ_2的静止流体，理论的相速度是

$$c=\sqrt{\frac{g\lambda}{2\pi}\frac{\rho_1-\rho_2}{\rho_1+\rho_2}+\frac{2\pi C}{\lambda(\rho_1+\rho_2)}}. \tag{2.43b}$$

如果上面的流体相对于下面的流体以速度q_1流过，则理论指明，仅仅长波是稳定的，而短波，正如**2.3.4**中就两股流体沿间断面两侧流动的情形所指明的一样，是不稳定的．在某些情况下，这就导致这两种流体在接壤区域发生掺混，使流动重又变成稳定．随着q_1的增加，不稳定与稳定之间的界限就向更长的波长那边推移．上面所述的那种波也可以在两层密度不同的空气间的交界面上发生，象在大气里就可能出现；这些波往往形成一些可以看得见的长而平行的云带(亥姆霍兹气浪)．

(e) **浪头**．上面所给出的那些公式适用于深水波．如果水深与波长相比为小量的话，情况就改变了．不过，在水深等于波长的一半时，那些公式仍旧足够准确．对于水较浅的情形，水质点的运动描画椭圆轨迹，并且波长与传播速度间的关系也比较复杂一些．在水深很小，或反过来说波长很大时，表面上的水质点主要只是前后移动，而上下的起伏很迟缓，这时重又得出简单的关系．我们仍旧可以考虑近乎正弦形的周期波．并略去铅直加速度对很扁平的椭圆轨迹上压力分布的影响．于是沿每一根铅直线，压力

1) 参看[2.5]．

纯系按静态规律分布，水位差实际上只产生水平加速度．但是，在这里我们将根据低“浪头”(图 2.61) 的性状来作出一个更为简单的计算．这个计算和 **3.2** 中给出的可压缩流体中压力传播的讨论有密切关系．我们假设与浪头相关联的深度(从平底河床量起) 由 h_1 增至 h_2(图 2.61)，并且以速度 c 向右传播．设在浪头到达前水是静止的，而在水位升高之后设水向右的速度是 q.

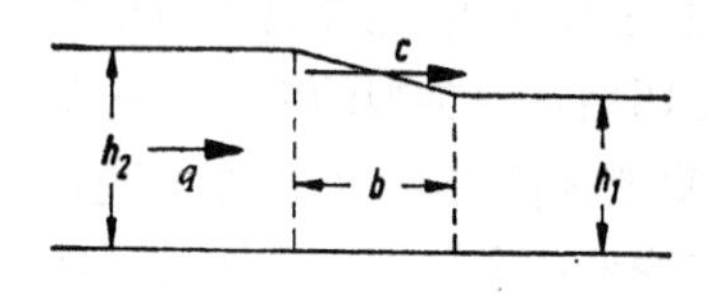

图 2.61　在水面上移动的浪头

这个速度就是把宽度为 b 的过渡区域由于两边挤压而从水位 h_1 升高到 h_2 所需要的．如果为简单起见，我们假设在过渡区域表面的斜率为常数，等于 $(h_2-h_1)/b$，假如速度 q 和传播速度 c 相比小到可以忽略不计的话，则区域 b 中水位上升的速率就是

$$v=c(h_2-h_1)/b.$$

如果按图 2.61 我们考虑垂直于纸面方向单位厚度的区域，连续性要求：

$$h_2q=bv$$

或

$$h_2q=c(h_2-h_1). \tag{2.46}$$

这个方程并不包含浪头宽度 b，因而宽度 b 对最后的结果并无影响．要是浪头剖面不是直线的话，式(2.46)仍然适用．在这种情形下，可以把此浪头分成若干段，而每一段的剖面可以视为直线．把各段的连续性方程*加起来，在右边我们将仍旧得到 $c(h_2-h_1)$，而左边仍为 h_2q；自然，在对各段写连续性方程时，要假定与之相邻的两段中水面可视作水平．又根据式(2.46)，我们可以进一步推出，要是 q 很小，(h_2-h_1) 也必定很小，也就是说，式(2.46)仅适用于低浪头，因而各段间 h_2 的差可忽略的假定是完全容许的．

除了运动学关系式(2.46)而外，我们还必须有一个动力学关

* 注意，连续性方程应写成

$$h_{i+1}q_{i+1}-h_iq_i=c(h_{i+1}-h_i)$$

的形式(中间截面上流速并不为零！)．——译者注

系. 这个关系可以如下地得到. 因为在图 2.61 的过渡区域 b 中，右边缘处水质点的速度等于零,而到了左边缘处就达到速度 q, 所以水质点在区域 b 中必定作加速运动. 此浪头通过一质点所需的时间显然是 $\tau=b/c$; 所以此质点的加速度就等于 $q/\tau=qc/b$. 在图 2.61 中，过渡区域每单位厚度（垂直纸面）这块水体的质量是 ρbh_m, 其中 h_m 是平均水位. 在这个区域的两端面上，相同高度处的压力相差 $w(h_2-h_1)$ (其中 $w=g\rho$). 因此,作用在这块水体上的总的水平力(略去可忽略的微量)就等于 $h_m w(h_2-h_1)$. 所以,"力=质量×加速度"的方程就给出

$$qc=g(h_2-h_1). \tag{2.47}$$

宽度 b 仍旧不出现在此方程中; 事实上，可以证明，只要(h_2-h_1)比 h_1 和 h_2 都小得多,式(2.47)对别种剖面的浪头也是适用的.

为简单起见，我们现在把式(2.46)左边的 h_2 换作 h_m, 鉴于已经忽略了一些(高阶)小量，这个替换也是允许的. 现在我们如果用式(2.46)去除(2.47),就得到

$$c^2=gh_m. \tag{2.48}$$

"浪头"和"浪谷"相间地排列显然就引起波动.根据式(2.48),这种波的传播速度与波形无关(即象声波那样,没有"色散",因此,$c^*=c$!). 所以，浅水里的长波就以速度 $c=\sqrt{gh}$ ("基波速度")而传播.

关于图 2.61 还可以指出以下几点. 如果有几个低浪头按高低顺序排列,低的在前，高的在后，后面浪头的速度 $c=\sqrt{gh}$,由于水头较大,就要超过前面浪头的速度. 然而更为重要的是,后面的浪头在水体中传播,而水体本身又以速度 q 向前流动. 这样,后面的浪头势必要追上前面的，于是就造成更大幅度的浪头. 这个讨论方法也可适用于单个的浪头. 这样,形如图 2.61 里的浪头可以看作是在宽度 b 里的一串小浪头. 于是我们的论证表明，这个宽度就要变得越来越短，直到形成一个陡阶为止. 这是实际上可以观察到的. 由于同样的原因,波峰在浅水里走得比波谷快,最后就出现翻滚(碎浪).

有限幅度的浪头("高浪头")的理论，可以利用动量定理来讨论，和前面讨论流过突然扩大管道情形中完全类似[**2.3.10**(c)]. 这时宜于采用与浪头一起移动的坐标系来考虑问题，在这坐标系中现象便是定常的. 高浪头的速度超过低浪头的速度. 象流过突然扩大管那样，这里也有动能的损失，这种损失消耗于碎浪起泡沫之中.

2.3.14. 明渠里的水流

在渠道水流中，浪头和长波的传播速度对于流动性态占有独特地位，就象气流里声波传播速度所占有的地位那样（参看 **3.2**, **3.6**）. 如果流速比低浪头的传播速度小，挡水(利用堰、坝等等)的结果是使上游的水位提高. 但是，如果流速超过低浪头的传播速度，则在堰那里或稍往上游处就产生一个有一定高度的永久的高浪头(即所谓"水跃")，而更远的上游的流动就根本不受障碍物的影响. 槽内(侧)壁上的各种不规则的起伏引起一些弱斜波，很象气流里的斜激波(见 **3.7**) 渠道水流可以按照流速小于或大于基波的波速而分为两类：一是"缓流"，一是"急流".

如果给定流过单位渠宽的流量 Q_1，而在速度增加的情况下计算相应的水深，我们就得到以下的结果(参看图 2.62). 水位比静止时的水位下降了 $h=q^2/2g$. 为让流量为 Q_1 的水流过单位渠宽所需的（当地）深度是 $d=Q_1/q$，因而渠道在静水水面下相应点的深度就是

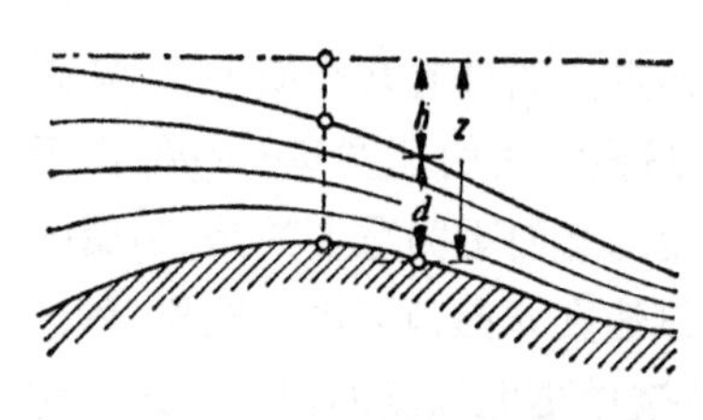

图 2.62　流过堰顶的流动

$$z=h+d=\frac{q^2}{2g}+\frac{Q_1}{q}.$$

如果我们现在让 q 从 0 一直增加到 ∞，由于第二项的关系 z 起初是无穷大，又因为第一项的关系它再次回到无穷大. 因此，z 在其中间某处必具有一极小值，正如同 **3.3** 中所讨论的气流中流管截面的情形. 在极小值处，由对 q 微分，我们必有

$$\frac{q}{g}-\frac{Q_1}{q^2}=0,\quad 或\quad q=\sqrt[3]{Q_1 g},$$

于是

$$h_1=\frac{1}{2}\sqrt[3]{\frac{Q_1^2}{g}}\quad 和\quad d=\sqrt[3]{\frac{Q_1^2}{g}}=2h_1.$$

由 q, d 的表达式消去 Q_1，我们便得到 $q=\sqrt{gd}$，也就是说，当 z 最小时，q 恰等于水深为 d 的浪头的速度(临界速度)．所以，根据这个计算，我们可以得到以下的结果：如果水流过一个低顶堰，则堰的最高点上的水深 d 就等于 z (堰顶在静止时水面下的深度)的三分之二，而那里的速度等于 $\sqrt{(2/3)gz}$．因此，流量就是

$$Q_1=qd=\frac{2}{3}z\sqrt{\frac{2}{3}gz}. \tag{2.49}$$

在堰顶以下运动是"急流"，它通常经由水位的急剧改变(水跃)而变为"缓流"．

对于曲率较大的堰，我们就不能再假设在整个截面内的流速不变，但是其定性关系仍旧和这里所描述的一样[并参看 **4.14**(f)]．

刚才所讨论的公式可以作更广泛的应用．我们考虑一个底坡小而形状任意的水渠(图 2.63)，并且对于各种静止水位(图中点划线所示)，我们绘出相应于一个固定流量 Q 的深度 d (对于每一个水位，各点处都有两个 d 值)．这样，我们便得到图中所示的水面．只有通过二重点并相应于最低的可能静止水位的曲线 I–IV 才得出图 2.62 中所示的那种类型的流动．相应于较高水位的 I–II 和 III–IV 两线的流动在实际中也可发现(参看图 2.64 和 2.65)．图 2.63 中虚线所表示的、相应于较低静止水位的流动，也可在实际中使其实现，至少是对上面的一支，即在一个"水跃"之后，这里自然要有能量损失(图 2.66)．

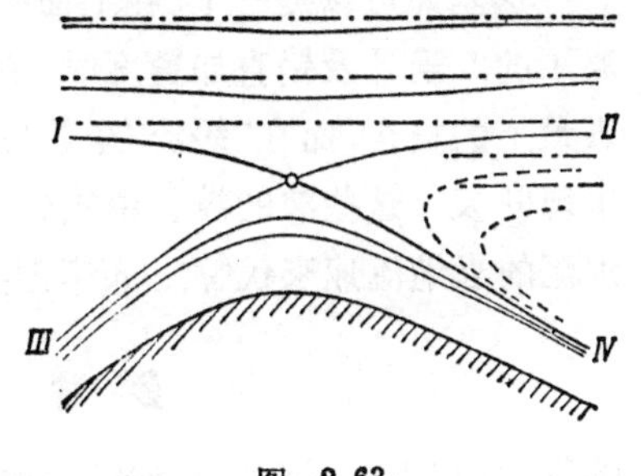

图 2.63

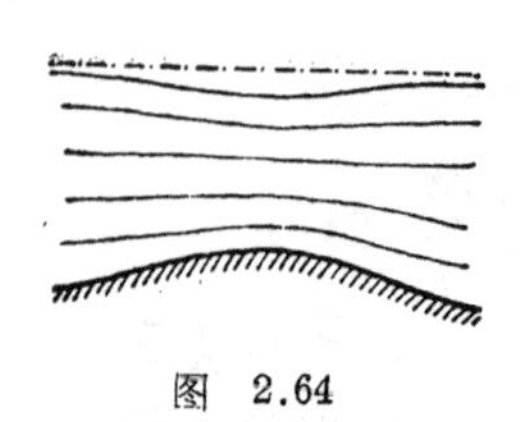

图 2.64

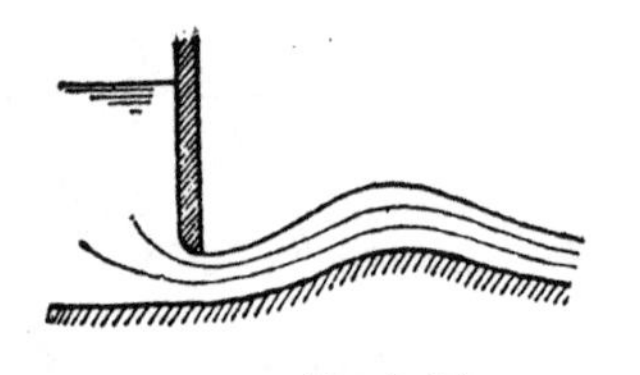

图 2.65

在图 2.64 所示的情形中，流速比基波的传播速度小，并且在渠床隆起的地方水位就要降低. 在图 2.65 所示的情形中，流速比基波的传播速度大；这时在渠床隆起的地方水就堆积起来，从而增加了该处的水深. 为了解释图 2.66，应当指出，堰顶和水位突变(水跃)间的流速比相应的基波的速度高，而那段以下水流的流速则比它低. 由于水流的任何扰动只能以基波的速度传播，属于“急流”类型的流动就不会因渠床高度的改变而受到影响，因而最终变化是突然发生的. 关于明渠里与粘性的影响有关的现象，请参看 **4.14**(g).

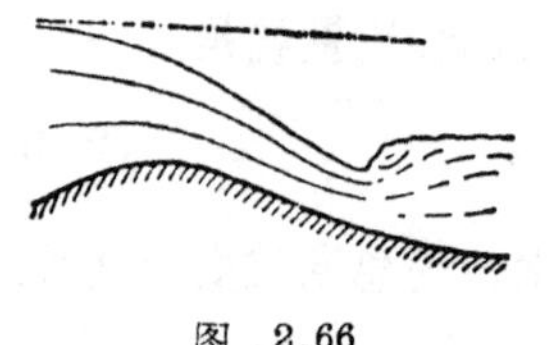

图 2.66

这里还可以提一下，在上面的论证里，铅直加速度的影响是忽略了的. 当计及铅直加速度时，在“急流”里只是一些中等大小的数量上的校正，而在“缓流”里就发生了质的改变：在扰动的下游常出现驻波. 这些波的波长由式(2.43)得到，其中传播速度 c 应由水流的当地流速来代替. 布辛涅斯克曾对这种现象作过计算[2.6].

参 考 文 献

[2.1] F. Ahlborn, *Jahrb. d. Schiffbautechn. Ges.* **10** (1909), S. 370.

[2.2] W. Kutta, *Illustrierte Aeronautische Mitteilungen* 1902, S. 133.

[2.3] H. V. Helmholtz, *Crelles Journ.* **55** (1858), S. 25.

[2.4] A. Betz, *ZAMM.* **8** (1928), S. 149.

[2.5] T. Inui, Transactions Soc. Naval Arch. and Marine Engineers,New York, 1962.

[2.6] J. Boussinesq, Essai sur la theorie des eaux courantes. *Mém. Savants Etrang.* **23** (1877),还有 Ph. Forchheimer, Hydraulik, 3. Aufl. (1930), S. 230.

第三章 有显著密度变化的流动 (气体动力学)

3.1. 前 言

当压力差很大时，密度或体积有显著变化的情况主要发生在气流和蒸气流中. 在 **2.1** 中我们曾着重指出，在压力差不大(远比气体的绝对压力为小)的情况下，体积的改变并不重要. 因而，在这种情形下，作为一个初步的近似，气体流动可以按照不可压缩流的定律来讨论. 但是，如果体积改变相当显著，由于密度的变化，速度与压力间的关系就与不可压缩情况下的相应关系不同. 此外，由于连续性，对于同样的速度，可压缩性使相邻质点间的横向距离，从而质点的轨迹(与不可压缩时的)不一样了——或者说，对于同样的截面，流速就(与不可压缩时的)不同.

发生较显著的体积和压力改变的情形，主要可以分为以下几类:

(1) 在重力作用下并且占据大高度范围的气团.

这种情形主要是适用于自由大气中的流动现象. 离开具体的气象学问题(属于动力气象学)来讨论这个课题是没有多大意义的，所以我们在这里将不讨论这个问题. 几个不相关联的问题将在第八章里讨论.

(2) 高速运动的气体.

这种情形发生在:

(a) 当两个有压力差(该压力差与各自的绝对压力大小相仿)[1]的空间一旦通过孔或管道连接起来时;

---

1) 这个压力差本身不一定大，但在可与两空间的绝对压力相比拟时需要考虑它. 譬如，在一个用以产生高真空的水银蒸气泵里，如果蒸发室和凝结室间的压力差是1/10毫米水银柱，而凝结室(与预真空室相通)内的压力也是1/10毫米水银柱，则这个压力差在我们的意义下就是“相当大”的，于是那里的气流就要根据“气体动力学”的规律来讨论.

(b) 当物体在气体中作高速运动时.

这两种情形在理论上是密切相关的；为了模拟物体在静止空气中以某一速度飞行的特性，只需将物体置于以该速度运动的气流中(只改变参考系).

这里所提到的这些关系，在蒸汽涡轮机以及类似的机械的气流问题中已有实际应用；另一方面，在弹丸、火箭和高速飞机的运动，以及高转速飞机螺旋桨和各种形式的喷气发动机方面也有应用.

这种高速流体力学也称为气体动力学.

(3) 大的加速度.

当气团的一部分边界或在气体中运动的物体以很大的加速度运动，或者当气体遭受到别的突然的改变时，大的加速度就可以在静止的或运动的气体中发生. 属于这一类现象的有高频振动的传播(属于声学所考虑的范围)、爆炸的传播等，以及因迅速启闭阀门而造成的现象，等等.

(4) 大的温度差.

在有热量传递的情况下，即使速度小，也可能产生大的温度差. 但这类问题要在第五章里才讨论.

在气体中，压力改变的传播速度对于确定以上这些现象的特性，正如同在高速气流的情形中那样，起着决定性的作用. 所以在开始时，我们先仔细讨论压力的传播是如何进行的问题.

3.2. 压力的传播. 声速

我们将以下面的简单情形为基础来考虑压力传播的问题，这个问题在方法上是与水面上低浪头的运动有关系的(参看 **2.3.13**)：我们假定，由于活塞的适当运动，在大管里的静止空气中产生了一个压力增加，并且如图 3.1 所示地在该气体中传播.

假设压力分布以等速 c 向右移动，且在传播过程中波形不变. 由于气体随之被压缩了，在压力升高已达到的部分，那里的气体就会有一个向右的速度 q. 为了便于计算，我们设压力增加 p_1-p_0 远比压力 p_0 为小；于是密度的改变 $\rho_1-\rho_0$ 也是小量，并且由以下可知，q 也同样是小量.

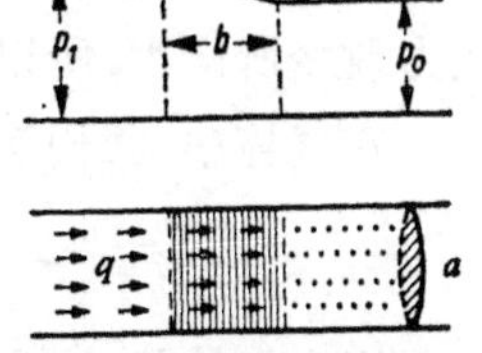

图 3.1 管中的压力波

关于在宽度为 b 的过渡区域(参看图 3.1) 里的现象，类似上述的观点我们现在可以说明以下两点：

(1) 考虑到连续性：当区域 b 向前推移通过一处时，该处的密度就从 ρ_0 增加到 ρ_1. 这个过程所需要的时间是 $\tau=b/c$. 结果单位时间[1]内过渡区域中所增加的质量，便等于这个区域的体积 ab 乘以单位时间内密度的增加 $(\rho_1-\rho_0)/\tau$，也就是说，等于 $a(\rho_1-\rho_0)c$. 这个质量的增加来源于单位时间内流入压缩区域的质量，即 $\rho_1 aq$，因此

$$\rho_1 q=(\rho_1-\rho_0)c. \tag{3.1}$$

(2) 在过渡区域里，速度在时间 τ 内从 0 增加到 q，因而平均加速度就等于 $q/\tau=qc/b$. 被加速的质量是 $\rho_m ab$，其中 ρ_m 是平均密度. 另一方面，作用在这个区域的合力是 $a(p_1-p_0)$，结果我们便得以下的动力学关系式(质量乘加速度=合力)：

$$\rho_m qc=p_1-p_0. \tag{3.2}$$

我们现在将式(3.1)中的 ρ_1 换成 ρ_m，这不会引起比前面的假设所包含的还严重的误差. 如果我们现在用式(3.1)去除式(3.2)而消去 $\rho_m q$，便得到

$$c^2=\frac{p_1-p_0}{\rho_1-\rho_0}.$$

于是，这个表达式的右边只与物质的压缩定律有关，如果将右边写成微分关系，我们就得到

$$c^2=\frac{dp}{d\rho}. \tag{3.3}$$

所以，如果我们假设压力的改变为小量，则压力变化的传播速度就

1) 对于这一讨论，选用小于 τ 的单位时间是合宜的，但由于时间 τ 并不出现在最后的结果中，用单位时间丝毫也不限制证明的推导.

与压力的改变量和过渡区域的宽度无关，而只取决于所讨论物质的压缩定律．因此，正的和负的压力变化可以任何方式相间排列而不彼此影响．由于声音是由以上述速度 c 前进的这样一串正负压力改变所产生，所以我们称 c 为声速．

在气体中，我们有等熵定律（参看 **1.7**），p＝常数．ρ^{γ}，于是

$$c^2=\frac{dp}{d\rho}=\gamma\cdot\text{常数}.\quad \rho^{\gamma-1}=\gamma\,\frac{p}{\rho}, \tag{3.4}$$

完全气体的状态方程是

$$\frac{p}{\rho}=\frac{R}{m}T,$$

其中 T 是绝对温度，m 是分子量（空气的 $m=29$；氢的 $m=2$），R 是绝对气体常数（$R=1.986$ 卡/克·度＝$848g$ 米/度），代入式(3.4)得

$$c=\sqrt{\gamma\frac{p}{\rho}}=\sqrt{\gamma\frac{R}{m}T}. \tag{3.5}$$

所以同一气体的声速只与温度有关．在0°C时的空气，$T=273°\mathrm{K}$，则

$$c=\sqrt{\gamma\frac{p_0}{\rho_0}}=331\text{ 米/秒}$$

与观测得的声速很一致．

不可压缩流体在一个弹性管（即具有变截面 a 的管）里的压力传播，同上述情况很相似．不过这里用截面变化 a_1-a_0 代替了密度变化 $\rho_1-\rho_0$，而连续方程可写成下列形式：

$$a_1q=(a_1-a_0)c. \tag{3.1a}$$

运动方程(3.2)则不变，因为流体的加速也是由于压力变化产生的．两种情况下都用同一微分形式的柏努利方程．由式(3.1a)和(3.2)可以得到用压力变化和截面变化的比值来表示的扰动传播速度式：

$$c^2=\frac{a_1}{\rho_1}\,\frac{p_1-p_0}{a_1-a_0}.$$

上式还可用管的弹性性质来表出．

在一个壁厚为 s，直径为 d 的薄弹性管内，切应力（它产生内压 p）是[1]：

1）参看勒迪乃格著："蒸汽发生器，锅炉，燃料"第 390 页(M. Ledinegg: Dampferzeugung, Dampfkessel, Feuerung. Springer-Wien, 1952).

$$2\sigma s = pd.$$

此外,管周的变化 $2\pi(d_1-d_0)$ 可与切应力变化 $d\sigma$ 用虎克定律联系起来. 如果 E 代表(线性)弹性模量,则我们可以得到

$$2\pi(d_1-d_0)=\frac{1}{E}d\sigma\cdot 2\pi d_1=2\pi d_1\frac{d}{2s}\cdot\frac{p_1-p_0}{E}.$$

为了得出压力变化与截面变化的比值,用 $a=\pi d^2/4$ 来替换上式中的 d, 得

$$a_1\frac{p_1-p_0}{a_1-a_0}=\frac{s}{d}E.$$

最后得到在弹性管内的扰动传播速度 c 和弹性模量 E,壁厚 s, 管直径 d 的关系式:

$$c^2=\frac{s}{d}\cdot\frac{E}{\rho}. \tag{3.4a}$$

由此可见,弹性模量很小和管壁很薄时,扰动传播速度是很小的.

对于流动着的气体中压力传播的情形(这对于我们来说是重要的),可以借随气体一起运动的坐标系使之化为上面所考虑的情形. 由此可见, 压力是以速度 c 相对于气体而传播的. 相对于气流速度为 q 的空间来说, 往下游的传播速度是 $c+q$, 往上游的是 $c-q$. 从这里我们立即可以看到, 在 q 大于 c 的情况下, 压力的改变便根本不能向上游传播. 所以, 在超声速的情况下气体和蒸气所表现出的性状与亚声速情况有本质区别.

如果考虑发生在一个有限区域里的压力扰动在空间中的传播,我们就可得到在流速小于声速(亚声速的)或大于声速(超声速的)情况下气流的进一步的特征. 点 A 处的瞬时扰动点源 (图 3.2)[1] 在等速流动的气体中以球面波形传播, 球面的中心则以气体的流速前进. 在点 A 处的连续扰动, 象是安放一个小障碍物在点 A 所产生的扰动, 可以看作一系列的瞬时扰动. 如果流速 q 比声速小,则障碍物的影响就向各方向传播,但在各个方向的速度可能有所不同. 然而,如果流速超过声速,则所有这些球面波

1) 蒙出版者惠允,图 3.2, 3.3, 3.5, 3.6, 3.9—3.13, 3.16, 3.18—3.21, 3.23, 3.25—3.36 系取自普朗特在 Handwörterbuch der Naturwissenschaften, Vol. 4 (Gustav Fischer, Jena) 中的文章“气体运动”.

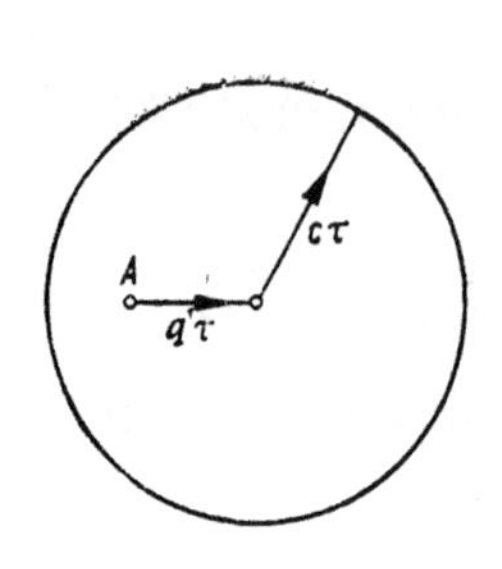

图 3.2 $q<c$ 时的压力波

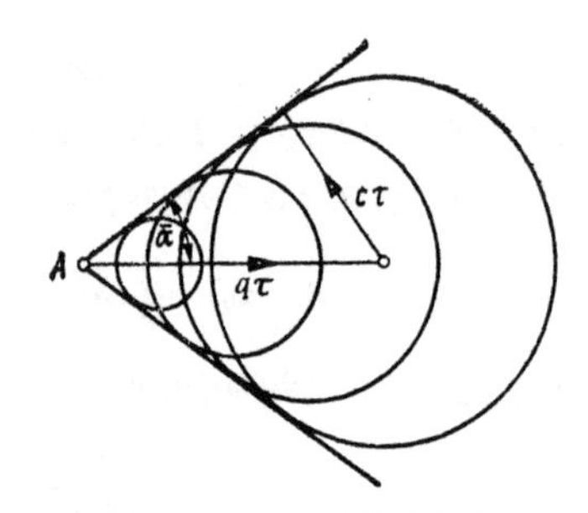

图 3.3 $q>c$ 时的压力波

就都局限于点 A 后的锥面内(图 3.3). 锥面外的空间就完全不受障碍物的影响. 对于物体(例如弹丸)通过静止空气的情形, 类似的关系也适用. 如果弹丸的速度超过声速, 它的影响就将局限于象图 3.3 里的锥面内(马赫[3.1]).

锥角可按下法求得. 在很短的时间 τ 内, 扰动点源的扰动扩张到半径为 $c\tau$ 的球面, 在短时间 τ 内球心移动了一段距离 $q\tau$. 锥面与球面相切, 所以

$$\sin\bar{\alpha}=\frac{c\tau}{q\tau}=\frac{c}{q}=\frac{1}{M}. \tag{3.6}$$

$\bar{\alpha}$ 叫做**马赫角**, M 叫做**马赫数** (α 上面加一横, 是为了与表示迎角所用的 α 有区别). $M<1$ 的流动, 称为**亚声速流动**, $M\approx1$ 称为**近声速或跨声速流动**, $M>1$ 称为超声速流动, 而极端情况 $M^2\gg1$ (即至少 $M^2>10$) 称为**高超声速流动**.

如果气体流过一个不规则(即不平滑)的固体表面, 在亚声速时, 由于表面的不光滑而引起的压力扰动, 在往流体内部传播中很快地就衰减掉了. 而如果流速是超声速的, 则任何不规则性*就会引起一个马赫波, 伸入整个流场, 并且还可以在对面的壁面上反射. 图 3.18 示出了流过人为地粗糙化了的表面的流动; 马赫角从左到右逐渐减小表明了流速从左向右是增加的.

上述关系也适用于物体在静止空气中的运动. 如果运动速度

---

* 包括物体表面的粗糙、折角(一阶导数不连续)甚至二阶导数不连续处. ——译者注

超过声速，物体所产生的扰动就仅仅扩展到一个如图 3.3 所示的锥面里，锥面以外的空气完全保持静止状态. 图 3.4[1] 所示的子弹的运动就是这种情形的一个实例. 从头部波所成的角度可以相当准确地计算子弹的速度，不过，量此角时应利用离子弹稍远一些距离的那部分波. 在紧靠子弹的地方，由于压力跳跃很大，致使弹头附近区域波的传播速度超过声速，结果角度就增加了.

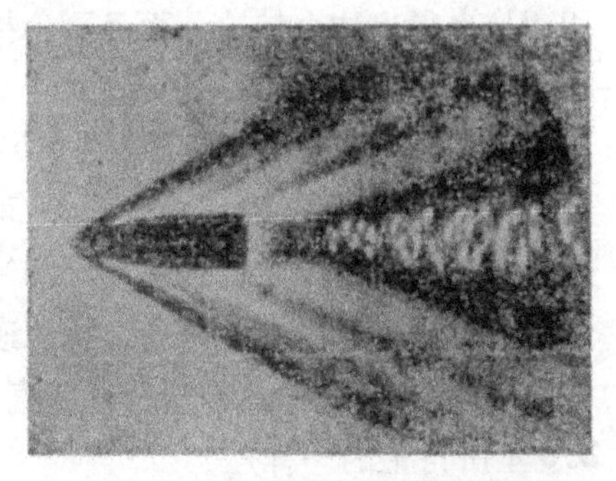

图 3.4 飞行中子弹的照片，根据克阮兹

螺旋桨叶梢速度大于声速时所发出象吹喇叭的特殊声调，就是这类压缩波所产生的.

有限(非无穷小)的压力变化可以设想为由一系列微弱的压力变化所造成的. 每个扰动都是在它前面一系列扰动所产生的状态下继续传播的. 假设在一个压力波前面，流速已经是 q_0，则当密度改变后，流速的变化可以由式(3.1)得出：

$$q_1-q_0=\frac{c(\rho_1-\rho_0)}{\rho_1}. \tag{3.7}$$

可是密度的变化 $d\rho=\rho_1-\rho_0$ 不但和压力的变化 dp 有关，而且还和声速的变化 dc 有关. 密度随声速的变化可由式(3.4)推出：

$$2cdc=2c(c_1-c_0)=\gamma\frac{dp}{\rho}-\gamma\frac{p}{\rho^2}d\rho=\frac{dp}{d\rho}(\gamma-1)\frac{d\rho}{\rho}$$

$$=\frac{c^2(\gamma-1)(\rho_1-\rho_0)}{\rho_1}. \tag{3.8}$$

这样，就得到密度变化 $\rho_1-\rho_0$ 与声速变化 c_1-c_0 之间的关系. 代入式(3.7)，得

$$q_1-q_2=\frac{2}{\gamma-1}(c_1-c_0), \tag{3.9}$$

1) 蒙出版者惠允，此图取自克阮兹著，Lehrb. d. Ballistik (弹道学) [Julius Springer, Berlin (1926)]，第二册，第 451 页.

也就是说,在平面声波传播中,流速的改变是声速改变的$2/(\gamma-1)$倍(对于空气是五倍). 对于这一现象,雷曼的精确理论(参阅[3.2])也得出这个结论,而且不论扰动怎样强,这一结论都一样适用.

现在我们先讨论压缩波(图3.5). 波内的声速(传播速度)要比波前面的声速大,所以由式(3.9)可以得出,流速一定也大些.而波的每一部分的绝对前进速度,都等于局部声速和局部流动速度之和$c+q$. 随着波深的增加,扰动速度愈来愈快. 波随着时间变得愈来愈陡,终于最后变成一个垂直的突跃:一个**激波**(同下面在**3.6**里所讨论的一样).

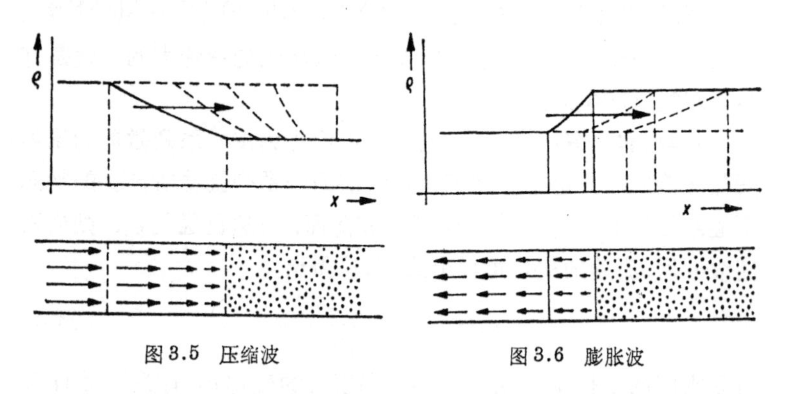

图3.5 压缩波　　图3.6 膨胀波

相反地,如果在静止气体中($q_0=0$)有膨胀波向右传播(图3.6),则在波中气体向左流动. 按式(3.9),因这时$c_1<c_0$,所以q_1是负值. 在波阵面之后,压力愈小,扰动也传播得愈慢;这不仅因为声速c减小了,而且也因为q_1的负值愈来愈大了. 因而,这样的膨胀波将随时间的增大而愈来愈平坦. 这个现象在激波管的实验技术里(参看**6.2.7**)引起很大的注意. 那时,低压区几乎成了真空(见图3.7).

当在高压区有膨胀波进入因而使高压下降时,气体向低压区射去,在$c_1=0$时可达**最大速度**,其数值按式(3.9)为:

$$|q_{\max}|=\frac{2}{\gamma-1}c_0, \tag{3.10}$$

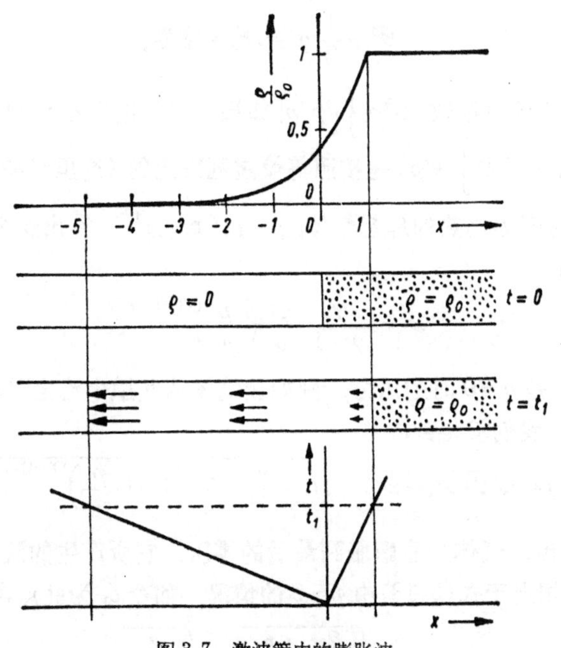

图 3.7　激波管内的膨胀波

如果介质是双原子气体($\gamma=1.40$),则速度是静止时声速的五倍.

扰动用当地声速进入静止的气体中. 在它后面的扰动用等速 $c+q$ 前进, 而按照式(3.9)某一声速必有一相对应的流速(上述情况下, 流速是负值). 如果我们在时间 $t=0$ 以前用一片薄膜把高压气体与真空区隔开, 则在破膜(开始时 $t=0$)处是声速流动($M=1$),这时负流速的数值恰达到当地声速. 其右侧是亚声速流动,左侧则是超声速流动: 向右边气体冲去的声波,被"冲刷"到左边去了.

3.3. 体积有显著变化的一维定常流动

这时对流束可以用普遍形式的柏努利方程式(2.136). 当不计重力,并假设不考虑摩擦时(本章绝大部分均作此假设),柏努利方程便是

$$\mathscr{P}+\frac{1}{2}q^2=\mathscr{P}_1=\text{常数}. \tag{3.11}$$

这里的"压力函数" $\mathscr{P}=\int dp/\rho$ (如果我们引进比容 $v=1/\rho$[1], 这个积分也可写成 $\int vdp$) 是按照等熵过程决定的 (这里只涉及这种变化). 对于等比热的理想气体, $\rho=\rho_1(p/p_1)^{1/\gamma}$, 算出这个积分, 我们得到

$$\mathscr{P}=\frac{\gamma}{\gamma-1}\frac{p_1}{\rho_1}\left(\frac{p}{p_1}\right)^{(\gamma-1)/\gamma}. \tag{3.12}$$

如果 p_1 是 $q=0$ 时的压力, 例如让气体从气罐中流出时在气罐里的压力, 我们就得到:

$$q=\sqrt{2(\mathscr{P}_1-\mathscr{P})}=\sqrt{\frac{2\gamma}{\gamma-1}\frac{p_1}{\rho_1}\left\{1-\left(\frac{p}{p_1}\right)^{(\gamma-1)/\gamma}\right\}}. \tag{3.13}$$

容易看出, 气体一直膨胀到最后的零压, 它所产生的流速是有限的; 它相当于式(3.13)中 $p=0$ 的情况. 如令 c_1 为驻点声速, 则得

$$q_{max}=\sqrt{\frac{2\gamma}{\gamma-1}\frac{p_1}{\rho_1}}=\sqrt{\frac{2}{\gamma-1}}\,c_1. \tag{3.14}$$

取 0℃ 的空气作为开始状态, 得(与式(3.10)的非定常流能达到的最大值不同)

$$q_{max}=\sqrt{5}\cdot 331\ \text{米/秒}=740\ \text{米/秒}.$$

q 和 p 间的关系示于图 3.8 中, 图中还包括有根据等熵状态方程而画出的比容 $v(=1/\rho)$ 作为 p 的函数的关系图线. 阴线面积 $\int_p^{p_1} vdp$ 等于 $\mathscr{P}_1-\mathscr{P}$. 关于 v/q 作为 p 的函数的图线见下面.

对于可压缩流体的定常运动情形, 相应于式(2.3)连续性要求单位时间内流过流束每一截面的质量应当相等, 即沿流束

$$a\rho q=Q=\text{常数}. \tag{3.15}$$

截面积 a 随压力 p 的变化取决于函数 $1/\rho q=v/q$ 的规律(见图 3.8 中的图线). a 与 p 的关系也可以利用式 (3.13) 和 (3.15) 作如

1) 这里 v 是单位质量的体积, 也叫比容(在工程文献里, v 常定义为单位重量的体积, 此时 $v=1/g\rho=1/w$, 后面的积分号前乘因子 g).

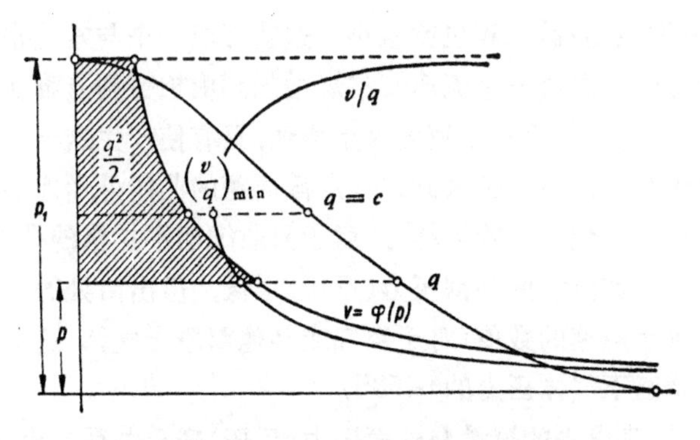

图 3.8　v, q 及 v/q 作为 p 的函数的图线

下的解释：如果开始时我们取 $p=p_1$，则 $q=0$，这样 a 便是无穷大．现在如果 p 减小，q 就逐渐增加而起初密度 ρ 是没有多大改变的，这就是说，a 必定要减小．然而，如果 p 已经变得很小，q 就趋近于 $q_{\max}$，也就是说，q 不能再增大很多，而 ρ 则随 p 无限地减小，所以在这个区域里 a 必定增大而趋于无穷大．

介乎 a 减小和 a 增加这两个区域之间，a 显然有一个最小值；它发生在速度的相对增加 dq/q 等于密度的相对减小 $-d\rho/\rho$ 处．根据计算表明，这个最小截面正好位于流速等于当地声速的地方．由于发生等熵冷却，当地声速已经不是相应于初始状况下的声速，而是相应于温度降低后的较小的声速（对于起始状态为常温的流出空气，它约为 315 米/秒）．刚才所说的这个关系，也可以不用计算而根据上一节的考虑推导出来．因为，假使我们在以速度 c 向右移动的坐标系中来考察表示在图 3.1 中的现象，则静止区域的气体就好象是从右至左以速度 c 流动，而压力波则保持固定．于是，在这个坐标系中，我们就有一种定常运动，它的奇特之点是：虽然压力有变化而流束的截面则不变．而这正是在流束最小截面处所具有的特征，即截面积既不增加也不减少．

气流通过最小截面后，速度就超过声速．根据以上所说过的，我们就可以得出结论：在这种流动中，当压力降低，即速度增加，截面积就增加（而不是象在体积不变时流体的截面减少）；当压力增加，即速度减小，截面积也就减小．这就形成一个与常例很不相同的流动特性．要将一个流速按常规增加到由柏努利方程所给出的最大可能速度，如果这个速度大于声速，只有使产生这一气流的管壁作成先收缩而后又扩大到某一定截面积的曲线外形才行［象下面所讨论的拉伐尔喷管那样］．对于只收缩而不扩张的孔口，虽然要产生超声速流动的外部压力（反压）很低，但出口处的压力仍保持为相应于声速的数值（对于空气或其他双原子气体，这个数值约为静止状态下气体压力的 0.53[1]）．

这时，流出去的流量与外面压力（反压）毫无关系．出孔口，射流的截面就增大，并且，由于惯性，射流过分膨胀，其内部产生一个低压区．由于这个压力降低，气流就再一次收缩，收缩到大致等于出口处的压力，就这样，这个过程一再重复地出现．图 3.9 里的照片就是这种空气射流，这个照片是马赫[3.8]用特普洛的"纹影"法拍摄的（关于纹影法见下面 **6.3.1**）．

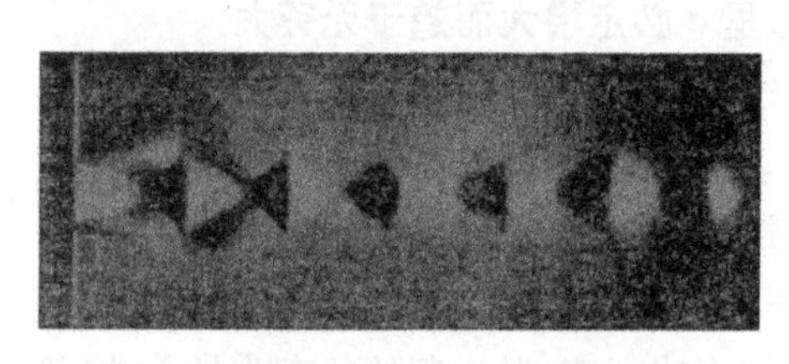

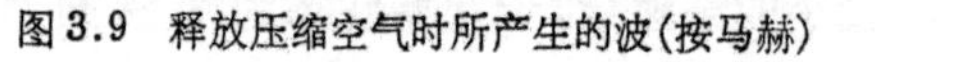

图 3.9　释放压缩空气时所产生的波（按马赫）

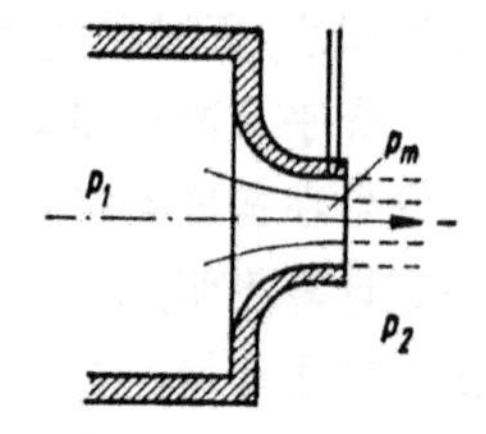

图 3.10　孔口处压力的测量

出口处的压力 p_m 可借紧靠孔口外缘所钻的孔（图 3.10）测量出来．当反压 p_2 小于在 $M=1$ 时的临界压力 p' 时，p_m 可相当准确地认为是常数且等于临界压力．反压要是高于临界压力，p_m 就几乎等于反压．假设让 p_2 从数值 p_1 逐渐降低，气体流出的流量

1）此压力由公式

$$p'=p\left(\frac{2}{\gamma+1}\right)^{\gamma/(\gamma-1)}$$

给出，叫做临界压力；相应的临界速度为

$$q'=c'=\sqrt{\frac{2\gamma p_1}{(\gamma+1)\rho_1}}=\sqrt{\frac{2}{\gamma+1}}\,c_1.$$

$$
Q=a\rho_2 q_2=a\left(\frac{p_2}{p_1}\right)^{1/\gamma}\left\{\frac{2\gamma}{\gamma-1}\,p_1\rho_1\left[1-\left(\frac{p_2}{p_1}\right)^{(\gamma-1)/\gamma}\right]\right\}^{1/2}, \tag{3.16}
$$

便逐渐增加到反压等于临界压力时的最大值：

$$
Q_{\max}=\left(\frac{2}{\gamma+1}\right)^{1/(\gamma-1)}a\left[\frac{2\gamma}{\gamma+1}\,p_1\rho_1\right]^{1/2}. \tag{3.17}
$$

如果 p_2 继续降低，则 Q 便保持为常数，等于 $Q_{\max}$. p_m 和 Q 随 p_2 之变化见图 3.11.

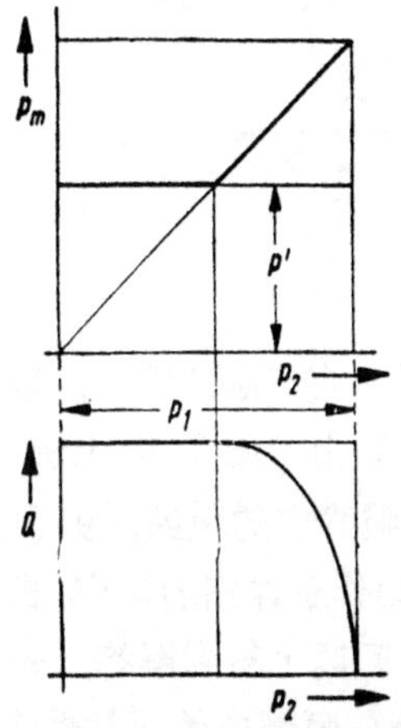

图 3.11 出口压力和流量与外界压力的关系

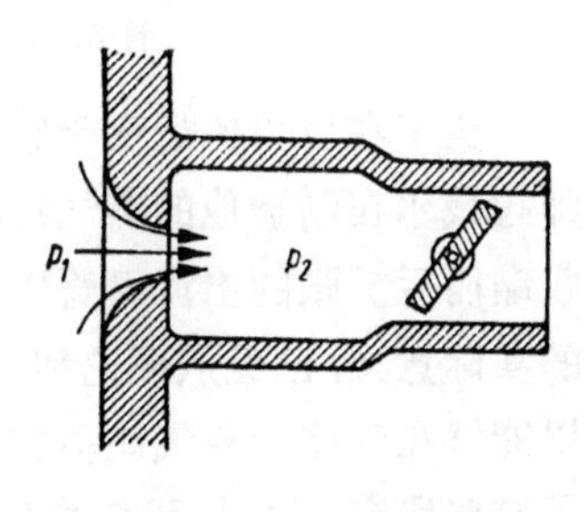

图 3.12 调节阀

由式(3.17)可以算出，在标准静止状态下，通过 1 平方厘米截面的最大流量是每秒 20 升的静止空气.

上面所描述的情形也可用上一节中有关压力扩散的观点加以充分说明. 我们将假设在喷嘴的出口端有一个室，室内的压力可以利用出口阀门或别的设备(图 3.12) 加以调节. 姑且先假设室内的压力 p_2 大于临界压力. 于是，如果 p_2 降低了，例如开大出口阀，一个稀疏波便向喷嘴内传播，这就造成了一种新型的流动.(在那些波传播的反方向有一个附加速度，它的作用是增加流速.) 然而，如果 p_2 继续降低，各点的速度就逐渐增加，但只能增加到出口速度达到声速时为止. 压力再降低已不再可能向喷嘴内传播，因为，压力扰动是以声速相对于气体传播，因而在出口处达到临界状态以后，喷嘴里的情况就不再受反压的影响了. 结果，所得出的结论和上面的相符合.

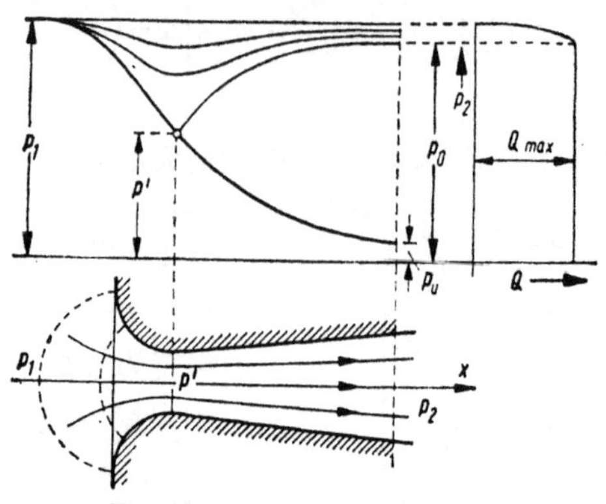

图 3.13 拉伐尔喷管中的流动

为了在压力比远高于临界值时得到有节制的膨胀，瑞典工程师拉伐尔在制造他的蒸气涡轮机时便采用了图 3.13 中所示的先收缩而后扩张的出流喷管[1)]. 在这种喷管中的现象，由于有很大的实际意义，已经从理论和实验两方面作了详细的研究. 我们之所以能够在气体和蒸气流动的许多基本问题上得到解答，完全是靠了这些研究. 这里，我们将只考察拉伐尔喷管中的无粘性流动. 设喷管前的压力 p_1 给定，于是，相应于每一个较低的压力 p 的 q 和 v/q 的值，就可以从那些公式或图 3.8 得出. 由于每秒排出的气体质量是 $Q=a\rho q=aq/v$，所以对于每个给定的 Q，就可以确定对应于任一截面 a 的 v/q，而相应的压力可以从图 3.8 得出. 在正常的情况下，流束的最小截面，即 v/q 的最小值，必须与喷管的最小截面相合. 在这种情况下，排出的流量最大，并且可以象对简单孔口的情形那样由式(3.17)来确定. 根据上面所描述的方法得出的压力（沿喷管轴线的）分布如图 3.13 中的粗线所示（从 p_1 到最小压力 p_u）. 但是，根据图 3.8，相应于每一个 v/q 的数值总有两个压力，故从喉道往后还有第二条可能的压力曲线，它通到上面那个最终压力 p_0.

1) J. 科尔亭格告诉普朗特说，他的叔祖父 E. 科尔亭格，许多种射流装置的著名发明家，早在 1878 年就曾采用了锥形扩大状的喷嘴，而拉伐尔的蒸气涡轮机是 1883 年被大家知道的. 有关这一领域的历史，可参阅哈尔和萨顿的论述[Z8].

如果我们把在较小流量下的压力曲线也同样画出来，我们就得到终点在 p_0 靠上方的那些曲线(图 3.13). 因此，流量是随着喷管出口处的压力(反压) p_2 而变化的(参看图 3.13 右上方的曲线)：流量从 $p_2=p_1$ 时的 0 增加到 $p_2=p_0$ 时的 Q_{max}. $p_2 \leqslant p_0$ 时，喷管喉道处的速度达到声速，并且，根据前面所讨论的声速所起的作用，尽管不确切地知道所发生的现象，我们可以预期，在 p_2 进一步降低时，喉道上游的现象将保持不变，因而流量就保持不变. 流量的这种特性早已为大量实验所证实.

在这方面，现在的应用领域很广. 它包括从低超声速范围的蒸气涡轮设计，到中等乃至较高的超声速范围的火箭推进喷管，还有从马赫数 $M=1$ 到 $M=20$ 的超声速风洞技术. 对于 $\gamma=1.40$ 的气体(如空气)，在各 M 数时的压力比和截面积比的数值列于下表(T 表示绝对温度)：

M	0.5	1.0	1.5	2.0	3.0	5.0	10.0	20.0
a/a'	1.34	1.00	1.18	1.68	4.23	25	533	15300
p/p_1	0.84	0.53	0.272	0.128	0.027	0.0019	2.4×10^{-5}	2.1×10^{-7}
q/c'	0.54	1.00	1.37	1.63	1.96	2.24	2.39	2.44
T/T_1	0.95	0.83	0.69	0.56	0.36	0.167	0.048	0.0123

由上表可以看出，在低亚声速时，压力和温度(也就是气体的热状态)只要稍有变化，已可使速度达到临界声速 c' 的一多半，而到高马赫数时，则情况正相反. 在马赫数大于 $M=5$ 时，q 已很接近定常最大速度，而 p 和 T 还仍在大幅度下降. 我们已经提到过，这种极限情况就叫做**高超声速**情况. 这时 M 数的提高已不再能用提高 q 的办法，而几乎全靠降低声速 c 来达到.

同螺旋桨的推进很相似，拉伐尔喷管的推力是由单位时间内动量的增长产生的. 我们假设没有另外的动量输入拉伐尔喷管(同火箭喷管的情形一样)，则设 q 是喷出速度，并用连续条件可得推力

$$S=Qq=a'\rho'c'q, \tag{3.18}$$

可以看出，推力是不会超过乘积 $Q_{max}\times q_{max}$ 的. 既然高马赫数时的喷出速度增加很少，我们一般就不用使喷管内气体一直膨胀到与外界压力相等的办法[这时式(3.18)准确适用]，而宁可使推力有小的损失，把喷管缩短些，以节省重量.

通过翼栅的流动，基本上也可以作为一维问题来处理(图3.14 把翼栅设为简单的线栅列). 由于栅列间的距离 d 不变，它的截面由来流的角度可以定出来，当气流横越栅列流动时，截面最大；越是偏离这个方向，则截面就越小. 在图 3.14 所示的情况中，来流的最大马赫数差不多是 $M=0.5$；因为从上页的表中可以看出，出流处这时已达到"临界截面"，气流达到了声速. 当来流是超声速流时，要尽可能避免减少来流角度，否则就很难实现减速和升压. 从流量公式 $Q=a\rho_1v_1=a\rho_2v_2$ (a 是流过的面积)和 u 分量的差(u 可以从流动角和面积得出)，可以求出沿翼栅方向的力 F：

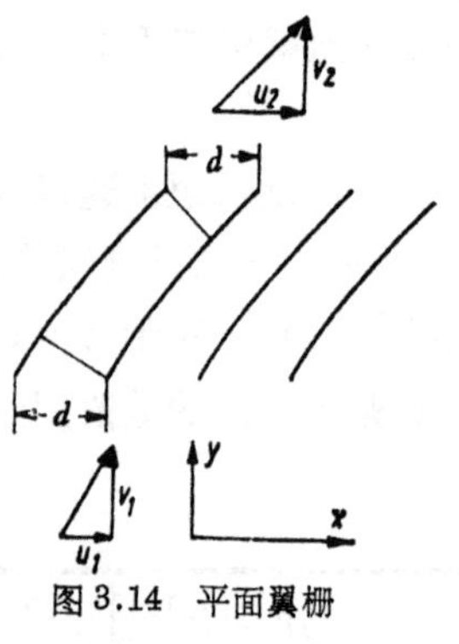

图 3.14 平面翼栅

$$F=a\rho_1v_1(u_2-u_1).$$

垂直于栅向的力，应当和压力差 p_2-p_1 同时考虑. 贝茨曾设计了一个简单地求这些量值的图表(参看[3.4]).

3.4. 火　箭

由于拉伐尔喷管作为火箭的一个推进机件起着很重要的作用，我们要在这里简短地讲一下这种近代推进器的加速过程. 如果先不考虑重力场，则火箭的动量变化(瞬时总质量 m 和飞行速度 V 的变化)，加上燃烧物质动量的变化，一定要等于零. 当火箭以 $d(mV)$ 的动量改变时，就有质量为 $-dm$ 的燃烧物质离开喷管，

其速度为 $V-q_{chu}$(图 3.15)，这里的 q_{chu} 是负向的射出速度值. 上述的动量关系就可写为

$$d(mV)-(V-q_{chu})dm=0. \tag{3.19}$$

由于 q_{chu} 接近最大速度[式(3.14)]，实际上是个常值，所以式(3.19)很容易积分. 展开上式得

$$m\cdot dV=-q_{chu}\cdot dm,$$

积分后得

$$V=q_{chu}\cdot \ln\frac{m_0}{m}, \tag{3.20}$$

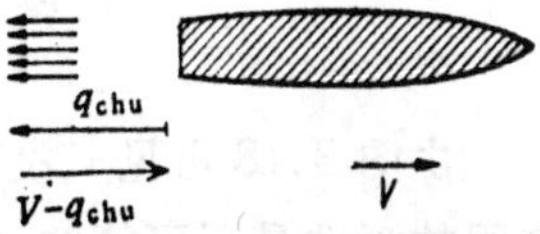

图 3.15 火箭的飞行速度和射出速度

其中 m_0 是火箭的"初始质量"，即它在 $V=0$ 时的质量.

要想使火箭逃出地球的引力圈，火箭的最终速度必须至少达到 $V=11$ 公里/秒. 这本可以通过使火箭的最后质量与初始质量之比 m/m_0 保持很小来达到，但这受到结构上的限制，因为大量燃烧物质所需的容器重量也相应地增大.

为了达到这个目的，人们进而采用多级火箭，使每级火箭在燃烧完后自行脱落以减少无益载荷. 在这方面，提高射出速度 q_{chu}，看来是比较有效的，这就是说要提高最大速度，按式(3.14)，也就是要提高静止状态的声速 c_1. 看一下式(3.5)就知道，因为 R 是一个绝对常数，而 γ 也变化很少，因而需要有很高的火箭燃烧室温度，而更重要的是，气体的分子量应该很小.

由于受燃烧室壁的强度和燃烧气体要分解和离子化的限制，温度的提高要有一定范围. 因而，在要求有很高的最终速度的时候，应力要求使用较轻的气体，首先是氢气性质的燃烧气体. 由于在正常状态下氢气 H_2 是气体，而火箭的容器是既不能太大也不能太重的，所以要使用极低温度的氢，使它的蒸气压力在大气范围以内. 按这种方法，我们今天得到的射出速度已经可以达到 $q_{chu}=4000$ 米/秒，而在第二次世界大战末，它大致只能达到 2000 米/秒.

从式(3.20)得到，当 $m_0/m>e=2.72$ 时，一级火箭的飞行速度就比射出速度 q_{chu} 大. 对于较大的 V 说，燃烧气体在飞行方向

的流速是$V-q_{chu}>0$. 因此,如果火箭的最终速度超过q_{chu}到某一定值,平均效率将会最高,因为这时喷出气体的总动能最小. 但是在火箭问题上,效率高不高没有什么关系.

3.5. 能量定理

由图 3.13 可见,没有能量损失而最后的压力又介于p_0和p_u之间的流动是不可能的. 斯陀多拉从观察压力变化认识到,这时发生了雷曼从理论上所预料的那种不连续压缩(参看 **3.2** 末的注). 在这些现象中能量损失确是发生了,因而就不能根据没有能量损失的理论来讨论它们. 但是,利用 **2.3.10** 中所推导的动量定理,连同一个对一切有阻力的可压缩流动都很重要的能量定理,可以得出有关这种现象的一个满意的理论. 为此,我们先就定态流动情况来一般地推导这个能量定理.

流动的阻力对气体具有双重的影响: 除了对于流动的机械的阻碍之外,气体还接受了相应于所损耗掉的机械能的热量. 这样,消耗于克服阻力的能量在变成热量之后,就有一部分可能再度被利用于作进一步的膨胀,这是不同于不可压缩流体的运动的.

为了取得有关这种情况下一些规律的总概念,宜于先建立一个能量定理,这可以用类似于动量定理的推导方法(见 **2.3.10**)来得到. 考虑作定常运动气体在一个区域中的能量变化. 为此,最简便的是取一段流束(参看图 2.50). 由于流动是定常的,在时间dt内这部分气体的状况的变化,就在于在A处有质量$dm=\rho_A a_A q_A dt$流进去,而在B处有质量$dm'=\rho_B a_B q_B dt$流出来; 根据连续性,$dm=dm'$.

其次应说明: 这部分气体因作此位移所造成的能量改变,必须等于在时间dt内从外面所供给的能量. 一个质点的能量包括: **动能**、**势能**和热能(即所谓**内能**). 我们把单位质量的内能记作u; 这里u不用热量单位,而是象机械能那样用功的单位来量度. 所以,如果势能仅是由于重力而产生,则质量dm所含的能量便是

$\left(\frac{1}{2}q^2+gz+u\right)dm$. 对于一段流管中的质量所供给的能量，有作用在两端面上的压力所作的功，可能还有通过侧壁进来的热量. 这里没有提到摩擦功，因为只有当运动着的壁面上有摩擦的剪应力时，才需要考虑它. 但是这里假设的是静止的壁面或者是运动流体的内部，所以只有能量的转换，象动能转换成内能，而没有摩擦力所作的外界功. 作用在端面 A 上的压力所作的功，等于力和距离的乘积，即 $a_A p_A \cdot q_A dt$，或者如果引进 dm，则可写为：

$$dm \cdot p_A/\rho_A = dm \cdot p_A v_A{}^{1)};$$

同样，对于端面 B，我们得到 $-dm \cdot p_B \cdot v_B$. 对于在 A 和 B 之间可能获得的热量，我们把它记作 $h_{AB} \cdot dm$（h_{AB} 系指每单位质量从 A 至 B 所获得的热量，同样用功的单位来量度）. 于是根据上述关于能量的变化，我们可以得到

$$dm\left(\frac{1}{2}q_B^2+gz_B+u_B\right)-dm\left(\frac{1}{2}q_A^2+gz_A+u_A\right)$$
$$=dm(p_A v_A-p_B v_B+h_{AB});$$

因此，

$$\frac{1}{2}q_B^2+gz_B+u_B+p_B v_B=\frac{1}{2}q_A^2+gz_A+u_A+p_A v_A+h_{AB},$$

或者，由于端面 B 可以随意变化，可得

$$\frac{1}{2}q^2+gz+u+pv=\text{常数}+h. \tag{3.21}$$

也常常引用这个方程的微分形式：

$$qdq+gdz+du+d(pv)=dh. \tag{3.22}$$

在热力学中，量 $(u+pv)$ 用得更多，我们把它叫作单位质量的**焓**，并且用 i 来表示.

对于完全气体，我们有以下公式：

$$u=\frac{1}{\gamma-1}pv=c_v T,$$

$$i=u+pv=\frac{\gamma}{\gamma-1}pv=c_p T,$$

1) 关于 v，见 **3.3** 开始时的下脚注.

这里 c_v, c_p 是用功的单位来量度的；即将它们平常的数值乘以热功当量（参看 **1.5** 中，有关 R 的说明）.

如果在定常流动中，没有从壁上传得热量，则总能量保持不变；因为即使有摩擦功也全都转化为热能. 又因为在大多数情况下，高度差不产生什么影响，所以在式(3.21)中，相对别的几项来说，gz 项可以略去，就可得到下列形式的能量方程：

$$(q^2/2)+i=\text{常数}. \tag{3.23}$$

对于**比热系数不变**的理想气体，上式可简化为

$$\frac{q^2}{2}+c_pT=\text{常数}. \tag{3.24}$$

从这里可以得到一个重要的实际结果，即：（在一些简单气体定理所用的假设条件下）相对于起始情况，温度的下降只确定于所在位置的速度，而与阻力的大小无关.

把式(3.23)或式(3.24)与一般柏努利方程(3.11)式作比较，可以看出，后者中引入的“压力函数”($\mathscr{P}$)（一个在等熵情况下的功的积分）与焓 i 完全一致（不考虑任意加上的常数）.

由式(3.24)也可以求出当气体被物体所阻挡时，温度的升高值. 设来流的速度和温度为 q_0 和 T_0，在驻点处 $q_1=0$, $T=T_1$，代入后得

$$q_0^2+2c_pT_0=2c_pT_1,$$

用 $2c_pT_0$ 去除上式，并用式(3.5)和式(3.6)引入马赫数 M，得出关系式

$$\frac{T_1-T_0}{T_0}=\frac{\gamma-1}{2}M_0^2. \tag{3.25}$$

假设飞行是在平流（同温）层($T_0=223°\mathrm{K}$)中进行的，按上式温度的升高值 T_1-T_0 的计算结果是：快速运输机 ($M_0=0.90$) 为 36°K；驱逐机($M_0=2$)为 178°K；快速炮弹($M_0=3$)：400°K；人造地球卫星 ($M_0=26$)：30000°K；进入大气层的流星 ($M_0=100$)：446000°K. 后两个计算温度与事实不符，因为在这情况下空气要分解，对流星来说还要发生强烈的离子化（等离子体），因而使温度

下降很多．不过这时的温度至少也在 $10000°K$ 以上．参阅 **3.15** 的附表．

在驻点 $(q=0)$ 处的温度、压力、密度和声速都叫做**驻点量值**，例如 T_1 叫**驻点温度**，p_1 叫**驻点压力**等等．以后可以看到，在定常流动中，驻点温度差不多与损失无关，而驻点压力则随损失有很大降落．

对于能量方程，我们还要加上一个相当于**热力学第一定律**的条件．气体的每一个质点必须满足这一条件：通过热传导所得到的热量以及摩擦功所转变成的热量，全都用来增加内能和产生膨胀过程中所作的功．设 dF 是对微元单位质量所作的摩擦功，于是

$$dh+dF=du+pdv. \tag{3.26}$$

将式(**3.26**)加到微分方程 (3.22) 上并且将 $d(pv)$ 写作 $pdv+vdp$，我们就得到

$$qdq+gdz+vdp+dF=0. \tag{3.27}$$

对上式积分，我们便得到推广到有阻力的运动的柏努利压力方程：

$$\frac{1}{2}q^2+gz+\int vdp+F=\text{常数}. \tag{3.28}$$

这里，F 是从起始截面直到所考虑的截面对单位质量所作的摩擦功．

量 F/g 可以叫做“摩擦头”，这样，在这里速度头、位势头、压力头(参看 **2.3.3**) 以及摩擦头的总和便是一个常数．

我们可以通过式(3.26)，把“熵”这个概念再讲一下．假设有一个绝热的封闭系统(不通过任何导体传出或传入热量)，因此 $dh=0$．对于理想气体，从状态方程和式(3.26)可以得到(应用关系式 $R/m=c_p-c_v$，并引入密度 ρ)：

$$dF=c_v dT-(c_p-c_v)T\frac{d\rho}{\rho}. \tag{3.29}$$

现在我们提出一个问题：是否存在一个只与两个状态物理量 T 和 ρ 有关的状态物理量 s，它的值在可逆情况下是不变的，但在有不可逆的摩擦时，是增加的．显然，我们不能简单地设 $ds(T,\rho)=dF$，因为从式(3.29)来看，如果这样假设的话，则在等温状态下$(dT=0)$所得的 ds 值，就与体积不变时$(d\rho=0)$

所得的值完全不一样．此物理量 s 将不仅与状态有关，而且还同积分路线有关．如果用 T 除式(3.29)，并且设[1]

$$ds=\frac{1}{T}\left[c_v dT-(c_p-c_v)T\ \frac{d\rho}{\rho}\right]$$

$$=\left(\frac{\partial s}{\partial T}\right)_\rho dT+\left(\frac{\partial s}{\partial \rho}\right)_T d\rho=\frac{dF}{T}, \tag{3.30}$$

则恰能满足我们在上面提出的要求．设我们选取任一初始状态 $s=s_1(T_1,\ \rho_1)$ 出发来计算，可见式(3.30)是下列这个状态函数的微分式：

$$s=s_1+c_v\ln\frac{T}{T_1}-(c_p-c_v)\ln\frac{\rho}{\rho_1}. \tag{3.31}$$

上式正是比热是常数时，理想气体中单位质量的熵．当 $s=s_1$ 时，从式(3.31)并用式(1.5)，就可直接得出等熵关系式(1.7)．按热力学第二定律，一个封闭系统的熵是绝不减少的；它可能增加，其值正是衡量某相应过程不可逆程度的标准．

当气流缓慢地流过，例如在一个节气装置中，式(3.23)中的动能可以忽略．于是得出理想气体的温度是不变的．但是实际气体在高压节气流中是要冷却的；这是因为焓也与密度有些关系，而气体膨胀所作的功（用以反抗分子间的相互吸引力）必须由热能给予．这个由汤姆森和焦耳发现的效应，是林德空气液化机的理论基础．

流入和流出容器的流动

除已述的定常过程外，气流流入和流出容器的现象也是值得研究的．假如我们忽略容器内的气体与器壁间的热交换，则由容器里流出的气流就发生等熵膨胀，因而便发生冷却．如果使喷出的气体不与周围的空气相掺混而静止下来，则根据式(3.24)，它便会恢复到流出那瞬时的容器内的温度．由于容器内的温度由 T_1 逐渐降低到 T_2，掺混了的气体（譬如说用气钟收集起来）就具有介于 T_1 和 T_2 之间的温度 T_m．容器内的气体冷却到 T_2 和气钟里的气体冷却到 T_m 的能量，就等于把气钟吹鼓起来克服外面的压力

---

1) $\left(\frac{\partial s}{\partial T}\right)_\rho$ 是 ρ 不变时，s 对 T 的导数；而$\left(\frac{\partial s}{\partial T}\right)_p$ 则不同，它是 p 不变时，s 对 T 的导数．

所做的功．当气体在大气压下流入部分抽空的容器时，如果使某瞬间流入的气体静止下来并且不与其余的气体掺混，它就会恢复到外面的温度；已经在容器里的气体会被绝热压缩，因而温度就上升．在实际情况下，由于气体的掺混，温度的上升就比相应于绝热压缩的为低．所增加的热量等于气体进入容器时外面的大气压所做的功．对于气体在等压下流入完全抽空的容器的情形，我们便得到一个值得注意的结果：容器内的温度 T 在整个流动过程中保持不变且等于 γT_0，其中 T_0 是外面的温度（这个结果易用前述能量关系来证明）．如果气体从一个容器流入另一个容器，则第一个容器内的气体冷却，而第二个容器内的就被加热．由于这时没有作外功，两容器的总热量在整个流动过程中保持不变．

3.6. 正激波理论

(a) 不连续压缩的最简单情形便是**定常正激波**，斯陀多拉[3.5]首先对此作了讨论．气体原来以速度 q_1 沿平行线流动，它的压力和比容分别为 p_1 和 v_1；在平面 A–A 处（图 3.16），它突然被压缩到较小的比容 v_2，速度则减低到 q_2，而压力升高到 p_2．这个现象（有些象 **2.3.13** 中所描述的水面上的“浪头”）由下列方程确定：

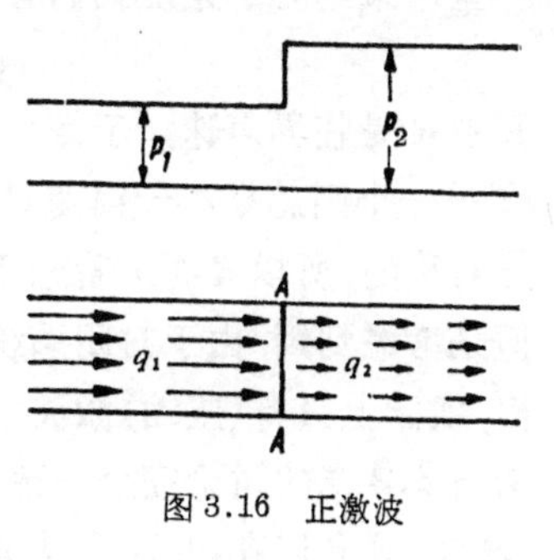

图 3.16　正激波

(1) 连续性方程（其中质量流量是对单位面积而言的）：

$$m=\frac{q_1}{v_1}=\frac{q_2}{v_2};$$

(2) 动量方程：

$$m(q_1-q_2)=p_2-p_1;$$

(3) 能量方程（绝热）：

$$\frac{1}{2}q_1^2+i_1=\frac{1}{2}q_2^2+i_2.$$

这里，焓 i 是相应的 p 和 v 的函数(参阅 **3.5**).

由前两式我们可以将 q_1 和 q_2 消去，于是便得到

$$p_2-p_1=(v_1-v_2)m^2.$$

利用这个关系，第三个方程就可以写作

$$(p_2-p_1)\cdot\frac{1}{2}(v_1+v_2)=i_2-i_1. \tag{3.32}$$

在 p_1 和 v_1 给定之后，这个方程在 pv 平面上可以用一 p_2-v_2 曲线表示，有时把这个曲线叫做阮金-雨果尼欧曲线[3.6, 3.7]或动力绝热曲线.

这样，要是三个量，例如 p_1, v_1 和 p_2，给定之后，v_2 便可以由此曲线确定，因此 m 以及 q_1 和 q_2 也就可以确定了. 然而，如果给定的是 p_1, v_1 和 q_1，计算就要麻烦些.

在简单的气体定律假定下，关于这些计算，我们可以提出以下一些结果. 对于速度我们有关系

$$q_1q_2=c'^2, \tag{3.33}$$

其中 c' 是临界声速. 于是，在这两个速度中，一个总是大于声速 c'，另一个则总是小于声速 c'. 由于激波上的关系式对下标 1 和 2 是对称的，所以表面上看来压缩激波和稀疏"激波"是同样可能的. 但是考虑到熵，由于封闭系统的熵只能增加而决不能减小，我们看出，实际上只有(压缩)激波才是可能的，这时熵是增加的. 这个结论与 **3.2** 末的讨论完全一致，根据那里的结论，只有不连续压缩(激波)才允许存在，而不连续稀疏则立刻转变为连续的稀疏波. 所以，q_1 永远大于声速 c'.

将参考系改变一下，我们便立刻可以将定常激波的关系式应用于在静止空气中传播的激波. 因为，要是我们给图 3.16 的坐标系(相对于激波静止)一向右的速度 q_1，则激波前的速度就变作零，激波本身便以速度 $c=q_1$ 向左移动，而激波后的气体以速度 $q=q_1-q_2$ 向左运动.

这时，动量方程就变为 $p_2-p_1=\rho_1cq$ 这个形式，它给出了压力跳跃与波后气体速度 q 之间的关系，在 q 很小的时候，激波传播速度 c 才与声速很接近．所以，激波的传播速度 c 总比声速大，而且，若压力跳跃无限地增大，它也可以无限地增大．这些异常大(超声速的)的传播速度可以在爆炸中观测到．

如果我们将气体的热传导(虽小，但不等于零)考虑在内，我们便得到一个从 p_1 到 p_2 的连续的过渡区域，当压力比率较高时，这个区域的宽度小于 1/1000 毫米[3.8]，而不是数学上的间断面．上面所说的熵的增加，主要是由于热量从受了压缩而变热的气体传递给尚未被压缩的气体而产生的．如果要较精确地计算激波结构，则除热传导外，还要考虑内摩擦，参看 [3.9]．

通过激波，焓的增加量 i_1-i_2 是 $\frac{1}{2}(q_1^2-q_2^2)$．（由 p_2 膨胀到 p_1，只有一部分焓可以再度恢复为动能的形式．）在弯曲激波的情形下[如弹丸的头部激波(图 3.4)或图 3.26 中的间断面]，各个流束所受到的加热程度不同，这样，激波后的气体便失掉了均匀性，从而流动便不再是无旋的了．

(b) 既然我们已经讨论过了激波理论，现在就可以来回答 **3.3** 中悬而未决的问题：当拉伐尔喷管的反压 p_2 介于 p_0 和 p_u 之间时，管内将会发生何种现象？在这种情况下，我们要假设有一正激波在喉道下游出现，通过此激波流速从超声速跃变为亚声速．由于通过激波总能量不变，要是我们在图 3.13 的曲线之外再补充一些相应于同样流量和同样总能量但相应于较低的初始压力 p_1

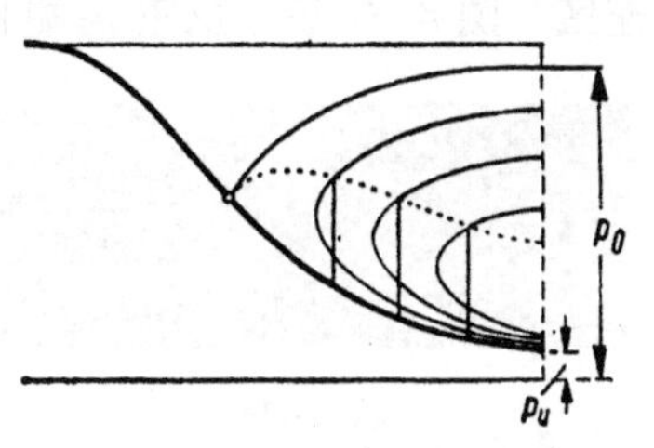

图 3.17　拉伐尔喷管中有激波时的理论压力分布

的压力曲线，我们就可以得到关于那时所发生现象的知识．这些曲线示于图 3.17．从代表正常压力分布 p_1-p_u 过渡到另一根曲线是通过正激波实现的，而这个激波的位置可以根据动量方程唯一地确定．然而，实际上，由于也可能出现斜激波(参看 **3.7**) 或其他阻力现象以代替正激波，这些现象决不是如此唯一地可以从理论上确定的．此外，由于管壁处的边界层作用，压力骤然增加还会引起流动与管壁的分离(参看**5.8**)．结果，在二维流动中，本来的正激波就为两个相交的斜激波所代替(图 3.21)；后面常常还跟有其他的波，如果流动保持处于分离状态的话．由于流动分离引起产生旋涡，激波后压力上升的数值比理论值低得多．

上述这些现象表示在图 3.18—3.21 中，这是普朗特[3.10]对两侧是玻璃板的矩形喷管中的气流，用纹影法拍摄出的照片．特普洛的纹影法见**6.3.1**．

图 3.18 是压缩空气由约七个大气压膨胀到一个大气压所发生的未受扰动的流动．在喉道下游的超声速区域里，我们可以看到互相交叉的微细的驻声波；这些波之所以如此显著，是由于有意把喷管壁锉粗糙的缘故．测量相互交叉的波间的交角所给出的 q/c 值与计算的结果很为符合[3.11]．

图 3.19 示出了在亚声速情况下($p_2>p_0$)密度的分布状况：在喉道上游，密度沿流动方向减低，而在喉道下游则沿流动方向增加．任何地方都没有驻声波出现．图 3.20 表示一个激波($p_2<p_0$)；头几个驻声波在激波前清晰可见，但激波后面均匀的一片是亚声速区．图 3.21 表示反压 p_2 更低的情形，气流的分离已颇清晰，并

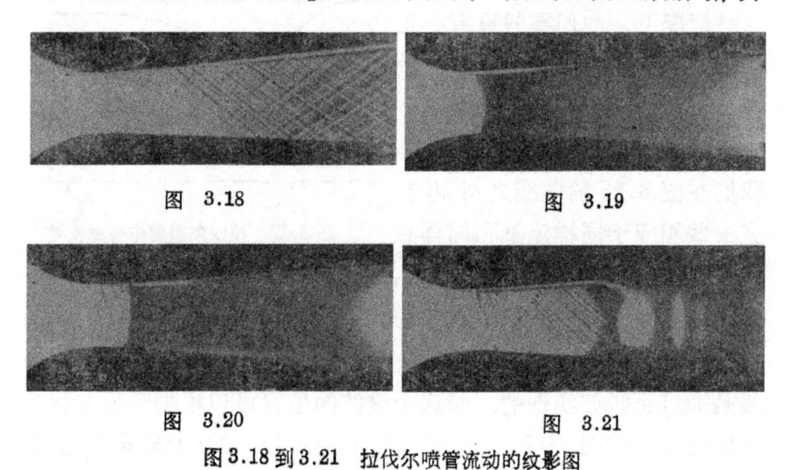

图 3.18

图 3.19

图 3.20

图 3.21

图 3.18 到 3.21 拉伐尔喷管流动的纹影图

且形成了一系列交叉的斜激波，接着的是正激波. 交叉斜激波左边超声速区域中的驻声波与图 3.18 中相应的波完全一样. 这就再一次证明了，在超声速区域中，下游的情况对于上游是没有任何影响的[1].

弱激波，例如 $M=q/c=1$ 处附近的正激波，它产生的熵增量 Δs 是很小的. 为了得到弱激波后的流动状态，也可以通过假设总压 p_1 有所降低，而由不计流动损失的柏努利方程来推求［弱激波前后的总温不变. 因为由能量定理来看（参阅 **3.5**），它是不随熵改变的］. 对于微小的压力增量 Δp 来说，可用下式计算：

$$\frac{\Delta p_1}{p_1}=-\frac{\gamma+1}{12\gamma^2}\left(\frac{\Delta p}{p}\right)^3+\cdots$$

而

$$\frac{\Delta s}{c_v}=\frac{(\gamma-1)(\gamma+1)}{12\gamma^2}\left(\frac{\Delta p}{p}\right)^3+\cdots. \tag{3.34}$$

按上式，如果压力升高 50%，即 $\Delta p/p=0.50$，总压力的变化只有 1%！（对于更大的压力增量，由式(3.34)所得的值过大.）由此可知，对弱激波来说，等熵条件和柏努利方程都是可用的.

虽然弱激波的总压降落很小，可是在下面讲到的所谓"壅塞"现象里，它还是起作用的. 在超声速气流通过一个有截面收缩的漏斗形通道(图 3.22)时，气流或者能全部流进去，但在面窄处马赫数有些下落［图 3.22(a)］，或在进口前形成激波，气流在波后一部分进入口内，另一部分绕流过去［图 3.22(b)］. 我们可以认为，当 a_1 大于或者等于与来流情况适应的临界面积 a' 时，就会出现图 3.22(a) 的情况，因为这时在 a_1 处正好 $M=1$*，因而流束截面积达到可能

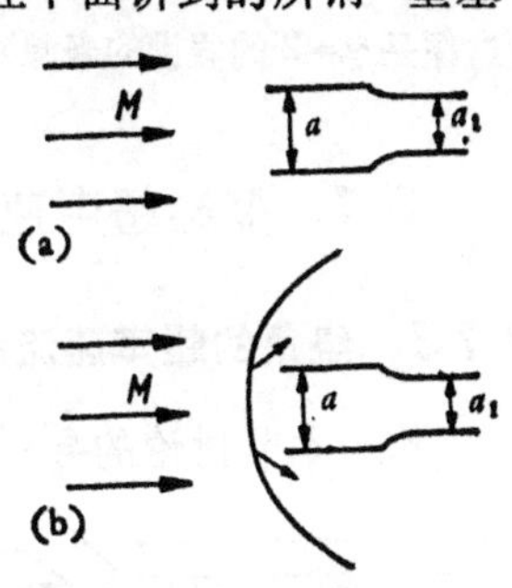

图 3.22 在超声速"壅塞"时的面积收缩

1) 图 3.18 与图 3.21 的超声速部分间稍有差异，这是由于刀片放置得稍有不同之故.

* 这是指 $a_1=a'$ 的情况. 当 $a_1>a'$ 时，最小截面处也会出现 $M>1$ 的流动.——校者注

的最小值．实际上，只要管子的截面稍为狭些，就会在进口前产生激波．这时由于激波后有驻点压力损失[图 3.22(b)]，也使临界截面处的密度减少，因而以 $M=1$ 通过 a_1 的流量也减少．我们得到，能避免在管道前产生激波所允许的截面收缩比 a_1/a 与马赫数 M 的关系($\gamma=1.40$)如下表：

M	1	1.5	2.0	2.5	3.0	5.0
a_1/a	1	0.915	0.82	0.76	0.72	0.65

这一现象对于流过翼栅的超声速气流来说，也是很重要的(图 3.14)．如果那里没有绕流的可能，那就无法形成超声速流．

注：喷管中的气流和堰上的水流(**2.3.14**)的相似是很明显的．事实上，低浪头的传播速度($\sqrt{gh}$)在堰顶水流中所处的地位，正与声速在气流中所处的地位一样．这个比拟在文献中是常常援引的．普赖斯韦克[3.12]已从理论上加以解决，并且证明了，如果水流的水平尺寸远比深度大，则平底河床上的水流与 $\gamma=2$ 的假想气体的气流在定量上完全相同．水流在任一点处的深度 h 便相当于气体的密度，又由于 $\gamma=2$，h 也相当于温度．气体的压力相当于水流的单位长度的剪力[忽略很小的铅直加速度——参照 **2.3.13**(e)]$wh^2/2$(这便是 $\gamma=2$ 的假设的来源)．

3.7．多维超声速流动。绕角的流动。气体射流

3.7.1．绕角的超声速流动

作为本节讨论的导引，我们首先来考察一个在边界点 A 处(图 3.23)突然发生小压降所产生的超声速气流．这一压力降低会沿马赫角为 $\bar{\alpha}$ 的马赫线传播(参看 **3.2**)，并且会使气流在压力跃变的垂直方向产生加速度．这样，气流的速度就要有所增加，同时，气流的方向也有所偏转．假如压力在点 A 再一次突然降低，这个压力降低在改变了的气流里便按另一

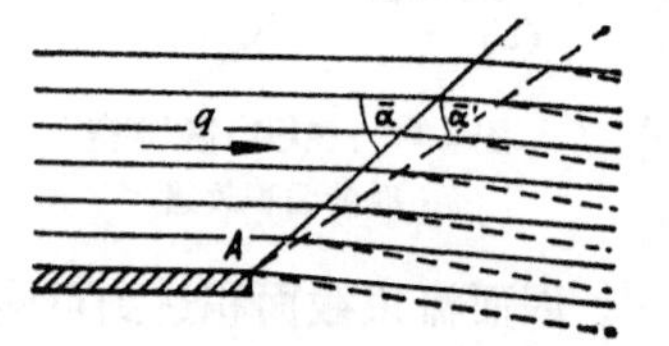

图 3.23　超声速气流；压力突然降低

个马赫角 $\bar{\alpha}'$(小于 $\bar{\alpha}$) 而传播，引起进一步的速度的增加和流动的偏转，依此类推.

这种过程（实际上是连续地进行的）已为**普朗特**[3.13]**和迈尔**[3.14]作为一个无旋流动从理论上处理过了. 与上述相对应，这种气流具有以下的特性：沿由点 A 画出的任一矢径，压力和速度(大小及方向)都不改变. 每一矢径与当地的流动方向所成的角等于马赫角，因而在矢径垂直方向的分速就永远等于当地的声速.

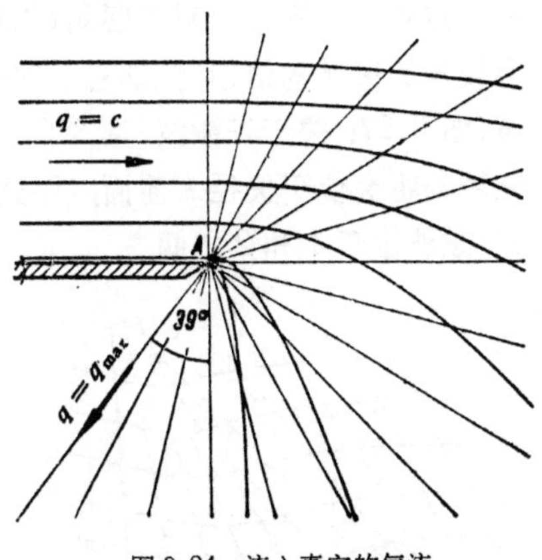

图 3.24　流入真空的气流

最大可能的绕角流动，即从声速一直膨胀到最大速度(参看**3.3**)；也即相当于膨胀到完全真空的速度，其整个流动进程表示在图 3.24($\gamma=1.400$)中. 这时，气流的方向折转了约 130°.

这个理论解的主要价值在于：由于压力是沿矢径传播，任何以两矢径为界的区域都可以与均匀直线流相连结. 例如，如果一气流以超过声速的速度 q_1 沿着固定边界流动，并且在边界的终点 A (图 3.25)之后，压力从 p_1 降为 p_2，则气流在矢径 1［它与气流所成的角是马赫角 $\bar{\alpha}_1$($\sin\bar{\alpha}_1=c_1/q_1$)］前保持不变；从矢径 1 往后，在矢径 1 和 2 之间的扇形区域内气体发生膨胀，它的压力由 p_1 下降到 p_2. 一旦它的压力在矢径 2 上达到压力 p_2，它就以等速沿直线朝新的方向流动. 这个新方向与矢径 2 所成的角就是相应于 q_2 的马赫角 $\bar{\alpha}_2$.

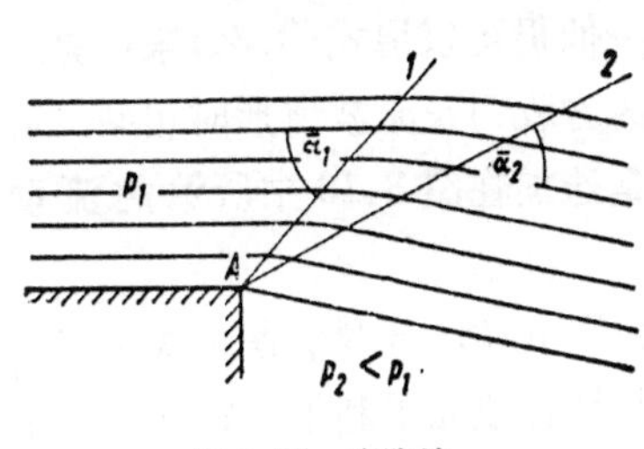

图 3.25　膨胀波

如果边界具有一个或几个凸角，则流动仍旧是直线流动区和膨胀扇形区的组合彼此总是以马赫角分界．沿连续弯曲边界的流动，也可以看作是上面所描述的各流动区的组合．边界甚至可以是凹的，但是在这种情况下，只有在任何两根马赫线都不相交的区域中上述理论解才是正确的(图 3.26)．如果它们相交了，则气流在交点处就间断了．对于凹角(相应于压力的升高)及气流进入压力较高的区域的情形，流动总是间断的，在流场中便出现一个斜激波(图 3.27；关于正激波，见 3.6)．事实上，在这里，图 3.25 中的矢径 2 将会位于矢径 1 前面，而这是不可能的，因而只有出现激波，激波位于 1 和 2 之间．

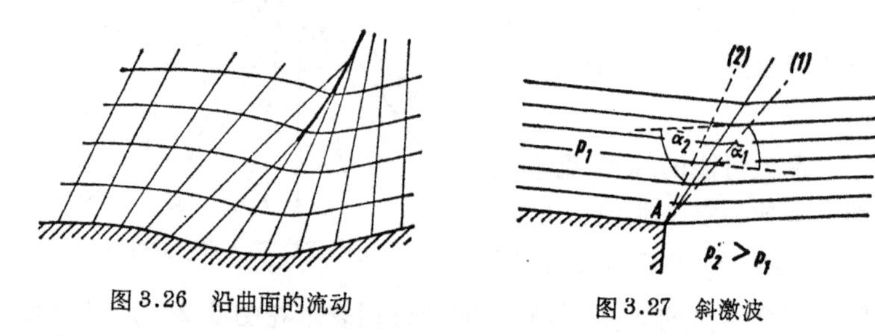

图 3.26　沿曲面的流动

图 3.27　斜激波

对于弱激波说，它的波面倾斜度与马赫线相差很小；激波面的斜度正好是它前后两个马赫面斜度的平均值，如图 3.26 所示那样．激波后的压力如同连续进行压缩时所能达到的一样，熵的增加可作为小量而忽略它．总压的降低仍可以用式(3.34)来计算．

确定垂直于激波的法向分速的方程与正激波情形时相同，切向分速通过激波保持不变，它只是迭加在图 3.16 中所示的流动上．

利用特普洛的纹影法所拍摄的图 3.28—3.30，便是说明这些理论结果的有力的证据．布泽曼[3.15]还建立了利用“激波极线”来计算斜激波的图解法．

3.7.2. 气体自由射流的发展过程

在通过孔口从高压气罐内喷出的射流中，马赫和扎尔歇[3.16]利用纹影法发现存在一系列很规则的波．这些波嗣后又被别人通过压力观测所证实．当射流中的速度超过声速时，这些波总是出现的；如果我们知道：前面所叙述的斜膨胀波或压缩波能互相透过而无大的干扰；并且，它们还能被自由射流的边界完全反射：膨胀波被反射为压缩波，而压缩波则被反射为膨胀波，那么，上述现象就容易得到解释了．

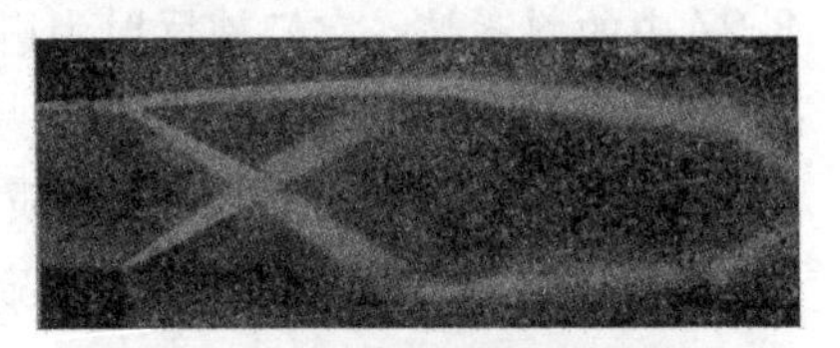
图 3.28 超声速的流动；喷口处的压力大于反压

在平行气体射流以超声速从孔口向自由空间喷出的情形中，如果我们假设运动是二维的，即如果喷嘴是一个相当扁的矩形管，我们就可以得到以下的结论．如果外面的压力比射流中的低（图3.32），就有如图 3.25 中的扇形膨胀波从孔口的上下棱角处发出，它们在射流中间相交并在射流的边界上反射为压缩波．这些反射波一面向前传播，一面它们就慢慢地变尖，而在达到射流的边界后它们又反射为膨胀波．此后，整个过程又重新

图 3.29 超声速的流动；喷口处的压力等于反压

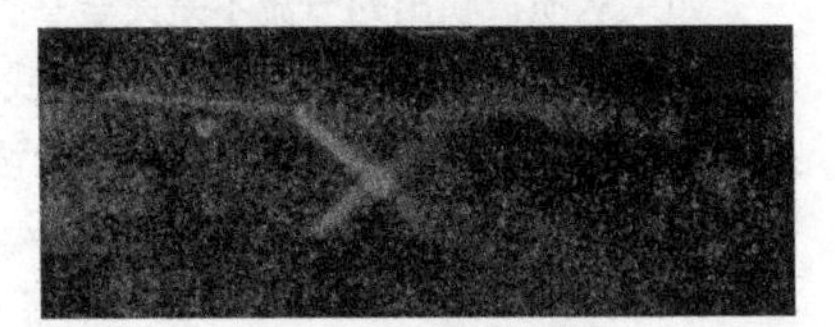
图 3.30 超声速的流动；喷口处的压力小于反压

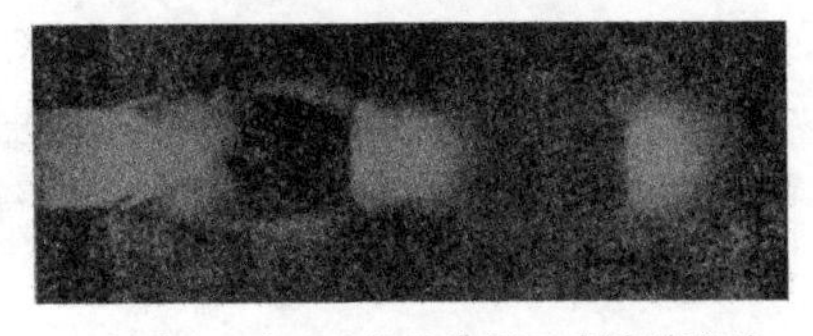
图 3.31 喷口处的速度等于声速的流动

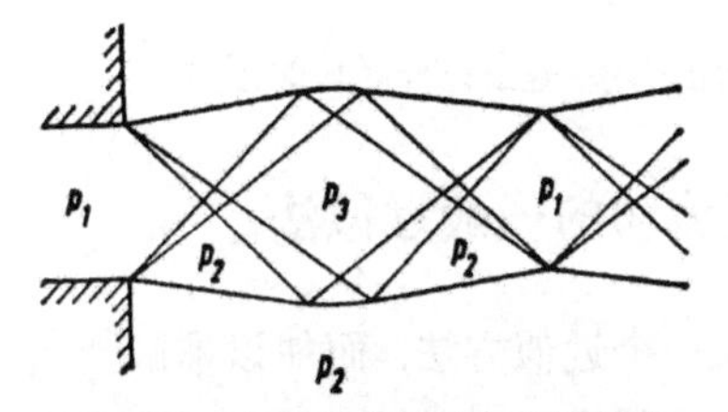

图 3.32 波系图，起始速度是超声速

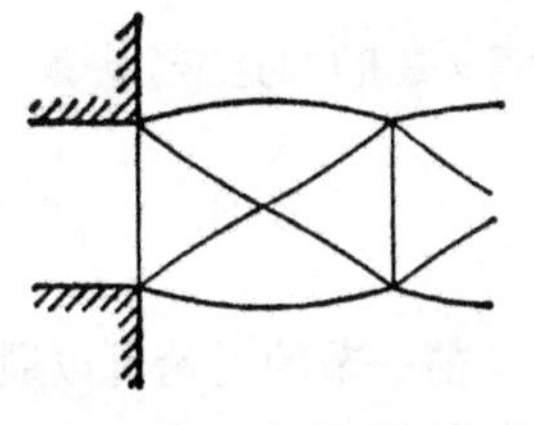
图 3.33 波系图，起始速度等于声速

开始．波围起的区域中的压力 p_3 低于靠外的压力 p_2，且 $p_3:p_2=p_2:p_1$．如果射流外的压力较射流里的压力 p_1 高，则先形成如图 3.27 中的斜激波；它们被反射为扇形的膨胀波，自此之后的现象就同图 3.32 中所示的一样了．如果喷口处的速度等于声速(对于不象拉伐尔喷管那样有扩散段的喷口情形总是如此，图 3.10)，则起始的马赫角 $\bar{\alpha}=90°$，并且由于扇形区域展布到整个区域，图 3.32 就为图 3.33 所代替，双重交叉就变为单交叉点了．

普朗特所拍摄的这些波的照片表示在图 3.28－3.31 中．在图 3.28 中，射流中的压力大于反压；在图 3.29 中，射流中的压力等于反压；在图 3.30 中，射流中的压力低于反压；在这三张照片中，喷口处的速度都是一样的．图 3.31 表示喷口处的速度等于声速的情形．(在所有这些照片中，光亮表示膨胀，黑暗表示压缩．)

如果从喷口喷出的气流不是完全平行的(一般都是这样)，波系图就变得更为复杂．但是波长则几乎不变，由于我们所要处理的主要是一个沿马赫角方向穿过射流两次的波，对于平面运动，波长便是[参看式(3.6)]

$$\lambda=2d_m\cot\bar{\alpha}_m$$
$$=2d_m\sqrt{\left(\frac{q}{c}\right)_m^2-1},$$

其中 d_m 是射流的平均直径，而 $\bar{\alpha}_m$ 和 $(q/c)_m$ 分别为 $\bar{\alpha}$ 和 q/c 的平均值．

对于从圆孔里喷出的射流，这些关系就并不这样简单，因为波的锥形相交使它有相当大的变化．图 3.9 中，给出了马赫所拍摄的从收缩喷嘴里喷出的射流照片．在这种射流里(出流速度等于声速)埃姆登由高压空气的实验得出的波长是

$$\lambda=0.89d\sqrt{\frac{p_1-1.9p_2}{p_2}};$$

这里 d 是孔口的直径，p_1 是气罐中的压力，p_2 是出口外区域的压力．

3.8. 二维超声速流动的一般近似法

前一节的讨论可以通过引入一个近似方法，而加以推广[3.17]．在近似方法中，流动状态的改变虽然实际上是连续的(如图 3.24

中或图 3.25, 3.32 和 3.33 的各个区域中所示的那样), 但必须分成若干不连续小阶段, 其中每一阶段都属于图 3.23 和 3.27 所示的类型[正如一根曲线为了 (数值) 积分而用相应的多边形来代替一样]. 于是, 各个膨胀波和压缩波就都可以设想为具有下述特性的波: 流线凡是碰到它们, 就要折转一个完全确定的预先选定的角度, 譬如说 2°, 因而两波之间的速度只能具有某一确定的方向, 所有这些方向相互间的差别恰好是 2° 的倍数. 由于每一个波的波前后速度变化与给定的气流偏角之间有一定的关系, 只能出现一串无联系的不同速度绝对值. 如果我们画出速度图, 即把所有的速度矢从一原点 O 画出来, 便得到一个具有中心对称的很规则的网络(参看图 3.34). 网络的点(格点)便是许可的速度; 连结相邻两 (格) 点的线段便代表一个偏转 2° 波的一段过程. 由于速度在每一矢径上保持不变, 图 3.24 中的流动状态便可以用图 3.34 里的粗黑线来表示. (如果波只在一边, 象在图 3.24 及 3.26 中的情形那样, 则在速度图上我们就只沿着**一条**曲线向前或向后移动; 但是, 一般地说, 是两边都有波.) 只有给定了一个截面上的流速(大小和方向), 以及沿流动的两侧边界上的压力或流动方向, 给定流动情形中的流线才能完全确定. 压力给定为常数 (根据柏努利方程, 相应的速度大小也就是常数), 就相当于给定了自由射流的边界; 流动方向给定, 就相当于给定了一个固定边界. 这些边界条件可以利用以适当方式从边界上重行发出的压缩波或膨胀波来满足. 从流体内部传来的波都在边界上反射: 在自由射流的边界上, 由于速度等于常数, 压缩波就反射为膨胀波, 膨胀波反射为压缩波; 而在固定边界(固壁)上, 由于流动方向不变, 压缩波反射为压缩波, 膨胀波反射为膨胀波. 这两个关系不难从速度图推出.

还值得注意, 这个方法只适用于柏努利常数在所有流线上都相等的情形, 即无旋运动(参看 **2.3.6**). 只有在这些条件下, 简单的速度图才够应用.

当几个同类的压缩波碰在一起时, 它们就形成一个激波. 当激波前后的压力跳跃不大时, 作为一个近似, 激波过程可以当作是

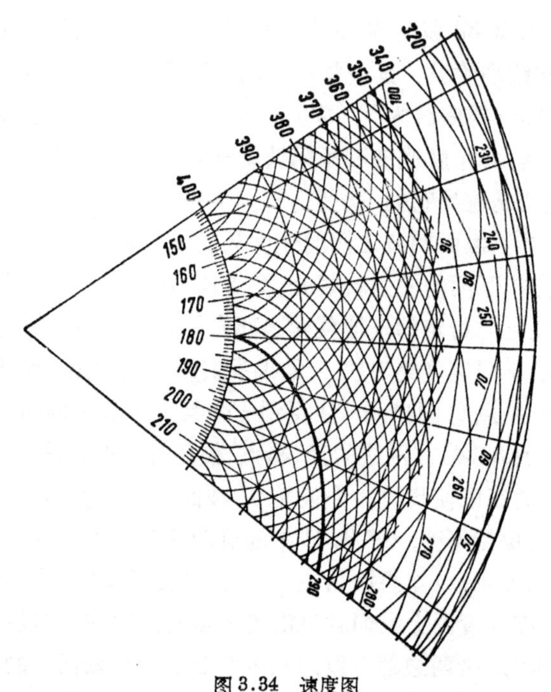

图 3.34　速度图

两相交曲线所对应的数目之差给出了交点的矢径的角度 (以度为单位);
用此两数目之和可从一专用的表中读出速度及压力

可逆的，即速度的大小和方向又可以从速度图推出. 但对于强激波，偏差就相当大. 布泽曼[3.18]第一个给出了一个可以应用于这些激波的图解法.

现在已有了一系列从这种**特征线法**推演出来的方法. 除了图解法外，还有数值计算法，最近还编成了电子计算机的程序. 它是在假定场微元内气流状态是不变的情况下求出解的.

在用图解法时，有几点是值得注意的. 首先，表示膨胀波或压缩波的线，在每一个情形中，都与速度图内连结两相应点的线垂直. 这可以论证如下：前面已经提到过，平行于波面的分速，在通过波时不受影响. 而只是垂直于波面的分速增加(如果是膨胀波)或减少(如果是压缩波). 这就意味着，连接速度图中相应于波前和波后状况的两点的矢量与波面垂直.

如果我们讨论比热为常数的完全气体，即具有绝热关系 $p=$常数$\cdot\rho^{\gamma}$，图

3.34内的粗黑线(其他同类的线也一样)就成为外摆线，并且很容易找到这些曲线的切线方向．这里我们不能进一步仔细讨论，详细情形请读者参看有关的文献 [L3]，[L4]，[L17]，其中大部分都有关于轴对称流的计算方法．

作为一个实例，我们将要讨论怎样确定一个扩散喷管的形状以产生平行射流的问题．这里的条件是：波到了管壁上不再反射，以使气流中没有反射波．要达到这一目的应在波与管壁相交的那一点处给管壁一适当的偏角．(如果管壁的方向不变，一个膨胀波就会反射为膨胀波；如果适当折转管壁，使它本身产生一个强度相同的压缩波，于是膨胀波和压缩波便可以相消)．管壁方向每次改变 2° 的图解结果表示在图 3.35 里．

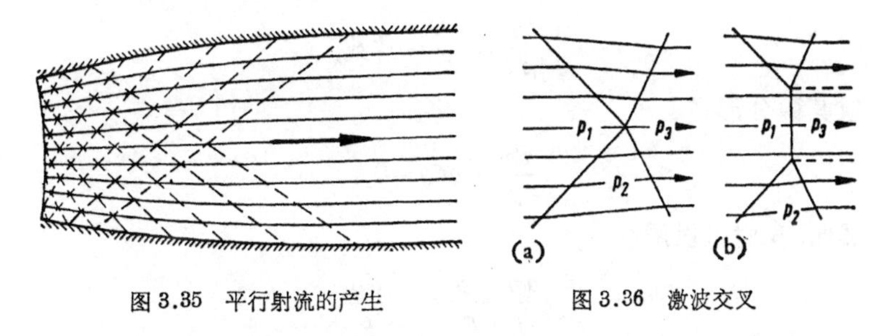

图 3.35　平行射流的产生　　　　图 3.36　激波交叉

图 3.32 和 3.33 中所示的流动自然也可以用上法按次序画出．另外两种情形将在 **3.10** 中讨论．

注：如图 3.30 所示，两个强度不太大的激波相交时，它们就彼此穿过而没有多大的相互干扰．但是，如果强度相当大，必须注意，交点以后的传播就发生在气体不仅经受了高压，而且被先前激波产生的不可逆现象所强烈地加热(超过绝热下的加热程度)了的区域．当激波超过了某一强度时，除了两激波的相交[图 3.36(a)]以外，还有象图 3.36(b)所示的情形，其中，一个激波的压力跳跃 p_3-p_1 恰好为原来两个压力跳跃 p_2-p_1 与 p_3-p_2 之和．由于通过一个激波总压力损失近似地与压力跳跃的三次方成正比，所以通过这一个激波的损失就要比通过那两个激波的损失大，而温度也同样比较高些．这种"**叉形激波**"的理论曾经多次独立地提出过．维斯特[3.19]对此作过全面的叙述．于 1875 年被马赫所发现，此后又多次观察到的两球面爆炸波相交时所产生的现象同叉形激波有关系；最近舒尔茨-格鲁诺[3.20]对这些现象作出了解释．

3.9. 有弱扰动的流动

在本节中，我们将首先对如下的定常流动进行一般性的讨论：定常流动中的速度，无论大小和方向，均与一给定的速度 u_0 相差极小．速度 u_0 本身可以是很大的，我们先不限定它是超声速的或是亚声速的．我们以 u 和 v 表示流场各点的速度对 u_0 的微小偏离，而用 q 表示速度的总值，并且整个计算只考虑到 u 和 v 的一阶小量．假设流动是无旋的．

首先，我们有一般形式的柏努利定理[式(3.11)]．

$$\int\frac{dp}{\rho}+\frac{q^2}{2}=\text{常数},$$

或其微分形式

$$\frac{dp}{\rho}+qdq=0.$$

然而，我们可以用

$$\frac{dp}{d\rho}\frac{d\rho}{\rho}=c^2\frac{d\rho}{\rho}$$

[参看式(3.3)]来代换 dp/ρ，因此，方程

$$\frac{d\rho}{\rho}=-\frac{q^2}{c^2}\frac{dq}{q}=-M^2\frac{dq}{q} \tag{3.35}$$

可适用于各条流线的柏努利常数都相同的流动情况，也即主要适用于无旋流动．由这个式子可以看出，如果马赫数 M 很小的话，密度变化 $d\rho/\rho$ 可以忽略；所以在 $M=0.20$(即正常情况下速度 $q=60$ 米/秒)以下，密度可以看成是不变的．在 $M=1$ 时，密度的相对变化与速度的相对变化大小一样而符号相反，这就是说，$\rho\cdot q$ 近似是常数或者流束的截面不变．到了高超声速情况，对细长物体来说，则速度的变化就又是非常小了．

由式(2.5)，二维连续性方程可表示为：

$$\frac{\partial}{\partial x}[\rho(u_0+u)]+\frac{\partial}{\partial y}\rho v=0.$$

由于$q^2=(u_0+u)^2+v^2$，故在一阶近似中，扰动速度主要由u的扰动给出，因而用式(3.35)可将连续性方程的一级近似式写成

$$(1-M^2)\frac{\partial u}{\partial x}+\frac{\partial v}{\partial y}=0. \tag{3.36}$$

这就是**气体动力方程**的简化形式. 如果速度是低亚声速的，则微小的速度扰动也只能引起微小的M数扰动. 于是在式(3.36)内，可以用$M_0=u_0/c_0$(c_0是流速为u_0时的声速)来代替M，得到线性的气体动力方程

$$(1-M_0^2)\frac{\partial u}{\partial x}+\frac{\partial v}{\partial y}=0. \tag{3.37}$$

上式也可以用于超声速流动. 如果M_0很接近于1，则在$M_0<1$时，也能在一个超速区($u>0$)里产生超声速，因而在式(3.36)中$(1-M^2)$的系数就变号. 反过来说，在来流速度稍微超过声速($M_0>1$)的情况下，也可能产生气流的阻滞. 在这种同时有亚声速和超声速区存在的所谓**近声速区**(**或跨声速区**)里，式(3.36)就不能用式(3.37)代替了.

来流为亚声速，而物体表面上最大速度处的M数刚好达到$M=1$时，那时的来流马赫数M_0称为**下临界马赫数**. 来流为超声速，而物体头部的最小马赫数刚好达到$M=1$时的来流马赫数M_0称为**上临界马赫数**. M数在上、下临界马赫数之间的区域是跨声速区，在这个区域里一般是不可能做到非线性化的.

设φ为扰动速度势(参照**2.3.7**)，则

$$u=\frac{\partial\varphi}{\partial x},\quad v=\frac{\partial\varphi}{\partial y},$$

代入式(3.37)，得

$$(1-M_0^2)\frac{\partial^2\varphi}{\partial x^2}+\frac{\partial^2\varphi}{\partial y^2}=0. \tag{3.38}$$

从这个微分方程里，可以很清楚地看出亚声速流和超声速流的区别. 当速度穿越声速时，$d^2\varphi/dx^2$前的系数穿越零值. 若来流为亚声速，此微分方程的类型与不可压缩无旋流动的微分方程一样(椭圆型). 若来流为超声速，此微分方程的类型与弦振动方程一样(双

曲型). 对 $M_0>1$ 的情况来说, 只要 $\bar{\alpha}$ 是可以确定的, 则任何一个变量为 $(y\pm x\tan\bar{\alpha})$ 的连续且二阶可微函数 F 都是方程 (3.38) 的解. 这时,

$$\frac{\partial^2\varphi}{\partial x^2}=F''\tan^2\bar{\alpha},\ \frac{\partial^2\varphi}{\partial y^2}=F'';$$

为了满足方程(3.38), 必须令

$$(M_0^2-1)\tan^2\bar{\alpha}=1,$$

也即,

$$\tan\bar{\alpha}=\pm\frac{1}{\sqrt{M_0^2-1}}.$$

由此得出

$$\sin\bar{\alpha}=\frac{\tan\bar{\alpha}}{\sqrt{1+\tan^2\bar{\alpha}}}=\pm\frac{1}{M_0}.$$

这个解所代表的是任意形状的波, 这些波的直线波前 ($y=\pm x\tan\bar{\alpha}+$常数) 都以马赫角 $\bar{\alpha}$ 倾斜于 x 轴 (流线的平均方向) 的两侧; 这样, 我们就得到与 **3.2** 中简化讨论所得出的同样结论.

现在我们回过来讨论亚声速流动的情况, 这时我们可以得到以下形式的特征解: 我们将所考虑的流动(可压缩)与相应的(两者的密度 ρ_0 及未受扰动的速度 u_0 都相同)不可压缩流动相比较. 令不可压缩流动的坐标系为 X 和 Y, 扰动速度为 U 和 V, 而其相应的速度势为 Φ. 根据方程(2.28), Φ 应满足方程

$$\frac{\partial^2\Phi}{\partial X^2}+\frac{\partial^2\Phi}{\partial Y^2}=0. \tag{3.39}$$

如果使这两种流动的 ϕ 及 Φ 在对应点成比例, 即

$$\varphi(x,\ y)=a\Phi(X,\ Y), \tag{3.40}$$

这两种流动就可以联系起来; 式中 a 是比例因子, 借助于它, 在某些情况下 (可压缩流动的) 速度势 φ 与不可压缩流动的速度势 Φ 的值, 就可以互相变换了. 速度 u, v (假设都很小)还要受到由于式(3.41)而造成的另一种改变; 扰动物体的微小横向尺寸(在一阶近似下只取决于 v/u_0) 以及迎角(如果有的话)也是如此.

为了使 φ 及 Φ 同时分别满足方程(3.38)及(3.39), x 与 X 以及 y 与 Y 的相应值之间必须具有**不同的**比值. 如果我们令

$$\frac{Y}{y}=\beta\frac{X}{x},$$

适当地选择 β,就可以使两速度势满足式(3.40). 为了简单起见,我们就令 $X=x$, 因而就得到

$$Y=\beta y. \tag{3.41}$$

利用式(3.40)和(3.41)我们可以将方程(3.38)写成如下的形式:

$$a\frac{\partial^2\Phi}{\partial X^2}(1-M_0^2)+a\beta^2\frac{\partial^2\Phi}{\partial Y^2}=0. \tag{3.42}$$

如果令

$$\beta=\sqrt{1-M_0^2}. \tag{3.43}$$

这个方程就与式(3.39)完全相同.

因子 a 暂时还是任意的数值. 由于 β 总是小于1,由式(3.41)可见,可压缩流动的速度场或压力场的横向(y 向)范围要比不可压缩流动(Y 向)来得大.

流线对 x 轴之倾角 δ 由下式给出:

$$\tan\delta=\frac{v}{u_0+u},$$

在我们的近似计算中,可用

$$\tan\delta\approx\frac{v}{u_0}=\frac{1}{u_0}\frac{\partial\varphi}{\partial y}$$

来代替. 相应地,对于作对比的流场有

$$\tan\Delta=\frac{V}{u_0}=\frac{1}{u_0}\frac{\partial\Phi}{\partial Y}.$$

如果这两种流动(可压与不可压)是由同一个物体(譬如图3.37中所示的物体)所引起的, 则在边界流线(物体表面)的对应点上我们必有 $\tan\delta=\tan\Delta$, 即当 $X=x$ 时 $\partial\varphi/\partial y=\partial\Phi/\partial Y$, 或者, 由式(3.40)及(3.41),我们有 $a\beta=1$, 也就是

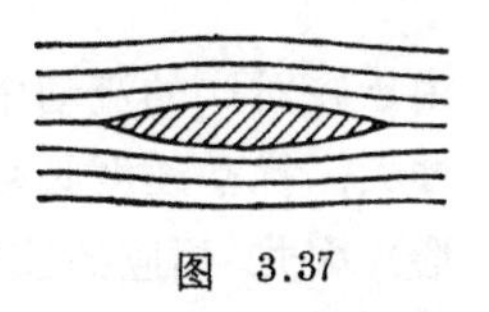

图 3.37

$$a=\frac{1}{\beta}=\frac{1}{\sqrt{1-M_0^2}}. \tag{3.44}$$

为了比较这两种流动中的压力分布，我们只要比较在 x 方向的压力梯度就够了．由于 x 方向的尺度没有改变，在这两种流动中的压力差之比与它们的梯度之比相同．从本章开始时所列的一般柏努利方程可以得出它的一级近似式：

$$dp = p - p_0 = -\rho_0 u_0 u. \tag{3.45}$$

从上式可见，扰动压力与马赫数无关，但随扰动速度 u 而成比例地变化；由此可得结论：在一级近似情况下，绕同一(两头尖的)物体流动，可压缩流的压力差比不可压缩流的压力差大 $1/\sqrt{1-M_0^2}$ 倍．这个关系已为实验所证实，并且对于在小迎角下的薄翼也是近似正确的，只要翼面上任何部分的速度都低于声速(见下面)．这样，由于压缩性影响的结果，举力也按式(3.44)的倍数而增大(普朗特法则)．

关于式(3.40)中的 a，我们可以提出这样的问题：为了使可压缩流动中的压力差和不可压缩流动中的压力差相同，物体应具有什么样的形状？这个问题在对应的不可压缩流动中物体上的压力分布达到边界层要分离的临界情形下显然是重要的．显然，这时必须取 a 等于 1．但是，这时 $\tan\delta=\beta\tan\Delta$，这就是说，$u_0$ 愈接近于声速，如果要避免边界层的分离，可压缩流中的物体就必须做得愈薄．这是与实验结果很为符合的．

下面举出根据这种理论计算的一个简易的例子．流体以平均速度 u_0 流过一微呈波形的边界：

$$y_1 = a\sin\mu x,$$

式中 $\mu=2\pi/\lambda$，λ 为波长．由于 $v_0/u_0=dy_1/dx$，在 $y=0$ 邻近我们有

$$v_0 = u_0 a\mu\cos\mu x.$$

由于在对比的流动中，在 $Y=0$ 处 $V_0=v_0$；又由于随着 Y 的无限增大，扰动速度必须趋近于零(参看 **2.3.13** 中流体表面波的情形)，因此，相应的速度势是

$$\Phi = -u_0 a\cos\mu X e^{-\mu Y}.$$

在可压缩流动中，对应于这个速度势的速度势是

$$\varphi=-A\cos\mu x e^{-\mu y\sqrt{1-M_0^2}},\tag{3.46}$$

这个表达式在 $y=0$ 处给出

$$v_0=\frac{\partial\varphi}{\partial y}=A\mu\sqrt{1-M_0^2}\cos\mu x.$$

与上面的 v_0 的表达式相比较，我们得

$$A=\frac{u_0 a}{\sqrt{1-M_0^2}},$$

这与式(3.44)相一致. 图 3.38 示出了不可压缩流动；图 3.39 为 $u_0=0.9c_0$ 时的流动. 对应于 $u_0=1.25c_0(\sin\alpha=0.8)$ 的流动表示在图 3.40 中，此流动的速度势公式(参看 **3.10**)是

$$\varphi=\frac{u_0 a}{\sqrt{M_0^2-1}}\sin\mu\{x-y\sqrt{M_0^2-1}\}.\tag{3.47}$$

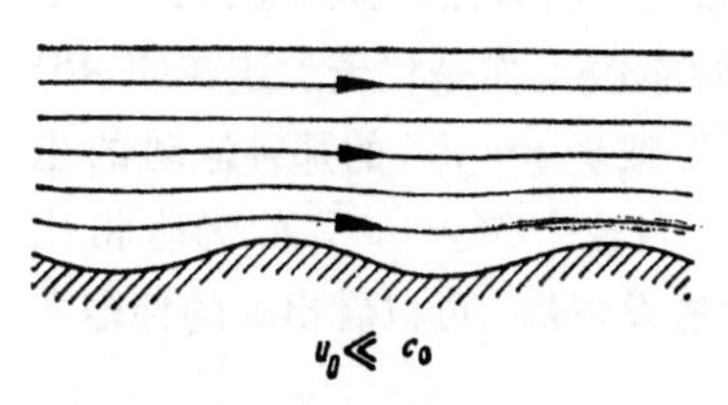

图 3.38 $u_0\ll c_0$ 时的流动

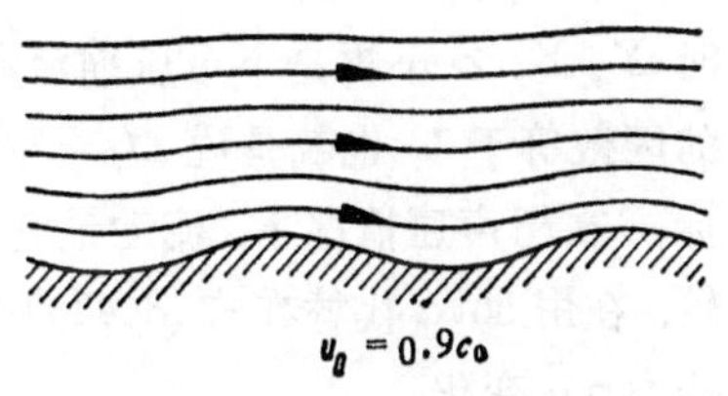

图 3.39 $u_0=0.9c_0$ 时的流动

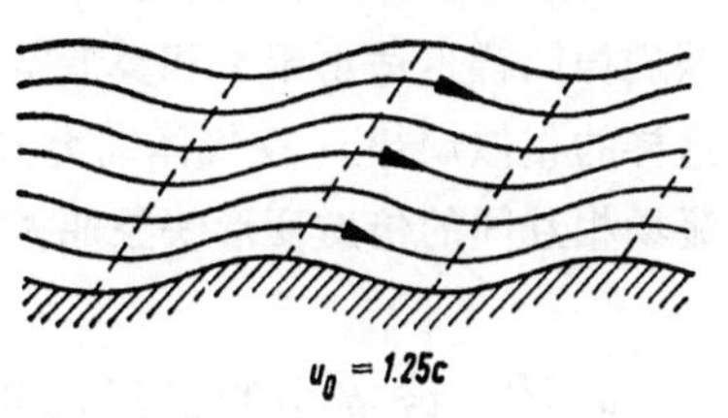

图 3.40 $u_0=1.25c_0$ 时的流动

这里，为简单起见，上面所给出的近似理论是仅就二维流动陈述的. 在三维流动的情形下，也可用同样的方法把它写下来. 这时，流动区域中垂直于主流 u_0 的各横向 (yz 平面中) 空间尺度必须按照上面对 y 方向的做法来处理，以便从不可压缩流体过渡到可压缩流体. 我们也可以让横向尺寸不变而将长度缩短为原来的 $\sqrt{1-M_0^2}$ 倍[3.21] (这个方法相应于相对论中常用的方法，那里在研究同一物体的真正缩短时，自然用到了这个方法). 机翼的厚度及迎角可以用与处理翼展相同的方法来处理（因而整个形状就是原来形状的仿射变换). 这个方法是格台特[3.22]

建议的. 这时,我们得

$$\tan\delta=\frac{\tan\Delta}{\sqrt{1-M_0^2}},$$

因此

$$a=\frac{1}{\sqrt{1-M_0^2}}.$$

然而，在这种线性化理论中，看来用格台特方法来处理翼展后掠等而用前面讨论的法则来独立地确定机翼厚度与迎角同样是可行的.

如果把式(3.43)中的因数β用因数

$$\sqrt{M_0^2-1}=\cot\bar{\alpha} \tag{3.48}$$

来代替,则这种模拟法同样可以在超声速范围内应用. 式中$\bar{\alpha}$[参看式(3.6)]是来流的马赫角,因而这个因数是有直观意义的. 这时X, Y, Z不再是不可压缩流动的坐标,而是代表上述式(3.48)的因数等于1,也就是说$M_0=\sqrt{2}$或者$\bar{\alpha}=45^\circ$的那种流动的坐标. 在超声速情况下,流动最宜于与这个$M_0=\sqrt{2}$的流动相比较;在用$\cot\bar{\alpha}$代替在式(3.41)中的β以后,可以看出y的伸缩系按$\tan\bar{\alpha}$变化.

随着M_0的大于或小于$\sqrt{2}$，y就大于或小于Y. 这样的伸缩规律同样也适用于z和翼展等. 在亚声速和超声速之间不存在这样的相似规律. 在气体动力方程的线性化范围内,不同马赫数流场相互间的仿射变形映象叫做**普朗特-葛劳渥相似律**.

3.10. 绕翼型的二维超声速流动。空气动力系数

如果物体前端是足够尖的，则速度大于声速的气流可用**3.8**的方法作进一步研究[3.23]. 这时，撇开物体前面激波中的微小损失,物体表面的任一面元上的压力,完全由该面元的斜率和来流速度所决定. 如果翼型是透镜状的，如图3.41所示，则流动从前面的斜激波(**头波**)开始，通过斜激波压力跃增. 物体表面的凸曲率引起一系列膨胀波,结果使气流的超压逐渐降低,而进入物体后部

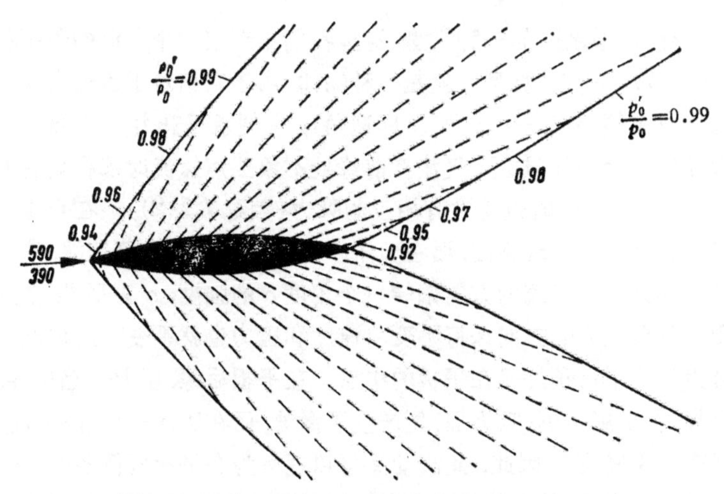

图 3.41　尖物体的超声速绕流；图中 p_0 代表产生气流所需的总压，p_0' 是减去激波中损失的总压.

的减压区域. 在后缘处，由物体两侧流过来的不同方向的气流发生交汇，引起另一个激波(尾波). 尾波后的压力又近似地恢复到未受扰动时的压力. 那些膨胀波互相发散地传播开来. 从物体前部发出的膨胀波与头波相交，从物体后部发出的与尾波相交，因而逐渐减小这些激波的强度. 这种理论图案已完全为纹影照片所证实（见图 3.42).

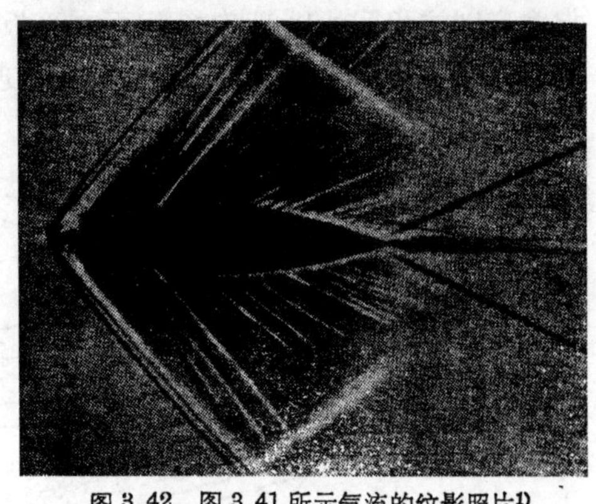

图 3.42　图 3.41 所示气流的纹影照片[1)]

1) 在拍摄这张照片时，刀片摆得与本书中其他纹影照片的情况相反（倒过来放置)，因而这里光亮代表在水平方向的密度的增加，而黑暗代表密度的减小.（可以清楚地看出，由于摩擦而引起的边界层的加热使得前面呈黑暗，而后面呈光亮.）此流动(由贮有压缩空气的气罐流入自由空气)的照片是在稍嫌低的压力下拍摄的，因此照片上出现由喷管边缘所引起的两条斜的白带(激波)，在白带之后照片与理论图案在数量上就不同了.

作为“翼型”的一种类型，这里我们来考察一个光滑的薄平板(图 3.43)；所谓“翼型”，就是一种物体，由于它相对于运动方向或来流方向倾斜成一个小角度(即迎角)，它便承受升力．气流在平板的前缘处分开(这里，气流在前缘处不象亚声速流时那样具有无限大的速度，同时也就没有相应的吸力(参看 **7.1.2**))．在正压一侧(压力面)将出现激波，而在负压一侧(吸力面)则有膨胀波；这两种波都具有使气流的方向偏转一个角度 α 的强度，α 为平板的迎角．只要气流的方向保持不变，速度和压力也就不变．所以这里合力的作用点正好就在平板的中点．在平板后缘，压力应趋相等，这样，在负压一侧(吸力面)便产生了激波，而在正压一侧(压力面)则产生膨胀波．因此，此流动又可以理解为在平板两侧各产生一个激波的流动，并在板后形成尾迹．对于小迎角而言，合力近乎与迎角成正比，并且，如果没有摩擦的话，合力恰与平板相垂直．升力来自向板两侧传播的两波所引起的动量改变．这里由于膨胀波与激波在离板某一定距离处相交，故其横向速度(相对于板)减小，但宽度则按相同的比例增加，因而在平板下游，在任一垂直于流动方向的截面中升力继续以动量的形式出现．

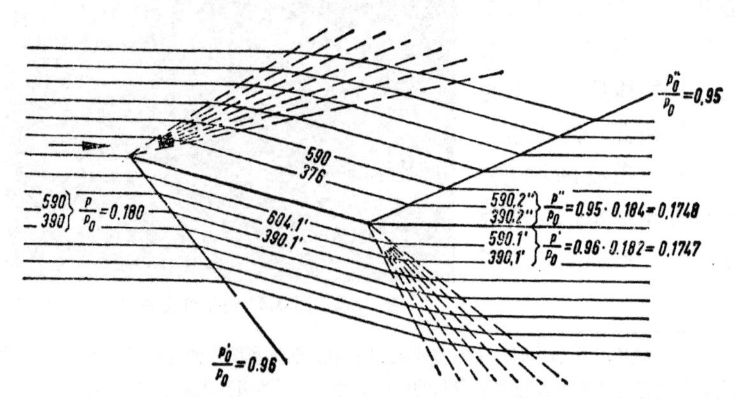

图 3.43　倾斜平板的超声速绕流(图中的数字为布泽曼的流场数据)

人们发现，前后两端尖的薄板[可能在负压一侧(上翼面)有点上凸]作为超声速翼面是最适宜的；厚前缘的低速普通翼型由于阻力很大，在超声速时不宜采用．与中等速度范围的情况不同，此时的 D/L 最佳值决不会小于 $\tan\alpha$.

为了得到如图 3.41 和 3.43 所示那样的超声速流动情形下的机翼压力分布的近似公式，我们可以应用微分方程(3.38)．正如那里所说的，任意的一速度势 $\varphi=F(x-y\cot\bar{\alpha})$ 都能给出对主流 u_0 的可能扰动．此处，$\bar{\alpha}$ 是来流的马赫角，可用式(3.48)来求出．如果用 F' 表示速度势对自变数 $(x-y\cot\bar{\alpha})$ 的微分，则可以得到扰动速度分量 $u=\partial\varphi/\partial x=F'$，和 $v=\partial\varphi/\partial y=-F'\cot\bar{\alpha}$ 或者

$$u=-\frac{v}{\cot\bar{\alpha}}. \tag{3.49}$$

象前面提到过的，气流折转角基本上可由 $\tan\delta=v/u_0$ 给出，而压力差按式(3.45)，系与 u 成正比，从而可以得到

$$c_p=\frac{p-p_0}{\frac{\rho_0u_0^2}{2}}=2\tan\delta\cdot\tan\bar{\alpha}. \tag{3.50}$$

从上式可以看出，如果机翼面元具有正折角，则可得超压；如具有负折角，则得减压．对于象图 3.41 那样的透镜状翼剖面，它的压力分布如图 3.44 所示．

从该图还可以看到，在无摩擦的超声速流动中，机翼具有阻力．

我们一般常引用**力的系数**来代替阻力(顺气流方向的力)和升力(垂直于气流方向和机翼翼展方向的力)．这些力的系数必须与所研究物体的绝对尺寸无关，也与空气密度 ρ_0、和飞行速度 u_0 无关．这样，就可以把在不同速度和不同密度下所测得的小模型实验结果，推广应用到大的实物上去．自然，测量必须在同一马赫数和如下节就要讲到的，在尽可能相同的雷诺数情形下进行；只有这样，推广应用才是可允许的．因此，这些系数就只与那些最重要的参数，如迎角、马赫数等有关．

为了得到无量纲系数，必须用压力和面积的乘积去除气动力．我们通常选择“动压” $\rho_0u_0^2/2$ 作为这个压力，虽然这个量只在不可

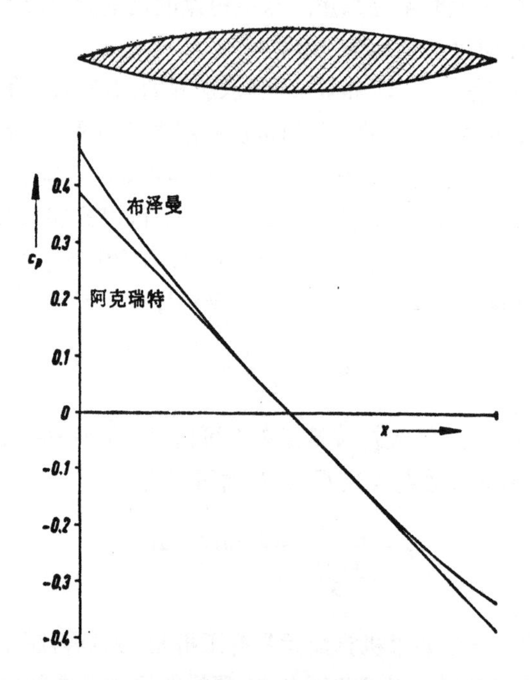

图 3.44 图 3.41 所示的翼剖面的压力分布(按阿克瑞特)
和布泽曼精确理论的比较

压缩流动中才具有驻点处压力增升(可直接测出)的意义. 在较高马赫数时, 动压的意义可以理解为: $\rho_0u_0^2/2$ 是来流动量的一半, 与头波中的压力增升密切相关. 对于选择参考面积 A, 因为考虑到升力的实际重要性, 我们常常取机翼的最大投影面积; 例如对于矩形翼, 就选取翼展和翼弦的乘积作为 A. 对炮弹则应选用弹身的最大截面积作为参考面积, 因为这时阻力成为有主要意义的了. 不过对物体的各气动力来说, 应当选用同一个参考面积, 以使升力 L 对阻力 D 的比值能等于**升力系数** c_L 对**阻力系数** c_D 的比值. c_L/c_D 叫做**升阻比**. 因此得

$$L=c_L\cdot A\cdot\frac{\rho_0u_0^2}{2};\quad D=c_D\cdot A\cdot\frac{\rho_0u_0^2}{2}. \tag{3.51}$$

用同样方法, 我们可以得出沿翼弦的力和垂直于翼弦的力的系数

c_t(切向力系数)和 c_n(法向力系数), 参看 **7.1.2**. 在二维流动问题里, 机翼翼展应是无限长, 因而 L, D, A 等也都是无限大. 所以在二维流动问题中, 这些系数都是相对于单位宽度而言的.

除了力以外, 力矩也是很重要的. 为了得到**力矩系数** c_m, 除必须给出转轴所在的位置和方向外, 还要有一个长度作为除数. 这个长度, 一般都选用翼弦 c.

在超声速气流里, 作用在斜放平板(即有迎角时, 见图 3.43)上、下表面的压力是常值. 上表面为减压(吸力), 下表面为超压. 如果我们取 c_L 为单位宽度平板的升力系数, 则可按式(3.50)求得平板的受压面和吸力面对 c_L 的贡献. 如用迎角 α 代替式中的气流角 δ, 则可得

$$c_L = 4\tan\alpha\cdot\tan\bar{\alpha} = \frac{4\alpha}{\sqrt{M_0^2-1}}. \tag{3.52}$$

由于在 $M_0>1$ 的情形下切向力为零, 阻力系数应是

$$c_D = c_L\tan\alpha = \frac{4\alpha^2}{\sqrt{M_0^2-1}}. \tag{3.53}$$

这两个公式是由阿克瑞特第一次给出的, 见[3.24]. 对此, 布泽曼和瓦尔施纳又给出了一个更严格一些的表达式, 见 [3.25]. 同线性方程(3.38)一样, 本节所得的近似公式只能适用到物体位于远离从它头部发出的马赫楔面之内的马赫数范围内. 可是不论物体怎样细长, 总会有一个飞行速度, 到那时它的头波将会很贴近翼面上, 并因而引起强烈扰动. 在许多问题里会出现这种情况, 例如在人造卫星中. 设声速是 $c=300$ 米/秒(相当于平流层内温度为 -50°C 的情况), 若一个流星进入大气层时的速度是 30 公里/秒, 它的马赫数 $M=100$; 一个可以飞出地球引力圈的火箭的速度是 11.2 公里/秒, 它的 $M=37$; 一个人造卫星环绕地球的速度是 7.8 公里/秒, 它的 $M=26$. 而在最后一个情况中, 马赫角 $\bar{\alpha}$ 只稍大于 2°!

现在我们只讨论环绕楔形物体的流动, 并且只限于来流马赫角等于或稍大于楔体半开角的情况, 这是"高超声速流动". 头波

很贴近物体(图 3.45)．这种情况下速度几乎没有受到扰动．这是因为激波沿波面方向的分量是不变的，所以在波面上速度的切向分量也必须近于不变；而这在这类小激波角β的情况下，也就是速度分量几乎等于速度的本身大小．相反地，与热有关的各种状态量则变化很大；这对于所有高马赫数流动是一个特征性的标记，这时，气流因受到物体的突然排挤而相应地密集压缩起来．

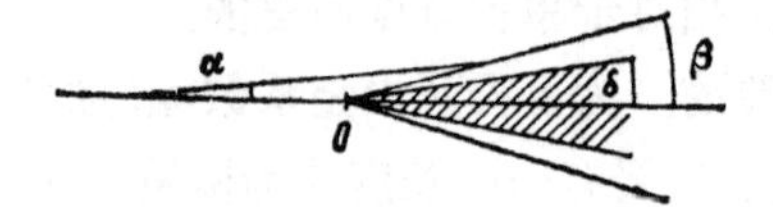

图 3.45　高超声速绕楔形体的流动

在无冲击的情况下，原来在 $y=x\tan\beta$ 和 $y=0$ 之间的空气，现在突然要被压缩到位于 $x(\tan\beta-\tan\delta)$ 的空间里去．因为角度很小，角的正切值可以用角度代替，所以增大了的密度 ρ 可以用下式表达：

$$\rho_0\beta=\rho(\beta-\delta). \tag{3.54}$$

由动量方程可以得出压力 p．由于 p 要比 p_0 大得多，它可以用在 y 方向产生的动量求得．所以 $p\cdot x$ 等于向下流的质量 $q\cdot\rho\cdot(\beta-\delta)\cdot x=\rho_0q_0\beta x$ 乘以 y 方向的速度分量 $q\cdot\delta=q_0\cdot\delta$．因而得

$$p=\rho_0q_0^2\beta\delta \tag{3.55}$$

或者，用式(3.54)把β代去，得

$$\frac{p}{\frac{\rho_0q_0^2}{2}}=\frac{2\delta^2}{1-\frac{\rho_0}{\rho}}. \tag{3.56}$$

在空气比热为常值的情形下，ρ/ρ_0 达到最大值，它等于 $(\gamma+1)/(\gamma-1)=6$，由于气体分解还能升到差不多这个值的两倍，所以在很大速度时，$1-(\rho_0/\rho)$的值就近于1．忽略 ρ_0/ρ，则式(3.56)就相当于**牛顿阻力理论**的结果．用这个理论可以得出高超声速情况下有关任意翼型的一些颇为有用的近似公式．

在高超声速范围内，超压是同 δ^2 成正比的；这与它在中等超声速范围的情况不同[式(3.50)]．由于这时动压很高，所以压力很大．如把马赫数引入式(3.56)并应用式(3.4)，则得出

$$\frac{p}{p_0}=\frac{\gamma M_0^2\delta^2}{1-(\rho_0/\rho)}. \tag{3.57}$$

如果 $\bar{\alpha}^2\ll\delta^2$，则 $M^2\delta^2$ 是个很大的数值，因而 p/p_0 的值也很大．在高超声速气流中有迎角的平板所受的气动力主要确定于压力面，因为作用在吸力面上最多不过是真空，不会有更强的吸力．这时升力与迎角的平方成正比，可是升阻比 c_L/c_D 仍和一般的超声速时相同．

很容易证明，物体上的马赫数很大．假设气体不发生分解，则

$$\frac{T}{T_0}=\frac{p}{p_0}\cdot\frac{\rho_0}{\rho}=\frac{\gamma M_0^2\delta^2}{\frac{\rho}{\rho_0}-1}, \tag{3.58}$$

应用式(3.4)，并由于 $q=q_0$，得表示物体上马赫数的公式：

$$\frac{1}{M^2}=\frac{\gamma\delta^2}{\frac{\rho}{\rho_0}-1}.$$

上式表明，高超声速扰动只在物体上很狭的角度里传播．如果顺气流方向从机翼上取一个狭条，它几乎不受相邻狭条的影响．因此对于高超声速流动，**狭条理论**是精确可用的，即每个狭条可以单独作为二维问题处理．用这个理论甚至可以得出旋转体也与一个单独机翼性能差不多的推论．不过，即使是流过(二维)机翼，计算的困难还是很多；因为这时流动已不再是无旋的，并且在激波与物体之间的狭窄区域里粘性层(参见 **5.8**)起着很大作用．

最后还要提一下离物体较远处激波的衰减问题．对此用一个有迎角的平板(图3.43下表面)或者一个头部呈楔形的平板比较容易说清，它们的流动过程总的来说是很相似的．我们早就证实过，弱激波的倾角可取它前后马赫波角的平均值．如果我们把头

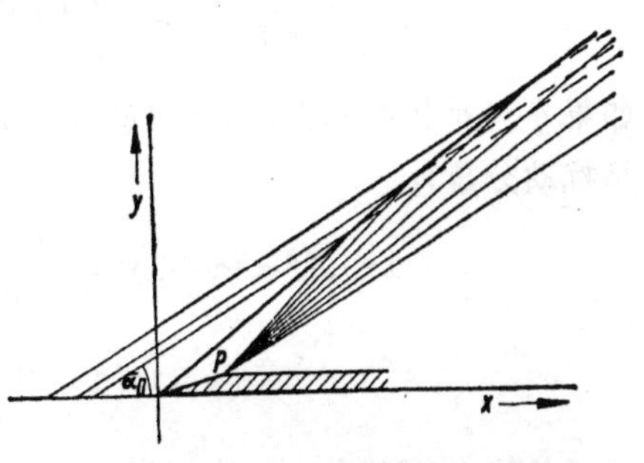

图 3.46　头部呈楔形的平板上的头波

波前的平行马赫波在激波后用虚线延长(参阅图3.46)，则可以看到按照上述法则，激波曲线象一面镜子似的将平行的马赫线反射到聚于一点 P 上．这就表明激波曲线原来是个抛物线！这意味着，激波的倾角，从而激波的强度，是沿着从 P 用 $\bar{\alpha}_0$ 射出的马赫线的方向，以 $1/\sqrt{y}$ 在减小；而激波与这些直线之间距离的加大是正比于 $\sqrt{y}$ 的．所以尽管头波的斜率逐渐趋向 $\tan\bar{\alpha}_0$，但头波却没有渐近线．

3.11．不同马赫数时，翼型上的速度分布

上面的讨论使我们有可能在整个来流马赫数范围内，全面地看一下压力和速度的分布．由于速度与局部马赫数的关系更密切，我们常常选速度分布来讨论．

一个前缘为驻点，最大速度在最大厚度附近而尾缘又是第二个驻点区的翼型，在不可压缩流动情况下，其速度分布 u_0+u_i 首先是按普朗特法则变化的，即所有扰动速度 u 与 $1/\beta$ 成比例地增长，见图 3.47(a)．这样的关系一直达到"下临界马赫数"，即翼型表面上的最大速度等于临界速度：

$$u_{\max}=c'-u_0=\frac{1}{\beta}u_{i\,\max}. \tag{3.59}$$

因为 c'/u_0 (见 **3.3** 中的表)和 β 只与 M_0 有关，所以由式(3.59)可以求出下临界马赫数．在能量方程(3.24)里以声速代替温度[用式(3.4)]，可以导出精确关系式：

$$\frac{1}{M^2}-1=\frac{\gamma+1}{2}\left(\frac{c'^2}{q^2}-1\right). \tag{3.60}$$

如果 q 与 c' 相差不大，如近声速 $M\approx1$ 情况，则可以近似地写成(u 是扰动分量)：

$$\begin{aligned}1-M^2&=(\gamma+1)\left(\frac{c'}{u_0+u}-1\right)+\cdots\\&=(\gamma+1)\left(1-\frac{u_0+u}{c'}\right)+\cdots.\end{aligned} \tag{3.61}$$

因而差值 $1-M^2$ 与 $c'-(u_0+u)$ 成正比！

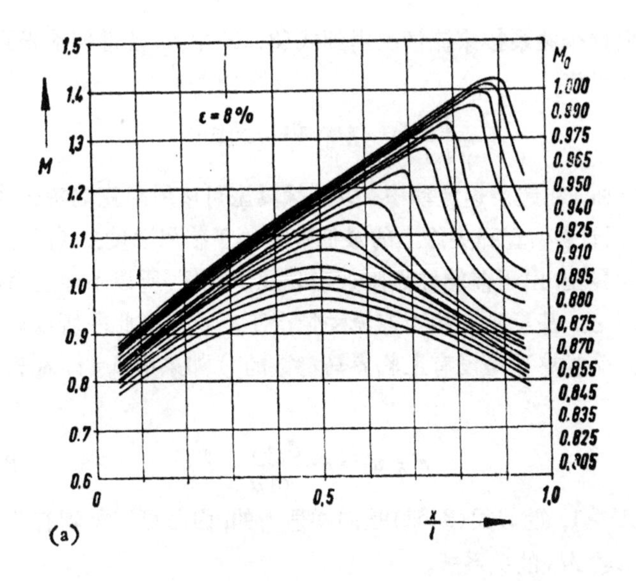

(a)

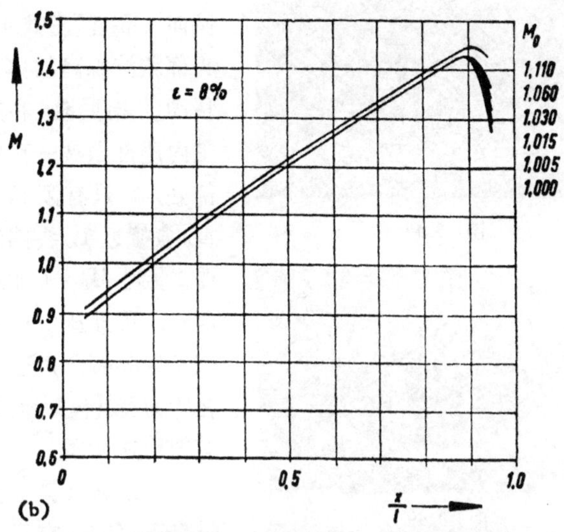

(b)

图 3.47　在近声速时，透镜状翼剖面的当地马赫数分布

(ε=厚度比=翼厚÷翼弦)．(见[3.26])

把这个关系按来流情况用到式(3.59)中去，就近似地得到 M_0 的下临界值：

$$\frac{1}{\gamma+1}(1-M_0^2)^{3/2}=\frac{u_{t\max}}{u_0}. \tag{3.62}$$

另一方面，在超声速流动中，尖前缘翼型可以用阿克瑞特公式[式(3.49)]计算，直到尖缘上的最低速度等于临界速度.（但对于钝前缘的翼型，由于前端驻点附近出现亚声速区，所以不能应用纯超声速理论. 甚至到高超声速流动情况下，也是如此；所以对于这样的钝前缘翼型是没有上临界马赫数的.）如果用 $\delta=v/u_0$ 表示半开角，

$$c'-u_0=-\frac{\delta\cdot u_0}{\cot\alpha}. \tag{3.63}$$

对于 $M>1$，近似式(3.61)是同样适用的；因而可以得到有关上临界马赫数 M_0 的关系式：

$$\frac{1}{\gamma+1}(M_0^2-1)^{3/2}=\delta. \tag{3.64}$$

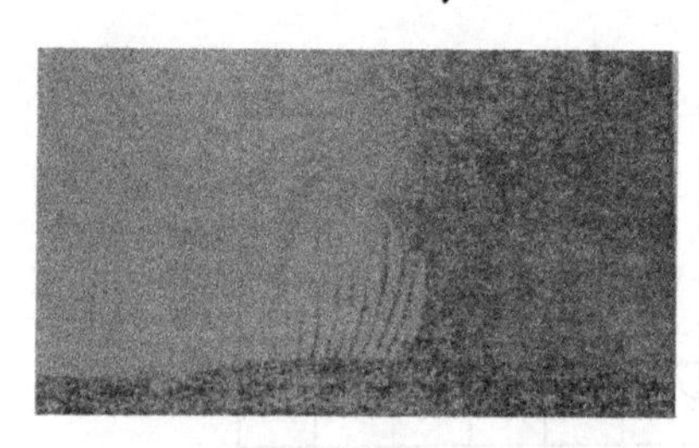

图 3.48

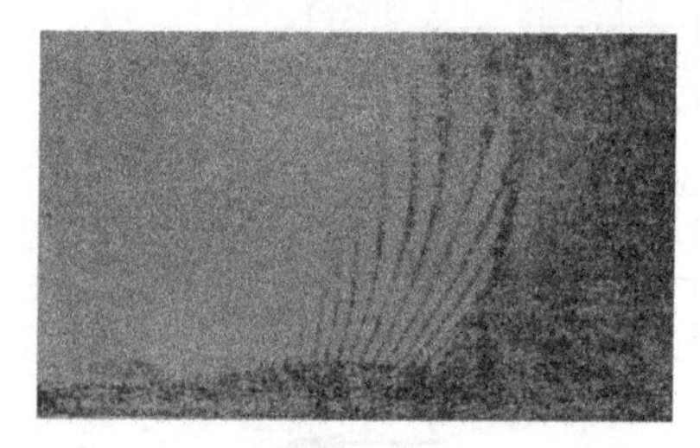

图 3.49

如果从超声速逐渐减小 M_0，使向 1 靠近[图 3.47(b)]，则头部激波脱离物体并向上游移动. 相反地，在超声速范围内尾部激波一直停留在尾部处，它只有倾角的变化. M_0 愈接近 1，头部激波就愈弱，直到 $M_0=1$ 才最后完全消失. 因此压力分布在头部驻点区具有亚声速性质，而在吸力区（包括尾波），则具有超声速性质.

尾部激波甚至在 $M_0<1$ 时也还存在. 在下临界马赫数到 $M_0=1$ 范围内出现的局部超声速区已具有超声速特性(见图

3.48 和 3.49)，随着来流 M 数的增大，它的吸力峰向下游移动，并引起阻力．可是在很接近下临界马赫数时，阻力是非常小的，因为这时压力分布的变化只发生在最大厚度附近，且其量很小，所起的作用也不大．上面就形象地解释了近声速情况下的速度分布和阻力升高的现象；可是要精确地计算它，还有很大困难．

在靠近声速时，物体前部的马赫数分布几乎与 M_0 无关(参看图 3.47)．这是因为当来流只略微超过声速时，头部激波在物体前很远处，而且几乎是垂直的，在波后产生了近乎平行的亚声速流动．因此，在图 3.47 里不论来流是 $M_0=0.90$ 或 $M_0=1.10$，对于翼型的前半部流动都没什么差别．用式(3.45)和(3.61)，可得到压力系数的一级近似式

$$c_p=\frac{p-p_0}{\frac{\rho_0 u_0^2}{2}}=-2\frac{u}{u_0}=-2\left(\frac{u_0+u}{c'}-1+\frac{c'}{u_0}-1\right)$$

$$=-\frac{2}{\gamma+1}(M^2-M_0^2), \tag{3.65}$$

在 $M_0=1$ 时，c_p 随 M_0 的变化是(参看[L6])

$$\left(\frac{dc_p}{dM_0}\right)_{M_0=1}=\frac{4}{\gamma+1}. \tag{3.66}$$

由此可得出阻力随 M_0 的变化．图 3.50 给出了在跨声速时阻力系数的实验结果．既然在整个表面上 c_p 的变化相同，在 M_0 附近区域里，封闭翼型的阻力系数应是常值．不过这只在中等或较大的最大厚度位置情况下才是正确的．当最大厚度位置比较靠前时，在 $M_0>1$ 情形下，翼型尾部所受头部激波弯曲的影响已经很强了．

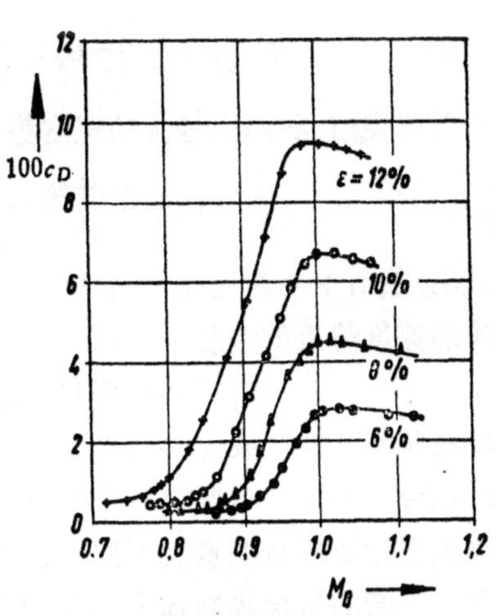

图 3.50　在声速附近透镜式翼剖面的阻力系数

按同样的理由，式 (3.66) 对旋成体或三角翼也都不适用. 在这些情况中，头部激波离物体太近了.

3.12. 跨声速和高超声速相似律

由图 3.47 可以看出，跨声速流动与不可压缩流动和超声速流动都不一样. 可是如果物体相当细长的话，由于流动既不是单独与**厚度比** ε 又不单独与马赫数 M_0 有关，而是与这两个量的某种组合有关系，所以我们可以在某些跨声速流动之间找出相互比较的规律来. 因为这里的分析只与气流倾斜有关，所以凡是有关厚度比的，也都能用到迎角或楔形头部的半开角上去. 为了得出下列关系式，我们需进一步简化式(3.36). 把式(3.61)代到它里面，就可以得到：

$$-(\gamma+1)\left(\frac{u_0+u}{c'}-1\right)\frac{\partial}{\partial x}\left(\frac{u_0+u}{c'}-1\right)$$

$$+\frac{\partial}{\partial y}\left(\frac{v}{c'}\right)=0. \tag{3.67}$$

同以前类似，我们引进扰动速度势 φ，令

$$\varphi_x=\frac{u_0+u}{c'}-1,\ \varphi_y=\frac{v}{c'}, \tag{3.68}$$

这里，相对扰动速度是对临界声速 c' 取的；我们就得到适用于跨声速的速度势近似方程

$$-(\gamma+1)\varphi_x\varphi_{xx}+\varphi_{yy}=0. \tag{3.69}$$

象在 **3.9** 一样，我们再引进一个新速度势 $\Phi=\varphi/a$ 和一个新坐标 $Y=\beta y$. 不过 β 与普朗特因子的意义不同，Φ 和 Y 也与在不可压缩流里相对应量的意义不同. 这里涉及的是一个新的**折合速度势**和一个新的**折合纵坐标** Y. 横坐标则是不变的 $(x=X)$. 这样就得到

$$-(\gamma+1)a\Phi_X\Phi_{XX}+\beta^2\Phi_{YY}=0,$$

和

$$\frac{1}{\varepsilon}\ \frac{v}{c'}=\frac{1}{\varepsilon}\varphi_y=\frac{a\beta}{\varepsilon}\ \Phi_Y.$$

现在我们要求用这个折合速度势 $\Phi(X,Y)$ 来表示一个不随厚度比 ε 和 γ 而改变的，绕仿射变形翼型的流动．因此必须使

$$\beta^2=(\gamma+1)a \quad 和 \quad a\beta=\varepsilon. \tag{3.70}$$

我们从而得到用折合量表示的跨声速气动力方程

$$-\Phi_X\Phi_{XX}+\Phi_{YY}=0. \tag{3.71}$$

对于跨声速来说，物体上的边界条件最好能用 X 轴上的条件来代替，即

$$Y=0\text{ 时},\ \frac{1}{\varepsilon}\frac{v}{c'}=\Phi_Y. \tag{3.72}$$

Φ_Y 是满足了'与 ε 和 γ 无关'这一条件的，因为翼型表面倾斜度 v/c' 是与 ε 成比例，所以式(3.72)的左边对一组仿射变形翼型来说只是 X 的函数．

由式(3.70)可以得出：

$$\beta=(\gamma+1)^{1/3}\varepsilon^{1/3};$$
$$a=(\gamma+1)^{-1/3}\varepsilon^{2/3}. \tag{3.73}$$

因而变形后的纵坐标是：

$$y=(\gamma+1)^{-1/3}\varepsilon^{-1/3}Y. \tag{3.74}$$

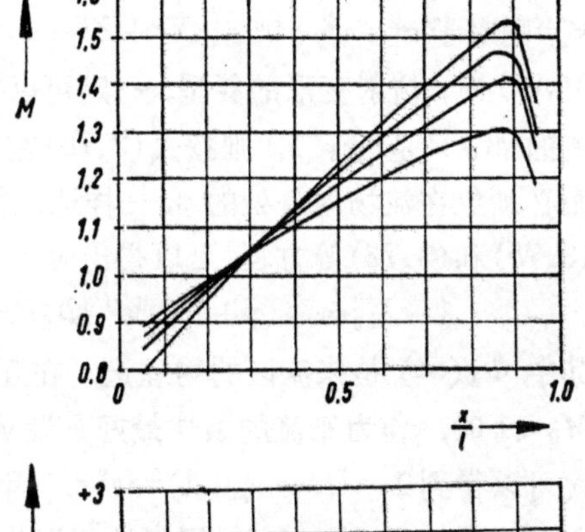

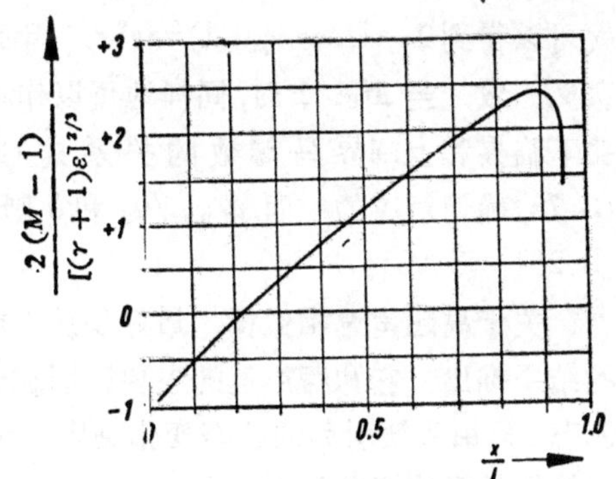

图 3.51 跨声速相似律的应用(见[3.26])．(用于透镜式翼型，其厚度比 ε 与图 3.50 相同.)

对于空间(三维)流动来说，同样的关系式可以用于 z 方向和翼展．

所以在仿射变换中，纵坐标是随着 $1/\sqrt[3]{\varepsilon}$ 而变化的；这里 ε 既可以是迎角，也可以是厚度比．联系到式(3.40)，则由于

$$-\frac{c_p}{2}=\frac{u_0+u}{c'}-1=\varphi_x=(\gamma+1)^{-1/3}\varepsilon^{2/3}\cdot\Phi_X, \tag{3.75}$$

可见扰动速度 u、还有总扰动速度或者是 $M_0=1$ 时的压力系数，都是随迎角或厚度比的 2/3 次方而变化的(参阅图 3.51).

这里要注意，由于在式(3.71)和边界条件式(3.72)中不再含有小量级的因子，所以一般情况下 Φ 和它对 X 和 Y 的导数都是1的量级. 按照式(3.75)，跨声速流动时的压力扰动比不可压缩流时要大些.（根据普朗特法则，这也是必然的结果.）

到此为止，我们还没讨论过来流区的条件. 如果来流是声速流，则对于 $x^2+y^2\to\infty$ 或 $X^2+Y^2\to\infty$ 来说，$\varphi_x=\Phi_X=0$. 因而当 $M_0=1$ 时，仿射变形的翼型，一定可以彼此互相比较. 可是如果来流的 M_0 只是近于1，则按式(3.75)在外界空间的远处 $\varphi_x\neq 0$，因而必须象在流场内各处的 φ_x 一样地进行转换. 从(3.61)、(3.68)、(3.75)和(3.73)等方程，可以得出表示 M_0 的式子

$$1-M_0^2=-(\gamma+1)^{2/3}\varepsilon^{2/3}\Phi_X(\infty)=-\beta^2\Phi_X(\infty), \quad (3.76)$$

其中 $\Phi_X(\infty)$ 是来流区的物理量，在互比中必须是同一值. 当 $M_0<1$ 时，作为来流的条件最好是设 $\Phi_X(\infty)=1$，因为这样我们就可以得到 $1-M_0^2=(\gamma+1)^{2/3}\varepsilon^{2/3}$，因而 β 就与它在线化区内的意义一致. 当 $M_0>1$ 时，同样地可以作相对应的假设. 要注意有关下临界和上临界马赫数的关系式(3.62)和(3.64)是与式(3.76)确切对应的；而 $u_{t\,\max}/u_0$ 和 δ 则与 ε 成比例，见[3.27]，[3.28]，[3.29].

关于**高超声速相似律**，最好是从以前得到过的绕楔形体流动的结果推出. 它和跨声速的主要区别在于它在头波和物体之间的流态，只由头波引起的状态变化决定. 在这方面有个简单而精确的绕细长楔体流动的例子.

设某观察者沿着激波波前用气流的切向速度行进，则他所看到的头波是垂直正激波，但他却看不出热力学特性，如 ρ, p, T 等的变化. 因为这里没有特征长度，这就说明波面的状态变化 ρ/ρ_0, p/p_0, T/T_0 只能与 M 数垂直于波面的法向分量（即 $M_0\sin\beta$，其中 β 是波面倾角）有关. 如果按式(3.6)用来流马赫角 $\bar{\alpha}_0$ 代替 M_0，另外，假设角度都很小，正弦函数可用角度代替，则可以得出

$$\frac{\rho}{\rho_0}=f\left(\frac{\beta}{\alpha_0}\right). \tag{3.77}$$

上述看法与气体特性毫无关系. 但是,由式(3.54)又得

$$\frac{\beta}{\alpha_0}\left[1-\frac{1}{f\left(\frac{\beta}{\alpha_0}\right)}\right]=\frac{\delta}{\alpha_0},$$

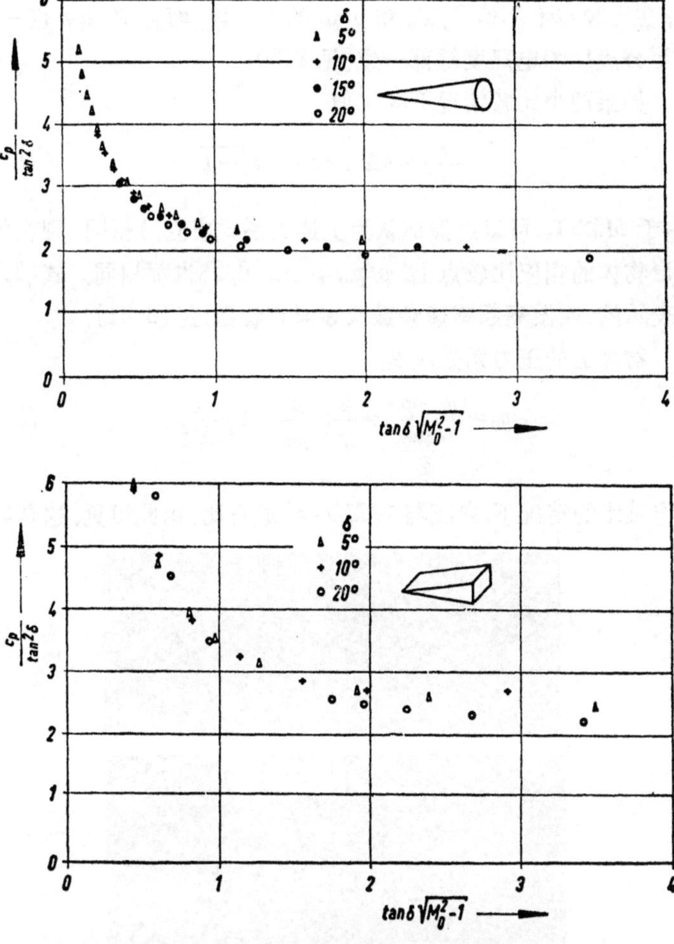

图 3.52　用相似参数表示的高超声速绕楔形和锥形物体流动的压力系数(精确理论, δ: 半开角)

这就是说，$\beta/\bar{\alpha}_0$ 或 ρ/ρ_0, p/p_0 等，只与 $\delta/\bar{\alpha}_0$ 有关. 如果随着马赫角的改变，也改变物体外形，并保持物体厚度同来流马赫角一样地变化，则在高超声速范围内，物体相应点上的密度比、压力比和温度比都是一样大小（见图 3.52）；这不但对楔形物体，而且对一般形状物体也都适用. 为了使气体特性不变，我们对所有气体（包括非等比热的理想气体）只须假设它们的来流情况都相同就行. 这样，在比较点上不但 T/T_0 和 p/p_0 的值一致，而且 T 和 p 也一致，甚至分离度和电离度等都一致[见 3.30].

如果两个比较情况下的比值

$$\frac{\varepsilon}{\bar{\alpha}_0}=\varepsilon M_0=\varepsilon\sqrt{M_0^2-1} \tag{3.78}$$

（由于 $M_0^2\gg1$，可以近似地认为上述关系式成立.）相同，则在仿射变形物体的相应比较点上，p/p_0, ρ/ρ_0, T/T_0也都相同. 式(3.78)所表示的，叫做**高超声速参数**或**钱学森参数**，见[3.31].

物体上的压力系数应是：

$$c_p=\frac{p-p_0}{\frac{\rho_0u_0^2}{2}}=\frac{2}{\gamma}\left(\frac{p}{p_0}-1\right)\frac{1}{M_0^2}. \tag{3.79}$$

在作对比的情况下，它应与 $1/M_0^2\sim\varepsilon^2$ 成正比. 由此可见，这是与普

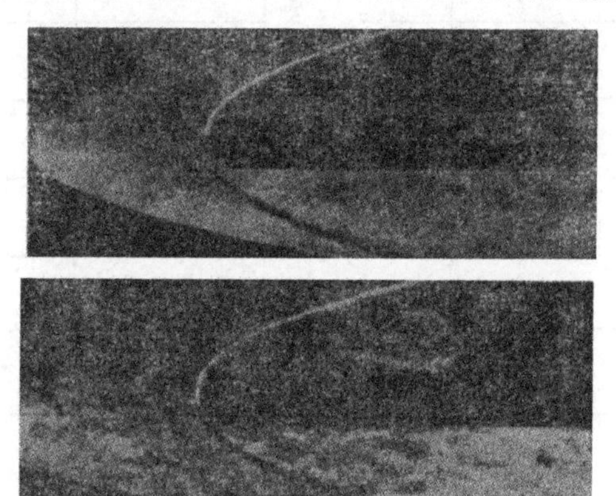

图 3.53 在氦气风洞内，同一物体在 $M_0=12.7$ 和 $M_0=19$ 时的纹影造像（见[3.33]）

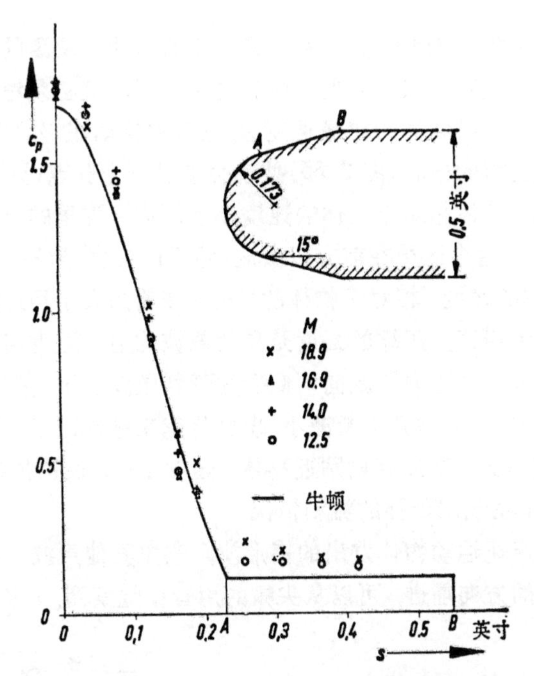

图 3.54　在高超声速区一钝头体的压力系数分布(见[3.34])

朗特-葛劳涅相似律的格台特表示式完全相当的(参看 **3.9**). 与它相当的还有式(3.56)和式(3.57).

最后, 文献[3.32]证明了, 当 $M_0^2 \cdot s^2 \gg 1$ 或 $M_0 \to \infty$ 时, 对于绕流图形,压力分布和速度分布以及空气动力都存在与 M_0 无关的极限量. 这个提法对于任意厚度和头部有局部亚声速区的钝头体也都有效. 由实验得出, 球体和与之相似的物体, 在高 M 数时的流动图形, 压力系数和阻力系数都几乎不变(图 3.53, 3.54). 对钝头体来说, 差不多在 $M_0 > 4$ 时, 就产生这种现象了.

3.13. 弹　　体

在 **3.2** 中已经讲过, 一个小物体在气体中运动, 或者——实质上是一回事——气体均匀地流过一个静止不动的小物体, 而速度超过该气体的声速时, 物体所产生的压力扰动只能在物体后的锥形区域内传播. 然而，这个结论只是粗略说明了现象的特性. 当物体不再能被看作很小而要考虑它的尺寸时，就必须考虑改善流动的情况. 如果物体的前缘是钝的，它就将推动在它前面的气体，结果在钝头前的中心(图 3.55)处就会形成一个驻点(见图 2.31). 由于这部分气体相对于物体的速度小于声速，那里的压力便也能向前传播. 这个区域在前方以激波(即所谓头波)为界；通过这个激波，气体的速度（相对于物体的）从在波前的大于声速降低到在波后的小于声速. 压缩的强度是要使激波的前进速度与物体的速度一样. 头波的压力跳跃向两侧变为带斜激波性质. 随着离物体距离的增加，压力增升不断减小，现象就越来越接近于一般的锥形波. 速度愈大，激波就愈贴近物体；速度小些，就离体远些. 图 3.4 给出了空气绕子弹的流动情况.

从超声速运动物体发出的锥形波，它象其他声波一样沿着与锥面垂直的方向前进，可以从尖啸的声音中觉察到. 这种声音同

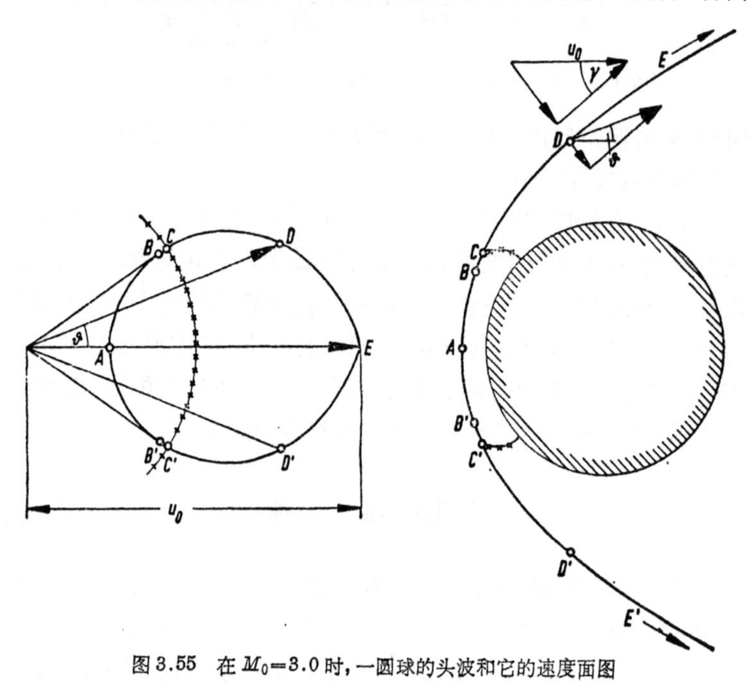

图 3.55 在 $M_0=3.0$ 时，一圆球的头波和它的速度面图

鞭击的响声可以说是同样性质的，因为鞭梢在空气中的运动速度是超过声速的. 假如这种响声快而有节奏地持续下去，象螺旋桨叶梢的速度超过声速时的情形那样，就会造成一种仿佛是吹长号的尖锐音调.

了解一下物体头部驻点处空气压力的升高是有一定意义的. 速度超过声速时，此压力的升高包括两部分：头波处压力的突跃，和从头波到驻点压力的连续升高. 计算表明，这一压力升高与速度的平方成正比，不仅在小速度时是这样(见**2.3.2**)，而且在速度很高时也是这样；如速度不大不小，则压力升高稍微快些. 压力升高的变化可用下式来表示：

$$p_1-p_0=\frac{1}{2}\rho q^2\cdot c_p,$$

式中"压力系数"c_p是马赫数的函数；$\gamma=1.40$ (空气)时的c_p值可以从下面的小表中查得，c_p的变化曲线见图 3.56. 对于高超声速 ($q^2/c^2\gg 1$) 来说，其特点是空气动力的绝大部分是由激波的压力升高决定的. 这里所说的情况也同样发生在用皮托管测定速度[测量动压，参看**2.3.2**(c)]上. 当$q>c$时，在皮托管之前也形成一个激波. 这时通常总要用皮托管压力和气罐中为产生流速为q的气流所需要的超压来比较. 假如令此超压为$c_{p_0}\rho q^2/2$，则在$q\leqslant c$时，$c_{p_0}=c_p$；但在$q>c$时，$c_{p_0}>c_p$，这与头波中的损失有关.

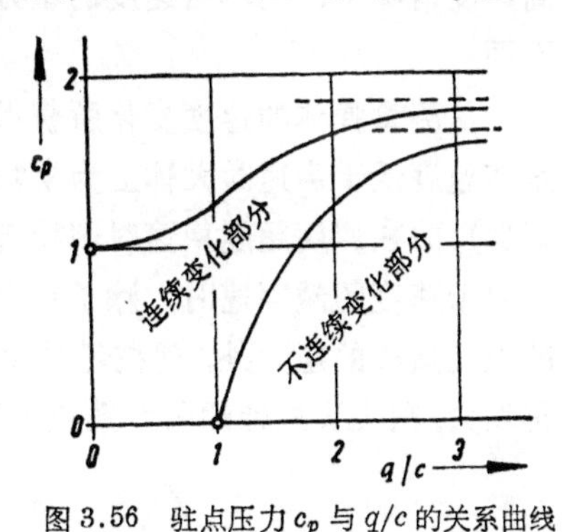

图 3.56 驻点压力c_p与q/c的关系曲线

$M=q/c$	0	0.5	1	1.5	2	3	∞
c_p	1	1.065	1.275	1.53	1.655	1.75	1.85
间断部分	—	—	0	0.92	1.25	1.48	1.65
c_{p_0}	1	1.065	1.275	1.69	2.48	4.85	∞

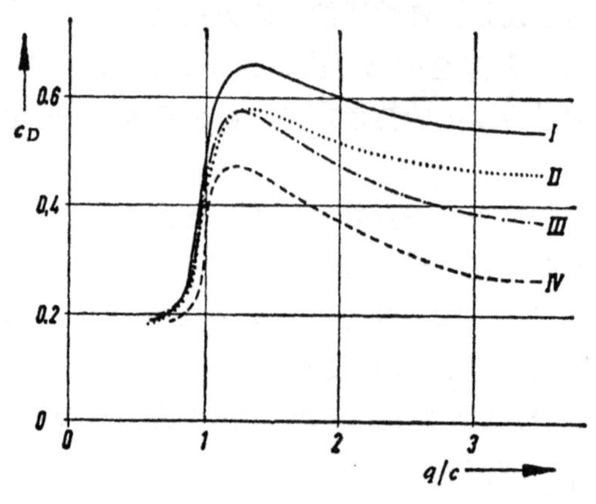

图 3.57 弹体的阻力系数

和动压的性状相类比，我们可以作出结论：弹体的阻力在极高速度情况下，仍然与速度的平方成正比，虽然其系数与低速时不同。

从测量弹体的速度变化所获得的实验数值表明，阻力系数先是在速度低于声速时大体上为常数(有时随着速度的增加还略有减少)，而在速度超越声速时则随着速度的增加而显著地增加。这是由于速度超越声速时，除了存在以前所说的主要由物体后形成的涡旋造成的阻力外，现在还要加上一个产生声能的波阻。速度再增大，则尖头炮弹的阻力系数重又稍有减少，然后逐渐趋近于常值(参看 **3.12** 结尾一段)。阻力减小的原因，一方面是由于头波形状的改变，另一方面则是由于弹体后面的负压(吸吮)作用不能继续按二次方的规律增加，而以绝对真空作为它的极限。

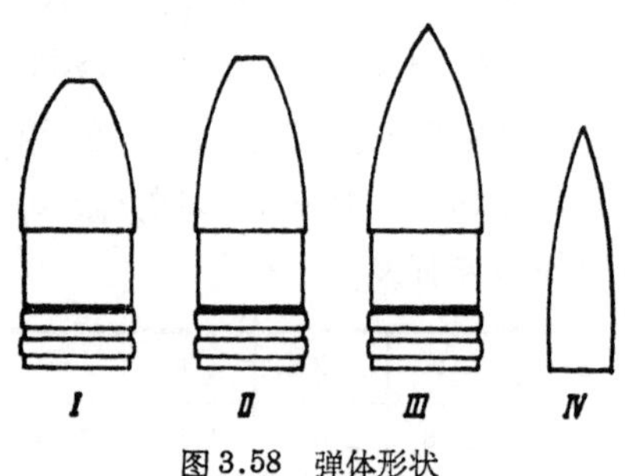

图 3.58 弹体形状

图 3.57 画出了几种类型的炮弹(根据[3.35])和一粒子弹的 c_D 值变化曲线(根据[3.36])；相对应的弹体形状表示在图 3.58 中。

比较一下绕旋转体的流动与绕翼型的平面流动，可以看到存在一些值得注意的特点．特别有意义的是，在声速附近绕机身或绕小展弦比机翼的流动，与绕旋转体的流动有密切关系（参看图3.64）．如果不考虑高马赫数的情况，翼型的速度扰动和压力扰动与厚度比成正比，而旋转体的这些扰动系与它的截面和体长平方的比值成正比，所以在同样厚度比的情况下，后者的扰动就小得多．但是垂直于轴的分量必须与厚度比（在物体附近，它确定了流线的倾斜度！）同一量级，也就是说，它比 x 分量的扰动要大得多．因此，围绕细长旋转体的扰动，在 $x=$常数的平面上，基本上自己互相补偿；而一个截面积的增加，就几乎相当于在 y，z 平面上增加一个源点所起的效应．由于流动的这个特性，对于旋转体或其形状主要是沿 x 方向伸展的类似物体，普朗特–葛劳渥相似律可以用格台特形式（物体形状与 y，z 坐标一样地转换）来表示，这是很重要的．

如果我们想比较同一细长体在不同马赫数时的情况，则按上述讨论，还需要考虑 M_0 的影响；在亚声速时，考虑到这种影响的表达式如下[3.37]：

$$c_p=c_{p_{bky}}-\frac{1}{\pi}\frac{d^2A}{dx^2}\cdot\ln\sqrt{1-M_0^2}, \tag{3.80}$$

其中 $A(x)$ 是物体的截面积，$c_{p_{bky}}$ 是 $M_0=0$ 时（不可压缩）的压力系数．在超声速时，要用 $c_{p_{\sqrt{2}}}$（$M_0=\sqrt{2}$ 时的 c_p）代替 $c_{p_{bky}}$，用 $\sqrt{M_0^2-1}$ 代替 $\sqrt{1-M_0^2}$．自然，式(3.80)只在炮弹外壳上有效，不包括弹体底部．对有柱体尾部的炮弹，上述理论求出的弹壳阻力系数不受马赫数的影响．当然，它和普朗特法则一样，在高超声速和跨声速范围内是无效的．由于旋转体的扰动比较小，它的临界马赫数常常要比翼型更靠近 $M_0=1$ 些．

理论补充

假设扰动相当微小，则与平面流动的线化气体动力方程(3.38)式相对应，在空间流动方面也可以推导出一个线化方程式．

这个方程式与不可压缩位流(无旋)方程(2.28)的区别，也只在于第一项里包含有马赫数因子：

$$(1-M_0^2)\frac{\partial^2\varphi}{\partial x^2}+\frac{\partial^2\varphi}{\partial y^2}+\frac{\partial^2\varphi}{\partial z^2}=0. \tag{3.81}$$

与**3.9**相同，φ 代表扰动速度势．这个速度势的一个点源解，与不可压缩流(**2.3.7**)和静电位势相同，它的形式是

$$\varphi=-\frac{q}{4\pi R},$$

$$R=[(x-x')^2+(M_0^2-1)(y^2+z^2)]^{1/2}. \tag{3.82}$$

很容易看出，如果应用普朗特仿射转换式(3.41) $Y=\beta y$，$Z=\beta z$；则在经过转换后可以得到无旋方程(2.28)．(3.82)式既是亚声速的解，也是超声速的解；可是当 $M_0>1$ 时，只有在从点源 $(x', 0, 0)$ 发出的双马赫锥内才有实数解！q 代表"点源强度"，准确地说，是每单位时间内产生的容积．

如果想得出无迎角的旋转体，可以在 x 轴上分布许多点源(有时还分布点汇)．由于阻力的重要性，我们只考虑超声速流动(亚声速流动的处理方法也完全类似)．在这里，只需沿轴向由前端积分到其影响锥通过计算点的那一点为止(图 3.59)．

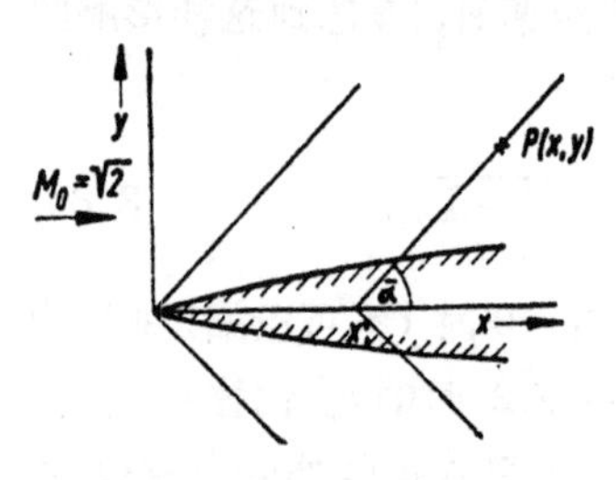

图 3.59　在超声速流中由点源分布形成的旋转体

如果引入马赫角 $\bar{\alpha}$ 式(3.48)，则我们可以得到

$$\varphi=-\frac{1}{4\pi}\int_0^{x_1'}\frac{q(x')dx'}{\sqrt{(x-x')^2-(y^2+z^2)\cot^2\bar{\alpha}}}; \tag{3.83}$$

$$x_1'=x-\cot\bar{\alpha}\sqrt{y^2+z^2}.$$

对于尖头物体来说(它有一套自己的线性处理方法)，应当 $q(0)=0$．在围绕纵轴的区域[即 $(y^2+z^2)\cot^2\bar{\alpha}\ll x^2$]对式(3.83)进行部分积分，则可得

$$\left.\begin{aligned}\varphi=&\frac{1}{4\pi}q(x-\cot\bar{\alpha}\sqrt{y^2+z^2})\ln(\cot\bar{\alpha}\sqrt{y^2+z^2})\\&-\frac{1}{4\pi}\int_0^{x_1}\frac{dq}{dx'}\ln\left|(x-x')\right.\\&\left.+\sqrt{(x-x')^2-(y^2+z^2)\cot^2\bar{\alpha}}\,\right|dx'\\=&\frac{q(x)}{4\pi}\ln(\cot\bar{\alpha}\sqrt{y^2+z^2})\\&-\frac{1}{4\pi}\int_0^{x}\frac{dq}{dx'}\ln 2(x-x')dx'.\end{aligned}\right\}\quad(3.84)$$

函数 $q(x)$ 与点源强度有关．由于流动是轴对称的，随便取哪个径向截面都一样，所以我们可以局限于讨论 $z=0$ 平面，并从式(3.84)得出一个长为 dx，和小半径为 y 的圆柱体的源强度：$2\pi y\cdot v\cdot dx=2\pi y\cdot\varphi_y dx=q/2\cdot dx$．由此可见，当 $M_0>1$ 时，q 应等于单位长度源强度的两倍，而当 $M_0<1$ 时，去掉了因子 2．这是因为当 $M_0>1$ 时，微元柱长的影响只有前一半起作用，所以要产生与 $M_0<1$ 时同样的源强度，必需使 q 增成两倍才成．

分布在轴上的源点起了使截面 A 扩大的作用；由此所增加的容积，必须通过截面的扩大才能流走．那里的流速基本上等于 u_0．所以存在(图 3.60)：

$$\frac{q}{2}dx=2\pi yv\,dx=u_0\,dA,\quad(3.85)$$

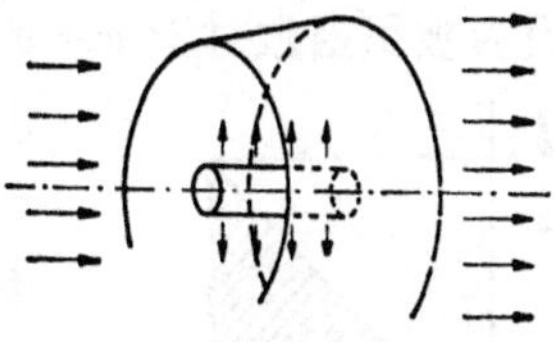

图 3.60　由于轴上的源点分布，使截面扩大

并在轴附近，可以得到下列结果：

$$\varphi=\frac{u_0}{2\pi}\frac{dA(x)}{dx}\ln(\cot\bar{\alpha}\sqrt{y^2+z^2})-\frac{u_0}{2\pi}\int_0^x\frac{d^2A(x')}{dx'^2}\ln 2(x-x')dx'.\quad(3.86)$$

由上式的第一项可以看出马赫数的呈对数性质的影响［参照式(3.80)］．另外，在轴的附近，横坐标只以对数形式 $\ln\sqrt{y^2+z^2}$ 出现，而它正是平面截面 $x=$常数上一个源点的解．

平行流动作用在物体上的力，也可以用轴上产生的动量来表示. 在 x 方向它等于源强度 $\times(u_0+u)$ 沿物体长度 b 的积分, 即

$$\int_0^b u_0\rho_0 \frac{dA}{dx}(u_0+u)\,dx = u_0\rho_0\int_0^b u\frac{dA}{dx}\,dx + u_0^2\rho_0 A(b).$$

这个积分项是在环绕 x 轴的细长圆柱体上求得的.

我们可以看到, 式(3.86)的第二项是由源的总流量 $u_0\rho_0 A(b)$ 所产生的推力，而第一项的负值是表示作用在物体外壳上的阻力 D. 设 $x=b$ 时 $dA/dx=0$ (即假设物体尾部呈尖形或柱体形的), 则可得

$$D=-u_0\rho_0\int_0^b u\frac{dA}{dx}\,dx=-u_0\rho_0\int_0^b \varphi(x)\frac{d^2A}{dx^2}\,dx. \quad (3.87)$$

在同样假设下, 把式中的 φ 用式(3.86)代入, 由于去掉了该式中第一项和第二项自然对数里的 2, 所以式(3.87)又可写成:

$$\left.\begin{aligned} D&=\frac{u_0^2\rho_0}{2}\cdot\frac{1}{\pi}\int_0^b\int_0^x \frac{d^2A}{dx^2}\cdot\frac{d^2A}{dx'^2}\ln(x-x')\,dx'\,dx \\ &=\frac{u_0^2\rho_0}{2}\cdot\frac{1}{2\pi}\int_0^b\int_0^b \frac{d^2A}{dx^2}\cdot\frac{d^2A}{dx'^2}\ln(x-x')\,dx'\,dx. \end{aligned}\right\} \quad (3.88)$$

因为被积函数对于 $x=x'$ 轴线是对称的, 所以从图 3.61 可以看出, 我们可以在正方形上求积分, 而取其一半来代替双重积分中的第一个积分 (即图中有阴影的三角形面积). 这个当今十分重要的结果 (参看 **7.16**), 以前是卡门-莫尔所早已得出的, 见[L3].

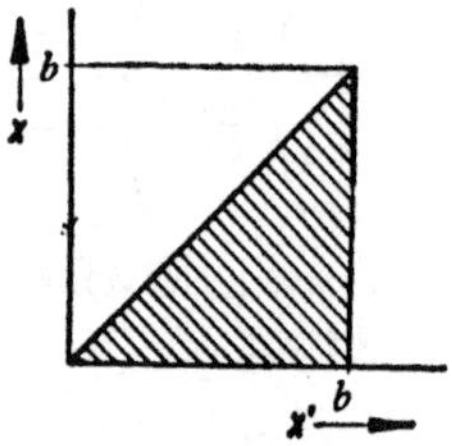

图 3.61　式(3.88)中的积分区域

由于阻力中因底部吸力所引起的部分占比重很大, 所以即使物体形状是细长的, 上式所得的结果仍不能与图 3.57 中的结果作比较. 象在图 3.58 里 IV 那样的柱形底部的炮弹, 其压力分布不是与 M_0 没有关系的, 可是按式(3.88)存在一个"外壳阻力"却与 M_0 无关. 象在图 3.57 中纯超声速区域里, 那种随马赫数的变化, 完全是由底部吸力导致的, 在这种情况下, 底部的低压大约可到 $p_0/3$.

对于有小迎角的细长旋转体的法向力 N，也要求能用一级近似简单地求出．这可以通过求 $x=$常数平面上，相对于来流的向上动量（如图 3.62）之减少而求得：

$$N=-\iint \rho u(v-v_0)\,dy\,dz, \tag{3.89}$$

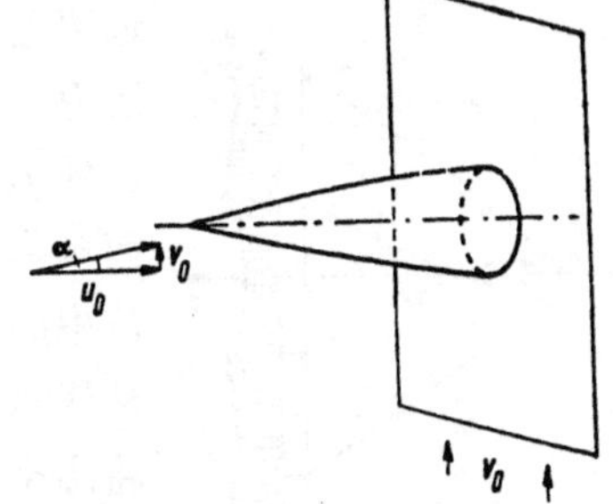

图 3.62　在一个 $x=$常数的截面上的控制面

此时，积分是按 $x=$常数，从物体表面积到无穷远处．作为一级近似，可以取被积函数中的 $\rho u=\rho_0 u_0$．再引入扰动速度势 $\varphi_y=v-v_0$，则可以对 y 求积分，得到在物体表面 $h^2=y^2+z^2$ 上的位势积分．如设 χ 为极角（$y=h\cos\chi$，$z=h\sin\chi$）则

$$N=\rho_0 u_0 h\int_0^{2\pi}\varphi(h,\ \chi)\cos\chi\,d\chi. \tag{3.90}$$

现在可以代入类似绕无迎角旋转体情况下，对 $x=$常数写出的旋转体的平面流动扰动速度势 φ，也就是在 y，z 平面上（在无穷远处 $v=v_0$）引用 **2.3.7**(c) 里说过的绕圆柱体流动．积分以后，我们得到法向力

$$N=\rho_0 u_0 v_0 h^2\pi=2\frac{\rho_0 u_0^2}{2}A(x)\alpha. \tag{3.91}$$

这个简单关系式是在从 $M_0=0$ 经近声速直到中等超声速的马赫数范围内，对于物体的任一截面都是适用的．这就是说，法向力是随着截面积的增加而增加，直到最大厚度，然后才又减小．对于纺锤形物体来说，如果忽略尾流影响，则无升力存在，可是有力矩．

3.14．流动的损失对于形成涡旋和阻力的影响

以前曾多次提到，由于有熵的增加，激波是一个不可逆过程．在热功转换过程中，它造成了损失．下面我们就讨论一下这种损

失和几种流动状态之间的关系．有些结论也可同时用于其他不可逆过程中，最主要的是可用于摩擦．现在来研究在以超声速或接近声速飞行的物体后面的尾流（图 3.63）．压力在离物体一定距离后又会恢复到来流区的 p_0 值．但总压 p_1 则因存在激波损失而有降低．因为差值 p_1-p_0 变小了，使尾流中的流速不能完全达到来流的速度 q_0．从能量方程(3.24)来看，在尾流中的温度将比来流静温 T_0 有所升高．因而在 $p=p_0$ 处呈平行流动的尾流，已渐显现出有一定特征的速度分布和温度分布．如果要精确些，则应当在推求这些分布时考虑到内摩擦和热传导在下游的平均和传播．可是由于其差别很少，速度和温度的平均过程进行得非常缓慢，直到压力平均后的很远距离处，它们才逐渐达到均匀．

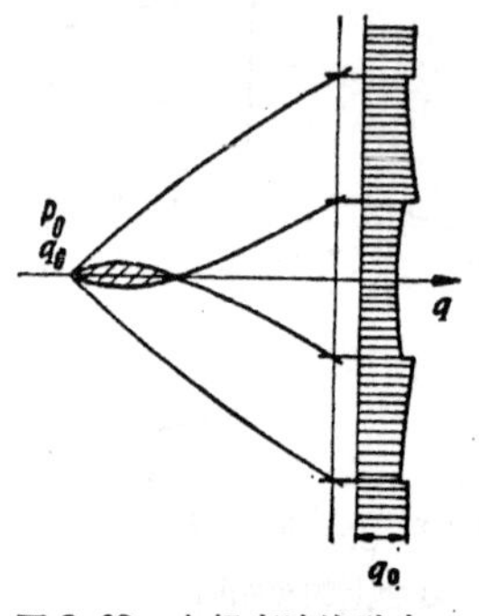

图 3.63　在超声速流动中，翼型后的尾流

首先可以确定的是：气流已不再如来流那样是无旋的，因为这时 $\partial v/\partial x=0$，可是 $\partial u/\partial y\neq 0$．在这方面，只有克罗柯求出的一般定理[3.38]的一个特殊情况；它把激波后的涡旋强度与熵梯度联系起来了．在平面流动中它的形式是

$$\frac{\partial v}{\partial x}-\frac{\partial u}{\partial y}=T\rho\frac{ds}{d\Psi}. \tag{3.92}$$

其中 Ψ 代表一般的流函数（参看 **2.2.2**）．在这种流动中，熵 s 沿流线是常数，所以只是 Ψ 的函数；只在激波内才随流线出现跳跃式的变化．

由于物体的头部激波和尾部激波都是弯曲的，根据上面的叙述，所有超声速流或多或少都有涡旋产生．可是对于细长物体，因为这时 s 随 Ψ 的变化极少，$\partial s/\partial\Psi$ 也几乎等于零，所以仍然允许引入一位势，而把流动看做是无旋的．

在尾流内速度减少了，按动量定理则物体显示出有阻力．这一现象基本上与边界层摩擦（参看 **4.16.4**）形成尾流，或在死水区中产生涡旋是一样的．只是在后两种情况下，尾流在横侧方向只能达到物体的若干倍厚度的范围，而弱激波引起的尾流则能延伸到气流流场的很远地方；因此虽然个别流线上的损失很小，可是由于影响范围大，总的说来仍出现阻力．关于弱激波后有熵增加的意义问题，很难作一般回答．对细长物体来说，激波损失与涡旋的形成没有关系，而对于计算尾流所引起的阻力倒是有影响的．

这里应当接着详细谈谈"波阻"这个常用的名词．这个名词是从船舶理论中取来的（参看 **2.3.13**）．用它可以求得船在水中（无摩擦地）前进时，为不断地产生水面上的重力波所需要的功率．可是在定常而无摩擦的超声速流中，不但产生连续的波，而且还产生激波．在可以从式(3.38)或以后的式(7.60)得出的线化（或叫它为"声学的"更好些）理论里，只出现不衰减的波，超声速情况下的连续产生阻力与它有关系． 这个"波能量"是沿马赫线方向向外散播的．当我们提到"波阻"时，首先想到的就是这样一个图画．可是随着物体距离的增加，这个理论却是错的了（参看图 3.46）．要进行细致分析，则即使对于最细长的物体，我们也必须把激波（的损失）算到能量的账上去；在外面远离物体的地方，连续的波愈来愈多地被激波并了进去．这里最主要的区别不在于激波的跳跃性，而在于激波内产生的热能不再沿马赫线传播，而与涡旋能量相似（参看 **7.3**），是沿着流线传递下去的． 当我们提到可压缩流的"波阻"时，指的或者是线性（声学的）理论意义上的波阻，或者是既有连续波又有激波所产生的波阻．

关于这方面可以象考虑动量关系那样，从能量关系上来考虑．布泽曼对此已作了研究[H2]．根据他的看法，为推动物体前进抵抗流体阻力所必需消耗的能量，最后都变成加在尾流介质里的热量．只要扰动运动（如在 **7.3** 中所说的涡旋带或 **4.16.4** 提到的湍流现象中包含的运动）因内部摩擦作用而停息下来，则上述的结论对各种形式的阻力都适用．

奥斯瓦提奇推导了一个与损失有关系的定理[3.39]．按照该定理，拖动一个完全包围在介质之中，而以等速前进的物体所需要的功率,等于流来空气的温度和通过一个封闭面积(它包括该物体引起的所有熵变化)的熵流的乘积.

惠特科姆[3.40]用类似的想法得出了**面积律**,它对于跨声速问题特别有重要意义.气流绕大后掠角机翼、小展弦比三角机翼或者这些机翼与机身的组合体流过,在距离它们不远的地方,都近似地具有轴对称流型.特别是本来能传得很远的激波,在它的大部分面积上,波的形状和一个有同样面积分布的旋转体(叫**等价旋转体**)完全一样.由此可以推断,如果不考虑与物体表面积大小有关的摩擦阻力,则一个小展弦比飞行器的损失,从而它的阻力,是与它的等价旋转体一样的.惠特科姆用他自己的试验证明了他的面积律,如图 3.64 所示.

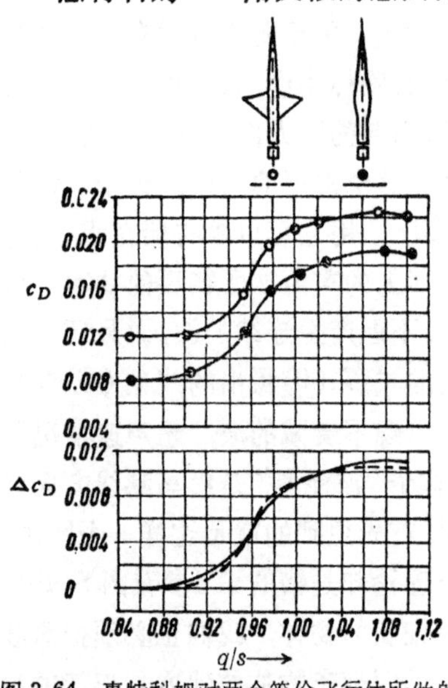

图 3.64 惠特科姆对两个等价飞行体所做的阻力系数实验结果(c_D: 有摩擦; Δc_D 无摩擦)

应用面积律的前提是,物体的形状应尽量没有拐角.对于机身上装有短矩形机翼的情况,则只在一定限度内才能应用面积律.这尤其可以由**等价律**看出来(参见 **7.16**).

3.15. 热转换和极值温度

在本章开头时我们已经提到过,许多情况下气体在流动中会产生很大的温度差;如在高超声速气流中,很高的动能会从气体里带走或者加进大量的热能,又如在发生化学反应或与它有关的离解和电离过程中会释放出大量的聚合能量来,情况总是这样．研究热量突增的现象，也可以象研究正激波那样地进行；只是在能量方程里，焓 i 不再等于等压比热 c_p 和绝对温度的乘积．这时我们必须用一个与温度范围相适应的新函数，或者用 c_pT 与一个单位质量所放出或吸入的热量（即热源或热汇）之和来代替 i.

在正常密度和温度为 10000°K 情况下，空气中所含的氧气和氮气都已完全离解．如果再加进能量，它们就会愈来愈多地分裂出电子来．这时气体被电离而成为所谓**等离子体**．由于离解热和电离热都非常高，所以在焓升高(与定压下的热量输入是同义的)时，有很大部分的能量在分裂过程中加了进去．因此焓随着温度的升高要比正常条件下强得多(图 3.65)．假设一个物体在对流层的上层或平流(同温)层的下层的某一高度飞行，在驻点处出现的正好是正常密度，则由能量方程(3.24)可得总焓值为 $q^2/2+c_pT=i_1$，又从图 3.65 中可以查出总温度．它是总焓中假设气体是等比热的理想气体时能达到的那一小部分．后一个假设只适合于激波前的情况，即上述能量方程的左边．我们可以得到

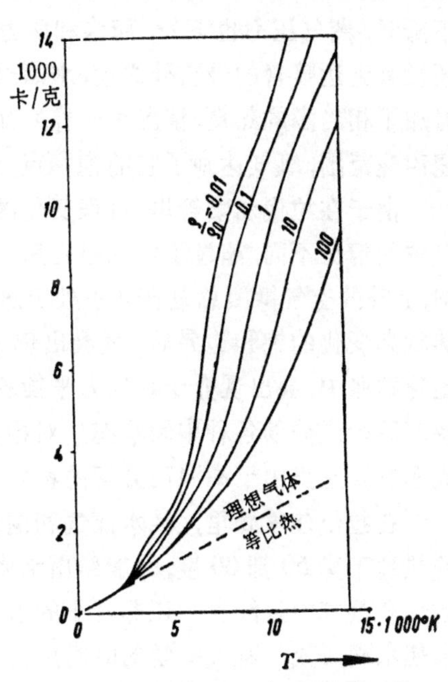

图 3.65 空气的焓 i 与温度 T 和密度 ρ 的函数关系．ρ_0=正常状况下的密度[P1]

$$\left(\frac{\gamma-1}{2}M^2+1\right)c_pT=i_1, \tag{3.93}$$

从而得到在正常密度下的驻点值

M	1	5	10	31.6
i_1(千卡/克)	63.5	318	1110	10600
T_1(°K)	264	1320	3330	11200

$M=31.6$ 差不多是火箭脱离地球引力场的速度. 在这种情形下,还应当考虑辐射的损失.

与上述的情况相反,如果气体在拉伐尔喷管中膨胀得很厉害,则气体温度相应地下降,可以使气体或它的一部分达到过冷或过饱和. 这种效应在纯水蒸气或潮湿空气中最容易观察到. 当温度下降时,蒸气压力也下降,而饱和压力下降得就更多,因而往往在还没有到达喷管的最狭处之前,水蒸气就过冷了,即使在静止状态时加了相当多的热量,情况也一样. 如果马赫数继续升高,到了高超声速范围,氧气达到了它的饱和点,最后氮气也达到饱和点.

由于在拉伐尔喷管里,过程变化的时间非常短暂,它与地球大气中的情况不同,超过了饱和条件后,并不一定导致凝结. 在大气中,上升的空气微团总是在几乎处于热平衡状态,一旦越过了湿-绝热状态变化的饱和边界后,就会出现雾或云. 在拉伐尔喷管里的迅速膨胀中,会出现介于热动力平衡和冻结状态之间,并且继续保持着原始成分的各种中间状态. 对推力喷管来说,特别是这样;在火箭燃烧室里由于高温而分解的物质,不能很快地再化合到一起.

在拉伐尔喷管里,纯水蒸气和潮湿空气当超过饱和点后还要绝热地下降 50 到 60 度,才能结出水滴来. 因为在结成水滴前,在过饱和蒸气中只能存在还非常小的水滴,所以需要有所谓凝结核来使水滴形成. 就气象学的时间尺度来说,是足够形成雾的;但是在喷管里由于成滴速度有限,成滴的时间就不够了. 因此必须深度过冷,直至分子群足以成为形成水滴的胚[3.41]. 从而破坏了过冷状态[3.42],这种现象总是在喷管的超声速部分才能发生,因为只有在那里才有降得足够低的温度. 由于这个现象几乎是突然地发生的,所以把它叫做凝结波,可是它并不像激波似的只是薄薄的一层.

对于压力分布的影响，与有热量输入等截面管的情形相似. 在小密度变化 $d\rho$ 和小速度变化 dq 的情况下，连续条件可写成 $q\cdot d\rho+\rho dq=0$，而柏努利方程的微分形式可写成：$\rho q dq+dp=0$. 如果热量输入是 dh，则由热力学第一定律和气体状态方程可得

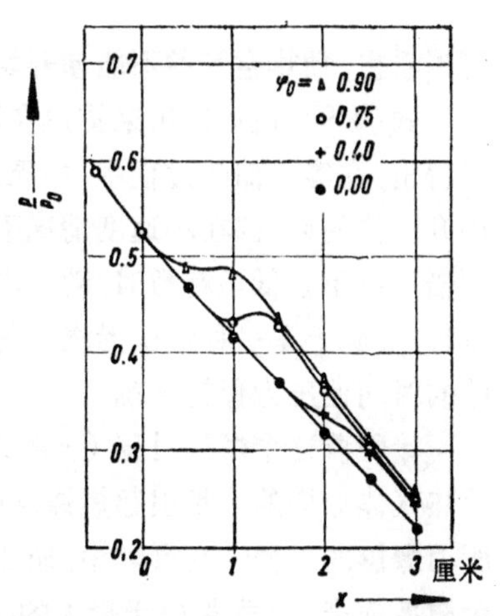

图 3.66 相对湿度为 $\varphi_0=0.9$; 0.75; 0.40 和 0 时，超声速喷管内湿空气的凝结

$$\frac{dh}{c_pT}=\frac{dT}{T}-\frac{dp}{c_p\rho T}=\frac{dp}{\gamma p}-\frac{d\rho}{\rho}.$$

这样，我们就得到有关 dq, $d\rho$ 和 dp 的三个方程式. 从这里可以得到关系式

$$(M^2-1)\frac{dp}{\rho q^2}=\frac{dh}{c_pT} \tag{3.94}$$

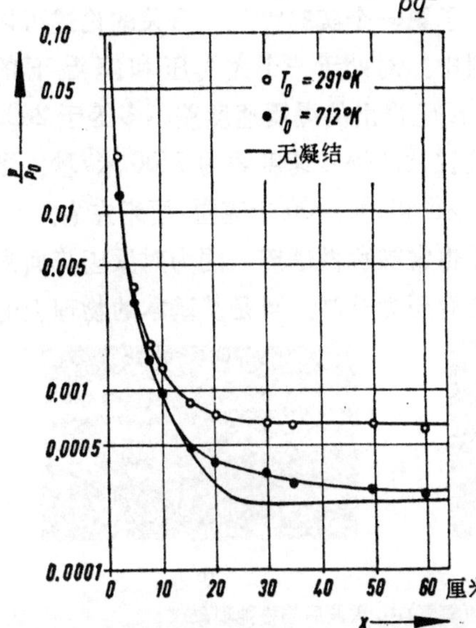

图 3.67 $p_0=29$ 大气压时，$M=7.0$ 喷管内的压力分布.（根据麦克洛兰和威廉）(p_0, T_0 为总压和总温)

在超声速流动中，凝结（因为释放了热）将相应地导致压力的升高（见图 3.66）.

与此相反，高超声速喷管中的空气凝结则差不多是个平衡的过程. 这里好像总有足够的凝结核存在. 在达到饱和点以后不久，就产生凝结，而且是单调地一直进行下去（参看图 3.67）. 从麦克洛兰和威廉的实验（见[3.43]）

可以看出，预热空气并不能使开始凝结的位置向后移很多.

式(3.94)还可以用来描述在燃烧室内发生的过程. 由这式可以得出，在等压加热过程中，如果加进的热量相当于能使绝对温度增升一倍的话，则在小速度情况下($M^2 \ll 1$)，压力下降量为动压的两倍. 由于在低马赫数时，动压本身就很小，所以燃烧室内发生的过程，实际上是一种等压燃烧. 这也是不难理解的，因为这时有足够的时间使压力保持平衡.

伴随着这个燃烧过程（一般进行得很缓慢），由于在燃烧阵面后热气体加进的热量引起燃烧反应，还产生一个以超声速推进的所谓爆震的过程. 在爆震中，加热起了象收缩那样的作用，推动一个激波前进，在那里由于极大的温度升高引起了反应. 跟随着正激波后面前进的反应又是在亚声速中进行的，同时还有压力的降落，它抵消了激波后的一部分压力升高. 这就表明，在爆震开始不久，前进速度总是要回到使反应不再受到此后扰动影响的情况上去.

在这个领域里，贝克作了第一个实验[3.44]. 有关的论述可以同样用于流体和固体的燃料中. 对处于一个大气压和室温下的氢氧气 $2H_2+O_2 \longleftrightarrow 2H_2O$，试验得出的爆震速度差不多等于2800米/秒，与理论很符合. 硝酸甘油的爆震速度约为7400米/秒. 爆震压力分别是18千克重/厘米^{2}和100,000千克重/厘米左右.

在文献里，凝结波过程也常被称做爆震，因为对反应阵面来说，它也是超声速的，并且也有压力升高. 可是从基本的物理上的

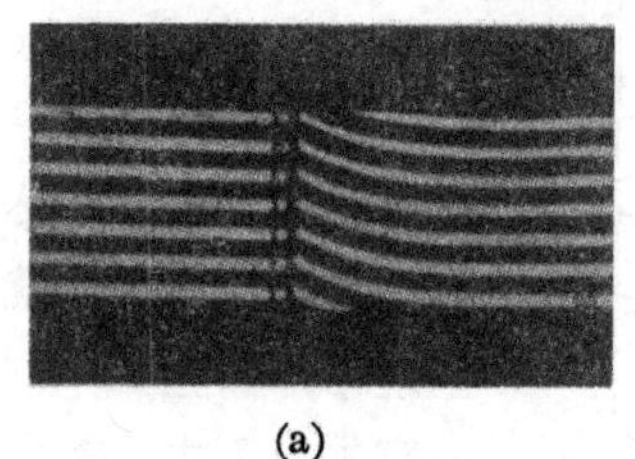

(a)　　　　(b)

图3.68　在 O_2（氧气）中，激波后的松弛现象

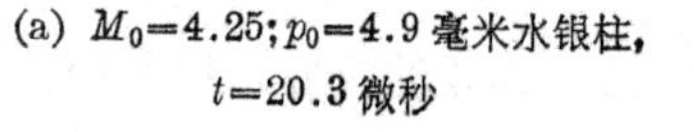

(a) $M_0=4.25$; $p_0=4.9$ 毫米水银柱，$t=20.3$ 微秒

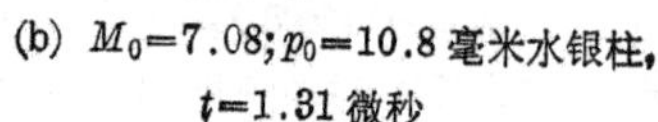

(b) $M_0=7.08$; $p_0=10.8$ 毫米水银柱，$t=1.31$ 微秒

区别来看，这样的叫法是不很恰当的.

已经有人提到关于火箭推进喷管里可能出现的松弛现象. 由于全部过程进行得非常迅速，主要也是在激波处才能看到松弛现象. 图 3.68 示出了一个例子. 从干涉仪图中可以看出，在很清晰的阵面后，有一个随着进入平衡状态出现的松弛现象所造成的歪扭的密度变化[3.45].

参 考 文 献

[3.1] E. Mach, *Sitzungsber. d. Wien. Akad.* IIa, **95** (1887), S. 164; **98** (1889), S. 1310; 105 (1896), S. 605.

[3.2] B. Riemann, *Abh. d. Gött. Ges. d. Wiss.* **8** (1858/59), S. 43 und Ges. Werke, 2. Aufl., Leipzig 1892, S. 156, auch H. Lamb, 德文第二版 (E. Helly), Leipzig 1931, S. 543. 另外的例子可参看 K. Bechert, *Ann. d. Phys.* **37** (1940), S. 89; **38** (1940), S. 1.

[3.3] L. Mach, *Sitzungsber. d. Wien. Akad.* IIa, **106** (1897), S. 1025; 还有 R. Emden, *Ann. d. Phys. u. Chem.* (3) **69** (1899), S. 264 u. 426; L. Prandtl, *Physik. Zeitschr.* **8** (1907), S. 23.

[3.4] A. Betz, *Ing. Archiv* **XVI** (1948), S. 249—254.

[3.5] Stodola, Dampf und Gasturbinen, 5. Aufl., S. 68ff., Berlin 1922.

[3.6] H.Hugoniot, *Journ. ecole polyt.*, Paris 1887 u. 1889. 细节可参看 R. Becker, *Z. f. Phys.* **8** (1922), S. 321.

[3.7] W. J. M. Rankine, *Philos. Trans. Roy. Soc. Lond.* **CLX** (1870).

[3.8] L. Prandtl, *Zeitschr. d. f. gesamte Turbinenwesen* **3** (1906), S. 241.

[3.9] R. Becker, *Zeitschr. f. Phys.* **8** (1922), S. 321,特别是其中的 § 6 到 § 7.

[3.10] *Phys. Zeitschr.* **8** (1907), S. 23. 图 3.28 到 3.33 就取材于这里.

[3.11] L. Magin, 哥廷根大学博士论文= *Forschungsheft* **62** *des Vereins Deutsch. Ing.* 1908.

[3.12] E. Preiswerk, Mitteilungen aus dem Institut für *Aerodynamik an der E. T. H. Zürich*, Heft **7** (1938).

[3.13] L. Prandtl, *Physikal. Zeitschr.* **8** (1907), S. 23.

[3.14] Th. Meyer. 哥廷根大学博士论文 = *Forschungsheft* **62** *des Vereins Deutsch. Ing.* 1908.

[3.15] A. Busemann, Aachener Vorträge 1929, S. 162.

[3.16] E. Mach, P. Salcher, *Sitzungsber. d. Wiener Akad., math.-naturw. Klasse* **98**, IIa(1889), S. 1303.

[3.17] L. Prandtl und A. Busemann, *Festschrift zum 70. Geburtstag von Prof. A. Stodola*, Zürich 1929, S. 499 或 Handb. d. Exp. Phys. **IV**, 1, S. 421f.

[3.18] A. Busemann, Verdichtungsstöße in ebenen Gasströmungen. Aachener Vorträge 1929, S. 162; 图 3.41 到 3.43 取材于此; 参看 Handb. d. Exp. Phys. **IV**, 1, S. 431f.
[3.19] W. Wuest, *ZAMM* **28** (1948), S. 73.
[3.20] F. Schultz-Grunow, *ZAMM* **28** (1948), S. 30.
[3.21] A. Busemann, *Jahrb. d. Wiss. Ges. F. Luftfahrt* 1928, S. 96.
[3.22] B. Göthert, *FB.* 1275(1940) und *Jahrb. d. DLF.* **I**, S. 156.
[3.23] J. Ackeret, *ZFM.* **16** (1925), S. 72; 参看 A. Busemann, *Luftfahrtforschg.* **19** (1942), S. 137.
[3.24] J. Ackeret, *Z. Flugtechn. Motorluftsch.* **XVI** (1925), S. 72—74.
[3.25] A. Busemann, O. Walchner, *Forschung Ing. -Wesen* **IV** (1933), S. 87.
[3.26] R. Michel, F. Marchaud, J. Le Gallo, *ONERA-Publication* n **65**, 1953.
[3.27] G. Guderley, M. O. S. (A) Völkenrode, R & T 110.
[3.28] Th. v. Kármán, *J. Math. Physics* **XXVI** (1947), S. 182—190.
[3.29] K. Oswatitsch, *R. A. E. -TN* **1902** (1947).
[3.30] M. Fiebig, *DVL-Bericht Nr.* **240** (1962).
[3.31] H. Tsien, *J. Math. Physics* **XXV**/3 (1946), S. 247—251.
[3.32] K. Oswatitsch, *ZAMP* **II**/4 (1951), S. 249—264.
[3.33] Vas, Bogdonoff, Hammitt, Princeton Univ., Dep. Aeron. Eng., Rep. No **382** (June 1957).
[3.34] Bogdonoff, Vas, Princeton Univ., Dep. Aeron. Eng., Rep., No. **435** (Sept. 1958).
[3.35] O. V. Eberhard, *Artilleristische Monatshefte* Nr. **69** (1912), S. 196.
[3.36] C. Cranz, *Artilleristische Monatshefte* Nr. **69** (1912), S. 189 und Nr. **71** (1912), S. 833.
[3.37] K. Oswatitsch, *Arch. Math.* **II**/6 (1949/50), S. 401—404.
[3.38] L. Crocco, *ZAMM* **17** (1937), S. 1.
[3.39] K. Oswatitsch, *Nachr. Ges. Wiss. Göttingen, math. Physik. Kl.* (1945), S. 88—90.
[3.40] R. T. Whitcomb, *NACA* RM L 52 HO **8** (1952).
[3.41] R. Becker und W. Döring, *Annalen der Physik*, 5. Folge. **XXIV** (1935), S. 719.
[3.42] K. Oswatitsch, *ZAMM* **XXII**/1 (1942), S. 1—14.
[3.43] C. H. Mc. Lellan und T. W. Williams, *NACA TN* **3302** (1954).
[3.44] R. Becker, *Z. Physik* **VIII** (1921/22), S. 321—362.
[3.45] V. Blackmann, *J. Fluid Mechanics* **1** (1956), S. 1.

第四章　粘性流体的运动．湍流．流体阻力．工程应用

4.1．粘性(内摩擦)．纳维-斯托克斯方程

自然界里所有的实际流体都具有一定的“粘性”，这可以由流体抗拒变形的内摩擦而显示出来．蜂蜜、甘油和重油可以算是粘性特别大的流体的例子．为了了解粘性的实质，我们将从讨论下述简单例子开始．有两个被流体分开的平行平板，设其中的一个在它自己的平面内以等速 U 运动，而另一个则静止不动(图 4.1)．由于摩擦作用，两板间的流体就发生运动：毗邻平板的流体层的速度和平板的速度一样(“粘附”于平板)，而中间的流体层则以与该流体层到静止平板的距离成正比的速度(u)彼此滑过，即有

$$u=U\frac{y}{d}.$$

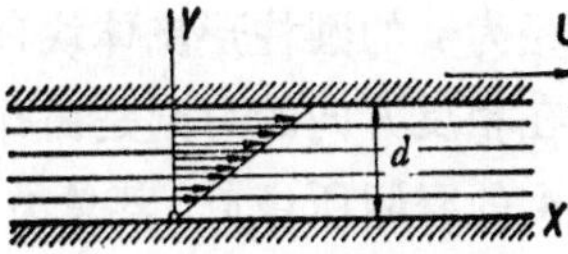

图 4.1　平行平板间的剪切流

流体具有内摩擦这个事实，是通过有抗拒上面平板运动的力存在而证明的，并且平板单位面积上力的量值为 $\tau=\mu\frac{U}{d}$．较为一般的表述是：相互滑动的流体层所产生的切应力是

$$\tau=\tau_{xy}=\mu\frac{du}{dy}.\tag{4.1}$$

(τ_{xy} 表示作用在外法线平行于 Y 轴的面元单位面积上而沿 X 轴方向的力．)量 μ 叫做(动力)**粘性系数**或简称**粘性**[1]．方程(4.1)实际上是牛顿提出的，所以常称之为**牛顿(摩擦)定律**．

---

1) 在流体力学方面通常采用字母 μ 表示粘性，而物理学方面一般则用 η 来表示(在厘米·克·秒单位制中，粘性的量纲是克/厘米·秒)．

显然，它相当于弹性体相对变形的虎克定律．只要变形不大，这个定律也可以用于非弹性体，这时可以近似地认为变形与切应力是线性相关的．在流体运动中，我们不能说变形速度很小，因为它的量纲同剪切速度 $\partial u/\partial y$ 一样，是(1/时间)．我们只能问(根据特吕斯德尔[4.1])：什么时候运动所引起的那部分流体切应力与总压相比是个小量(例如什么时候 $\mu(\partial u/\partial y)/p\ll 1$)？对于水来说，当 $p\approx$大气的压力$\approx 10^4$ 千克重/米^2 和 $\mu\approx 10^{-4}$ 千克重·秒/米^2 的时候，对所有实际流动都有这样的情况；对气体来说(如在空气里 $\mu\approx 1.8\times 10^{-6}$ 千克重·秒/米^2 的时候)，则只要不是因为压力非常小，以致稀薄到不成为连续介质的话，情况也是一样的．

有了这些方面的知识，我们就可以进而讨论也是由相互滑动的流体层(所谓层流)所构成的一些其他简单流动情况．象粘性不可压缩流体在直圆管中的运动就是这样的一个例子．它在离管子入口足够远的地方，速度分布 $u(r)$ 就与纵坐标 x 无关，即速度分布在 1 和 2 两个截面上是一样的；这里将没有加速度也没有惯性力．可是沿流动方向，流体的压力是下降的，其压力差 p_1-p_2 作用在半径为 r 的圆柱形流体块(图 4.2)上所形成的力是 $(p_1-p_2)\pi r^2$，而在相反方向的力则是由作用在圆柱侧面 $2\pi rl$ 上每单位面积为 τ 的摩阻所组成，其总力为 $2\pi rl\tau$．令这两个力相等，我们便得到1)

$$-\tau=\frac{p_1-p_2}{l}\cdot\frac{r}{2}.\tag{4.2}$$

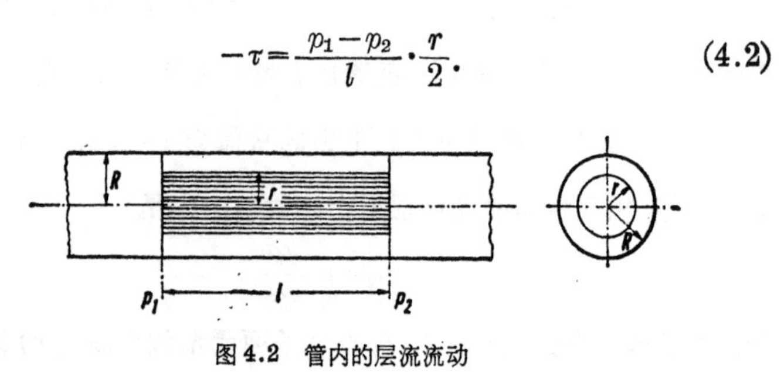

图 4.2　管内的层流流动

由方程(4.1)，$du/dr=\tau/\mu$．积分并确定积分常数使最外面的流体层粘附于管壁，即静止不动，我们得

1) 符号是负的，因为这里 τ 与第一个例子中的方向相反．

$$u=\frac{p_1-p_2}{4\mu l}(R^2-r^2), \tag{4.3}$$

其中 R 是管的半径；于是可以计算出流量，它是：

$$Q=qR^2\pi=\int_0^R 2\pi r\,dr\cdot u=\frac{\pi R^4}{8\mu}\cdot\frac{P_1-P_2}{l}. \tag{4.4}$$

这个公式在研究摩阻的规律时具有基本的重要性，因为业已证实它与实验结果异常符合；它还提供了确定粘性系数 μ 的最好方法．流量与单位长度上的压力降(即压力比降)并与管子半径的四次方成正比这一结果，曾被哈根在 1839 年用实验所证实[4.3]，后来又为泊阿苏依重新独立地发现[4.4]． 这个定律通常以其第二个发现者泊阿苏依的名字来命名，大概哈根(他是一个工程师)的论文在物理界中是被忽视了．所以更恰当应称为**哈根-泊阿苏依定律**[1)]．现在我们必须强调指出，只有在细管的情况下，哈根-泊阿苏依定律对于所有实际中可达到的速度才是正确的．对于粗管在大速度情形下，还另有一个定律． 这种偏差绝不是由于摩擦定律有任何不准确的地方，相反，摩擦定律，如同流体层粘附于固壁的事实一样，已为在细管中对绝大多数流体所作的实验准确地证实．

根据**粘性流体的一般理论**，各流体微元的变形引起的应力和弹性体中所发生的应力相类似，所不同的是：在粘性流体的情形，应力不是与应变成正比，而是与应变速率成正比．因此，根据弹性理论的结果，九个应力分量(与坐标轴垂直的三个平面中，每一个面上都有三个应力分量)的表达式便可以写作：

$$\left.\begin{aligned}
\sigma_x&=2\mu\frac{\partial u}{\partial x},\ \tau_{xy}=\tau_{yx}=\mu\left(\frac{\partial u}{\partial y}+\frac{\partial v}{\partial x}\right),\\
\sigma_y&=2\mu\frac{\partial v}{\partial y},\ \tau_{yz}=\tau_{zy}=\mu\left(\frac{\partial v}{\partial z}+\frac{\partial w}{\partial y}\right),\\
\sigma_z&=2\mu\frac{\partial w}{\partial z},\ \tau_{zx}=\tau_{xz}=\mu\left(\frac{\partial w}{\partial x}+\frac{\partial u}{\partial z}\right).
\end{aligned}\right\} \tag{4.5}$$

如果这些应力在一个区域的所有各点都具有同一值(如仿射应变状态的情形就是这样)，它们本身就相互平衡．然而，在较普遍的

1) 见奥斯特瓦尔德的建议[4.2]．

变形状态中，应力是逐点地不相等，应力的这种逐点变化一般就引起力的作用，设这种力的分量为 X', Y', Z'(每单位体积的力). 根据弹性力学的理论，

$$X'=\frac{\partial\sigma_x}{\partial x}+\frac{\partial\tau_{xy}}{\partial y}+\frac{\partial\tau_{xz}}{\partial z}, \tag{4.6}$$

对于 Y' 和 Z' 也有类似的方程.

在粘性流体中，除了象 X' 等等这些力之外，还必须加上 **2.3** 中所讨论过的由于压力差所产生的力 (可能还有体积力)；它们一起决定了流体质点的加速度.

将方程(4.5)中的 σ_x 等值代入方程(4.6)，若 μ 和 ρ 是常数，我们得到

$$X'=\mu\left(\frac{\partial^2 u}{\partial x^2}+\frac{\partial^2 u}{\partial y^2}+\frac{\partial^2 u}{\partial z^2}\right). \tag{4.7}$$

Y' 和 Z' 也有类似的表达式.

把式(4.7)加到欧拉方程(见 **2.3.6** 末的数学补充)的右边，我们就得到粘性流体运动的纳维-斯托克斯方程[4.5],[4.6].

如果流动中粘性不变又无体积变化，则这些方程可写作：

$$\left.\begin{aligned}\rho\frac{du}{dt}&=\rho X-\frac{\partial p}{\partial x}+\mu\Delta u,\\ \rho\frac{dv}{dt}&=\rho Y-\frac{\partial p}{\partial y}+\mu\Delta v,\\ \rho\frac{dw}{dt}&=\rho Z-\frac{\partial p}{\partial z}+\mu\Delta w,\end{aligned}\right\} \tag{4.8}$$

其中符号 Δ 照例是用来表示

$$\partial^2/\partial x^2+\partial^2/\partial y^2+\partial^2/\partial z^2,$$

而 du/dt 和以前一样是指

$$\frac{\partial u}{\partial t}+u\frac{\partial u}{\partial x}+v\frac{\partial u}{\partial y}+w\frac{\partial u}{\partial z};$$

dv/dt, dw/dt 等类同.

象上面所讨论的流动中那样，对于 u 分量占主要地位并且在 Y 方向变化最快的流动情形，应力中的最重要的是 τ_{xy}[式(4.1)

中的 τ]，因而在力 X' 中的主要部分是 $\partial\tau_{xy}/\partial y$. 由式 (4.5)，$\partial\tau_{xy}/\partial y$ 主要由 $\mu\dfrac{\partial^2 u}{\partial y^2}$ 代表，因此，它是连同压力降 $(-\partial p/\partial x)$ 和"惯性力"[1] $-\rho\dfrac{du}{dt}$ (例如参看 **2.3**) 一起出现在方程中的主要项. 但我们在这里将不作进一步的详细研究，因为要进行这样的工作直到取得最后结果一般会遇到巨大的困难. 为此，改为讨论动力相似性问题，这在使我们对粘性流体的运动得到一个总的概念是非常有用的(在 **4.2** 内).

从分子运动的观点来看，气体的粘性是由于不同速度的相邻流体层间发生动量交换(动量的传递)的结果，这种过程是分子本身的运动所引起的. 纳维-斯托克斯运动方程表示了动量不变定律的一个边界情况，即：分子的"平均自由程"比"容器尺寸"小到可以忽略的程度，但又大于分子直径的边界情况. 这就相当于中等压力的气体状态，这时分子间的彼此碰撞是根本的. 气体分子运动论的另一个边界情况发生在高度稀薄气体中，"平均自由程"比"容器尺寸"为大的时候. 这时只出现分子对器壁的碰撞. 这两种边界情况并不是毫无联系的. 因为在中等压力气体的内部固然以分子间的碰撞为主，但在"平均自由程"厚度的边界区域里，分子与器壁的碰撞对气体状态乃是根本的. 这样就使得流动的气体在壁上产生"象似"滑动的运动. 这是由于从气体内部冲向器壁的诸分子在平行于器壁方向具有一个平均的速度分量，而由器壁弹回的诸分子，因为速度分布是不规则的，从而使平均切向分速为零. 因此对全部分子来说，切向速度平均值不等于零. 在一般压力情况下，气体的平均自由程很小，所以上述现象并不显著，因而可以把它看成是"贴"在器壁表面上. 但当容器的尺寸不变，而使气体压力逐渐减小时，则边界区域逐渐扩大，到了后来这"象似"滑动速度比起流速来就不能忽略了. 对于中等压力状态下气体中这种流徙现象的总结性描述，已另由瓦尔得曼的文章[H10]给出.

对于可以成滴的流体，粘性是由另外原因引起的. 这里分子都紧密地挤在一起，使它们经常处于相互受影响的情况，象气体中那样的自由行程是不存在的. 因此粘性的产生只有一小部分是直接由于分子的动量传递造成. 粘性剪应力主要是由于流动中分子结构有形变而产生的分子力所造成. 有

1) 所谓"惯性力"是指一个有惯性的质量对加速度的抵抗力，所以它等于一(质量×加速度).

关流体结构的进一步细节问题，可以参看格林的文章[H10].

我们还要进一步指出，除了那种表示滑动的 $\partial u/\partial y$ 项严格地与剪应力 τ 成正比的普通流体(叫做"牛顿流体")以外，还有一种不正常的流体，对它们来说，这种比例关系并不能成立.

首先在小压力时有一种介乎固体和液体之间的中间状态(本书第一页上曾提过). 对于这种中间状态，麦克斯韦以弹性体中的应力关系为基础，但加上了"松弛项"，建立了一组方程；也就是，任意瞬间所有应力均随时间而减小，而形状的任何改变又引起新的弹性应力1).

还有与这种麦克斯韦液体不同的另一种类型，例如浆糊状的和塑性物质，在这种物质里，直到达到某一"屈服点" τ_0 时才发生运动(在最简单的情形中，$\tau=\tau_0+\mu\dfrac{du}{dy}$，叫它做宾厄姆物质2)).

第三类业已大量研究过的是属于"**胶状液体**". 它们多半是亚微观的线状或网状结构的溶液. 大部分的胶状液体具有所谓"**触变现象**"也就是，在静止时，它们是粘稠的，甚至是固态的，但是在搅动了之后就变得稀而易于流动了，这就表示线状或网状结构遇到了破坏；当让此液体静止下来时，线状和网状的结构重又形成. 所有这类性质的研究都是属于**流变学**的范畴. 这些性质作为物质的特性在化学工业中是很重要的. 关于流变学，可参看赖纳[R14],[H10]，斯考特贝莱尔[R4]和爱瑞希[R7]的文章.

---

1) 在图 4.1 所示的简单情形中，限于一级微量并假定 $T du/dy$ 为小量，我们有微分方程

$$\frac{\partial\tau}{\partial t}=G\frac{du}{dy}-\frac{\tau}{T},$$

其中 G 为剪切模量，而 T 为松弛的时间常数. 用了 $du/dy=$ 常数和 $t=0$ 时 $\tau=0$，这就给出

$$\tau=GT\frac{du}{dy}\left(1-e^{-t/T}\right).$$

当 $t\to\infty$，就又回到"牛顿流体"定律(本章)式(4.1)，其中 $\mu=GT$.

2) 参看普朗特关于固体的分子动力学理论的文章[4.7]. 在这篇文章里研究了整个软化过程的弹性滞后、松弛和后效，以及在等变形率 $du/dy=c$ 下力的法则，并用原子热运动的观点进行了解释. 其中一个近似公式表达为

$$\tau=G\ln\left[cT+\sqrt{1+(cT)^2}\right],$$

式中 T 为时间常数. 在 cT 很大时，它对于塑性金属给出一个符合试验的定律 ($\tau=a+b\log c$). 而当 cT 很小时，就给出粘性液体的定律. 在另一篇文章里[4.8]，进一步把这个公式用到管流里. 普朗特在文章[4.9]里总结了他对这个问题的观点.

4.2. 动力相似性。雷诺数

这里我们要讨论的问题是：如果外部条件是几何相似的(例如在几何相似的管道内，或绕过几何相似的物体)，则在什么条件下这时的流体流动(不可压缩)也是几何相似的？我们可以首先这样回答：在作比较的两个流动情况中，作用在相似位置上的两种力的比值一定要相等，例如惯性力对摩擦力．而对第三种力，即压力的比值，是可以由这三种力的平衡关系求出的．对于边界条件有几何相似的两种不同流动情况，可以分别用特征长度 L_1 和 L_2 (例如物体直径或长度，或管的直径)与有特征性速度 U_1 和 U_2(例如物体的运动速度或流过固定截面管子的平均速度)来表示．这时密度(ρ_1, ρ_2 等)和粘性(μ_1, μ_2 等)也可以是不同的．如果两个情形中的流动是相似的，则惯性力的分量，其中之一(见前)是

$$-\rho\frac{du}{dt}=-\rho\left(u\frac{\partial u}{\partial x}+\cdots\right),$$

必与乘积 $\rho U^2/l$ 成比例．这是由于，根据所假定的相似性，在对应点处的 u 值，从而它们的微差，必与特征速度 U_1, U_2 成正比，而长度 x 和 y 以及它们的微差必与特征长度 L_1, L_2 成正比．而摩擦力，象表达式 $\mu\frac{\partial^2 u}{\partial y^2}$(“$\partial^2 u$” 代表速度的二阶微差，因此与速度 U 成正比，而“$\partial^2 y$”是长度微差的平方，与 L^2 成正比，如果所选取的是相似位置上的相邻点的话)那样，与 $\mu U/L^2$ 成正比．因此，我们的动力相似的假设就是指：在所比较的两个情形中，$\rho U^2/L$ 与 $\mu U/L^2$ 成固定的比值．由于它的物理意义(两个单位体积的力的比)，这种比值必为一纯数(无量纲量)．用符号来表示就是：

$$\frac{\rho U^2}{L}:\frac{\mu U}{L^2}=\frac{\rho UL}{\mu};$$

因此，如果

$$\frac{\rho_1 U_1 L_1}{\mu_1}=\frac{\rho_2 U_2 L_2}{\mu_2}, \tag{4.9}$$

则可以希望体系 1 和 2 为动力相似. 在这种情况下，压力和惯性力之比也应当相等：

$$\frac{\Delta P}{L}:\frac{\rho U^2}{L}=\frac{\Delta P}{\rho U^2},$$

即：两相似对应点之间的压力差分别与 $\rho_1 U_1^2$ 或与 $\rho_2 U_2^2$ 成比例.

比值 μ/ρ（粘性系数与密度之比）叫做**运动粘性系数** ν，因为它的量纲是长度^2/时间，与力的单位无关. 为纪念这个相似律的发现者雷诺[4.10]，下列这个数

$$Re=\frac{\rho UL}{\mu}=\frac{UL}{\nu}$$

叫做**雷诺数**.

依照相似律，如果流动有相似的几何边界条件，则即使尺寸的大小不同或者速度不同甚至流体也不同，只要雷诺数一样，它们都是动力相似的. 如果选定了特性长度和特性速度，因而雷诺数已定，则这个做为无量纲标度参数的雷诺数 Re 就是整个流体动力性质的标征数了. 但这时在同一流体内的不同地区中，作用在流体质点上的惯性力与摩擦力之比可以有完全不同的值. 象在 **4.1** 所描述的管内的层流流动，这个比值甚至处处都等于零，因为这里根本不存在惯性力，只有处于平衡状态下的压力和摩擦力. 可是雷诺却正是在研究管流的实验中认识了这个“标度参数”的意义的. 在实际情况中，大多数管流具有另一种类型的流动——湍流流动；在湍流情况下惯性力占很重要的地位；管内的层流流动何时开始变为不稳定，并转捩成湍流，这些都首先对雷诺数 Re 的变化非常敏感.

如果我们通过用 $\rho U^2/L$ 除纳维-斯托克斯方程(4.8)，使之引入无量纲的位置坐标和无量纲速度中，则可从摩擦力项得出参数 $\nu/UL=1/Re$. 由于它包含在最高阶导数项中，可见这组方程的解不但与各自的边界条件有关，而且还与 Re 有很大关系，因而也影响到例如流体中物体阻力的规律. 小雷诺数意味着粘性力占主要地位；因而主要是摩擦力与压力的平衡. 大雷诺数时，粘性力一

般都较小，因而惯性力和压力的平衡成为主要的．可是这并不排除在流场中，当某局部处的速度有很大变化的时候，粘性力可能成为有决定意义的第三个力．

为了计算雷诺数 Re，还应给出一些运动粘性系数的值，见下表：

物质	温度(°C)	压力(毫米水银柱高)	运动粘性系数 ν 的值(厘米²/秒)
水	0	760	0.0178
	20	760	0.0100
	50	760	0.0056
	100	760	0.0030
水银	0	760	0.00125
	100	760	0.00091
甘油	20	760	6.8
空气	0	760	0.133
	100	760	0.245
	0	7.6	13.3
	0	76000	0.00133

粘性系数 (μ) 的单位 1 克/厘米·秒称为 1 **泊** (poise) [以纪念泊阿苏依(Poiseuille)]，而运动粘性系数(ν)的单位 1 厘米²/秒叫做 1 **斯托克**(stoke) [以纪念斯托克斯(Stokes)]．

4.3．粘性流体运动的一般特性

(a) 在无摩擦的流体运动中，只要外力不随时间而变，则不论向前或向后计算时间，流动都是完全一样的，在这个意义上，我们说这时的流动是可逆的．我们可以把欧拉方程里的速度 u, v, w 和时间 t 的符号同时改变一下，而方程仍旧保持不变．可是在有粘性(有摩擦)的流动中，时间变化是不可逆的，因为这时式(4.8)中的摩擦项就变了号．从热力学的意义来看，这样的流动也是不可

逆的，因为这里(象所有的有摩擦过程一样)产生了不可逆的摩擦热(所谓耗散功)，必须算在能量的账上.

如果在一个空间微元 $dx\,dy\,dz$ 上，每两个对立面上相对应的应力或速度分量不相同的话，则在单位时间内作用在这个空间微元单位体积上的内应力[式(4.5)]，所做的功 dA_n/dt，应是(A_n 是内应力所做的功)：

$$\frac{dA_n}{dt}=\frac{\partial}{\partial x}[(-p+\sigma_x)u+\tau_{xy}v+\tau_{xz}w]+\frac{\partial}{\partial y}[\tau_{yx}u+(-p+\sigma_y)v+\tau_{yz}w]$$

$$+\frac{\partial}{\partial z}[\tau_{zx}u+\tau_{zy}v+(-p+\sigma_z)w].$$

与它相对应的外力所做的功，A_w，是:

$$\frac{dA_w}{dt}=\rho(Xu+Yv+Zw).$$

与此同时，将有动能的增加，其量是(E_{do}: 动能)

$$dE_{do}=\rho\frac{d}{dt}\left(\frac{u^2+v^2+w^2}{2}\right),$$

应用式(4.6)，对于纳维-斯托克斯方程

$$\rho\frac{du}{dt}=\rho X-\frac{\partial p}{\partial x}+X'$$

等三个分量方程式，分别乘以 u, v, w，然后相加，就容易算出 dE_{do} 来. 这样就可以看出，内力和外力所做的功，要比所增加的动能大:

$$\frac{dA_n}{dt}+\frac{dA_w}{dt}-\frac{dE_{do}}{dt}=-p\left(\frac{\partial u}{\partial x}+\frac{\partial v}{\partial y}+\frac{\partial w}{\partial z}\right)+D;$$

其中

$$D=\sigma_x\frac{\partial u}{\partial x}+\tau_{xy}\frac{\partial v}{\partial x}+\tau_{xz}\frac{\partial w}{\partial x}$$

$$+\tau_{yx}\frac{\partial u}{\partial y}+\sigma_y\frac{\partial v}{\partial y}+\tau_{yz}\frac{\partial w}{\partial y}$$

$$+\tau_{zx}\frac{\partial u}{\partial z}+\tau_{zy}\frac{\partial v}{\partial z}+\sigma_z\frac{\partial w}{\partial z}.$$

式中第一项是压缩功，因为按照连续方程(2.6)

$$\frac{\partial u}{\partial x}+\frac{\partial v}{\partial y}+\frac{\partial w}{\partial z}=-\frac{1}{\rho}\frac{d\rho}{dt}=\rho\frac{d\frac{1}{\rho}}{dt}.$$

第二项是动力损失产生的摩擦热或耗散功. 由于在粘性应力大的地方比其他地方产生更多的热，严格地说，即使是不可压缩流体，也不会是等温的. 其

次还须考虑(尤其是对于气体)热传导导致的能量传递；它是与温度梯度和热传导系数λ成正比的（它们随温度而改变的关系在这里姑且忽略不计）．从体积微元里流出多于流入的热量为：

$$\frac{\partial}{\partial x}\left(\lambda\frac{\partial T}{\partial x}\right)+\frac{\partial}{\partial y}\left(\lambda\frac{\partial T}{\partial y}\right)+\frac{\partial}{\partial z}\left(\lambda\frac{\partial T}{\partial z}\right)=\lambda\Delta T.$$

流体介质每单位质量的内能e的总变化就是压缩功与流入和流出的热量之差，即：

$$\frac{de}{dt}=-p\left(\frac{\partial u}{\partial x}+\frac{\partial v}{\partial y}+\frac{\partial w}{\partial z}\right)+D+\lambda\Delta T.$$

若用s代表每单位质量的熵值，其定义是

$$ds=\frac{1}{T}dq_{\mathrm{kn}}=\frac{1}{T}\left(de+pd\frac{1}{\rho}\right),$$

(q_{kn}为可逆热量)，则

$$\rho T\ \frac{ds}{dt}=\rho\ \frac{de}{dt}+p\rho\ \frac{d\dfrac{1}{\rho}}{dt}=D+\lambda\Delta T.$$

对于牛顿流体和气体来说，由式(4.5)得耗散功

$$D=\mu\left[2\left(\frac{\partial u}{\partial x}\right)^2+2\left(\frac{\partial v}{\partial y}\right)^2+2\left(\frac{\partial w}{\partial z}\right)^2+\left(\frac{\partial w}{\partial y}+\frac{\partial v}{\partial z}\right)^2\right.$$
$$\left.+\left(\frac{\partial v}{\partial x}+\frac{\partial u}{\partial y}\right)^2+\left(\frac{\partial u}{\partial z}+\frac{\partial w}{\partial x}\right)^2\right].$$

可见它永远是正值，只在流体不变形并且象固体一样运动时才等于零．

(b) 对于不可压缩流体说，纳维-斯托克斯方程只有在某些特定边界条件下，可以被线性化或化为常微分方程时，才能得到精确解．最简单的是流体作平行流动的一组解；这时流场内所有点上的流动都是在同一方向．在这一组解中，有代表性的是已在**4.1**计算过而为大家所最熟知的管内“哈根-泊阿苏依流动”．另一个属于这一组解的例子是可以在本身平面内运动的两块平行平板间的稳定层流流动(叫做一般的古艾特流动)．这个流动的特点是把加速度项去掉了，只余下处于平衡的压力和粘性力．对于上述几例，即使边界条件随时间变化，也还是有解的．这时要添上加速度项$\rho\dfrac{\partial u}{\partial t}$，但方程式仍然是线性的，属于热传导方程一类．斯托克

斯已经解决了当壁板从静止状态突然起动和壁板在其自身平面上作振动时的绕流问题[4.11]. 用类似的方法也计算了所谓无限长管的初始流动(即由于有给定的压力降落，流体由静止状态产生流动的计算).

哈梅尔研究了一系列反映边界层特性的流动问题[4.111a]. 我们在后面 **9.8**(d) 里将讨论有关大直径圆平板在静止流体中的旋转问题. 对着一块与 $z=0$ 面重合的平板流去所出现的驻点流动问题是很重要的；这时在距平板很远，即 z 很大的地方，仍有象 **2.3.7**(a)所说的位势流动. 这个情况之所以引起实际重视是因为它相当于钝头体的驻点流动情况(参看 **4.4**).

(c) 粘性占显著优势的情形. 这种情形一方面发生在流体粘性很大的时候(例如润滑油)，另一方面发生在平常的流体当所涉及的尺度很小的时候；在这些情形下，一切惯性效应，由于它们远小于粘性的效应，都可以忽略，而必须假定每一个质点都在有压力梯度和摩擦力的作用下处于平衡. 由上一节中的讨论，对于几何相似的情形，单位体积的摩擦力与 $\mu U/L^2$ 成正比，并且由于平衡，压力也有同样关系，因此，这时几何相似必然导致动力相似. 体积正比于 L^3，因而总阻力必定与 μUL 成正比. 对于一些形状简单的物体，业已发现绕流运动是可以计算的，从而可求出物体运动时的阻力. 最著名的情形就是斯托克斯的圆球绕流的解[4.11]. 球的阻力是：

$$R=6\pi\mu Ur, \tag{4.10}$$

其中 U 是(球运动的)速度，r 是半径. 在讨论有关微小液滴降落的问题时，这个公式是很重要的. 这时阻力必等于球的重量与浮力之差，即

$$6\pi\mu Ur=\frac{4\pi}{3}(\rho_1-\rho_2)gr^3,$$

其中 ρ_1 是液滴的密度，ρ_2 是周围液体的密度. 这就给出液滴降落的速率

$$U=\frac{2}{9}\frac{\rho_1-\rho_2}{\mu}gr^2. \tag{4.11}$$

这个公式只在雷诺数比 1 小很多时适用. (对于空气中的水点, $U=1.3\times10^6r^2$, r 以厘米计. 这个公式适用于半径小于 1/20 毫米的小水滴. 这种小水滴可以在细雾中发现.)

整个这类流体运动可以称为"蠕动".

为了求得粘性流体绕物体流动问题的理论解, 有人作了多种尝试; 首先用极小雷诺数的极端情况时的解来估算惯性力, 再用迭代法找出较好的近似解. 这里要注意的是, 斯托克斯的解虽然正确地得出了接近物体周围的速度场, 可是更精确的研究表明, 在离体较远的地方, 即使雷诺数非常小, 惯性力也不比压力小. 因此奥晋[4.12]对它作了改进, 考虑到惯性力的一级近似值, 即: 当物体以速度 U 逆 X 轴方向运动时, 把惯性力表示为:

$$\rho\left(u\frac{\partial u}{\partial x}+\cdots\right)\sim\rho U\frac{\partial u}{\partial x},$$

$$\rho\left(u\frac{\partial v}{\partial x}+\cdots\right)\sim\rho U\frac{\partial v}{\partial x},$$

$$\rho\left(u\frac{\partial w}{\partial x}+\cdots\right)\sim\rho U\frac{\partial w}{\partial x}.$$

这样, 运动方程仍然是线性的, 而球体和圆柱体一类的绕流问题就可以有解了.

当斯托克斯解由于上述理由不能使用时, 可以从上面的解出发 (对于 $Re\ll1$) 作进一步改善. 有关这种改善方法的一些数学问题, 卡普伦和拉哥斯特罗姆[4.13],[4.14]以及普洛得门和皮尔逊[4.15]等人曾先后做过探讨. 汤姆曾用松弛法计算过 $Re=10$ 和 20 时的绕圆柱体流动问题[4.16], 以后金逊用同法解了 $Re=5$—40 时的绕圆球流动问题[4.17].

(d) 雷诺数很大或即摩擦很小的边际情形. 这个极端情形的特点, 是完全不考虑粘性的影响, 也就是说, 要不是有流体粘附于边界这个事实(这种边界条件是无粘性流体运动所不能满足的). 运动只不过是 **2.3** 中所讨论的无粘性流体的运动. 进一步的研究表明, 虽然粘性很小的流体在没有边界的地方其性状就象无粘性流体一样, 但是由于摩擦的关系在壁面上形成了一个薄的"边界层", 并且在这个层中, 速度从相应于无粘性流体运动的数值, 变化到流体粘附在边界上所应有的数值. 粘性愈小, 这个边界层[1)]就愈薄.

1) 通常也称做摩擦层.

于是在边界层外的流体内单位体积的摩擦力很小，而在边界层内则与惯性力同数量级，因为在边界层内有一定数量的速度变化．速度在边界层内的分布表示在图 4.3 中．如果物体在运动方向的尺度的量级为 l，而边界层在距离 l 末处的厚度的量级为 δ，则单位体积上摩擦力 $\mu\frac{\partial^2 u}{\partial y^2}$（$y$ 与固体面垂直）的量级为 $\mu U/\delta^2$，而单位体积上惯性力的量级和从前一样是 $\rho U^2/l$．如果

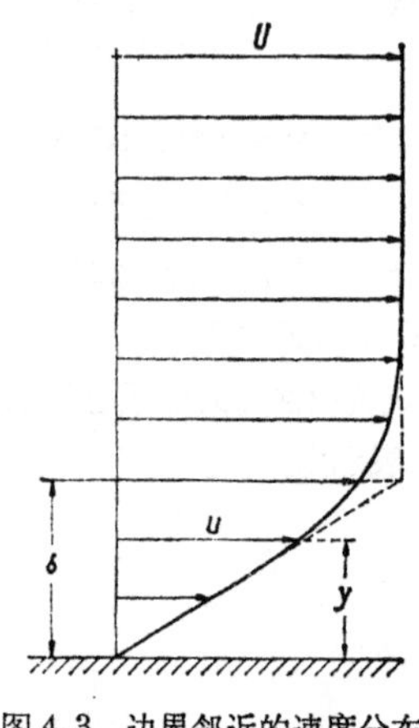

图 4.3　边界邻近的速度分布

$$\delta\sim\sqrt{\frac{\mu l}{\rho U}},\qquad(4.12)$$

这两个表达式便是同量级的[1]．

对于沿平板绕流，根据动量的考虑来估计，同样可得出上述结果．设板长为 l，宽为 b，流速为 U，而边界层的近似厚度为 δ（图 4.4），则每秒流入边界层的质量 $\sim\rho bU\delta$．以速度 U 流进来的质量，其流速在边界层内要损失掉一定部分；相应的动量改变是质量×速度损失，因而与 $\rho bU^2\delta$ 成正比．这个动量改变必等于因板面处的摩擦而作用于流体的力．根据式(4.1)，这个力与 $\mu lbU/\delta$ 成正比．根据这两个成正比的表达式，我们便和从前一样得到

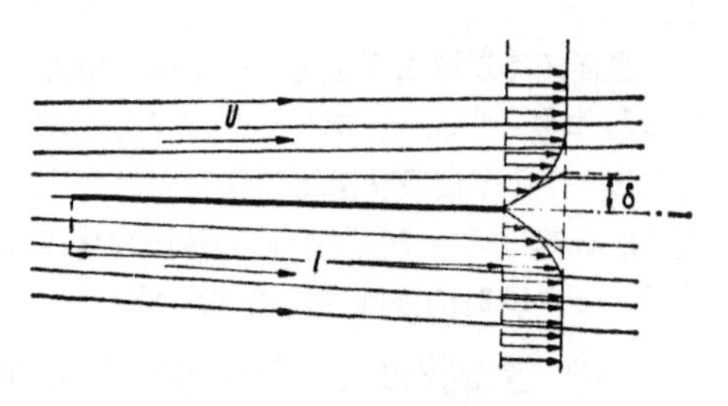

图 4.4　平板绕流

$$\delta\sim\sqrt{\frac{\mu l}{\rho U}}\quad 或\quad \sqrt{\frac{\nu l}{U}}.$$

于是，δ/l 就与 $\sqrt{\frac{\nu}{Ul}}$ 成正比．如果令 $Ul/\nu=Re_l$，$U\delta/\nu=Re_\delta$，我

1）符号“$\sim$”表示“正比于”．

们就有 $\delta/l \sim 1/\sqrt{Re_l}$，因而 $Re_\delta \sim \sqrt{Re_l}$．我们还可以引入一个质点流过物体所需的时间．对于不太靠近固体表面的那些质点，这段时间(t)的量级是 l/U，因此还可以写出

$$\delta \sim \sqrt{\nu t}. \tag{4.13}$$

这个公式也可应用于经过短时间 t 由静止刚刚开始的运动，从而指明了在运动开始时，边界层的增长与时间的平方根成比例．

在如图 4.3 中所示的那种流动情形中，在边界上就有切应力，它便引起摩阻．对于图 4.4 的平板，我们得到如下的结果．这时切应力

$$\tau_{bl} = \mu(\partial u/\partial y)_{y=0}, \tag{4.14}$$

按其量级可表示为：

$$\tau_{bl} \sim \mu \frac{U}{\delta} \sim \sqrt{\frac{\mu\rho U^3}{l}}.$$

如果 b 为板宽，(上下两面的)总面积便是 $2bl$，结果阻力便是

$$R \sim 2bl\tau_{bl} = \text{数值} \times b\sqrt{\mu\rho l U^3} \tag{4.15}$$

(详见 **4.16**)．

这样，我们就发现了，在稍有粘性的流体中运动的任何物体，都拖带着一薄层流体．在流体流经短管时的情形也如此．对于较长的管，由式(4.12)，边界层将随离入流口的距离的平方根而增长，所以，当管足够长的时候，边界层便充斥全管，也就是说，摩擦效应将扩及管的整个截面(详见 **4.13**)．事实上，由于发生掺混过程，这种扩展在很多情况下进行得远比式(4.12)所预期的要快；这种过程叫做湍流 (见 **4.5**)．方程式(4.12)—(4.15)只适用于层流流动．

实验：如果将一适当的物体(平板、柱体、球或诸如此类的物体)放置在不太急的水流里，并用尖头的玻璃管将染料滴在物体表面某处，在玻璃管移开之后，将有一薄层颜料待在物体表面上一个相当长的时间，从而清楚地表明，贴近物体表面有水层粘附于它．

4.4. 层流边界层

(a) 边界层中的流动是可以用精确[1]计算来处理的，在这方面，普朗特做过的基础性工作[4.18]是一个起点. 随着时间的推移，边界层理论逐渐发展成为流体力学中的一大分支，在这方面发表了大量的文章[2]. 如果粘性很小，则如前所述，从粘附于壁面的一层到未受扰动的外流的过渡，是在很薄的一层内发生的. 因此，在这个薄层内，板面法线上不同点之间的压力差异是允许忽略不计的. 此外由于速度在很短的距离内就从零上升到外流值，故沿此法线单位长度的速度增量很可观. 所以，在单位体积的摩擦力的表达式中(x 轴取在流动方向，而 y 轴则与流动方向垂直)，即在式(4.8)右边的所有项中，只留有与 $\rho u\partial u/\partial x$ 同量级的 $\mu\partial^2 u/\partial y^2$，所有其余各项与之相比都可以忽略.

在二维运动情况下，边界层的和缓曲率影响可以忽略(因此，x 轴可以取得和沿物面的流线弧相重合). 我们便得到普朗特边界层方程式:

$$\frac{\partial u}{\partial t}+u\frac{\partial u}{\partial x}+v\frac{\partial u}{\partial y}=-\frac{1}{\rho}\frac{\partial p}{\partial x}+\nu\frac{\partial^2 u}{\partial y^2}. \qquad (4.16)$$

由于边界层很薄，层中压力沿壁面法线方向的变化是很小的，因此，可以近似地把 p 看作是由边界层外部流动决定的 x 和 t 的函数. 式(4.16)与连续方程

$$\frac{\partial u}{\partial x}+\frac{\partial v}{\partial y}=0 \qquad (4.17)$$

合在一起，成为一组可解方程. 在定常流动中，边界层外边缘上的位流速度 U 和压力间的关系是满足柏努利方程(2.13)的，即

$$p+\rho\frac{U^2}{2}=\text{常数},$$

1) 所谓精确，是指随粘性趋于零时，它有一极限.

2) 施里希廷写了一本关于边界层的书[L8]，内容丰富，范围很广，并介绍了大量文献. 关于层流边界层的数学计算方法，梅克辛[R15]和柯尔[R16]也有总结性的著作.

因而得

$$\frac{\partial p}{\partial x}=-\rho U\frac{\partial U}{\partial x}. \tag{4.18}$$

由于在边界层内 u 是随着与壁面距离的增加而逐渐逼近 U 值的，所以关于边界层的厚度（它与粘性有关）自然就没有一个确切的定义．除去 **4.3** 中在特性上所作的粗略规定外，我们通常取 $u=0.99U$ 处与壁面间的距离作为边界层的厚度 δ．此外，还要引进几个有重要物理意义的边界层厚度．一个叫"位移厚度"

$$\delta_1=\int_0^\infty\left(1-\frac{u}{U}\right)dy^{1)}. \tag{4.19}$$

它表示由于边界层的存在，外界位流应由物壁向外推移的(小)距离．另一个叫"动量损失厚度"

$$\delta_2=\int_0^\infty\frac{u}{U}\left(1-\frac{u}{U}\right)dy. \tag{4.20}$$

它是测量流体与无摩擦流动相比时，相对动量损失的尺度．

进行边界层计算，一般是以绕真实物体的位流压力分布作为基础的．实际上由于边界层起向外推移的作用，准确的位流流动所对应的物体外形，应当比真实物体厚些；而且由于有流体阻力，尾部也不是封闭的．这就是说，要在后部加一个伸向无穷远处的补偿物体．由于封闭物体的位流压力在尾部又回升到驻点压力，可是边界层中不能使它回升到这个值，所以即使到了最高雷诺数，在物体尾部总有外流与边界层之间的相互作用发生（参看图 4.79 中 a 和 b）．这种相互作用对物体上的总作用力起很大影响．这个问题到现在还不能从理论上求得解决．

在物壁上，由于 $u=0$, $v=0$, 式(4.16)中的左端等于零，因而

$$\left(\frac{\partial^2 u}{\partial y^2}\right)_{y=0}=\frac{1}{\mu}\frac{\partial p}{\partial x}=-\frac{U}{\nu}\frac{\partial U}{\partial x}. \tag{4.21}$$

如果沿流动方向有压力降落（$\partial p/\partial x$ 为负值），则速度剖面是向外凸出的，反之，如有压力升高($\partial p/\partial x$ 为正值)，则壁面附近的速度剖面是呈凹形的，因此有个拐点．还有所谓"离体点"（在这点之后，近壁面处有逆流)，就是以$(\partial u/\partial y)_{y=0}=0$ 为条件的．因为这时

---

1) 由于在大 y 时从 u 到 U 的过程是渐近的，我们可以把积分边界设为 $y=\infty$．

的速度剖面必然是凹的，所以分离点总发生在升压区里.

(b) 当流体象图 4.4 那样沿一薄平板流动时，若位流速度 U=常数，则与**4.3**(d)一样，可以引入一个表示离壁面距离的无量纲值：

$$\eta=y\sqrt{\frac{U}{\nu x}}, \tag{4.22}$$

其中 x 是从板前端算起的距离. 为了满足连续方程，可以用流函数 Ψ 来表示速度分量(见**2.3.7**)：

$$u=\frac{\partial\Psi}{\partial y},\quad v=-\frac{\partial\Psi}{\partial x}. \tag{4.23}$$

还可以设

$$\Psi=\sqrt{\nu xU}\,f(\eta) \tag{4.24}$$

来满足边界层方程(4.16)，其中 f 是 η 的无量纲函数. 把它代入式(4.16)，得

$$ff''+2f'''=0. \tag{4.25}$$

相应的边界条件是

$\eta=0$ 时，　　　　　$f=0,\ f'=0,$

$\lim\eta\to\infty$ 时，　　　$f'=1.$

由布拉修斯所得的微分方程(4.25)式的解是用级数展开式表示的[4.19]. 按这个计算，边界处 $u=0.99U$ 的边界层厚度为 $\delta\sim5\sqrt{\nu x/U}$；按式(4.19)得出的位移厚度是 $\delta_1=1.72\sqrt{\nu x/U}$；按式(4.20)得出的动量损失厚度为 $\delta_2=0.66\sqrt{\nu x/U}$；按式(4.14)计算的壁面切应力为

$$\tau_{\mathrm{bl}}=0.33\,\mu U\sqrt{\frac{U}{\nu x}}. \tag{4.26}$$

与**2.3.7**相仿，绕驻点的理想流体平面、定常流动的速度和压力应为 $U=ax$, $V=-ay$, $p=$常数 $-\rho a^2(x^2+y^2)/2$. 对粘性流体来说，在壁面上 $x=0$ 处的边界层，可以按完整的纳维-斯托克斯方程计算. 如用无量纲的离壁面距离 $\eta=y\cdot\sqrt{a/\nu}$，则一方面压力可以写成

$$p=p_0-\frac{\rho}{2}a^2[x^2+F(\eta)], \tag{4.27}$$

其中 p_0 为驻点($x=0$, $y=0$)压力．另一方面，如果设

$$u=axf'(\eta),\ v=-\sqrt{a\nu}\,f(\eta), \tag{4.28}$$

则可从纳维-斯托克斯方程得出常微分方程

$$f'''+ff''+(1-f'^2)=0. \tag{4.29}$$

它的类型和解，都与式 (4.25) 相似．希门茨首先研究了这个方程[4.20]并得出，在驻点附近的边界层厚度为常值，$\delta=2.4\sqrt{\nu a}$.

霍华斯对三维绕驻点流动的边界层（如在 **2.3.2** 所讨论的）作了计算[4.21]．而在其前弗勒斯林格已对旋转对称体的这种情况作过计算[4.22].

数学补充　用转换无量纲坐标的方法来求边界层的解，是很有效的方法．对于一般平面边界层流动，宜于象格特勒在 [4.23]，[4.24] 那样选用新坐标

$$\xi=\int_0^x\frac{U}{U_\infty}dx,\ \eta=\left(\frac{1}{2\nu U_\infty\xi}\right)^{\frac{1}{2}}U(x)y, \tag{4.30}$$

并设流函数为

$$\Psi=(2\nu U_\infty\xi)^{1/2}f(\xi,\eta), \tag{4.31}$$

其中 U_∞ 是任意选定的参考速度（例如取来流速度）．于是式(4.16)便可写成下列形式：

$$\begin{aligned}&\frac{\partial^3 f}{\partial\eta^3}+f\frac{\partial^2 f}{\partial\eta^2}+\beta(\xi)\left[1-\left(\frac{\partial f}{\partial\eta}\right)^2\right]\\&=2\xi\left[\frac{\partial f}{\partial\eta}\cdot\frac{\partial^2 f}{\partial\eta\partial\xi}-\frac{\partial^2 f}{\partial\eta^2}\cdot\frac{\partial f}{\partial\xi}\right],\end{aligned} \tag{4.32}$$

其中 $\beta(\xi)$ 是与给定压力分布有关的函数，

$$\beta(\xi)=2\xi U_\infty\frac{\frac{\partial U}{\partial x}}{U^2}=2\xi\frac{\frac{dU}{d\xi}}{U}. \tag{4.33}$$

它的边界条件与压力分布无关，为：$\eta=0$ 时，$f=\partial f/\partial\eta=0$ 和 $\eta\to\infty$ 时，$\partial f/\partial\eta=1$．如果压力分布的形式相应于 $\beta=$常数，则解的情况是：对所有 x 值，速度剖面都是相似的．这种所谓的“相似解”在位流速度为 $U=Cx^m$（绕楔形体的流动，见 **2.3.7**）时存在．图 4.5 中对几个 m 值绘有这类速度剖面（所谓哈崔剖面[4.25]），平板边界层($m=0$, $U=c$)和平面驻点流动($m=1$, $u=cx$)是这组解中的两个特例．在减速位流中($\beta<0$)，$m=-0.091$ 是极限情况，那时边界层的壁面剪应力 $\tau_{w1}=0$；也就是说，这时已达到边界层分离的边缘.

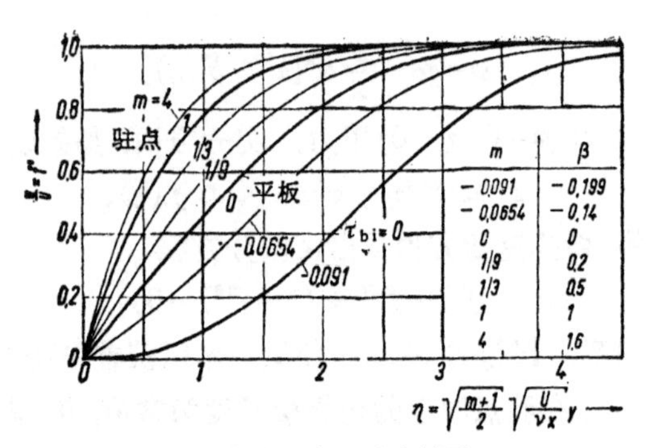

图 4.5　相似解的速度剖面

方程(4.32)的形式，对解一般问题也有用．格特勒曾用 ξ 的幂级数来表示 $f(\eta,\xi)$，得出一个可用于解任意连续的压力分布的方法[4.23],[4.24]．对于任意的压力分布，还可以用逐次逼近法来求解，这个方法是要先给定一个起始速度分布 $u_0=u(x_0, y)$，然后算出增加小量 Δx 后的速度剖面 $u_1=u(x_0+\Delta x, y)$，以后不断重复这个计算过程，直到满足所需的准确度为止[4.26]．由于计算费时，这里必须用电子计算机计算．要做到这一步，可以在式(4.32)中，通过逐级差分用差分商来代替偏微商，最简单的情况是

$$\frac{\partial f}{\partial \xi}=\frac{f-f_0}{\Delta \xi};\quad \frac{\partial^2 f}{\partial \eta \partial \xi}=\frac{\left(\frac{\partial f}{\partial \eta}\right)-\left(\frac{\partial f}{\partial \eta}\right)_0}{\Delta \xi}.$$

这样，我们就有了在形式上适用于 $\xi_0+\Delta\xi$ 处的常微分方程，这时 ξ_0 处的边界层剖面是设为已知的[4.222],[4.223]．如果我们在 x 和 y 方向将微分改用差分，则也可以用方程(4.16)到(4.18)来计算．这时我们把全流动区分成点格网，分割也不必一定是等距离的．缺点是沿 y 方向的积分区要达到无穷远，而当边界层厚度较小时，边界层内的格网点相对太少．有人试图用适当转换方程式的办法来消除这些困难[4.224],[4.225]．有了这类方法，就有可能研究压力分布的任意变化，和了解有流体吹出或吸入、以及有传热等情况下的附加效应[4.226],[4.227]．微分方程(4.16)是抛物线型的，因而只有当速度剖面上各点的流速都是正值时，数值计算才必然收敛．因此，如果初始速度剖面不满足某些条件[例如满足式(4.21)]的话，则在边界处(那里必须满足粘附条件 $u=0$)有出现奇点的危险．由于边界层方程在分离点有奇异解(是由果尔德斯坦找到的[4.228])，所以常常是只能计算到分离点，往后就不能再继续计算了；只有在极少数的情况下，解是正则的(参看**4.8**)．曼格勒曾经指出旋转体对称绕流的边界层方程可以化为平面边界层流动的式(4.16)的形式[4.28]．

(c) 用按照卡门的思路所得出的方法[4.29]，可以对有任意压力分布的物体进行边界层的近似计算. 从 $y=0$ 到 $y=\infty$ 积分边界层方程(4.16)，同时用连续方程(4.17)，就可以得到一个包含位移厚度［式(4.19)］、动量损失厚度［式(4.20)］和壁面剪应力［式(4.14)］的动量方程，它的形式是

$$\frac{d(U^2\delta_2)}{dx}+U\delta_1\frac{dU}{dx}=\frac{\tau_{b1}}{\rho}. \tag{4.34}$$

由以后的许多计算中得出的一个看法是：对于不同大小的压力升高或降低值，可以用一个单一参数 y/δ 的函数来逼近边界层速度剖面. 最常用的近似式是 (y/δ) 的四次多项式，它既要满足在壁上 $(y=0)$ 粘附条件 $(u=0)$，又要满足所谓的"第一壁带"条件，即：边界层方程满足式(4.21)；并且在边界层的上边界(即与位流的交界，$y=\delta$)满足条件 $u=U$, $\partial u/\partial y=0$, $\partial^2u/\partial y^2=0$. 在引进下列参数

$$\lambda=\frac{\delta^2}{\nu}\frac{dU}{dx} \tag{4.35}$$

后，这个多项式的形式是

$$\frac{u}{U}=\left[2\frac{y}{\delta}-2\left(\frac{y}{\delta}\right)^3+\left(\frac{y}{\delta}\right)^4\right]+\frac{\lambda}{6}\left[\frac{y}{\delta}-3\left(\frac{y}{\delta}\right)^2+3\left(\frac{y}{\delta}\right)^3-\left(\frac{y}{\delta}\right)^4\right], \tag{4.36}$$

用这个表达式可以把比值 δ_1/δ_2 和 $\tau_{b1}\delta_2/\mu U$ 都写成 λ 的函数. 因而式(4.34)就可以写成变数 $z=\delta_2^2/\nu$ 的一阶常微分方程，它是可以用数值计算或图解法求解的. 这个方法首先由普尔豪森[4.30]做出，又经霍尔施泰因和波伦用便于使用的形式表达出来的[4.31]. 总的说来，用此法计算的结果是令人满意的. 瓦尔茨得出了微分方程式(4.34)的比较好的近似解[4.32]，它是

$$\delta_2^2=0.47\frac{\nu}{U^6}\int_0^x U^5dx. \tag{4.37}$$

还应当提到，如果 $\lambda=0$，则可由式(4.36)得出平板边界层的速度剖面；当 $\lambda=7.052$ 时，得出正对固定平面流动的边界层速度剖面，而当 $\lambda=-12$ 时，得出在分离点处的速度剖面.

卡门在动量方程里的想法，即用平均值来解边界层方程，后来又发展到用不同的平均值，因而导出更多的积分条件来．例如，用 u 和 y 的不同幂次（u^m, y^l）来乘式(4.16)，然后同上述的一样，对 y 积分．设速度剖面是由多参数合成的，因而比式(4.36)的适应性更好，然后把解偏微分方程(4.16)，化为更一般地解一组一阶常微分方程组．

在各种不同的积分条件中，最重要的是在动量方程外又引出一个有物理意义的能量方程．维格哈特（见[4.33]）把式(4.16)用 u 乘后再对 y 积分．然后设一个“能量损失厚度”，它的定义是

$$\delta_3=\int_0^\infty \frac{u}{U}\left[1-\left(\frac{u}{U}\right)^2\right]dy,$$

则得出能量方程为

$$\frac{\rho}{2}\frac{d(U^3\delta_3)}{dx}=\mu\int_0^\infty\left(\frac{\partial u}{\partial y}\right)^2 dy. \tag{4.38}$$

在方程式的右侧恰是耗散能的积分，它表示每单位长度由摩擦变为热的能量．我们可以用一个双参数的速度剖面同时满足动量方程、能量方程和第一壁带条件[4.33]．另外，由瓦尔茨找出的方法乃是仍旧用单参数速度剖面[4.34]，但不考虑第一壁带条件(4.21)，而只要求满足动量和能量方程．由这个方法所求出的令人满意的解，使我们可以得出一个结论，即：满足能量方程要比满足第一壁带条件重要．这个认识对于计算湍流边界层特别有意义（参看4.7.4）．

4.5. 湍流的形成[1)]

(a) 粘性流体在长的直管中流动时，人们发现当速度相当大的时候，式(4.4)所给出的哈根-泊阿苏依定律（根据这个定律，压力降与流量成比例）就不适用而要用另一个定律来代替，这时压力降比式(4.4)的要大得多并且实际上近乎与流量的平方成比例．同时还发现，在哈根-泊阿苏依定律适用的速度范围内，流线是平滑而笔直的，而在速度更高时候流动就变为尽是不规则的涡旋运动．当流体在玻璃管里流动时，如果用滴管注入少许染了色的流体，这种现象就可以清晰地显示出来．在低速时它形成一根轮廓鲜明纤

1) 总结性文献，参看施里希廷[H10]，[L8]，托尔明/格罗内[H11]．

细直丝，而在速度较高时这根丝就会或近或远地在入口后某处破碎，并且从那以后那颜色也就几乎均匀地扩及整个流体[1)]．平滑的流动叫做“层流”，而不规则的涡旋运动则称为“湍流”．利用**4.2**中所讨论的相似性概念，雷诺曾预言：对于各种管径的管子和不同种类的液体；从层流到湍流的过渡总是发生在$\bar{q}d/\nu$［其中$\bar{q}$为平均速度，见式(4.4)，而d为管的直径］为同一个数值之时．当流向管子的来流状态足够均匀时，实际情况确是如此．例如，一根具有尖缘入口的管子与一壁面是平滑的容器相连接，雷诺数$\bar{q}d/\nu$的“临界值”(临界雷诺数)等于2800[4.35]．如果入口很好地加以圆顺，并且容器中的流体几乎处于静止状态，则$\bar{q}d/\nu$可以高达40000以上；而如果入流很不规则，它可降到约2300[4.35]．

(b) 湍流现象并不只在管道流动中才有，在**4.3**和**4.4**中所叙述的边界层中也观察到了．对于边界层，雷诺数$\bar{q}d/\nu$显然应该以$U\delta/\nu$来代替，其中δ为边界层的厚度，而U为边界层外的流速．由于对于板或类似的物体，前缘附近边界层很薄［参看式(4.12)］，其流动与管道中的流动不同，在最前面的一段距离内保持为层流，往下在$U\delta/\nu$超过某一临界值时才变为湍流．对于在静水中被拖着走的、前缘尖锐而长度为l的板，已发现雷诺数Ul/ν约为500000．对于前缘经圆化的薄而长的平板，并且在湍流度极低的华盛顿的计量局的风洞中，这个数值曾达3000000(参看图4.10)．

对于平板，根据布拉修斯公式得$U\delta/\nu=5\sqrt{Ul/\nu}$；见**4.3**．因此上面给出的$Ul/\nu$的临界值就分别相当于$U\delta/\nu\approx3500$和8700．与管子相比较，如令$d=2\delta$和$\bar{q}=U/2$，我们便得$\bar{q}d/\nu$(管)$=U\delta/\nu$(边界层)．如果管子入口处的扰动不大或者很小的话，这些数值是与管道中的结果相符的．

(c) 从理论观点来看，这里有**两个不同的问题**，即：**湍流形成的原因和已经形成湍流的流动的特性**．

在过去的八十多年里，许多人主要在数学方面，随后又在实验

1) 这个试验最早是雷诺于1883年完成的．

方面，用了大量精力试图回答湍流是如何形成的，这样一个有重要意义的问题；直到现在这还是个有现实性的研究课题.

从雷诺[4.36]时起就知道，在某些形式的扰动运动中，能量是从主流传递给扰动流，但另一方面，如果粘性足够大，扰动运动会被粘性作用阻尼掉. 为了解释湍流是如何形成的问题，必须对扰动运动进行细致的研究，以便找出哪种形式的扰动会导致湍流，和在哪些条件下湍流才能形成. 通俗一点说，问题在于有没有那么一种扰动运动，即使它非常小，但随着时间的增长它会不断增长. 这是一个有关稳定性的问题，在克服了许多数学困难之后，证明这个问题是可以用小摄动法来解决的.

稳定性理论的原理是，在一个定常平行流动 $u(y)$（例如边界层速度剖面[1]）上迭加二维小扰动 (u', v')，扰动是由波长不相同的部分振荡组成的. 我们可以用纳维-斯托克斯方程和连续方程以及有关的边界条件，对给定波长的每个振荡（可以分开来处理）分别得出一个衰减因子（或激增因子）和一个波的传播速度值. 托尔明首先研究了这个问题，并得出正确的解[4.37]，后来施里希廷又在应用中作了补充[4.38]，研究结果进一步指出，粘性能起双重作用：一方面能使振荡衰减，另一方面使互相垂直的扰动分量 u' 和 v' 产生相位移. 由于后述的机理，在不稳定扰动情况中，能量不断地由主

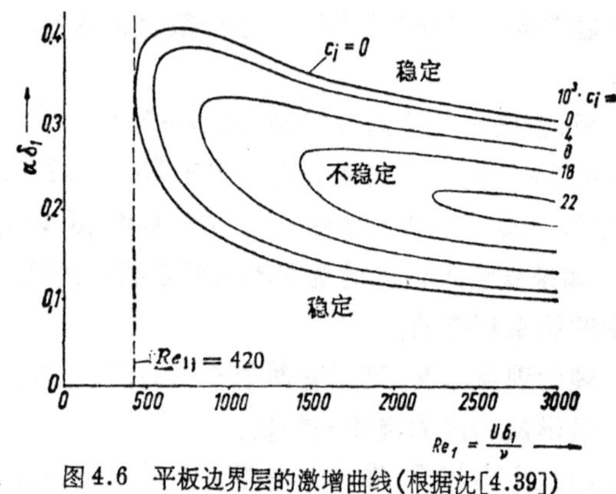

图 4.6 平板边界层的激增曲线（根据沈[4.39]）

1) 在边界层中，x 方向的速度分布变化相对来说是较小的，因而可以忽略不计.

流传递给扰动运动. 图 4.6 给出这种计算的一个例子，它是用托尔明表示法算出了布拉修斯边界层(即平板上的边界层)的中性稳定曲线和激增曲线. 其中波数 α 与波长 λ 的关系是 $\alpha=2\pi/\lambda$, δ_1 是位移厚度[式(4.19)]. 在“中性曲线” $c_i=0$ 所包的区域外，扰动是衰减的，而在这区域内，扰动以因子 $e^{\alpha c_i t}$ 增大. 此外，曲线还表明，在临界雷诺数(本例为 $Re_1=U\delta_1/\nu=420$)以下，所有扰动都是衰减的；还有，当振荡的波数 α 超过一定数值后，则无论 Re 数多大，扰动也都是衰减的. 如果振荡的 α 值较小，则在小雷诺数和极大雷诺数时衰减，而在中等雷诺数时激增.

数学补充 每个部分振荡的流函数可以用式

$$\psi(x, y, t)=\varphi(y)e^{i\alpha(x-ct)} \tag{4.39}$$

来表示. 其中 α 是实数，c 是复数 $c=c_{shi}+ic_{xu}(i=\sqrt{-1})$；实数 c_{shi} 给出波的传播速度而虚数 c_{xu} 决定振荡是激增还是衰减. 如果把式(4.39)代入纳维-斯托克斯方程[不是代入边界层方程(4.16)]，则在消去压力项后，得出振幅函数 $\varphi(y)$ 的奥尔-佐默费尔德扰动微分方程式

$$(U-c)(\varphi''-\alpha^2\varphi)-U''\varphi=-\frac{i\nu}{\alpha}(\varphi''''-2\alpha^2\varphi''+\alpha^4\varphi). \tag{4.40}$$

若边界条件是 $y=0$ 时，$\varphi=0$；$y=\infty$ 时，$\varphi'=0$；这时，式(4.40)的求解是一个本征值问题；对于给定的 α 值，$\varphi(y)$ 只对一定的“本征值” c 才有解存在. 关于数学处理的细节，可以参看林家翘[R6]和梅克辛[R15]的著作.

层流流动的不稳定，自然并不一定导致形成湍流流动；它也可以成为另一种(稳定)状态下的层流流动. 例如在旋转圆柱之间的流动就是这种样[参看(g)]. 可是对于层流边界层当它处于不稳定状态时，通常总要变成湍流边界层. 舒包尔和斯克莱姆斯太德[4.40]在许多细节方面都证明了托尔明-施里希廷计算的正确性；在这个试验中，所要频率的扰动是利用磁来激发放进层流边界层里的钢带得出的.

瑞雷从式(4.40)出发得出对于无粘性流体($\nu=0$)，只有当速度分布的剖面具有拐点时，才可能产生激增振荡[4.41]. 托尔明指出，速度剖面有拐点不但是必要的，而且也是充分的条件[4.42]；从趋势上看，这个结果对于有粘性的流体也一样适用. S 形的速度

剖面（即具有一个拐点的速度剖面）具有特别强烈的不稳定性倾向，而且速度剖面的S形愈显著，临界雷诺数就愈低．由于这样的速度剖面在沿流动方向有压力增高时就会出现[参看 **4.4**(a)]，所以当流场中有逆压梯度时，常常会促使形成湍流．

上面提到的理论工作，特别是根据 $p=$常数的“平板边界层”所得的理论，后来又有了发展；施里希廷和乌瑞希[4.43] 以及普雷奇(独立地)[4.44] 都曾把托尔明的计算方法应用于有压力升降的边界层情况，并且把雷诺数 Re_1 的临界值表示为层流速度剖面的剖面参数 λ[式(4.35)]的函数．正如我们所预料的那样，有逆压梯度的边界层，其临界雷诺数 Re_1 值显著地小于平板边界层的临界雷诺数，而有正压梯度的边界层的临界雷诺数则显著地大于它．图 4.7 中(根据施里希廷和乌瑞希)按不同剖面参数 λ 给出了中性稳定曲线．

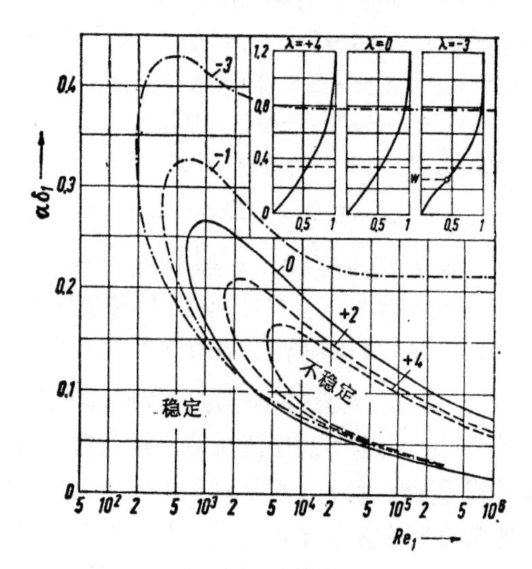

图 4.7　中性稳定曲线

——平板绕流；- - -有顺压梯度的流动；-·-·-·-有逆压梯度的流动

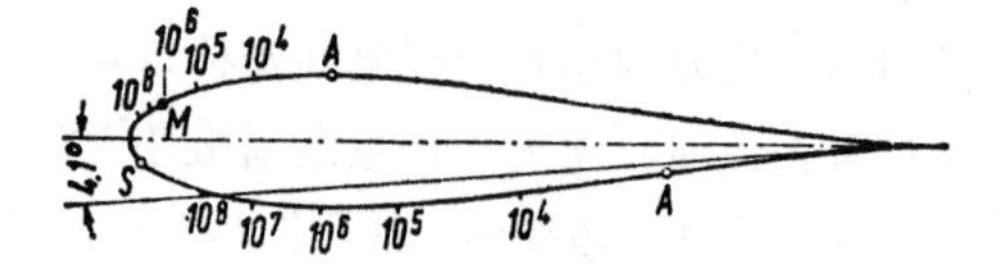

图 4.8　注有临界雷诺数值的翼型(根据施里希廷)

由于在给定迎角下我们能求出给定翼型的压力分布，从而可以用边界层方法确定边界层速度剖面参数的变化和边界层厚度；另一方面，又可以从图4.7查得对应于每一个剖面参数的临界雷诺数值 Re_1，于是我们就可以在翼型图上，在翼型表面上的每一点注出该点为稳定极限时的来流临界雷诺数 $U_\infty b/\nu$ 值[1)]（这里 b 为翼弦长度，见图4.8）.

(d) 关于怎样从冗长的托尔明-施里希廷的振荡计算中得出产生三维不规则湍流运动的问题，理论上还没有取得突破和成果. 可是可以从许多在不同研究地区作出的内容丰富的系统性试验结果中，初步了解气流的发展情况. 尤其是在华盛顿的美国度量衡局，它们定了个多年的研究计划，严谨地从事于研究从层流边界层过渡到湍流边界层中，演变的各阶段情况（参看[4.40]，[4.45]，[4.46]，[4.47]，[4.48]）.

根据这些试验所得出的关于过渡到湍流情况的大轮廓如下. 当"托尔明-施里希廷"波的波幅达到某一大小后，若扰动运动再继续增长，则在垂直于气流方向所表现出来的变化是近乎周期性的，这种变化与形成纵涡旋，即其轴与主流方向平行的涡旋，有关.

为了从理论上解释三维扰动运动的发生，格特勒和维廷格提出了一个二阶稳定性理论[4.49]，它说明在托尔明-施里希廷振荡的波谷里可以发生纵涡旋[参看(g)]. 本内的文章[4.50]指出，从纳维-斯托克斯方程的非线性项来看，也可能有其他扰动形式发生. 特别是本内所提出的运动形式，其中有一个看来是与克来本诺夫[4.48]试验中所观察到的相当（参看格林斯潘和本内的文章[4.51]）.

随着扰动运动的继续增大，在最大扰动速度处流动产生"崩裂"；经过突然发生的高强度速度波动，迅速变成"湍流斑"（即发生局部有限的湍流）. 我们早就知道，无论哪种扰动所引起的湍流，总是自己继续扩展，随着最初形成的涡旋向下游流走，在上游又不断地有新的涡旋形成[4.52]. 这个过程可以在图4.9里明显看出，

1) 在施里希廷和乌瑞希的文章[4.43]中有这类算例. 图4.8中 S 是驻点，M 是最大速度点，A 是层流边界层的分离点.

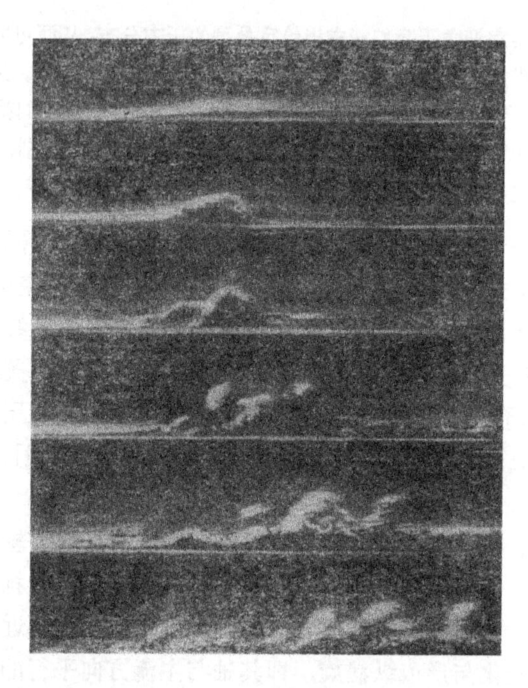

图 4.9 一个湍流扰动的传播

这是用电影摄影机随涡旋群一起移动拍摄的．初始扰动是通过壁上的细缝在短时间内吸出一些流体引起的(在第一张照片的左侧)．但在这孤立的湍流区域的其他一些地方，由于能量输入很少，已经进入湍流运动的流体，又趋于稳定．最后湍流斑以等速向外散播．

由于在自由流动中有许多偶然存在的小的非均匀性，因此“崩裂”的发生和由此引起在稳定区边界下游的湍流斑，是没有一定规律性的．在自己扩张着的湍流斑，随着流体向前运动，又不断地同以后新产生的湍流斑相遇并掺混到一起．就这样顺着流动方向，它所覆盖的面积不断增加，直到最后湍流斑形成一个整个的、完全发展了的湍流运动．

如果我们在流体过渡区的某固定处放一个热线仪来观测，则当个别湍流斑流过时，显示出湍流是间歇性瞬时出现的．观察到的流体成为湍流的时间与全部观测时间的比例，一般用间歇因子 γ 来表示. 在层流流动中 $\gamma=0$, 而全部都是湍流时 $\gamma=1$. 如果把间歇因子对沿流动方向的坐标轴画出曲线，它大致是个高斯误差积分曲线的样子.

(e) 在讨论了湍流的发生情况后，我们还要对在(b)里所提的内容作些补充. 作为层流运动的稳定边界标帜的临界雷诺数，是一个定义得很清楚的值. 可是由于湍流是逐渐发展成通体都成湍流的，因此没有一个清晰的标帜界线. 所以很难给对应的雷诺数下个定义，因而有些任意性. 自然，它要比稳定边界外的雷诺数值大些(来流中有很强扰动的情况除外).

从湍流发生的原因来看，有许多看起来好象不重要的、事先不能发现的东西(例如物体外形做的不够准确，表面有沾污，流体内含有看不见的杂质等等)都能对它产生显著的影响. 更重要的是在自由流动本身中早已存在着的速度脉动(叫做流动的"本征湍流")，我们可以用湍流度 Tu 来标定它，

$$Tu=\sqrt{\frac{1}{3}\frac{(\overline{u'^2}+\overline{v'^2}+\overline{w'^2})}{U_\infty^2}},$$

其中 $\overline{u'^2}$, $\overline{v'^2}$, $\overline{w'^2}$ 是速度脉动分量平方的平均值. 图 4.10 给出了由试验得出的平板的 Re_1 (平板边界层开始出现湍流时的雷诺数)与流体中的湍流度的关系. 随着流体湍流度的增加，湍流开始出现的位置就逐渐靠近层流开始不稳定的地方. 由于风洞试验是要模拟物体在静止空气中作匀速运动的情况，因此往往需要尽很大努力，来减少气流中的湍流度(参看试验技术 6.1).

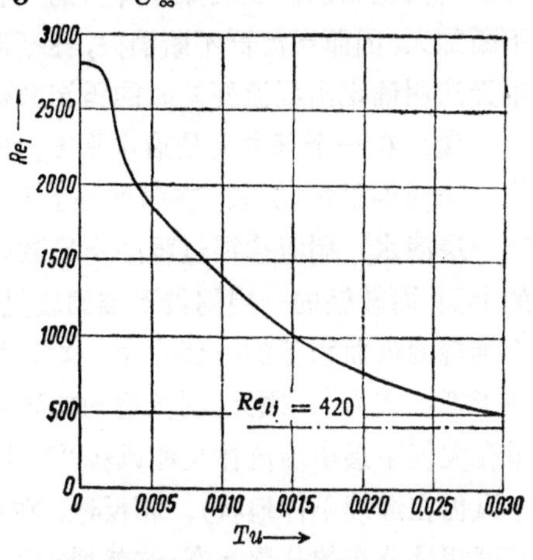

图 4.10 湍流度对平板边界层中开始出现湍流的影响(根据德莱登[H7])

用增加表面粗糙度(如加上促使转捩的金属“绊线”、铆钉头等等)来引起湍流的办法,并不象初看起来那样简单. 由于在试验技术里常用增加粗糙度使湍流发生在指定地点的办法,因此研究这个问题是有实用意义的. 不然的话,例如在船模型($Re\approx10^7$)的边界层里,湍流发生在很后的位置,而实际在真船上($Re\approx10^8—10^9$)几乎在船头后就发生转捩. 关于这方面的一些详细讨论,可参看德莱登[H7],克雷默尔[4.53],和史密斯,克拉特[4.54]的文章[参看**4.17(b)**].

(f) 关于管流还要提一下的是,平行管流(即哈根-波阿苏依流动,参看**4.1**)遇到旋转对称的小扰动时,在所有雷诺数情况下它都是稳定的. 因此必须认为,在来流(或管的入口处)的边界层里,一般就已存在湍流了. 所以进入管内时的流动情况,对产生湍流是有决定性影响的. 关于管内湍流的发展,最初是形成个别的湍流群(有时充满了整个截面,可是只有有限长度),它与层流群交替着在管内运动. 雷诺早已观察到湍流出现的这种间断性,以后饶塔[4.55]和林德格瑞因[4.56]又进一步作了研究,这种现象是与在边界层内湍流团的扩展现象相并行的. 在管流中这个湍流群的长度不断加大,因而层流群不断消失,逐渐形成了通体都是湍流. 这里也无法明确定出湍流开始时的雷诺数值.

(g) 在一个基本上是沿水平方向的流动中,如果介质的密度往上降低得很快(例如,在温度往上升高的气团里,或者在咸水上有一层淡水),湍流掺混过程必定导致较重的一层上升到较轻一层的上面,而较轻的一层则被下推到较重一层的下面. 这就是说,用于维持湍流而积蓄的一部分功(这些功来自主流,参看**4.6**)就消耗于抵抗重力[1]. 因此,湍流运动就要衰减以至完全消失. 这是夜里在大气下层中湍流休止和风势“渐息”的解释(在较高的大气层中风仍在继续不停地吹). 相反地,在白天由于地面放热,引起了密度相反分布的分层状态,这就增加了湍流度[4.57].

在沿曲壁的流动中,由于离心力作用的结果,湍流也会减弱或者加强,视速度在曲率中心向外的方向是增加还是减小而

1) 关于定量的讨论,参看**5.12(d)**.

定[4.58]．这里，离心力数量值的变化所起的作用，和多层不同密度流体的流动中重力的变化所起的作用一样．

如果流体充满两个同心圆筒间的空间，外面的圆筒在旋转而里面的圆筒静止，并且，如果圆筒间的距离 $d=r_2-r_1$ 远小于 r_2，根据古艾特[4.59]，周向速度 u 存在一个临界值，使雷诺数 $ud/\nu=1900$（对 $d/r^2<0.05$ 而言）．从理论上说，这种流动是稳定的，蒂尔曼[4.61]提出导致湍流的根源是来自圆筒末端的扰动．如果圆筒间的距离较大（上面所提到的稳定化效应就发生作用），此临界雷诺数值就急剧地上升．另一方面，如果里面的圆筒在旋转而外面的圆筒静止，这时即使是层流运动也是不稳定的，但并不引起湍流；而是有规则地形成涡旋，它们的轴平行于周向速度，而转动的方向则左右交替地变动．出现这种三维不稳定性的条件已由泰勒于 1923 年在理论上得到[4.60]并经实验证实．这个条件可表示如下：

$$\frac{ud}{\nu}>41.3\sqrt{\frac{r}{d}},$$

其中 r 是两个半径的平均值．

只有在高得多的周向速度时（系数约为 50），流动才最后成为湍流．蒂尔曼在这方面发表了很有兴趣的观察结果[4.61],[4.62]．丁[4.63]曾把泰勒的想法用到绕弯曲河道（宽度为 d）的流动中，得出当

$$\frac{qd}{\nu}>54\sqrt{\frac{r_1}{d}}$$

时，水流开始不稳定（q 是水流速度的平均值）．

这里所提到的减小稳定性的作用，也出现在曲率比较小的凹面边界层中；而在凸面边界则是有些稳定作用的．首先，流过凹面的层流中，也能出现类似上述的泰勒涡旋．根据最初由格特勒[4.64]，后来又经黑默林[4.65]修正过的计算结果，如果用 δ_2 做为动量损失厚度，则

$$\frac{U\delta_2}{\nu}=0.26\sqrt{\frac{r}{\delta_2}}$$

可以看做是稳定边界值．利普曼的试验[4.66], [4.67]表明当

$$\frac{U\delta_2}{\nu}>7\sqrt{\frac{r}{\delta_2}}$$

时，会出现湍流．

4.6. 通体湍流

通体湍流（即流动全部都发展成湍流）的流动性状无疑是非常复杂的，直到现在，从理论处理上来说，离开最后解决这一问题还相差很远．如果我们用一般的仪表（驻点压力管，壁上开孔测压，流体压力计等）来测量湍流，则由于仪表具有的惯性，所测得的只能是平均值．我们从这里所得到的印象是它与层流好象只有量的区别（例如，它的压力降落较层流大，管内速度分布剖面较丰满等等）．而有关这一复杂运动的细节则都被隐盖住了．即便流动可以设法看到（例如在流体中放入有色流体，或白烟），也会由于运动的迅速和复杂，难以看得仔细．所以容易使人对湍流的真实情况获得错误印象．下面我们简短地介绍一下有关的理论探索1)，以使读者能进一步认识湍流的性质．一些工程上较重要的湍流流动和有关它们的实际处理方法放在**4.7**中介绍．

4.6.1. 湍流的运动学

在**2.2.1**中所用到的表示方法，对描述湍流流动是不够的．因为这时的速度和压力有不规则的脉动，已不再是空间和时间的单值函数．只有运用统计学的办法来描述才合理（例如在某一定点瞬时出现的速度将因此作为一个“偶然量”）．对于湍流的统计学

1) 关于通体湍流的综合性论述，见白契勒[R5]，唐森[R8]，欣策[R13]所著的书中，和舒包尔和田[H7]以及林家翘[H7]所写的文章．在戈林[H9]（德文）和弗里德兰德与托波尔[N10]（英文）主编的论文集里，重印了几篇较早期的、关于湍流统计理论的基本著作．关于新的发展，见法国科学研究中心（CNRS）出版的国际讨论会文集“湍流力学”[Z9]和国际物理和地质学会——国际理论和应用力学学会（IUGG-IUTAM）联合主办的“地球物理中的湍流”讨论会的论文集[Z10]，两者均于1961年在法国马赛举办．

看法促进了试验技术上的革新；因为只有应用电子测量仪器，才有可能把不同的统计物理量直接从非常灵敏的流动测量仪(例如热线仪，参看试验技术一节)所测出的信号中求出来.

在 **2.3.2** 里提到过，我们可以把瞬时速度分为平均值和脉动量. 显然，平均值分量和脉动分量都应各自满足连续方程

$$\frac{\partial \bar{u}}{\partial x}+\frac{\partial \bar{v}}{\partial y}+\frac{\partial \bar{w}}{\partial z}=0; \quad \frac{\partial u'}{\partial x}+\frac{\partial v'}{\partial y}+\frac{\partial w'}{\partial z}=0. \qquad (4.41)$$

对速度平均值 $\bar{u}$, $\bar{v}$, $\bar{w}$ 来说虽然可以用式(2.7)的连续方程，但总速度值 $u=\bar{u}+u'$ 的统计频率分布才能说明速度分量的全面性状. 通常除平均速度外，最重要的量是速度分量平方的平均值 $\overline{u'^2}$ 等

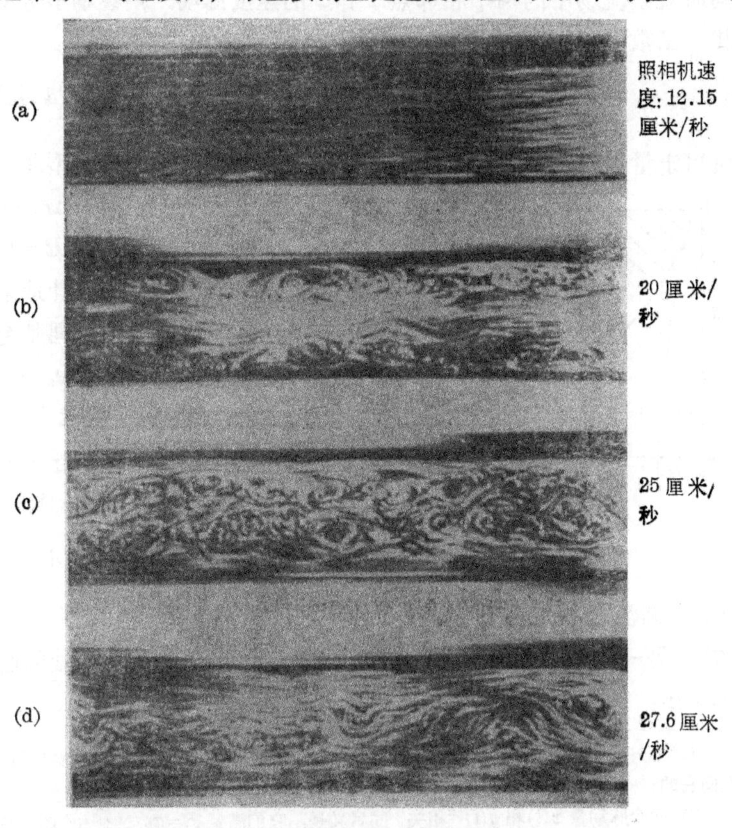

图 4.11 水渠内的湍流流动

("离差")和两个速度分量乘积的平均值("相关")(参看 **2.3.12**).

从观察流体运动可知，要想识别湍流运动，除速度脉动分布外，还需要再知道别的有关数据. 为了说明问题，人们用照相机对渠道内的流动拍了一系列的照片(见图 4.11)[1]；渠道中液体的流速都相同，只是照相机以不同速度沿渠道轴移动，因此相当于参照不同的坐标系来观察同一流动. 我们可以从图中清楚地看到哪些地方流动质点的纵向流速与照相机速度瞬时相同，而且还可以清晰地分辨出涡旋形成的图形. 此外，相片还反映出瞬时流动图画的偶然性，给人以深刻印象，即：同样的流动是不会再现的. 通过同时观察流场中的两个相邻点 1 和 2 的速度脉动，用泰勒引进的相关函数[2]

$$R=\frac{\overline{u_1'u_2'}}{\sqrt{\overline{u_1'^2}\cdot\overline{u_2'^2}}} \tag{4.42}$$

可以定量地说明有关湍流的空间结构. 这种相关函数的典型曲线见图 4.12. 当 $\lim r_x\to 0$ 时，$u_2'=u_1'$，因而 $R=1$；当 r_x 很大时，统计地来看，这两速度之间是毫无关系的，因而 $r_x\to\infty$ 时，$R=0$. 从 R 与 r_x 的关系曲线可以导出两个特征长度，一个是

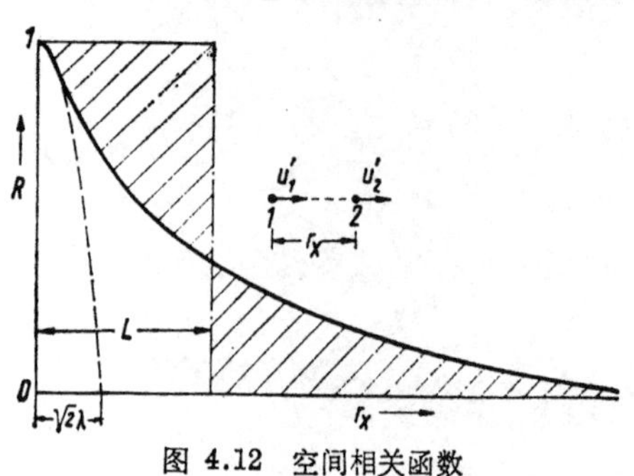

图 4.12 空间相关函数

$$L=\int_0^\infty R\,dr_x, \tag{4.43}$$

叫做"湍流球"，它是作瞬间均匀运动的质量的标量(极大简化了的). 另一个是按照泰勒用 λ 来表示的，它可以从曲线顶点处的曲率得出：

---

1) 照片由尼库拉德塞拍摄，又从托尔明发表在[H2]中的图复制下来. 流动是由左向右的.

2) 两个脉动量 $x(t)$ 和 $y(t)$ "相关"的意义是，它们满足 $R=\overline{xy}/\sqrt{\overline{x^2}\cdot\overline{y^2}}$ 的关系式；若这两个量互成比例，则 $R=1$ 或 -1，若这两个量彼此毫无关系，则 $R=0$.

$$\frac{1}{\lambda^2}=-\left(\frac{d^2R}{dr_x^2}\right)_{r_x=0}. \tag{4.44}$$

这个量主要由 $\partial u'/\partial x$ 的平均平方值来求出. 把点 1 的瞬时速度用泰勒级数展开,可以得出

$$\left(\frac{d^2R}{dr_x^2}\right)_{r_x=0}=-\frac{1}{\overline{u'^2}}\overline{\left(\frac{\partial u'}{\partial x}\right)^2}+\frac{1}{2}\left(\frac{1}{\overline{u'^2}}\frac{\partial\overline{u'^2}}{\partial x}\right)^2,$$

式中右侧第二项经常等于零(例如当流过圆柱管时), 即使在其他情况下也常是小得可以省略,因而

$$\overline{\left(\frac{\partial u'}{\partial x}\right)^2}\approx\frac{\overline{u'^2}}{\lambda^2}. \tag{4.45}$$

我们从分析相关函数曲线可以想到, 湍流运动是由许多不同波长的波所组成的混合体; 这些不同波数[1)]的脉动强度分布, 可以叫做"波谱". 按这个想法来说, 湍流可以简化为由大小量级不同的"湍流微元"所组成. 式 (4.43) 中的 L 是大的湍流微元的量度尺寸 (这些大的微元是脉动强度的主要传递者), 而式 (4.44) 中的 λ 则是小的湍流微元的量度尺寸.

如果我们仿照式(4.42), 把在同一地点而在不同时间的速度(在 t 时为 u_1', 在 $t+\Delta t$ 时为 u_2')用同样关系式联系起来,则可以得到所谓"自动相关函数". 由于一般的速度脉动只有主流百分之几的数量级,所以这些涡旋体差不多是以平均值 $\bar{u}$ 向前运动,而它的结构沿途 (它的相关函数可以由图 4.12 确定) 几乎是不变的. 因此, 在地点为 2 而时间为 t 的流动速度与地点为 1 而时间为 $t-(r_x/\bar{u})$ 的流速完全一样. 如果我们令迟滞时间 $\Delta t=-r_x/\bar{u}$ 与距离 r_x 相对应, 则"自动相关函数"就与图 4.12 的空间相关函数相对应. 这个论据对实验技术很重要, 因为这样就可以把固定点的频率分析,推论到湍流的空间结构上去. 于是,可以用固定安装的探头, 通过它所感受的、随时间而变的脉动, 来记录出流动过程中的波结构; 就象汽车司机可以从颠簸中感觉到道路的高低不平一样.

1) 波数 $k=2\pi/$波长.

从数学观点来看，用脉动强度的谱式分布(简称“波谱”)，有时要比用“相关函数”方便得多．在这方面我们只提一句：波谱是相关函数的傅里叶转换．例如，由相关函数式(4.42)可得出，按波数 k_x 展开的 $\overline{u'^2}$ 的波谱为

$$\Phi(k_x)=\frac{\overline{u'^2}}{2\pi}\int_{-\infty}^{+\infty}R(r_x)\cos(k_x r_x)dr_x.$$

如果用频率 n 代替波数 $k_x=2\pi n/\bar{u}$，则这个波谱近似地对应于一个频率波谱

$$\overline{u^2}F(n)=(2\pi/\bar{u})[\Phi(k_x)+\Phi(-k_x)].$$

对于这个频率波谱，定义为

$$\int_0^{\infty}F(n)dn=1.$$

再进一步深入研究，就需要求出空间-时间的相关函数，也就是说，要观察在不同地点、不同时间的两个速度分量间的关系．做为一个例子，我们把法夫俄等[4.68]在平板湍流边界层里所测量得的相关函数结果画在图 4.13 上．曲线的最高点有后移，原因在于湍流球有路程漂移；而最大值的减小，则标志着存在一种过程，可以直觉地解释为经过一定时间后湍流球与周围的湍流相掺混，渐渐失去它原有的特点并不断产生新的湍流球．

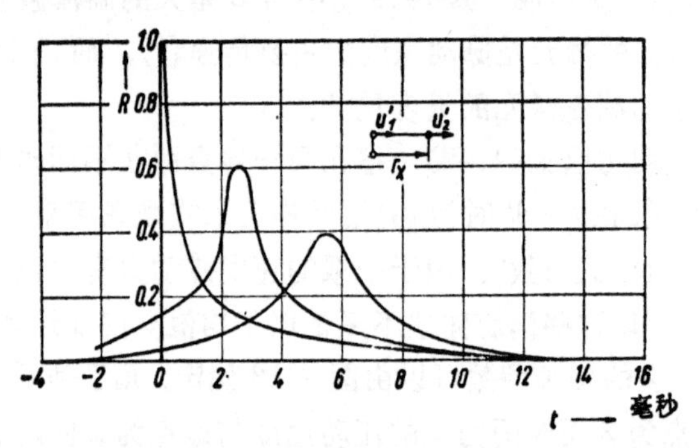

图 4.13　空间-时间的相关函数(根据法夫俄等[4.68])．曲线适用于 $U=12$ 米/秒；$r_x=0, 24.4$ 毫米和 50.8 毫米

自然，我们可以比图 4.12 所举的例子更一般地来应用相关函数这个概念．我们可以把任意点的任意速度分量(不必限于互相平行)联系到一起．然后用对称条件和连续方程把不同的相关函数间的关系找出来．特别是对于均匀和各向同性的湍流更可以这样做．如果在一个湍流场内所有点上的统计分布都一样，它就叫做均匀的湍流场；如果把参考坐标做任意转动和映射而分布依旧不变，它就叫各向同性的湍流场．一股气流通过栅格网所造成的湍流场(风洞湍流)，就与泰勒所说的各向同性湍流[4.69]很相近．因此可以把

栅格网后的湍流作为研究湍流一些基本问题的对象. 对于各向同性的湍流,如果已知一个相关函数,则所有其他相关函数都可以计算出来. 除了在图4.12中所描述的相关函数(这里我们把它写作 R_x)外,我们还对另外一个相关函数 R_y 感兴趣(这时点1和点2则位于与 u_1' 和 u_2' 相垂直的面上,彼此间的距离是 r_y). 卡门第一个指出[4.70]由于连续性的原故,当 $r=r_x=r_y$ 时,R_x 和 R_y 之间存在关系式 $r(dR_x/dr)=2(R_y-R_x)$. 所有其他相关函数都可以通过简单计算由 R_x 和 R_y 求出. 白契勒所著的书[R5]中有关于均匀和各向同性湍流的详细描述.

4.6.2. 湍流的动力学

在**2.3.12**里曾经指出,由于速度脉动所产生的动量传递,会引起湍流应力,例如剪应力 $\tau'=-\rho\overline{u'v'}$. 这个湍流应力也叫作"雷诺应力",一般是相当大的;相比之下,常常可以把粘性引起的应力[按式(4.5)]忽略掉.

在实际最重要的湍流里,某一个平均速度分量常常比其他分量至少大一个数量级,这时沿垂直于大的速度分量方向会有大的速度变化. 可以仿照处理层流边界层那样(参看**4.4**),对它作简化. 严格地说,由于存在湍流的法向应力 $\sigma_y'=-\rho\overline{v'^2}$,不能把垂直于主流方向($x$ 轴)的压力同样近似地看作是常数. 这时 $\partial\bar{p}/\partial y+\rho(\partial\overline{v'^2}/\partial y)=0$; 对 y 积分此方程式,再对 x 微分,则得 $\partial\bar{p}/\partial x=\partial\bar{p}_0/\partial x-\rho(\partial\overline{v'^2}/\partial x)$,其中 $\bar{p}_0$ 是壁上压力或者(在有边界层的情况下)是湍流区边界上的压力. 把上述结果代入平均了的纳维-斯托克斯方程的 x 分量式子里,则可得出平均定常流的速度方程式

$$\bar{u}\frac{\partial\bar{u}}{\partial x}+\bar{v}\frac{\partial\bar{u}}{\partial y}=-\frac{1}{\rho}\frac{\partial\bar{p}_0}{\partial x}+\frac{\partial}{\partial y}\left(-\overline{u'v'}+\nu\frac{\partial\bar{u}}{\partial y}\right)-\frac{\partial}{\partial x}(\overline{u'^2}-\overline{v'^2}),\quad(4.46)$$

其中 $(\partial/\partial x)(\overline{u'^2}-\overline{v'^2})$ 项反映湍流法向应力 $\sigma_x'=-\rho\overline{u'^2}$ 和 $\sigma_y'=-\rho\overline{v'^2}$ 所产生的效应;在大多数情况下其值很小,几乎可以忽略掉.

湍流应力和有关的平均速度梯度系统,对一个有限界的流体作功. 这个功是用来维持流体的湍流运动以抵抗这个区域内的内摩擦(有时也用较少的能量维持周围区域里的湍流运动). 我们在这里研究一个最简单的情况,即每秒钟对单位体积所作的功("产生了湍流能")为 $-\rho\overline{u'v'}(d\bar{u}/dy)$. 这个功最后如何转化为热,就

决定了湍流的阻力定律；因此，例如在直管中，压力降落近似地随流速的二次方而增长．湍流应力主要是由较大的湍流微元（数量级 L）之间进行动量交换而产生的．由于流动的不稳定性，随之产生较小尺寸的湍流运动，直到最小的湍流微元中出现很陡的速度梯度（$\partial u'/\partial x$ 等），从而在粘性流动里转化为热（“耗散”）．从主流通过湍流应力传递给大湍流微元的能量（与粘性无关），又一级一级地传递到愈来愈小的湍流微元上去，直至传到最小的有耗散作用的涡旋为止．单位体积每秒钟所耗散的能量是 $\rho\varepsilon=$数值$\cdot\mu\overline{u'^2}/\lambda^2$．[1] 如果增大雷诺数，例如在管流中增加流速，则湍流应力和 $\overline{u'^2}$ 将随流量的平方而增加，因而 $-\rho\overline{u'v'}(d\bar{u}/dy)$ 随 $\bar{u}^3$ 而增加．为了使耗散同样程度地增长，λ^2 必须按 $1/\sqrt{\overline{u'^2}}$ 减小；即还要产生更小的湍流微元．在相关函数曲线图 4.12 里雷诺数的增加只表现在曲线顶点附近（即相关函数曲线变得更尖些），在其余部分（因而 L 值）按式(4.43)都不变．由此可得

$$\frac{\lambda}{L}=\text{数值}\cdot\sqrt{\frac{\nu}{\sqrt{\overline{u'^2}}\cdot L}}.$$

要计算能量耗散，我们可以把式(4.5)的应力分量乘以相对应的变形速度，然后将九个乘积相加[参看 **4.3(a)**]．如果我们只考虑脉动速度，就可以得到由于湍流运动而耗损的能量，即“湍流耗散”（相对于单位时间和单位流体质量）

$$\varepsilon=\nu\left[2\overline{\left(\frac{\partial u'}{\partial x}\right)^2}+2\overline{\left(\frac{\partial v'}{\partial y}\right)^2}+2\overline{\left(\frac{\partial w'}{\partial z}\right)^2}+\overline{\left(\frac{\partial u'}{\partial y}+\frac{\partial v'}{\partial x}\right)^2}\right.$$
$$\left.+\overline{\left(\frac{\partial u}{\partial z}+\frac{\partial w'}{\partial x}\right)^2}+\overline{\left(\frac{\partial v'}{\partial z}+\frac{\partial w'}{\partial y}\right)^2}\right]. \tag{4.47}$$

由平均速度分量所耗散的能量叫“直接耗散”；它只在壁面附近才是重要的（参看 **4.7.1**）．在各向同性湍流中，式(4.47)中的各项都可以用例如 $\overline{(\partial u'/\partial x)^2}$ 来表示．泰勒得出这时湍流的能量耗散是

$$\varepsilon=15\nu\overline{\left(\frac{\partial u'}{\partial x}\right)^2}. \tag{4.48}$$

如果按科莫哥洛夫[2]的作法，只用速度差分布函数代替速度本身，则各

1) 各向同性湍流情况时，式中数值等于 15．

2) 参看[H9]和[N10]．

向同性湍流的概念还可以更推广些．我们把相关函数写成 $B=\overline{(u_2'-u_1')^2}$ 的形式（参看图 4.12）；如果在一个有限大小的区域内（即与一些点的距离限于 r 内）其分布函数不因坐标的转动和映射而改变，则称这种湍流为“局部各向同性” 如果雷诺数 $Re=\sqrt{\overline{u'^2}}\cdot L/\nu$ 足够大的话，则对于任何湍流流动都可以在相当小的区域内($r\ll L$)得到这种局部各向同性（在有剪应力的流动如管流或类似的流动里也一样）．只有在壁面附近区域和有其他外界影响的情况下才是例外．局部各向同性湍流区正好包括有大斜率的 $\partial u'/\partial x$ 等，因而可以一般地应用式(4.48)．

用相似律的看法，更可以进一步研究局部各向同性湍流的细节．由耗散 ε 和运动粘性 ν 就可以直接得出流动情况．这里作为特征长度取 $l_s=(\nu^3/\varepsilon)^{1/4}$，因而相关函数 B 的定律可写做

$$B=\overline{(u_2'-u_1')^2}=\sqrt{\nu\varepsilon}\,\beta\left(\frac{r_x}{l_s}\right) \tag{4.49}$$

（量纲正确地），其中 β 是 r_x/l_s 的普适性无量纲函数．由于同式(4.42)中的 R 一样，这里 $(\partial^2 B/\partial r_x^2)_{r_x=0}=2\overline{(\partial u'/\partial x)^2}$，[1] 对于极小 r_x 值，式(4.48)可写作

$$B=\frac{\varepsilon}{15\nu}r_x^2. \tag{4.50}$$

如果 r_x 比 l_s 大得多，则这个结构可以单独由 ε 定出．可是从式(4.49)来看，只有在（用 l_s 的上述关系式）

$$B=C(\varepsilon r_x)^{2/3} \tag{4.51}$$

的条件下，B 才能与粘性无关．上式中的数值 C 是局部各向同性湍流的一个普适常数，由试验得出的 $C\approx 1.9$．方程式(4.49)的普适相关函数 β 的曲线画在图 4.14 上．由科莫哥洛夫得出的定律，已经从一系列不同流动的实验中证实[2]．

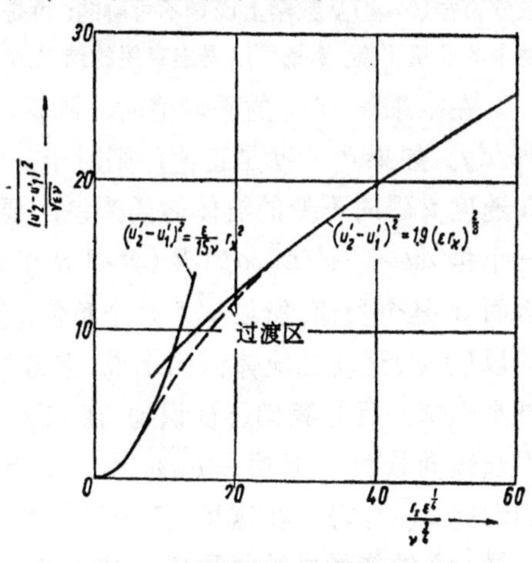

图 4.14　局部各向同性湍流的普适相关函数

1) 在 B 与 R 之间存在关系式 $R=1-B/2\overline{u'^2}$．

2) 用波谱的概念(参看 **4.6.1**)，式(4.51)可写作 $\Phi=(K/2)\varepsilon^{2/3}k_x^{-5/3}$．此定律曾由魏茨泽克[4.71]，海森伯[4.72]，普朗特[4.73]和昂扎格尔[4.74]等各自通过不同途径独立地得出．普适常数 K（它与 C 的关系式是 $C=3\Gamma(1/3)K/2=4.02K$）的可靠数值只能在相当大的雷诺数情况下，由试验结果求出来．格兰特、斯太渥特、莫里埃[4.75]在潮汐明渠中所做的量测所得到的 $K\sim 0.47\pm 0.02$．

对于湍流运动的上述能量分配 (Energiehaushalt) 的定量分析我们可以导出一个微分方程式. 把纳维-斯托克斯方程 (4.8) 的三个式子分别乘以脉动分量 u', v', w', 然后相加. 在求得平均值并作简化[与对式(4.46)所作的相同]后, 可得

$$\bar{u}\frac{1}{2}\frac{\partial\overline{q^2}}{\partial x}+\bar{v}\frac{1}{2}\frac{\partial\overline{q^2}}{\partial y}+\overline{(u'^2-v'^2)}\frac{\partial\bar{u}}{\partial y}$$

$$+\overline{u'v'}\frac{\partial\bar{u}}{\partial y}+\frac{\partial}{\partial y}\left(\frac{\overline{v'q^2}}{2}+\frac{\overline{v'p'}}{\rho}\right)+\varepsilon-\nu\frac{\partial^2}{\partial y^2}\left(\frac{\overline{q^2}}{2}+\overline{v'^2}\right)=0. \quad (4.52)$$

其中 $q^2=u'^2+v'^2+w'^2$, 因而 $\rho\overline{q^2}/2$ 是单位体积的脉动能量. 上式中第一、二项是用平均速度表示的进入和流出能量的差值("能量对流"); 第五项表示湍流运动的能量传递(所谓"能量扩散"), 通常是由高能区向低能区扩散. 第四项考虑到湍流剪应力所作的功, 而第三项则是湍流法向应力所作的功 (常常可以忽略). ε 是按照式(4.47)求出的耗散能, 最后一项是考虑由粘性导致的能量传递(只在壁面附近才有重要性). 由于还不知道各项之间的关系, 所以微分方程(4.52)从数学上说是不可解的; 可是对于从试验结果中分析湍流运动中的能量平衡, 倒是可以得出有用的结果.

在求乘积 $u'v'$ 的平均值时, 除横向速度 v' 外还需知道梯度 $d\bar{u}/dy$. 如果 $d\bar{u}/dy$ 是正值, 则对于一个在 y 方向以 v' 运动而纵向速度 u 瞬时不变的流体微团来说, 要从局部平均速度 $\bar{u}$ 里减少一个量 $\Delta u=-v'(d\bar{u}/dy)\Delta t$ (Δt 是 u 和 v' 保持不变的时间间隔), 因而 u' 是个负值. 所以 $\overline{u'v'}$ 是个负值. 另一方面, 对于一个在 y 方向以($-v'$)运动的流体微团来说, 它得到的是个正 u', 因而 $\overline{u'v'}$ 还是个负值. 另外我们还认识到, 在有 $d\bar{u}/dy$ 的流动里, 横侧运动会引起纵向脉动. 而功 $-\rho\overline{u'v'}(d\bar{u}/dy)$ 确实会首先转化为纵向脉动的动能 $\rho(\overline{u'^2}/2)$. 在这里, 压力脉动对于横侧分量 v'(还有第三个分量 w') 的能量供给很重要. 压力脉动有使脉动的动能平均分配给三个速度分量从而产生各向同性分布的趋势. 所以如果不存在 $\partial\bar{u}/\partial y$(或 $\partial\bar{v}/\partial x$), 则不论怎样产生的湍流 (例如气流流过金属丝网) 都不会有湍流剪应力 $\rho\overline{u'v'}$ 产生.

4.6.3. 湍流中的掺混

湍流在掺混过程中所起的作用除去增加了冲量的传递外, 还

会因掺混使所有与流动物质有关的各种性质(如热焓，掺混物的杂质等等)也产生传递．如果掺混物的杂质在空间里的含量是变化的，则由含量多处流来的流体所携带的杂质，比由含量少处的流体所带动的杂质量要多些．因此平均起来杂质是从含量多的地方向着含量少的地方转移．在有温度差的情况下，这种转移表现为湍流的热传导，而在有浓度差的情况下，这种转移表现为湍流扩散．

泰勒[4.76][1)]第一个系统地研究了这方面一种最简单情况：在等温度梯度 $d\overline{\vartheta}/dy$ 情况下的热交换问题．他是在流体坐标中用拉格朗日表示法(参看 **2.2.1**)来描述湍流运动的，并且假设在观察时间内，所观察流体微元的温度 ϑ 不变；设 a 是流体微元的初始坐标(在时间 $t=0$ 时)，则 $\vartheta=\overline{\vartheta}(a)+\vartheta'(a, 0)$．经过时间 t，如果流体微元在 y 方向流动了一间距 $y-a=\int_0^t v'd\tau$，则此时它与周围的温度差应为

$$\vartheta'(a, t)=\vartheta-\overline{\vartheta}(y)=\vartheta'(a, 0)-\frac{d\overline{\vartheta}}{dy}\int_0^t v'\,d\tau. \tag{4.53}$$

由于单位质量的热焓是 $c_p\vartheta$(c_p 是比热)，所以瞬间从所观察的流体微元传递走的热量为 $c_p\rho v'\vartheta'$．通过对垂直于 y 轴的面积求平均值，我们可以得到热流量(每单位体积和单位时间的热量)为

$$Q'=c_p\rho\overline{v'\vartheta'}=c_p\rho\left[\overline{v'(t)\vartheta'(a, 0)}-\frac{d\overline{\vartheta}}{dy}\overline{v'^2}\int_0^t R_L\,d\tau.\right. \tag{4.54}$$

其中 R_L 是所谓拉格朗日坐标中的自动相关函数

$$R_L(\tau-t)=\frac{\overline{v'(t)v'(\tau)}}{\overline{v'^2}}=R_L(\xi). \tag{4.55}$$

此外，为简单计，假设湍流的速度脉动是均匀分布的，因而 $\overline{v'^2}$ 与 x, y, z 无关("均匀湍流")．由于在大的时间差 $t-\tau$ 时，R_L 值趋于零，$v'(t)$ 和 $\vartheta'(a, 0)$ 之间的关联也消失了，所以由式(4.54)得(在定常情况时 $\lim t\to\infty$)，

$$Q'=c_p\rho\overline{v'\vartheta'}=-c_p\rho\overline{v'^2}\int_{-\infty}^0 R_L\,d\xi\frac{d\overline{\vartheta}}{dy}. \tag{4.56}$$

表达式 $c_p\rho\overline{v'^2}\int_{-\infty}^0 R'_L d\xi$ 具有热传导系数的量纲．积分 $\int_{-\infty}^0 R'_L d\xi$ 是使一个流体微元保持速度 $\sqrt{\overline{v'^2}}$ 不变所需的平均持续时间的时间量度．拉格朗日自动相关函数不能直接测量，可是能从湍流中的受热金属线后面的温度分布，按泰勒理论近似地计算出来．

1) 关于湍流扩散的近代论述，参阅白契勒和唐森的文章[R17]．

通过对湍流扩散的机理的这些观察，我们可以在流体的各种不同性质的扩散过程间找出有实际使用价值的相似关系．例如由于有浓度梯度 $d\bar{c}/dy$ 而引起的浓度 $\bar{c}$ 的化学或机械的掺混，会产生一个掺混物 $\rho\overline{v'c'}$ 的质量流 M'（质量流＝单位面积单位时间的质量），它与热流之间有以下的关系式：

$$\frac{M'}{Q'}=\frac{\rho\overline{v'c'}}{c_p\rho\overline{v'\vartheta'}}\approx\frac{\dfrac{d\bar{c}}{dy}}{c_p\dfrac{d\bar{\vartheta}}{dy}}. \tag{4.57}$$

掺混物在横侧方向的延扩范围与大湍流微元同一数量级，因此 ϑ 或 c 对 y 的高阶微分一般也对扩散过程有影响．所以象式(4.57)这类方程式，只有当 ϑ 和 c 在 y 向的分布相似的时候，才足够准确．

类似于式(4.56)的想法，也可以用到动量传递上去；只是由于同时存在压力脉动，速度分量 u 作为传递特质与 ϑ 不同，不是个常数[1)]．湍流剪应力 τ' 与热流 Q' 的关系可以写作

$$\frac{\tau'}{Q'}=-\frac{\rho\overline{v'u'}}{c_p\rho\overline{v'\vartheta'}}=-\sigma_t\frac{\dfrac{d\bar{u}}{dy}}{c_p\dfrac{d\bar{\vartheta}}{dy}}. \tag{4.58}$$

其中 σ_t 是无量纲系数，叫"湍流"普朗特数[2)]．

σ_t 可以由同时测量速度分布和温度分布来计算；求出的值是否可靠，要看从试验值找出的 $d\bar{u}/dy$ 和 $d\bar{\vartheta}/dy$ 是否准确而定．费吉和福纳在泰勒的启发下对热棒后的尾流流动作了测试，得出 $\sigma_t=0.5$[4.77]；以后赖卡德[4.78]又用试验基本上证实了上述数值，可是他指出在边缘区的 σ_t 值有所增大．赖卡德在一个平面空气射流和另一不同温度空气的掺混试验里[4.79]同样得出 $\sigma_t=0.5$．可是在热圆柱体后的旋转对称尾流试验里，赖卡德和艾姆豪斯[4.80]

1）在 **4.6.2** 曾讲过，压力脉动使 u 分量的动能传递到其他分量上去．由粘性导致的速度变化和由分子热传导形成的 ϑ 变化虽然比较小，但也不能忽略，u 和 ϑ 是同量级的．

2）这是仿照分子传递现象里的普朗特数 $Pr=c_p\mu/\lambda$，选它来命名的．按 **4.6.4** 中提到的交换量概念，用 σ_t 表示动量交换量和热交换量之比，即：$\sigma_t=A_\tau/A_Q$．

得出的却是 $\sigma_t=0.86$；科尔辛和乌本若依在一股圆形热喷流后得出 $\sigma_t=0.7$[4.81]. 对于管流，路德维格作了很精细的高亚声速试验[4.82]，从测得的总温分布和速度分布中求出沿管径的 σ_t 分布. 离管壁近处 $\sigma_t=0.92$，在管的中部 $\sigma_t=0.67$. 最后，还要提一下约翰逊的湍流边界层试验结果[4.83]，他用热线法测量了 $u'v'$ 和 $v'\vartheta'$. 这样求得的 σ_t 值大致是：在壁面附近 $\sigma_t\approx1$，在边界区 $\sigma_t\approx0.7$.

σ_t 值的不一致，可以用在各种试验中，湍流结构都不相同来解释. 如果涡轴平行于流体运动方向的涡旋占多数，则拖动速度对平均速度的影响很小，因而 σ_t 的值较高. 在壁面上的湍流就是这种情况. 相反地，如果涡轴垂直于流体运动方向的涡旋占多数，则平均速度分布和温度分布就有明显的差别（因此得出小 σ_t 值）[1)]；这在平面尾流和喷流情况中，都已明显地证明上述说法是正确的.

4.6.4. 交换系数和混合长度

在湍流理论中，到现在还没有找到可用于描述湍流应力和平均速度分布间相互关系的可解方程组. 因此曾多次用假设一式子来找出湍流应力和平均速度之间的关系. 这样找到的方程式，最早是布辛涅斯克[4.84]所求的；他类比层流运动，引进一个“湍流粘性系数”A_τ（也叫“交换量”[2)]，或“涡旋粘性系数”），它的表示式是

$$\tau'=A_\tau\frac{d\bar{u}}{dy}. \tag{4.59}$$

A_τ 的值与 μ 不一样，它不是介质的特性量，而是随所在位置的不同而异的（例如靠近壁面时它就趋于零），它随着平均速度和几何尺寸（如圆管直径）而变. 类似式 (4.59) 的假设，也可用于传热 $[Q'=-c_pA_Q(d\bar{\vartheta}/dy)]$ 和扩散. 上述的所谓类比，要有保留地应用，因为分子传递现象与湍流传递现象的物理过程是很不同的.

另外有一个在文献里常引用的概念就是普朗特[4.85]得出的“混合长度”l，这个长度可以解释为：作均匀运动的流体球在还没有与其周围湍流相掺混而再次失去“本性”之前，在沿垂直于平均

1) 泰勒[4.77]在混合长度概念的基础上，给出了这个过程的理论.

2) 这名字由施密特给出（见“在自由空气中的质量交换及其他”，汉堡，1925 年）.

流动方向所走过的路程长度．我们可以这样说：纵向速度所引起的脉动速度 u' 的量级是 $l d\bar{u}/dy$，而湍流球的排挤作用所产生的横侧速度 v' 也是同量级的．因此湍流应力的量级是 $\rho(ldu/dy)^2$．为了正确表示剪应力与 $d\bar{u}/dy$ 的符号一样，我们一般都把混合长度方程写作

$$\tau' = \rho l^2 \left| \frac{d\bar{u}}{dy} \right| \frac{d\bar{u}}{dy}. \tag{4.60}$$

如果把 l 看成与速度无关，则由式(4.60)可得出，在速度改变时，由湍流掺混引起的“湍流应力”与速度平方成正比；这个结论与实际一致．为了使用式(4.60)还需要对 l 的大小作个说明(而它没有一个普遍可用的形式)．此外，混合长度方程式(还有未提到而与它有关的关系式)的主要缺点在于湍流应力只与局部速度梯度 $d\bar{u}/dy$ 有关，而实际上附近的，甚至较远的流动[1)]，也对 τ' 的大小有影响．

卡门(冯)[4.86]根据量纲分析，建议用 $l=\gamma(d\bar{u}/dy)/(d^2\bar{u}/dy^2)$ 来表示混合长度(γ 为常数)，并曾用它研究管流和壁面附近的流动情况．在壁面附近也可用普朗特给出的公式 $l=\gamma y$，而对于自由湍流(参看 **4.7.3**)，l 在湍流区域的整个宽度上都设为常数，即 l 与区域宽度成固定比例．在各情况下都有一个需由实验确定的常数．

其实，混合长度方程(4.60)和交换系数公式(4.59)完全是可有可无的，因为只要合理地应用量纲分析，一般在较少的假设条件下，也能得到同样结果．按 **4.6.2** 所述内容可得到下列法则：

1．湍流剪应力(如 $-\rho\overline{u'v'}$)的大小是与垂直于流动方向的特征速度梯度或速度差 $[(\partial\bar{u}/\partial y)$ 或 $\Delta u=\bar{u}(y_2)-\bar{u}(y_1)]$ 的平方成正比．(假设雷诺数足够大的话)．

2．$\tau'=-\rho\overline{u'v'}$，$\tau'$ 与 $\partial\bar{u}/\partial y$ 的符号相同．

3．在 $d\bar{u}/dy=0$ 的地方，τ' 为零．

---

1) 我们要想到：如果一个湍流球在横越流动方向所运行的路长是 l 的话，则它同时在流动方向将前进至少有 $20l$ 长的一段．

4. $\rho\overline{u'v'}$ 的最大值和 $\partial\bar{u}/\partial y$ 的最大值差不多出现在同一区域(壁面附近除外).

这些法则自然也有不能排除的例外；不过到此为止，我们还没看到与此相矛盾的说法.

4.7. 个别湍流问题

4.7.1. 壁面湍流

当流体沿壁面流动时，湍流运动受到壁面的限制，因而当逼近壁面时，脉动速度和湍流剪应力都趋于消失. 即使是湍流，也会有流体层贴附在壁面上；因而在邻近壁面处(壁面是光滑的)，形成一个薄层，薄层里的流动是按式(4.1)的层流定律的，即 $\partial\bar{u}/\partial y=\tau_{\text{bl}}/\mu$ (τ_{bl} 是壁面上的剪应力). 由于在湍流内部有很强的掺混运动，τ_{bl} 的值很大；因而在壁面附近 $\bar{u}$ 也是猛增的. 这个"粘性底层"[1] 很薄，所以表面看来对湍流流动所得的印象是好象在壁上就有一定速度似的. 图 4.15 表示管内的湍流速度分布，它可与图 4.16 的管内层流速度分布作对比.

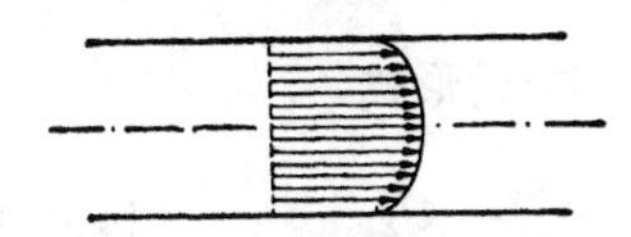

图 4.15 管内湍流的速度分布

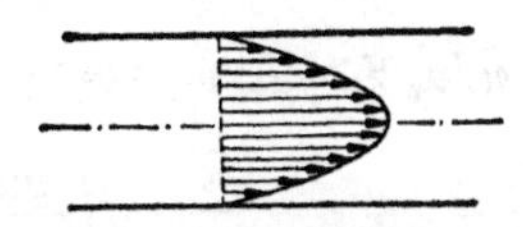

图 4.16 管内层流的速度分布

假设 $y=0$ 处为一光滑壁面，为简单起见把它看做沿 x 和 z 方向往两边伸展到无穷远. 再设对着的壁面(或边界层的外边缘)与它相距很远，因此我们可以把第一壁面附近的总剪应力(粘性应力加湍流剪应力的平均值)看作常数，从而得

$$\tau=\mu\frac{d\bar{u}}{dy}-\rho\overline{u'v'}=\tau_{\text{bl}}\tag{4.61}$$

1) 也叫"层流底层"，但这个名字容易被误解：因为即使在壁面附近，也还有 $\partial u/\partial y$ 的不规则脉动，其平均值是 $\partial\bar{u}/\partial y$. 而用"粘性底层"则可以把除 $-\rho\overline{u'v'}$ 以外还有相当大的 $\mu\partial\bar{u}/\partial y$ 存在的全区情况表示出来.

这里的平均速度只随 y 改变，而且完全可以由 τ_{bl}、ρ 和 μ 求出．因此我们可以把这个关系改写成无量纲形式． 为简化起见，引进符号 u_τ 以代替 $\sqrt{\tau_{bl}/\rho}$，它的量纲与速度相同；我们把它称作“剪应力速度 u_τ”． 比例 ν/u_τ 是一个特征长度．因此速度分布就可以通过两个比值 $\bar{u}/u_\tau$ 和 yu_τ/ν 用下式表达出来：

$$\frac{\bar{u}}{u_\tau}=f\left(\frac{yu_\tau}{\nu}\right), \tag{4.62}$$

其中 f 是 yu_τ/ν 的普适函数． 在粘性底层内 $(yu_\tau/\nu\leqslant 1)$ 要求满足层流定律：$f(yu_\tau/\nu)=yu_\tau/\nu$．当距离壁面较远时 $(yu_\tau/\nu>100)$，湍流运动近于通体（完全发展的湍流）情况，并与粘性无关 $[\mu(d\bar{u}/dy)$ 等于零；$-\overline{u'v'}\approx u_\tau^2]$． 运动量只决定于 u_τ 和 y 的大小． $d\bar{u}/dy$ 在量纲上唯一正确的式子是

$$\frac{d\bar{u}}{dy}=\text{数值}\cdot\frac{u_\tau}{y}. \tag{4.63}$$

今后将用 $1/\gamma$ 来表示这个“数值”，它是这类湍流问题中的一个基本（普适的）常数，由实验得 $\gamma\approx 0.4$． 积分式(4.63)，得

$$\bar{u}=u_\tau\left(\frac{1}{\gamma}\ln y+C\right) \tag{4.64}$$

或用 $\bar{u}/u_\tau$ 和 yu_τ/ν 来表示，得如式(4.62)的形式

$$\frac{\bar{u}}{u_\tau}=f\left(\frac{yu_\tau}{\nu}\right)=\frac{1}{\gamma}\ln\frac{yu_\tau}{\nu}+C_1. \tag{4.65}$$

由于紧邻壁面处速度差最大，所以在剪应力 τ 依赖于 y 的情形下，式(4.65)也是个良好的近似式；只须令 $u_\tau=\sqrt{\tau_{bl}/\rho}$，就可得到与观察结果非常接近的速度值． 对于与理论有偏离的流动，例如管道流动，可以作出 $\bar{u}/u_\tau$ 实验值与 $\lg yu_\tau/\nu$ 的关系曲线（lg 表示以 10 为底的对数），得到的曲线就很接近于一条直线，这条直线的方程是可以求出的．如果就这样把式(4.65)用作表示光滑直管中速度分布的近似式，则按尼库拉德塞[4.87]的实验，可取 $\gamma=0.4$ 和 $C_1=5.5$． 将自然对数换成以 10 为底的常用对数 $(\ln x=2.3026\lg x)$，我们便得到实用公式

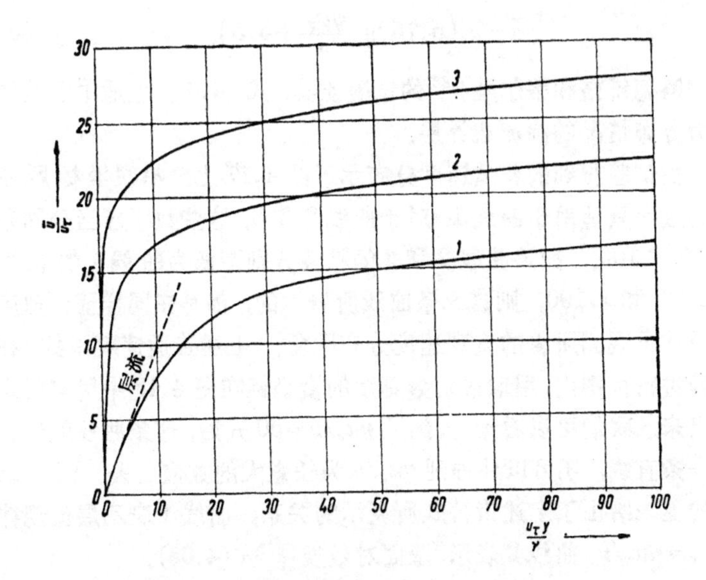

图 4.17　普适速度函数(“沿壁面的流动定律”)

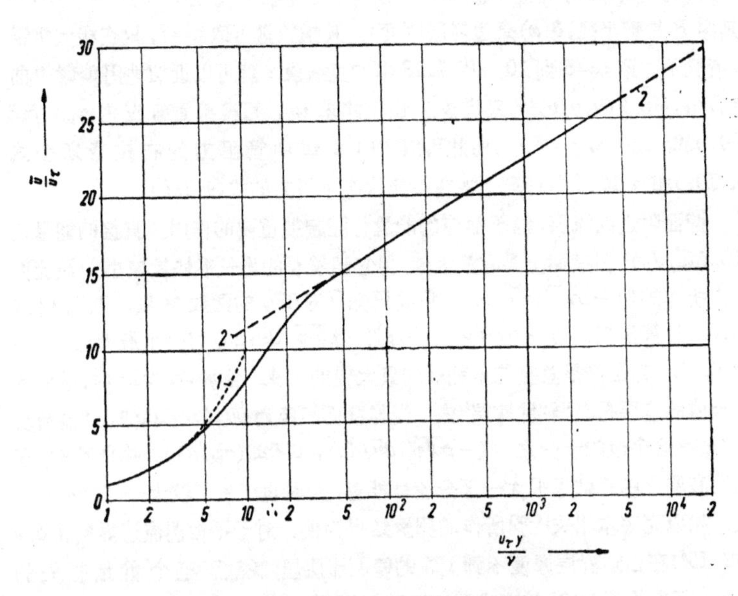

图 4.18　横坐标取对数刻度的普适速度函数

$$\bar{u}=u_\tau\left(5.75\lg\frac{yu_\tau}{\nu}+5.5\right).\tag{4.66}$$

路德维格和蒂尔曼[4.88]的试验证实，式 (4.65) 也适用于其他压力分布情况的湍流边界层.

由试验得到的普适速度分布示于图 4.17 上. 沿横坐标所注出的数字只适用于曲线 1; 对于曲线 2 和 3, 这些数字应当分别乘以 10 和 100. 如果曲线 2 和 3 的粘性分别减低为曲线 1 的粘性的 1/10 和 1/100, 则这三条曲线所表示的, 都是在同样壁面剪应力条件下观测所得的直观速度分布图象. 上述普适速度函数, 在实验进行范围内, 用取成对数刻度的横坐标在图 4.18 中用实线表示出来. 我们可以看到, 大约从 $yu_\tau/\nu=50$ 开始, 这条曲线就近乎是一条直线; 还可以外推到 yu_τ/ν 为任意大的数值上去. 图 4.18 中的虚线给出了上述诸公式所表示的关系: 曲线 1 表示层流规律 $u/u_\tau=yu_\tau/\nu$, 曲线 2 表示"壁面对数规律"式(4.66).

除紧邻壁面的地方外, 我们常近似地应用下述简单方幂公式就够了: 对于管内的流动取 $\bar{u}/u_{max}=(y/R)^{1/n}$ 或对于沿平板的流动取 $u/U=(y/\delta)^{1/n}$ (其中 R 是管半径, $\delta(x)$是边界层厚度). 其指数常可取 $n=7$, 只在极大雷诺数情况下才取 $n=8$ 到 10. 图 4.18 中的直线段 2 就可以近似地用稍弯的曲线 $\bar{u}/u_\tau=8.7(u_\tau y/\nu)^{1/7}$ 来代替. 由上式求 u_τ, 可得壁面剪应力 $\tau_{bl}=\rho u_\tau^2=0.0225\,\rho\bar{u}^2(\bar{u}y/\nu)^{-1/4}$. 由此可以求出 **4.13** 中管阻力的布拉修斯公式(4.107)和 **4.16.3** 中计算平板在湍流状态下阻力的式(4.120).

壁面附近的流层, 对于湍流的能量分配起很重要的作用. 直接的能量耗散 $\mu(d\bar{u}/dy)^2$ 在壁面上具有最大值, 但它随着 y 的增长很快就减小. 湍流剪应力所作的功 $-\rho\overline{u'v'}(d\bar{u}/dy)$, 只要已知 $\bar{u}$ 对于 y 的函数关系, 则可用式(4.61)计算出来. 当 $-\rho\overline{u'v'}=\tau_{bl}/2$ 时, $-\rho\overline{u'v'}(d\bar{u}/dy)$ 有一个最大值, 其值为 $\tau_{bl}^2/4\mu$, 它正好是直接能量耗散的最大值的 1/4. 当 $yu_\tau/\nu\approx11$ 时, 达到此最大值的流层是在"粘性底层"内. 当与壁面相距为 $yu_\tau/\nu=100$ 时, "湍流功率"只有这个值的十分之一 $(-\rho\overline{u'v'}(d\bar{u}/dy)=0.025(\tau_{bl}^2/\mu))$. 由此可知, 在粘性底层之中耗散了很大一部分流体能量, 同时也产生了较大一部分湍流能量. 如以克莱本诺夫[4.89]所作的测量结果为例, 对于平板湍流边界层($U\delta/\nu=7\cdot10^4$)在占边界层厚度不到 1% 的壁面流层里, 耗散了整个能量损失的 60%; 而有将近 20% 转变成湍流运动的能量.

流过粗糙壁的湍流，除了粘性剪应力 $\mu(\partial\bar{u}/dy)$ 以外，还由于流体压力作用于壁面粗糙凸起物上而产生切向力．这个切向力有时会比粘性力超过几个数量级，通常与粘性力合成称为总摩擦力；每单位壁面面积的平均摩擦力常用壁面剪应力 τ_{bl} 来表示．一般情况下，粗糙度的直接影响，只有在其厚度与粗糙度的凸起高度属同一数量级的"底层"内才是可以觉察的．对于粗糙壁的平均速度分布所导出的式(4.64)的推理是仍然适用的，只是确定积分常数 C 有所不同．我们在此把粗糙凸起高度 k 当做另一个新长度，现在要涉及的问题是：长度 ν/u_τ 是否起作用？这主要决定于这两个长度的比值 ku_τ/ν，它可以被看作是一个粗糙面凸起物的特征雷诺数．如果 ku_τ/ν 足够大，则 ν/u_τ 相对于 k 就很小，这时可用导出式(4.65)所采取的推理方法，类似地得出 $C=C_2-(1/\gamma)\ln k$，因而

$$\bar{u}=u_\tau\left(\frac{1}{\gamma}\ln\frac{y}{k}+C_2\right). \tag{4.67}$$

或改用以 10 为底的 lg 代替 ln，得

$$\bar{u}=u_\tau\left(5.75\lg\frac{y}{k}+C_2\right). \tag{4.68}$$

如果比值 ku_τ/ν 比较小，则 C_2 应是 ku_τ/ν 的函数，对于很小的 ku_τ/ν 值，它具有 $C_1+(1/\gamma)\ln(ku_\tau/\nu)$ 的形式，式(4.67)可化为式(4.65)．就是说，粗糙度小的表面的性状可看做与"水力光滑"一样．

尼库拉德塞[4.90]所作的管流实验证实了上面这些关系式；实验是用不同大小的沙粒粘贴在管壁上造成粗糙管进行的．对于 $ku_\tau/\nu<4$，管子的性状实际上就是光滑的；而在 $ku_\tau/\nu>80$ 时，ν 不起任何作用，因而宜用式(4.67)．粘贴在管壁上的沙粒是用两种不同粗细的筛子筛选出来的，取 k 值等于粗筛的孔径，这样确定了 C_2 值为 8.5．从方程(4.67)解出 u_τ，对于给定的 y/k 值，u_τ 与 $\bar{u}$ 成正比，因而 τ_{bl} 与 $\bar{u}^2$ 成正比(**4.13**)．

工程上常遇到的粗糙面，可能有许多不同形状．施里希廷[4.91]曾经对有规律地安排的粗糙面(用贴上球形、帽形、圆锥形等粗糙物做成)作过一系列试验．想由推敲表面状况来确定粗糙度 k 的真实数值，这是不可能的．但可

以由实验来确定式(4.64)中的常数 C，而后由关系式 $C=8.5-5.75\lg k_s$ 算出一个"等效沙粒粗糙度" k_s. 在工程实际中所遇到的粗糙表面中，大多数情况下，表面粗糙颗粒之间的尺寸往往差异很大；和均匀的、中等粗糙度的情形相比，其水力光滑的界限要降低，而粘性有影响的界限则要升高[4.92].

4.7.2. 管内流动(管流)

关于等截面管内的湍流，卡门(冯)[4.86] 曾导出一个重要的相似关系，因为在这里是以管道中部的速度为基点出发的，所以叫做"中部定律". 由于沿轴向在剪应力和纵向压力落差之间仍旧可以用式(4.2)，这里仍把剪应力速度 u_τ 看作特征速度而表示为

$$u_\tau=\sqrt{\frac{\tau_{b1}}{\rho}}=\sqrt{\frac{p_1-p_2}{2\rho}\cdot\frac{R}{l}}. \tag{4.69}$$

另外，由于在流体内部粘性不起作用，所以管半径 R 是唯一的特征长度，于是"中部定律"可写成

$$u_{\max}-u(y)=u_\tau F\left(\frac{y}{R}\right), \tag{4.70}$$

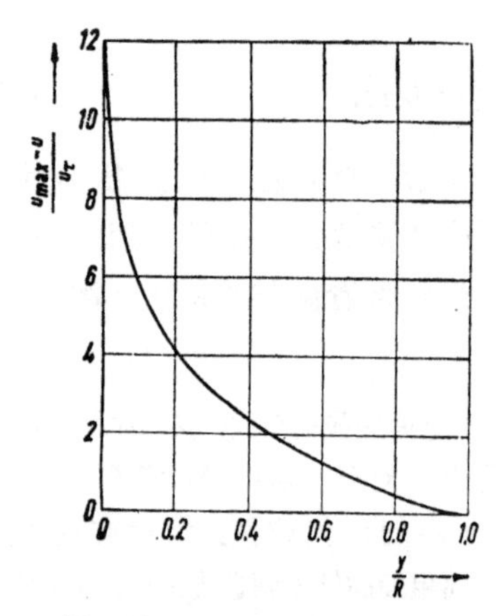

图 4.19 湍流管流的中部定律

其中 F 是比值 y/R 的普适函数，$u_{\max}$ 是管中部的最大速度(管壁距离 $y=R-r$)[1)]. 这个定律对于光滑和粗糙管都一样可用；严格地说，应当只在极大的雷诺数时才有效，可是实际上只要是湍流流动，对于所有雷诺数它都是可用的. 图 4.19 是由实验得出的 $F(y/R)$ 曲线. 平均流速 q 式(4.4)可以由式(4.70)导出，得

$$q=u_{\max}-2u_\tau\int_0^1\left(1-\frac{y}{R}\right)F\left(\frac{y}{R}\right)d\left(\frac{y}{R}\right). \tag{4.71}$$

1) 在本节中 $u(y)$ 和 $u_{\max}$ 都是速度的时间平均值；这里把表示平均值的一横去掉了.

由 $F(y/R)$ 的试验曲线可以求出

$$q=u_{\max}-4.07\,u_{\tau}. \tag{4.72}$$

当逐渐靠近壁面，而又不进入"粘性底层"时，仍可用式(4.64)．这时要设 $C=(u_{\max}/u_{\tau})-(1/\gamma)\ln R+A$，以使出现的对数为无量纲值．这里 A 是湍流管流的另一个特性数．对于小 y/R 值，取 $A=-0.6$(仍以常用对数代替自然对数)得

$$u_{\max}-u=u_{\tau}\left(0.6-5.75\lg\frac{y}{R}\right). \tag{4.73}$$

这个定律同壁面定律的式(4.66)和(4.68)一起足以用于计算光滑和粗糙管的速度分布和压力降落(参看 **4.13**)．

做为一级近似，我们可以把"壁面对数定律"一直用到管的中央部分(主要因为在中部 u 的误差对 q 的影响很小)．因而式(4.70)可写作

$$u_{\max}-u(y)=-u_{\tau}\cdot 5.75\lg\frac{y}{R},$$

而表示平均流速的式(4.71)可写作

$$q=u_{\max}-3.75\,u_{\tau}.$$

4.7.3. 自由湍流

一股与其周围流体相掺混的射流，或者是运动物体后面的尾流(也叫风背流)，其中的湍流都没有与固壁相接触；因而这类流动总称为**自由湍流**．

一股雷诺数很大的自由射流会在充满静止流体的足够大空间里扩展开来．我们可以观察到，除邻近出口的区域外，射流宽度 b 准确地与距出口的距离 x 成正比．这时，速度则随距离的增加而减小，而且速度分布呈钟形，在所有截面上都是相似的．因为射流内的压力几乎都与周围流体的压力准确相等，所以是湍流剪应力才使速度随距离的增加而减小下来．并且同时不断地把新的静止流体卷进射流中．从射流中部向外，湍流剪应力 τ' 是从零增升到最高值，然后又减为零．因此单位体积上的力 $\partial\tau'/\partial y$ 是先为负值，然后又成为正值．在第一个区域里是主流受到阻滞，而在第二个区域里(边缘)是被卷入的空气得到加速．由于压力是常值，

所以对于所有 x 值，射流的动量 $J=\rho\int u^2 dA$ 都一样大小（参看 **2.3.10**）. 因此 $J=$数值$\cdot\rho u_1^2\cdot\pi b^2$，其中 u_1 是截面上的最大速度.

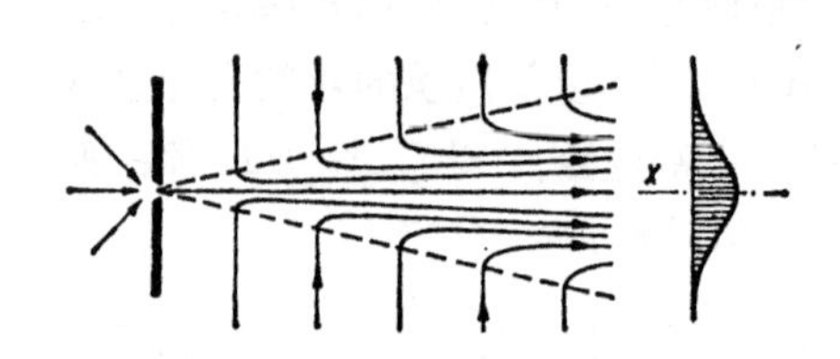

图 4.20 逐渐扩展的射流的平均流线

由于 $J=$常数，可见 u_1 与 $1/b$ 成正比，也即与 $1/x$ 成正比. 流动的情况大致如图 4.20 所示. 如果 b 是直径的一半，则对于 $u/u_1=0.5$，按照参考资料[4.79]，在 $x/d>10$ 处（d 是 $x=0$ 时的射流直径）：$b/x=0.0848$，此外 $u_1(x)/u_1(x=0)=6.57\,d/x$. 沿轴向流动的流量是 $\int u\,dA=$数值$\cdot u_1\pi b^2$，它是随着距离 x 的增加而成线性地增加的. 周围空间中的静止流体则以径向速度 $v=$数值$\cdot\sqrt{(J/\rho)}/r$ 向射流流去（r 是距射流轴的径向距离）. 自由湍流的其他情况，也可以用类似的推理来处理.

如果我们从运动方程(4.46)出发，则可以对上述问题用数学作较精确的处理. 下面以平面情况（从一个狭缝射出的射流）说明它. 如果不计粘性应力 $\nu(\partial\bar{u}/\partial y)$ 和湍流正应力 $-\rho\overline{u'^2}$ 与 $-\rho\overline{v'^2}$ 又令 $\bar{p}_0=$常值，则运动方程可写作

$$\bar{u}\frac{\partial\bar{u}}{\partial x}+\bar{v}\frac{\partial\bar{u}}{\partial y}=-\frac{\partial\overline{u'v'}}{\partial y}. \tag{4.74}$$

为了使问题一般化，令周围流体有沿 x 轴方向的速度 U. 这时的边界条件如下：$y\to\infty$ 时，$\bar{u}=U$；$y=0$ 时，$\bar{v}=0$；$\dfrac{\partial\bar{u}}{\partial y}=0$. 在射流之外不存在湍流，因而当 $y\to\infty$ 时，$\overline{u'v'}=0$. 对式(4.74)进行积分，先对 y，再对 x，然后用连续方程(4.41)得出在 x 方向的动量

$$\frac{J}{\rho}=\int_{-\infty}^{\infty}\bar{u}(\bar{u}-U)dy=\text{常数}^{1)}. \tag{4.75}$$

现在对两种边缘情况，又可以再用量纲分析法：

(a) 射入静止流体中($U=0$). 这是一个类似上述圆射流的二维情况的问题. 在不同截面上流动的相似性，对于脉动速度和平均速度是一样的. 按

1) 动量是对垂直于 xy 平面，取宽度为 1 计算的.

照**4.6**的说明，湍流剪应力可以看作是与中部速度的平方成比例的. 设 $\bar{u}=\bar{u}_1 f(y/b)$, $-\overline{u'v'}=\bar{u}_1^2\varphi(y/b)$, 则式(4.75)可以满足，其中 $\bar{u}_1$ 和 b 是 x 的函数; f 和 φ 是 y/b 的无量纲函数.

把这些代入式(4.74),则左边与 $\bar{u}_1^2/x$ 成比例，右边与 $\bar{u}_1^2/b$ 成比例，因而立刻可以得出: b 系与 x 成比例. 按照式(4.75)，动量是与 $\bar{u}_1^2 b$ 成比例，从而得出 $\bar{u}_1$ 与 $x^{-1/2}$ 成比例. 最后可以把静止流体中的平面射流的速度分布写作

$$\bar{u}=\sqrt{\frac{J}{x\rho}}\,F\left(\frac{y}{x}\right), \tag{4.76}$$

其中 $F(y/x)$ 是 y/x 的无量纲函数.

(**b**) 另一个边缘情况是射流流入运动流体中 ($U\neq 0$)，在距出口很远的 x 处，其流速差 $\bar{u}-U$ 与 U 相比已经很小的情况. 设 $\bar{u}-U=\Delta u$, 则式(4.74)可以写作

$$U\frac{\partial \Delta u}{\partial x}=-\frac{\partial \overline{u'v'}}{\partial y}. \tag{4.74a}$$

类似于 (**a**)，这里可设 $\Delta u=\Delta u_1 f(y/b)$ 和 $-\overline{u'v'}=(\Delta u_1)^2\cdot\varphi(y/b)$. 于是，(4.74a)式的左边就与 $U\Delta u_1/x$ 成比例，右边与 $(\Delta u_1)^2/b$ 成比例. 由此得出，$\Delta u_1/b$ 与 $1/x$ 成比例. 由于动量是常值，由式(4.75)可得 $U\Delta u_1 b=$常数. 最后得到 Δu_1 与 $1/\sqrt{x}$ 成比例，b 与 $\sqrt{x}$ 成比例. 在式(4.74)里略去的两项 $\Delta u(\partial\Delta u/\partial x)+\bar{v}(\partial\Delta u/\partial y)$ 是与 $(\Delta u_1)^2/x$ 成比例的,所以当 x 足够大的时候，它确实是可以忽略的. 因此，与同一方向运动流体相掺混的平面射流的速度分布,当 x 很大时可以用下式表达

$$\bar{u}-U=\sqrt{\frac{J}{\rho x}}\,F\left(\frac{U_y}{\sqrt{\frac{Jx}{\rho}}}\right), \tag{4.77}$$

其中 F 是无量纲变数 $U_y/\sqrt{Jx/\rho}$ 的函数.

射流与流动空气的掺混和运动物体后的尾流之间的差异，只在 $\bar{u}-U$ 的符号上(射流的 $\bar{u}>U$, 尾流的 $\bar{u}<U$). 对于尾流，可以认为动量是等于物体的阻力 (参看 **4.16.4**). 对于横置在来流中的直棒，其远后方的尾流速度分布可写为

$$U-\bar{u}=U\sqrt{\frac{C_D d}{x}}\,F\left(\frac{y}{\sqrt{C_D d x}}\right), \tag{4.78}$$

其中 C_D 是阻力系数(参看 **4.15**)，d 是直棒的宽度.

直到最近，大家还确信物体远后方尾流里的速度分布与物体形状无关，因此是普适的. 赖卡德和尔姆豪斯[4.80]作了一个在旋转对称体后流动的试验，却对这个说法提出了疑问；按照他们的试验，粗短物体(如圆盘，1:1 的圆锥体)后的速度剖面要比细长体(如 1:4 到 1:6 的圆锥体)后的速度剖面更丰满一些；可是每种情况下，在物体后的不同距离上仍存在剖面的相似性. 对于平面尾流就看不到这样的区别.

自由湍流的另一种重要情形是射流边缘的扩散情况(图 4.21). 在这里 u_1=常数；τ' 与前面一样，系与 ρu_1^2 成比例. 流体从管道中流出来的动量损失与 $\rho u_1^2 b$ 成比例，而相应的阻力与 τx 成比例，因而和射入静止流体中的射流一样，这里 b 系与 x 成比例. 从周围静止区域中吸进来的流体增加了同等大小的动量. 射流的未受扰动部分和湍流区之间的边界斜率，在实用上很重要；可取它为 1:10[1).

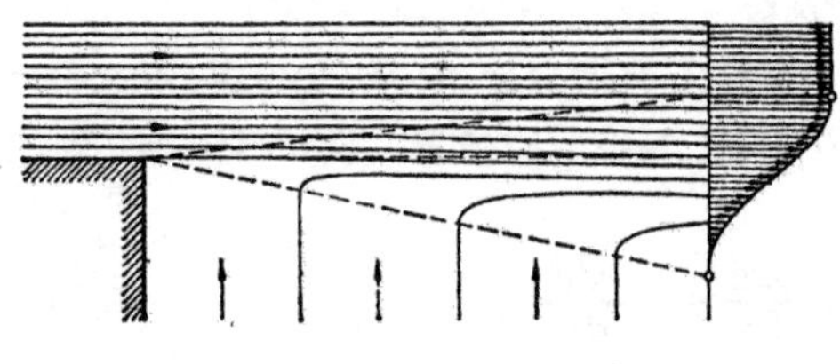

图 4.21　射流边缘的扩散

在湍流的自由边缘上(自由射流，尾流和边界层)用热线仪测量，只部分时间能测出高频率的湍流速度脉动，而其余时间测得的则完全没有受到干扰而且是无旋的. 由于瞬时脉动虽然强度几乎不变，可是很少出现，所以随时间变化的平均脉动值向外是减少的. 这个由科尔辛第一个证实了的湍流间歇性可以阐述如下：

自由湍流之所以扩展，是由于非湍流[2)的流体进入湍流区，并

1) 托尔明曾用掺混原理得出的解，处理过这种和其他情况[4.93]；亦可参照普朗特[4.85]的文章. 施里希廷[4.95]对平面尾流作了研究，斯宛[4.96]对旋转对称尾流作了研究. 赖夏特[4.79]以他自己的关于自由湍流现象的试验为基础，根据试验结果计算了所有与湍流过程有关的重要量. 由此发展出来的自由湍流理论，列于文献[4.97]中. 普朗特提出了另一种想法，并经格特勒在某些例子里进行了检验[4.98]，[4.99]. 莫尔通[4.94]指出，圆射流、尾流和热源对流的重要性质，都能从动量流和质量流之间的关系中反映出来.

2) 这里用“非湍流”来形容，是因为它相应于位流；那个相近的名字“层流”，保留给专指有粘性的流动情况使用.

图 4.22 炮弹后的尾流(根据科尔辛等[4.100]).

随着作湍流运动. 在这个过程中, 在湍流和非湍流流体之间形成了一个相当清晰而又不规则的边界. 图 4.22 表示了在炮弹后的湍流尾流中所出现的这种图象. 在这张用影象法摄取的瞬时照片(取自文献[4.100])里, 可以看出流体介质的密度变化, 并可从无规则的密度脉动中认出湍流区来.

这两个区域的区别是: 在湍流流体中涡旋很强烈集中, 而邻近的非湍流则几乎是无旋的. 由汤姆逊定律(见 **2.3.10**)得知在无旋流中, 流面上的环量是常数, 所以涌进湍流区的流体之成为有旋, 只能是由于受到粘性的作用. 涡旋的强度和粘性(它们也对湍流耗散 ε 起作用)对于湍流的扩展是很重要的. 按照科尔辛和基斯特勒[4.100]的试验, 每单位时间中通过湍流边界单位面积涌入的流体量与$(\nu\varepsilon)^{1/4}$成比例. 这个数量愈大和粘性愈小, 则形成的边界愈清晰. 还有, 湍流边界不断变形(迭折起来)因而使它的表面积扩大很多. 而每单位时间内涌入湍流区的流量是与表面 S 成比例的, 也即与 $\int(\nu\varepsilon)^{1/4}dS$ 成比例; 其中 ε 是靠近边界的局部耗散值. 如果通过增大射入静止流体的射出速度 u_0 而使射流的雷诺数增大, 则产生下列变化: 扩展角(即比值 b/x)不变; 因而吸入的流量随 u_0 而增加. 湍流剪应力随 u_0^2 而变, 耗散则随 u_0^3 而变(见 **4.6.2**). 因而通过湍流边界的单位面积涌入的流量, 将随 $u_0^{3/4}$ 而增加. 由于形成了小波长的附加迭折面, 使湍流边界的表面面积随 $u_0^{1/4}$ 而增加, 因而化为湍流的量(必须等于被吸入的量)与 u_0 成比例.

伴随着有空气动力的流动常常出现"声场", 大家都知道, 若遇到有喷气推进情况, 这是特别令人不舒服的(即使声能比射流的动能小得多, 也仍然是如此). 莱特希尔在 1952 年[4.100a]给出了有关这方面的理论．他把湍流的涡旋区（首先在喷管后面的射流开始处）看做有脉动强度的、运动着的声学四极场，并且作为一重要的总结果，他得出在单位时间内发射出来的声能 E_s 为：

$$E_s = 10^{-4}\frac{\rho_0}{2}\frac{U^8 A}{C_0^5}.$$

其中 U 是射流离开喷管的出口速度，A 是喷嘴的截面积，ρ_0 是射流周围静止空气的密度，而 c_0 是其中的声速．系数 10^{-4} 是由试验得出的数值因子，它可以近似地用于冷的或热的射流直到 $U=600$ 米/秒．当 $U/c_0>$ 大约 3（火箭推进）的时候，E_s 与 U^3 成比例，此时声能约为射流能量的 0.006.

4.7.4. 湍流边界层

湍流边界层的一边以固壁为界，另一边与非湍流交界．由于边界层的厚度沿流动方向增长，所以在交界处也是不断地有新的流体涌进来；因而形成与自由湍流的边缘很相似的流动，也就是说，如果在一个固定地点观察，则看到的是间歇性的湍流．在壁面附近则要根据表面情况的不同（光滑或粗糙）形成象 **4.7.1** 所描述的壁面流动．

对于计算来说，动量方程(4.34)是很重要的，同样形式的方程也适用于湍流边界层[1)]．但在使用时，我们要先知道速度剖面和壁面剪应力 τ_{bl}.

对于平板流动，我们可以按照舒尔茨-格鲁诺[4.101]所用的类似管流中部定律的想法进行求解．只是在这里必须用边界层厚度 δ 来代替 R. 可是由于 δ 没有确切的定义，我们就得按饶塔[4.102]的建议，用长度 $\delta_1 U/u_\tau$ 来代替．这样我们就可写出

$$U-\bar{u}=u_\tau F\left(\frac{y u_\tau}{\delta_1 U}\right). \tag{4.79}$$

1）精确地说，在右边还应加上湍流正应力的一项 $d/dx\int_0^\infty(\overline{u'^2}-\overline{v'^2})dy$，不过它是经常被略去的[参看式(4.46)]．

我们把这个方程式叫“外部定律”[1]，以示区别于壁面定律；F是一个无量纲函数，按位移厚度 δ_1 的定义[式(4.9)]，它满足 $\int_0^\infty F(yu_\tau/\delta_1 U)\,d(yu_\tau/\delta_1 U)=1$ 的条件．图 4.23 表示了由实验得出的平板的“外部定律”．

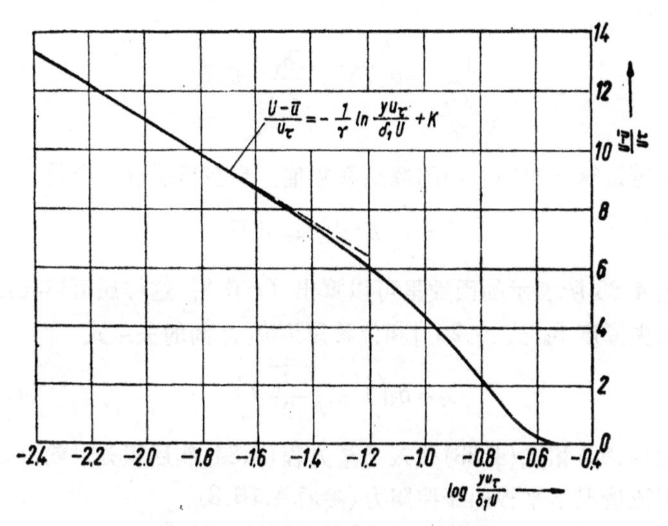

图 4.23　湍流平板边界层的“外部定律”

这个定律不如管流中部定律那样地自明，因为在这里，剪应力分布依从于速度分布，而且不象管流那样只是简单的一条直线．因此理论上 F 与当地摩擦系数 $c_f=2(u_\tau/U)^2$ 有一定关系；但是在试验中却还找不出系统的依赖关系来．不过速度分布是与边界层外流体的湍流度有关系的[4.103]．

随着靠近壁面，速度分布变为适合于对数定律公式(4.64)，因而在适当地确定了积分常数 C 之后，式(4.79)具有下列形式：

$$U-\bar{u}=u_\tau\left(-\frac{1}{\gamma}\ln\frac{yu_\tau}{\delta_1 U}+K\right).\tag{4.80}$$

这时常数 $K\approx-1.5$．把式(4.80)和壁面定律公式(4.65)联系起来，就可以得出成为雷诺数 $Re_1=U\delta_1/\nu$ 函数的局部摩擦系数 C_f：

1) 在英文文献中，称为“速度亏损定律”．

$$\frac{1}{\sqrt{\frac{C_f}{2}}}=\frac{1}{\gamma}\ln\frac{U\delta_1}{\nu}+C_1+K. \tag{4.81}$$

把相应的数值代入，可由舒尔茨-格鲁诺[4.101]和史密斯及瓦鲁克[4.104]的实验测量得出光滑平板上湍流边界层的摩擦阻力系数[4.105]为:

$$\frac{1}{\sqrt{\frac{C_f}{2}}}=5.75\lg\frac{U\delta_1}{\nu}+3.7. \tag{4.82}$$

同样可以算出粗糙表面的摩擦系数值. 现在再引进一个量

$$I=\int_0^\infty F^2\,d(yu_\tau/\delta_1 U),$$

从图 4.23 所表示的函数里可以算出 $I=6.2$, 这样还可以导出动量损失厚度 δ_2[式(4.20)]和位移厚度 δ_1 之间的关系式:

$$\delta_2=\delta_1\left(1-\sqrt{\frac{C_f}{2}}\,I\right). \tag{4.83}$$

把式(4.82)和式(4.83)代入动量方程(4.34)然后积分，就可以算出湍流情况下平板的摩擦阻力(参看 **4.16.3**).

"外部定律"也可以用于变压力的边界层问题上. 经验指出，在不同压力下测出的剖面[如式(4.79)所表示的样子]，近似地形成一个单参数的曲线族,对于小的 y 值，它都象式(4.80)所示那样,只是 K 值不同. 这样就说明在 K 与 I 之间有个固定的关系. 由于壁面定律公式(4.65)也可以用于可变压力情况,路德维格和蒂尔曼从试验[4.88]得出,式(4.81)和式(4.83)在可变的 K 和 I 数值下也可以用于沿壁面有可变压力的情形. 在边界层中随着压力的升高，摩擦系数值下降. 路德维格和蒂尔曼从他们的测量中导出了一个便于使用的公式

$$c_f=0.246\cdot 10^{-0.678H}\,Re_2^{-0.268}, \tag{4.84}$$

其中 $H=\delta_1/\delta_2$, $Re_2=U\delta_2/\nu$.

在有压力变化的湍流边界层中，速度剖面可以近似地用一个形状参数来表示; 我们常常选择比值 $H=\delta_1/\delta_2$ 作为形状参数,这样我们就有了对边界层作近似计算的基础. 但此外还须要知道一个压力和形状参数之间的关系式. 象在层流边界层所用的普尔豪森法那样,通过用"第一壁带"条件[式(4.21)]

的办法，把压力梯度写成形状参数的函数，在湍流情形下得不到可用的解．与实际情况较接近的是可以假设 H 的变化（即 dH/dx）而不是 H 本身与局部压力梯度有关系，这样我们就可以得到第二个微分方程，它的一般形式可以写作

$$\delta_2 \frac{dH}{dx} = -M \frac{\delta_2}{U} \frac{dU}{dx} - N, \tag{4.85}$$

其中 M 和 N 是 H 和 Re_2（对于粗糙表面还有 k/δ_2）的函数．对于式(4.85)有许多建议，式中的 M 和 N 有建议纯粹由实验求出的，也有建议部分用边界层方程（例如用能量方程，参看 **4.4**）部分从实验得出的[1]．到现在我们还没能找到一个对各种情况都能得出令人满意的结果的方程．在实用计算中，那个多次使用过的特鲁肯布罗特[4.107]的方便办法比较好；它是通过用求积法同时积分两个微分方程．

4.8. 流动的分离和涡旋的形成

由于有粘性而在物体表面处所形成的减了速的边界层，不论是层流或者湍流，还有一个非常重要的性质要在下面研究它．在一定的条件下，它们会使流动出现自由间断层和形成涡旋（参看 **2.3.4** 和 **2.3.9**）．假如靠近边界层的外流中存在使流动加速或减速的压力差，则这些压力差也将影响到边界层内的流动．假如由于压力在流动方向有降落而使外流加速，则运动较慢的边界层中的流体质点也将受到沿运动方向的推动，因而所有流体质点都将继续沿着物体表面前进．另一方面，假如压力在流动方向增加（逆压梯度）而阻滞外流，则运动较缓慢的边界层中的质点将受到更为强烈的阻滞，最后，当所有的动能都消耗完以后，它们就会被迫折回．这样，外流由于能量较大，可以继续向前流动；而靠近边界的流体却因此发生了停滞甚至倒流．于是，由于新来的流体沿边界全都不

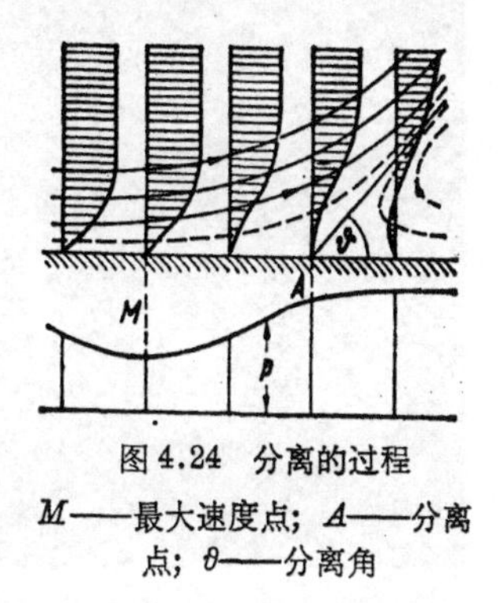

图 4.24 分离的过程

M——最大速度点；A——分离点；ϑ——分离角

1) 进一步的描述，可参看文献[4.105]和[4.106]．

断地遭到同样的命运，愈来愈多的被阻滞的流体在边界和外流之间堆积起来；回流便迅速地向外扩展，而外流就愈来愈远地被推离边界——流动发生“分离”．图 4.24 示出了分离过程的详细情形（铅直尺度已作了相当大的放大）．这样所形成的分离层便迅速地盘绕起来成为一个涡旋或多个涡旋，如在 **2.3.4** 中所描述的那样．由于产生了这种现象，结果物体表面上的压力分布就发生了显著的变化，不仅在下游是如此，就是在上游也受到一定程度的影响．这里所描述的现象，在图 4.25 中可以看得很清楚[1]，图中示出了绕

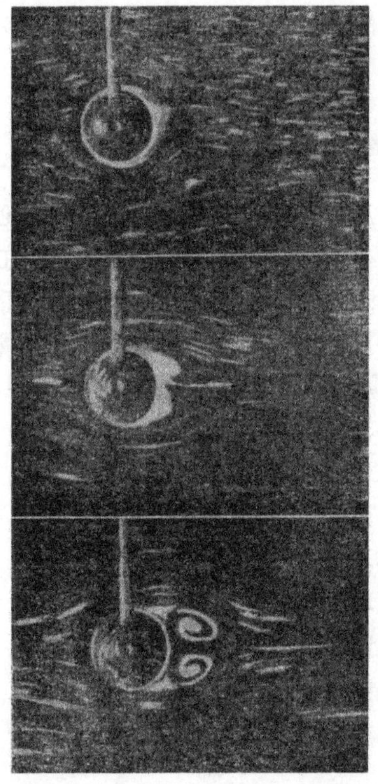

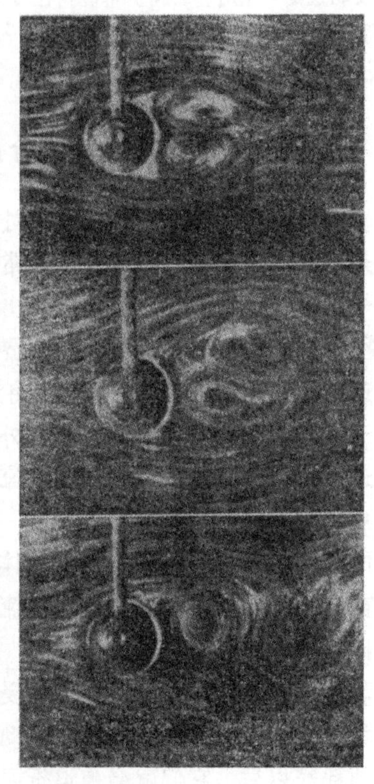

图 4.25　不转动柱体后面涡系的发展

---

1) 蒙出版者惠允，图 4.25 和 4.30 取自普朗特和贝茨的“Ergebnisse der Aerodynamischen Versuchsanstalt zu Göttingen”, Vol. 3(R. Oldenbourg, Munich).

圆柱流动的各相继阶段[1]．这样，开始时，运动是无旋的，流线在柱体前缘分开为柱体“让路”，而在后缘又闭合起来，正如理论所推测的那样．然而，这种状况在柱体前缘倒是可以持续下去(柱体前面部分的流动是加速的)，而柱体后面部分流体沿边界滞缓下来，从而在柱体后面很快就开始了回流，十分显著的涡旋便跟着成形了．由原来在柱体边界处的质点所组成的分离层，在前几个图片中通过撒在水面上的铝粉的聚集而清楚地显现了出来[2]．在后几个图片中，表明了涡旋如何不断吞并流下来的分离层而增长，直到最终成为不稳定而分裂，让位于多少比较有规则的从左右交替出现的涡旋(并参看图 4.69)．

因此，从以上的讨论所得到的主要结论是：在速度沿流动方向增加的运动中，流体便总是贴着边界而向前流动，而**在速度沿流动方向减低的运动中**，由于边界层靠壁部分的回流，**外流会从壁面分离，并形成相当大的涡旋**．假如(外流)速度的减小足够大，涡旋就一定会发生，但是，如果速度缓慢地降低，也可以不发生涡旋(参看**4.9**)．

这些关系当然不仅适用于绕物体的流动，并且也适用于管道、水渠等等中的流动．在截面沿流动方向(即往下游)减小，即速度沿流动方向增加的地方，流体流动总是在整个截面内均匀地分布着．但是，在截面沿流动方向增加的地方(这里只考虑一般的亚声速流特别是不可压缩流动)，就很容易形成回流，并且从而可以引起各式各样的不规则现象．假如在较短距离的截面突然扩大，流动就会与边界分离，形成类似于从尖缘孔口中喷出的自由射流(见图 4.31)．假如截面的扩大较小或者比较缓慢，则此射流就破碎为涡旋，或者它本身不规则地毗连于管壁的某一侧．

---

1) 用特种电影摄影方法拍摄，可以持续感光，但底片在变换时很快地由一张跳到另一张，见[4.108]．

2) 这是由于实验物体表面涂过不沾水的物质(即水不浸润的物质)的缘故(在本例中用的是石蜡)．由于毛细作用，水面对于物体向下倾斜，故使物体表面稍低于平均液面；质点沿此坡度下降而堆积于实验物体的边界上．

假如流体流动偏到了一边(图 4.26)，在流动的弯曲部分就有了横向压力降落 [参看 **2.3.3**(b)]．因此，由柏努利方程，速度在弯曲的内侧增加，而在外侧则减少．这就是说，在外侧有了使流动分离的条件．图 4.26 中的流动清楚地显示了流动在平壁上的分离．这和通常物体后缘部分的分离情形有所不同：在这里流体的流动在下游与壁面重又毗连．类似的流动分离情形也在弯管的进口处或在管子突然收缩的前面发生，在这两种情况下，流线也是弯曲的并且把凸边向着管壁．又如，在房屋的迎风面，或者在桥墩或河中柱子的上游那边，流动将出现分离并形成涡旋(参看图4.27；并参看图 4.39)．

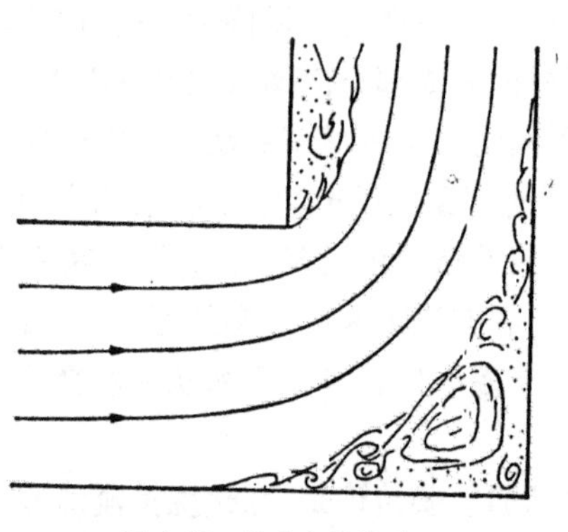

图 4.26　绕尖角的流动

图 4.27　流过一所房屋的气流

2.3.4 中所描述过的尖缘绕流的流动分离以及间断面的形成，现在可以根据新的观点来解释．先考虑一个圆缘．无旋运动的速度在此圆缘的顶端最大，而由此往下游迅速减小．这样，这里的摩擦作用就又提供了形成回流和间断面的条件；间断面将从圆缘开始．现在，假如我们设想此圆缘的曲率半径越变越小，引起的变化只是：由于存在较急剧的速度改变，回流以及接踵而来的那些现象将在愈来愈狭小的区域中形成，这就足以说明 **2.3.4** 中关于在尖缘处出现间断面的假设．

为简单起见，在前面的讨论中我们没有提及一个情况，即在流动减速很小时，可以防止涡旋发生．原因是：虽然边界层的流动由于与边界接触而受阻滞，但是另一方面，由于与外流接触而受到推动．所以，假如减速发生得很缓慢，向前的推动就足以防止回流的发生，于是边界层将不会与壁面分离．在层流边界层中，外流对边界层内流体的加速作用当然是相当小的；但在湍流的情况下，由于掺混而发生强烈的动量交换，加速作用就比层流时大得多．这一事实还产生了这样的后果：在湍流边界层的情形下，在后部很钝的物体（例如球）上，与层流的情形比较，分离点显著地后移了，因而涡旋区域也就变小了[参看**4.17**(b)关于圆球的阻力]．

在工程上，有这样一个问题：在压力升高（逆压梯度）的情况下，为了减少能量损失，必须防止流动的分离．解决这个问题的办法是使管的口径很缓慢地变大，或者是使物体的形状足够细长，以使外流的向前推力能克服压力的升高．不过，要做到这一步，一般说来，只有当减速区域里边界层是湍流的情况下，结果才令人满意．

我们在**4.4**(b)里用小号字提到过的那种具有"相似解"的层流边界层，是在有压力升高时也不会从表面上分离的流动．这里流动的速度是按$U\sim Cx^m$的规律，取m为负值到零，不会有分离发生；但m值不能超过$m=-0.09$．在湍流边界层里，如果流动也符合这个规律（如过楔形物体的流动），则沿流向的速度剖面不改变（[4.105]中119页）；但这时附体流动的相应m值可达到$m=-0.23$．所以湍流边界层可以容忍比层流边界层大2.5倍的压力增高．相似解还提示我们应当怎样安排压力分布，以使流体不产生分离而取得尽可能大的压力升高．如果压力分布在起始时增升的梯度大，然后逐渐减小，这样得到的边界层较薄，它将比压力均匀增升的分布有更大的总压力升高而不引起分离．在湍流边界层中，这一情况已为舒包尔和施潘根贝格[4.109]以及斯特拉特福德[4.110]，[4.111]的实验所证实．

我们还可以介绍一种只依靠改变几何外形就能获得很大的压力增升而没有显著能量损失的情况．这里要解决的问题是：从快速飞行着的飞机外面吸入空气，并要求获得尽可能大的压力．这种进气道扩压器常用于飞机冷却装置、喷气发动机以及其他类似的设备中．在没有边界限制处，压力的升高实际上是没有能量损失的. 假如对扩压器的几何形状作这样安排,使气流自驻点处开始能沿界壁向后一直在压力递降的情况下流动,那末问题就解决了.这是一个涉及用理论计算来确定物体的合适形状的问题[A11],[4.112]. 图 4.28 表示一个典型的进气道扩压器形状.

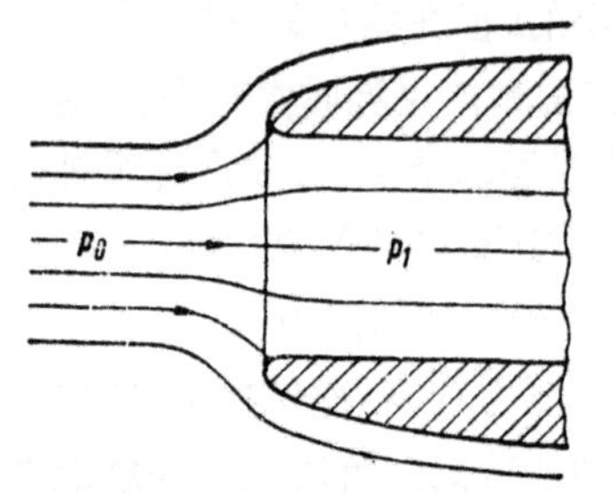

图 4.28 屈歇曼进气道扩压器

与这个问题有关系的是要进一步研究清楚在逆压(压力逐渐升高)流动情况下,边界层中,层流如何过渡到湍流的详细情况(参看 **4.5**). 假如来流的湍流度极低(例如在距地面相当高的上空飞行就是这种情形),且表面十分光滑,则流动在到达分离点以前都可保持为层流. 如果在紧接层流分离点[该处边界层速度剖面具有拐点, **4.5**(c)]之前或后出现湍流,则可促使刚刚分离的气流又立即附着于壁面,或完全不使气流产生分离. 在具体情况中,究竟气流是产生层流分离还是转变为湍流而又重行附着于物面上,这除了要看雷诺数外,还与分离点后的边界形状有很大关系. 对此,迄今尚无明确规律可循,除了用分离点处的曲率半径表示的雷诺数以外,曲率半径沿流动方向的减小或增大,看来也很重要. 这种在层流分离后又出现湍流附着的情况,在有大迎角的尖前缘薄机翼剖面上是常常出现的,往后在 **7.1.5** 中还将讨论它[1].

图 4.29 表示了流动从较低雷诺数时出现气流的分离现象,过渡到较高雷诺数时出现重新附着的情况. 照片中的相对应的雷诺数 Ur/ν 值,分别为 2×10^4, 5×10^4 和 6×10^4.

补充. 应用 **4.4** 中所述方法,对于给定的压力分布,层流的分离过程是可以计算的. 布拉修斯第一个作了这种计算[4.19]. 如果我们把位流理论的压力分布作为边界层计算的基础,则在一般情况下,计算与实验观测结果有很大差异. 例如用位流压力分布算出来的圆柱体边界层的分离点位置是从驻点向后 109°,可是试验测出的层流分离点却是 81°. 所以压力分布和边界层

1) 对此,还可参看库克和布来伯纳的文章 [4.113].

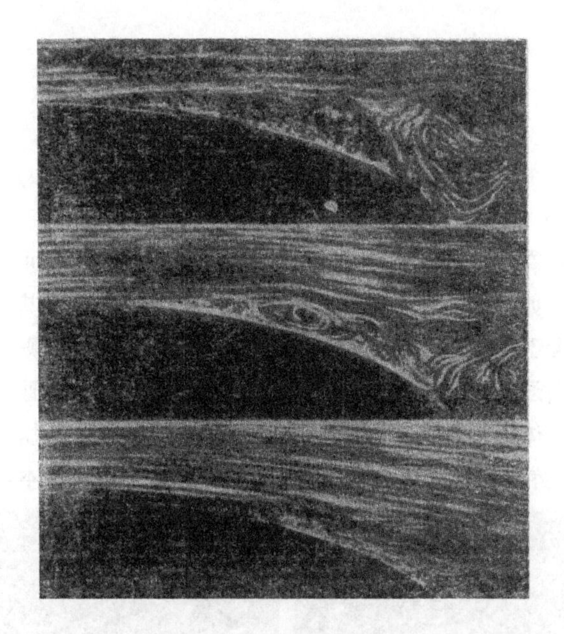

图 4.29 随雷诺数增加,流动由层流分离过渡到湍流的重新附着

是互有影响的(参看图 4.25). 此外,分离的发展常常很快,所以边界层的简化不再有效. 纳维-斯托克斯微分方程式 (4.8) 的 v 分量, 当 $y=0$ 时化为 $\partial p/\partial y=\mu\partial^2v/\partial y^2$, 另一方面, 由连续方程得 $\partial^2v/\partial y^2=-\partial^2u/\partial x\partial y$, 再用式 (4.1)就可得出 $\partial p/\partial y=-\partial\tau_{bi}/\partial x$. 用这个关系式可以检验壁面剪应力 τ_{bi} 是否下降得不太快, 因而必须考虑垂直于壁面方向的压力变化. 此外, 从 $\partial\tau_{bi}/\partial x$ 与压力升高 $\partial p/\partial x$ 的比值, 按公式 $\tan\vartheta=-(3\partial\tau_{bi}/\partial x)/(\partial p/\partial x)$ 还能求得分离角 ϑ(即壁面与分离流线间的夹角,参看图 4.24). 有关这方面的实验,勒让德[4.114] 首先做过, 后来奥斯瓦提奇[4.115] 也独立地进行过. 如果没有实验结果作参考, 则边界层理论只能预言是否会出现分离, 而计算一个有分离的流动是有很多困难的[1)].

计算气流分离的方法,对湍流边界层比对层流边界层更不可靠. 人们本当把壁面上剪应力平均值为零的地方看作分离点,可是有许多作者却简单地以给出形状参数 $H=\delta_1/\delta_2$ 的上限值作为出现分离的判断标准. 按文献所载,此值在 $H=1.8$ 到 $H=2.7$ 之间.

1) 关于边界层分离和位流的相互影响,见爱普勒的文章[4.116].

4.9. 控制边界层的措施

采取一定措施来人为地控制边界层，可以避免：(a)出现流动分离或(b)转捩为湍流.

(a) 有许多办法可用来作人工边界层控制，以防止气流发生分离. 例如，令垂直于流向的被绕流柱体旋转，并使其周向速度等于或大于柱面处本来(未转时)所出现的最大流速，则在流体和柱体表面运动方向相同的那边边界层就根本不会被减速，相反，它将由于柱体的运动而被加速；于是在克服引起减速的压力升高方面，此边界层就比外流更为有力. 因而在这一边就根本不会发生

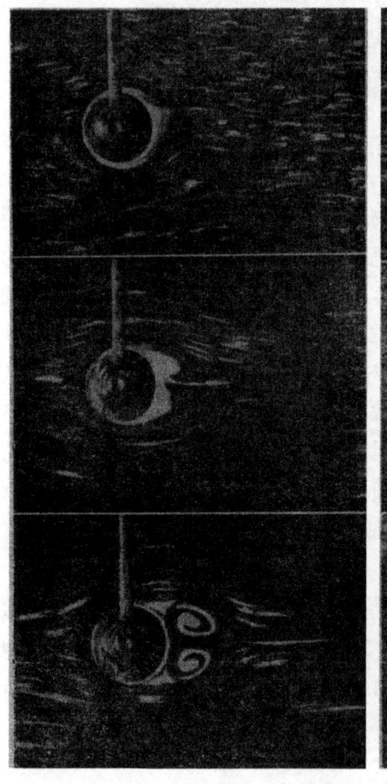

图 4.30 绕旋转圆柱体的流动的发展

回流，所以，流动就不会与边界分离. 在另一边，柱体表面的运动方向与流体运动的方向相反，使边界层减速，结果，起初是产生回流而后脱离出一个强烈的涡旋来. 随同涡旋的出现，便出现了绕柱体的环流，其方向与涡旋的方向相反，如 **2.3.8** 中所描述的那样；这就引起了横向力——“马格努斯效应”. 在平常的无旋运动中，柱体表面上的最大速度为 $2U$ (U 为来流速度)；假如此外还有一个环流 $2U$，则一边的速度将为零而另一边的速度将为 $4U$. 旋转柱体的实验表明，在周向速度 u 约为 $4U$ 时，就出现这种流动状态，并且差不多给出最大的马格努斯效应. 对于 $u=4U$，运动开始时涡旋形成诸阶段的流动照片表示在图 4.30 中.

另一种控制边界层的方法，是在会堆积回流的流体的地方，通过物体表面上的缝隙或小孔把流体吸入物体内部. 假如由此防止了减速流体的堆积，则流动的分离就不会发生. 抽吸流体还有降低紧靠缝口之前区域中的压力的作用，因而就防止了在那里出现分离. 如果阻力已经是很小的话，这样做并不能减少阻力，但是，我们可以对较短或较粗钝的物体得到几乎没有涡旋的运动.

在图 4.31 和 4.32 中表示普朗特曾指出过的突然扩大渠道中的流动情况[1]，其中一个在渠壁上没有抽吸，另一个则有抽吸. 在

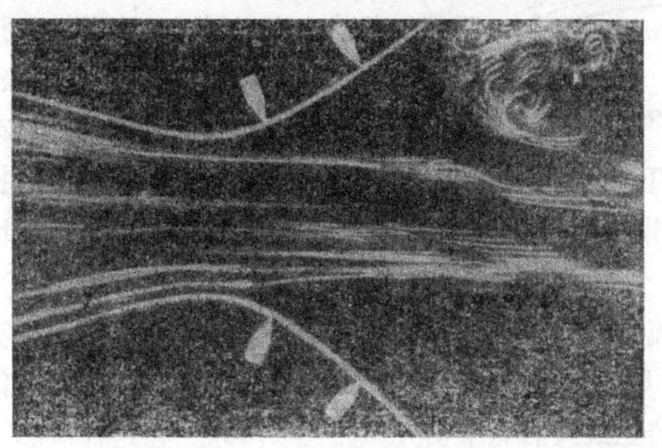

图 4.31　在突然扩大渠道中的流动

1) 蒙出版者惠允，取自 Zeitschr. f. Flugtechn. u. Motorluftschiffahrt (1927), R. Oldenbourg, Munich.

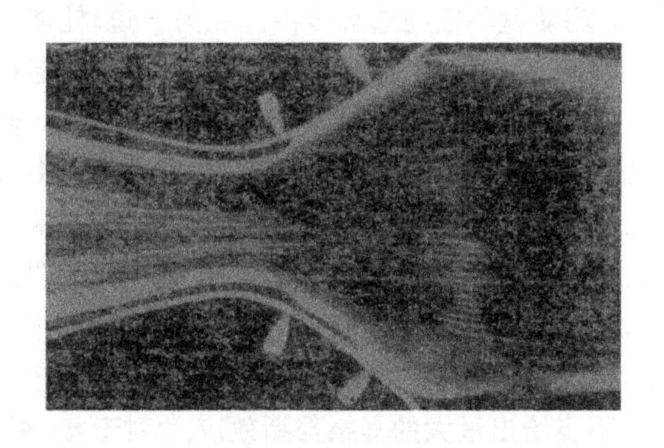

图 4.32 在渠壁有抽吸的突然扩大渠道中的流动
白色记号表示吸缝的位置(看不见)

有抽吸时,流体附着于边界. 由于截面积的增加,当气流贴壁流动时,速度迅速地滞缓了. 但这只是在有抽吸时才是如此;无抽吸时则形成射流[1].

第三种控制边界层的方法,是利用外流来增大边界层内流体的冲量. 这种方法用在象汉得莱-佩季和拉合曼的开缝机翼上是特别有效的. 在图 4.33 中,绕机翼第一部分的边界层被带到外流中去,因而可以说无害于第二部分. 在机翼的第二部分上形成新的边界层,它只需再克服机翼表面(吸气面)上的那一部分压力升高. 用这种机翼,可使流动在比不开缝的普通机翼时大得多的迎角下仍保持附体;这样升力就有了相当大的增加,但与此同时,阻力自然也是大大地增加了.

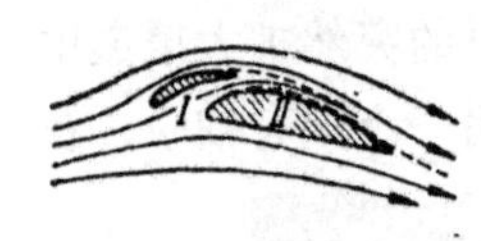

图 4.33 开缝机翼
(前缘缝翼)

有一种相类似的设施是利用辅助翼(导流片)改进气流,以防止因气流中产生分离而引起扰动. 在风洞中用导流片来引导气流(参看图 6.5)便是一个较老的例子. 导流片也用于绕尖角流动的情形以防止过大的能量损失[2](见图 4.34). 在这种情形下,不出

1) 关于边界层抽吸的其他例子,可参看阿克瑞特 [4.117].

2) 参看弗吕格 [4.118] 和福瑞 [4.119],那里给出了许多有导流片和无导流片的比较试验结果.

现分离可以这样来解释：由于导流片压力场的存在，导流片腹面(受压面)所向着的界壁上的气流压力就高于没有导流片时界壁上的压力，因此，边界层所必须抵抗的压力升高(即便还存在)大大地削弱了．这个解释当然也适用于开缝机翼，正如上面关于开缝机翼，可以“消除边界层的不利影响”的解释也适用于这里一样．

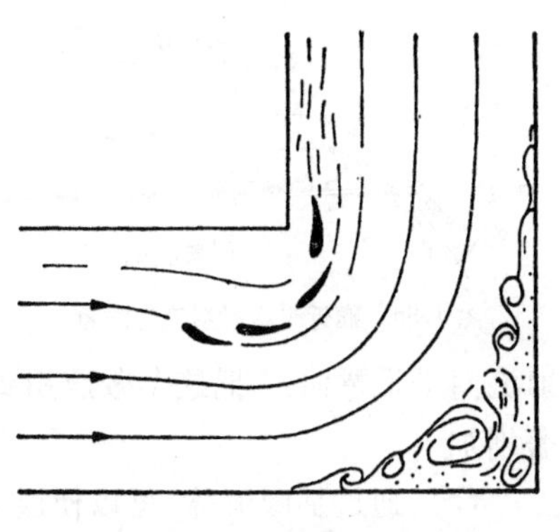
图 4.34　用导流片导流

还有一个可能性近来引起许多人的注意，就是沿切于壁面的方向或近于切向，向外喷射流体．这里产生了所谓“科安达(Coanda)效应”的作用，它反映了射流绕曲面流动的特性，即气流贴着在其附近的固壁壁面而流动．如果把手指贴在从水管流出的细水柱的边缘，我们就能看到这个现象．

如果紧靠圆柱从狭缝里把喷流切向射入静止流体中(参看图 4.35)，则它就会象“壁面射流”一样绕着圆柱流动．在雷诺数足够大时，这种壁面射流[1)]的外层具有自由湍流射流的性质(参看 **4.7.3**)，将静止流体卷了进去．在壁面上它形成一湍流边界层，并有壁面剪应力 τ_{bl}．壁面射流的宽度随着从细缝算起的距离的增大而增加，圆柱体上的压力在接近开缝处比外部压力 p_∞ 小，然后逐渐接近 p_∞．这个压力的增加最后导致边界层的分离．在雷诺数大而缝宽对圆柱

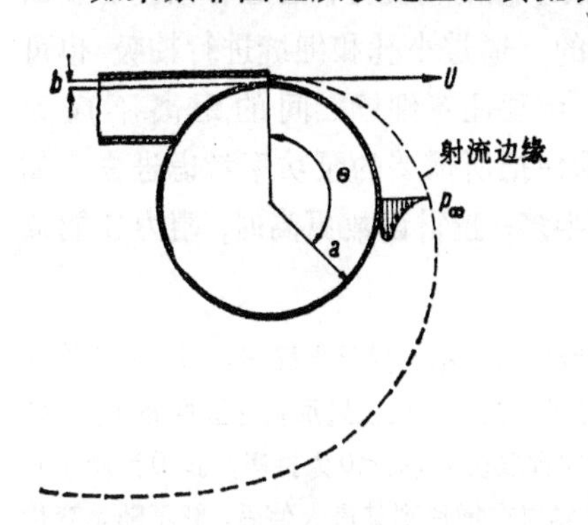

图 4.35　靠圆柱壁面射流的折转

1) 关于湍流壁面射流的试验，弗特曼[4.120]，葛劳涅[4.121]和西盖勒[4.122]曾经作过．

半径的比值 b/a 小的情况下，分离发生在转角 $\Theta=240°$ 的地方.

当一股二维射流以 α 角靠着平板射出时(参看图 4.36)，所产生的流态与上述情况相类似. 射流经过不远的距离就附着在平板上. 产生这个现象的原因是：射流从它的周围吸进流体，使在平板与射流之间产生低压，从而导致射流向平板弯曲. 把这个效应用到机翼的襟翼上，可以使升力显著增加[1].

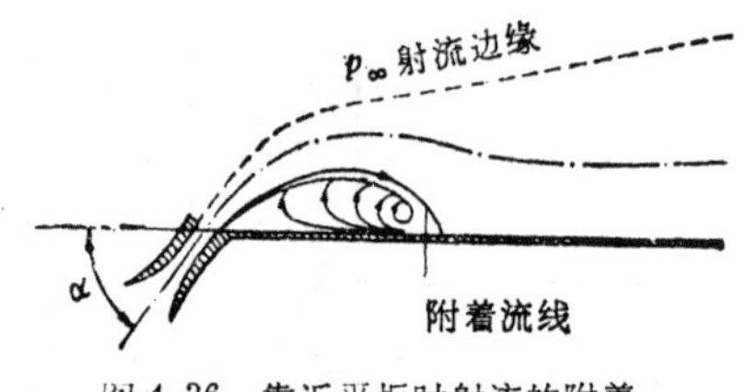

图 4.36 靠近平板时射流的附着

(b) 通过抽吸流体，可以使层流的稳定性在两方面得到改善. 第一是边界层厚度变薄，因而雷诺数减小，第二是边界层剖面形状变得更丰满了；抽吸对边界层剖面形状的影响与有压力降落 $(dp/dx<0)$ 的情况相似，因而使临界雷诺数提高了. 用这种办法即使在大雷诺数情况下也能基本上保持机翼上的边界层一直到后缘都是层流，因而大大减少了阻力引起的耗损. 但实际效果如何，则需看抽吸如何实现而定. 最理想的情况是，通过有细孔的表面均匀地抽吸，但这是很难做到的. 通过小孔和细缝进行抽吸，也可以起防止转变为湍流的作用. 但要注意细缝之间的距离不应太大. 在最佳的抽吸情况下，即使把所需要的泵功率考虑进去，如 $Re=10^7$ 时，阻力也可减低一半多；当雷诺数更高时，阻力还能减少更多.

数学补充 对于层流边界层，我们可以用边界层方程(4.16)对具有渗透作用的表面的抽吸作用进行理论研究. 在这里抽吸只反映在壁面的边界条件里：该处 v 是一个量级为 $10^{-4}U$ 的有限值 v_0($v_0<0$ 为抽吸，$v_0>0$ 为吹出). 如果用常值 v_0 抽吸，则平板上的边界层在增长到某最大值后，就不随 x 变化了. 按照施里希廷[4.123] 的计算，这个渐近抽吸剖面是 $u=U(1-e^{v_0 y/\nu})$. 按照 **4.5** 中所说的方法，布斯曼和门茨[4.124]以及乌尔瑞希[4.125]曾对抽吸边界层的稳定性作过研究.

---

1) 参看拉合曼[H11]书中的有关章节.

4.10. 二次流. 三维边界层

(a) 假如沿一边界流动的流体因受到横向压力差的作用，产生了平行于边界的偏移，则靠近边界的流体层，由于速度较小，就比离边界较远的流体层偏移得厉害. 由式(2.18)可知，(迹线的)曲率半径之比为 $r_1:r_0=q_1^2:q_0^2$. 但是，实际上，流动不是没有摩擦的；边界处的摩擦，较远处的流动的拖曳效应，连同刚才提到的加速效应，就使边界层发生向压力较小的一边的偏离；在层流的情况下，偏离角不超过约 45°，而在湍流的情况下则不超过 25—30°. 这种现象可以看成是主流和与之垂直的二次流的结合；由于连续性的缘故，二次流通常不限于边界层，还影响到流动的“核心”，并且这种影响还可能相当大. 例如，假如流体在一曲管中流动，则流动的核心由于其速度较大而趋于一直向前流动，而沿边界的速度较低的流层则产生显著的偏转，因而趋于流向弯管的内侧. 所以，在曲管中，平行于管的中心线的主流要迭加上了一个与之垂直的二次流；二次流在管的中心处是向弯曲的外侧流，而在管壁附近则是向内侧流. 这种二次流示于图 4.37 中. 它有将最大速度区域向外壁移置的作用[并参看 **4.13(e)**].

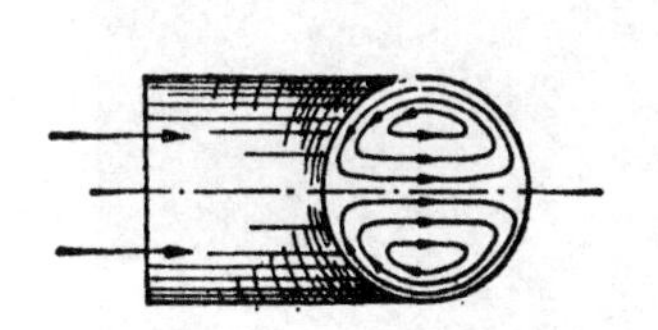

图 4.37 弯管中的二次流

图 4.38 容器底部的二次流

另一个显著的二次流的例子，是当流体在一个平底圆筒中作圆运动时在圆筒底上的流动. 靠底的流体层中的流动，因其“离心力”较小而流向向内(见图 4.38). 容器底部的小颗粒被带到中心并在那里堆积起来，这是司空见惯的事(搅拌后的茶叶向茶杯底部中央集中). 我们刚才所谈到的底部流动就可用来解释这种现象.

又，在天然河道中，在弯段处，由于二次流，结果就使河底处水流所携带的沙子、砾石等等从弯段的外侧移走而在弯段的内侧堆积起来，因而河道(弯段)的外侧就被掏深而其内侧则变浅．这种情形与特别湍急的水流对外侧的冲刷相结合，结果就使得弯段变得越来越显著．所以，只要可能，河道总是弯弯曲曲的("蜿蜒的")．

(b) 紧靠边界的流体层中的流向，可以用一种所谓油流法而使它显示出来．对于水，可以在壁面上涂以油画颜料；对于空气，可涂上煤烟或其他有色物质与汽油的混合物．让运动着的流体对涂料作用一段适当长的时间(对于水的情形约5分钟)，一种图案就形成了，它在湍流的情况下特别清晰．图案指示出贴近边界流体层中的平均速度方向；由此提供了有关流态、分离点等等有价值的资料．这些边界流线描述出壁面剪应力所指的轨迹线．不过，为了正确地解释这些图画，有必要牢牢记住：它们只是显示了贴近边界的流体层中的流态，而不是流动的主体．欣德克斯的两个水流图[1]示于图4.39和4.40中．图4.39表示渠底处的水流，那里放置了一个与来流垂直的平板．从围绕平板前沿的宽阔的白色条带我们看到，沿底界的流动在平板前面相当远处就脱离渠底以避开那里的过压区域．在平板后面的两个涡旋，清晰地显

图4.39 受垂直于来流放置的平板扰动的渠底处流动的"油膜图"(动态)(取自欣德克斯)

1) 作于哈诺威高等工业学院 (Franzius-Institut der Technischen Hochschule Hannover)．

图 4.40　绕弯道流动的"油膜图"(动态)(取自欣德克斯)

示出了如图 4.38 的向心螺旋形流动，这是可以预期到的. 值得注意的是，在这个湍性特别大的区域中，流动图案特别清晰. 到现在为止，人们还没有得出如何形成这种图案的解释. 图 4.40 表示在一矩形截面弯曲渠道中的流动. 在这里，贴近渠底的流体层向弯段内侧偏转极为清晰，并且弯段后面流动的分离也很清晰，因为那里内侧压力是升高的.

(c) **数学补充**. 在三维流动中，上述的那种二次流基本上总是在固壁附近发生；因此只要流动不正是旋转对称，则对于所有绕物体的流动，它都可能发生. 象在 **4.3** 和 **4.4** 中所提到的边界层理论原则，也可以推广到三维流动中去，只是由于流动的多变，得出的方程和所作的数学处理也相应地复杂了. 关于三维边界层的方程式，一般都用互相垂直的曲线坐标系来表示；其中一个轴垂直于物体的表面(一般不是平面的)，另一个轴与边界层外边缘的流线重合. 可以从二维边界层所用的数学方法出发，并在许多情况下通过坐标系转换把方程式化为常微分方程. 这方面的例子，有以后将在 **9.8(d)** 内讨论的旋转圆片上的流动和在静止平面上的旋转流等. 另外有一些情况，其解已分别由汉森和赫尔齐希[4.126]，盖斯[4.127]和维斯特[4.128]等给出. 近似方法，象 **4.4** 所提到的卡门和普尔豪森的那种，也在三维问题里发展了. 只有对于较弱的二次流，其处理办法还比较简单. 因为这时二次流对主流没有多大影响，可以先把边界层按二维的处理，接着再算二次流. 有关三维边界层计算方法的综合性报导，见库克和哈尔的文章[4.129]. 席尔斯[4.130]，莫尔[4.131]和施里希廷[4.132]还对各种三维边界层问题概况作了论述.

三维流动的分离与二维情况是非常不相同的，有关这方面的研究工作，勒让德[4.133]，奥斯瓦提奇[4.115]以及马斯克尔和艾歇尔布兰纳[1]等都进行过.由于物体表面上的所有速度分量都等于零，因此物体上的流线只能由邻近于表面处的流动微元的流向来定．由这里可以得出，物体的流线应是沿着与壁面垂直的速度梯度或者壁面剪应力为最大值的那个方向的．还可以指出，只有当壁面上某点的剪应力在所有方向上都是零时，流线才能从该点分叉流走(参看图4.24)．(这种“分叉点”不一定就是分离点；它也可能是驻点，那时有一条流线必通向表面.)

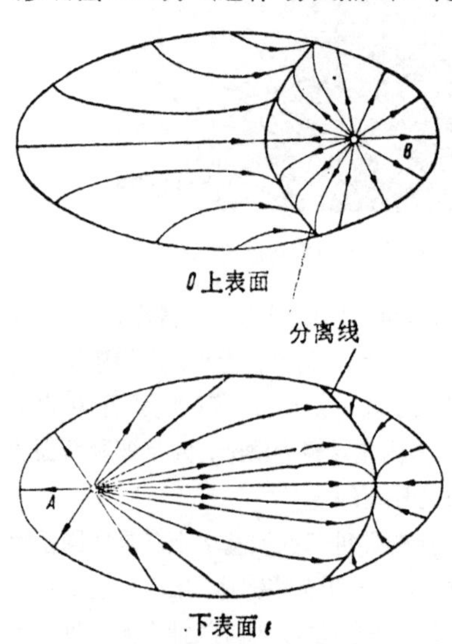

图 4.41　大迎角下，($\alpha \geqslant 9°$)，椭圆体上的边界流线

只有在一些特殊情况下，例如完全的平面流动或轴对称流动，物体表面上才出现由分离点组成的曲线．一般说来，分离点只孤立地发生，而所谓分离线是指包含(至少有两个)分离点的那些物体(表面上的)流线．对于其他的物体流线来说，分离线是一条边界流线．图4.41所表示的是有迎角椭圆体上这种现象的平面图．流体微元从两个驻点 A 和 B 沿物面径向流出，并流向分离线．分离点只在对称面上，并且对于本例，上表面的分离点是所谓“发散点”(流体微元从那里发散开去)，而下表面的分离点则是“收敛点”(流体微元在那里收聚拢来)．发散点在上表面和收敛点在下表面的这一事实，说明在有迎角旋转体的最大厚度之后存在向下的推力，因而使流体微元从上表面流向下表面．其他例子见图 4.39 和图 4.40.

除了上述两个完全没有剪应力的点外，还有“漩点”，它是出现涡旋的开始点，而涡旋的轴线是从物体表面向外伸出的.

(d) 在非圆形截面直渠道里的湍流中，观察到了另一种类型的二次流(“第二类二次流”)．它的特点首先在于有奇特的流速分布，对于这种流速分布只能这样来理解：即，有横向流动进入渠道截面的尖角，而后又返转向渠道中心流去．对于矩形截面和三角形截面，如果我们假定二次流是如图 4.43 那

1) 参看库克和布来伯纳[4.113]的文章．图 4.41 就是从那篇文章里引出的.

样的话，则渠道的等速线(参阅图 4.42)[1]是很容易理解的. 我们利用染料[2]或直接在表面上涂色的方法，也有可能显示出这种二次流. 在这里，我们还可以提到一个有关的现象，即在河流中漂浮的小物体趋于移向河心；这一现象可以用存在一种由河岸流向河心的表面流来解释. 如果是湍流边界层，则类似的二次流也可能在沿着被流过的平板的侧缘上产生. 埃鲁得曾对这种二次流作过定量研究[4.136]. 普朗特[4.135]曾试图用动量分析来解释二次流产生的原因，认为在等速线方向的湍流速度脉动较垂直于等速线的为大. 这样就产生了指向等速线凸侧的力，而其最大值则出现在等速线曲率为最大的地方. 盖斯纳和琼斯[4.137]曾在一个方形管道里用热线仪进行测量，证明了这个设想. 第二类二次流还使壁面剪应力在壁面上(包括角落部分)都保持常值. 这个事实可以作为工程师基于水力半径概念得出的阻力公式的基础[参看式(4.102)]. 由于连续性原因，在渐渐收缩的船的尾部会产生一个向上的二次流. 方肋船*的底部如果转角的修圆不够，则此横侧流动将从这个底部处离体，并在两侧沿纵向产生涡旋. 由此可看：在用双螺旋桨的情况，如果两桨的外侧均各向下打，则其效率可达最高；因为这时余下的总扭矩要比螺旋桨与纵向涡旋的转向均相同时为小[4.138].

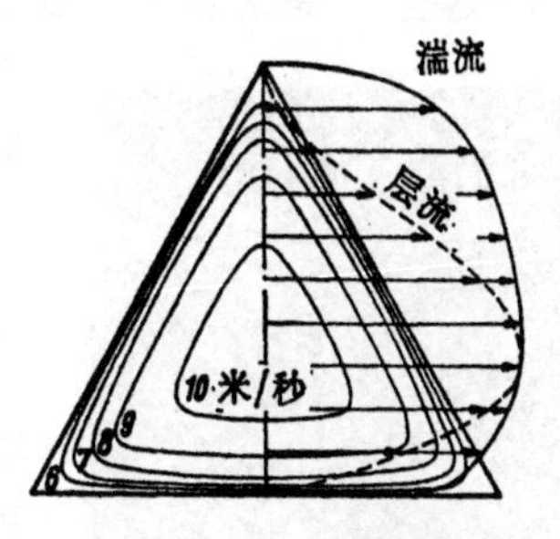

图 4.42 湍流和层流情况下，三角形管内的等速线和中线上的速度剖面

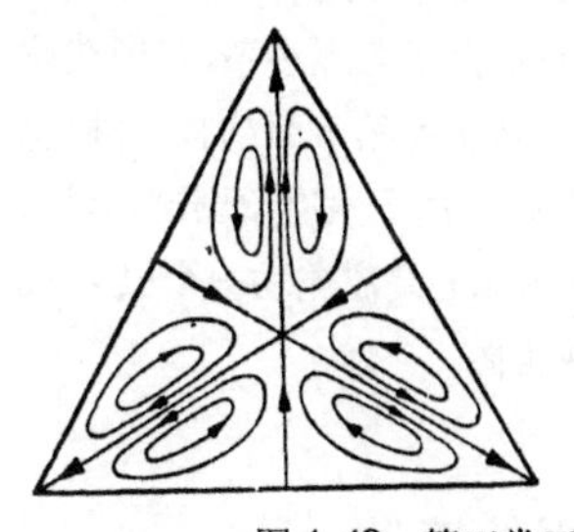
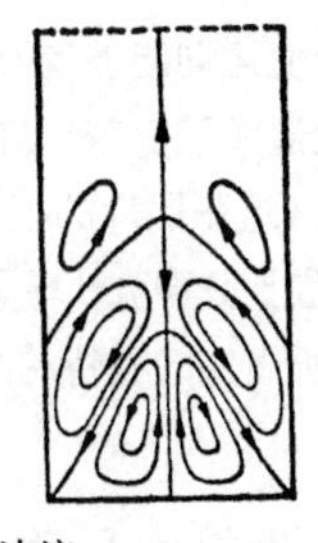

图 4.43 第二类二次流

(e) 这里我们还可以提出另一种现象，这种现象提供了“第三类二次流”. 那就是由于固体在流体中作振荡而产生的一种奇特流动，在用“超声

1) 取自尼库拉德塞的实验[4.134]，并看普朗特[4.135].

2) 尼库拉德塞[4.134]，第 328 页.

* 方肋船是指尾部有直角船肋的船. ——译者注

波”作实验时这种现象特别显著．在流体中存在驻波的情况下，在靠近边界处也观察到了这种现象．施里希廷利用振动物体表面处或流体边界处的边界层中的现象解释了这些流动的情形[4.139]．这是一种与平均压力、动量和摩擦力间的相互作用有关的二级效应．假定 $U(x)\cos\omega t$ 是边界层外面的速度，按照施里希廷的意见，还有一附加速度，它在邻近边界但在边界层之外处具有值 $u'=\frac{3}{4}\frac{U}{\omega}\frac{\partial U}{\partial x}$，并且它的方向是由速度较大的点指向速度较小的点．图 4.44 示出了水槽中绕一个(水平地)往复振动的圆柱的一幅水流照片，照片是用一个随同柱体运动的照相机拍摄的．为使运动能够看得见而撒了金属小条，它们在很长的曝光时间内的往复运动就造成了宽带．流体从上面和下面趋向此柱体并在每一边沿振动线离开它．(这张照片的不对称是由于水有微弱的运动.)

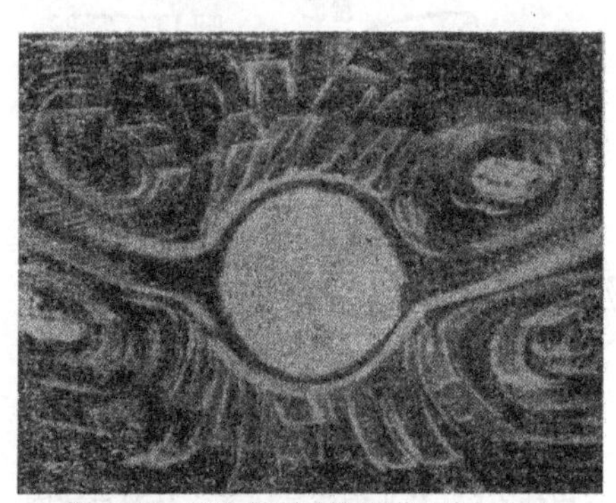

图 **4.44** 绕往复振动物体周围的二次流，取自施里希廷

这里所描述的现象，给了置于驻声波[1]场中物体的绕流流动一个很好的解释，而且也很好地解释了众所周知的孔特的灰尘图．

4.11．粘性起主导作用的流动

正如我们在 **4.3** 中所已解释的，当粘性占压倒优势的时候，惯性力与摩擦力相比就可以忽略．在所有的情况下，这一类“蠕行流”流动有一个共同特点：运动的阻力与速度的一次方成正比．对于定常运动的情形，粘性占优势的特征是雷诺数很小，小雷诺数可由很大的粘性、很小的流速，或者很小的物体空间尺度所引起(也可以由于密度很小引起，这种情形发生在高度真空的管道流动中)．我们将在本节及下一节中较详细地讨论这类运动的三个例子．

1) 例如参看安德拉德的烟雾照片[4.140]．

(a) 流过沙土、砾石等孔隙介质的水流和气流. 这是一种重要的实际问题；例如，这里所得到的定律可用于地下水流动的数值计算. 从各沙粒缝隙中实际流过的地下水的流动，可以通过每秒流过沙土截面单位面积的流量来描绘. 这个量具有速度的量纲，叫做**渗流速度**，并且可以用分量 u, v, w (分别是通过垂直于 x, y 和 z 轴的面的流量)来表示. 根据我们以上所谈过的，或者与管道流动的哈根-波阿苏依定律相类比，对于蠕行流动我们可以取这些速度与压力降落成正比[1)]，即速度分量是：

$$u=-k\frac{\partial p}{\partial x},\ v=-k\frac{\partial p}{\partial y},\ w=-k\frac{\partial p}{\partial z}. \tag{4.86}$$

由连续性方程式(2.7)

$$\frac{\partial u}{\partial x}+\frac{\partial v}{\partial y}+\frac{\partial w}{\partial z}=0$$

(此式在这里可以不加改变地应用)，按式(4.86)我们得到

$$\frac{\partial^2 p}{\partial x^2}+\frac{\partial^2 p}{\partial y^2}+\frac{\partial^2 p}{\partial z^2}=0. \tag{4.87}$$

这样，p 满足与速度势 Φ 所满足的同样的方程（见 **2.3.6** 和 **2.3.7**)，并且在这里，u, v, w 由 p 导出的方式正如同在无粘性流体的无旋运动中速度由 Φ 导出一样(有负号之差，但不重要). 这就是说，地下水运动是 **2.3.7** 中所描述的那种无旋运动. 然而，这里有着本质的区别：由于 p 的物理本质，p 必须处处是单值的并且必须是连续的，而 Φ 在间断面上可以是间断的，并且在流动有环量时实际上是多值的. 所以，对 Φ 的那些解在这里并不适用.

上面的方程使我们可以在各种典型情况下探索地下水的运动，例如研究抽水井壁周围所存在的关系，也就是说，求井壁邻近的速度分布以及水位的下降. 不过，在这里我们不作更详细的讨论[2)].

---

1) 渗流定律也称作达尔西定律[4.141].

2) 福希海默尔在他的书中详细地讨论了这些较古老的问题[R3]. 关于较近的参考文献见[4.142]，[4.143]，[4.144][4.145].

上面所假定的速度与压力降落间的线性关系，只有在按颗粒直径所定义的雷诺数很小时才是正确的. 克令[4.146]基于许多人的观测发现，对于流经球形颗粒所组成的河床的渗流，雷诺数 ud/ν 的临界值是10. 低于此值时，方程

$$-\frac{dp}{dx}=1000\frac{\mu u}{d^2}$$

成立，式中 u 与以上所述的意义相同. 对 $Re=200$—5000($Re=5000$ 是试验研究过的最大的雷诺数)，方程

$$-\frac{dp}{dx}=\frac{\zeta}{d}\rho\frac{u^2}{2}$$

成立，式中 $\zeta=94Re^{-0.16}$. 在中间区域(即 $Re=10$—200)中，从第一种关系逐渐过渡到第二种关系.

(b) 两邻近平行板间的流动(间距很小). 这与地下水的流动有一定关系. 实际上，这种运动很象速度按抛物线分布的哈根-泊阿苏依流动(参看图 4.16). 然而，当流速足够小时，两平板间隙间的平均流速仍旧可以认为是与压力降落成正比，即我们有速度分量

$$u=-k\frac{\partial p}{\partial x},\ v=-k\frac{\partial p}{\partial y}. \tag{4.88}$$

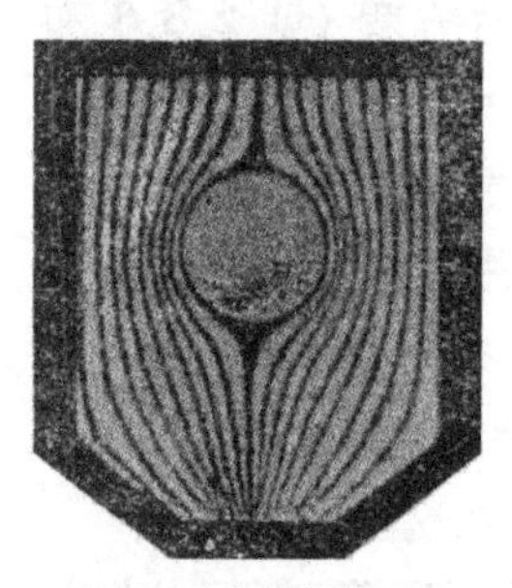

图 4.45 绕柱体的流动，取自波尔

所以，连续性方程

$$\frac{\partial u}{\partial x}+\frac{\partial v}{\partial y}=0$$

就给出

$$\frac{\partial^2 p}{\partial x^2}+\frac{\partial^2 p}{\partial y^2}=0. \tag{4.89}$$

这又与平面无粘性流体运动的速度势方程类同. 所以，无粘性流体无旋运动(在速度势是单值的和连续的条件下)的流线，就可以用一种粘性起主要作用的实验来模仿. 海雷-肖[4.147]第一次作了这样的实验，他把染了色的液体射流引进在玻璃板间流动的液体(水、甘油)，这样就得到了在许多不同情形下无旋运动流线的精致图案. 根据同样的原理，波尔制作了一种以水和墨水为工作液体的仪器，图 4.45 是用这种仪器得到的图案.

这里，压力的分布与粘性很小的情况相比是十分不同的，因为压力降落事实上总是主要沿着流动的方向[1]．所以，我们要特别强调下述事实：用这里描述的方法所得到的流动情况，和用第二章公式计算出来的无旋运动情况一样，都是有所保留的．它们都不能真实描述雷诺数很大时的实际流动．有间断面的流动情形，假若需要的话，也可以通过这个仪器得到，即用隔板作成一实际的间断面，并适当地调节两边流过的流量，这时却不会发生分离现象．

我们还要注意，在这里所描述的流动中，当流体层太厚或者速度过高时，流体的内层和外层的轨迹就出现偏离．这时，内层流体的轨迹是往前伸展，但靠近界壁的流体层的轨迹却变得更加弯曲(二次流，参看**4.10**)．在作这些实验时，必须注意把这种现象保持在观察误差的限度以内[2]．

京特[4.142]利用粘性很大的流体流过较宽的缝模仿了二维地下水流动(例如水通过坝的渗流)．为了避免毛细力引起的扰动，那里的缝必须要宽．

4.12．轴承润滑的流体动力学理论[3]

另一个粘性起主导作用的流动的例子，是有关机器润滑轴承和导轨中的流动现象，这在工程上是非常重要的．已经发现，在作相对运动的机器零件之间(轴颈与轴承或滑块与导轨之间)，有着(特别是对于迅速的运动)一薄层运动着的油以使两个固体根本不相接触．因此，对于轴颈和轴承或滑块和导轨，在摩擦保持甚小的情况下能承受很重载荷的能力，必须理解为由于油层的运动的结果．作为一个特别简单的情形，我们可以讨论滑块在平面导板上运动的情形，并且为了进一步简化，还假定互相滑动的接触表面在运动的垂直方向伸展甚远以至可以认为，至少在中央区域，润滑层中的运动是平面平行运动[4]．为了得到定常运动，我们将选择一个坐标系，在这个坐标系中，滑块处于静止，而导板(相当长)则以速度 v 向右运动．开始我们先研究流过高度为 h 的间隙的流动；我

1) 与此不同，在无粘性无旋运动中，压力降落是沿 $(1/2)q^2$ 的梯度的方向！

2) 由于流体的惯性而引起的这种偏离的理论，见里格尔斯[4.148]．

3) 关于新近的德文文献，见福格尔波尔[4.149]．

4) 这种二维理论首先是由雷诺发展出来的(不仅对于滑块，而且也对于轴及轴承)，参看[N3]．

们假定间隙的上表面（滑块）是静止的，而下表面（导板）则以速度 v 平行于上表面而运动，并且在这个方向同时存在着压力的升高或降落．令 x 轴位于运动方向，而 y 轴则与两表面垂直．于是压力的升高便是 dp/dx，为简短计将它写作 p'．这里，考虑到油膜（厚度为 h）很薄，可以认为 p' 与 y 无关．令（沿 x 轴的）流速为 u（即使在两边界面不绝对平行的较普遍的情况下，速度也足以由 x 分量 u 来决定，y 分量的重要性只是在连续性方面）．根据 **4.1** 末的说明，假如我们忽略惯性力并假定流动状况在 x 方向只是缓慢地改变（所谓缓慢，是相对于 y 方向的显著改变而言的，这就是说，与 $\partial^2u/\partial y^2$ 相比，我们略去 $\partial^2u/\partial x^2$），则我们有

$$\mu\frac{\partial^2u}{\partial y^2}=p'.$$

积分之，则得

$$\mu\frac{\partial u}{\partial y}=p'y+C_1,$$

于是

$$\mu u=\frac{1}{2}p'y^2+C_1y+C_2.$$

边界条件要求：在 $y=0$ 处 u 必须等于导板相对于滑块的速度 v，于是 $C_2=\mu v$；在 $y=h$ 处 $u=0$，于是

$$C_1=-\left(\frac{\mu v}{h}+\frac{p'h}{2}\right).$$

因此，

$$u=\frac{p'}{2\mu}(y^2-hy)+\frac{v}{h}(h-y).\tag{4.90}$$

在下表面单位面积上的正向摩擦力是

$$\tau_0=-\mu\left(\frac{\partial u}{\partial y}\right)_0=-C_1=\mu\frac{v}{h}+p'\frac{h}{2}.\tag{4.91}$$

在上表面单位面积上的摩擦力是

$$\tau_1=-\mu\left(\frac{\partial u}{\partial y}\right)_h=\mu\frac{v}{h}-p'\frac{h}{2}.\tag{4.92}$$

在讨论这些结果的时候，必须记住，x 轴正方向的压力升高相应于

正的 p'；而压力降落则相应于负的 p' 值．我们还必须求出为保证以后写连续方程所必须的流量．对于高度为 h 的单位宽度的流量是

$$Q=\int_0^h u\,dy.$$

经简单计算，我们得

$$Q=\frac{vh}{2}-\frac{p'h^3}{12\mu}. \tag{4.93}$$

在作了这些准备工作以后，现在我们可以转到实际问题上来了．我们必须寻求这样的解，即压力 p 由大气压 p_0 开始，随 x 而迅速增加，随后又减低到 p_0，因为“滑块”自然必须能够承受载荷，而这只有在压力适合上述条件时才有可能．如果空隙的高度 h 是常数，这样的压力就不可能有，因为，为满足连续性条件，必须有 $Q=$常数．而 v 是滑块的速度，它是常数，致使压力的升高 p' 也是常数．因此，我们必须使 h 随 x 而变．于是由方程(4.93)得

$$p'=\frac{dp}{dx}=12\mu\left(\frac{v}{2h^2}-\frac{Q}{h^3}\right). \tag{4.94}$$

对这个方程进行积分，就得出 $p(x)$．在滑块的每一端，p 必须等于 p_0 的条件就给出了积分常数和直到现在还未确定的 Q．这就确定了 p 的分布．于是我们就可以再行积分从而计算出作用于滑块上的总压力$\left(\text{每单位宽度为}\int_0^l p\,dx\right)$，和力矩$\int_0^l px\,dx$．此力矩和力之商便是总压力的作用点离 $x=0$ 点的距离．摩擦力等于$\int_0^l \tau_0\,dx$，其中 τ_0 由式(4.91)给出，所以我们就可以对于任何给定的空隙分布 $h(x)$ 求出作用于滑块上的合力的大小、方向和作用点．多数是给出压力的合力，由此可以导出空隙高度 $h(x)$ 的表达式．

摩擦力也可以由 τ_1 计算出来，但是必须注意：在这里，作用于与运动方向成倾角 $\delta=\arctan(dh/dx)$ 的(上)表面上的压力 p，也有沿运动方向的分力．由于滑块背面上的压力是 p_0，故它们沿运动方向的分力是

$$-\int_0^l (p-p_0)\frac{dh}{dx}dx,$$

既然在 $x=0$ 和 $x=l$ 处 $p=p_0$, 由分部积分得出 $+\int_0^l p'h\,dx$. 再考虑到方程(4.91)和(4.92), 我们便得到相同于由 τ_0 得出的摩擦力的表达式.

变间隙高度的最简单情形是滑块与导板都是平面, 但彼此倾斜成一小角 δ. 设滑块位于由 $x=0$ 到 $x=l$, 而间隙的高度

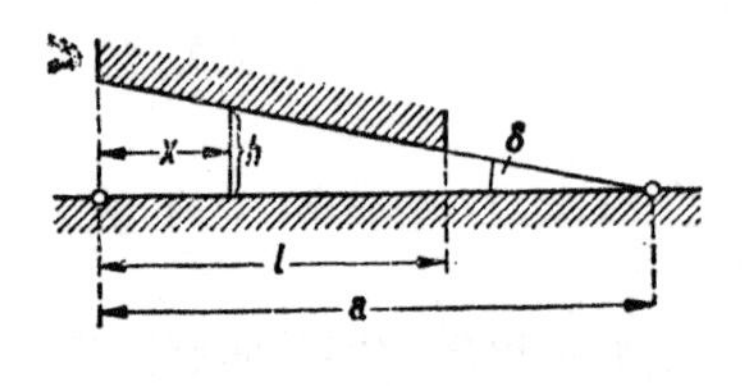

图 4.46 滑块与导板的间隙

$$h=(a-x)\delta, \qquad (4.95)$$

这就是说, 两个平面的交线与滑块左端(前缘) $(x=0)$ 的距离是 a (见图 4.46). 于是有

$$\int_0^x \frac{dx}{h^3}=\frac{1}{2\delta^3}\left[\frac{1}{(a-x)^2}-\frac{1}{a^2}\right]=\frac{2ax-x^2}{2\delta^3a^2(a-x)^2}$$

和

$$\int_0^x \frac{dx}{h^2}=\frac{1}{\delta^2}\left(\frac{1}{a-x}-\frac{1}{a}\right)=\frac{x}{a\delta^2(a-x)};$$

所以

$$p=p_0+\frac{6\mu x}{a\delta^2(a-x)}\left[v-\frac{Q(2a-x)}{a\delta(a-x)}\right]. \qquad (4.96)$$

根据式(4.96), 在 $x=0$ 时 $p=p_0$, 为使在 $x=l$ 时 p 也等于 p_0, 式(4.96)的方括号中的项必须等于零, 即有

$$Q=\frac{va\delta(a-l)}{2a-l}. \qquad (4.97)$$

由式(4.95)用 h 代去 $\delta(a-x)$ 并化简所得的结果, 即得

$$p=p_0+\frac{6\mu vx(l-x)}{h^2(2a-l)}. \qquad (4.98)$$

为了估算平均压力, 我们先计算滑块中央$\left(x=\dfrac{l}{2}\right)$的压力 p_1. 当然, 这不是最大压力, 因为 h 按式(4.95)随 x 而变化; 但如果这个变化不太大, 则压力 p_1 和最大压力属于同一量级. 由式(4.98), 令 $h=\delta\left(a-\dfrac{l}{2}\right)=h_m$, 我们便有

$$p_1-p_0=\frac{3}{2}\frac{\mu vl^2}{h_m^2(2a-l)}.$$

如果我们假设压力的分布近似地为抛物线形，则平均超压 p_m 就等于 $(2/3)(p_1-p_0)$，即

$$p_m=\frac{\mu v l^2}{h_m^2(2a-l)}. \tag{4.99}$$

这个公式清楚地表明了，如果油膜的平均厚度 h_m 很小的话，即使 μ 比较小，也可以达到很高的压力．由于 h 沿流动方向减小，由式(4.98)，最大压力发生在中点之右(后面)，因而合力也在中点之右(后面)．依照公式 (4.98) 的压力分布示于图 4.47．速度的分布示于该图的下部，图中速度剖面曲率的变化清楚地表明了压力是如何变化的．压力分布的特性也与比值 l/a 有关，而合力的位置则只与 l/a 有关．在密契尔止推座中，滑块支枢在中点稍后的地方(图 4.48)，因而在一切载荷下，工作状况均称满意．滑块会自动地采取一定的倾斜位置(更确切地说，一定的 a 值)，因为假如倾斜度增加，压力的作用点就向后移，而如倾斜度减小，则向前移，因而所采取的正确位置是很稳定的．

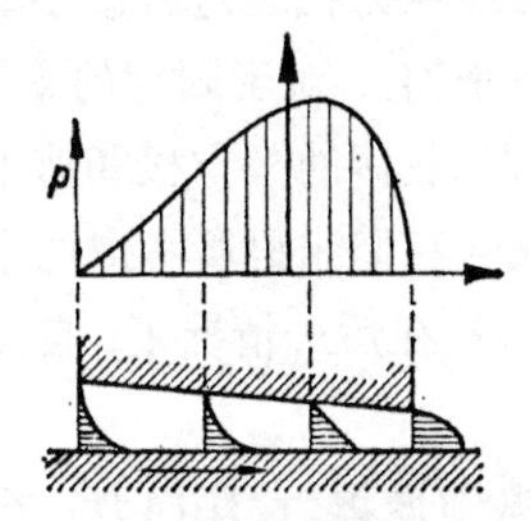

图 4.47　在滑块与导板间隙内的流动

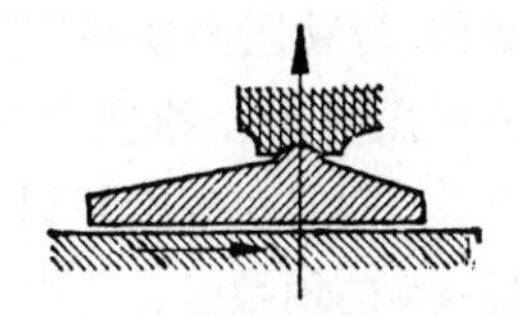

图 4.48　推力滑块(根据密契尔)

在实际的止推座中，从前缘进入的油有些自两侧漏出，所以油内的压力就有相当的降低[1)]．但是在定性上，所发生的现象仍如上述．

由于压力分布的方式，在滑块上的剪应力，与由于狭缝中普通摩擦而产生的剪应力相比，在前部较小而在后部则较大；对于导板上的剪应力来说，则正相反．这些剪应力的公式可自式 (4.91)，

1) 参看密契尔[4.150]，那里还讨论了油自有限宽度的滑块两侧流出的情形．另外还有福格尔波尔[4.151]，纳梅[4.152]，和弗勒斯尔[4.153]的文章．

(4.92)，(4.94)和(4.97)很容易地算出.

我们不去给出这些公式，而只给出一个摩擦力的近似表达式；比值 a/l 选取得越大，这个近似式就越准确. 在这种情形下，剪应力的分布近乎呈不规则的四边形，因而单位面积上的平均摩擦力可以近似地取作等于中点处的摩擦力. 由于中点处 p' 的值是微不足道的，所以由方程(4.91)，我们可以取

$$\tau_m \approx \mu v/h_m.$$

润滑层的厚度 h_m 可以利用式(4.99)从上式中消去，我们有

$$h_m=\sqrt{\frac{\mu v l^2}{p_m(2a-l)}}, \tag{4.100}$$

所以

$$\tau_m=\sqrt{\frac{\mu v p_m}{l}}\sqrt{\frac{2a-l}{l}}. \tag{4.101}$$

表达式 $\mu v/l$ 表示如厚度为 l(!)，油层中所会引起的(非常小的)摩擦应力. 因此，就数量级而言，实际的摩擦应力代表这种微小摩擦应力与作用在滑块上的平均载荷的几何平均. 对于固定的 l 和 a 的数值，滑动阻力便必定随粘性的平方根、载荷的平方根和速度的平方根而变化. 事实上，这个关系不仅与我们这里所考虑的平均值有关，而且也完全可以从精确公式导得(在后一情况下，自然会出现 a/l 的函数！).

库隆的固体摩擦理论中的"摩擦系数"(摩擦力/法向力)，在这里可以用无量纲量来表示：

$$f=\frac{\tau_m}{p_m}.$$

这样，对于固定的 l 和 a 值，即对于图 4.48 中滑块的给定尺寸，f 就与纯数 $\sqrt{(\mu v/p_m l)}$ 成正比.

数值例子：令 $\mu=1$ 泊(克/厘米·秒)(见 **4.2**)，$v=100$ 厘米/秒，$p_m=30$ 千克重/厘米$^2\approx 3\times10^7$ 克/厘米·秒^2，$l=10$ 厘米，则

$$\sqrt{\left(\frac{\mu v}{p_m l}\right)}=\sqrt{\frac{1\cdot10^2}{3\cdot10^7\cdot10}}\cdot\sqrt{\left(\frac{g}{s^2}\right):\left(\frac{g}{s^2}\right)}=0.577\times10^{-3}.$$

此外,若 $a=2l$,则式(4.101)中的数值因子是 $\sqrt{3}\approx1.732$, 因而 $f=0.001$. 将式(4.100)改写成

$$h_m=l\sqrt{\left(\frac{\mu v}{p_m l}\cdot\frac{l}{2a-l}\right)},$$

得油层的平均厚度是 10 厘米 $\times0.577\times10^{-3}/\sqrt{3}\approx0.0333$ 毫米.

对于轴颈与轴承的情形,诸关系就不那么简单,因为在这里,我们有了一个新的固定的量, 即当轴颈处于中心位置时轴颈与轴承之间的间隙 s (轴承的半径 $r+s$ 与轴颈的半径 r 之差), s 便叫做"余隙"; 此外,当轴颈的中心相对于轴承的中心有了铅直和水平位移时,还有两个未知量. 在这里,主要特征也是形成了一层楔形油垫, 通过这个油垫, 在轴颈转动时, 油便从宽的一边被拖到窄的一边 (图 4.49). 这种计算是非常复杂的, 但如果我们可以假定轴颈的偏心率 e 与余隙 s 相比为小量, 则计算便得以简化. 这符合封闭轴承中轴颈浸没在油中并在中等载荷下迅速地转动的情形. 在这种情形下, 我们可令 $h=s+e\cos(\varphi+\alpha)$ [式中 φ 是一个角坐标(中心角)] 并用二项式定理展开公式中的分母. 经过计算 (计算的方法和对滑块所进行的相似,其宽度同样假定为无限),结果得知 e/s 与无量纲量 $s_0=p_m s^2/\mu v r$ 成正比,其中 p_m 为作用于轴承的平均压力, r 为轴颈的半径,而 v 是周向速度. 佐默费尔德数[4.154] s_0 的构成也可由对滑块的公式(4.99)得出,式(4.99)可以写作

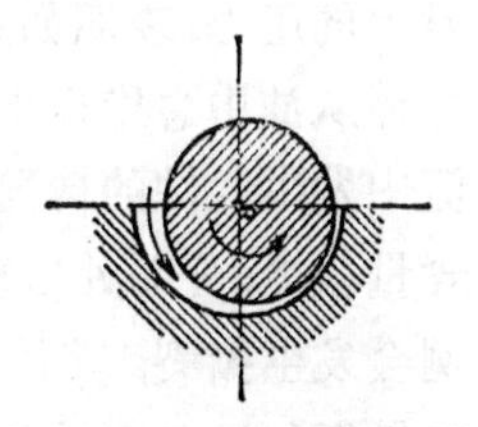

图 4.49 轴颈与轴承

$$\frac{l}{2a-l}=\frac{p_m h_m^2}{\mu v l}.$$

上式的左边属于纯几何性质,它的意义和 e/s 的意义密切相关, h_m 和 l 分别取代了上式右边的 s 和 r.

作用于轴承的不同载荷、不同的余隙的大小、不同的油的粘性以及不同的周向速度诸影响全都包括在系数 s_0 中, 因而就有理由利用这个数来处理实验结果.

轴承的摩擦系数[1)](切向力/轴承上的载荷)可以用类似于对滑

1) 关于这方面的细节,见京贝尔和埃弗林[R19]以及福格尔波尔[R11].

块的方式来表示.

在以上的讨论中,我们自然默认地假定了油是充分地供给的,并且速度不是很低或者轴承上的载荷不很大,因而在整个轴承表面上覆盖有一层油膜,防止轴颈与轴承的金属表面相接触. 鉴于轴颈与轴承或滑块与导轨制造的精度有一个限度,假如空隙 h 过小,则两金属表面相接触是不可避免的;那么这时发生的现象就应以平常的固体间的摩擦来解释. 在我们应用以上的公式时,油膜中出现相当大负压的情况必须排除.在出现相当大负压的情况下,油膜会被扯裂;弗勒斯尔[4.155]仔细测量了完全浸入油中转动的轴承上的压力,表明如果油中所预含的大气已达饱和程度,则由于有气体从油中急剧逸出,油膜扯裂之处的压力近乎等于大气压. 水流中发生气蚀的情况(参看 **5.1**)则与此不同,由于水的饱和空气含量极少,分裂处出现高度真空. 在承受重载荷的轴承中,油膜照例会发生撕裂,其情况和轴承只部分地包围轴颈时一样. 如按照弗勒斯尔用多面轴承[4.156]则可以从结构上避免发生撕裂.

以上所描述的关系,对于承受中等载荷的滑块和轴承,与实验非常吻合[4.155]. 对于重载荷情况,由于油发热而引起了方程式计算结果与实验的相当大的分歧,因为油温度的升高使粘性显著地降低了. 不过,福格尔波尔[4.157]已经指明,这种非常复杂的情况是可以更准确地加以处理的. 我们在这里只把他所得的结果中的一个提出来,即:较满意的油是那些其粘性并不随温度的升高而降低很多的油. 他还指明,即使在所谓半流体或者混合摩擦的情况下,轴承上大部分的载荷是由于流体动力而被承受的,而且是由两对合表面上凸起凹陷之间所含的油所承受,而只有很小一部分是由彼此接触的粗糙突凸起的顶端所承受.

粘性随压力上升的增加并不是微不足道的,因而情况对于承受重载荷的轴承和很小的切向速度较之粘性保持不变要更有利; 参看基斯卡尔特 [4.158]. 根据他的实验,粘性在 600 大气压时约为一个大气压时的 2—4 倍.

卡勒尔特[4.159]估计了惯性力对平面滑块和颈轴承的影响,

4.13. 等截面管和渠道中的流动

(a) 在 **4.1** 中所给出的哈根-泊阿苏依定律(按照这一定律,压力降落与速度成正比)只有速度低于临界速度[参看 **4.5**(a)]时才成立. 对于高于临界速度的速度,即对于湍流,正如我们在 **4.5** 和 **4.6** 中所指出的,压力降落差不多是与速度的平方成正比. 于是边界上的剪应力 τ_{bl}(或者在非圆形截面的情况下是它的平均值),便可取之等于$(1/2)\lambda'\rho q_1^2$, 其中 λ' 是一个依赖于具体状况,特别是依赖于边界的粗糙度的数量,而 q 是平均速度. 在长度为 l 的一段管子或渠道中,压力降落必须与边界面上的剪应力相平衡(参看结合图 4.2 的讨论). 所以,假如 a 是截面面积, P 为"湿周"[1],则有

$$(p_1-p_2)a=\tau_{bl}lP=\frac{1}{2}\lambda'\rho q^2 lP, \tag{4.102}$$

所以

$$\frac{p_1-p_2}{l}=\lambda'\frac{P}{a}\frac{\rho q^2}{2}. \tag{4.102a}$$

$a/P=r_h$ 称作水力半径. 在重力作用下而流动的液体中,例如在河流中,水位比降 $i=(z_1-z_2)/l$ 通常是给定的(图 4.50); 它通过关系式 $p_1-p_2=g\rho(z_1-z_2)=g\rho li$ 而与沿水平线的压力降落联系起来了(参看 **1.6**); 所以由式(4.102)首先得:

$$\tau_{bl}=g\rho r_h i, \tag{4.103}$$

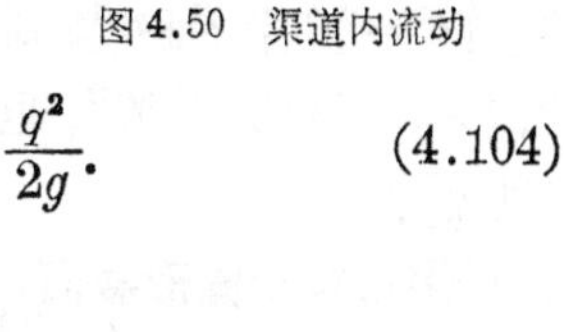

图 4.50 渠道内流动

此外,由式(4.102a)得:

$$i=\frac{1}{g\rho}\frac{p_1-p_2}{l}=\frac{\lambda'}{r_h}\frac{q^2}{2g}. \tag{4.104}$$

由上式解出 q 来,我们得到

---

1) 在明渠中(河道或渠道),自由面不算是"湿周"的一部分. (明渠中,湿周是过水截面与渠壁的交线的长度.)

$$q=\sqrt{\frac{2g}{\lambda'}\,r_h\cdot i}.$$

在应用于河流和渠道时，这个公式通常写作

$$q=C\sqrt{r_h i} \tag{4.105}$$

并且式 (4.105) 称作舍兹公式. C 仍须认为是水力半径和边界表面粗糙率的函数；在深度为 0.5—3 米时，对于光滑的木壁渠道或光滑的灰泥（砖石）砌筑的渠道 C 的值为 80 米$^{1/2}$秒$^{-1}$，对于土渠为 30—50 米$^{1/2}$秒$^{-1}$，对于砾石渠道为 24—40 米$^{1/2}$秒$^{-1}$. 为要更准确地反映观测的结果，已经提出了很多公式. 但是在正确估计边界的实际粗糙率以确定公式中的系数方面，仍有困难. 按照施特里克勒[4.160]，对于河床多石的宽河道，可令 C 等于 $21.1(t/d_G)^{1/6}$ 米$^{1/2}\cdot$秒$^{-1}$，其中 t 是水深，d_G 为石块的平均直径. 这里，河床粗糙率 d_G 的作用在一定程度上依赖于水的深度和落差（参看 **9.6.3**），因而每一种类型的水流都有它自己的不包含 d_G 的经验公式. 然而，由于河床的天然和人为的不平坦（砂滩、丁坝等）都影响着"粗糙率"，所以很多公式都是彼此极为相似的.

各种各样的截面形状的影响，可借水力半径满意地反映出来，这表明，正如我们在以上的讨论中所默认的那样，切应力在截面边界的所有点上都几乎相同.

在 **2.3.14** 中我们曾经指出，低浪头的传播速度 $\sqrt{gh}$ 形成"缓流"和"急流"之间的界限. 假如我们令 $h=r_h$（这对于宽河道来说是近乎真实的），则在边界情况下

$$q=C\sqrt{r_h i_1}=\sqrt{g r_h},$$

$$i_1=g/C^2;$$

例如 $C=50$ 米$^{1/2}$秒$^{-1}$，则 $i_1=1/250$. 当 $i<i_1$ 时，流动是"缓流"，当 $i>i_1$，则为"急流". 也有人把 $i<i_1$ 的流动叫作"河流"，$i>i_1$叫"洪流".

(b) 对于**圆形截面**（半径为 R，直径为 $d=2R$）**管道**，

$$r_h=\frac{a}{p}=\frac{\pi R^2}{2\pi R}=\frac{R}{2}=\frac{d}{4}.$$

近来常有人引用"水力直径"$d_h=4a/p=4r_h$; 对于圆管则 $d_h=d$.

如果令 $\lambda_1=4\lambda$, 则由式(4.102a)得(用 $4/d$ 代 p/a):

$$\frac{p_1-p_2}{l}=\frac{\lambda_1}{d}\cdot\frac{\rho q^2}{2}, \tag{4.106}$$

λ_1 称作阻力系数. 这里, 我们遵循了工程的习惯. (在物理学中, 用的是 r 而不是 d.) λ_1 的直观意义由下述事实阐明: 在长为 $l=d/\lambda_1$ 的一段管道中, 压力的降低量等于与平均速度 q 相应的动压力. 对于光滑管中湍流的性状, 已经作了大批的实验, 其中有些准确度很高. 从理论的观点看来, 关于这种流动所能肯定的只是: 在雷诺数 qd/ν(见 **4.2** 末的表)具有同一数值时, 阻力系数 λ_1 的数值必相同. 所以, λ_1 可以是雷诺数的函数. 事实上, λ_1 随雷诺数的增加而减小. 在直到大约 $Re=qd/\nu=80000$ 之前, 我们可以写

$$\lambda_1=\frac{0.3164}{Re^{1/4}} \tag{4.107}$$

(布拉修斯[4.161]根据萨浦和朔德的试验得出).

一个更有理论基础的阻力定律可由 **4.7** 所给的公式得出. 应用式(4.72)和(4.73)把中部定律式(4.70)和壁面公式用式(4.66)联系起来, 则可导出 $\lambda_1=8u_\tau^2/q^2$ 与 $Re=qd/\nu$ 之间的关系. 这里我们且不提计算的细节[1]. 对于光滑管, 其关系式是

$$\frac{1}{\sqrt{\lambda_1}}=2.0\lg\left(Re\sqrt{\lambda_1}\right)-0.8, \tag{4.108}$$

实际上湍流情况下的所有雷诺数都可用此式.

λ_1 在式(4.108)的右端又出现一事, 对求 λ_1 并没带来严重的困难; 如有必要求出 λ_1 的话, 只要给右边的 λ_1 假定一个适当的初始近似值, 然后进行迭代运算即可. 下列的数值表可给出数据变化的总情况. 数值大致是:

$\lambda_1=$	0.040	0.030	0.020	0.015	0.010
对应的 $Re=$	4,000	12,000	60,000	240,000	2,500,000

(c) 对于粗糙管中已建立的"粗糙流动", 可按式(4.68)取 $C_2=8.5$(相当于表面敷以沙子)给出

1) 与此有关的计算, 见普朗特-贝茨[4.162]; 和普朗特[4.52].

$$\frac{1}{\sqrt{\lambda_1}}=2.0\lg(R/k)+1.74. \qquad (4.109)$$

图 4.51 示出了画在对数坐标纸上的 λ_1 和雷诺数间的关系. 除了最低的一条曲线以外, 所有其余的曲线都是根据尼库拉德塞[4.90]的实验作出的; 尼库拉德塞的那些实验是在内壁敷有不同大小筛过的沙粒的管中进行的. 图中显示出, 从小雷诺数时的"水力光滑"状态迅速过渡到建立起"粗糙流动"的情况; 这一情况反映了粗糙度大小相同而又彼此紧密分布的表面所具有的特性[1].

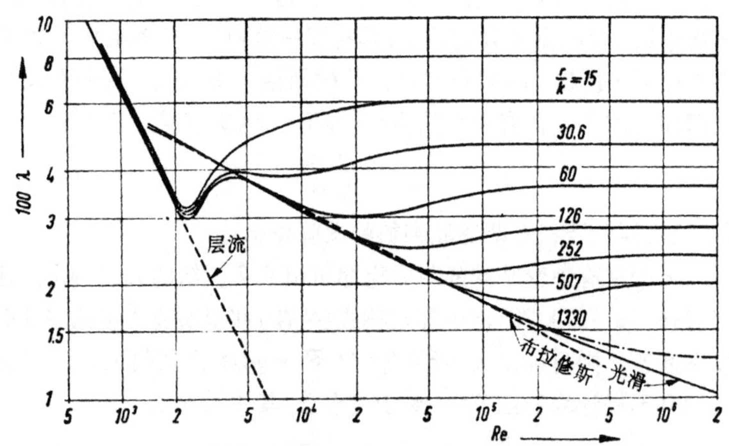

图 4.51 粗糙管的阻力系数 λ 和雷诺数间的关系, 按照尼库拉德塞(实线)以及鲍尔和加拉维克斯(点画线)

实际中所出现的粗糙度通常都是由很小的隆起为基础各处又夹杂着一些较大的隆起所组成. 在这种情况下, 过渡就要缓慢得多; 图 4.51 中的点划线就是这种情况的一个例子. 这一曲线是鲍尔和加拉维克斯[2]用实验得出的.

图 4.51 中也绘有哈根-泊阿苏依定律[式(4.41)]曲线. 利用 $q=Q/\pi R^2$, 我们得到

1) 为达到过渡 (**4.7.1** 小字体写明) 所需要的相似性条件, 即量 C_2 应为 ku_τ/ν 的函数, 已为尼库拉德塞的实验所证实; 见他的论文[4.90]或普朗特[4.52].

2) Mitteilung des Feruheiz-Kraftwerks der Eidgenössischen Technischen Hochschule, Zürich, 1936.

$$\frac{p_1-p_2}{l}=\frac{8\mu q}{R^2}=\frac{32\mu q}{d^2}. \tag{4.110}$$

与式(4.106)相比较表明，如果我们令 $\lambda_1=64\mu/\rho q d=64/Re$，这两个式子在形式上就是一样的了.

(**d**) 由式(4.107)到(4.110)诸式所给出并示于图 4.51 中的管中的压力降落，只有当测量压力(利用小孔，见**2.3.5**)的管段其始末两端面离进口有足够的距离，譬如说 60 倍直径的时候才能得到，并且即使是这样，就是在层流时也会出现某些偏离. 假如测量是在较靠近进口处进行，或者，假如我们测量例如贮水容器与很远的管子末端之间的压力降落的话，则必须计及**进口段的流动现象***. 设管子进口是圆顺的，我们首先就有一个压力降落$(1/2)\rho q^2$，它是在管子进口处为产生速度 q 所必需的. 最初，速度分布实际上是均匀的，因为每一个质点都承受了同样的压力降落. 摩擦阻力的作用自管壁向内发展，并且在起初的层流流动中形成逐渐加厚的减速流体层(图 4.52). 于是管子中心部分的流速必定增长，以使流经每一截面的流量相等. 管子中心部分流体的加速度相应于沿管轴的压力降落，这可从应用柏努利定理于管中心部分的流体而得知. 这个压力降落也使边沿区域流动获得一种向前的推动力，也大于哈根-泊阿苏依流动中的压力降落. 随着流动的向前推进，如果中间不发生湍流，则由于摩擦区域的扩展它遵循哈根-泊阿苏依定律的正规流动状态. 根据席勒[4.163]的计算和实验，在经过一段距离 l_1(即起始段长度)之后，才基本上完成转变；此时

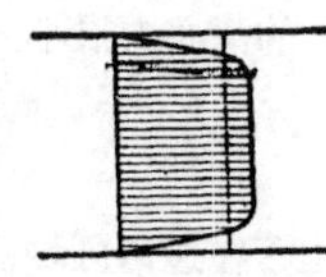

图 4.52 进口段的速度剖面

$$l_1=0.03d^2q/\nu=0.03d\cdot Re.$$

所以，假如雷诺数由 200 变到 20000，则 l_1 由 6 倍管径变到 600 倍管径！所以对于短管，即使进口处是圆顺的，其速度也肯定不是如式(4.3)所给出的那样成抛物线形分布，除非雷诺数十分小. 事实上，如果流体是从一个大容器中流出的，其速度大体上是均匀分布的；只是边界层由于摩擦而减速. 相应的平面流动的情形(流入宽的矩形渠道的流动)已由施里希廷[4.164]用分析方法作出，而对于圆管彭尼斯[4.165]作了类似的计算.

哈内曼和埃伦特[4.166]对经过平面槽口的起始段流动作了计算和做了大量的实验，一直做到湍流的范围. 他们的计算是循着席勒的计算途径的.

* 流体自入口进入管道中，其流动不是马上完全发展了的，而需要有一个所谓进口段. ——译者注

假如由于进口处的锐利的边缘、弯曲等等而形成了必要的涡旋，则在管子的相当短的长度内就会发生湍流．若进口是光滑的，则先是一层流段，其后是湍流．假如雷诺数甚大且流入的流体未受扰动，则此层流段的长度可达约 $500000\,\nu/q$ 或 $500000\,d/Re$(参看 **4.16.3** 中平板的阻力)．

(e) 应当明确说明的是，以上的叙述只适用于直管．在曲管中，阻力总比直管时要大．在层流运动中，甚至极为微小的弯曲，在雷诺数不太小时，它的影响也已显著．流动得较为迅速的流体的中心部分，由于离心力而被迫向外，而流速较低的沿管壁的部分被迫向内，即朝向曲率中心流动，正如 **4.10** 中所已述及的那样．关于这种现象的理论，已为狄恩[4.167]所建立．

对于这种现象，可以作如下的定性说明．设曲率半径 R_x 远大于管子的半径 R．假如速度分布呈抛物线形，则管子中心处的速度便是 $2q$；与此相对应，由离心力引起的每单位长度上的压力升高为 $\rho(2q)^2/R_x$．在边沿区域流体的离心力很小．因此，弯管内侧壁面与外侧壁面之间的压力差近似地为

$$\Delta p\approx\frac{1}{2}\cdot 2R\cdot\frac{4\rho q^2}{R_x}=4\rho q^2\frac{R}{R_x}.$$

由于在边沿区域流体没有力去平衡这一压力差，这就引起如前面所说的二次流．在弯曲极为微小的情况下，二次流的速度可估计如下：假设中心狭条具有一向外速度 v，而两个外面的狭条具有同样大小的速度但方向向内(当然，它们中间各有一过渡区域)．假如相邻两狭条之间的切应力是 τ_1，则作用于中心狭条沿管轴每单位长度上的力近似地为 $2\tau_1\cdot 2R$；它必须平衡合压力 $b\Delta p$，这里 b 是中心狭条的宽度．为简单起见，我们令 $b=R$，并且我们还可以取 τ_1 近似地等于 $\dfrac{2\mu v}{b/2}$(参看 **4.1** 中的计算)．

于是我们有

$$16\,\mu v=\frac{4\rho q^2R^2}{R_x},$$

或者

$$\frac{v}{q}=\frac{1}{4}\cdot\frac{qR}{\nu}\cdot\frac{R}{R_x}=\frac{1}{8}\,Re\,\frac{R}{R_x}.$$

这是一个与我们的问题相关联的无量纲量(自然，我们也可以从简单的量纲分析得出它)．

假如弯曲较显著，则速度分布由于二次流而完全改变，这时最大速度接近外壁；此二次流主要是以一种边界层的形式发生在靠近管壁的区域中．怀特[4.168]由实验发现，曲管中层流的阻力，等于式(4.110)所给出的直管中的阻力乘以函数 $f(D)$，这里 D 是雷诺数与上述无量纲量 $(R/R_x)Re$ 的几何平均

值的一半，即

$$D=\frac{1}{2}Re\sqrt{\frac{R}{R_x}}=\frac{qR}{\nu}\sqrt{\frac{R}{R_x}}. \tag{4.111}$$

对于 $D<20$, 函数 $f(D)$ 与 1 没有太大差别; 对于 $20<D<1000$, 我们可以采用[1]近似公式

$$f(D)=0.37D^{0.36}. \tag{4.112}$$

在湍流的情况下，微小弯曲的影响并不那么显著，但是急剧的弯曲将使阻力有相当大的增加. 假如管子弯成一定的角度，往后又是直的，则阻力即使在平直段中也发现是增加了; 这是由于在进入平直段时速度分布有了改变. 由于例如直角弯曲而引起的总附加阻力与曲率的关系不很大，因为一个短的急剧的弯曲段和一个长而弯曲和缓的弯曲段其效果是差不多一样的.

为了粗略地估计曲率半径自 $R_x=4d$ 至 $R_x=10d$ 的光滑壁弯道中的损失，可以补充一个(弯道)阻力系数 ζ, 对于弯曲为 $22\frac{1}{2}^\circ$, 45°, 60° 和 90°, ζ 分别近似地为 0.045, 0.075, 0.09 和 0.10, 对于较急剧的弯曲和粗糙管壁，ζ 的值要稍大一些，见[4.170](公式是: $p_2-p_1=\frac{1}{2}\zeta\rho q^2+\tau_0$, 其中 τ_0 为通常的管子摩擦).

(f) 不可压缩介质在等截面直管内流动时，其速度和冲量应是不变的，但对于可压缩介质来说，即使仍在等截面直管内流动，也会发生加速或减速. 这样，壁面剪应力的总力就不再能与静压总力相平衡. 这里要用式(3.27)(但去掉其中的重力项)，经过一段距离 dx 所作的摩擦功 dF 与不可压缩时的式 (4.102) 一样，只用微元 dx 代替长度 l 即得

$$dF=\tau_{b1}U\,dx=\lambda'\rho\frac{q^2}{2}U\,dx. \tag{4.113}$$

实验指出，管子摩擦系数 λ' 实际上与局部马赫数无关. 不论超声速还是亚声速，我们都可以把它看作具有同不可压缩时一样的雷诺数的函数. 由式(4.113)和(3.27)可得方程式:

$$\rho q\,dq+dp=-\lambda'\frac{U}{a}\frac{\rho q^2}{2}dx, \tag{4.114}$$

1) 参看阿德勒[4.169].

上式与式 (4.102a) 的区别只在惯性项 $\rho q dq$. 这一项的贡献很容易看出,因为按 **3.5** 的考虑,它可以用能量定律来解释. 用此式又用连续条件 ρq = 常数和理想气体的状态方程, 可以把速度变化转为压力变化. 经过几次运算得出关系式

$$(\rho q\, dq + dp)\left[1+(\gamma+1)M^2\right] = (1-M^2)\,dp. \quad (4.115)$$

由上式可以看出, 当局部马赫数 M 为零时, 惯性项也消失了. 我们从式(4.114)和(4.115)还可以看出, 在亚声速时摩擦使静压降低, 而在超声速时又必然使静压升高. 这一点已为弗勒斯尔[4.171]的实验所证明(图 4.53). 在图 4.53 中, 由上向下走的曲线属于亚声速流动,由下向上走的曲线在开始段是超声速的,到管的长度比较大时, 由于产生激波(准确些说应是一个激波组合, 包括局部分离区)又经过跳跃回到亚声速. 曲线上注出的数字,表示管前的总压 p_1 相同时, 一个等直径短喷管的流量与其最大流量的比值: Q/Q_{max}[参看式(3.17)].超声速流是由管前放置拉伐尔喷管得到的.

如果通过式(4.115)和能量定律把局部马赫数 M 作为应变数引入式 (4.114) (在可压缩流中, 这样做一般是有利的), 则可以

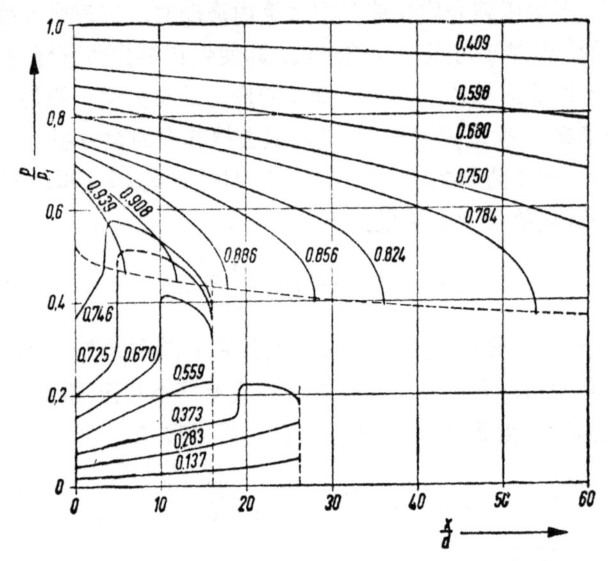

图 4.53 管内气体流动的压力变化曲线(根据弗勒斯尔)

看出，在等截面管里由于有摩擦的原故，马赫数的变化总趋向于 $M=1$. 也就是说，由于有摩擦，速度不会超过临界速度值. 亚声速情况下，即使在管的开始段和末段之间有很大压力差，在末端也总是 $M=1$(图 4.53 里的虚线). 这里，在管末端之前的很大压力降落中，只有一小部分是由于耗损 (这与不可压缩管流正相反) 而大部分是由于使介质加速造成的.

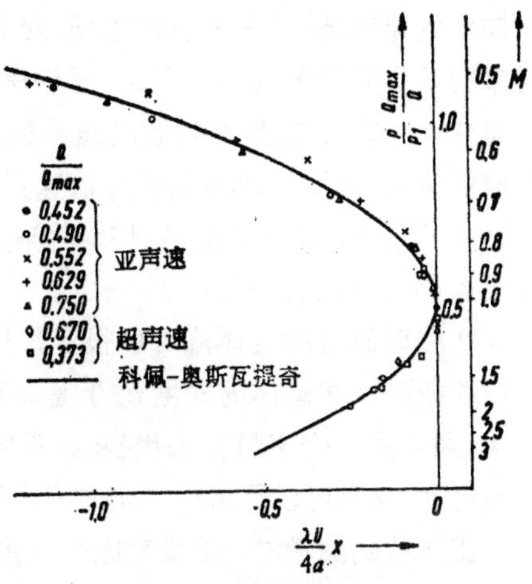

图 4.54 气体在管内流动时，压力曲线的无量纲表达式

对于超声速情况下的短管，介质是以超声速离开管子的. 而较长的管由于在管子末端之前必须达到声速，管内产生的激波就向上游推移，直到波后亚声速使摩擦损失减少的程度，恰能满足管末端的压力条件为止. 在奥斯瓦提奇的启发下，科佩[L3]选择 M 作为应变数，给出了一个统一表达上述过程的式子. 如果 p_1 表示总压，也可用 $p/p_1\cdot Q_{max}/Q$ 来代替 M. 在图 4.54 中，对于 x 坐标先是用水力直径 $4a/U$ 去除，后又用阻力系数 $\lambda=4\lambda'$(图 4.51) 去乘. 由图可见，科佩-奥斯瓦提奇的理论与实验结果吻合得很好. 由这个理论还可以为开始是超声速流动时，确定产生激波的地点.

把类似的分析用于拉伐尔喷管，常常只须对于无粘性流的结果作很少的速度和压力修正即可. 由于存在摩擦，理论上只有在最狭位置以后和在较低压力时，才能达到声速.

4.14. 变截面渠道中的流动

(a) 这一类的最简单情形是**孔口出流**. 对于没有水力损失的

情况，这个问题已在**2.3.2**中讨论过了；我们曾经特别强调过，由于射流的收缩，其截面一般并不与孔口的截面 a 一样，而是 αa，这里 α 是收缩系数(对于平壁上的锐缘孔口，α 约为 0.61)．当流体自容器流出而容器的截面远较孔口的截面为大时，射流中心的速度通常很接近于 $\sqrt{2gh}$；但是在射流的边缘区域，流体与孔壁间的摩擦使流速减低；这种速度的减低，对象图 2.8 所示的孔口要大于对象图 2.7 所示的孔口．所以，平均速度就稍小于理论值，并且可以写作 $\varphi\sqrt{2gh}$，这里 φ 叫做**流速系数**．大体上说来，对于小孔和低速的情形(即对于小雷诺数)，流速系数与 1 相差甚大；对于大孔和高速的情形，流速系数总是几乎接近于 1(我们仍然假定容器的截面远较孔口截面为大)．

从孔口流出的流体流可以很容易地用于测量流量．只要量出孔口的截面 a 和流体的深度 h，于是每秒的流量便是 $\alpha\varphi a\sqrt{2gh}$，乘积 $\alpha\varphi$ 通常用一个字母 μ 来代替，μ 就叫做"**流量系数**"：$\alpha\varphi=\mu$．为了确定 μ，我们可以秤出在一定时间内流出的流体的重量．

在作精确测量时，还要考虑表面张力 C 的影响[4.172]．除了用孔口直径 d 表示的雷诺数外，韦贝尔(Weber)数 $We=2\rho ghd/C$ 也起一定的作用．这时流量系数 μ 随 $We\sqrt{Re}\,(1+d/h)$ 而有改变．

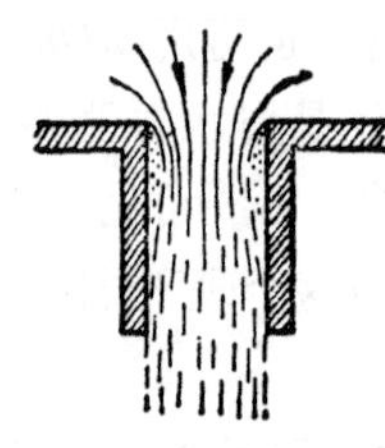

图 4.55　锐缘管嘴

(b) 另一方面，当管嘴与器壁连接处是锐缘时，象图 4.55 中那样，则与(a)的情况不同，这时会产生相当大的损失．这里先是截面发生收缩，象对薄壁容器上的孔的情形那样；然后射流重又扩大，同时与周围的"死水"(图 4.55 中画点的区域)相掺混．根据**2.3.10**(c)中的理论，对于这一过程我们得到以下的结果．如果 q 是管嘴末端的射流平均速度，则在最狭窄部分的流速便是 q/α．于是，等于 $\frac{1}{2}q^2\left(\frac{1}{\alpha}-1\right)^2\Big/g$ 的水头损失必须加在压力头 $\frac{1}{2}q^2/g$ 上．这两个高度之和必须等于容器中水的高度．对速度求解，我们得到流速系数

$$\varphi=\frac{\alpha}{\sqrt{1-2\alpha+2\alpha^2}}.$$

对于 $\alpha=0.61$, 则 $\varphi=0.84$.

(c) 管道的**突然收缩**(图 4.56), 要引起类似于上面所讨论的压力损失(除了由柏努利方程给出的压力降落以外), 因为这时也发生射流的收缩. 根据魏斯巴赫, 射流收缩系数 α 可以取作 $0.63+0.37(a_1/a_0)^3$, 其中 a_0 是收缩前的射流截面积, a_1 是收缩后的截面积.

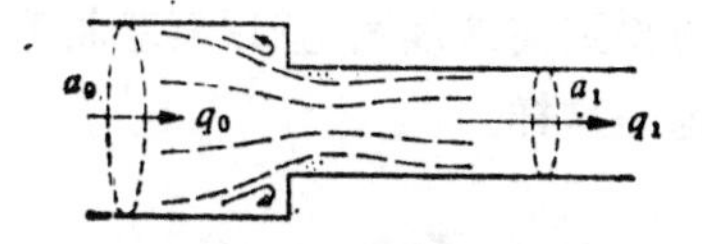

图 4.56 管子的锐缘收缩

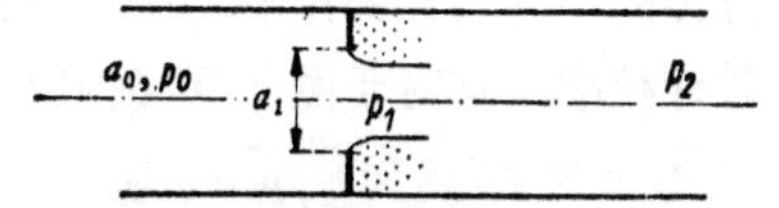

图 4.57 孔板

假如收缩后跟着又突然扩大(图 4.57), 则类似的压力损失是

$$p_0-p_2=\frac{1}{2}\rho q_0^2\left(\frac{a_0}{\alpha a_1}-1\right)^2.$$

在测量流量的时候, 常常利用比 p_0-p_2 大的压力差 p_0-p_1; 由柏努利定理(撇开微小的损失; 见下面关于图 4.58 的讨论),

$$p_0-p_1=\frac{1}{2}\rho q_0^2\left[\left(\frac{a_0}{\alpha a_1}\right)^2-1\right].$$

如果利用收缩截面前、后的孔口(孔板)测定压力 p_0 和 p_1 以决定 p_0-p_1, 并且 α 由其他的实验得知, 则 q_0 就可以从上式求出, 从而就可以求出流量 q_0a_0. 根据实验结果, 若 $a_1/a_0<0.7$ 时, 则可以采用下列公式确定 α:

$$\alpha=0.598+0.4\left(\frac{a_1}{a_0}\right)^2.$$

对于肘形弯管和直角弯管, 可以根据与讨论图 4.57 中的管所用的同样原理来讨论; 这里, 在急剧弯曲的地方也发生收缩现象, 随后速度又重新变为均匀. 水头损失可写作 $\frac{1}{2}\zeta q^2/g$, 其中 ζ 是阻力系数, 在每一特定情况下要由实验来确定. 典型情况下的数

值可以从工程手册[1)]中找到.

(d) **逐渐收缩**所造成的损失非常微小，而**逐渐扩大**则引起较大的损失，因为这时流体有自壁面分离的趋势. 虽然如此，压力的恢复仍较突然扩大情形大得多. 图 4.58 中所示管子的压力损失 $p_0 - p_2$ 可以写作 $\frac{1}{2}\zeta\rho(q_1^2-q_2^2)$，其中 ζ 等于0.15至0.2. 图 4.58 所示的那种管子叫做温土瑞管，也同样可用来测量流量；p_0 和 p_1 可观测得出，除了适当地选择管子的形状以使 α 等于 1 之外，计算与上面所述的类似. 另一方面，流速系数则不恰好是 1，因为受进入流体的不均匀性的影响，因而，要想得到高准确度，宜用实验将流量计校准. 这对于图 4.57 的孔板也是这样.

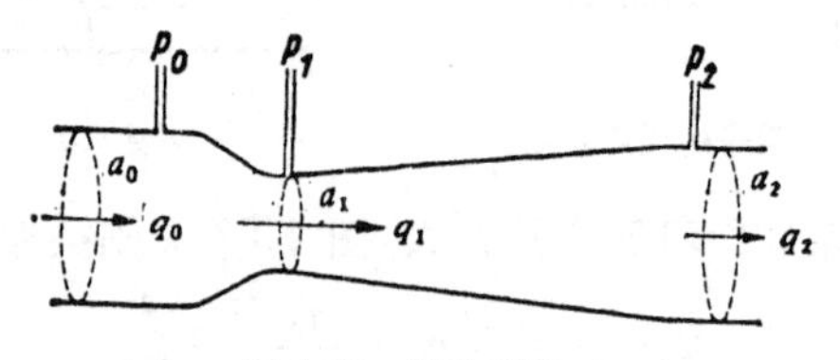

图 4.58 温土瑞管

关于测量流量的精确设施，可参阅米勒和彼得斯[H12]的文章“流体的速度和流量测量”，还可参看“德国工程师协会 (VDI)——流量规范” [德国规范 (DIN)1952, 第 6 版, 1948]，后者还给有喷管和孔板的标准件设计形式和尺寸. 对于粘性流体，雷诺数的影响很显著. 在“流量规范”中，还给出了适用于 $Re_D \leqslant 1000$ 时的喷管形式，也可以参看维特[4.174]和吉泽[4.175](小雷诺数)的文章. 关于在极小雷诺数时通过缝隙和孔板的流动，维斯特[4.176]曾作过理论研究.

(e) 工程上常提出这样的问题：在管道流动中，通过截面的逐渐扩大，能否使流体的动能恢复，尽可能不受损失. 这类渠道或管道的扩大叫作**扩压器**. (超声速扩压器则使流管收缩！本节中如不作特别声明，都指不可压缩流动.) 对于理想流体，所有截面上速度分布都是均匀的：$q_1 = Q/a_1$，$q_2 = Q/a_2 = q_1a_1/a_2$ (参阅图 4.58, Q 是体积流量). 可是由于摩擦的影响，在靠边缘处流体受阻，常产

1) 见[H8]，另外可参看[4.173].

生分离（参看图 4.31）．如果把实际获得的压力升高 p_2-p_1 与理论上无损失流动时压力升高的比值叫"效率" η（或确切些叫"压力恢复系数"），则

$$\eta=\frac{p_2-p_1}{\frac{\rho}{2}q_1^2\left[1-\left(\frac{a_1}{a_2}\right)^2\right]}.$$

"效率"与扩压器的形状（扩开角）有关，与来流情况的关系也不小．施普伦格[4.177]曾对直的和弯曲的扩压器作了系统研究．如果不出现分离，则效率可以用边界层理论计算（参看施里希廷和格斯滕的文章[4.178]）．

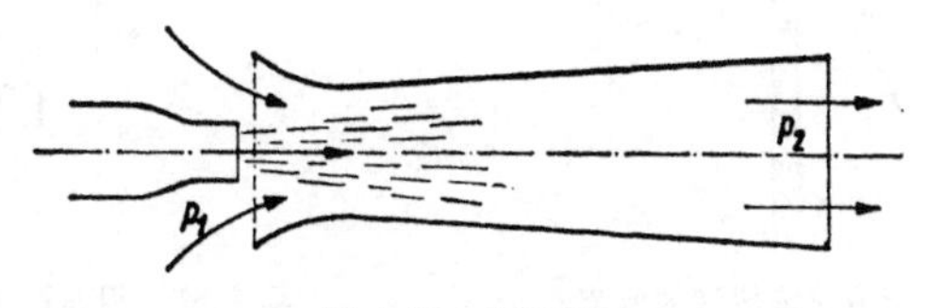

图 4.59　射流泵

在突然扩大或逐渐扩大的管道中获得的压力升高 p_2-p_1，也可用于如图 4.59 所示的**射流装置**中，这是一种引射器，用来吸入并排出另一股流体．在实际应用方面，我们可以举出水注抽气管来，用水注抽气管可以得到相当高的真空（为使 p_2-p_1 等于一个大气压），q_1 必须约为20米/秒；此外本生灯借从一个小孔喷出的气体射流把空气吸入并与它混合．另一个很值得注意的应用是注水器（一种引射器），它利用汽锅中的蒸汽把冷水，譬如说从水井中，吸上来并把它泵入该汽锅［这个效应可以用蒸汽凝结成水时密度的增加来解释；由汽锅中排出了很大的体积（蒸汽），而回入汽锅的体积（水）要小得多］．射流装置的理论主要是以动量定理为基础的，在这里不能更详细地讨论了[1]．

(f) 一个非常有用的测量**明渠**中的流量的方法，是利用"流过

1）关于这一理论，见弗吕格[4.179]和容[4.180]的文章．后一篇文章里引了许多文献，可供参考．

堰的流体流”(图 4.60). 对于流过堰的流量我们已经得到了一个可供估算的公式(方程的建立见 **2.3.14** 的讨论). 然而,这个公式也可以从另一个看来不大有联系的问题中导出, 即通过明渠边墙上所开的铅直狭窄凹槽的外流量来导出(图 4.61). 可将这个狭缝出口的截面分成许多微元 $b\,dh$; 流过这样一个微元的流量是 $\alpha b\,dh\sqrt{2gh}$. 从 0 积分到 h_1, 我们就得到总流量

$$Q=\frac{2}{3}\,\alpha b\,h_1^{3/2}\sqrt{2g},$$

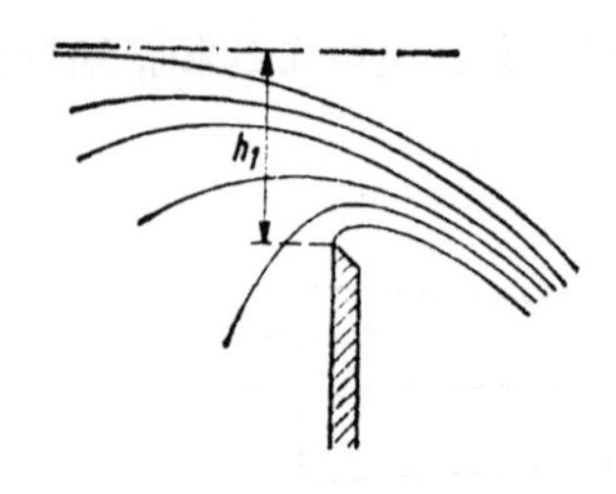

图 4.60 流过锐缘堰的水流

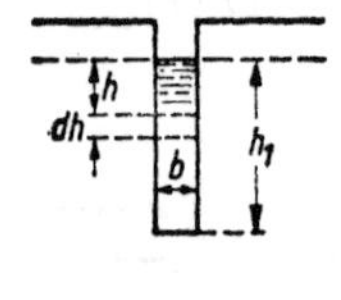

图 4.61 明渠边墙上的铅直凹槽

如果令 α 等于 $1/\sqrt{3}$ (用 h_1 代替那里的 z), 上式便与式(2.49)一致. 这一形式上的一致是由于以下的事实: 根据量纲的推理, 堰的放水尺寸不能以任何别的方式进入这个公式. 实验表明, 甚至流量公式中的数值系数, 对于图 4.60 中铅直堰和对于图 4.61 中的缝槽也几乎完全相同. 对于夹于两平行壁面(无侧向收缩)间的锐缘铅直薄壁堰的放水和用射流引射空气, 有人已经作了特别仔细的测量; 对这种水堰空气可以自由地进入水舌的下面. 按照雷博克给出[1]:

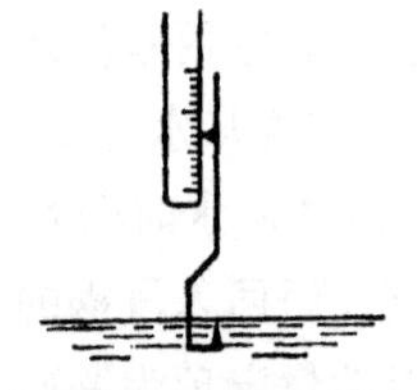

图 4.62 测量水面水位的钩形计

$$\alpha=0.605+\frac{h'}{3(h_1-h')}+\frac{0.08h_1}{a},$$

式中 h' 是一个 2.85 毫米的微小高度, 很可能与毛细效应有关, 而 a 是引水渠底至堰顶的距离, h_1 是放水的水头, 即水面在堰顶以上的高度 (在离堰一定距离处测量). 水位可以利用例如图 4.62 中所示的装置(钩形计)很准

1) 参看[H1]中雷博克的论文.

确地测出，因为针尖显露于水面的位置可以很准确地确定(比确定针尖直接向下触水的位置要准确).

对于平顶堰，α 的理论值$=1/\sqrt{3}=0.577$(见上面)，与实验结果甚为符合.

(g) 水利工程师也很详细地研究了人工结构在明渠里的均匀流中所引起的扰动现象. 在扰动仅仅影响渠道的一小段的情况下，作为一级近似，摩擦效应可以忽略不计，于是我们便得到 **2.3.14** 中所描述的关系. 然而，在许多情况下要计及摩擦阻力，结果就全不同了. 假如铅直加速度可以处处忽略不计(也就是说，假如表面的曲率不太大)，只要考虑平均纵向加速度 qdq/dx 就够了. 于是，水面坡降 $-dz/dx$ 就是与 q 和水深 h 相应的摩擦降落和加速度降落$(q/g)(dq/dx)$的总合. 若 i 是底坡降，则显然

$$-\frac{dz}{dx}=-\frac{dh}{dx}+i.$$

在渠道很宽而整个截面的深度又全相等的最简单的情况下，连续性可以表达为 $qh=$常数. 消去 q，对于给定的函数 $i(x)$我们就得到对 h 的一个一阶微分方程. 当 $i=$常数时，其解自然就是最简单的. 这个解的特征因相应于给定落差的平衡速度 q_1 小于或大于低浪头的传播速度 $\sqrt{gh_1}$ 而异，也就是，因运动是“缓流”或“急流”而异(参看 **2.3.14** 和 **4.13(a)**). 关于计算的详细情形，读者可参考福希海默尔的《水力学》[R3] 1)一书. 在这里，我们将仅仅提出最重要的结果，即：在“缓流”中，对平衡状态的任何扰动都会向上游传播，并逐渐消逝，而在“急流”中，扰动只能向下游传播. 假如在急流的情况下，扰动因强固的障碍物而被迫向上游扩展，则水位就要有一个跃变(水跃)，而在水跃和障碍物之间变成缓流. 图 4.63 和 4.64 夸张地* 示出了从湖开始的一段水流的表面形状；在水道的中间有一个“水闸”，它把水“堵”起来；水流的末端便是“瀑布”. (这种问题系由堵起障碍物上游的水流问题所引起，并且常

1) 有关较新的论述见罗斯[4.143]和周[R12].

* 指图中的铅直尺度已予放大. ——译者注

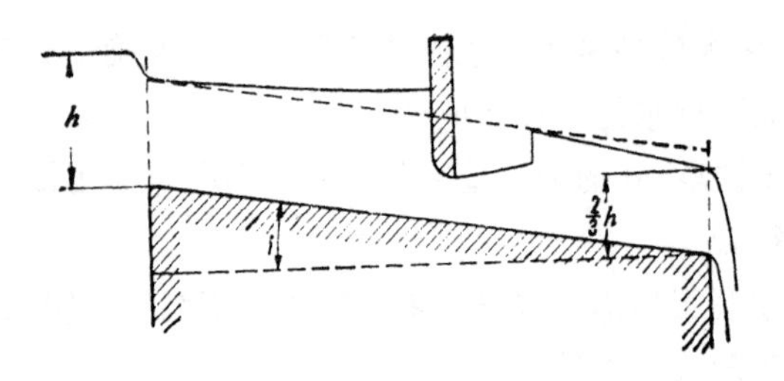

图 4.63　$i<i_1$ 时的回水曲线

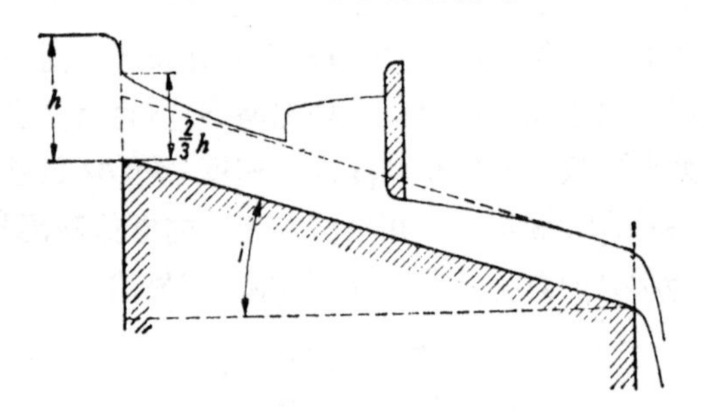

图 4.64　$i>i_1$ 时的回水曲线

常归之为"回水曲线理论".)这两个图清楚地表明了"缓流"($i<i_1$)和"急流"($i>i_1$)回水曲线的不同特性.

注：对于河道及人工渠道中的水流的详细研究，以及例如计及铅直加速度的"缓流"和"急流"的理论(见 **2.3.14** 末)，应归功于十九世纪的水利工程师们. 他们也讨论了非定常运动，包括"急流"中的行波、河口中的潮汐流动(涨潮和退潮)、河流中的洪水[1]以及堤坝溃决时水的运动等.

4.15. 流体中运动物体的阻力

4.15.1. 阻力公式总论

物体在流体中运动，**由于流体的惯性**，产生与运动方向相反的阻力. 对此，牛顿早已得出结论，即：阻力与物体在垂直于运动方向的截面积(a)成正比，也与流体密度(ρ)和速度(v)的平方成正

1) 参考文献见福希海默尔的《水力学》，第 246--303 页. 另外可参考罗斯[4.143].

比．这个结果可以用下述很简单的论证来证明．物体沿途每秒所必须排开的流体质量为 $M=\rho aU$，而在这样做的过程中给每一流体元一个速度，这个速度可以认为与物体自身的速度成正比．阻力等于每秒给流体的动量，因此与 $MU=\rho aU^2$ 成正比．

在牛顿的理论中，将弹性体碰撞的定律应用于流体的阻力（牛顿认为介质是由可以自由运动但处于**静止状态**的质点所组成，这些质点均被运动着的物体所弹回），然而，已经证明这个理论是站不住脚的[1]．牛顿的流体阻力的概念已为**流体力学的概念**所代替，按照流体力学的概念，阻力是由流体绕物体流动所引起的压力差和摩擦应力而造成．从旧的和新的概念所得出的两种结论之间的根本差别在于，根据旧的概念，只考虑物体前部的形状，而我们现在知道，其实引起阻力的现象要从物体的后部去寻找，因而物体后部的形状是最重要的．我们还必须强调，在旧的理论中，任何物体的阻力，是对所有的面元（利用对平板所得到的定律）简单地加起来而得到的，而根据流体力学的观点，这显然是不许可的．这可以借下面的例子来阐明．绕一对倾斜成某一角度的平板的流动（图 4.65），必定和绕倾斜成同样角度但相互分开的两块平板的流动截然不同；这是由于，在两板分开的情况下，流体可以从它们之间流过，而在第一种情况下，则不能．事实上，根据埃菲尔的实验[4.181]，由两块对运动方向的倾角为 30° 的正方板所组成的物体的阻力，约为相互分开时的阻力的 60%，而依照牛顿的理论，这两种情况下的阻力应该相同．另外一个很突出的例子如下：圆盘、长度等于直径的圆柱和长度等于直径的两倍的圆柱（全都在垂直于其圆截面的方向运动），按照埃菲尔的实验，阻力系数分别为 1.12, 0.91 和 0.85．长柱体比短柱体的阻力小这个事实，只能这样来解释：在柱体较长的情况下，由于流

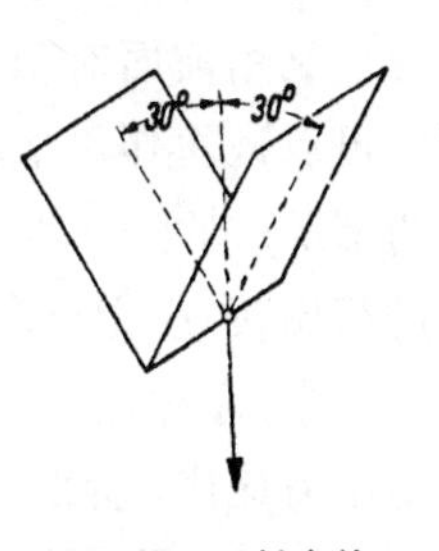

图 4.65　倾斜成某一角度的一对平板

1）牛顿的理论在大马赫数时与实际符合得很好，所以它对“高超声速流动”是有意义的（参看 **3.10**）．

体在柱体表面上重行附着，形成的涡旋系较小，因而物体后部的吸力作用较其他两种情形为小。

根据流体力学的原理，对一定类型的物体，可以导出关于阻力定律的一般形式；首先我们可以认为，阻力系由压力差和摩擦应力所产生。一般地说，压力差是起主导作用的，并且可以认为是与相应于速度 U 的动压力成正比，即正比于$(1/2)\rho U^2$[见 **2.3.2(c)**]，也就是说，阻力(为压力差和承压面的乘积)与 $a\cdot\rho U^2/2$ 成正比。动压力（我们将以 p_d 表示）可以用 **2.3.5** 中所描述的皮托管和静压管来测量。由于速度 U 通常都是从动压力的测量得到的，所以，原始的实验量是动压力而不是速度。此外，阻力表示为压力在表面上的作用是很形象的。所以，习惯上把阻力写作

$$R=\text{数值}\cdot aq=\text{数值}\times a\,\frac{\rho U^2}{2},\tag{4.116}$$

式中的数值可用 c 来表示(阻力系数)，并且可能带一个下标以表示分量(例如 c_D，参考 **3.10**)。

利用前面对动力相似的讨论，关于这个“阻力系数”的性状，我们可以进而作以下的叙述。只要我们对具有几何相似和动力相似的情况，即它们具有同样大小的雷诺数 Ul/ν(l 为某一特征长度)，进行比较，压力差和摩擦应力就会有同样的比值；在所比较的两种情况中，摩擦应力与压力差成比例地改变，而压力差又可以认为与动压力成比，所以，对于我们所考虑的情形，上面的阻力定律的形式就代表一个准确的定律。当然，只是在雷诺数保持相同时，阻力系数才保持相同；一般地说，在不可压缩时 c 随雷诺数而变，所以可以将它写成雷诺数的函数：

$$c=f(Re).$$

假如在一特定情况下，没有显著的摩擦效应，则阻力(根据上述)相当精确地与 $a\rho U^2/2$ 成比例，即函数 $f(Re)$ 变成一个常数。这对于在垂直于自身平面方向运动的平板以及对于类似的尖缘物体，都是相当准确的。对于圆板，c 约为 1.12。

另一方面，假如摩擦效应起主导作用，例如平板在自身平面中

运动的情形,则与牛顿的定律相比就会有很大的偏差(参看**4.16**).对于速度极低的情形(雷诺数小于1),只涉及粘性作用;在这种情况下,我们可以应用斯托克斯定律[参看 **4.3**,阻力与 U 成正比].斯托克斯定律也可以表示成式(4.116)的形式,只需使 c 与雷诺数成反比.

4.15.2. 阻力的分类

在流体中运动的物体的阻力总可以分为两部分:由于压力而产生的阻力(**压力阻力或压差阻力**)和由于摩擦力而产生的阻力(**摩擦阻力**).

流体作用在物体上的力,对于每一面元都可以分成法向分力和切向分力,即分成一个压力和一个摩擦力.所有这些压力的合力给出压力阻力,而所有这些摩擦力的合力给出摩擦阻力或表面摩擦.(对于粗糙表面,从实际出发,我们将对于一个理想的光滑表面来进行分解,这个表面是实际的粗糙表面的平均面;于是,严格讲来,由各个不规则起伏所引起的那部分压力阻力,便归于摩擦阻力上去了,见**4.7.1**.)总阻力之分为这两部分,可以借实验来实现:利用物体上所设置的孔测出物体表面上的压力分布,再由压力分布计算诸面元上的压力的合力,由此便得压力阻力.如果还利用天平测得了总阻力,两者之差便给出了由于表面摩擦而产生的阻力.可是压差阻力主要还须由边界层分离来决定,因而一般也与雷诺数有关.从压力阻力主要取决于物体的形状而表面摩擦阻力则主要取决于表面的大小而与物体的形状无关的假定出发,曾有过这样的建议:把阻力分为**形阻**和**表面阻力**.但准确一些说,摩擦阻力在相当大的程度上也与形状有关,所以这样的划分是站不住脚的.

对于物体在液体的自由面上运动的情形,另外还有一种阻力——由物体运动所产生的波系而引起的**波阻**.由于波动是在重力的影响下进行的(我们忽略表面张力),这里的动力相似定律同与摩擦现象相关联的相似定律不同.由速度(U)、长度(l)、重力加速度(g),我们可以组成无量纲量 $Fr=U/\sqrt{gl}$(叫做弗罗得数). 对于同一船形但不同大小的两只船(例如模型和真船),假如弗罗得数对两种情形具有相同的数值,则波系将是几何相似,即如果速度与长度的平方根成正比(弗罗得定律),则物体运动时所形成的波系就会是几何相似的.

波阻与船的形状和速度有极复杂的关系. 它的非粘性(位流)理论计算是从 1898 年密契尔的工作开始,以后尤其是经过哈夫罗克,维格雷和魏因布卢姆[4.182]等人作了进一步的发展. 在浅水中,船的运动所引起的波系会有相当大的变化. 假如船行速度恰等于低浪头的速度(等于 $\sqrt{gh}$, 参看 **2.3.13**),波阻就会显著增高. 若速度高于此值,则波阻重又减小.

4.15.3. 运动着的物体和运动着的流体

这里仍然存在一个重要的问题,即在静止流体中运动的物体的阻力如何与运动着的流体所施加于静止物体上的力联系起来. 假如来流是完全均匀的,根据力学定律,这两种情况就没有差别,因为迭加上一个共同的均匀运动(与物体的速度大小相等而方向相反,从而使物体变为静止),并不使力学的规律性产生差别. 然而,是否真的产生差别,要看流体对于物体是完全均匀地运动,还是流体作湍流流动. 在后一种情况下阻力通常较大,但是也有例外(如在临界雷诺数范围的圆球绕流; 参看 **4.17**). 由于通常的流体运动(水或空气在管道中的流动等等)在流场尺度甚大时一般都是湍流,所以这种差别总是出现. 假如为了实验的目的,欲利用在运动流体中处于静止的模型来模拟物体在静止流体中运动的性状,就必须用适当的方法使流体流尽可能地均匀(参看 **6.1**). 关于风洞中的湍性,还可以参看 **4.5**(e).

这里,我们还可以援引小船在河中漂向下游的情况,虽然严格说来,它并不属于这里的情形. 事实上,小船总是赶在水流的前面,并且即使有舵的操纵,船也比水流跑得快. 这里作用力显然就是水位的落差;所以说,小船是在一个斜面上,因而受到一向下力 $W\cdot i$ 的作用; 这里 W 是小船的重量,等于它所排开的水的重量，而 i 是落差(水面比降)．小船的运动较水流为快这一事实，由下面的分析很容易看出．假若小船是一块重为 W 的普通的水，则作用于它的力也是 W；但是由于与周围的水的湍流掺混，这块水将遇到非常大的阻力．然而，固体状态的小船船体可以防止发生这种掺混，而只代以阻力小得多的湍流边界层，因之小船就赶在水流的前面．

4.16．流体阻力理论

4.16.1．基本概念

根据平常的无粘性流体的无旋运动理论，一个在各个方向都伸展到无穷远的流体中作匀速运动的物体，不论其形状如何，都决不会受到沿运动方向的阻力或垂直于运动方向的升力*．这一初看起来异乎寻常的结果，通过应用动量定理于某一包围此物体的控制面是易于理解的．进一步的研究表明：物体所引起的扰动速度在各个方向都衰减得非常快——至少按距离的负三次方而减小，压力差的衰减也同样如此．若令控制面(譬如球面)无限扩大，它的表面积按半径的平方而增大，故扰动对总动量等的贡献就趋近于零．由于动量定理对任一控制面必须得出同样的结果，因此，物体所受的力只能是零．

如果我们计算动量的矩，动量上所要乘上的力臂是距离的幂，因此，(总)动量的矩显然就不一定等于零；事实上，倾斜于来流方向的物体(譬如平板)是受到力偶的作用的(由压力分布的讨论很容易推知，力偶的方向系使物体的纵轴趋于与来流垂直)．

上面的论证并不与物体在一个边界或另一物体附近运动时受到流体的作用力这一事实相抵触(这时，不能将控制面推移至无穷远)**．例如，一个球平行于一边界而运动，它就受到一个正比于其速度的平方而反比于它离边界距离的四次方的"吸引力"．

值得提出，对于很(细)长的物体(图 2.33)，进一步的考察表

---

* 这里仍指不可压缩流体；且物体不伸展至无穷远．——译者注

** 流场在各个方向都伸展到无穷远，但若其中有源、汇等奇点时，上述对达朗勃疑题的论证也失效．——译者注

明，不仅物体的阻力整个为零，而且作用于物体前、后身上的合压力也分别等于零.

在物体作加速运动的情况下，即使流体是没有粘性的，在流体与物体之间也有力作用；然而，这些力的效果只是好象物体的质量增添了它所带动的流体的质量一样. 我们把这被带动的流体叫做**"附加质量"**. 对于球的情形，其"附加质量"等于它所排开的流体质量的一半. 当流体最初是从静止状态开始运动，这种运动总近乎是无旋运动，所以这个结果对于实际流体也是有意义的.

在无粘性流体中作匀速运动的物体所受的阻力等于零这个事实，也可以从能量的考虑推得. 当摩擦力不存在时，本来为克服阻力所需的功便只能以动能的形式贮存在流体中. 但是，如同在无旋运动中一样，如果流体就象它在物体前面分开那样，又在物体后面汇合，因之流体中没有遗留下扰动，那么就不应当存在任何阻力了.

可是在无粘性摩擦的流体内，也可以由于自由表面的变形而产生阻力，象船在水面上航行的情形. 船形成的波系所需要的动能，相当于克服波阻所作的功. 在实际流体中还要加上由于边界层的位移作用而产生的"粘性"压差阻力和切向摩擦阻力. 为克服这两个阻力所作的功，一部分在尾流中变为热能，另一部分成为涡旋的动能，然后也逐渐转变为热.

由于摩擦阻力常常占阻力的主要部分，所以船的阻力要按与流体相接触的沾湿表面面积来计算. 在图 4.66 中，对同一条船表示出了与它几何形状相似而大小不同的模型(叫做几何相似形，Geosims)的总摩阻系数 c_{20} 与雷诺数的关系[4.183]. 由于波阻 c_D 实际只与弗罗得数有关，所以 $c_{20}-c_D$ 主要是雷诺数 Re 的函数.

对于同一个弗罗得数 Fr，从模型的实验点得出相应于其他船体雷诺数 Re 下的外推数值，是按平板的阻力直线 $c_f(Re)$ 推得的. 模型实验很难达到比 10^7 还大的雷诺数，可是在实际中例如巨型油船的雷诺数就能到 $Re=2\cdot10^9$. 这样就出现了困难，一方面是对于这样大 Re 值下的平板阻力值知道的还不够准确，另一方面是对于沿平板的平面流动和绕船形的三维流动之间的关系毕竟还只能凭经验和从统计中得出来. 此外. 即使是新下水的船，由于它的雷诺数大，其表面也是"粗糙"的，可是试验模型的表面却只

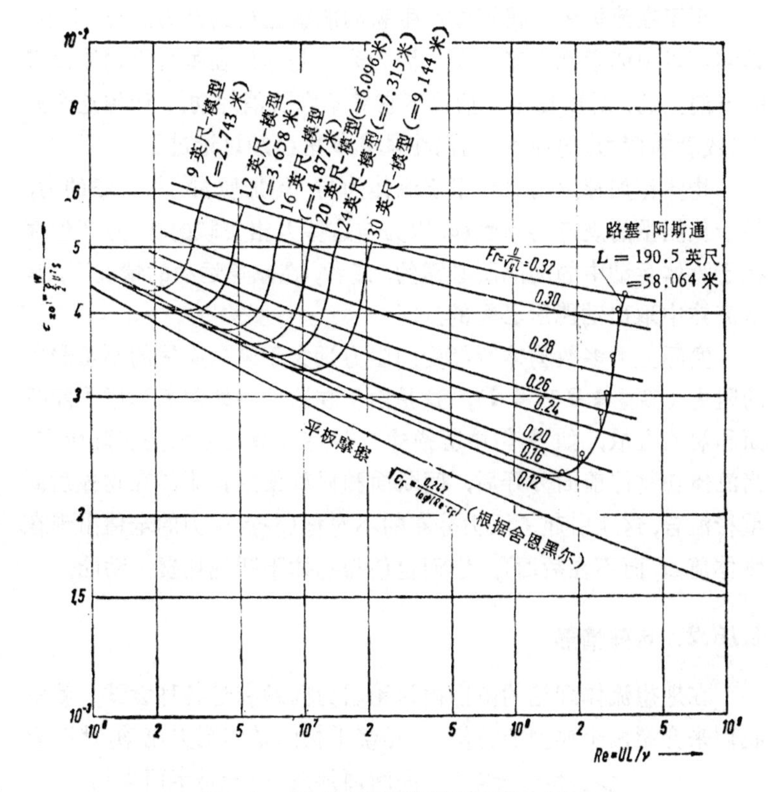

图 4.66 “路塞-阿斯通”(船名)的实验曲线

能做得水力光滑，因而必须考虑在表面上加上粗糙物（约 2—4×10⁻⁴）. 另外，由于在船体上附着了海藻贝壳之类的东西，船的阻力在一年里可以增加一倍，如果停船的时间很长，甚至还要增加得更快些.

在无粘性和无自由表面的流体运动中，也有这样一种情况：因产生阻力而形成的动能，能在长时间内继续保持着. 象绕机翼的流动就是这个样子. 按照 **2.3.4** 所述，在机翼后会出现很强而有规则的涡旋运动(参看 **7.3** 和 **7.4**). 在这里压差阻力也可以分成两部分，其中一部分，它所作的功用于产生分布于全流体内涡旋运动的动能，另一部分汇同摩擦阻力促使形成“尾流”流动. 这个尾流阻力可以通过对尾流应用动量定律而求得(参见 **4.16.4**).

至于在流体中不需连续产生新动能就能得到升力的这件事，其实可以用能量观点来说明. 因为升力是作用在垂直于物体前进的方向上的，所以在定常情况下它并不需要消耗功. 产生这个升力(或者横侧力)的原因，我们在**2.3.8**里已经讨论过了.

物体作加速运动时作用于流体的与“附加质量”相关联的力，易于从能量的观点得到解释，因为与这些力相关联的功，是产生存在于流体运动中的动能所必需的，或者，在减速运动的情况下，是从流体中取出动能所必需的.

实际上大多数物体所经受的阻力远大于来自摩擦的不可避免的阻力(参看**4.3**和**4.7**)，这是由于在这些物体邻近形成了间断面和涡旋之故，如**4.8**中所描述. 这些才算是阻力的实际所在. 当流体在物体前面分开后，间断面和涡旋便阻止流体在物体后面重行汇合，这就引起了压力分布的不对称(驻点压力的全值出现在物体前面，而不在后面). 它们也使得物体不断地耗费掉动能.

4.16.2. 特殊情形

在理想流体理论的范围内讨论阻力问题有过各种尝试，就中我们来介绍两个典型的特例：一是绕平板的基尔霍夫流动，此时有间断面形成；另一是卡门涡街.

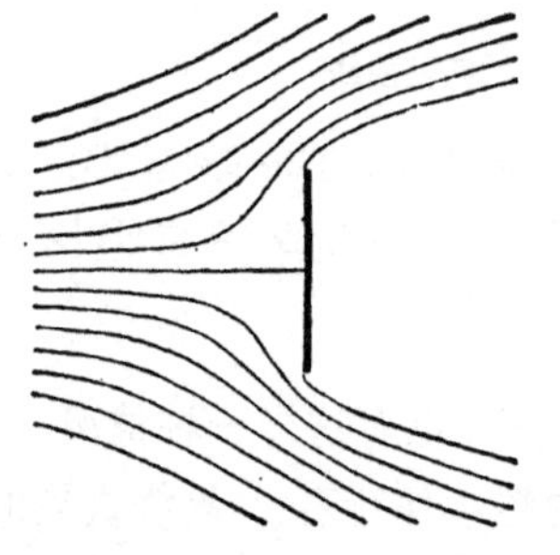

图 4.67 绕平板的基尔霍夫流动

在绕如图 4.67 中的平板的流动中，基尔霍夫[4.184]发现了一个应用亥姆霍兹间断面(见**2.13.5**)的很好例子. 流体流在平板前面分开，然后从旁侧流过平板的边缘，平板后面的空间为静止的流体所充满(死水区). 撇开重力不管，这个空间各点的压力都相同，于是我们便得到间断面上压力也必定为常数的条件，因而根据柏努利定理，间断面上流速必为常量. 如果这些条件都得到满足的话，那么由理论只能得出这样的解：间断面延伸到无穷远，并且间断面上的速度等于未受扰动流体的速度(即等于无穷远处的速度）．容易得到压力分布的一个粗略的概念：在平板正面的中心处，压力等于动压力，向边缘渐减至未受扰动流体的压力；在平板的背面，压力等于常数，并且等于未受扰动流体的压力．结果就造成了一个正比于平板面积和动压的阻力，也就是，阻力系数 c 为常数[根据基尔霍夫 $c=2\pi/(4+\pi)\approx0.880$]．

实际上，正如我们以前已着重指出的，这些间断面是极不稳定的，会破碎为大大小小的涡旋．因此，“死水区”并不真的延伸到无穷远，而是流体在平板后面又很快重新汇合起来．与此相应，使平板后面的压力较之未受扰动的压力有显著减小，而由此产生的“抽吸效应”，使阻力较之基尔霍夫算出的结果大得多．对于“无穷宽”的平板（夹于两平行壁之间的平板），得到 $c\approx2.0$；对于有限边长比的矩形平板情形，流体绕过矩形板的窄边而流入低压区，这就大大降低了压力的减缩．由实验我们得：

边　长　比	1:20	1:10	1:4	1:1
c	1.45	1.29	1.19	1.10

基尔霍夫的计算是针对无限长平板的，因此和实验结果相差很远；另一方面，对于水流迎面流向板面而分开，板后所形成的无水区充满了空气[或充满了液体蒸气，象在速度很高时所发生的那样；这叫做**气蚀**（见 **9.1**）]的情形，理论与实验结果便很为符合．这是由于在此情况下，间断面完全不破裂，或者破裂得不明显，理论所要求的条件得以良好地满足，因而可以预期，理论阻力值会与实际相符．图 4.68 中示出了一颗弹丸穿过侧壁射进盛满水的玻璃水槽中所造成与上述类型（稳定的间断面）相似的轴对称流动现象．（这里，按照拉姆绍尔[4.185]的计算，$c=0.288$．）

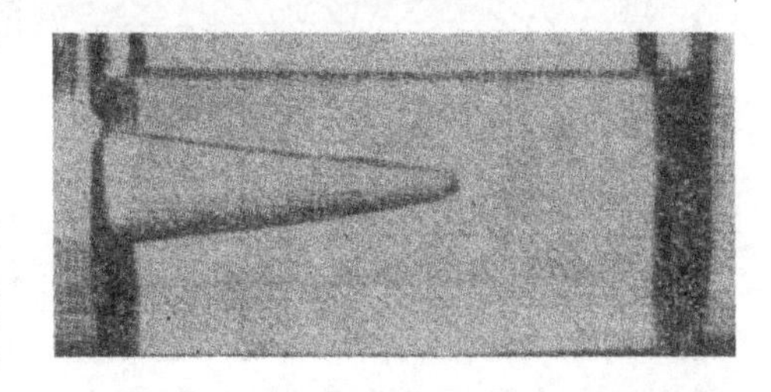

图 4.68　弹丸穿过水的现象，根据拉姆绍尔

有许多人企图修改基尔霍夫的理论，把死水区压力作为一个可以自由选择的量加进来，以便使结果能符合真实情况．把死水区理论用于修圆了边缘的物体(例如圆柱体)上，但由于不知道分离点所在位置，在计算上又多出来一个未定量．如果由实验得出这个未定量，则理论的计算结果与实验很一致[1)]．安通[4.190]和后来的韦德迈尔[4.191]计算了一个因突然被加速（在等速流中）而由垂直于来流的平板边缘上产生出来的两个螺旋形涡旋系所组成的不连续面情况；韦德迈尔的理论计算中，有关过程开始段的结果与实验相符合．

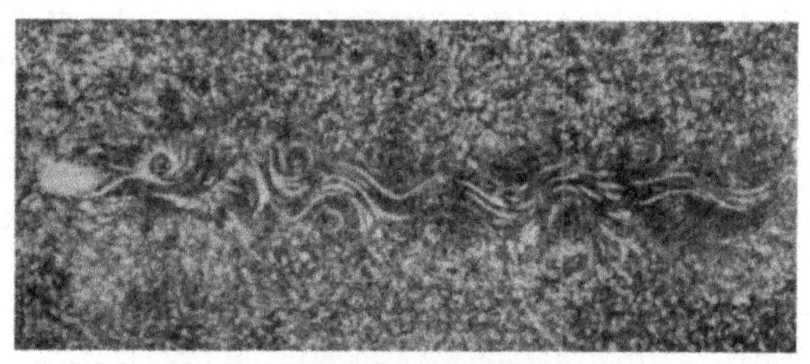

图 4.69　狭长板后面的涡街(摄影机处于静止)

绕狭长板或其他类似物体的流动情形中，流体并不象上面所说的那样在物体后面分开而形成“死水区”．而是在有的情况下在物体后面发生了一个规则的振荡运动，结果在物体左、右两侧交替地形成强烈的涡旋．这些涡旋形成了多少有些规则的排列，叫做**涡街**，如图 4.69 所示．由对这种现象的观察，引导卡门[4.192]对如此排列的两排直线平行涡丝的稳定性进行了研究．大多数的排列情况都是不稳定的，只有排列成如图 4.70 所示的一种，即当两排涡旋之间的距离 h 与同列中相邻两涡旋的间

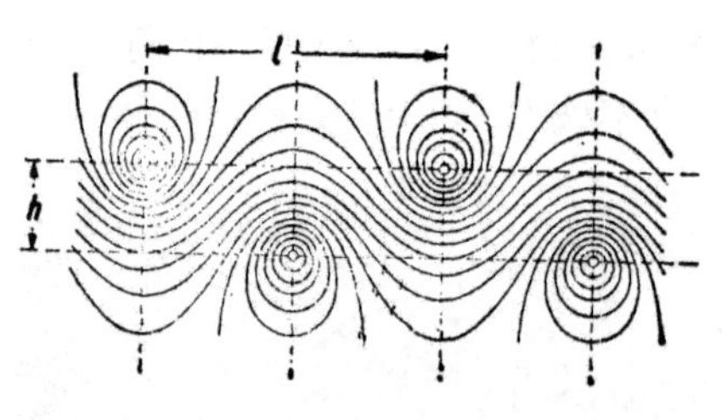

图 4.70　涡街的流线，根据卡门

1) 对此可参看比尔克霍夫和查阮托内罗[B9]，和吉尔巴格[H10]的总结性文章，或爱普勒[4.186]，罗什科[4.187]和克雷默尔[4.188],[4.189]的文章．

距 l 之比为 0.281 时才真是稳定[1].

只要涡旋的核心相当清晰，实际观察到的涡列位置很接近上面所给出的 h/l 的比值.（随着涡旋的形状由于摩擦而变得不清晰，涡旋的间距就逐渐加大，正如从图 4.69 所能看出的那样.）

根据能量守恒原理，新涡旋的不断形成相应地就造成阻力，这个阻力的存在也可以从动量定理得到证明[2]（在涡旋中间，流体继续跟随着物体）. 卡门对此作了计算. 由这个理论所得的结果是很好的：产生涡旋的物体的阻力系数，可以通过从照片上测量涡系的数据，并观测涡旋相对于物体的速度来计算，计算结果与实验数据很为符合. 然而，迄今尚不能从理论上解释涡系的尺寸与物体尺寸之间的关系.

罗什科[4.194]提出了一个半经验的方法. 他假设了一个在钝头柱体后，尾流的普适相似律；按照这个定律，"斯特劳哈尔(Strouhal)数"[3] $S=nh/u_s$ 只是雷诺数 $Re=u_sh/\nu$ 的函数(其中 n 是涡旋的频率，u_s 是分离面上的速度，h 是涡旋列之间的距离). 这个函数可由对不同截面柱体作试验求得. 参照[4.187]的死水区理论，可以得出计算尾流的方程式组.（在尾流中只剩一个未知量，它须从实验中得出.）

4.16.3. 摩擦阻力

关于在 **4.3**, **4.4** 和 **4.7.4** 中所提到的摩擦阻力，下面还要再说明一下. 摩擦阻力是对全部受摩擦的表面 O 来说的；因而是

$$R=\iint \tau_{\mathrm{bi}} \sin(x,\ n)\, dO = c_R \cdot O \cdot \frac{\rho U^2}{2}, \qquad (4.117)$$

1) 更确切地说，这种排列对于所有对涡旋的初始位置有小偏离的情况来说都是稳定的，唯一的例外是使间距为 l 的涡旋始终向相反方向移动完全相等的距离这一种特殊扰动. 对于这种扰动，平衡是随遇的，也就是说，这种扰动可以不随时间变化地持续. 在卡门以后还发表了许多研究涡旋街的稳定性的文章；德拉契夫写了一篇概论[4.193]. 这个问题直到今天还没完全搞清楚.

2) 从能量守恒原理出发的论证，需要知道涡旋核心直径的数据，而由动量定理出发则无此必要，所以只有后者才可以在此应用.

3) 以斯特劳哈尔来命名，他研究了直棒在空气中运动时产生声音的情况；见[4.195].

其中 x 指向来流或物体运动的方向, n 指表面上局部法线的方向, c_R 是摩擦系数. 对于纵向绕流情况下, 宽为 b、长为 l 的矩形平板, $O=2bl$. 壁面剪应力 τ_{bl} 以及局部摩阻系数 $c_f=2\tau_{bl}/\rho U^2$ 在沿垂直于运动方向通常可以设为常数; 这样就可以得出

$$c_R=\frac{1}{l}\int_0^l c_f dx. \tag{4.118}$$

所以垂直于运动方向的宽度 b 对于 c_R 常常没有多大影响[1]. 对运动方向的长度 l, 情况就不同了, 因为平板的后面部分是处于受到了平板前面部分阻滞过的流动中, 因此把长度加一倍并不能完全使阻力加倍. 当边界层中的流动为层流时, 阻力正比于 $\sqrt{l}$; 当边界层中的流动为湍流并且雷诺数足够大时, 对光滑表面阻力随 $l^{0.8}$ 到 $l^{0.85}$ 而变化, 对粗糙表面阻力随 $l^{0.65}$ 到 $l^{0.75}$ 而变化. 如果我们引入取 l 为长度的雷诺数 Ul/ν, 它对光滑平板的实验结果示于图 4.71 内, 图中 c_R 和 Ul/ν 都是用对数尺标来画的; 虚线和实线表示用不同的公式情况. 对于层流[参看式(4.15)]

$$c_R=\frac{1.33}{\sqrt{Re}}, \tag{4.119}$$

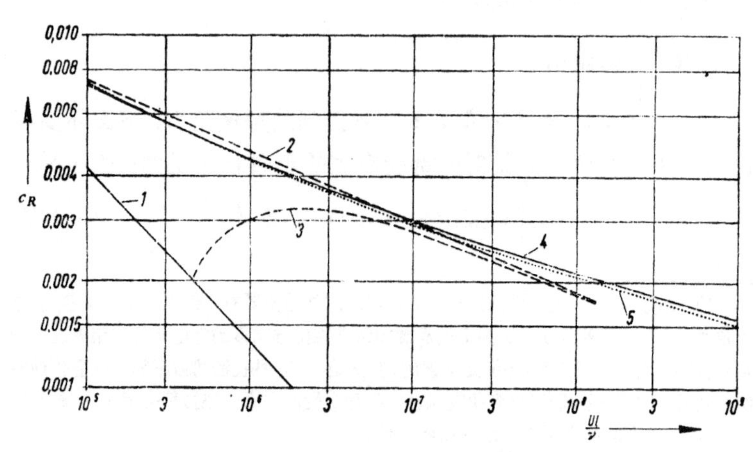

图 4.71 光滑平板的摩阻系数与雷诺数间的关系

1) 某些边缘效应可以由在 **4.10(d)** 里所提到的那种第二类二次流引起,但它主要是对狭长平板起作用,对此可参看埃鲁得的文章[4.136].

(图 4.71 中的曲线 1)；对于从平板前端就开始的湍流，约为

$$c_R = \frac{0.074}{(Re)^{0.2}}. \tag{4.120}$$

这个近似公式 (如图 4.71 中的曲线 2) 与管道流动的布拉修斯阻力公式(4.107)有很密切的关系[1]. 如果前部的流动是层流，而湍流是在板的稍后部才发生，则对应于临界雷诺数等于 5×10^5，我们得

$$c_R = \frac{0.074}{(Re)^{0.2}} - \frac{1700}{Re} \tag{4.121}$$

(图 4.71 中的曲线 3). 这些公式直到雷诺数为 5×10^6 都适用. 其中最后那个公式与格贝尔斯在水槽中所作的拖曳实验的结果甚为符合. 在很高的雷诺数下，相应于管道流动中阻力与布拉修斯公式有偏离，这时平板的阻力也要比上面公式所给出的数值大一些.

在 **4.7.4** 里所给出的湍流速度分布的对数定律，特别是式(4.81) 导致了适用于所有雷诺数的平板阻力的理论公式[2]，并且对于高雷诺数(直到 5×10^8)下，与肯普夫[4.198]的拖曳实验所得的结果以及史密斯和瓦鲁克[4.104]和舒尔茨-格鲁诺[4.101]的风洞实验结果都相符合. 然而，这些公式用起来是不方便的，因此，施里希廷给出了下面的插值公式：

$$c_R = \frac{0.455}{[\lg(Re)]^{2.58}}, \tag{4.122}$$

它相当准确地表达了 c_R 和 Re 之间的关系. 在类似于卡门的计算的基础上，舍恩黑尔[4.199]提出了下面的公式：它在某些特点上类似于式(4.108)，并且和一系列的新、旧实验结果相符合：

$$\sqrt{c_R} = \frac{0.242}{\lg(Re\cdot c_R)}, \tag{4.123}$$

公式(4.122)和(4.123)分别对应于图 4.71 中的曲线 4 和 5. 新近的实验值(主要在大雷诺数时)要比这个计算值小百分之几. 如

---

1) 并参看普朗特的文章[4.196].

2) 例如参看普朗特[4.197]和饶塔[4.105].

果平板前部的流动是层流，则 $1700/Re$ 这一项仍然要从公式(4.122)和(4.123)中减去(但对于其他的临界雷诺数值,应取其他数值来代替 1700!)。

在 **4.7.1** 中所概述的流过粗糙面的湍流理论(并参看 **4.13** 中关于管道流动阻力的有关说明),使我们能够计算粗糙平板的摩擦阻力. 对于沿粗糙表面的充分发展了的流动,我们可以期望,粗糙高度为 k 的给定长度的平板的阻力会正比于速度的平方；且比值 k/l 愈大，比例系数就愈大. 如果 k 为常数，比值 k/l 就随 l 的增大而减小，因此，如果 U 为常数，c_R 就随 l 的增加而减小,也就是说,随雷诺数 Ul/ν 的增加而减小. 普朗特和施里希廷在尼库拉德塞粗糙管实验的基础上,第一次[4.200] 1) 做了这种计算. 图 4.72 中对光滑的和粗糙的表面绘出了按 **4.7.4** 所给方程求得的结果. 有关的计算细节，可参看文献[4.105]. 在图 4.72 中曲线 1 是对从前端起就是湍流的光滑表面而说的；曲线 2 是对按式(4.119)的层流流动而说的；Re_T 是出现湍流时的雷诺数.

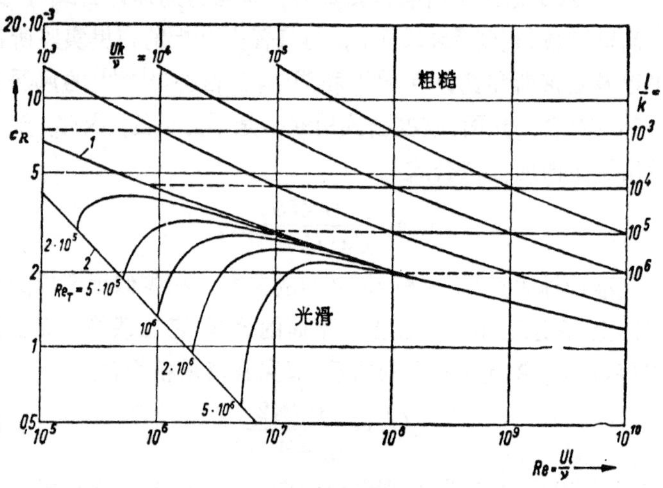

图 4.72　光滑和粗糙平板的摩擦阻力曲线

1) 舒尔茨-格鲁诺从水槽实验中得到了用于计算中等粗糙度平板(如制造船体所需用的)的阻力数据[4.201]，并把计算结果与鲍尔和加拉维克斯的管道流动测量结果作了比较.

4.16.4. 阻力与远处状况之间的联系

我们必须首先搞清楚一个问题，即：当物体在流体中运动时，在离物体后相当远地方的速度场的情况究竟是个什么样子？在物体运动所走过的路程中，我们看到有所谓"尾流"，它是由因物体阻力的作用而运动起来的流体所组成．在物体前面，流体沿各个方向向外流动，犹如从"点源"流出一样[参看 **2.3.7** (b)]．因之，在相对于未受扰动流体是静止的坐标系中，我们就得到图 4.73 所示的情况．点源的强度 (Q) 相当于尾流的强度，并且与物体的阻力紧密相关．假如以 q 表示尾流中流体相对于静止流体的速度，我们得

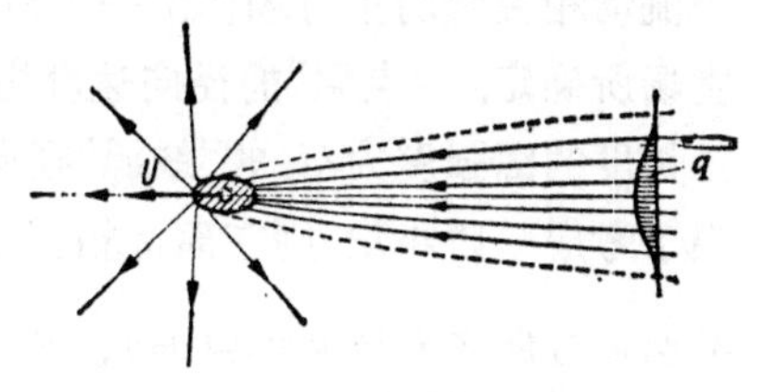

图 4.73　点源流动和尾流

$$Q=\iint_N q\,da, \tag{4.124}$$

式中 N 表示面积分只在尾流截面内进行，这里假设了截面距物体足够远，以致点源流动的影响可以忽略不计．在很远处对点源流动和尾流应用动量定理[1]，我们有

$$R=\rho QU. \tag{4.125}$$

由式(4.124)及(4.125)我们看到，阻力可以通过测量尾流而得到．由于运动物体所引起的压力扰动随离物体距离的增加而迅速消逝，而尾流中的速度却衰减得慢得多(见下面)，所以，便于在距物体比较远的地方，由测量尾流来得出阻力．在尾流中，相对于物体的速度是 $U-q$．"总压" $g=p+\frac{1}{2}(U-q)^2$ 可借相对于物体是静止的皮托管[见 **2.3.2** (c)]来测量．若以 g_0 表示未受扰动的总压 $p_0+\frac{1}{2}\rho U^2$，则由式(4.124)及(4.125)，除了一个在这里不重要的

1) 参见普朗特-提今斯[L1]和施里希廷[L8]．

项 $\frac{1}{2}\rho q^2$ 以外，在物体后面相当远处尾流截面上的积分 $\iint_N (g_0 - g)da$ 给出了阻力 R. 贝茨[4.202]第一个指出用这种方法测量阻力的可能性；他还曾推广这一方法，使它可以应用于靠近运动物体的地方[参看 **6.3.5**].

从上面所描述的绕运动物体流动的性质，我们还可以对与这个流动相关联的压力场作出一个重要的推论. 此压力场由源的速度场所确定. "点源"的径向速度为 $q_r = Q/4\pi r^2$，而平面流动的单位长度的源强度为 Q_1 的"线源"径向速度为 $Q_1/2\pi r$. 如果我们只限于考虑一阶小量，则在离源相当远处计算合速度的平方时，只需考虑 x 方向之分速 $u = q_r \cos\varphi$. 在柏努利方程中，表达式 $\frac{1}{2}\rho[(U+u)^2 - U^2] = \frac{1}{2}\rho(2Uu + u^2)$ 略去二阶小量，则得

$$p - p_0 = -\rho U u = -\rho \frac{QU}{4\pi r^2}\cos\varphi \quad 或 \quad -\rho \frac{Q_1 U}{2\pi r}\cos\varphi.$$

由式(4.125)，得

$$p - p_0 = -\frac{R\cos\varphi}{4\pi r^2} \quad 或 \quad -\frac{R_1\cos\varphi}{2\pi r}.$$

即使在距运动物体相当远处，这些量也是很可观的，特别是在后一种情况下；在实验中，若流动被一根杆(譬如说，伸进流场的测量仪器的支杆)所扰动，则它的影响就必须考虑进去. 在物体前面，压力大于未受扰动流体的压力，而在物体后面，则相反. 尾流是具有粘性的运动，因而不遵循柏努利方程；尾流并不引起任何可觉察的压力场.

关于尾流中的速度分布，我们可以指出，当雷诺数很小，小到不发生周期性的横向运动时(对于垂直于来流的圆柱体，Ud/ν 在 50 以下)，尾流的宽度 b 在离物体相当远的地方与 $\sqrt{\nu t} = \sqrt{\nu x/U}$ 成比例地增长[与边界层厚度增长的公式相同，参看式(4.12)和式(4.13)]. 由式(4.125)可知，在平面运动的情况下，尾流中的速度与 $1/\sqrt{x}$ 成比例地减小；而在回转体(轴对称)的情况下，则与 $1/x$ 成比例地减小(这里，尾流的截面积正比于 b^2，b 则满足和上面同样的关系式). 如同热传导情形那样，尾流截面上的速度分布由函数

$Re=32$

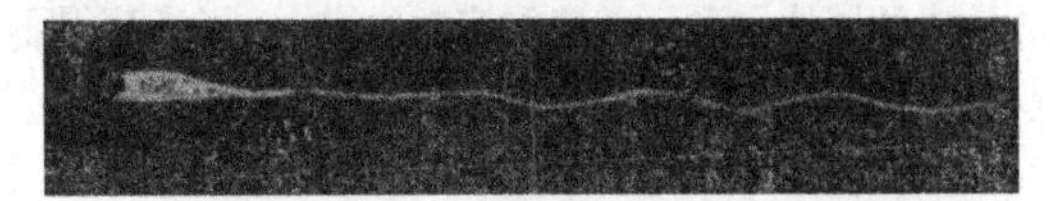

$Re=55$

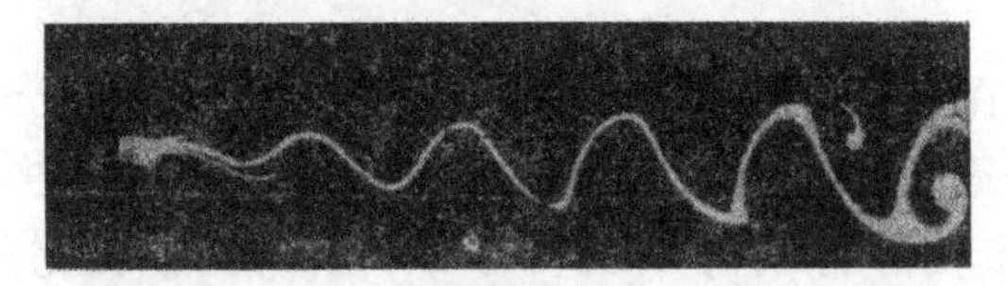

$Re=65$

$Re=71$

$Re=101$

图 4.74 圆柱体后面的油的流动，根据霍曼

$q=q_1e^{-(y/b)^2}$ 来表示．事实上，对于 $Re<1$，奥晋[4.12] 和兰姆[4.203] 分别提出了球和圆柱体[1)]的速度场和应力场的数学理论．这些结果和图 4.73 是很符合的．小雷诺数($Re<1$)运动的唯一独特之点，在于运动着的物体为随物体一起运动的粘性流体“壳”所包围[2)]，也就是说，出自源的流动和尾流可以说并不

1) 也可参看 **4.3(c)**．

2) 这是不能完全按字面来理解的，因为粘性流体“壳”中的速度不是常数，而是随离物体距离的增加而不断减小．随着雷诺数的增大，粘性流体“壳”就逐渐转化为边界层．

是直接从物体开始，而是从围绕物体的粘性流体"壳"开始的．在斯托克斯定律适用的范围内，阻力并不是正比于物体的截面积，而是正比于物体的直径，所以阻力系数随物体尺寸的减小而增加，这一事实与上述现象有关．

从这种"层流"流动过渡到涡街，可以由图 4.74 中霍曼[4.204]所得到的圆柱体在运动的油中的照片看到．随着雷诺数的增大，涡街变得不规则，即尾流变为湍流(参看 **4.7.3**)．

4.17．关于流体阻力1)

(a) 在物体受流体的阻力相当大的情况下，我们已经讲过，阻力的发生是和间断面的形成紧密相关的．如果，象有尖缘的物体那样，间断面的起始点，即流动与物体的分离点，是完全固定的，从实验我们发现，阻力系数在广阔的实验范围内是不变的．例如，在哥廷根对盘面垂直于来流的光滑圆盘所进行的实验[4.205]表明，在雷诺数(Ud/ν)值从约 4000 到 10^6 的范围内，阻力系数几无变化，而且可以肯定，即使雷诺数更大一些，这一情况也不会改变；c 的值是在 1.10 和 1.12 之间．至于较小的雷诺数值，只有流体中自由落体的实验数据可用，$Re=3000$ 直到 $Re=80$ 这范围只好不管，因为这时自由下落的圆盘剧烈地来回摆动，从而使阻力可比稳恒下落时的值大 50%．当雷诺数在 80 以下时，圆盘将稳恒地下降，故阻力系数又可以测得；阻力系数随雷诺数降低的规律，逐渐转为按斯托克斯阻力定律；对于圆盘 $c=20.4/Re$，在雷诺数小于 0.5 时，这个关系式是足够准确的．按照施米德尔[4.206]的实验，得

Re	80	20	5	2
c	1.5	2.4	5.6	11.5

如果结论对于阻力系数是正确的，则对于压力分布也是正确的．埃菲尔[4.207]测量了三个几何相似的房屋模型(长度分别是

1) 参看穆特赖[H2]、赫尔纳[R10]的文章．

0.8, 5 和 40 厘米)上的压力分布．尽管它们的尺寸相差悬殊，所测得的结果却彼此吻合得很好，图 4.75 表示了这些测量结果．应指出，房屋前面的地形改变可以影响房屋上的压力分布；例如，见奥尔森[4.211]的论文．这主要是房屋受风面的气流分离受到了影响（参看图 4.27）．

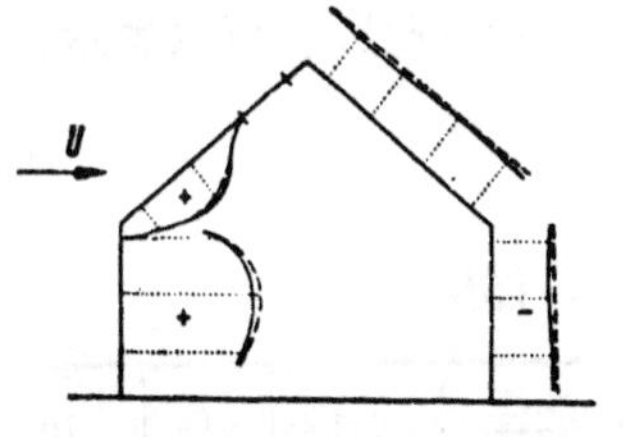

图 4.75 房屋上的风压分布

(b) 对于圆滑的物体，情况就根本不同了；对于这种物体，流动与物体分离的点并不是由物体形状所决定，而是取决于物体表面上边界层(通常很薄，参看 **4.8** 和 **4.9**)中所发生的现象．结果，一些看起来似乎是很不重要的情况，诸如表面上的轻微粗糙度，来流中多少带有一些涡旋等等，常常会显著地影响分离点的位置，从而也就影响涡系的尺寸和位置，因此便影响了阻力．然而，决定性的因素是：边界层中的流动在分离点之前是一直保持为层流呢，还是不到分离点就已转变为湍流．如我们在 **4.8** 节上已提到过的，在后一种情形下，分离点向下游移动了一大段，并使阻力显著地降低．

这一现象是在研究圆球阻力时首先发现的[4.208]，[4.209]，[4.210]；在 $Ud/\nu\approx3\times10^5$ 时，c 由 0.45—0.48 显著下降，在特别好的实验条件下，可降至 0.10 以下；当雷诺数更大时(约 2×10^6)，c 重又上升至 0.18 左右（对于粗糙的表面它还要高很多）．雷诺数的临界范围，会因实验所用的气流中存在涡旋而移向较低的值[1)]．阻力降低确实是由边界层转变为湍流这一事实引起，这可用下面的实验清楚地加以证实：如果在一大球上，在层流分离点的稍前处套一圈金属丝(直径例如为球直径的 1/300) 以使边界层中产生涡旋，则虽然雷诺数还小于 3×10^5，阻力也降低了．与此同时，分离点由本来发生在球最前缘点之后约 80° 处向后移到了约 110—120° 处．

---

1) 这导致采用与 $c=0.30$ 相应的雷诺数作为量度风洞湍流度的经验值．发现最高临界值约为 $Re=3.9\times10^5$，而对于质量差的风洞则约为 1.5×10^5 [参照 **4.5(e)**]．

从很小的雷诺数直到高达3.6×10^6的范围，球的阻力都已研究过了[1)]. 在雷诺数小于0.4时，斯托克斯定律是足够准确的；用我们的符号，它可以表示为

$$c=\frac{24}{Re}.$$

我们得：

$\frac{Ud}{\nu}$	0.1	1	10	10^2	10^3	10^4	10^5	10^6
c (大约是)	245	28	4.0	1.10	0.46	0.42	0.49	0.14

对圆柱体（其轴垂直于来流）情形也相似. 对于很长的圆柱（$l\geqslant 100d$）或两端夹在两个平行壁之间的圆柱体，我们有下列数据[2)]：

$\frac{Ud}{\nu}$	0.1	1	10	10^2	10^3	10^4	10^5	10^6
c	58	10	2.6	1.45	0.98	1.12	1.23	0.35

阻力值由大变小的过渡发生在$Ud/\nu=1.8\times10^5$到5×10^5之间. 这时阻力系数由$c=1.2$降至$c=0.3$. 在小雷诺数范围内，斯托克斯公式为较复杂的兰姆的公式[4.203]所代替：

$$c=\frac{8\pi}{Re(2.00-\ln Re)}.$$

图4.76表示了球、圆柱和圆盘的阻力系数c.

对于有限长的圆柱体，它的阻力要比无限长圆柱体的阻力小得多. 同有限平板一样，阻力减少的原因在于，对于有限长的柱体，由于气流可以绕过圆柱体的两端使柱体后面的涡旋区得到充气，因而物体后面压力的降低就要比无充气时小. 根据在哥廷根所作的实验，我们有($l/d=5$)：

---

1) 由$Re=0.2$到$Re=8\cdot10^3$[4.212]；由$Re=8\cdot10^2$到$Re=8\cdot10^5$[4.213]；由$Re=2\cdot10^5$到$Re=3.6\cdot10^6$[4.214].

2) 哥廷根空气动力研究所实验结果[4.215]和瑞尔夫[4.216].

$\frac{Ud}{\nu}$	10^3	10^4	10^5	10^6
c	0.67	0.73	0.75	0.37[1]

注：若雷诺数甚大，自由落体的运动常常有些不规则；结果使阻力增加．详情可参考[H2]．

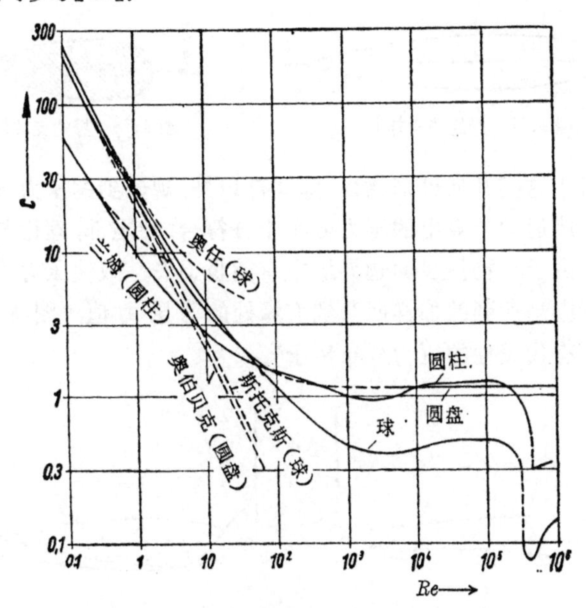

图 4.76　球、圆柱和圆盘的阻力系数与雷诺数的关系

(c) 在航空技术中一个特别重要的问题是寻找空气阻力最小的物体．我们知道，在无粘性流体中，若流体在物体前面分开而在物体后面又重行汇合，则不管物体的形状如何，阻力都为零，因为没有扰动遗留在流体中．因之，上面的问题也可以这样来提：当物体在实际流体(有粘性)中运动时，为了尽量不使流动发生分离，物体必须做成怎样的形状？如果做到了这一点，根据以上的叙述我们可以预期，物体的阻力实际上就只是摩擦阻力．实验表明，实际情况确实如此．凡是流体能沿着物体表面运动而不分离的物体，

1) 由外推法得到．

都是外形圆顺且颇为细长的，后缘可以是尖点或锐缘，但也可以稍钝. 由于没有发生涡旋分离的危险，物体的前缘无需做成尖的，象长椭球这样的形状就很可令人满意了. (对于在水面上航行的船舶，情形就完全不同了，它必须具有尖锐的船头以防止在船前涌起高浪.) 图 4.77(飞船船身)和图 4.78(支柱)示出了两个例子.

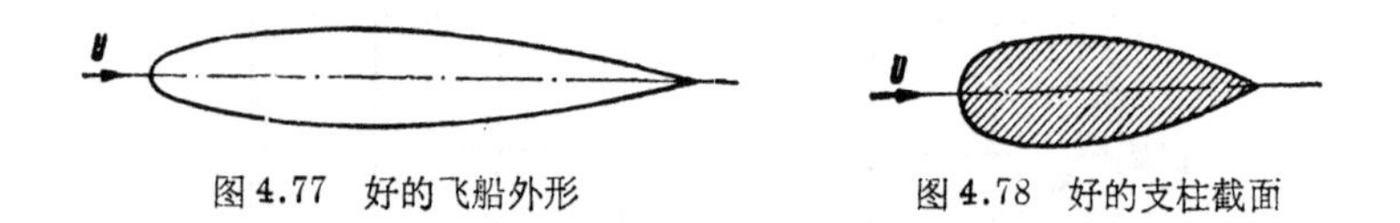

图 4.77　好的飞船外形　　　　图 4.78　好的支柱截面

对于这类几何外形物体，除尾部以外，观测到的压力分布照例与由无旋运动计算出的压力分布十分符合；在尾部，理论与实验的差异是由于在物体表面边界层中有能量损失，致使压力不能象理论上所应当达到的那样回升到前缘处的动压力值. 图 4.79 示出了两个有代表性的压力分布例子[1].

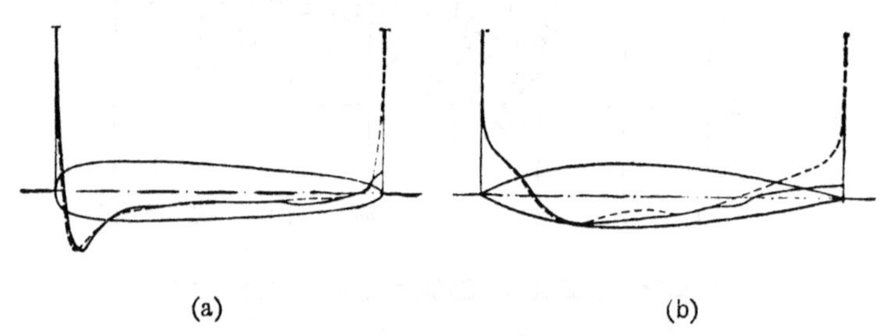

图 4.79　飞船模型上的压力分布；虚线表示由计算得到的压力分布，实线表示观测结果(根据富尔曼)

对于象图 4.77 中那样的回转体，实验给出 $c=0.04$, 也就是，它的阻力只有同样直径圆盘阻力的 1/28. 对于具有图 4.78 中所示截面的支柱，实验给出，当雷诺数超过约 5×10^4 时，$c=0.06$ 到 0.08.

这种细长物体的摩阻，因为在沿物体的大部分区域里，绕流速度要比来流速度大，所以一般都比同样表面积平板的摩阻大一些.

1) 取自富尔曼的计算与实验，见[4.217].

这一效应可以用无粘性流的计算方法和边界层理论来进行估算. 在这方面,对于翼型已有了便于使用的方程式[1].

我们常常不能只满足于避免流动的分离,而是要找出途径来,尽量减小摩阻(首先是机翼的摩阻). 看一下图 4.71 就能察觉,如果我们能使物体表面上的流动大部分保持为层流, 则摩阻就能减少. 由于加速流比减速流易于保持层流流动, 它有利于实现这种希望. 所以我们必须设法使物体上最大速度点尽可能后移; 通过尽量后移翼型的最大厚度所在位置,是可以做到这一步的;当然还必须保持表面完全没有类似突起的地方,也不能有波状起伏(即使非常小也不成). 对于表面质量的这种高标准要求,给实际应用"层流翼型"带来了困难.

(d) 在有限界流体里运动的物体的阻力,一般说来要比它在无限界流体里运动时来得大,例如火车在隧道里行驶的情况就是这样. 设想流体在一个直管(截面是 A)里流过一个物体(最小截面是 a),则对于摩擦阻力,尤其是对于后部为钝体的物体的压差阻力来说, 最有影响的将不是来流速度 U, 而是物体周围的平均速度 U/β; 其中 $\beta=$外露面积/总面积$=(A-a)/A$. 因此,受物体影响引起的压力损失, 其一次近似值是 $\Delta p\cdot A=c_f' a\rho(U/\beta)^2/2$.

例如,对于流体在管内流过金属网的情况,得: $\Delta p=(1-\beta)c_f'\rho(U/\beta)^2/2$,其中 $\beta=(1-d/L)^2$, d 是金属线的直径, L 是网格宽度. 阻力系数 c_f' 只与雷诺数 $(U/\beta)d/\nu$ 有关,其数量级与无限界流动中单独圆柱体的情况一样; 由实验得 $c_f'\approx 6(Ud/\beta\nu)^{-1/3}$ [4.221].

这种估计只适用于物体基本上把管道堵塞,并对于物体周围的流动可以取得平均速度的情况. 对堵塞度较小的边界情况,已有较精确的近似计算,即风洞封闭实验段的修正值计算[K1].

参 考 文 献

[4.1] C. A. Truesdell, *ZAMP* **3**, 1952, S. 79—95.

[4.2] Wolfgang Ostwald, *Kolloid-Zeitschr*. **36**(1925), S. 99.

[4.3] G. Hagen, *Poggendorfs Annalen* **46**(1839), S. 423.

[4.4] J. L. M. Poiseuille, *C. R.* **11** (1840); **12**(1841): *Mem. des savants Etrang*. **9** (1846).

1) 参看普雷奇[4.218]、斯奎尔和杨[4.129]和特鲁肯布罗特[4.220]的文章.

[4.5] M. Navier, *Mem. de l'Acad. d. Sci.* **6**. 389(1827).

[4.6] G. G. Stokes, *Trans. Cambr. Phil. Soc.* **8** (1845).

[4.7] L. Prandtl, *Z. angew. Math. Mech.* **8**(1928), S.85—106.

[4.8] L. Prandtl (协作者 Fr. Vandrey). *Z. angew. Math. Mech.* **30** (1950), S. 169—174.

[4.9] L. Prandtl, *Phys. Blätter* **5**. (1949), S. 161—172.

[4.10] O. Reynolds, *Phil. Trans.* 1883=Papers **II**, 51.

[4.11] G. G. Stokes, *Cambr. Phil. Trans.* **9**, 8(1851); *Math. and Phys. Papers* **3**, 1 Cambridge 1901.

[4.11a] G. Hamel, *Jahresber. d. Dt. Mathematiker-Vereinigung* **34**(1916).

[4.12] C. W. Oseen, *Arkiv for matematik, astronomi och fysik* **6** (1910).

[4.13] S. Kaplun, P. A. Lagerstrom, *Journ. Math. Mech.* **6**(1957), p.585—593.

[4.14] S. Kaplun, *Journ. Math. Mech.* **6**(1957), p. 595—603.

[4.15] I. Proudman, J. R. A. Pearson, *Journ. Fluid Mech.* **2**(1957), p. 237—262.

[4.16] A. Thom, *Proc. Roy. Soc.* **A 141**(1933), p. 651—669.

[4.17] V. G. Jenson, *Proc. Roy. Soc. London*, **A 249**(1959), p. 346—366.

[4.18] L. Prandtl, Verh. III. Int. Math. Kongr. Heidelberg 1904, S. 484—491.

[4.19] H. Blasius, *Z. Math. Phys.* **56**(1908), S. 1.

[4.20] K. Hiemenz, (Thesis Göttingen 1911); *Dinglers Polyt. Journ.* **326** (1911), S. 321—326.

[4.21] L. Howarth, *Phil. Mag.* **42** (1951), p. 1433.

[4.22] N. Frössling, *Univ. Arsskr. N. F. Avd.* 2, **35**, No. 4(1940).

[4.23] H. Görtler, *Journ. Math. Mech.* **6** (1957), p. 1—66.

[4.24] H. Görtler, *Bericht* Nr. **34** *der DVL* (1957), S. 1—91.

[4.25] D. R. Hartree, *Pra. Cambr. Phil. Soc.* **33** (1937), S. 223.

[4.26] L. Prandtl, *Z. angew. Math. Mech.* **18** (1938), S. 77—82.

[4.27] H. Görtler, *Ing.-Arch.* **16**(1948), S. 173—187.

[4.28] W. Mangler, *Z. angew. Math. Mech.* **28**(1948), S. 97—103.

[4.29] Th. V. Kármán, *Z. angew. Math. Mech.* **1**(1921), S. 233—252.

[4.30] K. Pohlhausen, *Z. angew. Math. Mech.* **1**(1921), S. 252—268.

[4.31] H. Holstein, T. Bohlen, Bericht S 10 Lilienthal-Gesellschaft f. Luftfahrtforschg. Berlin 1940, S. 5—16; Verl. G. Braun, Karlsruhe.

[4.32] A. Walz, Bericht 141 Lilienthal-Gesellschaft f. Luftfahrtforschg. 1941.

[4.33] K. Wieghardt, *Ing.-Arch.* **16**(1948), S. 231—242.

[4.34] A. Walz, *Ing.-Arch.* **16** (1948), S. 243—248.

[4.35] L. Schiller, *Forschungsarbeiten des VDI*, Heft **248** (1922).

[4.36] O. Reynolds, *Phil. Trans. Roy. Soc. London* 1895. Papers on Mechanical and Physical Subjects **2**, S. 535.

[4.37] W. Tollmien, 1. *Mittlg. Nachr. d. Gesellsch. d. Wissensch. zu Göttingen*

(1929), S. 21—44.

[4.38] H. Schlichting, *Nachr. Ges. Wiss. Göttingen, Math.-phys. Kl.* 1933, Nr. **38**, S. 181 bis 208.

[4.39] S. F. Shen, *Journ. Aer. Sci.*, **21**(1954), p. 62—64.

[4.40] G. B. Schubauer, H. K. Skramstad, *NACA TR* **909** (1948), p. 327—357.

[4.41] Lord Rayleigh, Scientific Papers, Vol. I, p. 474 (1880).

[4.42] W. Tollmien, *Nach. Ges. Wiss. Göttingen,* Math.-phys. Kl. **1**(1935), S. 79—114.

[4.43] H. Schlichting, A. Ulrich, Bericht S 10 Lilienthal-Gesellschaft f. Luftfahrtforschg. 1940, S. 75—135; Jb. deutsch. Luftf. Forsch. 1942, I., S. 8.

[4.44] J. Pretsch, Jb. dtsch. Luftf. Forsch. 1941 I, S. 58—75; Jb. dtsch. Luftf. Forsch. 1942, I, S. 54—71.

[4.45] G. B. Schubauer, P. S. Klebanoff, *NACA TR* No. **1289**(1956).

[4.46] G. B. Schubauer, P. S. Klebanoff, H. Görtler, IUTAM Symposium, Freiburg, Springer-Verlag Berlin/Göttingen/Heidelberg 1958, S. 84—107.

[4.47] P. S. Klebanoff, K. D. Tidstrom, *NASA TN* **D-195**(1959).

[4.48] P. S. Klebanoff, K. D. Tidstrom, L. M. Sargent, *Journ. Fluid Mech.* **12** (1962), p. 1—34.

[4.49] H. Görtler, H. Witting, IUTAM Symposium, Freiburg. Springer, Berlin/Göttingen/Heidelberg 1958, S. 110—126.

[4.50] D. J. Benny, *Journ. Fluid Mech.* **10**(1961), p. 209—236.

[4.51] H. P. Greenspan, D. J. Benny, *Journ. Fluid Mech.* **15** (1962), p. 133—153.

[4.52] L. Prandtl, *Z. VDI* **77**(1933), S. 105—114.

[4.53] K. Kraemer, *Z. Flugwiss.* **9**(1961), S. 20—27.

[4.54] A. M. O. Smith, D. W. Clutter, *Journ. Aero. Sp. Sci.* **26**(1959), S. 229—245.

[4.55] J. Rotta, *Ing.-Arch.* **14** (1956), S. 258—281.

[4.56] E. R. Lindgren, *Arkiv for Fysik* **12**(1957), S. 1—169.

[4.57] L. Prandtl, Vorträge aus dem Gebiet der Aerodynamik und verwandter Gebiete (Aachen 1929). Springer-Verlag Berlin 1930, S. 1—7.

[4.58] A. Betz, Vorträge aus dem Gebiet der Aerodynamik und verwandter Gebiete(Aachen 1929). Springer-Verlag Berlin 1930, S. 10—18.

[4.59] M. Couette, *Ann. de chim. et phys.* (6)**21**(1890), S. 433.

[4.60] G. I. Taylor, *Phil. Trans.* (A)**223**(1923), S. 317.

[4.61] W. Tillmann, *Z. angew. Phys.* **13**(1961), S. 468—475.

[4.62] W. Tillmann, Miszellaneen der Angewandten Mechanik. Akademie-Verlag, Berlin 1962, S. 316—319.

[4.63] W. R. Dean *Proc. Roy. Soc. London* **A 121**(1928), p. 402—420.

[4.64] H. Görtler, *Nachr. Ges. Wiss. Göttingen*, Math.-phys. Kl. 2, No. 1 (1940), 或 *Z. angew. Math. Mech.* **21** (1941), S. 250—252.

[4.65] G. Hämmerlin, 博士论文 Freiburg i. Br., 1954; *Journ. Rat. Mech. a. Anal.* **4**(1955), p. 279—321. 或 *Z. angew. Math. Mech.* **35**(1955), S. 366—367.

[4.66] H. W. Liepmann, *NACA War-Time Report*. W. 107(1943).

[4.67] H. W. Liepmann, *NACA War-Time Report*. W. 87(1945).

[4.68] A. J. Favre, J. J. Gaviglio, R. J. Dumas, *Journ. Fluid Mech.* **2** (1957), p. 313—342; **3**(1958), p. 344—356.

[4.69] G. I. Taylor, *Proc. Roy. Soc.* **A 151** (1935), p. 421—478.

[4.70] Th. v. Kármán, L. Howarth, *Proc. Roy. Soc.* **A 164**(1938), p. 192—215.

[4.71] C. F. v. Weizsäcker, *Z. Physik* **124**(1948), S. 614—627.

[4.72] W. Heisenberg, *Z. Physik* **124**(1948), S. 628—657.

[4.73] L. Prandtl, 1945(未发表).

[4.74] L. Onsager, *Nuovo Cim. Supplement* **6** No. 2(1949), S. 279—287.

[4.75] H. L. Grant, R. W. Stewart, A. Moilliet, *Journ. Fluid Mech.* **12** (1962), p. 241—268.

[4.76] G. I. Taylor, *Proc. London Math. Soc.* (2)**20**(1921), p. 196—211.

[4.77] G. I. Taylor, *Proc. Roy. Soc.* **A 135**(1932), p. 702.

[4.78] H. Reichardt, *Z. angew. Math. Mech.* **24**(1944), S. 268—272.

[4.79] H. Reichardt, *VDI-Forschungsheft* **414**(1942). 2. Aufl. 1951.

[4.80] H. Reichardt, R. Ermshaus, *Int. Jo. Heat Mass Transfer* **5** (1962), p. 251—265.

[4.81] S. Corrsin, M. S. Uberoi, *NACA Rep.* No. **998**(1950).

[4.82] H. Ludwieg, *Z. Flugwiss.* **4** (1956), S. 73—81.

[4.83] D. S. Johnson, *Journ. Appl. Mech.* **26**(1959), p. 325—336.

[4.84] J. Boussinesq, Théorie de l'écoulement tourbillonant. Paris 1897.

[4.85] L. Prandtl, *Z. angew. Math. Mech.* **5** (1925), S. 136—139.

[4.86] Th. v. Kármán, *Nachr. Akad. Wiss. Göttingen*, Math.-phys. Kl. 1930, S. 58—68.

[4.87] J. Nikuradse, *VDI-Forschungsheft* Nr. **356** (1932)

[4.88] H. Ludwieg, W. Tillmann, *Ing.-Arch.* **17** (1949), S. 288—299.

[4.89] P. S. Klebanoff, *NACA TR* **1247** (1955).

[4.90] J. Nikuradse, *VDI-Forschungsheft* **361** (1933).

[4.91] H. Schlichting, *Ing.-Arch.* **7** (1936), S. 1—34.

[4.92] F. Schultz-Grunow, Jb. Schiffbautechn. Ges. **39** (1938), S. 176.

[4.93] W. Tollmien, *Z. angew. Math. Mech.* **6** (1926), S. 468—478.

[4.94] B. R. Morton, *Journ. Fluid Mech.* **10** (1961), p. 101—112.

[4.95] H. Schlichting, *Ing.-Arch.* **1**(1930), S. 533—571.

[4.96] L. M. Swain, *Proc. Roy. Soc.* **A 125** (1929), S. 647.

[4.97] H. Reichardt, *Z. angew. Math. Mech.* **21**(1941), S. 257—264.

[4.98] L. Prandtl, *Z. angew. Math. Mech.* **22** (1942), S. 241—243.

[4.99] H. Görtler, *Z. angew. Math. Mech.* **22** (1942), S. 244—254.

[4.100] S. Corrsin, L. Kistler, *NACA TR* **1244** (1955).

[4.100a] M. J. Lighthill, *Proc. Roy. Soc.* **A 211**, 1952, S. **564** 和 **222**, 1954, S. 1 以及 *Proc. Roy. Soc.* **A 267**, 1961, S. 147 和 *American Inst. of Aeronautics and Astronautics Journal* **1**, 1963, S. 1507.

[4.101] F. Schultz-Grunow, *Luftfahrtforschg.* **17** (1940), S. 239—246.

[4.102] J. Rotta, *Mitt. MPI Ström. Forsch.* Nr. **1**(1950); *Ing.-Arch.* **19**(1951), S. 31—41.

[4.103] K. Wieghardt, *ZAMM* **24** (1944), S. 294—296.

[4.104] D. W. Smith, J. H. Walker. *NASA Rep.* **R-26**(1959).

[4.105] J. C. Rotta, *Progr. Aero. Sci.* **2**(1962), S. 1—219.

[4.106] K. Wieghardt, *Schiffstechnik* **2**(1955), S. 133—141.

[4.107] E. Truckenbrodt, *Ing.-Arch.* **20**(1952), S. 211—228.

[4.108] O. Tietjens, L. Prandtl, *Naturw.* **13**(1925), S. 1050—1053.

[4.109] G. B. Schubauer, W. G. Spangenberg, *Journ. Fluid. Mech.* **8** (1960), p. 10—32.

[4.110] B. S. Stratford, *Journ. Fluid Mech.* **5**(1959), p. 1—16.

[4.111] B. S. Stratford, *Journ. Fluid Mech.* **5**(1959), p. 17—35.

[4.112] P. Ruden, Jb. dtsch. Luftfahrtforschg. 1941, I, S. 377—397.

[4.113] J. C. Cooke, G. G. Brebner, Boundary Layer and Flow Control [H 11], p. 144—185.

[4.114] R. Legendre, C. R. Acad. d. Sciences, Paris, Sept. 1955.

[4.115] K. Oswatitsch, IUTAM Symposium Freiburg. Springer-Verlag Berlin/Göttingen/Heidelberg 1958, S. 357—367.

[4.116] R. Eppler, Jb. WGL 1957, S. 238—247.

[4.117] J. Ackeret, *Z. VDI* **70**(1926), S. 1153—1158.

[4.118] G. Flügel, Jahrb. d. Schiffbautechn. Ges. **31**, (1930), S. 87—113.

[4.119] K. Frey, *Forschung* **4**(1933), S. 67—74 und **5**(1934), S. 105—117.

[4.120] E. Förthmann. *Ing.-Arch.* **5**(1934), S. 42—54.

[4.121] M. B. Glauert, *Journ. Fluid Mech.* **1**(1956), p. 625—643.

[4.122] A. Sigalla, *Aircr. Engng.* **30**(1958), p. 131—134.

[4.123] H. Schlichting, *Luftfahrtforschg.* **19**(1942), S. 179—181.

[4.124] K. Bussmann, H. Münz, Jb. dtsch. Luftfahrtforschg. 1942, I, S. 36—39.

[4.125] A. Ulrich, *Schr. dtsch. Akad. Luftfahrtforschg.* **8B**, H. 2(1944), S. 53—91.

[4.126] A. G. Hansen, H. Z. Herzig, *NACA TN* **3768, 3832, 3890**, (1956/57).

[4.127] Th. Geis, 工程博士论文 Freiburg i. Br. 1955; *Journ. Rat. Mech. Analysis* **5**(1956), p. 643—686.
[4.128] W. Wuest, *Mitt. MPI Ström. Forsch. u. Aerodyn. Vers. Anstalt* Nr. **24** (1959).
[4.129] J. C. Cooke, M. G. Hall, *Progr. Aeron. Sci.* **2**(1962), p. 221—282.
[4.130] W. R. Sears, *Appl. Mec. Reviews* **7**(1954), p. 281—285.
[4.131] F. K. Moore. In: H. L. Dryden-Th. v. Kármán, *Advances in Applied Mechanics* **4**(1956), p. 159—228.
[4.132] H. Schlichting, IX. Convention of IAHR Dubrovnik 1961, S. 1262—1290.
[4.133] R. Legendre, *La Recherche Aéronautique* **54**, 1956, p. 3—8.
[4.134] J. Nikuradse, *Ing.-Arch.* **1**(1930), S. 306—332.
[4.135] L. Prandtl, Verh. II. Int. Kongr. techn. Mech. Zürich 1926 (1927), S. 62—75.
[4.136] J. W. Elder. *Journ. Fluid Mech.* **9**(1960), p. 133—153.
[4.137] F. B. Gessner, J. B. Jones, *Journ. Basic Eng.* **83** (1961), p. 657—662.
[4.138] K. Wieghardt, *Schiffstechnik* **4**(1957), S. 78—88.
[4.139] H. Schlichting, *Phys. Zeitschr.* **33**(1932), S. 327—335.
[4.140] E. N. da. C. Andrade, *Proc. Roy. Soc.* (**A**) **134**(1931). S. 445—470.
[4.141] H. Darcy, Les fontaines publique de la ville de Dijon (1856), S. 590.
[4.142] E. Günther, *Forschung* **11**(1940), S. 76—88 和 147.
[4.143] H. Rouse, Proceedings of the Fourth Hydraulics Conference, June 12—15, 1949. John Wiley and Sons, Inc., New York.
[4.144] G. Heinrich, *Ing. Arch.* **32**(1963), S. 33—36 und *Österreich. Wasserwirtschaft* **16**(1964), S. 15—20.
[4.145] IX. Convention of IAHR, Dubrovnik, 1961.
[4.146] G. Kling, *VDI-Zeitschr.* **84**(1940), S. 85—86.
[4.147] H. S. Hele-Shaw, *Nature* **58**(1898), S. 34; *Roy. Inst. Proc.* **16**(1899), S. 49.
[4.148] F. W. Riegels, *Z. angew. Math. Mech.* **18**(1938), S. 95—106.
[4.149] G. Vogelpohl, FIAT-Bericht über Hydro-und Aerodynamik. Kap. 8.
[4.150] A. G. M. Michell, *Zeitschr. f. Math. u. Phys.* **52**(1905), S. 123 = Ostwalds Klassiker Nr. 218, S. 202.
[4.151] G. Vogelpohl, *VDI-Forschungsheft* **386**(1937).
[4.152] R. Nahme, *Ing.-Arch.* **11**(1940), S. 191—209.
[4.153] W. Frössel, *ZAMM* **21**(1941), S. 321—340.
[4.154] A. Sommerfeld, *Zeitschr. f. Math. u. Phys.* **50** (1904), S. 97 = Ostwalds Klassiker Nr. 218, S. 108.
[4.155] W. Frössel, *Forschung* **9**(1938), S. 261—278.
[4.156] W. Frössel, *Konstruktion* **14**(1962), S. 169—180.

[4.157] G. Vogelpohl, *VDI-Forschungsheft* **386**(1937) und 425(1949).

[4.158] S. Kieβkalt, *VDI-Forschungsheft* **291**(1927).

[4.159] W. Kahlert, *Ing.-Arch.* **16**(1948), S. 321—342.

[4.160] Strickler, *Mitt.* **16** *des Eidgen. Amtes für Wasserwirtschaft*, Bern 1923.

[4.161] H. Blasius, *Forschungsarbeiten des Vereins Deutscher Ingenieure*, Heft **131**, 1913.

[4.162] L. Prandtl, A. Betz, Ergebn. d. AVA **4** (1932) oder Aerodyn. Theory Bd. III, S. 142f.

[4.163] L. Schiller, *VDI-Heft* **248**(1922); *Z. angew. Math. Mech.* **2**(1922), S. 96—106.

[4.164] H. Schlichting, *Z. angew. Math. Mech.* **14**(1934), S. 368—373.

[4.165] B. Punnis, 博士论文 Göttingen 1947.

[4.166] H. Hahnemann, L. Ehret, Jb. dtsch. Luftfahrtforschg. 1941, I, S 21—32; Jb. dtsch. Luftfahrtforschg. 1942, I., S. 186—207.

[4.167] W. R. Dean, *Phil. Mag.*(7)**4** (1927), S. 208—223; **5**(1928), S. 673—695.

[4.168] C. M. White, *Proc. Roy. Soc.* (A) **123** (1929), S. 645—663.

[4.169] M. Adler, 博士论文(慕尼黑高等工业学院) 1934; *Z. angew. Math. Mech.* **14**(1934), S. 257—275.

[4.170] D. Thoma, Transactions Tokyo sectional meeting. Worlds power conference 1929, Bd. II, S. 446.

[4.171] W. Frössel, *Forschung* **7**(1936), S. 75—84.

[4.172] M. Hansen, *VDI-Forschungsheft* **428** (1949/1950).

[4.173] Mitteilungen des Hydraulischen Instituts der Technischen Hochschule München, Heft **2**, 1928.

[4.174] R. Witte, *VDI-Zeitschr.* **87**(1943), S. 289—290.

[4.175] H. G. Giese, *Forschung* **4**(1933), S. 11—20.

[4.176] W. Wuest, *Ing.-Arch.* **22**(1954), S. 357—367.

[4.177] H. Sprenger, ETH Zürich Nr. **27**, 1959.

[4.178] H. Schlichting, K. Gersten, *Z. Flugwiss.* **9**(1961), S. 135—140.

[4.179] G. Flügel, *VDI-Forschungsheft* **395**(1939).

[4.180] R. Jung, *VDI-Forschungsheft* **479**(1960).

[4.181] G. Eiffel, Recherches experimentales sur la résistance de l'air executées a la tour Eiffel, S. 78f., Paris 1907.

[4.182] G. Weinblum, *ZAMM* **10**(1930), S. 453—466: 或 Handbuch der Physik IX(1960), Springer, S. 446—778.

[4.183] J. F. C. Conn, H. Lackenby, W. P. Walker, Transact. Inst. Nav. Arch. London 1953.

[4.184] G. Kirchhoff, *Crelle's Journ.* **70**(1869).

[4.185] C. Ramsauer, *Ann. d. Physik* **84**(1927), S. 697.

[4.186] R. Eppler, *Journ. Rat. Mech. Anal.* **3**(1954), p. 591—644.
[4.187] A. Roshko, *NACA TN* **3168**(1954).
[4.188] K. Kraemer, *Ing.-Arch.* **33**(1963), S. 36—50.
[4.189] K. Kraemer, 博士论文 Braunschweig 1962. *Mitt. MPI Ström.-Forschg. u. Aerodyn. Vers. Anstalt Nr.* **30**(1964).
[4.190] L. Anton, *Ing.-Arch.* **10**(1939), S. 411—427.
[4.191] E. Wedemeyer, *Ing. Arch.* **30**(1961), S. 187—200.
[4.192] Th. v. Kármán, H. Rubach, *Phys. Zeitschr.* **13**(1912), S. 49—59.
[4.193] Bl. Dolaptschiew, Schriftenr. Forschungsinst. Math. H. 4, Akad. Verl. Berlin 1957.
[4.194] A. Roshko, *NACA TN* **3169**(1954).
[4.195] V. Strouhal, *Ann. Phys. Chem.* **5**(1878), S. 216—251.
[4.196] L. Prandtl, Ergebnisse der AVA **3**(1927), S. 1—5.
[4.197] L. Prandtl, Ergebnisse der AVA **4**(1932), S. 18—29.
[4.198] G. Kempf, *Werft, Reederei, Hafen* **10**(1929), S. 234—239 und 247—253.
[4.199] Th. v. Kármán, K. Schönherr, *Trans. Soc. Nav. Arch. and Marine Eng.* **40**(1932).
[4.200] L. Prandtl, H. Schlichting, *Werft, Reederei, Hafen* **15**(1934), S. 1.
[4.201] F. Schultz-Grunow, Jahrb. Schiffbautechn. Ges. **39**(1938), S. 176—199.
[4.202] A. Betz, *Z. Flugtechn. Motorluftschiff.* **16**(1925), S. 42—44.
[4.203] H. Lamb, *Phil. Mag.*(5)**21**(1911), S. 120.
[4.204] F. Homann, *Forsch. Geb. Ing. Wes.* **7**(1936), S. 1—22.
[4.205] Ergebnisse der AVA, **2**, S. 28f., München 1923.
[4.206] J. Schmiedel, 博士论文 Leipzig 1928. 或 *Phys. Zeitschr.* **29** (1928), S. 593.
[4.207] G. Eiffel, Nouvelles recherches sur la résistance de l'air et l'aviation, Paris 1914, S. 286f.
[4.208] G. Eiffel, *Compt. rend.* **155**(1912), S. 1597.
[4.209] L. Prandtl, Göttinger Nachr. Math.-Phys. Kl. 1914, S. 177—190, dort, weitere Literatur.
[4.210] C. Wieselsberger, *ZFM* **5**(1914), S. 140—145.
[4.211] R. Gran Olsson, *Der Bauingenieur* **15**(1934), Heft 49/50.
[4.212] Allen, *Phil. Mag.* (5) **50**, 323.
[4.213] Ergebnisse der AVA. 2, S. 28.
[4.214] Bacon und Reid, *NACA-Report* **185**(1923).
[4.215] Ergebnisse der AVA, 2, S. 23.
[4.216] Relf, Technical Report of the Advisory Comm. f. Aeronautics 1913/14, S. 47, London 1914.
[4.217] G. Fuhrmann, 博士论文 Göttingen 1910. 或 Jahrb. Motorluftschiff-

Studienges. 1911/12, S. 63.

[4.218] J. Pretsch, Jahrb. 1938, Deutsch. Luftfahrtforschg., S. I, **61**.

[4.219] H. B. Squire, A. D. Young, *ARC-R & M* **1838**(1938).

[4.220] E. Truckenbrodt, *Ing.-Arch.* **21**(1953), S. 176—186.

[4.221] K. Wieghardt, *Aero n. Quat.* **IV**(1953), S. 186—192 或 *ZAMM* **33**(1953), S. 312—314.

[4.222] A. M. O. Smith, D. W. Clutter, *AIAA J.* **1** (1963), p. 2062, 2071; **3** (1965), p. 639—647.

[4.223] D. Grohne, R. Manohar, *ZAMP* **96**(1958), S. 332—346.

[4.224] W. Schönauer, *Ing.-Arch.* **33**(1964), S. 173—189;**36**(1967), S. 8—18.

[4.225] S. V. Patankar, D. B. Spalding, *Int. J. Heat Mass. Transfer* **10** (1967), p. 1389—1411.

[4.226] T. Fannelöp, I. Flügge-Lotz, *Ing.-Arch.* **33**(1963), S. 24—35.

[4.227] H. -W. Wippermann, *Acta Mec.* **3**(1967), S. 123—153.

[4.228] S. Goldstein, *Quart. J. Mech.* **1**(1948), S. 43—69.

第五章 对流传热和传质. 高速边界层

5.1. 关于低速的强迫流动和自然对流的导言

在这里将要讨论的传热和传质领域中，由于流体和气体的物性值不是常数，要想对问题作精确处理是极为困难的. 在有传热的情况下，密度、粘性、热导数和比热等物性之值，随温度而变化. 在传质过程中，一般说来，混合物的密度随浓度改变，扩散数随压力改变；如果同时又有热的传递，则还有各种随温度变化的物性值. 假设物性值是常数，则从理论上研究这些关系会比较容易，可是一般只有在小温度差或小浓度差时，才能这样作. 但从实用的目的考虑，在许多情况下，即使物性值是变化的并有大的温度差，只要物性值都按某个固定温度定出，应用这些关系也仍然足够精确. 此外，可以先假设速度是小到中等的，因而可以不考虑前几章里提到过的高速情况下由于介质的可压缩性而产生的摩擦热、压缩热以及密度变化等等. 这些初步被忽略掉的量，在后面几节里讲高速边界层时要考虑到(参看 **5.6** 到 **5.10**). 即使做了这些简化，但能回答的也只有某几类问题. 在传热方面，一类问题涉及由于外界原因所引起的流动，其中，假设速度是与没有温度差时的情况一样. 这就忽略了由于热膨胀引起密度差所产生的那部分运动；在很大的速度范围内，一般都可以这样做. 我们要求得到的是因热传导和对流所引起的温度场，并从这里求出传热量来. 这是一类可归结为“强迫流动”的问题. 与此相仿的问题，在传质方面也有.

传热的另一类问题是包括在重力影响下，由于密度差所引起的流动问题(假设不存在能导致流动的任何其他原因)，这里，速度场和温度场要同时确定. 这类问题可归结为“自然对流”. 我们从大量文献中，只提一些课本，如[W2]，[W5]，[W7]．在[W3]和[W4]里，有可供工程使用的方程、图表和许多数字资料．

5.2. 低速强迫传热

5.2.1. 引言

在这一方面，大多数问题是这样的：有温度[1)]为 T_1 的液体或气体，沿一温度为 T_w 而导热良好的固体壁流动；问每秒钟(或每小时)有多少热量从流体传给固体，或从固体传给流体．前一种情况发生在 $T_1>T_w$ 时，后一情况发生在 $T_1<T_w$ 时．我们还常常遇到用金属壁隔开而温度分别为 T_1 和 T_2 的两种流动介质之间的传热问题．在这种情况下，如果 $T_1>T_2$，则壁一侧的热量是从第一个介质传给固壁，而在壁的另一侧，热量是从固壁传给第二个介质．水暖系统和发动机冷却系统就是这方面的两个例子．前者是自然流动，后者从空气一侧的传热情况来看是强迫流动．两者都把热量从热水传给空气，但其目的却各不相同(前一情况是加热空气，后一情况是冷却水)．当达到平衡时，金属壁两面所保持的温度应恰使壁一侧所取得的热量等于从另一侧失去的热量．

发生传热的原因，一部分是由于有运动流体的输送(对流传热)，另一部分是由于有热传导，此外还有热辐射．如果温度不高，辐射所起的作用通常是极次要的，因而我们在这里一概把它略去了[2)]．在对流传热中，我们必须区分有秩序的传热(层流传热)和湍流传热．层流传热引起沿流动方向的热传递，其时每秒钟通过垂直于流线的单位截面所传递的热量为

$$q_1=c_p\rho u\cdot T,$$

其中 ρ 为密度，c_p 为单位质量的等压比热，u 为流速．湍流热交换

1) 按本章所作的简化，出现的只是温度差；因为考虑到从 **5.6** 到 **5.10** 的扩充部分的内容，这里我们用与绝对温度相同的符号来表示温度，而用 θ 表示相对于某一指定参考温度计算的温度差．

2) 在参考书[W2]到[W5]和[W7]里，都有关于热辐射这一节．

则是在最大温度梯度方向引起热传递，这是由于在湍流的掺混运动中，来自较热一方的流体团所带来的热量，比来自较冷一方流体团所带走的热量要多．这种掺混的效果，可以用 **4.6.4** 里引入的叫做"交换系数"的大小来度量．由于湍流**交换**，单位面积上的传热量为

$$q_2 = -c_p A_q \frac{\partial \overline{T}}{\partial n},$$

其中 A_q 是(湍流)热交换系数，$\overline{T}$ 是温度的时间平均值，dn 是垂直于 $\overline{T}$＝常数面的线微元．与此完全类似，导热体导热的传热率是

$$q_3 = -\lambda \frac{\partial T}{\partial n},$$

其中 λ 是热传导系数．正如可以用 A_τ 量度湍流的"湍流粘性"一样，这里的 $c_p A_q$[1] 表示因湍流形成的"湍流热传导"．

在数值上，"湍流热传导"超过分子热传导 λ 的程度，与"湍流粘性"超过分子粘性 μ 的程度是相仿的．随着向边界接近，热交换逐渐消失，因而那里就只留下热传导了．(如果流动是层流的，则当然只有热传导！)因此，由于流体的热传导率一般很小，边界层就成了传热的障碍，致使边界层内的温度有急剧降落；而在流体内部，掺混使温度很均匀．

我们可以对一个体积微元求其热平衡，而得出对流流动温度场的基本方程．它同纳维-斯托克斯微分方程 [式(4.8)] 很相似，在物性值为常数并且忽略摩擦热(在低马赫数时它不起什么作用)时，这个方程是：

$$\frac{\partial T}{\partial t} + u\frac{\partial T}{\partial x} + v\frac{\partial T}{\partial y} + w\frac{\partial T}{\partial z} = a\left(\frac{\partial^2 T}{\partial x^2} + \frac{\partial^2 T}{\partial y^2} + \frac{\partial^2 T}{\partial z^2}\right). \tag{5.1}$$

其中 $a = \lambda/\rho c_p$ 叫做温度传导系数，它的量纲同运动粘性系数 ν 一样，是长度的平方被时间除．对层流流动来说，式(5.1)在定常和非定常情况都可以用；可是对湍流流动来说，它只能用于非定常情

1) 对于比值 $A_q : A_\tau$，可参看 **4.6.4** 中的讨论(并参阅 **5.2.3**)．

况(即，一定有 $\partial T/\partial t$ 项存在)，并且只能用瞬时温度值；可是在工程应用上，瞬时值却不如时间平均值有用．不过由于缺乏有关湍流交换过程和相应的流动物理量的足够知识，我们现在还不能由式(5.1)导出它(即，关于时间平均值的基本方程)来．于是对于湍流流动，我们常常用一个类似式(5.1)的定常方程来计算温度的平均值(即，认为 $\partial/\partial t=0$ 和存在速度的时间平均值)；它是通过相似类比，用上述湍流交换量 c_pA_q 所组成的表达式来替换式(5.1)右侧得到的．这就是分别用 $(\partial/\partial x)\ [\{(A_q/\rho)+a\}(\partial T/\partial x)]$ 等来代替 $a(\partial^2T/\partial x^2)$ 等项；其中写出第一项就是为考虑这种新观念，即：这里的 A_q 一般是随地区而变的(参阅 **5.2.3**)．

温度传导系数在式(5.1)中所起的作用，与运动粘性系数 ν 在运动方程式里相似．为了纪念普朗特，我们把比值 ν/a 叫做**普朗特数**，并用 Pr 来表示；它只与流动介质的性质有关，对于理想气体则只与比热的比值 γ 有关．所以它常常被看做是传热问题里的一个特性数．在大多数情况下，我们首先关心的是传递到固壁上的热量．由于我们已经观察到了(如上面所说)紧靠固壁有温度的突然降落(但有关传热的基本原理还没有说清楚)，我们可以把传递到固壁单位面积上的热量设为

$$q=\alpha(T_m-T_w),$$

其中 α 是传热系数，T_w 是壁温，T_m 是一参考温度．在许多情况下，参考温度是要看问题的类型给出的，例如对于绕物体流动，用的是来流温度．在别的情况下，可以选择其他不同参考温度，例如对于管内流动的传热，参考温度选的是截面上的平均温度．自然，先要知道参考温度，才能定出 α．我们可以用一在某给定情况下的特征长度 l 来组成一无量纲特性数 $\alpha l/\lambda$．依照格勒贝尔和埃克的建议，为了纪念努塞尔，就把这个数叫做**努塞尔数**，并用 Nu 表示它．对于强迫定常流动，在边界条件几何相似而且壁温为常数的情况下，可以用一特征长度 l 和一特征速度 U 把微分方程(4.16)和(5.1)写成无量纲形式；这时式中就会出现特征数 Re 和 Pr．因而特性数 Nu 一般是特性数 Re 和 Pr 的普适函数．在特定

情况(如以后要讲到的管流)下, Re 和 Pr 只以乘积 $Re\cdot Pr$ 的形式出现.

5.2.2. 管内传热. 一般的和层流的流动

对于平均速度为 $\bar{u}$ 的管道流动, 沿流动方向的传热量为

$$Q=\pi r^2 q_{1m}=\pi r^2\cdot\rho\bar{u}c_pT_m,$$

其中 T_m 是管截面上的平均温度(关于 T_m 的定义, 见后). 由于热流的连续性, 则应

$$\frac{dQ}{dx}+2\pi rq=0,$$

又结合上面的式子, 得到

$$\frac{dT_m}{dx}=-2\alpha\frac{T_m-T_w}{\rho c_p r\bar{u}}.$$

在 $T_w=$常数的情况下, 这个简单的微分方程的解是

$$T_m=T_w+Ce^{-\frac{2\alpha x}{\rho c_p r\bar{u}}}. \tag{5.2}$$

其中 C 是一任意常数, 可以使这个解满足流体的初始温度. 但只在一定长度范围内(大约是 $x_1=\rho c_p r\bar{u}/\alpha$ 或稍长一些)才有显著的传热; 过后, 流体的温度实际上已几乎等于管道的温度(参看图 5.1).

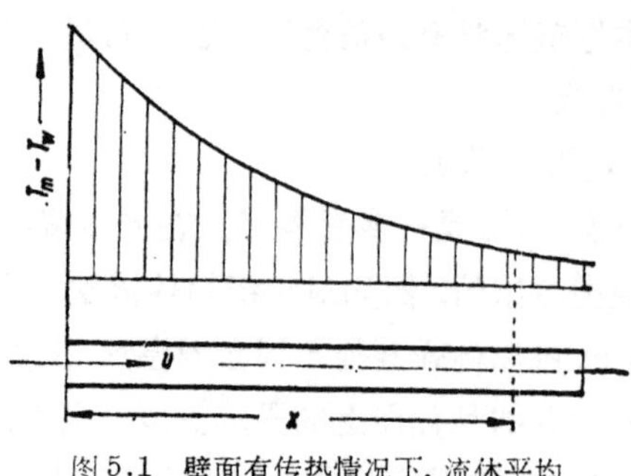

图 5.1 壁面有传热情况下, 流体平均温度沿管道的变化曲线

实际上传热系数 α 与流动状态有很大关系。但只要管道不同截面处的流动状态相同, 上面这个解应仍有其实际价值. 下面推导一个能较完善反映真实状况的传热系数 α 的理论. 如果流速足够大, 等温面就几乎与边界平行. 因此热流 (q_2+q_3) 就可以相当准确地看作是与边界垂直[1], 而热流 q_1 则平行于边界. 因此, 只要边界的弯曲

1) 平行固壁的小分量与 q_1 相比可以忽略不计.

影响可以不管，我们就能把热流的连续条件写为：

$$\frac{\partial q_1}{\partial x}+\frac{\partial(q_2+q_3)}{\partial y}=0. \tag{5.3}$$

这里的 x 系沿流动方向，而 y 与边界垂直．为简单起见，我们还假定流动完全是平行流(平行于固壁)，因而速度 u 将只随 y 而改变．根据以上所说，并用 ρc_p 除式(5.3)全式后，得：

$$u\frac{\partial T}{\partial x}-\frac{\partial}{\partial y}\left[\left(\frac{A_q}{\rho}+a\right)\frac{\partial T}{\partial y}\right]=0. \tag{5.4}$$

这是前述情况下经过简化得到的平面问题的温度分布微分方程(空间情况下，还要添加

$$\frac{\partial}{\partial z}\left(\frac{A_q}{\rho}+a\frac{\partial T}{\partial z}\right)$$

项)．假设初始截面 $x=0$ 处的温度分布 $T(y, z)$ 是已知的，并且也知道所有 $x>0$ 处的固壁温度，则从理论上说，这个微分方程的解就完全确定了．但实际上，求解是相当困难的．只在层流情况，那时 $A_q=0$，求解才最为简单．这后一情况对于管道问题，曾有两次在假定了沿 x 方向的速度均为抛物线分布，并且固壁温度为常数的情况下，分别地被独立解决过．第一次是在 1883 年，由格雷茨解出[5.1]；第二次在 1910 年，由努塞尔解出[5.2]．设管壁的温度为 T_w，而流体自 $x=0$ 处进入管道时具有另一温度 T_1．由于速度分布需要经过一定长的进口段后才能发展成抛物线形(参阅 **4.3** 的末尾[1])，我们可以把在截面 $x=0$ 之前的一段适当长管段设想是由一种绝热物质所组成，在这一管段中，速度分布逐渐发展成抛物线形，而温度则保持为 T_1．

从 $x=0$ 起往后，由于接触到了导热性良好的管壁，先形成一"热边界层"，然后温度的变化逐渐向管中央发展．在经过某一定过渡段后，温度差开始按已由式(5.2)和图 5.1 知道的指数规律减小．格雷茨和努塞尔所作的计算是用展开级数进行的，级数的各项是 y 的函数乘以 x 的指数函数．出现在管子中央的最大项之值为

1）在写上面所引论文时，还未发现这一事实！

$$T=T_w+1.477(T_1-T_w)e^{-14.63\frac{\lambda x}{\rho c_p \bar{u} d^2}}\text{1)},\tag{5.5}$$

这里 $\rho c_p\bar{u}d/\lambda=\bar{u}d/a=Re\cdot Pr$ 为一无量纲数，它和雷诺数的结构相类似，格勒贝尔建议把这个数叫做庇克里数．以较新的山形(见[5.3])的较准确计算结果为基础，仿效格勒贝尔图所表示出的上例的温度分布如图 5.2 所示．

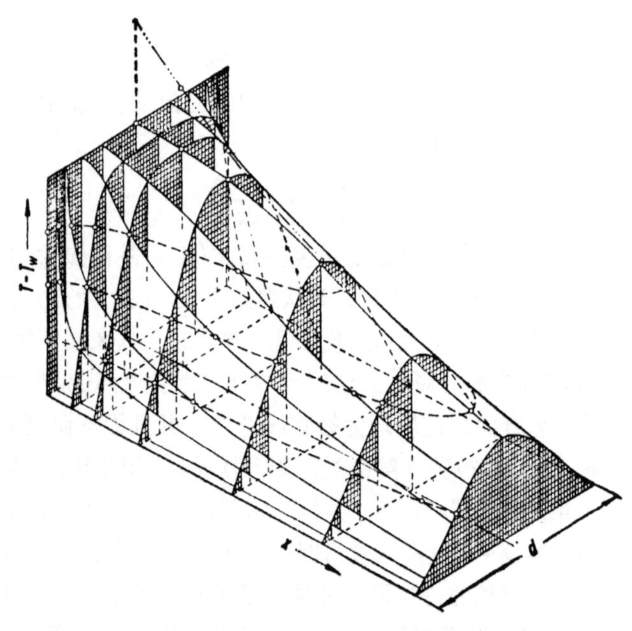

图 5.2 在管进口处的温度分布情况(按照格雷茨和努塞尔)．图中所绘速度剖面分别相当于 $ax/\bar{u}d^2=0.005, 0.01, 0.02, 0.04, 0.06$ 和 0.08．点划线表示式 (5.5)

计算出单位时间内通过固壁所传递的热量是有很大实际意义的．这在一方面，可根据热流的连续性，借助于关系式 $q_1=c_p\rho uT$ 把它计算出来．于是通过截面 $x=x_1$ 和 $x=x_2$ 间那段管壁所传递的热量 Q，便是通过 $x=x_1$ 的总热流与通过 $x=x_2$ 的总热流之差．

如果我们不考虑 c_p 和 ρ 的随温度变化（象在求温度分布时所

1) 在努塞尔的公式中，包括有三个这样的项，其中指数里的数字增大了；参阅格勒贝尔-埃克-格里古尔书中第 181 页，式(65)．

作的那样!),便得

$$Q=Q_1-Q_2=c_p\rho\iint u(T_1-T_2)\,dA.$$

另一方面,上述热量也可以从通过管壁的热流 $q_3=\lambda(\partial T/\partial n)_{\rm bl}$ 直接算出;也就是

$$Q=\iint\lambda\left(\frac{\partial T}{\partial n}\right)_{\rm bl}\cdot dA',$$

其中 dA' 是管壁上的面积元. 由于紧靠管壁处 $A_q=0$, 故即使流动是湍流,这个关系式仍然成立.

为了得到在粗略估算中便于使用的量, 通常是给出温度差为 1℃ 时, 单位时间 (秒或小时) 内通过管壁的单位面积所传递的热量. 这个量不是别的, 正是上面已经提到过的传热系数 α. 对于这个 1℃ 的温度差, 还需要有个清楚的规定. 我们可以把它选为管中心与管壁之间的温度差,也可以是流体在截面上的平均温度,

$$\bar{T}=\frac{1}{A}\int T\,dA,$$

与管壁温度之差. 但是, 从利用通过截面 *1* 和 *2* 的热流来计算热传递 (见前) 的观点来看, 取平均值 T_m 并使 $c_p\rho\cdot V\cdot T_m$(其中 $V=A\bar{u}$ 为每单位时间内所传递的体积)等于热流是较方便的, 也就是说可令

$$T_m=\frac{1}{V}\iint uT\,dA.$$

如果使流体流入某种形式的掺混器, 而从所要考虑的截面之后不再有热交换, 那么这个平均温度也可以用温度计来测量. 于是得到对应于参考温度 T_m[1] 的传热系数为 $\alpha=q_3/(T_m-T_w)$. 对于给定的温度分布,可设

$$\left(\frac{\partial T}{\partial n}\right)_{\rm bl}=\text{数值}\cdot\frac{T_m-T_w}{d}.$$

于是,利用前面表示 q_3 的公式,我们得

$$\alpha=\text{常数}\times(\lambda/d).$$

这个常数正是上面提到过的努塞尔数 Nu. 在前面的例子中, Nu

1) 为了至少可以近似使用物性值为常数的方程, 此参考温度与表示流动介质的物性值(与温度有关)所参考的温度无需相同.

数＝常数＝3.65(不计 $x\approx 0.05d^2\bar{u}/a$ 左右的“起始段”，该处 Nu 数较大)．关于在管内和狭缝内的层流传热问题，已经有过许多详细研究，可参阅有关教科书；在这个领域内，较新的工作，典型的如波纳瑞斯库的文章[5.4]，那里还讨论到轴向的热传导，并给出了壁温可变情况下的一般化方程．

5.2.3．管内的湍流传热

在工程应用上，湍流传热比层流传热更为重要．因为这时除 λ 外又有了 A_q，而 A_q 是随离管壁的距离而变化，从管壁处的为零，向着管中心增大，并且雷诺数越高，它向管中心也增大得越快[1)]，所以这里的关系就要复杂得多．对绝大多数液体来说(被熔化的金属除外)，热传导系数 λ 相当小，因而即使在很靠近壁面的地方，A_q 也大大地超过 λ．因此，正如已经提到过的，在占据主要质量的“中心流区”中，掺混引起显著的热交换，因而温度差比较小；而在没有热交换的靠近壁面薄层中，则有很大的温度梯度．但水银是例外，因为它的热传导系数大．因此，靠近壁面区域发生的现象对管壁与液体间的热量传递，显然起着决定性作用．

以方程(5.4)为基础来精确研究这些现象，将导致非常复杂的计算，并且在计算时，还要十分准确地知道紧邻管壁处的速度分布．但如果我们把流场划分为两个区域：一是靠近壁面层，在那里流动为层流，因而只涉及流体的热传导；另一是中心区，在那里热传导系数 λ 与 A_q 相比可以忽略不计，则一些主要关系的一般概貌是仍能完善得到的．在这两个区域的交界处，速度为 u'，温度为 T'．

设想对流体的中心区进行加热(譬如利用电流加热)，以防止出现如图 5.1 所示的温差 T_m-T_w 沿 x 方向的降落，则以后的推理还可进一步简化．如果这种加热对“中心区”的每一个体积元都一样，那末，热流 q_2(与管轴垂直)就处处与离轴的距离 r 成比例[2)]，也就是 $q_2=q_{2_0}r/r_0$，这完全相应于湍流剪应力的分布 $\tau=\tau_0 r/r_0$

1) 方程(4.59)到(4.63)给出了 A_τ 的近似表达式：$A_\tau=\gamma\rho u_\tau y$．

2) 若 q' 为单位时间内加给单位体积的热量，我们得 $\pi r^2\cdot lq'=2\pi r\cdot lq_2$．

(其中 $r=r_0-y$; 而 r_0, q_{2_0}, τ_0 为管壁处的值，这些值由于靠壁层很薄，与“中心区”边界处的值很接近，从而可看做是“中心区”边界处的值). 现在，由于 $q_2=c_pA_q dT/dy$ 和 $\tau=A_\tau du/dy$; 如果我们假设 A_q 与 A_τ 之比保持不变，则按上列 q_2 和 τ 的关系，中心区的温度分布与速度分布之间便存在相似性，这将使随后的计算容易许多[1]. 这个相似性条件（它对平均值也有效[2]）可以用下列形式写出：

$$c_pA_q\frac{\overline{T}-T'}{q_{2_0}}=A_\tau\frac{\overline{u}-u'}{\tau_0},$$

按上式，由于 $A_q=mA_\tau$，则可得中心区边界处的 q_{2_0}(等于靠壁层中的 q_3)为：

$$q_{2_0}=mc_p\tau_0\frac{\overline{T}-T'}{\overline{u}-u'}. \tag{5.6}$$

对于厚度为 δ 的层流边界层，一方面有 $q_3=\lambda(T'-T_w)/\delta$, 而另一方面 $\tau_0=\mu u'/\delta$, 由此消去 δ, 我们得：

$$q_3=\frac{\lambda}{\mu}\frac{\tau_0(T'-T_w)}{u'}. \tag{5.7}$$

令式(5.6)和式(5.7)的右边项相等，于是得表示 T' 的方程：

$$T'-T_w=\frac{(\overline{T}-T_w)u'}{\sigma\overline{u}+(1-\sigma)u'}, \tag{5.8}$$

其中，为了缩短式子，已令 $\lambda/m\mu c_p=a/m\nu=\sigma$. 把式(5.8)代入式(5.7)，乃得：

$$q_3=\frac{\lambda(\overline{T}-T_w)\tau_0}{\mu[\sigma\overline{u}+(1-\sigma)u']}. \tag{5.9}$$

这样，就化为一个流体力学问题了. 按照 **4.13**, 把相应于 τ_0 的阻力系数 λ, 利用近似式(4.107)和(4.108)表示为雷诺数 $Re=qd/\nu$ 的

---

1) 如不作此巧妙假设，则这两种分布不相似，而这在实际问题(沿 x 方向有温度降落)中，差异并不大. 但如果对准确度有高要求，那就必须把此差异考虑进去(参看下面).

2) 当然，平均值必须按同一方式作出，即相应于 $\overline{u}=1/A\cdot\int u\,dA$, 取前面已经提到过的平均值 $1/A\cdot\int T dA=\overline{T}$ 是更适合这里所考虑的 $dq_1/dx=0$ 问题的.

函数．由于在本节中已把 λ 用于表示别的意义，我们把阻力系数记作 ζ；而以前的速度 q 就是这里所用的平均值 $\bar{u}$．参照 **4.13**，现在我们有 $\tau_0=(1/8)\zeta\rho\bar{u}^2$．如果引入努塞尔数 $Nu=q_3d/\lambda(\bar{T}-T_w)$，则得

$$Nu=\frac{\zeta}{8}\frac{Re}{\sigma+(1-\sigma)\dfrac{u'}{\bar{u}}}. \tag{5.10}$$

还可以通过 $Re=Pe/Pr=m\sigma Pe$ 的关系，在上式中引入庇克里数 $\bar{u}d/a=Pe$ 以代替 $Re=\bar{u}d/\nu$，于是得

$$Nu=\frac{\zeta}{8}\frac{mPe}{1+\left(\dfrac{1}{\sigma}-1\right)\dfrac{u'}{\bar{u}}}. \tag{5.11}$$

但是，这个式子中 $u'/\bar{u}$ 的正确数值还是未知的；它是雷诺数的函数，并且和速度分布的普适定律有关．由于间断点(用它来代替从层流到湍流的连续过渡)的正确位置很难确定，较好的办法是，按小 σ 情况，由式(5.10)从测量热量来确定 $u'/\bar{u}$(参阅[5.5])．

当 $\sigma=1$(这对气体来说，尚接近实际)时，式(5.10)就特别简单．这时 $Nu=\dfrac{\zeta}{8}\cdot Re$．引用幂次公式(4.107)，则可近似得到 $Nu=0.04\,Re^{3/4}$．努塞尔用 1—16 大气压的空气，以及用二氧化碳和煤气进行了实验(见[5.6])，得出类似的幂次公式，它可按幂次近似表示为 $Re^{0.786}$．按照藤·博施利用努塞尔的实验结果所作工作，系数之值为 0.0255(见[W2])．于是当雷诺数等于 10^4 或 10^5 时，由此可得 $Nu=3.55$ 或 21.7，而按以前的公式则给出 4.0 或 22.5．考虑到我们引进了热源，所以这样推导出来的温度分布形状就过于丰满，从而在固壁附近产生过大的传热，使理论与实验结果的相符合情况远比所期望的为佳，但对于粘性较大的介质，则符合得不那么好．

对于粘性较大的液体，其粘性随温度的变化很大(如 20°C 的润滑油，当温度上升 8 到 10°C 时，粘性降为原来的一半！)，所以即使温差不大，也存在选用不同粘性值中的哪一个来组成雷诺数，以

便代入公式里去的麻烦事．由于粘性的变化主要与边界层中的温度降落有关，所以我们必须对边界层选取一个平均温度，例如 $T=(T_w+T')/2$．由此易见，在同样流量和同样初始温度情况下，对管中的流体是加热还是冷却，两者的传热系数相差很大（在加热时，由于边界层较薄，传热系数较大；两种情况的速度分布也有差别，加热时较为饱满）．

关于从试验基础上得出的可用于实际计算的数据，以及理论的改善等，可参阅格勒贝尔-埃克-格里古尔的书[W7]．

赖夏特曾对管道中的传热问题作过完整的理论探讨（见[5.7]）．该理论是以湍流的普适速度分布为基础，而赖夏特本人曾对这种速度分布亲自作了测量，直到紧贴壁面的地方为止．他把流场分成三个区，而不是如前所考虑的两个区．这三个区是：纯层流的靠边层；分子粘性和热传导与湍流交换现象均起作用的中间过渡区；以及分子粘性和热传导与湍流交换现象相比可以忽略不计的湍流核心区．对于除粘性外的热传导系数和比热等物性值，可具体在每一区中分别地确定．当然，这个理论是十分复杂的，可是它却整体地包括了所有已经知道的，从最小到最大粘性的全部试验结果．一个很重要的附带结果是关于上面引入的数 $m=A_q/A_\tau$．在赖夏特的第二篇文章里，假设了边界层外侧的 A_q/A_τ 值为2（与自由射流情况的值相同），其值向内侧逐渐减小，直到固壁附近降为1．这个理论还可以推广用于低 Pr 数情况（象在液化金属中那样）．最近还有人对管内非定常湍流的传热作了研究（见[5.8]）．

5.2.4．有关历史性问题的一些评述

雷诺看来是第一个清楚地认识到流速对传热所起作用的．他在一篇论述火车机车锅炉的有效受热面积短文（见[5.9]）中，指出了在那以前在传热论文中出现的严重缺陷，那就是人们总是只考虑流体的热传导，因而存在流速对单位时间内的传热量并无影响的观点．雷诺认为，风的冷却作用与静止空气情况下的相比，是不可忽视的，因此，以前所建立的那些理论肯定有错误．传

热中的主要问题应在于,质点从流体内部运动到了边界,因此带来了热量. 阻力的产生也是由于同一机理, 即质点从流体内部把速度带到了边界, 并在那里产生摩擦阻力. 我们从实验知道, 摩擦阻力与 ρw^2(其中 ρw 是单位体积流体的动量, 而另一个因子 w 表示单位时间内带到边界上的流量)成比例. 因此,传热将正比于 $w\vartheta$,其中 ϑ 为温差. 雷诺对于同时存在的热传导效应是用附加一常数项来考虑的, 而对于阻力, 则同样是用附加一与 w 成比例的项来考虑粘性效应, 即 $q=(a+bw)\vartheta$ 和 $\tau=(a'+b'w)\rho w$, 这里假定 $a/a'=b/b'$.

随后的测量表明,阻力表达式中的 w^2 应近似地改用 $w^{1.75}$,而传热表达式中的 w 应近似地用 $w^{0.75}$ 到 $w^{0.8}$ 来代替. 这后一结果是努塞尔通过仔细实验得到的,他并用量纲分析得出: 气体(或液体)通过它周围管壁的传热规律, 如果用幂次公式来表示,其形式必是:

$$q=\text{数值}\times\frac{\lambda\vartheta}{d}\left(\frac{wd}{\nu}\right)^{n_1}\left(\frac{\nu}{a}\right)^{n_2},$$

其中 $a=\lambda/c_p\rho$ 而 $\nu=\mu/\rho$. 用空气作实验,近似得出 $n_1=n_2(\sim 0.75)$,它比布拉西乌斯阻力公式:

$$\frac{p_1-p_2}{l}\sim w^{1.75}$$

中的指数几乎整整少了1.

普朗特最初并不知道雷诺在很久前发表的短文, 在澄清其间的联系时, 又重新发现了同样思路, 不过这次是用了严格的数学形式[1](见[5.10]). 由此得出的结果表明,雷诺所提出的简单关系,只在 $Pr=1$ 时才成立[根据现在的认识, 应是

$$\left(\frac{A_q}{A_\tau}\right)\cdot\left(\frac{\nu}{a}\right)=\frac{m\nu}{a}=\frac{1}{\sigma}=1$$

才较为准确; 参看式(5.10)]. 层流层中热传导与动量传导之间的差别(比较 $m\nu/a\neq 1$ 时湍流区中的"湍流传导"), 导致在那时得出了象式(5.11)的公式(当然是 $m=1$!).

5.2.5. 平板的传热

普尔豪森曾用数值法(见[5.11])处理过一个最简单的流动情况——沿一不能渗透的薄板板面的层流流动. 如果略去通常的边界层影响, 对于定常温度场(物性值不变, 并略去摩擦热项), 可从式(5.1)得微分方程

1) **5.2.3** 中的论述有一部分用的就是这个观点.

$$u\frac{\partial T}{\partial x}+v\frac{\partial T}{\partial y}=a\frac{\partial^2 T}{\partial y^2}. \tag{5.12}$$

其中 u 和 v 和以往一样，分别是平行和垂直于固壁的速度分量. 边界条件是: $y=0$(壁面上), $T=T_w=$常数和 $y\to\infty, T=T_1$; 其中 T_w 和 T_1 分别是壁面上(该处, $u=v=0$)和边界层外缘(该处 $u=U$)的温度. 当 $Pr=1$(即 $\nu=a$)时，比较一下式(5.12) 和式 (4.16)(设 $\partial/\partial t=0$, 且 $\partial p/\partial x=0$)，可见速度剖面 u/U 是和温度剖面 $\Theta=(T-T_w)/(T_1-T_w)$完全一致. 因此温度问题的解就是 $\Theta=u/U$，并且由壁面上的速度梯度可得局部的 Nu 数为

$$Nu_x=\alpha x/\lambda=0.332\sqrt{Re_x}.$$

对于 $Pr\neq1$ 的解，可以通过简单积分求得; 而局部的传热系数也可以通过下式

$$Nu_x=0.332Pr^{1/3}Re_x^{1/2} \tag{5.13}$$

得出，其近似性很好. 在平板前缘传热最大，往下游，与边界层厚度的增长相对应，传热随 $x^{-\frac{1}{2}}$ 而成比例地减小. 如果沿平板的壁面温度变化很大，则上式不能再用; 莱特希尔给出了这一情况的层流问题近似解(见[5.12])，而勒贝辛对以后要提到的湍流边界层流动问题给出了这一情况的解(见[5.13]).

在 **5.2.3** 中曾经提到过因油的粘性随温度有很大变化所引起在传热问题上的困难，舒对此作了绕平板流动问题的研究，得到了从数值上看来非常令人满意的解(见[5.14]). 他的计算是从皮尔西和普列士顿[5.15]所提出的解积分方程的迭代法为基础的; 这个方程还可用于解在高速情况下因摩擦加热形成的温度边界层问题(参阅 **5.6.2**)，和求解在高浓度情况下的扩散问题(参阅 **5.2.7**).

当雷诺数 Re_x 超过 10^5 时，就有可能发生湍流，而使传热量增加 这时，通常宜于引入一无量纲传热系数(亦称**施坦通数**)

$$c_H=\frac{Nu_x}{Re_x\cdot Pr} \tag{5.14}$$

以代替努塞尔数；它相当于流体流动时产生的局部摩擦阻力系数 c_f(参看 **4.16.3** 的开头部分). 因此,类似于用 c_f 来求壁面的剪切应力时使 $\tau_0=\rho_1 U^2 c_f/2$ 那样，这里固壁上的热流 q_w 也可用 c_H 表示为

$$q_w=\rho c_p U c_H (T_w-T_1).$$

当 $Pr=1$ 时,在湍流情况下也是 $\Theta=u/U$,这从比较一下求速度和温度瞬时值所用基本方程是一样可以得到的[1].

当普朗特数在 $0.5<Pr<30$ 之间时,科尔伯恩得出了下列(特别适用于气体)的简单经验关系式(见[5.15a])

$$c_H=\frac{1}{2}Pr^{-\frac{2}{3}}c_f, \tag{5.15}$$

已证实上式可很好地用于层流[2]和湍流边界层情况．对以前讨论过的湍流管流也近似找到一个类似关系式，它是：$c_H=Pr^{-\frac{2}{3}}\zeta/8$，其中 ζ 是以前引用过的管流阻力系数．关于平板湍流传热的其他细节，可参看施里希廷[L8]和格勒贝尔-埃克-格里古尔所著的书[W7].

5.2.6. 厚物体绕流的传热

关于绕物体的流动,从工程上来看,以垂直于轴向的绕圆柱体流动为最重要;实用上，如绕电热金属丝的流动，或者如温度不同的流体流过圆管的情况.在雷诺数 ud/ν 从 40 到 4000 的广阔范围内，传热主要出现在边界层中；它近似服从于很容易从式(5.13)导出的一规律,即对于式(5.13)中的 Nu 数,其中的传热系数改用 $x=0$ 到 x 之间的平均值来代替局部值，从而使该式右侧的系数值增大了一倍．按照希尔佩特在空气中所作的试验(见[5.16])，均匀壁温情况下，用平均传热系数写出的 Nu 数是 Re 数的函数，其

1) 这时,在式(5.12)的左边添加 $\partial T/\partial t$，而在式(4.16)中令 $\partial p/\partial t=0$.

2) 在此情况下,若按式(5.14)，并考虑到关系式 $c_f=0.664Re_x^{-\frac{1}{2}}$，则式(5.15)可以直接由式(5.13)得出来.

形式是 $Nu_d=C(Re_d)^m$; 不同范围的 C 和 m 值见下表:

Re_d	1　　4	4　　40	40　　4000	4000　　40000	40000　　250000
C	0.891	0.821	0.615	0.174	0.0239
m	0.330	0.385	0.466	0.618	0.805

可见对于低雷诺数在其值约为 4(热线情况) 之前, 指数值约为 0.330, 而当 Re 值超过 40000 以后, 指数值升高到 0.8; 这就表明, 在分离流区域 (主要在管的背面) 内形成的涡旋是随着 Re 数的增加而越使总传热量增加. 这一情况也出现在埃克特和泽恩根 (见[5.17]) 以及施密特和温纳 (见[5.18]) 对于圆柱周界上的传热率分布所作富有启发性的试验中. 由于希尔佩特的试验是通过特殊办法使空气的流动几乎没有湍流, 所以所得到的是最低值. 新近的试验表明(见[5.19]), 如果把气流里的湍流度由 0 提高到平均速度的 2.5%, 则在圆柱体驻点处的传热系数 (当 $Re\approx 2\cdot 10^5$ 时) 将增加直至 80%. 对于在流动方向有压力降落 (因而其压力分布类似驻点和它周围的情况) 的沿平板流动中, 也可以得到与上述相似的效应; 但如果沿平板的压力为常值, 则相反, 外流的湍流度几乎不产生什么影响. 对于这一现象, 到现在还没有一个满意的解释. 由此可以说明, 为什么许多从风洞试验里(那里的大多数气流都或多或少地有湍流)得到的绕圆柱的传热系数都比希尔佩特所得之值为高; 有关这方面的已得试验值, 可参看麦克亚当姆斯的书[W3]. 赖赫尔[5.20] 还观察到, 若在管子前再接上两根管子, 则传热率会提高 1.5 倍.

只要气流不分离, 流动中绕物体的传热可以用边界层理论的方法来计算. 在这方面, 求解层流边界层的方法是发展得最多最广泛的. 对于有层流边界层的绕楔形体对称流动(哈崔剖面, 参看 **4.4**(b) 的小号字), 可以象对平板流动一样, 通过简单积分求出相应的温度剖面(参看[5.21]). 有关这个解的一个重要特殊情况是在平面和旋转对称(通过用曼格勒转换，参看**4.4**(b)末尾)的驻点流动情况下的温度边界层[1]．在这里，边界层外缘的速度 U 与从驻点算起的距离 x 成比例；因而边界层厚度不变，并且等于在驻点处的值[参看**4.4**(b)]．因此，传热系数也与上述情况一样[2]；按上述方法进行边界层计算后，可把它写做

$$\alpha = A\lambda\sqrt{\frac{1}{\nu}\left(\frac{dU}{dx}\right)_s}. \tag{5.16}$$

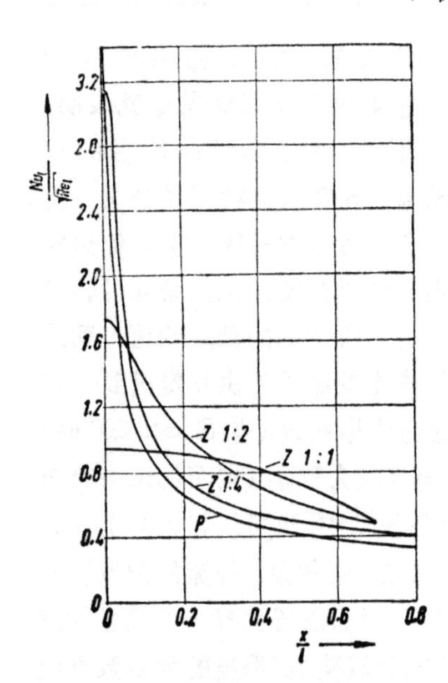

图5.3 在不同厚度比物体周界上的努塞尔数分布曲线

$Z/a:b$——横向绕轴径比为 $a:b$ 椭圆体的流动；

P——纵向沿平板的流动；

l——柱体的最大直径或平板的任意长度；

$Pr=0.7$(空气)．(按埃克特[5.21])

上式中，$(dU/dx)_s$ 是边界层外缘的速度梯度(常值)；A 是随流态和普朗特数 Pr 而变的，对于空气($Pr=0.71$)，平面流动的 $A=0.50$，而旋转对称流动的 $A=0.67$．对于横向绕任意截面形状的柱体和轴向绕旋转体的流动，式(5.16)适用于驻点及其邻近区域(即，在 U 与 x 成比例的区域)．对于几何相似物体，驻点处的速度梯度为 $(dU/dx)_s=BU_\infty/2R$，其中 B 与物体的形状有关，而与 Re 数(如 Re 数的数量级是1000或更高)则实际上几乎无关．R 是驻点处的曲率半径．例如由试验得出，横向绕柱体流动的 $B=3.63$，绕圆球流动的 $B=2.84$(并参阅图5.17中 $M=0$ 时之值)．在整个无分离的层

1) 平面驻点的传热系数是早已知道的(见[H4])．旋转对称驻点的解最初是由弗勒斯林格给出(见[5.21])，他取 $\beta=0.5$ 并用了曼格勒转换．对此所需的简单换算，可用施里希廷的书[L8]中的办法(那里计算了相对应情况下的流动边界层)．

2) 因为 $\alpha\sim\lambda/\delta$，δ 是边界层厚度．

流边界层流动范围内，直到紧挨边界层分离点之前，用默克尔的新计算方法[5.23]所得出的传热系数，看来与试验结果很一致[5.24]．在图5.3里，是按照埃克特的（较老）计算方法（见[5.21]）求出的，沿不同细长比物体周界的层流传热系数分布曲线．可见，在层流边界层范围内，驻点处的传热系数值最大，而且（与上面所说的一致），驻点处物体的曲率半径越小，传热系数就越高．关于非定常边界层的传热问题，也有人作过研究（见[5.25]）．

注：在平板的传热问题上应用得很有成效的动量交换与热量交换之间的相似关系，是与传热对摩擦阻力的关系有联系的．但是，除了极为细长的物体外，阻力中的很主要部分是压差阻力（参看**4.16.2**）．显然，压差阻力与传热没有任何直接联系．但由于它使靠近分离点后面物体表面的涡旋增加，是能间接导致传热的增加的．这对于会引起压差阻力的粗糙表面来说，也同样正确．因而与光滑表面相比，若阻力较大，则传热也将显著增加．按照南纳的近期试验（见[5.26]），粗糙管内的传热可以表示为阻力系数和雷诺数的函数，而与粗糙度的类型无关[1]．通过人工制造涡旋，也可以使管内的传热增高（见[5.27]），但其中的相互关系就不象粗糙管那样简单了．

5.2.7. 气流由壁面吹出时的传热

近来也有人研究壁面上当垂直于壁面的流速 v 不为零的几种传热情况．这在气流沿多孔壁面流动，而有同一种或不同种气体从多孔壁的内部向外吹出（例如要使壁面有效地冷却下来）的时候，就会出现这样的问题；另外，当一种物质从壁面上气化（参阅**5.3**），或者在一较高温度气流中蒸发（参阅**5.5**），同时产生了传热和传质的时候，也有这样的问题出现．即使吹出的气量相对来说比较少，边界层也比没有气流吹出时有显著的增厚，从而减少了壁面的热流．在每单位时间内吹出同样数量气体的情况下，气体的分子量越小，上述效果就越显著．因为伴随着分子量的减少，密度也在下降，因而边界层厚度就增大（参看**1.5**），这是使传热减少的一个原因；此外，气体的分子量越小，由于它的比热随着分子量的减小而增加，就有更多的热量被吹出的气体带

1）南纳所作试验，是取空气作为流动介质，而试验的粗糙元数目自然也有限制．近来有许多人怀疑，南纳所得的关系是否能普遍应用；这个关系，尤其当普朗特数大于1时，与试验结果很不相符．

走，与此相对应，传到壁上的热量也就越小．根据哈特乃特的总结(见[5.28])，在图5.4中，把平板的有吹气和无吹气时阻力系数的比值，做为在壁面上无量纲质量流的函数表示为一组曲线；其时，平板边界层内是湍流，外流的介质是空气，而通过多孔壁吹出的是空气，或者是呈气体状的其他不同介质．如果吹出的气量不太多，在图5.4中可以用相应的施坦通数比值来代替 c_f/c_{f_0}．那里的 ρ_w 和 v_w 分别是壁上吹出气体的密度和横向速度，ρ_1 和 U 分别是外流气体的密度和纵向速度．用分子量较空气为高的气体和蒸气做吹出剂，实质上并不使它们的有利功能有很大下降．太夫隆(Teflon)是一种人造物质，有关它在高速度和极高温度气流中蒸发后的性质，已经有过许多研究；弗来昂(Freon)则是一种有名的冷冻剂．

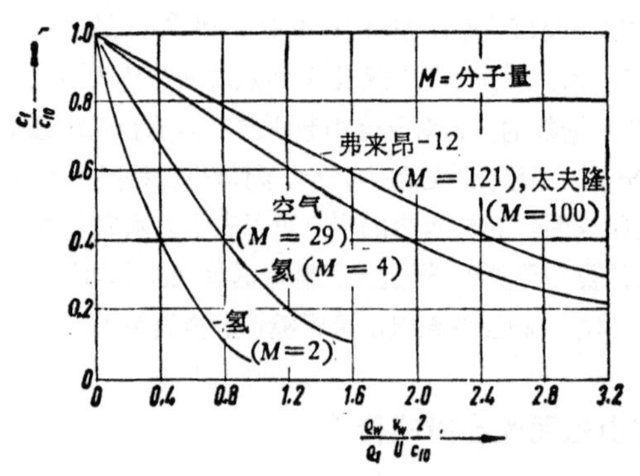

图5.4　在流动空气中，连续吹出不同气体和不吹气情况下，阻力系数的比值(湍流边界层)

5.3．强迫流动中的传质简述

化学物质在溶剂中扩散，或一种气体在另一种气体中扩散的规律，与传热的规律极为相似．如果有浓度差存在，则通过分子运动产生的质量流(扩散)，与有温度差时产生热流的情况相似．在一个混合物中，由于扩散产生的物质(1)的质量流等于 $\dot{m}^{(1)}=-D(d\rho^{(1)}/dy)$；其中 $\dot{m}^{(1)}$是物质(1)通过垂直于流向的单位截面积中的质量流，$\rho^{(1)}$ 是物质(1)的浓度，即单位体积内所含物质(1)的数量，D 是扩散系数(量纲为长度平方被时间除)，一般情况下，D 随压力和温度而变．这里不考虑只因温度差而产生的质量流——

热扩散，因为这只有在极高温度梯度时才值得考虑.

能引起传质的浓度差，有其不同的产生原因：例如由于两种不同物质的互相接触(它们也可以处于两种或多种状态下，如气态、液态或固态)，象两种不同气体射流之间的相互掺混，或者一种物质的液体蒸发到从旁流过的另一种物质的气流中去的情况. 另外，也可以通过化学反应产生浓度差，这或者是单独由于高温产生，或者是由于存在两种或多种彼此有(化学)反应的物质而引起. 举例，前者如高速气流流过物体，在驻点区域产生的空气分解(见**5.9**)，后者如燃烧过程. 传质与传热很相似，但一般较传热更为复杂，这是因为除其他原因外，扩散系数还与压力和温度有倚赖关系.

在许多实用问题上，混合物内所含物质的浓度是微小的，而且，大多数的速度和可能存在的温度差也是小的. 这时可以假设所有物性值都是常值. 因此，可以把强迫流动中的物性值看作与传质无关，其情况就如可以把它与可能同时存在的传热看成彼此无关一样. 如果把浓度 $\rho^{(1)}$ 比作温度 T，把质量流 $\dot{m}^{(1)}$ 比作热流 q 和把扩散系数 D 比作热传导系数 λ，可见传质与传热是相似的. 我们把这两者间的对应量列入下表内[1)].

传热	T	q	λ	$\alpha=\frac{q_w}{T_w-T_1}$	a	$c_H=\frac{\alpha}{\rho c_p U}$	$Nu=\frac{\alpha l}{\lambda}$	$Pr=\frac{\nu}{a}$
传质	$\rho^{(1)}$	$\dot{m}^{(1)}$	D	$\alpha'=\frac{\dot{m}_w^{(1)}}{\rho_w^{(1)}-\rho_1^{(1)}}$	D	$c'_H=\frac{\alpha'}{U}$	$Nu'=\frac{\alpha' l}{D}$	$Sc=\frac{\nu}{D}$

无量纲系数 Sc 是以施密特(E. Schmidt)的名字命名的.

如果物性值至少是近似接近常值，而 Nu 数和 Pr 数用相似的 Nu' 数和 Sc 数来代替，则对于几何相似物体和相似的边界条件来说，由传热得来的关系式 $Nu=f(Re, Pr)$ 也同样可以用于传质，反过来也一样. 这已为对平板[5.29]，对横向流过圆柱体[5.30]，以及对滴状物和圆球[5.31]所作的各种试验所证实. 如果象所假设的那

1) 通常还用另一个无量纲"路易斯数"，但它的定义还没有统一. 对于不可压缩流中的传热和传质，常把路易斯数定义为 Sc/Pr(见[W7])，但有时也定义为 c_H/c'_H. 对于真实气体的高超声速流，则是无例外地把路易斯数定义为 Pr/Sc(正是前一个定义值的倒数)(见[G4]，[W8]). 由于这种定义上的不统一，这里就不引用路易斯数了.

样，边界条件是相似的，那末对于 $Pr=Sc$ 的特殊情况，温度场与浓度场相重合．对于空气中的水蒸气和二氧化碳的传质，当压力是一个大气压和温度是 20℃ 时，Sc 值分别是 $Sc=0.61$ 和 0.95.

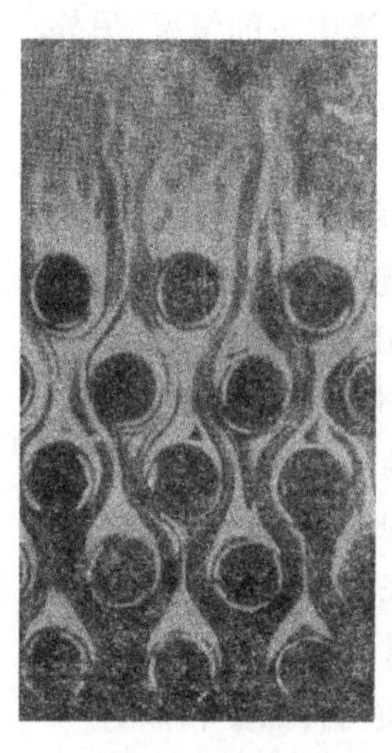
图 5.5　按汤玛方法显示的混合区域

努塞尔为解释炉条上煤层的燃烧过程所作的计算(见[5.32])是应用传质和传热之间相似性的一个例子．如水在流动空气的影响下蒸发，若无别的热量传递给水，则必需从空气中吸取蒸发热．于是使水表面的温度低于空气温度("干湿泡温度计"的温差)．这时，热量从空气流向含水表面，同时又有水蒸气从水表面扩散到空气里，有关这方面的细节，可以参看施密特所写的基础性论文[5.33]．汤玛是第一个为研究传热过程而进行传质试验工作的[W1]；他是想通过研究水管问题找出蒸气锅炉中水管排列的最有效方式．图 5.5 系取自洛瑞施的论文[5.34]，它表明用氯化氨雾气来显示流动的想法很好，可以把气流的扩散区和混合区清晰显示出来．其他有关这方面的工作和对相似法的评论，可参看努塞尔[5.35]和克滕纳克尔[5.36]的文章．

在一传质场的给定边缘上，如果有一种物质的浓度已经知道(例如在水表面上，水从表面蒸发到一气体中)，则这里就产生质量流，它在边界面(壁)上有一法向的有限流速分量．在浓度还是中等的时候，这个过程对传质就已经有影响了，其情况同从壁面吹出气体(参看 **5.2.7**)对壁面传热的影响很相似．哈特乃特和埃克特[5.37]计算了沿平板层流流动中的传质，考虑到了这个边界条件，而所作的其他简化都和前面的一样．

5.4. 由密度差引起自然对流所产生的传热

5.4.1. 引言

如果密度差(由于热膨胀的缘故，密度差的产生与温度差有关)

是引起运动的唯一原因，我们就称这种运动为自然流动，以别于因外部原因引起的强迫流动．如果自然流动又不受(河床)边壁的限制，则又可把它叫做“自由流动”．在大多数自由流动中，压力与静止流体中重力所引起的压力几乎完全相等；这首先对于具有边界层性质的流动是正确的(参看[5.38])．因此，在这里我们可以从一开始就人为地去掉静止介质的重力压力．这样一来，余下的运动压力就几乎为零．因此，作为运动的原因，就只剩下因重力引起的重量和浮力之差了，它在单位体积为：$g(\rho-\rho_1)$，这里，脚注 1 表示是静止介质之量．如果重力作用在相反于向上的 x 轴的方向，则对应的质量力是 $X=-g(\rho-\rho_1)/\rho$．若三维膨胀系数为 $\beta=(1/v)(dv/dT)$[1)]（由于 $v=1/\rho$，也可以写 $\beta=-(1/\rho)(d\rho/dT)$），而密度差 $\rho-\rho_1=d\rho$ 和温度差 $\vartheta=T-T_1=dT$ 又都小的话，则可得 $X=g\beta\vartheta$．对于理想气体，$\beta=1/T$，当温度差小时，也可以写 $\beta=1/T_1$．这里可以用 $p=$常数的式(4.8)，X 值用上述值代入，而由于只考虑重力方向，$Y=Z=0$；另外加上温度分布的微分方程(与强迫流动时相同)．因为 X 随温度改变，所以这两个方程是彼此有关系的．如果壁面温度 T_w 是常数并已给出，而且存在几何相似性，则可以通过确定 l, ν, a, $g\beta$ 和 $\vartheta_w=T_w-T_1$ 等五个量，定出流场和温度场(见基本方程)；其中 l 是特性长度．因为这五个量是用三个基本单位(长度、时间、温度)给出来的，所以必须找出两个彼此无关的无量纲特性数，以便求出方程的解．如果我们再选取普朗特数 $Pr=\nu/a$ 作为其中的一个特性数，则第二个特性数可写做 $Gr_l=(g\beta\vartheta_w l^3)/\nu^2$(为了纪念格拉斯霍夫，而以他命名)．因此在几何相似的情况下，无量纲传热系数 $Nu=f(Gr, Pr)$，其中 f 是一普适函数．在铅直壁面上，如果壁面与静止介质相比是受热的或者是受冷却的，则与强迫流动情况相仿，这时会在壁面上形成速度场和温度场的边界层，因而在基本方程中，我们可以略去那些对边界层来说，一般可以略去的项．对于二维平面流动的流场，如以上所说并按照式(4.16)，我们得到：

1) 考虑到气体时，这里的 T 只指绝对温度．

$$u\frac{\partial u}{\partial x}+v\frac{\partial u}{\partial y}=g\beta\vartheta+\nu\frac{\partial^2 u}{\partial y^2},\tag{5.17}$$

对于二维平面流动的温度场，则同强迫流动一样，可以用式(5.12)．在许多流动问题里，给出的不是壁面温度，而是单位时间内发散出来的热量．例如空气流，当它流过一加了热的水平长圆柱、流过一团火焰或者流过另外别的一个热源，因而不断上升时，就不再是先给出其个固定温度差 ϑ_w 的问题，而是给出这样一个条件，即：在上升的空气流里含有的热量，在距热源的不同高度上是常值．因而在各个表达式里不再用 ϑ_w，而是用每单位时间（二维情况下也用每单位长度）内产生的热量 Q．这时相应的格拉斯霍夫数 Gr 在二维情况下是 $Qg\beta x^3/\rho c_p\nu^3$，在旋转对称情况下是 $Qg\beta x^2/\rho c_p\nu^3$；其中，长度是用与热源的距离 x．

5.4.2. 在铅直热壁面上的自然对流

在铅直的热壁面上，有一层受热的空气层形成，并且向上运动．由于速度不很大，在大多数情况下，流动是层流．假定温度差 ϑ 很小，则所期望的幂次可以近似估算出来．设 u_m 为横截面 $x=$常数上的最大速度，ϑ_w 为壁的超温（设为常数），δ 为向上流动气层的厚度．在方程(5.17)里，对于 $u=u_m$ 应有 $\partial u/\partial y=0$ 和 $\partial u/\partial x=\partial u_m/\partial x$，而那里的 ϑ 则可认为与 ϑ_w 成比例．因此，如果我们想要得出幂次公式，则必须

$$\frac{u_m^2}{x}\sim g\beta\vartheta_w\sim\frac{\nu u_m}{\delta^2},$$

由此得，$\delta\sim\sqrt{\nu x/u_m}$ 和 $u_m\sim\sqrt{g\beta\vartheta_w x}$．因而，

$$\delta\sim\left(\frac{\nu^2 x}{g\beta\vartheta_w}\right)^{1/4}.$$

按照这种估算，单位时间内气流从单位宽度平板（高为 $x=h$）上带走的热量 Q_w 为

$$Q_w\sim\rho c_p\vartheta_w u_m\delta\sim\rho c_p(\nu^2 g\beta\vartheta_w^5 h^3)^{1/4}.$$

在这个推理中，完全没有考虑温度分布的微分方程式(5.12)．当然，对于问题的精确解，正象从方程的结构可以马上看出的，温度

分布对速度分布是绝对有影响的；从而普朗特数对温度分布和速度分布两者都很重要．由此，可以断言，在我们的近似计算中，出现在 u_m, δ 和 Q_w 的方程中的系数，仍然是 Pr 的未知函数．

对于 $Pr=0.733$（如空气），普尔豪森在把上面得到的基本量

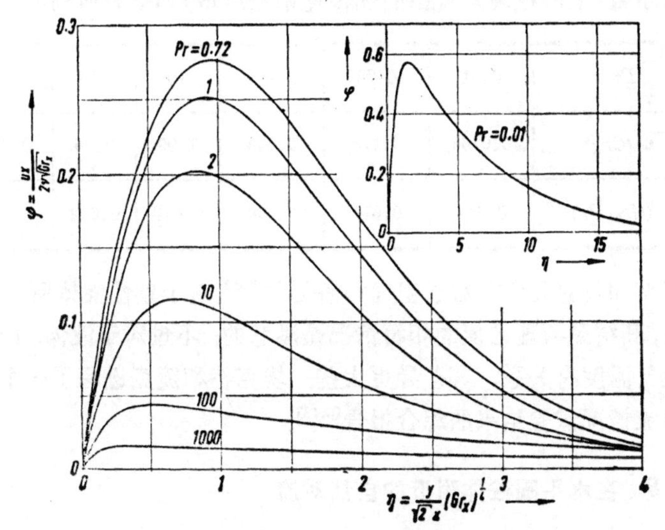

图 5.6　受热铅直板上，自由层流的速度分布

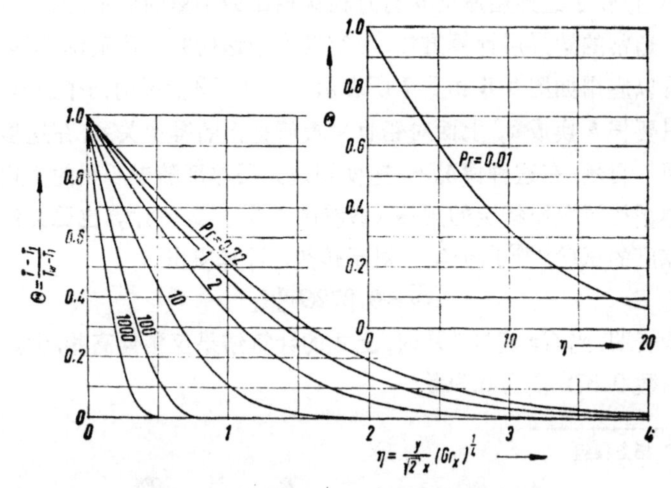

图 5.7　受热铅直板上，自由层流的温度分布

的幂次式引入微分方程组*后，给出了一个精确解（见[5.41]）．舒[5.39]和奥斯特拉赫[5.40]又把此解推广到不同的普朗特数情况，并得到如图5.6和图5.7中所表示的速度剖面和温度剖面，以及努塞尔数(用由板高 h 得出的热传递系数组成)如下表所列：

Pr	0.01	0.73	1	10	100	1000
$\overline{Nu}_h/Gr_h^{1/4}$	0.0766	0.478	0.534	1.09	2.06	3.74
$\overline{Nu}_h/(Gr_h\cdot Pr)^{1/4}$	0.242	0.517	0.534	0.612	0.652	0.665

施密特和贝克曼[5.41]对于空气和洛伦兹[5.42]对于粘性液体所作的试验，其结果与理论值的相符情况是满意的；不过对于液体，由于粘性与温度有关系，其差异更大些．埃克特和捷克逊写了一个包括湍流情况试验结果的综合报告[5.43]．

5.4.3. 在水平圆柱体附近的自然对流

关于自然对流在轴向水平圆柱体附近的流动，赫尔曼（见[5.44]）作了边界层厚度 δ 与直径 d 相比为小量的假定，因而可以应用通常的边界层计算方法，对空气作理论研究．他发现，这里仍然可以应用如图5.6和5.7所表示 $Pr=0.72$ 情况的两个函数；而且只要把 h 换成 d，上面对铅直平板所得出的幂次关系，在这里也适用．自然，在这种情况下，速度和边界层厚度随中心角的变化则要遵循按情况而特定的规律（参看图5.9）．这些计算也已为约德尔鲍厄的试验[5.45]所证实．对于传热，计算得出

$$\overline{Nu}=0.372Gr_d^{1/4}.$$

试验表明，当 Gr 超过 10^5 时，上式的计算结果仅稍偏高些，大致为把系数0.372换为0.395．

---

* 指方程组

$$u\frac{\partial u}{\partial x}+v\frac{\partial u}{\partial y}=g\beta\vartheta+\nu\frac{\partial^2 u}{\partial y^2};\quad u\frac{\partial\vartheta}{\partial x}+v\frac{\partial\vartheta}{\partial y}=a\frac{\partial^2\vartheta}{\partial y^2}.$$

直到 Gr 数很高时，流动仍保持为层流．赫尔曼发现，对一米高的铅直平板和直径为 58.5 厘米的圆柱，它们分别在 $Gr=10^9$ 和 $Gr=3.5\times10^8$ 时转捩成湍流运动．这两种情况下的临界雷诺数 $u_m\delta/\nu$ 之值分别在 500 和 400 附近(雷诺数较低，是由于速度分布形式的特殊而造成的)．

当 Gr 数低于 10^5 时，"边界层厚度"比起平板的高度或圆柱的直径来，就不再是小量了；因而 Gr 数越小，上面给出的那些公式就越不准确．但是，这种情况对于象沿水平方向拉伸的电热丝在静止空气中损失热量这样的问题，还是有实际意义的．赫尔曼在别人所作试验的基础上，给出了一个数值表(见[5.46])；这里，我们选录其中关于小温度差情况的数据如下：

$Gr^{1/4}$	0.1	0.316	1	3.16	10	31.6	100
$\overline{Nu}$	0.484	0.612	1.10	2.18	4.47	12.4	39.3

空气的微弱运动就会引起传热量的显著增大．

施密特通过发展一种光学方法，大大改善了对绕热物体流动过程的显示，在应用上很有成效(见[5.47])．这种方法特别适用于研究二维流动，而且可对此给出定量的结果．这种光学方法是利用从点光源发出的几乎平行的光束，把它投射到一定距离外的屏幕上，以获得一种阴影图画．当光线平行于发热面而射过被加热了的空气层时，由于存在空气的密度梯度，光线就向外偏转；在密度梯度最大，即紧靠热物体的地方，偏转也最大．结果在"纹影"造象上显示出一个明亮的边缘．由于局部放热量也与同地的密度梯度成比例，亮边离受冷物体的阴影的距离就给出了局部热损失的数值度量．光线在边界层外是保持平行的，而在边界层内则向外偏转，虽其偏转的程度远没有象在紧靠物体的一层中那样大．由此可知，如果屏幕离得足够远，则整个被加热空气层所占据的空间，在屏幕上便全是黑的了．图 5.8 示出了一铅直热平板情况的照片，阴影中受冷平板的边缘用虚线表示．我们可以从阴影中清

楚看出边界层厚度 δ 按 $x^{1/4}$ 而变化和从其外面的亮边看出局部热损失随 $1/\delta$ 而变化的情景．与此相应，图 5.9 示出了一个轴线水平的圆柱体情况．我们可以看到，热损失在最低点处最大，往上先是逐渐地减小，到了圆柱的上半部则非常迅速地减小．

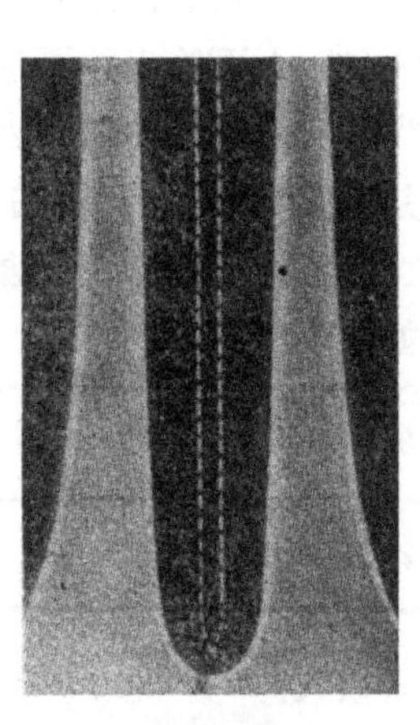

图 5.8 铅直热平板的纹影图

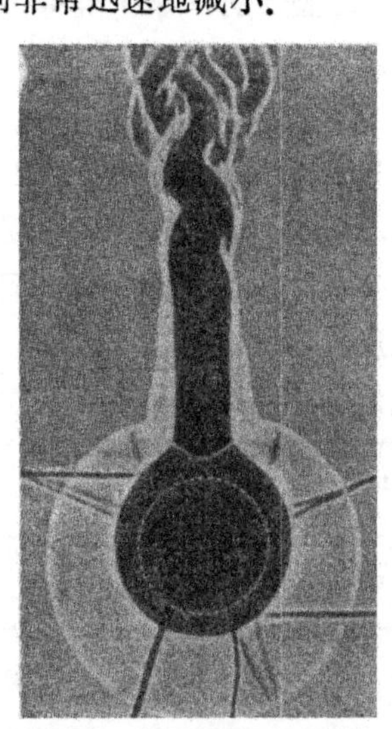

图 5.9 水平热圆柱的纹影图

5.4.4. 热源

在 **5.4.1** 里已经提到过关于一静止介质里存在热源的情况．如果空气向上绕一热体或火焰流过，在距离热源处的气流与其周围的温度差比那里的绝对温度小很多的范围内，这一过程是可以计算的．对此，施密特作了湍流情况的计算[5.48]．其计算以托尔明的射流扩展计算[4.93]为基础，并如托尔明所计算，得出湍流的宽度随距离(在此系指离热源之上的高度 x)而成比例地增长．在旋转对称的情况下，温度分布和速度分布几乎与图 4.20 的速度分布完全一样．由受热空气浮力而引起的速度，在火焰处最大，由于强烈的掺混而按 $x^{-1/3}$ 成比例地减小；温度变化则与 $x^{-5/3}$ 成比例．施密特用试验证实了这一计算结果．

新近，莫盖和埃孟斯在其文章[5.49]里，研究了大气中火焰上面的流动情况，他们把空气分成不同的几层(稳定、中性和不稳定)；文中并给出了有关这一课题到现在为止的许多文献索引．

关于层流流动情形，普朗特指出，在旋转对称情况下，速度与 x 无关，温度在射流中心线上与 $1/x$ 成比例，射流的宽度则与 $\sqrt{x}$ 成比例．其解已由舒[5.39]和藤[5.50]给出．

5.4.5．绕水平平板的热流动

在这里，平板的上表面和下表面的状况，有着根本的区别．在板的下面，空气层是稳定的，加热了的空气仅仅在板的两侧边才渐渐地上升；相反地，在板的上面，运动是不稳定的，而且气流不规则地上下川流不息．图 5.10 的纹影象清楚地显示了这一点．到目前为止，所得的试验结果并不一致；可是总传热量与在铅直平板情况下似乎没有多大差别．

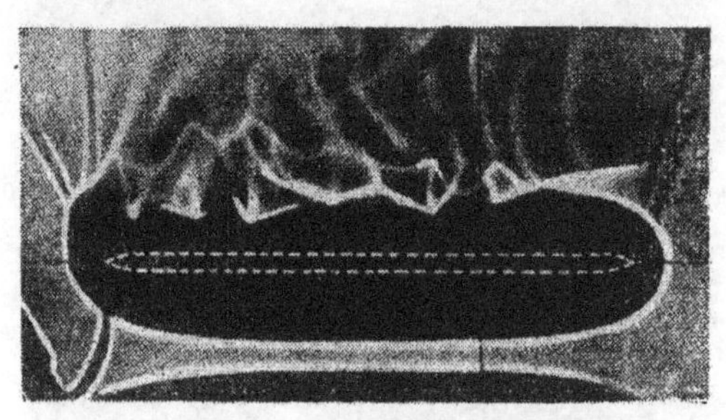

图 5.10　水平热板的纹影图

上面所提到的不稳定性，由于这时出现的流动形态而特别受人注意．当一热膨胀系数不太小的薄流体层被从下面加热时，这种流动显示得特别清楚．有关这时出现的各种奇异现象，已由贝纳德(见 [5.51])和许多别的作者1) 作了细致研究．与前在**1.6**和**1.7**中对稳定性所作的初步讨论相反，在同时有热传导和粘性作用的情况下，若流体层深度之间的温度差 $\vartheta_1-\vartheta_2$ 不太大，则可能存在一密度自下而上地增大的稳定状态．但如果温差超过某一依赖于流体层深度的值(见下面)，在流体内部就会有上下流动；在经

1) 详细的参考书目，参阅阿弗赛克[5.52]．

过一个不规则的过渡阶段以后，整个流体层分成许多比较规则的封闭单元. 如果温差只是稍稍超过临界值，这些封闭单元便呈六角形，并且形成规则的蜂窝状排列；流体在封闭单元中间升起而沿边界下沉. 当温度差较大或流体层较厚时，封闭单元的排列就变得稍许不规则一些（图 5.11）[1]，但仍然还是稳定的. 如继续增加温度差，这种封闭流动就为不定常的、不规则上下流动所代替，运动就成为“湍流”（图 5.12）[1].

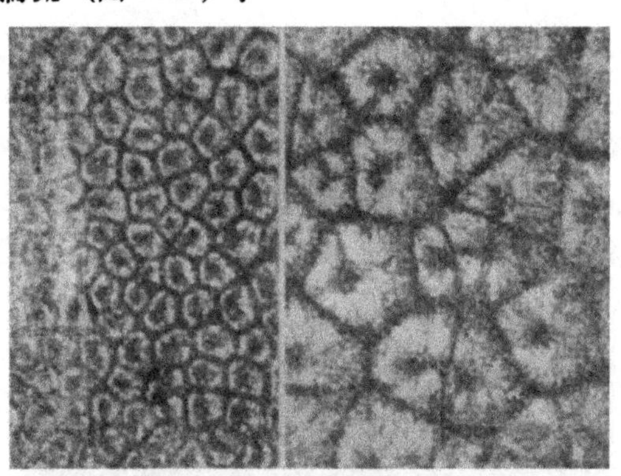

图 5.11 稳定热对流，根据西登托普夫；流体层深度：4 毫米（左）；10 毫米（右）

图 5.12 湍流热对流，根据西登托普夫；流体层深度为 20 毫米

1) 图 5.11 和 5.12 是西登托普夫赠予. 所示流动是由混入铝屑显示出来. 图形比例为原尺寸的 2/5. 有关的其他图形，可参看马尔[5.53]，阿弗赛克[5.52]和沃尔科维斯基[5.54].

如果此外还有水平流动，在稳定情况下，则环型涡旋将为交替出现的右旋和左旋平行涡管所代替1)。

瑞雷[5.55]首先对这些现象的理论进行了粗略的探讨．尽管如此，他还是获得了正确的结果，即稳定性的界限取决于 $\Lambda=g\beta(\vartheta_1-\vartheta_2)h^3/a\nu$；这个量现今也可用 $Gr\cdot Pr$ 的形式写出．杰傅瑞斯[5.56]首先计算了这个量的临界值，以后又为娄[5.57]和阿弗赛克[5.52]所证实．对于上、下导热性很好的刚性壁，Λ 值约为1705．根据施密特和桑德斯[5.58]就平均温度为18—20°C的水所得的试验值，以热流动率的输出量为横坐标和 $\vartheta_1-\vartheta_2$ 为纵坐标作图，在 $\Lambda=1700$—1800²⁾处，可见曲线有一明显的弯折，而在 $\Lambda=4.7\times10^4$ 处又出现另一弯折（转化为湍流）．按照他们的试验（只做到 $\Lambda=1.5\times10^5$），在 Λ 超过 4.7×10^4 时，传热可用下列公式来表示：

$$Nu=0.113(Gr\cdot Pr)^{1/3}.$$

有关空气的较新和较精确测量结果，可参看格拉夫和海尔德的文章[5.60]．最近齐瑞普[5.61]在这个问题上作了研究．他得出了在许多形状中为什么先出现六角形的理论基础，并且发现在点状热源情况，如果超过临界温差则出现环形封闭体．

这里所讨论的现象与云的有些形成现象相似，这是很引人注意的，因此在气象学文献中就常有有关这些现象理论的参考文献3)．这里是稳定层代替了由基底和自由表面形成的水平边界．要产生这个过程，只须(例如)通过辐射进热或辐射散热(因此使某一流层获得或失却热量)来破坏平衡．例如在夜间月光下从薄层云中可以观察到的特征结构，就是真正的这类现象，它是由于向夜空辐射散热后，使云层的上表面冷却而产生的．这里我们还要提出，外观上与它很相似的短时现象，例如鱼鳞天，也可由层化的不稳定

1) 参看上一页脚注．

2) 这些数值表明，流体表面相对于微小的摩擦阻力而言，仿佛是刚性(不可剪切)的；其情况就象没有特别加以净化的物体表面那样．对于表面可以自由剪切变形而底部为刚性的情形，娄得出 $\Lambda_{临}=1107$(参看[5.57]和[5.59]，文中并给有可定量的流线图)．

3) 可参看，如前已提及的马尔的文章[5.53]，和娄的报告[5.59]．

性而产生，即当一层干燥空气下面有湿空气团上升时，湿空气团按照湿绝热规律膨胀成雾；而干空气则按照干绝热规律膨胀，因而温度变得比湿空气低[1].

从太阳的照片中能清晰见到的粒状结构（叫做"米粒组织"），按照西登托普夫的说法（参看[5.62]），是由于在太阳表面附近相当薄的一层中，出现了因氢的电离而产生的真正的热流动．这里，运动肯定是湍流形式；每个"米粒体"的生存期只有几分钟[2]

为了进行比较，人们常常引用特性数 A'，其中运动粘性系数 ν 和温度传导系数 a 系用湍流交换的相应量（即对于两者 $lu'=A/\rho$）来代替．但是，除非把混合长 l 与活动层的高度，以及把速度 u' 与上升速度联系起来，否则在许多情况下，我们就会不了解湍流中 l 和 u' 的具体数据．

5.5. 固体在高温气流中的熔解和气化

在自然界里，当流星以很高的速度进入空气时，就有这样的过程；按流星的大小不同，或者完全气化，或者至少损失掉很大一部分质量．对于以极高速度进入大气稠密部分的飞行器，则常常允许它可有某些（但应尽可能少的）物质损失，以保护其余部分不过高受热．这时表面的物质从固体状态变为液体或气体状态，同时也可能产生化学反应（例如汽化物的化学分解或它在空气（氧）中的燃烧分解）．固体在化为液体状态过程中，形成一液体薄层，又因受外界气流在其表面上的剪切作用而大部分被撕裂走，余下的那一部分也在气流中汽化了．当固体直接汽化到气体状态时（例如塑料的情况），加在物体上的热量的一部分用于作汽化热，另一部分则通过在表面上产生气体量（象多孔壁吹气那样）使含热量减少（参阅**5.2.7**）．这个过程在某种意义上，象具有自动调节的性

1) 当干燥空气层上面有厚云（湿气）层下降时，就会出现相反的现象而形成乳房状积云．

2) 比照与此有关的振动现象（参看**8.4.3**中的小号字）．

质：通到固体表面上的热量越多，发展成的气体量就越多，因而总热量里传到固体部分的热量就越少.

在前一个过程中(从固体到液体状态)，除熔解热的大小极为重要外，物质在固体状态下的热传导系数和在液体状态下的粘性系数也有很重要的意义，金属材料的热传导系数高而粘性系数低．如果把金属制的飞行器表面加热到熔解温度，则由于金属熔液的粘性系数很小，在表面上的液体层很快就被吹走，而由于(金属)物质的热传导系数高，外来的热量很快就会进入物体的内部；因此物体所得的热量过多，熔化的物质损失就很大．这种情况是须要避免的，所以在有金属表面的飞行器上，不允许达到金属熔解温度．因此我们采用空气阻力大的飞行器外形，这样就可使物体表面附近的速度减小，进而使产生的热量减小；对于前面是钝头的物体，通过传热(这里，它常常是最大的)，温度也将下降(参看**5.2.6**).

象石英和玻璃之类的物质，由于在固体状态下的热传导系数小，而在液体状态下的粘性系数大，所以它们在这一方面具有比金属有利得多的性质．当高温气流流过由这类物质做成的物体表面时，就有一层很薄的流体层形成，它的运动很象边界层里的情况，流得比较慢．这个液化了的物质在向后流动时，在表面上有一定的停留时间，因而可以把余下的热量吸走；这样就保护了在它下面的固体层，不致受热太多．对这个过程进行理论处理，要基于前面描述过的高速边界层里的传热规律；至于实验，则需要有能产生高速和高温气流的特殊设备(参看**6.2.7**)．所涉及到的大量试验和理论工作，可先参阅由亚当姆斯[5.63]、利斯[5.64]和施帕尔丁[5.65]所写的三篇综合性文章.

5.6. 高速边界层1)

5.6.1. 概论

当来流气体的速度逐步达到声速和超过声速时，在边界层内的物性值一般将随着压力和温度的变化而改变．其中，压力变化的影响只须考虑与之相应的密度变化，一般无需考虑它对其他物性值的影响．在流场内部由于有压力差而产生的温度变化，一般会导致物壁和边界层外缘间的温度差，例如在绕流物体的驻点区

1) 有关的综合性论述，可参看柏实义[L7]，特鲁伊特[W6]和多兰斯[W8]的书.

内. 另一方面, 边界层内部产生的温度差则是由于那里产生的摩擦热导致的(边界层内的摩擦热强度变化很大). 有温差的结果是, 除流动边界层外,还存在一个温度边界层;由于物性值随温度有变化,所以这两个边界层彼此是有关联的. 与无粘性流动的情况相反,这里, 边界层在低速时的一般特性, 到高速时仍旧保留着(在无粘性流动中, 当流动从亚声速过渡到超声速时, 重要性质都改变了).

二维层流边界层的运动方程与不可压缩流情况的式(4.16)相似, 只是由于粘性系数 μ 随温度而变化, 必须把它放在微分商数内:

$$\frac{\partial u}{\partial t}+u\frac{\partial u}{\partial x}+v\frac{\partial u}{\partial y}=-\frac{1}{\rho}\frac{\partial p}{\partial x}+\frac{1}{\rho}\frac{\partial}{\partial y}\left(\mu\frac{\partial u}{\partial y}\right). \tag{5.18}$$

还有压力 $p=p(x,t)$, 它直到超高声速在横越边界层的方向上都是常数值. 连续方程则自然得用式(2.6)来代替:

$$\frac{\partial \rho}{\partial t}+\frac{\partial \rho u}{\partial x}+\frac{\partial \rho v}{\partial y}=0. \tag{5.19}$$

此外还有能量方程, 其形式如下:

$$c_p\frac{\partial T}{\partial t}+uc_p\frac{\partial T}{\partial x}+vc_p\frac{\partial T}{\partial y}-\frac{1}{\rho}\frac{\partial p}{\partial t}-\frac{u}{\rho}\frac{\partial p}{\partial x}$$
$$=\frac{\mu}{\rho}\left(\frac{\partial u}{\partial y}\right)^2+\frac{1}{\rho}\frac{\partial}{\partial y}\left(\lambda\frac{\partial T}{\partial y}\right). \tag{5.20}$$

上式表达了: (流体)微元的热能改变(方程的左侧)是由所发生的摩擦热和因传导产生的热流平衡来决定的. 超声速情况下的边界方程与亚声速流情况一样, 都是抛物线型偏微分方程. 在 $M=1$ 的地方, 与非粘性流动情况相反, 边界层内并不出现特殊现象. 这里, 我们把文献中常用的"可压缩边界层"一词, 改称"高速边界层"; 理由是: 象在经常讨论到的那个重要的理想平板边界层流动中(参看 **5.6.2**), 那时整个流场里都没有压力差, 也就是说高速情况下流体介质的压缩性在这里并不起作用, 可是摩擦热以及温度对物性值的影响却在起作用.

层流边界层是可以计算的(虽然比较麻烦), 湍流边界层则主要需依靠试验结果. 在工程上, 对于高速边界层, 要研究的有摩阻、位移作用和气动热(随着速度的升高, 它愈来愈重要)等. 虽然高速边界层的过程复杂, 但有许多基本现象是可以用比较简单的概念和方程来弄清楚的, 在工程应用上这样就足够了. 在这里, 我们只研究定常边界层，因为大多数情况下，即使速度随着时间改变，但在边界层内总仍可以假设存在定常的关系.

5.6.2. 表面压力为常值的二维平板和锥体

我们一般都把理想二维平板假设为无限薄，因而沿整个平板的压力可以看做常值，并且也没有什么扰动从它的前端产生出来. 对于锥体则假设绕流是对称的，并且激波附体，因而沿表面的压力不变. 如果平板有迎角，而来流为超声速的，而且受压面前端产生的激波附体，则此时平板上的流动情况也与上述的相同. 在平板的这一面上，其情况显然与对称来流流过楔形体(它的全开角等于平板迎角的两倍)时一样. 只有当二维平板在无迎角时，其边界层外缘的流动情况才与无扰动时相同，其他情况下都不是这样. 考虑到比热是随着温度改变，并且在高马赫数时气体有分解(将在以后讨论它)，我们宜于用焓(参看 **3.5**)

$$i=\int_0^T c_p dT \tag{5.21}$$

代替温度来进行计算. 对于中等马赫数或低温情况，以后可以用 c_pT (c_p = 常值)来表示焓，其近似性很好.

普朗特数 $Pr=\nu/a=\mu c_p/\lambda$ (参看 **5.2.1**)是量度流动边界层厚度和温度边界层厚度之比的一个尺度. 对气体来说，Pr 值接近于1，空气的普朗特数 Pr 之值在很大温度范围内是0.68到0.73；此值与压力无关，只与温度有一点关系[P2]. 当外界介质与物壁之间没有热流时，所取的定常流动在物壁上的焓值 i_{aw}，对温度边界层是很重要的；这时不考虑所有其他的热损失(如壁面上的热辐射和壁内的热传导等). 用恢复因子

$$\eta=(i_{aw}-i_1)/(i_t-i_1)$$

(涉及总焓 $i_t=U^2/2+i_1$ 和边界层外缘的焓 i_1) 来代替 i_{aw} 是有优点的. 这样我们就可以得到二维平板和锥体在层流边界层情况的 $\eta=Pr^{1/2}$，在湍流边界层情况的 $\eta=Pr^{1/3}$，两者均与雷诺数和马赫数无关；在这两种情况中，准确的 Pr 值是用平均参考温度取得的

(以后要提到). 对于空气，我们取常值 $Pr=0.71$, 可得很好的近似；因而在层流情形下 $\eta=0.845$, 而在湍流时 $\eta=0.89$[1). 在航空工程的应用上，我们常用与焓值相当的驻点温度 T_0 和绝热壁温 T_{aw}. 在“标准情况”下和飞行在 11 公里高度(同温层)处时，其值为(这里，T_{aw} 是指边界层为湍流时之值)：$M=2$(超声速飞机)时，$T_0=390°K$ 和 $T_{aw}=371°K$; $M=5$ (中等速度火箭) 时，$T_0=1220°K$ 和 $T_{aw}=1120°K$; $M=10$(快速火箭和返回大气层的宇宙飞行器) 时，$T_0=3300°K$ 和 $T_{aw}=2900°K$[2). 由于火箭飞行器的飞行时间短暂和在空间有热辐射产生，其表面温度远比上述这样高的 T_0 和 T_{aw} 值为低.

壁上的局部热流 q_w, 常常用式(5.14)里定义的无量纲传热系数 c_H 表示为：

$$q_w=\rho_1 U c_H (i_w-i_{aw}). \tag{5.22}$$

高速时的边界层内所产生热量是通过 q_w 与差值 i_w-i_{aw} 成正比例来表示在式(5.22)中的，这里出现的焓，不是象低速时取边界层外缘的焓值，而是取“绝热壁焓”，即是在一绝热壁上(只有对流的传热)的焓值. c_H 也可以通过式(5.15)用 c_f 来表示；这在气体的高速层流边界层[5.66]和湍流边界层[5.67]中，也证实这样做是很有效的.

在实际中，以下两个壁焓值特别重要：(1) $i_w=i_1$, (2) $i_w=i_{aw}$. 前一种情况是开始加速飞行时的典型状态，而后一种情况是不考虑热损失，定常飞行结束时的状态. 当用极高速度飞行时，一方面因为 i_{aw} 很大，另一方面或是飞行时间短，或是飞行器本身就造成可以避免大量受热，所以 i_w 总要比 i_{aw} 小. 这种情况相当于在边界层关系中，近似地取 $i_w\approx i_1$.

范·德律斯特曾对空气流过二维平板计算了 $Pr=0.75$ 而比热和壁焓都取常值情况下的层流速度分布和焓分布[5.66]，其中粘性

1) 对于中等速度，上述 η 表达式中的焓，自然可用温度来代替焓.

2) T_{aw} 的值对应于无迎角的理想二维平板情况；对于飞行器的相当表面，则可能有某些不大的偏差.

随温度的变化关系采用了骚泽兰德公式 (5.25). 图 5.13 和图 5.14 分别给出了 $i_w=i_1$ 和 $i_w=i_{aw}$ 情况下, 速度与温度对无量纲距离 $y\sqrt{U/\nu_1 x}$ 的关系曲线; 这里所用各量的定义同 **5.2.5**, 带脚注 1 的物性值和马赫数 M_1, 都指的是边界层外缘上的值. 在绕锥体的对称超声速流动中, 如果激波位于锥的尖端上, 则在边界层外缘的速度 U 又是常数, 不过对于不同的来流有不同的值; 按照曼格勒转换(参看 **4.46** 末), 与二维平板相比, 其边界层厚度要按因子 $\sqrt{1/3}$ 减小, 而传热系数按因子 $\sqrt{3}$ 放大.

由图线可以看出, 无量纲边界层厚度 $\delta\sqrt{U/\nu_1 x}$[1], 是随马赫数而增加的. 对此, 如果我们联想到上式中 ν_1 是参照边界层外缘的温度 T_1 取定, 则可以定性地理解这个现象. 在图 5.13(适用于"冷"壁, $T_w=T_1$)和图 5.14(适

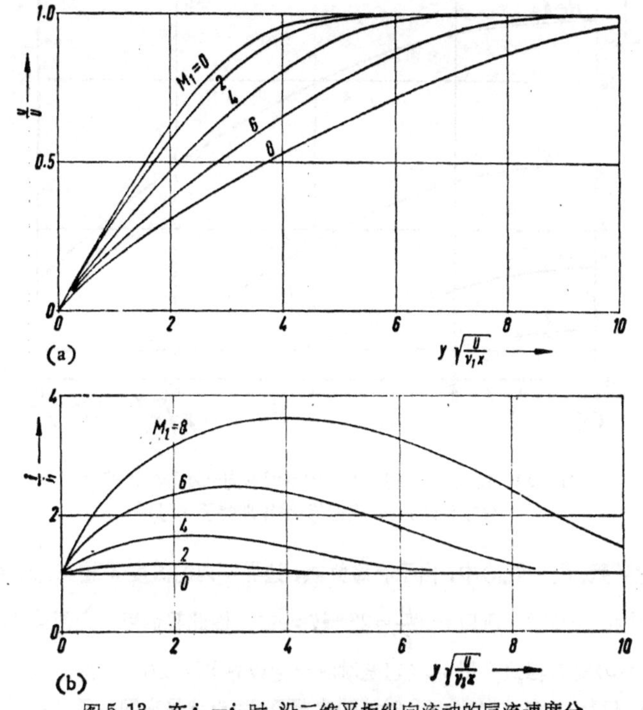

图 5.13　在 $i_w=i_1$ 时, 沿二维平板纵向流动的层流速度分布和焓分布(根据范·德律斯特[5.66])

1) 关于边界层厚度 δ 的定义, 可参看 **4.4**.

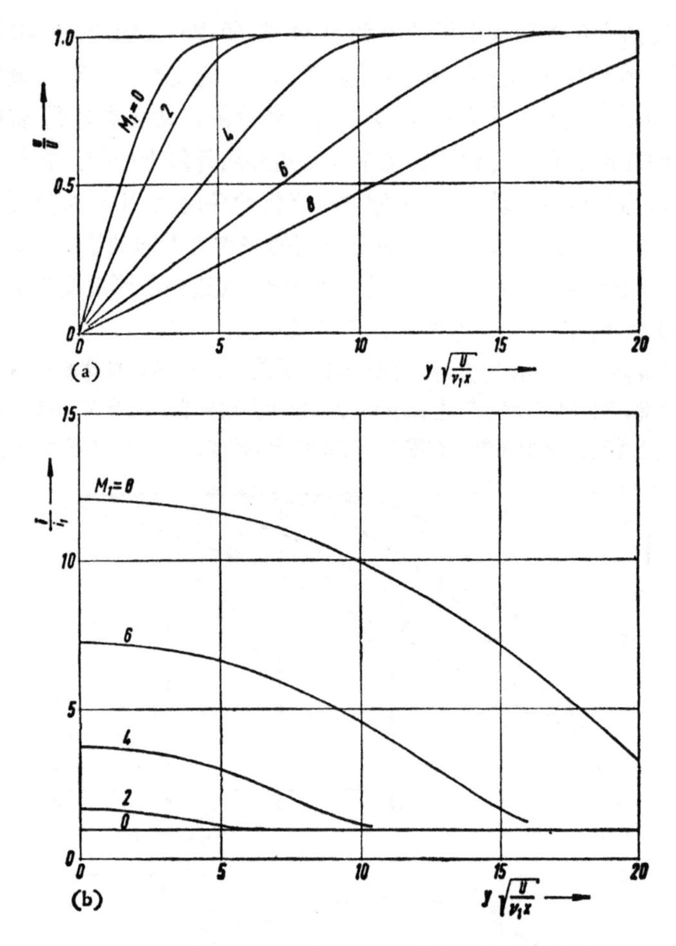

图 5.14　在 $i_w=i_{aw}$ 时，沿二维平板纵向流动的层流速度分布和焓分布(根据范·德律斯特[5.66])

用于“热”壁，$T_w=T_{aw}$)中，由于有摩擦热，边界层内的温度 T 较高，即：由于 $\mu\sim T^{0.8}$ 和 $\rho\sim T^{-1}$，所以 $\nu=\frac{\mu}{\rho}=T^{1.8}$ 较 ν_1 高．因此我们可以近似地从等温流($M_1=0$)的方程式中用 ν_m(它是对应于全边界层厚度中平均温度 T_m 的粘性系数)代替 ν_1 来求出 $M_1\neq 0$ 时的边界层厚度．也就是在同一雷诺数 $Re_{x_1}=Ux/\nu_1$(参照边界层外缘的物性值取定)下，可以得出 $\delta(M_1)/\delta(0)=\sqrt{\nu_m/\nu_1}\sim(T_m/T_1)^{0.9}$．由于在风洞里和在自由飞行中，高超声速流的 T_m 总是较 T_1

为大，而且随马赫数的增大而增长极快，因此我们可以理解，在高超声速边界层内，即使相对雷诺数 Re_{x_1} 比较高，也一定会有大的位移厚度，因而对主流有很大的影响(参看**5.8**)．

高速情况下的局部摩阻系数 c_f 也象在等温流情况那样，同局部雷诺数 Re_x 的平方根成反比．因此，如图 5.15 所示(亦根据范·德律斯特[5.66])，$c_f\sqrt{Re_x}$ 也只是马赫数和焓(这里也指温度)之比的函数．

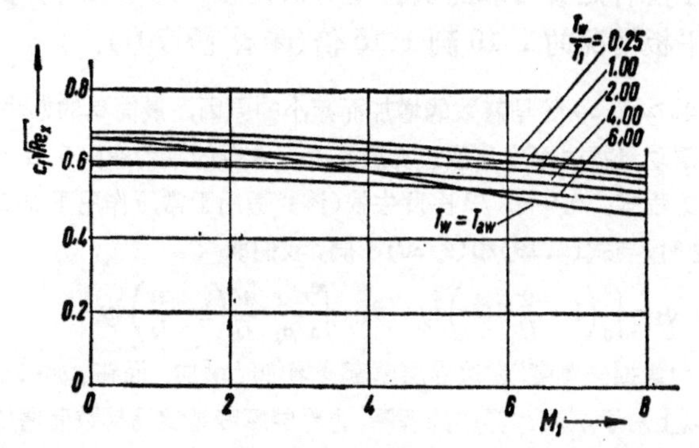

图 5.15　沿二维平板纵向流动的层流摩阻系数(根据范·德律斯特[5.66])

湍流边界层中 c_f 和 c_H 的高速值对低速值之比，与层流情况相似，是随 M 和比值 i_w/i_1 或 T_w/T_1 而变．为了求得 c_f 和 c_H 的高

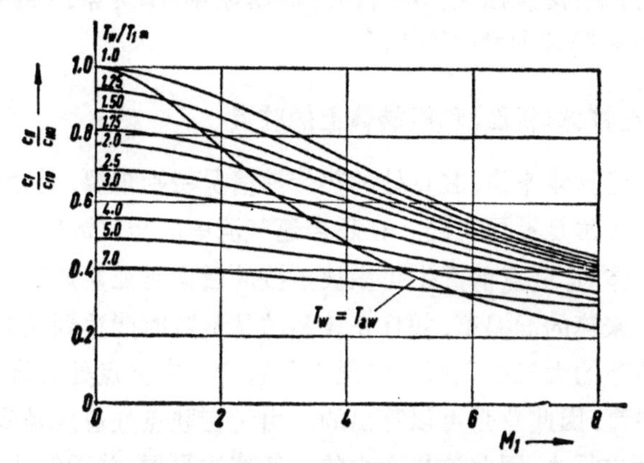

图 5.16　高速和低速气流中，沿二维平板纵向流动的湍流摩阻系数比值和传热系数比值(根据索莫尔和肖尔特[5.69])

速值，可按一个半经验方法[5.68],[5.69]，用对应于一适当选择的平均参考温度情况下的物性值代入 c_f 的低速表达式中而得出（并参看以前所述）．这样我们就得出图 5.16；其中 c_{f_0} 和 c_{H_0} 是在低速时的值，由边界层外缘的物性值构成．按所选表达 c_f 的方程的不同（参看 291 页），c_f/c_{f_0} 或 c_H/c_{H_0} 可以与 Re_x 之值无关或（至少是）几乎无关．当 i_w 值与 i_{aw} 区别不大时，理论与试验值很一致，但在其他情况下还没有足够可靠的实验值可供比较．对于锥体，其低速值大致是平板情况的 1.10 到 1.15 倍（参看 [5.70]）．

要想了解 c_f 和 c_H 随马赫数的增加而减小的原因，最简单的办法是从下列表示边界层动量损失厚度与按边界层长度 x 求得的平均摩阻系数 c_F 之间一般关系的方程式：$\delta_2=xc_F/2$ 出发去找（该式适用于常压作用下的二维平板）．在高速时，与式(4.19)和(4.20)不同，我们取

$$\delta_1=\int_0^\delta\left(1-\frac{u}{U}\,\frac{\rho}{\rho_1}\right)dy;\quad \delta_2=\int_0^\delta\frac{\rho}{\rho_1}\,\frac{u}{U}\left(1-\frac{u}{U}\right)dy. \tag{5.23}$$

按照上式，“动量损失厚度”在边界层厚度 δ 增加时增加，而在 ρ/ρ_1 减小时减小[1]．按照以上对于层流边界层的解释，边界层厚度是随马赫数而增加，这对于湍流边界层也一样适用．可是由于在边界层内，T 系随马赫数的增加而增加，比值 $\rho/\rho_1=T_1/T$ 是下降的．显然后一种影响要比前一种大，而且湍流边界层情况下又比在层流边界层时为大．这一结论也适用于局部值 c_f（因而也适用于 c_H），因为在实际应用中各情况下的 c_f/c_{f_0} 都可设为等于某个数值，自然，相应的雷诺数和马赫数都应相同．

5.6.3. 在柱体（机翼）和旋转体上的驻点

对绕流物体来说，驻点处的热传递情况特别重要，因为那里的气动加热常常是最厉害的．在超声速气流中，当气流横越柱体或流过旋转体时，驻点前产生正激波．波的后面是亚声速区，此区里的静温比来流的静温高，并且在较高的马赫数时能达到很高的值，例如在地球的大气中飞行，情况就是这样．在驻点处的流动差不多总是层流，因此总是可以算出的．由于在驻点处速度是零，在它附近速度也很小，因此这里产生的是低速边界层；关于低速边界层

---

1) 这里假设速度剖面的形状没有很大变化，空气就近似是这种情况．

的计算，在 **5.2.6** 里已经提到过，不过由于温差极大，这里还必须考虑高温时的物性值变化．这一类计算，贝克维施[5.71]和费[5.72]等已经做过；其结果，对于空气($Pr=0.71$)可以近似地用一个相似于式(5.16)的方程来表示：

$$q_w=A\left(\frac{\rho_s\mu_s}{\rho_w\mu_w}\right)^m\frac{\lambda_w}{c_{pw}}\sqrt{\frac{\rho_w}{\mu_w}\left(\frac{dU}{dx}\right)_s}\,(i_w-i_{aw}),\qquad(5.24)$$

式中，对于柱体(机翼)取 $A=0.50$, $m=0.44$; 对于绕旋转体的对称流，取 $A=0.67$, $m=0.4$; λ 是热传导系数，μ 是粘性系数，c_p 是定压比热，$(dU/dx)_s$ 是驻点处的速度梯度（图 5.17）．下角标 w

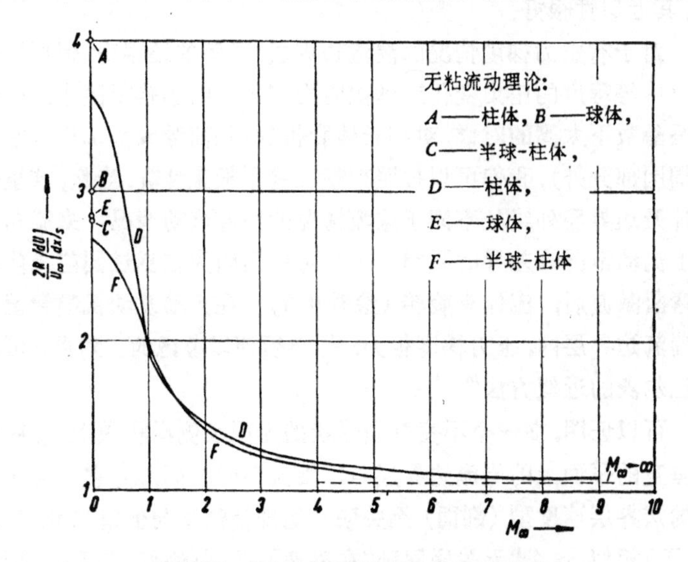

图 5.17　外流在绕流物体驻点处的速度梯度

和 s 分别表示在驻点处壁上和边界层外缘的情况．在图 5.17 中，下角标 ∞ 表示来流的值，R 是在驻点处物体的曲率半径．这里，对于横向流过柱体和流过旋转体，i_{aw} 都等于总焓 i_s.

5.6.4. 沿气流方向的压力变化和侧滑柱体(机翼)

对于绕流物体的低速边界层所得出的计算方法，大多数也可以推广应用于高速情况(参看施里希廷[L8])．这里常要用到一个由斯太渥特逊[5.73]和伊林沃思给出的转换；层流流动时，在一定的条件下，可以按照这个转换把高速边界层转换成低速边界层来处理．对于超声速飞行，因为流体有分离危险的地方常常只在激波附近(参看**5.8**)，而且在直到不太大的高度内，飞行器上的大部分边界层都是湍流型的，所以对于有压力变化的层流边界层，一般自然是不太感兴趣的．对于恢复因子，有个简单的一般认识：即，在层流边界层流动中，就空气($Pr=0.71$)来说，η 实际上与压力梯度无关，而是等于常压时的值；这个认识同样适用于湍流边界层情况，其近似性很好．

对于有压力梯度情况的湍流边界层，了解的还很少；但可以认为，中等程度的压力变化对摩擦阻力和传热的影响很微小．因此在马赫数不太高的时候，对细长体和机翼(除前缘或头部以及它们的周围部分外)，我们可以按照理想二维平板来计算；当然，这里是要计及边界层外缘处不同于来流情况的局部流动情况．来流和物体上流动情况有差异的原因之一，可能是因为在流过圆前缘前面的弯曲激波后，流体有旋转(参看**5.7**)．在火箭发动机喷管壁上的湍流边界层内，压力梯度很大，是必须加以考虑的．对此，可以用巴尔茨的近似方法[5.74]．

可以证明，在一个不变剖面形状的无限长侧滑机翼上，与翼展相垂直的平面上的层流边界层与二维流动时相同，即：它与翼展方向的边界层速度型(剖面)无关联．但即使流动与侧滑二维平板(见下)相似，这个"无关联原则"在高速情况下(例如，参看[5.75])就不准确了(无压力梯度的情况除外)．

对于无限长的侧滑柱体(机翼)在驻点处的传热系数仍可使用式(5.24)，并且只要 $S/T_s<0.2$，高速情况下也可近似使用它，其中 T_s 代表总温，S 是骚泽兰德常数(即粘性系数与温度关系的骚泽兰德方程式

$$\frac{\mu}{\mu_0}=\left(\frac{T}{T_0}\right)^{3/2}\frac{T_0+S}{T+S} \tag{5.25}$$

中的常数 S，式中下角标 0 表示是一个参考值)．对于空气说，S 大约是 110°K．计算驻点处边界层外缘的传热系数和物性值时，只需用垂直于前缘的来流速度分量 U，轴向速度分量在此不起作用．可是轴向速度分量能使边

界层内产生摩擦热，所以它对绝热壁温是起作用的；即 i_{aw} 之值应随侧滑角 φ 的大小而定，其值介于总焓 i_z(相当于$\varphi=0$)和与纵向流过二维平板(相当于 $\varphi\to 90°$)情况相近的 i_{aw} 值之间[5.71]. 对于侧滑翼，只有在来流速度大于声速而其法向分速 U 小于声速时，方程(5.24)才能适用. 这时，计算 ρ_w 所需要的压力等于法向分量 U 的皮托压力(可按 162 页，用 U 代替 w 来求出它).

在层流情况下，侧滑、理想二维平板的边界层流动方向与未受干扰的来流方向一致. 因此，我们可以用来流速度计算 i_{aw}、局部(或平均)摩阻系数 c_f(或 c_F)和传热系数 α；其中 c_f(或 c_F)和 α 是在来流方向用从前缘量起的距离计算的. 这个计算方法用于湍流边界层[5.76]. 结果的近似性很好.

如果不考虑翼根和翼尖部分以及它们的附近地区，则关于侧滑柱体(机翼)上的层流边界层结果，也可以近似地用于后掠翼和三角翼；并按需要计及其局部流动情况. 对于湍流边界层和细长翼，可以近似地按二维平板那样处理(见上)，不过要除掉驻点及其附近区域，因为在那里附面层总是层流的.

5.7. 从层流到湍流的转捩点

由于湍流的摩阻和传热强度要比它在层流时高许多倍，所以了解转捩点的位置是很重要的. 人们虽曾对此作过很多努力，但距满意解决这个问题还相差很远. 在风洞试验中，模型上的层流边界层常常受到外来干扰的影响. 这类干扰如风洞中央处的湍流度，还有压力波动，后者是以声浪的形式从洞壁的湍流边界层向外发出来的. 所以直到现在，风洞测量结果常常只能是有保留地用做对比或用到飞行上去.

根据一篇综合性文章[5.77]，按无传热二维平板的风洞试验数据得知，临界雷诺数能由 $M=2$ 时的 $Re_{1ü}=3\cdot10^6$ 下降到 $M=3.5$ 时的约 $1.4\cdot10^6$，然后在 $M=6$ 至 8 时又回升到 6 至 $7\cdot10^6$ 左右. 这些数值所对应的实验段的单位雷诺数大约为每米 10^6. 锥体的试验数据是：$Re_{1ü}$ 由 $M=1.5$ 的 $Re_{1ü}=8\cdot10^6$ 下降到 $M=4$ 时的 $4\cdot10^6$，然后临界雷诺数值不变，直至大约 $M=5$(所对应的单位雷诺数参考值约为每米 $20\cdot10^6$). 依照理论研究[5.78]，层流边界层的传热对于小干扰情况下的稳定性有很大影响，当$T_w>T_{aw}$时("热"壁)，稳定性降低，当 $T_w<T_{aw}$ 时("冷"壁)，稳定性提高；后一种情况在一定马赫数范围内，甚至对所有的雷诺数都是稳定的. 近来有人怀疑[5.79]，认为如果计及稳定

性计算中一直被忽略掉的某些数量后，这个结果是否仍旧正确．对于壁面有中等冷却情况下，为研究从层流到湍流的实际转捩点位置是否与理论一致所作的实验表明，当壁温冷却时临界雷诺数值上升．这一关系到了受极度冷却时($T_w \ll T_{aw}$)又反过来了：即，当壁温再下降时，转捩又提前产生[5.80]．随着试验马赫数和比值 i_w/i_{aw} 的不同，从风洞里受冷却模型上所测量得的层流段长度能比无传热(即 $T_w = T_{aw}$ 情况)时，一直大到四倍．

在钝前缘物体的超声速绕流中，激波面呈弯曲状，因此激波后的流动是有旋的．这就导致在物体表面上速度下降和静温上升，从而使每单位长度的雷诺数与尖前缘物体时的值相比下降，而层流段长度增大．

按照莫克尔的理论[5.81]，这个效应的大小只与马赫数有关，而不依赖于前缘(或顶端)的曲率半径；可是曲率半径不能太小，否则有旋层将比边界层还薄而被它淹没掉．对此，还必须避免沿气流方向有压力升高出现，象在锥体前端用一段球面作了局部修圆时所出现的那样，以防止层流边界层受干扰．为了比较有把握起见，最好能选择一个沿流动方向压力一直下降的物体，则通过把物体修光滑，可以使层流段延长得比理论计算的还大，因为压力降落有增加边界层稳定性的作用．$M=3.1$ 时的一个试验证明：一个前端为钝头的相应形状旋转体和前端钝头的空柱体(轴向与气流方向一致)的层流段，比相对应的前端为尖头物体的层流段分别长 2.7 和 3 倍(参看[5.82]，[5.83])．两种情况下，对常压分布的物体按[5.81]进行理论计算，所得均为 2.17．

不影响转捩点位置的最大粗糙层高度，在 $M>2$ 以后随马赫数增加得很快[5.84]；同样，对于使转捩点正固定在粗糙层处所必需的最小粗糙层高度，其情况也正如此，见[5.85]．

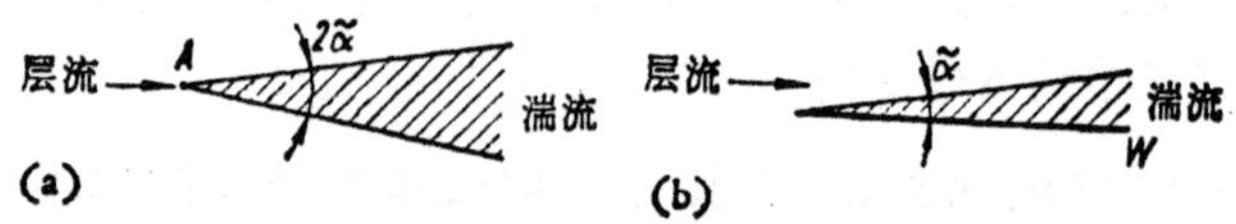

图 5.18　层流边界层受干扰所产生的湍流侧向扩展

A——单个粗糙点；　W——壁面(垂直于纸面)上有附壁的湍流流动

已经观察到，就在迎角还是 1° 时，在锥体和旋转体的“背风面”上，层流区域已经有很大减小．放一个大小合适的单个粗糙点，就可以从原来是层流边界层的地方，扩展出一个全开角为 $2\tilde{\alpha}$ 的楔形湍流边界层区域来；与此相类似，也可以从一个有附壁湍流流动的边壁上扩展出一个楔角为 $\tilde{\alpha}$ 的湍流边界层来(见图 5.18)．这个 $\tilde{\alpha}$ 角在亚声速和直到 $M=1.8$ 的超声速范围内等于 9°，到 $M=2$ 时降为 6°，到 $M\approx5$ 时又降为 5°．

5.8. 边界层和无粘性外流之间的相互作用

边界层在沿气流方向的增厚，使外流受到排挤．由此引起的流线倾角变化，在层流时为 $\varepsilon \sim d\delta_1/dx \sim Re_x^{-1/2}$ [δ_1 为位移厚度，见式(5.23)]．外流的这种作用，在亚声速时还比较小，可是到了高超声速，由于如 **5.6.2** 里所说的边界层厚度随着马赫数的增大而增加得极快，这种作用就很显著了．这里是假定激波与边界层彼此无接触，而且介质是理想气体．为了估计高速情况下边界层的排挤作用，我们来研究一理想的二维平板，并象 **5.6.2** 里那样，把边界层内相应于平均温度的物性值代入 δ_1 的等温方程里．假设壁是绝热的($T_w = T_{aw}$)，并且粘性与温度的变化成线性关系，即

$$\overline{\mu}/\mu_\infty = C_\infty \overline{T}/T_\infty \quad 和 \quad \rho_\infty/\overline{\rho} = \overline{T}/T_\infty \sim M_\infty^2.$$

其中，上面加一横表示是边界层内的平均值，下角标 ∞ 表示是来流值．我们常常令

$$C_\infty = (\mu_w T_\infty)/(\mu_\infty T_w).$$

用平均值代入 Re_x 中，我们得

$$\varepsilon \sim M_\infty^2 \sqrt{C_\infty}\,(Re_{x\infty})^{-1/2}.$$

在高超声速流动情况下，对于小 ε，可得

$$p - p_\infty \sim \chi = M_\infty^3 \sqrt{C_\infty}\,(Re_{x\infty})^{-1/2}.$$

这里假设外流和边界层之间的相互影响是“微弱”的，其中只“修正”了未受扰动的边界层，也就是说 ε 很小并且 $\delta \sim x^{1/2}$，这对于 $\chi <4$ 是有效的．当有“强烈”的相互影响时($\chi > 4$)，则 ε 较大，$p/p_\infty \gg 1$ 并且 $\delta \sim x^{3/4}$；p/p_∞ 又只是 χ 的函数．根据[G4]，把一个无传热的二维平板的理论和实验结果绘于图 5.19 中．按照此图并由 χ 的定义来看，可见雷诺数越小则自身诱导出来的压力扰动越大，所以靠近前缘的扰动和高空飞行下的扰动是很重要的．

如果在气流的无粘性作用部分中有激波存在，则当激波打在边界层上时，两者就发生相互作用，如图 5.20 到图 5.24 中五个例子所示．按照次序，它们指的是以下几种情况：a)图 5.20，激波从

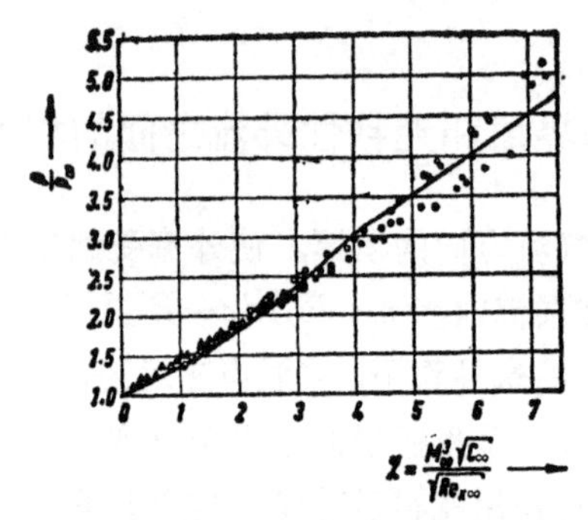

图 5.19 二维平板的纵向高超声速绕流中，由于层流边界层的排挤作用而引起的压力分布（按照海斯和普劳勃斯坦[G4]）

● 贝特拉姆[5.86]，○ 贝特拉姆[5.87]：$M_\infty=9.6$；△肯达尔[5.88] $M_\infty=5.6$；—理论

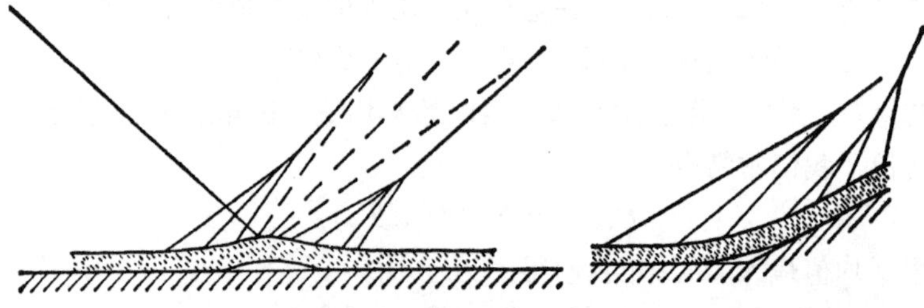

图 5.20 斜激波在壁面上的反射（层流边界层）

图 5.21 绕凹角的超声速流动

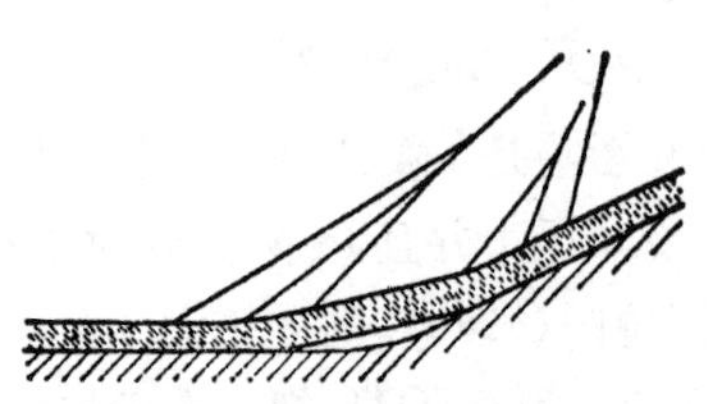

图 5.22 绕凹曲面的超声速流动

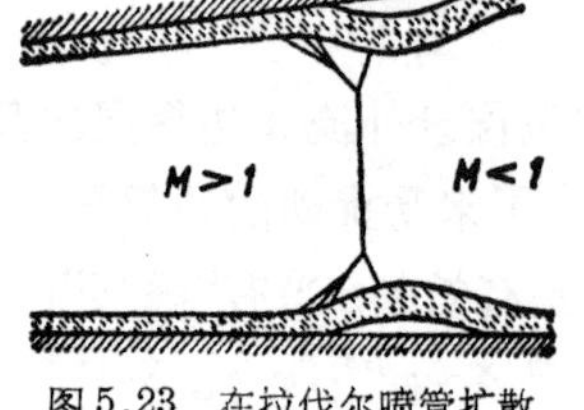

图 5.23 在拉伐尔喷管扩散段内的正激波

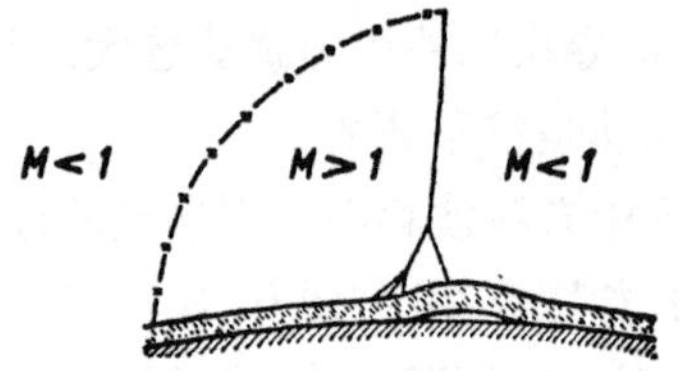

图 5.24 在局部超声速区末端的激波

边界层
激波
膨胀波

图 5.20 到 5.24 激波与边界层之间的相互作用（根据庞尔西[H11]）

贴着壁面的边界层上反射回来，边界层有局部分离；b)图5.21，超声速气流流过一个凹角；c)图5.22，超声速气流流过一凹曲壁面；d)图5.23，正激波在拉伐尔喷管的扩散部分中；e)图5.24，局部的超声速区．这些情况可以发生在以下几种工程的应用例子中：a)有斜激波的超声速扩压器；b)飞机的有偏转副翼；c)压气机的叶片；d)有正激波的超声速扩压器；e)有局部超声速区的机翼．激波在边界层内只能进到声速流线为止；在边界层的亚声速部分内，由于激波产生的压力升高会向上游前传一相当距离，根据激波强度和边界层流动类型的不同，有时产生边界层的局部增厚，有时发生气流的局部分离并随之又重新附着，或者有时产生大幅度的气流分离；在最后一个情况里，常常只在激波后为亚声速流动时，分离区内的气流才是稳定的．在象图5.25(a)所示的局部分离区里，沿流动方向的壁面压力升高可以分为三个区域：a)边界层尚未分离；这时边界层内亚声速部分的流线由于流动被减速而大大加宽，因而使区域外的超声速流动有如流过一个凹面一样（所以压力升高）；b)气流已经分离；这时除分离区的极小一部分外，气流并没有

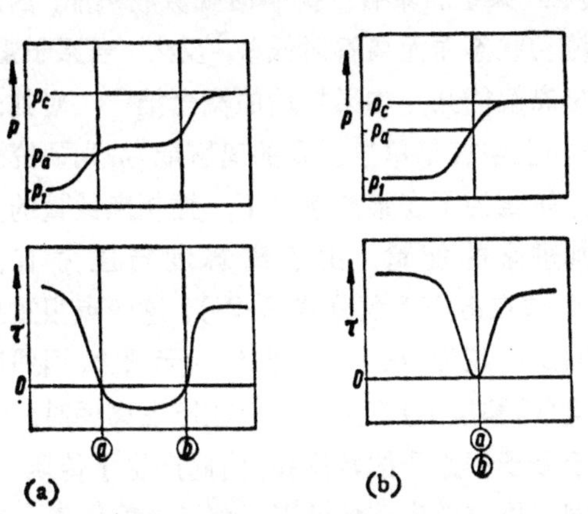

图5.25　边界层分离和重新附着情况下的压力分布和剪应力分布（根据庞尔西[H11]）

(a) 有局部分离情况；　(b) 将分离而未分离情况

P——壁面静压（下角标1：来流；a：分离时；c：重新附着后）

τ——壁面剪应力；ⓐ分离；ⓑ重新附着

大的压力升高；c)气流重新附着；这时边界层重新附着，壁面上的剪应力升高，而且由于流线在整个边界层内变狭而使压力升高.一个表征这种超声速相互作用特性的现象，发生在局部分离将产生而未产生(在英文文献中称为“初始分离”Incipient Separation)的时候[图 5.25(b)]．这时在壁面的某一位置上，剪应力为零，但还没有产生可以看得出的分离．这样，超声速气流就能在没有边界层分离的情况下，有更大的压力升高（比有局部分离情况下的压力升高值大一倍多)．关于进一步细节，可参阅庇尔西的综合性文章 [H11].

5.9．高超声速流动情况下的离解过程[1)]

在地面上，若大气中的飞行速度超过马赫数 6，则正激波后和边界层内的气流温度非常高，将引起在空气中产生由热导致的化学反应．在这个过程中，最重要的是空气分子的分裂为原子（离解)及其反过程：又重新聚合．离解时要吸收热能，因而空气的温度要比同样流动状态而无离解时低些；反之，当原子重新聚合时，则又要释放出离解能来．如果把焓的概念推广，对如式(5.21)所定义的焓，再加上空气每单位质量的离解能 i_D，则研究这个过程就可以简单些．i_D 是为了在某离解度下，把相应数量的分子分裂为原子所必须加进来的能量．由于离解度与压力有关(对照图 3.65)，所以必须在常压下积分式(5.21)，这一点很重要．离解和重新复合时的反应速度，在下面都假设为无限大，因而离解度就只与局部状态量(焓和压力)有关．所以在产生离解时，边界层内的焓差也相当于分子和原子的浓度差；由此产生了传质，就象混合气体中两种不同气体有浓度差的情况一样（参看 **5.3**)，其时分子和

1) 有关的综合性论述，可参看[W8]．对于空气，当温度超过 10000°K 时，则要考虑电离问题．与此相应的边界层计算，一直到最近才有；在这样的高温下，流场内气体受高热的部分(首先是激波)所发出的热辐射是要考虑的．关于这个领域的新发展，可参看综合性报告[5.89].

原子既通过自己的扩散也通过对流，从高浓度的地方趋入低浓度地方. 因为分子和原子的浓度与热状态有关，所以除气流边界层和温度边界层外，还应有个扩散边界层，对此，数

$$\frac{Pr}{Sc}=c_p\rho D/\lambda^{1)}$$

起很重要的作用，式中 D 是分子和原子间的扩散系数(参看**5.3**). 其余物性值都各自按相应的分子和原子混合体的状态而定. 因为当放出离解能时，在原子浓度较低的地方，热量又通过原子的聚合而释放出来，所以热能的传递不只是由热流，而且还由原子质量流导致. 当 Pr/Sc 为常值并等于1时，则不论是否发生离解，能量的总转移量大小相等，只是在有离解时，能量的一部分(如上所述)以离解能的形式通过扩散的原子来传递，而在无离解时，气体相应地有较高的温度，因而热流将会大一些. 在其他关系都一样的情况下，总能量流在 $Pr/Sc>1$ 时要比 $Pr/Sc=1$ 时大一些；而在 $Pr/Sc<1$ 时要比较小一些.

对于气流内同时存在三个边界层的复杂过程，可以对层流边界层计算出焓和浓度[5.72],[5.90],[5.91],[5.92]. 对于层流的绕驻点流动和来流沿轴向的旋转体(半球-柱体)柱体部分上的湍流边界层，可以对壁旁的热流找到下列简单修正因子(用它可以近似地计及离解过程)：

$$P_D=\frac{\text{有离解时的 } q_w}{\text{无离解时的 } q_w}=1+\left[\left(\frac{Pr}{Sc}\right)^m-1\right]\frac{(i_D)_1}{i_t}. \tag{5.26}$$

其中，对于层流取 $m=1/2$，对于湍流取 $m=1$；$(i_D)_1$ 是在边界层外缘的离解能. 我们不确切知道空气的 Pr/Sc 数值，但如取 $Pr/Sc=1.4=$常数(见[5.72]，[5.90])，则能得到与试验很一致的结果[5.91]. 根据一篇较新的文章[5.92]，Pr/Sc 的值应当介于空气完全离解时的0.6和低离解度时的1.4之间. 这样由驻点流的边界层计算得出的传热系数值，与 $Pr=Sc$ 时的值相同[5.93]，可是偏离了试验值. 不过无论如何，Pr/Sc 数对层流传热系数的影响是不大的，就是在 $Pr/Sc=1.4=$常数和全部都离解时$(i_D\approx i_t)$，根据式(5.26)得出的值最多偏离20%. $i_w\ll i_{aw}$ 情况是特别有实际意义的；根据利斯[5.94]的

1) 在有关真实气体高超声速流的文献中，一般称 Pr/Sc 为路易斯数. 由于在讲传质时，有个另外的无量纲数也叫路易斯数(参看**5.3**的下注)，所以这里就保持 Pr/Sc 这个形式.

文章，这时绕物体的层流传热可以用简单的积分来计算．在应用上，多数情况是壁上的焓值比在有离解时低得多；因为在边界层内靠近壁的部分，离解能又释放出热来，因而通过离解，在壁面上的热流将不减少(当 $Pr<Sc$ 时，根据式(5.26)由于质量流而减少的情况除外)．

5.10. 其　他

为了保护壁面不使受高温气体侵蚀，有人建议在高速时从壁面向外喷出冷气或冷流体(参见 **5.2.7**)；关于这方面的细节，可参阅袁绍文的综合性论述([H7]第五册)．近来，在许多关于边界层的理论工作中，从开始就考虑了吹除问题(例如[5.71])．在超声速飞行中，有人提出用吸除法使边界层保持为层流型，有关这方面的基本科学原理，已经有了深入的研究[1)]．保持飞机上大部分的边界层为层流，可以减低总阻力，然而超声速飞行要比亚声速飞行减低的少一些；此外，在高空时飞机的壁面温度下降，因为层流边界层的传热系数较小，使得由于摩擦加进来的热量和由于辐射散到周围的热量之间，在一个较低的壁温时就已达到平衡．高速情况下，在湍流边界层中会产生一种随时间而变的很可观的压力脉动[5.95]，它使飞机内部发生噪音，并且能使飞机蒙皮受交变载荷．在边界层之外，一部分压力脉动作为声波传走[5.96],[5.97]，由此，在极高速时可以把湍流边界层的动能传走．

5.11. 气体动力效应，在壁面上的滑行

在第三章(气体动力学)里，已经用简单的动力学观点认识了一些现象的本质．按照这种观点，理想气体可以看作是一种介质，它的物质都集中在只占体积一小部分的分子里，这些分子以极大的速度在一基本空旷的空间里飞来飞去．它们的平均飞行速度大致稍稍超过声速．从这个意义来说，可以把声波的传播扰动看做

1) 参见[H11]．

是分子间无次序的接力赛跑；这样，分子把传给它的扰动，沿着与撞击到它的同一方向传了过去．然后它从其他分子间飞过去，直到经过了一段路程碰撞到其他分子，并将扰动连同冲量一起传给了后者为止．分子所跑这段路程的平均值就叫做“平均自由（行）程”．按照这个观点，沿某一固定方向的扰动传递速度就应等于声速 c 乘以接近于1的因子 A.

象在湍流的章节所讲的，不论扰动速度 u' 和 v' 是通过什么机理产生，剪流的剪应力 τ 可以一般地写为

$$\tau=-\rho\overline{u'v'},$$

湍流情况下，这两个值(u' 和 v')比主流的 $u(y)$ 总是小得多．在层流的气体分子模型中，则只有 u' 是小的，它是经最后的互相碰撞，与剪流的另一层形成的速度差：

$$u'=-l\frac{\partial u}{\partial y}.$$

相反地，v' 值却很大，它等于在某一方向上的传播速度，即 $A\cdot c$，较正确是取它的平均值．考虑到还没有把握得出 A 的准确值，我们也可以写：

$$\tau=A\rho lc\frac{\partial u}{\partial y}=\mu\frac{\partial u}{\partial y}.$$

由此可得出粘性系数 μ 和平均自由程 l 之间那个熟知的气体动力关系：

$$\mu=A\rho lc. \tag{5.27}$$

如果用局部速度 u 和一长度 L 组成雷诺数 Re，并令局部马赫数 $M=u/c$，则可得出

$$\frac{Re}{M}=\frac{L}{Al}. \tag{5.28}$$

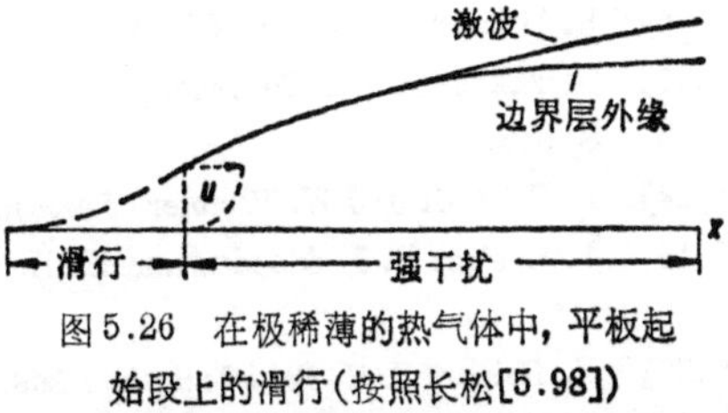

图5.26 在极稀薄的热气体中，平板起始段上的滑行（按照长松[5.98]）

因为 A 的数量级是1，如果平均自由程比宏观尺寸小得多，而又要避免气体的分子动力效应，则用 L 组成的 Re 数必须大于 M 数．

由上述情况看来，气体分子动力效应在小雷诺数 Re 的高超

声速流动中特别显著．因而在这方面，科学研究工作广泛深入地发展起来，参看[G1]，[Z6]．例如平板在高超声速流中，可以在它的局部 Re 数还很小的前端处观察到分子的滑行（见图 5.26）．

参 考 文 献

[5.1] L. Grätz, *Ann. d. Phys. u. Chem.*, Neue Folge **18** (1883), S. 79 und **25** (1885), S. 337.

[5.2] W. Nusselt, *VDI-Zeitschr.* **54**(1910), S. 1155.

[5.3] K. Yamagata, Mem. Fac. Engng. Kyushu Imp. Univ. **8**(1936/1940), S. 365.

[5.4] M. V. Bodnarescu, *VDI-Forschungsheft* **450** (1955),S. 19.

[5.5] L. Prandtl, *Phys. Zeitschr.* **11** (1910), S. 1072.

[5.6] W. Nusselt, 获得讲师资格论文 1909 年 *VDI-Forschungsheft* **89**(1910). 在 *VDI-Zeitschr.* **53**(1909), S. 1750 和 1808 中有摘要.

[5.7] H. Reichardt, *ZAMM*. **20** (1940), S. 297 und *Arch. ges. Wärmetechnik* **2** (1951), S. 129.

[5.8] E. M. Sparrow und R. Siegel, *Trans. Amer. Soc. Mech.Engrs., Journ. of Heat Transfer* **82**(1960), Serie C, S. 170.

[5.9] O. Reynolds, *Proc. Lit. and Philos. Soc. Manchester* **14**(1874/75) = Papers on Mechanical and Physical Subjects, Vol. I(1900), S. 81.

[5.10] L. Prandtl, *Phys. Zeitschr.* **11**(1910), S. 1072.

[5.11] E. Pohlhausen, *ZAMM*. **1**(1921), S. 115.

[5.12] M. J. Lighthill, *Proc. Roy. Soc.* **A 202**(1950), S. 359.

[5.13] M. W. Rubesin, *NACA TN* **2345** (1951).

[5.14] H. Schuh, *ZAMM*. **25/27**(1947), S. 54.

[5.15] N. A. V. Piercy und J. H. Preston, *Phil. Mag.* (7)**21** (1936), S. 995.

[5.15a] A.P. Colburn, *Amer. Inst. Chem. Eng. Trans.* Vol. **XXIX**(1933), S.174.

[5.16] R. Hilpert, *Forschung* **4**(1933), S. 215.

[5.17] E. Eckert und E. Soehngen, *Trans. Amer. Soc. Mech. Engrs.* **74** (1952), S. 343.

[5.18] E. Schmidt und K. Wenner, *Forschung* **12**(1941), S. 65.

[5.19] J. Kestin, P. F. Maeder und H. H. Sogin, *ZAMP*, Vol. **XII** (1961), S. 115.

[5.20] H. Reiher, *VDI-Forschungsheft* **269**(1925).

[5.21] E. Eckert, *VDI-Forschungsheft* **416**(1942).

[5.22] N. Frößling, Lunds Universitaets Arsskrift NF. adv. 2, **36** (Lund und Leipzig 1940), Nr. **4**.

[5.23] H. J. Merk, *Journ. Fluid Mechanics* **5** (1959), S. 460.

[5.24] H. H. Sogin und V. S. Subramanian, *Trans. Amer. Soc. Mech. Engrs.*, *Journ. of Heat Transfer* **83** (1961), Serie C, S. 483.

[5.25] S. Ostrach, *NACA TN* **3569** (1955).

[5.26] W. Nunner, *VDI-Forschungsheft* **455** (1956).

[5.27] R. Kock, *VDI-Forschungsheft* **469** (1958).

[5.28] J. P. Hartnett et al., *Journ. Aero. Sci.* **27** (1960), S. 623.

[5.29] Th. K. Sherwood, *Industr. Engineering Chem.* **42** (1950), S. 2077.

[5.30] Ch. H. Bedingfield jr. und Th. B. Drew, *Industr. Engineering Chem.* **42** (1950), S. 1164.

[5.31] W. E. Ranz und W. R. Marshall jr., *Chem. Engng. Progr.* **48** (1952), S. 141 und S. 173.

[5.32] W. Nusselt, *VDI-Zeitschrift* **60** (1916), S. 102.

[5.33] E. Schmidt, *Gesundheitsingenieur* **52** (1929), S. 525.

[5.34] W. Lohrisch, *VDI-Forschungsheft* **322** (1929), S. 46.

[5.35] W. Nusselt, *ZAMM*. Bd. **10** (1930), S. 105.

[5.36] L. Kettenacker, *Techn. Mechanik u. Thermodyn.* **1** (1930), S. 439.

[5.37] J. P. Hartnett und E. R. G. Eckert, *Trans. ASME* **79** (1957), S. 247.

[5.38] R. Hermann, *Phys. Zeitschr.* **34** (1933), S. 211.

[5.39] H. Schuh, Einige Probleme bei freier Strömung zäher Flüssigkeiten. Göttinger Monographien, Bd. B6, Temperaturgrenzschichten, 1946.

[5.40] S. Ostrach, *NACA Rep.* **1111** (1953).

[5.41] E. Schmidt und W. Beckmann, *Forschung* ("*Techn. Mech. u. Thermodyn.*") **1** (1930), S. 341 和 391.

[5.42] H. H. Lorenz, *Z. techn. Physik* (1934), S. 362.

[5.43] E. R. G. Eckert und T. W. Jackson, *NACA Rep.* **1015** (1951).

[5.44] R. Hermann, *Phys. Zeitschr.* **34** (1933), S. 211.

[5.45] K. Jodlbauer, 但泽高工博士论文 1933 年 *Forschung* **4** (1933), S. 157. 还可参看 E. Schmidt in *VDI-Zeitschr.* **76** (1932), S. 1025.

[5.46] R. Hermann, *VDI-Forschungsheft* **379** (1936).

[5.47] E. Schmidt, *Forschung* **3** (1932), S. 181, auch Proc. IVth. Int. Congr. Appl. Mech. Cambridge (England) 1934, S. 92.

[5.48] W. Schmidt, 哥廷根大学博士论文, 摘要见 *ZAMM*. **21** (1941), S. 265 和 S. 351.

[5.49] M. P. Murgai und H. W. Emmons, *Jour. Fluid Mech.* **8** (1960), S. 611.

[5.50] T. Fujii, *Int. Journ. Heat Mass. Transfer* **6** (1963), No.7, S. 597.

[5.51] H. Benard, 巴黎大学博士论文 1901; 可看 *Revue gén. des Sciences pures et appl.* **11** (1900), S. 1261 和 1309.

[5.52] D. Avsec, Publ. scientific et techn. du ministère de l'air Nr. **155** (1939),

Paris.

[5.53] S. Mal, *Beitr. z. Phys. d. fr. Atm.* **17** (1931), S. 40.

[5.54] V. Volkovisky, Publ. scientif. et techn. du ministère de l'air Nr. **151** (1939).

[5.55] Lord Rayleigh, *Phil. Mag.* (6) **32**(1916), S. 529=Papers VI, S. 432.

[5.56] H. Jeffreys, *Proc. Roy. Soc.* **A 118**(1928), S. 195.

[5.57] A. R. Low, *Proc. Roy. Soc.* **A 125**(1929), S. 180.

[5.58] R. J. Schmidt und O. A. Saunders, *Proc. Roy. Soc.* **A 165**(1938), S. 216.

[5.59] A. R. Low, Verh. d. 3. intern. Mechanikkongr. Stockholm 1930, Bd. 1, S. 109.

[5.60] J. G. A. de Graaf und E. F. M. van der Held, *Appl. Sci. Res.* **A, 3** (1953), S. 393.

[5.61] J. Zierep, Beiträge zur physik der Atmosphäre, **30**, 4, 1948; **31**, 1/2, 1958 und **32**, 1/2, 1959.

[5.62] H. Siedentopf, Vierteljahresschrift der Astronom. Gesellschaft **76** (1941), S. 185.

[5.63] Mac C. Adams, *American Rocket Soc. Journ.* **29** (1959). S. 625.

[5.64] L. Lees, *American Rocket Soc. Journ.* **29**(1959), S. 345; 或 Seventh Anglo-American Aeronautical Conference, New York (1959), S. 344.

[5.65] D. B. Spalding, *Aeron. Quarterly*, Vol. **XII**(1961), S. 237.

[5.66] E. R. van Driest, *NACA TN* **2597**(1952).

[5.67] A. Seiff, *NACA TN* **3284**(1954).

[5.68] E. R. G. Eckert, Wright Air Development Center Techn. Rep. **54—70** (1954).

[5.69] C. S. Sommer und B. J. Short, *NACA TN* **3391**(1955).

[5.70] E. R. van Driest, *Journ. Aero. Sci.* **19**(1952), S. 55.

[5.71] I. E. Beckwith, *NACA TN* **4345**(1958).

[5.72] J. A. Fay, F. R. Riddell und N. H. Kemp, *Jet. Prop.* **27**(1957), S. 672.

[5.73] K. Stewartson, *Proc. Roy. Soc.* **A 200**(1949), S. 84.

[5.74] D. R. Bartz, *Trans. Amer. Soc. Mech. Enginrs.* **77**(1955), S. 1235.

[5.75] E. Reshotko und I. E. Beckwith, *NACA Rep.* **1379** (1958).

[5.76] H. Ashkenas und F. R. Riddell, *NACA Tech. Note* **3383**(1955).

[5.77] T. Fannelöp, 未发表.

[5.78] E. R. van Driest, *Journ. Aero. Sci.* **19**(1952), 12, S. 801.

[5.79] L. Lees und E. Reshotko, *AGARD. Rep.* **268**(1960).

[5.80] J. R. Jack, R. J. Wisniewsky und N. S. Diaconis, *NACA TN* **4094**(1957).

[5.81] W. E. Moeckel, *NACA Rep.* **1312**(1957).

[5.82] P. F. Brinich und N. Sands, *NACA* **3979**(1957).

[5.83] R. Jack, *NACA TN* **4313**(1958).

[5.84] A. M. O. Smith und D. W. Clutter, *Journ. Aero. Sci.* **26**(1959), S. 229.

[5.85] J. L. Potter und J. D. Whitfield, Arnold Eng. Development Centre. Rep. No. AEDC-TR-60-5(1960).

[5.86] M. H. Bertram, 未发表.

[5.87] M. H. Bertram, *NACA TN* **4133.**

[5.88] J. M. Kendall jr., *J. Aero. Sci.* **24**(1957), S. 47.

[5.89] H. K. Cheng, *AIAA Jour.* **1**, 295—310(1963).

[5.90] P. H. Rose, R. F. Probstein und Mac C. Adams, *Journ. Aero. Sci.* **25** (1958), S. 751.

[5.91] P. H. Rose und W. I. Stark, *Journ. Aero. Sci.* **25** (1958), S. 86.

[5.92] C. F. Hansen, *NASA TR* **R-50**(1959).

[5.93] N. B. Cohen, *NASA TR* **R-118**(1961).

[5.94] L. Lees, *Jet. Prop.*, **26**(1956), S. 259.

[5.95] G. M. Lilley, *AGARD Rep.* **454**(1963).

[5.96] J. Laufer, *Journ. Aero. Sci.* **28**(1961), S. 685.

[5.97] O. M. Phillips, *Journ. Fluid Mechanics* **9**(1960), S. 1.

[5.98] H. T. Nagamatsu, R. E. Sheer jr. und J. R. Schmid, *ARS Journal* **31** (1961), S. 902.

第六章　空气动力学和水动力学的实验方法

6.1. 建立完善的实验条件

研究一个物体在没有扰动的流体中作相对运动的问题是经常碰得到的. 对此有两种研究方法. 一种是让物体在静止流体中运动, 另一种是使均匀流体流向静止的物体. 前一种方法特别适用于作水力实验; 而对于作空气动力实验, 经验表明, 这样的拖动方法不甚适宜. 首先是, 要想达到象通常所需的那样高的拖动速度, 做起来困难很大. 其次是, 由于作成的模型必然比它所排除的空气质量重得多, 因而模型有偶然的微小加速度就会产生比待测的力还要大的质量力, 致使测量结果不易准确. 此外, 由于测量车与模型都在同一介质里移动, 车子所引起的扰动也会很大. 虽然存在这些困难, 但有时我们还要用火箭车或自由飞行火箭来拖动模型做实验; 此时, 测量结果可以自动记录或遥测下来. 只要模型本身是稳定的, 我们也可以在模型自由飞行时作它的实验, 这就要使模型在空中与加速用的火箭分开.

一般说来, 在空气中作实验我们都采用第二种方法, 即: 使空气流向悬挂着的静止物体. 但是所用的气流必须在所处空间和时间内都非常均匀, 并且气流的截面积要相当大, 不但足以包住物体, 而且能把物体产生出来的扰动在传到气流边界之前就已基本衰减掉. 不然的话, 物体在具有边界气流中和在无限空间中的气动力性能之间就会产生偏差; 但只要此偏差不大, 我们是可以用计算的办法把它估算出来, 做为风洞修正值(参看[K1]).

实验用的空气流可以沿管道流动(风洞), 或者也可以在静止空气所占的空间中做为自由射流射出. 在前一种情况下, 由于在平行的风洞壁上有壁面摩擦，产生了顺气流方向的压力降落．这对于体积大的物体(如飞船模型)，会在顺气流方向产生一个力，其情况就象通常有向上的压力降落而产生浮力一样．对于细长物体，这个力近似地等于$V\cdot(\partial p/\partial x)$，从而使阻力增大($V$是模型体积)．如果稍稍扩开风洞的洞壁，使沿风洞轴的压力恰能保持不变(严格说来，这只能对一个速度做到)，则这一扰动现象就可以消除．在自由射流的情况下，射流边界上的压力为常值，所以并不出现上述困难；然而由于射流边界会逐渐与周围的静止空气相掺混，将使射流的有效区受到限制；而这在有风洞壁的情况下，粘性边界层的向气流中扩散是要缓慢得多．在射流里做实验比较容易，这自然要方便一些．

要想在整个截面上使气流尽可能均匀，最好的办法是，让空气从一个很大截面的管道，通过适当修圆的管嘴(图 6.1)，流入一个狭截面(即实验段截面)，使速度能在一短距离内从很小值提高到实验所需要的值．在流动过程中，每个空气质点都在压力降落p_1-p_2的作用下，结果使它们都增加了同样数量的动能．所以只要求进入大截面中空气所具有的很小动能不是过于不均匀地分布在各质点间就行了．例如，如果速度比是 1:5，则动压头之比(=动能比)就是 1:25；所以每个质点动能的 24/25 是随后由压力降落给予每个质点的；因此，如果进来的动能有 1/4 的变化，则对最后的动能也只产生 1% 的变化，或者说，对最后的速度产生了 0.5% 的变化．还有一件更重要的事，就是一定要仔细地用整流格(即蜂窝器)来消除来流中存在的旋转运动；整流格是由两组垂直相交的金属(或其他材料)薄板所组成的平行通道系统 (图 6.2)．如果有旋转轴是平行于流动方向的气团，其截面积缩小为原来的$1/n$，则其角速度将比原来增大n倍[1]．由于垂直于流线方向直径减为原来的$1/\sqrt{n}$，所以横向速度($r\omega$)应增大$\sqrt{n}$倍，而这时纵向速度是增加了n倍的．与上述相反，如空气绕垂直于流线的轴而旋转，则角速度ω将与横向尺寸r成比例地减小，即减为原来的$1/\sqrt{n}$．

1) 根据海尔姆霍茨涡旋定律，见 **2.3.9**．

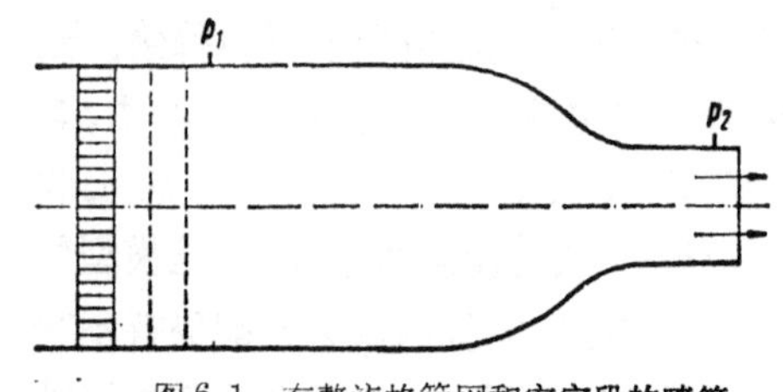

图 6.1　有整流格筛网和安定段的喷管

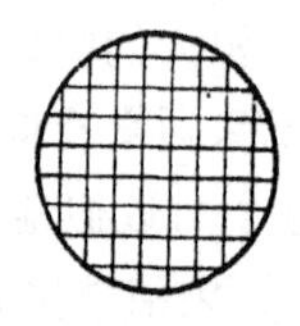
图 6.2　整流格

于是，这时的扰动速度 $r\omega$ 将为以前的 $1/n$，这与前面基于柏努利定理的讨论是相一致的．为了消除纵向速度的差别，在整流格前面，我们还可以放筛网；如有必要，在不同的位置上网眼的大小(通过涂油漆)是可以不同的．

为了使气流里的速度随时间的脉动［所谓风洞湍流，见 **4.17** (b)］尽可能衰减掉，最好采用下述办法：在整流格后面放几层十分均匀的细密筛网(见图 6.1)，使来流的湍流度衰减更快．当气流截面接着大大收缩后，湍流度会更进一步减小(和空间速度脉动的平衡过程相似)．可是这里也要注意，作为衰减用的筛网本身也会产生湍流．不过这时产生的是极细小的湍流，它们很快地就会自己衰减掉．如果我们保持最后一层筛网和管嘴之间有一段较长的距离(即所谓**安定段**)，这些小湍流是很容易去除掉的．

如果我们想获得**超声速气流**，那就必须用一种截面积先减小后增大的拉瓦尔喷管来代替简单喷管．通过这种喷管所产生出来的气流，其**马赫数不变**．因此，每改变一个速度就必须另换一个喷管．为了使速度的空间分布均匀，拉瓦尔喷管的外形必须按一定的形状做出(见图 3.35)．

在空气的不可压缩(低速)范围内，如果作气流研究时，对实验气流的质量没有很高要求，则可以采用如图 6.3 和图 6.4 里所示的简单实验装置(×表示实验位置)．对于这类实验段要注意的是，吹出去的气流在绕过一些迂回路程后又会回到入口处，这样就把一些不规则的涡旋也带进来了．如图 6.3 所示，在风扇之前也装有整流格，这是因为不然的话，吸进来的涡旋时而与风扇同向旋转，时而反向旋转，就会使气流产生脉动压力．如图 6.4 所示，在

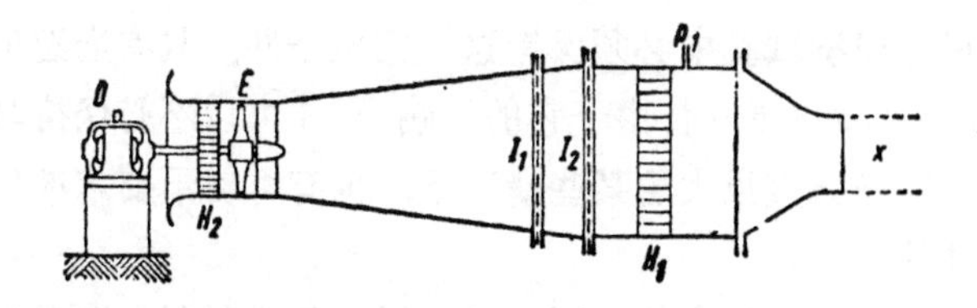

图 6.3　具有自由射流试验段(开口)的试验装置
X——试验段；D——电动机；E——风扇；
H_1, H_2——整流格；I_1, I_2——筛网

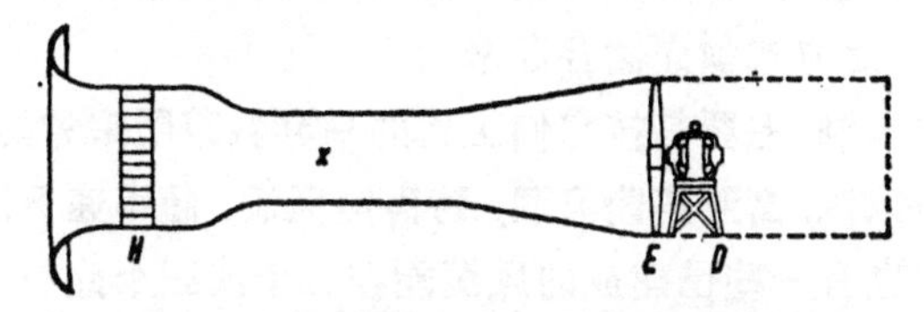

图 6.4　具有封闭试验段(闭口)的试验装置
X——试验段；D——电动机；E——风扇；H——整流格

风扇后面安装了一只笼子，是为了使流出的空气能比较平静些.

如果对实验有较高要求，则需采用所谓的风洞，下面来进一步讲述它.

6.2. 风　洞

6.2.1. 概论

风洞是一种作空气动力测量用的实验设备，风洞中产生一股气流，其速度分布在时间和空间上要做到尽可能均匀和恒定．如果我们在风洞里进行飞机模型或其他模型的气流实验，要想使绕模型的流动与真实的流动情况完全相似，那就必须使两种流动的雷诺数和马赫数都完全一致．可是想同时保持这两个条件，所需要的风洞驱动功率和建设费用太大，一般都做不到．但就雷诺数的相似性而言，一般只要求能保持住不引起大误差的某一最低雷诺数值．自然，这个所要求的雷诺数值是与要研究的问题和实验所要求达到的精确度有很大关系．马赫数对气流的影响一般都很

大，所以在模型试验中必须保持这一相似条件．只有当速度很小(马赫数在 0.5 以下)时，由于它的影响小，才可以不必保持马赫数条件．但在马赫数很大的某些情况下，也有可以不要求准确保持这个条件的．

即使在保持相似参数方面作了这样的条件限制，许多作空气动力实验用的风洞所需要的驱动功率和相应的建设费还是很大．为了节约费用，许多情况下我们可以把**持续工作式风洞**改为短时间工作的所谓**暂冲式风洞**；这种风洞作短时间吹风所需的工作能量，可以按一定方式预先储存起来．

不同的风洞，**主要**是按它们工作的**马赫数范围来分类**的；因此可分为**低速风洞**，**高亚声速风洞**，**跨声速风洞**，**超声速风洞**和**高超声速风洞**．也有一些已建成的风洞能在二个或三个此类速度范围内工作．此外还有**稀薄空气风洞**，我们用这种风洞研究连续空气动力学在密度极小时所产生的偏差，这时应保持分子的平均自由程达到与物体尺寸同一量级的条件．

下面，进一步简短介绍几种最重要的风洞类型．

6.2.2. 低速风洞

对于低速风洞，已经有一种常用的**标准类型**．这里指的是一种能连续工作的**回路闭口**式风洞，它通常是用一级轴向风扇来推动一股恒定的空气在封闭的环路中回转．试验段不论是闭口的还是自由射流，都应使其压力完全等于大气压力；这样，即使在吹风时，也可便于与模型接近，而对于闭口的试验段，则便于通过风洞壁引出管子而无需特别密封．为了能改变气流实验的雷诺数，风的速度可以在一大范围内通过改变风扇的转速来调节．比较适用的最大流速表明是 50 到 70 米/秒．如速度选得更高，则对于给定的雷诺数，风洞的驱动功率过大是无益的；而如所选的速度较低，则风洞的尺寸又会太大．对于试验段内的气流，应按前一节所说方法，使之在空间和时间上都是等速流动，而且是低湍流度的．为了减小风洞的驱动功率，可在试验段之后装用**扩压段**，以使通过试验段气流的动能尽量多地转化为压力能. 在图 6.5 中, 举例绘出了在西德布伦瑞克的德意志航空研究所(DFL)风洞, 这是一座既可作为开口式又可作为闭口式使用的风洞[6.1].

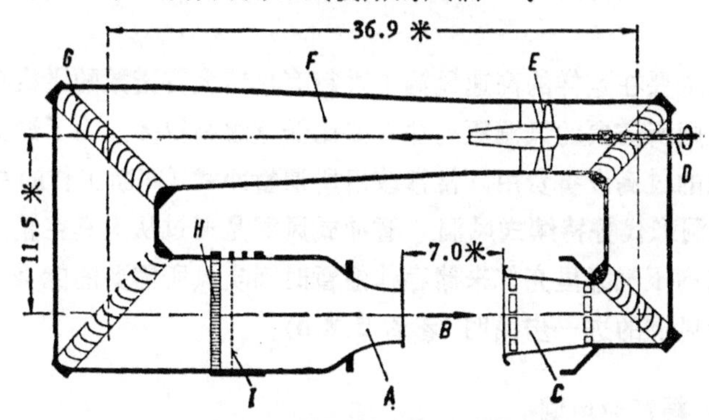

图 6.5 在布伦瑞克的 DFL 低速风洞

A——喷管; B——开口试验段; C——可变的集流段; D——动力主轴; E——风扇; F——主扩压段; G——拐角导流片; H——整流格; I——整流网

除了上述有封闭回路的风洞(普朗特式)外, 有时也使用无回路的风洞(爱弗式). 它从大气中(或实验室里)直接吸进空气, 又在扩压段后排入大气中去. 这时, 为了使风扇发出的扰动不致影响实验气流, 一般都把风扇放在试验段的后面. 在原理上, 这是与图 6.4 所示的简单实验设备的安排完全相同. 由于这类风洞在试验段截面上的压力总是低于大气压, 所以对于开口式试验段就必需用不变压力的小屋包围起来. 对于实验时空气不断受到污染的情况(如发动机试验), 用爱弗式风洞是有利的, 因为在封闭回路式风洞里, 积累的污物会越来越多. 但由于要从大气里吸入空气, 设备较大时, 就有容易受气候(如风、雨、雪)影响的缺点.

6.2.3. 高亚声速风洞

高亚声速风洞在建造上与上述低速风洞相似. 但现在马赫数已成为一个重要流动参数, 必须在实验时保持恒定, 因而不能再用改变流速(马赫数)的办法来改变雷诺数. 为了做到在给定马赫数下还可以改变雷诺数, 通常总是保持风洞的内部与大气隔开 (气密)，使整个风洞(因而也使试验段)的压力水准可以在很大的范围内变动. 由于这类风洞的流速很高，风洞内部产生的热量很大，不能完全从洞壁传走，因而需要安装冷却装置，这是有别于低速风洞的.

如果要在这样的高速风洞中进行有足够大雷诺数的飞机模型试验，则所需要的风洞驱动功率要比低速时高得多. 为了避免由此造成的过高设备费用，常常改用所谓**暂冲式**（间断工作的蓄能式）风洞来代替**持续式**风洞. 暂冲式风洞是通过从大真空箱里抽气或向高压气罐里充气来储存作短暂时间吹风所需要的能量（有关蓄能风洞的进一步说明，参看 **6.2.5**）.

6.2.4. 跨声速风洞

对于在跨声速区（大约从 $M=0.8$ 到 1.3）内进行气流实验，同样也是既用持续式又用间断式风洞. 它与 **6.2.3** 中所描述的亚声速风洞的主要区别在于试验段的形状不同. 跨声速风洞不采用通常形式的闭口和开口式试验段，而是需要在试验段的洞壁上开**纵缝**(沿气流方向)或者开孔(也可以开起同样作用的横缝). 为了使附在洞壁上的边界层较薄，常常要通过洞壁吸出一定量的空气去.

采用这种形式试验段的目的在于，尽量减小跨声速时极为显著的气流边界对绕模型流动的影响. 开纵缝的试验段特别适用于 $M=1$ 以下的速度范围，而开孔或开横缝的试验段则特别适用于 $M=1$ 以上的速度范围. 洞壁形状有差异所引起的不同特性是与流过这种洞壁时压力降落的规律不同有关. 关于恰当确定缝或孔的尺寸的详细情况，可以参看格台特所著有关跨声速风洞技术的书[K2].

在小于 $M=1$ 的速度范围内，我们可以象亚声速风洞那样，用风洞内的风扇来改变试验段内的气流速度. 可是在大于 $M=1$ 的速度范围内，这样做就不再可能了. 这本来是必须靠在试验段前安装一个可调节的拉瓦尔喷管(参看 **6.2.5**)来达到； 但是如果马赫数不太高，也可以靠不断调节通过透气洞壁的空气吮吸量的办法来改变试验段中气流的速度．在高马赫数时，用这样的办法则会使试验段内的速度分布变坏．

6.2.5. 超声速风洞

这是吹风速度大约在 $M=1.3$ 到 $M=5$ 范围的风洞，与以前所述风洞的区别在于，这时要用拉瓦尔喷管来代替简单的收缩喷管．上面在 **6.1** 已经提到过，用这样的喷管只能产生某一定马赫数的气流．为了在同一超声速风洞里还能做其他马赫数试验，必须给它配备一套**能调换的拉瓦尔喷管**，或采用一种能改变喷管形状的所谓**柔壁喷管**．试验段尺寸较小的风洞，用前一种方法比较合适，对于大风洞则最好选用柔壁喷管．柔壁喷管，一般是由两个固定壁面和两个可弯曲的柔壁所组成；柔壁靠大量可调节的支柱固定住，调整这些支柱，可以在很大范围内改变管壁的形状．如果我们想用这种喷管得到良好的均匀速度分布，则必须对准确调整轮廓线提出很高的要求，所以柔壁喷管在建造上是不简单的．设计和实际轮廓线间的倾角偏差必须不超过 1/10 到 1/20 度．图 6.6 示出了哥廷根空气动力研究所的超声速柔壁喷管结构情况，而图 6.7 是卸除一个侧壁后的该超声速柔壁喷管照片．

超声速风洞的扩压段可以采用与亚声速风洞一样的简单扩散形扩压管道．但采用先收缩、然后有一段平行、最后再扩散的扩压段，其效率较高．如果要使这种扩压段在不同马赫数下都有高效率，则其喉道面积必须是可调整的，并调到与马赫数相适应．在流动开始后，如果缩小扩压段的喉部截面积，使之达到流动将不能再维持下去的程度，则此时的扩压段效率最高(参看 **3.6** 最后一段)．关于超声速扩压段尺寸的确定和管道情况的详细材料，可参看诺伊曼和卢斯特维克的文章[6.2]．

阿克瑞特是第一个在瑞士的苏黎世高等工业大学建造了能持续工作的超声速风洞[6.3]．风洞的驱动功率大约为 1000 千瓦．图 6.8 所示是该风洞的简图．从那时开始，已有许多具有很高驱动

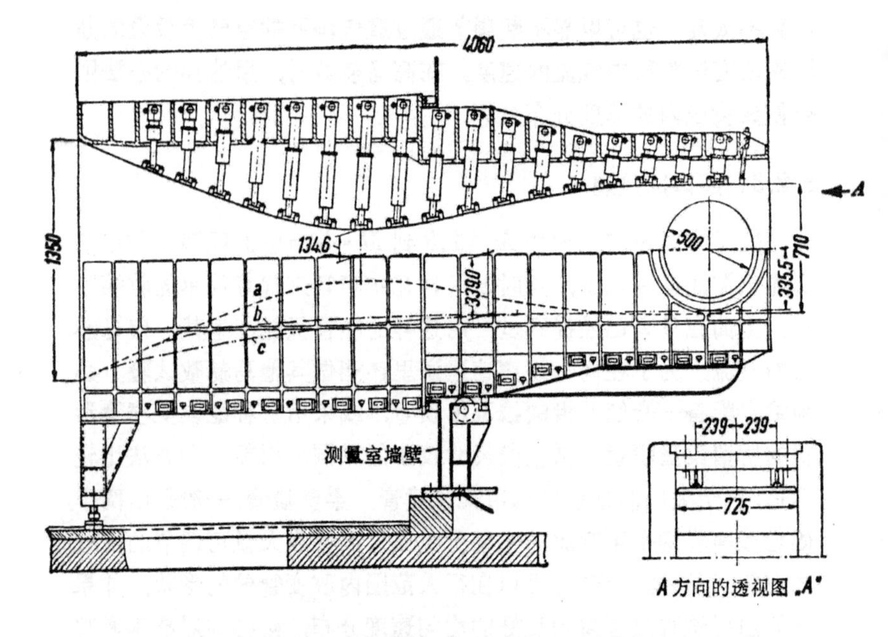

图 6.6 哥廷根空气动力研究所 (AVA) 的超声速柔壁喷管

a——$M=2.5$ 的轮廓线;

b——$M=1.25$ 的轮廓线;

c——亚声速喷管的轮廓线(尺寸单位用毫米)

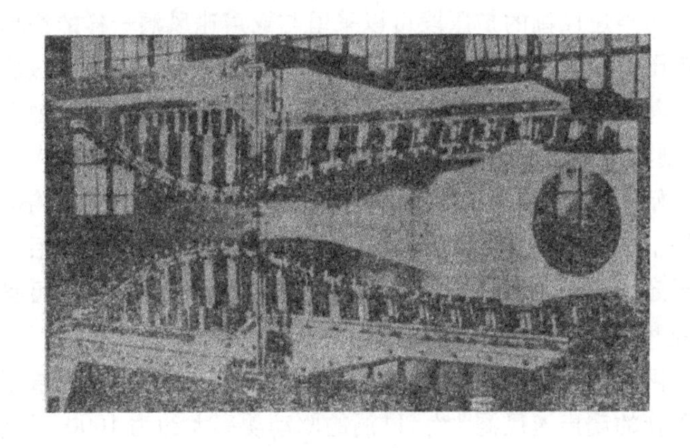

图 6.7 卸除侧壁后的超声速柔壁喷管

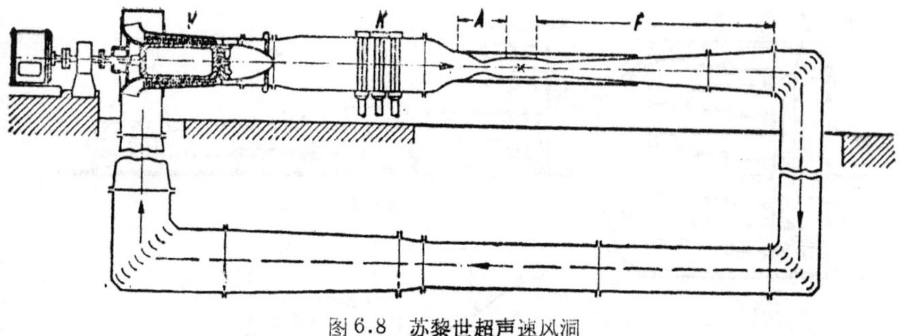

图 6.8　苏黎世超声速风洞

×——试验段；V——压气机；K——冷却器；A——喷管；F——扩压段

功率的这种类型风洞建造起来了.在美国建造的那座最大的风洞，其驱动功率高达几十万千瓦.

这类风洞在工作时是完全气密(与大气隔绝)的．气密的优点首先在于可以通过对全风洞进行不同程度增压来改变雷诺数，其次是有了在风洞中使用干燥空气的可能．如果在风洞中使用潮湿空气,则由于吹风过程中喷管冷却得很厉害,湿汽将凝为水或结成冰；因此若对风洞的质量有较高要求，干燥空气是绝对要保证的．因为空气质点在喷管里停留的时间极短(数量级是 10^{-3} 秒！)，还来不及形成一般形式的雾点．奥斯瓦提奇证实(见[6.4]),在大量空气已先达到过饱和状态的情况下，可以在没有异体核时自发地产生凝结或结成冰(与贝克和德林[6.5]从理论上研究出的类型一样)．因为这个过程是非常突然地发生的,释放出来的潜热促使在膨胀气体中产生压力的跃升，常常形成激波(多数是斜激波)，因而使速度分布与预计的有显著偏差．由于压力跃升的地点是随着空气湿度的不同而改变，这种现象对于作精确测量是十分棘手的．

因为建造一个能连续工作的超声速风洞所需费用很高，人们常常采用前面提到过的那种暂冲式蓄能风洞；而它又可分为真空蓄能风洞和高压蓄能风洞两种．

图 6.9 中，举例示出哥廷根空气动力研究所建造的真空蓄能风洞．图中所示超声速风洞系与一大真空罐相连接．先把气罐抽

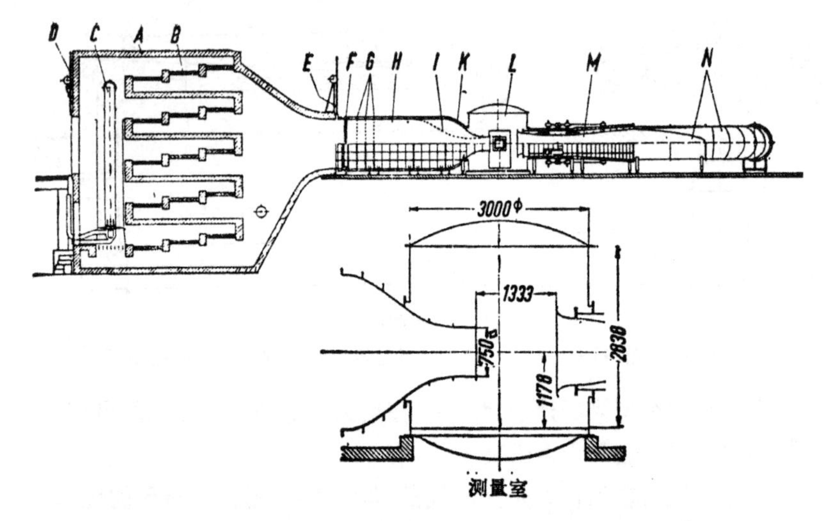

图 6.9 哥廷根空气动力研究所的真空蓄能风洞

A——空气干燥设备; B——硅胶过滤器; C——硅胶再生的热空气进口管路; D——干燥设备的空气进口阀; E——干燥设备的空气出口阀; F——整流器; G——整流网; H——安定段; I——超声速喷管外形; K——亚声速喷管; L——测量室; M——可变扩压段; N——管道(尺寸单位是毫米)

成真空，然后在打开快速阀后，能产生大约有 10 秒钟的短暂吹气时间. 因为在试验段里是超声速气流，所以真空罐内压力的逐渐升高不会影响到试验段内的速度和压力，因而可以得到状态完全不变的气流；直到罐内气压达到某一定值时，气流才一下子消失掉. 因为气罐是从大气里吸进空气，所以在风洞前要有干燥空气的装置；由于通过的空气量很大，这套装置的费用是很大的.

在高压蓄能风洞里，我们把空气储存在高压罐中备作短时吹风之用；高压罐用快速阀与风洞相连，把空气排入大气. 由于在吹风过程中，高压罐里的压力不断降落，所以快速阀必须做成能同时起调压阀的作用，使流入试验段的气流压力保持恒定. 高压罐里空气的膨胀，还使吹风过程中，后流出的空气的温度下降. 要避免这一现象，就必须另加气罐的储热交换设备，以使温度恒定不变. 比较一下真空蓄能风洞和高压蓄能风洞，可见它们各有优缺点. 真空蓄能风洞的主要优点在于构造简单，且总压和总温能恒定得很好．另一方面，高压蓄能风洞则可在不改变马赫数的情况下改变雷诺数，并能使雷诺数达到很高值．

有时我们也使用所谓**引射风洞**．在这种情况下，高压罐内的空气是被送到一个引射泵上，引射泵置于象真空蓄能风洞那样的试验段*上，把大气中的空气引吸进来．当马赫数不太高(低超声速、跨声速和亚声速范围)时，这类风洞有优于高压蓄能风洞之处，即经过试验段的空气流量比后者大；而其缺点则与真空蓄能风洞相似，即在给定马赫数下不能改变气流的总压和雷诺数．

如果我们想用较简单设备取得高雷诺数，一种特别简单的装置是路德维格所建议的所谓管式风洞[6.6]．它是高压蓄能类型的一种，不过与试验段相连的不是高压罐，而是一段圆柱形的长管子．气流是通过破膜产生的．这时压力管内形成的膨胀波促使空气加速前进，由于膨胀波沿管道行进时，其强度一直不变，所以气流的压力和温度在测量时间内能够自动保持常值．当膨胀波在压力管的尽头处反射回来又到达试验段时，测量时间(其间风洞的气流是定常的)便告结束．由于测量时间很短，因而，可以更好地利用高压气罐进行吹风，且又废除了为调节压力和温度所需的一切设备，所以管式风洞要比一般的高压蓄能风洞简单得多．

6.2.6．高超声速风洞

从原理上来说，在高超声速范围(大约从 $M=5$ 开始)内工作的风洞，构造上与上述超声速风洞一样．不过从喷管出口到扩压段出口之间所必需维持的压力比将随着马赫数的增加而猛增．此外，必须预先将进入喷管的空气加热，以避免在喷管内因空气猛烈膨胀引起温度下降而产生的空气凝结(见 **3.15**)．随着马赫数的升高，这种所需要的预热温度增长极快，不久就大得找不到合适的材料可用于制造设备中最受加热影响的部件(如加热器、喷管喉部和

---

* 引射泵置于试验段之后．从引射泵里喷出的气流速度很高，带动了周围气体运动，造成低压，使风洞两端形成压力落差，很快地把空气从大气中吸进风洞．——译者注

扩压段). 如果我们想避免出现高温或者还想再提高马赫数,最好的办法是使用另一在极低温度下才会凝结的气体介质. 对此,氦气是最为合适的,所以在高超声速风洞中,人们常使用氦气[6,7]. 不过氦的比热比与空气不同,所以测量结果必须经过修正才能用于以空气为介质的流动情况.

在这种类型的高超声速风洞里,离模型较远处,未受扰动介质的温度很低,它比介质的液化温度高不了多少. 而在大气中飞行的真实飞行器的这个温度却要高得多(在 220—300°K 范围内),所以在模型气流中,驻点温度和在边界层内的温度都将达不到象真实飞行中所出现的高温度. 而以极高马赫数在大气中飞行时,由于温度很高,会发生引起分子振动、分解、离子化和化学反应,它们(部分地)对流动过程都会有重大影响,因而与模型流动不完全相似. 如果我们也想在风洞里研究这些影响,则必须使温度达到原有温度. 这样,喷管前所要达到的温度就还要增高很多. 此外,由于空气在喷管内迅速膨胀,常常使试验段内的空气不能保持热力学平衡,也将产生困难.

6.2.7. 激波管

激波管是产生所要求高温的一种最简单装置. 它的最简单组成形式是一根圆柱形长管,用一层薄膜把它分为两部分(见图 6.10). 管的一侧装高压轻气体(氦或氢),另一侧装低压空气. 薄膜一经破裂,产生压力的平衡,这时有膨胀波传入高压气中,而有冲激波传入低压气(参看 **3.2** 末尾). 原来在低压部分的空气在通过冲激波后被强烈压缩,受到加热和加速; 因而在激波后,短暂时间内可以获得不随时间变化的均匀流动. 若两侧的初

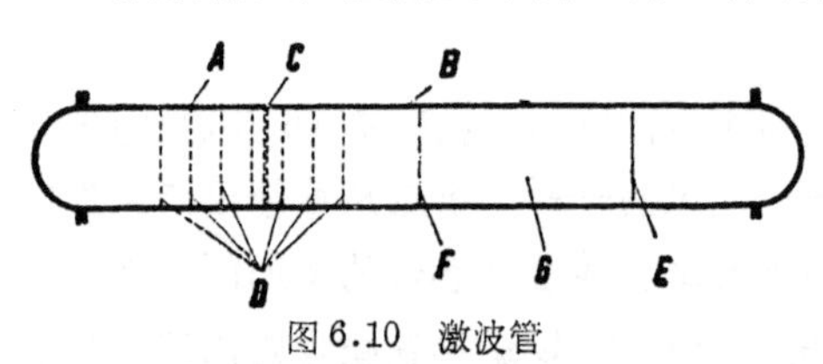

图 6.10 激波管

A——高压部分; *B*——低压部分; *C*——薄膜所在处; *D*——膨胀波; *E*——压缩波; *F*——气体分离面(原来处于薄膜两侧高低压部分之间); *G*——试验区(有定常流动)

始压差极大，我们可以用这种办法在气流中得到相当于大气飞行 $M=20$ 时的总温值. 可是这时气流的马赫数限于停留在 $M=3$ 到 $M=4$ 的范围内(假设空气象理想气体那样地变化，马赫数的边界是 $M=1.89$)，因为随着激波强度的增加，空气被猛烈加热，所以除气流速度外，声速也在猛增.

对激波管作一些改变，则可以在同样高的温度下，获得高马赫数. 为达此目的，可在激波管的低压一侧安装一简单扩散喷管(图 6.11)，并把它接到一个小真空罐上. 这样，破膜后产生的激波就穿过喷管，使后随的空气在总温不变的情况下，在喷管内膨胀，达到高的超声速马赫数. 于是在一短时间内，我们可以在喷管后获得所希望的具有高马赫数和高总温的定常气流.

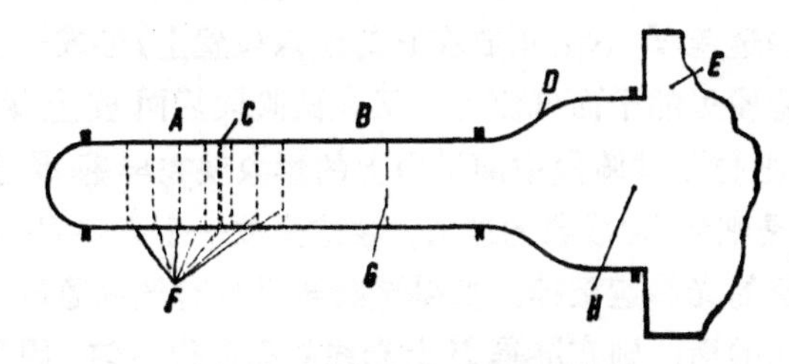

图 6.11 装有膨胀喷管的激波管

A——高压部分；B——低压部分；C——薄膜所在处；D——膨胀喷管；E——真空罐；F——膨胀波；G——气体分离面(原来处于薄膜两侧高低压部分之间)；H——定常的试验气流

通常，我们还要在低压部分和喷管之间，再加一层更薄一些的膜. 这样就能把真空罐和喷管内的压力抽到比低压部分中存在的压力还低得多的程度. 而传来的激波能立即击破此膜. 这个措施能使气流流来更快，并使气体在喷管内向更低压力(亦即向更高马赫数)膨胀.

人们也经常有用一种其喉部截面的直径比激波管直径小得多的拉瓦尔喷管来代替简单扩散喷管的. 在这种情况下，激波将在喷管前反射回去. 被激波和反射波加热了的空气又通过拉瓦尔喷管进行膨胀而达到高的超声速马赫数.

采用这类激波管所能得到的测量时间，最多只有千分之几秒.

有关激波管的细节和因测量时间极短所需要的特殊测量技术，可以参看费里所写关于激波管试验的书[Z3].

6.3. 测 量 技 术

6.3.1. 观察流动的光学方法

我们可以利用平面气流中有密度差异这一现象，借光学方法来观察流动过程．不过这时流动速度和与之有关的密度差应假定不是太小．对此，多卜勒纹影法(光线屏蔽法)是一种最常用的方法，下面要简短提及.

光线经过凸透镜 K 照在狭缝 S_1 上(图 6.12)．再通过一经过仔细矫正的透镜 L_1 (S_1 正放在它的焦点位置上)形成一束平行光线射在试验段里的平面气流上．又在试验段后面放上第二个透镜 L_2，它把位于试验段中间平面上的影象映在屏幕 B 上．透镜 L_2 的焦点是细缝 S_1 成象的地方，在这里放一个刀口 S_2 把一部分造成细缝象的光线遮蔽掉．如果试验段里没有气流通过，因而没有密度不同的话，则在屏幕 B 上光线的亮度很均匀，因为用刀口 S_2 去遮蔽掉一部分成细缝象的光线，其作用好象只是把 S_1 变小些一样．当有气流通过时，射到试验段的光线将随着气流密度梯度的变化，成比例地转折一个小角度．按密度梯度的方向不同，射过试验段某一点的光线的折射方向也不同，从而使在刀口 S_2 处被遮蔽掉的光线也有多有少．因此可以在屏幕 B 上获得反映流动过程的图象，其明亮程度是垂直于刀口边的密度梯度分量的函数.

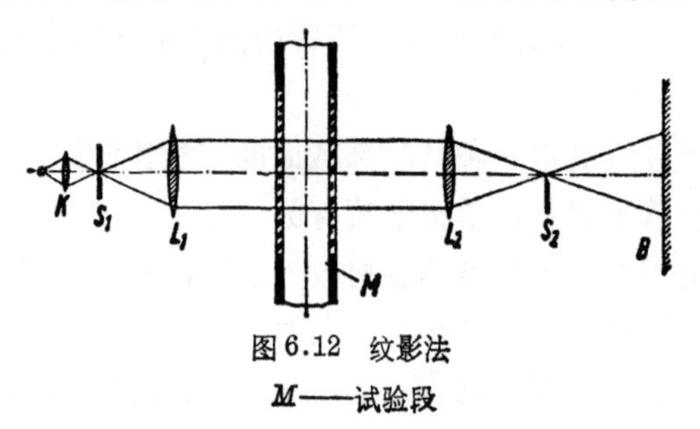

图 6.12 纹影法

M——试验段

按照这种办法得到的气流纹影图见图 3.4, 3.18 到 3.21 和 3.28 到 3.31.

我们也能对绕旋转体的流动(不是平面流动), 得出好的纹影图象. 这种图象主要反映垂直于光线射程在模型对称面上的密度分布,因为在这个区域里,光线是平行于等密度线的.

在有较大试验截面的风洞里,为了得到相应的大视野,透镜L_1和L_2必须有较大直径. 这时最好采用曲折的光线通路,而用球面或抛物面的凹镜来代替透镜. 这样做,除可以节省所占空间外,还有镜面不产生色差的优点.

另外还有一个比较不敏感但要简单得多的流动观察法, 就是所谓**阴影法**. 它也象纹影法那样,要用一个点光源和一个透镜(或凹镜)以产生平行光线,然后使光线透过试验段. 在离试验段有一定距离的地方放一个屏幕;由于光线的折射,凡是密度梯度很大的地方,就会在屏幕上显出阴影来. 用这种方法,可以清楚地看到激波、死水区边界以及其他有强密度梯度的区域.

第三种可以显现平面流动密度差的方法是马赫-策恩德尔的**干扰法**,这是一种可作数量分析的很精确方法,只是作起来要费劲得多. 它与纹影法的区别是把要通过试验段的平行光束,使之先经过一半透明镜片而分为两条,其中一条光束透过试验段,另一条光束则绕过了试验段. 两条光束在试验段后又汇合在一起,互相干扰并投在一个屏幕上而显出有许多平行**干扰条纹**的模样来. 当气流进入试验段后,由于气流里存在密度变化, 促使干扰条纹变形, 在屏幕各点上出现的干扰条纹位置的移动都与气流的密度变化成正比. 这样的干扰图是可以用于作数值推算的, 但在直观上不如纹影图那样易于看清流动情况.

除了上述这些能显出全流场形象的办法以外, 我们也常用一些能看到绕流物体表面边界层内一些特殊现象的办法. 在这方面,特别是想做到,能看出诸如: 从层流到湍流的转捩,分离,分离线和再附着线(参看 **7.13**), 激波位置和在物体表面上的流动方向等现象.

为了做到能看出从层流到湍流的转捩位置，我们可以利用层流和湍流边界层中物质交换有差异这一现象．升华法就是利用能在空气中升华的物质(如樟脑)，先把它溶化了喷在物体表面上，接着使之干燥，形成一薄层．把经过这样处理的模型放入试验气流里吹风，直到喷上去的物质在湍流边界层(物质交换性高)内完全升华为止，这时薄层在层流边界层(物质交换性低)内的物质依然存在，因此可以清晰看出转捩点的位置．

有一种完全类似于上述方法的所谓瓷土法．用这种方法，我们要在物体表面上薄薄涂一层高岭土和一种易蒸发流体相掺合的混合剂．易蒸发流体的折射系数应与高岭土粉(原来是透明的，但因磨成细粉末而呈现白色)尽可能相同，则掺合后的混合剂是无色的．将模型放入气流中，则湍流区里的流体先被蒸发，使所涂薄层呈现白色．有关这方面的细节，参看[K1]．

有一种完全不同于上述方法的所谓染色(流迹)法，曾在**4.10**里讲过它在水流方面的应用．用这种方法，是要把漂浮着细粉末的有粘性的油喷在模型表面上，使之形成一薄层．把模型放入气流中后，由于表面上剪应力的作用，所喷薄层就会缓慢地按气流方向移动．这在空气流情况下，也能得出象图 4.39 和 4.40 那样具有特性线条的图画．这些线条示出在紧靠物面处的气流方向，因而也指出了剪应力的方向．我们可以从分辨线条方向的改变清晰地看出气流的附着线和分离线．而从粘油聚集的多少，同样可以看出转捩点和激波的所在位置．要想得到较好的流迹图象，需要有熟练的技巧，而要解释它也往往不是那么简单的．

6.3.2. 速度的测量

流动介质的流速，常常需要通过测量压力来测出．我们常用如图 2.25 或图 2.26 所示的那种**静压探头**来测量静压，用如图 2.11 所示的皮托管来测量总压或皮托压力．这时，探头必须尽量放得与气流方向一致，否则就会产生测量误差．尤其是静压探头，它对于**迎角误差非常敏感**．因此对于近乎平行的气流，用如图

2.24 所示的方法，在边壁上开一静压孔来测量静压是比较合适的．很多场合下也采用混合探头，例如图 2.27 所示的普朗特管，用它可以同时测出总压和静压或者它们的差值．

在气流速度小于声速的亚声速风洞或跨声速风洞里，用皮托管在射流中测出的总压是与在喷管之前的小流速区域中测出的总压相同，因此总压也可以在喷管之前测量．可是对于超声速风洞，情况就不同了，因为在皮托管之前有一垂直的离体正激波存在，它使示出的压力下降．因此在这种情况下，就应把在喷管前测出的总压(叫做驻点压力)，与用皮托管测出的皮托压力(参看 **3.13**)区别开．

在小流速情况下，如果已知介质的密度，则可由总压和静压的差值(所谓动压)用柏努利方程来算流速．

对于可压缩的亚声速流动，当用气体的状态方程由总压和在喷管前测出的温度算出驻点密度后，可以用式(3.13)由总压和静压来计算速度．

对于超声速气流，流速可以用上述的同一公式计算；只是要注意，这时 P_1 必须用驻点压力代入而不能用皮托压力．但我们也可以用皮托压力和静压或驻点压力和皮托压力来计算速度．特别是在较大的超声速马赫数时，用后一种计算更为有利，因为就压力测量的准确性来说，它所要满足的要求最少．

如果我们只想算出气流的马赫数和动压 $\rho q^2/2$，则温度的情况是不需要了解的．因为在已知比热比 γ 时，这两个量都只用两个给出的压力就能计算．

另外有一种主要用于气象上的测速仪，即十字交叉碗型风速计(图 6.13)；在水利建设中，相应的测量水流速度的仪器是水翼(图 6.14)．我们在使用时，或者可以按一定时间(例如一分钟)用测数器测定其转数，或者在达到某一定转数(例如 500 转)时，发出信号，测定所用的时间．这些仪器必须在风洞或水洞里经过校准．

另一种测量空气或其他气体的流动速度的办法是利用吹风冷

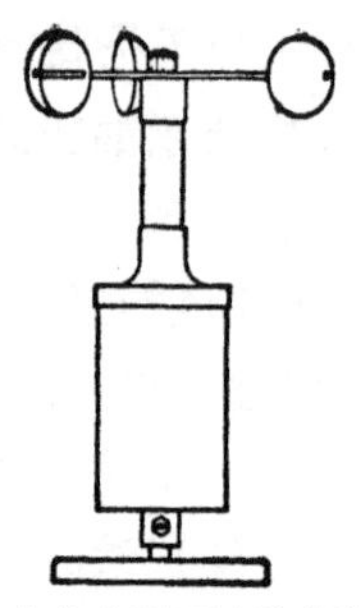

图 6.13　十字碗形风速计(测量风速用)

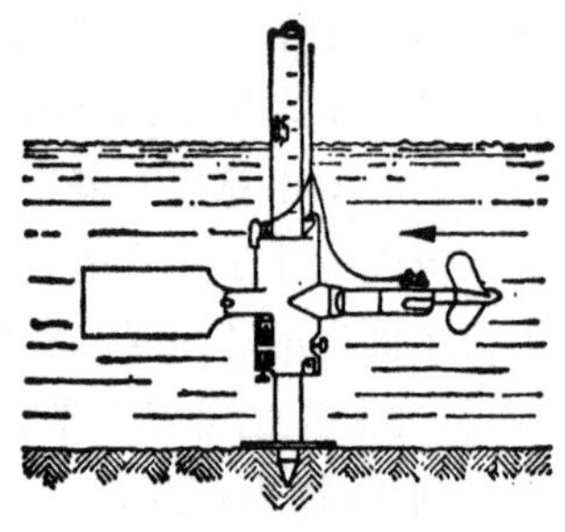

图 6.14　水翼型流速仪(测量水流速度用)

却垂直于气流方向的热电阻丝．由于金属的电阻是随温度改变，故一般可采用适当形式的电桥线路来测量温度．我们可以用调节电阻使金属线保持常温的办法来获知被传走的热量(等于加进的热能)之值，对于细金属丝，此热量约正比于速度的三次方根；我们也可以用保持加热的电流不变而让温度下降的办法，这时金属丝阻力与空气速度之间的关系需由实验校准得出．这种方法特别适用于测量空气的低流速(此时别的方法都不适用)，此外也适用于在极靠近物体的地方作测量[6.8]．**热线**的主要优点在于用了极细的热线(“热惯性”小)还能把随时间变化极快的速度测量出来．因此，用热线作试验来研究湍流的流动过程是会很有成效的[H10]．在这类湍流流动中，垂直于主流方向放置的热线，实际上只反映顺主流方向的脉动分量．这个分量通过热线的脉动冷却，引起了电流和电压的脉动．

用热线也可以测出垂直于主流方向的脉动分量．对此，赖夏特用了象图 6.15 所示的三线探测器进行测量．如图所示，从作用在前一根金属线上的电压可得出脉动速度的纵向分量值，而从后两根金属线上的电压差可得出垂直于两线的横向分量值．为了能观察脉动情况，可以把这两个电压分别接在布劳恩管(阴极射线示波器)中相互交叉的一对屏板上，这样就可以在屏幕上看见脉动分量的相关情况．图 6.16 是从一个平壁直角风洞里拍摄的这类相片(右方为中间平面，左方为前者的侧面，相关系数分别为 0 和 0.45)．

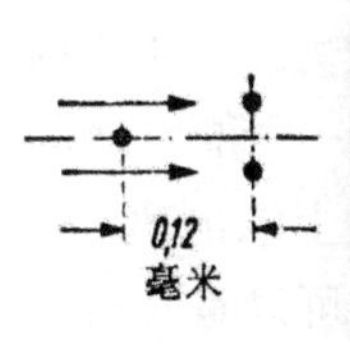

图 6.15 三线探测器 (三线仪), 来流自左向右

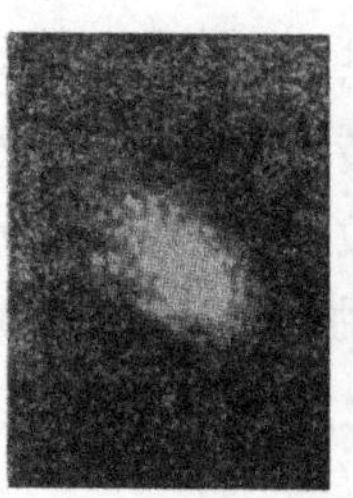

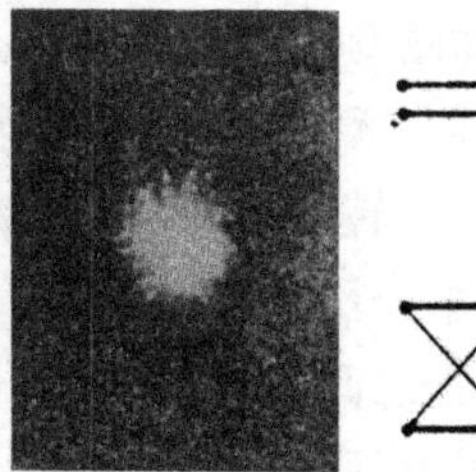

图 6.16 用三线仪摄得的相片

图 6.17 测量脉动速度横向分量用的交叉热线

现在对于测量脉动的横侧分量,常常使用两个相互交叉,并倾斜于气流方向的热线(图 6.17),在电桥上要这样联结,使因侧向脉动引起的电压脉动彼此相加,而因纵向脉动引起的电压脉动彼此相消.

脉动分量乘积的时间平均值,可以用电子仪器(它能使电压相乘)来测量;就象在 **2.3.12** 里所说,纵向分量和横向分量的乘积可用于测量剪切应力一样.

6.3.3. 方向的测定

测定流动方向,可以用一种称为纤维探头的探测器;它是把一根很轻的纤维线粘在细杆的末端,只要气流的速度足够,纤维线就能相当准确地指向流动方向. 用纤维探头探测整个流动空间,很容易就能得出一个好的流动图画来. 有时我们也在需要测量的物体(如飞机模型或真实飞机)表面上,有规则地每隔一定距离粘上羊毛纤维,它们顺着气流方向飘动,从而会清楚地指出气流的分离区. 这里也可以用 **4.10** 中讲过的流迹染色法. 在风洞里加装发烟设备(浓烟从一些细管末端缓慢地流出)来看流场,有时也有好处.

此外,人们还研制了利用压力计测量压力差来给出流动方向的不同类型压力探测器. 在这类仪器中,最完善的是范德海格齐南所提出的**五孔球**(见 [6.9]). 该球

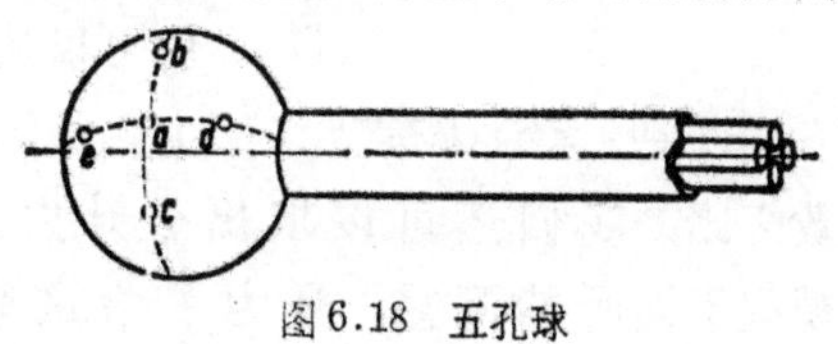

图 6.18 五孔球

钻有五个孔，如图 6.18 所示，可以绕支柱的轴旋转；又从每个孔引出导管通到外面. 测量时，先把球转到沿 $b—c$ 的压力差等于零的位置，记下这时所转的圆周方位读数. 然后读出沿 $a—d$ 和 $a—e$ 的压力差，并从事先已经得出的校正曲线(见[6.10])上求出动压和流动方向与支杆之间的夹角. 测出上述压力之一(也可以是 $b=c$ 处的压力)的绝对值，则可连同动压一起，从另一校正曲线上得出静压.

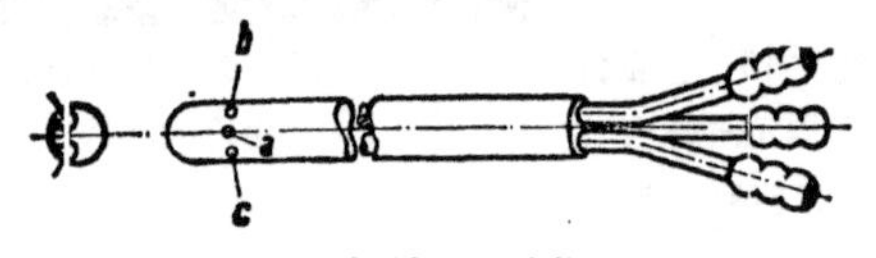

图 6.19　三孔仪

如果只要求测出一个平面内的方向，我们也可以用钻有三个孔 a、b、c 的圆柱体探头(图 6.19)，这些孔与球探头上用同样字母标出的孔相当(见[6.17]). 在湍流度很大的气流中，可以利用一种只有一个钻孔的类似仪器，在某固定角度下读三个读数来进行流向测量(同时还能得出湍流的强度)；如何进行这种测量，可参阅冯博尔所著的有关文献[6.12].

6.3.4. 模型上作用力的测量

不论是作为被拖动的或是被吹风的模型，都需要用支架把它牢牢地固定在所在位置上. 作用在模型上的力经传送到天平的杠杆上而测量出来，其安排的方式多种多样，下面所讲的是已在空气流中证明为很有效的一种.

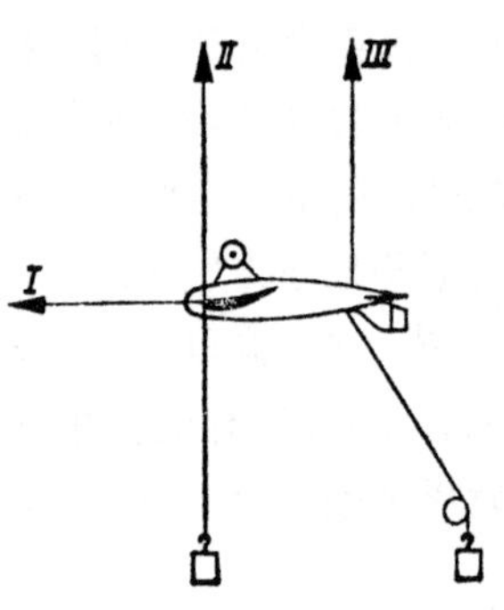

图 6.20　三分量悬挂式

如图 6.20 所示，模型被固定在三根金属丝的悬线系统上；其中，一根水平向前，另两根铅直向上. 第一根金属丝用于传送阻力，第二和第三根金属丝都是传送升力. 每根金属丝的另一端都固定在天平的杠杆上，这样就可以从杠杆上测得上述几种作用力. 从第二和第三根悬线所指天平读数之比，我们还可以求出合升力的位置. 图中可以看到的模型下面所挂配重，是为了给这些金属丝加适当的初始张力*(右边那根绕过一个很容易转动的滑轮). 如图 6.20 所示, 模型是倒装的以使升力可以增加金属丝所受张力而不使它减少*. 进行测量, 应在未吹风前先使整个天平处于平衡状态, 再在吹风时秤出出现的差值. 当对一个天平进行观测时, 宜于将其余两个天平固定在中间位置上, 以保证测量时迎角不变.

气流作用在悬线上的力必须另行测定; 这时需要把模型全部从风洞中取走, 或者使模型与悬线分开而另外固定起来.

除了用悬线法, 人们也常用装于支架上的支杆从模型后面, 或者用一个或几个外形流线形的支杆从侧面把模型固定住. 然后把支架固定到气流外面的天平上, 天平又把力分解开, 分别传到不同的天平上去.

在高马赫数风洞中, 现今差不多都是用从模型后面伸进去的、顺气流方向的单独支杆作支撑. 这时要采用所谓内部天平, 我们可以把它直接放在模型内, 如果装不下的话, 则可以放在支杆内. 这样放的优点是, 作用在支撑装置上的力不会被测量进去. 这种适用于作内部天平的小型天平, 可以通过应用**电阻丝片原理**来实现. 这时弹性元件上的应力可以用贴上去的电阻丝片(其电阻随元件的弹性变形而改变)来测得. 图 6.21 举例示出一个简单的电阻丝片三分力天平; 在这里, 升力和力矩是通过测量作用在模型内支杆上的力矩获得, 而阻力则由位于支杆末端的一个特制天平测得.

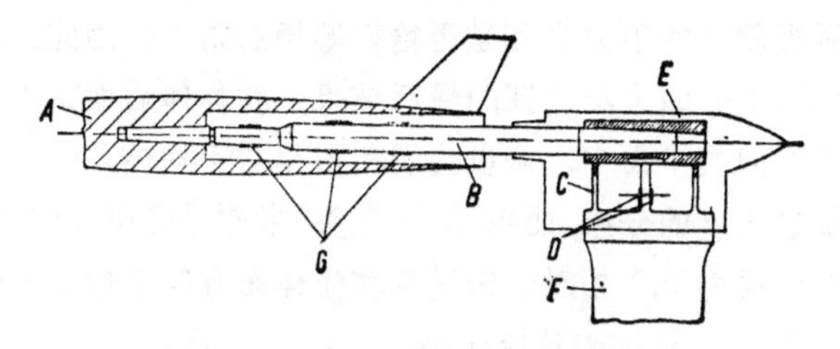

图 6.21　用电阻丝片的三分力天平示意图

A——模型; B——测杆; C——阻力天平; D, G——电阻丝片; E——风罩; F——支架

* 以避免气动力使金属丝承受压力. ——译者注

6.3.5. 其他测力方法

如在 **4.15** 中已说明过的，在所研究物体的表面上开足够数量的孔，测得作用在整个物体上的**压力分布**，于是合压力就可以通过数值的或作图的积分求得. 测量可以这样进行，使中空物体的内部与压力计相通（每次只打开一个孔，而把所有其余的孔都用蜡或其他类似物质封住）. 由于这种方法太费时间，所以现在普遍都用一小段细管接在测压孔上，然后分别接上橡皮管，通过模型内部连到各测压管上去. 最简单的是一种多管压力计，它由一排密集的、铅直而半装满液体的管子组成，管的下端彼此连通. 两根处于边缘端的管子，其上方都通大气，因此液面上永远是大气压（未受扰动的压力），其余各管的上方则都与测压孔相接. 利用照相的办法，可以把多管压力计上的读数方便地记录下来. 用这种方法，不仅能得到模型的压力分布，而且还能用于测实际飞机、飞艇等的压力分布.

对于 **7.1.4** 中所提到的翼型阻力，可以用 **4.16.4** 里所说贝茨在 1925 年首先提出的测量物体后面留下的气流扰动（即所谓尾流）的方法来得到. 严格证明这个方法的正确性是决非容易的，因为物体所产生的压力扰动是向流体中各个方向传播，我们首先必须证实：压力扰动对阻力是否有贡献？如果有的话，贡献有多大？或者，在有波阻力或诱导阻力的情况下，压力扰动所造成的阻力与尾流中所观测出的阻力之和是否恰好等于总阻力？因此，我们在这里将只限于介绍贝茨论证的最后结果. 在物体后面某处垂直于物体运动方向的平面中，假设我们利用相对于物体是静止的皮托管来测量总压 g 的分布，而用“静压探头”来测量静压 p 的分布. 如果物体的速度为 v，相对于未受扰动流体而方向平行于 v 的流速分量是 q，则未受扰动的总压应是

$$g_0 = p_0 + \frac{1}{2}\rho v^2;$$

假设与 q 相垂直的速度分量的平方可以忽略，则尾流区域中的总

压是

$$g=p+\frac{1}{2}\rho(v-q)^2.$$

在尾流外的区域里，柏努利方程是成立的，即处处存在$g=g_0$. 现在还应引进一个虚拟速度 q_*，它在尾流区满足下列柏努利方程，即

$$p+\frac{1}{2}\rho(v-q_*)^2=g_0.$$

[在尾流区中，可设想 q_* 是单独由压力场产生的，而与摩擦或表观摩擦(由于湍流)无关；在尾流区外，显然 $q_*=q$!]

用了这个符号[1)]，则贝茨的公式是：

$$D=\iint\left\{(g_0-g)+\frac{\rho}{2}(q_*^2-q^2)\right\}da.$$

在$p=p_0$，即 $q_*=0$ 的情况下，由简单计算可以证明，这一结果与 **4.16.4** 中所得的关系式完全一致.

上述方法已成功地用于风洞实验的机翼型阻测量中(独立于诱导阻力而测出!). 此法也曾用于测量飞行中真实飞机的型阻[6.14].

屠林发展了这个方法，把它用于测定船舶模型因粘性产生的那部分阻力[6.15]；以前(如在拖动试验里，见 **6.4**)，这部分阻力只能与因重力产生的波阻一起测出.

6.3.6. 摩擦阻力

根据 **4.15.2** 所述，任何物体的摩擦阻力都可以表示为由天平所测出的总阻力和由压力分布得出的压差阻力(见前)之差. 可是这个方法用于细长的流线型物体则常常失效，原因是这类物体的压差阻力本身很小，是从大数中减去大数得出的小差值，想从压力分布测量结果来求得它，那是很不准确的.

---

1) 在贝茨的论文[6.13]中，相应于这里的 v 是用 u_0，相应于 q 是 u_0-u_2，相应于 q_* 是 u_0-u_2'，而相应于 g 是 g_2；本式括号里的表达式在那里是

$$g_0-g_2+\frac{1}{2}\rho(u_2'-u_0)(u_2'+u_2-2u_0).$$

测量局部摩阻（剪应力 τ）可以用这样的办法：取壁板中的一小块，使它可以在顺气流方向自由移动(图 6.22)，然后用一很灵敏的天平来直接量测摩擦应力．由于剪应力很小，这种量测很不容易做．舒尔茨-格鲁诺[6.16]和柯雷斯[6.17]曾分别在低速和高速情况下应用这个方法，成功地量测了沿平板流动(无压力梯度)的剪应力．对于有压力梯度的流动，用这种办法很难得到可靠的测量数据，因为这时在天平周围为使它能自由移动而留出的缝隙中，会产生补偿流动而影响测量结果．

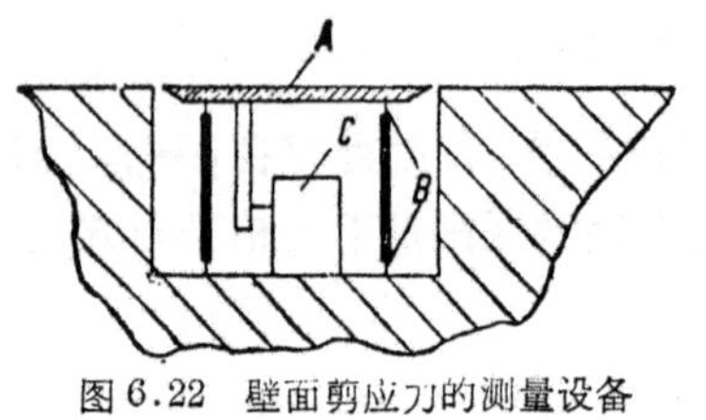

图 6.22　壁面剪应力的测量设备
A——水平可动平板；　B——弹簧铰链；　C——测力计

对于平面运动，摩擦应力 τ 可以用“卡门积分条件”［见式(4.34)］来计算．在等压的情况下(例如，以等速 U 作沿光滑平板的流动)，我们可以测得单位宽度上动量损失的变化

$$I=\int_0^x \tau\, dx=\rho\int_0^\delta u(U-u)dy,$$

其中 $u(x, y)$ 可用一根皮托管测出；更适当的办法是，用许多根皮托管使之联成梳状并接至多管压力计，然后用照相方法记录下动压力读数[6.17]．(积分可用实验读下的 uU 及 $-u^2$ 两项之和并乘上一固定数值来代替.)于是 $\tau=dI/dx$．如果压力随 x 而变化，则可将上列积分式改写为下列简明关系式：

$$\tau=\frac{dI}{dx}-\delta^*\frac{dp}{dx},$$

式中 $\delta^*=\int_0^\delta\left(1-\frac{u}{U}\right)dy$ 是位移厚度(参见 **4.4**)．

这种方法也可以用于不连续粗糙度和阻力集中的情况(见[6.19]，[6.20]，[6.21]，[6.22])．

使用这些方法时，常常遇到因出现无法控制的二次流而不能满足平面(二维)流动条件的困难．特别对于研究湍流分离规律性的试验，由于上述原因，这个方法未能奏效．

关于直接寻求摩擦应力的问题，可以先讲一下费吉和福纳的方法[6.23]．它的要点在于寻求非常靠近物体表面处的速度，若是层流情况，则根据**4.7.1**可得剪应力 τ 等于 $\mu \frac{q}{y}$(其中 q 是测得的速度，y 是离物体表面的距离)．在实际上，此距离的数量级约为 $\frac{1}{20}$ 毫米．所用测量仪器的构造是：壁面上开一小孔，在离小孔上方相距很近的地方盖上刃口锋利的刀片(图6.23)．这种探测头当然需要经过校正，因此应做成可以卸开的．校正时，我们可以把探头装在已知其流动是层流的狭管道中，而由观测到的压力降落算出剪应力来．但在实际测量中，这种方法常常失效，原因在于层流底层太薄，按此法得不出可靠测量数据．

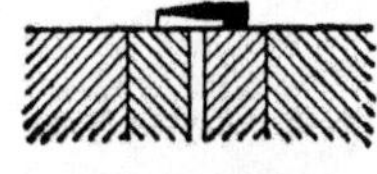

图 6.23 摩阻的测量装置

进一步用于直接测量湍流壁面剪应力的方法，是以路德维格和蒂尔曼所首先建立并经实验证实了的定理[6.24]为基础得出的；这个定理说，在壁面附近有压力递增或递减的湍流边界层里存在一个区域，域内那个在无压力梯度时早已被证实了的普适的速度定律(见**4.7.1**)仍旧适用．如果认为这个定理有效，则从原理上可以很简单地得到湍流壁面的剪应力，即：在普适壁面定律的有效范围内，可以在离壁面一定距离处测量流动速度．然后由壁面定律和流动介质的物性常数可以算出壁面剪应力．但实际上，由于问题中出现的离壁距离非常小，不可能找出测量的速度和离壁距离之间的可靠对应关系，常常使这个方法归于失败．因此人们宁愿采用其他按另一种方式使普适定律有效的方法．

在路德维格方法[6.25]中，人们利用一小金属块，把它嵌在墙面中而保持与墙面的绝热良好，用电流将它加热升温，然后在某一定的超温情况下，测量它传递给气流的热量．如果金属块很小，因而在它上面形成的热边界层不会超出普适壁面定律的有效范围以外(这一前提是容易保证的)，则在某一定超温下所传走的热量除与流动介质的特性常数有关外，只与唯一地确定速度分布型的壁面剪应力有关．因此我们就得到了一个可作校准用的摩擦应力量测设备.

普列士顿的办法[6.26]是用一个与上述费吉和福纳所用非常相似的探测头. 其区别只在于探测头可以大很多，因为这时只要求探测头的上边界仍在普适壁面定律的有效区内就成. 由于探测头堵流作用所产生的高出于静压的超压,它只与壁面剪应力有关.剪应力与所作用压力之间的关系,也可以通过作校正测量得到.

6.4. 船舶试验[R18],[H6]

在一贮有静水的拖动试验水槽里,拖动一个用石蜡、木材或塑料制造的船舶模型(长度可达7米左右),对其进行阻力测量,这是一种典型的船舶试验. 如以西德汉堡船舶试验研究所的大水槽为例,它深6米,宽18米，长300米；横跨于水槽上的拖动车的轨道运行速度可达每秒9米. (轨道与水表面距离的精确度是 ±0.1毫米；由于地球的弯度,轨道并不是直的，但是平行于水面.) 由于螺旋桨对于绕船体的流动有影响,因而也影响到阻力；所以还要在推进试验中，另作可以从随着运动的拖车上观察模型螺旋桨工作情况下的船模型的试验，并要使船体保持直线航程(见图6.24).

对于作环行运动,模型是用一个悬于水面上的旋转臂(半径有几米长)来牵引,行驶于圆形路线上；这种情况下产生的力,对于计算操纵特性是很有用处的. 最后,还可以在机动性试验池里,对一可以完全自由航行的模型进行遥控而测定其航向稳定性和机动

图6.24 挂在拖动车上的6米船模型(汉堡船舶试验研究所)

特性.

海浪可以由造波器来模拟，例如通过浮水物体的周期性入水和出水. 再在水槽(或池)的边缘上,用人造海滩把这些水波(以及由模型产生的船波)一起消除掉. 如果用两个造波器造波,使不同振幅、频率、相位和方向的波系相互干扰，则由此可得与自然界情况非常相似的无规则海浪运动. 除去模型的航行特性外，例如测量模型在海浪中所受的弯曲力矩,那也是很重要的.

对于作海洋船艇的模型试验，所用的拖动试验水槽的宽度和深度应尽量大，以使槽渠的修正值保持很小. 至于内河船舶的模型,则应在浅水槽内进行试验,浅水槽里也常常能产生水流.

对于船的螺旋桨，与它有重大关系的是“**形成气穴**”或“**气蚀**”的现象. 如果在一股水流中，绝对静压降到蒸汽压力 p_D 以下(例如在螺旋桨叶尖和桨毂发出的涡旋中(图 6.25)或在桨叶的吸力面上),在那里的水就会蒸发，从而产生充满水蒸气的气穴，气穴中的压力(即 p_D)是常值. 在下游压力回升的地方,蒸汽又凝结,气穴就崩溃了. 这里，无量纲特性系数是**气蚀系数** $\sigma=(p_0-p_D)\Big/\frac{\rho}{2}u_0^2$，其中 p_0 是静压，u_0 是来流速度. 由于在水中溶解(吸收)着空气和夹杂着空气泡，它们促进了气蚀的形成(参见**9.11** 末尾). 这一过程可以在**气蚀水洞**(即一封闭的循环水流通道)里进行研究. 水泵螺旋桨推动水流向下,下面的水由于受作用在它上面的水的重量载荷而产生高压,避免了出现气蚀. 在位于上方的试验段里,例如可对有水流过的模型螺旋桨(它可由穿过水洞壁面的轴来驱动)在轴上测量其推力和转动力矩; 如果水是斜着流

图 6.25 在高气蚀系数($\sigma=4$)情况下，水螺旋桨叶尖涡旋和桨毂涡旋中的气蚀现象

过螺旋桨的，则还可以测出其他的力．从水洞的最高位置上，可以将跑出来的空气或水蒸气吸掉或者将它们压缩．因之可以随着p_0的改变而任意改变试验段里的气蚀系数σ．如果水中所含空气量很高(相当于船舶旁边的情况)，则试验段中分离出来的气泡一般仍能保持，因而当环绕水洞流转回来时，会把来流条件扰乱了．因此在有些这样的水洞中，再在下面埋上一个大容器(所谓吸收器)，使水流在重新回到试验段前，必须先在容器内上下回流许多次．而在吸收器里停留的这段长时间里，由于那里的压力很高，大部分空气又被水所吸收或溶解掉．

在船的尾流里的螺旋桨，它的不均匀来流，例如，可由在试验段前安装具有不同稀密度的尾流筛网来进行模拟．

参 考 文 献

[6.1] H. Trienes, Braunschweig, *DFL-Bericht* **61**/21.

[6.2] E. P. Neumann, F. Lustwerk, *J. Aero. Sci.*, **18**(1951), S. 369—374.

[6.3] J. Ackeret, *Convegno Volta* **5**(1935), S. 487.

[6.4] K. Oswatitsch, *ZAMM* **22**(1942), S. 1.

[6.5] R. Becker, W. Döring *Ann. d. Phys.* (5) **24**(1935), S. 719.

[6.6] H. Ludwieg, *ZFW* **3**(1955), S. 206—216.

[6.7] S. M. Bogdonoff, A. G. Hammilt, *J. Aero. Sci.* **23**(1956), S. 108—116.

[6.8] J. M. Burgers und v. d. Hegge-Zijnen, *Kgl. Akad. van Wetenschappen, Amsterdam* **13**/3(1924).

[6.9] v. d. Hegge-Zijnen *Kgl. Akad. van Wetenschappen, Amsterdam* **32**/1 (1929).

[6.10] F. Krisam, *ZFM* **23**(1932), S. 369.

[6.11] E. Gruschwitz, *Ing.-Arch.* **6**(1935), S. 355.

[6.12] J. G. von Bohl, *Ing.-Arch.* **11**(1940), S. 295.

[6.13] A. Betz, *ZFM* **16**(1925), S. 42.

[6.14] M. Schrenk, *Luftfahrtforschung* **2**(1928), Heft 1; 或 B. M. Jones, *Rep. and Mem.* **1688**(1936).

[6.15] L. Landweber, Jin Wu, *J. of Ship Research* **7**(1936).

[6.16] F. Schultz-Grunow, *Luftfahrtforschung* **17**(1940), S. 239—246.

[6.17] D. Coles, *J. Aero. Sci.* **21**(1954), S. 433—448.

[6.18] K. Wieghardt, *Techn. Ber.* **11**(1944), S. 207.

[6.19] W. Jacobs, *ZAMM* **19**(1939), S. 87.

[6.20] K. Wieghardt, *FB* **1563**(1942).

[6.21] W. Tillmann, *UM*. **6619** (1944) und *UM*. **6627**(1945).

[6.22] L. Prandtl, *FIAT-Bericht*(V3.3).

[6.23] A. Fage und V. M. Falkner, *Proc. Roy. Soc. London* (A) **129** (1930), S. 378.

[6.24] H. Ludwieg und W. Tillmann, *Ing.-Arch.* **17**(1949).

[6.25] H. Ludwieg, *Ing.-Arch.* **17** (1949), S. 207—218.

[6.26] J. H. Preston, *J. Roy. Aero.Soc.* **58**, S. 109.

[6.27] H. Amtsberg, *Jahrb. Schiffsbautechn. Ges.* **54**(1960).

第七章　飞行器、推进装置和流体机械

7.1. 亚声速翼型

7.1.1. 典型低速流态

机翼的翼型具有一种特殊的体形，我们应该使它所产生的升力与阻力相比，做到尽可能的大．一般说来，这就要求将翼型的前缘适当修圆，并使气流能顺着尖后缘流走．翼型的厚度与它的顺气流方向长度(翼弦)相比小得多，而机翼的横向展长(翼展)在许多实用场合中又比翼弦大得多．

这种物体类型(指翼型)在航空工程和在各种流体机械里，都有很广泛的应用．翼型的用处非常大，而且使用的效果很好，反过来又大大促进了人们对流动的研究．在自然界里，我们还可以从飞鸟、昆虫和一些鱼类中找到有关翼型的应用．事实上，正是由于对飞鸟的翼剖面以及有关它流动特性的研究，对航空技术起了决定性的推动作用[1]．

我们来研究一个环绕典型翼型的二维不可压缩的理想流动情况，为此可以假设翼型相对于翼弦是对称的，而翼弦相对来流方向成一迎角 α；对此可区分出三种基本不同的流动状态．图 7.1 示意地表示了这些情况．该图下面所画的沿表面压力分布也清楚地表明了它们之间的差异．为了便于比较，还同时对每种情况绘出相应的有环量的位流压力分布(参阅 **2.3.8**)．这三种流态的共同点是，在紧靠翼前缘之下，流体是沿着附着线或驻点线的上下分开，而作用在下表面的压力要比未受扰动的压力大得多(“受压面”)．可是在上表面则主要是负压(“吸力面”)．它们之间的主要

1) 利林塔尔[N5]和赖特在他们的著作中写有早期对主要流动特性的认识，和如何明确地、有目的地加以应用，因而特别值得重视．

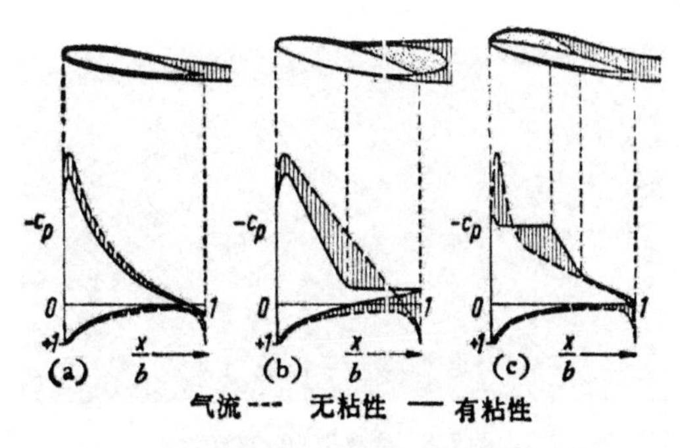

图 7.1　绕二维翼型的不同流动状态(示意图). 粘性影响大的区域用阴影线表示(比真实情况放大很多)

区别就表现在这个面上. 在情况(a)中, 气流有很大的压力梯度, 而且只在后缘处离体; 而在情况(b), 则多出现了一条分离线. 这条分离线导致形成一个分离气泡, 包围了一团不属于主流的流体[1]; 在情况(c)中, 类似的分离气泡占据了吸力面的相当一部分, 从前缘后的分离线开始, 直到下游很远处才沿着附着线结束. 最终, 气流从沿后缘的第二条分离线离开物体. 气泡内大部分区域的静压基本是常值.

在给定情况下, 三种流态究竟出现哪一种, 这主要与翼型(尤其是翼型的厚度和弯度)以及迎角大小和雷诺数有关. 情况(a)与无粘性流动很相近. 这是一种实际上较少有的有利情况, 即既有益于工程应用, 又足可进行理论计算(用机翼理论和边界层理论).

图 7.2　绕翼型的贴体流动

1) 由于此气泡一般在尾流里自行封闭, 所以这类流态与熟知的“基尔霍夫流动”很不相同, 后者的尾流伸向无穷远(参见 **4.16.2**).

图 7.3　绕翼型的分离流动

我们称这种流动为"贴体"流动；图 7.2 是一表示这种流动的相片，其典型压力分布见图 7.6 和 7.7. 与此相反，图 7.3 示出一种完全分离了的流动(在某一瞬间). 这样的流动可由情况 (b) 逐渐发展而成，例如通过增加迎角，使第二分离线前移到前缘，也可由情况(c)形成，例如当迎角很大，气泡末端的附着线已不再附在翼型上表面之时. 这后两种流动状态在工程技术上是很难用得上的.

根据这些情况，我们就不难理解，为什么要对无粘性的绕翼型流动作深入研究，而且是取气流只在后缘离体的流动模型为基础进行. 这就是所谓的库塔-儒可夫斯基假设. 在这个假设下，位流方程的解是唯一的[见式(2.28)].

求任意给定的物体形状的这类解，是个数学问题，在这方面已经有许多不同方法可用，如保角映象或奇点法等，这在有关教科书中都有详细描述(参见[S10]). 在初期，人们主要从事于求解某一定类型翼型的严格解. 其中最著名的有按照库塔[7.1]和儒可夫斯基[7.2]理论得出的所谓儒可夫斯基翼型. 它是从一 ζ 平面用保角映象法转绘到 z 平面开始，把 ζ 平面上的一个圆转绘成 z 平面上的一个有缝段. 用这个转绘式可以将一个与第一个圆相切或相交的圆转绘成后缘角为零的尖后缘翼剖面外形.

有关这个方法的各种推广和大量文献，可以参看贝茨的书[S10]. 这里只提一下西奥道森法[7.3]，它是用保角映象法(可把有缝段转绘成圆)先把有关翼型的外形"吹胀"开来，然后再用一个精确的圆来近似它.

近来，保角映象法已日益为“奇点法”所取代，推其原因，特别在于可以用点源、偶极子等奇点(即使在超声速时)来普遍地表示出三维形状物体和旋转体．这里我们也只提几篇比较重要的文献，如科伊内[7.4]，里格尔斯和维蒂希[7.5]以及韦贝尔[7.6]等的文章．有关进一步的论述，可参看现有的专门著作[A8]，[A17]等．

7.1.2. 低速平板翼

经验证明，如果忽略翼型厚度而把翼型当做薄板(骨架)来处理，仍用沿翼弦的涡旋分布代替翼型来计算[7.7]，[7.8]，是特别有成效的．图 7.4 中所表示的，是一块与来流成 α 角置放的平板的非常简单例子，图中同时绘有与这一情况相应的单独的涡旋流动(即没有叠加主流的流动)．对于这个流动模型可作这样解释，即：沿 x 轴从 $x=0$ 到 $x=b$ 所放置的涡旋分布 $\gamma(x)$ 是待定的，它应使所产生的垂直于平板的速度分量 $w(x)$ 满足一简化的边界条件

$$w(x)=-\alpha U, \tag{7.1}$$

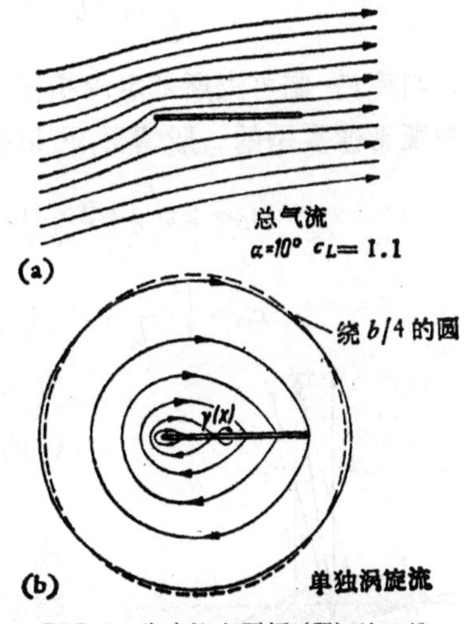

图 7.4 绕有迎角平板（翼）的二维流动，a)有平行流，b)无平行流
(a) 总气流 $\alpha=10°$，$c_L=1.1$
(b) 绕 $b/4$ 圆的单独涡旋流

式中 U 是来流速度．另一方面，按照比欧-萨瓦定律得

$$w(x)=-\frac{1}{2\pi}\int_0^b \gamma(x')\frac{dx'}{x-x'}. \tag{7.2}$$

它的解是

$$\gamma(x)=2\alpha U\sqrt{\frac{b-x}{x}}. \tag{7.3}$$

由涡旋系统形成的下洗速度［式(7.1)］在平板处正好与来流

的上洗速度互相抵消，因而流动方向与板面相切. 这时，涡旋分布除产生垂直于平板的速度外，还产生切向速度，其值对于平板的每个位置，在吸力面(上表面)上是$+\gamma(x)/2$，在压力面(下表面)上是$-\gamma(x)/2$，因而按照柏努利方程，局部升力可用系数形式写为

$$l(x)=-\frac{p_{上}-p_{下}}{\frac{1}{2}\rho U^2}=2\frac{\gamma(x)}{U}=4\alpha\sqrt{\frac{t-x}{x}}. \tag{7.4}$$

通过积分，可得总升力系数[1)]

$$c_L=\frac{L}{\frac{1}{2}\rho U^2 b}=\int_0^1 l(x)d\left(\frac{x}{b}\right)=2\pi\alpha. \tag{7.5}$$

它与库塔-儒可夫斯基定理相符合(参看**2.3.11**). 对于一个弯成圆弧形薄翼型的一般情况，可以类似地得到

$$c_L=2\pi\left(\alpha+2\frac{f}{b}\right), \tag{7.6}$$

$$c_m=\int_0^1 \frac{x}{b}l(x)d\left(\frac{x}{b}\right)=\frac{\pi}{2}\left(\alpha+4\frac{f}{b}\right), \tag{7.7}$$

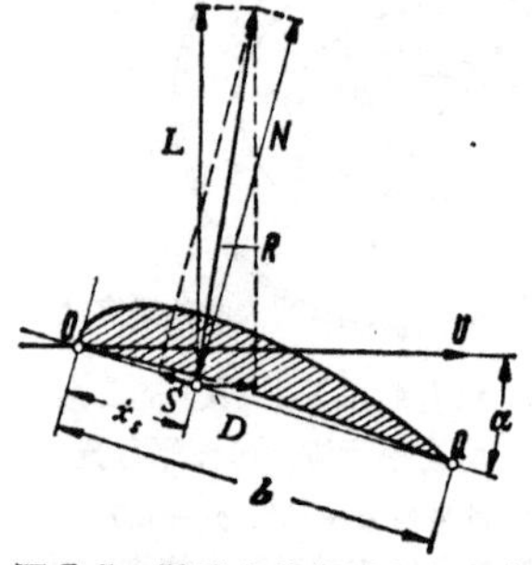

图 7.5 翼型上的作用力和角度

其中f为弯度，c_m为对于翼前缘($x=0$)的力矩系数.

在初步近似中，升力与$1/2\cdot\rho U^2 b$成正比，与迎角成线性变化关系，又与弯度有关；这一认识是促使人类飞行向前迈进重要一步的机翼理论的最重要内容之一. 直到本世纪初，人们还始终认为升力乃是空气质点冲击机翼下表面产生的；这种设想本来自牛顿.

由式(7.5)计算得的升力是垂直于来流的. 在所考虑的无粘性二维流动中，顺流动方向的阻力等于零. 偶一看来这似乎不甚合理，因为我们可以这样说，总的空气动力也应与构成它的各个压力差一样，必须垂直于平板面，因

1) 作为第一次近似，升力(即力在垂直于来流方向的分量，参看图7.5)等于垂直于板面的分量.

而是包含了阻力分量的．可是进一步分析一下库塔流动就可看到，由于绕板前缘的流动速度是无限大，因而会产生一个沿平板方向的有限吸力，恰好抵消了平板压力的那个阻力分量．对于这里出现的高速度，如果需要象处理有局部超声速的可压缩流动那样来处理问题的话，内部摩擦对这种绕角流动要起抗衡作用，这在这里完全不予考虑了．绕理想薄板的这种流动在物理上是不可能有的，但即便是修圆了前缘的厚翼型，所得的结果也正与上述的很相接近．表示沿平板方向吸力的切向力 T 的系数 c_T 与法向力 N 的系数 c_n 有一简单关系．因为

$$\left.\begin{aligned} c_n &= c_L\cos\alpha + c_D\sin\alpha \\ c_t &= -c_L\sin\alpha + c_D\cos\alpha \end{aligned}\right\} \tag{7.8}$$

(参看图 7.5)，于是由式(7.6)得出二维平板的

$$c_t = -\frac{c_n^2}{2\pi} \tag{7.9}$$

而弯曲板(在小 α 角时)的

$$c_t = -\frac{c_n^2}{2\pi} - c_n\alpha_0, \tag{7.10}$$

式中的 α_0 称为零升角．切向力与法向力的平方成比例的依赖关系，对于绕二维翼型的贴体流动来说，是很典型的．

从式(7.6)和式(7.7)可得出作用在翼弦上的合力作用点位置

$$\frac{x_p}{b} = \frac{1}{4}\,\frac{\alpha + 4\dfrac{f}{b}}{\alpha + 2\dfrac{f}{b}}. \tag{7.11}$$

对于无弯曲平板，这个“压力中心”正好在翼弦的四分之一处；但对于有弯曲的剖面，它一般均随迎角而移动．这会引起在飞机力学方面的不良现象；因而有必要发展“压力中心固定”的翼型，这是非常重要的．

这个 $b/4$ 点对于研究离翼型较远处的流场也有一定作用．我们可以从图 7.4 直接看出：沿平板面分布的涡旋在较大距离处的影响与一个在 $b/4$ 点上的单独涡很相接近．在作这种分析时，我们可以引入“升力线”的概念；但必须注意，这只对远离二维翼型的流场说才是有意义的．

7.1.3. 厚度和前缘半径的影响

翼型厚度不为零时，厚度的作用主要在于对以上所讲的流动

再叠加上因厚度堵流引起的位移流动[见**2.3.7**(b)]．这时，最大厚度处的速度扰动量差不多等于来流速度与厚度比的乘积．单独由厚度产生的压力分布，可用图 7.6 所示的一个典型情况来说明．在该图上所画出的按韦贝尔[7.6]计算得出的曲线，表明了一次近似(即边界条件不是在表面，而是在弦线上满足)计算结果导致在翼型前缘附近出现超出许可范围的大误差，特别是得不出驻点来．

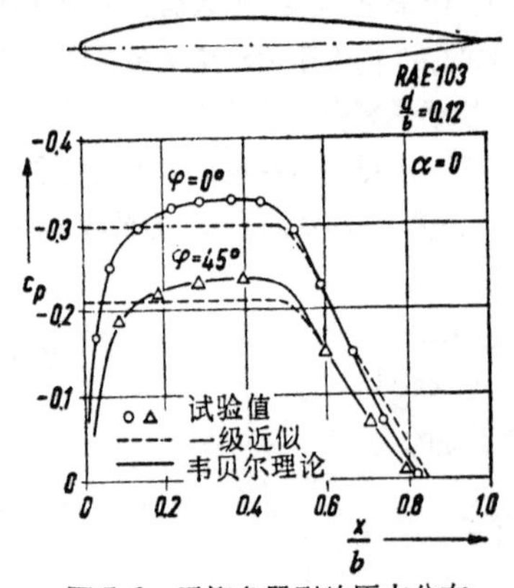

图 7.6　无迎角翼型的压力分布(按照韦贝尔 [7.6])，侧滑角 $\varphi=0°$ 和 $\varphi=45°$

此外，我们也不能忽略翼型厚度对有迎角翼型的升力影响．做为一级近似，我们可以假定，原来给出升力的涡旋分布，现在是处于(因存在位移流动)升高了的速度中．就椭圆形翼型来说，这个升高了的速度的一级近似值是常数，它等于 $U\left(1+\dfrac{d}{b}\right)$．于是按库塔-儒可夫斯基定理可得

$$c_L=2\pi\left(1+\frac{d}{b}\right)\alpha \tag{7.12}$$

以代替以前的式(7.5)，上式中 d 是翼型厚度，b 是弦长．实践表明，对于椭圆翼型，这个关系式是严格适用的．对于有尖后缘的常用翼型形状来说，则厚度影响要小一些，此时可应用下列近似方程更为广泛有效：

$$c_L=2\pi\left(1+0.8\,\frac{d}{b}\right)\alpha. \tag{7.13}$$

但我们可不能认为，这个按无粘性流动情况算出的压力和力的值，就已经是够准确的实际值了；因为一般地说，尤其对于风洞试验，边界层影响是起很重要作用的．

由于在翼型中部的翼型厚度对上、下表面都引起吸力，而迎角的作用却是使上表面得吸力而下表面产生超压，所以因厚度和迎角所引起的扰动在翼型下面是部分抵消了，而在上表面则是吸力相加．因而在亚声速范围里，升力主要是作用在上表面的吸力产生的(见图 7.1)．

7.1.4．贴体流动的粘性影响

如上面所提到的，粘性的影响在以前所处理的无粘性模型流动中，是在库塔–儒可夫斯基假设的形式下，基本上把它计算进去了．但还有其他一些影响需要考虑，如与上、下表面的各种不同压力分布有关的粘性影响，特别是与上表面不可避免地出现的压力梯度有关的粘性影响．这种流动成了应用边界层理论的一个主要领域．人们可以按一级近似，假设压力分布与无粘性流的情况相同，来研究沿翼型表面的边界层变化．这时，对于壁面和流动的弯度影响是不予考虑的．然后在这个基础上再逐步进行改进，计算一个不是绕原翼型，而是绕一个加上位移厚度的外形和尾流所形成物体的新的无粘性流动．莱特希尔[7.10]曾对这些基础性概念作过解释，并给出了位移厚度的各种计算方法．

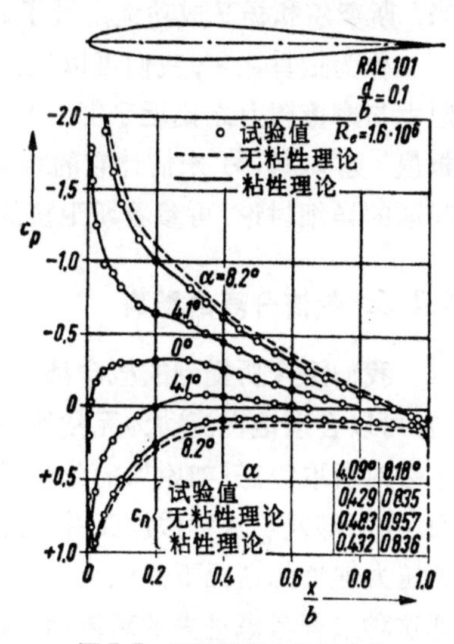

图 7.7　二维翼型上的压力分布(见[7.17])

关于计算边界层的影响，第一次尝试主要是想确定环量[7.11]和计算位移影响[7.12]．瓦尔茨[7.13]是第一个对有边界层和气流分离的翼型作了成功计算的，而且得出了有衿翼和无衿翼时的最大升力．在这方面，可以提一下的较新工作，有普列士顿[7.14]和史彭斯[7.15]，[7.16]的文章。与以前瓦尔茨所作的一样，史彭斯提出了一个实用的近似计算法，可以比较简单和更准确地算出一个给定翼型在粘性影响下的压力分布和升力．图 7.7 示出一个典型例子[1]，是按照布来伯和白格雷[7.18]的精细测量结果绘出的. 由此可以看到，边界层的影响不只起降低迎角效果的作用，而且由于位移厚度有沿翼弦增加的特性，还有增大(负的)有效弯度的作用.

一般说来，因粘性导致的升力损失是可观的，主要是因为在吸力面(上表面)上的边界层总要比压力面(下表面)上厚些的缘故. 这个损失首先与升力系数 c_L 本身大小有关，因此使实际的升力线斜率不成线性，参看图 7.10; 此外还与雷诺数和转捩点位置以及翼型的形状(对此，后缘角是一最重要参数)有关.

用以上所说的一般方法，既能算出边界层，又能算出作用在物体表面上的压力分布，所以从原则上说，我们可以由此把阻力的两部分：摩擦阻力和压差阻力，都计算出来(参看 **4.6.1**). 从尾流是可以确定这两个阻力之和的 (参看 **6.3.5**). 翼型试验表明，按贝茨和 B. M. 琼斯两个主要方法所得的结果与试验非常一致. 后来，斯奎尔和杨又成功地发展了后一种方法[7.19].

作为估算之用，我们可以记住：对于对称翼型，$\alpha=0$ 时的压差阻力与摩擦阻力之比近乎等于厚度比 d/b. 摩阻可以用熟知的平板值 (见 **4.16.3**) 来估计它的相应于"沾湿面积"之值. 有关阻力问题的详细讨论，可参看斯卫茨的书[L13].

7.1.5. 气流分离的影响

我们至今所提到的概念都是基于一种假定，即：作为一级近似，可以合理地视流动为无粘性，并且随后，计算出来的边界层也不会对所取流态(如附加的分离线)有什么重要改变. 但在另一方面，我们却发现这种假设又并非总是对的，特别是当层流边界层处于压力递增的情况下，气流会发生分离. 这时就必须另找一个能把这种过程考虑进去的新流动. 值得注意的是，在许多重要的实际情况中，这种新流动与上述流动几乎没有什么差别. 这种层流分离即使在如图 7.6 所示的 $\alpha=0$ 情况下也能 (在翼弦的大约 2/3

---

1) 在本例和其他一些例子中，所用到的翼型形状均属所谓 RAE (英国皇家航空研究所)翼型系，是由斯奎尔设计的(参见 [7.17]).

处)产生；而对于有迎角的翼型(如在图7.7中)，一般也会在所有迎角下见到在尖的吸力峰后出现的层流分离[参见**4.4**(a)末]，不过分离后常常是形成短气泡，在变为紊流后又附着到物面上．全部过程是在不到一百倍位移厚度的长度内演变的，因而整个流动几乎没有改变．只是由此定出一个转捩点(见**4.5**)．从图7.8的例子可见，实际上这类气泡确实很短，图中表示出的气泡约只占翼弦长度的千分之三到五(0.3—0.5%)．但我们必须明确，以无粘性流作为一级近似之基础的翼型理论，主要正是由于有这一流动机理，才得以应用于此．

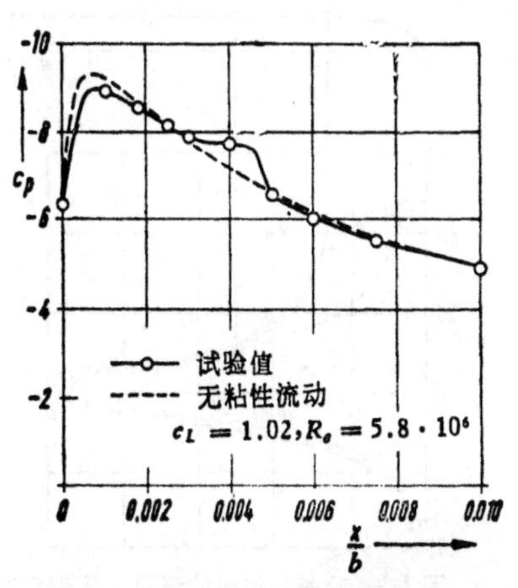

图7.8　前缘附近有短气泡情况的流动．麦克库劳和高尔特对NACA63-009翼型的测量值

重要的是，对于有尖的吸力峰的很薄翼型(它们到分离点的流动长度很小)，其层流分离点上的雷诺数达不到临界值，致使所产生的分离气泡比较地长得多．在这种情况下，流态有很大改变，出现了象图7.1中(c)的情况以代替原来的流态(a)．从物理上看，这时的气泡本身仍与短气泡相似；只是与翼型长度相比，尺寸比较大些而已．人们从试验中观察到，在气泡前部具有差不多是常值特性的压力，而在随后的重新附于物面的区域里，压力升高很急剧．随着迎角的增大，气泡愈来愈长，而低压愈来愈小，直到气泡延伸到全翼弦，并最后伸向尾流．当气泡末尾达到后缘时，环量(因而也是升力)开始降低；在后缘处压力突然下降．在这种流态中，吸力 c_t 几乎完全消失，无论如何也大大低于流态(a)时用式(7.9)和式(7.10)得出的值．因此压差阻力增大很多，并近似等于 $c_L \cdot \alpha$.

马斯克尔[7.20]为这种流态提出了一个理论模型(图7.9)，他假设一块平板的下面是固壁，而在上表面从前缘 V 到某一点 P 有一条等压的自由流线，以此表示气泡的前一部分．从 P 点往下游，在气泡的后部以及再往下直到尾流，都假设位移厚度是常值．这样一来，位移厚度就与气泡的高度相等，要比平常厚得多，因而须计及阻力的增大．从 P 点起气流向下游流动，先是平行于平板；而到了在翼型后的远方尾流中，气流将平行于主流．确定无粘性外流特别适宜于用速度图法，并且若以低压(或气泡长度)为参数，可以得出无数个解。由于伴随着气流再附于物面，有压力的升高(在 P 与 Q 之间)，我们必须取它作为其中的参数，这样可使所得的解成为单值，所以在物理上是有意义的．我们可以取 $c_p=(p_Q-p_P)/(1/2)\rho U_p^2$ 来量度压力增升的大小，测得的大致试验值[1]为 $c_p=0.35$．经此压力升高后，压力分布又逐渐趋近于无分离流态(a)的情况．

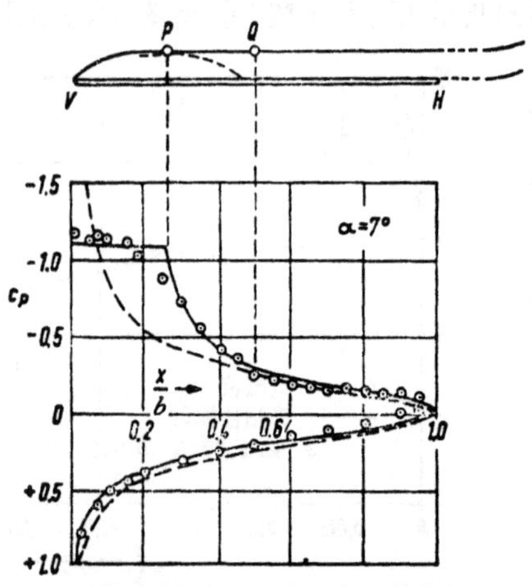

图 7.9　有长气泡时的流动．麦克库劳和高尔特得出的 NACA 64A-006 翼型测量值，$c_L=0.75$，$\alpha=7°$．图中用点表示：扣除了 $\alpha=0°$ 时压力的试验值．

虚线：$c_L=0.76$，$\alpha=7°$ 情况的平板无粘性流动．

实线：$c_L=0.75$，$\alpha=7°$，$\sigma=0.35$ 时，有气泡平板的马斯克尔理论值

关于图 7.1 中的(b)流态，我们知道的还很少．一般说来，它是由贴体流动，随湍流边界层在后缘附近分离而发展来的．究竟在什么情况下会出现这种流态，目前还不能预知．这时所形成的气泡，在初起时相对说来还是小的，只影响后缘附近的情况．但是在这种情况下，气泡的长短已不象层流分离时那样有基本的差异．气泡完全形成后的流动与曾在 **4.17** 内描述过的绕圆柱体(和类似物体)流动，性质上相似．

由于出现附加的气流分离，使绕流偏离了原来贴着翼型的流

1) 它的基本机理与突然扩大管的内部流动在性质上相似，出现于后者的最大压力增升为 $c_p=0.5$．

动，这样所得结果，最重要的是：以上所提到的各种现象，即使方式不同，都起到限制增加升力的作用．如图 7.10 所示，升力曲线所达到的最高值，主要与翼型有关，也与雷诺数有关．曲线 (1) 对于相当厚的弯曲翼型 (d/b 约为 0.12 或更大) 来说是典型的，这时流态从图 7.1 中的 (a)，由于后缘附近的湍流分离而逐渐变为流态 (b)．当气泡超过翼弦的一半时，升力又会降低．曲线 (2) 是无弯度中等厚度翼型 (d/b 为 0.09 左右) 的典型曲线，由于层流分离，在达到最大升力之前，前缘附近一直存在一个短气泡，因而流态与 (a) 情况实际上没有区别．但随着迎角增大，气泡不断缩短，而使气泡再度贴体所需要的压力升高值不断增大．于是达到了一个状态：湍流掺混过程所得的有效压力增升 ($c_p \approx 0.35$) 已不再够用，气泡乃"破裂"．随之升力有一突降，这时，一个象情况 (c) 那样有较长气泡的新流态就形成了．由于出现的流动变化很突然和可能有滞后现象，实际飞行不应到达这最高点．曲线 (3) 是无弯度薄翼型 (d/b 约为 0.06 或更小) 的典型曲线；这时，在到达最高点之前，半途中就由于层流分离而出现如流态 (c) 的长气泡情况．随着迎角的增加，气泡不断变长，但升力起初仍是继续升高的．直到气泡伸展到尾流区时，升力才下降．迎角极大时，所有翼型的绕流情况基本相同，在前后缘都有气流分离；升力曲线彼此是很接近的．

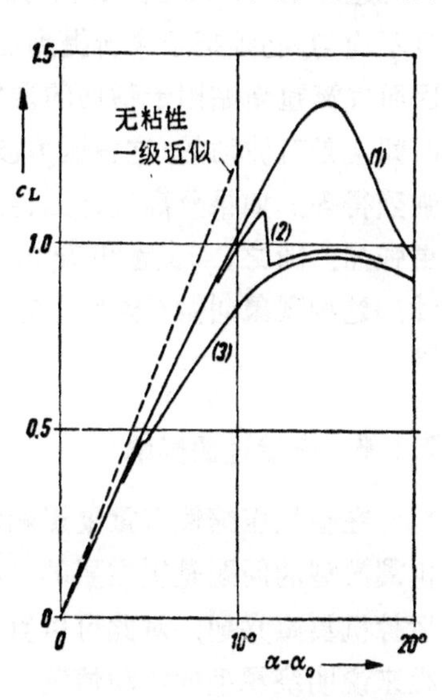

图 7.10 不同的二维翼型在最大升力附近的特性(示意图)

由于流动过程很复杂，想预先计算出给定翼型的最大升力，常常还办不到．因此还很需依靠实验数据．在这方面，麦克库劳和高尔特曾作了系统试验[7.21],[7.22]；而克莱伯特列[7.20]和谷[7.23]提出了有关的理论定则.

还应指出，象图 7.1 中所示的流态(b)和(c)是随时间改变而且不均匀，必须把至今所提到过的流动模型看作只是时间平均值.因而气流重新贴附于物面的现象和气泡内的流动(尤其是压力)在时间上是有波动的.这种压力波动要比湍流边界层内的(见 **4.7.1**)强烈得多. 如果分离气泡延伸到了尾流，则产生的压力波动还要更强烈. 随之，环量和升力也产生相对较为缓慢的时间脉动. 这种现象叫做“抖振”；它进一步限制了实际的可飞行范围.

7.1.6. 压缩性的影响

在空气压缩性有重要影响的快速飞行速度范围内，如何应用机翼翼型的问题是很主要的. 在亚声速范围内，人们对二维的无后掠机翼感兴趣，对此可以直接用 **3.9** 里提到过的气体动力学过程来说明绕翼型的流动情况.

在实际应用中，我们想知道的首先是：速度、压力和力与它们的不可压缩之值(下脚注用 i 表示)相比，是怎样随着马赫数的增大而变化. 对此，比拟法是特别有用的，而普朗特-葛劳渥法则以最简单的形式 (c_L/c_{Li} 随 $1/\beta$ 而变，$\beta=\sqrt{1-M_0^2}$) 给出了实际可用的近似值(根据现有的风洞试验数据判断). 但按这种粗糙的一致性，还不足以下最后结论；因为边界层对升力有很显著影响，而在这种比拟里是假定它在迎角不变时不随马赫数而变的. 因此，在这方面还需要作进一步研究.

普朗特-葛劳渥比拟及其推广部分可以一直应用到下临界马赫数，其时局部的速度已达到当地声速(见 **3.11**). 这时压力系数达到一个临界值 c_p^*. 对于二维的绕翼型流动，这个临界马赫数 M_{1I} 总在亚声速范围内(见图 7.29 中 $\varphi=0$ 的曲线)，但对同类翼型的三维绕无限翼展斜置机翼的流动来说，则并不一定这样(见 **7.8**). 如果超过了临界马赫数，就有局部超声速区产生，而一般它是在翼型上以产生一激波而结束. 图 7.11 所示是这种超声速区在较大迎角下随马赫数的增加而发展的一个典型例子[1]. 这个特殊例子的特征在于激波前后的压力增升并未引起气流分离；在超声速区后的速度分布基本上与纯亚声速流动情况相同.

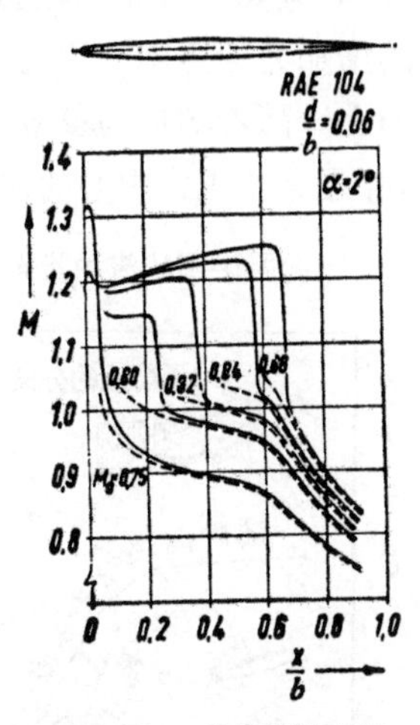

图 7.11 二维翼型的上表面局部马赫数分布. 实线: 有激波的实际流动情况(示意图). 虚线: 假设无激波时的亚声速流动情况

超声速区本身是可以按照 **3.8** 所说方法来研究的. 如果我们注意到在经过激波后粘性层也具有与外流同样的压力增升，而且增升似乎在很有限的范围内发生，则可以从激波前的局部马赫数对情况获得个粗略的概念. 与其他的相似情况一样(见以上和 **3.13**)，我们可以引入压力系数 $c_p=(P_2-P_1)/(1/2)\rho_1U_1^2$，其中下脚注 1 表示激波前的状态，下脚注 2 表示激波后的状态. 如果再假定所发生的是正激波，则由于无粘性外流中的压力增升与粘性层内的压力增升相等，我们得到(取 $\varkappa=1.4$)：

$$M_1^2=\frac{1}{1-\frac{\varkappa+1}{4}c_p}=\frac{1}{1-0.6c_p}. \tag{7.14}$$

上式表明，在这个近似情况下，激波前的局部马赫数与来流的马赫数无关；例如，$c_p=0.5$ 时 $M_1=1.2$. 这个概念可由图 7.11 所示的试验结果差不多得到证实，因而可以看作是一个粗略的准则. 如果我们再把这一性质和已知的经验，即激波后的速度分布大致等于普朗特法则得出的值相联系，则我们看到：随着来流马赫数的增大，激波必然向后移动，而且亚声速速度分布的变化越少，激波的移动就越快；一个陡的速度降落可使激波的后移延缓.

如果我们想到，只有无粘性的亚声速气流才没有压差阻力，那末一定可以从激波后有熵的增加而理解到上述的有激波流动必然

1) 参看[7.24]. 图 5.24 用最简化的形式给出了在激波根部所发生的过程 (详细情况还没有完全研究清楚).

会引起阻力[7.25],[7.26](参看**3.14**). 此阻力将随马赫数的增加而上升,而且如果激波是在翼型的最高点(所谓"峰")之后移动,则阻力的增加尤为急剧, 因为这时有很大的吸力是作用在向后倾斜的表面上. 随着增加马赫数而产生的压力分布变化, 除引起阻力增大外,还导致压力中心的向后缘移动.

上面所讲到的流动状态,在一定升力和马赫数范围(如图 7.12 的示意图左下方所指)内, 在许多情况下都是由贴体的亚声速流动发展而来. 这个范围的上方以出现全部气流分离[如图 7.1 中流态(b)和(c)最终将产生的状态]为限界. 图中, 向右先遇到阻力的限界, 在限界的另一边阻力增升(即使不一定立即产生急剧增升). 一般说来, 此边界与临界马赫数边界一致, 因而是可以估算出来的. 再向右到较高马赫数的地方, 就遇到另一个限界, 在它的另一侧, 上面所讲的那种流态就不存在了. 通过各种不同的中间阶段,到达了这样一种流态; 其时, 激波和边界层内的相互影响情况, 将再导致一次气流分离[7.27], 分离气泡一直延伸到尾流里. 一旦产生这种流态, 则后缘附近的压力立即呈现有特征性的下降和图 7.1 所示的流态(b)情况相同, 这种气流一般都伴有随时间变化的强烈压力脉动. 因此常常把图 7.12 中所绘的这条实线[1)]叫做"抖振"边界. 飞行器一般不能在边界的另一面所指区域中飞行. 所以在实践中, 认识这条边界并设法影响这条边界是特别重要的. 为了这个目的,我们可以采用许多办法, 如: 改变剖面形状、用旋涡发生器以及吸除或吹除来去掉边界层影响. 海内斯[7.28]和庇尔西[7.27]对有关这方面的问题, 作过进一步研究.

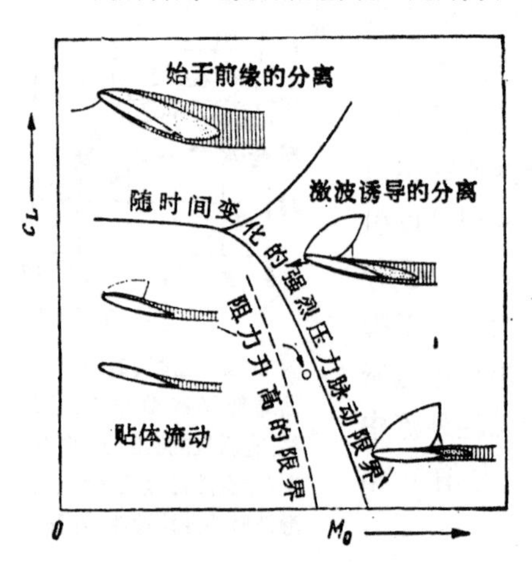

图 7.12 二维翼型上的不同流态与马赫数和升力的关系(按照庇尔西的示意图). 粘性影响显著的流动区域用阴影线表示

1) 这条边界线不一定要象本图中的例子那样, 一直下到 $c_L=0$ 的地方. 对于极薄翼型, 通到高马赫数区可以有个无抖振的通道"走廊"存在.

7.2. 翼型设计问题:改变剖面形状和控制边界层

关于绕翼型的流动,从根本上说,只有图 7.1 所示的贴体流态(a)才是实际有用的,所以要寻找出能在整个飞行范围,即:从可能小的飞行速度(高升力问题)到可能大的飞行速度和马赫数(快速飞行问题)范围里保持这种流态的办法,这是很重要的. 除特殊的飞行力学条件和外界的空气动力条件外,一般还要求在全部飞行范围内、特别在快速飞行时,应使给定升力下的阻力尽量地小. 这个主要课题基本上就是要按所希望的方式来控制边界层的发展使之稳定和不变,特别是要把气流的分离点固定在后缘,而且只在后缘上.

要解决这个问题,主要有两种办法:用改变翼型形状和用吸除或吹除的方法来控制边界层. 目前,离开用纯理论方法来处理这个问题还有很大差距,在很大的范围内,主要还得依靠经验和实验数据. 但也有一些问题是可有理论解的,例如给出压力分布计算简单的翼型形状. 关于边界层控制方面的近代进展,拉合曼[B11]曾作过综合性论述. 有关快速翼型设计的专门性问题,将在下面讲后掠翼时一并提到. 这里只对如何提高升力和减小阻力的一些措施作一简短介绍.

在航空技术的应用方面,总存在着想提高原有翼型的升力的愿望;因为原有升力系数的最大值 $c_{L_{\max}}$ 大致只限于 1.1 到 1.5 之间. 如果满足于这个值,则必须加大飞机面积,而这对于高速飞行状态来说,在需要的升力下所带来的阻力过大. 于是就出现了大批"着陆辅助装置",其中各种不同类型的衿翼已证实是特别有效的. 此外还广泛地把衿翼用做操纵面(如升降舵、副翼、方向舵),以便操纵飞机作不同运动(俯仰、滚转和偏航). 有几种简单情况是可以使用理论的;例如葛劳渥[7.29]和科伊内[7.30]发展了

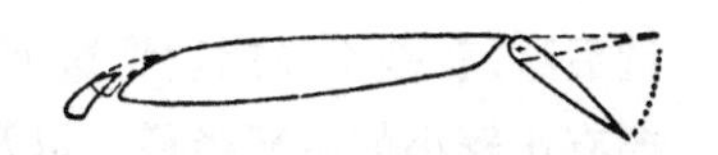

图 7.13 不同的简单增升措施. 上图:折转式衿翼. 下图:开缝式衿翼

二维折板理论，洛茨和京策尔用理论处理了装有开缝衿翼的厚翼型问题. 图7.13示出了这种衿翼的一些常用类型. 就后缘可向下偏转的衿翼而言，其作用首先在于增大翼型的弯度，因而也叫做变弯度衿翼。从式(7.6)来看，也就是增大了(负)零升力角. 对于一定的几何迎角，我们首先要求获得更大的升力，倒不一定在于有更大的 $c_{L_{max}}$ 值. 只有通过同时控制边界层，使气流分离保持在后缘附近，才能把 $c_{L_{max}}$ 大大提高. 开一个形状合适的缝(或者开许多这样的缝)，把下表面上超压区的新鲜空气引到上表面来，就可以起这样的作用. 有几种控制边界层特别有效的不同方法，如：吸除衿翼上的边界层或通过在弯折处吹气把能量加进边界层等. 在前缘上采取的措施有：使头部下折和采用前缘缝翼，这些都可以使在前缘处气流的分离推迟到更高迎角下才发生，因而可使 $c_L(\alpha)$ 曲线延伸到更高的 c_L 值. 头部下折对极薄翼型来说，虽不能避免产生长气泡的分离现象，但它还是能起作用的，因为这时在肩部(即下折处)产生的低压区易于使长气泡在肩部以前再贴体，所以气泡将不象通常那样随着迎角的增加而总是不断加长. 缝如开得好，对边界层的控制极为有利. 在头部附近或在肩部处吸除附面层能起很大作用；用吹气方法巧妙地吹除边界层，使气流能克服大的压力增升，效果同样很好.

总起来看，按照一般规律，用机械式的衿翼系统可以使 $c_{L_{max}}$ 值提高到接近3.0；用主动控制边界层的办法还可再提高这个值. 要对不同的可能性作出实际评价，则必须考虑把升力提升到一定值时所需要付出的代价，即：机构的复杂性和增加的重量，以及需要吸吮或吹出的气量. 还要考虑泵装置的重量. 在这方面，近代的喷气发动机是有其优点的，它可以比较简单地做到提供一定量空气(参看拉合曼[H11]).

此外，在同一本书[H11]里，还从应用上概述了有关减小阻力的各种可能性问题. 这里首先是用实验研究高速飞行中如何尽量保持层流边界层的问题，因为层流边界层所产生的粘性阻力要比湍流的小得多(参看**4.16.3**). 只凭通过改变外形，使压力增升区尽量后移，就差不多能达到这个目的. 对于翼型来说，就是在外形上要有比较小的头部半径，以及使最大厚度位于很靠后的地方. 此外，如沿壁面进行连续的吸吮或吹除也可以减少表面摩擦阻力. 对于后一情况，必须恰当地权衡外表面上阻力所作的功和为了吸吮或吹除空气所必须作的功，两者结合起来考虑，因为这不单纯是边界层变薄或层流化，或者单纯是减少壁面切应力的问题．有关这方面的基础工作，可参看埃德华兹的文章(在[H11]中)．

对于这一关系，可以举出几种饶有趣味的流动状态来，它们的共同点是：对正常的绕翼型流动加上强干扰．这类干扰之一就是“汇”，也就是说，有一个吸气的开缝(如普朗特在1904年已经建议过的)．这个“汇”对翼型周围速度场的影响是：“速度从最高值梯度陡削地(相当于通过一个不连续面，从这里把边界层吸走)下降到低值，此后，速度曲线的坡度一直到后缘都是比较平坦的．”(引莱特希尔语，见[7.32])．莱特希尔、葛劳渥[7.33]和威廉斯[7.34]等人曾为提高升力设计过在头部附近采用这种开缝的翼型形状．

格里菲斯[7.35]和葛劳渥[7.36]另外还提出过为减少阻力而在后部开缝的翼型．这样设计出来的翼型，可以同时允许其厚度增加到远比一般尺寸大得多的程度．图7.14所示就是这样的一个例子；对于开缝，虽然在发展上还存在一系列没有解决的问题，可是这样的基本设想一般已为试验所证实(见[7.37])．最后，还可以把缝开在后缘上．这样的安排开缝位置，既可用来提高升力(见雷根沙特[7.38])，也可用来减少阻力．葛劳渥为减少阻力所计算出的翼型[7.36]见图7.15．但试验[7.39]表明，流进这样的缝的流动是紊乱而且有脉动的，这显然是因为有自由(不固定的)驻点存在而造成的后果．如在对称平面上安置一块固体平板，则可以消除这类脉动．

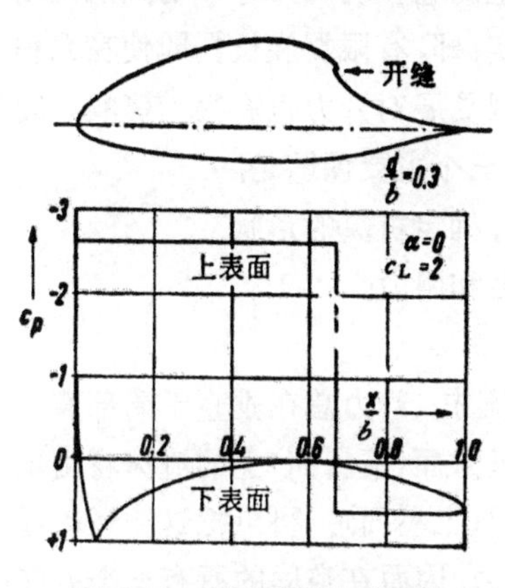

图7.14　采用开缝吸气的二维Glass-II翼型的理论压力分布(按照葛劳渥设计)

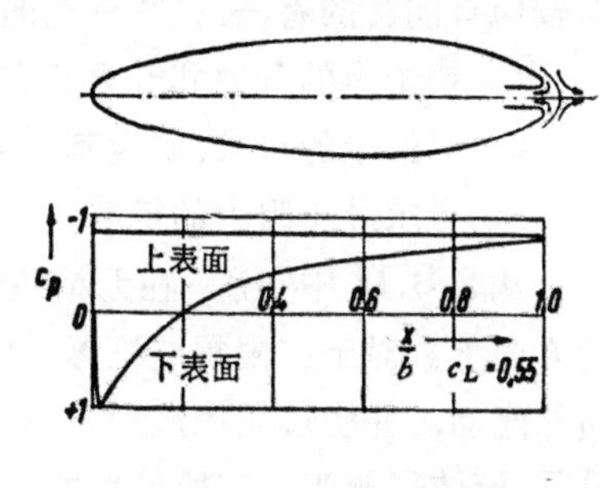

图7.15　采用后缘吸除的二维翼型的理论压力分布(按照葛劳渥设计)

7.3. 机翼的旋涡系

由于近代在航空技术上所用的翼型种类很多，流态又各不相同，所以应该首先从古典的机翼说起. 古典机翼的翼展要比翼弦大得多，如果用数值来表示这一特性，则可以说，它们的展弦比 $\lambda=l^2/A$ ($l=2s$ 为翼展长；A = 机翼的平面投影面积) 比 1 大得多. 它在垂直于翼展方向的横截面形状，与上节所说的翼型一样，头部是修圆，而后缘是尖的. 古典机翼的流态特性是：粘性影响只限于边界层以内，气流分离只在沿后缘处发生. 在航空技术发展的前半个世纪(五十年)中，这个领域里完全由古典机翼所统治，其主要物理过程早已为兰彻斯特[A2]和普朗特[N4]所熟知. 普朗特模式的古典机翼理论是流体力学和飞行技术一长系列发展中的起始点. 许多教科书[L1]，[L12]，[L13]都对这个理论作了详尽的描述.

如在 **2.3.8** 中所说，有限翼展机翼在机翼的尾缘处开始形成间断面. 此后，间断面卷起形成两个涡旋心并沿飞行路线一直往后伸展. 随着时间的增长，这两个涡旋不断地有新的部分形成，因此根据能量的守恒原理必须不断地对它作功；而这个功只能是用于克服阻力. 这就说明了一个事实，即：有限翼展机翼即使在无粘性流体中也受有阻力. 此外，有限翼展对升力也有很大影响. 因而按照普朗特的看法，机翼理论的三个主要课题是：

1. 按给定的升力和升力分布，确定机翼的形状.
2. 对给定的机翼，确定其升力和阻力.
3. 寻求最小阻力的机翼.

从 **2.3.11** 中知道，在无粘性流中，升力总在垂直于局部速度的方向上. 对于有限翼展机翼，压力面(下翼面)上的流体将由里向外流动，并绕过翼梢流到吸力面(上翼面). 可以把这一运动看成是：流体屈服于机翼所施加的压力，因而在空间的所有三个方向上都产生了速度分量. 因之，绕机翼的总流动乃是未受扰动的速度 U 和机翼自身引起的速度相组合而成.

现在，可以通过用涡系代替机翼和间断面来计算机翼所诱导的速度分量场了．这个涡旋分布的强度既与机翼形状(它是个流面)有关，也和作用在机翼上的压力有关．由于这种涡旋分布的一部分实际上是机翼，它并不满足亥姆霍兹的“涡旋总是由同一组流体质点所组成”的定理；所以我们把它叫作“附着涡”(或“升力涡”)．与此相反，在机翼之后的“自由涡”(或“下行涡”)则是适合亥姆霍兹定理的．这种把涡系基本上分为承受力的“升力涡”和不承受力(因而其方向沿当地流动方向)的“下行涡”的作法，一直贯穿在整个机翼理论中，并有深远的影响．

一个有限翼展机翼的最简单的涡旋排列形式(涡系)是由机翼上分布的附着涡和由翼梢发出并往后伸展到无穷远的两个平行的等强度自由涡所组成(图 7.16)．(关于“涡丝永不中断，并且丝上各点的涡强相同”的定理是纯属运动学性质的，因此，如对自由涡那样，此定理也适用于自由涡和附着涡的组合系统．)用这种“马蹄形涡系”来研究远处流场是足够的，例如计算一个在飞机下边的地面上的压力分布，或计算水翼船在原来静止的水面上所产生的水波[7.40]等．但是对于计算近处的流场，在机翼两端就会得出错误的结果，因为如果用图 7.16 所示的马蹄涡系，则垂直于机翼的速度在翼端是无穷大．实际上由于有压力平衡的抵消作用，那里的升力强度必然降为零值．要做到这一点，可以用迭加大量的、具有无限小强度和不同翼展的涡旋组合(见图 7.17)来达到．这样一来，我们就得到了一个可用以表达上面所说过的间断面的近似方式，但其中我们有意识地略去了间断面随着离机翼距离的增加，由于涡的不断上卷而导致的变形．升力越小，这种形状的改变就进行得越慢；因而在升力非常小的极限情况下，如果我们只计算紧

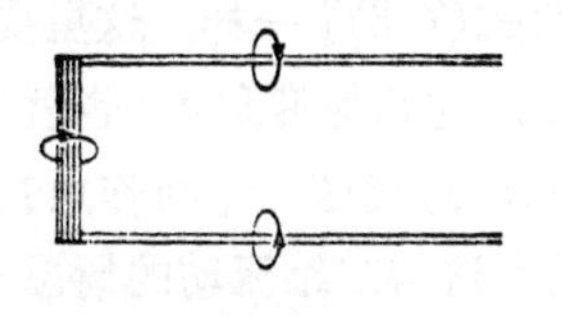

图 7.16　经过简化的机翼涡系

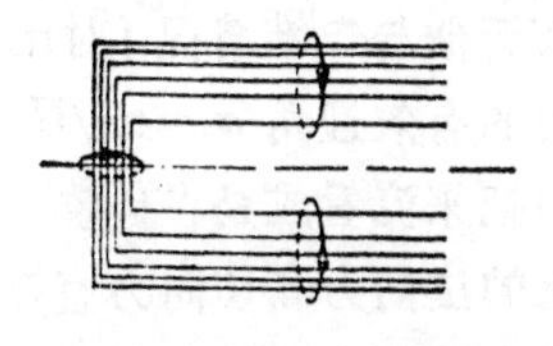

图 7.17　改善了的机翼涡系

靠机翼附近的速度场的话，就可以完全忽略涡旋的上卷而把它看做一个平面涡带(在未受干扰流的方向上).

7.4. 大翼展机翼

7.4.1. 等下洗流，椭圆分布

在来流中包含有上述这种涡旋分布的流动所产生的最重要速度分量是垂直于涡旋分布面的平均下洗流 w(直接在机翼处测出)；对于小角度，这个速度也可以象图 7.18 所画的那样表示出来. 为了更清楚地表明这个速度的主要特性，以下我们只限于讨论无弯度机翼，这时沿翼弦的下洗流是不变的. 由涡旋诱导产生的下洗流可以分成两部分：w_1 和 w_2，这是与组成基本涡旋系的两个部分相对应的. w_1 起源于机翼上的附着(即，固定)涡，而 w_2 来自自由涡的诱导.

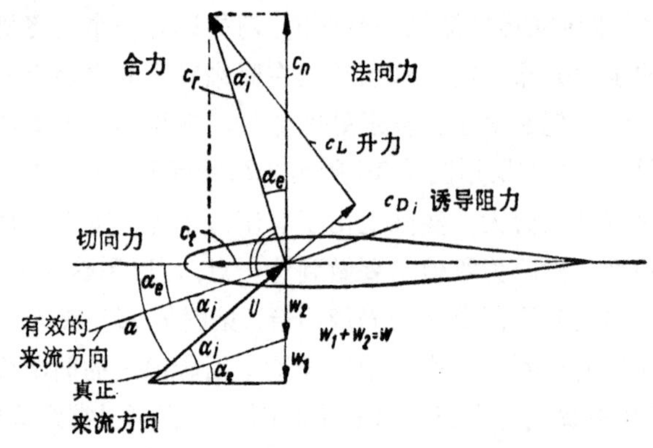

图 7.18 作用在机翼剖面上的力和角度

如果机翼的展弦比足够大，则我们可以假设，沿翼弦的附着涡分布近似与二维情况 [对比薄翼型的式(7.3)] 一样. 这里要用到所谓的有效迎角 $\alpha_e=w_1/U$ 以代替二维的几何迎角 α，也就是说，我们把来流看成是“有效”地以 α_e 角流过翼弦. α_e 与作用在翼剖面上的法向力和切向力直接有关，因为这与二维流动的情况一样，沿着有效的吹风方向是不允许有力的分量的，

$$\alpha_e = \frac{c_n}{c_n'}$$

(参看图 7.18). 此外, 对于极薄翼型:

$$\alpha_e = \frac{c_n}{2\pi},$$

因而 $c_t = -c_n^2/2\pi$ [与式(7.9)相同], 也就是说, 每一个翼剖面上的合力都垂直于与翼弦成 α_e 角的方向(参照 **2.3.11**). 这一重要结果是可以用试验来证明的; 图 7.19 所示的典型测量数值[1)]表明, 即使对全机翼的平均来说, 事实上 c_t 也与 c_n^2 成比例, 而且特别是当机翼的展弦比大于 4 或 5 时, 它非常符合二维关系而与展弦比无关[7.41]. 对于这类机翼, 上述的假设, 即: 沿翼弦的涡旋分布和因而得出的升力分布与有效迎角为 α_e 情况下的二维翼型一样, 是适用的. 因而二维翼型的特性可以用于有限翼展机翼. 古典的机翼理论就只限于处理这样的机翼.

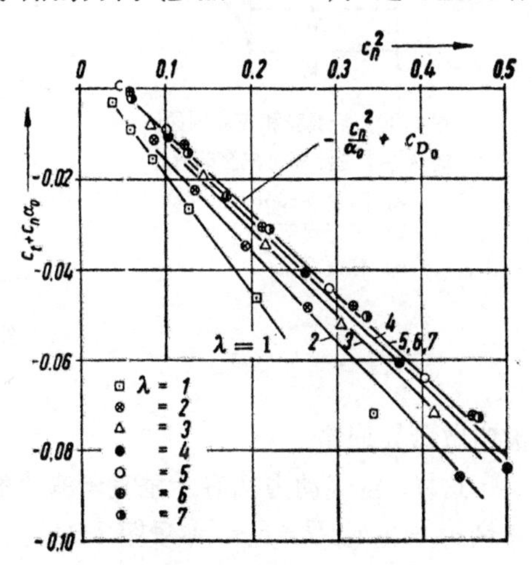

图 7.19 一系列矩形机翼的法向力和切向力的试验值和计算值(按照普朗特和贝茨[7.42])

机翼下洗流的第二部分, w_2, 是由沿流动方向的涡旋分量诱导出来的, 从而使涡旋产生的整个下洗流速度成为 $w = w_1 + w_2$, 此速度值起了与来流的上洗速度 $w = 2U$ 相抵消的作用. 在无弯度机翼情况下, 上述近似式中的 $w_1(x, y)$ 与 x 无关; 因为 $w_1 + w_2 = \alpha U$ 是常值, 所以 $w_2(x, y)$ 也与 x 无关(参看图 7.20). $w_2/U = \alpha_i$ 常

1) 这些机翼具有厚的翼剖面[因此必须用式(7.13)来代替式(7.5)中的系数 2π], 也有弯度(因此与式(7.10)相同, 有 $c_n\alpha_0$ 项); 摩擦是由 c_{D_p} 项来计及, 此外翼型的升力斜率也必然相应有所减小.

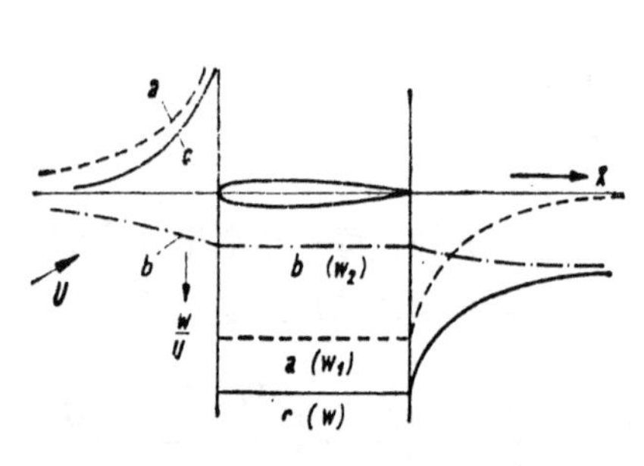

图 7.20 沿翼弦和在翼剖面后的诱导下洗流和上洗流的分布

a) 附着涡部分;
b) 下行涡部分;
c) 总下洗流

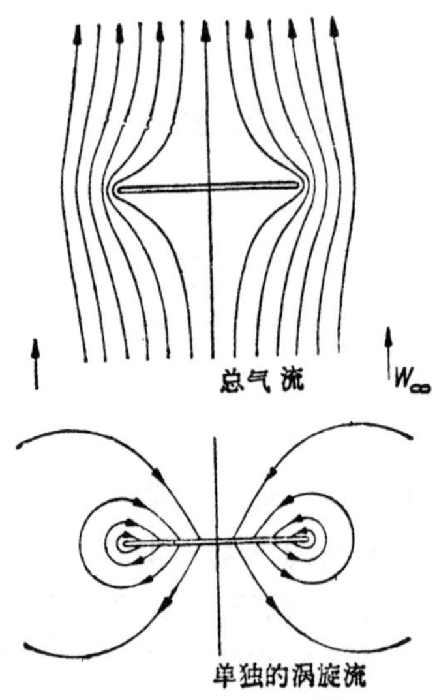

图 7.21 绕垂直于气流的平板的二维流动

被叫做诱导迎角.

这样,空气动力就有个垂直于来流的分量 c_L 和平行于来流的分量 $c_{D_i}=c_Lw_2/U=c_L\alpha_i$(参看图 7.18). 在无粘性流动里,机翼的这一阻力叫做“诱导阻力”[这个名称是从电导线和由它诱导出的磁场与本问题中涡线和速度场之间存在的相似关系得来(参照 **2.3.9**)]. 要确定升力和阻力,必须先计算出 α_i. 如果我们来研究一种特殊情况:沿翼展的升力分布所产生的 w_2 在机翼上(因而也在机翼后的很大距离内)沿展向是常值,则按照普朗特的涡旋系(图 7.17)来计算,可以得一特别简单的解.更准确些的研究[7.43]表明,在给定翼展 $l=2s$ 上任意给定升力分布所得的诱导阻力中,这种(椭圆)升力分布的诱阻最小1). 让我们来观察一下机翼后很远地方垂直于来流的所谓特雷夫兹平面[7.45]上,沿一个由 $y=-s$ 到 $y=+s$ 直缝上的涡旋分布情况. 其中涡旋强度与机翼上的升力变

1) 必须预先指出的是,决不能把椭圆形的升力分布简单地看成就是最小诱阻的分布形式;因为通过增大翼展总可以不断减小诱阻 D_i. 不过从实际(如计及翼梁强度等)来看,对于机翼的展长自然总是有个限值. 参看[7.44].

化 $d(c_L b)/dy$ 成正比. 这涡旋分布在沿气流方向的覆盖范围有半无穷远长. 因此, 特雷夫兹面上的下洗速度值是它在机翼处之值的两倍, 因为特雷夫兹面上的涡旋实际上向前和向后都延展到了无穷远处. 所以涡旋分布必须能使直缝处的法向速度不变并等于 $2w_2$. 与此相应, 在特雷夫兹面内的流动图画示于图 7.21 中; 在垂直于直缝的平行流中, 若来流速度为 $2w_2$, 可使沿直缝成为一条流线. 这个流动与图 7.4 所示的流动, 在性质上很相近. 两者的主要区别是, 在以前(即图 7.4)的情况下, 要求流体在一端顺着平板流走.

下行涡(自由涡)的分布必须满足毕奥-萨瓦定律的方程式[相当于式(7.2)]

$$2\frac{w_2}{v}=\frac{1}{4\pi}\int_{-s}^{+s}\frac{d(c_L b)}{dy'}\frac{dy'}{y-y'}, \tag{7.15}$$

当 $w_2=$ 常数时, 其解与式(7.3)相似:

$$c_L(y)\frac{b}{\bar{b}}=4\lambda\frac{w_2}{v}\sqrt{1-\left(\frac{y}{s}\right)^2}. \tag{7.16}$$

这里, 要求升力 $c_L b$ 在翼端处为零. 翼弦的平均弦长为:

$$\bar{b}=\frac{1}{2s}\int_{-s}^{+s}b(y)dy,$$

通过积分可得总升力

$$\bar{c}_L=\lambda\int_{-1}^{+1}\frac{c_L b}{4s}d\left(\frac{y}{s}\right)=\pi\lambda\frac{w_2}{v}. \tag{7.17}$$

因而按照式(7.16), 得

$$c_L(y)\frac{b(y)}{\bar{b}}=\frac{4}{\pi}\bar{c}_L\sqrt{1-\left(\frac{y}{s}\right)^2}. \tag{7.18}$$

现在如果机翼弦长的分布也是椭圆形的, 即

$$\frac{b(y)}{\bar{b}}=\frac{4}{\pi}\sqrt{1-\left(\frac{y}{s}\right)^2} \tag{7.19}$$

就可以得出 $c_L=\bar{c}_L$; 这就是说, 椭圆形机翼在给定翼展和给定升力下, 不但具有最小的诱导阻力, 而且 c_L 值沿翼展不变.

现在剩下的问题是要找出所求的空气动力和给定的迎角之间

的关系，这里存在着条件

$$w_1+w_2=\alpha_e U+\alpha_i U=\alpha U.$$

前面已经指出，对于古典机翼 $\alpha_e=c_n/2\pi$，现在对椭圆形机翼来说因 c_L 是常值，因而 c_n 也是常值，所以可以写 $\alpha_e=\bar{c}_L/2\pi$. 按式(7.17)乃得

$$\alpha=\frac{\bar{c}_L}{2\pi}+\frac{\bar{c}_L}{\pi\lambda},$$

因而得升力

$$\bar{c}_L=\frac{2\pi}{1+\dfrac{2}{\lambda}}\alpha. \tag{7.20}$$

由此得诱导阻力为

$$\bar{c}_{D_i}=\frac{\bar{c}_L^2}{\pi\lambda}. \tag{7.21}$$

最后还可以计算作用在机翼面积上的升力分布 $l(x,\ y)$，这时要用到这个事实，即：沿翼弦的分布与二维翼型的情况[已在式(7.4)中给出]相同，这样我们就可以得到：

$$l(x,\ y)=-\frac{P_{上}-P_{下}}{\dfrac{1}{2}\rho U^2}=\frac{4\alpha}{1+\dfrac{2}{\lambda}}\sqrt{\frac{b(y)-x}{x}}. \tag{7.22}$$

因而对于古典机翼这个特殊情况，就可以把空气动力及其在表面上的分布非常简单地计算出来. 由于实际中所应用的许多机翼，其形状与椭圆形相差不大，所以对于古典机翼来说，刚才导出的关系式是很典型的，它可以近似地用于一般情况.

考虑机翼运动中遗留在翼后的扰动，能得到反映上述关系式物理过程的另一种直观表达方式. 机翼突然快速前进时，在它附近的空气不断地经受由快速机翼引起的压力的作用. 对此，我们可以作这样的设想以代替上述情况，即在机翼瞬间所经过的同一段路程上，所有各点在该瞬间内是同时经受压力的作用，这在效果上就大致象一块宽度等于翼展 l 而长度等于路程全长的硬板突然向下作加速运动向流体压去一样. 这样产生出来的运动是二维无旋运动[参看**2.3.7**(c)]；压力所作用的面就成为一个间断面. 在图 7.21 的下方已描绘了一个这类型的流动. 我们可以把这一"冲

量压力”一方面与速度势，另一方面与升力分布分别建立联系，这样就可以得到与上面所导出公式等价的公式来.

下述有关动量和能量的考虑，同样可用来说明式(7.21). 这里，我们假设在机翼飞过去后，有横截面积为 a_1 的一股流体以等速度 w_∞ 沿着它所受作用力的方向运动，而其他流体则保持静止不动. 在此假定下，每秒内新开始运动的流体质量为 $M=\rho a_1 U$. 因此，沿 w_∞ 方向每秒的动量变化是 $Mw_\infty=\rho a_1 U w_\infty$，它与升力 L 的作用相当. 所产生的动能则是

$$\frac{1}{2}Mw_\infty^2=\frac{1}{2}\rho a_1 U w_\infty^2,$$

它必须等于机翼诱导阻力每秒所做的功，即

$$\frac{1}{2}\rho a_1 U w_\infty^2=D_i U.$$

利用关系式

$$\rho a_1 U w_\infty=L,$$

则可以消去 a_1，因为 $w_2=w_\infty/2$，故与以前一样可得

$$D_i=\frac{w_2}{U}L=\alpha_i L.$$

另一方面，我们也可以消去 w_∞，如果再用上普尔豪森算出的关系 $a_1=\pi s^2$，我们便又会得到式(7.21).

7.4.2. 任意的升力分布

上述有关古典机翼理论的物理概念也可以用数学形式来表达，用它不但可以证明已经导出过的关系式，而且还可以发展出一些在实用的许多方面都非常有用的计算方法. 为了这一目的，我们仍旧用如图 7.17 所示的平面涡旋系对薄机翼进行线性近似来计算机翼面上的总下洗速度 $w(x, y)$. $w(x, y)$ 必须满足关系式 $w(x, y)=\alpha(x, y)U$，其中 $\alpha(x, y)$ 按一般意义是指当地气流方向和机翼面之间的几何夹角. $w(x, y)$ 是要通过对整个涡旋带求积分得出；为了把积分限制在机翼面积 A 之内进行，计算时宜于选用象图 7.22 所示的马蹄形涡旋微元. 这样得出的面积分可以写成许多不同的形式（参看文

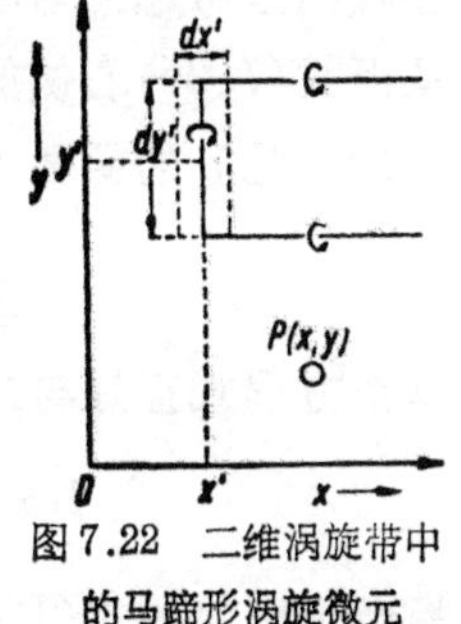

图 7.22 二维涡旋带中的马蹄形涡旋微元

献[7.46]到[7.50]);这里给出弗莱克斯和劳伦斯所给的形式:

$$\alpha(x, y)=\frac{1}{8\pi}\frac{\partial}{\partial y}\iint_A\frac{l(x', y')}{y-y'}\times\left[1+\frac{\{(x-x')^2+(y-y')^2\}^{1/2}}{x-x'}\right]dx'dy', \quad (7.23)$$

式中出现的奇点必须用柯西主值来算.

对于大展弦比古典机翼的特殊情况,式(7.23)是可以简化的;这时,根据古典机翼的特性,应有

$$(x-x')^2\ll(y-y')^2, \quad (7.24)$$

除 $y=y'$ 的附近区域外,上式处处有效. 但是可以指出,只要能满足条件 $s\cdot dc_L/dy\ll1$,则由这个假设所产生的误差,即使在 $y=y'$ 附近也还是很小. 而上述条件除翼梢区外,在其他地方都能满足;因为在翼梢区,对所有的解来说,c_Lb 都趋于零值,而且在后缘处才分离的基本流动假设也并不总与实际现象相符合. 有了不等式(7.24),则式(7.23)可简化为:

$$\alpha(x, y)=\frac{1}{8\pi}\frac{\partial}{\partial y}\iint_A\frac{l(x', y')}{y-y'}dx'dy'+\frac{1}{4\pi}\int_{x_{前}(y)}^{x_{后}(y)}\frac{l(x', y)}{x-x'}dx', \quad (7.25)$$

其中 $x_{前}$ 和 $x_{后}$ 分别指 y 处前缘和后缘的 x 值. 为了简化起见,现在我们来考虑无弯度的机翼,这时 α 应只是 y 的函数,即 $\alpha=\alpha(y)$,从而式(7.25)右侧的第二项也应只是 y 的函数 $f(y)$,因为第一项已经只是 y 的函数了. 这就得出

$$\frac{1}{4\pi}\int_{x_{前}}^{x_{后}}\frac{l(x', y)}{x-x'}dx'=f(y). \quad (7.26)$$

这个方程式正好与二维平板的式(7.2)对应;它的解是

$$l(x, y)=\frac{2}{\pi}c_L(y)\sqrt{\frac{x_{后}(y)-x}{x-x_{前}(y)}}, \quad (7.27)$$

相当于以前的式(7.4)和(7.7),其中 $f(y)$ 通过式(7.5)的积分已被 $c_L(y)$ 所代替,并用了库塔-儒可夫斯基假设 $l(x_{后}, y)=0$. 这样,我们又重新得到了象以前通过实验途径按实验结果(见图7.19)

所得的相同重要结论，即：在古典机翼的沿展向所有横切面上，升力沿翼弦的分布与相应的二维翼型相同.

按式(7.27)的解，可得式(7.25)的第二个积分之值为 $c_L(y)/2\pi$；此外，可将 $l(x, y)$ 代入第一个积分，并求其对 y 的微分. 如果仍认为 $c_L(y)b(y)$ 在翼梢 $y=\pm s$ 处应为零，则在经过部分积分后，最后可得表示升力沿翼展分布的方程式：

$$\frac{c_L(y)}{2\pi}=\alpha(y)-\frac{1}{8\pi}\int_{-s}^{+s}\frac{d(c_Lb)}{dy'}\frac{dy'}{y-y'}. \tag{7.28}$$

这就是普朗特的古典机翼方程式[7.52]. 象以前所讲的那样，该式同样可以由条件 $w=w_1+w_2$ 解出；其中 $w=\alpha U$，$w_1=c_LU/2\pi$，而 w_2 由式(7.15)给出.

在给定 $\alpha(y)$ 时，可以按照穆耳特霍普方法[7.53]简单而又漂亮地求得机翼方程(7.28)的数值解；这个方法实际上解决了以前经过一系列尝试想解决的问题. 把找出的值代入式(7.27)，就得到全机翼表面上的升力分布，它在椭圆机翼情况下则成为式(7.22)的简单形式. 已知的还有其他精确解，可参看[7.54]. 这个方法可以推广用于有弯度的薄翼. 由于沿 x 的升力分布和压力分布基本上总是二维翼型问题，所以也可以象上一节所描述的一样，把厚度影响和粘性影响考虑进去. 例如对于厚翼型，可以把式(7.28)中左侧的 2π 按式(7.13)换成 c_L/α. 图 7.23 表示了作用于一个机翼平面上的典型压力分布；图中，压力的弦向分布与二维翼型相同，而展向分布的近乎椭圆形则是它的特殊标记.

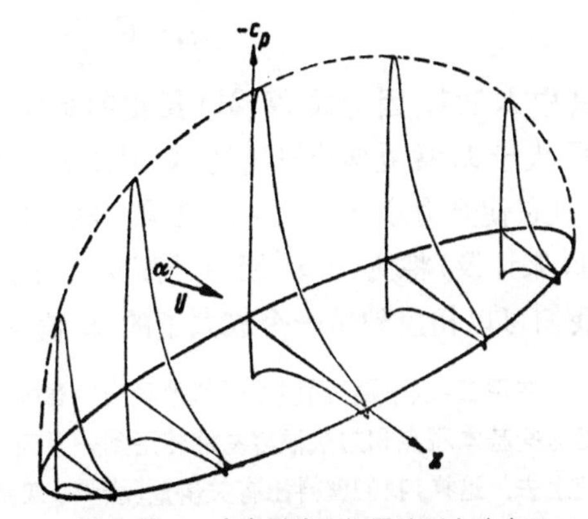

图 7.23　一个大展弦比机翼的压力分布示意图(古典机翼理论)

这里要特别指出的是，古典机翼理论是一个有关 $l(x, y)$ 的升力面理论，并且经过完整的推导可以得出两个方程式(7.26)和(7.28)，先后解这两个方程则得出：一个是以 y 为参数的 $l(x, y)$ 沿翼弦分布，第二个是 $l(x, y)$ 沿 x 方向的积分值，也即 $c_L(y)$，的沿翼展分布．所以把这个理论叫做升力线理论，其实是个错误，它导致了许多误解；只用升力线的概念不可能导出式(7.28)．

在航空工程中，把古典机翼理论与边界层理论结合起来应用是获得异常成功的．由此得到的结果不仅简单、足够准确和应用广泛，而且还能适应各种不同目的和符合由经验得到的事实．例如为了把机翼厚度和粘性影响考虑进去，我们可以把表示总升力的主要方程(7.20)加以推广．这时我们可以合理地把式(7.20)中分子上的 2π 换成式(7.13)中的 $c_L/\alpha_0=L_0$，再把分母上的 $2/\lambda$ 换成 $L_0/\pi\lambda$，或者取更一般的写法[1)]

$$\frac{\bar{c}_L}{\alpha}=\frac{L_0\cos\varphi}{\sqrt{1+\left(\frac{L_0\cos\varphi}{\pi\lambda}\right)^2}+\frac{L_0\cos\varphi}{\pi\lambda}}. \tag{7.29}$$

上式同时可用于小展弦机翼和后掠翼情况（参看**7.9.2**和**7.13**）．此外，为了计及机翼外形与椭圆形之间的差异，还可以对式(7.20)和式(7.21)中的展弦比 λ 乘以某系数，例子可参看[7.56]，[7.57]．诱导阻力则常写成一般形式：

$$\bar{c}_{D_i}=K\frac{c_L^2}{\pi\lambda}, \tag{7.30}$$

其中 $K\geqq1$，因为式(7.21)给出的是最小值．对于非椭圆形机翼 K 大于1，常用梯形机翼的 K 则在1.0和1.1之间．边界层的影响(它使升力小于无粘性时之值，在一次近似值中可用迎角减少 $\Delta\alpha$ 来计及)将使(压差)阻力升高 $c_L\Delta\alpha$，因而与 c_L 成平方关系，因此我们可以相应地用一个放大了的 K 值来同时考虑它．

在用二维(平面)涡旋面近似地导出单翼的古典机翼理论时，也可以同时把这些基本观点和方法很容易地转用到一系列非二维（平面）机翼和机翼系统上去．这样，我们就得出有关斜置翼[7.58]、双翼[7.59]和环形翼[7.60]以及近地

1) 这个写法(当后掠角 $\varphi=0$)是亥姆博尔德提议的，见[7.55]．

面机翼[7.61]等的机翼理论. 在所有这些情况里, 处理各个系统的最小诱导阻力问题是相对地比较容易, 它是要计算一个特雷夫兹面内绕相当于下行涡的数学模型的二维流动. 这里所遇到的是数学方面的困难. 各有关理论常常不是研究沿翼弦升力分布与二维翼型之间的偏差, 就是研究沿翼展升力分布与单翼机之间的偏差. 在所有这些情况中, 对具有最小诱导阻力的结构布置求其总升力和总阻力, 还是用式(7.20)和式(7.21)的形式; 这时要以 λ/K 来代替 λ, K 是一个 $\leqslant 1$ 的数值, 与各个结构的几何布置有关. 这就是说, 例如在相同的升力下, 双翼的诱导阻力就比翼展相同的单翼为小; 或者反过来说, 达到同样大的升力和诱导阻力, 双翼的翼展比单翼的要小. 最后, 对于在实用上极为重要的翼身组合体, 也可以用类似的办法来处理[7.62], 并且计算出机翼的流场[7.63], 其中最主要的是求出在尾翼处的下洗流.

古典机翼理论之所以能这样早和广泛地被人重视, 是由于它能够适应实际的迫切需要. 如利用式(7.20)和式(7.21), 特别是在经过换算成同样展弦比后, 可以比较对不同展弦比机翼所做的试验结果. 例子见图 7.24, 7.25 和 7.26: 对展弦比 λ 从 1 到 7 的

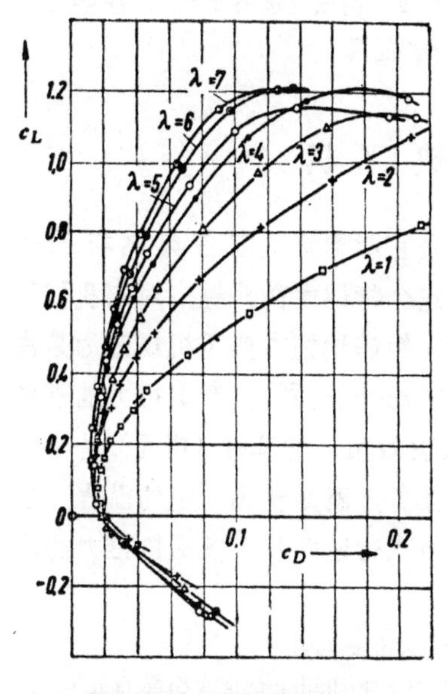

图 7.24 七种不同展弦比矩形机翼的极曲线

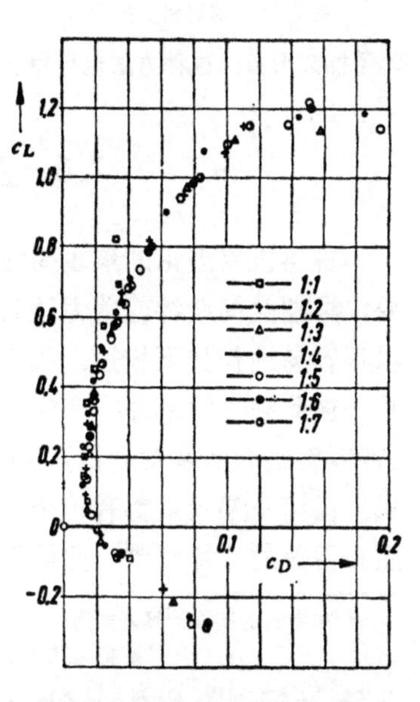

图 7.25 把图 7.24 中的试验结果换算成弦与展之比为 1:5 关系

七个机翼所测出的"极曲线"，经换算成"哥廷根机翼" $\lambda=5$ 的"极曲线"后，彼此的一致性是很令人满意的.

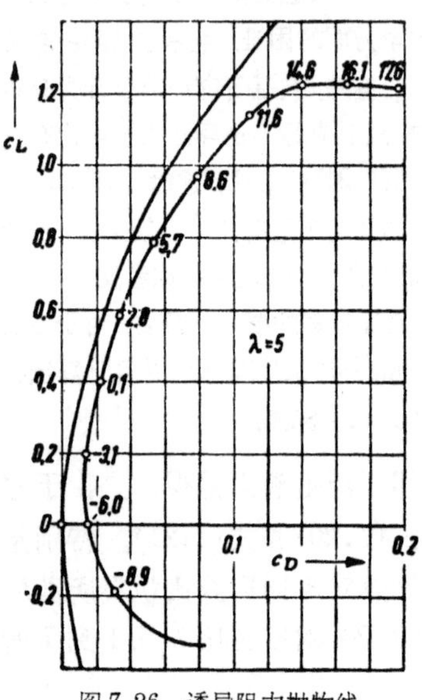

图 7.26　诱导阻力抛物线

对简单的机翼平面形状说，除用涡旋模型的方法外，用加速度位 Ω 的方法也很有用(按照欧拉方程，Ω 总是存在)；在不可压缩范围内，简单地就是 $\Omega=(p_\infty-p)/\rho$. 与速度位相反，Ω 不但在机翼之前和机翼附近是连续，而且在机翼之后(在下行的涡旋带内)也是连续的. 从机翼下面到上面的压力跳跃相当于一个位势跳跃，可以用在机翼上置放偶极子来表示. 用这样办法，对于小迎角和在线性理论范围内，金纳[7.64]曾首先精确地计算过圆形翼，随后克里纳斯[7.65]又精确地计算了椭圆形翼；这种方法也可用于计算斜置翼.

7.5. 古 典 飞 机

古典机翼理论的最重要特性是它能恰好适应古典飞机的需要. 早期兰彻斯特就曾为达到有这个特性而奋斗过，对它我们可以很容易地作如下描述. 我们可以粗糙地把古典飞机规定为是由几个彼此独立的部件：产生升力的部件(机翼)、产生推力的部件(带螺旋桨的活塞发动机)和贮放有效负载的部件(机身)等所组成. 任何一架飞机都有一个主要任务，就是要飞一定的航程. 按照布雷盖的计算*[7.66]，此航程是与飞行速度 U，发动机推力的比

---

* 布雷盖的航程计算公式为:

$$航程=IU\times(c_L/c_D)\times\ln(w_1/w_f),$$

式中 w_1 为飞机初重，w_f 为飞机终重，I 为推力比冲(Shubimpuls 或 Specific impulse)而 $I=\frac{P\cdot t}{w_u}$. 这里，P 为推力，t 为飞行时间，w_u 为所耗燃油之重. ——译者注

冲 I(它与飞机起始飞行和飞行完毕时的重量有关)和最后还与"升阻比"$c_L/c_D(=1/\varepsilon,\ \varepsilon$ 为"滑翔数")成比例. 对活塞发动机说,功率基本上是常数,所以乘积 $I\cdot U$ 有个固定值;同样地、与重量有关的项,其值也在一定范围内. 因而空气动力方面的问题在于要求能达到一定的升阻比(即 $1/\varepsilon$ 值). 有中等和较长航程飞机的典型 $1/\varepsilon$ 值在 15 和 25 之间. 机翼理论的任务就在于指出,应怎样设计飞机才能达到某一给定的 $1/\varepsilon$ 值. 由于总阻力可表示为

$$c_D=c_{D_R}+\frac{K}{\pi\lambda}c_L^2 \tag{7.31}$$

(其中 c_{D_R} 是摩擦阻力,可以设为与 c_L 无关),我们可以从这里计算出 c_L/c_D. 可以看出,能达到的 c_L/c_D 的最大值为

$$(c_L/c_D)_{\max}=\sqrt{\frac{\pi\lambda}{4Kc_{D_R}}}. \tag{7.32}$$

其时,c_L 值为

$$c_{L_m}=\sqrt{\frac{\pi\lambda}{K}c_{D_R}}. \tag{7.33}$$

在巡航飞行中,飞行高度(即指密度 ρ),飞行速度和"单位面积载荷" G/A(G 为飞行重量,=升力)与空气动力大小的配合,必须使

$$c_L=\frac{G}{\frac{1}{2}\rho U^2A}$$

之值与 c_{L_m} 值相近. K 和 c_{D_R} 的数值与涉及空气动力的外表改进程度如何有关;达到 $K=1$ 和 $c_{D_R}=0.01$ 可认为是很好的了;两者都可能再增加约 50%;尤其是在飞行的初期,c_{D_R} 值要大得多. 剩下可以作为随意安排的量就只有展弦比了. 式(7.32)可以看做是定出所需展弦比 λ 值的方程,即:

$$\lambda=\frac{4}{\pi}Kc_{D_R}\left(\frac{c_L}{c_D}\right)^2. \tag{7.34}$$

可以看出,如果我们要保持正常航程所需要的 c_L/c_D 值,则展弦比 λ 必须是 10 的量级,即:这一类实际感兴趣的飞机,事实上都正落在古典机翼理论的有效范围内,而且在全部航行范围内,其流动类型都是如上面所描述过的.

7.6. 后掠翼飞机

航空工业之能超过古典飞机的范围而继续向前发展，主要是因为有了喷气发动机．按初步近似来说，喷气发动机的推力可以认为不变，因而它的功率是随着航行速度的增加而增加(见**7.18**)．这样就给较快速飞机创造了条件，并提供了可能性，使即使是古典式飞机也有大的发动机功率可供消耗，以克服越过下临界马赫数时出现的阻力增高而强行进入超声速领域飞行．事实表明，在空气动力学方面也同样有可能发展出相应的新式飞机来，这种飞机使用喷气发动机，能自然适应高速飞行，又同时保持古典飞机的主要特征，即：在整个飞行范围内都是同一种流态，流态既稳定又是可以事先确定的．因此下面要谈谈这种飞机；从流体力学角度来看，它是比较有意义的．

第一个这种类型的飞机是后掠翼飞机[1)]，它与古典飞机一样，具有明显的机身、机翼、发动机和尾翼，不过两个半机翼的中线在机翼的平面图内与横坐标之间，一般有向后掠的角度 φ（见图7.27）．现在我们限于研究工程上的重要情况，先来简短谈一谈下面这个问题，即：与同样大小、同样航程和有效载荷的无后掠古典飞机相比较，为了大大提高飞行速度，这样的后掠飞机应具有哪些特性？特别是它的后掠度应多大才好？为了使后掠翼飞机有相同的结构重量，作为第一次近似，我们假设垂直于后掠方向的厚度比总是不变（即 $d/b\cdot\cos\varphi=$常数），并且同样、沿后掠方向的结构展弦比（即 $\lambda_B=\lambda/\cos^2\varphi$）对所有要讨论的飞机都是常数值．此外，假定都很典型地采用了喷气发动机，因而推力比冲（或单位燃料消耗量）可以看做常值，尤其是可以把它看做与飞行速度无关．对于所

1) 虽然布泽曼[7.67]第一个指出了后掠的效应，但由于当时还没有可供使用的喷气发动机，还不能实际应用于飞机上．直到贝茨[7.68]建议使用后掠机翼，又因有路德维格的有说服力的实验结果支持，这一原理才在发展上达到可以成熟应用和收效很大的地步．

讨论的全部飞机都要达到同一航程的问题，按照布雷盖公式，从空气动力学方面来看，也就是要使 U_0c_L/c_D 或 $R=M_0c_L/c_D$ 值（不象装有活塞式发动机的古典飞机那样，只是 c_L/c_D 值）达到某一定值．如果我们认为阻力仍可用式（7.31）来计算，只是该式中的 c_{D_s} 这时要用一般的无升力时的阻力系数 c_{D_0} 来代替，则代替式（7.34）我们可得：

$$\lambda_B\cos^2\varphi=(4/\pi)\cdot K\cdot c_{D_0}(R/M_0)^2.$$

若对于所讨论的所有飞机，上式中的 c_{D_0} 和 K 之值可基本上保持与马赫数无关，则该式可作为后掠角和飞行马赫数之间的关系式来用，即：

$$M_0\cos\varphi=\sqrt{\frac{4}{\pi}\frac{Kc_{D_0}}{\lambda_B}}R\approx\text{常数}. \tag{7.35}$$

这些飞机中也包括了极限情况 $\varphi=0$ 的无后掠飞机，因为它们的阻力系数在未达临界马赫数前都差不多是常值；而临界马赫数对于这种粗略估算还可设为 0.70．如果所考虑的都是这种类型飞机，则可取 $M_0\cos\varphi=0.7$ 做为它们的准值（Richtwert）．按此，则后掠角将随飞行速度的增加而增加，而且可以很粗略地写出如下：

M_0	0.7	0.85	1.0	1.2	1.4	2.0
φ	0	35°	45°	55°	60°	70°

因此，只要后掠翼的阻力系数近似保持与古典飞机相同，则象古典飞机所遇到的同样技术问题，对于后掠机翼来说是要在飞行速度大大提高的情况下才需要解决；另一种情况是，后掠翼飞机固然可以飞得更快些，但要减少有效负载（Nutzlast），即须付出较高代价．事实表明，所要求的（绕后掠翼）流态实际上是能够得到的．

7.7. 斜 置 翼

在剖面平面内将二维翼型$z=f(x)$向后推移，使机翼的前缘和后缘相对于横轴y都成φ角(见图 7.27)，这就得到无限长翼展的斜置翼[厚度$z=f(x-y\tan\varphi)$]. 这种斜置翼的流态(它在近声速时所造成的阻力系数很小)与古典翼型的流态(即图 7.1 中情况(a)的贴体流态)相同. 这时，后缘应是唯一的分离线. 我们先来讨论在取斜置翼前缘作为基准线的坐标系中的无粘性流动[1)]；于是可以把流动看做是绕二维翼型的，而来流的速度分量是：

$$\left.\begin{aligned}u_0'&=U\cos\varphi\cos\alpha,\\ v_0'&=U\sin\varphi\cos\alpha,\\ w_0'&=w_0=U\sin\alpha.\end{aligned}\right\}\tag{7.36}$$

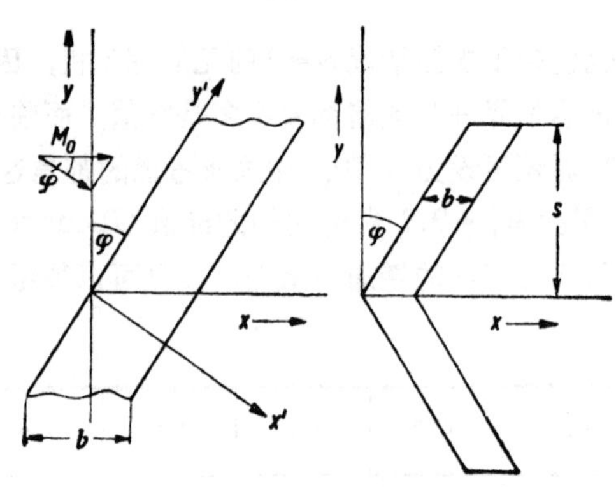

图 7.27　斜置翼和后掠翼

由翼型厚度引起的小的附加(扰动)速度u, v, w的一级近似值是

$$\left.\begin{aligned}u&=u_{\varphi=0}\cos\varphi,\\ v&=-u_{\varphi=0}\sin\varphi,\\ w&=w_{\varphi=0}.\end{aligned}\right\}\tag{7.37}$$

也可以类似地得到较高级的近似式，但其结果不象上式那样简单. 斜置翼的压强(减压)值总是比在纵向截面内有同样厚度比d/b的

1) 有关下述内容的细节，可参看[7.69]，[7.70].

二维翼型的压强(减压)值要小. 图 7.6 中的例子可以说明这一点. 对于有迎角机翼来说, 我们必须考虑到迎角 α' 是在垂直于后掠方向的平面上取的, 按照式(7.36)它应当是

$$\alpha'=\frac{w_0'}{u_0'}=\frac{\alpha}{\cos\varphi}. \tag{7.38}$$

例如对一个有小迎角 α 的平机翼来说, 代替式(7.4)这里用

$$l(\alpha)=4\alpha\cos\varphi\sqrt{\frac{b-x}{x}}. \tag{7.39}$$

相应地, 翼截面的升力斜率也减小了, 代替式(7.5)的是

$$\frac{c_L}{\alpha}=2\pi\cos\varphi. \tag{7.40}$$

一般对厚机翼来说, 我们常用

$$\frac{c_L}{\alpha}=2\pi\cos\varphi\left(1+0.8\frac{d/b}{\cos\varphi}\right) \tag{7.41}$$

以代替式 (7.13). 对于有限翼展的后掠翼来说, 式 (7.40) 和式 (7.41) 中的 α 应该用有效迎角 α_e 来代.

7.8. 马赫数对斜置翼的影响

斜置翼的另一个重要特性是受马赫数的影响较小. 如果我们仍把流动看成是由垂直于前缘的部分和沿后掠方向的部分合成的, 则我们可以看出, 只有来流马赫数相对于前缘的法向分量(即 $M_0\cos\varphi$) 才对压缩性影响起主要作用. 因而在普朗特法则中, 对于普朗特因子(参看 **3.9**) 应该用

$$\beta=\sqrt{1-M_0^2\cos^2\varphi} \tag{7.42}$$

来代替. 有了式(7.42), 则 u' 分量的干扰量在 $M_0\neq0$ 时要比不可压缩 $M_0=0$ 时增大 $1/\beta$ 倍.

我们从这里认识到, 只要 φ 角(亦即后掠度)足够大的话, 即使在 $M_0>1$ 时, 斜置翼也能具有亚声速的特性. 所以, 在 $M_0>1$ 的超声速情况下, 我们把法向分量 $M_0\cos\varphi<1$ 的机翼边缘叫做"**亚声速缘**". 我们把 $M_0\cos\varphi>1$ 的翼缘叫做"**超声速缘**", $M_0\cos\varphi=$

1 的翼缘叫做"声速缘"．当机翼有超声速缘时，翼缘之前的气流不受到影响，而在有亚声速缘时，翼缘前的气流就受到影响．

在超声速缘情况下，流动不会再具有亚声速的流态．这一点可以立刻由式(7.42)看清楚，这时 β 值成为虚值．在有超声速缘时，马赫角总是

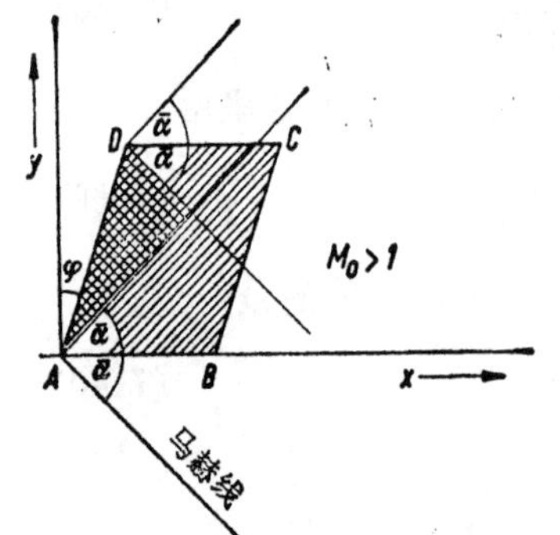

图 7.28　有超声速前缘的斜置翼中的一块

$$\bar{\alpha}<\frac{\pi}{2}-\varphi. \tag{7.43}$$

这是超声速缘的另一个重要特性．如果从机翼中切出一块来，则这块机翼的边界影响只在从边界发出的马赫锥的内部有作用；这在图 7.28 中就是从 A 和 D 发出的马赫线，也就是由 A 和 D 发出的马赫锥与机翼表面交线的内部．在这两个马赫锥之前（即画双阴线的地区）的流场与无限长斜置翼完全相同．这个地区的绕流乃只与 $M_0>1$ 的翼剖面绕流情况（见 **3.10**）相当．

正如简单的有亚声速边缘的超声速斜置翼例子 $(1<M_0<1/\cos\varphi)$ 所指出的，超声速流和波动方程或双曲线型问题之间的对应，只限于定常、二维或轴对称的流动，而对一般的三维情况是无效的．但椭圆型问题的界限很少能由声速边缘(即 $M_0\cos\varphi=1$，这正象二维问题里是 $M_0=1$ 一样）来定出，而是要由一个**下临界马赫数**来求出．当机翼局部地区速度的垂直于前缘的法向分速度等于当地声速时，这时的来流马赫数 M_0 就是这个下临界马赫数值．比这个 M_0 值再高时，流态就是混合的椭圆-双曲线型了．

对这个临界马赫数来说，当迎角很小时，由式(7.36)($\cos\alpha=1$；$\sin\alpha=0$) 可得

$$c^2=V^2-V'^2=V^2-U^2\sin^2\varphi, \tag{7.44}$$

因此在等熵流动时，速度 V 可以先化为对压力的干扰，然后化成压力系数 c_p．最后，可得出临界压力系数 c_p^*（它是椭圆区域上的界限值）为

$$c_p^* = \frac{2}{kM_0^2}\left\{\left(\frac{2}{k+1}\right)^{\frac{k}{k+1}}\left(1+\frac{k-1}{2}M_0^2\cos^2\varphi\right)^{\frac{k}{k-1}}-1\right\}. \tag{7.45}$$

所以当后掠角增大时，要在较大的 M_0 值时才能达到同一 c_p^* 值.

斜置翼的三个主要特性集中反映在图 7.29 中. 对于一给定翼型来说，如果增加后掠角，即使早在不可压缩流动($M_0=0$)情况，翼面上的压强(减压值)也要减小了. 随着 M 的增加，减压值缓慢上升. 在未达临界值以前，曲线可以继续延伸到较高的 M_0 值. 在这个椭圆型区域内，无限长斜置翼没有压差阻力. 值得注意的是，这样的无阻力的流动，在超声速时也还能保持着. 对此，白格雷曾经作进一步研究得出这种情况下所需要的翼型形状、升力、M 数和后掠角 φ 的条件；图7.30给出的是椭圆型区域限界的典型结果. 由于这种流动具有二维椭圆特性，所以可以把 **7.1** 中所说的方法用于设计翼型. 但随着后掠角的增加，在翼型设计方面显然更加困难；因为对于沿 y 方向给定的每单位长度上的 c_L，它的相应的沿 y' 方向每单位长度上的二维升力系数将要增大一个 $1/\cos^2\varphi$ 因子的倍数.

图 7.30 的例子是按照垂直于后掠方向、厚度比为常值

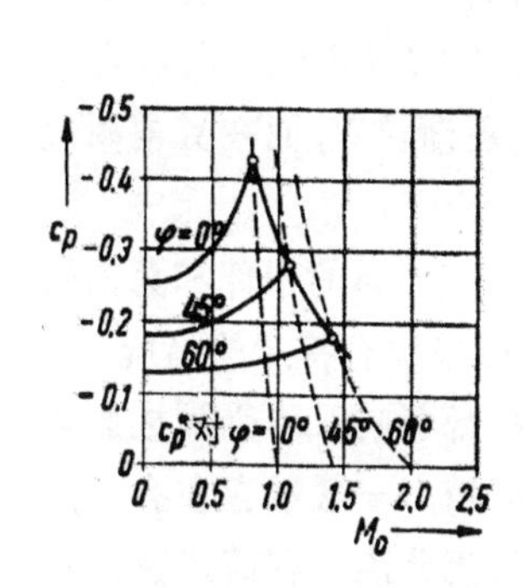

图 7.29 二维翼型的吸力压强和临界压力随 M 数的变化. 抛物线双角形，$d/b=0.1$，$\alpha=0$ (按照普朗特-葛劳涅)

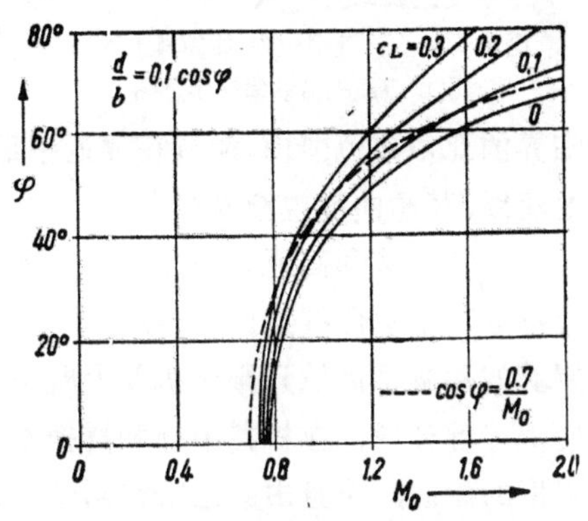

图 7.30 有给定厚度和同样压力分布的无限长斜置翼在达到临界压力时的后掠角、M 数和 c_L 的典型值 (按照白格雷[7.70])

($d/b\cos\varphi=$常数)的情况计算的，因此与前述的实际情况相当．我们可以看出，以前所提出的一般要求(即 $\cos\varphi=0.7/M_0$)，用斜置翼确实可以近似达到．因此，进一步必须考虑这样的问题，即：在三维后掠翼情况下，怎样才也能得出这样的流态，以及为达到此目的而出现的物理现象．

7.9．有限翼展后掠翼

在我们考虑到有限翼展时，首先要注意的是，由于式(7.37)中的速度分量 v 不为零所产生的影响，它使斜置翼表面上的流线基本上弯曲了，即：当 $u_{\varphi=0}<0$ 时，流线向外弯曲(也就是向在下游的翼梢流去)；当 $u_{\varphi=0}>0$ 时，流线向内弯曲；如图7.31所示．可以直接看出，在三维后掠翼中，这样弯曲的流线不能一直保持到机翼的中部；因为对称的原故，在中部折转处的流线必须是直的．如图7.31所示，在低于临界的亚声速范围内，流线在靠近中部处逐渐拉直，而在翼梢附近的流线，其弯曲度也渐减少．

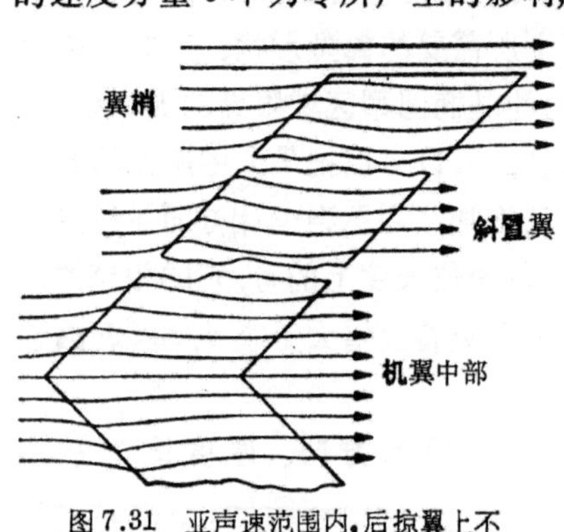

图7.31　亚声速范围内，后掠翼上不同区域流线的流动情况示意图

在超声速和高亚声速流动中，通常会在机翼的中部和翼梢附近形成一个双曲线型区域(参看**3.11**)．如果没有特殊的措施，斜置翼的椭圆型区域只限于机翼上既不受中部影响又不受翼梢影响的那一部分内．在机翼中部和翼梢附近区域，一般都存在有一定强度的激波，而且由此还常常附带引起气流分离．在跨声速区则会出现特别复杂的流动情况，这时翼面可能被激波和分离流线组成的复杂系统所覆盖．罗杰斯和哈尔曾在[7.71]中描述过有关这方面的一些典型情况．这在理论上是一直无法解决的．设计后掠

翼的任务就在于要找出办法来，以排除这种总是导致能量损失的流动情况.

7.9.1. 无迎角后掠翼

具有特征性的机翼中部效应问题，可以归结为有折角的点源线(用它来表示机翼的厚度)和附着涡(用它来表示升力)的性质问题. 关于这一方面，$\alpha=0$ 和 $M_0=0$ 时绕有厚度的等弦长对称剖面后掠翼的流动是特别简单而又容易明显看出来的. 这样的机翼可以用分布线源微元来表示，其强度的一次近似值与 $z=h(x,y)$ 的斜率，即与表达式：

$$2U\cos\varphi\frac{\partial h}{\partial x} \tag{7.46}$$

成比例. 这样的分布对于在距机翼的折角很远和距翼梢很远的地方，可通过式(7.37)得出它所诱导的干扰速度 u. 可是局部线源法在折角处使速度分量 u 增加了一项，它是与当地的源强度(也即与表面斜率 $\partial h/\partial x$)成比例的，而且随后掠角的增加而增大. 由分析，我们得出在机翼中部截面上：

$$u(x,\ 0,\ 0)=u_{\varphi=0}\cos\varphi-\frac{1}{\pi}\frac{\partial h}{\partial x}\cos\varphi\ln\frac{1+\sin\varphi}{1-\sin\varphi}. \tag{7.47}$$

这个附加的“阿克瑞特项”(象在 **3.10** 里所述的超声速翼型理论那样，此项值与 $\partial h/\partial x$ 成正比)表明：与机翼上具有斜置翼性质部分的速度增量(超速)相比，在折角处的翼型面前倾部分的超速要减小，而在折角处的翼型面后倾部分的超速则增大，两种情况下都与斜率本身有直接关系. 因此最大速度点向后移动，并且由于邻近的速度场也受到类似的比较弱的影响，使等压线在折角处抹圆了，而且与中线交成直角，不出现后掠.

在可压缩流动 $M_0<1$ 情况下，对于无限长后掠翼也有类似的附加项，按普朗特-葛劳涯近似法则，它是：

$$u(x,\ 0,\ 0)-u_{\varphi=0}\cos\varphi=-\frac{1}{\pi}\frac{\partial h}{\partial x}\frac{\cos\varphi}{\sqrt{1-M_0^2\cos^2\varphi}}$$

$$\times\ln\left|\frac{\sqrt{1-M_0^2\cos^2\varphi}+\sin\varphi}{\sqrt{1-M_0^2\cos^2\varphi}-\sin\varphi}\right|. \tag{7.48}$$

在线化的超声速流动中,式(7.47)中的第一项不出现;如果展弦比足够大,因而翼梢不影响中部的话,则无迎角等弦后掠翼的中部截面上的总速度,可以由式(7.48)的右侧得出.若机翼有超声速缘,即当 $M_0\cos\varphi>1$ 时,这个公式在形式上仍然适用;那时式(7.48)乃是有超声速缘的后掠翼的复数表达式.

7.9.2. 有迎角后掠翼

对于有迎角后掠翼的升力,机翼中部截面也类似地起着很大作用,这可以用不可压缩流的无弯度薄翼作例子,很容易地看出来.关于有效迎角和诱导迎角的概念可以从古典机翼理论得出,因而可以近似地用机翼方程式(7.28),特别是用式(7.28)右侧中对于沿流动方向下行的自由涡旋所形成的下洗流的积分,因为后掠对这项的影响极少.如果后掠翼的形状恰能使诱导阻力最小的话,则按照孟克的错位(Staffelung)定理(见[7.43]),式(7.15)和式(7.18)对于后掠翼也仍准确有效.因而后掠翼的中部效应主要涉及附着涡和由它诱导出的平均下洗流 $w_1=\alpha_e U$.

由于有后掠,α_e 的值[式(7.28)的左侧]尤其是在中部截面上,变化很大;表示附着涡下洗流的式(7.2)和式(7.26)必须重新改过.对于有相当大的展弦比的机翼来说,在中部截面上的下洗流可以写做

$$\alpha_e=\frac{w_1}{U}=\frac{1}{2\pi U}\int_0^t\gamma(x')\frac{dx'}{x-x'}-\sigma(x,\ \varphi)\frac{\gamma(x)}{2\pi U}. \tag{7.49}$$

它也是由两项组成的:一项相当于无后掠翼型,另一附加项则与局部涡旋强度、后掠角和翼型形状有关.σ 的一次近似值是

$$\sigma=\pi\tan\varphi. \tag{7.50}$$

按照这个公式,σ 就可以看做与 x 无关.如果 σ 按式(7.50)计算,

则式(7.49)可以自行封闭地求得解答. 我们得到在中部截面上沿翼弦的升力分布为:

$$l(x,\ 0)=2\cos\varphi\,\frac{\gamma(x)}{U}=4\alpha_e\cos\varphi\left(\frac{b-x}{x}\right)^n,$$

其中

$$n=\frac{1}{2}\left(1-\frac{2\varphi}{\pi}\right) \tag{7.51}$$

[以代替 $\varphi=0$ 时式(7.4)中的 $n=1/2$]. 因而在中部截面上的升力系数的近似式可以写做

$$c_L=2\pi\left(1-\frac{2\varphi}{\pi}\right)\alpha_e. \tag{7.52}$$

由式(7.51)可以看出,后掠度的影响与厚度的影响类似,即升力分布以及等压线都向后移动. 由中部截面的压力中心位置 x_p 上更可以清楚地看出这一点:

$$\frac{x_p}{b}=\frac{1-n}{2}=\frac{1}{4}+\frac{\varphi}{2\pi}. \tag{7.53}$$

我们首先看到,与已习惯的二维翼型情况不同,三维后掠影响下的流动完全是另一种样子.

现在可以指出,不论是从厚度还是从升力方面来看,在一定意义上,翼梢与前掠翼的性质相似,因而在翼梢处有使前缘附近产生明显吸力峰的趋势, 就象式(7.47)和(7.51)对 $\varphi<0$ 所给出的一样. 同样, 按照式(7.52), 翼梢附近的局部升力增加率也比较大,而在后掠翼的中部截面则由于 $\varphi>0$, 其升力增加率比较低. 对于在它们之间的机翼各截面, 可以近似用式(7.51)求得 $l(x,\ y)$, 因而其中的指数 n 也与 y 有关:

$$n(\varphi,\ y)=\frac{1}{2}\left(1-\lambda(y)\frac{2\varphi}{\pi}\right). \tag{7.54}$$

函数 $\lambda(y)$ 通过 $n(\varphi,\ y)$ 由式(7.53)来看是与压力中心位置有关的.

这样, 在机翼中部 $\lambda=1$; 由中部向外, 随着距离的增加, λ 的值就下降; 在翼梢它是负值. 因而在机翼任意截面上的局部升力斜率 $a(\varphi,\ y)=c_L/\alpha_e$ 是

$$a(\varphi,\ y)=\frac{4\pi n}{\sin n\pi}\cos\varphi\left(1+0.8\frac{d}{b\cos\varphi}\right) \tag{7.55}$$

而普朗特的机翼方程(7.28)的一般形式，现在是

$$\frac{c_L(y)}{a(\varphi,\ y)}=\alpha(y)-\frac{1}{8\pi}\int_{-s}^{+s}\frac{d(c_Lb)}{dy'}\frac{dy'}{y-y'}. \tag{7.56}$$

按这样的轮廓进行计算，可以近似(相当于古典机翼理论)得出总机翼面积上的升力分布．后掠无扭转机翼的纵向截面上的升力与相对应的无后掠翼相比，一般是在中部的比较低，而在翼梢附近比较高．后掠机翼表面上的压力分布与图 7.23 所示的无后掠翼情况不同，其典型分布形状如图 7.32 所示．只有在两半翼的中部附近，压力分布的形状才与古典的二维翼型相似．

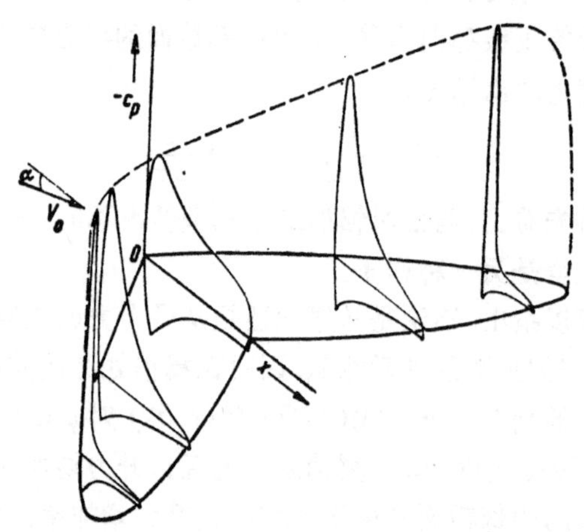

图 7.32　大展弦比无弯度后掠翼上的压力分布示意图

7.9.3. 机翼的展向阻力分布

值得我们注意的是，象后掠翼这样的三维物体，不论绕它的是作位移 (Verdrängung) 流动还是有环量的升力流动，对于 y=常数的各机翼截面几乎都会引起阻力；其原因简单的就在于翼中部的和翼梢的效应使压力分布偏离了相应的二维翼型情况．这一点我们可以用一个不可压缩流动的例子来说明(见图 7.33)．

曲线 A 给出了沿翼展的阻力分布，它是由机翼厚度引起的，

可以用式 (7.47) 在 $c_L=0$ 时算出来. 这个阻力与 $(d/b)^2$ 成正比，还与 φ, M_0 和机翼形状有关. 在低于临界值的流动中，所有这些阻力之和等于零，也就是说，在机翼中部地区的阻力与在翼梢地区的推力相抵消. 对于超声速流动，情况就不是这样了，因为这时在翼梢的推力相对比较小；就等翼弦的机翼来说，如果展弦比大于 $1/\beta=1/\sqrt{M_0^2-1}$，则在翼梢地区的推力积分完全为零. 所以就只剩下机翼中部地区的压差阻力.

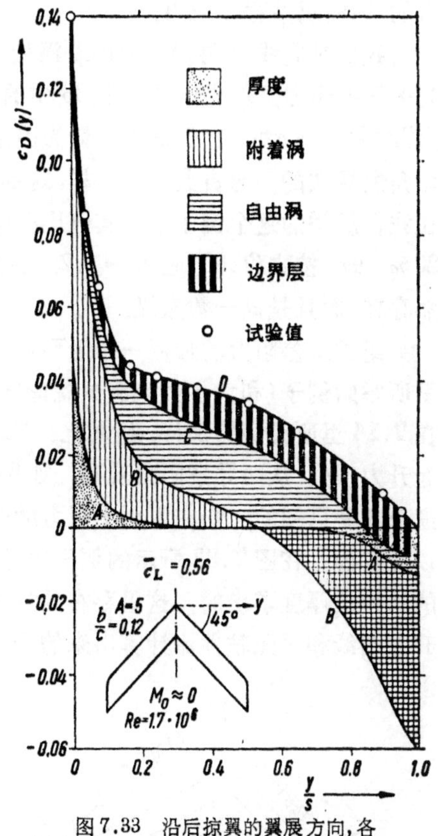

图 7.33　沿后掠翼的翼展方向，各个不同压差阻力部分的分布情况

我们对曲线 A 加上附着涡在它自己的下洗流场所引起的压差阻力，就得出图 7.33 中的曲线 B. 这个阻力的存在，说明了总的空气动力已不再象古典机翼 (图 7.18) 那样是垂直于折转了 α_e 角后的气流方向. 这是由于在式 (7.49) 中增加了与局部涡旋强度 $\gamma(x)$ 成比例的项所导致的结果[1]. 因而 c_t 和 c_L 或 c_n 之间的关系也不再能用式(7.10)来表示了. 在亚临界的流动中，这些阻力之和又等于零；翼梢处附近的大推力对于抵消机翼中部的大阻力来说是很必要的. 在有亚

1) 这个结果与库塔-儒可夫斯基定理并不矛盾，因为这里 c_t 的力也是由沿翼弦求 $\rho w\gamma$ 的积分得出的，只是其中 w 不应包括涡旋微元在它自己位置上所提供的部分，因为 w 不是附着涡所诱导的全部下洗流，而只是由式(7.49)右侧的第一项所给出的.

声速前缘的超声速流动里，一般是不可能在翼梢处有这一类大推力的，因而仍然存在阻力.

我们对曲线 B 再加上因附着涡处于自由涡的下洗流场所引起的压差阻力，就得出了图 7.33 中的曲线 C. 这个局部"诱导阻力"的大小是 $\alpha_i c_L$，它仍旧可解释为因来流方向在机翼处旋转了 α_i 角所导致的. 与古典机翼一样，这部分阻力的总值是不为零的. 在我们所举的这个例子中，其值比椭圆升力分布的最低值要高 20%，即：按式(7.30)应 $K=1.2$. 在超声速范围里，这个涡值仍然存在，而且是同一数量级.

组成压差阻力的最后一个主要部分是由边界层引起的，在这里所举的例子(和大多数风洞试验情况)中，边界层是相当厚的. 如在 **7.14** 里所提到的那样，机翼上、下表面之间位移厚度的差异引起升力损失，从而导致阻力升高. 如果在整个机翼表面上，位移厚度分布是已知的，则在原则上阻力的升高与二维情况一样也是可以计算的. 在图 7.33 所示的例子中，这部分阻力是由在后缘测出的边界层厚度求出的. 这里存在的迎角变化，相当于实际测出的升力曲线和用无粘性流计算出来的升力曲线之间的差值. 在图 7.33 的例子中，按这样求得的总阻力值和测得的阻力值很相一致，说明了这里所讲的基本物理设想是可用的.

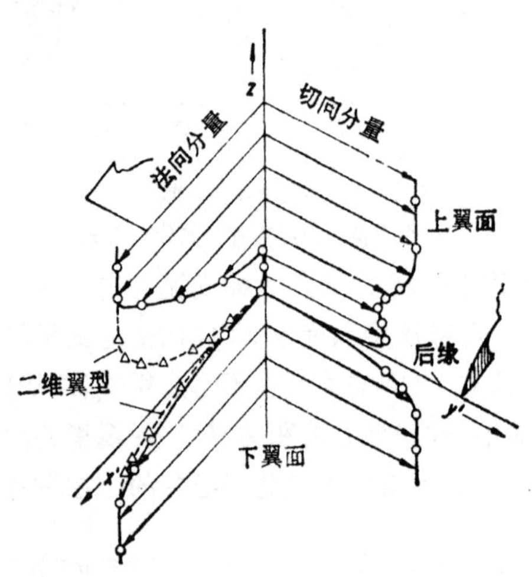

图 7.34 45° 后掠机翼在后缘处的典型边界层速度剖面图(按照[7.72])

在此还应指出，由于后掠翼边界层外的弯曲流动(见图 7.31)引起在三维边界层内有横向分量，所以边界层对绕后掠翼流动的影响可能特别大(见 [7.72]). 它常常导致在后掠翼后缘附近出现一个明显的底层，在这底层内，边界层的物质沿后掠方向向翼梢流去. 在图 7.34 里所表示的这种流动的例子，是测量与图 7.33 所示的同一机翼得出的，它说明了有相当厚的位移厚度存在，与之相应并有大的升力损失和阻力增升. 在湍流边界层和有较大雷诺数时，这个影响要小得多. 另一方面，由于有后掠作用，壁面摩擦阻力有可能比二维流动时减小些. 由实验得知，机翼后掠度增至 45°，壁面阻力大约可减至 15%，这一结果与韦贝尔和布来伯纳[7.78]的理论研究结果相一致. 关于较大后掠角和小展弦比的情况还很少研究过，因此没有把握作出预言.

7.9.4. 气流分离和涡旋

由于在机翼的中部和翼梢附近有强烈的三维流动效应，所以在设计飞机时自然就要求有意识地设法使流态实际保持相似于古典的贴体的绕翼型流动. 但同时要特别注意的是，后掠翼情况下以另外一种气流分离形式出现而与贴体流动相偏离的流动，是和绕古典机翼的流动完全不同的(参看[7.74]).

例如，我们来看一下这类流型的上限，即如图 7.1(c) 所指的气流从古典翼型前缘分离的情况[1)]，则我们可以得出这样的结论，即：在中等的后掠角时，分离气泡就已象图 7.35(b) 所示那样，沿着边缘上卷成为涡旋带并向外流去. 这时气泡的末端将成为第二条分离线；而被向下游扩展的涡旋带所吸入的空气，则沿附着面 A 与主流分开. 随着后掠角的增大，最后流动成为如图 7.35(c) 所示的情况，这时气泡就完全消失了. 第二条分离线这时成了第二条涡旋带的起点，伴随着它有一个第二条附着线 A_2. 从原则上说，我们可以设想在 A_2 与 S 之间有一系列越来越小的无穷多个涡旋带，可是在有扩散作用的粘性流动中，我们常常只能观察到第一条和第二条涡旋带.

对于三维后掠翼在亚声速流中的情况，我们可以把一个象图 7.35(c) 所表示的分离流动设想为象图 7.36 的样子. 前缘存在涡旋带的一个主要后果是，图 7.35(c) 中的附着线 A_1 现在能与后缘

1) 在图 7.35(a) 中又重画了这类流动的草图；把前缘 V 画成尖的，是为了表明我们假设分离线固定在前缘上.

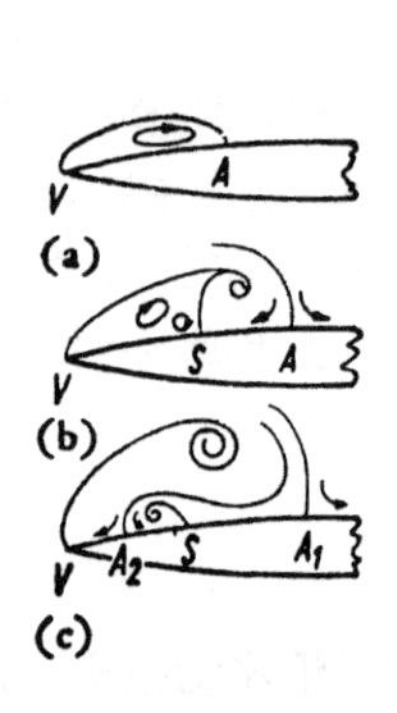

图 7.35　在垂直前缘 V 的截面内，可能产生的不同流态

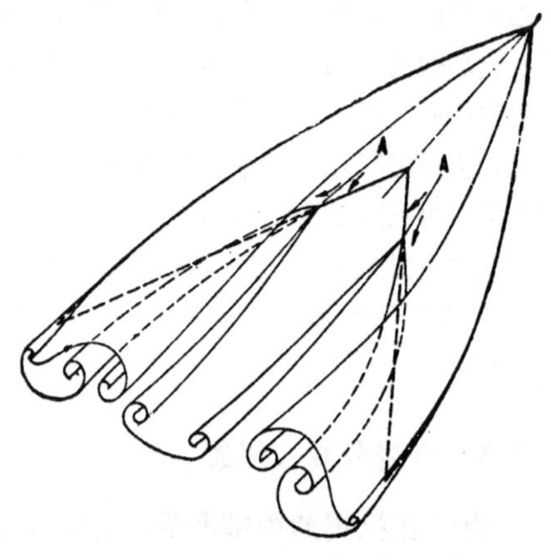

图 7.36　在大的迎角下，后掠翼上的涡旋带．从后缘流出的涡旋带被切开了(按照麦尔特拜)

相交了．因而由后缘流下的涡旋带将被切开，并沿着切开所产生的两个自由边缘向上卷去．在机翼的远后方至少留下了三对涡旋核．在这样的流动里，翼面上的压力自然与贴体流动时完全不同．特别是从贴体流动过渡到如图 7.36 所示的情况时，一般会引起不稳定的纵向力矩，并且有要翻转的危险，原因的一部分是机翼中部在靠前部分有升力增大之故．这也会使尾翼处的下洗流场受到不利影响．我们发现许多有中等后掠机翼的飞机，有着象图 7.35(b) 所示的流动，随着迎角的增大，它们会由翼梢向内发展．在这种情况下，如果不能做到在预期的飞行范围内防止气流出现分离，则常常要试用翼刀[1)]、缺口或其他在前缘上造成不连续的补救办法，把分离限制在机翼的靠外部分，并至少在某一定的迎角范围内，防止气流逐渐向内移动．

7.10．后掠机翼的设计问题

从实际情况出发来看，不同形态的三维流动现象会导致产生

1) 通常称为“边界层翼刀”，但与边界层影响的关系一般并不大；参看[7.75]．

不希望有的后果，因而如何做到在后掠机翼上实现所希望的贴体流动，确实是一个真正的设计问题．要做到这一点，必须采用合理的机翼形状，如选择适当的机翼平面形状、厚度分布、弯度分布和扭转度等．还可以考虑在机身-机翼位置的安排上，利用机身和机翼两流场间的相互干扰来改善它．

我们想把这一基本问题作如下提法：以一个无限翼展的基本斜置翼的翼型压力分布为基准出发，把这些压力分布在有限翼展机翼的表面上，并要求当机翼的后掠度至少处处等于基准机翼的后掠度时，两个“半机翼”的等压线都是直线．同时还必须满足有关总升力和飞行推进功率等的某些条件．显然，所得的等压线与直线等压线有一些小偏差是可以允许的；另外，对于下表面等压线是否做到完全后掠也不象在上表面最低压力点附近及其以后区域那样重要了．一般应做到在所要求的飞行范围内，不使任何一处出现垂直于某一等压线的速度分量有大大超过当地声速的情况．下面简短地提几种可能的形状；在实际情况中，则一般都采用结合不同办法的解决方法(见[7.70])．

从原则上说，选择机翼的平面形状［即给定后掠角时机翼的翼弦分布 $b(y)$］就是要使它有利于得出均匀的升力分布，特别是使沿翼展的 $c_L(y)$ 分布是常数．这时机翼形状1)就不再象无后掠情形那样是椭圆形的；对于后掠机翼，其中部的翼弦必须减小，而在接近翼梢处的翼弦要增大．典型的例子见图 7.37 中上半部所示．为便于作实际应用，也可以取直线后缘而得到类似的机翼平面形状，这时机翼的前缘是弯曲的，而它的局部后掠度愈向翼梢愈增大．这种机翼形

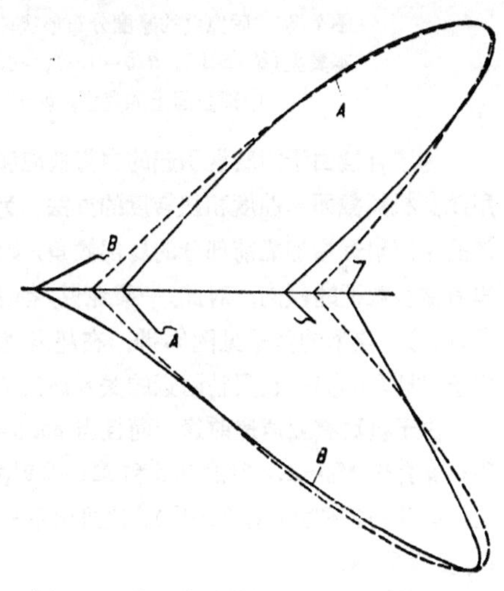

图 7.37　在亚声速范围内，几个不同的后掠机翼平面形状．A 形给出的沿翼展的 c_L 为常值，B 形给出的诱导阻力最小．虚线表示椭圆形的翼弦分布．平均后掠角是 45°

1) 参看[7.76]．采用这种机翼形状是雷姆于 1944 年提出的．

状在超声速范围内还保持这样的特性，即：在机翼外部的局部 c_L 值很少变化，尤其是沿前缘的吸力峰近似为常值(见[7.77])．

为了抵消由于机翼厚度而产生的中部效应，和为了使两个半机翼的等压线伸直成直线，直至在对称面上相遇成折线，我们可以改变机翼本身的厚度分布．这样，后掠机翼中部截面上的翼型头部将加厚，机翼最大厚度位置前移，而后缘夹角须减小[1)]．图 7.38 所示是一个典型例子．在超声速流动中，情况也相类似；只是翼型外形的个别地方有马赫数的影响．这影响还与附近截面的翼型如何变化有关，特别是与绝对厚度是否向边缘方向减少有关．在前一种的常见情况中，由于流动的三维性，气流的速度增量(超速)一般都是下降的．

图 7.38　后掠翼的厚度分布形状．虚线：斜置翼情况的基本翼型(RAE101，$d/b=0.1$)．实线：有同样压力分布在中部截面上的翼型，$\varphi=35°$，$M_0=0.85$

为了补偿由于附着涡引起的中部效应和翼梢效应，我们也可以类似地采用改变机翼截面弯曲度和扭转度的办法．为了达到这个目的，总需要在后掠翼的中部附近增加靠前部分的局部倾角，因为与无限长机翼相比，机翼在那里有减少载荷的倾向．对此，一般地说，都必须增加在机翼中部的总迎角(见[7.79])．典型的例子见图 **7.39**．在超声速时关于形状改变的方式也是这个样子(见[7.80])．在翼梢附近的关系则恰恰相反．在实际进行超声速设计时，由于机翼有亚声速前缘，而且当 $\cos\varphi=0.7/M_0$ 时，它的细长度参数 $\beta\cot\varphi$ 介于 $M_0=1.2$ 时的 0.5 和 $M_0=2$ 时的 0.65 之间，所以可以应用对细长体有效的近似式(见[7.81])，这虽然不一定很准确，但是可获得有意义结果，参看 **7.14**．

图 7.39　后掠翼的中弧线形状．虚线：对称的基本翼型(RAE101，$d/b=0.1$，$\varphi=35°$，$M_0=0.85$，$c_L=0.3$)实线：沿翼弦有同样升力分布的中部截面翼型

1) 参看[7.78]——类似的考虑也可以用于翼梢区域．

要想影响后掠翼中部附近的流动，最有效的办法是有目的地改变一般总存在的机身的形状．从原则上说，如果我们放入一个固壁以保持机翼上和它以外的弯曲流线不变，则我们总能得到象无限长机翼时的弯曲流动(参看图7.31)．可是在实践中这很难做到；不过变更沿机身的截面，使前面部分的速度增大，后面部分的速度降低，就能起到类似的作用．如果我们注意到亚声速和超声速流动中，速度变化与壁面的斜率和曲率变化之间的相互关系(例如，参看图7.40)，则可以看出，这样的机身一般必有缩腰或"蜂腰"，而且在平面图上机身-机翼的过渡处与无限长机翼的流线总有一定的相似之处．当然仔细说来，机翼的整个形状也一样会影响机身的形状．但如果机身很长而足够有理由认为机翼附近的流动丝毫不受机身头部和尾部流动的影响的话，则上面所述的观点是直接可用的．

用类似的办法，可以补偿由附着涡引起的中部影响．其时，机身上表面和下表面的形状将是不同的，也就是说，由前缘同一点出发的(翼身)交割线，在后缘将不再相遇[1]．

我们希望应能给出上述一族后掠翼的飞行马赫数和后掠角的上限．从巡航设计的角度来说，随着后掠角的增加，要避免出现象图7.12所示的气流分离情况，就更困难；这主要是因为垂直于后掠方向的有效c_L越来越大，并且三维边界层具有越来越大的影响的原故．至今已有对于$M_0=1.2$设计得很成功的$\varphi=55°$后掠翼(例如，见[7.70])．此外，较小马赫数和较高升力系数时的特性，尤其是起飞和着陆时的条件也增加了对设计的限制．

如果在飞行时能改变后掠角，特别是在较小飞行速度下能使后掠角减小，则可以做到尽量扩大飞行的范围(最初，这是由冯·霍尔斯特建议的)．通过这一措施，同时可以使低速飞行的时间延长．同理，我们也可以考虑采用展弦比和厚度都比相应的后掠翼大而平面呈M形的机翼．

有一种可以改变掠度的飞机新式样令人感兴趣，这就是斜机翼(一种只有机翼的飞机)，它的掠度在飞行过程中是按空气动力方法变化的(参看[7.83])．不过这种飞机也是按照古典的贴体翼型流动来飞行，必须按此进行相应的设计．

7.11. 后掠翼设计的阻力问题

我们用上述办法虽然能在整个飞行范围内使绕机翼的流动不

1) 文献[7.82]中有典型的例子．

产生激波，而达到相当于无限长翼展斜置翼的亚声速流动情况，使在任何情况下，能量损失都保持相对小；可是总还余存着一些必须予以计算的总阻力．尤为重要的是，反映超声速流动特征的那些典型阻力是不可能完全去除掉的．特别是当机身的外形是按照在后掠翼上产生贴体流动来选型（图 7.40），因而机翼本身不产生压差阻力的情况下，机身上也受有阻力．一般情况下，机翼形状也有改变，这时在它上面也还有压差阻力作用着；因为只有当压力分布与翼型形状的配合与二维情况一样时，这个阻力才能消失．另一方面，我们完全有可能做出适用的阻力估算，因为对于这样设计出来的机身-机翼组合体上所出现的流动情况，都可以用小干扰线性理论来计算．

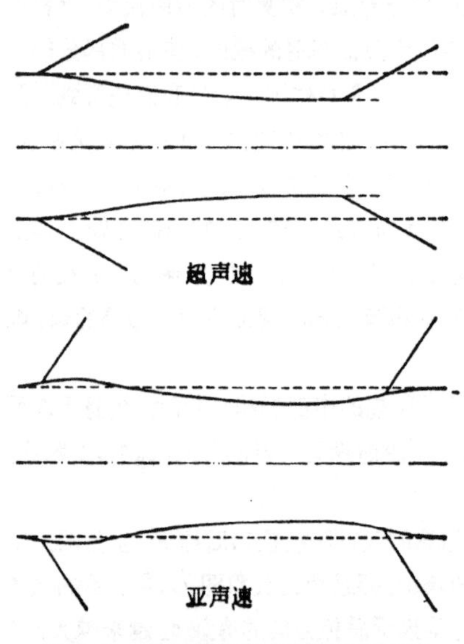

图 7.40 典型的机身-机翼过渡区形状（平面图），能抵消由于厚度产生的“中部效应”．下图：后掠翼 $\varphi=35°$，$d/b=0.1$；$M_0=0.85$ 时．上图：后掠翼 $\varphi=55°$，$d/b=0.06$；$M_0=1.2$ 时．虚线：原来的柱型机身（RAE101 翼型）

象已在图 3.64 中表示过的，厚度引起的阻力，与在垂直于来流的截面上有相同截面积的旋转对称体的阻力相同．这个“面积律”也可以按一定方式把它反过来应用于设计上，即：在给定条件[1)]下，例如给定长度和给定总体积，可以找出具有最小阻力的纵向体积分布；此外，这个面积分布还可以对所考虑的机身-机翼组合体向两侧边分展开去，按照上述意义，它应同样具有可能的最小阻力．这个最初只限于马赫数接近于 1 情况的想法，也可以推广到超声速范围中去（例如[7.86]中所说的）．这种由流场的远处所

1）洛德在[7.84]中讨论了在不同条件下能得到的“最佳情况”(Optima)．

推导出来的方法，允许有一些随意灵活性．在实践中，我们是把上法与前节中所讲由流场的近处推导出来的方法恰当地结合起来用．如果按照贴体流动要求进行的设计没有成功，从而不是出现气流分离就是产生有限强度的激波，或者两者都产生的话，那一般也就无法再有足够信心来可靠地预先提出和计算这种组合体的特性．迄今，经验指出，对于经过适当考虑设计出来的组合体，即使不是总能达到最高可能的临界马赫数，但也总能足够准确地估算出它的阻力来(参看[7.85])．

对于由升力分布导出的涡旋阻力，也可以作同样的考虑．按照上述方法设计出来的机翼，一般都做不到使涡阻达到可能的最小值；在这方面我们仍然要求沿翼展的 $c_L b$ 有椭圆分布．圆 3.37 中的下半部示出了亚声速流动中能满足此条件的一个典型机翼平面形状．琼斯在[7.86]中发展了孟克的想法，得出了在超声速流动中计算机翼最小诱阻的一般性(“反流”)理论．不过实际上对于这里所提到的具有古典式亚临界翼型流动的后掠翼，计算得出的诱导阻力一般比可能的最小值大不了多少，因而不值得再去进一步求“最佳化”了．这对于沿翼展有不变 c_L 值的机翼就更是如此．例如在图 7.37 中，对于亚声速流，机翼 A 的阻力就比机翼 B 大 5%．白格雷和比斯雷[7.87]从超声速情况下有不变 c_L 值的大量机翼中得出，它们的涡阻总是比琼斯的最小值高不到 10%．然而还不能证明出确实有一种相当于最佳条件情况的真实流动存在．

7.12．小展弦比的三角翼飞机

小展弦比三角翼已证实是一种可作超声速飞行的天然飞行器形式(参看[7.88])，所以我们应当选择它作为例子来说明超声速机翼理论的主要结果．由它的名字可以看出，这种机翼的平面形状应基本是三角形．前缘是大后掠的并稍有弯度．后缘则完全不后掠或稍有后掠．因此，在 $M_0>0$ 时，它的前缘是亚声速前缘而后缘总是超声速后缘(参看图 7.44)．对后掠翼飞机来说，它还保持着古典飞机的那种机身和机翼分开的典型形状，并且由于有后掠效应也能在超声速范围内飞行；可是对三角翼飞机来说，就没有无升力的体积和无体积的升力面之间的区别了．我们在这里只和一个“升力体”打交道，体积和升力都分布在同一面积上．为表明其主要几何特性，我们宜于用以翼展 $2s$ 对几何平均翼弦 b 的比值表示的“展弦比”，它表征机翼的外切矩形的细长程度；以及平面投影的形状参数 $A/2sb$，它给出了机翼平面投影面积 A 占外切矩形面积的比例；还有体积参数 $V/A^{3/2}$，它给出了总体积 V 与机翼尺寸的关系．于是机翼的展弦比（见 **7.13**）就可以写成 $\lambda=(2s/b)(A/2sb)$，它也不再有什么直接的含义了．对于要达到某一定航程这样一个基本的飞行技术问题，是与后掠翼飞机（见 **7.6**）一样，首先要使 $R=M_0\cdot c_L/c_D$ 达到某一定值．推力应当仍由喷气发动机提供．但阻力现在不宜于再表为式（7.31）的形式．对于超声速飞机，与升力无关的一次近似阻力项不但含有粘性摩擦阻力项 c_{D_R}，而且还包括由飞机体积产生的阻力项．对此我们可以用哈克-席尔斯的细长旋转体的阻力计算法来计算这个阻力，并写成公式

$$c_{D_V}=\frac{128}{\pi}\frac{V^2}{Ab^4}K_0=\frac{512}{\pi}\frac{V^2}{A^3}\left(\frac{A}{2sb}\right)^2\left(\frac{s}{b}\right)^2K_0. \tag{7.57}$$

系数 K_0 表示给定飞行体与同一长度和同一体积的哈克-席尔斯物体（$K_0=1$）相比，在阻力上有多大差异．和在超声速时对于后掠翼飞机（见 **7.9.3**）所作的，要在式（7.31）中加上除粘性阻力外的压差阻力项一样，对于三角翼，其值包括在式（7.57）中．由升力导致而与 c_L^2 成比例的阻力项，可分解为涡阻（诱阻）和波阻两项．后一项可按一般的了解，指波和激波阻力（见 **3.14**）．它的表达式可以写为：

$$c_{D_{LW}}=\frac{1}{2\pi}(M_0^2-1)\frac{A}{b^2}c_L^2K_W=\frac{1}{\pi}c_L^2\left(\frac{A}{2sb}\right)\left(\frac{s}{b}\right)\cot^2\bar{\alpha}_0K_W, \tag{7.58}$$

这里，取 $R.T.$ 琼斯在[7.86]中所采用的沿翼弦有椭圆形升力分布的近似值作为标准值（$K_W=1$）．于是，就还剩下由升力导致的

诱阻或涡阻 c_{D_i} 了；与一般相同，我们就采用沿翼展为椭圆分布时得来的值，作为这项阻力的标准值，因而可以用

$$c_{D_i}=\frac{1}{4\pi}\frac{A}{s^2}c_L^2K_V=\frac{1}{2\pi}c_L^2\left(\frac{A}{2sb}\right)\left(\frac{b}{s}\right)K_V \qquad (7.59)$$

代替式(7.31)中的第二项．于是总阻力就是

$$c_D=c_{D_R}+c_{D_V}+c_{D_{LW}}+c_{D_i}.$$

事实是，至少在某一定马赫数和 c_L 范围内，许多组合体的 K_0，K_W 和 K_V 值近似为常值.

与体积有关的波阻[式(7.57)]，首先是在跨声速区从亚声速时其值为零突跃到超声速时成为常数值(按一次近似)，而与升力有关的波阻[式(7.58)]则从 $M_0=1$ 时的零值起，随着 M 数的增加而连续增加；两个与升力有关的阻力项都近似地随 c_L 的平方值而增加；两个波阻项随翼弦(体积和升力沿着它分布)的增加而减少，可是涡阻则随展弦比的增加而减少.

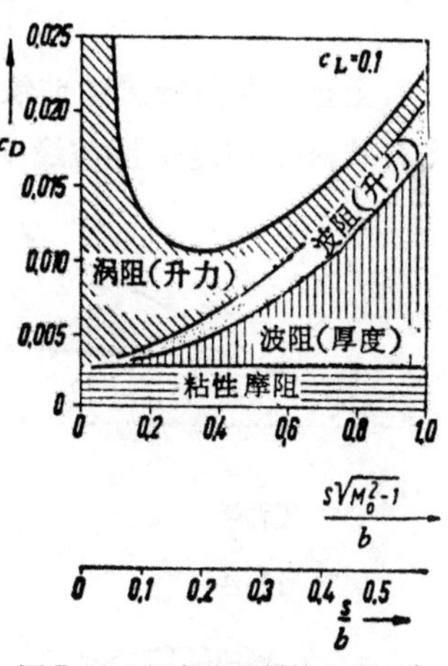

图 7.41 超声速飞行的典型阻力
($M_0=2$, $A/2sb=1/2$, $V/A^{3/2}=0.04$)

这个特性对于超声速飞机来说是带特征性的，而且有着深远的后果：由于阻力在 s/b 值比较小或比较大时都增加，所以必须对给定的 M_0，c_L，$V/A^{3/2}$ 和 $A/2s\cdot b$ 设计值，定出能使总阻力值为最小而 c_L/c_D 值为最大的最佳 s/b 值．图 7.41 所表示是一个典型例子．详细的计算(见[7.88])指出，对于空气动力性能好的超声速飞机，飞行体总是在由它头部射出的马赫角之内，即：$s\cot\bar{\alpha}/b$ 应当总是小于 1 的[1]．以下所列之值可以作为标征这类飞机的粗略准则：

$M_0=1.2$ 时，$s\cot\bar{\alpha}/b\approx0.2$，$s/b$ 在 0.3 与 0.4 之间；

1) 作超声速或高超声速飞行的"升力体"常常产生强激波，因而不在考虑之列；它还正处于发展之中；参看[7.88].

$M_0=2$ 时，　$s\cot\bar{\alpha}/b\approx0.4$, s/b 在 0.15 与 0.3 之间；

$M_0=5$ 时，　$s\cot\bar{\alpha}/b\approx0.5$, s/b 在 0.05 与 0.2 之间.

这个范围也基本适用于上节提到的后掠翼飞机. 小展弦比三角翼在空气动力学上是与古典飞机根本不同的第一个飞机类型，它具有完全另一种的流态.

7.13. 绕细长翼的流动

上述 s/b 值所属的前缘后掠角很大，我们不能设想它在各种飞行状态下都能保持前缘附近有贴体流动. 这是由于边界层内有三维流动的缘故，它使边界层内的流动偏离了无粘性外流的方向，特别是表面上的极限流线，某些情况下可以成为一条与三维气流分离线相一致的极限线[1]. 还应注意的是，对着前缘流来的角度 α'，按照式(7.38)要比迎角 α 大得多. 画在图 7.42 上的是两种边界层外为锥形流的简单流动；当迎角和后掠角足够大时，在有圆前缘的细长翼上会产生不利的流动情况 (b). 为了避免出现这种情况，细长翼要有达到空气动力学上的尖锐程度的前缘，并且要把它设计成能在整个飞行范围内都使气流象有一定控制的样子，从前缘分离；即：分离线总是固定在前缘上. 这样得出的流动，证明是很合实际应用的.

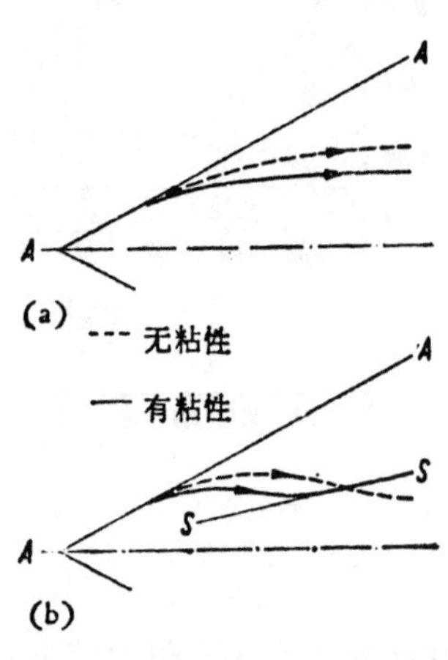

图 7.42　在附着线 AA 之后表面上的三维流线. (a) 有利情况：沿向后向内方向有压降，全表面遍布粘性流动 (按照马斯克尔和韦贝尔). (b) 不利情况：沿向后向内方向有压升，导致气流沿 s 线分离

1) 库克和哈尔在[7.89]中作了关于三维边界层这一领域里一般情况的介绍. 马斯克尔[7.90]和马斯克尔及韦贝尔[7.91]还特别论述了细长翼的设计问题，并给出判断气流分离的准则.

从极大后掠角的边缘上分离出来的气流，一般都会在机翼上形成沿机翼自由边缘卷起的涡旋带[1)]. 图 7.43 中表示了一个简单的锥形流动例子，并画出构成涡带的一条涡丝. 图 7.44(a) 给出了表面上的极限流线和示意截面流动的图. 一部分流体被卷入自身不断扩大的涡带里；另一部分没有被卷入，就近似直线地向后流去. 这两部分流体通过流面被分离开，并沿着附着线 (A) 与机翼相交. 在 A 和一次分离线 S 之间机翼表面附近的流动，由于其特有的曲率引起分离，因而又出现二次分离，如图 7.44(b) 所示. 二次涡带一般比较弱，气流主要受一次涡带支配. 由前缘流下的两

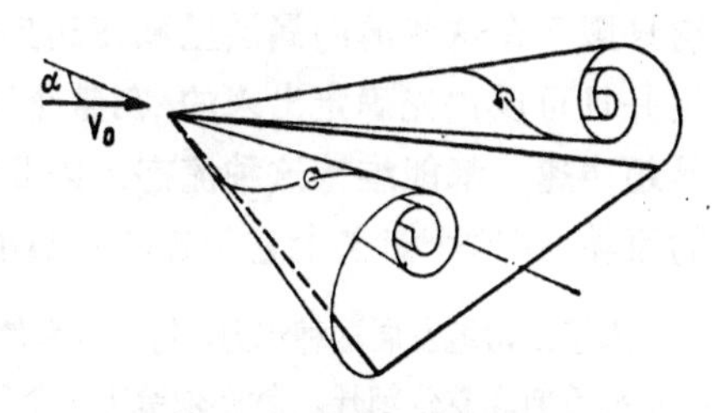

图 7.43　绕细长翼的流动模型，涡带从前缘开始发出

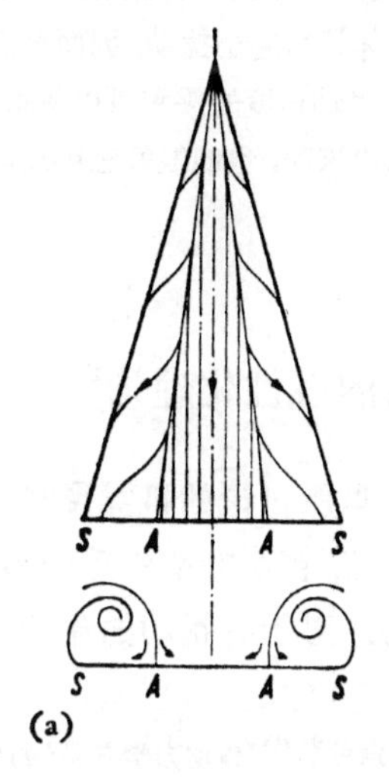

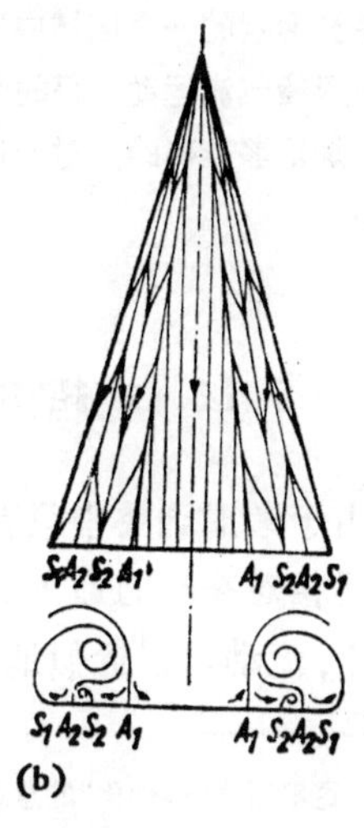

图 7.44　有前缘分离的细长翼上的表面流线.

(a) 一次分离；

(b) 一次和二次分离

1) 这种流动在后掠翼上也同样能产生，而那里是不希望它出现的(见图 7.36).

个涡带，与由后缘流下的涡带在机翼后面汇合在一起．粘性的影响只限于在这些薄的涡层里和在边界层内．这种流态是定常、稳定并且可以预先确定出来的；在整个飞行范围内，不论是亚声速还是超声速，都能维持这种流态．因此它是一种可用于实际的健全的流动，在这个意义上它与古典机翼的流动是相同的．

为了正常地发展这种流态，特别是为使涡带能始终位于机翼的一侧，而不是沿着前缘被分割开，就必须给定一个其时前缘是附着线的飞行状态(给定一个 c_L 值和一个马赫数)．一般都是选择超声速中的一个状态作为这个“设计点”．然后就是要求出绕一个有一定厚度和有尖缘的物体的流动，而该物体在沿流动方向的曲率处处都很小；其垂直于前缘的速度分量小于当地声速，而垂直于后缘的速度分量大于当地声速．头波是很弱的，并位于从前尖端发射出来的马赫锥附近．后缘可以有稍强的斜激波．与此有关的压力升高使机翼上的压力升高有可能很弱或者根本不出现，因而可以争取得到象图7.42(a)所示的有利压力场，而避免产生象图7.42(b)那样的额外气流分离．于是粘性作用只限于在边界层内出现和尽可能地限之于从后缘逆流向前受后缘激波影响的一小区域内出现．这样的物体只引起小扰动，因而可以用无粘性可压缩气流运动方程的线性近似(这时，扰动速度的乘积可以忽略)来描述流动是足够准确的．对于这种绕细长机翼的流动，也能很好应用超声速机翼理论．

7.14．在超声速流中薄翼的线性化理论[1]

由于考虑到要争取有小的阻力，这里所讨论的机翼形状，其表面微元相对来流的迎角处处都是很小．在较小的或中等的超声速情况下，流动可以近似地看做是无旋的．对于有扰动的流动，这里

1) 这里所讲“线性化”的意思与通常一样，是指可把“气体动力学方程”的系数设为常数，因而得到式(7.60)．这样，在超声速流中，所有马赫线的斜度就都与来流区马赫线斜度一样，是确定了的．最近几年中也出现一些其他的线性化法，这些方法在许多方面更符合物理假定．在近声速时用这一新的线性化法可以得出抛物线型的线性方程，而另一种更准确些的线性化法则对波动传播的过程和超声速流动可以得出弱激波和普朗特-迈尔膨胀来．

存在个附加的扰动位势（参看 **3.9**），它满足下列方程[参看式(3.81)]：

$$(M_0^2-1)\frac{\partial^2\varphi}{\partial x^2}-\frac{\partial^2\varphi}{\partial y^2}-\frac{\partial^2\varphi}{\partial z^2}=0. \tag{7.60}$$

主流方向沿 x 轴，翼尖则在原点上．对于这种近似，边界条件最好设在一个包含着翼弦的平面里（例如 $z=0$ 的平面）．因此边界条件有简化的形式：

$$\left.\begin{aligned} z\to+0: w(x,\ y,\ +0)=\frac{\partial\varphi}{\partial z}=U\frac{\partial h_{上}}{\partial x}, \\ z\to-0: w(x,\ y,\ -0)=\frac{\partial\varphi}{\partial z}=-U\frac{\partial h_{下}}{\partial z}, \end{aligned}\right\} \tag{7.61}$$

其中 $z=h_{上}(x,\ y)$ 表示上翼面，$z=-h_{下}(x,\ y)$ 表示下翼面（图 7.45）．

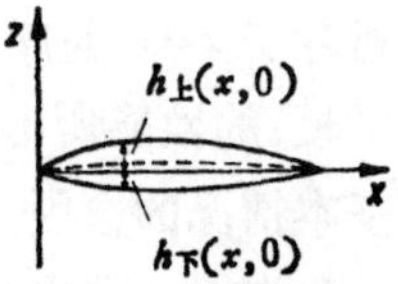

图 7.45　有弯度机翼的截面．——中弧面

式(7.60)和式(7.61)的含义是，飞行体上的速度扰动与 $y=$ 常数截面上的局部表面坡度的分布有线性关系，因而可以用叠加法得到解．在这种情况下，把飞行体看做由一个对称于 $z=0$ 平面分布的厚物体，和一个无限薄翼（与物体的平均中弧面一致）相组合的物体（见图 7.45）是可能的而且应当建议这样做．这里，前一部分的坐标，即厚度分布，为：

$$z=\pm h_{厚}(x,\ y)=\frac{1}{2}[h_{上}(x,\ y)+h_{下}(x,\ y)], \tag{7.62}$$

后一部分，即中弧面的坐标为：

$$z=h_{弧}(x,\ y)=\frac{1}{2}[h_{上}(x,\ y)-h_{下}(x,\ y)]. \tag{7.63}$$

由于对称的缘故，扰动位势 φ 和扰动速度 u 在有厚度的对称机翼两侧是彼此相等的，而在中弧面两侧，其值虽大小相等，但符号正相反．所以为了要使用式(7.60)的基本解来求出厚度分布和升力分布的流场，我们可以设想在 $z=0$ 平面上布以能产生体积的微元和能产生升力的微元．

如果飞行体不但它的纵向截面上的厚度比小，而且横向截面上的厚度比也小(一般的机身都不是这样！)，则在主流方向的扰动分量与 w [见式 (7.61)] 一样，具有相同的数量级 $U\cdot d/b$ 或 $U\cdot\alpha$; 而柏努利方程的适当的形式又是[参看式(3.45)]:

$$c_p=\frac{p-p_0}{\frac{1}{2}\rho_0U^2}=-\frac{2}{U}u=-\frac{2}{U}\frac{\partial\varphi}{\partial x}. \tag{7.64}$$

同时，物体表面上某一点的压力与在 $z=0$ 平面上相应点的压力之间的差值可以忽略. 在这种情况下，压力扰动也象 φ 和 u 一样是由一个厚度项和一个升力项相加而得(以前已经这样做过).

事实上，一个机翼的空气动力性能，基本上可以归纳为由一个对称于 $z=0$ 的厚翼的性能和一个中弧面(或者只是一个有迎角的平板)的性能所形成，这就是为什么在许多时候我们就只研究这些基本情况的原因.

迄今本节中所作的许多讨论，在亚声速流动的线性化范围内自然也是适用的.

我们在 **3.13** 中讨论炮弹的绕流时，已经熟识了超声速流动中产生体积的微元. 但为了推广一下那里的表达式，使之更一般化，现在必须在 $z=0$ 面上(而不只在 x 轴上)布以这种“点源解”，因而这里的基本解乃是

$$\varphi=-\frac{q}{4\pi R},\ R^2=(x-x')^2-[(y-y')^2+z^2]\cot^2\bar{\alpha}. \tag{7.65}$$

点源强度可以由局部法向速度来计算，因而是确定于局部的表面坡度. 与 $M_0<1$ 时的相应解相反，式 (7.65) 的解的影响是有限的，因为在

$$(y-y')^2+z^2>(x-x')^2\tan^2\bar{\alpha} \tag{7.66}$$

时，R 将是虚数. 如果我们把式(7.66)中的不等号用等号来代替，就能得到实数解的边界. 所以式(7.65)在以“源点”为顶点，而轴沿 x 方向，半开角为马赫角 $\bar{\alpha}$ 的双圆锥内，有实数解(见图 7.46).

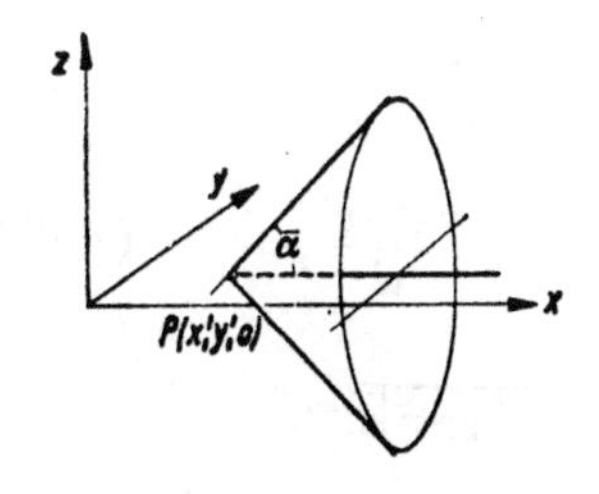

图 7.46 影响锥=马赫锥

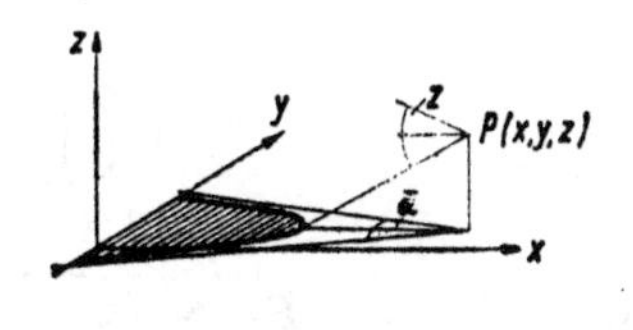

图 7.47 依赖区(阴影部分)

不过其中只有在源点下游的圆锥区有物理意义，因为当 $M_0>1$ 时，影响是不可能传到上游去的(参看图 3.59). 在这种近似中，亚声速前缘三角翼(图 7.54)的机翼头部马赫锥同时还表示头波，因而其上的扰动正好消失.

不等式(7.66)也给那些可以对空间某一点 x, y, z 起影响的源点 $P(x', y', 0)$ 的区域划了界限，即所谓"依赖区"(图 7.47). 对于分布面上的点 $P(x, y, 0)$，分界的双曲线成为一对直线(图 7.48). 与在 **3.13** 中讨论的轴对称情况一样，对于 $M_0>1$ 若想达到同样"膨胀度"的话，则如 $M_0<1$ 情况，应令式(7.65)里的 q 有双倍的点源强度，即四倍的局部法向速度. 这样，我们就得到扰动位势的解[7.92]：

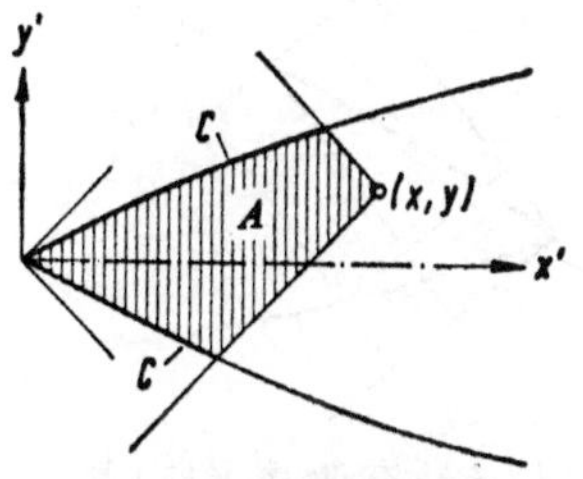

图 7.48 在有两个亚声速前缘且有迎角的机翼上加涡旋分布的积分区域

$$\varphi(x, y, z)=-\frac{1}{\pi}\iint\limits_{A}\frac{w(x', y', +0)\,dx'\,dy'}{R}. \qquad (7.67)$$

对于一个有厚度而无迎角的机翼，在头波和前缘之间的区域中，$w(x, y, 0)$ 等于零. 然后对图 7.48 中所示的阴影区求积分. 利用式(7.61)，$w(x', y', +0)$ 可以用表面上各点的坡度来代替，再用式(7.64)则可计算出压力来. 由于是二重积分，解析计算极为繁重，这只有在极简单的厚度分布时才能完成.

对于有尖锐前缘且沿纵截面有连续的边线坡度的细长翼情况，可得出下列关系式：

$$c_p(x, y, 0) = \frac{2}{\pi}\int_C w(x, y, 0)\frac{dy'}{R}$$

$$+\frac{2}{\pi}\iint_A \frac{\partial w(x', y', 0)}{\partial x'}\frac{dx'\,dy'}{R}, \qquad (7.68)$$

式中 $$R = \sqrt{(x-x')^2-(y-y')^2\cot^2\alpha}$$

而 C 表示位于前锥体内的那一部分前缘(图 7.48).

对于有弯度的中弧面或只有迎角的平板的情况，在头波和前缘之间有个上洗流场，它对式(7.67)积分的贡献在起初是未知的．不过只有机翼下表面上的有限部分(即只与上洗流有关的依赖区部分)起作用．如果我们只限于 $z=0$ 的平面内，则全部有影响的依赖区的边界都是直线，即马赫锥的母线．我们把它们(在 **3.2** 里已提到过)最好也一般化地叫做马赫线．如果我们从点 (x, y) 起，向上游作马赫线直到遇头波为止，则可以看出，在前缘以前的上洗流只能从位于马赫线(它处于依赖区的边界上而与前缘相交)以前的上翼面和下翼面部分产生出来．在图 7.49 中，这样截得的平行四边形 I，只通过上表面的点源起作用．它对 $\varphi(x, y, +0)$ 的贡献可以在 $z\to 0$ 时通过式(7.67)和式(7.61)给出．此外，还表明，这样也就得到了式(7.67)中重积分的主要项．

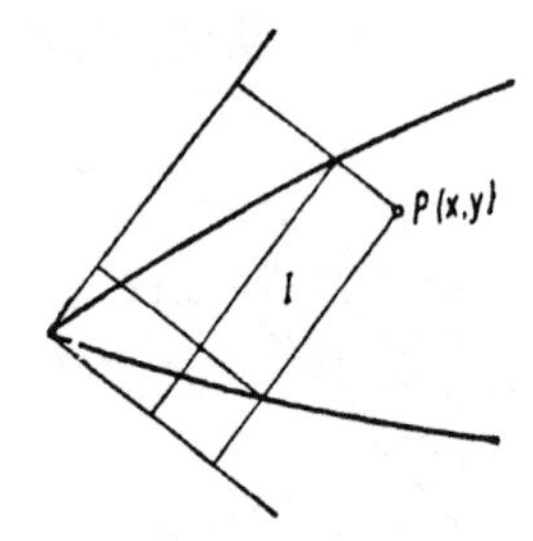

图 7.49　有迎角机翼的上洗流分布的依赖区

不过在设计中我们也常常遇到反问题，即已知升力分布而要求出中弧面的形状．这种情况就象是已知 $c_p(x', y', +0) = -c_p(x', y', -0)$ 而要求 $\partial\varphi/\partial z$．对于 φ 我们得

$$\varphi(x, y, z) = -\frac{U}{2\pi}\iint_A \frac{z(x'-x)c_p(x', y', +0)\,dx'\,dy'}{[(y'-y)^2+z^2]R}, \qquad (7.69)$$

因为在前缘之前，c_p 在 $z=0$ 上是零，上式的积分仍是对图 7.48 的阴影面积求出．有关这方面的详细内容，请读者参看[L3]，[H7]和[L17]．例如关于中弧面的坡度，那里就给出了重要关系式

$$U\frac{\partial h_{弧}}{\partial x}=w(x,\ y,\ +0)=-\frac{1}{\pi}\iint\limits_{A}\left[\cot^2\bar{\alpha}\frac{\partial^2\varphi(x',\ y',\ +0)}{\partial x'^2}\right.$$

$$\left.-\frac{\partial^2\varphi(x',\ y',\ 0)}{\partial y'^2}\right]\frac{dx'\,dy'}{R}. \tag{7.70}$$

上述各关系式描绘了已知奇点分布时的流场，也给出了已知厚度分布和升力分布时的所谓正问题的解．这就是在实际设计细长机翼中出现的两个问题(见[7.93])．关于升力问题，主要在于使有弯度机翼表面上的升力分布所形成的压力中心能靠近重心，而这个重心一般是从另一方面由低速时的焦点位置确定的．这种所谓配平(Trimm)问题的产生，是由于低速时的库塔-儒可夫斯基条件使机翼在靠近后缘部分的载荷要比它在超声速时少；因为与二维问题相似[见 **3.10**]，后缘处有斜激波就可以沿后缘产生压力差．

用这种设计方法可以满足实际提出的要求，而在理论中所依据的流动也会真实出现，这些都已为实验所证明．但我们总不是从理论上有最小阻力的机翼出发，而是先有已知机翼而计算它的不同阻力部分．不过阻力总相对是小的，因为按照只产生小扰动的设计方法进行计算，必然导致能量损失相当小．

由于这个理论满足动量守恒和能量守恒定律，因而既可以从物体表面的压力分布计算阻力，也可以不必知道压力分布而从动量定律计算阻力．我们可以适当地选择以来流方向为轴的圆柱形控制面．对于一个无限大的这种类型面积，通过此表面面积的向外动量的 x 分量相当于波阻，而通过位于下游的末端面积的向外动量相当于涡阻．在线性理论范围内，我们可以得到海斯[7.94]给出的总波阻的关系式，它比超声速流动中旋转体的阻力方程(3.88)只稍复杂一些．

与不可压缩流的情况相同，涡阻 D_i(诱阻)和尾流中的位流跳跃的关系与马赫数无关．它的形式是：

$$D_i=\frac{\rho_0}{2}\int_{-\infty}^{+\infty}\int_{-\infty}^{+\infty}[v^2+w^2]\,dy\,dz=-\frac{\rho_0}{2}\int_C\varphi\frac{\partial\varphi}{\partial n}dl, \tag{7.71}$$

其中 C 表示环绕下行涡带的任意封闭曲线，n 垂直于来流和 C，l

与 C 相切．对于宽度为 $2s$ 的二维涡带，其涡阻为：

$$D_i=-\frac{2}{\pi}\int_{-s}^{+s}\int_{-s}^{+s}\frac{\partial\varphi(y)}{\partial y}\frac{\partial\varphi(y')}{\partial y'}\ln|y-y'|dy\,dy'. \quad (7.72)$$

7.15．小展弦比机翼理论

至今我们所提到的理论适用于引起小扰动的薄翼．另有一种特别重要的理论(细长体理论)，它并不要求机翼厚度与当地翼展之比小，但要求具有空气动力的“细长”性．对于具有空气动力的细长性的物体来说，扰动速度沿未受扰动的来流方向的分量，比其他两个扰动分量小得多，因而在 $(M_0^2-1)s^2/b^2\ll 1$ 的马赫数范围内，式(7.60)中的第一项在物体附近要比其他两项小得多而可以忽略．(此近似式在 $(M_0^2-1)s^2/b^2\ll 1/4$ 时就已经是很有用的了．)因此这类问题大部分都可以化简为求方程

$$\varphi_{yy}+\varphi_{zz}=0 \quad (7.73)$$

的解．因而有可能并且也必须在“厚”截面物体(例如机身)表面 $z=h(x,y)$ 上满足下列边界条件以代替式(7.61)：

$$w(x,y,h)=U\frac{\partial h}{\partial x}+v(x,y,h)\frac{\partial h}{\partial y}. \quad (7.74)$$

这种情况下，在柏努利方程中也必须考虑到横侧分量(见[7.95])，代替式(7.64)现在的压力系数公式是

$$c_p=-2\frac{u}{U}-\frac{1}{U^2}(v^2+w^2). \quad (7.75)$$

在无迎角的小展弦比厚机翼情况下，$u/U\sim s\cdot d/b^2$，即与比值最大截面/翼弦平方的数量级成比例；可是与之相对，$v/U\sim d/b$．s 与 d 相差越少(即截面越圆时)，柏努利方程(7.75)中的平方项就越重要，因为当翼展比 s/b 减小时，u 的扰动也减小了．对于有迎角情况也是类似的，只须用迎角 α 来代替 d/b．由此得，如果迎角和厚度比是同一数量级($\alpha\sim d/b$)，则由于式(7.75)中存在平方项，有迎角机身的压力系数就不再能由无迎角的厚物体的压力系数和计及迎角效应的压力系数相加而成(见[7.96])．但幸而通过积分过程，对厚度效应和迎角效应分开来计算得的空气动力仍是可以叠加的．

对于既可以看成薄的，又可以看成空气动力细长的机翼，其关系式就特别简单．对于对称翼，我们可以得到如下的简单关系式以代替表示扰动位势的式(7.67)中的二重积分：

$$\varphi(x,\ y,\ 0)=\frac{U}{\pi}\int_{-s(x)}^{+s(x)}\frac{\partial h(x,\ y')}{\partial x}\ln|y-y'|dy'+\varphi_2(x). \tag{7.76}$$

由[7.97]得：

$$\left.\begin{aligned}\varphi_2(x)=&\frac{U}{2\pi}\Big[\frac{dA}{dx}\ln\Big(\frac{1}{2}\sqrt{M_0^2-1}\Big)\\&-\int_0^x\frac{d^2A(x')}{dx'^2}\ln(x-x')dx'\Big],\\A(x)=&2\int_{-s(x)}^{+s(x)}h_{厚}(x,\ y)dy.\end{aligned}\right\} \tag{7.77}$$

截面为 $A(x)$ 的旋转体之解与式(7.76)的区别只在于把对 y' 的积分换成对单个点源

$$\frac{U}{2\pi}\frac{dA}{dx}\ln\sqrt{y^2+z^2} \tag{7.78}$$

进行，而式(7.77)则不变．对于有弯度的薄机翼，我们得(见[7.98])：

$$w(x,\ y,\ 0)=-\frac{1}{\pi}\int_{-s(x)}^{+s(x)}v(x,\ y')\frac{dy'}{y-y'}. \tag{7.79}$$

在古典机翼情况，附着涡的轴接近于沿翼展方向放置，而对于小展弦机翼，附着涡的轴则与自由涡带一样，近乎沿 x 方向．因而其涡强基本上为 $2v\,dy'$．

不论是式(7.76)的积分还是式(7.78)和(7.79)的积分，它们都是式(7.73)的解，其中有一部分解是设为 $z=0$ 的．按照 R. T. 琼斯的研究，关于迎角问题只限于用式(7.79)的解．我们知道这时没有马赫数效应，所以其结果可以用于近声速，自然也能用于 $M_0<1$．在厚翼问题中[式(7.76)]，对于式(7.73)的解还要加上一个函数 $\varphi_2(x)$．当 $M_0>1$ 时，这个函数的形式如式(7.77)；当 $M_0<1$ 时，相应的函数还包括一个对下游截面的积分．马赫数只通过 $\varphi_2(x)$[式[7.77)]起作用．我们可以看出，马赫数的影响与有同样截面分布 $A(x)$ 的旋转体相同(见[7.99])；这就是“等价旋转体”(见 **3.14** 末尾)．相应的情况对于 $M_0<1$ 也是一样．

我们可以按照一般的细长体理论，由瓦德的动量定律[7.100]，或者用式(7.76)到式(7.79)的表达式从压力分布得出总阻力（A_1 是阻力系数的参考面积）：

$$
\left.\begin{aligned}
c_D A_1 &= (c_{D_v}+c_{D_i})A_1 \\
&= -\frac{1}{2\pi}\int_0^b\int_0^b \frac{d^2A}{dx^2}\cdot\frac{d^2A}{dx'^2}\ln\left|\frac{x-x'}{b}\right|dx\,dx' \\
&\quad +\frac{1}{2\pi}\left(\frac{dA}{dx}\right)_{x=b}\int_0^b\frac{d^2A}{dx^2}\ln\left(1-\frac{x}{b}\right)dx \\
&\quad -\frac{1}{U}\left(\oint_C\varphi\frac{\partial\varphi}{\partial n}dl\right)_{x=b},
\end{aligned}\right\}\tag{7.80}
$$

其中最后的积分要象式(7.70)那样表示．海斯由对任意展弦比物体的一般方程[当 $(M_0^2-1)s^2/b^2\ll 1$ 时]也导出了式(7.80)．在这个近似式中，升力并不导致波阻；导致波阻的情况只有在高级近似式中才会出现(见[7.102])[1)]．

在式(7.80)的最后那个求和项内，不只包括诱阻，而且还包括与体积有关的波阻．对于后缘角不变且具有无后掠直后缘的机翼来说，按照莱特希尔[7.104]，这项是

$$
\frac{1}{2\pi}\left(\frac{dA}{dx}\right)^2_{x=b}\left[\frac{3}{2}-\ln\left(\frac{s}{b}\cot\bar{\alpha}\right)\right].\tag{7.81}
$$

我们由此认识到，与旋转体情况相同，只有当 $(dA/dx)_{x=b}\neq 0$，即：等价旋转体的末端既不是尖的又不是柱体时，M_0 才对阻力有影响．但与此相反，就是在 $(dA/dx)_{x=b}=0$ 的情况下，压力分布本身还受 M_0 的影响．

在式(7.80)中，我们假设物体是尖头的：$(dA/dx)_{x=0}=0$．对于不论在头部还是在尾部 dA/dx 都是零值的特殊类型物体，我们可以得到所谓面积律(声速面积律)．这里，在式(7.80)中就去掉了体积贡献的后两项；这个定律说，与体积有关的波阻是和截面形状无关的，而只和沿弦向的截面积分布有关．按照科伊内和奥斯瓦提奇的办法(见[7.99])，我们也可以把式(7.77)和式(7.78)的结果用“面积律”的形式来概括，即：绕小展弦比、厚机翼的流动和

1) 关于厚度问题，参看科伊内的文章[7.103]．

绕与之等价旋转体的流动之间的差别，就在于横截平面上按照式(7.73)的不可压缩流动上. 奥斯瓦提奇并把这个等价定律推广到整个近声速区[7.105]. 我们虽然从那里得不到等价旋转体阻力的精确方程，但是可以用等价体的阻力互相参考［即使当$(dA/dx)_{x=b}\neq 0$时也可以］，参看[7.106]和[7.101].

关于这方面的理论和试验工作，迄今主要是针对s/b在0.2到0.25之间，$V/A^{3/2}$约为0.04的细长机翼，机翼的平面形在$0.45<A/2sb<0.67$之间，马赫数约为2的范围内作的. 对于这类机翼(它们标志大型超声速运输机的机翼形状)，理论和试验的结果很一致. 典型的阻力系数值为：$K_0=2/3$，即这类细长机翼的波阻可比同样长度和同样体积的旋转体小很多，这就是式(7.80)内最后两项对于机翼来说不等于零的结果；$K_V=K_D$的值约为1.1. 这类飞机的升阻比之值(即滑翔数的倒数)在8与9之间.

细长机翼已在快速飞行中可用比设计值(此时，前缘是一条附着线)高些的c_L值飞行. 这时有象图7.43所描述的上卷涡带形成，它也同样出现于其他飞行场合，特别是在低速飞行时. 这个与升力有关的流动，现在还不能从理论上完全掌握它[7.50]. 儒阿是第一个描述这种流动的[7.107]. 勒让德对一个锥形流拟定了边界条件[7.108]，而曼格勒和史密斯则对一般流动拟定了边界条件[7.109]. 这里主要的困难在于从头起就不知道涡带的形状(而涡带必须是流面并且不承受压力). 曼格勒和史密斯的理论是假定在一个锥形流内有一个薄而无弯度，从空气动力学上看来是细长的机翼，所求得的典型结果表示在图7.50中. 在与试验结果大致一致的情况下，我们能看到有两个强吸力峰在机翼的上表面上，这两个峰顶差不多就在上卷的涡核的下面.

升力沿前缘为零，这正与R. T. 琼斯对有附体流动的尖缘平板所计算的式(7.79)的解相反. 按照琼斯的计算，沿翼展升力总是呈椭圆分布，并且尾涡产生的下洗流要比大展弦比古典机翼的下洗大一倍. 由此所得的总升力值为

$$\bar{c}_L=\frac{1}{2}\pi\lambda c_l, \tag{7.82}$$

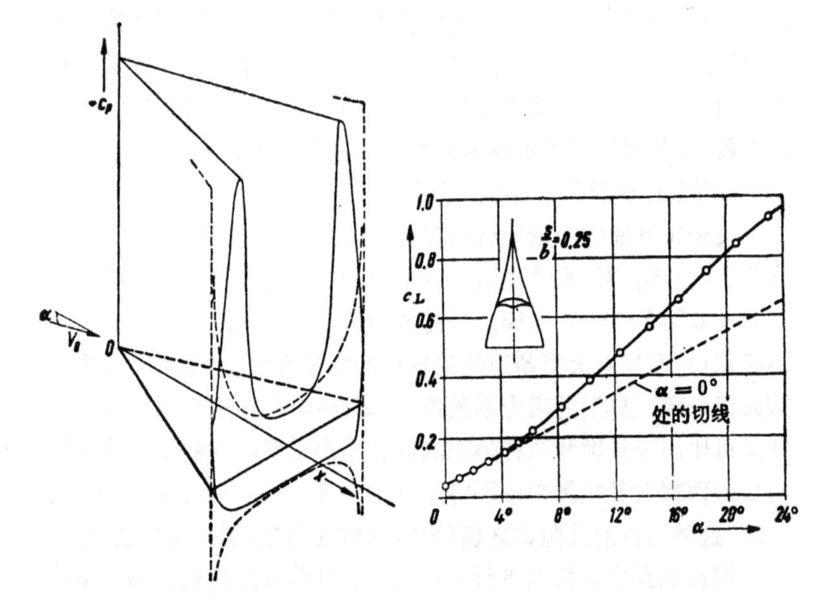

图 7.50　在三角翼尖前缘附近有高升力的压力分布示意图．实线：按曼格勒和史密斯．虚线：按琼斯

图 7.51　有厚度和弯度的细长机翼的典型低速升力曲线

它是近似方程式(7.29)在 $\lambda \ll 1$ 时的极值．与之相反，由前缘离体的涡旋使升力不再呈椭圆形分布，而是在翼梢处呈水平相切．

图 7.51 所示是一个有弯度的厚机翼的典型情况；这时升力随着迎角的非线性升高是与涡带随着迎角的增加而增大和加强有关系的．这里自然不会再出现那种标志绕二维翼剖面流动因气流分离造成的“最大升力”(如图 7.10 所示)，而允许的最大迎角要通过实践和按飞行力学的要求来决定．由于低速时空气的合力基本上与机翼表面垂直，因而 $c_D \approx c_L\alpha$；而一个给定的升力在较小的迎角下就能达到，所以非线性的升力增加起到减少阻力的作用．

因此，式(7.59)中的 K_V 与 c_L 有关系，而式(7.30)则不再是全 c_L 范围内有用的近似式了(例如可参看[7.25])．

细长机翼理论的发展促使人们去研究许多其他流动问题．例如哈尔(见[7.110])对上卷的涡核提出一个新的理论，路德维格[7.111]和本亚明[7.112]研究了它的稳定性．韦德迈尔[7.113]从理论上而皮尔斯[7.114]从试验上对于与三维流动相对应而与时间变化有关的流动作了分析．

7.16．超声速锥型流理论

我们已经在有亚声速前缘的斜置翼中，熟识了一个其特性与亚声速流动非常相似的超声速流动之例(椭圆型)．本节中我们将研究超声速的一般锥型流动，并做出类似结论；其中可以是绕无迎角物体的流动(图 7.52)，或绕有迎角翼面的流动(图 7.50)，或者是绕二者组合的流动．又因为它非常一般地涉及到了许多超声速飞行体的头部(一般都做成锥型)附近情况，所以着重讨论一下这个问题是有其进一步意义的．

在无粘性的超声速流动中，对于一个由原点发出的射线所做成，而表面微元与来流之间只有不大倾角的一般锥型体，可允许作下列结论(图 7.53)：如果我们从一个锥型物体上割去不需要的一块，则在超声速时(但不能是在 $M<1$ 时)，上游(如图 7.53 中 P_2 以上的部分)的流动毫不改变．如果我们从 P_2 起把后面物体都割掉，则由于力学相似性的原因，在 P_2 处的流动状态必须与物体还完整时在 P_1 处的状态完全相同．所以在完整体中 P_2 和 P_1 的状态也都是一样的．由于对每条通过顶点的射线和每个 $x=$常数的截面都可以做这样的结论，所以流动状态 u, v, w, p, ρ 等对于在

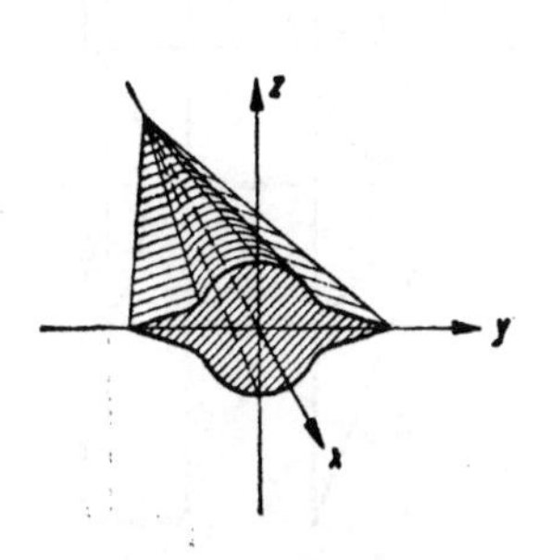

图 7.52　无迎角锥型体

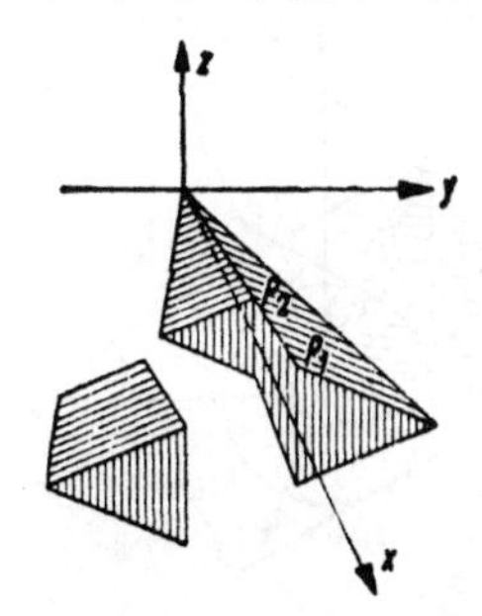

图 7.53　$M_0>1$ 时，物体去短的影响

超声速流中的一般锥型物体，只与y/x和z/x有关．这种流动状态(可不是位势！)就是锥型的．

现在我们可以引进锥坐标(y/x, z/x)，因而特征面(即声波的波前)同样具有圆锥特征．如果我们仍满足于假设小扰动，即马赫数为常值$M=M_0$，则从锥顶有一个半开角为$\sin\bar{\alpha}=1/M_0$的马赫锥发出．在图7.54中画有一个超声速前缘(左侧)和一个亚声速前缘的锥型体．从超声速边缘有两个做为头波的“马赫面”发出．因为它必须是由前缘发出的马赫锥的“包络面”，所以它是由锥顶作出的马赫锥的切面．每个$x=$常数的截面都可以作为表示锥型流动的面．在这个面内，每个射线和每个边缘线都成为一个点，并且每个马赫面都成为由这一点向圆(这个圆表示顶点发出的马赫锥)所作的切线．这两条切线是锥形表示法的马赫线．对于亚声速前缘，和从顶点作出的马赫锥内的所有点一样，没有这样的切线．在马赫锥内的区域，对于锥形表示法来说是“椭圆的”．实际上每一条亚声速射线的影响都可通过顶点、顶点的整个马赫锥、以及头波(头波在我们物体的右侧，由这个马赫锥本身所组成)来实现．与此相反，在顶点的马赫锥之外，流动的特性是双曲线性的，其时某点(y/x, z/x)的影响区是以切于马赫锥的切线为限界的．

布泽曼曾经指出[7.115]，在小扰动情况下，对于分量(不是对于

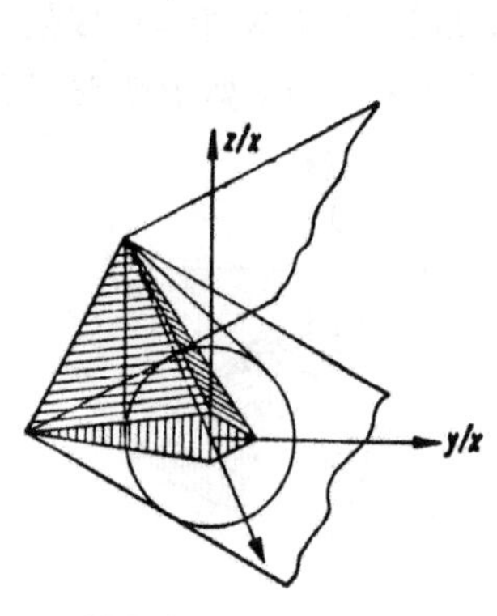

图7.54　锥型流的马赫线

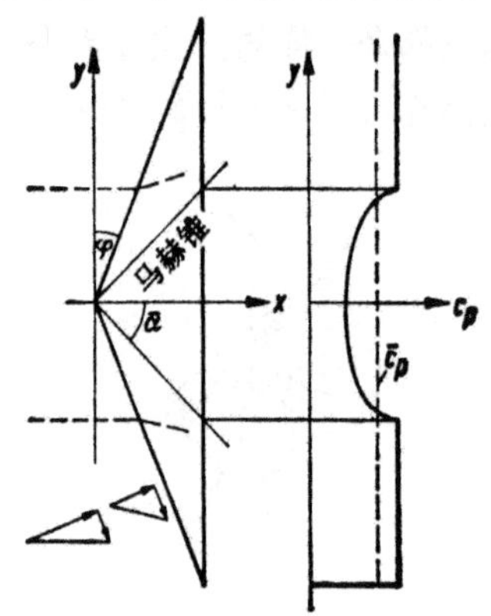

图7.55　有超声速前缘的三角翼(压力面)

位势)的微分方程可以通过所谓半径的查普里金转换式:

$$r^2=(y^2+z^2)\cot^2\bar{\alpha}\leqslant 1:\rho=\frac{1}{r}[1-\sqrt{1-r^2}] \qquad (7.83)$$

精确地化为拉普拉斯方程. 当 $r\geqslant 1$ 时,可相应得出波动方程的表达式. 对于比马赫锥小得多的半径($r^2\ll 1$),则 $\rho=r/2$. 这样就建立了小展弦比理论和式(7.73)之间的关系.

事实上,对有迎角三角翼的所有亚声速前缘,琼斯的近似方程式的理论只需用一个因子来修正一下就可以用了. 我们得到

$$c_p=-\frac{1}{E'(\cot\varphi\cot\bar{\alpha})}\cdot\frac{2x\alpha}{\sqrt{x^2-y^2\tan^2\varphi}}. \qquad (7.84)$$

上式中 E' 是一个完全椭圆积分,对于大后掠三角翼 ($\cot\varphi\cot\bar{\alpha}\ll 1$),它与琼斯所得的1是一致的. 这就给出了式(7.84)的上限,即前缘成为声速边缘. ($\bar{\alpha}=\pi/2-\varphi$ 或 $\cot\varphi\cos\bar{\alpha}=1$.)这时 $E'(1)=\pi/2$, 正相当于式(7.68)中第一个二重积分的积分值.

有超声速前缘的三角翼的压力分布则另是一个样子. 图7.55所示例子表示翼表面微元的迎角为不变的情况. 它既可以是一个有气流从上面斜吹下来的三角形板,也可以是有菱形截面的锥体表面. 由于没有绕前缘的流动,上翼面的流动与下翼面的流动彼此毫不相干. 前缘和马赫锥之间的流动,与超声速绕斜置的楔形体或斜置的有迎角平板的流动完全一样. 因此那里的压力是常值. 在压力面上速度将减小,流线按照式(7.37)将向外弯折. 因而超声速时在顶点马赫锥内,相对于斜置部分,出现膨胀和压力下降.

对于有超声速前缘的三角翼来说,有一件很值得注意的事:在 $x=$常数截面上的压力系数平均值 $\bar{c}_p$ 恰好等于有同样迎角的平板的压力系数值. 这对整个三角翼都有这样的关系. 因此三角翼的 c_n, c_D 和升阻比具有与二维情况时相同的关系(参看 **3.10**).

如果是声速前缘, $\varphi=\pi/2-\alpha$, 其结果可以与有亚声速前缘机翼的式(7.84)联系起来. 不过,这里使用的小扰动理论在这种情况下是有些误差的. 在这里,简单地用来流马赫锥所代替的头波的位置,要稍稍偏离开同一走向的前缘(见[7.116]).

从实际运算来看,在许多情况下过早地引入锥坐标是不利的.

在超声速前缘时特别是这样,因为我们遇到了椭圆-双曲线的混合型问题,而结合条件是给在马赫锥上.用三个独立变量(x, y, z)的纯超声速办法来处理,而在积分时利用边界条件的“圆锥对称”性,则常常可使问题简化得多(例如参看[7.117]).

7.17. 有亚声速和超声速前缘的机翼理论

除三角翼外,我们还要研究矩形和梯形的翼面形状.若只有超声速前缘出现,则解是比较简单的.这时,下行涡旋的洗流不能对上游起作用,对一个有迎角的和一个无迎角的机翼进行计算时;同样可以用把上、下翼面分开的办法来做.但对于亚声速前缘,如象图7.56所示的机翼两侧情况,在那里空气会由压力面流向吸力面.在侧缘和头波之间有上洗流,而且在翼梢马赫锥内机翼所承受的升力减小.对于侧缘影响区内的压力计算,有个很好的简单结果(埃瓦德理论,见[7.118]).

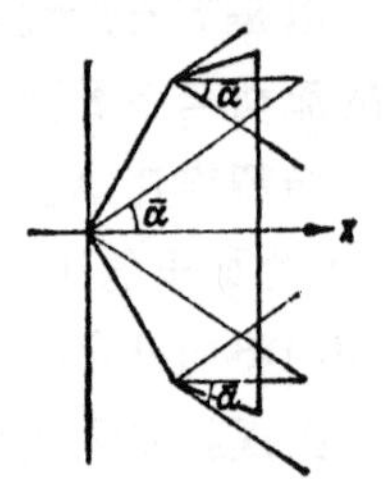

图7.56 有超声速和亚声速前缘的机翼

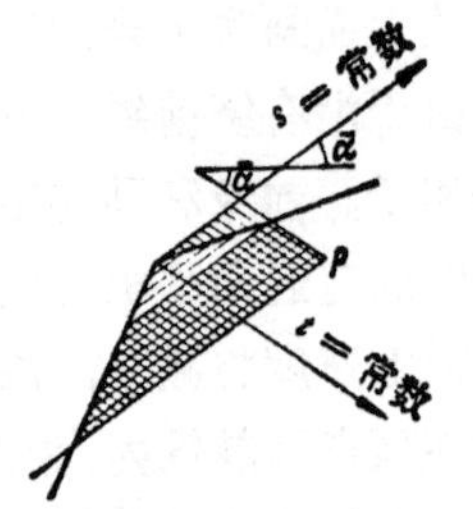

图7.57 按埃瓦德计算的积分区域

在超声速流动中,对于机翼上任意一点,如图7.57中的P,一般只有扰动能达到的上流区才对它起作用.那就是图上由P点向上游所作的马赫线之间的全部有阴影线的区域.在这区域以外的机翼变化或它的迎角变化,对P点都不起作用.但是要指出,在亚声速前缘和头波之间的单阴影线区中的上洗流作用,恰好与机翼上单阴影线区中由于平板迎角而产生的下洗流作用互相抵消.因此对于P点的情况,只有双阴影线区中的机翼下洗流才起作用．这些都是大家已知道的，它使超声速机翼问题的解变得简易多了．

这个结果可以用以下事实说明，即：在式(7.67)的被积函数中，“双曲半径”[式(7.65)]在 $z=0$ 面上可分成两个因子．若我们引进两个新变量

$$s=x-y\cot\bar{\alpha},\ t=x+y\cot\bar{\alpha} \tag{7.85}$$

(它们都是 $z=0$ 上的“马赫线”)，则

$$R^2=(s-s')(t-t'),$$

而位势式(7.67)就可写成

$$-\pi\varphi(s,\ t)=\int_{s_2}^{s}J(s',\ t)\frac{ds'}{\sqrt{s-s'}};\quad J(s',\ t)=\int_{t_1(s')}^{t}w(s',\ t')\frac{dt'}{\sqrt{t-t'}}, \tag{7.86}$$

其中 $t_1(s)$ 是在超声速前缘上的值．$J(s',\ t)$ 与 s 完全无关．但是，由于 $\varphi(s,\ t)$ 在亚声速前缘之前的整个上洗区内必须为零，所以在那里必须 $J(s',\ t)=0$．因而对机翼上的一点来说，这个量也就不存在了．

图 7.58 所示是一个有升力的矩形翼在翼梢区后缘上的压力分布曲线(压力面)．流动是锥型的．在马赫锥上，压力由二维流的等阿克瑞特值，依垂直的切线方向减小，到了侧缘上又依垂直的切线达到来流压力值($c_p=0$)．在矩形翼侧缘马赫锥的内部，机翼负荷只有二维流动时升力的一半．这样，在超声速流内，有限翼展矩形翼的升力和力矩就很容易导出了．施利希廷第一个处理了这个问题[7.119]．布泽曼第一次给出了压力分布[7.115]．但这些计算，现在以用埃瓦德理论来作是最快的[7.118]．

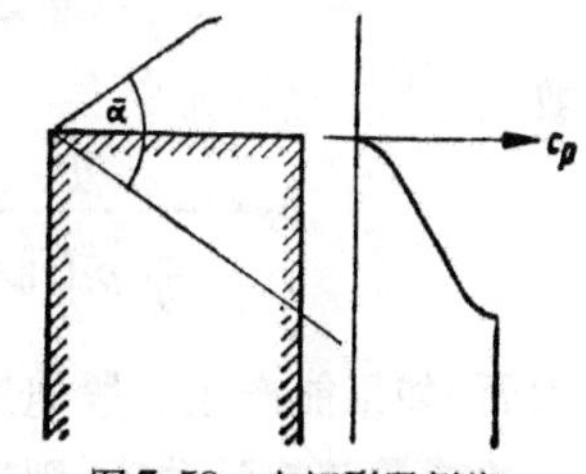

图 7.58　在矩形翼侧缘处的压力分布

7.18．发动机(推进器)的推力

航空发动机的作用在于产生推力，即产生沿运动方向的力，从而作出有用功．如果这个力的大小是 T，飞行器对于介质的相对速度是 U_0，则有效功率为 TU_0．为了得到这个功，就须不断地推

动新的流体质量，给介质加进能量．我们先来讨论理想情况，该时能量的输入是在面积为 A_1 的圆盘上完成的（图 7.59）．用动量定理可以计算其推力．如果我们选一个无限大的圆柱体作为控制面，则由图 7.59 里的符号可以得出，通过前方迎风面积流进的动量是 $\rho_0 U_0 A_0 U_0$，通过后方迎风面积流出的动量是 $-\rho_0 U_0(A_0-A_2)U_0-\rho_2 U_2 A_2 U_2$．另外，按照连续方程，通过外壳面流入的质量为

$$\rho_0 U_0(A_0-A_2)+\rho_2 U_2 A_2-\rho_0 U_0 A_0=(\rho_2 U_2-\rho_0 U_0)A_2$$

而这股气流在相当大圆柱体情况下是以一个轴向分量等于 U_0 的速度通过外壳面流入圆柱体的，所以由壳外流入的动量是 $\rho_2 U_2 A_2 \cdot (U_0-U_2)$，或者按照连续条件也等于 $\rho_1 U_1 A_1(U_0-U_2)$．对相当大的圆柱体来说，可以设控制面上的压力处处都为未受扰动的压力 p_0，因而压力可以彼此抵消．按照动量定理，上述的动量变化是 $-T$，这里 T 是作用在 A_1 面上的力，当它的方向与 U_0 相反时，取其值为正．我们总的得到关于推力 T 或载荷系数 c_T 的公式为：

$$T=\rho_1 U_1 A_1(U_2-U_0)$$

或

$$c_T=\frac{T}{\frac{1}{2}\rho_0 U_0^2 A_1}=2\frac{\rho_1}{\rho_0}\frac{U_1}{U_0}\left(\frac{U_2}{U_0}-1\right). \tag{7.87}$$

因而，如果能产生一股速度大于飞行速度的“喷流”，也就是说把输入的能量转换为动能，则输入能量就能产生推力．

能量转换的效率，主要是与能量输入形式之为机械能、热能或混合能（例如[A11]中提到的）有关，另外还与如何使它实现的情

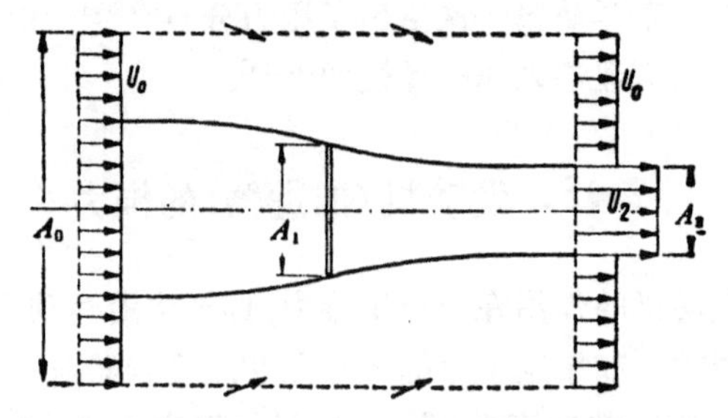

图 7.59　把动量定理用于对气流输入能量的螺旋桨圆盘上

况有关. 不过我们可以规定一个对所有喷气机一般都能采用的机械部分效率，这就是通过把作用在流过的单位重量流体上的推力功

$$\frac{TU_0}{g\rho_1 U_1 A_1}=\frac{U_0}{g}(U_2-U_0),$$

与喷流内的动能升高量

$$\Delta e_k=\frac{U_2^2-U_0^2}{2g}$$

作比较,得出的所谓弗罗得的喷流效率

$$\eta_F=\frac{U_0\,\dfrac{U_2-U_0}{g}}{\Delta e_k}=\frac{2}{1+\dfrac{U_2}{U_0}}. \tag{7.88}$$

按照这个公式,看来应建议这样来产生给定推力，即: 尽可能使流体质量大,而尽可能使它的加速度小,从而使喷流速度尽可能少超过来流速度.

7.19. 螺 旋 桨

如果能量是用机械形式输入的，则原则上它可以完全转化为动能. 可是在实际转化过程中它总会有附加损失产生. 螺旋桨是在使用上最广泛的一种用机械形式输入能量的推力产生器(见图 7.60 的左边部分)，它是按机翼原理产生推力的,只是改变成一个"螺旋桨机翼",随着螺旋桨的转动又同时沿螺旋线前进,而不象一般机翼那样作直线运动. 这时，可以把每个位于半径 r 与 $r+dr$ 之间的桨叶截面当做机翼的一部分,完全类似古典机翼理论(参看 **7.4**)那样来处理(图 7.61)；并且如果在计算中把桨叶元和它所在点流体之间的相对速度作为速度代入的话，则可以近似地把它当作无限翼展机翼的一部分来处理. 这一速度又是受螺旋桨整体影响的. 因此，我们要用一个其基本想法与机翼理论性质相似的计算方法. 特别是可以建立起一个涡旋模型来，用附着涡来代替螺旋桨的单个叶片，又从叶片后面拖出螺线形的自由涡带. 与古典

机翼理论相比较，建立完整的螺旋桨理论的困难特别在于：必须首先确定出一个非平面形下行涡带的复杂形状，然后才能在计算出诱导速度场以后，按已知的翼型特性求出作用在每个翼型上的力，从而求出作用在整个螺旋桨上的力和力矩．由图 7.61 很容易看出，我们可以这样安排圆周速度 u 和前进速度 v，使所产生的是推力分量 T，同时还有一个横侧分量，从横侧分量又可以通过积分得出所需要的旋转力矩．为了在一定转数下维持这种状态，必须输入机械能(由活塞式发动机或涡轮发动机提供)．进一步我们可以想到，一个实际的螺旋桨必然还会产生除式(7.88)所表示之外的附加能量损失．出现于有限个数目的螺旋桨叶片之后的涡带，会把一部分能量转化为喷流中的无用的角动量，它和按式(7.88)所表示的损失一起，在一定方式上是相当于古典机翼所产生的涡阻．

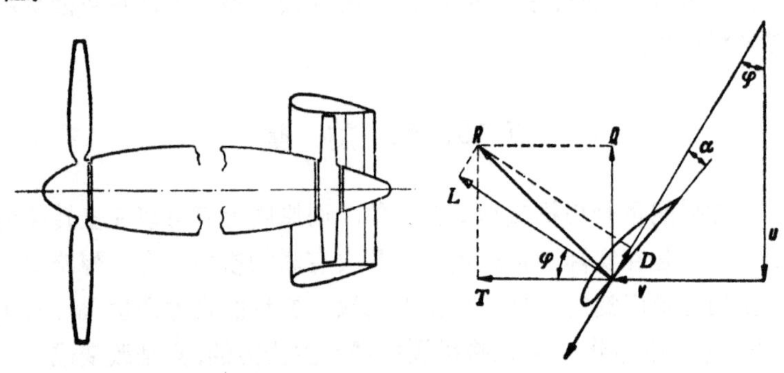

图 7.60　空气螺旋桨(左)和有罩螺旋桨(右)

图 7.61　在螺旋桨叶截面上的速度分量和力的分量

上面提到的把机械能由圆盘输入气流的理想图形(见图 7.59)，就相当于"前进比"(即相对进距) $\lambda=U_0/R\omega$ 小到可以忽略时，弦长无限小而桨叶无限多的螺旋桨情况．这时下行涡带可以简化成由前后排列的同轴涡环组成．这一情况下，在圆盘面上诱导出来而在整个圆面上是常值的轴向速度，对于不可压缩流动可以用非常简单的方法计算出来，即：如果对于一个紧紧包围着圆盘的控制面应用动量定理，用 Δp 表示盘前后的压力升高(由小于未受扰动时的压力值，升高到圆盘后的较大压力值），则也可以把式(7.87)给出的推力写为$T=\Delta p\cdot A$. 如果我们再应用柏努利方程于圆盘之前和之后的流动中，则可得

$$T=\Delta p\cdot A_1=1/2\rho A_1(U_2^2-U_0^2),$$

又结合式(7.87)，则得

$$U_1=\frac{1}{2}(U_0+U_2) \quad 或 \quad \frac{U_1}{U_0}=\frac{1}{2}(1+\sqrt{1+c_T}), \quad (7.89)$$

也就是说，圆盘上的轴向速度等于未受扰动速度与远后方喷流速度的平均值.

我们也能由低负荷螺旋桨($c_T\ll 1$)的"线性近似式"得出与上相同的结论，这时在圆柱体上的涡环设在圆盘之后. 由于按照欧拉方程式，速度不是与绝对压力而只是与压力梯度有关，所以用涡环计算速度场时，可以把在圆盘上的压力增升去掉. 这样，这里就将只与一个压力相同的、均匀的代用流场有关. 另一方面，在这个流场内可以用在圆柱的迎风面积上的均匀点汇分布来代替涡旋分布，而在喷流外的速度场仍保持不变，参看[A11]. 我们常常利用这个事实来计算螺旋桨附近的速度场. 也常用式(7.89)作为可用的近似式；在图7.61所示情况中，就可以设

$$v=\frac{1}{2}(U_0+U_2)=U_0(1+\sqrt{1+c_T}) \quad 和 \quad u=r\omega.$$

因此，设计螺旋桨就可以采用机翼理论的思路. 这个方法是以贝茨定理[7.120]为基础的. 果尔德斯坦[7.121]第一个作了沿螺旋桨叶片的半径分布环量的比较严格的计算；环量在叶毂和叶梢处都下降至零，而在$0.7R$附近处一般达最大. 近来，设计的方法更为精细了，参看[7.122]，[A5]，[A6]. 人们曾经得到过几个解；这些解在确定桨叶剖面的特性时，把受离心力影响的边界层的三维特性也考虑了进去(参看[7.123]).

对空气螺旋桨来说，要解决如何充分使用所提供的功率和在静止与快速飞行状态下高效率地产生所需要推力的问题，这导致了发展可变距的螺旋桨，这时桨叶的倾角可以在飞行中改变以使

迎角（图 7.61）在不同 φ 角情况下能始终保持在有利范围内．虽然一般说来，桨叶的相对速度均保持低于声速，但偶而也用叶梢速度超过声速的螺旋桨．这时，即使不考虑与桨叶阻力的升高有关的效率损失，这类螺旋桨也具有因出现声波而产生的象鸣长号般的极响声音的特性，响声尤其会向着垂直于飞行的方向向外传播．这种噪音不仅令人讨厌，而且会对飞机构架的强度产生不利影响，因而即使对于亚声速螺旋桨也已经是个问题了．

7.20．船舶螺旋桨[1)]

关于船舶螺旋桨，首先要注意的是水流中产生空穴的问题，因为当水流中某处的绝对压力降低到差不多等于蒸汽压力时，空气就会从水中分离出来或形成水蒸气，从而在那里产生空穴（参看**9.1**）．这些空穴常常由许多小气泡组成，小气泡随着时间很快产生，又迅速消失．当一个小气泡破裂时，周围的水会集中地向它的中心加速，因而短时间内在这点上产生极高的压力．我们常常用这一过程来解释船舶螺旋桨低压面上产生的强烈腐蚀现象，而在海水里还由于有电化学过程，腐蚀可能更厉害些．为了防止产生气穴（也为防止空气从水面混入），人们采用了桨叶剖面很扁平而迎角又很小的螺旋桨．为了做到只用很小的减压便能有足够的总推力，就必须采用如图 7.62 所示的叶片极宽的多叶片螺旋桨．要计算这样的螺旋桨，自然不能再用一个附着涡来代替单独叶片了．这里必须特别把流体沿叶片的弯曲度考虑进去，或者用近似的办法（见[7.125]），或者按机翼理论进行计算（见[7.126]）．此外，由于强度的原因，桨毂的直径要比空气螺旋桨的桨毂直径大些（约大到 0.4 直径），因而也影响沿半径的最佳环量分布．最后还要考虑到船舶螺旋桨的来流是不均匀的，因为桨正处于船的尾流之中，而尾流又会受螺旋桨流动的影响而有所改变．因为螺旋桨对于船起个吸力的作用，会推迟船尾部的水流分离．对于深水

1) 参看[7.124]和[A26]．

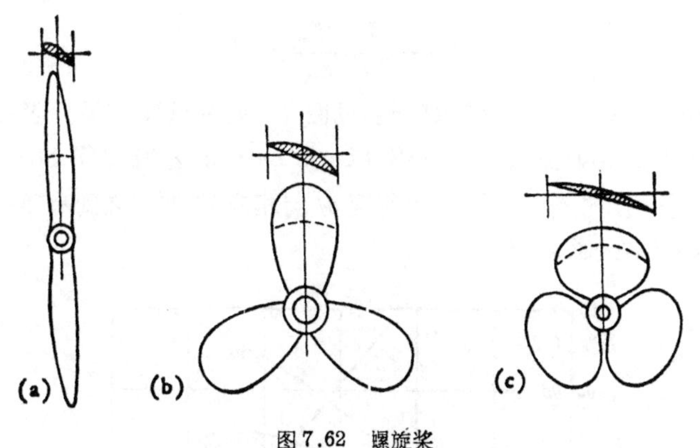

图 7.62 螺旋桨

(a) 飞机(空气)螺旋桨，(b) 低转速船舶(水)螺旋桨，
(c) 高转速船艉(水)螺旋桨

中有螺旋桨的旋转体来说，用源和汇来表示船体以及用汇片和它在物体上的“映象”来表示螺旋桨的办法，即使对于理想流体也是很复杂的．如果我们再考虑到向船和螺旋桨冲来的波浪系统，则按照迪克曼[7.127]的研究，若是螺旋桨在波峰处工作，则对推进的总效率是有利的．近几年来也有了关于非旋转对称船体后面的真实湍流尾流对螺旋桨流动影响的试验．特别是若还考虑到螺旋桨叶片数目是有限的，这个流动已不再是定常的了．我们要研究这些细节，不只是因为有推进效率的问题，而且还因为螺旋桨所产生的噪音和振动会主要通过桨轴而直接传到船身上去．

当我们把螺旋桨模型试验的结果转换到大的实物上去的时候，除了保持几何相似外，还要注意保持运动相似性．对于在深水中自由航行的螺旋桨，λ(前进速度与圆周速度之比) 必须大小相同，或者“前进比”(相对进距) $J=\pi\lambda=U/nD$(其中 n 为每秒转数，D 为螺旋桨直径) 的大小相同．我们把螺旋桨的推力 T 和从机械传得的转矩 Q 换为无量纲系数，得：

$$K_T=\frac{T}{\rho n^2 D^4} \quad \text{和} \quad K_Q=\frac{Q}{\rho n^2 D^5}.$$

因而效率 η_0，即有用功率 TU 对输入功率 $Q\cdot 2\pi n$ 之比为：

$$\eta_0=\frac{J}{2\pi}\frac{K_T}{K_Q}.$$

图 7.63 所示是一个船舶螺旋桨(见图 7.64)的试验结果. 其中也画出了弗劳德射流效率 $\eta_{Fr}=2/(1+\sqrt{1+c_T})$ [参看式(7.88)和式(7.89)]; 按照式(7.87), 负荷度 c_T 与相应的 K_T 之间有下列关系: $c_T=(8/\pi)K_T/J^2$.

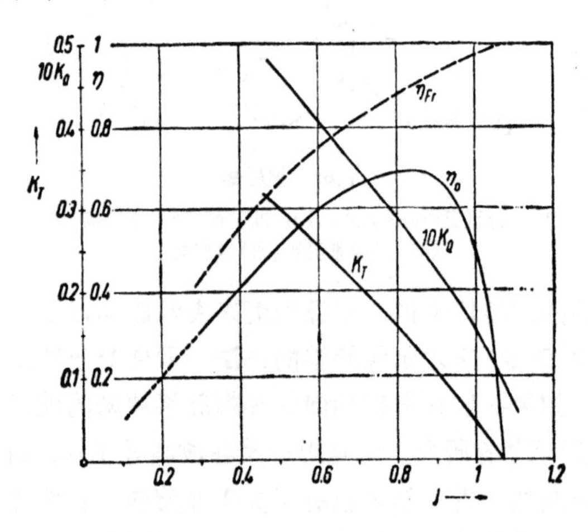

图 7.63

上面提到过的螺旋桨上的气蚀现象, 在极快速的船上(约 $U_0>35$ 海里/时或 40 海里/时. 1 海里/时 = 0.514 米/秒) 不再能去掉. 但如果设计螺旋桨能做到在吸力面上从叶片的前缘到后缘产生一个始终存在的空穴大气泡, 则可以避免发生象非定常气穴情况下所产生的腐蚀现象. 关于这种“全气穴化”螺旋桨的计算, 可以在屠林[7.128]和吴耀祖[7.129]工作的基础上解决二维气穴流动问题. 现在看来, 效率较好的这种样螺旋桨, 我们也完全有可能设计出来.

在其他类型的螺旋桨中, 首先要提到的是挝伊特-施奈德螺旋桨. 这种螺旋桨越来越多地用于对操纵性要求特别高的船舶中(内河、湖泊轮船等). 它是由许多叶片装在一个水平的圆盘上组成, 每转一周, 叶片的迎角就从零值变到正值, 然后再经零值变回

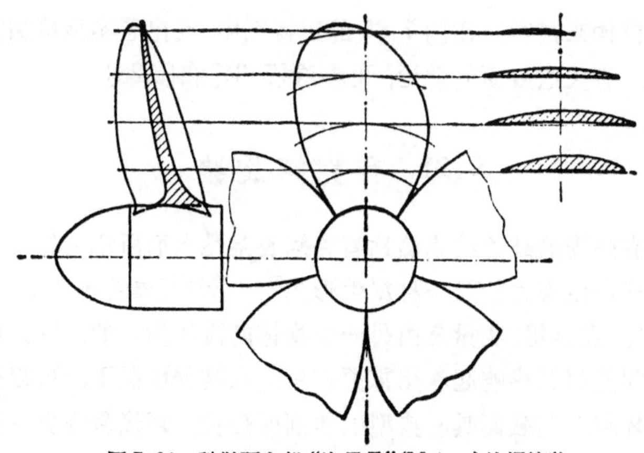

图 7.64 科学研究船“流星号”(Meteor)的螺旋桨

到负值．迎角等于零位置的指向和迎角的大小可以随意改变，所以可以不必改变螺旋桨转数(因而对内燃机很适用)就能任意调整推力的大小和方向．如果安装两台这种螺旋桨，甚至可以使船绕它自身的轴旋转，或者在保持平行于原来方位的情况下，作横向运动!

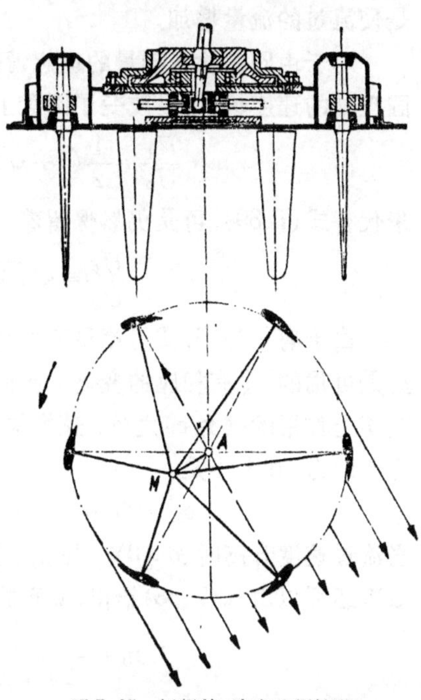

图 7.65 挞伊特-施奈德螺旋桨

图 7.65 是挞伊特-施奈德螺旋桨的安装示意图．如平视图所示，在整个旋转过程中，每个叶片的法线都指向一固定中心点 M．点 M 又可以从船桥中通过遥控调整到邻近轴心点 A 的任何地方．所产生的推力近似地正比于长度 $\overline{AM}$，其方向则与 $\overline{AM}$ 垂直．为了节省空间，实际上调节螺旋桨的桨叶要靠比较

复杂的机构来进行．在图7.65的正视图中，给出了实际机械构造的概貌．有关这方面的理论，可参看[7.31]和[A26]．

7.21．有壳螺旋桨

包有外壳的螺旋桨或简称有壳螺旋桨是上面所说用输入机械能方法来产生推力的另一种派生形式[A11],[7.141]（参看图7.60的右侧部分）．在这里，能量是由另一个物体的流场输入的；其时，两种流动之间的相互影响起着很重要作用．在这种情况下，可以把环壳看做环翼；其截面具有典型的翼剖面形状．环绕着环翼一般有环量存在；它随着翼剖面形状的不同，使流过的平均速度升高或降低．这个有环量的流动又受到螺旋桨流动的影响，而且一般地说，是使流过的流量增加．

对于由圆盘输入能量的理想情况，外壳的存在并不改变远离圆盘处的速度场，但是改变了圆盘上的平均流过速度，因此要用

$$\frac{U_1}{U_0}=\frac{1}{2}\left(1+\sqrt{1+c_T}\right)+\delta \tag{7.90}$$

来代替式(7.89)，可是仍然保留着

$$\frac{U_2}{U_0}=\sqrt{1+c_T}. \tag{7.91}$$

由于有了外壳，质量流量有变化，所以总推力[对此，式(7.87)总是可用的]也有相应的变化．我们得出，当 $c_T \ll 1$ 时，除了在螺旋桨上作用的推力 c_T 之外，还增加了外壳本身所受的一个沿流动方向的力，其大小是

$$c_M=2\delta\left(\sqrt{1+c_T}-1\right)\approx\delta c_T. \tag{7.92}$$

当流过速度升高时($\delta>0$)，外壳上所受的力是推力．弗罗得射流效率还可以由式(7.88)给出，其形式可写为

$$\eta_F=\frac{2}{1+\sqrt{1+c_T}}. \tag{7.93}$$

它表示出，效率只与螺旋桨的负荷度 c_T 有关．

因此可以清楚看出，有壳螺旋桨在其主要用途上有可能采用

$\delta>0$ 的外壳以达到用较高的效率获得某一给定的总推力；或者在同一效率下得到较大的推力，或者得到同样的推力，但所用的螺旋桨的直径可以小得多(这时螺旋桨在同样的圆周速度下可以用较高的转数旋转)．此外还可以指出，加壳的螺旋桨特别是在静止(即不前进)状态时，有较高的功率，因而可以超出静止推力所可能达到的贝茨界限(见[7.132])．另一方面，若采用的是 $\delta<0$ 的外壳，则可以在一定程度上避免在高速飞行时出现有害的压缩性影响，或者还可以防止在四围加罩的船用螺旋桨(所谓科尔特喷管[1])上出现气蚀现象．由于有壳螺旋桨的直径相对地说比较小，它对于某些垂直起飞的飞机特别重要．只是在实际应用中，外壳本身的附加摩擦阻力和形阻常常会成为严重障碍．

从流体力学的角度来看，螺旋桨、特别是有壳螺旋桨，提供了许多非常值得研究的问题，这些问题都可以不同方式用翼型和机翼的环量理论的概念着手解决．

比较复杂的问题是，由于螺旋桨、外壳和毂体或机身所产生流场之间的相互影响，这里首先是能产生很大的“内”力．例如机身在前面装有 $\delta>0$ 的环形翼的流场中的阻力，要比机身自身的形阻大一个数量级；而它又会被作用在圆环上同样大小的推力所抵消．这种干扰的配置是否在实际中有效，常常要看这类内力是否在粘性流动中真能互相抵消而定．

7.22. 风　车

最后我们再简短地谈论一下风车(见[A20]，[7.142])；对于风车，可以用与螺旋桨完全相似的考虑方法．来风在吹过桨盘面后有个压力降，用它来提供功率；这个功率又按风车效率的高低相应地转换为风车轴上的有效功率．关于流动的情况，除了风车在远后方的速度要比在远前方的速度为小外，是与图 7.59 中所示情

---

1) 它对于拖轮航行有好处，特别是在河道航行中，因为能防止河底受上旋涡的损害而保护河床．

况很相近，螺旋桨的许多概念和结论都可以用于风车上. 不过由于技术上和基本性质上存在的困难，使现在利用风能的这类机械在实用范围上还受到限制.

7.23. 在空气流中的燃烧器

迄今，我们讨论了把机械能输入到气流中去的推进系统，现在应提到在一定程度上是直接用热的形式输入能量的发动机. 在这种情况下，由于不可避免有熵的增加，不可能使全部输入的能量都转化成产生推力所需要的动能. 在螺旋桨推进情况下包含在飞机发动机热力效率中的能量损失，也同样出现在把热量直接输入气流中去的情况. 此外，在定常情况下，纯热源是承受不了压力的. 因而必须在相邻有固定物体的流场中输入热量，以便由它来承受推力.

在无限扩展的气流中，若相似于螺旋桨面而在盘面上输入热量，则按照动量定理(这总是可用的)式(7.87)来计算，是不能产生喷射气流的; 也就是说，由于 $T=0$，在定常"自由航行"的燃烧器的远后方，气流速度处处等于未受扰动的来流速度. 这种情况的发生，与来流速度大于或小于声速有关. 当来流是亚声速时，压力和密度在燃烧室前先是增加的，以后在相同截面上输入热量后又以更大的数量下降，可是同时温度一直是上升的. 在燃烧室后的无损失气流中，压力上升到未受扰动时的值; 可是由于温度较高，密度却低于未受扰动值. 因此，在一个作定常自由飞行的燃烧室的远后方，由于 $U_2=U_0$ 和 $\rho_2<\rho_0$，受热空气的气流截面比燃烧室截面大. 当 $0<M_0<1$ 时，流管是扩大的，这与图 7.59 中所表示的输入机械能(例如螺旋桨)后的情况相反.

当来流是超声速时，可以用与来流垂直的爆震波的简单情况使流动形象化(参看 **3.15**). 我们可以想象发生在这样的爆震燃烧室中的过程是: 压力和密度在一个强的正激波后先是升高，然后通过化学燃烧过程输入热量. 与亚声速燃烧室相同，这时压力与密度会下降一点．在下游的等熵膨胀中，压力又恢复到未受扰动值，这时密度则比未受扰动值下降得很多．所以在超声速流中，燃烧室后的受热介质的截面也同样是扩大的．

这个特性在按照一个合适方法产生一股 $U_2>U_0$ 的真实气流时，在许多情况下是仍可假定其存在的，特别是为了提高弗罗德射流效率［式(7.88)］而要求喷流速度只比 U_0 稍大一点的时候．不过对于 $M_0>1$ 情况还不能做出普遍有效的结论；所有这类热发动机的主要特征是：每个发动机都有其自身所推进物体的形状和绕流情况以及热输入的形式等的规定，并且必须按这些情况来计算整个发动机的性能．特别要提出的是，这里我们不要只限于从热力学的角度来看，因为当 $M_0>1$ 时，输入到一个物体流场内的热量不一定非产生对物体的推力不可．

流束的扩大，可以引起或加强激波．激波后有尾流就表示有阻力，它可以抵消或超过两气流的推力．

当 $M_0>1$ 时，在一个钝头体的亚声速区(图 3.55 中 A 点的后面)里输入热量确能减少阻力，可是在钝体部分仍存在强的残余阻力，因此这种装置不适用于产生推进力．适用的推力发生器所具有的一般特征是：做成的物体形状除宜于使热量输入到速度减少而压力升高的区域中外，还要先利用燃烧室后气流扩大的特性，使热量恰好输入到气流将要膨胀，压力将要下降的地方．

我们可以用一个特别简单的例子来形象地说明这个关系；为此我们选择一个较高飞行马赫数(例如为5)，因为这种类型发动机的主要应用范围是在这个速度和高超声速中．飞行体的纵向截面形状如图 7.66 中 ABC 所示，其中 AB 是沿着未受扰动的流动方向放置的．流动受倾斜面 AC 的作用被压缩，例如通过斜激波．如果没有热量输入，则气流将会绕角 C 膨胀到负压($p<p_0$)，随之有个由后缘激波引起的压缩．物体将受到一个阻力，且在初次近似时可认为不产生升力，但是有俯仰力矩．现在假设在 DC 面上可以保持一个定常爆震波．这样，在压力升高时，气流就被引向物体，并且沿着一个有意形成的“半开的”推力喷嘴而膨胀．从 D 点一般必定有一个向内的普朗特-梅耶膨胀，和一个向外发出的激波，以便使“喷气流边界” DF 两侧的压力相等．这就是说，沿壁 CB 在 B 点的气流还没有完全膨胀，压力也还没有降到

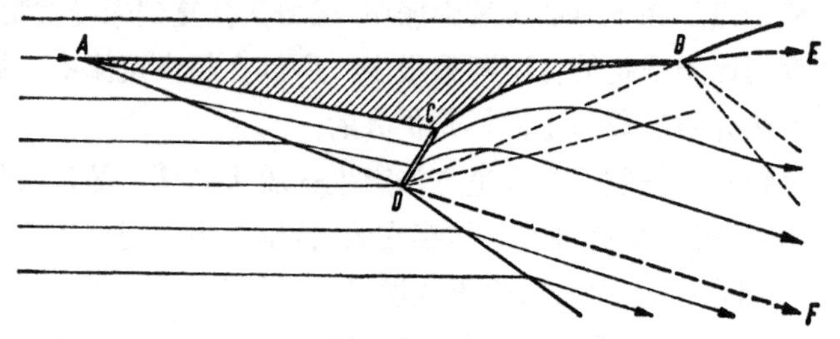

图 7.66　在高超声速流中，有爆震波的厚“升力推力物体”示意图

未受扰动时的值 p_0，因而为了平衡压力，在另一个喷气流边界 BE 的 B 点上，同样要产生一个普朗特-梅耶膨胀，和一个向外的激波．这个流动具有上面所提要求的基本性能：它形成一个真实的喷气流，利用它比来流流管扩大的截面，把有意截短的厚物体的尾部填满．绕 C 边的膨胀被输入的热量所阻止，并且因为沿壁 CB 的压力一般都高于沿 AC 的压力，物体就得到了所希望的推力1)．此外，对于如图 7.66 所示的流动还有个值得注意的特性，这就是因为沿整个下表面都作用着超压，所以在产生推力的同时，还产生了升力．如果使物体具有一个对较小飞行速度来说也是适宜的三维形状，那末就可以做到把体积、升力和前推力完全体现在一个完整的“升力推力物体”上了．

7.24．冲压喷气发动机

迄今，我们还不能用一实际可行方法来产生象图 7.66 所示超声速流中的定常爆震波．比较起来，我们还是倾向于用技术上可以控制的、在亚声速区燃烧的装置来输入热量．图 7.67 是一个这种式样的“高超声速冲压喷气发动机”的示意图(引自捷米逊在[Z5] 中的图)；它与图 7.66 所示的简单流动在主要基本性质上相似，这一看就明白了．它们之间的主要区别在于，现在气流是在通过一系列激波的压缩后，进到由固壁边界构成的管道的燃烧室(自 C 点向下游)里，达到了对燃烧要求来说足够小的亚声速；然后又

1）奥斯瓦提奇是第一个建议按照这个基本思想去产生推力的[7.133]．与此有关的几个问题已由克罗柯[7.134]，巴尔德温[7.135]，弗来舍尔，多施和埃伦[7.136]，以及杜格[7.137]等分别解决了．还可以参看埃维瑞的文章[7.138]．

在一个半开的推力喷管内膨胀. 图 7.67 是按照奥斯瓦提奇的建议(见[7.139], [7.140], [A14])画出的, 为了表明有不同的可能性, 图中对于“半开的进口”所产生的压缩过程, 指出先是通过从 A 点发出的一条斜激波, 然后通过由曲壁 a—b 发出的许多极小斜激波来等熵地进行压缩. 外壳的唇缘 c 把所有的波都截阻住, 又有两个斜激波 c—d 和 d—e 并导致产生最后的正激波 e—f, 与这个正激波相联的是后面的亚声速扩压器. 从唇缘 c 起直到最小截面所在处 e, 截面是收缩的, 如果没有按照 **3.6** 所述采取特别的安全措施, 收缩比不能超过 40%. 在外流中至少有两个激波 c—g 和 D—g, 而且从交点 g 起有个涡带流出. 如果物体上的表面象图 7.67 所示那样是弯曲的, 则在那里也产生膨胀, 并接着在后缘 B 处产生一个激波. 显然, 这种装置也是一个统一的“升力推力物体”.

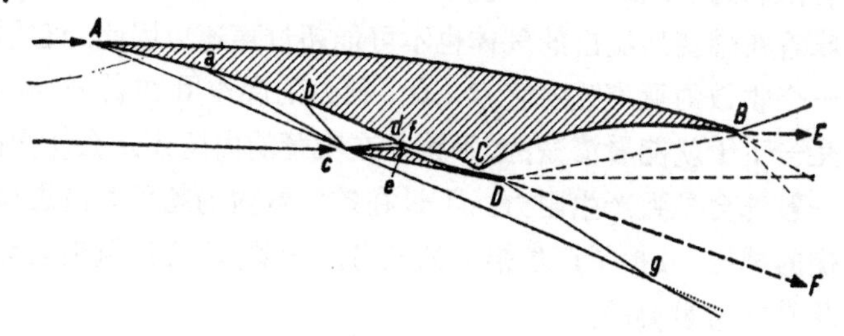

图 7.67　高超声速冲压喷气发动机示意图

平常的小飞行速度发动机大都采用旋转对称形状, 所产生的主要只是推力1). 图 7.68 和图 7.69 表示了两种典型的喷气发动机(也叫洛林发动机), 它们分别是为作超声速和亚声速飞行考虑的. 在图 7.68 的例子中, ABC

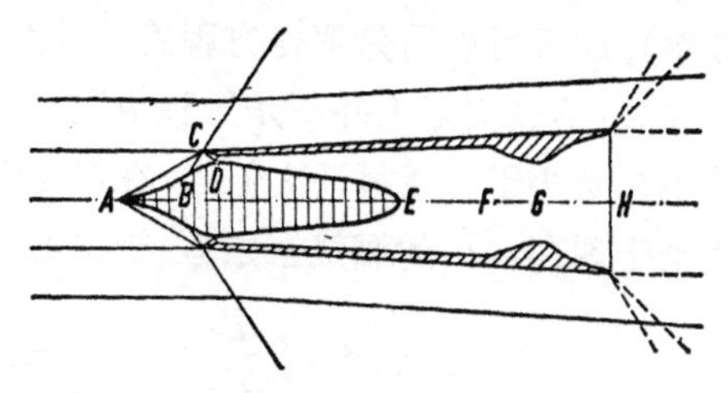

图 7.68　超声速飞行用的冲压式喷气发动机示意图(根据奥斯瓦提奇, 1944)

1) 把这样的发动机安装到飞机机体内, 一般都要注意尽量避免出现不利的(即减小推力的)干扰现象(参看[A11]).

区里先产生了第一次等熵压缩，第二次压缩则产生在外壳的内部。在 D 处速度降至声速以下，紧接着的是亚声速扩压段 $D—E$，燃烧室 $E—F$，和推力喷嘴 $F—G—H$。在逐渐扩大的外侧面上作用着压差阻力，可是由于发动机内部所产生的推力要大得多，足以把它抵消有余。在亚声速发动机中（图7.69)，在进口前已经产生了一部分压缩（参看[A11]）。图中所示例子表示了内部的所谓流线扩压器和在燃烧室 $B—C$ 中的一系列单个火焰稳定器。

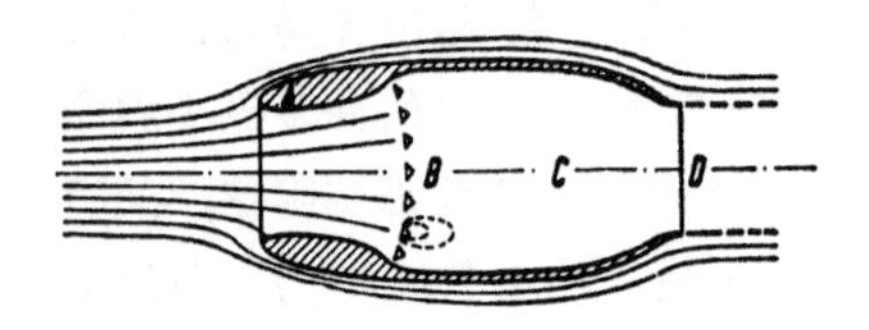

图7.69 亚声速飞行用的冲压式喷气发动机示意图（根据伯波斯特和穆耳特霍普，1944）

这类发动机的主要特性是，输入到流过的一定空气量中的热量是有限制的(参看[A11]，[7.143])。对亚声速发动机来说，这就意味着在燃烧后流出的气体也不可能超过声速。因此，它用的只是一个收敛的亚声速喷管 $C—D$。推力到底作用在什么地方，并不是一下子就能看清楚的；不论是在喷管的内壁还是在外侧面，压力一般都会导致产生阻力。不过在扩压器内的超压和沿进口外壳外侧的减压，分担了产生推力的任务。因此，小心谨慎地设计进口形状是非常重要的。

所有这类热力发动机的效率都可以分为热效率 η_{re}（热能转化为可用的机械能的效率）和喷气效率 η_F(可用能转化为推力功的效率)，后者可以用弗罗得方程式(7.88)求出。如果不再产生另外的损失(不过实际上并不是这种情况)，则总效率就是 $\eta_{re}\times\eta_F$。热效率总是小于卡诺循环之值[1)]，在等压燃烧的小质量流量(差不多相当于现在常用的燃烧室之值)极限情况下，它可达到最佳值

$$\eta_{re}=1-\frac{T_0}{T_B}=\frac{1}{1+\frac{2}{\varkappa-1}\frac{1}{M_0^2}}, \tag{7.94}$$

1) 对卡诺循环所假定的常温下的热量输入，实际上是作不到的。也不能把它看做一个流动过程，因为对于后者，喷气流中的热量输入是假设在常压下进行的。

我们可以把它看做一个参考数．其中 T_B 是燃烧过程开始时的温度，而不象卡诺循环中是最高温度．

在等压燃烧中，燃烧室的截面必须随着温度增加，而在燃烧过程的终了时达到最大值．这样会把截面搞得非常大．实际上我们常常不这样做，而是在等截面下输入热量[1]．因此在燃烧过程中压力不断下降，而热效率总是小于按式(7.94)所得之值．

为了全面看一下热效率的可能最佳值，现在按式(7.94)给出它的几个值：

M_0	1	2	3	4	5
η_{re}	0.17	0.44	0.64	0.76	0.83

按照此表来看，冲压喷气发动机主要适用于超声速飞行；虽然实际上由于还有许多附加损失(如发生在进口处和燃烧时)，发动机的效率并不能达到这些值．由于有这些损失，尤其是由于受材料所允许的最高温度的限制，我们就得出这样的结论，即：每个发动机在一定飞行马赫数下都有它的最高效率．与此相关联的是，这类发动机总是先有随马赫数而增加的推力系数 c_T，因而具有显著增加的推力功率．到了某一定马赫数时，推力达到最高值．在工程上，这一特性有着十分重要的意义．正是由于具有这个性能，才能使发动机的尺寸不致过大，把随着飞行马赫数的增加而变得愈来愈大的能量输入到空气流中去，并为克服一般按大于马赫数平方的比例而增加的阻力提供所需要的推力功．且不论技术上的困难，这个任务是活塞式发动机在其近似为常值的功率情况下，依靠用良好的效率把热能转化为机械能并把机械能输送给气流所不能完成的．

7.25. 涡轮喷气发动机

迄今我们所提到的热力发动机，其效率在低超声速，尤其是在

1) 因而“燃烧盘”的概念才随之有了意义．

亚声速时是很低的．例如在 $M_0=1$ 时，最好的热效率只有17％；而实际发动机的总效率不会大于10％．此外，在静止状态（$U_0=0$）下，这类发动机不能产生推力[1]．因而我们要求能找到一种混合型的发动机，它可以部分地用机械形式，部分地用热的形式将热量输入空气中．这就是所谓涡轮喷气发动机（参看[A11]）．我们可以设想它的雏形，在亚声速和超声速时仍旧象图7.68和图7.69所表示的那样，只是在亚声速扩压器的末端和燃烧室的始端之间由于插进一个一般是多级的、用涡轮带动的机械压气机而有所不同，涡轮就装在位于燃烧室之后和喷管之前空间的同一轴上（参看图7.85）．压气机和涡轮都按机翼原理工作[2]，而压气机承担推力．发动机在静止时产生一个静推力，而推力在飞行速度有变化时也近似为常值．它的效率，首先是在较小速度下要比冲压喷气发动机好得多，特别是热效率，因为现在热量是在高得多的温度下输入的．有关这个已广泛应用的发动机(还有象多空气流或"圈流"型等多种派生类型)的一些细节问题，请参阅广泛的有关专业文献(参看**7.29**)．

7.26．鸟类的飞翔

大自然中的生物究竟是怎样解决推进问题的？这是一个值得令人思索的问题(参看[7.145]，[7.146])．如昆虫、蜥蜴、鸟和蝙蝠是彼此独立地、各自"发明"它们飞翔方法的四种不同生物．这就说明了，为达到飞行目的，所用的方法是多种多样的；但另一方面也存在局限性，那就是所输入的只能是机械能，而且天赋于它们的只是能作往返的动作，不能作绕一个轴旋转的动作，这是一个严重的缺点．人类在原始的水上运输工具(摇橹船！)上，用的也正是这一种往返运动．与此相对，自然界中还有已成功发展了的有弹

1) 有关这一问题要提到阿古斯-施密特管，它是用阀门操纵的脉动气流进行工作的，能产生一定的静推力．参看[7.144]．

2) 参看**7.30**以及[A20]．

性、可变形的飞行体；并且许多飞禽与其自身体重和大小相比，它们的“发动机”效率是非常高的．考虑到这些区别，非常值得注意的是，迄今研究指出，大多数飞禽是用同一器官同时产生了升力和推进力的，并且基本上是用相同办法，而且建立在与古典机翼原理相同的基础上．其实这也并不奇怪，因为一些有成就的航空先驱者都曾非常有意识地研究过鸟类的飞翔，并且应用了从那里学到的知识，见[N5]，[N8]．

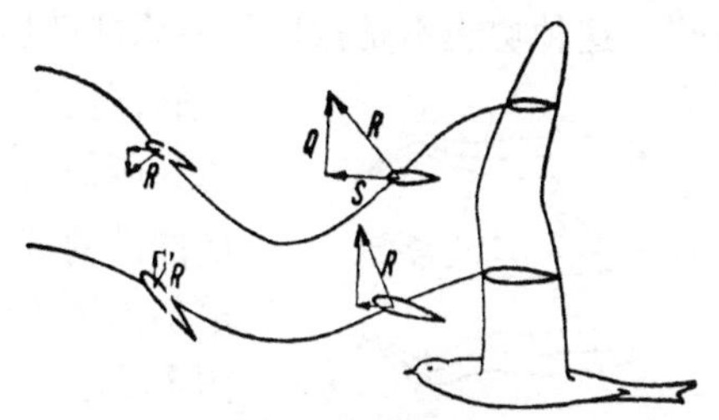

图 7.70　鸟翼上不同剖面所飞路线的示意图

图 7.70 的示意图说明了在一个摆动周期过程中，鸟是怎样用典型方式通过鸟翼的变形来改变不同翼剖面一路上的位置的．如果不考虑特定的非定常过程，则每一瞬间我们都可以初步近似地设想，翼剖面上的现象与螺旋桨剖面上的(图 7.61)一样．上述例子指出，鸟翼的靠外部分主要产生推力，而鸟翼的靠内部分主要是产生升力，这个现象李莲特尔早已觉察到了．这样，机翼的作用和螺旋桨的作用就都在鸟翼中统一起来．不过要为此付出代价，因为升力和推力在振动过程中一般是变化的，因而就会出现稳定问题和生理上的后果．消除这种现象常常可用(尾面)空气动力，或者通过惯性力，例如把主要重量集中在一个沿纵向伸长的重的身体上(如蜻蜓)或依靠身体的运动(如蝴蝶)．一般地说，这里也用了机翼原理．鸟翼相对鸟身作运动，通常都在一个近似垂直于飞行路线的平面上进行．特别是可以通过鸟翼作很难作、并且只能近似地作到的在水平面上的运动(象蜂鸟和其他许多昆虫那样作摇摆或晃动飞行)来进行垂直的起飞和降落．通过这些动作也能做到完全自由的悬停，或随意地向前向后飞和原地旋转，就象直升飞机那样．冯·霍尔斯特曾经建议把这些原理应用于航空技术上，这就导致出现“动翼”(Triebflügel)，它是用类似方式达到可以随意向一个方向飞行的，参看[7.147]．

7.27. 水族动物的推进

在水族动物中，有类似鸟翼这样的起推进作用的器官(例如北极的潜水鸟和某些龟类以及大多数鱼类的鳍)，除此以外，还有主要靠鱼体后部可以柔韧弯曲的特性产生推进作用的"鱼尾推进器"，这种功能不是按照机翼原理产生的. 莱特希尔[7.148]研究了"细长"鱼指出，如果鱼能沿其身体把大约为所需游弋速度的5/4的速度供给向前推进的波浪，同时波的振幅能从鱼体前部为零值升高到尾端为最高值(参看图7.71)，就可以达到很高的弗罗得效率. 如果这只限于做驻波运动，则弗罗得效率不会超过1/2，我们可以想到，鱼类是不会去作这样简单的但是很不合算的动作. 总之，通过这种蜿蜒运动，无论如何是可以依靠作用在斜面上压力产生出一个高效率的推力来.

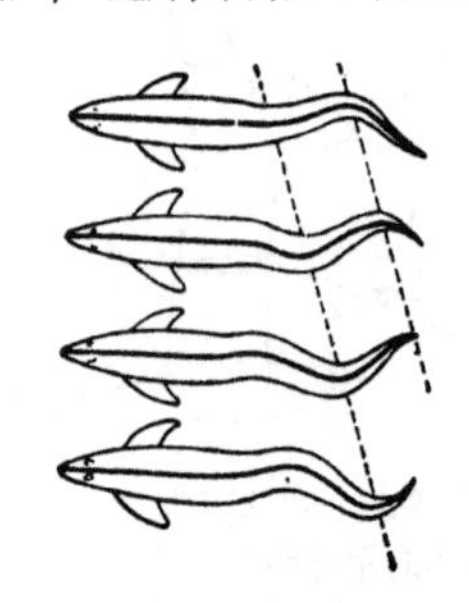

图7.71 通过沿鱼身的前进波产生推力(根据莱特希尔的研究). 图形次序按时间排列，向下是时间增加

泰勒从理论上研究了长鱼、鳗鱼、蛇等动物的向前运动情况[7.149]，他也同样地得出沿着它们身体有向前传动的侧向波，波的振幅越向后身越增大以实现其有效的前进运动. 对于特别粗糙的体形，如一些蠕虫[例如两色沙蚕类(*nereis diversicolor*)]，是与预期的相反，在有向前传动的纵向波动下产生前进运动的. 所有这些研究结果均与格雷对自然观察(见[7.150])所得结果一致.

乌贼鱼是用一种很独特的方法得到推力. 它先使它的袋状身体内的空囊充满水，然后收缩袋囊用力把水向后喷出；根据射流有反作用力的原理，便得到相当大的前进速度[1). 在船上有时也用这种"反作用推进器"(从船首或船舷用泵吸入水，然后从船尾射出). 如果大量的水用低速喷出(参看**7.18**)，则效率可以很高；但是简

1) 水母运动所根据的原理与此类似(喷出涡环).

单些，用一个螺旋桨也就能达到同样效果.

最后，我们还要提一下微生物利用纤毛作向前运动的问题. 由于在这里雷诺数远远小于1的量级，因而可以排除一切惯性效应，所以这种运动和以前所说的惯性起作用的情况不是一回事. 如果我们把它考虑成是在粘性很大的流体中作很缓慢运动，所得概念倒可以准确得多. 由显微影片拍摄的纤毛虫（它的生物学名是“Zilien”）的纤毛运动可以看出，在靠近身体表面处，它独特地把纤毛折曲着拉向前方，又以展开着的姿态伸向后方[图 7.72(a)]. 通过这种运动，体外流体层所受到的向后推动量比纤毛拉向前时的向前拖动量要大. 对于这种奇特的运动，我们可以用纤毛虫具有变刚硬，而后又变松弛的本领来解释. 另一种纤毛运动的形式见图 7.72(b).

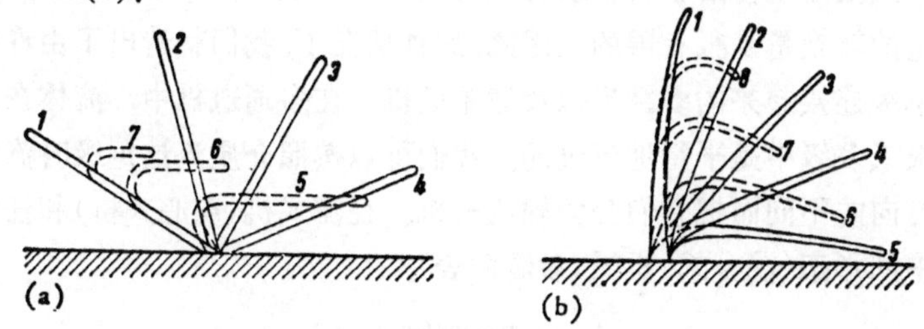

图 7.72 纤毛虫纤毛的运动（根据格雷）

许多微生物，看来也是靠沿身体向前传的波动（部分靠螺旋形的波动）来达到向前运动和向远处扩展的. 泰勒从理论上研究了只考虑粘性力而忽略惯性力（$R_e \to 0$）的那种运动情况（见[7.151]），并作模型试验证明了他的研究结果. 特别是在许多微生物之间，作这种运动能产生相互有利的影响，从而可以节省很多能量. 曾有人观察到，精虫在彼此靠近并指向同一方向时，其尾部就作协调一致的摆动.

7.28. 流体机械概论

流体机械是在连续流动的介质（气体、蒸气、液体）和转轴之间实现能量相互转换的一种机械. 动力机械(涡轮)的作用是从介质中汲取能量, 再通过转轴传递出去; 工作机械(泵、压气机)的作用则是通过转轴把能量输送给介质. 在用于作能量转换的机械中, 有一个固定在外壳上的导向轮和一个固定在轴上的工作轮, 这两者组合成一级. 导向轮和工作轮都各有一组有介质流过的叶片. 流体机械的特征就在于它有叶片组. 叶片的形状和由此得出的通过叶栅流进和流出时流过截面的大小, 可以决定由"压力能"转换为介质动能的大小和方向, 反之也是一样. 介质在通过导向轮后, 介质的转向为流向工作轮提供了合适的入流条件, 而通过工作轮叶栅后介质的转向则为介质离开工作轮提供了所要求的出流条件. 经过这一过程, 流过的介质把力作用到叶片上, 就以机械功的形式把能量传给了转轴或者从转轴接受了能量. 单级机械中, 能量的转换量是很有限的. 因此, 这种情况下, 我们就造出了由许多单级连接起来的多级机以代替单级机. 在多通道机中, 流体在单级或多级中是平行地流过的. 我们可以按照介质流过每级时流动方向的不同而把它们分为轴流式机、径流式机(离心式机)和任意中间形态(混合式)机械(参看附表).

涡轮机的分类

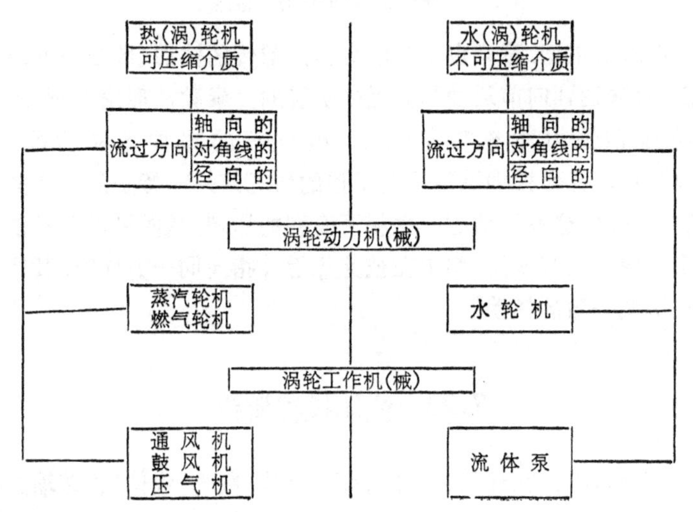

我们通常把工作轮所转换的能量与级的总转换能量之比叫做反力度 R，它在很大程度上标志了机械的结构形式和性能．当导向轮和工作轮的能量转换相等时($R=0.5$)，导向轮和工作轮具有可用同样截面的桨叶的优点．我们称反力度 $R>0$ 的涡轮机为超压涡轮或反力式涡轮；而称反力度 $R=0$ 的涡轮机为冲力式涡轮．这时供使用的能量在导向轮内将全部转换成速度能．在等压力涡轮中，工作轮前后的压力相等，因而反力度是一个很小的负值．对于涡轮工作机来说，工作轮中的流动介质的压力能和速度能都有所增加，接在它后面的导向设备(叶栅、扩压器、蜗壳)则有许多不同的构造形式，例如通风机往往不要导向轮．在有些情况下，通过加一个入口导流轮(即扭转节流器)于原来处于轴向来流下的工作轮上，来改善它的来流条件，用以提高效率(见[7.152])．

在流体机械内的能量转换，可以用连续方程、能量守恒定律和动量守恒定律来计算．再加上一个介质的状态变化关系式(焓熵 i—s 图或气体方程)．连续方程指出，每单位时间内流入机械内的质量 $\dot{m}_{\mathrm{ru}}$ 必须等于流出的质量 $\dot{m}_{\mathrm{chu}}$，即

$$\dot{m}_{\mathrm{ru}}=\dot{m}_{\mathrm{chu}}=\dot{m}. \tag{7.95}$$

在流体机械里，与在其他领域中的流体力学相反，我们用 c 来表示流体的绝对速度，用 w 来表示参照随工作轮旋转的系统的相对速度．对于沿轴向或周界方向的速度分量则分别用加下角标zh(轴)或ji(界)来表示．绝对速度和相对速度与周界速度 u 的关系，可以用矢量方程

$$\boldsymbol{c}=\boldsymbol{u}+\boldsymbol{w} \tag{7.96}$$

联系起来．我们可以用速度三角形来表示这个关系式，见图7.73．

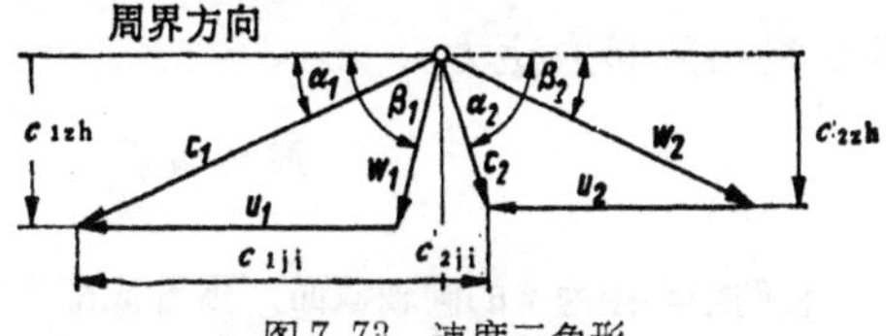

图7.73　速度三角形

c. 绝对速度，w. 相对速度，u. 周界速度

我们由能量平衡得到机械的工程功率 P，单位时间的流过质量 $\dot{m}$，流动介质在机械前后[下角标为ru(入)和chu(出)]的状态变化和由外界输入或输出的热量 q(并参照 **3.5**) 之间的关系

式为

$$P=\dot{m}\left[\left(i_{\text{chu}}+\frac{c_{\text{chu}}^2}{2}+gz_{\text{chu}}\right)-\left(i_{\text{ru}}+\frac{c_{\text{chu}}^2}{2}+gz_{\text{ru}}\right)-q\right]. \tag{7.97}$$

工作介质的状态是由它的单位质量的焓 i，它的速度 c 和它的实测高度 z 定出的.

在所谓水力机械中，机械是以等密度介质工作的，则式(7.97)可以写成

$$P=\dot{m}\left\{\frac{p_{\text{chu}}-p_{\text{ru}}}{\rho}+\frac{c_{\text{chu}}^2-c_{\text{ru}}^2}{2}+g(z_{\text{chu}}-z_{\text{ru}})+j\right\},$$

其中 j 是机械中产生的损耗(摩擦热). 与此相反，对于热力流体机械，由于介质的比重很小,可以把高度差项省略掉，因而得

$$P=\dot{m}\left\{i_{\text{chu}}-i_{\text{ru}}+\frac{c_{\text{chu}}^2-c_{\text{ru}}^2}{2}-q\right\}.$$

我们用动量矩定理还可以得出对一条流束(半径为 r)的旋转力矩 M，即所谓"欧拉涡轮方程"：

$$M=\dot{m}(r_2c_{2\text{ji}}-r_1c_{1\text{ji}}). \tag{7.98}$$

以角速度 ω 旋转的轮的功率关系式是 $P=M\omega$，周界速度 $u=\omega r$，由此我们可从式(7.98)得出功率为

$$P=\dot{m}(u_2c_{2\text{ji}}-u_1c_{1\text{ji}}). \tag{7.99}$$

我们再引进环量的概念,可得到全部叶片(图 7.74，同时参看 **2.3.11**)的环量为

$$\Gamma=2\pi(r_2c_{2\text{ji}}-r_1c_{1\text{ji}})=\Gamma_2-\Gamma_1, \tag{7.100}$$

因而得出旋转力矩为

$$M=\dot{m}\frac{\Gamma}{2\pi}. \tag{7.101}$$

我们把半径为 r 的同轴截面，展开成图 7.75 的样子，设轴向流过叶栅(叶距为 t)的单独叶片的环量为 Γ_s，则

$$\Gamma_s=t(c_{2\text{ji}}-c_{1\text{ji}}).$$

而 n 个叶片的环量就是

$$\Gamma=n\Gamma_s=nt(c_{2\text{ji}}-c_{1\text{ji}}).$$

考虑到 $nt=2\pi r$，就可对于 $r_1=r_2=r$ 的轴流式机得出式(7.100).

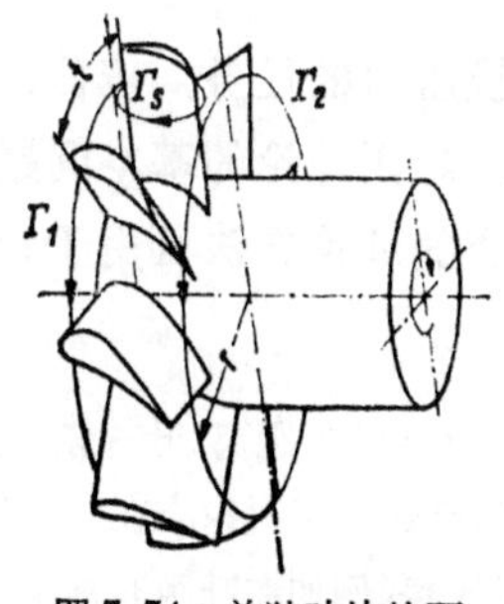

图 7.74　单独叶片的环量和叶栅的环量

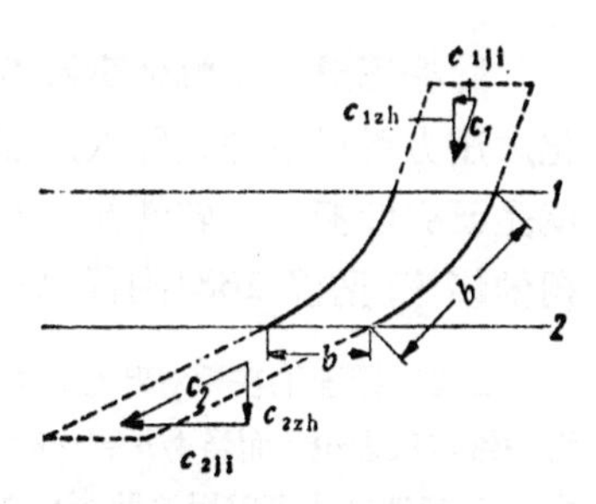

图 7.75　轴向流过的叶栅
t 叶距；b 叶片弦长

严格地说，欧拉关系式只对一个流束有效．可是如果我们把在方程中出现的速度作为速度的平均值来理解，则欧拉式对整个通道截面都能适用．在周界方向的速度分量引起一个径向的压力差，需要把它加到由流束理论得出的压力上去．如果我们对于两个径向相邻的流束之间的相互作用，只考虑离心力作用引起的惯性力，则三维流动可以用由同心轴的圆柱截面组成的拟三维流动来代替(见[7.153]到[7.162])．

对制造涡轮机的人来说，对应于质量流 $\dot{m}$ 的所需功率 P 和所谓的叶片功 W 是非常重要的．在涡轮动力机中也还有部分用落差来计算或者在涡轮工作机中用扬程来计算的；其叶片功和功率的关系式是

$$P=\dot{m}W=\dot{m}gH. \tag{7.102}$$

由式(7.99)得叶片功为

$$W=u_2c_{2ji}-u_1c_{1ji}. \tag{7.103}$$

利用速度三角形中的几何关系，可将上式改写成

$$W=\frac{c_2^2-c_1^2}{2}+\frac{u_2^2-u_1^2}{2}-\frac{w_2^2-w_1^2}{2}. \tag{7.104}$$

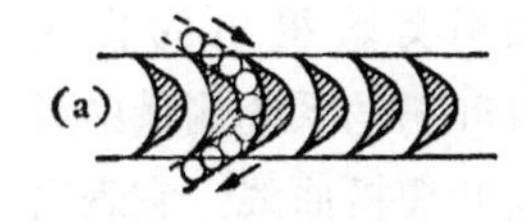

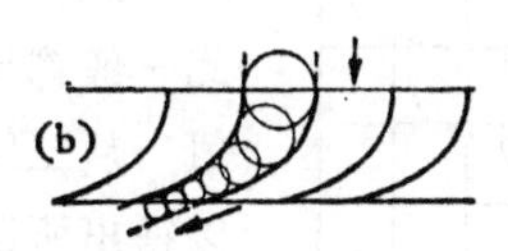

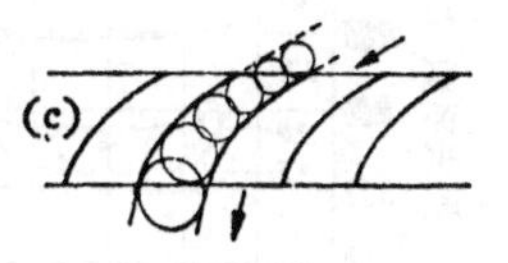

图 7.76　绕叶栅的流动

(a) 等压叶栅(只有方向偏转，压力不降低，速度是常值)；
(b) 涡轮叶栅(缩小流道使压力降低，速度增高)；
(c) 压气机叶栅(扩大流道使压力升高，速度减小)

叶栅完成了使流体折转方向和转换压力的任务．按截面的变化，压力可以增加或降低，见图 7.76．叶栅理论的基本问题之一就是研究叶栅的偏转性能．有许多位流的理论方法可用于计算叶栅的绕流，见[7.163]到[7.175]．

二维叶栅理论在相对叶距为 $t/b=0$ 时（t/b=叶片距离/叶片弦长）可化为一维流束理论，而当 $t/b=\infty$ 时可化为机翼理论．不过只有在一定限界以内，叶栅理论才可以用这两个极限的理论来代替(例如在叶距非常狭小时用一维流束理论，而在叶距非常大时用机翼理论)并且应加以修正．我们可以把叶栅理论分为第一个和第二个主要问题来研究．第一个主要问题是在给定偏转方向的条件下，求出相对应的叶栅；第二个主要问题是在给定叶栅的情况下，求位流流动．解第二个问题相对比较容易，可是解第一个问题却有困难，那就是：先要给出在机械上和制造技术上都可行的桨叶剖面所产生的压力或环量分布．按奇点法得出的理论，通过适当地分布点源和点汇，可以得出分叉的流线．这个流线就成为翼剖面的外围线．但为了得出有偏转的流动，还需再加上一个有环量的绕流，这也可以通过采用适当的涡流分布来达到．另外一个求叶栅问题之解的方法是用保角转换法．我们先把叶片外形所在的平面当作复数平面，然后用一适当的函数把它转绘到另一个平面上去，在那个平面上的几何外形比较简单而且比较容易用位流理论来计算流动．最后再把这个流动转算到原始的平面上去．由于按照这个办法很难单独提出一个参数(例如入流角)的影响来，也就是说，一个参数改变时，迫使所有其他参数都要随着它变化，所以这类二维保角转换法在实际中很难应用．

我们已经可以很准确地计算有位流动了，但想接下去用边界层计算来处理实际的有粘性流动，还很少有理论定律可用．因此一般都要用实验得出的损失值．从二维叶栅的系统测量中可以得出所谓叶栅极曲线．它表出了损失系数 ζ_{su} 与叶栅的偏转系数 δ_{pi} 之间的关系（见图 7.77）．它们的定义通常如下：

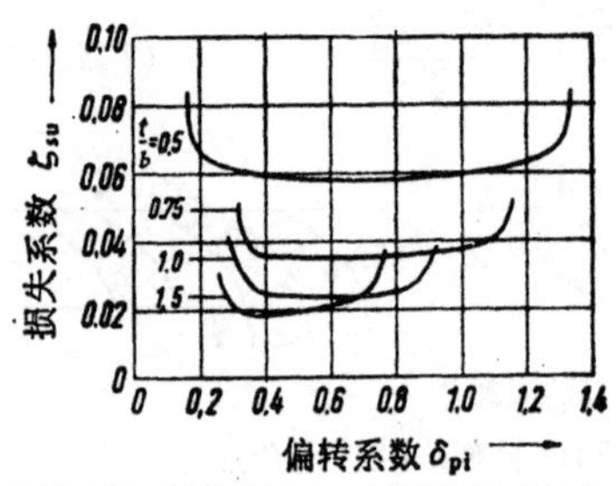

图 7.77　损失系数 ζ_{su} 与压气机叶栅的偏转系数 δ_{pi} 的关系．t/b 是相对栅距

$$\zeta_{su}=\frac{\Delta p_z}{(\rho/2)c_{zh}^2} \tag{7.105}$$

和

$$\delta_{pl}=\frac{\Delta c_{jl}}{c_{zh}}, \tag{7.106}$$

其中 Δp_z 是叶栅内的总压力损失，c_{zh} 是流速的轴向分量，而 $\Delta c_{jl}=c_{2jl}-c_{1jl}$ 是平行于叶栅面的速度分量在叶栅前和叶栅后的差值. 当栅距较小时，由于管道中的超速上升，粘性损失增大；超速的上升是因为相对于无限薄叶片来说，有限叶片厚度的影响愈来愈增加所引起的；但是另一方面，超速上升却带来了使流体按照给定方向偏转而叶片上又不出现分离现象的区域也随之扩大的好处. 当偏转的方向过小或过大时，在叶片的压力面或吸力面上的流体将出现分离，因而使损失系数上升. 除去这种所谓"叶片损失"以外，还有由于壳壁摩擦和缝隙影响而产生的边缘损失 ζ_b. 把这些与叶栅高度无关的损失和与叶栅高度成比例的叶片损失加在一起，就得出叶栅的总损失. 用等熵的焓值差 Δh_s 或等熵的焓升高度 $H_s=\Delta h_s/g$ 与按式(7.113)的实际能量输入的比值表示的效率(对于泵，这常叫做水力效率)和叶栅损失以及流量系数 $\varphi=c_{zh}/u$ 的关系可以由下式表出：

$$\eta_h=\frac{H_s}{H}=1-\frac{1}{2}\varphi\frac{\zeta_{su}}{\delta_{pl}}-\zeta_b. \tag{7.107}$$

对于涡轮工作机，这种形式的方程是可用的. 对于涡轮，我们在计算损失时，通常用同样也是 φ 表示的速度系数，它是实际的平均流出速度 c 与理论的流出速度 c_s 之比值：

$$\varphi=\frac{c}{c_s}\quad（速度系数） \tag{7.108}$$

或者用等于速度系数的平方的滚轮效率 η 来表示：

$$\eta=\varphi^2. \tag{7.109}$$

由于压气机内的流动是在压力递增情况下进行的，因而它比在涡轮内的加速流动气流对边界层分离更要敏感得多；所以压气机里的气流在流动的偏转远比涡轮为小时，就会产生分离. 由于这个原因，涡轮每级所转换的压头总要比压气机每级所产生的压头大得多(见[7.176]，[7.177]，[7.178])．

7.29．涡轮(动力)机

涡轮(动力)机的作用是把工作介质中的位能变为速度能，再迂回地转换成机械功，这个功最后传送给转轴，例如用来启动发电机或用来开动运输工具．我们根据工作介质的不同，把涡轮机分成燃气(涡)轮机，蒸汽(涡)轮机和水(涡)轮机几种．轮机中每一级所转换的最大压头，是由导向轮所达到的速度来决定的．在给定压头的情况下，最有利的是有最小绝对流出速度的级．在给定反力度时，最佳效率是高速系数 ν 的函数，后者是周界速度 u 与导向轮流出速度 c_1 的比值，见图 7.78.

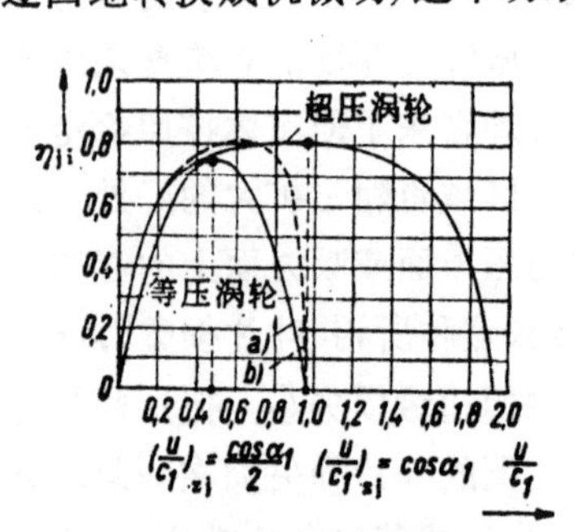

图 7.78　周界效率 η_{li} 与高速系数 u/c_1 的关系(流出角 $\alpha_1=17°$)．

1．等压涡轮($\beta_1=\beta_2$)，
　(a) 未利用流出能量，
　(b) 利用流出能量；
2．超压涡轮(50% 反作用)($\alpha_1=\beta_2$)

$$\nu=\frac{u}{c_1}. \tag{7.110}$$

例如，当反力度 $R=0$ 时，$(u/c_1)_{zj}=\cos\alpha_1/2$；当 $R=0.5$ 时，$(u/c_1)_{zj}=\cos\alpha_1$，其中 α_1 是导向轮的流出角．因此除高速系数 ν 有个固定值以外，最大周界速度(它的平方值与叶片所承受的力成正比)也不允许超过一定的最大值．这样就确定了导向轮流出速度，因而也定出了在最有利条件下所转换的压头大小．在较高温度(和相应的较高声速)时工作着的各级中，所转换的压头首先是与高速系数 ν 有关，而在低温中工作着的各级，所转换的压头则首先与马赫数限界有关．由于等压级的 $(u/c_1)_{zj}$ 值比超压级的 $(u/c_1)_{zj}$ 值为小，当它们的周界速度相同时，等压级所能转换的压

头约高两倍；不过由于它有较高的速度和较强的偏转，它的损耗也较大.

蒸汽涡轮(蒸汽轮机)常常使用在大功率的固定发电机组中. 我们可以把它们分为两类：一类是反压式蒸汽轮机，在这类蒸汽轮机中，涡轮排出的蒸汽还要通到另一个消耗热量的器械中去；另一类是凝汽式蒸汽轮机，在这类蒸汽轮机中，排出的蒸汽要在压力与其周围温度相应的情况下，通到冷凝器中去凝结.

用供水泵在锅炉压力下将水注入锅炉，使蒸汽锅炉中产生新蒸汽. 锅炉、涡轮、凝结器和供水泵是产生蒸汽动力程序中的最主要的机组. 这个程序的优点在于凝结工作介质，从而相对减小供水泵的功率. 在没有这一凝结过程时，燃气轮机程序中如必须用压缩器来取代供水泵产生功，则这个压缩功就把大部分涡轮功率用掉了. 所以在燃气(涡)轮机装置中，设备的机械功率要比有同样可用功率的蒸汽(涡)轮机装置大许多倍. 从流体机械情况来看，燃气轮机与蒸汽轮机的区别只在于有无凝结区.

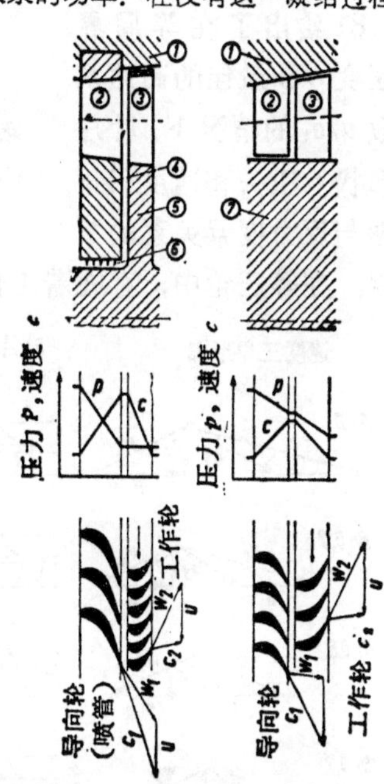

图7.79 涡轮级的布置，压力分布和速度分布，叶片图和速度三角形. 左侧：等压级；右侧：超压级(50%反作用).

1——机壳；2——导向轮；3——工作轮；4——中间支座；5——轮盘；6——缝隙密封器；7——鼓轮转子

图7.79是一个典型的轴流式等压和超压涡轮级的示意图，图中还绘有压力曲线，速度曲线，叶片图和速度三角形. 在等压级中，导向叶片是装在一个中间支座上，因为这里要承受总压头，它与轴之间必须密封. 在超压级中，多数都由于结构上的困难而放弃了采用特殊密封装置. 在$R=0.5$的超压级中，导向轮和工作轮的叶片剖面是相同的. 在等压级中，工作轮的流入角和流出角差不多一样大. 叶片剖面已由原来常用的对称剖面过渡到现

在常用的非对称而头部修圆的叶片剖面，因为后者对来流方向的改变(如部分受载荷时出现的情况)比较不敏感得多. 如果采用尖头剖面，则来流方向的改变会很快引起流体分离，从而增加损失(见图7.80). 在一个涡轮级内，基本上每个反力度都可以实现. 图7.81给出了在等周界速度u和最佳的高速系数u/c_1的情况下，叶片形状、压头和速度三角形与反力度R关系的概貌. 在等压轮中，存在着工作轮上只有部分受载荷的可能性，即导流叶片只对周围的一扇形区起作用，而其余的扇形区域没有流体流过. 这种部分受载荷的等压级可以用在多级蒸汽轮机里作为调节级. 在有部分载荷时，可以把个别的喷管组按照不同的载荷情况打开或关闭. 有超临界减压喷管的等压轮要用多倍的速度级来构成. 由导向装置以超声速流出的工作介质，先后流过两个转动叶片组，在

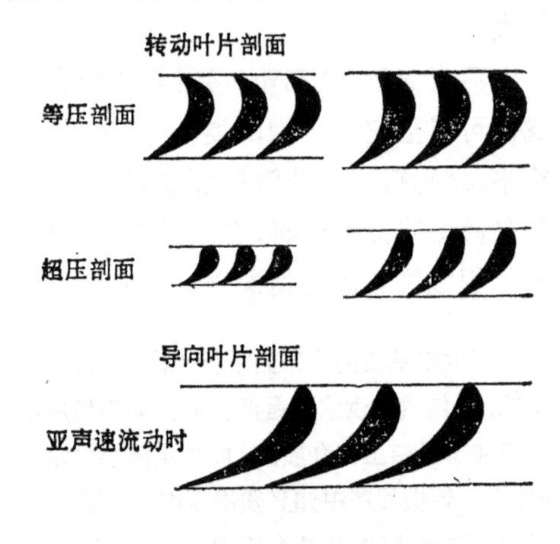

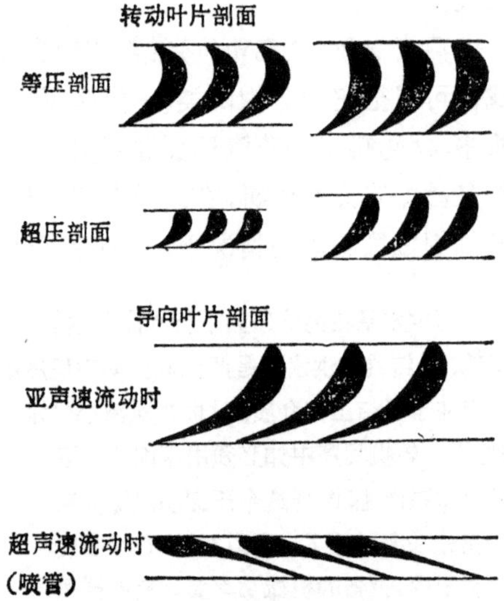

图7.80　涡轮中现代叶片剖面形状的几个例子

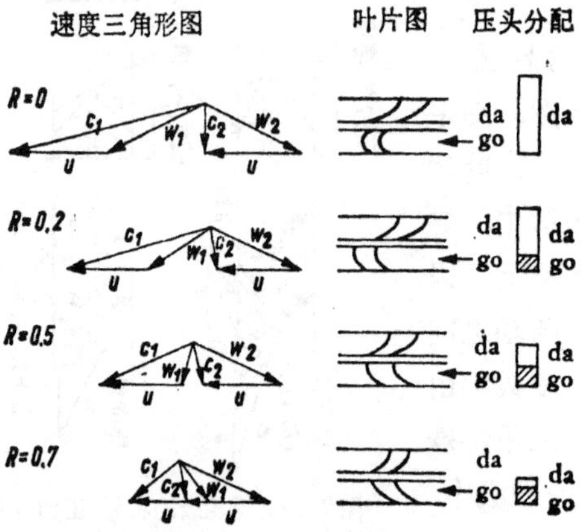

图7.81　在等周界速度u和最佳高速系数u/c_1时，有不同反力度R的涡轮级的速度三角形，叶片图和压头分配. da：导向轮；go：工作轮

这两组叶片之间有固定的导向环使气流偏转．用两个导向环时，最佳高速系数只有用一个等压轮时的一半．在相同的周界速度时，可以转换得较大的压头，但随之却使效率进一步降低．因此，有许多速度级的等压轮(也叫库尔梯轮)只应用于需要转换高压头的情况．在船舶动力装置上所使用的反向涡轮就是这种情况的一个例子．我们如果要求在一个“部分加载”的调节轮的后面安装上叶片高度不太小的“全部加载”的等压级，则在这些轮子之间常常会有直径的突增(见图7.82和图7.83)．人们常用不相接触的迷宫式密封装置来解决在承受压力的箱壳的转轴与外界空气之间的密封问题．另一组特殊类型涡轮是介质从内向外流出或者反过来从外向内流入的径流式涡轮(向心涡轮)．图7.84中所表示的是一种特殊结构形式的转向相反的径流式涡轮(也叫容克型蒸汽涡轮)．其中每一个工作环同时也是下一个工作环的导向环．每个环都具有高转换能量的优点，但同时它也有难于调控的缺点．

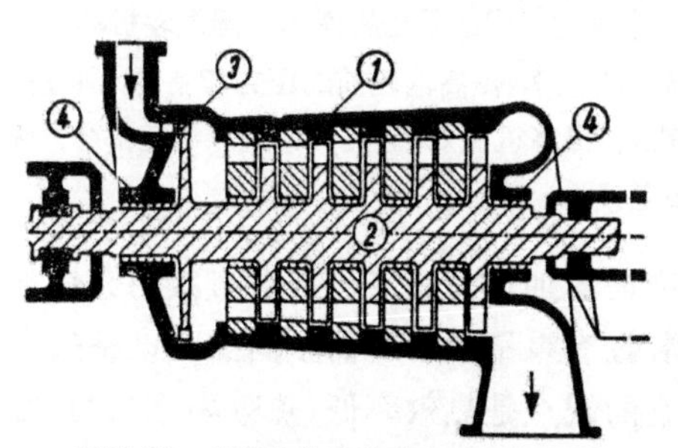

图7.82　有调节轮的箱式多级等压涡轮
1——箱壳；2——转子；
3——调节轮；4——迷宫式密封

图7.83　22兆瓦气轮机设备的安装

大功率的蒸汽(涡)轮机现在都用在发电厂、船舶和工业中；而小功率的蒸汽（涡）轮机则是作为发电厂中辅助机组的驱动机使用．蒸汽轮机的发展方向，主要将在于改进循环系统的热效率(提高涡轮前的压力和温度，通过排出的蒸汽预热供水，使蒸汽过热)和提高机械效率(扩大锅炉和涡轮部分，减低叶片损失)以提高它的经济效益．

燃气轮可以用经过热交换器加热的燃气，或者直接用燃烧室后的排气来推动．燃气轮装置有重量小，所需空间少而设备投资和维修费用合宜的优点．它的缺点是热效率低(热效率定义为：可用功与注入燃烧介质的热量之比)．

呈开口环路的燃气轮机设备，最简单的是由一个压气机、一个燃烧室和本来的燃气涡轮相组合而成．经压气机吸入和压缩后的空气在燃烧室里与通入的燃料相燃烧，用燃烧后的气体去推动涡轮，涡轮又驱动压气机和工作机(例如发电机)．在闭环系统里，用(气体）加热器加热后的工作气体在涡轮内降压后，再流过一个热交换器和中间冷却器，又送回到压气机中．在目前，凡要求运转迅速比要求经济性更为迫切的地方都设置燃气轮机，例如用于解决动力供应设备的高峰负荷问题．

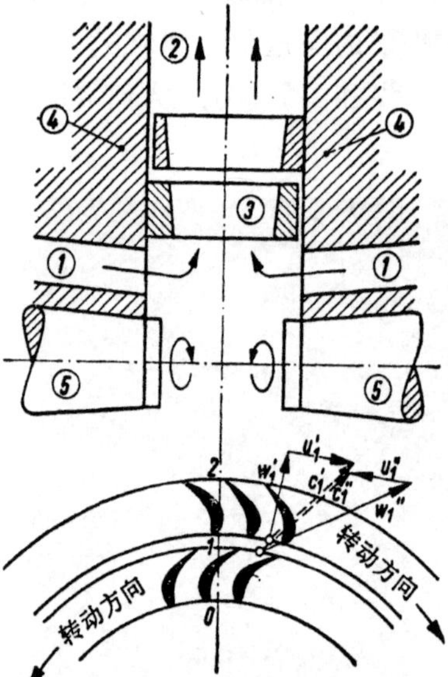

图 7.84　转向相反的径流式涡轮（容克型蒸汽涡轮）

1——蒸汽进口；2——蒸汽出口；3——叶片环；4——转子；5——转轴；

′ 表示流入叶片环之值；

″ 表示流出叶片环之值

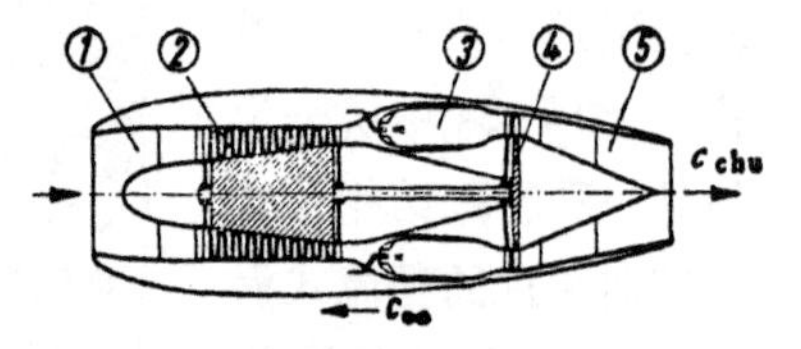

图 7.85　喷气发动机

1——进气道；2——压气机；3——燃烧室；4——涡轮；5——尾喷管；

c_∞：飞行速度；

c_{chu}：气体喷出速度

把不同形式的喷气发动机用于作飞机推进器是燃气轮在应用上的一个重要方面. 对于单纯的喷气发动机(图 7.85), 压气机将空气从大气中由进口吸入, 经过提高压力后又被送进燃烧室. 这时, 已喷射到燃烧室内的燃料就与空气中的氧相燃烧. 从燃烧室里出来的高温燃气在通过涡轮后,压力降到推力尾喷管的压力.涡轮由燃气得到的能量补偿了压气机所需要的功率. 涡轮和压气机合成一个自由转动的机组. 气体从尾喷管出来, 压力降低到外界压力, 形成高速流喷出. 我们用 c_{chu} 表示从发动机喷出的气体速度,用 c_{∞} 表示飞行体的飞行速度, 则应用动量定律可得推力 T 为(参看 7.18)

$$T=\dot{m}(c_{chu}-c_{\infty}), \tag{7.111}$$

推进功率为

$$P=Tc_{\infty}. \tag{7.112}$$

有加力燃烧的喷气发动机,为了提高推力,还要在涡轮后进行喷油和燃烧. 用螺旋桨的发动机是一种唯一还与周围交换机械能的发动机, 它的涡轮还要通过进一步的降压去补偿螺旋桨所消耗的功率.

双涵道发动机还利用此种额外获得的能量,进一步从第二涵道吸进和压缩更多空气,并提高其速度把它喷射出去. 冲压发动机因没有转动的部分已不属于涡轮机范围,它是喷气发动机的一种特殊形式.

在水轮机中,由上、下水面的高度差提供的水头落差是和流入的能量综合在一起的. 当落差很大时,水轮机与蒸汽轮机相似,可以有效地使用等压涡轮; 这时全部落差都转变为动能, 而以自由射流的形式射到工作轮上并改变方向. 水斗式转轮 (图 7.86 和图 7.87) 就是这自由射流涡轮中最有名的一种形式. 超压涡轮中, 叶片是在装满水的通道中工作, 它的最常见形式是辐轴流式水轮机 (见图 7.88 和图 7.89). 通过导向装置,水沿径向进入水轮,作完功后复

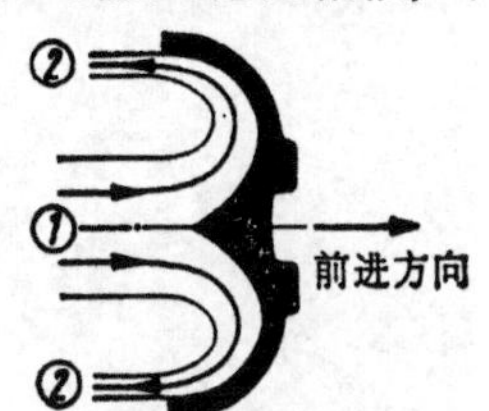

图 7.86 水斗式转轮 (Pelton 轮)的工作叶片截面图.
1——进水道; 2——出水道

图 7.87　自由射流式水轮机的工作轮（水斗式转轮）

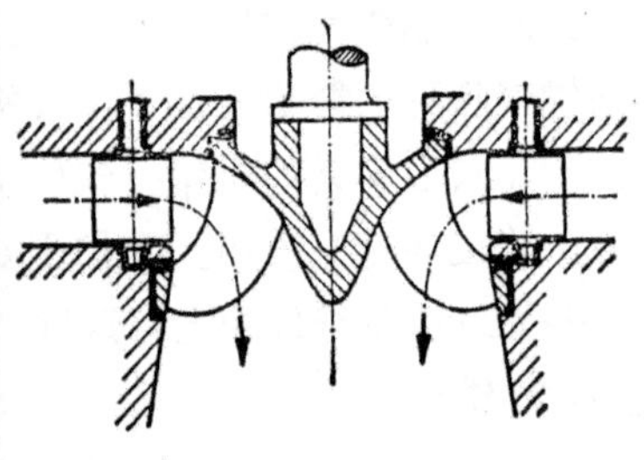

图 7.88　辐轴流式水轮机(Francis 涡轮)示意图

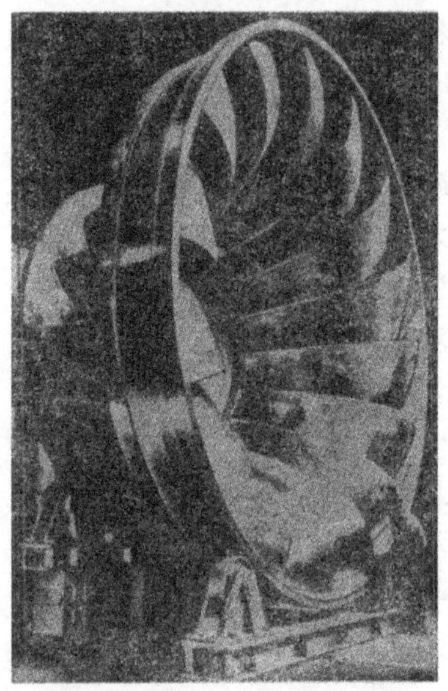

图 7.89　辐轴流式水轮机的工作轮

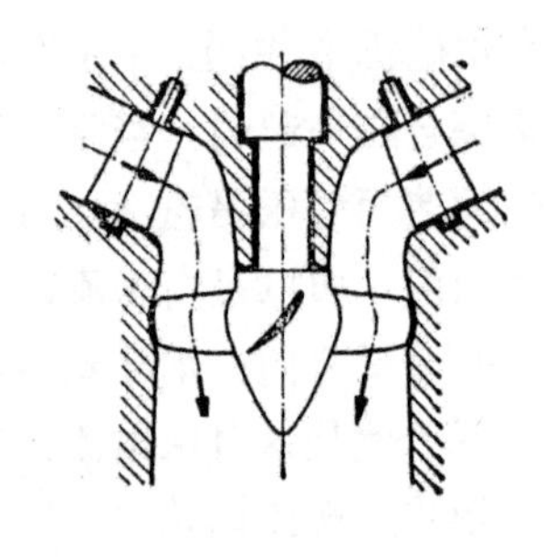

图 7.90　转叶式水轮机(Kaplan 涡轮)示意图

沿轴向流出．对于落差小的情况，我们常用转叶式水轮机(见图7.90和图7.91)，这时，水沿轴向流过工作轮．由于流速较小，要求把叶片安装得很平坦，所以转叶式水轮机的转子与船舶螺旋桨很相似．近代水轮机的发展趋向于用轴流的管式水轮，它的转轴可以是水平的或稍有倾斜．因为涡轮就安装在离进口很近地方的流水管中(由它的取名可以看出)，所以这种结构形式有利于使流体在流进和流出时通过很短的入流段而且水流偏转方向很小．调节这类水轮机是要根据它所推动的发电机是安装在导向轮毂内还是安装在水轮机的工作轮上(水轮机工作轮的外环上装有发电机的电极环)，通过调节导向叶片或工作叶片来进行．

图7.91 转叶式水轮机的工作轮

最极端的是象风车的情况，这时可用的流体落差全表现为速度能．

7.30. 涡轮工作机

涡轮工作机在推动液体和气体方面是用得非常广泛的，它由转轴把机械功传给了流体介质．用于推动液体的机器叫做泵；产生高压气体的机器叫做压气机或鼓风机；只提高气体速度能的机器叫做通风机．人们也把涡轮工作机按其构造形式分为径向和轴向两种(图7.92和图7.93)．

判断涡轮工作机好坏的一个重要的量是叶片功或与之有关的扬程的大小[式(7.102)]．这个扬程直接与机械的压力升高有关．

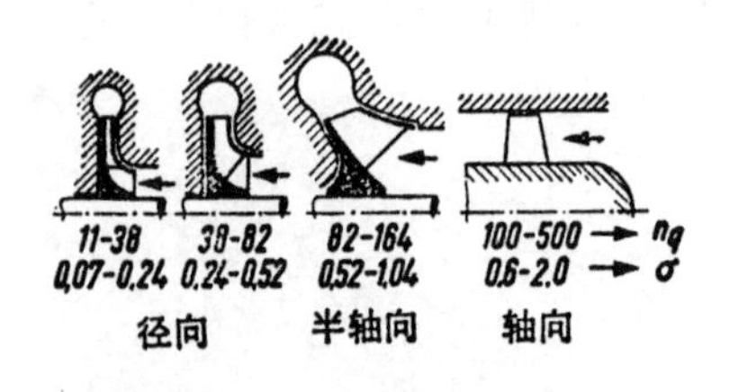

图 7.92 涡轮工作机的工作轮形状和它在各种特性参数下的对等形式

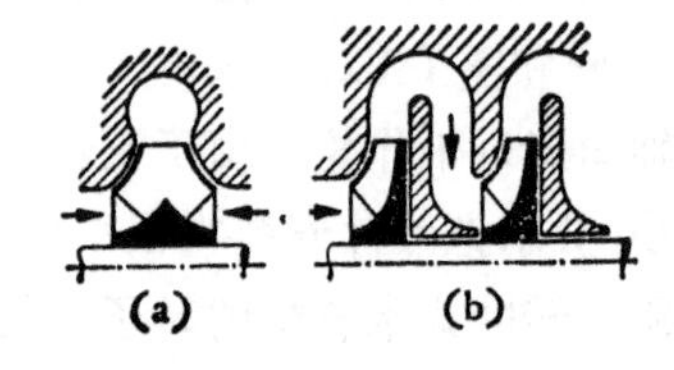

图 7.93 径流式压气机或泵的结构形式：(a)多面结构；(b)多级结构

扬程可分为用于增大速度能的动力部分，和确定于静压增高的静力部分.

按照式(7.104)和式(7.102)，叶片功或扬程可表为：

$$W=gH=\underbrace{\frac{c_2^2-c_1^2}{2}}_{\text{动力部分}}+\underbrace{\frac{u_2^2-u_1^2}{2}-\frac{w_2^2-w_1^2}{2}}_{\text{静力部分}}. \tag{7.113}$$

涡轮工作机与涡轮动力机不同，它的叶片功是正的；它的叶片形状、速度能大小以及焓增高值在工作轮和导向轮上的分配等都与反力度 R 有关(对于涡轮工作机，R 的定义是总扬程中静扬程所占的比率)．随着反力的增大，静压头部分随之增大，但同时在工作轮负荷数[A23]相同情况下，总扬程却要降低(图 7.94)．一个压气机级的效率与反力度 R 和流量系数 φ 有关(图 7.95)．对于单级机和所有不能充分利用流出速度的机器，人们都想尽量提高能获得的静扬程，因为速度能只

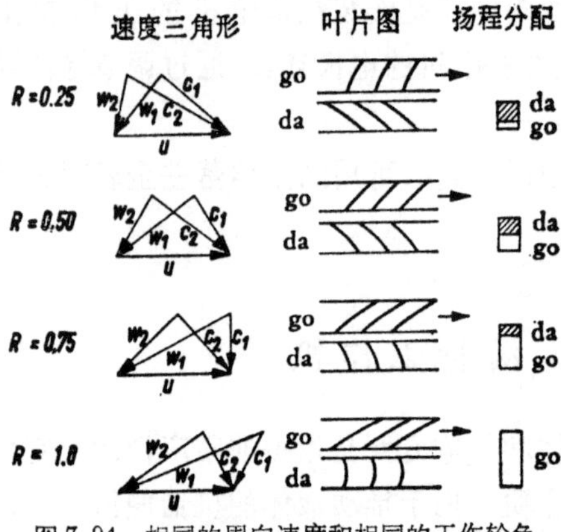

图 7.94 相同的周向速度和相同的工作轮负荷系数下，轴流式压气机在不同反力度 R 时的速度三角形、叶片图和扬程分配
da：导向轮；go：工作轮

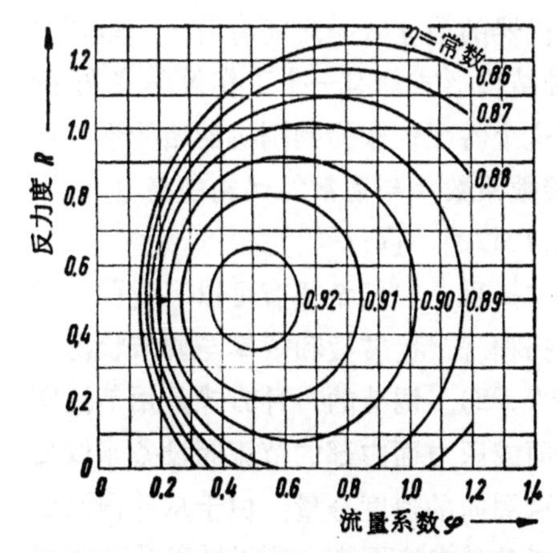

图 7.95　一个轴流式压气机级的效率与反力度和流量系数之间的关系(升阻比为常值情况)

在很狭范围才能转变为压力能而且效率很低.

在设计涡轮工作机时，一般是给出等熵的焓增高值 Δh_s 或实际扬程值 $H_s=\Delta h_s/g$ [从式(7.107)的效率公式中可以看出 H_s 和按式(7.113)得出的扬程 H 与效率之间的关系]和流量 $\dot{V}$, 而转数 n 和构造形式可以自由选择. 按相似力学可以得到一个无量纲参数，它表征了在极不相同的设计数据下所具有的同样流动状态. 它的定义是无量纲转数或转数系数 σ

$$\sigma=n\frac{(4\pi\dot{V})^{1/2}}{(2gH_s)^{3/4}}=n\frac{(4\pi\dot{V})^{1/2}}{(2\Delta h_s)^{3/4}}. \tag{7.114}$$

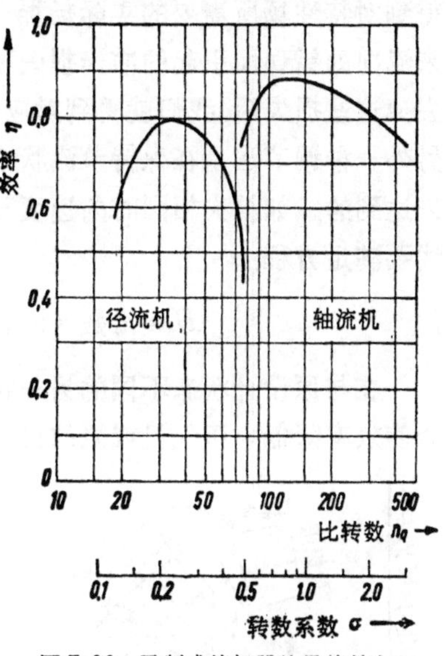

图 7.96　已制成的机器的最佳效率与比转数之间的函数关系

转数系数 σ 与现在还在常用的比转数 n_q 之间有着线性关系，后者的定义是

$$n_q=n\frac{\dot{V}^{1/2}}{H_s^{3/4}}, \tag{7.115}$$

其中 n 是每分钟的转数(1/分)，流量 $\dot{V}$ 的单位是米³/秒，实际扬程 H_s 的单位是米，即：

$$n_q=60\sigma\frac{(2\times9.81)^{3/4}}{\sqrt{4\pi}}=157.8\sigma. \tag{7.116}$$

这个特征值和已制成的机器的最佳效率之间有着一个单值关系（图 7.96）. 机器的每一种结构形式都有一个工作效率良好的特征值范围. 因而也可以用这个特征值作为判别机器结构形式好坏的标准（参看图 7.92）. 转数系数 σ 与通常的涡轮的高速系数 $\nu=u/c_1$ 有直接的关系（参看[7.179]，[7.180]）.

对于泵和压气机的流量和扬程，我们希望有可以广泛调节的可能性. 由特性场可以得出扬程、流量、转数和效率与调节状况之间的关系（参看图 7.97 和图 7.98）. 调节的一种方式是用节流阀调节. 它是通过安放在吸力面或压力面内部的节流阀设备来改变所传送的流动，从而改变了沿周向的速度分量. 由于从叶栅流出的流体方向几乎完全不因来流条件之变而变，所以随着沿子午线的分量的变化，绝对速度的周向分量也有改变，因而也改变了按照欧拉方程所计算的扬程. 当我们把所产生的损失去掉后，就可以得到对特性场所需要的实际扬程. 这里提到的损失主要有：由于来流向的错误而引起的冲击损失和壁上的摩擦损失（图 7.99）. 在去掉这些损失后，我们就得到对应于某一定的常转数值的特性线. 另外一种调节法是在保持节流状态不变的情况下，通过改变转数来达到的. 如损失相同时的速度三角形准确相似，则所谓的节流线要满足方程：

$$H=\text{常数}\times\dot{V}^2,\quad \dot{V}=\frac{\dot{m}}{\rho}. \tag{7.117}$$

在与原设计状态不同的另一状态下，由于不能保持准确相似会使效率降低. 压气机或泵的流量的可变范围，在其脉动极限和

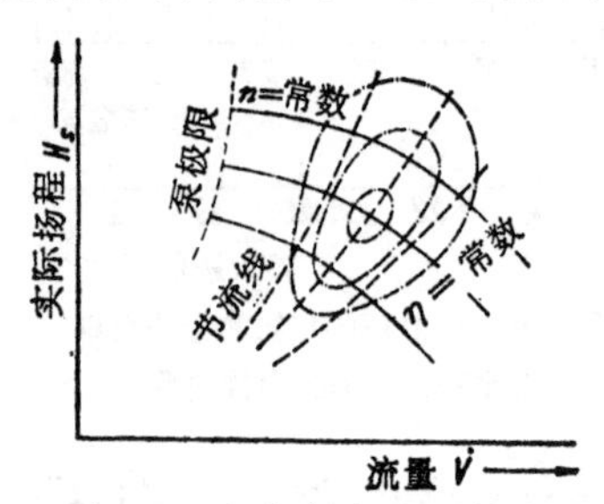

图 7.97　径流式压气机的特性场

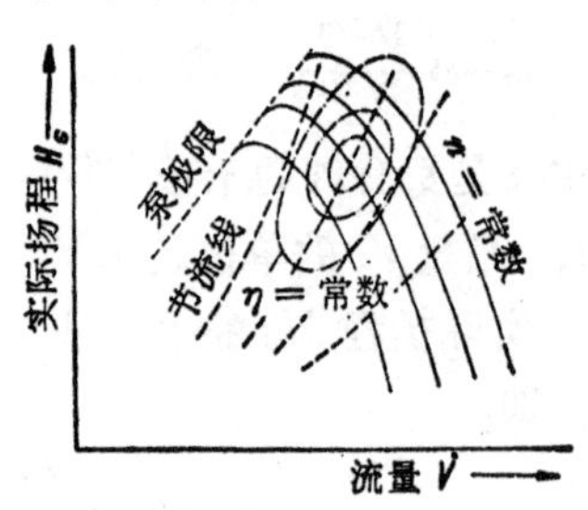

图 7.98　轴流式压气机的特性场

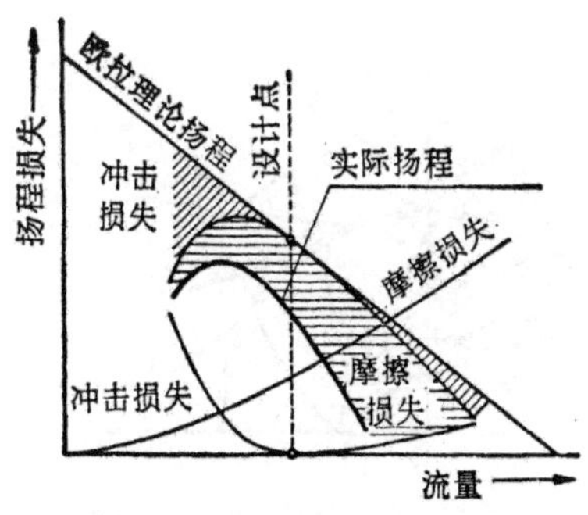

图 7.99 理论得出的节流曲线

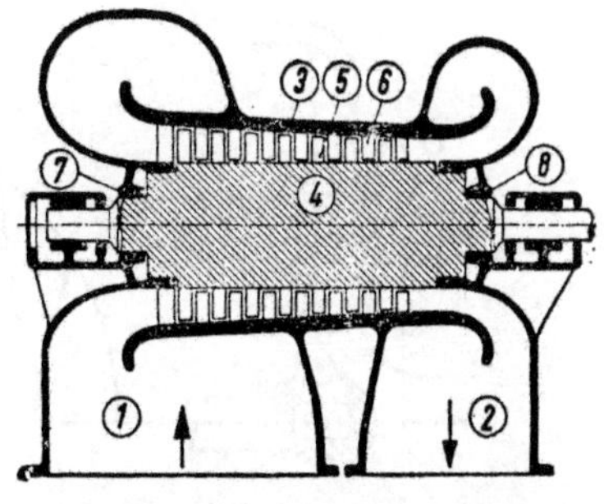
图 7.100 多级轴流压气机的结构图.

1——进气道；2——出气道；3——机壳；4——转子；5——工作叶片；6——导向叶片；7——迷宫式密封；8——迷宫式密封

吸出极限之间. 如果机器从扬程的最高峰区域落到较低的流量区域内,则其工作状态将是不稳定的. 流量的减少使得扬程减少,因而使压力降低. 而压力的下降又使流量更少. 对压气机来说，就会产生脉动流动，即所谓脉动(Pumpen)不稳定现象. 这种不规则的推送对机器是有害的，必须避免. 流量的上限是吸出极限，它是由连接着的导管网的工作特性线给定的. 轴流机在工作状态中要比径流机敏感得多;由于发生分离,它的效率和扬程都下降得很快,因而轴流机的特性线较陡. 如果把某一单级用来做全压气机的典型级的话，则这个单级的特性场(所谓级特性场)可以叠加起来构成多级压气机(见图 7.100 和图 7.101)的全机特性场. 由于第一级偏离正常工作状态会很强烈地影响到最后一级，所以多级机的

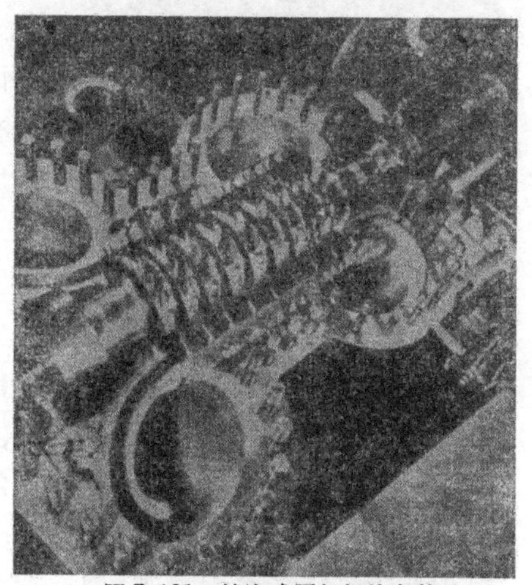
图 7.101 轴流式压气机的安装

(功率为 8700 千瓦)

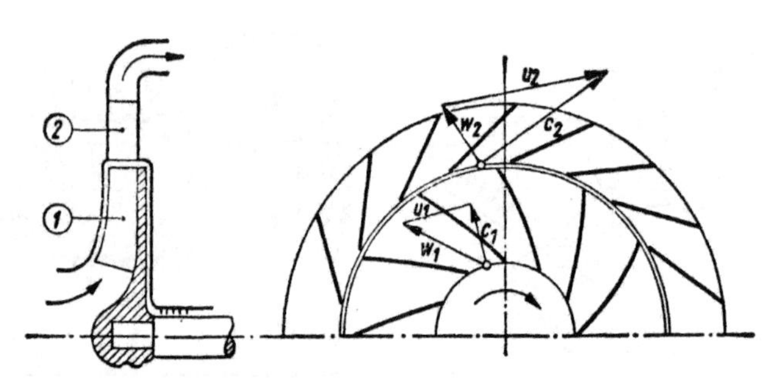

图 7.102　有后弯叶片的径流式压气机(径流泵)的结构、叶片图和速度三角形.
1——工作轮；2——导向轮

工作范围比单级机狭得多.

向后弯曲的叶片(见图 7.102)在有良好效率时，相对于总扬程来说，可以产生很多的压力能. 可是由于叶片承受较高载荷而引起叶片内有不利的应力分布，因而只能有较低的周向速度，也即只能达到较低的扬程. 为避免出现额外损失，在径流泵中常常加用盖板. 向前弯曲的叶片只用于要求有高速度能的地方. 从强度观点来看，使叶片的末端沿径向是有利的，它能允许有高的周向速度，因而有大的扬程. 象废气(涡)轮加压机就宜于采用这种结构形式.

图 7.103　跨声速压气机的工作轮

为避免在轴流压气机的流体通道内出现双重的速度转换(首先是由于气流偏转的逐渐增大使通道变狭而增高速度，然后还连带引起通道变狭)，我们采用了比较薄的叶片剖面. 但为了避免来流方向改变时出现气流分离，剖面的头部要修圆. 由于在声速区附近会形成有较大损失的激波，所以这时使用这类叶片是不利的．所谓跨声速压气机，它的周边速度高，能产生高的级压比和大的质量流量，但叶片的尖端达到了超声速，所以在发展过程中为了减少激波损失，我们采用尖头的叶片剖面(见图7.103)．

涡轮工作的结构形式表

轮形	径向	对角线 (半轴向)	轴向	
叶片护板	有和无盖板	有和无盖板	无盖板	
叶片形状	相对于旋转方向，有向后弯曲的、末端沿着径向的和向前弯曲的叶片．叶片排列成圆形叶栅	中间形式	叶片排列成直线叶栅(工作假设)	
导向装置	装在径向通道内的导向叶片，无叶片的扩压器，蜗壳	无叶片扩压器，蜗壳	叶片排列成直线叶栅(工作假设)	无导向轮
名称	径向(流) -压气机 -鼓风机 -泵	…………	轴向(流) -压气机 -鼓风机 -泵	通风讥，换气机

7.31．动液耦合器和动液变矩器

弗廷格尔首先引用了一种很引人注意的液压传动器，把泵和涡轮连接在一起．这种传动器是由在同一机壳内装一台泵和一台涡轮组成，能把动力从一个轴传给另一个轴．动液耦合器(见图7.104)是由一台装在驱动轴上的泵轮和一台装在随动轴上的涡轮机轮所组成．在封闭的循环系统中，油是作为传动用的液体．为了使流体能作循环流动，从而保证旋转动量的转换，两个轴需要有一定的转速差．动液变矩器(见图7.105)比简单的动液耦合器多一组装在机壳内的导向轮，它的任务是把泵的功率传送给以另一转速运转的涡轮．两角动量的差值即由固定的导向叶片系统来承受．

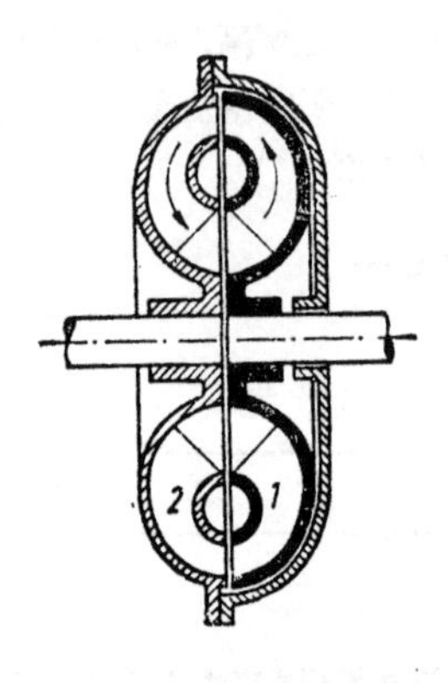

图 7.104　动液耦合器

1——泵轮(驱动轴);
2——涡轮机轮(随动轴)

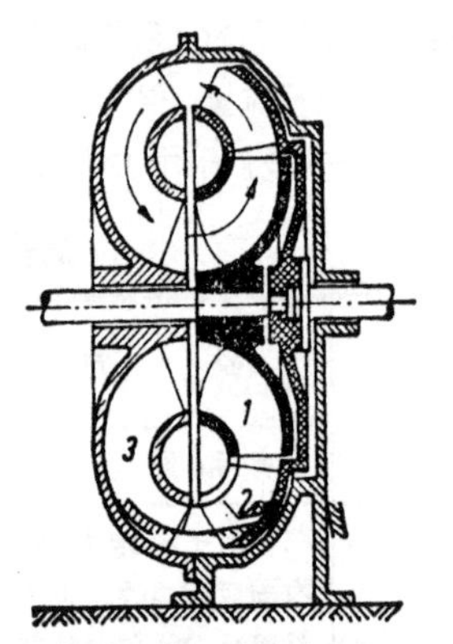

图 7.105　动液变矩器

1——泵轮(驱动轴);
2——涡轮机轮(随动轴);
3——导向轮(固定不动)

7.32. 涡　流　管

如果我们手边上有可用的压缩空气，则涡流管就是一个没有任何转动部件的制冷机;虽然它的效率很低,但用于实验室却是很顶事的．最先，阮克曾研究过有关这个过程的基本效应[7.181]，而由希尔施作了定量分析[7.182];舒尔茨-格鲁诺和其他的人又都对它作了理论分析[7.183]．我们可把有几个大气压超压的压缩空气从切向送入一个管子里(见图7.106)．在管内靠近输气喷管旁边的地方有个带孔隔板，从隔板中央开孔处流出的是冷空气，而其余从相反方向流出的空气则是热空气．在离开引进空气

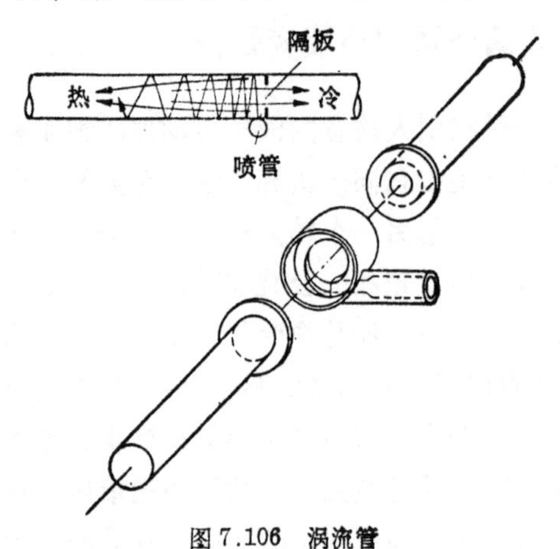

图 7.106　涡流管

的入口处约有25倍管径的地方，有一个节流阀放在流出热空气的一端，用它可以调整热空气和冷空气量．由于空气流动得很慢，输进热空气中的热量必须等于由冷空气中抽出的热量．用这种方法可以把室温下的压缩空气降低到－50°C．

我们可以用在这里形成的一个以管轴为轴心的强涡旋来说明这一过程．在下面的讨论中，我们将不考虑热空气和冷空气以相反方向沿轴向流出的问题(尤其是，因为从数量上说我们可以认为这两个速度分量差不多相等)．在这个强涡旋里，由于强烈的湍流掺混，形成了一个绝热层(至少是一次近似地)，因为涡旋的外部受有大的离心力，所以也有个比涡旋内部为高的静温．此外，由于涡旋外部的周边速度大得多，所以它的静温值还随距轴心距离的增大而剧增．这也可以从能量上来作解释，因为涡旋的靠内部分起了制动作用，从而对靠外部分作了功．这样，由于涡旋外部有总温的增加而内部有总温的减少，就必然得出相应的两种流出温度．这种强烈的温度效应是通过进入超声速空气而得以产生的．

许多人还给出了另一种型式的涡流管；其中施普伦格的工作见[7.184]．

参考文献

[7.1] M. W. Kutta, *Ill. aeron. Mitt.* **6**, 133, 1902.

[7.2] N. Joukowski, *ZFM* **1**, 181, 1910 und *ZFM* **2**, 81, 1912.

[7.3] Th. Theodorsen, *NACA Report* **411**, 1932 und Th. Theodorsen, J. E. Garrick, *NACA Report* **452**, 1933.

[7.4] F. Keune, *Jb. d. d. Lufo.*, I **13**, 1938.

[7.5] F. Riegels, H. Wittich, *Jb. d. d. Lufo.*, I **120**, 1942 und F. Riegels, *Ing.-Arch.* **16**, 373, 1948 und *Ing.-Arch.* **17**, 94, 1949.

[7.6] J. Weber, *ARC R & M* **2918**, 1953 und *ARC R & M* **3026**, 1955.

[7.7] A. Birnbaum, *ZAMM* **3**, 290, 1923.

[7.8] H. Glauert, *ARC R & M* **910**, 1924.

[7.9] D. Küchemann, J. Weber. G. G. Brebner, *R & M* **2882**, 1951.

[7.10] M. J. Lighthill, *Journ. Fluid Mech.* **4**, 383, 1958.

[7.11] L. W. Bryant, D. H. Williams, G. I. Taylor, *Phil. Trans. Roy. Soc.*, **A 225**, 1925.

[7.12] A. Betz, I. Lotz, *ZFM* **23**, 277, 1932.

[7.13] A. Walz, FB 1769 u. 1848 der Z W B, 1943.

[7.14] J. H. Preston, *ARC R & M* **2725**, 1949.

[7.15] D. A. Spence, *Journ. Aeron. Sci.* **21**, 577, 1954.

[7.16] D. A. Spence, J. A. Beasley, *ARC R & M* **3137**, 1958.

[7.17] R. C. Pankhurst, H. B. Squire, *ARC CP* **80**, 1952.

[7.18] G. G. Brebner, J. A. Bagley, *ARC R & M* **2886**, 1956.

[7.19] H. B. Squire, A. D. Young, *ARC R & M* **1838**, 1938.

[7.20] L. F. Crabtree, *Journ. Aeron. Sci.* **24**, 597, 1957.

[7.21] G. B. McCullough, D. E. Gault, *NACA TN* **1683**, 1948.

[7.22] G. B. McCullough, D. E. Gault, *NACA TN* **2502**, 1951.

[7.23] I. Tani, *Progr. in Aeron. Sci.* **5**, 70, 1964.

[7.24] D. Küchemann, *Journ. R. Ae. S.* **61**, 38, 1957.

[7.25] A. Betz, AVA-Bericht 43/A 31, 1943.

[7.26] J. Rotta, Jahrb. 1959 d. WGL, 102. Symp. Trans. Aachen (Ed. K. Oswatitsch), S. 137, Springer 1964.

[7.27] H. H. Pearcey, *ARC R & M* **3108**, 1959 und *R & M* **3109**, 1960.

[7.28] A. B. Haines, *Journ. R. Ae. S.* **61**, 238, 1957.

[7.29] H. Glauert, *ARC R & M* **1095**, 1927.

[7.30] F. Keune, *Lufo.* **13**, 85, 1936 und **14**, 588, 1937.

[7.31] I. Flügge-Lotz, I. Ginzel, *Ing.-Arch.* **11**, 268, 1940.

[7.32] M. J. Lighthill, *ARC R & M* **2112** und **2162**, 1945.

[7.33] M. B. Glauert, *ARC R & M* **2111**, 1945.

[7.34] J. Williams, *ARC R & M* **2693**, 1950.

[7.35] E. J. Richards, W. S. Walker, C. R. Taylor, *ARC R & M* **2149**, 1945.

[7.36] M. B. Glauert, *ARC R & M* **2683**, 1947.

[7.37] Z. B. T. S. Keeble, P. B. Atkins, ARL (Melbourne) Aero Note 100, 1951.

[7.38] B. Regenscheit, *FB* **1474**, 1941; *FB* **1594**, 1942; *UM* **3104**, 1944.

[7.39] D. M. Heughan, *Journ. R. Ae. S.* **57**, 627, 1953.

[7.40] P. Kaplan, J. P. Breslin, W. R. Jacobs, *Journ. of Ship Research* **3**, 13, 1960.

[7.41] D. Küchemann, *ZAMM* **20**, 290, 1940 und 22, 304, 1942.

[7.42] L. Prandtl, A. Betz, Ergebn, der AVA, I. Liefg **50**, 1921.

[7.43] M. M. Munk, 哥廷根大学博士论文 1919 年; 参看 *NACA Report* **191**, 1924.

[7.44] L. Prandtl, *ZFM* **24**, 305, 1933; K. Nickel, *Ing.-Arch.* **20**, 363, 1952,

[7.45] E. Trefftz, *ZAMM* **1**, 206, 1921.

[7.46] L. Prandtl, *Lufo.* **13**, 313, 1936.

[7.47] E. Reissner, *NACA TN* **946**, 1944.

[7.48] H. Multhopp, *ARC R & M* **2884**, 1950.

[7.49] E. Truckenbrodt, Jb. 1953 d. WGL, **40**.

[7.50] B. Thwaites, "Incompressible Aerodynamics", Kap. VIII, Oxford 1960.

[7.51] A. H. Flax, H. R. Lawrence, Proc. 3rd Anglo-American Conf. R. Ae. S., 363, 1951.

[7.52] L. Prandtl, *Gött. Nachr.*, S. 451, 1918 und S. 107, 1919.

[7.53] H. Multhopp, *Lufo.* **15**, 153, 1938.

[7.54] H. Schmidt, *ZAMM* **17**, 101, 1937.

[7.55] H. B. Helmbold, Jb. d. d. Lufo. I 1, 1942.

[7.56] H. Glauert, "The Elements of Aerofoil and Airscrew Theory" Cambridge 1948.

[7.57] J. Hueber, *ZFM* **24**, 269, 1933.

[7.58] K. Mangler, *Lufo.* **14**, 564, 1938; J. Rotta, *Ing.-Arch.* **13**, 119, 1942.

[7.59] D. Küchemann, *Lufo.* **15**, 543, 1938 und Jb. d. d. Lufo. I 136, 1938 和其中的文献.

[7.60] J. Weissinger, *ZFW* **4**, 141, 1956; J. A. Bagley, N. B. Kirby, P. J. Marcer, *ARC R & M* **3146**, 1958.

[7.61] C. Wieselsberger, *ZFM* **12**, 145, 1921; I. Tani, M. Taima und S. Simidu, ARI Tokyo Imp. Univ. Report **156**, 1937; J. A. Bagley, *ARC R & M* **3238**, 1960.

[7.62] H. Multhopp, *Lufo.* **18**, 52, 1941; J. Weber, D. A. Kirby und D. J. Kettle *ARC R & M* **2827**, 1951; H. Schlichting und E. Truckenbrodt, "Aerodynamik des Flugzeuges", Kapitel X, Springer 1959.

[7.63] H. Multhopp, *Lufo.* **15**, 463, 1938; I. Flügge-Lotz, D. Küchemann, Jb. d. d. Lufo. I 172, 1938.

[7.64] W. Kinner, *Ing.-Arch.* **8**, 47, 1937.

[7.65] K. Krienes, *ZAMM* **20**, 65, 1940.

[7.66] L. Bréguet, *L'Aérophile* 29, 271, 1921.

[7.67] A. Busemann, Jahrb. d. W. G. F., S. 95, 1928.

[7.68] A. Betz, Schr. d. d. Akad. Lufo. 1940.

[7.69] D. Küchemann, J. Weber, *ARC R & M* **2908**, 1953; D. Küchemann, *ARC R & M* **2935**, 1952; B. Thwaites, a. a. O., Kapitel VII 和 VIII.

[7.70] J. A. Bagley, Progr. in Aeron, Sciences, **3**, 1, 1962.

[7.71] E. W. E. Rogers, I. M. Hall, *Journ. R. Ae. S.* **64**, 449, 1960.

[7.72] G. G. Brebner, L. A. Wyatt, *ARC CP* **554**, 1961. Ebenso D. Küchemann, *AGARD Report*. AGM/P 9, Ottawa, 1955.

[7.73] J. Weber, G. G. Brebner, *ARC* **15246**, 1952.

[7.74] D. Küchemann, *Journ. R. Ae. S.* **57**, 683, 1953.

[7.75] J. Weber, J. A. Lawford, *ARC R & M* **2977**, 1954.

[7.76] D. Küchemann, *Aeron. Quart.* **4**, 261, 1953; und G. G. Brebner, *ARC*

17264, 1954, Ebenso G. G. Brebner, *ZFW* **4**, 249, 1956.

[7.77] R. C. Lock, *Aeron. Quart.* **12**, 65, 1961.

[7.78] F. Ursell, *Aeron. Quart.* **1**, 1, 1949; J. Weber, *ARC R & M* **3026**, 1955; A. B. Haines, *Journ. R. Ae. S.* **61**, 328, 1957.

[7.79] G. G. Brebner, *ARC CP* **171**, 1952.

[7.80] J. Weber, *ARC R & M* **3098**, 1957; J. C. Cooke, *ARC CP* **470**, 1958; G. M. Roper, *ARC R & M* **3217**, 1959.

[7.81] J. H. B. Smith, *ARC CP* **385**, 1958; R. C. Lock, E. W. E. Rogers, *Advances Aeron Sci.* **3**, 253, 1962.

[7.82] R. C. Lock, E. W. E. Rogers, 见上述文献中,图 15.

[7.83] R. T. Jones, *Journ. Aeron. Sci.* **19**, 813, 1952; *Advances Aeron. Sci.* **1**, 34, 1959. 同样,J. H. B. Smith, *Aeron. Quart.* **12**, 201, 1961.

[7.84] W. T. Lord, *ARC* 22 503, 1960.

[7.85] R. T. Whitcomb, *NACA RM* **L 52 HO 8**, 1952.

[7.86] R. T. Jones, *Journ. Aeron. Sci.* **18**, 75, 1951; 或 C. E. Brown, *NACA TN* **1944**, 1949; und M. A. Heaslet, J. R. Spreiter, *NACA Rept.* **1119**, 1952.

[7.87] J. A. Bagley, J. A. Beasley, *ARC CP* **512**, 1959.

[7.88] D. Küchemann, *Advances Aeron. Sci.* **3**, 211, 1962; Jahrb. 1962 d. WGL, 66; Symp. Trans. Aachen (Ed. K. Oswatisch), S. 218. Springer 1964.

[7.89] J. C. Cooke, M. G. Hall, *Progr. in Aeron. Sci.*, **2**, 221, Pergamon Press 1962.

[7.90] E. C. Maskell, *Progr. in Aeron. Sci.* **1**, 1961.

[7.91] E. C. Maskell, J. Weber, *Journ. R. Ae. Soc.*, **63**, 709, 1959.

[7.92] A. E. Puckett, *J. Aeron. Sci.* **13**, 475. 1946.

[7.93] E. C. Maskell, J. Weber, 见上述文献;还可参看 A. Spence, J. H. B. Smith, Proc. 3. Congr. I. C. A. S, Stockholm 1962. Spartan Books, 1964, p. 553.

[7.94] W. D. Hayes (博士论文) No. Amer. Aviat. Rep. AL-222, 1947.

[7.95] M. J. Lighthill, *ARC R & M* **2003** (1945).

[7.96] J. Ackeret, M. Degen und N. Rott, L'Aerotecnica. Bd. 31, 1. 1951.

[7.97] F. Keune, *K. T. H. -AERO-T. N.* 21, Stockholm 1952.

[7.98] R. T. Jones, *NACA Rep.* **835**, 1946.

[7.99] F. Keune, K. Oswatitsch, VIII Intern. Congr. Theor. Appl. Mech., Istanbul 1952(还有 *DVL-Ber.* 66).

[7.100] G. N. Ward, *Quart. J. Mech. Appl. Math.* **2**, 1, 1949.

[7.101] F. Keune, K. Oswatitsch, *ZAMP* **7**, 40, 1956.

[7.102] C. MacAdams, W. R. Sears, *Journ. Aer. Sci.* **20**, 85, 1953.

[7.103] F. Keune, *Z. F. W.* **2**, 254, 1954.
[7.104] M. J. Lighthill, *J. F. M.* **1**, 337, 1956.
[7.105] K. Oswatitsch, VIII the Intern. Congr. Theor. Appl. Mech., Istanbul 1952 (auch DVL-Bericht 66).
[7.106] F. Keune, K. Oswatitsch, *Z. F. W.* **1**, 137, 1953.
[7.107] M. Roy, C. R. Acad. Sci. Paris, **234**, 2501, 1952.
[7.108] R. Legendre, *Rech. aeron.* **30**, 3; **31**, 3; **35**, 3; 1952/53.
[7.109] K. W. Mangler, J. H. B. Smith, *Proc. Roy. Sco.* **A. 251**, 200, 1959.
[7.110] M. G. Hall, *JFM* **11**, 209, 1961.
[7.111] H. Ludwieg. Jahrb. 1961 d. WGL 180; *Z. F. W.* **10**, 242, 1962.
[7.112] Brooke Benjamin, *JFM* **14**, 593, 1962.
[7.113] E. Wedemeyer, *AVA-Bericht* 56/B/06, 1956.
[7.114] D. Pierce, JFM **11**, 460, 1961.
[7.115] A. Busemann, Schriften Deutsch. Akad. Lufo. **7** B, 105, 1943.
[7.116] E. Y. C. Sun, *J. de mécanique* Vol. **3**, 141, 1964.
[7.117] H. Behrbohm, K. Oswatitsch, *Ing.-Arch.* **18**, 370, 1950.
[7.118] J. C. Evvard, *NACA Rep.* **951**, 1950.
[7.119] H. Schlichting, *Lufo.* **13**, 320, 1936.
[7.120] A. Betz, in Vier Abhandlungen, p. 68, 1919.
[7.121] S. Goldstein, *Proc. Roy. Soc.* **A, 123**, 440, 1929.
[7.122] I. Ginzel, *ARC CP* **208**, 1955; O. Tietjens, Jahrb. 1955 WGL, 236.
[7.123] H. Himmelskamp, *Mitt. MP I* Nr. **2** Göttingen, 1950.
[7.124] H. Lerbs, Jahrbuch der Schiffstechn. Ges. 49, 1955; H. Lerbs, 1. Symp. on Naval Hydrodynamics, Washington, 1956; H. Lerbs, **2**. Symp. on Naval Hydrodynamics, Washington 1958.
[7.125] H. Ludwieg, I. Ginzel, *AVA-Ber.* 44/A/08, 1944.
[7.126] J. A. Sparenberg, Internat. Shipbuilding Progress 1960; T. Hanaoka, 4. Symp. on Naval Hydrodyn. Washington 1960.
[7.127] H. Dickmann, *Ing.-Arch.* **9**, 1938; Jahrbuch der Schiffbautechn. Ges. 40, 1939.
[7.128] M. Tulin, Symp. on Cavitation in Hydrodyn. Teddington 1955.
[7.129] T. Y. Wu, *Caltech Rep.* 21—17, 1955.
[7.130] H. Lerbs, 2. Symp. on Naval Hydrodyn., Washington 1958; A. J. Tachmindji, W. B. Morgan, 2. Symp. on Naval Hydrodyn., Washington 1958.
[7.131] W. H. Isay, 文章见 *Ing.-Arch.* **23—26**, 1955—1958.
[7.132] A. Betz, Jb. d. d. Lufo., I 348, 1938. 还可参看 K. W. Mack, *Luftfahrttechnik* **4**, 1, 1958.
[7.133] K. Oswatitsch, *DVL-Bericht* Nr. **90**, 1959.

[7.134] L. Crocco 见 "High-Speed Aerodynamics and Jet Propulsion", Vol. III. Sect. B., Princeton 1959.

[7.135] B. S. Baldwin, *NASA TN* **D-93**, 1959.

[7.136] E. A. Fletcher, R. G. Dorsch, H. Allen jr., *ARS Journ.* **30**, 337, 1960.

[7.137] G. L. Dugger, *Astronautics* **6**, 103, 1961.

[7.138] W. H. Avery, *Astronautics*, **6**, 48, 1961.

[7.139] K. Oswatitsch, 1944 (未发表;英译文见 *NACA TM* **1140**, 1947).

[7.140] N. H. Johannessen, *Phil. Mag.* Ser. 7, **43**, 567, 1952.

[7.141] A. H. Sacks, J. A. Burnell, *Prog. in Aeron. Sci.* **3**, 85, 1962.

[7.142] A. Betz, *Naturwiss.* **15**, 905, 1927.

[7.143] J. Reid, P. J. Herbert, *ARC R & M* **2370**, 1946.

[7.144] F. Staab, *ZFW* **2**, 129, 1954.

[7.145] E. von Holst, D. Küchemann, *Naturwiss.* **29**, 348, 1941.

[7.146] E. von Holst, *Luftwissen* **10**, 146, 1943; D. Küchemann, J. Weber, [All], Kap. 11, 还给出了更多的参考文献.

[7.147] E. von Holst, D. Küchemann, K. Solf, Jb. d. d. Lufo., I, 435, 1942; 还可参看 D. Küchemann, *Journ. of the Helicopter Association of Great Britain* **12**, 121, 1958.

[7.148] M. J. Lighthill, *JFM* **9**, 305, 1960.

[7.149] G. I. Taylor, *Proc. Roy. Soc.* **A**, **214**, 158, 1952.

[7.150] J. Gray, *Journ. Exp. Biol.* **19**, 9, 1939; 同一杂志 **26**, 354, 1949.

[7.151] G. I. Taylor, *Proc. Roy. Soc.* **A**, **209**, 447, 1951; 同一杂志 **211**, 225, 1952.

[7.152] S. J. Kline, O. E. Abbot, Q. W. Fox, *ASME*, D. 1959.

[7.153] K. Bammert, *DGL-Bericht* Nr. **135**, Braunschweig 1961.

[7.154] W. Dettmering, Über die radiale Verteilung des Reaktionsgrades bei einstufigen Axialturbinen, MTZ, August 1956.

[7.155] L. S. Dzungs, Brown Boveri Mitteilungen 1953, S. 321.

[7.156] T. Ginsburg, Mitt. Aerodynamik, ETH Zürich 1956.

[7.157] B. Krajenski, *Zeitschr. f. angew. Math. u. Physik*, 1961.

[7.158] K. Leist, W. Dettmering, Prüfstände zur Messung der Druckverteilung an rotierenden Schaufeln, Westdeutscher Verlag, Opladen 1958.

[7.159] M. N. Markov, Übers. a. d. Russischen, North American Aviation, 1958.

[7.160] H. Schäffer, 布朗恩施威克高等工业学院博士论文, 1954.

[7.161] C. Seippel, Brown Boveri-Mitteilungen, 1958, S. 97.

[7.162] M. Strscheletzky, Voith, Forschung und Konstruktion, Heft **5**.

[7.163] J. Ackeret, *Schweizer Bauzeitung* 1942.

[7.164] W. Albring, *Maschinenbautechnik* 1956.
[7.165] H. N. Cantrell, J. E. Fowler, *ASME*, Paper No. 58-A-141.
[7.166] W. Dettmering, *BWK* 1962, S. 409.
[7.167] W. H. Isay, *ZAMM* 1953.
[7.168] H. J. Oellers, Westdeutscher Verlag, Opladen 1962.
[7.169] H. J. Oellers, Jahrbuch der WGLR 1962.
[7.170] K. Oswatitsch, J. Ryhming, Bericht Nr. 28 der DVL, 1957.
[7.171] H. Schlichting, *VDI-Forschungsheft* **447**, 1955.
[7.172] N. Scholz, *VDI-Forschungsheft* **447**, 1955.
[7.173] Ch. Shah, 阿亨高等工业学院博士论文, 1961.
[7.174] H. Söhngen, *DVL-Bericht* Nr. **245**, Porz-Wahn 1963.
[7.175] L. Speidel, N. Scholz, *VDI-Forschungsheft* **464**, Düsseldorf 1957.
[7.176] W. Albring, Periodica Polytechnica, Maschinen-und Bauwesen, Vol. 3, No. 2, 1959.
[7.177] W. Dettmering, Forsch. -Bericht d. Landes NRW Nr. 908, Westd. Verlag, Köln 1960.
[7.178] J. Rehbach, *DFL-Bericht*, Braunschweig 1956.
[7.179] W. Dettmering, MTZ, Dezember 1955.
[7.180] C. Keller, 瑞士区瑞须高等工业学院博士论文 1934.
[7.181] G. Ranque, *Journal Physique Radium* (7) **4** (1933), S. 112.
[7.182] R. Hilsch, *Zeitschrift für Naturforschung*, Band 1 (1946), S. 208—214.
[7.183] F. Schultz-Grunow, *Forsch. Ing.* 17/3 (1951), S. 65—76.
[7.184] H. Sprenger, *ZAMP* II/4 (1951), S. 293—300.

第八章　在气象学上的应用

8.1. 地球自转对大气中和海洋中的无粘性流动的影响

8.1.1. 基本原理. 地球自转运动

地球自转对地球上的大气和海洋中的水的性态都有十分显著的影响. 由于地球自转而产生的离心加速度对于处于静止的和在运动中的质量是一样的, 而且是可觉察的重力加速度的组成部分, 所以在运动过程中我们只需要特别注意**科氏**(Coriolis)力[1]. 科氏力的水平分量 $2\omega v\sin\varphi$ 是特别重要的, 其中 φ 是地理纬度; v 是相对于地球表面的速度(取水平方向), 而由于地球在每一恒星日(86164 秒) 自转一周, ω 等于 $2\pi/86164$ 秒$=7.29\times10^{-5}$ 秒$^{-1}$; 速度 v 可以是在水平面中的任意一方向. 为了证明科氏力的水平分量是 $2\omega v\sin\varphi$, 我们把角速度 ω (它是在地轴方向的一个矢量) 分解成为一个铅直分量和一个水平的南北分量. 后者(等于 $\omega\cos\varphi$) 给出水平速度的铅直科氏加速度, 与重力层化力(参看 **8.3～8.5**) 相比通常认为它是可以忽略不计的. 前者即角速度 ω 的铅直分量等于 $\omega\sin\varphi$, 并且与 v 垂直; 因而在与 v 垂直的水平方向给出科氏力 $2\omega v\sin\varphi$, 在北半球如面向 v 的方向, 则它向右边, 而在南半球则它向左边. 在赤道上它是零, 在两极时最大.

我们来研究在这个加速度影响下, 任一在水平面中无阻尼地运动着的质点所走的轨迹是有益的. 由于加速度与速度垂直, 所以速度的大小保持不变, 质点的轨迹将是一个圆[2]. 由于 $v^2/r=$

1) 有关在旋转系统中产生的惯性力的问题, 可参看 **9.8**.

2) 在推导这个关系时, $\sin\varphi$ 是作为常数处理的. 当惯性圆的半径与其中心到赤道的距离相比不是小量时, 不再能这样处理. 这时轨迹不再是闭合的, 而是与图 2.58 中的回线相似; 离赤道的距离越远, 这些回线就弯曲得越厉害.

$2\omega v\sin\varphi$，这个“惯性圆”的半径 $r=v/2\omega\sin\varphi$，因而公转周期 $T=2\pi r/v=\pi/\omega\sin\varphi$. 我们把一个傅科摆公转一周所需的时间 $2\pi/\omega\sin\varphi$ 叫做一个“摆日”. 所以不管速度 v 的大小如何，描画一个惯性圆总是用半个摆日. 这种惯性循环作为迅速越过的扰动过程的后果，在大气和海洋中已被观测到了(见[8.1]).

在各种类型的大气运动中，有两种特殊类型值得我们较仔细地观察：一种是**短期快速**的大气运动，另一种是**可持续长时间**的大气运动. 在不到一“摆时”就可以完成的大气运动中(并且大多数是在相当小的空间内)，由于地球的自转而造成的偏差简直是微不足道的. 这里可以在一次近似中省略掉科氏力. 在大空间范围内的环行运动中(这些运动可能持续到半个“摆日”以上)，就不允许忽略科氏力了. 在这类流动中，它的相对加速度比起科氏加速度来是个小量. 也就是说，水平压力梯度的力场与水平的科氏力近似地保持着平衡.

这个(想像中虚拟的)速度，它恰能**准确**地满足平衡条件的，就叫做属于压力场的“地球自转速度”. 它常常能给出真实运动的较好的近似值[1].

介于上述两者之间的一些运动类型中，例如持续许多摆时的运动，科氏力就不能省略了；另一方面是，这类运动远远达不到地球自转的平衡. 处理这样的问题，计算上通常是极其困难的；如果有必要时，可以根据普通流体力学，采取 10—30 摆分的时间间隔逐步进行数值计算；由于地球自转而造成的偏差(是 5° 到 15° 的量级)，可以在算出每一步长后再求出来. 例如德方在[8.2] 中所给出的大陆风和海洋风的理论，就可以得出一个封闭的解. 关于有类似持续时间的那些现象的一种较为简单的问题，可参看 **8.2.4**.

在大空间范围现象中，由于天气现象在水平方向比铅直方向伸展得远得多(约为一百倍)，**铅直**加速度比起水平加速度为小量，因而可以在计算中忽略不计. 所以在一铅直线上，压力与密度之

1) 在计数的天气预报中，用假想的风来代替真实的风起着很大的作用；它的目的是用来预测未来的压力场. 由于这个领域在近二十年来发展得很快，必须参看与这方面有关的文献，如埃莱逊和克莱因施米特在 [H 10] 第 48 册中的著作.

间的关系，可以用适合于重气体平衡的那些公式来表示(参看 **1.7**).

8.1.2. 最简单的大气模型——转盘上的流体

为了避免由于地球表面曲率引起的复杂关系，我们用以角速度 $\omega'=\omega\sin\varphi$ 旋转着的一个平面圆盘上的一团运动流体做为模型，来描述在地面上有关大范围空间流动的一些最简单定律．由于在旋转着的地球上离心力是地球重力的一部分，在从地球的弯曲表面转移到平面圆盘时，我们可以设想引进一个向心力场，让它在这里把离心力也平衡掉．其结果之一是，使相对于圆盘静止的一团流体能具有平的表面．我们假设流体的密度为常数；并且，为了更加简单，假设流体是无粘性的.

如果流体的一部分获得了相对于旋转圆盘的速度 q，并且 q 在整个深度上的大小和方向都相同，科氏加速度便会使这部分流体的表面与速度 q 的垂直方向倾斜成角 $2\omega'q/g$，因而这个表面的等高线大体上是在 q 的方向(并且，假使象地球的北半球那样，旋转方向是逆时针的，表面就向右隆起)．现在如果我们考察大范围，其中 q 的大小和方向在任一时刻随空间点的不同而渐变，而且如果水平速度 q 足够小，那么，略去与 q^2 成比例的相对加速度而保留与 q 成比例的水平科氏加速度(“地球自转的”计算；参看 **8.1.1**)，我们便可以得到一个近似解．于是，在水平地面之上就可能有流线为任何形式的二维流动，其中表面的等高线也就是流线．(流丝的右端和左端便具有等高度差 dh．由 $dh=2\omega'q\,ds/g$ 我们便得 $q\,ds=$常数，也就是说，连续性得以满足.)在流体表面降低的那些部分(“低压区”)，环绕闭合流线的方向与下面基底的转动方向一致，而在隆起的区域(“高压区”)，则沿相反的方向(参看 **8.2.3**)．我们要着重指出，流体的非粘性性质，对我们所描述的状态是一个根本性的条件，而水平地面的平坦性也同样是根本性的条件．如果地面不平坦或者是倾斜的，那些关系就会变得复杂得多(参看下面一段)．在这类流动中，关于地面的摩擦所起的独特的作用，参看 8.2.3.

如果由于地面不平坦或有倾斜，从而流体层的深度 H 并不象上面所假定的那样是常数，而是变化的，我们就可以说(由亥姆霍兹定理)，流体元的旋转向量的铅直分量(在静止坐标系中测量的)，沿流线的变化与 H 成正比. 这里我们假定了地面的起伏是缓和的，从而——如果流体是无粘性的！——我们可以认为，在每一铅直线上所有各点的水平速度是常数. 例如，考察在一平坦地区的高度为 h 的、坡度不大的山岭，并设平坦地区上等密度介质层的高度为 H_0. 如果在旋转坐标系中来流速度的大小和方向都不变，则来流介质相对于下基面的相对角速度为 $(\omega_{xd})_0=0$，因而绝对速度 $(\omega_{jd})_0=\omega'$，也就是等于下基面的角速度. 于是从以上所述，略去微小的高度差以后，在山岭上我们得

$$(\omega_{jd})_1=(\omega_{jd})_0\frac{H_0-h}{H_0}.$$

因此，相对流动的角速度为

$$(\omega_{xd})_1=(\omega_{jd})_1-\omega'=-\omega' h/H_0.$$

和前面的解释联系起来，这就意味着，在山岭上增加了一个类似于在高压区(即在北半球，旋转方向是顺时针的，而在南半球是逆时针的)中的那种流动. 在大气中并没有自由面，而是密度随高度逐渐减小，此时这些关系在定量上虽然不同，但在定性上情况是相似的. 因此，在地球上隆起的地区的上空(例如在阿尔卑斯山脉的上空)，压力的上升确实是被观测到了. 从侧面吹过一长山脉的风，在北半球会向右偏. 如果山脉的走向是 y(图 8.1)，并且在山前 $(x=x_1)$，$u=U$ (常数) 和 $v=V_1$ (常数)，于是

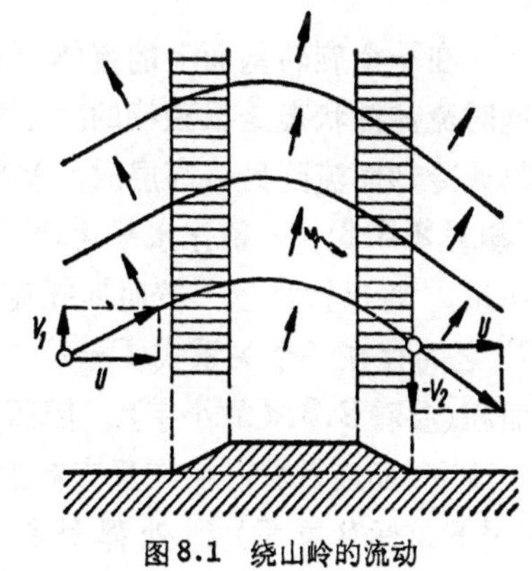

图 8.1　绕山岭的流动

$$\omega_{xd}=\frac{1}{2}\left(\frac{\partial v}{\partial x}-\frac{\partial u}{\partial y}\right)$$

而在山上 $\partial u/\partial y=0$，因而

$$\frac{\partial v}{\partial x}=-2\omega'\frac{h}{H_0}$$

从此式通过积分，在 $x=x_2$ 处我们得

$$V_2=V_1-\frac{2\omega'}{H_0}\int_{x_1}^{x_2}h\,dx=V_1-\frac{2\omega'}{H_0}a,$$

其中 a 为在 x_1 与 x_2 之间，山的横截面积．这样，U 越小，在切向测量得的流动的偏离 $(V_2-V_1)/U$ 就越大．因此，对于比快风慢得多的洋流，这种现象要厉害得多．

对于长山脉，我们可用另一种依赖于压力场的方法来计算．在平坦区域上，$\partial p/\partial y=-2\rho\omega'U$；而在山岭上，根据连续性原理，我们得 $u=UH_0/(H_0-h)$；但是，这里 $\partial p/\partial y$ 在山的前后必须具有同样的数值，因为，既然初始流动条件对一切 y 是相同的，在 x 方向的压力差对一切 y 也就必定相同．因此，由于山岭上 u 值较大而造成的附加的科氏力，必须由 y 方向的加速度 $u\partial v/\partial x$ 来补偿．和上面一样，计算的结果得出 $\partial v/\partial x=-2\omega'h/H_0$．这样，应用了亥姆霍兹定理，重要的相对加速度便已经考虑进去了．

饶特斯坦计算了气流流过椭圆形地区四周边缘都是山岭的流动情况[8.3]．

8.1.3．气旋和反气旋．罗斯比波

在一个旋转基面上的流体，当其中某处有流体离开或流入时，这时流体的状态是很独特的．(稳定分层大气中的一团空气因受热或冷却而流到另一高层时，就出现这种情况．)按照汤姆森定理(参看 **2.3.6**)，一条作水平运动而包围着受扰动区域的线的绝对环量 Γ 将保持常值．按照斯托克斯定理，在绝对环量与相对环量 Γ' 之间存在一个关系式 $\Gamma=\Gamma'+2\omega'a$，其中 a 是流体线所包围的面积(参看 **2.3.6** 的小字)．因而，由于流线变形而引起的 a 的每一改变，都连带着产生在反方向上的 Γ' 改变．特别是如果开始时(用下角标 0 表示)到处都是相对静止的，即 $\Gamma_0'=0$，则 $\Gamma'=2\omega'(a_0-a)$．如果截面减少，这时就产生一个与 ω' 的转向相同的相对环量；相反地，如果截面增加，则产生的相对环量与 ω' 的转向相反．前者叫做气旋，后者叫做反气旋．大气中的气旋和反气旋只要是在短时间内形成的，都是这样产生的．很容易看出，与所产生的环流速度相对应的科氏力，在气旋时是向外作用，而在反气旋时则向内作用；即，科氏力总是阻止截面产生变化．这就叫流体的

“动稳定性”，它起着一种与(非常柔软的)弹性稳定性相似的作用．在某些流场内，动稳定性可能很难达到．其中最简单的情况是全部流体微团都具有与水平 x 轴相平行，但在 y 方向有不同速度的情况．这里我们要问，中性稳定状态是什么情形呢？如果也象 **1.7** 那样来考虑稳定性，则每一个顺 y 方向推移的质点，通过科氏作用如能自动地取得周围未受扰动流体的速度 u，这就是中性稳定状态．由于为了保持稳定，对所考虑的状态要求有 $\partial p/\partial x=0$ 的地球自转平衡，所以每个微团应有

$$\frac{du}{dt}=2\omega' v.$$

因此当未受扰动运动的 $u(y)=$ 常数 $+2\omega' y$ 时，就是中性稳定状态．这时相对于圆盘的旋度为

$$\omega=\frac{1}{2}\left(\frac{\partial v}{\partial x}-\frac{\partial u}{\partial y}\right)=-\omega' \quad \text{(旋转方向是反气旋的)}$$

而绝对旋度等于零．中性状态与在 **9.8**(b) 中所研究的绝对无旋运动是一致的．上述形式的结果，对于曲线的定常相对运动也是合用的．当反气旋的反旋度超过 $-\omega'$ 值的时候，例如在考虑直线流动 $du/dy>2\omega'$ 时，流动就是不稳定的．对于以前相对于旋转圆盘是静止的流体(即绝对旋度为 ω')，通过外界的压力作用一般不会产生这种不稳定状态．关于大气中产生的动不稳定，可参看 **8.6.3**.

如果我们从旋转圆盘过渡到地球上的情况，还需加上一个(即使是很微弱的)产生涡旋的作用．可以指出，在圆球上的二维无发散的运动中，一个微团的所谓**绝对涡旋强度**是常值：

$$\frac{\partial v}{\partial x}-\frac{\partial u}{\partial y}+2\omega\sin\varphi=\text{常数}.$$

当地理纬度 φ 有改变时，**相对涡旋强度**则按照下式改变：

$$\frac{d}{dt}\left(\frac{\partial v}{\partial x}-\frac{\partial u}{\partial y}\right)=-2\omega\frac{d}{dt}\sin\varphi=-\beta v,$$

其中 $\beta=2\omega\cos\varphi/R$，$R$ 是地球半径，v 是向北的速度分量．因此，一个向两极移动的空气盘，相对于地球表面产生一个反气旋旋转，

而向赤道移动时，则产生气旋的旋转，不过这个作用是很微弱的.

罗斯比和他的同伴[8.45]由传播速度的第二个方程式得出了一种简单呈带状排列的波. 这里地球表面弯度可以通过 βv (β 设为常值)计算在内. 因为它的其他效应很弱所以可以忽略掉; 也就是说，可以用直角坐标来计算它，令 x 向东，y 向北. 波的形状是

$$u=U=\text{常数},$$

$$v=B\sin 2\pi\frac{x-ct}{L}.$$

因而传播速度为

$$c=U-\frac{\beta L^2}{4\pi^2}.$$

所以罗斯比波相对于基流 U 是向西传播的. 如果 $L=2\pi\sqrt{U/\beta}$，则它是定常的.

例：对于 $\varphi=45°$，$L=7070$ 公里 (在纬度圈里有 4 个波)，得出 $U-c=20.5$ 米/秒.

8.2. 摩擦风及其类似现象

8.2.1. 科氏力的作用

到这里为止，我们有意识地忽略了粘性. 如果我们把流体的粘性加以考虑，并且考虑到流体附着在旋转表面上这一事实，则边界层(或者，对于地球大气来说，在靠近地面的一层)中的情况，就类似于我们已在 **4.10**"二次流"一节中所描述过的. 压力场(在自由流中为科氏力所平衡) 在靠近边界的那些层中也同样存在. 这里，这些科氏力由于速度的降低而减小，平衡便不能再维持了；相反地，由于压力降落占优势，部分流动发生在压力降落的方向上，使得科氏力的下降为摩擦力所补偿. 由于外部流动的拖动力作用，使靠近边界的流动在层流情况下相对于主流偏转了约 45°；在湍流情况下，偏转了约 20° 到 30° (这时拖动力较强因而角度较小).

举最简单的例子如下：设相对于**8.1.2**所述的旋转圆盘，在摩擦区外沿x方向有一等速$u=U$的平行流；为简单起见，假设密度ρ为常数．设压力为$p=p_0-2\rho\omega' U\cdot y$，因而$U$引起的科氏力与压力降落$-\partial p/\partial y$（这里，我们可以撇开由于重力而造成的压力的向上递减）相平衡．在粘性层中，u与U不同；u为离边界面的距离z的函数．这里还有一个y方向的速度分量v，它也同样是z的函数．在$z=0$处，必定有$u=v=0$；当$z=\infty$时，$u=U$和$v=0$．在层流的情况下，纳维-斯托克斯方程（见**4.1**）中有两个粘性力：每单位体积在x方向的粘性力$\mu\,\partial^2u/\partial z^2$，在$y$方向的粘性力$\mu\,\partial^2v/\partial z^2$．此外，$\partial p/\partial x=0$，$\partial p/\partial y=-2\rho\omega' U$．由于每层都等速均匀地运动，我们便有下列方程：

$$\mu\frac{\partial^2 u}{\partial z^2}=-2\rho\omega' v, \tag{8.1}$$

$$\mu\frac{\partial^2 v}{\partial z^2}=2\rho\omega'(u-U). \tag{8.2}$$

令$u=U-Ae^{\lambda z}$和$v=Be^{\lambda z}$，则得

$$\lambda^4=-(2\rho\omega'/\mu)^2.$$

在四个复根中，有两个复根的实部为正，它们从上往下递减，所以，是属于在上部边界层处有扰动的解[1)]；还有两个根的实部为负，它们往上递减，所以，是切合我们问题的仅有的两个根．利用上述边界条件，实数形式的解为：

$$u=U(1-e^{-\beta z}\cos\beta z), \tag{8.3}$$

$$v=Ue^{-\beta z}\sin\beta z, \tag{8.4}$$

其中$\beta=+\sqrt{\omega'/\nu}$（仍取$\nu=\mu/\rho$）．速度矢量按图8.2中所示的平面图（埃克曼螺线）而变化．我们注意到，这里，地平面处的风相对于相当高处的风偏转了45°角．

对于湍流来说，粘性系数μ必须换成交换系数A_τ（参看**4.6.4**）．由于A_τ比μ大得多，并且大致与风速成比例，故粘性层要厚得多，而且随风速而增大．但是，由于A_τ沿高度z不是常

1) 这些解，例如可用于计算风所造成的洋流；参看埃克曼[8.4]．

数，速度在空间的分布与埃克曼的那些公式并不符合．正如湍流运动的情况，最大速度梯度是靠近地面的．因此，粘性层中的平均速度增大，从而使这些科氏力与高处风的科氏力的平均差值变小了，偏转角也就减小了．

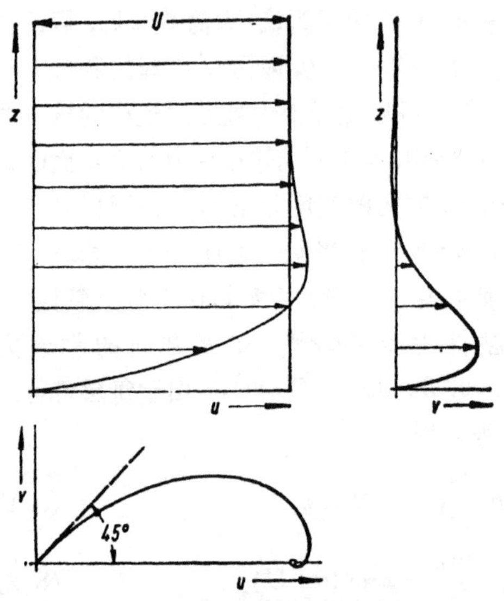

图 8.2　沿地面的层流，根据埃克曼

在大气中，我们通过测风气球或烟云（定常状态下）进行测量，得到如图 8.3 中的螺线．在许多研究者中，米尔德纳[8.5]曾按这些测量结果用式（8.1）和式（8.2）求出了交换系数沿垂直方向的变化．正如我们所预期的，得

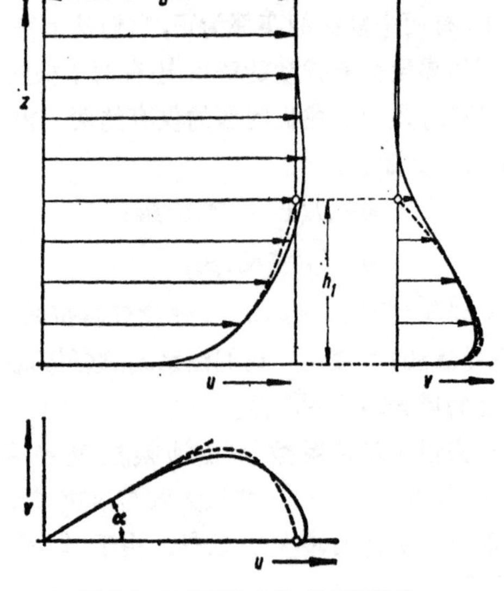

图 8.3　沿地面的湍流，根据普朗特

到的结果是 A_τ 由地面上的零值线性向上增加，到 200—300 米高处达到最高值，然后又或多或少地猛烈下降.

8.2.2. 粘性湍流的近似计算

虽然我们还没有关于粘性湍流的精确定律可循，但是也可以推导出数值关系式来. 首先，我们可以从与具体摩阻定律无关的地面切应力分量 τ_x 和 τ_y 的两个公式(应用动量定理，对沿地面流动的科氏力推出)出发得到

$$\tau_x = 2\omega' \int_0^h \rho v\, dz, \tag{8.5}$$

$$\tau_y = 2\omega' \int_0^h \rho (U-u)\, dz, \tag{8.6}$$

其中 h 表示对高空风的偏离值 $U-u$ 和 v 实际已经消失时的高度. 总切应力必须是在地面处的风的方向上，也就是说，这个方向与高空风方向之间的夹角 α 必须满足关系式

$$\tan\alpha = \frac{\tau_y}{\tau_x} = \lim_{z\to 0}\left(\frac{v}{u}\right). \tag{8.7}$$

按照 **4.7.1** 所给的流过粗糙表面的湍流理论，摩阻应力 τ 应当近似地与速度平方成比例. 因此，利用式(8.5)我们就可断定，当风速增加时，粘性层的高度必须差不多与风速成比例地增长.

对以后的计算，我们可用下列的公式近似地描述粘性层内的风速(参看 **4.7.1**)

$$u = U\left(\frac{z}{h_1}\right)^{\frac{1}{n}}, \quad v = u\left(1-\frac{z}{h}\right)\tan\alpha.$$

选取高度 h_1 和数值 n 的条件是，应使 u 在地面附近的变化尽可能与真正的风的速度剖面相一致. 与这两个方程相对应的 u 和 v 的曲线，见图 8.3 中的虚线. 由式(8.5)到式(8.7)，经过简单计算后得

$$\tan\alpha = \frac{\sqrt{2n+1}}{n} \tag{8.8}$$

和

$$\tau_x = 2\omega' \rho U h_1 \frac{n}{(n+1)\sqrt{2n+1}}. \tag{8.9}$$

此外，只要温度层不是过于稳定以致阻碍正常湍流强度的发展，则我们就可以应用在 **4.7.1** 中给出的，沿粗糙表面速度分布的那些公式．按照那里的公式，对于粗糙面凸起高度为 k（植物或房屋之类的高度）的情况我们可设

$$u=\sqrt{\frac{\tau_w}{\rho}}\left(5.75\lg\frac{z}{k}+C_2\right),\tag{8.10}$$

其中 C_2 在 5 与 8.5 之间变化．由于当 $z=h_1$ 时必须 $u=U$，所以我们从这个表达式得

$$\tau_w=\frac{\rho U^2}{\left(5.75\lg\frac{h_1}{k}+C_2\right)^2}.\tag{8.11}$$

与以上不同，这里利用了对数公式；就估算来看，这是没有多大关系的，因为只要适当地选取 n 的值，这两个函数的曲线是很相近的．一个适宜的假定是，两个函数*必须给出同样的 $\int_0^{h_1}(U-u)dz$ 值．计算的结果是：

$$h_1\left(5.75\lg\frac{h_1}{k}+C_2\right)^2=(n+1)\sqrt{2n+1}\frac{U}{2\omega' n}.\tag{8.12}$$

这实质上是 U, k 和 h_1 之间的关系式．它证实了，h_1 差不多是与 U 成比例地增长．如果我们在给定 U 和 k 的情况下，想求出高度 h_1 和 n 数来，则最好是用迭代渐近法，对在 $\lg h_1/k$ 中的 h_1 用第一次近似值（大约 1000 米）代入，然后由式 (8.12) 算出左端中的 h_1．常常是第二次近似值就已很接近精确解了．如果用这个方法重复进行计算，则可以得到更准确的值．

例　纬度 $\varphi=50°$，所以 $\omega'=\omega\sin\varphi=5.58\cdot10^{-5}$/秒．当 $U=12$ 米/秒和 $k\approx3.0$, 0.3, 0.03 米时（相当于矮树，大片谷物或甜菜地，平坦的水或雪的表面），则可得 $h_1=1210$ 米，850 米，625 米．相应的 n 值是 7.0, 9.0, 10.9；按照式(8.8)，偏离角 α 是 29°, 26°, 23°．按照式(8.11)　摩擦系数 $\zeta=\frac{\tau_w}{\rho U^2}$ 为 0.0025, 0.0017, 0.00113.

8.2.3．地面摩擦引起的压力场的衰减

出现上面所描述与给定"地球自转风"相垂直的二次流 v 的一个重要后果是，它引起了压力场的逐渐衰减．在压力降落方向的质量流（沿 U 方向的单位长度）为

---

* 指 $u=U\left(\frac{z}{h_1}\right)^{\frac{1}{n}}$ 和 $u=U\frac{5.75\lg\frac{z}{k}+C_2}{5.75\lg\frac{h_1}{k}+C_2}$．——译者注

$$M=\int_0^h \rho v\,dz,$$

或者，由式(8.5)，为 $\tau_x/2\omega'$，它不断地把流体从高压区传递到低压区．因而在上层中必定产生从低压区到高压区的平衡流．但是，由 **8.1.3** 中所述，这样所形成的位移引起了原来速度场和压力场的改变．容易看出，情况总是二场都趋于减弱．因此，我们会遇到这样的奇特现象：虽然仅仅在靠近地面的一层(在某些情况下它可能相当薄)中才发生实际的粘性效应，但由于高、低层之间由科氏力所造成的特殊联系，上面各层的动能也被耗散了．单位时间内、单位面积上摩阻功所消耗的能量 $-dE/dt$，是由压力降落所作的功 $-\partial p/\partial y\int_0^h v\,dz$ 提供的；利用 $-\partial p/\partial y=2\rho\omega' U$ 和式(8.5)中 τ_x 的表达式，我们就把压力所做的功转换为非常明显的形式 $\tau_x U$．令 $\tau_x=\zeta\rho U^2$ (对于 ζ 的数值，参看 **8.2.2**)，于是我们得

$$-\frac{dE}{dt}=\zeta\rho U^3. \tag{8.13}$$

单位面积上空气柱的动能 E 可以表示成 $H\rho U^2/2$，其中 H 是折算成等密度 ρ 的运动气团的高度．这样，只要没有通过热的影响加进或取走能量，我们就可得到

$$-\frac{dE}{dt}=-\rho HU\frac{dU}{dt}.$$

于是，由式(8.13)我们得

$$\frac{dU}{dt}=-\frac{\zeta U^2}{H},$$

令 $t=0$ 时 $U=U_0$，积分后得

$$U=\frac{U_0}{1+\zeta U_0 t/H}. \tag{8.14}$$

在 $\zeta=0.0025$，$H=5000$ 米和 $U_0=20$ 米/秒的情况下，在 $t_1=H/(4\zeta U_0)=25000$ 秒(大约 7 小时)后，速度减少 20%．

在粘性层中二次流引起压力场衰减的另一例子是发生在山顶上的气流中；这在 **8.1.2** 的小字中已讨论过它的无粘性情况．从图 8.1 中流线的形状可以看出，二次流(垂直于主流方向)在山顶

上散开. 这样,如同在通常的高压区域中那样,空气从那个区域中排出,而必须代之以从上面流进来的新鲜空气. 可是格特勒对这种情况所作的计算[8.6]表明,只要流动非常缓慢或表面十分粗糙,上部流动就受到显著的改变. 改变的结果是象图 8.1 中所示山顶上的流动偏转减小了.

对于平原上空任何一种随空间变化的不均匀风场,在粘性层的上边界有由 $\rho w = -\operatorname{div}\boldsymbol{M}$ 给出的铅直质量流,其中 "div" 为二维散度,而 $\boldsymbol{M}$ 为粘性层内水平质量流的矢量. 当流线的曲度不太大时,可以近似地应用式 (8.5) 和式 (8.6). 由于地球自转风场是不发散的(参看 **8.1.2**),我们可以用质量流 $\boldsymbol{M}'$(它的速度分量是 $u-U$ 和 v)代替 $\boldsymbol{M}$ 代入上式中. 根据式 (8.5) 和式 (8.6),$\boldsymbol{M}'$ 垂直于地面切应力的矢量 $\boldsymbol{F}_d$. 并且,由于

$$\operatorname{div}\boldsymbol{M} = \operatorname{div}\boldsymbol{M}' = -\operatorname{rot}\boldsymbol{F}_d/2\omega',$$

我们得

$$\rho w = \operatorname{rot}\boldsymbol{F}_d/2\omega',$$

其中 "rot" 为二维旋度.

在气旋区中一般是 $\operatorname{rot}\boldsymbol{F}_d > 0$,因而空气上升形成云. 与此相反,在反气旋区中则空气下降,因而使已近形成的云层消失.

8.2.4. 地面摩擦随时间和空间的变化

在 **8.2.2** 和 **8.2.3** 中所论述的是针对具有不随时间和空间变化的压力梯度的风的流动(地面的粗糙度为常数). 如果压力梯度随时间或空间有较大的变化,或者地面的粗糙度有较大的变化,我们可以预期,速度分布和风的偏离都将有改变. 到目前为止,仅仅在特别简单的个别情形下,才获得了满意的计算结果,例如参看罗克斯的研究[8.7]. 其中他研究了由水面(假定完全平滑)向一给定粗糙度的平坦海岸过渡时,风廓线的改变. 他还研究了,在夜间与地面之间为一层冷空气所隔离的风流之随时间变化;这个风流最初不受粘性的影响,但在日出后,由于地面受太阳照射而使冷层耗散,结果它便与地面有摩擦接触. 在这两种情况下,到达定常状态需要几个"摆时",并且只有在经过显著的起伏以后方能达到.

罗克斯用类似于式 (8.5) 和式 (8.6) 的动量定理,因而也就是利用象图 8.3 的对数近似速度分布,作了他的计算;但是,这些计算是十分麻烦的. 如果我们利用 **8.2.2** 中 n 和 ζ 为常数时的幂次公式,计算就要方便得多;我们得到对 h_1 和 $h_1\tan\alpha$ 的两个联立的一阶微分方程. 迈尔波特[8.8]用这个方法

对罗克斯的第二个问题重新作了计算(并且还考虑了由 h_1 的变化而引起的 ζ 的变化). 图 8.4(图中那些数目是粘性开始发生作用后的“摆时”数)给出了速度分布随时间演变的一个很好的概貌. 在起初, 地球自转的影响还不显著, 那时 h_1 比它随后的平衡值大得多. 在这一层(已变得非常厚了)中,惯性作用(参看 **8.1.1**)引起非常明显的旋转. 因此,摩阻分量 τ_y 非常大,因而 h_1 大大减小,如此等等.

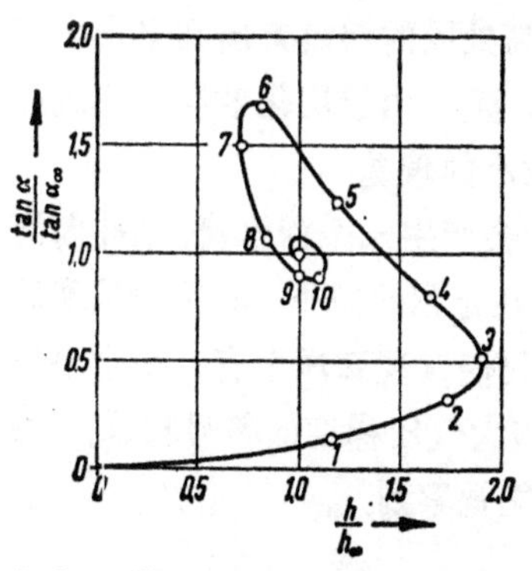

图 8.4 粘性层的发展,根据迈尔波特

这些探讨指出了, 在地面上只吹了一会儿的风会偏离平衡状态有多远. 从一平滑表面过渡到一粗糙表面的那些现象, 定性上说完全是与此同类型的. 不过这里用风吹过的距离($x_1=U\pi/12\omega'$)代替了“摆时”($\pi/12\omega'$)而已.

8.2.5. 风对(海)洋流的影响

对于(海)洋流, 我们必须分清因风吹引起的“漂流”和与水位差有关的“深水流”的差别(参看 **8.1.2**), 后者在密度是各向均匀的情况下[1), 除了在海底的粘性层以外, 它的速度的大小和方向都不随深度变化. 对于粘性流动, 可以直接引用对大气已经提出的论据. 漂流是风的“摩擦”对海面所造成的(更确切地说,主要是由于风的动量产生的,它通过压力效应传递给海洋表面上的波). 由于惯性效应, 这些已经运动起来的水层, 因地球的自转而偏向右方, 其结果是造成按原风向偏右的海洋流(这是在北半球的情况,在南半球海洋流将向左偏转). 在层流情况下,沿深度的速度分布仍然是“埃克曼螺线”(见[8.4], [8.9]). 但是一般说来, 由于风的不规则性, 运动将是湍流, 因而我们就会得到一个湍流型的螺旋线; 图 8.5 就表示这种流动的平面图.

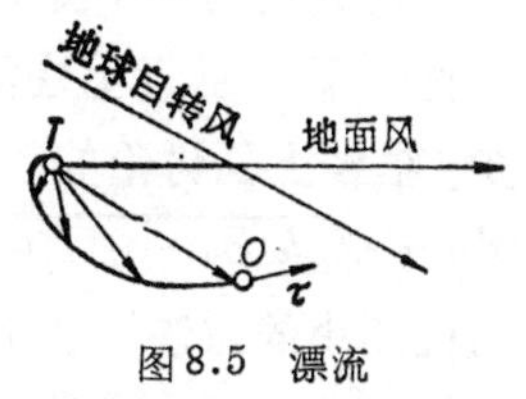

图 8.5 漂流

O: 海面; T: 海底

1) 由于各地温度或含盐量有差别所引起的沿水平方向的密度降落, 会使海洋流随深度而有变化(参看 **8.5.1**).

如果我们考虑风的转动随高度变化,我们就得到这样一个法则:在水表面上漂流的方向,$T—O$,与在高处风的漂流方向几乎是一致的,因而与水平气压梯度差不多相垂直. 由于层化效应使湍流度增加或减少,它可能使这个法则有微小的偏差.

当漂流受到海岸的阻拦时,同样会产生一个深水流,把冲向海岸的漂流中的水又带回海中. 所以在定常状态下,海平面呈现倾斜. 研究上面所提到的一些法则,我们发现海洋中有一个水平压力梯度,它的平行于海岸线的分量与大气压梯度的符号相反. 可是这些效应一般只在海水很浅时才能觉察到.

8.3. 两种不同密度的流体

8.3.1. 坝上溢流. 冷空气侵袭

如果有两种密度不同的流体以任意方式上下成层地重迭起来,并且自由表面几乎是水平的,则我们可以用**2.3.3**中把压力分为重力压力和运动压力两部分的设想,从实际压力中减去对应于较轻流体的重力压力. 因此在较轻流体中就只有运动压力,而在较重流体中不仅有运动压力,还有对应于密度为$\rho_2-\rho_1$的流体的重力压力. 这个思路大大简化了对这问题的处理. 我们可以把较轻的流体看做没有重量,而把较重的流体看作好象承受了一个重力加速度$g(\rho_2-\rho_1)/\rho_2$. 从这里我们可以先得出这样的看法:较重的流体总是趋向于占据尽可能是最低的位置.

让我们用一个分为两层的流体在坝上溢流的情况作为例子来讨论一下. 假设上层流体很深,所以流过坝后它的表面下沉得很少. 根据上面讨论的,下层流体的"一般基本波速"[见**2.3.13**(e)]是$c=\sqrt{gh(\rho_2-\rho_1)/\rho_2}$($h$是局部深度). 因此,当来流速度相对说还小的时候,在下层的流体中就已经相应地有了射流运动的征兆,象在**2.3.14**中所描述的那样:在坝后分界面下沉,接着并有水跃. 图8.6是由R. R. 郎拍摄的这种流动的照片,见[8.10].

图 8.6 出现在分层流动中的水跃(按照郎)

对于单层流体的类似推论，只有在 $(\rho_2-\rho_1)/\rho_2$ 不太小时，才可以作到. 即只有在水的垂直加速度比较重力加速度小得多时，**2.3.14** 内的论述才能有效；这对于被第二层流体覆盖着的流体来说，就是：要比 $g(\rho_2-\rho_1)/\rho_2$ 小. 所以在上述推论中，不允许边界由 ρ_2 过渡到 ρ_1 (即不能 $\rho_2\to\rho_1$).

施魏策尔[8.11]认为"焚风"(Föhn)(从山坡的背风面紧贴着地面猛烈冲下的气流)同样地是由于分层气流的原因产生的，并且可以把它看做是射流. 如果我们假设在这上下两层重叠着的空气团中每层都是绝热的，即：都有服从同一规律的位温 Θ[1)]，则它们与不可压缩流体的类比就很精确. 按照福瑞曼[8.12]的论证，则一般的基本波速公式就可以写做 $c=\sqrt{gh(\Theta_1-\Theta_2)/\Theta_1}$. 当一股风横越山背[2)]吹过而速度超过了这个值时，就产生焚风. 逆温面(Inversion)(=边界面)，将从山的背风面向下伸延(图 8.7). 我们在离山一定远的地方常常看到的

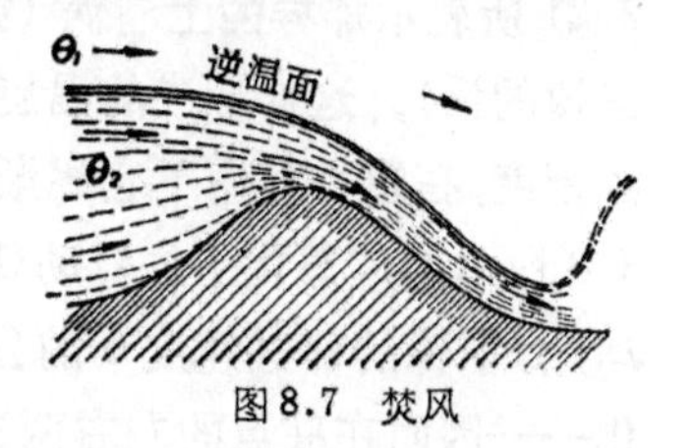

图 8.7 焚风

1) Θ 是一个在气象学中常用的物理量，当我们把一个空气微团绝热压缩到压力为 $p_1=1000$ 毫巴时，这时空气微团的温度就是 Θ；因而 $\Theta=T\cdot(p_1/p)^{\gamma-1/\gamma}$，其中 $\gamma=c_p/c_v$. 位温实质上只是衡量熵的另一个尺度[参看式(3.31)]. 设 Θ_1 是在正常状态(约指 p_1 和 $T_1=15°C$)时，空气的位温，并设 s_1 是所属的"正常熵值"，则由式(3.31)和式(1.5)可得：$s-s_1=c_p\ln\Theta/\Theta_1$. 因此，在 s 与 Θ 之间存在一个简单的单值关系. 特别是对绝对温度有小差值的情况，应当是：$(s-s_1)/c_p=(\Theta-\Theta_1)/\Theta_1$. 这时位温的差值与熵的差值只差一个因数.

2) 如果水平压力梯度垂直于山背(也就是说，在自由大气中，风平行于山岭吹的时候)，也能产生焚风. 不过这时的焚风被限于只在横的山谷内，在那里不能形成地转流动.

“旋卷”(参看 [8.13]),可能相当于水跃. 要想准确地验证一下理论,是很困难的,因为焚风所在处的风层从来不象图中所示的那样简单. 它常常是由重叠许多稳定度不同的气层所组成.

如果粉状的雪从悬崖上崩落下来,并且与空气相混合,就会形成一种混合物,它的密度虽比空气密度大许多倍,但是性质仍然相应于流体[1]. 例如,如果这种混合物的密度为空气的五倍,则混合物的加速度将是重力加速度的 4/5, 也就是说, 在下降 500 米后, 它的速度将是大约 90 米/秒, 这样就会造成大约 2500 千克重/米^2 的动压力! 当然,实际上运动是湍流运动. 但在流动的中心,完全可能出现有同样破坏性的压力, 所以我们就容易理解为什么雪的“尘崩”能把整座房屋移走. 对此, 还要加上如 **9.5.2** 末尾提到的气体动力效应的影响.

在地面附近的空气层由于下层地基不同或别的其他原因, 有时会形成逆温, 使较冷的空气由于比重较大而在地面上铺开. 我们在这里扼要叙述一下, (平坦的)冷空气团冲进设想为处于静止状态暖空气后的形状. 当冷空气开始运动时, 最初就形成象图 2.21 所表示那样的上卷涡 (如果我们设想把两图形中的下一半都去掉的话). 这样形成的涡旋开始不断变大,但由于冷空气有较大的密度,在重力作用下它逐渐平坦下来并且变扁. 这样,一种如图 8.8 所示的理想化了的流动就产生了 (图中坐标系随前锋一起运动). 前锋的前进速度 v 的公式, 可以从压力必须到处连续地变化——因而在驻点的左右两边必定相同——这一条件导出. 如果冷空气前进的速度为 q, 而热空气原先的速度为零,则在图 8.8 的坐标系中共同的动压力是 $\frac{1}{2}\rho_2(q-v)^2=\frac{1}{2}\rho_1 v^2$, 这就给出 $v=q/(1+\sqrt{\rho_1/\rho_2})$. 如果象通常所发生的那样, ρ_1 和 ρ_2 相差不太大, 冷锋将以速度约为 $q/2$ 前进,这点已经为观察所证实(见 [8.14]). 但是,如果 ρ_2 比 ρ_1 大得多(象在雪崩时那样), v 就几乎等于 q.

---

1) 特别疏松的干雪,常常包含着许多空气在里面, 以致无需再与空气混合就能形成这种流动的乳状物; 并且, 只要满足 **9.6.2** 中的悬浮条件, 甚至在湍流情况下,它也能保持为“流体”.

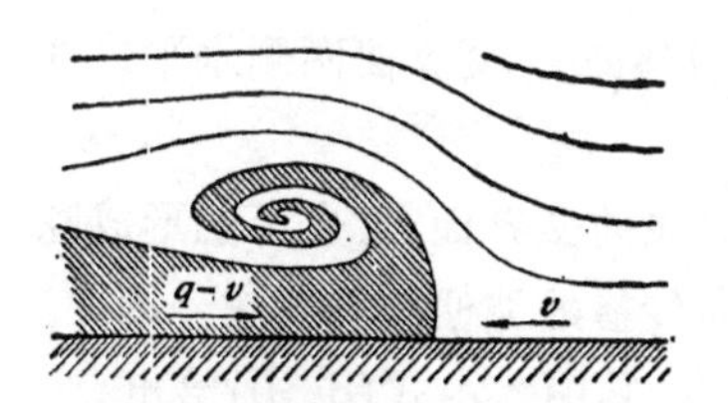

图 8.8 推进中的冷空气团；相对于前锋的流动(已理想化)

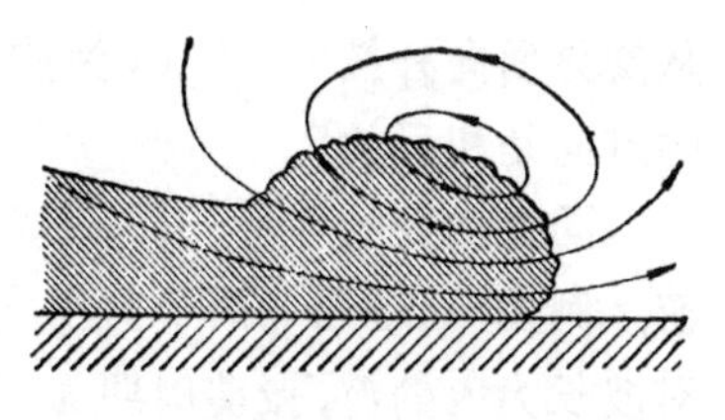
图 8.9 前进中的冷空气团；相对于地面的流动(实际现象)

在刚才的讨论中，我们没有考虑粘性，也没有考虑到较重物质处于较轻物质之上的交界面是不稳定的情况．因此，实际现象是更接近于图 8.9 中所示的形状．对沙暴的观察证实了这一点[1]．图 8.9 示出了在相对地面是静止的坐标系中的流线，由此，一个在地面上的观察者可以清楚地看出速度的变迁情况．在"阵风头"的前部，流线趋于密集，这相当于我们常能观察到的冷空气侵入所形成的阵风[2]．

人们也曾通过作盐水注入清水内的溶解实验，对阵风头的形成多次进行分析和研究[8.17]．

如果上升的冷气团的锋面与地面相交，则这种冷空气的侵入就完全是另一种性质的(参看 **8.5.2**)．这样的锋面可以整天地继续向前移动．这时在地面附近的风场主要是由科氏力来确定．在随动坐标系里，地面上也有个驻点(如图 8.8)、流向这驻点的流动不是由于密度差产生的，而是因为地面摩擦使科氏力减弱了的缘故(参看 **8.2.3**)．这个过程的细节还未曾计算过．

8.3.2. 交界面上的波系

两种不同密度的流体间的水平交界面，象液体的自由面那样，可以在重力作用下发生波动．如果这两种流体处于相对静止状态，并且两层都足够深厚，则正如 **2.3.13** 中提到过的，波的传播速度是

$$c=\sqrt{\frac{g\lambda}{2\pi}\cdot\frac{\rho_2-\rho_1}{\rho_1+\rho_2}}. \tag{8.15}$$

这里 $g(\rho_2-\rho_1)$ 是使重力产生波动的推动力，而 $\rho_1+\rho_2$ 是这两层的质量惯性的量度．两层中扰动速度的大小是一样的，并且都是

1) 关于沙暴的照片，参看 [8.15]．

2) 参照科施米德尔的阵风模型[8.16]．

从交界面向外按 $e^{-2\pi z/\lambda}$(λ 为波长)而递减. 交界面两侧水平速度的方向是相反的[1].

同自由面的情形一样,在两种流体的交界面上,也可能形成驻波. 例如,通过迭加两个向相反方向传播的波便可得到它. 因此,对波长为 λ 的波,振动周期为 $T=\lambda/c$,其中 c 由式(8.15)给出.

式(8.15),是以两层的深度都远大于 $\lambda/2\pi$ 的假定为基础的. 对于较浅的流体层,公式较为复杂. 但是,当一层的深度为 h,而另一层深度很大,并且在 $\rho_2-\rho_1$ 远比 $\rho_m\equiv(\rho_1+\rho_2)/2$ 小的情况下,对于方向相反的波,我们得到了一个简单结果. 这里最大的传播速度(适用于很长的波)为 $c=\sqrt{gh(\rho_2-\rho_1)/\rho_i}$,其中 ρ_i 是深度为 h 那层的密度. 此外,如果有自由表面,则还会有同一方向的波,当波长很大时,这个波将大致以速度 $c=\sqrt{g\lambda/2\pi}$ 向前传播.

根据式(8.15),如果密度差 $\rho_2-\rho_1$ 很小,内波的传播速度比起表面波的传播速度来是相当小的; 例如,当清水处于盐水之上(如当北冰洋中浮冰熔化)时,情况正是这样. 根据报道,在这种情况下,如果清水层有相当深度,船的速度就不能高过内波的传播速度,因为任何额外动力都消耗于产生相当大振幅的内波上; 轮船被上层流动的压力场紧紧地拘留在波峰上. 只有在起阻碍作用的波形成之前就能很快地把船的速度提高到临界速度以上时,船才能达到并保持正常的速度(参看 [S5], [L2]).

两个密度不同的流体交界面上的波,在一种流体相对于另一流体具有相对速度 U 的情况下,也有一定的重要意义. 正象两层流体处于相对静止的情形一样,对给定的波长存在两个解,它们是一个向右一个向左以同样速度 c 传播的两个波; 这里,也同样有两个解. 它们的传播速度处于一个按"重心规律"得出来的平均速度的两边. 这个平均速度是

$$c=\frac{U_1\rho_1+U_2\rho_2}{\rho_1+\rho_2}\pm\sqrt{\frac{g\lambda}{2\pi}\frac{\rho_2-\rho_1}{\rho_1+\rho_2}-\frac{\rho_1\rho_2}{(\rho_1+\rho_2)^2}U^2}. \quad (8.16)$$

只有当

1) 进一步的细节参看兰姆[L2].

$$\lambda \geqslant \frac{2\pi U^2}{g} \frac{\rho_1\rho_2}{\rho_2^2-\rho_1^2} \tag{8.17}$$

才有可能产生稳定波(对其他波长都不成). 对于较小的波长, 就不再能产生普通的波动了,这时就有幅度随时间而增长的波(也有随时间而减小的波, 但它们是不重要的). 它的相速度可由式(8.16)中第一个和项得出. 波幅则是按指数规律增加的(即随着速度的增加而增加)并且最后破裂. 通过最后这一现象就发生了掺混,结果便形成一有厚度的过渡层,以代替原来的密度间断. 这个层一旦形成后,一切可以想象的波状扰动就都成为稳定的了.

上面的理论可以应用于在冷、热空气团的分界面上的大气波,冯·亥姆霍兹首先研究了这种波. 这种波常常可以从相应于波峰的云的齐整行列而看到; 但是, 它们也常常会看不见, 不过总还可以从大气压的微小而有规则的波动中探测出来并证明它的存在.

8.4. 密度连续变化时的分层流体

8.4.1. 伯耶克内斯定理

汤姆森定理(即在无粘性流体中,沿一闭合流体线的环量不随时间而改变. 参看 **2.3.6**)有一个前提条件: 流体的密度为常数,或者,在均质气体的情况下,密度仅仅依赖于压力. 但是,对于更一般的任意密度分布,这个定理需要加以修正. 显然,对于

$$-\int\frac{1}{\rho}\left(\frac{\partial p}{\partial x}dx+\frac{\partial p}{\partial y}dy+\frac{\partial p}{\partial z}dz\right),$$

这项[见 **2.3.6** 数学补充 **(a)**]必须重新计算; 在重新计算时, 为了方便仍取闭合曲线. 因为在通常的坐标中,推演将占许多篇幅,我们采用矢量符号来作一简单计算. 按我们已经讲过的理由,问题在于要对这个闭合曲线计算曲线积分

$$-\int\frac{1}{\rho}\operatorname{grad}p\cdot d\boldsymbol{s}.$$

由斯托克斯定理, 它可以变换为以这个闭合线为界的面积上的面积分

$$-\iint \operatorname{rot}\left(\frac{1}{\rho}\operatorname{grad} p\right)\cdot d\boldsymbol{A}.$$

但是

$$\operatorname{rot}\left(\frac{1}{\rho}\operatorname{grad} p\right)=\nabla\times\left(\frac{1}{\rho}\operatorname{grad} p\right)$$

$$=\left(\nabla\frac{1}{\rho}\right)\times\operatorname{grad} p+\frac{1}{\rho}\nabla\times\operatorname{grad} p.$$ [1)]

由于梯度的旋度为零，最后一项消失，我们便得到

$$-\int\frac{1}{\rho}\operatorname{grad} p\cdot d\boldsymbol{s}=-\iint\operatorname{grad}\frac{1}{\rho}\times\operatorname{grad} p\cdot d\boldsymbol{A}.$$

因此，如果 Γ 为环量，则新的公式为

$$\frac{d\Gamma}{dt}=-\iint\operatorname{grad}\frac{1}{\rho}\times\operatorname{grad} p\cdot d\boldsymbol{A}. \tag{8.18}$$

$\frac{d\Gamma}{dt}$ 叫做环量加速度.

如果 $\operatorname{grad}(1/\rho)$ 处处平行于 $\operatorname{grad} p$，被积函数就为零，因而和从前一样，$d\Gamma/dt=0$！但是，如果曲面 $\rho=$ 常数和曲面 $p=$ 常数(均与本身的梯度垂直)相交，则式(8.18)的值就不是零.

式(8.18)右边的积分，根据伯耶克内斯，有一个非常直观的几何解释. 设所有 $p=$ 常数的曲面均已画出，它们对应于增量为 Δp 的许多 p 值所组成的算术级数，而所有 $v=1/\rho=$ 常数(其中 v 为单位质量的体积，即比容)的曲面也已画出，它们对应于增量为 Δv 的许多 v 值所组成的算术级数. 于是，每一对 p 面和一对 v 面合组成一个"螺线管"(截面为平行四边形的"管"). 伯耶克内斯得出，**式(8.18)中的积分与流体线所包围的螺线管数成比例.**

上述定理是很容易证明的；因为按照上面所说的情况，该积分也可以写成对闭合"流体线"的线积分 $\oint v\,dp$. 让我们在流体线内铺上一个平面，然后将它映象到另一个平面上去，形成一个由 $p=$ 常数和 $v=$ 常数的相交线组成的直角坐标系，因而所有螺线管在映象面上都是同样的矩形截面 $\Delta p\,\Delta v$. 另一方面，$-\oint v\,dp$ 等于在映象平面上流体线的面积，因而应当等于 $\Delta p\,\Delta v\cdot N$，

1) 按照吉布斯的乘法符号：· 是数量积，× 是矢量积.

其中 N 是流体线所包围的螺线管的数目. 所以得到

$$\left|\frac{d\Gamma}{dt}\right| = \Delta\chi\,\Delta v\cdot N. \tag{8.19}$$

在个别的情形下, $d\Gamma/dt$ 的符号是容易找出的, 因为密度较大的那些部分趋向于往下运动, 而密度较小的则往上运动. 伯耶克内斯定理主要适用于作定性讨论. 作定量应用之所以受到阻碍, 是因为加速流动的压力场一般并不确切知道. 但水平尺度几倍于高度的区域中的流动(大多数在气象上的应用就是这种情况)是一个例外. 在这种情形下, 由于连续性的缘故, 铅直加速度远比水平加速度小, 因而铅直线上各点的压力可以用流体静力学的法则来得出[1]. 但是, 这时, 一般地最好用积分的最初形式 $-\int\frac{1}{\rho}\,\mathrm{grad}\,p\cdot ds$. (现在, 由于 $|\mathrm{grad}\,p| = \rho g$, 对流体线的铅直部分, 我们仅得 $g(h_1 - h_2)$; 而流线位于等压面上的那些部分的贡献则等于零.)

在气象学中总是用相对环量 Γ' 来计算, 它与绝对环量 Γ 的关系是 $\Gamma = \Gamma' + 2\omega A_0$. 其中 A_0 是垂直投影到赤道平面上的流体线所包的面积(参看 **8.1.3**). 在把 Γ 换到 Γ' 时, 在式(8.18)中还要加上一项 $-2\omega\, dA_0/dt$. 如果我们引进科氏加速度, 并且沿闭合流体线进行积分, 则同样可得出这一项.

8.4.2. 内波

在任何稳定分层的介质中都可以发生内波. 到目前为止, 大多数的研究只限于简单的形式. 如"环型波"[或细胞状波(Zellulare Welle)]就是其中的一种, 这种波使整个空间形成许多环型(细胞型)单元, 介质就象在固壁中一样在里面用同一频率作振动. 最简单的情形是**平面上不可压缩分层流体中的二维驻波**. 如果我们假定, 静止时密度按 $\rho_0 = \rho_d e^{-z/H}$ (其中 ρ_d 为地面处的介质密度)的规律而分布, 那么, 所有环型单元便都一致了, 振幅的往上增加, 使得每一环型单元中的能量都相同. 那时, 速度就必定与

1) 并参看 8.1.1.

$e^{+z/2H}$ 成比例地往上增加. 这样, 如果这类振动发生在无限空间中, 那里就积蓄了无限多的能量, 因而这是一个在无限的时间历程中逐渐发展起来的振动问题. 在有限时间内引起这类振动的条件, 还没有被研究过.

如果密度逐点变化, 在计算中就有必要区分各个流体质点, 因而欧拉公式 (2.2) 不再能满足需要. 往后, 为了避免数学上的困难, 我们不得不限于只考虑小振幅的情形, 但是, 我们无需采用更为烦琐的拉格朗日公式[式(2.1)]. 这时, 我们可以将质点的位移 (ξ, η, ζ) 表示为空间固定的平均位置坐标 (x, y, z) 和时间 t 的函数.

在二维情形下 (ξ 和 ζ 为 x, z 和 t 的函数), 对不可压缩流体, 我们得到下列线性化方程:

1. 由于位移的结果, 任一时刻在任一点上的密度 $\rho(x, z, t)$ 与静止时的密度 $\rho_0(z)$ 相差一个量 σ, 即 $\rho=\rho_0+\sigma$; 在精确度为一级近似时 $\sigma=-\zeta(\partial\rho_0/\partial z)$, 因为在点 (x, z) 处, 有一个原先属于高度 $(z-\zeta)$ 的质点. 因此, 对于上述密度分布, 我们得 $\sigma=\rho_0\zeta/H_0$ 压力扰动设为 ψ.

2. 满足连续条件的方程为

$$\frac{\partial\xi}{\partial x}+\frac{\partial\zeta}{\partial z}=0.$$

3. x 和 z 方向的运动方程的线性化形式为 (在方程式的左侧, 我们把 $\rho_0+\sigma$ 简化为 ρ_0, 这是可以允许的!)

$$\left.\begin{aligned}\rho_0\frac{\partial^2\xi}{\partial t^2}&=-\frac{\partial\psi}{\partial x},\\ \rho_0\frac{\partial^2\zeta}{\partial t^2}&=-\frac{\partial\psi}{\partial z}-g\sigma.\end{aligned}\right\}\tag{8.20}$$

在上述情形下, 对 ξ 和 ζ $(\eta=0)$ 的一个可能解有如下形式:

$$\left.\begin{aligned}\zeta&=A\cdot e^{z/2H}\cdot\sin\alpha x\cdot\cos\beta z\cdot\cos\omega t,\\ \xi&=A\cdot e^{z/2H}\cdot\cos\alpha x\left(\frac{1}{2H\alpha}\cos\beta z-\frac{\beta}{\alpha}\sin\beta z\right)\cos\omega t,\\ \psi&=\frac{\rho_d\omega^2}{\alpha}A\cdot e^{z/2H}\sin\alpha x\left(\frac{1}{2H\alpha}\cos\beta z-\frac{\beta}{\alpha}\sin\beta z\right)\cos\omega t.\end{aligned}\right\}\tag{8.21}$$

这些公式表示环型驻波 (图 8.10); 这里的水平波长为 $\lambda_x=2\pi/\alpha$; 铅直波长为 $\lambda_z=2\pi/\beta$; 环型单元的幅度或高度均为半个波

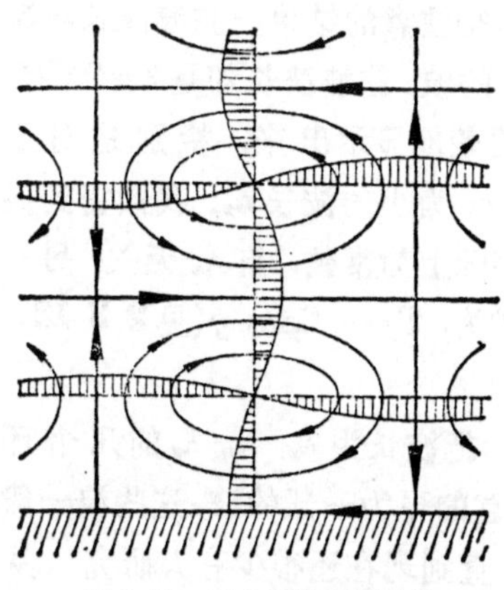

图 8.10　重力型的环型驻波

长. 频率 ω(若 T 为振动周期, 则 $T=2\pi/\omega$) 由计算得出为

$$\omega=\sqrt{\frac{g}{H}\frac{\alpha^2}{\alpha^2+\beta^2+1/4H^2}} \tag{8.22}$$

注: 可以用同样的方法来计算一个加热房间或大厅里的波动, 这时对于各个可能的振动 α, β 都可以分别取作 π/l 或 π/h 或者它们的任何倍数[其中 l 和 h 分别为空间的长度(或宽度)和高度]. 选取 H 的条件是: 天花板处空气的密度与地面处空气密度之比为 $e^{-h/H}$. 通过观察烟草的烟所形成的稳定层, 很容易看到这种波动.

在式(8.21)的波上叠加上一个同一类的、但有位相差的波(其位相差在 x 上为 1/4 波长, 在 t 上为 1/4 周期), 我们便可得到一个水平前进的波, 其相速度为

$$c=\frac{\omega}{\alpha}=\pm\frac{\sqrt{4gH}}{\sqrt{1+4H^2(\alpha^2+\beta^2)}}. \tag{8.23}$$

如果我们在这个速度上叠加上一流速 $U=-c$, 这个现象就成为有波状流线的定常流动(图 8.11). 对于某确定的比值 β/α, 例如 $\beta=0$, 即 $\lambda_z=\infty$, 或者换句话说, 对一切 z 值, 振动的位相都相同, 驻波的波长 λ_x 对给定的 U 值能由式(8.23)算出. 如果 $\beta=0$, 由简单的计算得出

$$\lambda_x=\frac{2\pi}{\alpha}=\frac{4\pi UH}{\sqrt{4gH-U^2}}. \tag{8.24}$$

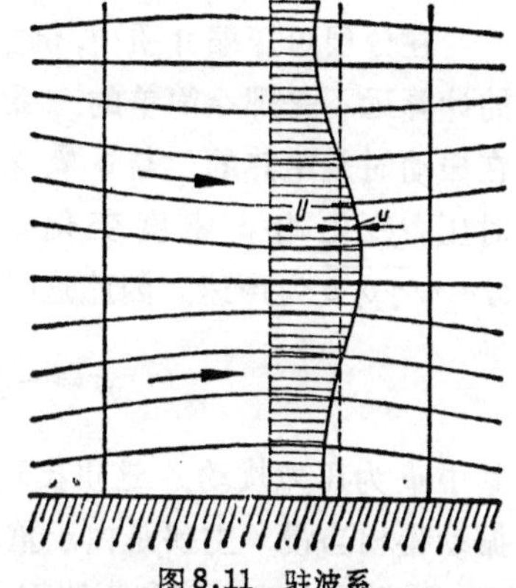

图 8.11　驻波系

对于远比 $\sqrt{2gH}$ (相应于高度为 H 的下落速度) 为小的速度 U, 分母中带 U^2 的那项与 $4gH$ 相比

可以略去；于是，我们便得到一个值得注意的结果：驻波波长与流速 U 成正比例；而对深水自由面上的波，驻波波长却是 $\lambda=2\pi U^2/g$. 这些关系可由式 (8.22) 更加清楚地显示出来，特别是对于 $\beta=0$ 的情形. 这时，对于远比 $8\pi H$ 为小的波长 λ_x，我们得到振动周期 $T=2\pi/\omega=2\pi\sqrt{H/g}$，它实际上为常数，与 λ_x 无关；另一方面，对于水的表面波，相应表达式为：$T=\sqrt{2\pi\lambda_x/g}$(见 **2.3.13**)，即依赖于 λ_x!

一般形式的环型波是三维的. 把波长为 λ_x, λ_y, λ_z 的几个环型波叠加起来，我们就可以获得任意的更为一般的波，这些波一般地不再是环型波了. 对于这些波，直到现在还很少有人研究. 从实用观点看来比较有意义的一种类型，还将在下面提到(参照 537 页). 密度不断向上递减的分层重流体，由于有这多种多样的振动可能性，乃表现出与均质流体完全不同的性状. 这时流动问题的解也与均质流体不同，不再是唯一性的. 要想再得到唯一解，除非假定有使振动受到阻尼的粘性力存在，或者运动的发展是从完全静止状态一步一步地求下去才成，这两种情形一般都会使计算遇到很大困难.

8.4.3. 可压缩介质中的内波

在分层可压缩介质中，例如在**等温层化的重气体**中，对环型波的计算远不是那么简单的. 我们必须先声明，这里单个气体质点在振动时是绝热的. 与 **3.2**, 特别是式(3.4)作比较，可以得出，这时压力变化 Δp 与密度变化 $\Delta\rho$ 的关系为方程 $\Delta p=c_s^2\Delta\rho$，其中 $c_s=\sqrt{\gamma p/\rho}$ 为声速. 因此这时的密度扰动量 σ(参看 **8.4.2**)为

$$\sigma=-\zeta\frac{\partial\rho_0}{\partial z}+\frac{\psi}{c_s^2},$$

其中 ψ 为压力扰动. 这里出现了两类环型波：一类如上所述，它振动得相当慢，主要是由于重心位移引起的；而另一类振动快得多，主要是由于压缩和膨胀引起的. 这后一类的运动形式如图 8.12 所示，图中作出了几个环型单元中的流线.

关于计算，可参看伯耶克内斯的书[S5]，书中始终运用拉格朗日描述（a, b, c 为坐标，并且用 x, z 代替 ξ, ζ）．对于 ζ, ξ, ψ 几个量的表达式和上述式(8.21)里的表达式相仿，只是在这里常数因子与压缩性（即 c_s^2）有关．圆频率 ω 的四次方程式是

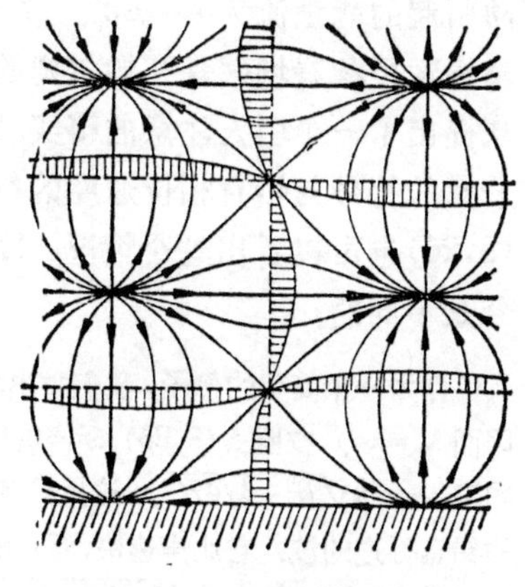

图 8.12　声学型的环型驻波

$$\frac{\omega^4}{c_s^2}-\left(\alpha^2+\beta^2+\frac{1}{4H^2}\right)\omega^2+\alpha^2\frac{g}{H}\frac{\gamma-1}{\gamma}=0, \tag{8.25}$$

其中 H 仍是均匀大气的高度（参看 **1.7**）：$H=RT/mg=c_s^2/\gamma g$．这个方程总有 ω^2 的两个非负值根，其中较小的一个（ω_1^2）是重力型的波，较大的一个（ω_2^2）是声学型波．对于 $\alpha^2+\beta^2$ 远比 $1/2H^2$ 为大（也就是 λ_x 或 λ_y 或两者都远比 $4\pi H$ 为小）的情况，可得出频率的近似公式

$$\omega_1=\sqrt{\frac{\gamma-1}{\gamma}\frac{4\alpha^2gH}{1+4H^2(\alpha^2+\beta^2)}}, \tag{8.26}$$

$$\omega_2=\frac{c_s}{2H}\sqrt{1+4H^2(\alpha^2+\beta^2)}. \tag{8.27}$$

式(8.26)与式(8.22)相比只差一个因子 $\sqrt{(\gamma-1)/\gamma}$．

把同一类型但是相位上有适当位移的环形驻波相叠合，我们又可得到行波．按照组合的不同，它们的传播方向可以是水平的（参看 **8.4.2**）、铅直的或与水平成倾斜角 δ，而 $\tan\delta=\pm\beta/\alpha$．在扰动量的表达式中，调和项的形式是（不考虑相位常数）$\sin\beta z\sin(\alpha x\pm\omega t)$，$\sin\alpha x\sin(\beta z\pm\omega t)$ 或 $\sin(\alpha x\pm\beta z\pm\omega t)$．当 $\omega=\omega_2$ 时，所有这类波都以超声速行进．可是其中能量输运则主要由波群速度 c^* 来定［参看 **2.3.13(b)**］．在所述的三种情况中，这个速度是由 $\partial\omega/\partial\alpha$, $\partial\omega/\partial\beta$ 或由这两个分量组合成的合量来给

出的，并且总是比声速慢．如果 E 是波的平均能量密度，则由波动引起的能量流为 $s=Ec^*$．关于这里提到的波的能量密度和能量输运可参看埃莱森和帕尔姆的文章[8.18]．在这篇文章中第一次提出了一个引人注意的事实，即：对于重力型波，群速度的铅直分量的符号与铅直相位速度的符号正相反．我们由式(8.22)或式(8.26)也可以看出这个情况；按照这些方程，$\partial\omega/\partial\beta$ 和 ω/β 的符号是不同的．

作为一个简单的例子，我们举出单纯铅直振荡的特殊情况来，其中 $\alpha=0$ 因而 $\lambda_s=\infty$．按照式(8.25)，$\omega_1^2=0$；所以没有重力型波．声学型波振荡的圆频率 $\omega_2=c_s\sqrt{\beta^2+1/4H^2}$．这里只存在相位速度为 $\omega_2/\beta=c_s\sqrt{1+1/4H^2\beta^2}$ 的铅直行进的波．它比声速快，而且随着 λ_z 的增加 ($\beta\to 0$) 而无限增长．与此相反，群速度 $c^*=c_s/\sqrt{1+1/4H^2\beta^2}$ 比声速慢，并且随着 λ_z 的增加趋向于零，铅直能量输运速度也随着它趋向于零．

在太阳上，由于在所谓氢平流层中的湍流运动，在位于平流层上面的光球层中会引起向上移动的行波；当波的能量为常值时，这些开始时为中等大小的行波，其振幅随着高度的增加而按 $e^{z/2H}$ 的比例增大，并且按照毕尔曼[8.19]，在较高的色球层中，由于激波的出现(参看 **3.6**)，会引起相当大的升温．

注 公式 $\zeta=Ae^{nz}\sin\alpha x\cos\omega t$, $\xi=Be^{nz}\cos\alpha x\cos\omega t$ (n, A 和 B 为复数) 所给出的，除环型波外还有所谓外波(这时 n 为实数)，它不随高度作周期性变化．在给定 α 和 ω 时，频率方程给出两个值 n_1 和 n_2．在固定地面上的边界条件 $\zeta(0)=0$ 可以通过式 $\zeta=A(e^{n_1z}-e^{n_2z})\sin\alpha x\cos\omega t$ 来满足．外波只能沿水平方向传播．

一种具有实际意义的波动是吕拉所计算的等温大气的波动——等温大气以速度 U 流动，其水平运动受到垂直于风向的中等高度山脉的扰动[1)]．这里，扰动可以表达为以 $2\pi r/\lambda$ 为自变量的贝塞尔函数与适应的 φ 的三角函数及 $e^{z/2H}$ (象本节中所有的解那样)的乘积之和．其中 $r=\sqrt{x^2+z^2}$ 为由地面扰动处算起的矢径，φ 为对应的角 ($\tan\varphi=z/x$)，而 λ 则为扰动的波长．这时 λ 可以由下式近似地给出：

---

1) 参看 [8.20]．图 8.13 取自第二篇论文，其中所作计算已经精确很多，文中并举出其他例子．

$$\lambda = 2\pi U\sqrt{\frac{\gamma}{\gamma-1}\frac{H}{g}};\tag{8.28}$$

如果 $U^2 \ll 4gH$，上式相当于 $\beta=0$ 时的式(8.24)。

一开始这里的解仍不是唯一的，但是，利用在山的迎风面上流动必须是非周期*这一条件，或者引进粘性力，然后在极限条件下再趋于零，就可以得到唯一解. (这两种方法在研究水的自由表面波时被首先运用.) 吕拉计算的结果可以用一个例子来说明. 图 8.13 表示在高塬边缘上空的铅直扰动速度分布. 图中示出了有上升气流(对练习滑翔的人这是有意义的)的区域；铅直尺度已放大为水平尺度的三倍. 除了边缘陡坡正上方的区域外，在离边缘约一个波长的地方有第二个区域，还有一些更为微弱的上升气流区在相距 2λ, 3λ, 等处；在这些区域之间是下降气流区域，头一个距边缘约 λ/2. 在此例中，用多方曲线(p 与 ρ^n 成比例，参看 **1.7** 的注，其中 $n=1.2$)代替了等温线. 按照吕拉，如果以 $n\gamma/(\gamma-n)$ 代替 $\gamma/(\gamma-1)$，而 H 为相应于地面处状态的均匀大气的高度(见 **1.7**)，则式(8.28)仍近似地成立. 这时，$e^{z/2nH}$ 取代了因子

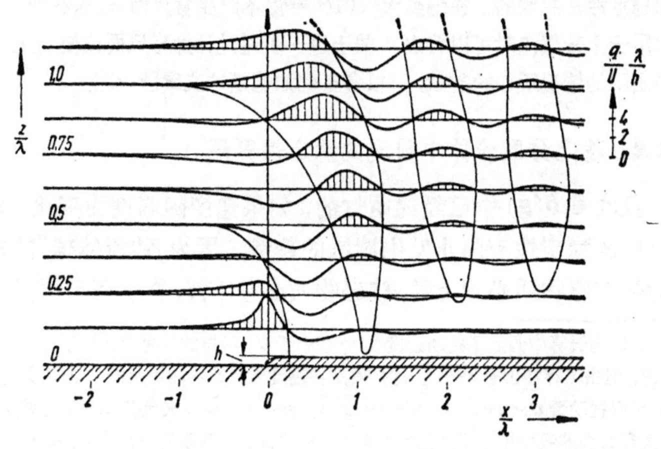

图 8.13 高塬边缘上空的波系，根据吕拉

---

* 因来流为均匀流，这实际上是要求：当 $x\to-\infty$ 时，扰动速度渐近地趋于零. ——译者注

$e^{z/2H}$[1]．

这里上升气流量与 $h\sqrt{\frac{\gamma-n}{n\gamma}\cdot\frac{g}{H}}$ 成比例，其中 h 为高塬的高度(见图 8.13)．值得注意的是，上升气流的强度与风的强度U无关；后者只影响 λ，也就是只影响上升气流区域的幅度．

施蒂姆克的计算指出[8.22]，扰动速度 u 在离高塬的边缘相当远的地方并不完全消失，而是趋向于一直是相当大的一个极限值，对于等温大气来说，这个值可以用下式得出：

$$u_{\text{对}}(z)=h\sqrt{\frac{\gamma-1}{\gamma}\frac{g}{H}}\cdot e^{z/2H}\left(\sin\frac{2\sigma z}{\lambda}+\frac{2-\gamma}{2\gamma}\frac{\lambda}{2\sigma H}\cos\frac{2\sigma z}{\lambda}\right),\quad(8.29)$$

不过施蒂姆克的办法只在离高塬边缘不太远的范围内(大约小于 100 公里)才有效，因为经过较长时间，同一类型的扰动运动由于受科氏力而受到影响[2]．象式(8.29)所表示的那个形式的风场(即具有波式外形且振幅随着高度向上增加)在同温层内并不是少见的．

在许多作者中，斯考尔[8.24]研究了来流随着高度变化时，在山背风面上的波形以及对随高度变化的静稳定度的影响．斯考尔得出，在正常情况下当有个向上逐渐增强的来流时，则背风面上的波越向上越衰减，对稳定性向上渐减的情况也是如此．出现后者并不奇怪，因为对产生背风面的波来说，流层的稳定性是主要的．在绝热大气中($n=\gamma$)不产生背风面波，这在把上面的公式用于上升气流时可以看出．关于进一步通过计算背风面波使之符合大气中出现的情况所作的尝试，可以参看例如德斯的文章[8.25]．

8.4.4. 稳定分层流体中剪流的稳定性界限

象在 **4.5**(g) 中已经说明过的，如果速度随高度而变化，分层重流体的稳定性有阻止发生湍流的趋势，因为各“流体球”的铅直运动使较重物质必须上移，较轻物质必须下降，在这两种情况下都

1) 因为计算中假定了扰动速度 u, w 远小于 U，吕拉的计算只适用于高度不太大的情况，但由于存在因子 $e^{z/2nH}$，这个假定在高度大时是不能满足的．为了免受这个限制，可用扰动量 $u'=u\sqrt{\rho/\rho_d}$, $w'=w\sqrt{\rho/\rho_d}$, $\psi'=\psi\sqrt{\rho_d/\rho}$ 来代替 u, w, ψ，并用这几个量进行方程的线性化．于是按照齐瑞普[8.21]的计算又重新得出吕拉的解，只是要把 $e^{z/2nH}$ 换成因子 $[1+z(1-n)/nH]^{1/2(1-n)}$．在 $n\to1$(等温大气)情况下，这两个函数完全相等．

2) 克文内是运用傅里叶积分来表示背风面波的第一个人，他在那里也考虑到了科氏力，参看 [8.23]．

付出了作功的代价. 属于这种类型的一个显著的现象是，当地面附近由于地面向晴空辐射而出现极为稳定的层叠情况时，在晴朗的傍晚“风完全平息”.（在高处，风一点也没有减小，而只是由于湍流性，切应力减小了.）这就引起了这样的问题：已存在的、有垂直掺混运动的湍流，要到什么边界才必然会被上述的功所消灭？（当然，水平掺混不受影响！）这时，以 dU/dz 量度的剪切运动（即速度往上增大），显然起着决定性的作用. 按照 **4.6.4** 中的那些论述，在湍流运动中铅直速度起伏的数量级为 $w' \sim l\,dU/dz$，其中 U 为平均速度，l 为混合长.

因此，一个体积为 V 的流体球的铅直运动的动能为

$$\frac{1}{2}\rho V w'^2 \sim \frac{1}{2}\rho V l^2 \left(\frac{dU}{dz}\right)^2.$$

为简单起见，假定流体是不可压缩的. 于是，把在 $z=z_1$ 层中处于平衡的一个流体球举起所作的功，就可以从在 $z=z_2$ 处的向下力（重量减去浮力），即

$$F = g(\rho_1-\rho_2)V = g\frac{d\rho}{dz}(z_1-z_2)V,$$

得出，为

$$\int_{z_1}^{z_1+l} F dz_2 = -\frac{1}{2} g V l^2 \frac{d\rho}{dz}.$$

我们令动能与所作的功相等，就得到

$$-g\frac{d\rho}{dz} = \rho\left(\frac{dU}{dz}\right)^2.$$

显然，这一关系式只给出了 $-d\rho/dz$（密度随高度递减）的上限；达到这个上限后，每个湍流运动必须立即消失. 为了能使已经存在的湍流消失，实际上只须削弱扰动运动，使下一个扰动都比上一个扰动更弱，就能达到. 上式中两侧的比值，叫做里夏德森数 Ri，

$$Ri = -\frac{g\dfrac{d\rho}{dz}}{\rho\left(\dfrac{dU}{dz}\right)^2}, \tag{8.30}$$

以纪念首先提出这个概念的里夏德森[8.26]. 泰勒[8.27]在研究具有速度 $U=U_0+az$ 的分层流体流动的小振荡中曾得出，稳定性界限

很可能就在 $-g\,d\rho/dz/\rho a^2=1/4$ 处. 施里希廷[8.28]以托尔明的层流边界层稳定性理论(参看 **4.5**)为基础所作的计算表明,当 Ri 的值大于 1/20 时,边界层保持完全稳定. 理论计算结果,与早几年赖夏特[1)]对位于受冷却水平平板上面(或加热水平平板下面)气流中产生的湍流所作的实验吻合得很好.

对于可压缩介质的情况,我们要考虑到湍流球在上升时,它的体积是有变化的,并且是近似地按相对应的绝热定律(更正确些说,按等熵定律)变化. 球的重量保持不变,$g\rho V=g\rho_1 V_1$. 在高度为 z_2 而四周介质的密度为 ρ_2 时的浮力为 $g\rho_2 V$,因此最后的升力是

$$F=-g(\rho_2 V-\rho_1 V_1)=-g(z_2-z_1)\left[V\left(\frac{d\rho}{dz}\right)+\rho\left(\frac{dV}{dz}\right)_{\mathrm{jr}}\right].$$

因为

$$\frac{1}{V}\left(\frac{dV}{dz}\right)_{\mathrm{jr}}=-\frac{1}{\rho}\left(\frac{d\rho}{dz}\right)_{\mathrm{jr}},$$

所以

$$F=-g(z_2-z_1)V\left[\left(\frac{d\rho}{dz}\right)-\left(\frac{d\rho}{dz}\right)_{\mathrm{jr}}\right],$$

里夏德森数的一般表达式为

$$Ri=g\,\frac{\left(\frac{d\rho}{dz}\right)_{\mathrm{jr}}-\left(\frac{d\rho}{dz}\right)}{\rho\left(\frac{dU}{dz}\right)^2}. \tag{8.31}$$

如用状态方程 $\rho=pm/RT$ (R: 气体常数,T: 绝对温度),也可写做

$$Ri=g\,\frac{\left(\frac{dT}{dz}\right)-\left(\frac{dT}{dz}\right)_{\mathrm{jr}}}{T\left(\frac{dU}{dz}\right)^2}.$$

因为湍流球在初始位置时,被认为处于 $T=T_1$ 的平衡状态下,故 $(dT/dz)_{\mathrm{jr}}=-\Gamma$ 是绝热大气的温度梯度. 按照 **1.7** 末尾的公式,$\Gamma=(\gamma-1)mg/\gamma R=0.98°/100$ 米.

泰勒[8.29]和 W. 施密特[8.30]对大气中湍流热流 Q 曾给出方程式

$$Q=-c_p A_Q\left(\Gamma+\frac{dT}{dz}\right). \tag{8.32}$$

1) 详见施里希廷[8.28]中的 333 页及其以下.

它是在一个流层内因有强烈湍流掺混而具有绝热层化状态的那个热流.

关于式(8.32)的一般有效性是常引起怀疑的. 因为在地面附近的那一层大气,几乎经常是稳定分层的($dT/dz>-\Gamma$),所以层内的热流似乎应是负向,即:热流是向下流的. 这样就违反了关于每层的热量应是收支平衡的基本假设,它要求有一向上移动的热流(W. 施密特疑题). 上面的方程是在下列两个假设下建立起来的,自然它们只能得到近似满足:

1. 向上移动的湍流微元在其初始位置上具有与向下移动的湍流微元相同的温度(平均值). 实际上,向上移动的微元,平均说来要热些,因为较高的温度有利于上升.

2. 单个湍流微元在两个静止位置之间应具有绝热的性质. 这个假设也只对相当大的微元是对的,小微元在一路上早就与周围有热交换了.

有关这个问题各种意见的概况,可参看霍尔曼的文章[8.31].

如果地面由于辐射而受热或冷却, 则可以用式(8.32)得出地面附近一层中温度分布的情况. 如果最初层化是稳定的, 则只能由于风的剪切力来引起交换("强迫对流"). 按照 **4.7.1** 中的考虑,则

$$\frac{du}{dz}=\frac{u_\tau}{\gamma z}\quad (u_\tau:\text{形成剪切应力的速度}), \tag{8.33}$$

$$A_\tau=\frac{\tau}{\dfrac{du}{dz}}=u_\tau\rho\gamma z. \tag{8.34}$$

还有, 按照 **5.2.3**, $A_Q=mA_\tau$ (其中 m 为在1与2之间的数值),因此由式(8.32)到式(8.34)得

$$Ri=\frac{g}{T}\frac{\Gamma+\dfrac{dT}{dz}}{\left(\dfrac{du}{dz}\right)^2}=\frac{g\gamma Q}{mc_p\rho T u_\tau^3}z, \tag{8.35}$$

上式常写做

$$Ri=\frac{1}{m}\frac{z}{L}.$$

由于 Q 是不随着高度变化的常数, 所以实际上 L (它的因次是长度)也是个常数. 在稳定层中, Ri 数是由在地面上的零值起,随着

高度而线性增加．普里斯特莱[8.32]从斯温班克的测量结果出发，证明了式(8.35)对于小的负 Ri 数也有效(在这里 m 是1)．当 Ri 数为较大的负值时(按照普里斯特莱，其限界约为 $Ri=-0.025$)，A_Q 就不再与风的剪切力有关．显然，这时的能量交换完全与各层的不稳定（"自由对流"）有关．对于这种情况，普朗特有一个分析[8.33]，根据这个分析，在不稳定层中 A_Q 与 $z^{4/3}$ 成正比．普里斯特莱用无量纲分析[8.34]也得出了同样结果．按照式(8.32)得出温度分布的式子

$$\frac{dT}{dz}+\Gamma=-\text{常数}\cdot z^{-4/3}.$$

由于直接靠近地面处的 Ri 数值(除开风停止的时候)总是很小，所以在最下层内的风速分布曲线(在不稳定层也是这样)是对数性质的．只要过了临界 Ri 值，曲线就陡的多，因为这时 $A_\tau \sim z^{4/3}$．

可以认为，即使对于稳定层，风速分布曲线也会与对数曲线有偏离(所以用这个曲线来推导出式(8.35)是不完全正确的)．为了掌握稳定性影响，许多作者尝试着对混合长度 l (**4.6.4**) 的公式另找出一个与里夏德森数有关的形式．莫宁和奥布卓夫[8.35]就设

$$l=\gamma z\left(1-n\frac{z}{L}\right),$$

当 z/L 很小时，所得出的风速分布曲线形式是

$$u=\frac{u_\tau}{\gamma}\left(\ln\frac{z}{k}+n\frac{z}{L}+C\right).$$

由实验得出，常数 n 为 0.6[1]．

8.5. 在地转流动中速度场和密度场或温度场之间的关系

8.5.1. 连续场

在 **8.1.2** 里曾以不可压缩的均匀流体为例，解释了地转速度的概念．在这种情况下，沿着每条铅直线都有均匀的速度．在一

1) 关于这个数据和其他式子，可参看[8.36]．

个变密度的介质里，速度则随着高度有方向和强度的变化，虽然这样，但地转的平衡条件还是近似地满足了的.

首先设运动场是平行并且是直线的. x 轴与运动方向一致. 因此 $u=u(y,z)$. 此外，设 $\rho=\rho(y,z)$. 如设流场为定常的，则它能满足连续条件. 地转的和静的平衡所给出的压力场方程式为

$$\frac{\partial p}{\partial y}=-2\omega'\rho u, \tag{8.36a}$$

$$\frac{\partial p}{\partial z}=-g\rho. \tag{8.37}$$

按照要求 $\frac{\partial^2 p}{\partial z\partial y}$ 必须等于 $\frac{\partial^2 p}{\partial y\partial z}$ 这一条件，导致得出一个重要方程式

$$g\frac{\partial \rho}{\partial y}=2\omega'\frac{\partial}{\partial z}(\rho u). \tag{8.38}$$

这样，流密度分量 ρu 的铅直变化就与垂直于风向的水平密度梯度连结在一起. 马古雷斯是第一个推寻出这个关系的. 常用的是它的另一形式. 用式(8.37)去除式(8.36a)得

$$-\tan\alpha=\frac{2\omega' u}{g}, \tag{8.39}$$

其中 α 是等压面对水平面的倾角. 我们将式(8.38)内 ρu 的微分求出来，很容易得出

$$2\omega'\frac{\partial u}{\partial z}=\frac{g}{\rho}\left(\frac{\partial \rho}{\partial y}+\tan\alpha\frac{\partial \rho}{\partial z}\right)=\frac{g}{\rho}\left(\frac{\partial \rho}{\partial y}\right)_p.$$

其中 $(\partial\rho/\partial y)_p$ 是在等压面上按水平距离说的密度下降. 这个形式比马古雷斯的形式使用方便，因为这式的左边只有速度的铅直梯度. 此外，对于气体来说，现在很容易由密度场过渡到温度场或位温度场. 由于 $(\partial p/\partial y)_p=0$，所以由气体方程和位温度方程（见 **8.3.1** 的脚注）可用类似写法得出

$$2\omega'\frac{\partial u}{\partial z}=-\frac{g}{T}\left(\frac{\partial T}{\partial y}\right)_p=-\frac{g}{\Theta}\left(\frac{\partial \Theta}{\partial y}\right)_p. \tag{8.40a}$$

一般说来，在地球上的运动场既不是直线的又不是定常的. 虽然这样，上面的关系式作为一次近似常常还是能满足的. 如果风随

着高度而旋转(这是经常发生的)，则除式(8.36a)外还出现下式：

$$\frac{\partial p}{\partial x}=2\omega'\rho v. \tag{8.36b}$$

同上述，由它和式(8.37)可以得到

$$2\omega'\frac{\partial v}{\partial z}=-\frac{g}{\rho}\left(\frac{\partial \rho}{\partial x}\right)_p=\frac{g}{T}\left(\frac{\partial T}{\partial x}\right)_p=\frac{g}{\Theta}\left(\frac{\partial \Theta}{\partial x}\right)_p. \tag{8.40b}$$

如果我们使 x 轴与在那里局部吹着的风的方向一致，则 $(\partial/\partial x)_p$ 就是指平常的水平梯度．所以随着高度旋转的风与在风的方向的密度梯度和温度梯度是相互关联的．

当一个密度场或温度场的等标量面与常压面重合时，这个密度场或温度场就叫做**正压场**(barotrop)．在一个正压场里，地转风不随着高度改变．非正压场叫做**斜压场**(baroklin)．

只有在直线和定常运动场中，才有可能在各方面严格满足地转的和静的平衡条件．在所有其他情况下，精确地满足上述方程意味着破坏了(即使不是很厉害)完整的方程组．因此，这只能说是个近似的推论．

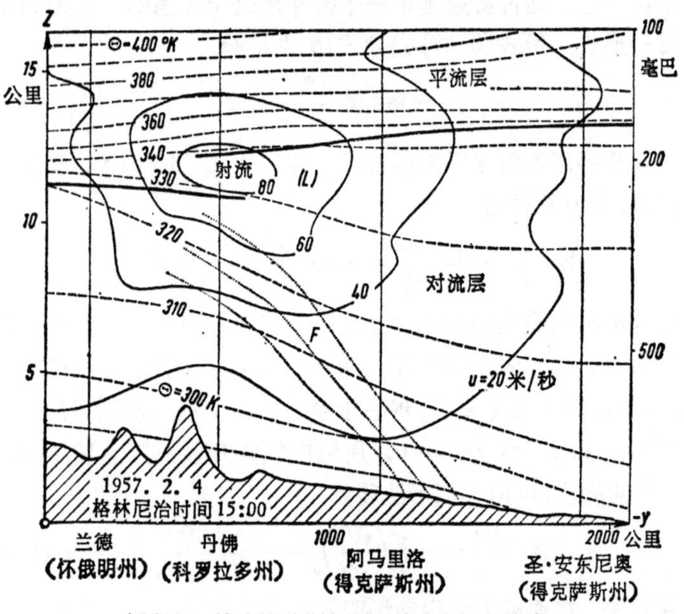

图 8.14　越过“射流”(急流)的南北向截面，高度放大 100 倍．在 8.5.1 和 8.6.3 中有说明

在中纬度和亚热带的范围里吹着来自西方的漂流，它在对流层的上边缘常常有一显著的速度最大值，观测到的该值直到150米/秒. 图8.14就表示穿过这样一个急流或“射流”的垂直截面图. 按式(8.40a)在急流的下面应存在一个横越风向的强烈水平温度降落，叫做锋区(F). 等位温面(也叫做等熵面)向热的一边斜降. 在自然界，它的倾度是10^{-2}的数量级. 等压面的倾度更小(10^{-4}到10^{-3}). 对产生急流的原因还没有满意的解释. 值得注意的是，正是在这方面，观测到的值既与式(8.36a)又与式(8.40a)有异乎寻常的大偏差. 在赖特尔的书[M6]中有对到现在所做观测的描述，并给出了解释急流的理论定理.

8.5.2. 锋面

在锋区的范围内，密度或温度的差异常常集中在一个相对薄的、有倾角的过渡层内，它可以被近似地看做不连续面. 为了推导出对这样“锋面”有效的定律，可假设风的方向起初是一致的，并且这个面所掠过的方向与风向(x方向)一致. 根据在锋面上压力场应该连续的要求，就可得出一个相应于式(8.40a)的关系式. 如果用下角标1和2来区别相邻近的两个气团，则在这个面上$p_1=p_2$. 由此，如用$\tan\beta$表示这个面与水平间的倾斜度，则可得

$$\left(\frac{\partial p}{\partial y}\right)_1+\tan\beta\left(\frac{\partial p}{\partial z}\right)_1=\left(\frac{\partial p}{\partial y}\right)_2+\tan\beta\left(\frac{\partial p}{\partial z}\right)_2.$$

把式(8.36a)和式(8.37)代入，则可得交界面倾斜度的方程式(同样是由马古雷斯求出的，参看[8.37])

$$\tan\beta=\frac{2\omega'(\rho_2u_2-\rho_1u_1)}{g(\rho_1-\rho_2)}.$$

因为$p_1=p_2$，则与**8.5.1**一样，可得

$$\tan\beta=\frac{2\omega'(T_1u_2-T_2u_1)}{g(T_2-T_1)}=\frac{2\omega'(\Theta_1u_2-\Theta_2u_1)}{g(\Theta_2-\Theta_1)}.$$

因为锋面与等压面间总是有倾斜的[$\tan\alpha$按照式(8.39)不等于$\tan\beta$]，所以$u_1\neq u_2$，也就是说，总存在一个“风的突跃”. 由于相对的风跃$(u_2-u_1)/u_m$ $[u_m=(u_1+u_2)/2]$总是比相对的密度突跃或

温度突跃大得多，我们可以写出较好的近似式

$$\tan\beta=\frac{2\omega'\rho_m(u_2-u_1)}{g(\rho_1-\rho_2)}=\frac{2\omega' T_m(u_2-u_1)}{g(T_2-T_1)}$$

$$=\frac{2\omega'\Theta_m(u_2-u_1)}{g(\Theta_2-\Theta_1)}. \tag{8.41}$$

数值例子：$\omega'=0.5\cdot10^{-4}$/秒（相应于 $\varphi=43.5°$），$g=10$ 米/秒^2，$u_2-u_1=10$ 米/秒，$\rho_1-\rho_2=0.01\rho m$（相应于≈3°C 温差），可得

$$\tan\beta=\frac{10^{-4}}{10}\cdot\frac{10}{0.01}=10^{-2}.$$

对于风跃的符号要注意：按照稳定性的要求，下层流体的密度必须比上层的大. 如下层流体用角标 1，则式 (8.41) 中整个分母都是正的，而 u_2-u_1 与 $\tan\beta$ 的符号相同（在北半球，那里 $\omega'>0$）.

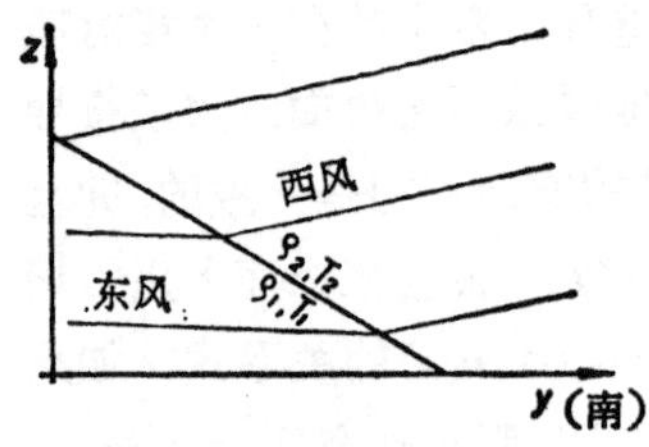

图 8.15　暖流和冷流间的交界面．根据马古雷斯

很容易看出，锋面上的剪切，从水平方向来看总是成气旋的（见**8.1.3**），并且等压面是向上转折（即不连续）的. 图 8.15 表示了一个常常出现的情况. 如果锋面达到了地面，则在气象图上就出现"锋". 对于个别观测者来说，由于附加了一个垂直于锋[1]的均匀速度，在越过锋面时，温度、风向和风的强度都会产生突然变化.

关于地面摩擦（见**8.2**）的影响，在个别情形下是与锋面的移动速度有关. 可是它总是使地面附近的质量流沿着锋面密集起来，因而在这里空气将上升. 这个由摩擦产生的密集，使在地面附近形成一个实际的清晰锋面，而在高处则密度突跃与风的突跃都更易趋于消失. 还有，如果高空的大气分布是稳定的，则空气不可能在一狭带中不断上升. 如果不存在静的或者动的不稳定性，则上升的空气就不可能对压力场做功（关于这方面的进一步讨论见**8.6.3**）. 事实上，这种不稳定性正是造成一个能一直达到地面的锋面的前提.

---

1) 即使在这里，也不可能不与地转状态有所不同（参看 **8.5.1**）.

8.6. 气　旋

8.6.1. 位旋和埃特尔涡旋定理

要想了解中纬度地带的气旋和反气旋，位旋是个有用的物理量. 我们在这里可以把它简单地推导出来. 在图 8.16 中表示出两个紧密相邻的等熵面 Θ_1 和 Θ_2. 设想为绝热过程，这两个面就将是定常不变质量的. 它们间的距离为 d，单位矢量 $\boldsymbol{n}$ 表示面上的法线. 绕包围小面积 a 的沿绝热流体线 s 的环量 Γ 按照斯托克斯定理为 $\Gamma=a\boldsymbol{n}\operatorname{rot}\boldsymbol{v}$.

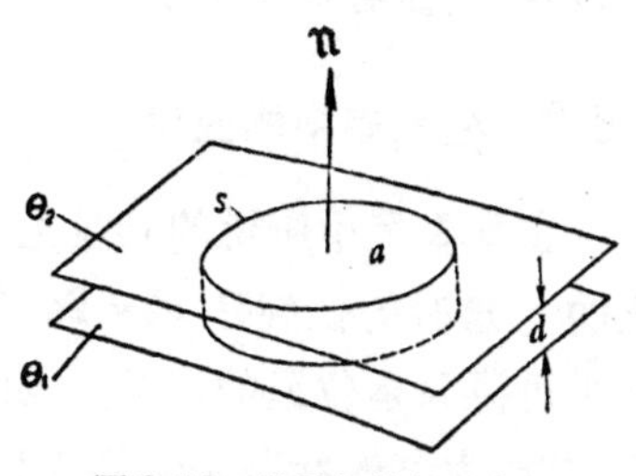

图 8.16　推导位旋的示意图

位温的梯度是 $\operatorname{grad}\Theta=\boldsymbol{n}(\Theta_2-\Theta_1)/d$. 用 $\operatorname{grad}\Theta$ 代替 $\boldsymbol{n}$，可得

$$\Gamma=\frac{ad}{\Theta_2-\Theta_1}\operatorname{rot}\boldsymbol{v}\cdot\operatorname{grad}\Theta.$$

如果空气团有变形，在小圆柱体里(它是用 s 包围的、由两个等熵面和面上法线所组成的) 质量是不变的；所以连续方程是 $ad\rho=$常数. 另一方面，Γ 也是常数. 因为在等熵面上 ρ 是 p 的唯一函数，所以式(8.18)的右侧是零. 把这些总结起来，就得出量

$$P=\frac{1}{\rho}\operatorname{rot}\boldsymbol{v}\cdot\operatorname{grad}\Theta \tag{8.42}$$

同样是常数. P 就叫位旋或叫位涡.

在绝热状态下，位涡的不变性也可以由一个极一般的、由埃特尔[8.38]求出的涡旋定理中得到. 在这个定理中，各量间的关系与式(8.42)的形式相同，不过 Θ 可以用流体的每个任意有标量性质的量来代替. 在这里我们不能推导整个定理. 我们只想说明，如果出现热源和冷源时，按照他的定理可以说出，一定量的空气的位旋应当怎样来改变. 这里有个值得注意的简单关系式

$$\frac{dP}{dt}=\frac{1}{\rho}\operatorname{rot}\boldsymbol{v}\cdot\operatorname{grad}\frac{d\Theta}{dt}. \tag{8.43}$$

在 $d\Theta/dt=0$ 时(绝热状态)，我们又得到 $\frac{dP}{dt}=0$. 把这个定理用于大气中，则 $\operatorname{rot}\boldsymbol{v}$ 自然就表示绝对旋转，因为 Γ 只在绝对系统中才是常数(参看 **8.4.1**).

8.6.2. 在气旋中的应用

在 **8.1.2** 中所说的转盘上的静止大气，是在水平方向上分层化的. 这时的位旋是 $P_r=2\omega'/\rho\cdot d\Theta/dz$. 它纯粹是高度的函数或者也可说只是位温的函数. 如果要求保持 $P=P_r(\Theta)$，则我们要问：这时大气的状态是怎样的呢？(一种在各方面都有限界的气团除外，因为它的位涡 $P_i\neq P_r$.) 由图 8.17[1] 的例子中可以清楚地得到答案：在这里，函数 $P_r(\Theta)$ 相当于有对流层和平流层的正常大气. 在对流层上层里包含的气团，它的位涡是其四围邻近位涡

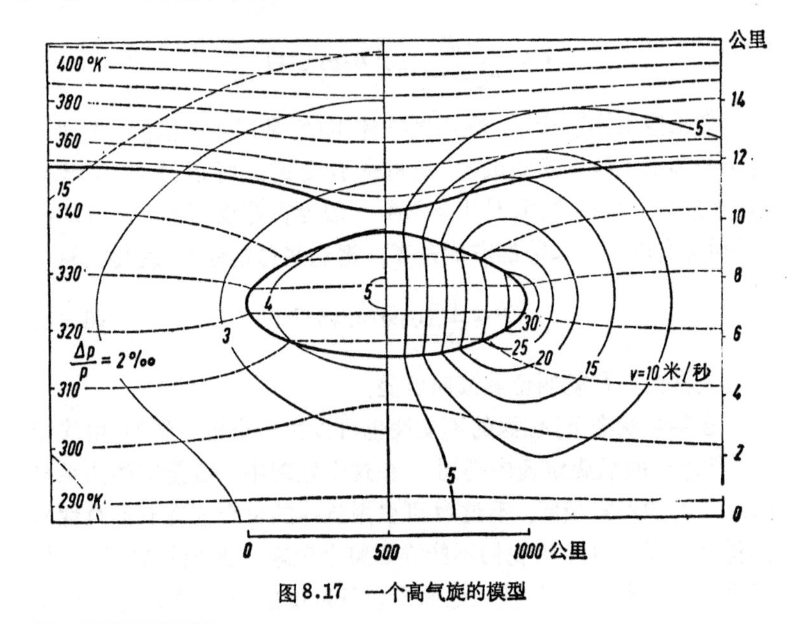

图 8.17 一个高气旋的模型

1) 摘自埃莱森和克莱因施密特[H10]第 48 册.

的6倍．此外，存在着静平衡和(一次近似的)地转平衡．其结果是造成在所包含着的气团外边缘上有一个最大风力的“高气旋”．在气团高度上的风力强度与 $M(P_i-P_r)/A_r\omega'$ 成正比，其中 M 是气团的质量，而 $A_r=\sqrt{\Theta(d\Theta/dz)_r/g}$ 与未受扰动大气的稳定度有关．在图的左半部画出了压力的相对扰动量 $\Delta p/p$ (用千分之一，‰ 表示)，这是由地转关系式(8.36a)得出的．在风与位温之间的关系式是(8.40a)．在气团的下面，等熵面提高了，也就是说，在这里气旋有个冷核心．在气团的上面，则相对说来，核心是暖的．

如果选择 $P_i<P_r$，就会出现反气旋．等熵面与正常位置的偏离和以前正相反．

如果我们把中纬度处的气旋分析一下，就可以看出它差不多总是坐在一个不太厚而具有超高位旋的气团［叫承载气团(Trägermasse)］上，同时在它四围的空气则近似具有正常的 P 值．如果有一个强度随着高度逐渐增加的“基本流动”加在气旋上(一般情况下正是这样)，则气旋将以平均基本速度在承载气团的高度上徘徊．在较高或较低的气层里(它们用其他的基本速度流动)，当它们靠近承载气团时，分别被吸下或吸上，同时(参看**8.1.3**)通过水平密集造成气旋性的旋转；可是当这些气层流过去后，旋转又消失了．因而看起来象是与在**2.3.9**里的亥姆霍兹定理相反，在这些气层里有一个涡旋从气团中穿行过去了．

从埃特尔定理来看，我们可以认为气旋只能由非绝热过程产生[1)]．按照最近的研究[8.39]似乎证实了这点．这里存在的这些不同的可能性，都具有下述的共同点．在中等纬度处向上增长的西移气流内，会局部发生较强的冷却或加温．由于开始流动的绝对涡线一直穿过所涉及的区域，因而式(8.43)的右侧对于区域的一半是正值，对另一半则是负值．所以就产生了一个增高了位旋的气团和一个削弱了位旋的气团．开始时这两个气团差不多是上下靠着的，因而它们互相削弱对方的影响．但是通过不均匀的基本流动，它们很快地彼此离开，这时就产生一个强的气旋和一个同样强

1) 以前的理论(例如挪威的气象学派)曾试图把气旋看做绝热过程．

的反气旋，它们的重心位于不同高度上．这些新涡旋的能量大部分是由基本流动的剪切动能得来的．其他的细节这里就不能深入的讲了．

另一个计算这样过程的途径是由施蒂姆克建议的[8.40]．他不是用不同位涡的气团，而是用气团流的“汇”和“源”．例如一个加热的空气团由低层升到高层去，就可以看做有一个“气团源”位于一个“气团汇”的上面．在汇的情况下计算出来的风场与图 8.17 中物体外面的风场很相似．

8.6.3．地转平衡的稳定性．热带气旋

在 **8.13** 内曾经讲过不可压缩流体直线流动在旋转圆盘上的动态不稳定性的情况．当有反气旋切变 $\partial u/\partial y > 2\omega'$ 时，就存在这个不稳定性．在大气中，有时能在急流-核的右侧满足这个不等式．例如在图 8.14 中，在 (L) $(\omega' = 4.5\times 10^{-5}$ 秒$)$ 附近几乎达到了动态的中性平衡．可是对于气象的发展说，更重要些的是在强斜压风场中，动态稳定性的减弱．这里我们需要慎重考虑的是，由于静的（铅直的）稳定性，单个的空气量是附着在它的等熵面上的．所以这是与这个面上的风的分布情况有关，而上述的不等式应当用下式代替

$$\left(\frac{\partial u}{\partial y}\right)_{\Theta} = \frac{\partial u}{\partial y} - \frac{\partial u}{\partial z}\,\frac{\dfrac{\partial \Theta}{\partial y}}{\dfrac{\partial \Theta}{\partial z}} > 2\omega'. \tag{8.44}$$

如果我们从式(8.40a)中把 $\partial u/\partial z$ 代入上式，则可得出作为不稳定性判别准则的

$$\frac{\partial u}{\partial y} + \frac{g}{2\omega'\Theta}\,\frac{\left(\dfrac{\partial \Theta}{\partial y}\right)^2}{\dfrac{\partial \Theta}{\partial z}} > 2\omega' \tag{8.45}$$

（在强斜压时 $(\partial\Theta/\partial y)_p \approx \partial\Theta/\partial y$）．在锋区内，第二个正数项比第一项大得多．因此在等熵面上的剪切变是反气旋的．它差不多随着水平温度梯度的平方而增加．

如果我们用 $\partial\Theta/\partial z$ 来乘式(8.44)，经过集项，则不等式可写成

$$\mathrm{rot}\,\boldsymbol{v}_{jd}\cdot\mathrm{grad}\,\Theta<0 \tag{8.46}$$

(在所说的流动内，绝对旋转的分量是 0; $\partial u/\partial z$; $2\omega'-\partial u/\partial y$). 这个形式的判别准则对曲线流动也适用.

由式(8.46)和埃特尔定理(**8.6.1**)得出，一个动稳定状态不能由于外界的压力变化而成为不稳定的状态. 事实上，在锋区，不等式(8.46)是从来也不能满足的[1].

可是当空气中的水蒸气凝结时，可以发生不稳定状态. 如果空气在较低压力区域内上升，则由于绝热冷却，水蒸气达到了饱和状态；对于中等湿空气，空气上升几百米就会发生这种情况. 再向上升，则液态的水就分离出来成了云. 在这过程中释放出蒸发热(又叫做潜热)并传给了空气，因此空气不再是每上升100米温度下降1度，而是随着温度和压力的不同按这个量的几分之几下降(例如当0℃和700毫巴时，每上升百米下降0.58℃). 这种状态的变化叫做湿绝热. 象在一般作绝热变化时的位温那样，这里也可以定出一个**湿位温** Θ'，它在湿绝热状态变化情况下是常值[2].

如果沿铅直方向的温度降落大于湿绝热过程时的温度降落，而且湿度又足够高，则一个小的扰动就能引起"湿度不稳定的换位"，这时象烟筒形单独上升的空气就形成了可见的积云. 当这个现象达到相当程度时，就会出现阵雨和暴雨. 一个大范围的积云区对广大空间中的流动能起到产生极强的沿铅直方向的交换作用.

在锋区，水蒸气的凝结可以导致动态不稳定. 它的前题是沿铅直线的排列是湿稳定的，($\partial\Theta'/\partial z>0$). 等湿位温面(现在它对于单个空气微元起着引导面的作用)都和普通的等熵面一样向同一侧偏斜，但是比后者偏的更多(参看图8.14，其中三个湿等熵面是用点线标出的). 由于现在在锋区内一般的动态稳定性已经削弱了，所以可能出现以下状态：

1) 由于式(8.46)有时适能为急流所满足，因此就证明不能把急流内的流动看做是绝热的和无粘性的过程.

2) 关于湿绝热的细节，我们从所有有关气象的书里都可以找到，例如[M2]或[M4]. 我们在讲拉伐尔喷管流动时已经遇到过这个概念(参看**3.15**的中间).

$$\mathrm{rot}\,\boldsymbol{v}_{\mathrm{jd}}\cdot\mathrm{grad}\,\Theta'<0, \tag{8.47}$$

即：出现动态湿不稳定的状态(参看图 8.18)．其结果是空气沿着湿等熵面有均匀“上滑”．这样，就沿着一个锋区(参看 **8.5.2**)产生了大面积的层云系，从而降下了相当均匀的雨(大陡雨)．这个全部过程常常就是形成一个(中高纬度区)气旋的原因(参看 **8.6.2**)．

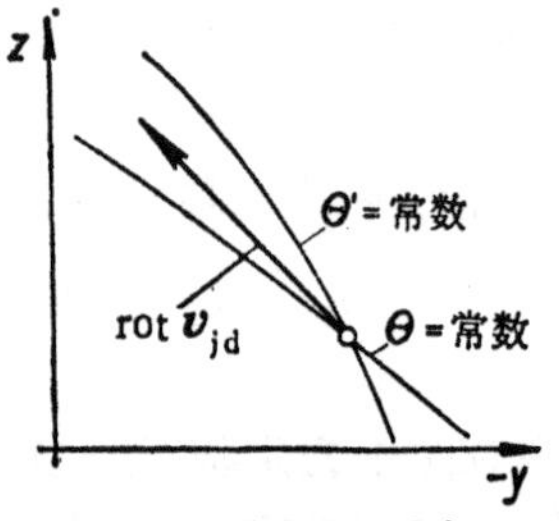

图 8.18　动态湿不稳定

动态湿不稳定性在热带气旋里(如飓风、台风)起着很主要的作用；这些气旋能在许多天中都保持近似定常的过程．我们可以把这种构造看做是向着水平环带弯曲的上滑锋面．在云层里(图 8.19)有按式(8.47)的弱的动态不稳定性，也就是说，绕台风轴的绝对动量矩，$r(v+\omega' r)$，从 $\Theta'=$常数的气流面向外逐渐有些减弱．因此空气是以螺旋形向外流动的．这是原始的流动过程．在地面附近产生反风暴，它基本上是按 **8.2.1** 中所提到的(同样是螺旋形的)粘性流动．在它的里面，由于有摩擦，绝对动量矩向内逐渐减少．(即使如此，在暴风雨中心的边缘处，风力强度还会超过 100 米/秒．)因此，方位风分量 v 的分布是象图 8.19 所示的样子．在地面附近的粘性层以上 v 的减少，按照 **8.5.1** 所说的关系，相当于向着“暴风雨中心”温度的升高．台风的核心处的温度比它周围超过 20°[1]．热带气旋的最大

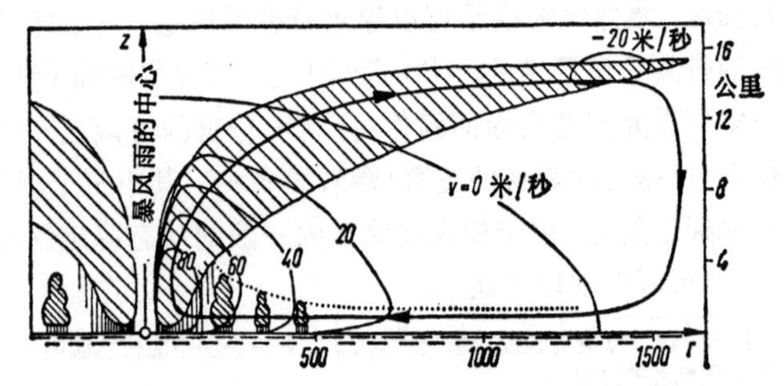

图 8.19　热带气旋的截面．斜的阴影线表示云，垂直的阴影线表示雨

1) 关于热带气旋的计算，参看 [8.41]．

危险在于有高达5米的洪峰；它是在有台风时由于地面附近空气涌进而产生的.

在近代的气象学文献中，常常把气旋的开始形成归因于是斜压不稳定的缘故．这里的问题是要把在**8.1.3**里提到的罗斯比理论推广到随着高度变化的平行流动$U=U(z)$或$=U(p)$中去；它是与按式(8.40a)的温度场的条件相关连的．由于现在也可能出现水平发散，所以代替**8.1.3**中的方程，对于个别气层存在关系式

$$\frac{d}{dt}\left(\frac{\partial v}{\partial x}-\frac{\partial u}{\partial y}\right)=2\omega\sin\varphi\left(\frac{\partial u}{\partial x}+\frac{\partial v}{\partial y}\right)-\beta v,$$

可是如果我们取所有气层的质量平均值(按p求平均值)，则发散项可以忽略，因为在不同气层中的质量发散几乎完全相互补偿了．这样就得到

$$\overline{\frac{d}{dt}\left(\frac{\partial v}{\partial x}-\frac{\partial u}{\partial y}\right)}=-\beta\bar{v}.$$

这里又可以做出一个简单的波形解，不过现在必须要求它不致对有温度变化的风方程式[式(8.40a, b)]引起太大的扰动．不需要证明，我们就可以写出这样的解：

$$u=U(p),$$

$$v=b(U-c)\sin 2\pi\frac{x-ct}{L}$$

(参看[H10]，第48册，86页).

代入第二式，得出散射方程

$$\overline{\left(c-U+\frac{\beta L^2}{4\pi^2}\right)(U-c)}=0.$$

当

$$L\geqslant 2\pi\sqrt{\frac{2}{\beta}}\sqrt[4]{\overline{U^2}-\overline{U}^2}$$

时，这个c的二次方程才有实根(参看骚克利夫[8.46]，弗托夫特[8.47]).

对于较小的L值，我们得到一个衰减波和一个增幅波．后一情况叫做有斜压不稳定性.

例：$\varphi=45°$；$-\frac{dU}{dp}=$常数$=\frac{2\text{ 米/秒}}{100\text{ 毫巴}}$，得临界值

$$L_{1j}=5200\text{ 公里}.$$

8.7. 大 气 环 流

8.7.1. 一般环流

由于大气流场是非常不规则的，因而我们只限于研究沿纬度圈的平均状态．这样得出的平均流动，除地面附近的摩擦层以外，在子午面内只有弱分量，所以主要是一个地带流动．它在广大空间中与平均运动场之间的偏离，可以看做是(沿水平方向和铅直方向的)“大交换”(按照 F. 德方)．由交换引起的动量转移可以部分地由风的测量求出，但是到现在还不知道它与平均状态的关系是遵循什么规律．因此，如何只由已知的外界情况(热量的辐射入和辐射出)去计算这个状态的问题，目前还不能解决．

关于求一个封闭解的尝试，最后采用的是按照普朗特[8.43]所发展的方法，由克罗帕切克[8.43]进行计算的．在计算中虽然没有考虑无次序的水平方向大交换，而假设只有铅直方向的交换，可是却能正确地给出有关一般环流的主要性质．所以我们要在这里简短地介绍一下．

大气可以看成是由环绕地球的一薄层厚度为 H 的等密度流体所构成．实际存在的密度差异可以通过力场计算进去，这个力场在赤道附近起向上的作用，而在两极附近起向下的作用．如果我们忽略相对于地球的加速度以及其他不重要的项，则由运动方程可得

$$0=2\rho\omega\sin\varphi v+\frac{\partial}{\partial z}\left(A_\tau\frac{\partial u}{\partial z}\right), \tag{8.48}$$

$$\frac{1}{R}\frac{\partial p}{\partial\varphi}=-2\rho\omega\sin\varphi u, \tag{8.49}$$

$$\frac{\partial p}{\partial z}=-\rho g+\rho f(\varphi,\ z) \tag{8.50}$$

(R: 地球半径, u: 西–东向风速分量, v: 南–北向风速分量, A: 交换系数, $\rho\cdot f$: 附加力场). 式(8.48)中最后一项是按照**4.6.4**中所表示的作用在单位体积上的表观摩擦力(只有它在这地带内的分量是有意义的). 这个力被一个南–北向流动的科氏力所平衡. 由式(8.49)和式(8.50)得

$$\frac{\partial u}{\partial z}=-\frac{1}{2R\omega\sin\varphi}\frac{\partial f}{\partial\varphi},\tag{8.51}$$

于是

$$u=u_0-\frac{1}{2R\omega\sin\varphi}\int_0^z\frac{\partial f}{\partial\varphi}dz.\tag{8.52}$$

若f已给出,则可以算出直到积分常数u_0(在地面上的地转风)的u. 如果我们再对交换值设以一个合理的函数$A_\tau(\varphi, z)$, 就可以由式(8.48)得到v.

现在还不知道的量u_0, 可以先由式(8.11)用τ_0(地面风切应力的地带分量)来表示. 作为粗略估计, 我们可以大致设$|\tau_0|=0.0025\rho u_0^2$. τ_0的符号与u_0的符号一致. 现在我们必须来求τ_0. 利用动量矩定理[参看**2.3.11**(b)]可以作如下计算:

在半径为$R\cos\varphi$的纬度圈上,流过面积$2\pi R\cdot\cos\varphi\cdot H$的角动量为$2\pi R\cos\varphi\int_0^H\rho uvdz\cdot R\cos\varphi$(其中$H$为气团有上下运动的大气层——所谓对流层——的高度). 在赤道处,上述角动量积分为零, 因为根据对称性, 那里$v=0$. 在两极处, 它也同样为零, 因为那里$\cos\varphi=0$. 从这一点我们可以得出一些结论, 其中的一个是: 在赤道和两极之间所有风的摩擦阻力的总角动量必定为零, 也就是说, 东风产生了多少角动量, 西风就会产生同样多的、但符号相反的角动量. 在赤道和纬度φ之间,风摩擦阻力的角动量为

$$\int_0^\varphi[\tau_0(\varphi)\cdot\underbrace{2\pi R\cos\varphi Rd\varphi}_{\text{面积}}\cdot\underbrace{R\cos\varphi}_{\text{力臂}}].$$

它在数值上必须等于上面给出的对纬度圈φ的角动量流, 但符号为负. 将所得关系式对φ微分,我们便得

$$\tau_0(\varphi)=-\frac{\rho}{R\cos^2\varphi}\frac{\partial}{\partial\varphi}\left(\cos^2\varphi\int_0^H uvdz\right). \qquad (8.53)$$

这就构成了计算的基础. 但实际计算是困难的. 不过，有一个有用的办法是：如果我们先设 $u_0=0$，并由此从式(8.52)和式(8.48)得出 u 和 v，就可以相当准确地积分式(8.53). 从 τ_0 的这个近似值，我们可以利用前面的关系式*得出 u_0 的近似值；如有必要，还可以重复对式(8.53)的计算.

通过对连续方程的积分，我们可以得到铅直速度

$$\frac{\partial w}{\partial z}=-\frac{1}{R\cos\varphi}\frac{\partial}{\partial\varphi}(v\cos\varphi).$$

为了定出积分常数，我们按 **8.2.3** 中将粘性层上缘处的铅直速度代入. 就是

$$w_h=-\frac{1}{\rho R\cos\varphi}\frac{\partial}{\partial\varphi}(M\cos\varphi),$$

其中 $M=\tau_0/2\omega\sin\varphi$，按照式(8.5)，是地面附近摩擦风在子午面内的质量流. 关于这方面的结果，我们可以作如下几点叙述：

1. 计算与在赤道两边所作的观察吻合，大气下层中都有东风——在北半球具有由北向南的摩擦风分量，而在南半球则具有由南向北的摩擦风分量；这“信风带”(或叫贸易风)一直延伸到动量积分达到最大值那一点. 在信风带以外是西风，它随纬度的增长而越来越显著——叫做反信风带. 在赤道上，几乎是无风的. 在最大动量以北，西风区一直下降到地面；在北半球，它具有一由南向北的摩擦风分量.

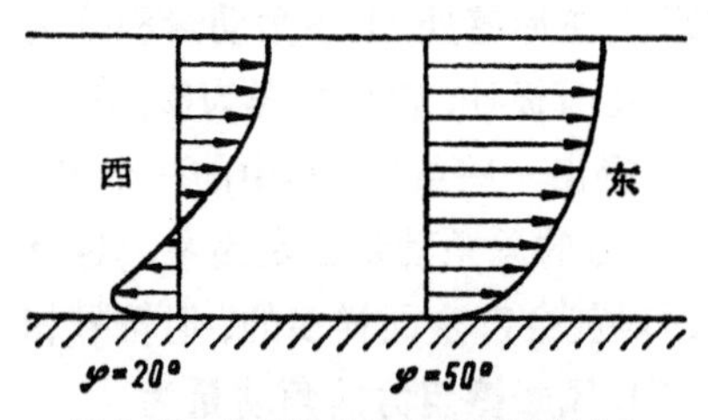

图 8.20 信风带中的风速剖面(左)和西风带中的风速剖面(右)

图 8.20 示出了信风带中的和西风带中的 u 分量的两个分布.

---

* 即 $u_0=20\sqrt{\tau_0/\rho_0}$.——译者注

2．正如预期的那样，两个子午面内的分量 v 和 w 在大气的主体中引起一个环流：热带的暖空气上升，而北极的冷空气(在高空由于辐射而失去热量)下降．在低空的西风带中，有由于地面摩擦引起的一个反环流；如果我们假设有一种简单的推动力场的分布，那么，其铅直方向的尺度简直是微不足道的．图 8.21 以夸大了的图形示出了在北半球这两个环流的近似走向(E 为赤道，P 为地极；+为高气压，－为低气压)．

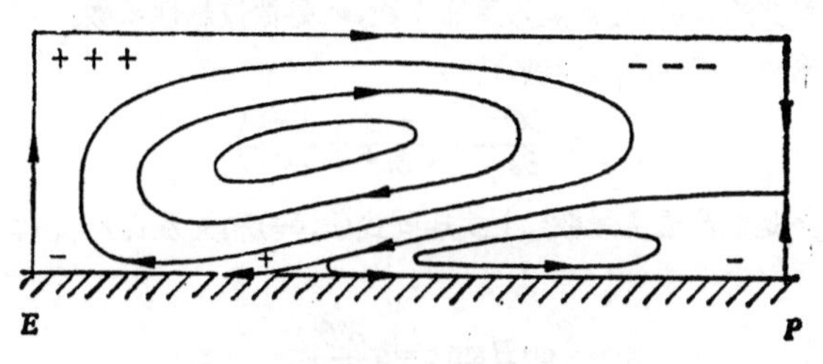

图 8.21　在子午截面内的一般环流

3．在简单情形下，压力场可以描述如下：对应于地面邻近的地转风 u_0 的地面压力梯度，象 u_0 那样，只是小量．在信风带与西风带交界的地方，地面上有一高压区，而在赤道以及极地则有一些低压区．在较高处，压力差要大得多，并且与高处西风的科氏力相平衡．在赤道上空，由于热气团的上涌，有一很强的高气压，而在极地，则有一相应的低气压．

8.7.2　斜坡风．山风和谷风

斜坡风是由于地面的升温或降温作用而在山坡上产生的一种自然流动．在白天吹的是上坡风，夜间吹的是下坡风．斜坡风与在 **5.4.2** 中讨论过的垂直热壁上的气流是性质相似的．不过与以前还有些不同的就是：在斜坡上流动的空气，差不多都是稳定的层化流动(位温向上增加)．因此对每一质点得出的不总是加速运动，而是接近均匀的速度，调整这速度的条件是：这质点与它周围未受扰动的质点相比总保持有一定的超温值．因而空气团的惯性对运动是没有作用的．

为了计算方便，我们把坐标 x 和 z 转换为平行和垂直于斜面的坐标 s 和 n（图 8.22）．把由于斜面的热传导而造成的温度扰动 θ' 估计在内，可设空气的位温为

$$\Theta = A + Bz + \theta'(n). \tag{8.54}$$

由前所述，可以期望平行于 s 的速度 w 只是 n 的纯函数．因此，去掉静压后，运动方程可简化为

$$0 = g\sin\alpha\cdot\beta\theta' + \nu'\frac{\partial^2 w}{\partial n^2}, \tag{8.55}$$

其中 α 是斜坡的倾斜角，β 是热膨胀系数，ν' 是湍流粘性系数．

热运输和热传导的总传热方程为

$$w\frac{\partial\Theta}{\partial s} = a\left(\frac{\partial^2\Theta}{\partial n^2} + \frac{\partial^2\Theta}{\partial s^2}\right)$$

（$a = A_Q/c_p\rho$ 是湍流温度系数），上式连同式(8.54)和关系式 $z = s\sin\alpha + n\cos\alpha$ 得出

$$w\cdot B\sin\alpha = a\frac{\partial^2\theta'}{\partial n^2}. \tag{8.56}$$

将式(8.56)对 n 微商两次，并将 $\partial^2 w/\partial n^2$ 代入式(8.55)，我们得

$$0 = g\sin\alpha\cdot\beta\theta' + \frac{\nu' a}{B\sin\alpha}\frac{\partial^4\theta'}{\partial n^4}. \tag{8.57}$$

这一熟知的微分方程的一个适宜的解是

$$\theta' = Ce^{-n/l}\cos\frac{n}{l}, \tag{8.58}$$

其中

$$l = \left(\frac{4\nu' a}{g\beta B\sin^2\alpha}\right)^{1/4}. \tag{8.59}$$

于是，经过简单计算，由式(8.56)可以立即得到

$$w = C\left(\frac{g\beta a}{\nu' B}\right)^{1/2} e^{-n/l}\sin\frac{n}{l}. \tag{8.60}$$

值得注意的是，w 与倾角 α 的大小无关！这是和下列事实相联系的：虽然当 α 较小时，由于受热而引起的密度差所造成的浮力较小，但是，由于层化而引起的对沿 s 方向运动的阻碍也同等地减小了．后一效应表现为 l 值的增大［根据式(4.12)的边界层计算，"自由程"s_1 的加倍就意味着将边界层厚度 l 扩大 $\sqrt{2}$ 倍，这是与上面的式(8.59)相一致的］．

图 8.22 中示出了式(8.58)和式(8.60)中函数的变化趋势. 特别显著的是, 温度扰动 θ' 的分布也出现负值. 出现这种现象的必然性是可以理解的, 如果我们注意到: 热空气在热浮力作用下而上升时, 产生摩阻; 其结果使本身尚未受热的那些空气层发生运动, 而它们在上升到新位置后, 比空气层化未受扰动之前就在那里的质点还要冷. 在图 8.22 中, Θ=常数的两条曲线示出了在强烈加热的情况下(这时可能出现湍流)等位温线的变形.

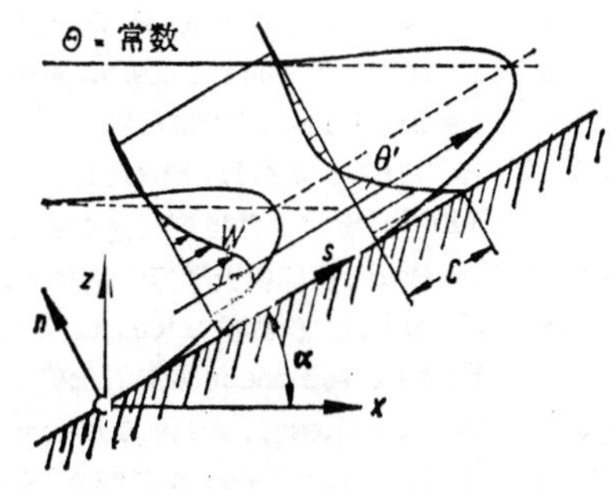

图 8.22 斜坡风

F. 德方[8.44]把这里给出的理论与在盆地的山坡上所作的观测作了比较, 结果很一致. 正如德方的计算所提出的, 实际上斜坡风是无阻碍地按照白天的温度扰动变化而流动, 因此把斜坡风看作定常流动是合宜的.

对于前段的叙述还要加以说明的是, 在白天, 由于地面升温而使层化的稳定性大大下降时, 上坡风是一个封闭环流的一部分. 观察结果表明, 这时在高处有个平衡气流由山上流向山谷. 如果这里是一个很长的狭谷, 则上方的流动不垂直于斜坡, 而是差不多平行于山谷, 向平原流出去. 通过叫做"谷风"的, 构成了一个封闭环路的环流; 这是在所有很长的山谷中出现的一个很明显的现象. 它紧靠谷底地面, 从谷下向山上吹, 然后从这里分成左、右两股上坡风. 在夜间, 当斜坡面逐渐冷却时, 冷的下坡风就聚集在谷底, 在这里形成了"山风", 象河流一样沿山谷向下流. 上方的逆流现在很弱, 这是由于层化稳定性的加强, 使在高处形成一个向着山区的压力降落(参看[8.44])有了困难.

参 考 文 献

[8.1] F. Defant, *Meteorol. Zeitschr*. **58** (1941), S. 53. 内有其他参考文献.

[8.2] F. Defant, *Archiv f. Meteor. Geophysik u. Bioklimatologie* Ser. A, **2**

(1950), S. 404.

[8.3] W. Rothstein, *ZAMM* **23** (1943), S. 72.

[8.4] W. Ekman, Innsbrucker Vorträge 1922, S. 97.

[8.5] P. Mildner, *Beitr. Phys. d. freien Atm.* **19** (1932), S. 151. Siehe auch H. Lettau, Tellus 2(1950), S. 125.

[8.6] H. Görtler, *ZAMM* **21** (1941), S. 279; 摘要见 *"Naturwissenschaften"* **29** (1941), S. 473 并提到其他有关问题.

[8.7] L. Roux, 哥廷根大学博士论文=*Geophys. Zeitschr.* **11** (1935), S. 167.

[8.8] H. Merbt, 发表在 Geophys. Inst. d. Univ. Lei pzig, II. Serie, Bd. 15, Hcft 1 (Weickmannheft) (1949), S. 143.

[8.9] Th. Hesselberg, *Archiv f. Meteor. Geophysik* 等. Ser. A **7** (1954), S. 329.

[8.10] R. R. Long, *Tellus* **6** (1954), S. 97. 同一作者关于两层流体流动的理论研究, 见: *Tellus* **5** (1953), S. 42 und **8** (1956), S. 460.

[8.11] H. Schweitzer, *Arch. f. Meteor., Geophysik* 等. Ser. A **5** (1953), S. 350.

[8.12] J. C. Freemann, *Journ. of Meteorol.* **5** (1948), S. 138.

[8.13] H. Hoinkes, *Beitr. Phys. freien Atm.* **27** (1941), S. 62; J. Holmboe und H. Klieforth, *Sierra Wave Project Final Rep.* 1957 (Dept. Meteor. Univ. Calif.); R. S. Scorer und H. Klieforth, *Quart. Journ. Roy. Met. Soc.* **85** (1959), S. 131.

[8.14] H. Koschmieder, Danziger Seewinduntersuchungen. Forsch. -Arbeit des Observ. Danzig, Heft 8 (1936).

[8.15] W. A. Mattice, *Monthly Weather Review* **63** (1935), S. 53. 和 148, 又: H. Koschmieder, *Wiss. Abhandl. Reichsamt f. Wetterdienst* **8**, Nr. 3, 1940.

[8.16] H. Koschmieder, *Naturwiss.* **27** (1939), S. 113.

[8.17] W. Schmidt, *Sitzungsber. Akad. Wiss. Wien* IIa, **119** (1910), S. 1101 和 *Meteor. Zeitschr.* **28** (1911), S. 355. V. M. Ghatage, 哥廷根大学博士论文 1936.

[8.18] A. Eliassen, E. Palm, Inst. Weather and Climate Res. Norw. Acad. Science and Letters, Publ. **1** (1954).

[8.19] L. Biermann, *Die Naturwiss.* **33** (1946), S. 118; 详细内容见 *Zeitschr. f. Astrophys.* **25** (1948), S. 161.

[8.20] G. Lyra, *Beitr. z. Physik d. freien Atmosphäre* **26** (1940), S. 197, 此外 *ZAMM* **23** (1943), S. 1.

[8.21] J. Zierep, *Beitr. Phys. Atm.* **29** (1957), S. 143.

[8.22] H. Stümke, *Beitr. z. Phys. d. freien Atm.* **26** (1940), S. 207.

[8.23] P. Queney, Univ Chicago Dept. of Meteor. Misc. Rep. **23** (1947).

[8.24] R. S. Scorer, *Quart. Journ. Roy. Meteor. Soc.* **75** (1949), S. 41, 以及 **79** (1953), S. 70 und 80 (1954), S. 417.

[8.25] B. R. Döös, *Tellus* **13** (1961), S. 305.

[8.26] L. F. Richardson, *Proc. Roy. Soc.* **(A)** **97** (1920), S. 354 und *Phil. Mag.* (6) **49** (1925), S. 81;还有 L. Prandtl, Aachener Vorträge 1929, S. 1 和 J. M. Burgers, (同上) S. 7.

[8.27] G. I. Taylor, *Proc. Roy. Soc.* (A) **132** (1931), S. 499; 和 S. Goldstein, (同上) S. 524.

[8.28] H. Schlichting, *ZAMM* 15(1935), S. 313 (其中给出许多参考文献).

[8.29] G. I. Taylor, *Phil. Trans. Roy. Soc. London* Ser. A **215** (1915), S. 1.

[8.30] W. Schmidt, Der Massenaustausch in freier Luft……In: Probleme d. kesm. Physik, Hamburg 1925.

[8.31] G. Hollmann, *Beitr. Phys. Atm.* **32** (1960), S. 161.

[8.32] C. H. Priestley, *Quart. Journ. Roy. Meteor. Soc.* **81** (1955), S. 139.

[8.33] L. Prandtl, *Beitr. Phys. fr. Atm.* **19** (1932), S. 188.

[8.34] C. H. Priestley, *Austr. Journ. of Physics* **7** (1954), S. 176.

[8.35] A. S. Monin, A. M. Obuchow, *Akademiia Nauk* USSR Geofizich. Inst. Trudy No. 24(1954), S. 163.

[8.36] C. H. B. Priestley, Turbulent Transfer in the lower Atmosphere. Univ. of Chicago Press 1959.

[8.37] M. Margules, Meteor. Zeitschr. Hann-Band (1906), S. 243.

[8.38] H. Ertel, *Meteor. Zeitschr.* **59** (1942), S. 277.

[8.39] E. Kleinschmidt, *Meteor. Rundschau* **3** (1950), S. 54 und *Beitr. Phys. Atm.* **32** (1959), S. 94.

[8.40] H. Stümke, *Zeitschr. f. Geophysik* **16** (1940), S. 127. *Meteor. Rundschau* **5** (1952), S. 1.

[8.41] E. Kleinschmidt, *Arch. f. Meteor. Geophys. Bioklimat.* Ser. A **4** (1951), S. 53.

[8.42] L. Prandtl, Bericht and die Meteor. Assoziation in Edinburgh 1936, S. 171. Paris 1939.

[8.43] F. Kropatschek, 哥廷根大学博士论文, 1935=*Beitr. z. Phys. d. freien Atm.* **22** (1935), S. 272.

[8.44] F. Defant, *Archiv f. Meteor. Geophys. Bioklimat.* (A)**1** (1949), S. 421.

[8.45] C.-G. Rossby and Coll., *Journ. of Marine Research* **2** (1939), S. 38.

[8.46] R. C. Sutcliffe, *Quart. Journ. Roy. Meteor. Soc.* **77** (1951), S. 226.

[8.47] R. Fjörtoft, Compendium of Meteorology, Boston, Mass. 1951, S. 454.

第九章 其他类型问题

9.1. 气　　蚀

9.1.1. 气蚀的产生和气泡模型

气蚀或气穴，是指在流体内部有充满蒸汽或气体的空穴形成(参看**7.21**).我们观察一下工业用流体(首先是水)的流动，就会发现，当速度较高处的绝对静压下降到蒸汽压力 p_{ql} 时，局部流体蒸发，就有这种现象出现.流体继续流动，到了压力重新上升而蒸汽凝结的地方，这时气穴崩溃，通常还会发出剧烈响声.

气蚀看来象是只产生在流体中已经有"核"(就是已经在流体内部或者在被绕物体壁面上的洼凹处有了微细的空气或气体小泡)的时候.水在用极大压力(大约有1000个大气压的数量级)排除了内部所含空气后，不但压力可以降低到蒸汽压力以下，而且还能承受相当大的张应力[1]而不形成气穴.在下面所讨论的一些实际应用中，我们总是假定有"核"存在.

如果我们取在粘性很小的流体中作平行流动的几何相似物体相互比较，则可以看出，当压力差，即局部压力减蒸汽压力 $p-p_{ql}$ 与局部压力减来流压力 $p-p_\infty$ 之比为同一大小时，就可能产生相似的气蚀.由于

$$\frac{p-p_{ql}}{p-p_\infty}=\frac{p_\infty-p_{ql}}{p-p_\infty}+1,$$

并且因为对应点的运动压力 $p-p_\infty$ 与远前方的动压力成正比，我们可以引进D.托玛求出的无量纲特性数(参看**6.4**)

$$\sigma=\frac{p_\infty-p_{ql}}{\frac{\rho_s U_\infty^2}{2}}\text{(其中 }\rho_s\text{: 水的密度).}\qquad(9.1)$$

1) 对液态氢来说也是这样，因为这时所有其他气体都已冻凝.

(蒸汽压力与温度关系极大. 例如水在 0°C, 10°C, 20°C, 40°C 时, 它的蒸汽压力分别是 $p_{ql}=0.0062$ 公斤/厘米², 0.0125 公斤/厘米², 0.0238 公斤/厘米², 0.0752 公斤/厘米².)

在光滑的物体上, 只有当最小压力系数 $c_{p_{min}}=(p_{min}-p_{\infty})/\frac{\rho_s}{2}U_{\infty}^2=-\sigma$ (或由于水的延迟沸腾, 还会更小一些)时, 才能产生气蚀. 在物体背面(这里有涡旋产生, 象在螺旋桨尖端那样)可能比较早地, 即在 $p_{min}>p_{ql}$ 和 $\sigma>0$ 时, 就会在流体中产生涡旋气蚀(参看图 6.25). 因为在粘性不大的流体里, 涡旋核内的减压可以是非常大的.

如果我们把充满气的气泡在无限水域中的崩溃情况(象贝桑和瑞雷已经作过的那样), 当作一个简单流动模型, 这样就能解释气蚀所具有的强烈腐蚀作用. 对此, 我们可以假设在理想流体中一个半径为 $R(t)$ 的圆气泡, 具有位势 Φ:

$$\Phi=-\frac{\dot{R}R^2}{r}^{*}, \tag{9.2}$$

其中 r 是由球中心到计算点的距离, 从而满足了边界条件: 当 $r\to R$(或 $\to\infty$)时 $\frac{\partial\Phi}{\partial r}=R^2\dot{R}/r^2\to\dot{R}$(或 $\to0$).

由柏努利方程

$$\frac{\partial\Phi}{\partial t}+\frac{1}{2}\left(\frac{\partial\Phi}{\partial r}\right)^2+\frac{p(r,t)}{\rho_s}=\frac{p_{\infty}}{\rho_s}$$

得: 当 $r=R$ 时, 气泡内的压力 $p_i(t)$ 与气泡半径有关

$$\frac{p_{\infty}-p_i}{\rho_s}=-R\ddot{R}-\frac{3}{2}\dot{R}^2. \tag{9.3}$$

气泡内的气量(密度是 ρ_{ql})不随时间改变, 因而 $\rho_{ql}\sim R^{-3}$. 在绝热压缩过程中, 内压 $p_i\sim\rho_{ql}^{\gamma}$ 或 $p_i\sim R^{-3\gamma}$. 如果我们设外界压力 p_{∞} 不随时间改变, 并且设初始状态时为 R_0, 这时 $\dot{R}=0$, $p_i=p_0<p_{\infty}$, 则

$$p_i/p_0=(R_0/R)^{3\gamma}.$$

---

* $\dot{R}=\frac{dR}{dt}$, $\ddot{R}=\frac{d^2R}{dt^2}$. ——译者注

这样，当 $R_0/R \geqslant 1$ 时，由式(9.3)得

$$\frac{3\rho_s}{2p_\infty}\dot{R}^2=\left(\frac{R_0}{R}\right)^3-1+\frac{1}{\gamma-1}\frac{p_0}{p_\infty}\left[\left(\frac{R_0}{R}\right)^3-\left(\frac{R_0}{R}\right)^{3\gamma}\right]. \quad (9.4)$$

所以在气泡边缘处的径向水速 $\dot{R}$ 不仅在 $R=R_0$ 时为零，而且在另一个值 $R=R_{\min}$ 时（这时内压达到最高值 $p_{i\max}$）也是零. 在 $R=R_0$ 和 $R=R_{\min}$ 之间水速达到最高值 $(\dot{R})_{\max}$. 图 9.1（用 $\gamma=1.4$ 计算的）示出，例如有个气泡，在开始时它的内压是外界压力的 1/100 当压缩到 $R_{\min}/R_0 \approx 1:22$ 或压缩到开始体积的 1/10000 时，则压力上升到外部压力值的 4100 倍. 如果设想外界压力是一个大气压，则在达到最小半径之前，水就将用声速（≈1400 米/秒）向心地流动（图 9.1 中的虚线），好象 $p_0/p_\infty \approx 0.004$ 一样. 所以这里至少还要考虑水的压缩性，此外也要考虑表面张力并且有时也要考虑热效应以及粘性. 最后，在向心流动的后期就不再稳定，圆球形气泡将成为扁的，最终的压力比上面计算出来的要小得多.

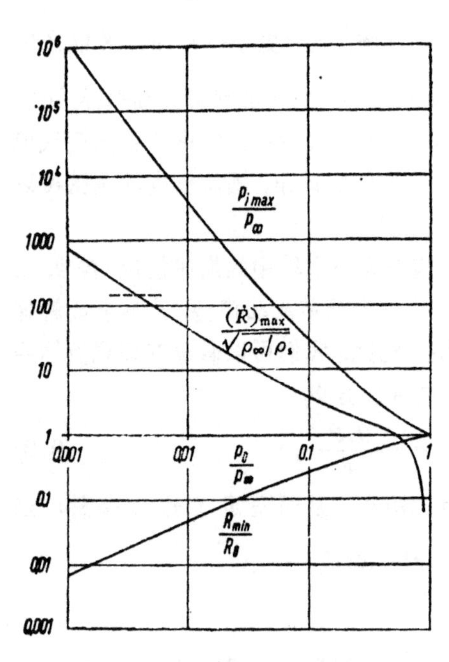

图 9.1 在理想流体内的气泡[p_i: 内压; $p_0=p_i\ (t=0)$; p_∞: 外压; R: 气泡半径; $R(t=0)=R_0$; ρ_s: 水的密度]

由于蒸汽在最后状态时可以被看做是永久气体（因为它只用有限速度凝结），因而可以将上述理论应用于气蚀泡. 可是另一方面如果在降压区产生的气泡继续在物体的压力场内流动的话，上面的计算也可以推广到“外界压力 p_∞”随时间变化的情况上去（参看[H12]）. 在水内一个球形气泡有不衰减的振动，就说明这时在

局部点上能发生非常高的压力．这就能产生强烈的腐蚀现象(也许通过化学效应会更加强它)象图 9.2 和图 9.3 中所示出的一个由优质青铜制作的螺旋桨表面的腐蚀后情况．

图 9.2　由气蚀造成腐蚀的螺旋桨表面

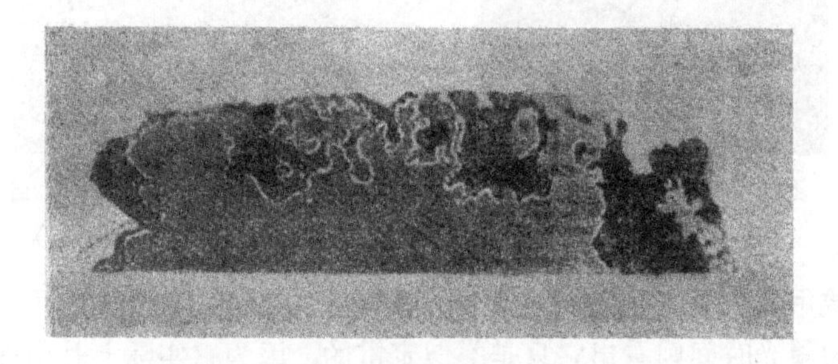

图 9.3　对图 9.2 所示腐蚀部分取下的截面

在实际流动中，水内(特别是在海表面附近的海水中)除含有带进去的空气泡沫外，主要是还含有被水溶化的(吸收的)空气，它在减压区又被释放出来，而且在压力还大于蒸汽压力时就形成气泡(参看[9.1]，[9.76])．

9.1.2. 全气蚀流动

当气蚀系数(σ)不是太大时，我们在均速移动的物体后的尾流中观察到，有个看起来是定常的或大或小的气穴存在．我们把这一与非常小的气泡形成气蚀时的非定常个别现象相反的过程叫作全气蚀流动．我们把由爱森贝格和庞德在[9.2]中所照的像作为例子，复印在图 9.4 到 9.7 中，它们示出了当 $\sigma=0.188$ 或 0.5 时，垂直流过圆盘时盘后产生的气蚀泡的情况．这个直接用眼能观察

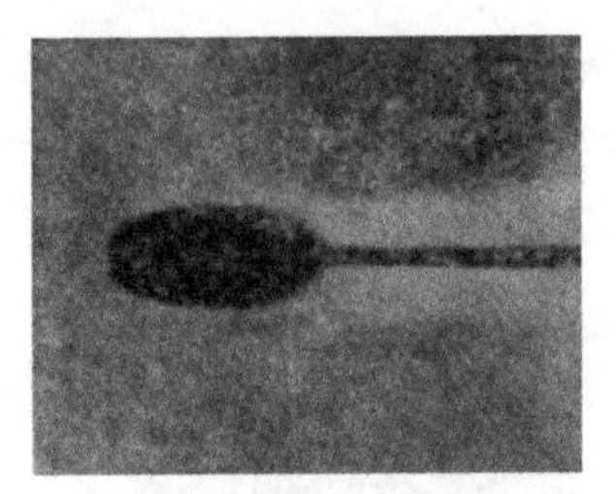

图 9.4 在圆盘后的气蚀泡. 当 $\sigma=0.188$ (曝光时间 2 秒)

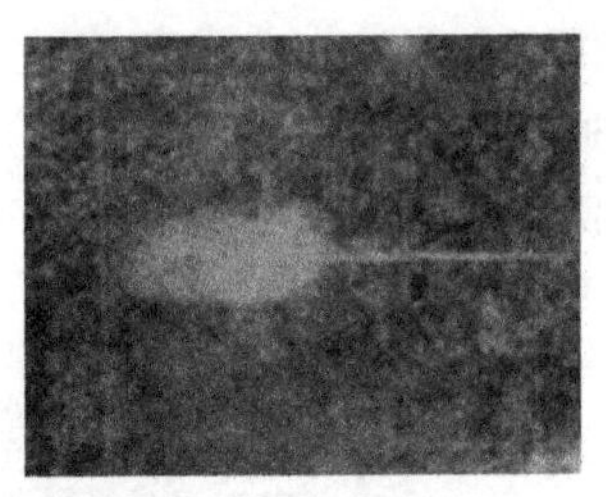

图 9.5 在圆盘后的气蚀泡. 当 $\sigma=0.188$ (曝光时间 10^{-4} 秒)

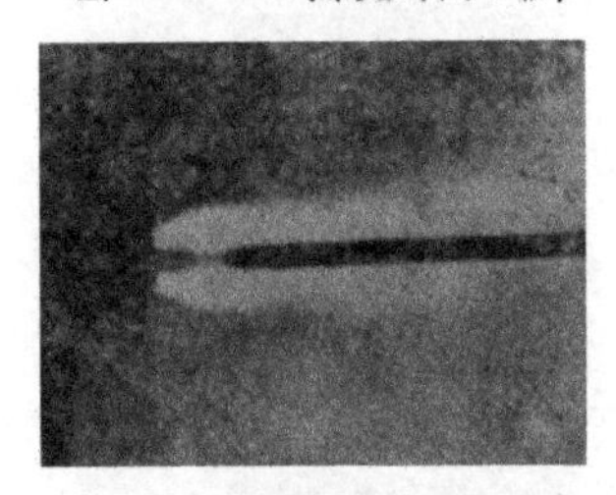

图 9.6 在圆盘后的气蚀泡. 当 $\sigma=0.5$(曝光时间 2 秒)

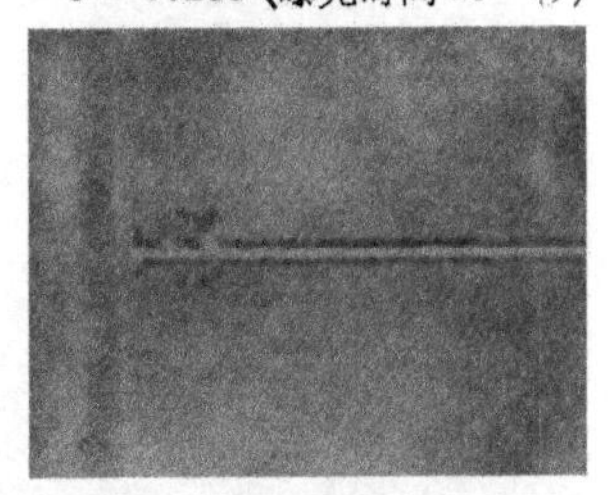

图 9.7 在圆盘后的气蚀泡. 当 $\sigma=0.5$(曝光时间 10^{-4} 秒)

到或用较长曝光时间能拍摄到的大气泡看起来是定常的，可是用极短曝光时间则看出它只是类似定常的，因为它实际上是由许多非定常的小气泡所组成的. 由 $\sigma=0.5$ 时的照片特别能看出，这样的只在环形涡旋里存在的小气泡也能在圆盘边缘上极快地前后排列形成，在它们内部，则减压一直降落到蒸汽压力，此外就再也无法解释此处产生气蚀的原因，因为在圆盘后绝对压力的时间平均值(对空间差不多是常数)在较大的 σ 值时处处都大于蒸汽压力.

如果不管细部的结构，则由充满气体的气穴与由蒸汽小气泡组成的气穴在性质上是一样的. 赖夏特[9.3]研究了人工造成的气蚀泡(例如水射向圆盘绕流过去，并从盘的背面吹出空气). 在相应的"气蚀系数"σ_{we} 中，我们用在尾流中空气的反压 p_{we} 来代替蒸汽压力 p_{ql}，就可以通过适当选择破泡压力 p_{we}，特别是通过试验，来得到非常小的 σ_{we} 值. 赖夏特用不同的旋转物体找出了小 σ_{we} 值时的阻力系数

$$c_D(\sigma_{we}) = (1+\sigma_{we}) \cdot c_D(\sigma_{we}=0).$$

(对于轴向流过的半顶角为 ε 的圆锥,当 $\varepsilon=15°$, $45°$, $90°$ (圆盘)时, $c_D(\sigma=0)$ 为 0.15, 0.5, 0.8.)

按照亥姆霍兹-基尔霍夫的方法(对于 $\sigma=0$)来计算旋转对称的气蚀流动是非常困难的. 对于圆盘用不同数学方法求出的值是 $c_D(\sigma=0)=0.81$ 或 0.83 (参看 [R9]).

与此相反, 对于二维气蚀流动理论 (这里可以用保角映射法 [S10]), 则很长时间以来, 就已在数学上有了深入的研究[R9], [H10]. 鉴于在数值计算上所存在的困难, 署林得出了对细长体计算的简化线性近似理论[9.4], 从应用上(如对于用螺旋桨的和有翼的船)来说, 证明是很有用的. 作为例子, 我们以吴耀祖的工作[9.5], [9.6]来

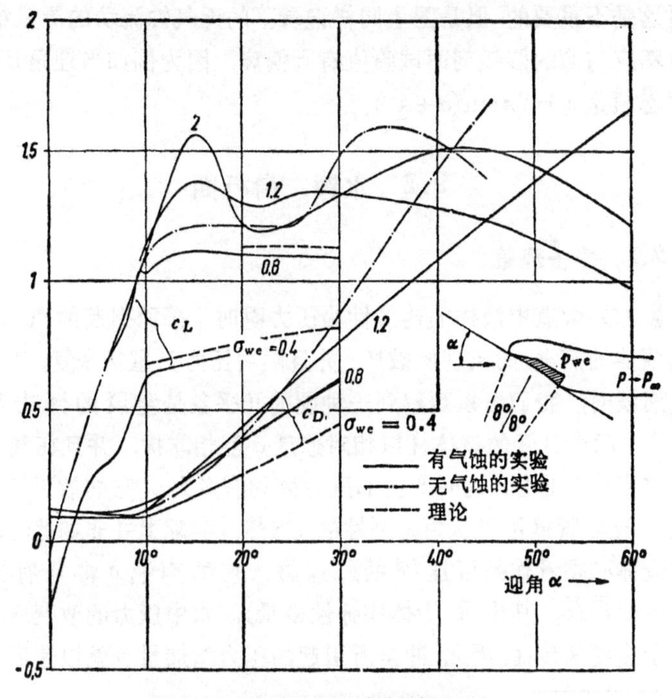

图 9.8 有气蚀时圆弧剖面上所受的力

$\left(\sigma_{we}=\dfrac{p_\infty-p_{we}}{\frac{1}{2}\rho U_\infty^2},\ p_{we}\text{: 尾流中的压力}\right)$

反映现代非线性理论所达到的水平．在他的工作中，尾流区是由物体附近区域和紧靠着物体后面的区域所代替的（爱普勒[9.7]和罗什科[9.8]都曾这样做过）；在前一区域中，压力处处都是反压 p_{we}，而后一区域则延伸到无限远处，并且其内部压力由 p_{we} 上升到未受扰动时的压力 p_∞．由图 9.8 看出，按照此法求出的圆弧剖面（中心角是 $2\times8°$）的 $c_L(\alpha)$ 和 $c_D(\alpha)$ 理论值（在[9.6]中给出）与帕金的测量值[9.9]很一致．

参数 σ_{we} 是由假设的或测量出来的尾流压力 p_{we} 得出的，可是只在 $\sigma_{we}<0.3$ 时它才与设计上已知的原来的气蚀数一致．由于强度的原因，在试验中用来测量的剖面是象图 9.8 所示的样子，即：只有在迎着来流方向的一面才是圆弧形的．在研究气蚀流动时这是不重要的；但是图上同样记录下的无气蚀流动的测量结果，自然应与薄的圆弧剖面试验值有所偏离，因为例如当迎角 α 很小时必须是 $c_L=2\pi\sin(\alpha+4°)$．

9.2．水锤．滑行面

9.2.1．冲击现象

如果管道中液体的连续性为压力瞬时下降而引起的气穴（充满液体的蒸汽）的出现所破坏，并且随后压力又重新恢复，则当气穴崩溃时，我们可以观察到一种硬的几乎象是金属的锤击的现象[1]．两个分开的液体柱以相对速度 q 互相靠拢，并且在气穴消失时突然被止住；这时产生的压力究竟有多大？它的效果又是什么？虽然管壁可以认为是刚性的（当然，实际上并非如此！），至少流体必须看作是可压缩的．这样，它的声速 c 将是有限的（$c=\sqrt{K/\rho}$，其中 K 为体积弹性模量），水中压力的改变就将以这个速度来传播．因此，冲击所引起的压力增加量 p 就以速度 c 向

1）例如，如果在水流方向有一段长管的水龙头突然关闭，我们就可以观察到这种现象．管道中的水由于惯性的缘故而继续向前运动，同时形成气穴，但随后又被大气压压回，这样就获得一速度，假若没有摩擦的话，它就等于最初所具有的速度．

两个方向传播，这时受压力波影响的流体质点所获得的速度大小，是它们原先速度的算术平均值．所以，当冲击波通过时，每一液体柱速度的改变为 $q/2$，而根据 **3.2**［式(3.2)］对于压力传播所作的推理可知，压力的增加量是 $p=\rho cq/2$.

数值例子：对于水，$q=10$ 米/秒，$c=1400$ 米/秒．在以米作为长度单位的工程单位制中

$\rho=1$ 克/厘米^3=1000 公斤/米^3÷9.81 米/秒$^2\approx$102 公斤·秒^2/米^4．因此 $p=102\times1400\times5$ 公斤/米^2=71.4 公斤/厘米^2(=71.4 大气压).

如考虑到管子的弹性变形，则关系就要复杂得多；这时(姑且不考虑管壁的弯曲振动)，除了水的声速外，还有第二个传播速度 c'；对于薄壁管子，c' 要比 c 小得多．在传播到远处以后，则 c' 就要大得多；如果管径为 d，壁厚为 s，管壁的弹性模量为 E，则

$$c'=c\sqrt{\frac{Es}{Kd+Es}}.$$ [1)]

如果不计及固体和水之间的一薄层空气，固体对水面的撞击也可以用同样方法来计算，但由于固体的“声阻抗” ρc 不同，两种物质间相对速度 q 的分布就不同，而在它们内部的压力上升则是一样的．如果第二种物质是重金属，我们可以断言，整个相对速度实际上都将传给水[2)].

无论如何，这样计算得的压力是不能长久保持其最大强度的，因为实际上压力卸落将从固体击水面的边界以声速往里传播；同时，由于水的反作用力，固体或快或慢地(视其质量而定)也会丧失速度．这一现象与时间的关系，很象在流体中以超声速运动的矩形平板上压力分布与宽度(弦长)的关系(参看图 7.58)．随着时

---

1) 详细内容参看阿勒威的文章[9.10]或杜波斯和白泰拉关于这篇文章的德文报告[9.11]．还可看卡米席尔[9.12]，克赖特纳[9.13]，以及耶格尔[9.14]和里德[9.15]的文章．

2) 海浪对防波堤和码头壁的冲击和这个现象有一定的类似之处．随着海床的上升，波峰向前卷曲并破碎．在它破碎之前，有一个过渡的形式，即具有垂直波阵面的波．如果它恰好在壁面前形成，由于波阵面的前进速度较大，波浪的打击相当有力，以致可以使石砌建筑的最大石方松动．

间的增长，水的压力很快就完全衰减下来了，最后只剩下相应于那时固体运动所产生的一般水动压力.

在大海浪中行驶的船，船头可以从水中被托起来又落下去，这时在船头的底板上有局部瞬时的压力，根据实际量测它能达到 20 大气压(参看总结报告[9.16]和[S8]).

9.2.2. 连续现象

如果把一个刚体的平底面板缓慢地没有速度地放在水面上，然后突然往下一沉(加速)，就会发生在 **7.4.1** 中所讨论过的那种流动；在那里，流动是由一加速运动的平板(用以代替运动的翼型)所产生. 这时介质完全围绕着板，在下沉的板平面的下边有超压，而在上面则有减压；在板平面中，靠近板处的压力等于未受扰动压力. 最后的这一特性正是我们所需要的，以满足水自由面处的条件. 如果我们只采用先前得出的解的下一半，我们就恰好有了这里所需的一切，至少开始一小段时是如此. 压力分布仍旧根据 $p-p_{\infty}=-\rho\partial\Phi/\partial t$ 来计算，并且至少对于二维情形(对一长板)，只要作适当的修正，压力分布便可以通过先前所用过的方法得到. 如同机翼的情形那样，板上展向的压力分布呈半椭圆形(图 9.9).

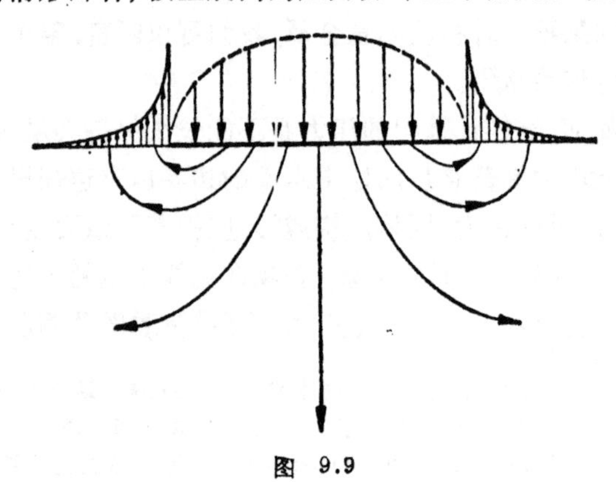

图 9.9

当一倾斜于水面的平板以法向速度 v_n 进入水内时，另一个现象便产生了. 在前面的例子中，如果加速度很短促而且猛烈，水就会从紧靠着板的周围向上飞溅起来，同样，正如瓦格纳在一篇重要的论文[9.17]中指出的，这里，水也会沿倾斜板"飞溅起来"（如图9.13中的箭头所示）.从图9.10看，板和水面的接触线很显然地是以水平速度$u=v_n/\sin\varepsilon$前进. 在最简单情况下，引起飞溅的流动，在沿水面以速度u运动的坐标系中是定常的. 在这个坐标系中，原来静止的流体以速度u向右运动. 图9.11示出了这个定常流动的流线及板面上的压力分布. 在驻点（图中可以看出）处，柏努利方程给出的压力上升等于

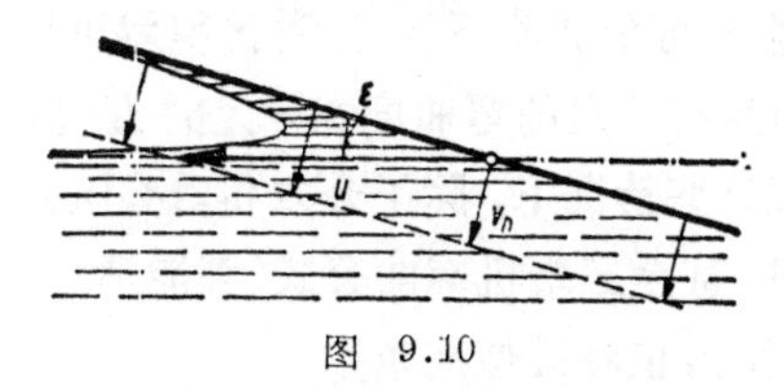

图 9.10

$$\frac{1}{2}\rho u^2=\frac{1}{2}\rho v_n^2/\sin^2\varepsilon.$$

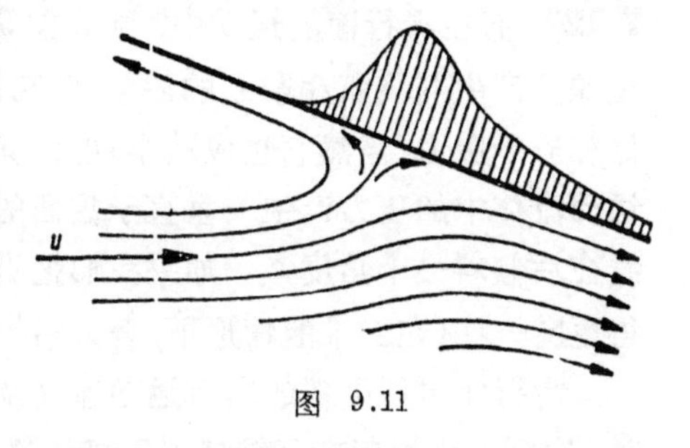

图 9.11

因此，如果角ε很小，就会局部地发生很高的压力（由于这一事实，对于水上飞机，如果浮筒设计拙劣，在降落不佳时，容易引起破坏）.

9.2.3. 水上的滑行面

由于这两种现象有内在的联系，我们将对快艇和水上飞机的浮筒[1)]产生相当大的升力的过程作一一阐述. 这种现象与机翼升力的联系是十分明显的；和机翼的情形一样，要产生大的升力，就要有高的速度. 不过，它们之间的联系远比这种表面上的类比深刻得多. 这里，和前面一样，一个定常的压力分布在流体介质上水平地滑动，并在流体中引起速度. 这里的情况与机翼的情形的区别在于运动介质仅处于滑行面之下，而不是完全地围绕着它；而这只是去除了"吸力面"上的压力分布后的效果，其情况如**9.2.2**开头

1) 用扁平石块打水漂的游戏是这种现象的另一情形.

所述. 如果滑行速度 v 很大, 以致在滑行面运动方向所达到的区域内,重力对受扰水面运动的影响可以忽略不计,这种比拟就可以认为是完全的. 滑行面还必须具有一定的弯曲度和一定的迎角,以使前缘平滑地进入水内. 在这些情况下, 除了升力和诱导阻力均须减半以外,二维翼型的公式,甚至三维机翼的公式,都能适用. 此外,因为只有一面沾水,摩擦阻力也将近似地减半.

但是,如果前缘不是平滑地进入水内,这两种情形之间便有根本的区别, 因为在机翼的情形下, 流动绕过前缘而具有"吸力"(见 **7.12**), 而在滑行面的运动中, 则有如 **9.2.2** 中所述的那种"飞溅"现象. 产生与飞溅相联系的冲量,意味着有阻力存在,而这几乎恰好相应于吸力(当然它也应减半)的消除.当滑行面成一倾角 ε 时,运动流体中的压力产生一垂直于翼面的压力, 即这个合力从铅直线往后倾斜一个角度 ε. 如果我们把吸力考虑在内, 合力将倾斜得更陡一些(在二维的情形下,合力沿铅直方向).

滑行面尾后出现的向下运动速度及其两侧出现的向上运动速度, 实际上会引起在三维情形下极为复杂的波动. 在二维情形下(无限翼展滑行面, 或两边有平行板挡住的滑行面), 计算要容易些, 其结果是有一波系以速度 $c=u$ 追随在滑行面的后面. 根据式(2.43),波长 $\lambda=2\pi u^2/g$. 如果速度 u 不太大, 而滑行面所沾湿的(弦向)宽度 b 比较大,则比值 u^2/g 就不再甚大于 b; 这样, 我们就必须考虑波动对升力和阻力的影响. 瓦格纳对滑行面的运动以及许多细节作了基本的阐述[9.18], 而二维问题则早已由瑞雷和兰姆讨论了([L2] 以及[9.19]). 图 9.12 示出了二维的平滑进入时

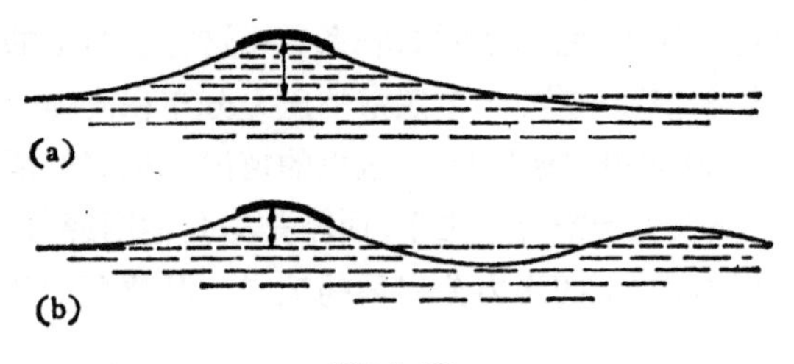

图 9.12

的水面变化：(a) 无重力影响；(b) 有重力影响. 对于前一情形，由于对称性的缘故，没有压力阻力；而后一情形就有. 它相当于波系中以速度 $c-c^*=u/2$ [参看 **2.1.13**(b) 中的讨论] 往下游漂移的能量. 图 9.13 示出了二维滑行面带有飞溅的流动. 在滑行面的前方已产生的水面升高，是压力场所造成的，它使滑行面后面的和前面的质点都产生一向上的加速度；而滑行面下的质点则获得向下的加速度(由图 9.9 可以看清楚这些加速度，这个图可以看作是图 9.12(a) 中流动的加速度图). 正如前述，这里即使没有重力，也会因飞溅而引起阻力.

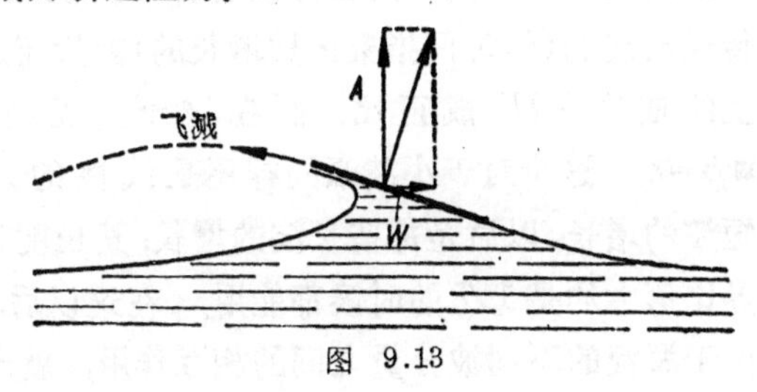

图 9.13

9.3. 风所产生的水面波

早期，汤姆森[9.20]和亥姆霍兹[9.21]就用位流理论研究过有风吹过时水表面的不稳定情况，当时没有考虑摩擦影响，可是考虑了表面张力的作用. 按照他们的理论，当风速不小于约 6.4 米/秒时可以产生水波，速度最少是 23.3 厘米/秒，波长是 1.72 厘米 [参看 **2.3.13**(a)]. 考虑到层流边界层(在水里和在空气中)和它的稳定性情况，维斯特[9.22]得出了引起水波的最小风速是 0.7 米/秒，G. 诺伊曼[9.23]用另一个方法也得出了这个值，这与早期和近期的实验，例如杰傅瑞斯[9.24]和罗尔[9.25]所得结果很相符合.

每种对失稳的考虑，都以水表面有小扰动作为前题. 按照罗尔以及按照埃卡特[9.26]的研究，这种扰动来自小阵风或湍流团，它们作为移动着的压力扰动就象一条船似的使水表面产生波系.

近代理论都是统计性质的，即：不论研究对象是湍流的风摆动还是产生的海浪，都被看作是由许多不同波长、方向和能量的波所组成的统计混合体．例如菲利普斯[9.27]就研究了以平均风速为 U_0 运动的某一波长的压力波动，和同一波长但速度为 $c=U_0\cos\beta$ （β 是这个波的传播方向与风的方向之间的夹角）的表面运动的部分波之间的共振关系．其中风的能量是与时间成正比地传递给水波．对于产生波系的早期阶段来说，有这个理论就足够了．而对于波系的进一步增长，迈尔斯[9.28]假设在风的波和压力波动之间有相互作用．这时平均风速 $U(z)$ 不再看作是常值而是随着高度 z 而增长的．他指出，当风的压力波动和表面波之间起共振时，由风传递给波的（随时间指数函数增长的）能量与速度剖面在某一高度上的曲率 $-U''$ 成正比，而在这个高度的速度恰好是 $U(z)\cos\beta=c$．这个对于小波幅同样还是线性的理论，说明了最初是短波的增长，以后是那些长波的增长；其长度直到波高与波长的临界比值大约是 1:7 的时候都能用．在这以后，由于波的崩溃以及由于海浪的不同波分量之间的相互作用，就产生了非线性效应；这种相互作用导致能量在波谱内的重新分布（特别是从长波到短波）．对这个非常复杂的现象，菲利普斯[9.29]和哈塞尔曼[9.30]特别作了研究．

随着理论模型的精练化，对测量方法或测量结果的求值（三维波谱分析）提出了更高的要求．这里只谈一下柯克斯和孟克的工作[9.31]，在他们的文章中是用海面反射的日光的闪烁来解释波倾度（在不同的方向）的统计分布的．

特别有意义的是关于已形成的风海，即：在一条长的风路（几百公里）上经过长时间不变的风（随风的强度不同可以是几小时或几天）的作用在深海中吹成的一种海浪．诺伊曼[9.32]根据观测和理论分析求出了它的一个能谱．一个角频率为 $\omega=2\pi/T$（T 周期）的部分波对单位面积的平均总能量 E（它与波幅平方成正比）所产生的分量是用 $1/2\cdot\rho g e(\omega)d\omega$ 来表示，因而

$$E=\frac{1}{2}\rho g\int_0^\infty e(\omega)d\omega.$$

按照诺伊曼得到

$$e=\frac{c}{\omega^6}\exp\frac{-2g^2}{\omega^2U^2},$$

其中 $c=4.8$ 米^2/秒^5, g=重力加速度=9.81 米/秒^2, U=风速米/秒 (在 10 米高处), ρ=水的密度=102 公斤秒^2/米^4. 由此得出, 例如: 部分波的最大能量 $T=2\pi\sqrt{3/2}\,U/g=0.785U$; 此外 $E=0.0032U^5$ 米公斤/米^2.

上面提出的, 自然只是指近十年内已有了很大发展的一个研究领域的情况. 参看 [9.33] 和 [S8].

9.4. 水和空气的混合物

9.4.1. 空气中的水滴

由于毛细力的缘故, 极小的自由下落水滴实际上是球形的. 由于水的粘性为空气粘性的 50 到 90 倍(依温度高低而定), 这些小水滴可以认为是遵从斯托克斯定律 [参看 **4.17(b)**] 的刚性小球. 如果小球的直径为 d, 下落速度为 v, 则阻力在定常状态下等于它的重量, 即

$$3\pi\mu_{kq}vd=\frac{1}{6}g\rho_s\pi d^3,$$

由此

$$v=\frac{\rho_s g d^2}{18\mu_{kq}}=\frac{g}{18}\frac{\rho_s}{\rho_{kq}}\frac{d^2}{\nu_{kq}}, \tag{9.5}$$

其中 μ_{kq} 为空气的粘性系数, ρ_s 为水的密度. 这一公式, 直到 $Re=2$ 左右[相应于 $d=0.1$ 毫米左右, (雾滴)] 都认为是近似正确的. 如果, 为了更便于应用, 直径以毫米为单位, 而速度则以米/秒为单位, 那么, 由于 $\rho_s/\rho_{kq}=800$ 和 $\nu_{kq}=0.14$ 厘米^2/秒, 我们得(经过单位换算)

$$v=31d^2, \tag{9.5a}$$

这个公式给出的上限值是 0.31 米/秒.

对于更大一些的水滴(譬如直径在 $d=1$ 毫米以上), 牛顿定律

就可以用了. 这里，如假定水滴是球形的，那么，我们一定要令

$$g\rho_s \cdot \frac{1}{6}\pi d^3 = c\rho_{kq} \cdot \frac{1}{2}v^2 \cdot \frac{1}{4}\pi d^2,$$

由此

$$v = \sqrt{\frac{4}{3c}\frac{\rho_s}{\rho_{kq}}gd}. \tag{9.6}$$

这里，阻力系数 c 不是一个纯常数. 采用上面所用的单位(d 以毫米计，v 以米/秒计)，令 $c=0.5$，我们得经验公式[1)]

$$v = 4.6\sqrt{d}. \tag{9.6a}$$

当直径大于 4 毫米时，这个公式便很快变得不适用了，因为随着压差的增大，水滴的变形越来越大. 具体地说，主要是它在驻点区变得扁平，并且还可以被挤压，于是 c 变得比以前大得多，而 d 也增加了. 霍赫史文德[9.34]对落入铅直上升气流中的水滴拍了照片，他发现，直径约为 6 毫米左右的水滴被显著挤扁了，而更大一些的水滴却弯成象厨师帽子的形状. 当直径超过 6.5 毫米(当水滴还是球形时测出)时，水滴完全被大气压压碎；因而，正如早已在观察中知道的，即使是在大雨中也不能产生很大的雨点. 破碎现象的过程如下：从帽状开始，中部被拉成薄膜而后破裂，最后出现一锚状环，但随即破碎成许多小水滴. 图 9.14 示出了这种现象的几个阶段，它们是按霍赫史文德的照片画出来的.

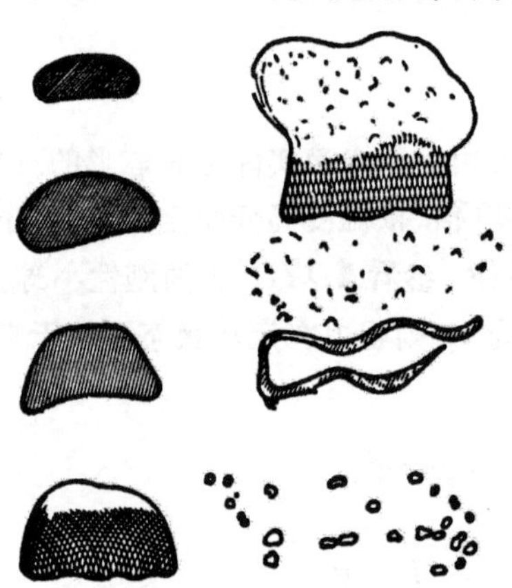

图 9.14 大雨滴的破碎(按霍赫史文德的照片画出)

9.4.2. 空气中液体射流的破碎

甚至在低速的条件下，细长射流也会破碎成小滴；按照瑞雷的

1) 对于 $d=0.1$—1 毫米的中间范围，在同样的单位下，可以取 $v=4d$ 作粗略的近似式.

研究，这一点应归结为表面张力效应.如他所指出的(见[9.35])，表面张力使得细柱形射流静力不稳定，因为射流可以通过破碎成不太小的液滴[1]来减小其表面积.如果让一股细水流从龙头里慢慢地流出来，这种“破碎”现象就可以看得很清楚. 图9.15和图9.16是瑞雷所摄的两幅水射流破碎的典型闪光照片. 在图9.16中，是把一振动的音叉与射流喷嘴相接触后照出的，尽管射流的速度很大，可以得出射流的很有规则的破碎. 如果流体的粘性很大，破碎就会受阻碍，以致会出现象糖浆那样被明显地“拉成的细丝”[2].

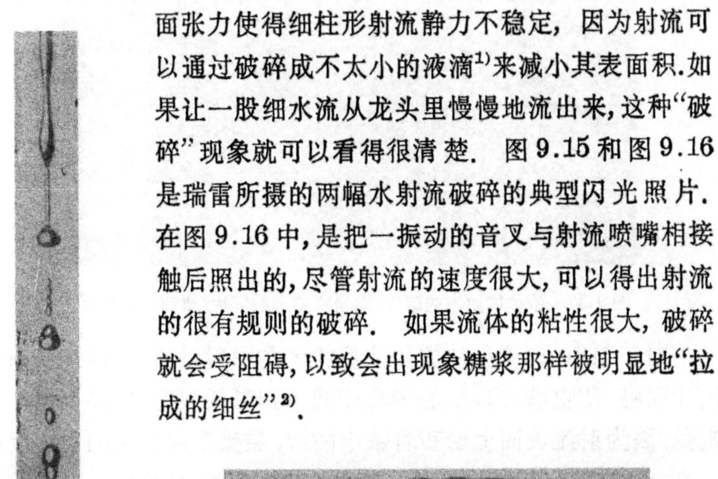

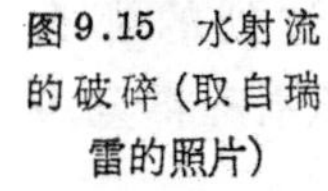

图9.15 水射流的破碎(取自瑞雷的照片)

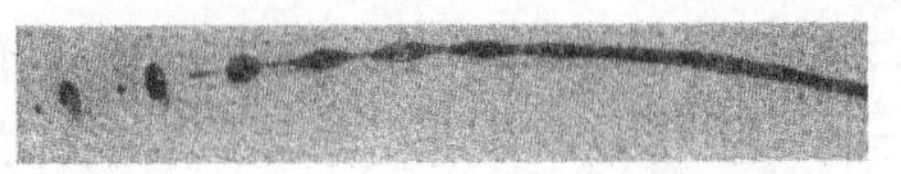

图9.16 水射流的破碎(取自瑞雷的照片)

对于流体的高速射流，破碎的液滴被空气力加速，这时就能观察到[3]另一类型的破碎(叫做**破碎波**). 射流速度的进一步增高，会导致完全破碎(叫做**粉碎**)，因为在射流中，那些波状的隆起，显然会被射流所携带的空气的强烈湍性裂成碎沫. 图9.17中的前三行线表示(取自亨莱因的照片)出这些现象；第四、第五行线表示在粘性很大的流体中的相应现象. 若故意地使射流变成湍流，或者在它离开喷嘴前使它作旋转运动，显然可以使因射流破碎而产生的弥散度大大提高. 在粘性较小的流体中，这种射流破碎所得的最终产物是一些细滴和与它们一起流动的空气的混合物.

---

1) 从射流到液滴转化的发生是因为，当液柱直径变得与其平均值不同时，由于表面张力的缘故，在细的地方内部产生的压力来得高，结果把柱内液体驱向较粗处；那些细的地方象一根细杆似地被不断拉长，最后它们形成较小的液滴，并与较大的液滴分离.

2) 由于溶剂的蒸发，或者由于冷却(这在细的地方尤为显著)，粘性的增大，可能会使过程变得十分稳定. 参看玻璃丝的纺织，等等.

3) 参看亨莱因的观察结果[9.36]；以及韦伯对这种现象所作的理论探讨[9.37].

图 9.17 液体细射流的破碎(取自亨莱因的照片;流动自右至左)

对于粗射流(例如从消防队员的水龙中射出的), 即使适当地设计喷嘴,使喷嘴出口处的湍流度减小到最低限度,破碎仍然不可避免;因为射流表面上密布着微小的波,象受暴风冲击的水池表面一样,水滴便从这些波峰处分裂出来[1]. 这样, 最终整个射流将破碎成一阵"雨"点, 而且射程也远没有象在真空中所达到的那么远[2]. 如果射流从喷嘴里射出时没有什么湍性, 那么射程将会增大.

上述讨论也可用来解释喷雾器和雾化器中的现象. 在大多数喷雾器中,一股快速气流包围着一股从喷嘴里较慢地流出的液体;气流使流体流分裂成许多小滴,随着气流的散布并变成湍流,它们便与更多的空气掺混,于是,便形成了雾. 例如在内燃机的汽化器中所发生的现象就是这样,吸进发动机中的空气要通过一狭管道,同时也使燃料喷入这个管道中,并被快速气流破碎为细滴;部分燃料蒸发并形成易燃的混合物. 在柴油机中, 燃料就在汽缸中雾化(现在常用燃料的"无压缩"喷射). 燃料在很高的超压下, 流过一能使射流产生很大湍流度的喷嘴, 因而射流自身便在相当大的程度上破碎了. 就象雨点那样, 液体碎片的快速运动导致产生更加细微的破碎.

在这个基础上, 根据流过液滴的空气的驻点压力$\left(\frac{1}{2}\rho_{\mathrm{kq}}v^2\right)$和 **9.4.1** 所

1) 处于快速气流之下的液体表面的不稳定性,可以从对图 2.16 的讨论推出.
2) 详见[H8].

述的帽状液滴中所引起的毛细力间的平衡，我们就可以估算一直不破碎的液滴的最大直径.

一个一定的“帽状”液滴的曲率半径与液滴的直径 d 成比例，因此，按 1.11，在液滴变了形的表面上，压力差与 T/d 成比例，其中 T 为表面张力常数. 在驻点处使这两个压力相等，我们便得

$$\frac{1}{2}\rho_{kq}v^2 = \text{常数} \times \frac{T}{d}.$$

上式中的常数可从霍赫史文德的实验结果确定出来. 这里（单位均用厘米）$d_1=0.65$ 厘米，因此，由 (9.6a) 式，$v=1170$ 厘米/秒. 取 $\rho=0.00125$ 克/厘米^3 和 $T=75.2$ 达因/厘米（=克/秒^2），这个常数的值为 7.4. 因此，雾化后液滴的最大直径为

$$d_1 \approx 7.4 \frac{T}{\frac{1}{2}\rho_{kq}v^2}. \tag{9.7}$$

对于 v，我们必须对液滴相对于空气的速度（在演变过程中它逐渐减小）取一适当的平均值代入上式. 在压缩空气（ρ_{kq} 较大些）中和在高温（T 较小些）情况下的雾化（在同一 v 时）要比在大气压和正常温度时细些. 因此，在柴油机中 d_1 的值可以达到 $2—50\times10^{-4}$ 厘米. 与表面张力比，粘性是不重要的，这即使在流体层雾化时也一样，见 [R19]，[H12] 和 [9.37a]. 这个公式清楚地指明了此速度和空气密度的影响. 对于同样的 v 值，当空气的密度比在大气压下的密度高时，雾化度就要大得多.

粘性的影响能使雾化所需的时间延长，但是至今还不能在理论基础上对此作出定量的说明.

为了阐明柴油机中的那些现象，已经作过许多雾化方面的实验. 征得波波夫的同意，根据他的照片[1)]画成图 9.18(a). 该实验所用的获得雾化射流的喷嘴放大图示于图 9.18(b) 中.

在喷洒草地的装置中也利用水的雾化. 例如，将水冲击在一个有小倾斜角的平板上，我们便可以获得分布细密的水；这就会使射流呈扇形铺开并迅速破碎. 更加有效的方法是利用科尔亭格

---

1) 其余的射流雾化的照片见奥舍茨 [9.38]，并参看 [9.39]，对柴油机条件下所拍摄的慢动作照片（它们也揭示了自燃和燃烧过程）载于霍尔费尔德的著作 [9.40] 中，并可参看布卢默 [9.41] 和 [9.42].

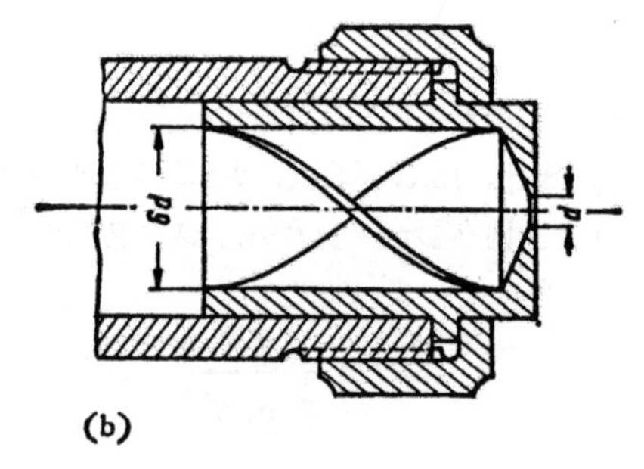

图 9.18

(a) 按雾化的燃料射流的闪光照片所作的图（取自波波夫的照片）；(b) 波波夫的喷雾器喷嘴

的“打漩喷嘴雾化器”，在这种雾化器中，当水在达到喷嘴的狭窄部分之前，就在导流器作用下使水作急速转动(绕喷嘴纵轴)．速度的周向分量随离轴线距离的减小而大大地增加[参看**2.3.3**(b)中关于泵的涡室的说明]，结果当射流从喷嘴喷出时，它便呈锥形散开，而雾化是十分有效的．上述波波夫在实验中所用的喷嘴[图9.18(b)]，是一种特殊的打漩喷雾器．其他能使液体旋绕得更快的喷雾器，则可以产生更大的散射角．

9.4.3. 水中的空气泡

在水中作用在空气泡上的阿基米德浮力，与直径和气泡相同的水滴的重量实际相等．因此，只要气泡是球形的，并且注意到，在常温下水的粘性为空气粘性的 60 到 80 倍，而密度约为空气的 800 倍，则一般地说来，与**9.4.1**中所给出的空气中水滴下降的同样公式仍然适用．因此，我们得经验公式：(还是用毫米表示直径，用米/秒表示速度)

(a) $d \leqslant 0.16$ 毫米时，$v = 0.4d^2—0.5d^2$ (斯托克斯定律[1])，

(b) $d \geqslant 1$ 毫米时，v = 数值 × $\sqrt{d}$ (牛顿定律).

对铅直上升的气泡，且 $c = 0.4—0.5$ 时，第二个公式中的“数值”约为 0.16—0.18. 实际上，较小的气泡在上升的时候，是时强时弱地作左右摇摆或作螺旋运动；而较大的气泡则被挤扁成帽子那样，并且它的外形还会引起不规则的颤动[2]. 按照迄今还没有发表的米勒的实验，如果上述公式中的 d 表示与气泡同体积的球的直径，并且 d 介于 1 毫米与 2.5 毫米之间，则公式中的常数大致可取为 0.127；如果 d 介于 3 毫米与 8 毫米之间，则气泡的形状变化得很快，致使速度保持约为 0.21 到 0.22 米/秒的常数. 当 d 超过 12 毫米时，帽形几乎保持不变，而且很扁；这时此“数值”可取为[3] 0.068 (相应的阻力系数 c 为 1.7). 图 9.19 是根据米勒的照片示出的空气泡形状[4].

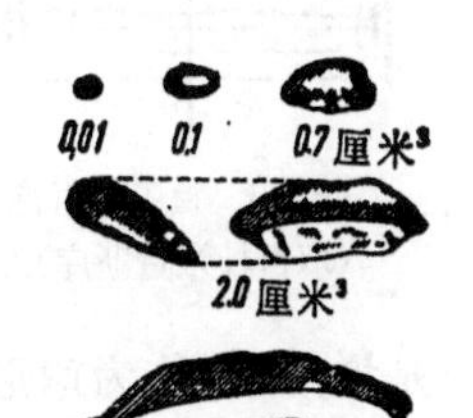

图 9.19 上升空气泡的形状(较实体缩小了一半)(根据米勒的照片画出)

如果一个气泡或一群气泡在一铅直管中上升，而且这些气泡的总体积为 V，管中的水重就比充满同样高度的、不带气泡的水减少了 wV ($w = \rho g$ = 单位体积的重量). 假如给定了在气泡上面的压力，那末在那群气泡下面的压力，就比没有气泡时减小了 $p' = wV/a$ (a 为管道截面积). 这个性质可以作为利用压缩空气来提高水位(气吸泵)的依据. 如果水要从原来的高度提升高度 h，为了能使水从顶部流出来，必须

---

1) 小气泡的表面，在一些主要方面象刚性表面一样，因而一般形式的斯托克斯定律是适用的. 对于柔软可变的表面情形，也曾经作过理论研究. 如果里面空气的粘性忽略不计，所算出的速度是斯托克斯定律所给出的速度的 1.5 倍(例如参看[H2], vol. *IV*, 2, *p*. 346, 列勃钦斯基、阿达马和布辛涅斯克的公式).

2) 赫费尔很早作过[9.43]一系列详细的实验. 其余的参考资料见皮克特在 [9.44] 上的简要报道.

3) 对直径大于 1 毫米的气泡，可给出“有理方程” $v = 1.28\sqrt{gd}$；而对直径大于 12 毫米的气泡则 $v = 0.69\sqrt{gd}$；其中 v, d 和 g 均以毫米(或米)作为长度单位.

4) 具有这些体积的球的直径为 2.7, 5.7, 11.0, 15.6, 26.7 毫米.

在置于下部的管中不断通进压缩空气以使气泡体积$V>ah$. 由于气泡以速度v穿过水(见前面), 并且在它上升时空气不断膨胀, 因而更为准确的气吸泵理论是相当复杂的, 这里我们就不详细叙述了[1). 为了提高水泵的效率, 我们必须使气泡极端小, 以保持速度v尽可能地小. 但是,气泡有合并的趋势,会变得越来越大. 最终成为如图 9.20 所示形状的、占整个横截面的大气泡. 这种形状是很稳定的, 并且由于不再有任何因涡旋的脱离而引起的扰动,就可以从理论上来研究了. 按照杜米台斯库的理论和实验[9.46], 这些大气泡的上升速度为$v=0.35\sqrt{gd}$, 也就是说,比看作为球形而直径大于$0.26d$的气泡的速度小,于是直径小于$0.26d$的气泡就能赶上大气泡而使大气泡变得更大. 在水管式锅炉里, 水的循环运动同样是取决于蒸汽泡所造成的压力差[2). 还要提到,热壁能把小气泡"吸"过来,因为气泡在离壁面近的一半较热,它的表面张力就比其对面的一半的表面张力要小些.

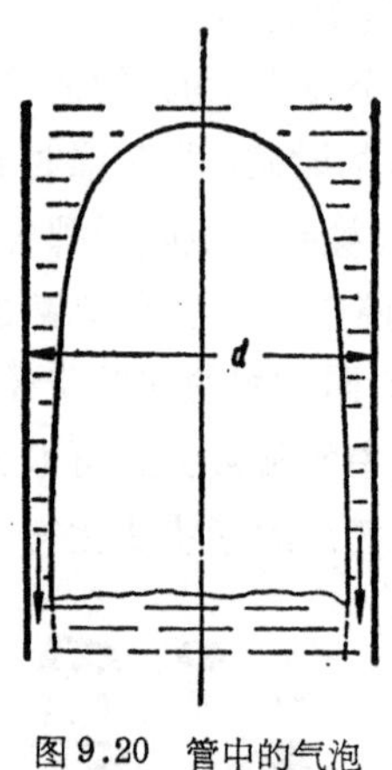

图 9.20 管中的气泡
(取自杜米台斯库)

实际上, 纯粹的水 (在 1 大气压和 15°C 时的声速是$c=1470$米/秒)是不可压缩的; 可是,如果水里只含有少量由许多极小的自由空气泡合成的空气, 就会使它成为可压缩的. 如果水里所含的空气体积比α很小(但是$\alpha>0$), 则声速$c=\sqrt{dp/d\rho}\approx\frac{1+\alpha}{\sqrt{\alpha}}\sqrt{p/\rho_s}$ (p: 压力, ρ_s: 水的密度≈常值), 故例如在 1 大气压和$\alpha=1\%$ (或 5%) 时, 声速只有 102 米/秒 (或 47 米/秒) (参看 [9.46a]; [9.49]). 特别是在较低压力情况下,当含空气的水的流速比在纯空气时小得多时,就已经能够产生激波(参看 [9.49a], [9.49b]).

---

1) 参看贝林格尔在 Karlsruhe 所作的博士论文(1930); 摘要载于[9.45].

2) 由施密特和他在但泽市的同事们对锅炉管道中蒸汽泡的上升速度所作的一系列试验结果(参看[9.47]),已由凯斯林在[9.48]中根据动力相似律加以整理.

在正激波后的压力升高(与马赫数有关)只比纯空气中小一点，但是密度比(激波后比激波前)自然最多只能升到 $1+\alpha$ (当空气泡完全被压缩时). 这里的柏努利方程内的压力函数[代替式(3.12)]是 $P=\frac{p(1+\alpha\ln p)}{(1+\mu)\rho_s}+$常数，其中 $\mu=$空气质量与水质量之比$=\alpha\rho_{kq}/\rho_s$; 混合物的密度是 $\rho=\rho_s(1+\mu)/(1+\alpha)$. 因此不能直接取用气体动力学的结果,不过普朗特-葛劳渥相似律在这里还是可以用的,见[9.49c].

9.5. 空气流中的颗粒

这里有两个显著不同的值得注意的问题：管道中粒状物质的“风力输运”；和在天然风中沙和雪的运动. 这两个问题与河流中的沙砾输运很相似(参看 **9.6**)；但是,实际上它们之间的差别仍然相当大：如在水中，被移动物体的比重与介质比重之比极少超过3:1,而在空气中,对于雪和沙漠的沙,这个比值分别约为700:1和2400:1. 在这里,特别是那些较大的颗粒,各个颗粒的轨迹并不精确地沿着气流的流线走,而倒更象一个抛射体的轨迹. 关于这些运动的理论至今还发展得很少,因而对大多数情形,我们只能叙述一些实验结果,参看[H12]和[R19].

9.5.1. 实际应用

就**颗粒在管道中输运**而言,特别是对于粮食输运,加斯特施泰特的实验[9.50]已作了重要说明. 对于小麦(我们举它为例)，它在静止空气中的平衡下落速度 v_0 约为10米/秒. 在水平管道中，当速度在 $2v_0$ 以上时,压力损失系数 λ (参看 **4.13**)为

$$\lambda=\lambda_0(1+0.3w/Q);$$

其中 w 为单位时间内输运的颗粒重量，Q 为单位时间内通过的空气重量,而 λ_0 则为空气在空管中运动时的压力损失系数. 当速度较小时，w/Q 项的系数大于0.3; 当速度等于 $1.2v_0$ 时，颗粒保持

静止．加斯特施泰特还观察研究了谷粒的运动．如果气流速度足够大，这些颗粒就沿着或多或少地与气流方向相倾斜的轨迹，毫无规则地从一壁弹到另一壁，这样，平均起来，它们便相当均匀地把整个管道的截面填满了．

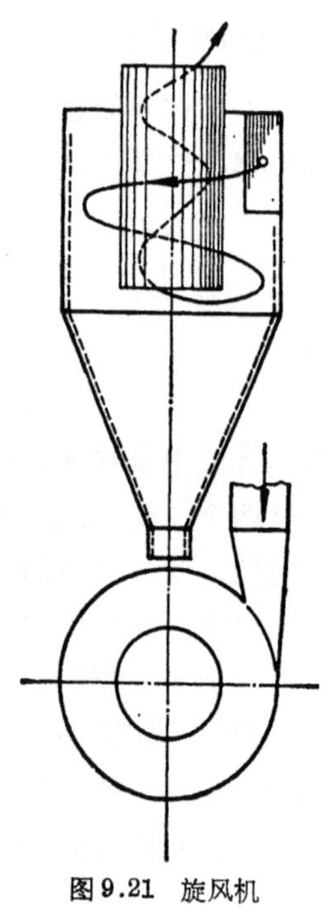

图 9.21　旋风机

风力输运的另一个重要实际应用，是在木材业和皮革业中吸除**刨花**和**切屑**以及各种工业尘埃．还有一个重要问题是分离输运物质，这通常是用一种所谓“旋风机”来实现的；旋风机是一种对称于竖轴的容器，空气载运着要分离的物质从切向引入容器．由于物质的重量，它就集中到容器的外壁，在那里，它的速度由于有摩擦而减小，于是便落下了．由于内部曲面上边界层的不稳定性所引起的湍流度的增大（参看 **4.7**），较细的颗粒便又与空气混合，于是它们便与较粗的粒子分开了．经验已经表明，用小旋风机进行分离比用大的更为有效，所以，几个小旋风机比一个大的还好．图 9.21 示出了一种简单的旋风机[1]．

这里还可以提出颗粒和气流相互作用的两个重要实际应用：**簸谷机**和**喷沙机**．在前者中，轻重颗粒的混合物从上方进入到具有适当速度而向上倾斜的气流中．较重的颗粒穿过气流落下，而较轻的颗粒则被气流带走．在喷沙机中，将一夹带沙粒的气流压过一很窄的喷嘴，从而获得高速度．被气流拉着跑的沙粒刚从喷嘴的出口喷出，便立即冲击到需要磨沙的物体上．这些机械的理论，通常是以考察单个颗粒所受空气阻力作用和得到的加速为基础的．由于这些理论（虽然有用）通常并不考虑这些阻力对流动所

1）在入口处的很高的反压（参看 **2.3.3b**），可以利用在出口处消除旋转和高速的办法来避免．

起的反作用，所以它们对流体力学贡献不大，这里我们也就不谈它们了．巴尔斯首先结合测量工业尘埃的颗粒平均直径的仪器，作了理论计算(见[9.51])．

9.5.2. 风的作用

白格诺德曾经很仔细地研究过在天然风中沙的输运(这与干雪的输运极为相似)现象，他不仅在为这个目的而特制的风洞中进行了研究，而且还在沙漠中进行了研究(见[9.52]和[S11])．他发现了一个极限速度：当风速低于这个极限速度时，沙就不再会运动．当风速介于这个极限值和另一更高的速度之间时，沙可能保持静止，但是，如果一个从别处来的沙粒冲击到静止的沙粒上，运动便会发生；冲击把别的粒子抛入空气，这样，它们便被气流带走，并获得更大的速度，以致又使别的颗粒发生运动，于是运动颗粒的数目便迅速增多了．粒子的轨迹示于图 9.22 中．当风速更大时，这时风中的湍流脉动的铅直分速大于 v_0(沙粒沉降速率)，大量的颗粒便被卷扬起来充满空间，使空气密度增加很多但随高度而减低(参看 **9.6.2** 对河道中悬浮物质的运动所作的说明)．

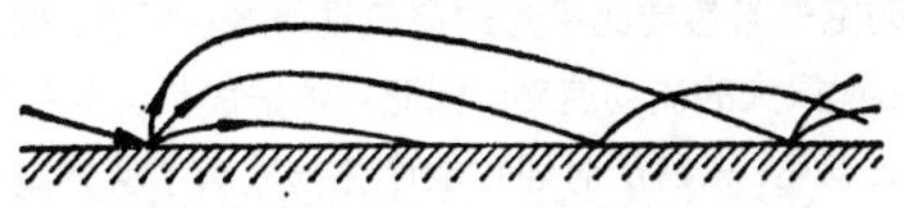

图 9.22　沙粒的轨迹(取自白格诺德的照片)

沉降的颗粒与卷起的颗粒之间的平衡会受到任一种障碍物的干扰．哪里的速度较小，那里就有更多的颗粒保持静止；哪里的速度较大，那里就有更多的颗粒被带走．这样，沙表面的形状就会由于有的地方沙有亏损而别的地方有增益而改变，直到建立起平衡状态为止．特别显著的是，例如在树干或柱子附近所形成的雪表面的形状．在紧靠树干的地方，风从地面边界层以上被整个动压所作用的树干上吹下来．这样，作用在地面上的风速就很大，并在树干的迎风面和两侧造成深坑．在坑的前方以及在树干的后面稍远的地方，由于那里风速较小，雪面的高度增加了．同样的现象也可以在桥墩“冲刷”中看到．这种流动与图 4.39 中的流动状态极其相象.

如果速度足够大的风吹在沙丘上，沙就会在迎风面扬起来，而后又落在风速较小的背风面（如果不是因为气流分离而完全没有风的话）；这样，整个沙丘就逐渐朝着风吹的方向迁移（“迁移沙丘”）.

在沙丘中出现的沙纹是一个奇特的现象，当中等强度均匀的风吹过时，这种沙纹在迎风面常常很有规则地盖在沙面上[1]．这一现象尚未得到解释．沙纹的波长很可能与图 9.22 所示沙粒的平均跳动距离有关.

在公共交通会受到影响的地方，例如在低凹的道路和铁路挖方等处，在大风的情况下，由于上述理由，雪可以堆积得很深．在这种地方采用防止积雪的措施是有实际意义的．在挖方之前的沿迎风方向一定距离处树起具有缝隙的高篱笆墙，运输线上雪的堆积就可防止；因为在篱笆的背风面有一相对平静的地带，风速不变而且微弱，于是雪便都堆积在那里了．（缝隙很小的墙的效果是较差的，因为它会引起强烈的涡旋，从而使雪卷入空中；这当然是要避免的.）

混有雪或沙的空气当然要比平常的空气重得多．所以，例如当山上产生“雪崩”时，它会出现很大的流动速度，因而可能造成很大的破坏．在 **8.3.1** 中对此作了详细的叙述．在雪崩时还可能产生与充满了空气泡的水情况完全相似的那种“气动力”现象（参看 **9.4.3** 末）．在这两种情况下，混合物基本上具有空气的压缩性，可是密度却大得多．其结果是声速 $c=\sqrt{dp/d\rho}$ 比空气中的相应值小得多，因此只要有相当小的速度，就能产生激波一样的现象.

9.6．水流中的颗粒[2]

9.6.1．河流中沙、砾石等的运动

与空气中的沙或冰相反，沙和水的比重是同数量级的，因而各

1）例如参看埃尔哈特的载于 Die Kurische Nehrung（库里的地角）(Hamburg, 1938) 中有关现象的美丽的照片.

2）本节承赛费特教授［普鲁士水工、土建和造船实验研究所（柏林）前所长］仔细阅读（1942 年稿），并提出了各种有价值的建议，对此作者谨表谢忱.

个颗粒的自由程一般是很短的．这就使得研究颗粒在水流中的运动比研究它在气流中的运动要简单些．由于这一课题在水利工程和河流控制方面的重要性，我们要稍微讲得详细一些．

河水湍流所施加于组成河床的沙、砾石、石块等物体上的作用力，可用如下方法来估算：一块砾石在河床的平均面上方的高度为 y_1，受着平均速度为 u_1 的水流的冲击，由 **4.7.1**，

$$u_1=u_\tau\left[5.75\log\left(\frac{y_1}{k}\right)+C_2\right],$$

式中 k 为河床的"粗糙度"；这里的 k 由较大的砾石的平均直径 d 来度量．(在较大的颗粒刚刚能维持不动的极限速度下，较细的颗粒不能不移动，除非它们处于较大颗粒间的角落里．)对于形状几何相似的颗粒，y_1 也可认为是与 d 成比例的．这样，假设所有的颗粒都是几何相似的，而且湍流已经发展到平衡阶段（即 C_2 已具有固定的数值），则方括号中的表达式便具有一固定的数值．流动对砾石的平均作用力 $F_m\left(=c\cdot a\cdot\frac{1}{2}\rho u_1^2\right)$ 可以与 τ_b（河床单位面积上的平均湍流切应力）联系起来，因为按定义 $\rho u_\tau^2=\tau_b$，又因 $u_1=$数值$\cdot u_\tau$，因而 $\frac{1}{2}\rho u_1^2=$数值$\times\tau_b$．

砾石保持静止抑或被冲走的问题，不能由平均力来决定，而是要由湍流脉动（在靠近边界处特别强烈）中出现的最大力 F_1 来决定；F_1 可以认为与 F_m 成比例，而 a 则可以认为与 d^2 成比例．

在粗糙表面上将某一颗粒推过另一些颗粒所必须克服的阻力 F_2，是与"颗粒在水中的重量"（即重量减去浮力）成比例的；设 w 为单位体积水的重量，w_g 为单位体积砾石的重量，则砾石的重量为 w_gV_g，而浮力为 wV_g．体积 V_g 与 d^3 成比例；因而 $F_2=$数值$\times(w_g-w)d^3$．砾石能发生运动的条件显然是 $F_1>F_2$；由上述，这也就是要

$$\tau_b>\text{数值}\times(w_g-w)d.\tag{9.8}$$

对于有均匀坡降 i 的宽河流，由很简单的计算[参看式(4.103)，取 $r_h=t$(水深)]得出

$$\tau_b = wti,$$

于是方程(9.8)变成

$$i > 数值 \times \frac{w_g - w}{w} \cdot \frac{d}{t}. \tag{9.9}$$

式中的"数值"在一定程度上依赖于砾石的形状；对于在粗糙度所引起的流动还没有完全形成的地方的细颗粒，这里还有由雷诺数 $u_\tau d/\nu$ 引起的明显影响．（例如，可参看发表在普鲁士水工、土建和造船实验研究所（柏林）的通报上的一系列详细的实验[1]．）根据席尔兹，当 $u_\tau d/\nu$ 比较大而且颗粒呈圆形时，方程(9.9)中的常数的平均值为0.06．这个数值是显著地小了．当某一颗粒开始运动时，似乎涡旋（象在龙卷中那样）也会产生升力效应，它最初使颗粒抬高一点儿，从而减小了对运动的阻力．i 与 w_g 的这个关系，用 w_g 值在1.27到4.2范围的人工制的颗粒作了检验，得到了满意的验证．$u_\tau d/\nu$ 的影响也是很清楚的；当 $u_\tau d/\nu = 10$ 时，"数值"的最小值约为0.033．

9.6.2. 悬浮物质的特性

如果在较大面积上的沙和砾石发生了运动，它们就会不时地被水流冲起而卷走．较细的物质甚至可以被挟带到水面，成为"飘浮物"．这时，每个粒子以其相对于它所在那部分水的适当的速度 q_0 不断地下沉．尽管不断下沉，但是，由于在下层单位体积水中的颗粒比在上层的多，因而向上流的水中所携带的粒子，比相应的同体积由上向下流的水所带的要多，所以才不断地引起粒子向上的运动．这样，就在平均向上的湍流输运，与所有粒子相对于其周围的水出现的均匀下沉之间建立了平衡．湍流传递越快，就使得分布越均匀；而粒子的沉降速率越大，就会使从下到上层的粒子数目更加明显地减少．

1）特别是第9，19，26和43号（于1932，1935，1936和1942年发表）．席尔兹在第26册一文中给出了有关沙、砾石等运动理论（以动力相似性和湍流为基础）的有启发性的概述．

悬浮物质特性的数学讨论是从湍流的交换理论开始的．由**4.6.4**，动量交换系数 $A_\tau=\rho l^2|du/dy|$，而质量交换系数 A_M 约为它的1.4到2倍．体积交换系数(它正是我们这里所关心的)是 $A_V=A_M/\rho$．对于沿一平面的流动，$l=ky$；而由式(4.63)，$du/dy=u_\tau/ky$，因而 $A_\tau=k\rho yu_\tau$．所以，A_V 可以取作 $\beta\cdot yu_\tau$；如果 $k\approx0.4$，则 β 为0.55到0.65．设 n 为单位体积中具有同一沉降速率 v_0 的悬浮粒子数目，则单位时间内流过单位面积的粒子数为 $-A_V dn/dy=-\beta yu_\tau dn/dy$．这股向上的流体流(因为 dn/dy 为负)为粒子的沉降所平衡．单位时间内，通过单位面积下沉的粒子数目就等于原先包含在体积 $1\times1\times v_0$ 中的粒子数，即 v_0n．因此

$$v_0n=-\beta yu_\tau\frac{dn}{dy},$$

或

$$\frac{dn}{n}=-\frac{v_0}{\beta u_\tau}\frac{dy}{y}.$$

积分得

$$n=n_1\left(\frac{y}{y_1}\right)^{-v_0/\beta u_\tau},\tag{9.10}$$

其中 $y=y_1$ 是最低悬浮粒子所存在的、紧靠河床那一层的位置，而 n_1 为那里的粒子密度；有关它的情况必须从分析紧靠河床的流动来获得．(倘若 i 比式(9.9)所给出的值大得多，我们就可以假设靠近河床那一层已完全被搅混，从而也就假定了 n_1 就等于与维持水的流动状态相适应的值.)

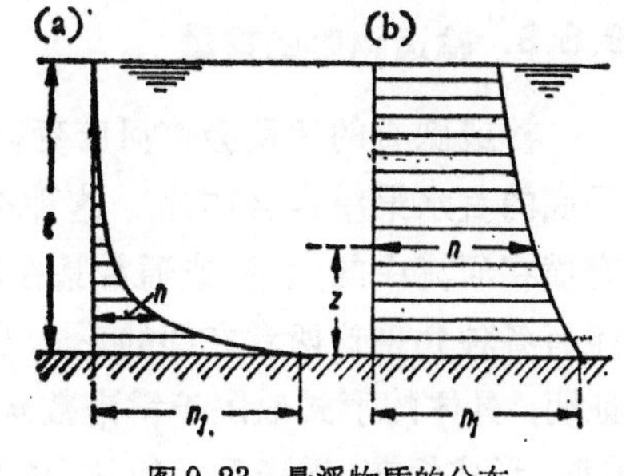

图9.23　悬浮物质的分布

公式(9.10)清楚地表明，很细的悬浮粒子($v_0\ll\beta u_\tau$)沿整个深度几乎是均匀分布的；而较粗的物质则仅集中在紧靠河床的一层中[参看图9.23，情形(a)相应于大的 v_0/u_τ 值，情形(b)相应于小的 v_0/u_τ 值].

单位面积上悬浮粒子的总数为

$$N=\int_{y_1}^{t}n\,dy;$$

当 $v_0>\beta u_\tau$ 时，上式可近似地以下式来代替：

$$\int_{y_1}^{\infty}n\,dy=\frac{\beta u_\tau n_1}{v_0-\beta u_\tau}.$$

如果我们用单个颗粒的重量和颗粒的平均速度 u_m 来乘 N，我们就得到一个

单位时间内悬浮物质输运总量的近似公式.（例如，我们可以取悬浮物质重心的高度 y_G 处的速度作为 u_m!）关于交换的更精确公式和实验结果在 [L18] 中叙述得很详细.

上述计算只是对于同样大小的粒子，或者更确切地说，对于全有同样沉降速率 v_0 的粒子才有效. 如果大小不同的粒子同时处于悬浮状态，则颗粒的分布必须对每一类粒子分别进行计算；n_1 的恰当数值可以从河底上的混合物组分，以及不等式(9.9)必须满足来得出. 这一部分问题的求解(计算 n_1)尚有待解决.

注：当悬浮粒子的数量大得能使它们始终保持接触，则还出现另外的关系. 这些泥浆状或面团状的混合物就象塑性固体一样具有一"屈服点"，即有一有限的临界切应力，低于这个临界值时就不会发生粒子间的相对位移. 当一团这样的物质流过一管道时所产生的现象，曾由宾厄姆作了研究[R1]. 卡尔德威尔和白比特[9.53]曾经报道了证实这种研究的实验资料. 关于许多新的工作，在[R19]中有报道，这里除其他情况外，还有关于最小传递速度和沉积物通过管道流动时的热传导现象.

9.6.3. 输运物质的重量

沙或砾石的运动会使河床变得很不平坦，即使在一开始就是平底的直水渠中也会如此. 这种不平坦表现为多种多样的形式. 有横在河流中的短垄，或通常是在河两对岸交替地出现的长滩；也还有各种介乎这两者之间的形式（"垄"和短滩等[1]）. 席尔兹已经证明，具体的形式取决于雷诺数 $u_\tau d/\nu$ 的值[2]（雷诺数大约从 2 到 6 时，形成短垄；雷诺数大约从 20 到 70 时，形成长滩）. 造成这种差异的原因仍然不清楚；值得注意的是，形成垄的雷诺数低于相应于式(9.9) 中"数值"的最小值的雷诺数，而形成滩的值则比这个数值大.

从以上我们可以看到，对于"输运物质的重量"(单位时间内河床每米宽度上所流失的物质重量) W，是不容易给出理论表达式

1) 关于垄、滩、河台等的图，参看 [9.54].

2) 由于湍流中的层流边界层厚度 δ 与 ν/u_τ 成比例，也可用 d/δ 而不用 $u_\tau d/\nu$(席尔兹).

的，特别是这还涉及到颗粒的平均形状和不同大小颗粒的具体混合比例．席尔兹[9.55]已将实验结果作了图示，图中以

$$x=\frac{\tau_b-\tau_0}{(w_g-w)d}$$

作横坐标，而以

$$y=\frac{W}{Q}\frac{w_g-w}{wi}$$

作纵坐标．这里 W 为每秒所流失的物质重量(指在水中的重量)，Q 为每秒内水流经过河流 1 米宽度的重量，d 为颗粒直径的平均值；象前面一样，$\tau_b=wti$ 为河床上的湍流切应力，而 τ_0 是它的临界值，由式(9.8)，$\tau_0=$数值$\times(w_g-w)d$，如果把形成垄的阶段排除在外(即当 $u_\tau d/\nu$ 约大于 10 时)，这里的常数是 0.03 到 0.06．这图形可以用公式 $y=4x$ 来表示，但是分散度是相当大的[1)]．

迈尔-彼得，法夫俄和爱因斯坦[9.56]根据在模型渠道中进行的很仔细的实验，得到了一个针对瑞士河流中的物质(太古代岩石，对于它 $w_g\approx2.6w$)的经验公式．利用法夫俄最近的实验对常数稍作修正后，这个经验公式是

$$\frac{iQ^{2/3}}{d}=16.1+0.54\frac{W^{2/3}}{d},\tag{9.11}$$

其中长度单位为米，而 Q 和 W 都和从前一样，以公斤/米·秒为单位．利布斯[9.60]引进了物质运动刚刚开始时的水量 Q_0 (即这时 $W_0=0$，因而 $iQ_0^{2/3}/d=16.1$)，从而得出了如下形式的表达式，用现在的数值它成为

$$W^{2/3}=1.85i(Q^{2/3}-Q_0^{2/3}).\tag{9.11a}$$

这个公式最近又发展到考虑具有其他密度的物质；令 $(w_g-w)/w=z$，法夫俄得到[9.57]：

$$\frac{iQ^{2/3}}{d}=9.57z^{10/9}+0.462\frac{z^{1/3}W^{2/3}}{d}.\tag{9.12}$$

---

1) 在席尔兹的论文中，由于他对 w_g 的定义不同(定义中用的体积包含了粒子间的空隙)，所以系数不是 4 而是 10．

取 $z=1.6$，我们便重新得到式(9.11). 由 **4.13**(a) 中的施特里克洛近似式(因该式用了另一种单位，以千克代替米^3，使系数变大了 1000 倍)，我们得到：

$$Q=21100\frac{i^{1/2}t^{5/3}}{d^{1/6}},$$

因而[1)]

$$\frac{iQ^{2/3}}{d}=763i^{4/3}\left(\frac{t}{d}\right)^{10/9}.$$

由满足式(9.9)我们可得，式(9.12)的右边第一项中 z 的指数必定与 t/d 的指数一样. 公式(9.11)和(9.12)直到 $t/d=50$ 均为实验所证实. 关于最近的文献参看舍克利奇的书[H16]和[9.89].

在模型试验中，探究为了得到相应于自然界中沙、砾石等的运动所必须遵循的法则，成为各水工研究所的一个非常重要的问题. 最主要的是，必须满足不等式(9.9)，这与弗罗得相似律(**4.15.2**)是等价的. 但不能把弗罗得相似律推广到沙粒上去，否则，沙粒就会过分细小了.（一段 **4** 公里长的河的模型，大约能做成 40 米长；于是，河中 10 毫米大的石子，在模型中相当于用 0.1 毫米的极细的沙.）一个能避开这一困难而又能使不等式(9.9)近似地成立的办法，就是选用大颗粒的物质和较小的 w_g 值. 如果想要形成长滩的话，雷诺数 $Re=u_\tau d/\nu$ 至少必须降低到 20. 已经发现，采用 $w_g/w\approx1.25$ 的褐煤屑是很合适的. 与较大的相对粗糙度相适应，河床的斜率 i 必须稍稍增大[2)]. 由于颗粒较大，同时比重减低，物质运动的速度可显著提高；这就大大地缩短了模型中浅滩移动所需的时间[9.58]. 如果不涉及波动的问题，也可以把模型的铅直尺度放大些；这样，底坡降必定还要增大. 照这种办法，甚至还可能用普通的沙来作实验[9.59]. 关于这一课题基本原理的讨论，在爱因斯坦和米勒[9.58]及赛费特[9.59]的论文中，以及利布斯[9.60]的内容丰富的论述中都可以找到.

---

1) 此式中取 $Q=Q_0$ 并利用式(9.12)可求出式(9.9)中的"数值". 这个数值等于 $0.0375(t/zd)^{1/6}$. 对于 $t/zd=5$; 50; 500，常数为 0.049; 0.072; 0.105. 席尔兹的值为 0.06，相应于这里的 $t/zd=22$.

2) 对于不规则的流动，采用"能量线的坡降"作为坡降 i 是合宜的；"能量线"位于水面之上，它在水面上的高度等于每一截面的平均速度头 $u_m^2/2g$；如果河流的深度和宽度变化，它就有比水面更为均匀的坡降（此坡降只取决于摩擦损失）；而在河床面扩大的部分，水面甚至还上升.

9.6.4. 物质输运(流失)对河床的影响

在河流上游，每年洪水从山上冲下一些大小不等的石块到河里来，这些石块由于碰撞和摩擦而变得越来越小. “摩下来的物质”悬浮在水中而被带走. 如果河谷本身就由河流挟带来的物质所组成，那么，经历了几千年，在它与河流之间便建立了平衡：平均起来，对于河流的每一段，有多少固体物质冲进来，就有多少物质被水挟带走[1]. 一条“未开发的”河流，就是说，未曾受到人为控制的河流，每逢洪水漫过河岸时，就有一些物质遗弃在河岸上，于是河岸逐渐上升，而且河床也随之上升. 其结果是造成河流突然决口而冲向地势低洼的地方，并形成新的河床. 就这样，在一个漫长的时间过程中，河流就侵蚀了整个河谷[参看 **4.10**(a) 河曲的形成]. 物质移到靠近河口时，逐渐变得越来越细小，公式 (9.9) 表明，河谷的坡降也将越来越小.

和自然灾害一样，人类对河流的开发会严重地扰乱长期的平衡. 例如，人们已经发现，当为了发电而筑坝截住带有大量物质的山区河流时，坝的下游河床会冲刷得更深(而且会使桥墩和岸桩露出来，因为河流原来挟带的物质现在淤积于水库内，而不混在下游的河流中了). 河流也可以由于防洪堤的限制使河床过窄而造成流速加快，以致冲刷得更深；另一方面，河流两侧的防洪堤会促使其间的陆地上升，因为洪水在那里的流速不如在河床中那样快. 对于悬浮物质含量大的大河(如黄河和密西西比河)，久而久之，河床可以变得比堤防外的地面高出数米，并且一旦决堤便形成完全新的河床[2].

在水工建筑物附近河床的状况，在水利工程中也很重要. 水对河床的冲蚀随流速而增大. 由于这主要是有关河床附近的流速问题，所以在从水域内部流来的高速流直接冲击河床的地方，就特

---

1) 严格地说来，并非完全的平衡，因为河流逐渐排移沉积于河床的物质，并且使河口越来越远地伸入海中(或湖中)，而河谷也必然有相应数量的上升.

2) 这也解释了在大河出口处三角洲的成因.

别危险．正如在**9.5**中已经提到过的，在桥墩前面（以及在孤立的桩子前面）会形成特有的凹坑（Kolke）．如果桥墩的基础不深，则将使基础逐渐毁坏，而桥墩往上游方向倒塌．由于在障碍物（它同样会使高速流动的水冲向河床）的后面湍流度加大，在下游也会形成一较平的坑洼．图 9.24(b) 示出了在水闸后面冲刷出来的凹坑．这些现象可以很容易地从已经讲过的道理来解释．构筑适当的障碍物，例如雷博克齿槛[9.61]，就可以大大降低河床上的流速，从而防止了形成大深坑；如果形成深坑就会危及水工建筑物［参看图 9.24(a)］的稳定性．

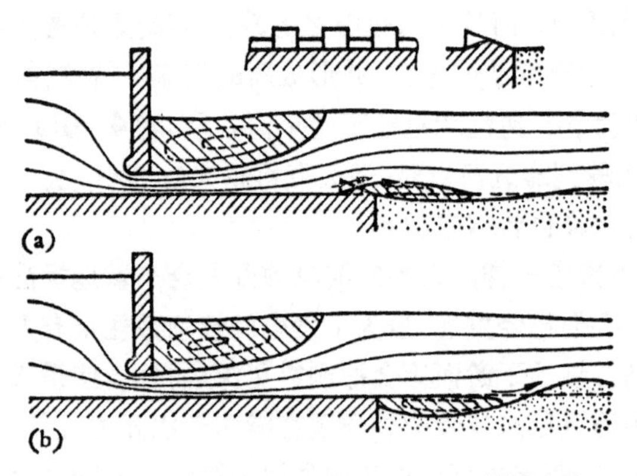

图 9.24　在水工建筑物后面形成的凹坑：(a)有齿槛；(b) 无齿槛．阴线区域表示有回旋运动即所谓滚流（左上方，"表面滚流"；右下方，"底部滚流"）

9.7．加速流体中的物体．流体动力的远距作用力

这里我们要来讨论有关作用在空间上或时间上是非均匀流动的物体上的力的几个问题（其中有一些对于考虑问题是有价值的，而另一些则具有重要实际意义）．我们将仅限于考虑物体四周都包在流体中的无旋运动；也就是说，我们不考虑有间断面的情形（例如机翼在阵风中所发生的那些重要现象）．

这里要讲的第一个问题就是：在闭口风洞中对飞船模型进行的阻力实验，当风洞中气流的压力有了落差，便会产生一个可以观测到的额外阻力，而由于模型的阻力甚小，这就会引起相当大的误差[1)]. 第一个近似的解决办法是，把从天平上记录下来的阻力，从中扣除一个量 $V|\partial p/\partial x|$ (其中 V 为飞船模型的体积). 也就是说，在形式上运用以阿基米德原理为依据的升力观念. 最初孟克[9.62]所提出的、后来被葛劳渥[9.63]和泰勒[9.64]推广为越来越普遍形式的更加准确的流体力学论证表明，在这种情况下，如果在 V 上加上"附加"质量(参看 **4.16.1**)的体积 V'，那末上述计算就正确了. 事实上，对于飞船模型来说，这样与以前所做并没有多大的差别，因为，例如对于一个轴长之比为 1:6 的(旋转)椭球，附加质量只有所排开的流体质量的 4.5%. 但是，对于轴长比为 1:2 的椭球，这个量可以大到 20%；而对于球竟达 50%. 托尔明[9.65]的一篇详细的论文，由于证明严密而且还有其他的例子，可以作为参考. (例如，长章中还给出了在弯曲度很小的无旋流中物体所受的力和力矩.)

另一个问题是，物体在具有随时间变化和有加速度的流体中运动的问题. 例如，我们可以问：由于物体周围的流体有加速度 f (譬如在 x 方向) 而引起的物体加速度 f_1 是多少？ 设流体密度为 ρ，物体密度为 ρ_1. 如果先不管物体本身所产生的扰动，那末我们可以认为流体的所有部分都有同样的加速度. 这是可以办到的，例如流体是不可压缩的并且完全充满一容器的内部，然后让容器作某种加速平移运动，因此，每一个流体质点都将完全参与这个平移运动[2)]. 于是加速度 f (它处处相同)，就对应于沿 f 方向的一个均匀的压力降落，其大小为 $-\partial p/\partial x=\rho f$. 在这个压力降落作用下的物体，在 f 方向首先受一"升力" $V\rho f$. 由于我们假定物体密度 ρ_1 与流体密度 ρ 不同，因而它们的加速度 f_1 和 f 也就不会相等.

---

1) 当然最好是修改风洞 (例如顺气流方向把风洞稍稍加宽) 以防止发生压力降落，而不用修正压降的办法.

2) 流动从静止开始，因而是无旋的. 当上面的解满足边界条件时，则根据位势理论中的唯一性定理，它必定是真正的解.

因此，从物体相对于流体的加速度 f_1-f，就会产生与附加质量 $\rho V'$(见前)成比例的加速度阻力，它等于 $\rho(f_1-f)V'$，而作用方向与升力相反．合力(升力与阻力之差)等于物体质量乘以其加速度 f_1，即

$$\rho\{fV-(f_1-f)V'\}=\rho_1 V f_1,$$

或

$$f_1=f\frac{(V+V')\rho}{V\rho_1+V'\rho}. \tag{9.13}$$

显然，如果 $\rho_1>\rho$，则 $f_1<f$；反之，如果 $\rho_1<\rho$，则 $f_1>f$．正如所预期的，当 $\rho_1=\rho$ 时，$f_1=f$．这当然适用于流体中的任一有限部分，它在周围流体直接约束下也获得加速度 f．

V. 伯耶克内斯[9.66]描述了以下的实验：三个水平的玻璃管中完全充满液体，并将空气泡排除．第一个管中有一物体，其比重小于管中液体的比重；在第二个管中物体的比重与液体相同；而在第三个管中物体的比重较液体的大．管子如果无约束地平放在桌子上，而用一轻木锤在管的一端沿纵向敲一下，管子将先被加速，紧接着又因桌面的摩擦而减速．于是，第一个管中的物体比管子本身移动得远一些，从而它将在敲击的方向有相对于管的运动；第二个管中的物体恰好和管一起运动；而第三个管中的物体则相对于管而后退，即在与冲击相反的方向有相对于管子的运动．作为另一个例子，伯耶克内斯指出，当蜡烛开始向前水平移动时，蜡烛上的烛火(它当然比周围的空气要轻)朝前运动；而当蜡烛的运动停下来时，则烛火朝后($f_1>f$)．

按照伯耶克内斯，当一个物体的体积以规则的节奏作膨胀和收缩，如果它周围的流体也以同样的节奏往复振动，那么，从式(9.13)就得出表示很独特的运动性质．恰好在流体振动的右反折点处(那里加速度 f 指向左边)，物体的体积最大；而在左反折点处(那里流体的加速度指向右边)体积最小．为简单起见，我们假定物体的平均比重等于流体的比重[1]，当物体处于膨胀状态时，它的比重就比流体的小，因而在向左运动时物体走在流体的前面；而当

1) 这一假设本身并不影响最终的结果．

物体处于收缩状态时，它的比重就大于流体的比重，因而在物体向右加速运动时，它就落在流体的后面．也就是说，结果是有两个向左的相对加速度！如果，例如用一条很容易伸长的弹簧将物体系住，于是弹簧便由于这两个加速度的联合作用而被向左拉伸，也就是说，流体的这一独特运动引起了一个向左作用于物体上的力！伯耶克内斯更进而假设，流体的这一周期性运动是由另一个“脉动”物体所引起的．如果两个物体以同样的节奏脉动，即同时达到它们的最大体积和最小体积，从以上所述我们很容易断定，两个物体将互相吸引；如果它们以相反的节奏脉动，则它们会互相排斥．在无限界的流体中，我们发现，由于在脉动物体附近，流体的速度与距离的平方成反比，而且物体间的吸力或排斥力也与距离的平方成反比，也就是说，它具有与静电或磁的“远距作用力”相同的规律．因此，我们也可以把它叫做“**流体动力的远距作用力**”．不过符号的规律与电和磁的远距力的相反，因为在那里，相反的电荷或磁极相吸，而相同的电荷或磁极则相斥．流体动力远距力的理论是C. A. 伯耶克内斯于1871年所首创［论文发表于科学学会会志(Verhandlungen der Ges. d. Wissenschaften (Christiania))］，其后他的儿子V. 伯耶克内斯又把它加以补充并以书的形式发表[S1]．V. 伯耶克内斯还设计了几种表演这种效应的仪器[S2]；其中除“脉动体”外，还包括有“振荡体”，它可以用来表示偶极子(其性能与元磁体一样)．

两球形脉动体(第一个的体积为$V=V_1+A_1\cos\omega t$，第二个的体积为$V_2+A_2\cos\omega t$)间的吸力可计算如下．两脉动体的质量并不随时间改变．为简单起见，设第一个脉动体的质量$V_1\rho_1$等于$V_1\rho$，而$V'=V/2$，则按式(9.13)可得

$$f_1=f\frac{\frac{3}{2}(V_1+A_1\cos\omega t)}{\frac{3}{2}V_1+\frac{1}{2}A_1\cos\omega t},$$

在小振幅A的情况下，加速度的一级近似是

$$f_1=f\left(1+\frac{2}{3}\frac{A_1}{V_1}\cos\omega t\right);$$

因而球所受的瞬时力为

$$\rho V_1 f_1=\rho V_1 f+\frac{2}{3}\rho A_1(\cos\omega t)f. \tag{9.14}$$

由于 f，和的第一项是纯周期性的，因而在取平均值时它便消失了，但第二项则不然.

在第一个脉动体那里的加速度 f，是由在距离 r 之外的第二个脉动体所产生的. 这里我们必须处理点源的非定常流动. 由 **2.3.7(b)** 的理论，采用 $Q=dV/dt$，我们有

$$q=\frac{1}{4\pi r^2}\frac{dV}{dt}=-\frac{A_2\omega}{4\pi r^2}\sin\omega t,$$

因此，一级近似的加速度为

$$f=\frac{\partial q}{\partial t}=-\frac{A_2\omega^2}{4\pi r^2}\cos\omega t.$$

因为 $\cos^2\omega t$ 的平均值为 $\frac{1}{2}$，由式(9.14)，则力的平均值为

$$F=-\frac{\rho A_1 A_2}{12\pi r^2}. \tag{9.15}$$

负号表示力与 r 的方向相反，也就是说，如果 A_1 与 A_2 同号，它就是吸力. 这个公式对于 A_1 和 A_2 是对称的，也就是说，作用力与反作用力相等的原理得到满足，这一点当然是必要的!

在使充满着气泡的流体作声振动时，“远距力”有一实际应用. 由于压力的变化，相邻气泡承受同相位的体积变化，因而互相吸引. 这样，它们就会结合起来，形成越来越大的气泡，可以迅速地被驱除. 用这种办法可使含有气体的熔融金属通过超声振动来脱气.

注：这一过程还因受到脉动气泡边界层中剪切运动的脱气效应而有所促进. 这一效应可在润滑油中观察到，当润滑油作剪切运动时（象古艾特实验那样），溶解气体就释放出来了[9.67].

9.8. 旋转物体或旋转坐标系

(a) 在研究**绕等速旋转着的物体**的流动，或者研究**在作等速旋转的腔形空间中**的流动（这里我们只考虑均匀旋转这一最重要的情形）时，宜于从随物体或腔形空间一起旋转的观察者的观点来

研究这些现象，因为对于这样一个观察者来说，这个物体或腔形空间是静止的，因而对于他，在某些情况下流动是定常的．正如大家所熟知的，在绝对坐标系中所出现的那些力中加进两个质量力[1]（其中一个只与空间、位置有关，而另一个还与速度有关），力学定律就可以直接应用于这种旋转坐标系中[2]．**第一个附加质量力**等于所考虑的质量乘以该质量在旋转坐标系中瞬时所在位置上"运动体的点"（这个点，也就是在相对于旋转坐标系是静止的质量所在位置的点）的绝对加速度（取负号）．在这里的情况下，这个"运动体加速度"或叫作"牵连加速度"是向心加速度 $\omega^2 r$，也就是说，附加力和这个加速度的方向相反，因而是"离心力" $m\omega^2 r$，其中 ω 是角速度．**第二个附加质量力**是这样引起的：一方面，当质量在旋转坐标系中作等速直线运动时，与转轴垂直的速度分量 v_1 在绝对空间中以角速度 ω 旋转；另一方面，这个以 v_1 运动的质量又进入到另一个不同运动体点和不同速度方向的区域，这两部分在运动体中是看不到的绝对加速度，其大小相同，都是 ωv_1，而且都与转轴和 v_1 的方向垂直．因此，在运动坐标系内起抵消这两部分加速度作用的表观力为 $2m\omega v_1$．这就是科氏力（由其发现者科瑞奥利而得名），它的方向与相对速度矢量矢（不随时间变）端点的绝对速度* 的方向相反（参看 **8.1.1**）．

释例：(1)一在绝对空间中处于静止的质量为 m 的质点，在旋转坐标系内以角速度 $-\omega$ 作圆周运动。它受到两个力的作用：i) 离心力 $mr\omega^2$（即使对相对于运动体是静止的同样质点，它也会出现），和 ii) 相应于速度 $v=-r\omega$ 的科氏力 $2mr\omega^2$．按照上述法则，科氏力位于向心方向．因此，合力为 $mr\omega^2$ 并且是向心的；由力学定律我们知道，这个力正是在运动坐标系中产生圆周运动所必需的力．

---

1) 作用在有质量的物质上，并且把既定的加速度给予该质量的每一个质点，而不管其大小如何，这种力就是质量力．

2) 相对于加速运动体的运动定律，可以在任何一本较完善的理论力学教科书中找到．

* v_1 矢端点的绝对速度即为 $\omega\times v_1$．——译者注

(2) 一个质点位于一直管中，而管以等角速度绕与其中心线垂直的一轴而旋转．如果我们考察相对于随管一起旋转的坐标系上的运动，则质点受有离心力作用，因而在管中被向外加速．如果质点相对于管的瞬时速度为 v，在科氏力 $2m\omega v$ 的作用下，它就被紧压在管壁上；而管壁给它一大小相等、方向相反的反作用力．这个质点的动能，在旋转坐标系中来考察，来自离心力所做的功．科氏力处处与质点的轨迹垂直，因而没有做功．在绝对坐标系中，质点在径向是绝对自由的（在这情况下并不存在离心力，因而也就无从做功），功是来自产生不断增加的周向速度 $r\omega$ 的外加力．

(b) 在等速旋转的坐标系中推导定常相对流动的柏努利定理，在应用 **2.3.2** 的推理时，我们所要做的只是把离心加速度 $\omega^2 r$ 沿流动方向的分量加到那里的在该方向的分力上去；科氏加速度总与相对流动的方向垂直，因而在流动方向并无分量．根据 **1.10** 末所述，离心加速度具有位势$\left(\text{即其值为常数 } -\frac{1}{2}\omega^2 r^2\right)$．因此，如果 ρ 为常数，柏努利方程可以直接积分．积分具有如下的形式：

$$\frac{p}{\rho}+gz+\frac{1}{2}q^2=\text{常数}+\frac{1}{2}\omega^2 r^2. \tag{9.16}$$

一般说来，式中的常数对不同的流线是不同的，所以这个式子只对同一流线上的各点才适用．但是，与 **1.10** 末 p 的式子相比较表明，在相对于旋转坐标系静止（q 处处为 0）的情况下，这个式子在整个区域中到处成立，而不限于流线（当然，这时并无流线）．

还有一个具有较大的实际重要性的情形也没有流线的限制，这就是在静止坐标系中无旋运动的情形（即一般的非定常位势流动）．例如当流体（假定是无粘性的）从一静止的管系流入象涡轮机、离心泵等旋转系统时，就出现这种情形．由于各个质点都象原来那样在静止系统中仍保持无旋，在旋转系统中，这种流动就成为具有角速度 $-\omega$ 的等速旋转，其转轴平行于旋转系统的轴．对于式(9.16)中的常数在整个区域中到处相同这一点，我们将不作一般的证明[1]，而是提供一个简单而有启发性的例子．设一直管(图9.25)绕与管轴垂直的一轴(为了简单，设轴在铅直方向)等速地旋转，管中并灌满在静止坐标系中无旋的流体．设 x, y, z 为坐标轴：x 平行于管轴，y 位于旋转平面内且与管轴垂直，z 则平行于旋转轴；并设 u, v, w 为相应的速度分量．我们令 $u=u_1+2\omega y$，$v=w=0$，因而 $\omega_x=\omega_y=0$，而 $\omega_z=\frac{1}{2}\left(\frac{\partial v}{\partial x}-\frac{\partial u}{\partial y}\right)=-\omega$．由于每个流体质点都在直线上等速地运动，故所有的相对加速度都为零．科氏加速度的大小为 $2\omega u$，而方向为 $-y$ 轴．离心加速度 $\omega^2 r$ 在 x 和 y 方向的分量分别为 $\omega^2 x$ 和 $\omega^2 y$；在 $-z$ 方向则有重力加速度 g．因此，

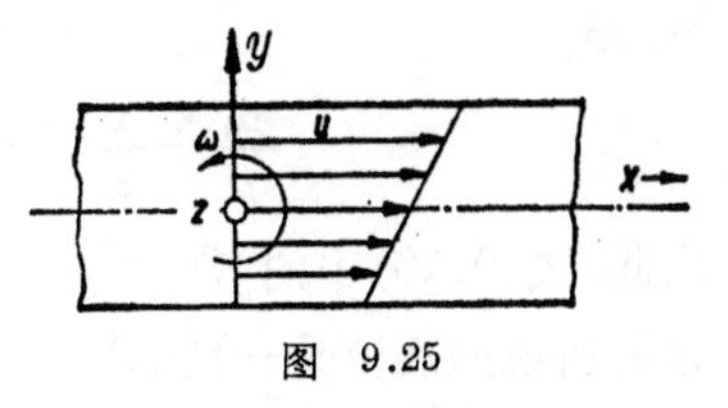

图 9.25

$$\frac{\partial p}{\partial x}=\rho\omega^2 x,$$

$$\frac{\partial p}{\partial y}=-2\rho\omega u_1-4\rho\omega^2 y+\rho\omega^2 y,$$

$$\frac{\partial p}{\partial z}=-\rho g.$$

所以

$$\frac{p}{\rho}=\frac{p_0}{\rho}+\frac{1}{2}\omega^2(x^2-3y^2)-2\omega u_1 y-gz. \tag{9.17}$$

从这个关系式以及 $\frac{1}{2}u^2=\frac{1}{2}u_1^2+2\omega u_1 y+2\omega^2 y^2$ (其中 $u^2/2$ 相当于

---

1) 这种证明并不困难．我们只需把式(2.26)应用于绝对运动，并注意到相对运动必须是定常的，也就是说，对以速度 ωr 而旋转的每一点，其位势必须保持为常数．这就引出了关系 $\frac{\partial\Phi}{\partial t}+\omega r\frac{\partial\Phi}{\partial s'}=0$，其中 ds' 表示在旋转方向的线微元．显然，$\frac{\partial\Phi}{\partial s'}$ 便是绝对流速的切向分量，涡轮机工程师们把它叫做 c_u．因此，$\frac{\partial\Phi}{\partial t}=-\omega r c_u$．把这个绝对量的关系式转换成相对流动的速度，便导出了我们的定理．关系式

$$\frac{p}{w}+z+\frac{c^2}{2g}-\frac{\omega r c}{g}=\text{常数}$$

由普莱西尔[9.68]首先给出，密塞斯给出了上述的定理[A1]，亦见[9.69].

式 (9.16) 中的 $q^2/2$) 我们可以看出，式 (9.16) 的左边与其右边一致，是

$$\frac{p_0}{\rho}+\frac{1}{2}u_1^2+\frac{1}{2}\omega^2(x^2+y^2).$$

因此，式(9.16)中的"常数"在本例中确实与 y 和 z 无关，这和本节开头所说的规律是一致的1)．

(c) 在 **2.3.3** 中所采用的、把压力分解为"平衡压力" p' 和"动压力" p^* 的办法，对于旋转坐标系中的流动也能有效应用．这里的平衡压力是

$$p'=\text{常数}-g\rho z+\frac{1}{2}\rho\omega^2 r^2.$$

因此，由式(9.16)，在定常相对流动中，动压力为

$$p^*=\text{常数}-\frac{1}{2}\rho q^2, \tag{9.18}$$

也就是说，在形式上这与非旋转坐标系中的结果是一致的，而流线形状则与静止空间中的不同．式 (9.18) 开始仍只适用于流线．但是，对于我们刚才所讨论过的"无旋"运动，这种限制也就消失了．

图 9.26　旋转螺旋桨上的边界层流动(选自迈内的照片)

贴附在旋转螺旋桨上的边界层流动，可以象古切[9.73]最早所作的那样，用有色油料涂在上面使人们能看到流线．在图 9.26 中我们复制了迈内[9.73a]新的照片，它表示在水中作自由旋转的螺旋桨模型(直径 250 毫米，前进度 $I=$

1) 有关旋转管道中二维无旋运动的许多例子，可在库查斯基的书中找到[S3]，上面的例子就是从这本书上选取的．与此有关的实验工作，可以参考费特的学位论文[9.70]，与涡轮机中的流动有关的理论计算，可在下列资料中找到：施潘哈克[S4]，施潘哈克和巴尔特[9.71]，和施潘哈克[9.72]．

0.748，参看 7.20）．我们由图中可以看到，贴近物面的边界层部分（与螺旋桨一同旋转）有向外（离心）的偏移，并引起二次流动（象在 4.10 所描述的那样）．这些流体沿径向向外移动对桨毂附近区域所起的作用，就象吸除边界层以起稳定作用一样．在这里所示的螺旋桨吸力面（负压面）的后缘上，可以看到边界层的分离，并且被向外抛去（或离心外去）的情况——在图 9.26 所示例子中的每个叶片上，最外部分的边界层是湍流的．因为在这里与边界层外的不随着旋转的流动之间有大量的动量交换，从而阻止了上述二次流的产生，所以流线几乎是沿周向（切向）的．

关于图 9.26 的例子，我们还可以提一下，由于管道有 $-\omega$ 的旋转，结果使在正压一侧（"压力面"）速度减小，而在负压一侧（"吸力面"）则增加；p^* 的相应压差，恰与科氏力的合力相平衡．这些压力差对管壁的作用是产生一抵抗管的旋转的角动量，它必须由使管旋转的机器来克服．所需的功等于角动量与角速度 ω 的乘积．假使出口速度随后并不转化为静止管道或蜗室中的压力的话，以角速度 ω 而旋转的、从半径 r_1 到 r_2 $(r_2>r_1)$ 的径向管所做的有用功，是由离心力 $\frac{1}{2}\rho\omega^2(r_2^2-r_1^2)$ 造成的压力上升所提供的．这里所讨论的那些关系，在离心泵和离心式压气机的设计中有其应用，但也同样可用于径流式涡轮机设计．

(d) 另一个有意义的例子是出现在旋转圆盘上的流动．设一直径为 D 的圆盘，在本来处于静止的流体中旋转，转轴通过圆盘的中心且与盘面垂直．紧靠圆盘的流体层被圆盘上的摩阻所带动而作圆周运动．由于惯性力的作用它便往外流，并在圆盘外缘处离开圆盘；而新的流体层则逼近圆盘，并依次向外抛出．这样，经过一个短暂的起始阶段后，一个定常流动便建立了，它对圆盘的旋转施加了相当大的阻力．如果圆盘不是在各方面都延伸很远的流体中运动，而是在与圆盘同心的封闭罩内运动，由于圆盘运动而带动起来的流体便会重新与圆盘接触，但是由于与罩壁相摩擦，其环量的一部分已经消失了．为了对所发生的现象能有一个较清晰的概念，我们必须进一步研究在圆盘处的现象和在罩里的现象．只要这些运动是层流流动，我们可以进行解析的讨论．

我们将从简单的近似分析开始．设圆盘上平行于盘壁上切应力 τ_{bl} 的流动方向与周向成 φ 角．切应力的径向分量（$\tau_{bl}\sin\varphi$），连同径向动量的增长，必须与被圆盘带着转的流体的离心力相平衡，所以，切应力的径向分量将与 $\rho r\omega^2\delta$ 成比例，其中 δ 为“被带着转动”的流体层的厚度的量度．其次，切应力的周向分量 $\tau_{bl}\cos\varphi$ 与 $\mu r\omega/\delta$ 成比例．因此，消去 τ_{bl} 并设 φ 与半径无关（这是与观察相符的），我们便可得到对 δ 的结论，即 $\delta\sim\sqrt{\nu/\omega}$，也就是，它与半径无关！其实我们可以预测到：这里会有一个粘性层，它的厚度的量级，根据量纲的考虑，将是 $\delta=\sqrt{\nu/\omega}$，如同在 **4.13** 中那样．（那里给出的公式是 $\delta=\sqrt{\nu t}$，但是，这里关于这个过程的特征时间是 $1/\omega$．如果我们从 δ 的这一公式出发，从上面所给出的 τ_{bl} 的两个关系*可以引出 $\varphi=$常数的结论．）δ 取这一值，我们得 $\tau_{bl}\sim\rho r\omega\sqrt{\nu\omega}$．转矩 M 与 $\tau\times$面积$\times$力偶臂成比例，即

$$M\sim\rho r^4\omega\sqrt{\nu\omega}.$$

圆盘在静止流体中旋转的情形已由考克兰计算解决[9.77]．若 u 为速度的周向分量，v 为径向分量，而 w 为垂直于盘面的分量，则 u 和 v 与 $r\omega$ 成比例．比例因子为 $z/\delta=z\sqrt{\omega/\nu}$ 的函数（其中 z 为离盘面的距离）；根据连续性条件，w 便与 $\delta\omega=\sqrt{\nu\omega}$ 成比例．因此，我们取[1)]：

$$u=r\omega F\left(z\sqrt{\omega/\nu}\right),$$
$$v=r\omega G\left(z\sqrt{\omega/\nu}\right),$$
$$w=\sqrt{\nu\omega}\,H\left(z\sqrt{\omega/\nu}\right).$$

这三个函数 F, G, H 的图线表示在图 9.27 中．从图上我们就可以看出，周向速度为圆盘周向速度之半的地方离盘面的距离为

$$\delta_{0.5}\approx\sqrt{\nu/\omega};$$

紧靠盘面的相对流线的倾角保持为 $\varphi_1=39.6°$，而相应的斜率为

$$\tan\varphi_1=-G'(0)/F'(0)=0.510/0.616=0.828.$$

---

* 即指 $\tau_{bl}\sin\varphi\sim\rho r\omega^2\delta$ 与 $\tau_{bl}\cos\varphi\sim\mu r\omega/\delta$．——译者注

1) 对照考克兰和伯德瓦特的论文[9.79]，这里 F 和 G 的意义已经互换！

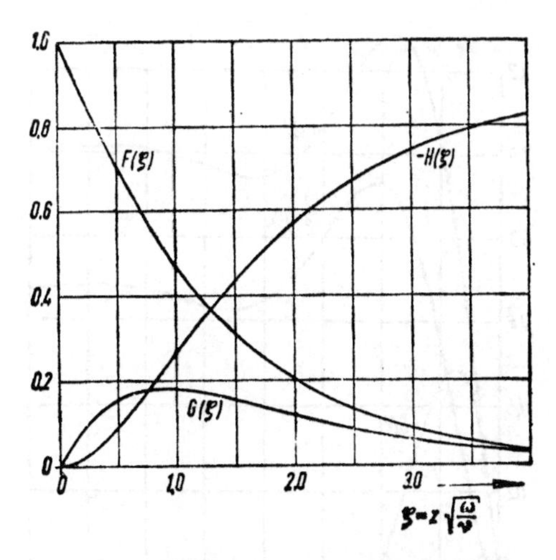

图 9.27　表示圆盘在静止流体中旋转情形的图线

对于半径为 R 和周向速度为 u_1 的圆盘，摩阻力矩[1)]为

$$M=3.87R^3\cdot\frac{1}{2}\rho u_1^2\sqrt{\frac{\nu}{u_1R}}. \tag{9.19}$$

考虑到 $u_1=\omega R$，所以，公式(9.19)中的那个系数恰与前面表达式中的一致.

伯德瓦特[9.79]对圆盘静止而流体以角速度 ω 旋转的情形作了类似的计算. 相应的函数 F, G 和 H 画在图 9.28 中. 这里二次流(与 **4.10** 中所描述的一样)是指向中心. 因此，在这里平行于盘轴的分量 w 是指向离开圆盘的方向，它的极限值 $w_\infty=1.349\sqrt{\omega\nu}$. (我们要指出，圆盘在静止流体中转动和静止圆盘上流体旋转这两种流动分别显示了反气旋和气旋流动的典型，参看 **8.1.3**！)这里，紧靠圆盘的流线角为 $\varphi_2=50.6°$，相应于 $\tan\varphi_2=1.218$. 正如我们所看到的，角 φ_1, φ_2 都和 45° 的埃克曼角不一样：一个偏低，另一个则偏高，这是和流线的曲率有关的. 关于这些运动在初始阶段的状况，可参看蒂瑞欧的论文[9.80].

---

1) 卡门[9.78]用了近似的推理获得了同样的公式，只是系数数值不同. 在考克兰的论文中，已对卡门结果中的一个算术差错作了改正.

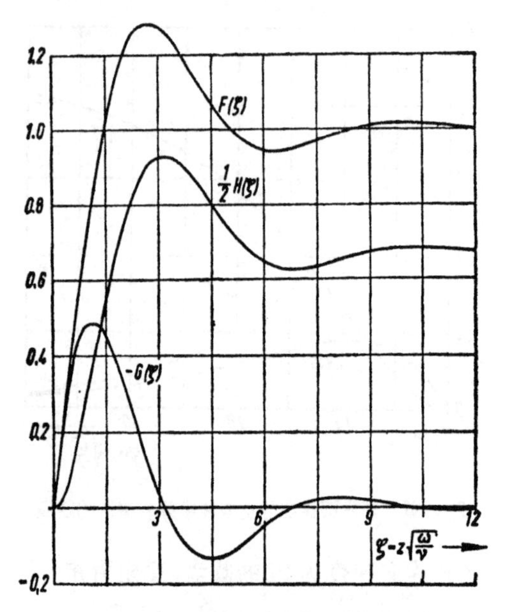

图 9.28 静止基底上流体旋转情形的图线

对于旋转圆盘上的湍流边界层来说，只要湍流开始发生在足够靠近中心的地方，我们得出恰好与 **4.7.1** 相当的一些公式. 利用“幂次公式”(参看 [L8]) 在盘面附近可以近似地得到

$$\tau=0.0225\rho u^2\left(\frac{\nu}{uy}\right)^{1/4},$$

所以在这里

$$\tau\cos\varphi\sim\rho(\omega r)^{7/4}\left(\frac{\nu}{\delta}\right)^{1/4};$$

而且，由于离心力，和前面一样，有：$\tau\sin\varphi\sim\rho\omega^2 r\delta$. 把这两个关系式结合起来，我们得：$\delta\sim r^{3/5}(\nu/\omega)^{1/5}$. 如果我们仍然让 $M\sim R^3\tau$，则在经过一些运算并引入周向速度 u_1 后可得：

$$M=\text{数值}\cdot R^3\cdot\frac{1}{2}\rho u_1^2\left(\frac{\nu}{u_1R}\right)^{1/5}. \tag{9.20}$$

按照卡门的近似计算[9.81]，上式中的“数值”为 0.146. 按照施密特[9.82]和肯普夫[9.83]的实验，得出的数值稍高一点. 从层流向湍流状态的过渡，发生的方式和平板的情形相同(参看图 4.71 的曲线 3).

如果一个圆盘在圆柱形罩内旋转，则象我们在前面已经提到过的，流体在相当大的程度上将随圆盘一起旋转，而圆盘与流体的相对速度就比较小，因而阻力也就较小．按照舒尔茨-格鲁诺的实验[9.84]，当 $u_1R/\nu>3\times10^5$ 时，式(9.20)中的“数值”为 0.0622，并且，只要罩的平壁面离圆盘面的距离不太小，它几乎与这个距离无关．在圆盘和在罩盖的面上都有粘性边界层产生，盘面上的流动向外，而罩盖端面上的流动则向内；在它们之间有一旋转相当均匀的被动层，逐渐从罩盖的端面向着圆盘移动．舒尔茨-格鲁诺发现，当 u_1R/ν 在 1.5×10^4 和 3×10^5 之间时，流动是层流，并且

$$M=2.67R^3\cdot\frac{1}{2}\rho u_1^2\sqrt{\frac{\nu}{u_1R}}. \tag{9.21}$$

对于狭窄的罩体(设圆盘与罩盖端面间的距离为 s)和微小的 u_1R/ν 值，计算得出(并为实验所证实)

$$M=\pi\mu u_1\frac{R^3}{s}. \tag{9.22}$$

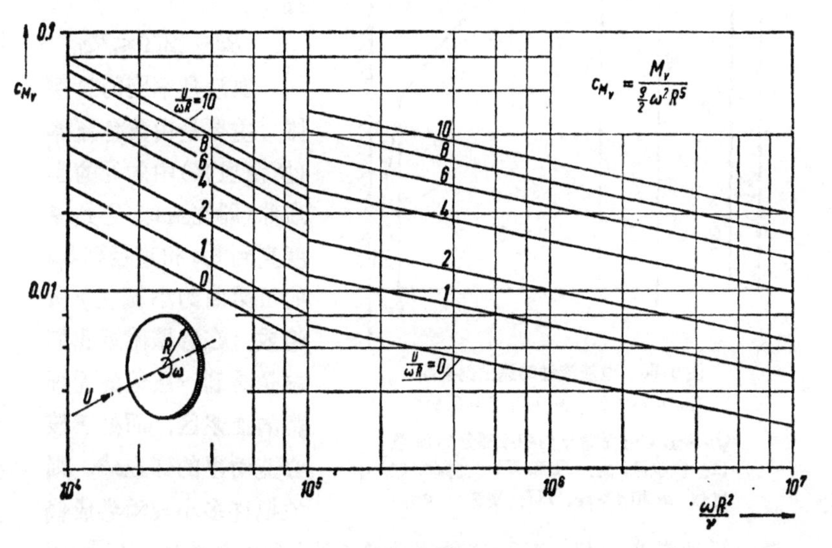

图 9.29

关于有轴向流流到旋转圆盘上的边界层问题，施里希廷和特鲁肯布罗特[9.85]对层流边界层作了计算，而特鲁肯布罗特对湍流边界层作了计算[9.86]. 在圆盘后背面的“死水区”对旋转矩几乎没有什么贡献. 所以在图 9.29 里就只画出圆盘正面上对于不同的 $U/R\omega$ 值所计算出来的力矩 M_v 的系数与雷诺数 $\omega R^2/\nu$ 的关系. 在极限情况 $U=0$ 时，M_v 自然只有按式(9.19)或式(9.20)求出的 M 值的一半. 最后，施里希廷[9.87]和特鲁肯布罗特[9.88]还给出了对轴向流流过旋转体的流动的计算方法.

9.9. 关于血液循环系统内的流动

血管内的流动几乎都是层流的. 就是在半径为 $R\approx1.1$ 厘米的主动脉里，每分钟心脏血液流量为 5 升 $=83$ 厘米^3/秒，流过速度 $\bar{u}=22$ 厘米/秒，雷诺数也在临界值 (Re_{lj}) 以下; 因为血液的平均粘度 $\nu\approx0.038$ 厘米^2/秒(37°C 时)，所以雷诺数

$$Re=1270\leqslant Re_{lj}.$$

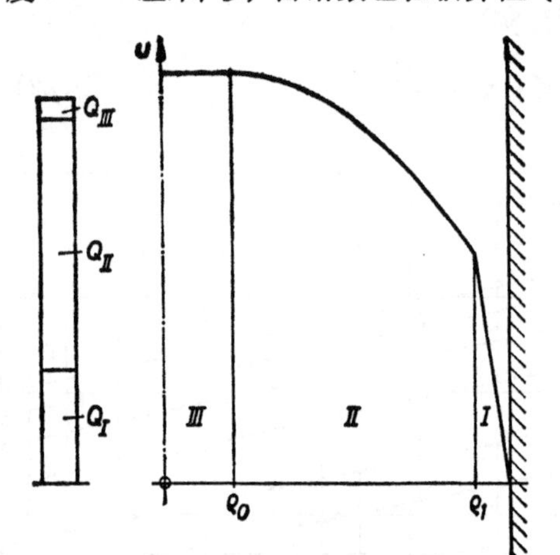

图 9.30 血液流动的速度剖面图 ($\mu_2/\mu_1=0.3$, $\rho_0=0.2$, $\rho_1=0.9$); Q_{I}, Q_{II}, Q_{III} 是管子内相应部分的流量 (I: 血浆区; μ_2. II 和 III: 血浆和红血球; μ_1 和 $\tau>\tau_F$. III: 塞流; $\tau<\tau_F$)

血液是细胞的悬浮体，主要是由黄色流体(所谓血浆)中的红的小血球(即红血球，它是厚度直到 2μ 和直径到 8μ 的可柔曲的小圆片)所组成. 在管壁附近我们总是看到一层薄的无细胞的血浆区，而处于核心流动里的红血球，则象把许多小硬币卷成钱卷一样地卷在一起. 对于这种流动的描述，我们认为宾厄姆[R1]所

提出的“塑性团”模型最简单；这种塑性团只有当剪应力 τ 超过一个最低值 τ_F 时才流动. 在管内还可用式(4.2)：$\tau=\frac{\Delta p}{l}\frac{r}{2}$，因为它是由一般的力平衡得出的，而且与物质的材料无关. 可是在 $\tau>\tau_F$ 的地方，现在要用 $\tau=\tau_F-\mu_1\frac{du}{dr}$ 来代替 $\tau=-\mu\frac{du}{dr}$；而在核心的最内层 $r\leqslant R_0=2l\tau_F/\Delta p$ 处，则 $\tau\leqslant\tau_F$ 和 $u=$常数. 对于外层 $(R_1\leqslant r\leqslant R)$ 的血浆则适用牛顿流体公式 $\tau=-\mu_2 du/dr$，其中 $\mu_2<\mu_1$. 因而在圆管内的速度可以分为三个流动区(图 9.30).

靠近管壁：

$$R_1\leqslant r\leqslant R:\qquad u_{\mathrm{I}}=\frac{\Delta p}{4l\mu_2}(R^2-r^2).$$

内部流动：

$$R_0\leqslant r\leqslant R_1:\qquad u_{\mathrm{II}}=\frac{\Delta p}{4l}\left[\frac{1}{\mu_1}(R_1-r)\cdot(R_1+r-2R_0)+\frac{1}{\mu_2}(R^2-R_1^2)\right].$$

最内核心：

$$0\leqslant r\leqslant R_0:\qquad u_{\mathrm{III}}=\frac{\Delta p}{4l}\left[\frac{1}{\mu_1}(R_1-R_0)^2+\frac{1}{\mu_2}(R^2-R_1^2)\right].$$

如果我们把总流量 $\int_0^R 2\pi ru\,dr$ 与粘性系数为 μ_A 的牛顿流体的流量相比较，就可以得出血液的表观粘性系数（其中 $\rho_0=R_0/R$, $\rho_1=R_1/R$）：

$$\frac{1}{\mu_A}=\frac{1}{\mu_1}(\rho_1-\rho_0)^2\left(\rho_1^2+\frac{2}{3}\rho_1\rho_0+\frac{1}{3}\rho_0^2\right)+\frac{1}{\mu_2}(1-\rho_1^2)^2.$$

血流和血浆在 37°C 时的测量值是 $\mu_1\approx0.04\,\mathrm{P}\approx4.10^{-4}$ 公斤·秒/米^2 和 $\mu_2\approx0.012\mathrm{P}\approx1.2\times10^{-4}$ 公斤·秒/米^2 [1 P(泊 Poise) = 1 达因·秒/厘米^2 = 0.0102 公斤·秒/米^2]. 对于 τ_F 我们大致可设为 $2\cdot10^{-3}$ 公斤/米^2，而对血浆区的厚度可设为约 10^{-3} 厘米，因而 $R_1=R-0.001$ 厘米. 就是这样薄的一层边缘区的 $\mu_2<\mu_1$ 已经起到象一层润滑层的作用；因此尤其是在细的动脉（直径为 20 到

40μ)和在毛细管(5 到 10μ)中，表观粘性系数 μ_A 要比在粗管中小一些，这与测量的结果是一致的．例如，当 $\tau_F=0$ 或 $\rho_0=0$ 时，

$$\mu_A/\mu_1=\frac{\mu_2/\mu_1}{1-(1-\mu_2/\mu_1)\rho_1^4}=\frac{0.3}{1-0.7(1-0.001/R)^4},$$

因而当 $R=20\mu$, 0.1 毫米和 1 毫米时，$\mu_A/\mu_1=0.46$; 0.81 和 0.98．另一方面引进流动剪应力 τ_F，在小的剪应力情况下，对于同样可看到的 μ_A 的升高有影响．例如没有边缘区，则 $\rho_1=1$ (或 $\mu_2=\mu_1$)，对于 $\rho_0=\tau_F/\tau_0\ll 1\left(\text{其中 } \tau_0 \text{ 为壁上剪应力}=\dfrac{\Delta p}{l}\dfrac{R}{2}\right)$，可简单得到

$$\mu_A/\mu_1=\frac{1}{1-\frac{4}{3}\rho_0+\frac{1}{3}\rho_0^4}\approx 1+\frac{4}{3}\rho_0$$

所有这些关系式自然只在已形成管流时适用[参看 **4.14(d)**]．

可是在活的有机体中，流动首先是非定常的，而且有脉动，并且一直进入到毛细管里．由纳维-斯托克斯方程 (4.8)(这里用柱坐标)先得出在很长圆管中一个牛顿流体的平行流动是

$$\rho\frac{\partial u}{\partial t}=-\frac{\Delta p}{l}+\mu\left(\frac{\partial^2 u}{\partial r^2}+\frac{1}{r}\frac{\partial u}{\partial r}\right)\quad \text{及}\quad r=R \text{ 时 } u=0,$$

其中 ρ 是密度(对血液 $\rho=1.06$)，t 为时间．在这个线性方程中，我们设想用傅里叶级数来解振荡着的压力降落(与对 u 的解一样)．按照塞克斯耳[9.90]，对于 $\Delta p/\rho l=-a-b\cos\omega t$ 的基本解是

$$u=u_1+u_2=\frac{aR^2}{4\nu}\left(1-\frac{r^2}{R^2}\right)-\frac{ib}{\rho\omega}\left[1-\frac{J_0(\sqrt{(-i\lambda)}\,r/R)}{J_0(\sqrt{(-i\lambda)})}\right]e^{i\omega t};$$

其中 u_1 和 u_2 是速度的定常部分和脉动部分；J_0 是零阶的贝塞耳函数；参数 λ 是 $\lambda=\omega R^2/\nu$．它是在单位体积 $\rho R\omega^2$ 上的周期性质量力与粘性力 $\rho\nu\omega/R$ 的比值，是一个象雷诺数一样的无量纲数．

下表所列是根据麦克唐纳[S12]对几种哺乳类动物所估算得的主动脉的 λ 值(按基本频率算出)：

	脉 搏 (1/分)	主动脉直径(厘米)	λ
鼠	600 到 730	0.06 到 0.08	1.4 到 3
人	55 到 72	2.2	180 到 280
象	40 到 50	8.9	2300 到 2600

只有在小 λ 值时(至少 $\lambda<$大约 1)速度 $u^2(r)$ 也是抛物线分布，而且与压力脉动同相位. 与之相反，在大 λ 值时速度脉动和压力脉动差不多有 $90°$ 的相位差. 所以能量损失的时间平均值比在 $a\neq0$, $b=0$ 时严格定常的压力降落值只稍大一点. 与 u_1 和 u_2 相对应的流量的时间平均值为

$$Q_1=\int_0^R 2\pi r u_1 dr=\frac{\pi}{8}\frac{aR^4}{\nu} \quad 和 \quad \bar{Q}_2=0.$$

所需功率是

$$\bar{L}=\frac{1}{T}\int_0^T (Q_1+Q_2)\frac{\Delta p}{l}dt \quad (T=周期=2\pi/\omega),$$

与定常流动时的功率的比值是

$$\bar{L}/(Q_1\rho a)=1+\frac{\pi b^2}{a^2}F(\sqrt{\lambda}),$$

其中

$$F(\sqrt{\lambda})=\frac{\begin{Bmatrix}8\sqrt{2}\,(\mathrm{ber}\sqrt{\lambda}\,[\mathrm{ber}_1\sqrt{\lambda}+\mathrm{bei}_1\sqrt{\lambda}]\\ -\mathrm{bei}\sqrt{\lambda}\,[\mathrm{ber}_1\sqrt{\lambda}-\mathrm{bei}_1\sqrt{\lambda}])\end{Bmatrix}}{\lambda^{3/2}[(\mathrm{ber}\sqrt{\lambda})^2+(\mathrm{bei}\sqrt{\lambda})^2]},$$

式内 ber 和 bei 是开耳芬函数. F 分别随 $\sqrt{\lambda}$ 或 λ 的增大而急剧降落. 由下列数值可以看出：相应于 $\lambda=0.1$, 1, 10 和 100, 分别为 $F=1$, 0.972, 0.278, 和 0.010_5 (参看图 9.31).

归根到底，血管不是刚性的，而是可伸缩的. 在一个薄壁圆管(壁厚 $h\ll$半径 R) 内，由于流体的超压 p 产生一个沿周界方向的应力 $\sigma=pR/h$. 压力变化 Δp 产生应力变化 $\Delta\sigma=\Delta pR/h$, 并在管内 (弹性模量是 E) 产生周向变化 $\Delta(2\pi R)/2\pi R=\Delta R/R=\Delta\sigma/E=\Delta pR/Eh$. 若管长不变且是不可压缩流体时，则体积弹性模量

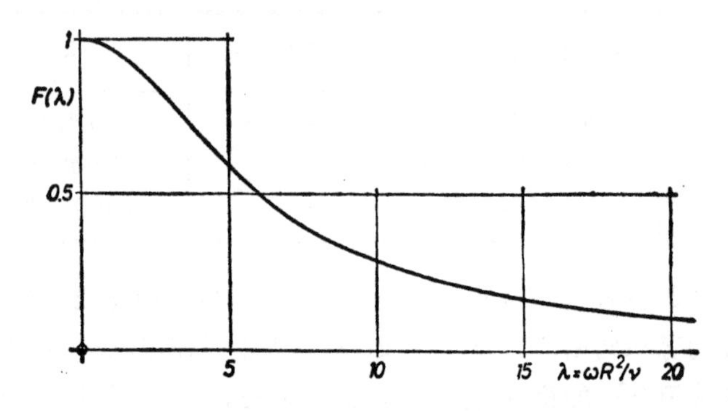

图 9.31 有脉动的管流功率的计算用辅助函数曲线

K [它是小压力变化与相对体积变化 $(\Delta V/V)$ 的比值: $K=\Delta p/(\Delta V/V)$] 只由相对截面变化, 即 $\Delta(\pi R^2)/\pi R^2=2\Delta R/R$ 来定. 因此 $K=\Delta p/(2\Delta R/R)=Eh/2R$. 由弹性介质中压缩波的传播速度 c 的一般关系式 $c=\sqrt{K/\rho}$, 立刻可以得出 $c=\sqrt{Eh/2\rho R}$ (参看 **9.2.1**). 在动脉里 c 的量级是 5 米/秒; 所以脉搏 (每分 60 到 70 次) 的基本波长差不多是 5 米. 由计算结果来看 (主要是沃默斯雷算的[S12]), 尤其是在较细的动脉里, 只有当上述的参数 λ 不再是大值的时候, 血液的粘性才能对压力脉动起一个可观的阻尼和减慢的作用. 由左心室将血压入主动脉, 由动脉管分送到不同的器官去. 动脉又分成再细的动脉, 它们最后又分成大量的小动脉和微血管, 可是, 总的截面是增加的. 微血管的直径是 5μ 到 10μ, 因而红血球需要变形才能通过它. 只有到了那里, 平均血压才开始显著地降落, 从动脉的 80 到 100 毫米水银柱降到 10 到 20 毫米水银柱. 另一方面, 由主动脉到最小的动脉, 压力脉动的波幅甚至还增加, 同时速度脉动的波幅下降. 这个现象只有通过压力波在"封闭末端" (即微血管区末梢) 的反射来解释. 其他细节参看 [S12] 和 [S13].

利鲍[9.91]和马伦霍尔茨[9.92]研究了在有严重的心瓣膜症状时, 心脏怎样还能继续工作, 象作周期性工作的没有活门的泵一样地, 使循环系统照常进行工作的问题.

9.10. 电磁力影响下的流动

电磁场作用在运动的带电体上，能产生力．在某种适当的液体里(如电解液)，盐类可以分解为正和负离子(带电体)．气体在高温下(例如在物体作高速飞行或进行热核反应时产生的高温)，可以分解成正离子和电子(“等离子体”，参看**3.5**)．在正常条件下流动的水银能产生自由电子和正离子．由上述的例子可以看出两方面的问题：一方面，我们要考虑的介质(液体和气体)有导电性并且存有大量的带电体．另一方面，由它们的产生方式来看，它们是电中性的，也就是说由于高导电性的特别快的相互作用，它的正电荷和负电荷在每一部分里都是平衡的．

自然，电中性状态并不排除存在电流．可是它没有由于有电场而产生出力的作用(库仑定律)，因而只需要考虑那个从磁场产生的力的效果(洛伦兹力)：

$$\boldsymbol{F}=\boldsymbol{j}\times\boldsymbol{B}.^{1)} \tag{9.23}$$

$\boldsymbol{F}$ 是单位体积上的力，$\boldsymbol{j}$ 表示电流密度(安/米^2)，$\boldsymbol{B}$ 表示磁感量(伏·秒/米^2)．这个力垂直于电流密度矢量并垂直于磁感矢量．电磁场间的关系由麦克斯韦方程表示：

$$\left.\begin{aligned}&\operatorname{rot}\boldsymbol{H}=\boldsymbol{j};\\&\operatorname{rot}\boldsymbol{E}=-\frac{\partial\boldsymbol{B}}{\partial t};\\&\operatorname{div}\boldsymbol{B}=0\end{aligned}\right\} \tag{9.24}$$

(其中 $\boldsymbol{H}$ 为磁场强度，以安/米计，$\boldsymbol{E}$ 为电场强度，以伏/米计)，由欧姆定律

$$\boldsymbol{j}=\sigma(\boldsymbol{E}+\boldsymbol{v}\times\boldsymbol{B}) \tag{9.25}$$

(σ 为导电率，以安/伏·米计，$\boldsymbol{v}$ 为流速矢量)，由连结方程

---

1) 这里采用的是乔吉单位制，它在质量、长度和时间等机械单位以外，还加上第四个基本单位，即电流强度的大小．这里取：千克(公斤)、米、秒、安(安培)作为基本单位量．其他的物理量都可由这四个单位导出，例如 1 牛顿=1N=1 公斤·米/秒^2，1 伏=1V=1 牛顿·米/安·秒．

$$\boldsymbol{B}=\mu_e\boldsymbol{H}. \tag{9.26}$$

(其中 μ_e 为磁导率，以伏·秒/安·米计)。

由麦克斯韦方程(9.24)的第一式得

$$\operatorname{div}\boldsymbol{j}=0. \tag{9.27}$$

把由式(9.25)得出的场强 $\boldsymbol{E}$ 代入式(9.24)中的第二式，再考虑式(9.26)和式(9.24)中的第一和第三式，我们得到

$$\left.\begin{aligned}\frac{\partial\boldsymbol{B}}{\partial t}&=\operatorname{rot}(\boldsymbol{v}\times\boldsymbol{B})+\frac{1}{\sigma\mu_e}\Delta\boldsymbol{B};\\ \Delta&=\frac{\partial^2}{\partial x^2}+\frac{\partial^2}{\partial y^2}+\frac{\partial^2}{\partial z^2}.\end{aligned}\right\} \tag{9.28}$$

这里除流体力学的物理量外，只在式(9.28)中增加了一个磁的状态量. 所以我们称之为磁流体动力学；在可压缩流动情况中也常叫做磁气体动力学. 在初期这个专业领域与其他三个专业领域(宇宙航行、核聚变和天体物理)有很重要的关系. 下面想用两个简单问题对它作初步介绍.

9.10.1. 泊阿苏依-哈特曼流动

设在两个二维平板之间有一导电介质作不可压缩、定常、层流的粘性流动. 它同时受到外界磁场 $B_y=B_0=$ 常数的影响(图9.32).

这样就诱导出电场和磁场以及电流来. 速度的横侧分量与不存在磁场 B_0 时一样地等于零. 流动呈现与流动方向(x 方向)无关的速度剖面：

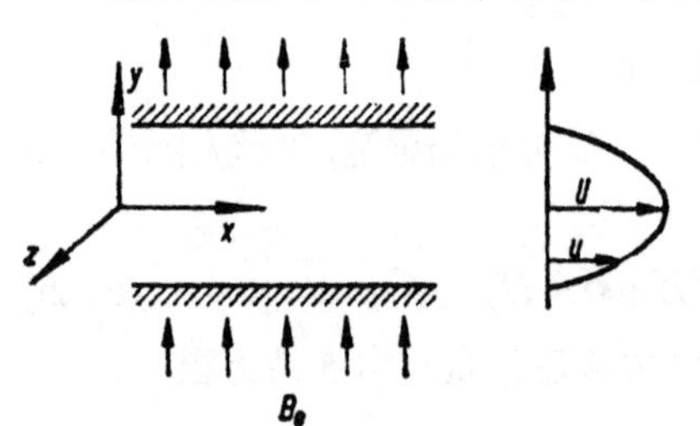

图 9.32 在磁场中的粘性流动

$$u=u(y),$$

$$v=w=0.$$

沿 x 方向的静压降落 $-\partial p/\partial x$ 是常数，不过 $p=p(x,y)$. 全部电的和磁的物理量都与 x 轴和 z 轴无关，而且也可先设为与时间无关. 因而由式(9.24)的第三式，对整个流动说来，$B_y=$ 常数

$=B_0$, 而 $B_z=0$. 所以磁感应各分量为:

$$B_x=B_x(y);\quad B_y=B_0;\quad B_z=0. \tag{9.29}$$

电流密度分量由式(9.24)的第一式和式(9.26)得

$$j_x=0;\quad j_y=0;\quad \mu_e j_z=-\frac{dB_x}{dy}. \tag{9.30}$$

由式 (9.27) 得 j_y= 常数. 为了使式 (9.30) 中满足 $j_y=0$, 管道在 y 方向必须用绝缘板做边壁.

值得注意的是沿 z 方向所出现的电流密度分量. 由式(9.23)得出电磁体积力的分量[考虑到式(9.29)和式(9.30)的情况]为:

$$\left.\begin{aligned}(\boldsymbol{j}\times\boldsymbol{B})_x&=-j_zB_0=\frac{1}{\mu_e}B_0\frac{dB_x}{dy};\\(\boldsymbol{j}\times\boldsymbol{B})_y&=j_zB_x=-\frac{1}{\mu_e}B_x\frac{dB_x}{dy}.\end{aligned}\right\} \tag{9.31}$$

这里不存在惯性力, 因此电磁力在 y 方向只有静压降落, 在 x 方向还有剪应力来平衡这个电磁力:

$$\frac{\partial p}{\partial x}=\text{常数}=\mu\frac{d^2u}{dy^2}+\frac{1}{\mu_e}B_0\frac{dB_x}{dy}; \tag{9.32}$$

$$\frac{\partial p}{\partial y}=\qquad -\frac{1}{\mu_e}B_x\frac{dB_x}{dy}. \tag{9.33}$$

式(9.28)的 x 分量在式(9.29)的情况下为

$$B_0\frac{du}{dy}+\frac{1}{\sigma\mu_e}\frac{d^2B_x}{dy^2}=0. \tag{9.34}$$

式(9.32)对 y 微分后可与式 (9.34) 合成出对 $u(y)$ 的三阶常微分方程. 引进在管道中间 ($y=0$) 的最大速度 U 和边界条件 (u 在壁上为零), 则我们可以得出图 9.33 中所示的速度剖面. 它们随着不同的哈特曼数而有差异,

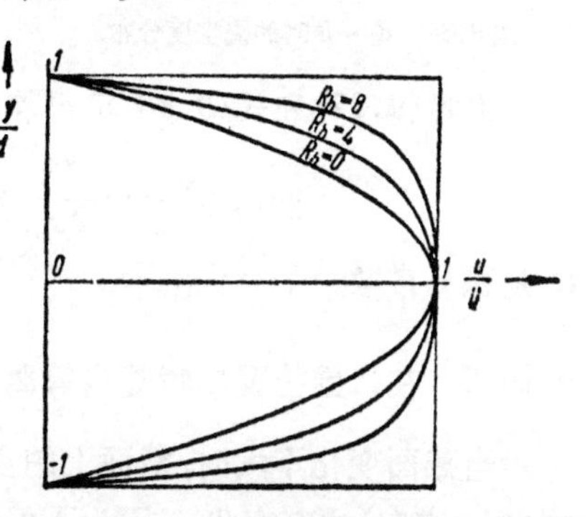

图 9.33 速度剖面与哈特曼数 R_h 的关系

$$R_h = B_0 d\sqrt{\frac{\sigma}{\mu}} = H_0 d\sqrt{\frac{\mu_e^2\sigma}{\mu}}, \tag{9.35}$$

其中 $2d$ 是管道宽度，见[9.74].

由于电磁力在管道的中间部分起增大阻力的作用，而在管壁附近起减少阻力的作用，所以速度剖面比 $B_0=0$ 时的层流剖面要丰满些.

对式(9.34)作简单求积，就可算出磁感应，其中必须满足管壁上的边界条件 $B_x=0$. 如果在式(9.34)中引用无量纲 B_x/B_0, u/U 来写出，并取 y/d 作坐标，则在式(9.34)中又有一个新的无量纲数叫磁雷诺数 R_σ

$$R_\sigma = \sigma\mu_e dU. \tag{9.36}$$

这样，比值 B_x/B_0 除与哈特曼数有关外，还与磁雷诺数有关(见图 9.34 和图 9.35).

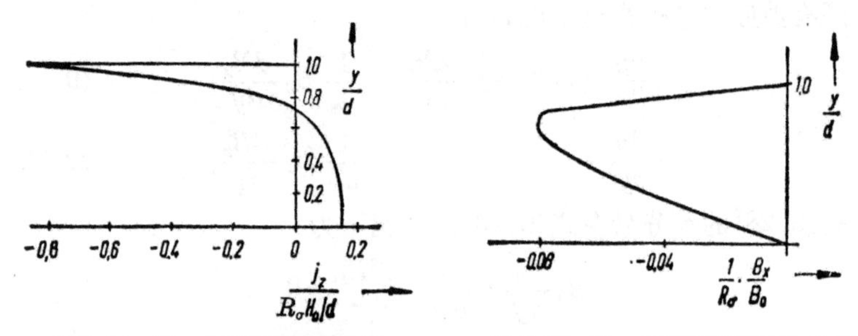

图 9.34 $R_h=8$ 时的流密度分布　　　图 9.35 $R_h=8$ 时的磁感应 B_x 分布

由式(9.32)和式(9.33)可得静压

$$p(x, y) = -\frac{B_x^2}{2\mu_e} + 常数\cdot x + C. \tag{9.37}$$

C 是积分常数.

9.10.2. 在二维拉瓦尔喷管内等离子体的可压缩、无粘性流动

当截面变化不大时，截面上的全部状态都是常值，只是沿流动方向(x 方向)才有变化. 因为不但摩擦产生的热可以忽略，而且由于导电率 σ 很大，因欧姆阻力而产生的热也可以忽略，所以热状

态变化实际可看做是等熵的，因而可以交互地省略掉密度和压力．虽然所涉及的限制还可以有很大变化，但我们还是先假设理想中性等离子体的极限情况是 $\sigma\to\infty$．设外界作用的磁场沿 x 坐标是 $B_y=B_0$ 为常值(与 **9.10.1** 相同)．因而在流动中又得 $B_z=0$，并且用式(9.24)的第三式得 $B_x=$ 常数 $=0$，而对外边的磁场 B_0 还要加上一个诱导的 B_y 分量，所以

$$B_x=0;\quad B_y=B_y(x);\quad B_z=0. \tag{9.38}$$

对于电流密度分量由式(9.24)的第一式和式(9.26)得

$$j_x=0;\quad j_y=0;\quad \mu_e j_z=\frac{dB_y}{dx}. \tag{9.39}$$

由式(9.23)并计及式(9.38)和式(9.39)可得：

$$(\boldsymbol{j}\times\boldsymbol{B})_x=-j_zB_y=-\frac{1}{\mu_e}B_y\frac{dB_y}{dx}, \tag{9.40}$$

因而得运动方程(现在还有惯性力项)为：

$$\rho u\frac{du}{dx}+\frac{dp}{dx}=-\frac{1}{\mu_e}B_y\frac{dB_y}{dx}. \tag{9.41}$$

由式(9.28)，我们得：

$$\frac{d(uB_y)}{dx}-\frac{1}{\sigma\mu_e}\frac{d^2B_y}{dx^2}=0.$$

当 $\sigma\to\infty$ 时，得：

$$uB_y=\text{常数},\quad \text{或}\quad \frac{1}{u}\frac{du}{dx}+\frac{1}{B_y}\frac{dB_y}{dx}=0. \tag{9.42}$$

消去热状态量，则由式(9.42)[考虑到连结方程式(9.26)]最后得关系式：

$$\frac{1}{u}\frac{du}{dx}\left[u^2-\frac{\mu_eH_y^2}{\rho}-c^2\right]=\frac{c^2}{a}\frac{da}{dx}, \tag{9.43}$$

其中 $a=a(x)$ 是截面积．

我们可以看出，$\mu_eH_y^2/\rho$ 的量纲是速度平方．我们把

$$v_H=\sqrt{\frac{\mu_eH_y^2}{\rho}} \tag{9.44}$$

叫做阿尔文速度(参看[9.75])．

由于小扰动的传播速度一般等于拉瓦尔喷管内在临界情况下的流速，我们认识到对于在磁场内一个中性的等离子体的小扰动来说，现在应当是用传播速度 $\sqrt{c^2+v_H^2}$ 来代替以前的声速 c. 在三维流动中，这个量还与传播方向的角度有关.

在这里，激波理论也更一般化了，这时磁场方向起着重要作用. 所以就出现非常复杂的情况，即：由于磁场的影响，在流体力学原来的那些变数上，又增加了一个整矢量场，参看[S9]，[H12].

参考文献

[9.1] F. Numachi, *Ing.-Arch.* **7**, 1936 und 9, 1938.

[9.2] Ph. Eisenberg und H. L. Pond, *David Taylor Model Basin Rep.* **688**, 1944.

[9.3] H. Reichardt, *UM* **6606** und **6618**, 1944.

[9.4] M. P. Tulin, *David Taylor Model Basin Report* **843**, 1953.

[9.5] T. Y. Wu, *J. Fluid Mechanics* **13**, 1962, S. 161.

[9.6] T. Y. Wu and D. P. Wang, *J. Fluid Mechanics* **18**, 1963, S. 65.

[9.7] R. Eppler, *J. Rat. Mech. Anal.* **3**, 1954, S. 591.

[9.8] A. Roshko, *NACA Techn. Note* **3168**, 1954.

[9.9] B. R. Parkin, *J. Ship Res.* **1**, 1958, S. 34.

[9.10] Alliévi, *Revue de* Mécanique 1904.

[9.11] Dubs, Bataillard, Allgemeine Theorie über die veränderliche Bewegung des Wassers in Leitungen, Berlin 1909.

[9.12] C. Camichel, Verhandl. d. 2. Intern. Kongr. f. Techn. Mech. Zürich 1926, S. 75.

[9.13] H. Kreitner, Die Wasserwirtschaft 1926, S. 258.

[9.14] Ch. Jäger, *Wasserkraft u. Wasserwirtsch.* **32** (1937), S. 269, 其中有许多文献.

[9.15] G. Ried, *VDI-Zeitschr.* **85** (1941), S. 639.

[9.16] V. G. Szebehely, *Appl. Mech. Rev.* **12**, 1959, S. 297.

[9.17] Herbert Wagner, *ZAMM* **12** (1932), S. 193.

[9.18] H. Wagner, *ZAMM* **12** (1932), 还有 Proceedings of the IVth Intern. Congr. for Applied Mech. 1934. Cambridge (England) 1935, S. 126.

[9.19] E. Hogner, Proc. I[st] Internat. Congr. f. Applied Mech. 1924, Delft 1925, S. 146.

[9.20] W. Thomson, *Phil. Mag.* **42**, 1871, 368.

[9.21] v. Helmholtz, Sitz. Akad. Wiss. Berlin 1889 und 1890.

[9.22] W. Wuest, *ZAMM* **29**, 1949, 239.

[9.23] G. Neumann, *Z. Met.* **2**, 1948, 193; *Dtsch. Hydrogr. Z.* **2**, 1949, 187.
[9.24] H. Jeffreys, *Proc. Roy. Soc.* **107**, 1925, 189 und **110**, 1926, 241.
[9.25] H. U. Roll, *Ann.* Met. **4**, 1951, 269.
[9.26] C. Eckart, *J. Appl. Phys.* **24**, 1953, 1485.
[9.27] O. M. Phillips, *J. Fluid Mech.* **2**, **1957**, 417; Proc. third U. S. Congr. Appl. Mech. 1958.
[9.28] J. W. Miles, *J. Fluid Mech.* **3**, 1957, 185; **6**, 1959, 568; **6**, 1959, 583; **7**, 1960, 469.
[9.29] O. M. Phillips, *J. Fluid Mech.* **9**, 1960, 193.
[9.30] K. Hasselmann, *Schiffstechnik*, **7**, 1960, 191; *J. Fluid Mech.* **12**, 1962, 481; **15**, 1963, 273 und **15**, 1963, 385.
[9.31] C. Cox und W. Munk, *J. Mar. Res.* **13**, **1954**, 198 和 *J. Optical Soc. of America* **44**, 1954, 838.
[9.32] G. Neumann, *U. S. Beach Erosion Board Techn. Mem.* **43**, 1953; Arch. Met. Geophys. Bioklimat. A 7, 1954, 352; W. J. Pierson jr., G. Neumann und R. W. James, New York Univ. Dept. Met. and Ocean Techn. Rept. 1, 1953.
[9.33] J. W. Miles, *Appl. Mech. Rev.* **15**, 1962, 685.
[9.34] E. Hochschwender, 博士论文, Heidelberg 1919.
[9.35] Lord Rayleigh, *Proc. Lond. Math. Soc.* **10** (1879), S. 4=Scientif. Papers I, S. 361.
[9.36] A. Haenlein, *Forschung* **2** (1931), S. 139.
[9.37] C. Weber, *ZAMM* **11** (1931), S. 136.
[9.37a] G. I. Taylor, *Proc. Roy. Soc.* **A 253**, 1959, S. 289.
[9.38] W. Oschatz, *Deutsche Kraftfahrtforschung*, Heft **57** (1941).
[9.39] *Photographie und Forschung* **3** (1941), S. 170.
[9.40] O. Holfeder, *VDI-Forschungsheft* **374** (1935).
[9.41] K. Blume, *Forschung* **11** (1940), S. 284.
[9.42] K. Blume, *Deutsche Kraftfahrtforschung*, Heft **53** (1941).
[9.43] K. Höfer, *VDI-Forschungsheft* **138** (1913), S. 3—12.
[9.44] F. Pickert, *Forschung* **3** (1932), S. 308.
[9.45] H. Behringer. *Forschung* **3** (1932), S. 310.
[9.46] Th. Dumitrescu, *ZAMM* **23** (1943), S. 139.
[9.46a] A. Mallock, *Proc. Roy. Soc.* **A**, **84**, 1910, S. 391.
[9.47] *VDI-Forschungsheft* **365** (1934).
[9.48] F. Kaissling, *Forschung* **14** (1943), S. 30.
[9.49] G. Heinrich, *ZAMM* **22** (1942), S. 117.
[9.49a] J. Ackeret, *Forschung* **1** (1930), S. 63.
[9.49b] I. J. Campbell und A. S. Pitcher, *Proc. Roy. Soc.* **A**, **243**, 1958, S. 534.

[9.49c] K. Wieghardt, *Schiffstechnik*, **14**, 1967, S. 24.
[9.50] J. Gasterstädt, *VDI-Forschungsheft* **265** (1924), S. 617 和 *VDI-Zeitschr.* **68** (1924).
[9.51] W. Barth, *ZAMM* **25/27** (1947), S. 157 和 *Ing. -Arch.* **16** (1948), S. 147.
[9.52] R. A. Bagnold, *Proc. Roy. Soc.* **(A)** **157** (1936), S. 594 (风洞实验) 和 **167** (1938), S. 282 (在沙漠中对沙风暴的观察).
[9.53] D. H. Caldwell und H. E. Babitt, *Am. Inst. Chem. Engrs.* **37** (1941), S. 237. L. Schiller 在 *Forschung* **14** (1943), S. 85 中曾对此文作了简述.
[9.54] H. J. Casey, *Mitt. d. Preuß. Vers. Anst.*, Heft 19.
[9.55] Shields, Heft **26** der *Preuß. Versuchsanstalt für Wasser-, Erd-und Schiffbau*, Berlin 1936.
[9.56] E. Meyer-Peter, H. Favre, H. A. Einstein, *Schweizer Bauzeitung* **103** (1934), Nr. **13**.
[9.57] H. Favre, Lyon 1935; 还有 *Annales des ponts et chaussées* 1935, Nr. **VIII** 和 1936, Nr. **VII**.
[9.58] H. A.Einstein, Rob. Müller, *Schweizer Arch. f. angew. Wiss. u. Techn.* 1939, H. **8**.
[9.59] R. Seifert. *Die Bautechnik*, **20** (1942), S. 327.
[9.60] W. Liebs, *Mitt. d. Preuß. Vers. -Anstalt f. Wasser-, Erd-u. Schiffbau*, H. **43** (1942).
[9.61] G. de Thiery u. C. Matschoß, Die Wasserbaulaboratorien Europas. Berlin 1926, S. 170 und Tafel VI (其中还有关于河岸等的例子).
[9.62] M. Munk, *NACA-Rep.* **114** (1921).
[9.63] H. Glauert, *Rep. a. Mem.* **1158** (1928).
[9.64] G. I. Taylor, *Proc. Roy. Soc.* **120** (1928). S. 260 和 *Rep. a. Mem.* **1160**.
[9.65] W. Tollmien, *Ing. -Arch.* **9** (1938), S. 308.
[9.66] V. Bjerknes, *Zeitschr. f. d. phys. u. chem. Unterricht* **43** (1930), S. 1 ff.
[9.67] W. Frössel, *Öl und Kohle* **39** (1943), S. 257, 还有 *Forschung* **9**.
[9.68] F. Prášil, *Schweizer Bauzeitung* **48** (1906). S. 300.
[9.69] R. v. Mises. *Zeitschr. f. Math. u. Phys.* **57** (1909), S. 1.
[9.70] H. Fette, *Zeitschr. f. techn. Phys.* **14** (1933), S. 257.
[9.71] W. Spannhake, W. Barth, *ZAMM* **9** (1929), S. 466.
[9.72] W. Spannhake, *Mitteilungen des Instituts für Strömungsmaschinen der TH Karlsruhe*, Heft **1**, München u. Berlin 1930, S. 4.
[9.73] F. Gutsche, Jahrb. der Schiffbautechn., Ges. **41** (1940), S. 188. 其中还有许多流动图.
[9.73a] K. Meyne, *Schiffstechnik* Bd. **15**. 1968, S. 45.
[9.74] J. Hartmann, I. Kgl. Danske Videnskab Selskabs Math. fys. Medd.

XV: 6, 1937.

[9.75] H. Alfvén, *Arkiv f. mat. astr. o. fysik*, Bd. **29B**, No. 2, 1942.

[9.76] W. Lecher, *Escher-Wyss-Mitteltеil*. **33** (1960), Heft 1, 2, 3.

[9.77] W. G. Cochran, *Proc. Cambridge Philos. Soc*. **30** (1934), Part. 3.

[9.78] Th. v. Kármán, *ZAMM* **1** (1921), S. 247.

[9.79] U. T. Bödewadt, *ZAMM* **20**, (1940), S. 241.

[9.80] K. H. Thiriot, *ZAMM* **20** (1940), S. 1.

[9.81] Th. v. Kármán, *ZAMM* **1** (1921), S. 249.

[9.82] W. Schmidt, *DVI-Zeitschr*. **65** (1921), S. 441.

[9.83] G. Kempf, Innsbrucker Vorträge 1922, S. 168.

[9.84] F. Schultz-Grunow, *ZAMM* **15** (1935), S. 191. 文章中有理论分析. 也可与 T. Okaya und M. Hasegawa, Japan, *Journ. of Physics* **13** (1939), S. 29 中的计算相比较.

[9.85] H. Schlichting, E. Truckenbrodt, *ZAMM* **32**, 1952, 97.

[9.86] E. Truckenbrodt, *ZAMM* **34**, 1954, 150.

[9.87] H. Schlichting, *Ing. -Arch*. **21**, 1953, 227.

[9.88] E. Truckenbrodt, *Ing. -Arch*. **22**, 1954, 21.

[9.89] H. Schmitt, *Mitteil. MPI für Strömungsforschung* Göttingen, Nr. **37**, 1966.

[9.90] Th. Sexl, *Z. Phys*. **61**, 1930, 349.

[9.91] G. Liebau, *Z. ges. exp. Medizin* **123**, 1954, 71.

[9.92] O. Mahrenholtz, *Forsch. Ing. -Wes*. **29**, 1963, 47 和 73.

参 考 书 目

I. 教 科 书 类

1. 概论和一般内容

[L1] O. Tietjens, Hydro-und Aerodynamik, nach Vorlesungen von L. Prandtl, 2 Bde., Berlin, 1929 und 1931.
[L2] H. Lamb, Lehrbuch der Hydrodynamik, deutsche Ausgabe, Leipzig 1931.
[L3] K. Oswatitsch, Gasdynamik, Wien 1952.
[L4] L. M. Milne-Thomson, Theoretical Hydrodynamics, New York 1955.
[L5] N. J. Kotschin, I. A. Kibel, N. W. Rose, Theoretische Hydromechanik, Berlin 1955.
[L6] H. W. Liepmann, A. Roshko, Elements of Gasdynamics, New York 1957.
[L7] S. I. Pai, Viscous Flow Theory, 2 Bde., New York 1956/57.
[L8] H. Schlichting, Grenzschichttheorie, 3. Aufl., Karlsruhe 1958.
[L9] H. Rouse, Herausgeber, Advanced Mechanics of Fluids, New York 1959.
[L10] L. D. Landau. E. M. Lifshitz, Fluid Mechanics, London 1959.
[L11] R. Sauer, Einführung in die theoretische Gasdynamik, 3. Aufl., Berlin 1960.
[L12] H. Schlichting, E. Truckenbrodt, Aerodynamik des Flugzeuges, 2 Bde., Berlin 1960.
[L13] B. Thwaites, Incompressible Aerodynamics, Oxford 1960.
[L14] W. C. Duncan, A. S. Thom, A. D. Young, An Elementary Treatise on the Mechanics of Fluids, London 1960.
[L15] W. Albring, Angewandte Strömungslehre, Dresden 1961.
[L16] B. Eck, Technische Strömungslehre, 6. Aufl. Berlin 1961.
[L17] J. Zierep, Vorlesungen über theoretische Gasdynamik, Karlsruhe 1962.
[L18] H. Rouse, Engineering Hydraulics, New York 1950.

2. 气体动力学

[G1] G. W. Patterson, Molecular Flow of Gases, New York 1956.
[G2] K. G. Guderley, Theorie schallnaher Strömungen, Berlin 1957.

[G3] R. von Mises, Mathematical Theory of Compressible Fluid Flow, New York 1958.
[G4] W. D. Hayes, R. F. Probstein, Hypersonic Flow Theory, New York 1959.
[G5] L. C. Woods, The Theory of Subsonic Plane Flow, Cambridge 1961.
[G6] C. C. Chernyi, Introduction to Hypersonic Flow, New York 1961.
[G7] H. Seifert, Instationäre Strömungsvorgänge in Rohrleitungen an Verbrennungskraftmaschinen, Berlin 1962.

3. 粘性流体力学

[R1] E. C. Bingham, Fluidity and Plasticity, New York 1922.
[R2] J. Gray, Ciliary Movement, Cambridge 1928.
[R3] Ph. Forchheimer, Hydraulik, 3. Aufl. Leipzig 1930.
[R4] G. W. Scott Blair, A Survey of General and Applied Rheology, London 1949.
[R5] G. K. Batchelor, The Theory of Homogeneous Turbulence, Cambridge 1953.
[R6] C. C. Lin, The Theory of Hydrodynamic Stability, Cambridge 1955.
[R7] F. R. Eirich, Rheology, Theory and Applications, New York 1956.
[R8] A. A. Townsend, The Structure of Turbulent Shear Flow, Cambridge 1956.
[R9] G. Birkhoff, E. R. Zarantonello, Jets, Wakes and Cavities, New York 1957.
[R10] S. F. Hoerner, Fluid-Dynamic Drag, Selbstverlag 1958.
[R11] G. Vogelpohl, Betriebssichere Gleitlager, Berlin 1958.
[R12] V. T. Chow, Open Channel Hydraulics, New York 1958.
[R13] J. O. Hinze, Turbulence, New York 1959.
[R14] M. Reiner, Deformation, Strain and Flow, 2. Aufl., London 1960.
[R15] D. Meksyn, New Methods in Laminar Boundary Layer Theory, London 1961.
[R16] A. Favre, La Mechanique de la Turbulence, Centre National de la Recherche Scientifique, Paris 1962.
[R17] F. N. Frenkiel, Herausgeber, Turbulence in Geophysics, American Geophysical Union, Washington D. C. 1962.
[R18] W. P. A. van Lammeren, Resistance, Propulsion and Steering of Ships, Haarlem 1963.
[R19] S. L. Soo. Fluid Mechanics of Multiphase Systems, New York 1967.

4. 传热和传质

[W1] H. Thoma, Hochleistungskessel, Berlin 1921.

[W2] M. ten Bosch, Die Wärmeübertragung, 3. Aufl., Berlin 1936.

[W3] W. H. McAdams, Heat Transmission, 3. Aufl., New York 1954.

[W4] A. Schack, Der industrielle Wärmeübergang, 5. Aufl., Düsseldorf 1957.

[W5] E. Eckert, Einführung in den Wärme-und Stoffaustausch, 2. Aufl., Berlin 1959.

[W6] R. W. Truitt, Fundamentals of Aerodynamic Heating, New York 1960.

[W7] H. Gröber, S. Erk und U. Grigull, Die Grundgesetze der Wärmeübertragung, 3. Aufl., Berlin 1961.

[W8] W. H. Dorrance, Viscous Hypersonic Flow, New York 1962.

5. 风洞和测量技术

[K1] R. C. Pankhurst und D. W. Holder, Wind-Tunnel Technique, London 1952.

[K2] B. Göthert, Transsonic Wind Tunnel Testing, AGARDograph 49, London 1961.

6. 飞行体、推进器和流体机械等的空气动力学

[A1] R. von Mises, Theorie der Wasserräder, Leipzig 1908.

[A2] F. W. Lanchester, "The Aerofoil" in "The Flying Machine", Verlag Institution of Automobile Engineers, London 1915.

[A3] A. Stodola, Dampf- und Gasturbinen, Berlin 1922.

[A4] F. Weinig, Die Strömung um die Schaufel von Turbomaschinen, Leipzig 1935.

[A5] Th. Theodorsen, Theory of Propellers, New York 1944.

[A6] H. Glauert, The Elements of Aerofoil and Airscrew Theory, Cambridge 1948.

[A7] L. Quantz, Wasserturbinen, Berlin 1948.

[A8] J. H. Abbott und A. E. von Doenhoff, Theory of Wing Sections, New York 1959.

[A9] C. Pfleiderer, Die Kreiselpumpen, Berlin 1949.

[A10] C. Pfleiderer, Strömungsmaschinen, Berlin 1952.

[A11] D. Küchemann und J. Weber, Aerodynamics of Propulsion, New York 1953.

[A12] B. Eck, Ventilatoren, Berlin 1955.

[A13] C. Zietemann, Dampfturbinen, Berlin 1955.
[A14] R. Hermann, Supersonic Inlet Diffusers, Minneapolis 1956.
[A15] A. Robinson und J. A. Laurmann, Wing Theory, Cambridge 1956.
[A16] J. H. Horlock, Axial Compressors, London 1958.
[A17] F. W. Riegels, Aerodynamische Profile, München 1958.
[A18] W. Traupel, Thermische Turbomaschinen, Berlin 1958.
[A19] M. J. Zucrow, Aircraft and Missile Propulsion, New York 1958.
[A20] A. Betz, Einführung in die Theorie der Strömungsmaschinen, Karlsruhe 1959.
[A21] J. Kruschik, Die Gasturbine, Wien 1960.
[A22] M. H. Vavra, Aero-Thermodynamics and Flow in Turbomachines, New York 1960.
[A23] B. Eckert und E. Schnell, Axial-und Radialkompressoren, Berlin 1961.
[A24] W. Traupel, Die Theorie der Strömung durch Radialmaschinen, Karlsruhe 1962.
[A25] G. Cordes, Strömungstechnik der gasbeaufschlagten Axialturbine, Berlin 1963.
[A26] W. H. Isay, Anwendungen der Tragflügeltheorie auf hydrodynamische Probleme bei Propellern, Berlin 1964.

7. 动力气象学

[M1] H. Lettau, Atmosphärische Turbulenz, Leipzig 1939.
[M2] P. Raethjen, Einführung in die Physik der Atmosphäre, 2 Bde., Leipzig 1942.
[M3] O. G. Sutton, Atmospheric Turbulence, London 1949.
[M4] H. Koschmieder, Dynamische Meteorologie, 3. Aufl., Leipzig 1951.
[M5] A. Defant und F. Defant, Physikalische Dynamik der Atmosphäre, Frankfurt (Main) 1958.
[M6] E. R. Reiter, Meteorologie der Strahlströme (Jetstreams), Wien 1961.

8. 其他

[S1] V. Bjerknes, Vorlesungen über hydrodynamische Fernkräfte, 2 Bde., Leipzig 1900, 1902.
[S2] V. Bjerknes, Die Kraftfelder. Braunschweig 1909.
[S3] W. Kucharski, Strömungen einer reibungsfreien Flüssigkeit bei Rotation fester Körper, München-Berlin 1918.
[S4] W. Spannhake, Hydraulische Probleme, Berlin 1926.

[S5] V. Bjerknes mit J. Bjerknes, H. Solberg und T. Bergeron, Physikalische Hydrodynamik, Berlin 1933.
[S6] K. von Terzaghi und R. Jelinek, Theoretische Bodenmechanik, Berlin 1954.
[S7] C. Truesdell, The Kinematics of Vorticity, Indiana Univ. Press, Bloomington 1954.
[S8] B. V. Korvin-Kroukovsky, Theory of Seakeeping, Soc., Naval Arch. and Mar. Eng., New York 1961.
[S9] S. I. Pai, Magnetogasdynamics and Plasma Dynamics, Wien 1962.
[S10] A. Betz, Konforme Abbildung, 2. Aufl. Berlin 1964.
[S11] R. A. Bagnold, The Physics of Blown Sand and Desert Dunes, New York 1943.
[S12] D. A. McDonald, Blood Flow in Arteries, London 1960.
[S13] W. D. Keidel, Kurzgefaβtes Lehrbuch der Physiologie, Stuttgart 1967.

II. 手册和丛书

[H1] De Thierry und Matschoβ, Herausgeber, Die Wasserbaulaboratorien Europas, Berlin 1926.
[H2] L. Schiller, Herausgeber, Handbuch der Experimental-Physik, Bd. IV: Hydro- und Aerodynamik, 4 Teile, Leipzig 1932.
[H3] W. F. Durand, Herausgeber, Aerodynamic Theory, 6 Bde., Berlin 1934—1936.
[H4] S. Goldstein, Herausgeber, Modern Developments in Fluid Dynamics, 2 Bde., Oxford 1938.
[H5] H. C. Dryden und Th. v. Kármán, Herausgeber, Advances in Applied Mechanics, New York, 从 1948 年起陆续出版.
[H6] Handbuch der Werften, Schiffahrtsverlag Hansa, Hamburg 1952.
[H7] High Speed Aerodynamics and Jet Propulsion, Princeton, 由 1954 起, 共 12 册.
[H8] Hütte, Bd. I. 28. Aufl., Berlin 1955.
[H9] H. Goering, Herausgeber, Sammelband zur statistischen Theorie der Turbulenz, Berlin 1958.
[H10] S. Flügge, Herausgeber, Handbuch der Physik, Berlin (Strömungsmechanik Bd. VIII_1, VIII_2, IX, 1959—1960, Dynamische Meteorologie in Bd. XLVIII, 1957).
[H11] G. V. Lachmann, Herausgeber, Boundary Layer and Flow Control Oxford 1961, 2 Bde.

[H12] W. L. Streeter, Herausgeber, Handbook of Fluid Dynamics, New York 1961.

[H13] W. Flügge, Herausgeber, Handbook of Engineering Mechanics, New York 1962.

[H14] L. Rosenhead, Herausgeber, Laminar Boundary Layers, 1963.

[H15] A. Ferri, D. Küchemann und L. H. G. Sterne, Herausgeber, Progress in Aeronautical Sciences, Oxford 从1961年起.

[H16] A. Schoklitsch, Handbuch des Wasserbaus. Wien 1950.

III. 专题论文集和会议论文集

[Z1] D. Küchemann, Boundary Layer Effects in Aerodynamics, S. 5. 1, London, HMSO 1955; 同样: AGARD, 7th Meeting, Ottawa 1955.

[Z2] H. Görtler, Herausgeber, Grenzschichtforschung, IUTAM-Symp., Berlin 1958.

[Z3] A. Ferri, Fundamental Data Obtained from Shock-Tube Experiments, AGARDograph No. 41, Pergamon Press 1961.

[Z4] H. Görtler und W. Tollmien, Herausgeber, 50 Jahre Grenzschichtforschung, Braunschweig 1955.

[Z5] Collar and Trinkler, Herausgeber Colston Symp. on Hypersonic Flow, Bristol 1959.

[Z6] F. M. Devienne, Herausgeber, Rarefied Gas Dynamics, Proc., First Intern. Symposium Nice 1958, New York 1960.

[Z7] E. R. G. Eckert, E. M. Sparrow, W. E. Ibele und R. J. Goldstein, Heat Transfer, A. Review of Current Literature and Bibliography, Int. Journ. Heat and Mass Transfer, Vol. VII/8, London 1964.

[Z8] K. Oswatitsch, Herausgeber, Symposium Transsonicum, IUTAM-Symp., Springer 1964.

IV. 历史性文献、全集

[N1] H. v. Helmholtz, Zwei Hydrodynamische Abhandlungen, Ostwalds Klassiker Nr. 79, Leipzig 1918.

[N2] Lord Rayleigh [J. W. Strutt], Scientific papers, 6 Vol., Cambridge, 1899—1920.

[N3] N. Petrow, O. Reynolds, A. Sommerfeld und A. G. M. Michell, Abhandlungen über die hydrodynamische Theorie der Schmiermittelreibung,

Ostwalds Klassiker Nr. 218, Leipzig 1927.
[N4] L. Prandtl, Gött. Nachr. S. 451, 1918 und S. 107, 1919; wieder abgedruckt in "Vier Abhandlungen zur Hydrodynamik", Göttingen 1927.
[N5] O. Lilienthal, "Der Vogelflug als Grundlage der Fliegekunst," 1889, 3. Aufl. München 1938.
[N6] Th. v. Kármán, Collected Works, Vol. 1—4, London 1956.
[N7] L. Prandtl, Gesammelte Abhandlungen zur angewandten Mechanik, Hydro- und Aerodynamik. I—III, Berlin 1961.
[N8] M. P. McFarland, The Papers of Wilbur and Orville Wright, 2 Bde., New York 1953.
[N9] H. Rouse und S. Ince, History of Hydraulics, State University of Iowa 1954.
[N10] Sir G. J. Taylor, Scientific Papers, 2 Vol., Cambridge 1958/1960.
[N11] S. K. Friedlander und L. Topper, Turbulence, Classic Papers on Statistical Theory, New York-London 1961.

V. 表　册

[P1] J. Hilsenrath und W. Becket, Tables of Thermodynamic Properties of Argon-Free Air to 15000°K, AEDC Techn. Note 56-12 (1956).
[P2] J. Hilsenrath et al., Tables of Thermodynamic and Transport Properties of Air, Argon. Carbon Dioxide, Carbon Monoxide, Hydrogen, Nitrogen, Oxygen and Steam, Oxford 1960.

下角标符号表

意义	符号	来源	意义	符号	来源
发动机	fdj	fa-dong-ji	导(向轮)	da	dao
机翼	ji 或 yi	(ji)-yi	工(作轮)	go	gong
空气	kq	kong-qi	总	zo	zong
机体	t	(ji)-ti	地	d	di
平均	pj	ping-jun	赤道	c	chi-(dao)
临界	lj	lin-jie	渐近	jj	jian-jin
理论	ll	li-lun	相对	xd	xiang-dui
实用	sy	shi-yong	绝对	jd	jue-dui
地面坐标轴	d	di-(mian)	最佳	zj	zui-jia
气流	q	qi-(liu)	出	chu	chu
蒸汽	qi	(zheng)-qi	入	ru	ru
水	s	shui	内	n	nei
热	re	re	外	w	wai
绝热	jr	jue-re	实	shi	shi
可逆	kn	ke-ni	虚	xu	xu
轴	zh	zhou	最大	max	maximum
损失	su	sun-(shi)	最小	min	minimum
偏转	pi	pian-(zhuan)	上	上	因简单易读未改(拼音字太相近)
极限	jx	jixian	下	下	因简单易读未改(拼音字太相近)
壁	bi	bi	前	前(qi)	因易混同，仍用汉字
尾	we	wei	后	后(ho)	因易混同，仍用汉字
边	b	bian	厚	厚(ho)	因易混同，仍用汉字
界	ji	jie	弧	弧(hu)	因易混同，仍用汉字
动	do	dong			

中外文人名对照表

二　画

丁　(Dean, W. R.)

三　画

马尔　(Mal, S.)
马尔特比　(Maltby, R. L.)
马古雷斯　(Margules, M.)
马伦霍尔茨　(Mahrenholtz, O.)
马格努斯　(Magnus, H. G.)
马斯克尔　(Maskell, E. C.)
马赫　(Mach, E.)
山形　(Yamagata)
门茨　(Münz, H.)

四　画

巴尔茨　(Bartz, D. R.)
巴尔特　(Barth, W.)
巴尔德温　(Baldwin, B. S.)
巴克　(Barker, M)
巴斯科　(Pascal, B.)
比尔克霍夫　(Birkhoff, G.)
比斯雷　(Beasley, J. A.)
开耳芬　[Kelvin (Thomson, W.)]
扎尔歇　(Salcher, P.)
贝克　(Becker, R.)
贝克曼　(Beckmann, W.)
贝克维施　(Becknith, I. E.)
贝纳德　(Benard, H.)
贝林格尔　(Behringer, H.)
贝桑　(Besant, H.)
贝茨　(Betz, A.)
贝特拉姆　(Betram, M. H.)
贝塞尔　(Bessel, F. W.)
戈林　(Göring, H.)
牛顿　(Newton, I.)
瓦尔茨　(Walz, A.)
瓦尔施纳　(Walchner, O.)
瓦尔得曼　(Waldmann, L.)
瓦格纳　(Wagner, H.)
瓦鲁克　(Walker, J. H.)
瓦德　(Ward, G. N.)
王登保　(Wang, D. P.)
韦伯　(Weber, C.)
韦伯　(Weber, J.)
韦德迈尔　(Wedemeyer, E.)
乌尔瑞希　(Ulrich, A.)
乌本若依　(Uberoi, M. S.)

五　画

包达　(Borda, J. C.)
安通　(Anton, L.)
安德拉德　(Andrade, E. N. da C)
白比特　(Babbitt, H. E.)
白契勒　(Batchelor, G. K.)
白格诺德　(Bagnold, R. A.)
白格雷　(Bagley, J. A.)
白泰拉　(Bataillard, V.)
冯博尔　(von Bohl, J. G.)
(冯·)卡门　(von Kármán, Th.)
本内　(Benny, D. J.)
本亚明　(Benjamin, B.)
布卢默　(Blume, K.)
布辛涅斯克　(Boussinesq, J.)

六 画

七 画

吴耀祖 (Wu, Y. T.)
杨 (Young, A. D.)
麦克亚当姆斯 (McAdams, W. H.)
麦克库劳 (McCullough, D. E.)
麦克唐纳 (McDonald, D. A.)
麦克洛兰 (Mclellan, C. H.)
麦克洛德 (McLeod, W. C.)
麦克斯韦 (Maxwell, J. C.)

八　画

波义耳 (Boyle, R.)
波尔 (Pohl, R. W.)
波尔顿 (Bourdon, E.)
波伦 (Bohlen, T.)
波纳瑞斯库 (Bodnarescu, M. V.)
波波夫 (Popoff, M.)
法夫俄 (Favre, A. J.)
京策尔 (Ginzel, I)
京贝尔 (Gümbel, L.)
京特 (Günther, E.)
果尔德斯坦 (Goldstein, S.)
欣策 (Hinze, J. O.)
欣德克斯 (Hinderks, A.)
范德海格齐南 (van der Hegge Zijnen, B. G.)
雨果尼欧 (Hugoniot)
金纳 (Kinner, W.)
金逊 (Jenson, V. G.)
耶格尔 (Jäger, Ch.)
肯达尔 (Kendall. J. M. jr.)
肯普夫 (Kempf, G.)
屈歇曼 (Küchemann, D.)
拉瓦尔 (Laval, C. G.)
拉合曼 (Lachmann, G. V.)
拉姆绍尔 (Ramjaner, C.)
拉哥斯特罗姆 (Lagerstrom, P. A.)
拉格朗日 (Lagrange, J. L.)
林家翘 (Lin, C. C.)
林德 (Linde, C. von)
林德格瑞因 (Lindgren, E. R.)
郎 (Long, R. R.)
孟克 (Munk, M. M.)
孟克 (Munk, W.)
欧拉 (Euler, L.)
欧姆 (Ohm, G. S.)
昂扎格尔 (Onsager, L.)
凯斯林 (Kaissling, F.)
帕尔姆 (Palm, E.)
帕波斯特 (Pabst, O.)
帕金 (Parkin, B. R.)
泊阿苏依 (Poiseuille, J. L. M.)
彼得斯 (Peters, H.)
罗什科 (Roshko, A.)
罗尔 (Roll, H. V.)
罗杰斯 (Rogers, E. W. E.)
罗斯 (Rouse, H.)
罗斯比 (Rossby, C. G.)
罗克斯 (Roux, L.)
舍克利奇 (Schoklitsch, A.)
舍兹 (Chézy, A. de)
舍恩黑尔 (Schönherr, K.)
泽尔 (Ser)
泽格纳 (Segner, J. A.)
泽恩根 (Soehngen, E.)
福伊特 (Voith, J. M. V.)
虎克 (Hooke, R.)
庞德 (Pond, H. L.)
杰傅瑞 (Jeffreys, H.)

九　画

柏努利 (Bernoulli, D.)
柯尔 (Curle, N.)
柯西-里曼 (Cauchy, A. L.-Riemann, B.)
柯雷斯 (Coles, D.)
柯克斯 (Cox. C.)
查理 (Charles, J. A. C.)
恰托克 (Chattock)

十 画

费吉 (Fage, A.)
费里 (Ferri, A.)
费特 (Fette, H.)
高尔特 (Gault, D. E.)
高斯 (Gauss, C. F.)
格(-路萨克) (Gay-Lussac, J. L.)
格贝尔斯 (Gebers, F.)
格兰特 (Grant, H. L.)
格特勒 (Görtler, H.)
格台特 (Göthert, H. B.)
格斯滕 (Gersten, K.)
格雷 (Gray, J.)
格雷茨 (Grätz, L.)
格林 (Green, H. S.)
格林斯潘 (Greenspan. H. P.)
格里菲斯 (Griffith, A. A.)
格里古尔 (Grigull, U.)
格勒贝尔 (Gröber, H.)
格罗内 (Grohne, D.)
格拉夫(德) (Graaf, J. G. A. de)
格拉斯霍夫 (Grashof, F.)
海内斯 (Haines, A. B.)
海斯 (Hayes, W. D.)
海格齐南(范·德-)
(Hegge-Zijnen, B. G. van der)
海尔德(范·德-)
(Held, E. F. M. van der)
海雷-肖 (Hele-Shaw, H. S.)
海森伯 (Heisenberg, W.)
容格 (Jung, R.)
莱特希尔 (Lighthill, M. J.)
莫宁 (Monin, A. S.)
莫尔 (Moore, F. K.)
莫尔通 (Morton, B. R.)
莫克尔 (Moeckel, W. E.)
莫里埃 (Moilliet, A.)
莫盖 (Murgari, M. P.)
诺伊曼 (Neumann, E. P.)
诺伊曼 (Neumann, G.)
桑德斯 (Saunders, O. A.)
朔德 (Schoder, E. W.)
席尔斯 (Sears, W. R.)
席尔兹 (Shields, A.)
席勒 (Schiller, L.)
泰勒 (Taylor, G. I.)
特普洛 (Toepler, A.)
特雷夫兹 (Trefftz, E.)
特里姆 (Trimm)
特鲁伊特 (Truitt, R. W.)
特鲁肯布罗特 (Truckenbrodt, E.)
特吕斯德尔 (Truesdell, C. A.)
唐森 (Townsend, A. A.)
钱学森 (Tsien, H. S.)
袁绍文 (Yuan, S. W.)

十一画

基尔霍夫 (Kirchhoff, G.)
基斯特勒 (Kistler, L.)
基斯卡尔特 (Kiesskalt, S.)
勒贝辛 (Rubesin, M. W.)
勒迪乃格 (Ledinegg, M.)
勒让德 (Legendre, R.)
曼格勒 (Mangler, K. W.)
梅克辛 (Meksyn, D.)
密契尔 (Michell, A. G. M.)
密塞斯(冯·) (Mises, R. von)
菲利普斯 (Phillips, O. M.)
崔亚昭 (Queijo)
萨浦 (Saph, A. V.)
萨顿 (Sutton, G. P.)
维格雷 (Wigley, W. C. S.)
维格哈特 (Wieghardt, K.)
维特 (Witte, R.)
维蒂希 (Wittich, H.)
维廷格 (Witting, H.)
维斯特 (Wüst, W.)
屠林 (Tulin, M. P.)

十 二 画

博尔(冯·) (Bohl, J. G. von)
博施(滕·) (Bosch, M. ten)
曾宪基 (Cheng, H. K.)
傅科 (Foucault, L.)
傅里叶 (Fourier, J. B.)
富尔曼 (Fuhrmann, G.)
葛劳渥 (Glauert, H.)
黑默林 (Hämmerlin, G.)
捷克逊 (Jackson, T. W.)
捷米逊 (Jamison, R. R.)
琼斯 (Jones, B. M.)
琼斯 (Jones, P. B.)
琼斯 (Jones, R. T.)
焦耳 (Joule, J. P.)
奥伯贝克 (Oberbeck)
奥布卓夫 (Obuchow, A. M.)
奥尔森 (Olsson, R. Gran)
奥尔 (Orr, W. McF.)
奥舍茨 (Oschatz, W.)
奥任(森) (Oseen, C. W.)
奥斯瓦提奇 (Oswatitsch, K.)
奥斯特拉赫 (Ostrach, S.)
奥斯特瓦尔德 (Ostwald, W.)
普尔豪森 (Pohlhausen, K.)
普列士顿 (Preston, J. H.)
普朗特 (Prandtl, L.)
普莱西尔 (Prásil, F.)
普赖斯韦克 (Preiswerk, E.)
普雷奇 (Pretsch, J.)
普里斯特莱 (Preistley, C. H.)
普洛得门 (Proudman, I.)
彭尼斯 (Punnis, B.)
舒 (Schuh, H.)
舒包尔 (Schubauer, G. B.)
舒尔茨-格鲁诺 (Schultz-Grunow, F.)
斯太渥特 (Stewart, R. W.)
斯太渥特逊 (Stewartson, K.)
斯考尔 (Scorer, R. S.)
斯考特贝莱尔 (Scott-Blair, G. W.)
斯克莱姆斯太德 (Skramstad, H. K.)
斯奎尔 (Squire, H. B.)
斯陀多拉 (Stodola, A.)
斯托克斯 (Stokes, G. G.)
斯特莱特福德 (Stratford, B. S.)
斯特劳哈尔 (Strouhal, V.)
斯宛 (Swain, L. M.)
斯温班克 (Swinbank, W. C.)
斯莫尔 (Sommer, C. S.)
斯卫茨 (Thwaites, B.)
骚克利夫 (Sutcliffe, R. C.)
骚泽兰德 (Sutherland, C. D.)
蒂尔曼 (Tillmann, W.)
蒂瑞欧 (Thiriot, K. H.)
汤姆 (Thom, A.)
汤姆逊 (Thomson, W.)
提今斯 (Tietjens, O.)
温土瑞 (Venturi, G. B.)
温纳 (Wenner, K.)
惠特科姆 (Whitcomb, R. T.)
策恩德尔 (Zehnder)

十 三 画

赖纳 (Reiner, M.)
赖夏特 (Reichardt, H.)
赖特 (Wright, O.)
赖特尔 (Reiter, E. R.)
赖赫尔 (Reiher, H.)
福纳 (Falkner, V. M.)
福希海默尔 (Forchheimer, Ph.)
福瑞 (Frey, K.)
福瑞曼 (Freeman, J. C.)
福格尔波尔 (Vogelpohl, H.)
盖斯 (Geis, Th.)
盖斯纳 (Gessner, F. B.)
雷姆 (Lemme, H. G.)
雷根沙特 (Regenscheit, B.)

雷博克　(Rehbock, Th.)
雷诺　(Reynold, O.)
雷曼　(Riemann, B.)
路易斯　(Lewis, J. W.)
路德维格　(Ludwieg, H.)
瑞尔夫　(Relf, E. F.)
瑞雷　[Rayleigh (J. W. Strutt)]
塞克斯耳　(Sexl, T.)
鲍尔　(Bauer, B.)

十　四　画

赫尔曼　(Hermann, R.)
赫尔齐希　(Herzig, H. Z.)
赫尔纳　(Hoerner, S. F.)
赫费尔　(Höfer, K.)
赛费特　(Seifert, R.)

十　五　画

德方　(Defant. A.)
德方　(Defant, F.)
德林　(Döring, W.)
德特默林　(Dettmering, W.)
德斯　(Doös, B. R.)
德律斯特(冯·)　(Driest, E. R. von)
德莱登　(Dryden, H. L.)

十　六　画

霍尔费尔德　(Holfelder, O.)
霍尔曼　(Hollmann, G.)
霍尔斯特(冯·)　(Holst, E. von)
霍尔施泰因　(Holstein, H.)
霍赫史文德　(Hochschwender, E.)
霍曼　(Homann, F.)
霍华斯　(Howarth, L.)
儒可夫斯基　(Joukowski, N. E.)
儒阿　(Roy, M.)
穆耳特霍普　(Multhopp, H.)
穆特赖　(Muttray, H.)
魏因布卢姆　(Weinblum, G.)
魏斯巴赫　(Weisbach, J.)
魏茨泽克(冯·)　(Weizsäcker, C. F. von)

十　八　画

藤　(Fujii, T.)

名 词 索 引

二 画

三 画

四 画

五 画

六 画

七 画

八　画

九 画

十　画

十一画

十二画

十　三　画

十　四　画

十 五 画

十 六 画

十 七 画

十 八 画

十 九 画

廿 画